최신 개정14판

CONQUEST 실기정복

조경기사 · 조경산업기사

쉽게 배우는 조경설계 · 시공실무

성운환경조경 · 김진호 편저

머리말

■ ■ ▨ ▨ 최근의 우리 사회는 물질적으로 잘 사는 시대를 지나 삶의 가치를 중시하고 자연환경을 생각하며, 그런 자연 속에서 삶이 영위되기를 바라는 사회에 살고 있습니다.

이러한 사회적 배경으로 조경분야가 날로 발전하고 다변화되어 가고 있는 가운데 조경기술자의 사회적 책임과 그에 따른 역할이 매우 중요해지고 조경기술자가 되기를 희망하는 사람도 많아지고 있습니다. 그러나 자격증을 준비하는 많은 학생들은 시험 준비에 매우 혼란스러워하며, 불확실한 것을 가지고 서로가 서로에게 전파하여 안타까움을 주고 있는 실정입니다. 이에 이러한 상황을 타파하여 자격증을 준비하는 수험생들에게 쉽게 공부하고, 확실성을 가질 수 있게 하며, 또한 자격증 취득 후에도 도움이 될 수 있는 서적이 필요하다는 인식 아래 성운환경조경학원의 교육내용을 첨가하여 조경기사·조경산업기사를 준비하는 수험생들의 어려움을 덜어주고자 본서를 출간하게 되었습니다.

조경 자격증시험의 2차 실기 준비는 철저해야 합니다. 기초적 지식이 우선되어야 하고 제도설계능력이 있어야 합니다. 설계를 하기 위한 계획능력도 갖추어야 하며 그에 따른 표현능력도 중요합니다. 또한 시공실무 부분은 암기도 해야 하고 공정계획이나 적산의 능력도 있어야 합니다. 이런 모든 공부는 시간만 주어진다면 누구나 가능하리라 생각합니다. 그러나 자격증 하나를 위해서 시간을 너무 소비한다면 많은 손해를 보는 것입니다. 자격증은 공부를 짧게 하여 취득하는 것이 돈을 아끼는 것보다 더 중요합니다. 할 일이 많습니다. 시간을 절약하십시오.

본서는 학원에서 다년간 학생들을 가르치며 경험하였던 것을 토대로 하여 필요한 것과 알아야 할 것들을 정리하고, 시간을 절약할 수 있는 방법을 연구하여 수험생들이 막막해 하는 부분을 쉽게 정리하였습니다. 기초제도는 물론이고 공간설계와 배식설계 등 여러분

최신 개정14판

CONQUEST 실기정복

조경기사 · 조경산업기사

쉽게 배우는 조경설계 · 시공실무

최신 개정14판

CONQUEST 조경기사 · 조경산업기사 실기정복

쉽게 배우는 조경설계 · 시공실무

초판 1쇄 발행 | 2009년 5월 1일
개정14판 1쇄 발행 | 2025년 2월 21일

펴 낸 곳 | 도서출판 조경
펴 낸 이 | 박명권
주　　소 | 서울특별시 서초구 방배로 143 그룹한빌딩 2층
전　　화 | (02)521-4626
팩　　스 | (02)521-4627
신 고 일 | 1987년 11월 27일
신고번호 | 제2014-000231호

ISBN 979-11-6028-028-9 (13520)

이 어려워하는 모든 것을 사진과 그림·설계도면으로 이해를 도와드립니다. 외울 필요가 없습니다. 프리핸드로 따라서 그려보시면 공간의 구성 및 배식에 대한 설계능력이 저절로 생깁니다. 시공실무부분은 광범위한 영역이나 여러분의 공부의 양을 줄여드리고자 모든 과목을 정리하여 공부의 범위를 줄여 놓았고, 계산문제에 대비하여 적산은 각 공종별로 표준품셈을 기준으로 설명하였으며, 그동안 출제되었던 문제들을 반복적으로 학습할 수 있도록 구성하였습니다. 물론 이 책의 내용은 요약하여 정리하였기에 시험의 전부가 될 수는 없으며, 누락된 부분도 있을 것입니다만 여러분의 공부에 도움이 되고자 한 부분으로 이해해 주시기 바랍니다.

조경자격증 2차 실기를 대비하여 수험생 여러분께 도움이 되고자 최선을 다하여 만들었으나 부족한 부분도 있으리라 생각됩니다. 그것은 앞으로 더욱 알찬 내용의 책으로 만들어 가면서 보완할 것이며, 또한 여러분의 충고도 곁들여질 것입니다. 많은 격려와 성원을 바랍니다.

다시 한 번의 바람은 본서가 여러분의 자격증시험에 대한 이해와 시험 준비에 보탬이 되고 여러분의 앞날에 함께 한 책 중에 하나로서 기억되기를 바랍니다. 또한 이 자리를 빌어 본서를 집필하는 데 참고한 저서 등의 저자께 심심한 감사를 드리며, 이 책이 나오기까지 함께 고생한 여러 선생님들께도 감사를 드립니다. ■■■

성운환경조경

김 진 호

시험개요

✏️ 시험방법

　조경(산업)기사 시험은 1차(필기)와 2차(실기)시험으로 나누어지며 필기시험은 과목당 100점 만점에 과락점수(40점)가 없이 평균 60점 이상이면 합격이 되며, 2차 실기시험은 1차 합격자에 한하여 당해 필기시험의 합격자 발표일로부터 2년 이내의 실기시험에 응시할 수 있으며 100점 만점 중에서 60점 이상이 되면 최종합격을 인정받아 자격증을 취득할 수 있다.

✏️ 실기(2차)시험 출제기준

❶ 조경기사

직무분야	건설	중직무 분야	조경	자격종목	조경기사	적용기간	2025.1.1.~2027.12.31.
직무내용	자연환경과 인문환경에 대한 현장조사 및 현황분석을 기초로 기본구상 및 기본계획을 수립하고 실시설계를 작성하여 시공 및 감리업무를 통해 조경 결과물을 도출하고 이를 유지 관리하는 행위를 수행하는 직무를 수행							
수행준거	1. 조경기본구상에서 수립된 내용을 종합적으로 반영한 기본계획도(Master Plan)를 작성하고, 이에 대해서 공간별·부문별로 계획할 수 있다. 2. 설계도서를 검토하여 수량산출과 단가조사를 통해서 조경공사비를 산정하기 위한 산출근거를 만들고, 공종별 내역서와 공사비 원가계산서 작성을 수행할 수 있다. 3. 식재개념 구상, 기능식재 설계, 조경식물의 선정, 식재기반 설계, 교목·관목·지피·초화류 식재설계, 훼손지 녹화 설계, 생태복원 식재설계에 따른 세부적인 설계도면을 작성할 수 있다. 4. 지형 일반과 조경기반시설에 대한 제반지식 및 설계기준을 바탕으로 조경기반시설에 관한 설계 업무를 수행할 수 있다. 5. 설계도서에 따라 필요한 자재와 시설물을 구입하여 조경시설물을 기능적·심미적으로 배치하고 설치할 수 있다. 6. 식물을 굴취, 운반하여 생태적·기능적·심미적으로 식재할 수 있다. 7. 인공구조물을 대상으로 설계도서에 따라 시공계획을 수립한 후 현장여건을 고려하여 식물과 조경시설물을 생태적·기능적·심미적으로 식재하고 설치할 수 있다. 8. 완성된 공사목적물을 발주처의 준공 승인 및 인수인계 전까지 식물의 생장과 조경시설의 기능을 유지시키기 위한 업무를 수행할 수 있다. 9. 수목관리계획 수립, 수목 생육상태 진단, 관·배수관리, 비배관리(화학/유기질비료 주기, 엽면시비, 수간주사), 제초관리, 전정관리, 병해충 방제, 수목보호 조치를 수행할 수 있다. 10. 조경시설물 연간관리 계획 수립, 놀이시설물, 편의시설물, 운동시설물, 경관조명시설물, 안내시설물, 수경시설물 등 관리를 수행할 수 있다. 11. 조경 대상지별 연간관리 계획 수립, 정원, 공원, 입체조경, 벽면녹화, 인공지반녹화, 텃밭, 인공지반 조경공간 등 관리를 수행할 수 있다.							
실기검정방법	복합형			시험시간	5시간 정도(필답형 1시간 30분, 작업형 3시간 정도)			

실기 과목명	임의분류	주요항목	세부항목
조경설계 및 시공실무	조경계획	환경조사분석	자연생태환경, 인문사회환경, 관련계획 법규 조사분석 및 종합분석도 작성
		조경기본구상	수요추정, 도입시설 선정과 대안작성 및 기본구상도 작성
		조경기본계획 수립	토지이용계획, 동선 계획, 기본계획도 작성, 공간별 계획, 부문별 계획, 개략사업비 산정, 관리계획 작성, 기본계획보고서 작성
	조경설계	조경기초설계	조경디자인요소 표현, 조경식물 파악, 조경인공재료 파악, 전산응용도면(CAD) 작성, 유형별 양식 파악
		정원설계	사전 협의, 대상지 조사, 관련분야 설계 검토, 기본계획안 작성, 조경기반 설계, 조경식재 설계, 조경시설 설계, 조경설계도서 작성
		조경반설계	부지 정지, 도로, 주차장, 빗물처리, 배수, 관수시설, 포장의 설계 및 지형기반시설 도면 작성
		조경식재설계	식재개념 구상, 기능식재 설계, 조경식물 선정, 식재기반 설계, 수목식재 설계, 지피·초화류 식재설계, 훼손지 녹화 설계, 생태복원 식재 설계, 조경식재설계도면 작성
		조경시설설계	조경시설 개념 구상, 조경시설 자재 선정, 조경시설 배치와 휴게시설, 유희시설, 운동시설, 관리시설, 안내시설, 환경조형시설, 경관조명시설, 수경시설 설계 및 조경시설도면 작성
		조경적산	설계도서 검토, 수량산출서 작성, 단가조사서 작성, 일위대가표 작성, 공종별 내역서 작성, 공사비 원가계산서 작성
	조경시공	일반식재공사	굴취, 수목 운반, 교목 식재, 관목 식재, 지피 초화류 식재
		입체조경공사	입체조경기반 조성, 벽면녹화, 인공지반녹화, 텃밭 조성, 인공지반조경공간 조성
		조경시설물공사	시설물 설치 전 작업, 안내시설물 설치, 옥외시설물 설치, 놀이시설 설치, 운동시설 설치, 경관조명시설 설치, 환경조형물 설치, 데크시설 설치, 펜스 설치
	조경관리	조경공사 준공 전 관리	병해충 방제, 관배수관리, 시비관리, 제초관리, 전정관리, 수목보호조치, 시설물 보수 관리
		비배관리	연간 비배관리 계획 수립, 수목 생육상태 진단, 화학비료, 유기질비료주기, 영양제 엽면 시비, 영양제 수간 주사
		조경시설물관리	조경시설물 연간관리 계획 수립, 놀이시설물 관리, 편의시설물 관리, 운동시설물 관리, 경관조명시설물, 안내시설물 관리, 수경시설물 관리

❷ 조경산업기사

직무분야	건설	중직무 분야	조경	자격종목	조경산업기사	적용기간	2025.1.1.~2027.12.31.

직무내용	조경기본계획도를 작성하여 조경기반 및 식재·시설물을 설계하고 공사비를 산출한 후 조경 식재 및 시설물 시공업무를 통해 조경 결과물을 완성하고 이를 관리하는 직무이다.
수행준거	1. 식물을 굴취, 운반하여 생태적·기능적·심미적으로 식재할 수 있다. 2. 지형 일반과 조경기반시설에 대한 제반지식 및 설계기준을 바탕으로 조경기반시설에 관한 설계 업무를 수행할 수 있다. 3. 식재개념 구상, 기능식재 설계, 조경식물의 선정, 식재기반 설계, 교목·관목·지피·초화류 식재설계, 훼손지 녹화 설계, 생태복원 식재설계에 따른 세부적인 설계도면을 작성할 수 있다. 4. 설계도서를 검토하여 수량산출과 단가조사를 통해서 조경공사비를 산정하기 위한 산출근거를 만들고 공종별 내역서와 공사비 원가계산서 작성을 수행할 수 있다. 5. 설계도서에 따라 필요한 자재와 시설물을 구입하여 조경시설물을 생태적·기능적·심미적으로 배치하고 설치할 수 있다. 6. 완성된 공사목적물을 발주처의 준공 승인 및 지자체 인수인계 전까지 식물의 생장과 조경시설의 기능을 유지시키기 위한 업무를 수행할 수 있다. 7. 연간 비배관리 계획 수립, 수목 생육상태 진단, 화학비료 및 유기질비료 주기, 영양제 엽면시비, 영양제 수간주사를 수행할 수 있다. 8. 조경시설물 연간관리 계획 수립, 놀이시설물, 편의시설물, 운동시설물, 경관조명시설물, 안내시설물, 수경시설물 관리를 수행할 수 있다. 9. 인공구조물을 대상으로 설계도서에 따라 시공계획을 수립한 후 현장여건을 고려하여 식물과 조경시설물을 생태적·기능적·심미적으로 식재하고 설치할 수 있다. 10. 조경기본구상에서 수립된 내용을 종합적으로 반영한 기본계획도(Master Plan)를 작성하고, 이에 대해서 공간별·부문별로 계획할 수 있다.

실기검정방법	복합형	시험시간	3시간 30분 정도(필답형 1시간, 작업형 2시간 30분 정도)

실기 과목명	임의분류	주요항목	세부항목
조경작업실무	조경계획	조경기본 계획	토지이용계획 수립, 동선 계획, 기본계획도 작성, 공간별·부문별 계획, 개략사업비 산정, 관리계획 작성, 기본계획보고서 작성
	조경설계	조경기초설계	도면작성 기본사항, 조경식물·조경인공재료의 특성 파악 및 CAD도면 작성·출력
		조경설계	사전 협의, 대상지 조사, 관련분야 설계 검토, 기본계획안 작성, 조경기반·식재·시설 설계 및 도서 작성
		조경기반설계	부지 정지, 도로, 주차장, 구조물, 빗물처리시설, 배수시설, 관수시설, 포장 설계 및 도면 작성
		조경식재설계	식재개념 구상, 조경식물 선정 및 기능식재, 식재기반, 수목식재, 지피·초화류, 훼손지 녹화, 생태복원 식재 설계 및 도면 작성
		조경적산	설계도서 검토, 수량산출서, 단가조사서, 일위대가표, 공종별 내역서, 공사비 원가계산서 작성

실기 과목명	임의분류	주요항목	세부항목
조경작업실무	조경시공	기초식재공사	굴취, 수목 운반, 교목·관목·지피초화류 식재
		입체조경공사	입체조경기반 조성, 벽면·인공지반녹화 및 조성, 텃밭 조성
		조경시설물공사	시설물 설치 전 작업 및 안내시설물, 옥외시설물, 놀이시설, 운동시설, 경관조명시설, 환경조형물, 데크시설, 펜스 설치
	조경관리	조경공사 준공 전 관리	병해충 방제, 관배수, 시비, 제초, 전정관리 및 수목보호조치, 시설물 보수 관리
		비배관리	연간 비배관리 계획 수립, 수목 생육상태 진단, 비료·영양제 시비
		조경시설물관리	조경시설물 연간관리 계획 수립 및 놀이·편의·운동·경관조명·안내·수경시설물 관리

문제유형 및 평가

❶ 조경설계

출제기준에서 보듯이 기사와 산업기사의 설계범위는 대동소이하다. 실제의 기출문제 유형을 파악해 보면 실제적인 설계적 차이는 별로 존재하지 않으며, 굳이 차이를 말하자면 규모의 차이 정도라고 말할 수 있다. 따라서 기사를 준비하는 분이나 산업기사를 준비하는 분 모두 기존에 출제된 문제를 모두 풀어보는 것이 유익할 것이다. 물론 자기등급에 있는 문제를 먼저 풀고 다른 것을 푸는 것이 시간배분상 유익하다. 최근에는 기사에 출제되었던 문제가 조건을 조금 달리하여 산업기사에 출제된 경우도 있었기에 등급에 따른 구별이 무의미해지기도 한다.

(1) 연습방법

설계에 있어 가장 어려운 부분은 짧은 시간 안에 요구조건에 부합하는 도면을 작성하는 것이다. 즉 시간적인 문제가 가장 해결하기 어려운 문제이다. 실제 수험자 가운데 시간의 여유를 갖는 사람은 그다지 많지 않다. 빨리 그리는 사람은 그 나름대로 해야 할 것이 자꾸 보이기 때문이다.

"왕도는 없다! 꾸준한 연습만이 있을 뿐이다." 시간을 단축하는 방법은 물리적인 시간을 투자하는 것이다. 시간을 투자한 만큼 시간은 단축되므로 인내심을 가지고 꾸준히 연습해야 한다.

(2) 평가대상

미완성 도면은 채점대상에서 제외된다. 그렇다고 완성만이 목표는 아니다. 요구조건 및 요구사항을 잘 파악하여 적절하게 대처해야 한다.

도면은 선과 글씨가 기본이므로 선의 굵기에 따른 표현 및 글씨의 위계 등 짜임새 있는 도면이 되도록 해야 한다. 요구조건에 따른 공간계획은 한 가지만으로 정해져 있지 않을 뿐이지 답이 없는 것은 아니다. 일반적인 계획이론과 공간의 비례, 배식이론 등에 의해 방향이 설정되어 있다. 또한 도면의 균형 있는 배치 및 청결성도 고려해야 하며 찢어지거나 훼손되지 않도록 하고 찢어진 경우 테이프로 붙여 제출하여야 한다.

(3) 평가

위 항의 서술내용 등을 기준으로 세부항목을 정하여 채점을 하지만 그것은 채점자의 주관적 견해에 우선하지 못한다. 수검자는 한 가지, 한 가지 별개가 아닌 전체적으로 완성도 높은 도면을 그리기 위한 노력을 해야 한다.

❷ 조경시공실무

필답형 이론문제로서 이 역시 기사와 산업기사의 출제범위가 1차 필기시험의 범위와 같다고 보면 된다. 산업기사에서는 조경사가 제외되어 있으며 나머지는 기사와 동일하기에 구별해서 공부할 필요는 없다. 문제의 비율은 획일적이지 않으며 간혹 출제범위 이외에서 출제되는 경우도 있으나 준비할 수 있는 일정 범위는 있으므로 너무 어려워하지 말고 꾸준히 공부하기 바란다. 아래에 한국산업인력공단에서 발표한 내용을 참고하기 바란다. 시공실무문제는 문제에 따라 배점이 다르게 출제되나 문제를 선택해서 푸는 것이 아니고 전부를 풀어서 높은 득점을 하는 것이 목표이므로 배점은 무의미하다. 1차 시험때 공부한 것이 있으므로 그렇게 어렵게 느껴지지는 않을 것이며, 짧은 시간을 투자하여 높은 득점이 가능하므로 자격증 취득에 한결 가까이 갈 수 있는 과목이다.

✏️ 수검자 유의사항

시험을 볼 때 받는 문제지에는 항상 수검자 유의사항이 기술되어 있다. 사소한 것이라 생각하지 말고 문제를 풀기 위한 조건의 하나라는 인식을 가지고 접해야 한다. 수검자 유의사항은 우선적으로 해야 할 사항이므로 꼭 읽어보고 문제를 푸는 것이 실수를 줄이는 길이다.

조경(산업)기사 실기시험(한국산업인력공단)

구분		조경산업기사	조경기사	비고
실기시험 방법		복합형(필답형+작업형)	복합형(필답형+작업형)	
배점		필답형: 40점+작업(도면): 60점	필답형: 40점+작업(도면): 60점	적산 → 필답형 변경
시험시간		필답형: 1시간, 40점 작업(도면): 2시간 30분	필답: 1시간 30분, 40점 작업(도면): 3시간	
필답형	문제 수	10~12문항	10~12문항	
	출제범위	조경계획 및 설계, 조경식재시공, 조경시설물시공, 조경관리	조경계획, 조경설계, 조경사, 조경 시공구조학, 조경관리론, 조경식재	
	출제유형	단답형, 서술형, 완성형, 계산형, 다문형, 연결형 등		간단 계산문제 3~4문항

차 례

조경설계

조경시공실무

조경설계

제도용구의 종류와 사용법

1 |||| 제도용구의 종류

❶ 삼각자

삼각자는 밑각이 각각 45°의 직각이등변삼각형인 것과 두 각이 각각 30° 및 60°의 직각삼각형인 것 2개가 1조로 되어 있다. 삼각자는 여러 가지 종류의 크기가 있는데 보통 450㎜의 것이 주로 사용된다.

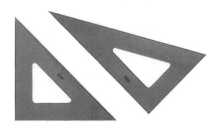

| 삼각자 |

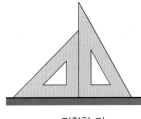

정확한 것

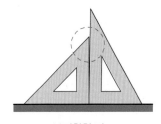

부정확한 것

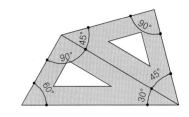

45° 자와 60° 자 연결(정확한 것)

| 삼각자의 검사방법 |

❷ T자

수평선을 긋기 위해 T자 형으로 만들어진 자로서 보통 900㎜ 길이의 것이 많이 사용되나 제도대에 평행자가 붙어 있는 경우에는 필요하지 않다.

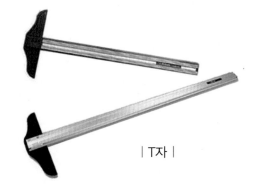

| T자 |

❸ 삼각스케일(Scale)

실물의 크기를 줄여서 그리는 데 쓰이는 축척자이다. 삼각면의 한 면에 2개의 축척씩 여섯 가지 축척(1/100, 1/200, 1/300, 1/400, 1/500, 1/600)의 눈금이 새겨진 것으로 사용하기에 매우 편리하며, 보통 길이가 300㎜ 인 것을 많이 사용한다.

| 삼각스케일 |

❹ 연필

연필은 H와 B로서 연필심의 성질을 나타내는데 H는 굳기를, B는 무르기를 나타낸다. 일반적으로 H 의 수가 많을수록 굳고 B의 수가 많을수록 무르며, 보통 사용하는 연필은 HB이다.

　① 연필을 사용하는 번거로움을 덜기 위해 제도용 샤프를 사용하며 연필심의 굵기는 0.5㎜, 0.7㎜, 0.9㎜를 용도에 맞게 사용한다.

　② 굵은 선을 긋거나 프리핸드로 표현하는 개념도를 작성할 경우에는 굵은심(2㎜)의 홀더를 사용하 거나 2B~4B의 미술용 연필을 사용하기도 한다.

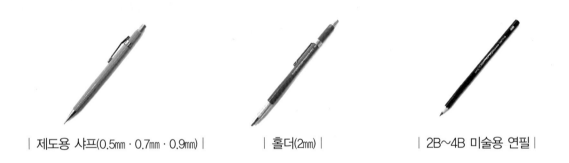

| 제도용 샤프(0.5㎜ · 0.7㎜ · 0.9㎜) |　　| 홀더(2㎜) |　　| 2B~4B 미술용 연필 |

❺ 지우개 및 지우개판, 제도용 빗자루

지우개는 고무가 부드러운 것을 선택하여 도면을 지울 때 다른 부분이 더럽혀지거나 찢어지지 않도 록 하며, 지우개판은 얇은 강판으로 만든 것으로 세밀한 부분이나 특정 부분만을 지울 때 사용한다. 제 도용 빗자루는 지우개 가루를 털거나 도면을 청결히 하는 데 쓰인다.

| 지우개(무른것) |　　| 지우개판(강판) |　　| 제도용 빗자루(부드러운모) |

❻ 템플릿(일명 : 빵빵이)

아크릴로 만든 얇은 판에 서로 크기가 다른 원이나 사각도형 등 일정한 형태를 뚫어 놓은 것으로 시설물이나 기호를 그리는데 유용하게 쓰인다.

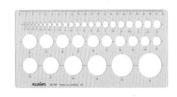

| 원형템플릿 |

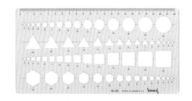

| 종합템플릿 |

❼ 테이프

도면을 제도판에 부착하거나 찢어진 경우에 사용한다. 부착할 경우 투명 테이프나 반투명 테이프(일명 : 매직테이프)는 쓰기에 불편하므로 마스킹 테이프(종이테이프)를 사용하도록 한다. 또한 시험 중 도면이 찢어진 경우에는 반투명 테이프를 사용한다.

| 마스킹 테이프(폭12㎜) |

| 반투명(매직) 테이프 |

❽ 제도판

제도판은 직사각형의 판으로 표면이 편평하여야 한다. 보통 600㎜×900㎜의 제도판을 많이 사용하며, 평행자(Ⅰ자)가 붙어 있는 제도판을 사용하는 것이 편리하고 도면 그리는 시간도 단축할 수 있는 장점이 있다.

| 평행제도판(600㎜×900㎜) |

❾ 그 외 유용한 것들

| 컴퍼스 |

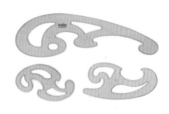

| 운형자 |

| 자유곡선자 |

2 | | | | | 제도용구의 사용법

❶ 연필의 사용법

① 연필로 수평선을 그을 때에는 그림(a)와 같이 자에 그으려는 방향으로 60° 정도 기울여 대고 연필을 돌리면서 긋는다.

② 보통의 선을 그을 때에는 그림(b)와 같이 자에 수직으로 대고 긋는다.

③ 정밀하게 선을 그어야 할 때에는 그림(c)와 같이 연필심의 끝을 완전히 자에 대고 긋는다.

④ 수평선은 평행자를 이용하여 왼쪽에서 오른쪽으로 일정한 속도를 유지하면서 천천히 그어야 한다.

⑤ 수직선을 그을 때에는 평행자와 삼각자를 이용하여 밑에서부터 위로 선을 긋고, 연필과 자가 잘 밀착되어야 정확한 수직선을 그을 수 있다.

| a. 연필의 기울기 | b. 보통의 선긋기 | c. 정밀한 선긋기 |

❷ 평행자의 사용법

① 평행자를 이동함에 있어 평행자를 그림(a)와 같이 왼손으로 가볍게 잡고 누르지 않는다.

② 수평으로 긴 선을 긋는 도중에는 비뚤어지기 쉬우므로 처음부터 끝까지 손, 팔, 몸, 전체가 선을 따라 동시에 움직이도록 한다.

③ 수평선을 그을 때는 그림(b)와 같이 왼손을 긋고자 하는 선의 시작위치보다 왼쪽에 두고 왼쪽에서 오른쪽으로 긋는다.

④ 수직선을 그을 때는 그림(c)와 같이 왼손으로 평행자와 삼각자를 동시에 고정시키고 아래에서 위로 선을 긋는다.

a. 평행자를 잡는 방법

b. 수평선을 긋는 방법

c. 수직선을 긋는 방법

❸ 삼각자의 사용법

① 삼각자 1개 또는 2개를 가지고 여러 가지로 위치를 바꾸면 그림과 같이 여러 가지 각도를 가지는 선을 그을 수 있다.

② 간단한 수평선이나 수직선뿐만 아니라 평행선이나 여러 가지 빗금도 쉽게 그을 수 있다.

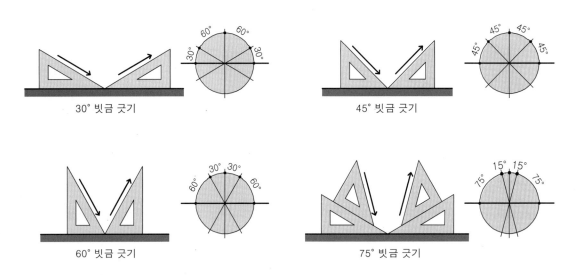

| 삼각자를 활용한 빗금 긋기 |

❹ 평행자와 삼각자를 이용하여 선긋기

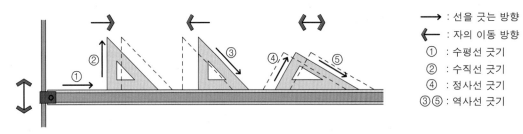

| 제도 시 자의 이용방법 |

Chapter 02

도면표기법

1 | | | | | 선

설계도면을 작도할 경우 거의 모든 형태는 단일선으로 나타낸다. 선은 형태 및 굵기에 따른 용도를 가지고 있으며 그에 맞는 표기로서 보기 쉽고 이해하기 쉽게 구별하여 사용한다.

❶ 선의 농도에 따른 구분

농도	내용	선굵기
진한선	실제 그림으로 나타나는 선이다.	굵기와 상관없음
흐린선	도면에 영향을 미치지 않는 실제의 선이 아닌 선으로써 그림을 그리기 위한 보조선이다.	가능한 가늘게 한다.

❷ 선의 형태 및 굵기에 따른 용도

명칭		종류	선의 굵기	용도
실선		굵은선	0.5 ~ 0.8	단면선, 중요시설물, 식생표현 등 도면의 중요한 요소를 표현할 때 쓰인다.
		중간선	0.3 ~ 0.5	입면선, 외형선 등 눈에 보이는 대부분의 것을 표현할 때 쓰인다.
		가는선	0.2 ~ 0.3	마감선, 인출선, 해칭선, 치수선 등 형태가 아닌 표기적 내용을 표현할 때 쓰인다.
허선	파선	중간선	------------	숨은선으로 물체의 보이지 않는 부분의 표시를 위해 쓰인다.
	일점쇄선	가는선	—·—·—·—·—	중심선으로 본체의 중심이나 대칭축에 쓰인다.
		굵은선	—·—·—·—·—	절단선으로 절단면의 위치나 부지경계선을 표현할 때 쓰인다.
	이점쇄선	굵은선	—··—··—··—	가상선으로 부지 경계선인 일점쇄선을 대신해 쓸 수 있다.

❸ 도면작성 시 적용방법

선의 굵기는 아래와 같이 3가지로 나눌 수 있으나 복잡성, 축척, 표시내용 등에 따라 적절하게 조절하여 사용한다.

농도	내용	선굵기
굵은선	실부지경계선, 퍼걸러, 건축물, 수목, 구조물의 단면선	0.5 ~ 0.8
중간선	원로·공간·녹지 등의 경계석, 일반시설물, 계단, 램프, 입면 형태선, 일반시설물의 단면선, 하부식생	0.3 ~ 0.5
가는선	마감선, 인출선, 치수선, 패턴 해칭, 지시선, 운동시설 구획선, 주차 구획선	0.2 ~ 0.3

❹ 도면작성 예시

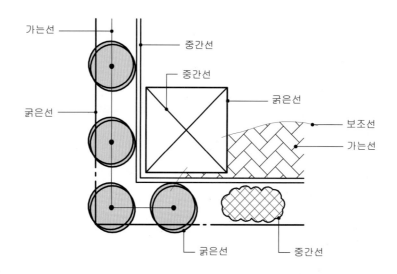

도면 | 굵기에 따른 적절한 선의 사용

❺ 선의 연습

보기 좋은 선은 많은 연습을 통해서만 얻을 수 있다. 연필 사용법을 머릿속에 그리며 선의 형태 및 굵기에 맞추어 반복하여 긋는다. 평행자(T자)와 삼각자의 사용법이 도면을 그리는 속도에 많은 영향을 미치므로 바른 자세로 연습하기 바란다.

① 제도판 중앙에 받침용 켄트지를 수평자에 맞추어 붙인다.

② 켄트지 위에 연습용 트레이싱지를 붙인다.

③ 트레이싱지 외곽에서 조금 떼어 도면 외곽선을 긋고 전체를 4등분 한다.

④ 4등분한 면에 아래의 순서로 3㎜ 정도의 간격으로 선을 긋는다.

   ㉠ 굵은선(실선) : 연필을 세워서 힘을 주어 2~3회 반복하여 긋는다.

   ㉡ 중간선(실선) : 연필을 60° 정도 기울여 고르게 힘을 주며 한번에 긋는다.

   ㉢ 가는선(실선) : 연필을 60° 정도 기울여 힘을 조금 주어 빠른 속도로 긋는다.

   ㉣ 파선(중간선) : 중간선 긋기와 같음.

   ㉤ 일점쇄선(굵은선) : 굵은선 긋기와 같음. 선 안의 점은 짧게 선을 그어도 괜찮다.

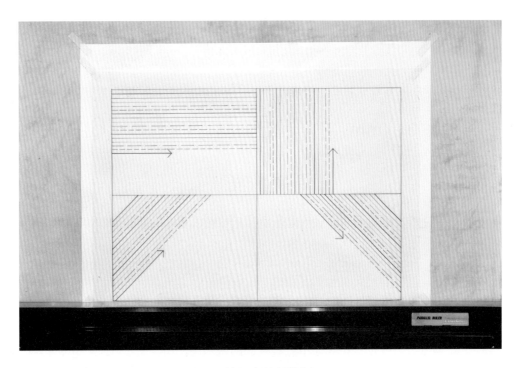

| 선긋기 연습방법 |

●● 선연습을 꼭 해야 하는지? ●●

형태도 없이 선만 그어 대는 선연습은 매우 지루한 일이다. 하지만 도면 1장 정도는 해볼만 하다. 처음 제도용구를 사용하는 것으로 어색함이 있으나 곧 익숙해진다. 더 이상의 반복적인 선연습은 무의미하며, 직접 도면을 그리는 것이 훨씬 효과적이고 도면에 대한 적응력도 향상된다. 지루한 선연습은 할 필요가 없다. 이상한 그림들을 그리려고 애쓰면 성격만 나빠진다. 지금의 좋은 성격을 유지하기 바란다.

2 |||| 글씨

❶ 글씨의 중요성

도면에 있어서 글씨는 생명줄과도 같다. 글씨가 잘 그린 도면과 못 그린 도면을 구분해 주는 척도가 되기 때문이다. 잘 그린 도면이 글씨로 인하여 못 그린 도면처럼 보인다면 얼마나 억울하겠는가? 반대로 조금 못 그린 도면도 글씨에 따라 잘 그린 것처럼 보여질 수 있기에, 글씨의 연습은 합격을 향해 가는 나침반과 같다.

❷ 글씨의 형태

① 글씨는 고딕체와 같이 반듯한 모양으로 쓴다.

② 글씨의 크기를 일정하게 하기 위하여 보조선을 사용하며, 작은 글씨는 3~4㎜ 정도로 하고 큰 글씨는 5~6㎜ 정도로 한다.

③ 1:1이나 1:1.5 등 형태적 규격에 얽매이지 말고 본인이 쓰기 쉬운 형태로 일정하게 쓴다.

작은 글씨는 3~4mm ┳ 큰 글씨는 5~6mm ┳

| 적정한 글씨의 크기 |

④ 도면의 글씨는 일반적인 글씨와 달리 힘을 주어 써야 하며 절대로 흘림글씨가 되지 않도록 한다.

❸ 글씨 연습

글씨 연습은 마음가짐이 중요하므로 차분한 마음으로 시작해야 한다.

다음의 예는 성운환경조경학원에서 쓰는 글씨체이다.

처음 글씨를 쓸 때에는 어렵고 지겨울 것이다. 글씨 쓰는 방법을 익히는 과정이므로 선에 맞추어 천천히 또박또박 쓰도록 한다.

> ●● 글씨 연습은 얼마나 해야 할까? ●●
> 글씨 연습은 도면을 그리지 않을 때까지 해야 한다. 즉 도면을 그리는 동안은 글씨 연습의 연속인 것이다. 글씨를 한두 장의 연습으로 잘 쓰기는 어렵다. 지속적으로 연습을 해야 조금 나아지는 정도이므로 인내심을 가지고 도를 닦는 마음으로 연습해야 한다. 글씨도 도면의 일부이므로 쓴다고 생각하지 말고 그린다는 마음으로 연습하기를 바란다.

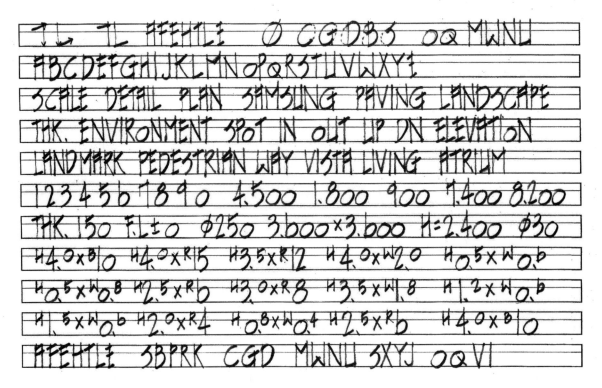

| 영자 및 숫자연습 |

| 한글연습 |

3 |||| 도면 내부사항 기재방법(도면의 종류에 대하여는 161쪽을 참조한다.)

❶ 도면명

| 도면명의 구조 및 적정크기 |

❷ 공간명 및 출입구 표시

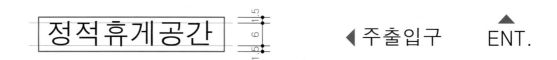

| 공간명의 크기 및 출입구 표시방법 |

❸ 단면표시

아래 그림의 세 가지 모두 좋은 표기법이므로 어떤 형태든 편한 방법을 선택하여 사용한다.

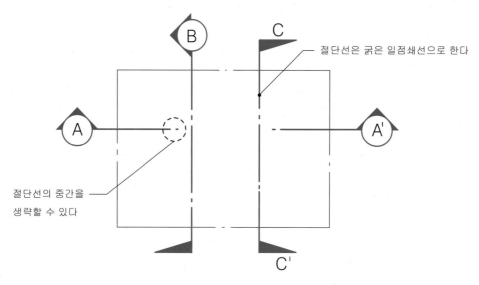

| 여러가지 절단선 표시법 |

❹ 재료 및 설명표시

(1) 면(面)상의 재료표시방법

평면적으로 나타나는 재료의 표기법으로 둥근점을 찍은 후 지시선을 자연스러운 곡선으로 표시한다.

마사토 깔기

(2) 입면, 단면 등 형태적 설명 표시방법

지시선을 90°의 선으로 끌어내고 끝부분은 점이나 짧은선으로 물체 가까이 표시한다.

퍼걸러

입면이나 단면의 지반선은
굵은선을 겹쳐서 나타낸다

(3) 집단적 표시방법

재료를 집단적으로 표현할 경우에는 인출선으로 90° 방향을 기준으로 하여 그 내용을 공정순서에 따라 기재하도록 한다.

지시선의 끝을 둥근점으로 표시할 경우에는 재료의 속에 표시하고, 화살표로 표시할 경우에는 재료의 경계면에 표시한다.

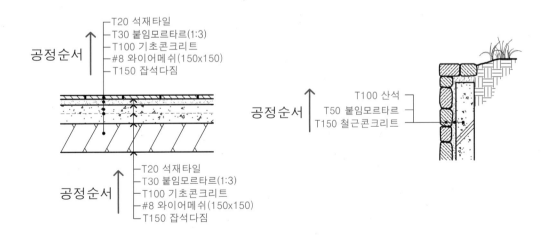

❺ LEVEL 및 단차

(1) 평면도에서의 표시방법

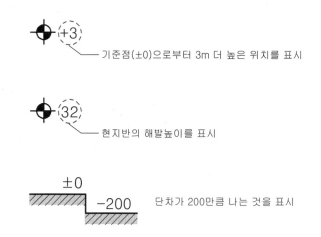

(2) 단면도 및 입면도에서의 표시방법

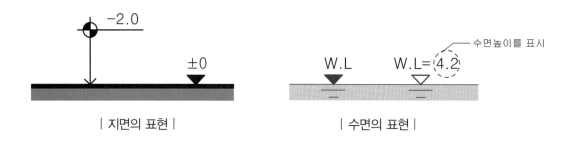

| 지면의 표현 | | 수면의 표현 |

❻ 인출선

(1) 수목 인출선

아래의 어떤 형태든 편한 방법을 선택하여 사용한다.

① 교목

　　㉠ 여러 그루의 수목 인출선은 수목연결선의 처음이나 마지막 부분에서 인출한다.

　　㉡ 멀리 떨어진 수목은 연결시키지 말고 별도로 인출한다.

　　㉢ 인출선의 교차가 일어나는 경우에는 점프선으로 나타내면 보기에 좋다.

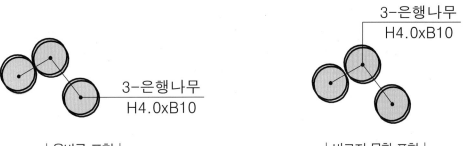

| 올바른 표현 | | 바르지 못한 표현 |

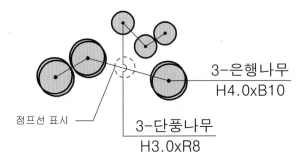

| 인출선의 교차 |

② 관목

　가까이 있는 군식끼리 연결하여 인출한다.

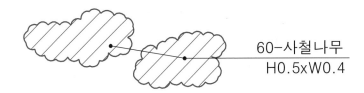

(2) 공간이 협소한 경우에 기입하는 방법

대상물 자체에 기입할 수 없는 경우에는 인출선을 사용하여 밖으로 끌어내어 기입한다.

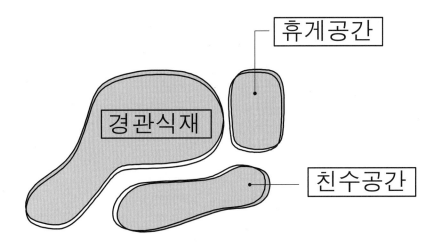

❼ 치수표시

치수의 단위는 ㎜를 원칙으로 하며 단위는 표시하지 않는다. 그 외의 단위를 사용할 경우에는
숫자에 단위를 붙여 표시하거나 선언적 단위를 명기한다.

(1) 선형치수 기입법

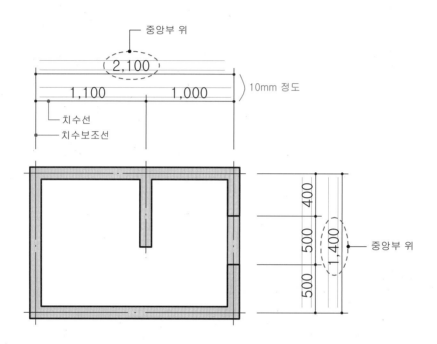

① 치수선은 가는선으로 그린다. 단, 상대적 굵기로 생각한다.

② 치수는 치수선의 중앙부 위에 치수선과 평행하게 기입하며, 치수선이 수직으로 표시될 경우
에는 선의 왼쪽을 위라고 한다.

③ 치수는 4㎜ 정도의 크기로 도면 내의 일반적 글씨의 크기와 같게 한다.

④ 치수를 기입할 공간이 좁은 경우에는 글자의 크기를 작게 쓰지 말고 인출선을 사용하여 기입
한다.

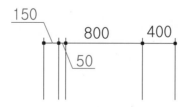

| 인출선을 사용한 치수기입법 |

(2) 반지름 및 각도

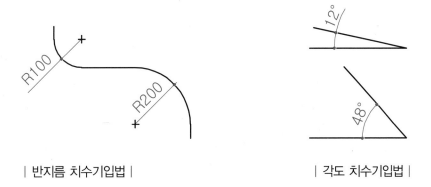

| 반지름 치수기입법 |　　　| 각도 치수기입법 |

❽ 방위표시 및 바스케일(Bar Scale)

(1) 방위

방위는 계획 시 가장 선행되어야 할 사항이다. 또한 도면작성에 있어서도 가장 중요한 요소이다. 일반적으로 도면의 위쪽을 북쪽으로 놓고 작성한다.

방위표시는 여러 가지 모양으로 나타낼 수 있으며 적당한 것을 선택하여 연습한다.

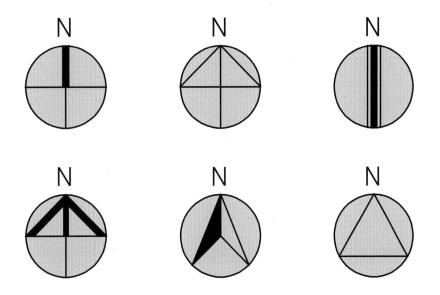

(2) 바스케일

스케일은 축척이라 하여 실제의 크기에 대하여 비율적(1/100, 1/200 등)으로 줄여서 표현한 것이다. 바스케일은 축척을 숫자가 아닌 그래픽적 표현으로 형상화하여 도면을 볼 때, 축척의 비율을 느끼게 하려는 것이다. 바스케일과 방위를 같이 쓰기도 한다.

SCALE=1/300

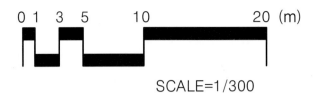

SCALE=1/300

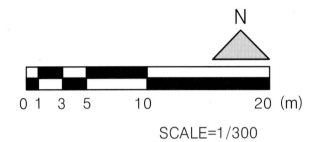

SCALE=1/300

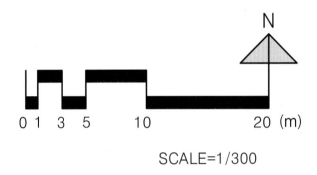

SCALE=1/300

❾ 도면의 구성 및 배치

도면의 균형감은 도면의 완성도를 높이는 중요한 역할을 한다.

설계의 내용을 보기 전에 채점자가 느끼는 첫인상이므로 짜임새 있는 구조를 갖추는 것이 채점 시 유리하게 작용한다.

도면의 크기에 따라 도면의 형태적 구조가 달라지나 실기시험에서는 일반적으로 A2 규격의 트레이싱지가 주어지므로 그에 따른 구성과 배치를 보도록 한다.

(1) 도면의 구성

도면은 그림을 그리는 곳과 도면명이나 수량표 등을 기입하는 표제란으로 이루어진다.

적절한 배분으로 시각적 안정감을 갖도록 한다.

　① 왼쪽 위에 105㎜를 띄어 45° 경사의 파선을 긋는다.(실기시험 때에는 이름표 밑에 파선을 긋는다.)

　② 테두리 외곽선은 10㎜의 간격을 두고 진하게 긋는다.

　③ 오른쪽 테두리 외곽선에서 120㎜ 정도 띄어 표제란을 설정한다.

　④ 표제란 내부를 구성한다.

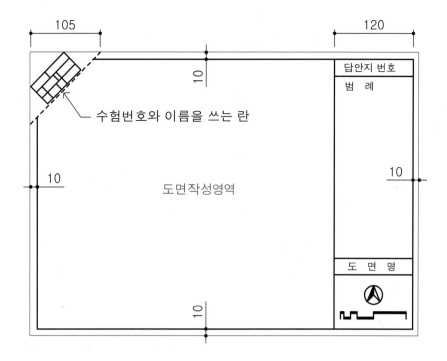

(2) 그림의 배치

도면작성영역에 그림을 배치할 경우 한가운데 배치하는 것이 균형감을 주는 요소로 작용한다.

물론 들어 가는 그림의 개수를 파악한 후 배치하는 것이 더욱 중요하다. 습관적으로 한가운데 배치하다 보면 낭패를 당하는 경우가 생기게 되므로 항상 주의한다.

　① 그림이 한 개인 경우

　　㉠ 도면작성영역을 가로, 세로로 이등분한 보조선을 긋고 중심을 잡는다.

　　㉡ 앞에서 정한 중심에 가상한 그림의 중심을 맞추어 배치한다.

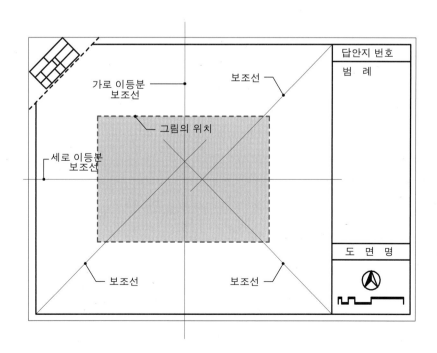

② 그림이 두 개인 경우

ⓘ 도면작성영역에 세로로 이등분한 보조선을 긋고 중심을 잡은 후 그림의 중심에 맞추어 배치한다.

ⓛ 그림의 크기는 개별 도면명을 고려한 크기로 배치하여야 한다.

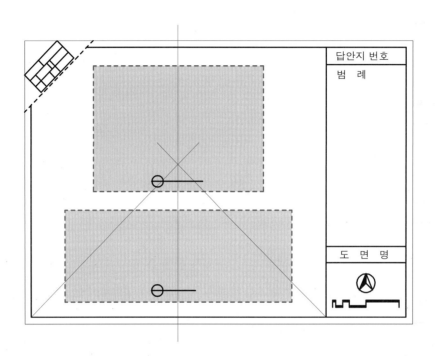

⑩ 약어

표기	내용	표기	내용
EL.(ELEV.)	표고(Elevation)	B.C	커브시점(Beginning of Curve)
G.L	지반고(Ground Level)	E.C	커브종점(End of Curve)
F.L	계획고(Finish Level)	DN	내려감(Down)
W.L	수면 높이(Water Level)	UP	올라감(Up)
F.H	마감 높이(Finish Height)	D10	지름(내경, 이형)
B.M	표고 기준점(Bench Mark)		이형철근/원목 등의 직경
W = 1.2m	너비, 폭(Width)	@100	간격(at/재료, 거리, 배열)
H = 1.0m	높이(Height)		10cm간격
L = 1,000	길이(Length)	CONC.	콘크리트
ø300	지름(외경, 둥근형)	STL, ST	철재(Steel)
T, THK 50	재료 두께(Thickness)	P.C	Precast Concrete
r = 800	반지름(Radius)	EXP. JT	신축줄눈
EA	개수(Each)		(Expansion Joint)
TYP.	표준형(Typical)	MH	맨홀

⑪ 도면이해 및 재료표시

설계를 하려면 도면을 보고 그 내용을 이해할 수 있고 다른 사람에게 자기의 설계내용을 전할 수 있어야 한다. 다음은 설계 시 필요한 한국제도통칙의 내용을 간단하게 정리한 것이다.

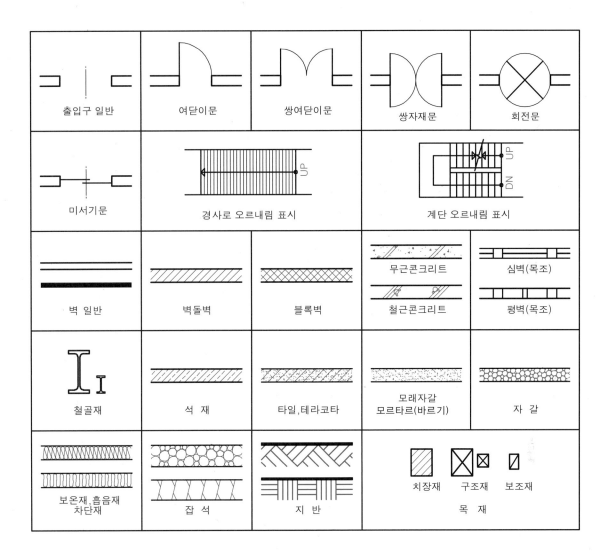

출입구 일반	여닫이문	쌍여닫이문	쌍자재문	회전문
미서기문	경사로 오르내림 표시		계단 오르내림 표시	
벽 일반	벽돌벽	블록벽	무근콘크리트 / 철근콘크리트	심벽(목조) / 평벽(목조)
철골재	석 재	타일,테라코타	모래자갈 모르타르(바르기)	자 갈
보온재,흡음재 차단재	잡 석	지 반	치장재 구조재 보조재 목 재	

4 |||| 제도실습

❶ 제도 전의 주의사항

제도의 기본은 정확성이다. 치수와 형태가 정확해야 한다. 치수는 삼각스케일로 축척에 맞게 눈금을
잘 보아야 하고, 형태는 선의 연결점을 잘 맞추는 것이 우선이다.

(1) 직선과 직선의 만남

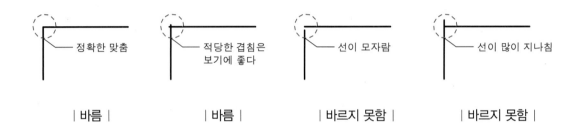

| 바름 | | 바름 | | 바르지 못함 | | 바르지 못함 |

(2) 직선과 곡선의 만남

| 바름 | | 바르지 못함 | | 바르지 못함 |

(3) 파선과 파선의 만남

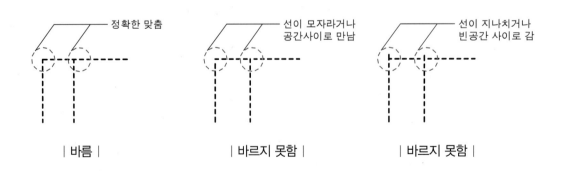

| 바름 | | 바르지 못함 | | 바르지 못함 |

❷ 보조선을 사용하여 도형 그리기

제도를 할 때 그리고자 하는 형태를 처음부터 진한선으로 직접 그릴 수는 없다. 보조선을 사용하여 형태를 그릴 수 있는 밑그림을 그린 후 그 위에 작도한다. 보조선은 선이지만 그림에 영향을 미치지 않는 가선이다. 하지만 흐리게 긋지 않으면 도면을 지저분하게 할 수 있으므로 가급적 적게 사용함이 바람직하다.

(1) 직사각형

(2) 정사각형

(3) 45° 이등변 삼각형

(4) 정삼각형

❸ 형태연습

(1) 치수를 적용하지 않은 도형연습

치수가 주어지지 않았으므로 형태적 비율을 보고 작도해 보기 바란다.

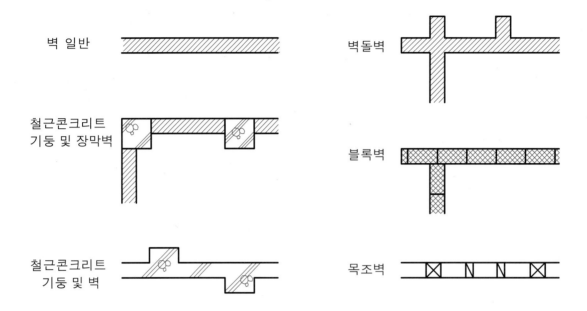

(2) 축척을 이용한 도형연습

다음의 도형을 각각 1/200, 1/300, 1/500의 축척으로 3개씩 작도 후 치수까지 기입해 보기 바란다.(현재의 도형은 무축척 그림이다.)

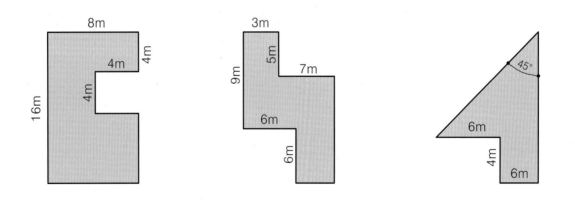

❹ 프리핸드(Freehand) 제도

개념도 작성을 위한 표현기법을 연습하는 과정이다.(개념도에 대하여는 163쪽을 참조한다.)

여러 가지 다양한 표현법을 연습하여 개념도가 풍성해 보일 수 있도록 한다.

(1) 필법

   ① 수평, 수직 감각을 익힌다.

   ② 마음을 가다듬고 집중하여 긋는다.

   ③ 천천히 긋기를 연습한 후 빠르게 긋는 연습을 한다.

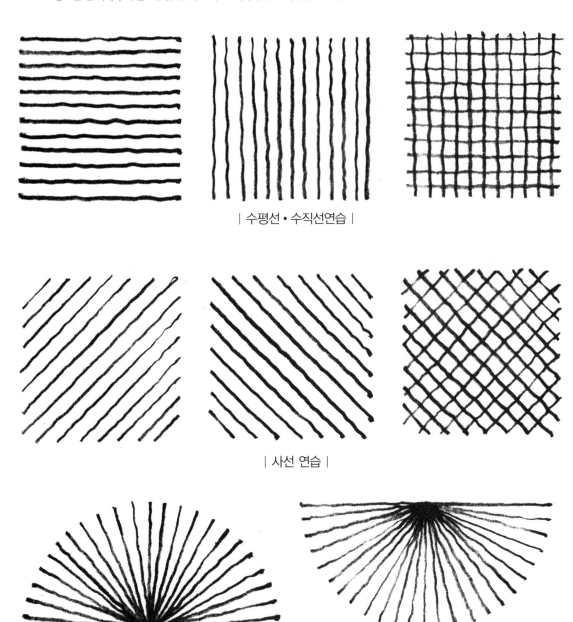

| 수평선 • 수직선연습 |

| 사선 연습 |

| 방사선 연습 |

(2) 공간(공간의 기능 및 개념에 대하여는 163쪽을 참조한다.)

넓이를 가진 면적인 공간을 부드럽고 자연스러운 곡선으로 표현하며, 각진 공간이라 하더라도 모서리 부분은 곡선으로 처리한다. 단, 건축물이나 구조물이 주요소인 경우에는 형태대로 나타내도 좋다.

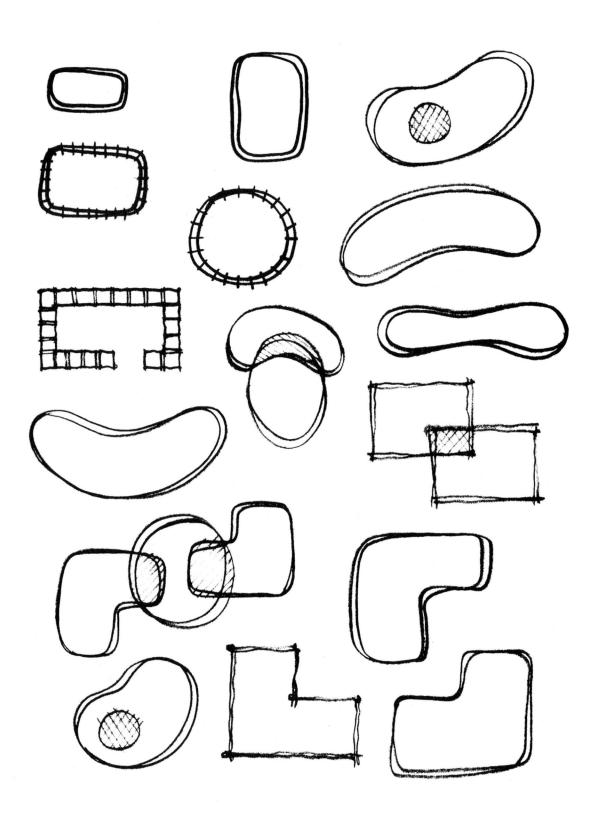

(3) 동선(동선의 기능 및 개념에 대하여는 164쪽을 참조한다.)

　동선은 위계별로 등급을 구분하여 나타내며 화살선으로 표시하므로 방향성을 갖는다. 넓이나 크기가 같더라도 상위 등급을 나타낼 때는 중량감으로 구별해 준다.

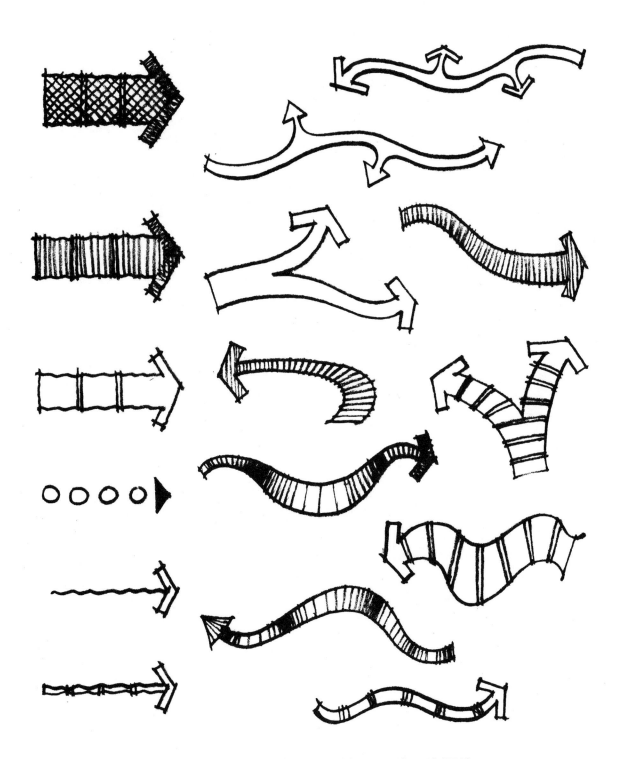

| 동선의 위계 : 차량동선 → 주동선 → 부동선 → 연계동선 |

(4) **식재공간**(식재의 기능 및 개념에 대하여는 164쪽을 참조한다.)

식재의 기능적 역할이나 활엽수와 침엽수의 구분을 형태상으로 나타낸다.

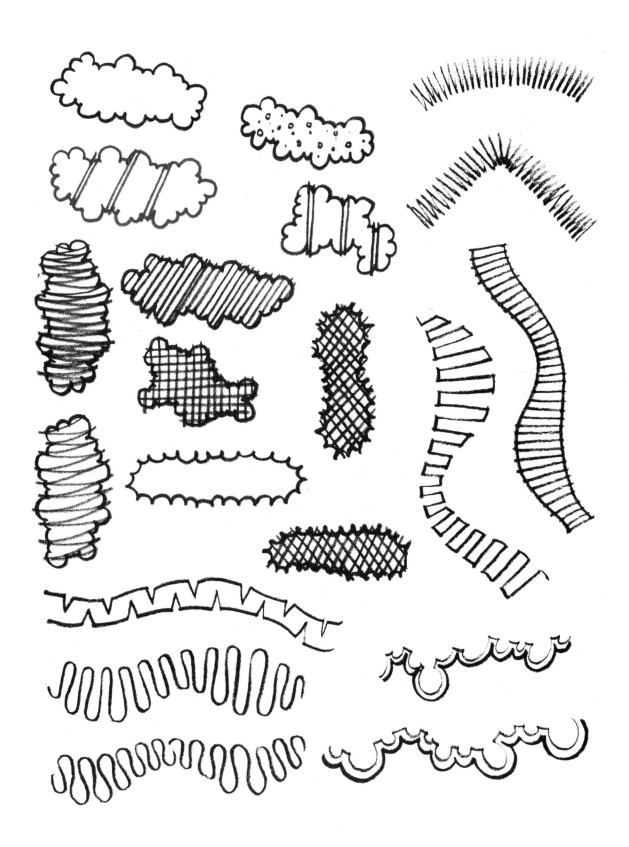

(5) 점

강조요소, 결절점, 요점식재, 환경조형물 등 점적인 요소를 나타낼 때 쓴다.

(6) 여러가지 변형표현
시각, 소음, 바람 등의 여러가지를 나타낸 표현법이다.

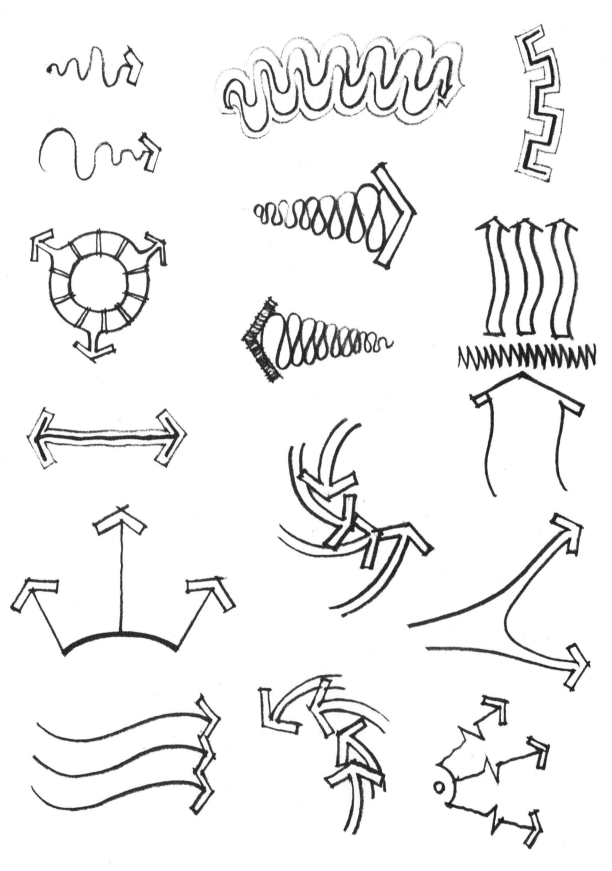

조경설계

PART 2

조경설계

조경설계 이해 및 설계대상

　조경설계란 설계대상지의 조사분석을 통한 동선의 체계, 시설 및 녹지의 규모와 위치를 부지에 결합시키는 과정인 기본계획설계를 바탕으로 공사내용과 시공에 필요한 사항을 설계도서에 표기하는 것을 말한다. 여러분이 실기시험에서 해야 할 것은 기본계획설계와 조경설계가 합쳐진 형태의 과제로 복합적인 시험이다.

> ●● 조경설계의 대상에 대하여 숙지하도록 하자! ●●
> 시험에 출제되었던 설계대상공원별 시설 설치기준 및 건폐율과 용적률 그리고 대지안의 조경면적에 대하여 알아두어야 한다.

1 ||||| 조경설계의 기본원칙

　국가에서 승인한 조경설계의 기준을 보면 '환경적으로 건전하고 지속가능한 설계'가 목표이므로 그에 따른 설계가 되어야 한다.

① 수목과 지피식물 등의 기존식생과 기존지형·문화·경관·역사경관 등을 최대한 보전한다.
② 주요 생물 서식처·철새 도래지·수계·야생동물 이동로 등의 기존 생태계를 최대한 보전한다.
③ 배치·재료·공법 등 제반 설계요소를 적용함에 있어 설계지역의 '기후와 에너지절약'을 근거로 한다.
④ 모든 옥외공간 계획과 설계에서 '장애인을 고려하는 설계'가 되도록 노력한다.
⑤ 모든 옥외공간 계획과 설계에서 유지관리의 노력과 비용을 최소화할 수 있도록 설계한다.

　위의 사항을 고려하여 실기시험에서 적용할 수 있는 방법을 염두에 두어야 한다.

2 |||| 조경자격증 시험의 설계대상

실기시험에 주로 나오는 설계대상은 공원이나 건축물 조경이다. 그 종류는 다양할 수 있으나 규모는 설계답안지의 크기와 시험시간으로 제약되어 있다. 아래에 제시되는 내용을 모두 외우기는 어려우나 감각적인 능력을 향상시키는 데 도움이 되고, 또한 시험의 조건으로 출제되기도 하므로 숙지하는 것이 바람직하다.

❶ 생활권 공원의 설치기준

공원구분	설치기준	유치거리	규모	건폐율 (삭제됨)	시설부지면적	시설 설치기준
소공원	제한 없음	제한 없음	제한 없음	5%	20% 이하	조경시설·휴양시설 중 긴의자, 유희시설·편익시설 중 음수장·공중전화실에 한할 것.
어린이 공원	제한 없음	250m 이하	1,500m² 이상	5%	60% 이하	조경시설·휴양시설(경로당 및 노인복지회관을 제외한다.)·유희시설·운동시설·편익시설 중 화장실·음수장·공중전화실로 하되, 휴양시설을 제외하고는 원칙적으로 어린이의 전용시설에 한할 것.
근린공원						
근린생활권 근린공원	제한 없음	500m 이하	10,000m² 이상	20%	40% 이하	일상의 옥외 휴양·오락활동 등에 적합한 조경시설·휴양시설·유희시설·운동시설·교양시설 및 편익시설로 하며, 원칙적으로 연령과 성별의 구분없이 이용할 수 있도록 할 것.
도보권 근린공원		1,000m 이하	30,000m² 이상	15%		
도시지역권 근린공원	공원의 기능을 충분히 발휘할 수 있는 장소	제한 없음	100,000m² 이상	10%		주말의 옥외 휴양·오락활동 등에 적합한 조경시설·휴양시설·유희시설·운동시설·교양시설 및 편익시설 등 전체 주민의 종합적인 이용에 제공할 수 있는 공원시설로 하며, 원칙적으로 연령과 성별의 구분없이 이용할 수 있도록 할 것.
광역권 근린공원		제한 없음	1,000,000m² 이상	10%		

❷ 주제공원 설치기준

공원구분	설치기준	유치거리	규모	건폐율 (삭제됨)	시설부지면적	시설 설치기준
역사공원	제한 없음	제한 없음	제한 없음	20%	제한 없음	역사자원의 보호·관람·안내를 위한 시설로서 조경시설·휴양시설(경로당 및 노인복지회관을 제외한다.)·운동시설·교양시설 및 편익시설로 할 것.
문화공원	제한 없음	제한 없음	제한 없음	20%	제한 없음	문화자원의 보호·관람·이용·안내를 위한 시설로서 조경시설·휴양시설(경로당 및 노인복지회관을 제외한다.)·운동시설·교양시설 및 편익시설로 할 것.

수변공원	하천·호수 등의 수변과 접하고 있어 친수공간을 조성할 수 있는 곳	제한 없음	제한 없음	20%	40% 이하	수변공간과 조화를 이룰 수 있는 시설로서 조경시설·휴양시설(경로당 및 노인복지회관을 제외한다.)·운동시설 및 편익시설(일반음식점을 제외한다.)로 하며, 수변공간의 오염을 초래하지 아니하는 범위 안에서 설치할 것.
묘지공원	정숙한 장소로 장래 시가화가 예상되지 아니하는 자연녹지지역	제한 없음	10,000 ㎡ 이상	2%	20% 이상	주로 묘지 이용자를 위하여 필요한 조경시설·휴양시설·편익시설과 그 밖의 시설 중 장례식장·납골시설 및 화장장으로 하며, 정숙한 분위기를 저해하지 아니하는 범위 안에서 설치할 것.
체육공원	공원의 기능을 충분히 발휘할 수 있는 장소	제한 없음	10,000 ㎡ 이상	20% 15% 10%	50% 이하	조경시설·휴양시설(경로당 및 노인복지회관을 제외한다.)·유희시설·운동시설·교양시설(고분·성터·고옥 그 밖의 유적 등을 복원한 것으로서 역사적·학술적 가치가 높은 시설, 공연장, 과학관·미술관 및 박물관에 한한다.) 및 편익시설로 하되, 원칙적으로 연령과 성별의 구분 없이 이용할 수 있도록 할 것. 이 경우 운동시설에는 체력단련시설을 포함한 3종목 이상의 시설을 필수적으로 설치하여야 한다.
특별시, 광역시 도의 조례가 정하는 사항	제한 없음	제한 없음	제한 없음	20%	제한 없음	조경시설·휴양시설·교양시설 및 편익시설의 범위 안에서 설치할 것.

●● 건폐율 : 대지면적에 대한 건축면적(건축물의 수평투영면적)의 비율을 말한다. ●●

예) 주거지역 내의 대지면적이 700㎡이고 건축면적이 400㎡인 경우의 건폐율은 얼마인가?
400/700 × 100%=57.14%

❸ 건축물의 조경

건축물의 조경은 건축법의 대지의 조경에 정의되어져 있다.

면적이 200㎡ 이상인 대지에 건축하는 경우 지방자치단체의 조례에 의해 일정면적의 녹지를 조성해야 한다.

(1) 일반적인 조경면적 산정법

① 연면적의 합계가 2,000㎡ 이상인 건축물 : 대지면적의 15% 이상

② 연면적의 합계가 1,000㎡~2,000㎡ 미만인 건축물 : 대지면적의 10% 이상

③ 연면적의 합계가 1,000㎡ 미만인 건축물 : 대지면적의 5% 이상

(2) 조경면적 1㎡마다 교목 및 관목의 수량은 다음의 기준에 적합하게 식재하여야 한다.

① 상업지역 : 교목 0.1주 이상, 관목 1.0주 이상

② 공업지역 : 교목 0.3주 이상, 관목 1.0주 이상

③ 주거지역 : 교목 0.2주 이상, 관목 1.0주 이상

④ 녹지지역 : 교목 0.2주 이상, 관목 1.0주 이상

(3) 식재하여야 할 교목은 흉고직경 5㎝ 이상이거나 근원직경 6㎝ 이상 또는 수관폭 0.8m 이상으로서 수고 1.5m 이상이어야 한다.

(4) 상록수 및 지역수종 비율

① 상록수 식재비율 : 교목 및 관목 중 규정 수량의 20% 이상

② 지역에 따른 특성수종 식재비율 : 규정 식재수량 중 교목의 10% 이상

●● 연면적 : 각층 바닥면적의 합계를 말한다. ●●

예) 주거지역 내의 대지면적이 700㎡이고 각 1개층의 바닥면적이 400㎡인 3층 건물의 조경면적 및 식재수량을 구하시오.

- 조경면적   400 × 3 = 1,200㎡ → 대지면적의 10% 이상

         ∴ 700 × 0.1 = 70㎡

- 조경수목

| 교목 : 70 × 0.2 = 14주 | 상록수 : 14 × 0.2 = 3주 |
| 관목 : 70 × 1 = 70주 | 상록수 : 70 × 0.2 = 14주 |

❹ 공원시설의 종류

공원시설	종류
1. 조경시설	화단·분수·조각·관상용식수대·잔디밭·산울타리·그늘시렁·못 및 폭포 등
2. 휴양시설	휴게소, 긴의자, 야유회장 및 야영장, 경로당, 노인복지회관 등
3. 유희시설	그네·미끄럼틀·시소·정글짐·사다리·순환회전차·모노레일·삭도·모험놀이장, 발물놀이터·뱃놀이터 및 낚시터 등
4. 운동시설	테니스장·수영장·궁도장, 각종 운동종목을 위한 운동시설, 실내사격장, 6홀 이하 골프장, 자연체험장 등
5. 교양시설	식물원·동물원·수족관·박물관·야외음악당·도서관·독서실, 온실, 야외극장, 문화회관, 미술관, 과학관, 생활권 청소년수련시설, 국·공립보육시설, 천체 또는 기상관측시설, 기념비, 고분·성터·고옥 등의 유적을 복원한 것으로서 역사적·학술적 가치가 높은 시설, 공연장, 전시장, 어린이 교통안전교육장, 재난·재해 안전체험장, 생태학습원, 민속놀이마당 등
6. 편익시설	주차장·매점·화장실·우체통·공중전화실·휴게음식점·일반음식점·약국·수화물예치소·전망대·시계탑·음수장·다과점 및 사진관, 유스호스텔, 선수 전용 숙소, 운동시설 관련 사무실, 대형마트 및 쇼핑센터 등
7. 공원관리시설	관리사무소·출입문·울타리·담장·창고·차고·게시판·표지·조명시설·쓰레기처리장·쓰레기통·수도 및 우물 등
8. 그 밖의 시설	납골시설, 장례식장, 화장장 및 묘지

퍼걸러 4,500×4,500	사각정자 4,500×4,500	육각정자 D=4,500	평의자 1,800×400	등의자 1,800×650	야외탁자 1,800×1,800
평상 2,100×1,500	수목보호대 2,000×2,000	음수대 500×500	휴지통 Ø600	집수정 900×900	빗물받이 600×600
조명등 H=4,500	볼라드 Ø450	안내판 H=2,100	미끄럼대 이방식	그네 3연식	회전무대 D=2,400
철봉 L=4,500(3단)	정글짐 2,400×2,400	사다리 3,000×1,000	조합놀이대	시소 3연식	배드민턴장 6m×13m
배구장 9m×18m	테니스장 11m×24m	농구장 15m×28m	연못	분수	도섭지
벽천	화장실	매점 및 식당	관리사무소	담장 및 펜스 H=1,800	전기배선
급수관 Ø25	우배수관 Ø300	맹암거 Ø200	법면	계단 및 램프	주차장

Chapter 02

공간 및
시설물설계

다음의 내용은 조경설계를 하기 위한 최소한의 기본사항인 공간 및 시설물의 배치와 도면작성에 관한 것으로 많은 연습을 필요로 한다. 시설물의 표현은 절대적이지 않으며 여러 가지 형태와 크기를 가지고 있다. 한 가지만으로 생각하지 말고 조금 더 확대하여 다양성을 가질 수 있도록 한다. 물론 시험문제의 조건에 형태 및 크기가 주어지면 조건의 규격대로 해야 한다. 따라서 시험문제의 조건과 공간적, 시간적 상황을 고려하여 대처를 하는 것이 바람직하다. 식재의 기능은 제3장의 식재설계를 참고하여 이해하도록 한다.

●● 시설물의 표현방법 ●●
설계시험 시 도면작성에 필요한 것을 선택적으로 사용함이 효율을 높이는 방법이다.
공간이나 시설물은 평면도 작성 시 표현되는 것을 준비하는 과정이므로 여러가지의 표현법을 연습하여 본 후 자기에게 적당한 것을 선택한다. 여러 가지의 방법이나 표기를 연습하여도 결국 시험에서는 한 장의 도면만 그리므로 한 가지만 사용하게 된다. 시간이 단축되고 표기가 명확한 단순 형태의 것을 사용함이 좋은 방법이다. 다음의 도면표기에 제시되는 것들은 도면에 사용되는 실제크기의 표현법이므로 한 번씩 그려 보기 바란다.

1 |||| 휴게공간 및 시설

이용자의 휴게를 목적으로 설치하는 시설공간이다.

❶ 공간의 특성
① 대표적인 정적 공간으로 공원의 필수적인 공간이다.
② 만남과 대화, 휴식, 대기, 감시 등의 기능을 갖는다.[도면7, 8]

③ 보행동선을 고려하여 결절점 등이나 경관이 좋은 곳에 배치한다.

④ 시험문제의 조건 및 설계대상 규모 등을 고려하여 공간의 크기를 정하나 좁고 긴 형태는 좋지 않다.[도면3]

⑤ 동선에 의한 방해가 되지 않도록 3면이 식재지에 접하는 것이 좋다.[도면5, 6]

⑥ 주변에 녹음식재를 도입하며, 울타리식재는 휴게공간의 성격에 따라 설치한다.

⑦ 광장, 진입광장, 운동공간, 수변공간, 놀이공간, 원로 등에 설치하여 부수적 기능을 갖도록 한다.[도면9]

❷ 시설물

① 퍼걸러, 정자, 쉘터 등 그늘을 이용할 수 있는 시설과 의자, 앉음벽, 평상, 야외탁자 등 휴식에 필요한 시설을 도입한다. 더불어 휴지통, 음수대, 수목보호대, 조명등 등의 시설도 함께 설치한다.

② 바닥은 벽돌포장, 자연석판석포장 등 편안한 느낌의 재료를 사용한다.[도면1~4]

③ 도면표기

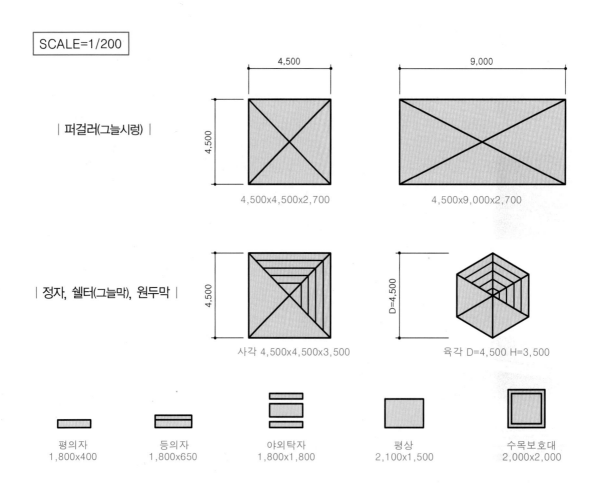

SCALE=1/200

| 퍼걸러(그늘시렁) |
4,500×4,500×2,700
4,500×9,000×2,700

| 정자, 쉘터(그늘막), 원두막 |
사각 4,500×4,500×3,500
육각 D=4,500 H=3,500

평의자 1,800×400
등의자 1,800×650
야외탁자 1,800×1,800
평상 2,100×1,500
수목보호대 2,000×2,000

SCALE=1/300

 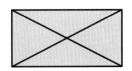

SCALE에 관계없이 그린다.

음수대	휴지통	집수정	빗물받이	조명등	볼라드	안내판
500x500	Ø 600	900x900	600x600	H=4,500	Ø 450	H=2,100

④ 시설물 사진

| 사각정자

| 퍼걸러

| 쉘터-그늘막

| 육각정자

| 장퍼걸러

| 원두막

| 평의자

| 야외탁자

| 등의자

| 평상

| 휴지통

| 안내판

| 음수대

| 맨홀-집수정

| 빗물받이

| 의자 겸용 수목보호대

| 의자 겸용 플랜터

| 의자 겸용 수목보호대

| 수목보호대

| 볼라드

| 볼라드

❸ 설계예시

원로

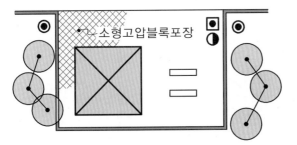

소형고압블록포장

휴게공간에는 퍼걸러와 평의자가 꼭 필요하다. 추가로 휴지통, 음수대, 조명등 등을 표현해 준다.

도면1 | 최소한의 휴게공간

원로

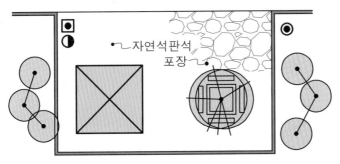

자연석판석포장

일반적인 규모라 함은 퍼걸러 1개에 평의자를 배치하고 여유로운 정도의 크기를 가지고 있어 평의자의 그늘을 위한 수목보호대를 넣어도 좁아 보이지 않는 정도의 크기를 말한다.

도면2 | 일반적인 규모의 휴게공간

원로

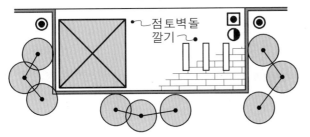

점토벽돌깔기

공간의 형성은 재료의 분리나 식재의 구획으로 나타낸다. 한쪽으로 긴 형태의 공간은 2개의 면이 개방된 것처럼 느껴지므로 공간감을 갖기 힘들다.

도면3 | 좁고 긴 형태는 공간감이 없다

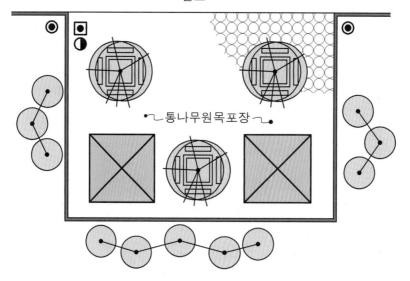

원로

통나무원목포장

큰 규모의 휴게공간이라 함은 다소간의 차이는 있으나 공간 내에 복수의 시설물이 들어가도 답답함을 느끼지 않는 정도의 크기로 생각한다.

도면4 | 큰 규모의 휴게공간

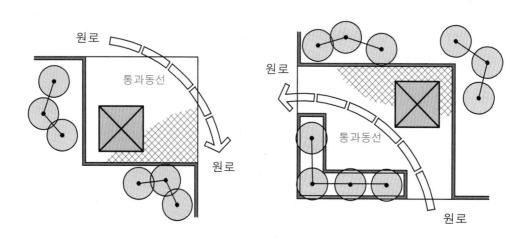

원로

통과동선

원로

원로

통과동선

원로

동선의 굴절부에 공간을 배치할 경우 동선의 단축경로를 생각하여 통과동선이 되지 않도록 공간의 보호장치가 필요하다.

도면5 | 공간의 동선화

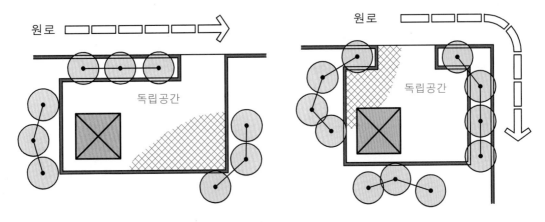

공간의 독립성이나 역할을 식재지로 보호한 경우 동선에 의한 방해가 일어나지 않는다.

도면6 | 동선에 방해받지 않음

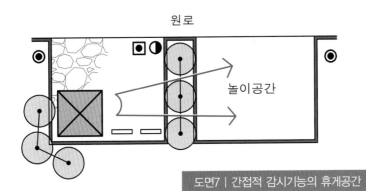

휴게기능과 만남·대화가 가능한 형태의 공간이나 간접적으로 놀이공간의 감시가 가능하도록 배치된 형태이다.

도면7 | 간접적 감시기능의 휴게공간

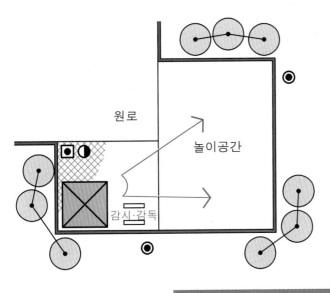

직접적인 놀이공간의 감시가 목적인 경우로 휴게기능이 있는 놀이공간의 일부로 생각하여 배치한다.

도면8 | 직접적 감시기능의 휴게공간

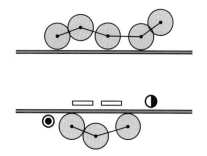

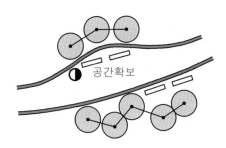

원로폭이 넓은 경우에는 휴게시설의
설치가 비교적 자유롭다.

산책로의 경우 폭이 좁으므로 시설배치를
위한 공간확보를 하거나 식재지 안쪽에 시
설물을 배치한다.

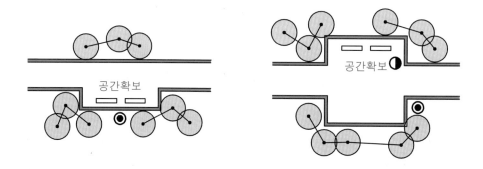

원로폭이 좁은 경우에는 배치한 시설물이 장해요인이 될 수 있으므로 시설물 배치에 필요한 공간을
확보한다.

도면9 | 원로에 설치한 휴게시설

2 ||||| 놀이공간 및 시설

어린이의 놀이를 목적으로 설치하는 시설공간이다.

❶ 공간의 특성

① 놀이공간은 실기시험에 나오는 규모의 일반적인 공원에는 필수공간이다.

② 공원 내 구석진 곳은 피하고 휴게공간 근처가 적당하다.

③ 시험문제의 조건 및 필요한 놀이기구 등을 고려하여 공간의 크기를 정하며, 좁고 긴 형태를 피한다.[도면1]

④ 이용계층이 구분되어 있는 경우에는 유아놀이공간과 유년놀이공간으로 구분하는 것을 고려한다.

⑤ 녹음식재를 도입하고 유아놀이공간과 유년놀이공간의 분리는 완충식재로 하고, 정적놀이공간과 동적놀이공간은 차폐식재로 구분하는 것이 좋다.[도면3]

⑥ 감시·감독을 감독을 위한 휴게공간을 설치하며 그에 따른 시설물을 도입한다.[도면3]

❷ 시설물

① 대표적인 동적 공간으로 공원의 필수적인 공간이다.

② 미끄럼대, 그네, 시소, 정글짐, 회전무대, 사다리, 조합놀이대 등의 놀이시설과 철봉, 평행봉 등의 운동시설도 설치한다.

③ 그네, 회전무대 등의 요동시설은 구석쪽으로 배치하고 미끄럼대와 그네는 북향이나 동향으로 배치한다.

④ 도섭지는 놀이시설이나 놀이공간보다는 휴게공간 근처나 수경시설과 연계하여 설치한다.

⑤ 바닥은 두께 30㎝ 이상의 모래깔기를 많이 사용하며 별도의 재료를 사용할 경우에는 30㎡ 정도의 모래밭을 만들어 준다.

⑥ 빗물의 배수를 위하여 맹암거(지하 배수시설)를 설치하는 것이 좋다.[도면2]

⑦ 도면표기

SCALE=1/200

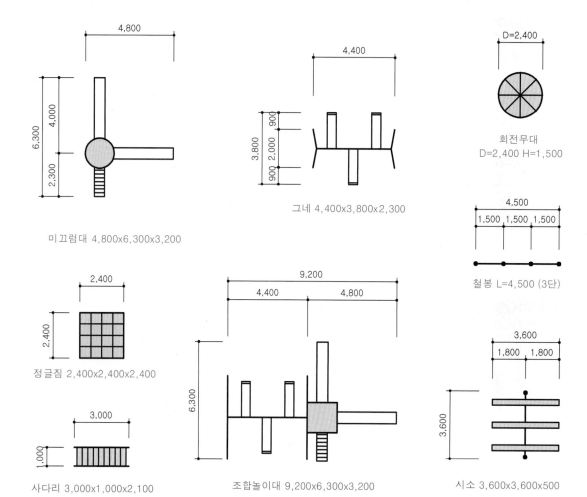

미끄럼대 4,800x6,300x3,200

그네 4,400x3,800x2,300

회전무대
D=2,400 H=1,500

철봉 L=4,500 (3단)

정글짐 2,400x2,400x2,400

사다리 3,000x1,000x2,100

조합놀이대 9,200x6,300x3,200

시소 3,600x3,600x500

SCALE=1/300

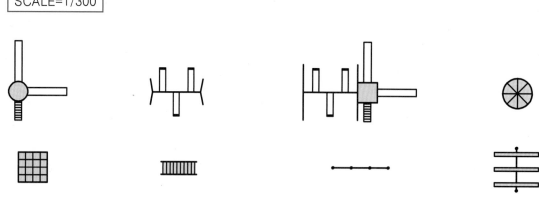

⑧ 시설물 사진

| 미끄럼대

| 그네

| 회전무대

| 정글짐

| 조합놀이대

| 사다리-래더

| 철봉

| 시소

❸ 설계예시

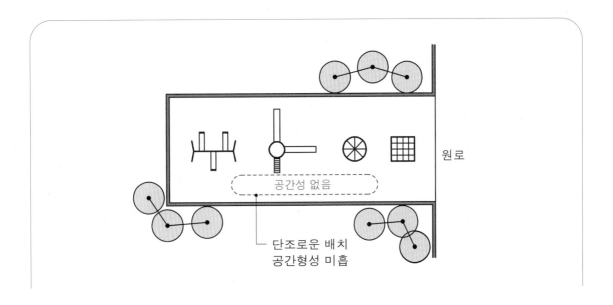

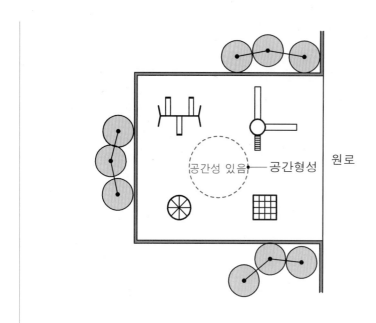

놀이공간의 형태가 놀이시설의 배치에 영향을 미치므로 시설물의 종류와 개수에 맞는 형태를 갖춘다. 활동적인 공간이므로 일정공간을 확보할 수 있는 형태가 바람직하다.

공간성 있음 ─ 공간형성

원로

도면1 | 놀이공간의 시설물 배치

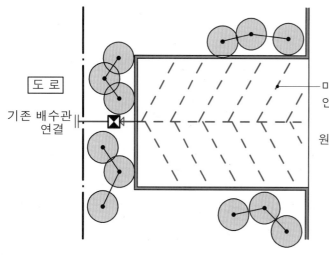

도 로

기존 배수관 연결

마사토 및 모래포설 인 경우 설치한다.

원로

바닥의 포장을 투수성이 있는 재료로 사용한 경우 지반의 배수상태가 불량하면 배수시설을 해 주어야 한다. 시험에서는 지반의 상태까지 조건에 나오지는 않으나 배수시설의 설치를 요구하는 경우도 있고, 수검자 스스로가 배치해 줄 수도 있어야 한다.

도면2 | 맹암거의 표현

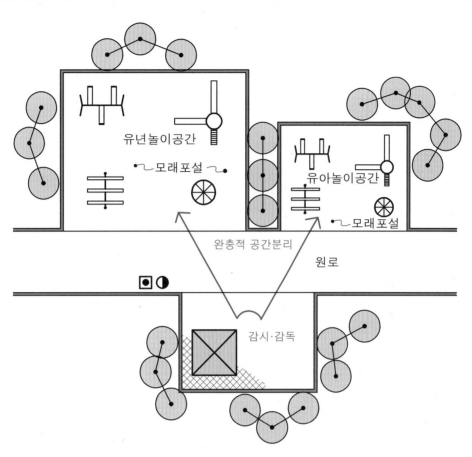

유년놀이공간

～모래포설～

유아놀이공간

～모래포설

완충적 공간분리

원로

감시·감독

공간의 분리를 어떻게 할 것인가에 따라 공간의 배치 및 식재방법이 달라진다. 공간적 성격이 비슷하면 완
충의 개념으로 분리하고, 공간의 성격이 현저히 다르면 차폐를 통한 완전한 분리를 선택한다.

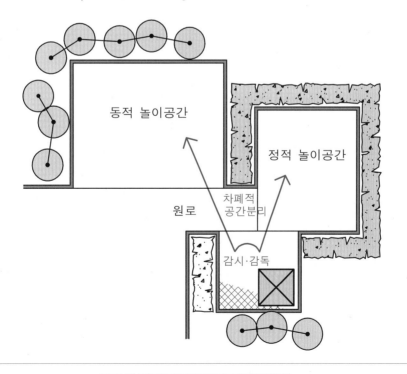

동적 놀이공간

정적 놀이공간

원로

차폐적
공간분리

감시·감독

도면3 | 공간의 성격적 분리

3 |||| 운동공간 및 시설

이용자들의 신체단련 및 운동을 위하여 설치하는 시설공간이다.

❶ 공간의 특성

① 동적 활동공간으로 놀이공간과 함께 필수공간이다.

② 시험문제의 조건과 설계대상공간을 고려하여 규모를 정하며 개별공간으로는 가장 큰 공간이다.

③ 공원의 외곽부에 면하여 배치하게 되는 경우가 많으며, 원로에 접하는 경우에는 가급적 식재로 구분한다.[도면1]

④ 운동공간의 배치는 장축이 남북을 향하도록 배치하며, 부지의 여건상 어려운 경우에는 동서로 조금 기울어져도 괜찮다.

⑤ 운동공간의 주변에는 완충식재를 두어 다른 공간과의 관계를 고려한다.[도면2]

⑥ 공간에 여유가 있을 경우에는 휴게시설 및 편익시설, 관람시설을 설치한다.[도면3]

⑦ 주차장이 있을 경우에는 인접하여 배치한다.

❷ 시설물

① 체력단련시설인 팔굽혀펴기, 윗몸일으키기, 허리돌리기, 철봉, 평행봉 등은 운동공간의 가장자리에 설치한다.

② 경기장을 필요로 하는 배드민턴장, 배구장, 테니스장, 농구장, 축구장, 롤러스케이트장, 게이트볼장 등은 향(向)을 고려하여 설치한다.

③ 경기장의 사방 여유공간은 3m 정도로 하면 적당하다.[도면4]

④ 바닥은 특별한 경우가 아니면 마사토 깔기로 하며, 빗물 배수를 위하여 맹암거 등의 배수시설을 설치한다.[놀이공간 도면2 참조]

⑤ 도면표기

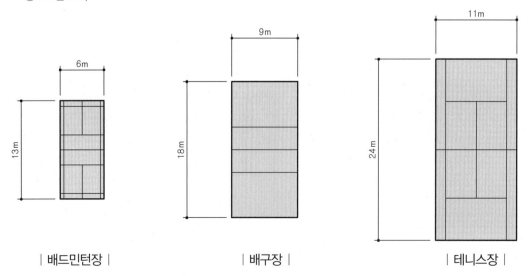

| 배드민턴장 | | 배구장 | | 테니스장 |

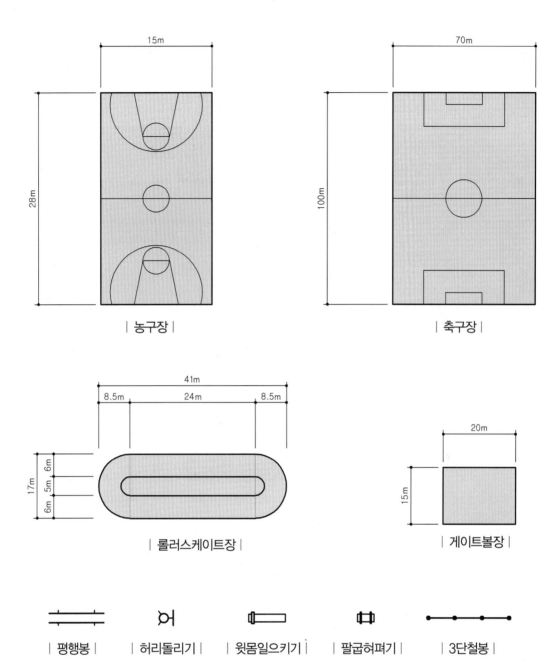

| 농구장 |

| 축구장 |

| 롤러스케이트장 |

| 게이트볼장 |

| 평행봉 | | 허리돌리기 | | 윗몸일으키기 | | 팔굽혀펴기 | | 3단철봉 |

⑥ 시설물 사진

| 롤러스케이트장

| 게이트볼장

❸ 설계예시

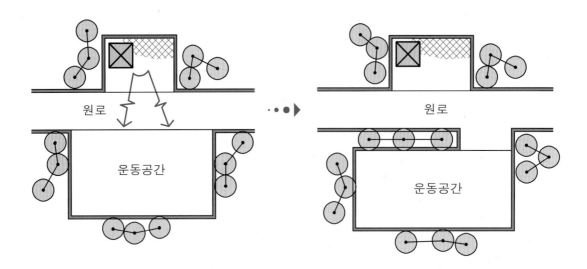

서로 다른 성격의 공간이 마주하게 되면, 보다 정적인 기능의 공간이 침해를 받게 되어 목적한 공간의 역할을 할 수 없는 구조가 된다.

운동공간을 식재지로 구분하여 줌으로써 휴게공간도 배려하고 독립성도 갖출 수 있다.

도면1 | 공간의 구분

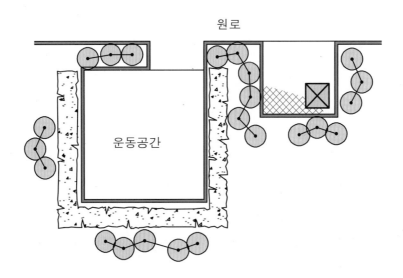

운동공간은 가장 동적인 공간이고 휴게공간은 정적인 공간이므로 공간의 역할이 충돌되지 않도록 배치를 해 주어야 나중에 식재로서 보완할 수 있다.

도면2 | 인접공간을 고려한 식재

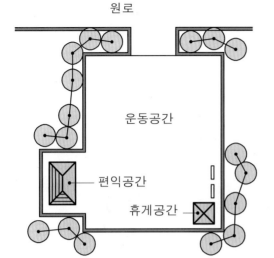

원로

운동공간

편익공간

휴게공간

공간의 규모가 커지면 이용자의 수나 편의성을 고려하여 부수되는 시설을 이용자 측면을 고려하여 배치한다. 공간의 배치라기보다는 시설물의 배치로 보는 것이 좋다.

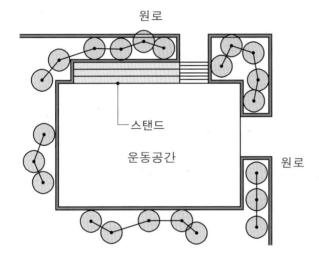

원로

스탠드

운동공간

원로

도면3 | 공간 내 편의공간 및 시설

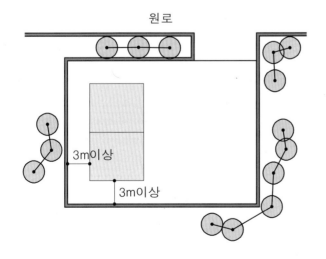

원로

3m이상

3m이상

경기장의 여유폭은 경기에 현격한 지장을 초래하지 않는 범위 내에서 결정한다. 시험에 나오는 것은 공인경기장이 아니므로 3m 정도의 여유폭이면 가능하다.

도면4 | 경기장의 사방여유

4 |||| 수경공간 및 시설

물을 이용하여 설계대상공간의 경관을 연출하기 위한 시설공간이다.

❶ 공간의 특성
① 수경공간은 공간적 개념보다는 시설적 개념을 갖는다.
② 광장, 진입광장, 휴게공간 등에 인접하여 경관적 기능보다는 친수공간의 복합적 기능을 갖도록 한다.[도면2,4]
③ 생태연못의 경우에는 친수기능보다는 감상을 위주로 한다.[도면3]
④ 수경시설은 설계요소 전체가 하나의 시스템으로 이루어지므로 2개의 시설을 연계해서 설계하면 좋은 효과가 있다.[도면4]
⑤ 너무 크지 않은 수목으로 경관식재의 개념으로 식재한다.
⑥ 시험문제의 조건에 따라 전기, 배관, 조명 등의 시설도 표현해야 한다.

❷ 시설물
① 친수시설인 분수, 시냇물, 폭포, 벽천, 도섭지 등은 물을 직접 접촉할 수 있는 배치를 한다.[도면4]
② 경관 및 감상의 기능을 갖는 시설은 접촉이 불가능해도 괜찮다.[도면3]
③ 도섭지는 놀이시설이나 수경시설로 생각해도 좋다.
④ 도면표기

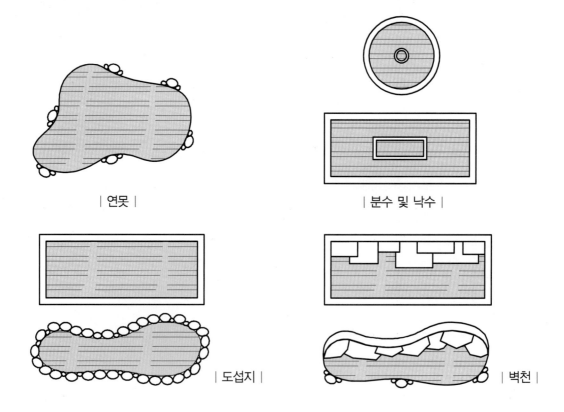

| 연못 |

| 분수 및 낙수 |

| 도섭지 |

| 벽천 |

⑤ 시설물 사진

| 분수

| 낙수

| 연못

| 자연형 도섭지*

| 정형식 도섭지

| 자연형 벽천

| 정형식 벽천

| 폭포

❸ 설계예시

도섭지

원로

휴게공간에 설치한 도섭지는 물을 좋아하는 사람들의 심리적 안정감을 증대시키고, 어린이의 이용 시 보호자의 감시를 용이하게 하는 장점이 있다.

도면1 | 도섭지가 있는 휴게공간

*도섭지 : 물을 직접 접촉할 수 있는 시설로서 깊이는 30㎝ 이하로, 위험하지 않고 물의 접촉이 쉬운 구조로 된 놀이시설의 일종이다. 일정한 형태를 가진 정형식 구조와 자연형 곡선의 형태를 갖는 구조로 나눌 수 있다.

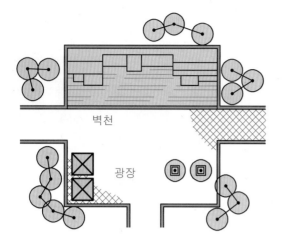

벽천의 경관성은 설치된 공간적 규모에 비하여 매우 좋은 편이다. 직접적인 물의 접촉과 경관성을 함께 갖출 수 있도록 한다.

도면2 | 광장과 벽천

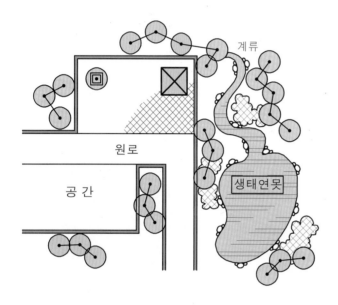

생태연못은 직접적인 물의 접촉이 불가능한 경관적 기능을 갖는다. 반면 생태학적 측면으로는 매우 큰 역할을 하며 교육적인 효과도 크고, 자연적인 경관성도 매우 큰 장점을 가지고 있다.

도면3 | 생태연못과 계류의 수경공간

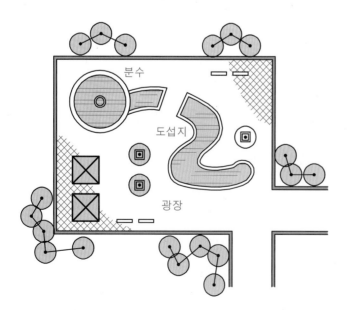

분수와 도섭지를 연결한 배치는 경관성도 좋고 물을 즐길 수 있는 다양함이 있어 친수기능에 큰 역할을 한다.

도면4 | 분수와 도섭지가 연계된 광장

| 분수와 도섭지의 연결

| 원로상의 도섭지

| 수경공간 전경

| 수경공간부의 휴게시설

❹ 상세도면

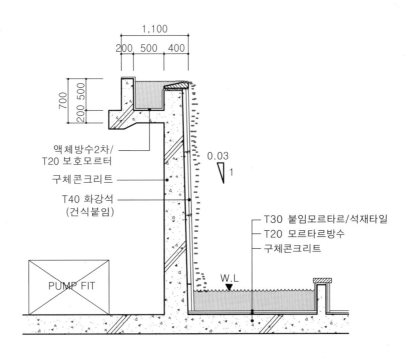

벽천 단면상세도

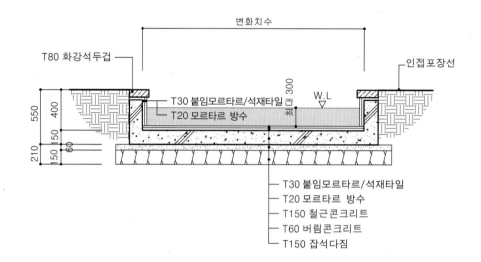

변화치수

T80 화강석두껍

인접포장선

550
400
150
60
210
150

T30 붙임모르타르/석재타일
T20 모르타르 방수

수심 300

W.L

T30 붙임모르타르/석재타일
T20 모르타르 방수
T150 철근콘크리트
T60 버림콘크리트
T150 잡석다짐

정형식 도섭지 단면상세도

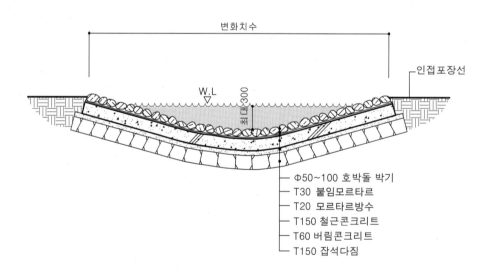

변화치수

인접포장선

W.L

수심 300

Φ50~100 호박돌 박기
T30 붙임모르타르
T20 모르타르방수
T150 철근콘크리트
T60 버림콘크리트
T150 잡석다짐

자연형 도섭지 단면상세도

5 ||||| 관리·편익공간 및 기타시설

설계대상공간의 기능을 원활히 하고 이용자들의 편익을 위한 관리를 목적으로 설치하는 공간 및 시설이다.

❶ 공간의 특성

① 관리사무소를 위주로 한 범위의 공간을 관리공간이라 하며, 화장실, 상점 등의 공간을 편익공간이라 한다.

② 화장실은 소규모 어린이 공원을 제외한, 실기시험에 나오는 정도의 규모에는 반드시 설치하고 다른 공간과 분리시켜 배치하며, 주변은 생울타리 등으로 차폐식재를 해준다.[도면1]

③ 관리사무소는 중규모 공원 이상에서 설치하는 것이 좋으며 화장실 겸용으로 쓴다. 공간이 협소해 설치하기가 어려운 경우에는 시험문제의 조건에 주어진 경우에만 설치하며 출입구 부근에 배치한다.[도면2]

④ 시험문제의 조건에 주어지지 않는 이상 화장실과 관리사무소는 1개소만 설치한다.

❷ 시설물

① 화장실, 관리사무소, 전망대 등 사람이 들어가 사용하는 건축물이나 구조물은 크기를 정하여 축척에 맞게 그린다.

② 수목보호대와 맹암거 등을 제외한 시설물은 기호화하여 축척에 상관없이 그린다.

③ 휴지통과 음수대, 수목보호대는 포장지에 설치한다.

④ 조명등은 12m 전후의 간격으로 설치한다.

⑤ 배수시설의 빗물받이는 불투수성 포장지에 설치하고, 집수정은 빗물받이 끝에 설치한다.[도면3]

⑥ 투수성 재료의 포장지에는 맹암거를 설치하여 배수한다.[도면4]

⑦ 볼라드(단주)는 차량 등의 진입을 제어해야 할 곳에 설치한다.[도면5]

⑧ 담장·펜스 등은 시험문제의 조건에 있는 경우에만 설치한다.[도면5]

⑨ 도면표기

SCALE=1/200

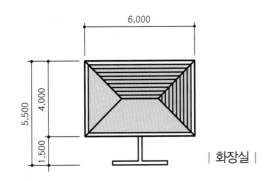

| 화장실 |

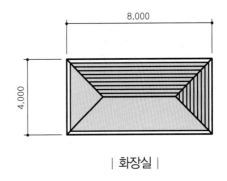

| 화장실 |

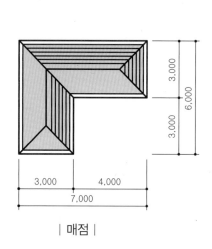

| 매점 |

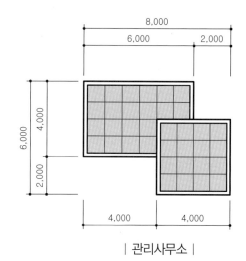

| 관리사무소 |

SCALE=1/300

 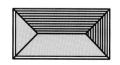 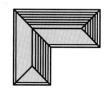 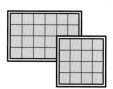

SCALE에 관계없이 그린다.

음수대
500x500

휴지통
Ø 600

집수정
900x900

빗물받이
600x600

조명등
H=4,500

볼라드
Ø 450

안내판
H=2,100

담장 및 펜스
H=1,800

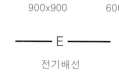
전기배선

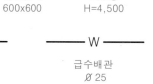
급수배관
Ø 25

우배수관
Ø 300

⑩ 시설물 사진

| 화장실

| 관리사무소

❸ 설계예시

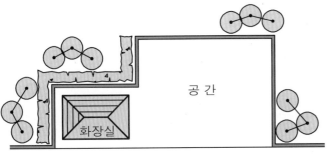

원로

| 공간의 분리가 안됨 |
화장실과 다른 공간과의 동시배치는 화장실 이용자에 의해 같이 배치된 공간의 기능이 저하된다. 기능의 간섭이 일어나지 않도록 분리해 주어야 한다.

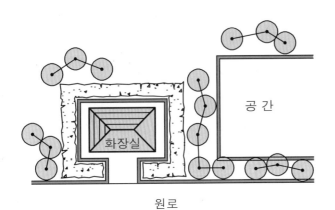

원로

| 공간의 분리가 잘 이루어짐 |
화장실과 다른 공간을 독립시켜 배치함으로써 공간적 기능에 간섭이 발생하지 않으며, 이용도 또한 높아진다.

도면1 | 공간의 분리

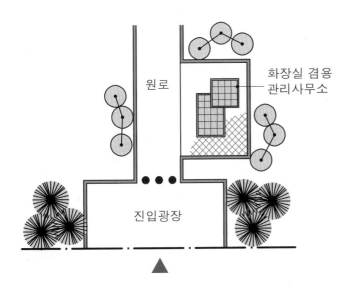

원로

화장실 겸용 관리사무소

진입광장

관리사무소는 공원의 이용객들이 쉽게 인지할 수 있는 곳에 있어야 하므로 진입부에 가까이 배치하는 것이 좋으며, 화장실 겸용으로의 기능도 갖는다.

도면2 | 관리사무소의 위치

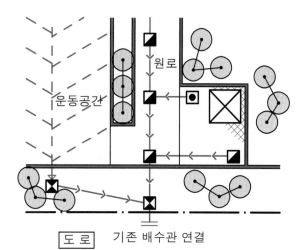

배수시설 계획 시 공간의 배수시설과 원로 등 포장지의 배수시설을 연계하여 계획하는 것이 바람직하다. 음수대도 배수시설에 연결한다.

도면3 | 배수시설 계획도

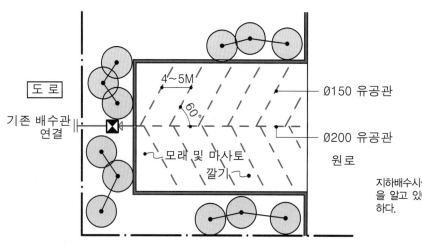

지하배수시설인 맹암거의 구조 및 재료의 규격을 알고 있어야 범례표에 정확한 기재가 가능하다.

도면4 | 맹암거 설계도

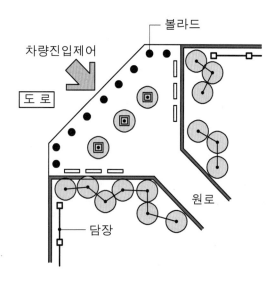

출입을 제한하는 경우나 다른 용도의 사용을 억제하기 위해 볼라드나 담장 등을 설치한다.

도면5 | 볼라드 및 담장설치

❹ 상세도면 및 사진

(1) 석축

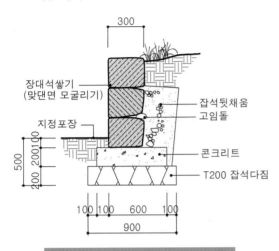

300

장대석쌓기
(맞댄면 모굴리기)

지정포장

잡석뒷채움
고임돌

콘크리트

T200 잡석다짐

500
200 200 100

100 100 600 100
900

장대석 쌓기 단면상세도

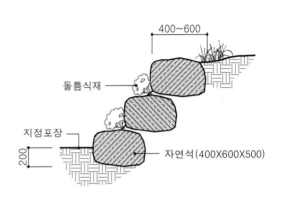

400~600

돌틈식재

지정포장

자연석(400X600X500)

200

자연석 쌓기 단면상세도

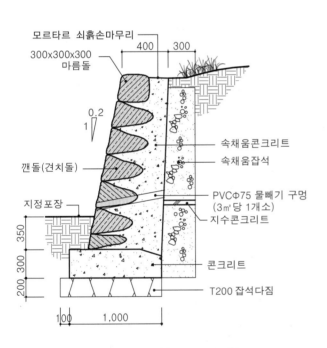

모르타르 쇠흙손마무리
300x300x300
마름돌

400 300

0.2
1

깬돌(견치돌)

지정포장

속채움콘크리트
속채움잡석

PVCΦ75 물빼기 구멍
(3㎡당 1개소)
지수콘크리트

콘크리트

T200 잡석다짐

350
200 300

100 1,000

자연석 찰쌓기 단면상세도

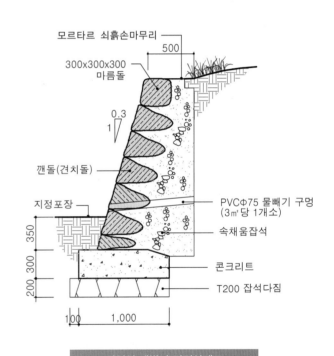

모르타르 쇠흙손마무리
300x300x300
마름돌

500

0.3
1

깬돌(견치돌)

지정포장

PVCΦ75 물빼기 구멍
(3㎡당 1개소)

속채움잡석

콘크리트

T200 잡석다짐

350
200 300

100 1,000

자연석 메쌓기 단면상세도

| 자연석쌓기 및 돌틈식재

| 장대석 쌓기

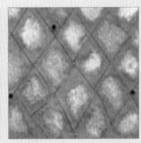

| 자연석 찰쌓기

| 자연석 메쌓기

(2) 옹벽

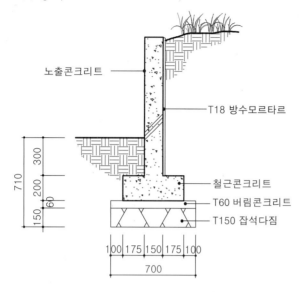

노출콘크리트

T18 방수모르타르

철근콘크리트
T60 버림콘크리트
T150 잡석다짐

300
710
200
60
150

100 175 150 175 100
700

콘크리트 옹벽 단면상세도

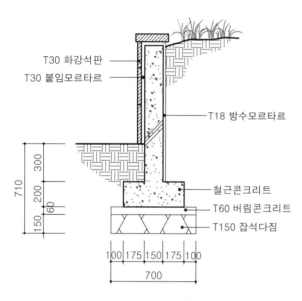

T30 화강석판
T30 붙임모르타르

T18 방수모르타르

철근콘크리트
T60 버림콘크리트
T150 잡석다짐

300
710
200
60
150

100 175 150 175 100
700

화강석붙임 옹벽 단면상세도

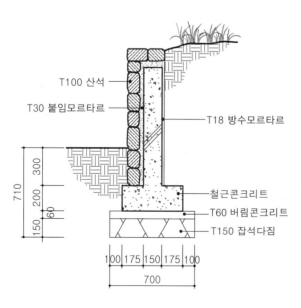

T100 산석
T30 붙임모르타르

T18 방수모르타르

철근콘크리트
T60 버림콘크리트
T150 잡석다짐

300
710
200
60
150

100 175 150 175 100
700

산석붙임 옹벽 상세도

(3) 배수시설

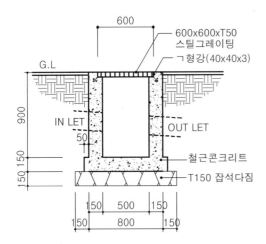

600

600x600xT50
스틸그레이팅

ㄱ형강(40x40x3)

G.L

900

IN LET

OUT LET

50

철근콘크리트

150 150

T150 잡석다짐

150 500 150

150 800 150

집수정 단면상세도

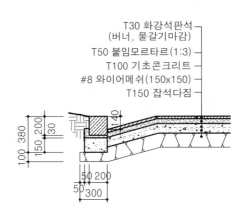

화강석 경계석
150x200xL1000

T30 붙임모르타르(1:3)

T150 기초콘크리트

489

100 289 100

스틸그레이팅
289X500XT50

ㄱ형강(40x40x3)

G.L

50

150 300 500

50 200

철근콘크리트

T150 잡석다짐

150 189 150

50 589 50

150

트렌치 단면상세도

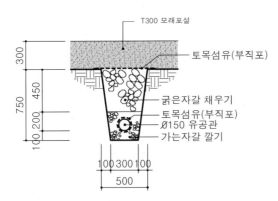

T300 모래포설

300

토목섬유(부직포)

750

450

굵은자갈 채우기

토목섬유(부직포)

Ø150 유공관

가는자갈 깔기

100 200

100 300 100

500

맹암거 단면상세도

T30 화강석판석
(버너, 물갈기마감)

T50 붙임모르타르(1:3)

T100 기초콘크리트

#8 와이어메쉬(150x150)

T150 잡석다짐

100 380

150 200

30

100

50 200

50 300

측구 단면상세도

| 맨홀과 빗물받이의 구성

| 트렌치

| 맨홀

| 빗물받이

(4) 펜스(담장)

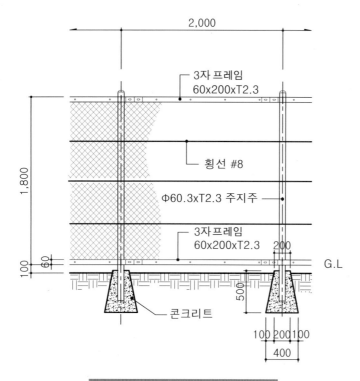

2,000

3자 프레임
60x200xT2.3

횡선 #8

Φ60.3xT2.3 주지주

3자 프레임
60x200xT2.3

200

G.L

1,800

60

100

500

콘크리트

100 200 100

400

펜스 정면도

| 펜스

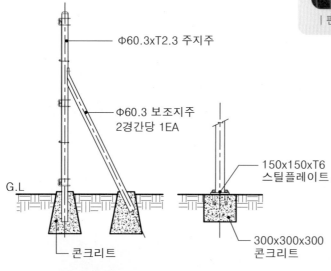

Φ60.3xT2.3 주지주

Φ60.3 보조지주
2경간당 1EA

150x150xT6
스틸플레이트

G.L

콘크리트

300x300x300
콘크리트

펜스 측면도

6 | | | | 지형변경

지형변경의 내용은 점표고(spot elevation)와 등고선으로 표현하고 경관과 구조적 측면을 검토하여 형태를 결정한다.

| 점표고 |

| 등고선 |

❶ 마운딩(mounding)

① 마운딩은 경관향상, 소음 및 시선차단, 수목의 토심확보 등 여러 가지 기능이 있다.[도면1]

② 실기시험에 나오는 것은 주로 경관향상 기능이므로 평면상의 형태만 잘 표현해 주면 된다. [도면2]

③ 조성위치는 시험문제의 조건에 주어지는 경우가 많으므로 지정된 위치의 식재공간을 여유롭게 계획하여야 한다.

④ 보조선을 사용하여 자유곡선으로 형태를 잡은 후 그 위에 파선으로 표현한다.

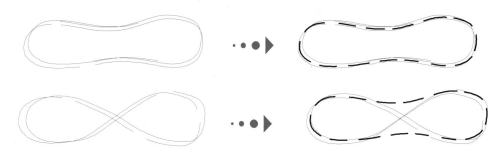

| 등고선 그리는 방법 |

⑤ 평면상의 등고선 간격은 너무 좁아지지 않게 하며 등고선의 높이는 0.5m의 간격으로 기입한다.

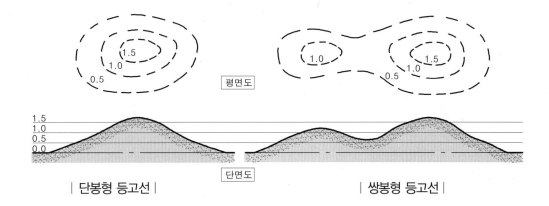

| 평면도 |

| 단면도 |

| 단봉형 등고선 |

| 쌍봉형 등고선 |

⑥ 설계예시

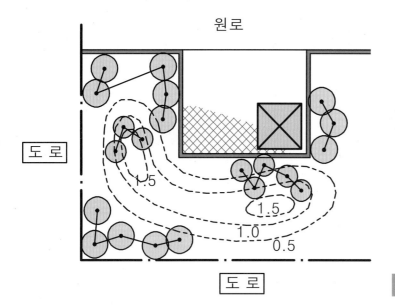

공간의 기능을 고려한 마운딩 조성은 소음 및 시선차단, 방풍 등의 역할을 한다.

도면1 | 기능적인 마운딩 설치

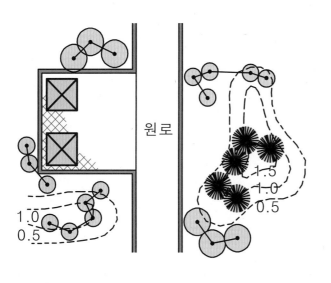

경관적 기능의 마운딩 조성은 기능적 역할보다는 자연성을 갖춘 환경조성에 주안점을 둔다.

도면2 | 경관향상을 위한 마운딩 설치

| 마운딩 조성1

| 마운딩 조성2

❷ 법면(비탈면)

① 안전성을 고려한 기울기를 주어 단차의 위험성을 완화하는 방법이다.

수직거리에 대한 수평거리의 비가 1 : 1.5, 1 : 2인 기울기를 많이 사용한다.

| 법면의 기울기 |

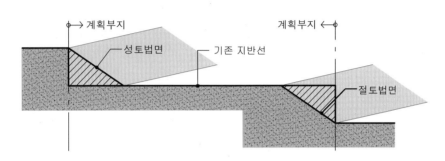

| 법면의 조성 |

② 법면의 표시는 기호의 넓은 쪽(머리쪽)을 높은 면에 붙여서 긴 쪽(꼬리쪽)이 낮은 면을 향하게 한다.

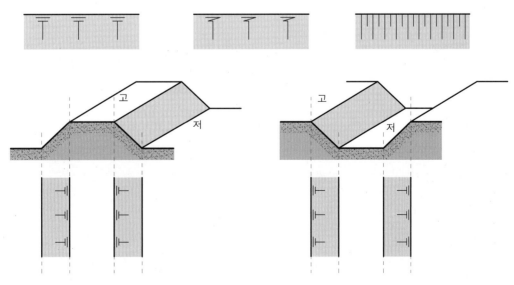

| 법면의 표시기호 |

③ 법면조성방법

여기에 소개하는 방법은 실기시험용으로 생각하기 바란다. 적용순서나 그리는 순서에 따라 조금씩 다르게 나타날 수 있으나 큰 문제가 되지는 않는다.

ⓐ 법면의 조성은 설계대상공간 안에서 실시한다.

ⓑ 입체적 생각을 하지 말고 기계적으로 한다.

ⓒ 점표고와 점표고 사이에는 경사가 존재한다고 항상 생각한다.

ⓓ ⓒ와 같이 한 방향 이외에는 점표고의 높이만 적용한다.

ⓔ 점표고가 없는 경우나 멀리 있는 경우에는 그 전의 기울기가 계속된다고 생각한다.

ⓕ 점표고가 부지를 벗어난 곳에 있어도 그 곳에서 경사도를 구한다.

ⓖ 부지의 모서리 부분에서는 45°(모서리 각의 1/2)선을 긋고 방향을 변경한다.(그림-2와 같이 해도 되며 큰 오차가 발생하지 않는다.)

ⓗ 내부 법면조성 시 절토와 성토를 생각하지 말고 평면배치가 좋은 쪽으로 조성한다.

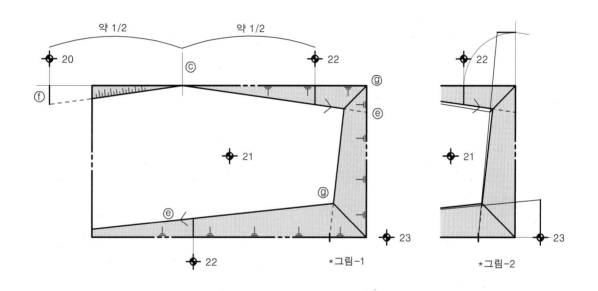

법면의 조성방법

| 법면 조성

| 법면의 식재

7 ||||| 동선

이용자들의 이동통로를 말하며 각 공간과의 관계에 따라 위계를 갖는다. 도로, 원로, 이동경로라고도 한다.

① 동선의 설계

(1) 동선의 기본사항

① 동선은 공간을 분할·연결한다.

② 실기시험 시 시간절약을 위해 단순하고 직선적으로 설계한다.

③ 동선의 역할을 고려하여 폭으로 구분한다.

(2) 동선의 크기

실기시험의 경우 주어질 수 있는 규모가 그리 크지 않아 다음의 3가지 정도로 하면 된다.

① 폭 1.5~2m의 원로

보행자 2인이 편안하게 통행이 가능하며, 휠체어 2대의 교차가 가능한 폭이다. 소공원의 부출입 동선이나 산책로 등에 적합하다.

② 폭 3~4m의 원로

관리용 트럭의 통행이 가능한 정도이며, 소공원의 주출입 동선이나 중규모 공원의 부출입 동선으로 적합하다.

③ 폭 5~6m의 원로

보행자와 관리용 트럭의 교차 통행이 가능하며, 중규모 공원의 주출입 동선으로 적합하다.

원로의 중앙에 식재할 경우에는 더 넓혀 줄 필요가 있다.

●● 동선의 결정은 부지계획의 성패를 좌우한다! ●●

진입부가 주어진 경우와 주어지지 않은 상태에서 수검자 스스로가 결정하여 진입부 및 동선을 계획할 경우, 어느 경우라도 동선의 선정은 매우 중요하다. 부지 전체의 계획방향이 정해지기 때문이다. 일단 진입부가 결정되면 부지의 안쪽으로 직선적인 동선을 긋고, 각 진입부에서 시작된 동선의 형태를 보고 조정해야한다. 기출문제를 풀 경우에도 항상 자기 스스로 결정한 후 답안과 비교해 보도록 한다.

② 동선의 적용

동선의 결정은 시험문제의 부지조건에 주어진 출입구 상태를 보고, 주어진 조건대로 하는 것인지, 수검자 자신이 정하여 하는 것인지를 1차적으로 확인하여야 한다.

(1) 출입구가 주어진 경우

출입구에서 부지의 안쪽으로 직선을 긋고 그에 따라 부지를 공간적으로 분할한 후 개별공간의 크기를 고려하여 적절하게 배치한다.

① 출입구가 2개인 경우

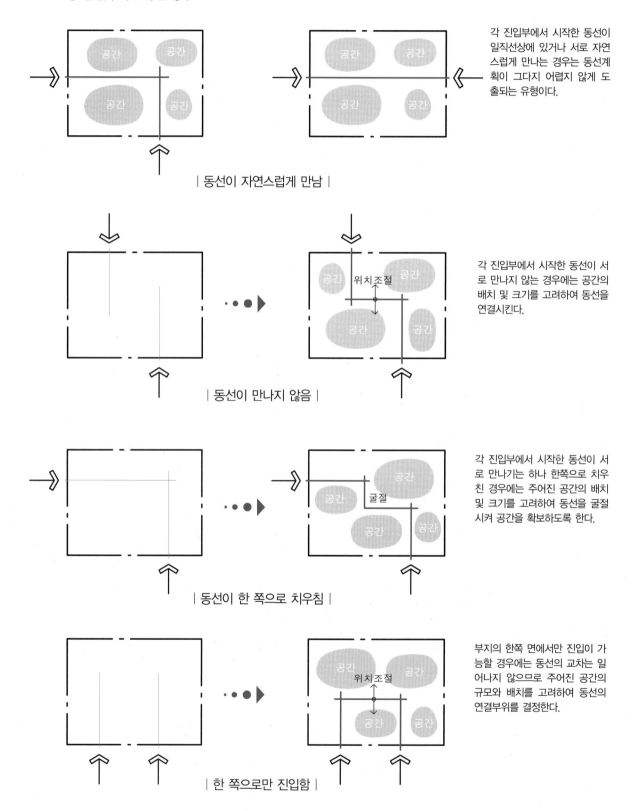

각 진입부에서 시작한 동선이 일직선상에 있거나 서로 자연스럽게 만나는 경우는 동선계획이 그다지 어렵지 않게 도출되는 유형이다.

| 동선이 자연스럽게 만남 |

각 진입부에서 시작한 동선이 서로 만나지 않는 경우에는 공간의 배치 및 크기를 고려하여 동선을 연결시킨다.

| 동선이 만나지 않음 |

각 진입부에서 시작한 동선이 서로 만나기는 하나 한쪽으로 치우친 경우에는 주어진 공간의 배치 및 크기를 고려하여 동선을 굴절시켜 공간을 확보하도록 한다.

| 동선이 한 쪽으로 치우침 |

부지의 한쪽 면에서만 진입이 가능할 경우에는 동선의 교차는 일어나지 않으므로 주어진 공간의 규모와 배치를 고려하여 동선의 연결부위를 결정한다.

| 한 쪽으로만 진입함 |

② 출입구가 3개인 경우

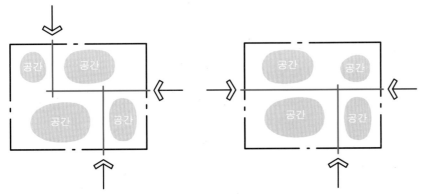

| 동선이 자연스럽게 만남 |

부지의 3면에서 각각 진입할 경우에는 동선의 교차가 일어나 자연스럽게 부지의 분할이 이루어지는 경우가 많다. 동선의 결합부분에 많이 이용되는 공간이나 광장의 배치가 적당하다.

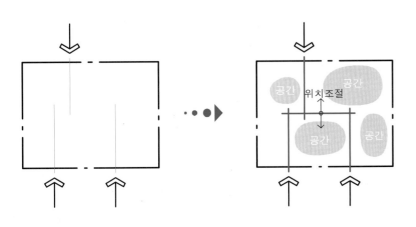

| 동선이 만나지 않음 |

진입부가 여러 곳이 되어도 동선의 만남이 이루어지지 않는 경우에는 앞에서의 경우처럼 공간의 규모 및 배치를 고려하여 연결동선을 만든다.

③ 출입구가 4개인 경우

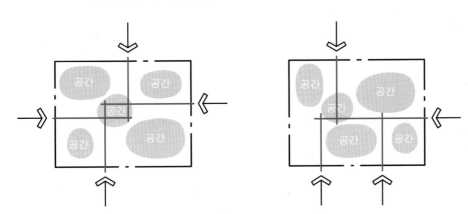

| 동선이 자연스럽게 만남 |

부지의 사방에서 진입하는 경우에는 거의 동선의 교차가 자연스럽게 일어나며, 진입부가 많다는 것은 부지의 규모가 크다는 것을 의미하기에 동선의 결절부에 광장을 배치하게 되는 경우가 많다.

(2) 출입구가 주어지지 않은 경우

"출입구는 어떤 경우라도 도로에 접해야 한다." 이것이 출입구 설치의 전제조건이다. 즉 도로 이외에는 장해물의 존재와 상관없이 출입구를 설치할 수 없다.

① 출입구 설치 제한구역

  ㉠ 인접대지에 건물, 주택, 오피스 건물, 하천, 공작물, 구조물, 옹벽 등이 표시되어 있는 구역

  ㉡ 도로이긴 하나 단차가 심하거나 다른 이유로 옹벽 등의 설치가 표시되어 있는 구역(단, 옹벽철거가 가능하다는 조건이 있으면 출입구 설치가 가능하다.)

  ㉢ 부지가 대로, 중로, 소로 등에 둘러싸여 있는 경우에는 가급적 중로와 소로를 이용하여 출입구를 설치한다.

② 출입구 설치구역이 정해지면 앞의 (1)에서 설계한 내용을 참고하여 출입구 위치를 정한다.

③ 설치제한 구역 및 출입구 설정 예시

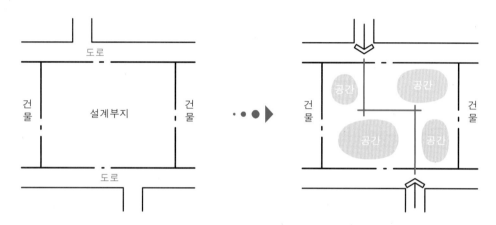

진입이 가능한 곳은 도로에 접한 부지의 위와 아래쪽이며 진입구는 횡단보도 등이 가까운 도로가 교차하는 부근에 설치한다.

| 인접부지에서 진입불가 |

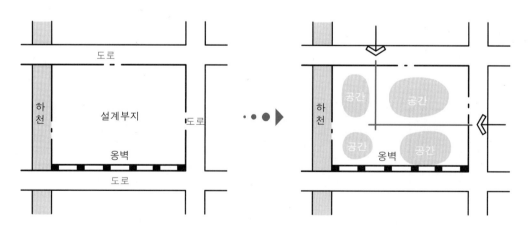

하천이 있거나 옹벽 등 장해물이 있는 곳은 진입이 불가능하다. 따라서 도로에 접한 부지의 위쪽과 우측면에서 진입하여야 한다.

| 하천과 구조물에서 진입불가 |

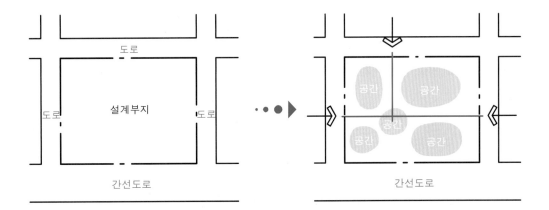

어느 곳에서나 진입이 가능한 도로로 둘러싸여 있더라도 도로의 여건을 보고 진입구를 만드는 것이 좋다. 간선도로 등 차량의 이용이 많은 도로는 진출입이 위험하고, 도로를 이용하는 차량의 소통에 지장을 줄 수 있으므로 가급적 피하며, 교통량이 적은 곳을 진입부분으로 정한다.

| 넓은 도로에서 진입지양 |

❸ 동선의 시설

동선의 폭에 따라 시설물 배치를 달리한다.

(1) 광로(5~6m)

원로변에 시설물을 설치하여도 그다지 방해받지 않는다. 원로의 중앙에 수목보호대를 설치하거나 양쪽 옆에 평의자나 음수대 등을 설치할 수 있다.

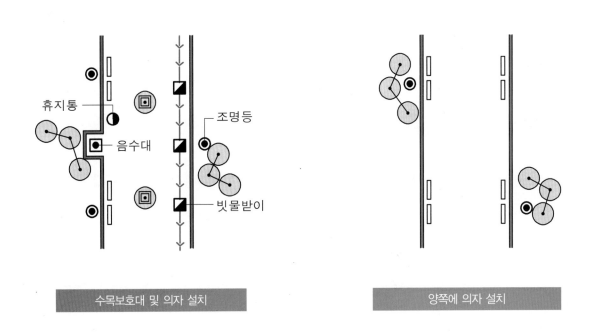

| 수목보호대 및 의자 설치 | | 양쪽에 의자 설치 |

(2) 중로(3~4m)

원로변의 한쪽에 시설물을 설치하는 것이 가능하며 약간의 공간을 확보(포켓 설치)하여 시설물을 배치하기도 한다. 원로의 양쪽에 공간적 여유를 주면 공간적 성격을 갖게 된다.

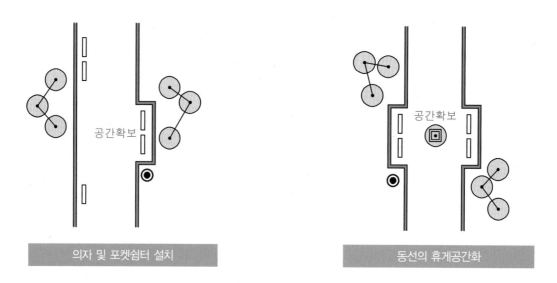

| 의자 및 포켓쉼터 설치 | 동선의 휴게공간화 |

(3) 소로(1.5~2m)

시설물 설치를 위한 공간을 반드시 확보하여야 한다. 공간의 확보가 불가능할 경우에는 식재지에 시설물을 설치하도록 한다.

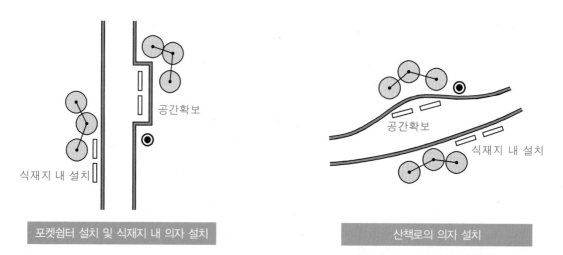

| 포켓쉼터 설치 및 식재지 내 의자 설치 | 산책로의 의자 설치 |

| 원로 내의 수목보호대 | 산책로의 쉼터 | 동선의 공간화 | 수변의 쉼터

8 ||||| 광장 및 진입광장

공원에 있어서 광장의 기능은 한 가지로 정의하기는 어렵다. 하지만 쉽게 말하면 동선이 뭉쳐져서 공간의 기능을 갖는다고 생각하기 바란다.

> ●● 광장설계가 도면을 한층 업그레이드 시킨다! ●●
>
> 광장의 설계 시 요구조건에 주어진 경우에는 원천적으로 공간을 배치할 수 있는 규모가 주어진 것이며, 수검자 스스로가 설계할 경우에는 공간적 어려움을 조금은 겪게 된다.
>
> 어느 경우이든 광장은 상대적으로 조금은 큰 공간에 속하므로 허전함을 감출 수 없게 되는데, 이런 경우에 휴게시설이나 수경시설, 수목보호대 등을 설치하면 내용도 풍부해지고 시각적으로도 한층 수준있어 보이게 된다.

❶ 광장의 특성

① 설계대상공간의 규모에 따라 유무가 결정되며 크기 또한 그에 따른다.

② 동선의 결절점에 자연스럽게 만들어져야 한다.

③ 각 공간을 연결시켜 주며, 이용자들의 이합집산의 장소가 된다.

④ 일반적인 광장의 개념을 축소시켜야 한다.

⑤ 휴게시설, 관리시설, 수경시설 등 거의 모든 시설이 들어갈 수 있다.

⑥ 바닥은 동선과 같은 포장을 하거나 별도의 포장으로 공간구성감을 줄 수 있다.

⑦ 동선의 결절점이므로 요점식재나 지표식재, 경관식재, 휴게시설 부근에 녹음식재를 도입한다.

⑧ 설계예시

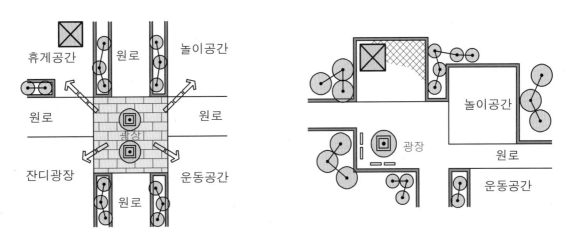

중앙광장을 기준으로 각 공간에 접근이 가능하며, 소규모 광장은 광장적 성격보다는 각 공간의 연계성을 고려한 공간으로 생각한다.

| 광장의 기능 | 소규모 광장 |

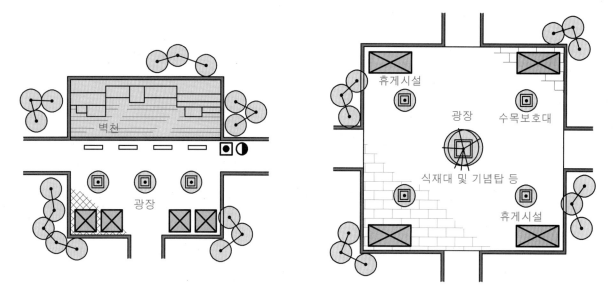

광장은 복합적 기능을 내포하고 있으며 각종 시설물의 설치를 고려한다. 휴게 및 놀이, 운동공간을 겸하기도 하며, 큰 규모의 근린공원의 중앙광장이 이에 속한다.

수경시설이 있는 중규모 광장	휴게공간을 겸한 대규모 광장

❷ 진입광장의 특성

① 공원의 상징성을 나타내며 이용자들의 안전과 흡인력을 갖는 공간이다.

② 동선폭의 2~3배 정도의 크기로 한다.

③ 진입광장의 규모에 따라 휴게시설 등의 도입을 고려한다.

④ 주출입구에 먼저 설치를 하고, 여유를 봐서 부출입구에 설치한다.

⑤ 출입구 부분의 단차를 고려하여 계단, 경사로 등이 설치되기도 한다.

⑥ 진입부의 위상과 인지성을 주기 위한 요점식재를 도입하고, 필요에 따라 녹음식재도 고려한다.

⑦ 바닥은 동선과 같은 포장을 하거나 별도의 포장으로 공간구성감을 줄 수 있다.

⑧ 설계예시

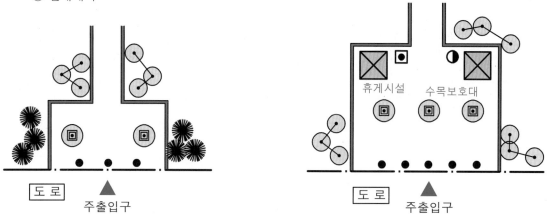

진입광장에는 볼라드, 수목보호대 등의 시설을 설치하며, 큰 규모의 진입광장은 휴게시설 등을 갖추어 휴게 및 만남의 장소로도 이용한다. 공원의 상징성을 나타내는 개방감이 있는 공간으로 설계한다.

일반적인 진입광장	대규모 진입광장

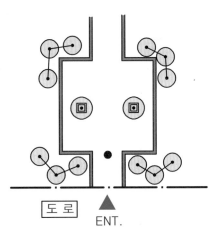

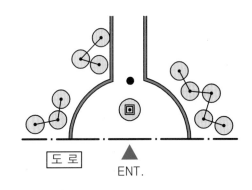

폐쇄형 진입광장은 개방감을 갖기보다는 정적인 느낌의 공간을 형성한다.

최소한의 규모로 동선의 폭보다 조금 넓게 가져간 규모로 한다.

| 폐쇄형 진입광장 | 소규모 진입광장 |

| 소형 광장

| 대형 중앙광장

| 주진입광장

| 부진입광장

9 | | | | 계단

평지가 아닌 곳에 보행로를 설계할 경우에 설치한다.

❶ 구조 및 규격

① 기울기는 수평면에서 35°를 기준으로 설계하며, 최대 30~35°가 넘지 않도록 한다.

② 계단의 폭은 연결도로의 폭과 같거나 그 이상의 폭으로 한다.

③ 단높이는 15㎝, 단너비는 30~35㎝를 표준으로 한다.(부득이한 경우 단높이는 12~18㎝, 단너비는 26㎝ 이상으로 한다.)

④ 높이가 2m를 넘을 경우 2m 이내마다 계단의 유효폭 이상, 너비 120㎝ 이상인 참을 둔다.

⑤ 높이 1m를 초과하는 계단은 난간을 설치하고, 폭이 3m를 초과하면 3m 이내마다 난간을 설치한다.

⑥ 계단의 단수는 최소 2단 이상으로 하며, 계단의 바닥은 미끄러움을 방지하는 구조로 한다.

$$2R + T = 60 \sim 65cm$$

R(단높이) : 12~18cm ⟶ 15cm
T(단너비) : 26cm 이상 ⟶ 26~35cm

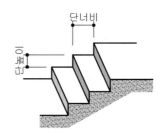

| 적정한 계단의 형태 |

❷ 계단 나누기

① 법면의 수직거리를 단높이로 나누어 필요한 단수를 구한다.

② 필요한 단수만큼의 단너비를 법면의 아래쪽이나 위쪽에 맞추어 그려나간다.

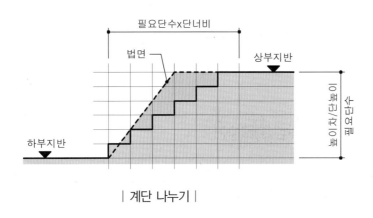

| 계단 나누기 |

| 화강석통석 계단 |

| 적벽돌 계단 |

❸ 계단 그리기

계단의 시작 위치를 어느 곳에 맞추어 그릴 것인가에 따라 계단과 법면의 관계가 다르게 나타난다.

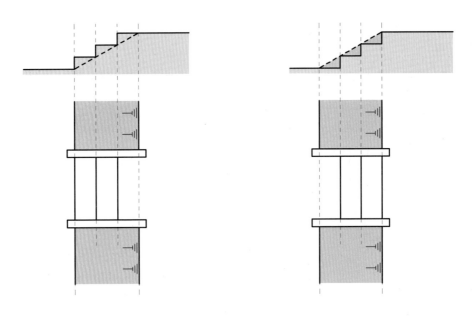

| 계단의 아랫쪽 끝을 법면에 맞춘 경우 | | 계단의 윗쪽 끝을 법면에 맞춘 경우 |

❹ 계단 단면상세도

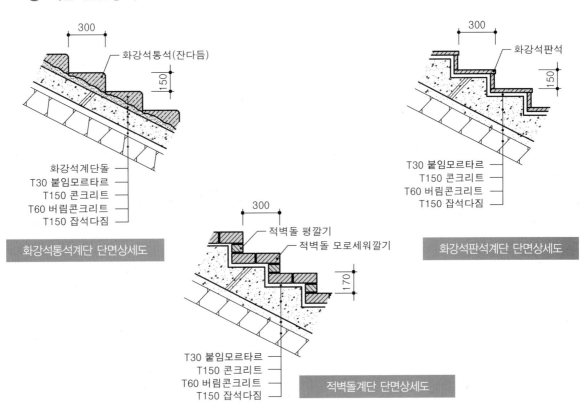

300

화강석통석(잔다듬)

150

화강석계단돌
T30 붙임모르타르
T150 콘크리트
T60 버림콘크리트
T150 잡석다짐

화강석통석계단 단면상세도

300

화강석판석

150

T30 붙임모르타르
T150 콘크리트
T60 버림콘크리트
T150 잡석다짐

화강석판석계단 단면상세도

300

적벽돌 평깔기
적벽돌 모로세워깔기

170

T30 붙임모르타르
T150 콘크리트
T60 버림콘크리트
T150 잡석다짐

적벽돌계단 단면상세도

10 | | | | | 경사로(ramp)

평지가 아닌 곳에 보행로를 설계할 경우에 장애인, 노인, 임산부 등의 이용자가 안전하게 보행할 수 있도록 설치한다.

❶ 구조 및 규격

① 바닥은 미끄럽지 않은 재료를 사용하고 평탄하게 마감한다.

② 장애인 경사로의 경사율은 1/18(5.3%) 이하로 하고, 최대 1/12(8.3%)까지 완화할 수 있다.

③ 일반인 경사로의 경사율은 1/10(10%)로 한다.

④ 경사로의 유효폭은 1.2m 이상으로 한다.

⑤ 길이가 30m를 넘을 경우 30m마다 1.5m 이상의 참을 설치한다.

⑥ 계단이 여러 곳에 설치되어도 램프는 단차마다 한 곳만 설치하면 된다.

❷ 경사로 설계

(1) 경사율(G)

$$G = D/L \times 100(\%) \qquad D : 수직거리 \quad L : 수평거리$$

(2) 수평거리(L)

$$L = D/G \qquad G : 8\% \ 사용$$

(3) 적정 경사로 유효폭 : 1.2m~2.0m

① 유효폭 1.2m : 휠체어 1대 통과 가능

② 유효폭 1.5m : 휠체어 1대와 보행자 1인 교차통행 가능

③ 유효폭 2.0m : 휠체어 2대 교차통행 가능

④ 출입구와 참의 폭은 유효폭과 같거나 조금 넓게 한다.

⑤ 경사로 형태 : 설계 시 가장 빨리 그릴 수 있는 '＿'자형과 'ㄷ'자형을 사용한다.

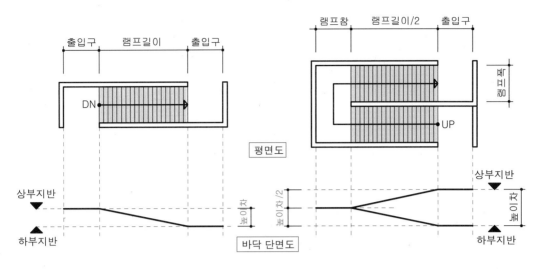

| 높이차 0.6m 이하인 경우 사용 | | 높이차 0.6m를 넘는 경우 사용 |

⑥ 경사로는 계단에 붙여서 설치하고 부득이한 경우에는 최단거리에 설치한다.

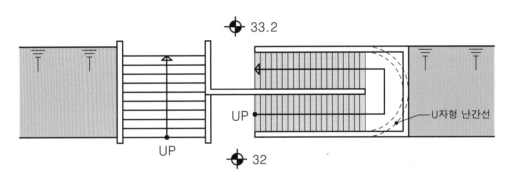

| 계단과 램프의 결합 |

| ㅡ자형 램프 |

| 계단과 ㄷ자형 램프1 |

| 계단과 ㄷ자형 램프2 |

| U자형 램프 |

| 계단과 U자형 램프1 |

| 계단과 U자형 램프2 |

11 |||| 주차장

안전하고 원활한 교통 또는 공중의 편의를 위해 설치한다.

❶ 구조 및 규격
① 일반적으로 차로에 수직인 직각주차를 한다.

② 주차장이 좁거나 대형차량의 주차공간 등은 자동차의 진행방향으로 평행주차를 한다.

③ 장애인을 위한 주차는 관련 건물 또는 관련공간의 출입구에 가장 접근성이 양호한 곳에 배치한다.

④ 단위주차구획(단위 : m)

종별	법적	시험
소형차(평행주차)	2.5×5.0(2.0×6.0)	2.5×5.0(2.0×6.0)
소형차(장애인)	3.3×5.0	3.5×5.0
중형차(승합차)		4.0×8.0
대형차(버스)		4.0(5.0)×10.0

⑤ 주차형식 및 차로의 너비

주차형식	차로의 너비(m)	
	출입구 2개 이상	출입구 1개
평행주차	3.3	5.0
직각주차	6.0	6.0
60도 대향주차	4.5	5.5
45도 대향주차	3.5	5.0

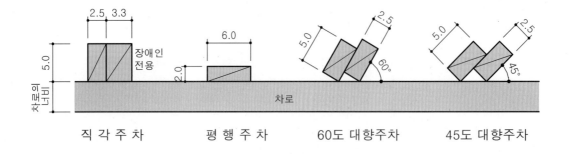

| 주차형식별 구조 |

↓ 평행주차

← 60도 주차

직각주차 ➡

| 주차형식별 사례 |

❷ 주차장 설계

(1) 주차로의 설계

① 주차장의 회전부 반경은 주차로의 경우는 3m, 주차구획 부분의 경우는 1.5m로 한다.

② 주차로의 폭은 일방향 통과의 경우는 3.5m 이상, 양방향 교차통과의 경우는 6m 이상으로 한다.

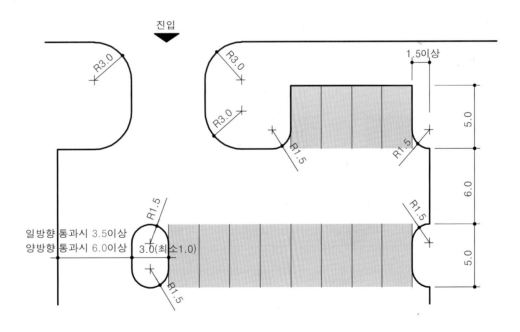

| 회전부 반경 및 차로의 너비(단위 : m) |

| 주차배치 예1 | 주차배치 예2

(2) 주차배치

① 진입방향에 따른 형태를 익힌다.

② 요구 주차대수가 짝수이면 반을 나누어 주차한다.

③ 요구 주차대수가 홀수이면 장애인 주차를 넣거나 한 줄로 배치한다.

④ 한 줄 배치 시 회전굴곡부가 있는 경우 회전하는 바깥쪽에 주차배치를 한다.

⑤ 장애인 주차구획은 1m가 넓으나 쉽게 그리기 위해 폭을 조절한다.

⑥ 기준치수를 기억하고, 그릴 때에는 작은 수치에 얽매이지 말고 적당히 한다.

⑦ 주차면적이나 주차대수는 1대의 주차면적을 20~25㎡로 대략 산정하여 규모를 가늠할 수 있다.

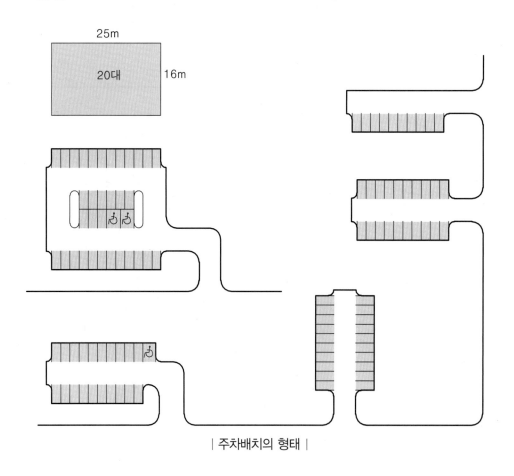

| 주차배치의 형태 |

12 |||| 옥상조경

옥상조경은 도시경관의 향상, 생태적 기능효과, 미기후 조절, 에너지 절약, 건축물의 내구성 향상 등 많은 장점을 가지고 있다. 실기시험에 출제되는 과제는 기능적 요구사항보다는 공간 계획적 문제가 제시되며, 옥상녹화시스템의 개념을 알고 있는가를 보는 단면상세도를 그리는 문제도 있었다. 공간계획은 일반계획과 비슷하나 소규모로 이루어지며, 상세도는 한 번씩 그려 보면 어렵지 않게 그릴 수 있다.

❶ 옥상녹화의 유형

옥상조경은 주어진 조건에 맞는 합리적인 녹화시스템을 선택하여야 한다.

(1) 저관리·경량형 녹화시스템

① 식생토심이 20cm 이하이며 주로 인공경량토를 사용한다.

② 관수, 예초, 시비 등 녹화시스템의 유지관리를 최소화하는 경우에 선택한다.

③ 사람의 접근이 어렵거나 녹화공간의 이용을 전제로 하지 않는 경우에 선택한다.

④ 일반적으로 지피식물 위주의 식재에 적합하다.

⑤ 건축물의 구조적 제약이 있는 기존 건축물에 적용할 수 있다.

(2) 관리·중량형 녹화시스템

① 식생토심 20cm 이상으로 주로 60~90cm 정도를 유지한다.

② 녹화시스템의 유지관리가 집약적으로 이루어져야 한다.

③ 사람의 접근이 용이하고, 공간의 이용을 전제로 하는 경우에 선택한다.

④ 지피식물, 관목, 교목 등으로 다층식재가 가능하다.

⑤ 건축물의 구조적 제약이 없는 곳에 적용한다.

(3) 혼합형 녹화시스템

① 식생토심 30cm 내외를 유지한다.

② 저관리를 지향한다.

③ 지피식물과 키 작은 관목을 위주로 식재한다.

❷ 옥상녹화시스템의 구성

① 방수층 : 옥상녹화시스템의 수분이 건물로 전파되는 것을 차단하는 기능을 한다.

② 방근층 : 식물의 뿌리로부터 방수층과 건물을 보호하는 기능을 한다.

③ 배수층 : 옥상녹화시스템 내의 배수를 위한 것으로 식물의 생장과 건축물의 안전에 큰 영향을 미친다.

④ 토양여과층 : 빗물에 씻겨 내리는 육성층의 세립토양입자가 하부로 유출되는 것을 막는 기능

을 한다.

⑤ 육성토양층 : 식물의 지속적 생장을 좌우하는 가장 중요한 시스템요소이며, 이 층의 토심이
녹화시스템의 유형을 결정한다. 토심이 낮은 경우는 인공경량토를 쓰고, 토심이
깊은 경우에는 자연토 및 혼합토를 쓴다.

⑥ 식생층 : 옥상녹화시스템의 최상부로 시스템을 피복하는 기능을 갖는다.

❸ 상세도면 및 사진자료

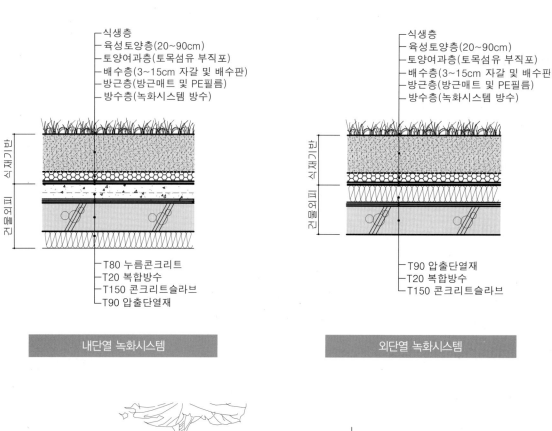

내단열 녹화시스템

외단열 녹화시스템

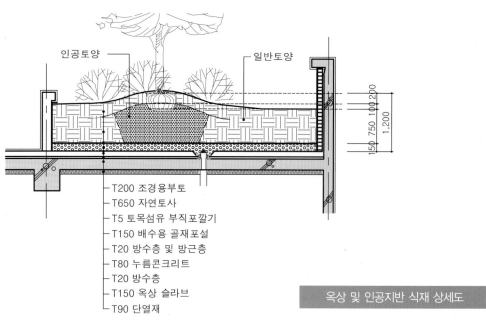

옥상 및 인공지반 식재 상세도

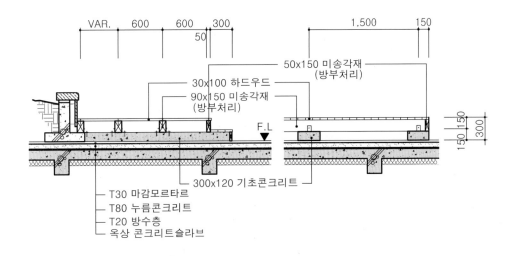

VAR. 600 600 300
50
1,500 150

50x150 미송각재
(방부처리)

30x100 하드우드
90x150 미송각재
(방부처리)

F.L

150 150
300

300x120 기초콘크리트

T30 마감모르타르
T80 누름콘크리트
T20 방수층
옥상 콘크리트슬라브

옥상데크 단면상세도

| 저관리·경량형 옥상녹화시스템1

| 저관리·경량형 옥상녹화시스템2

| 관리·중량형 옥상녹화시스템1

| 관리·중량형 옥상녹화시스템2

13 |||| 생태공원의 공간 및 시설

생태공원이란 자연관찰 및 학습을 위하여 일정한 지역을 생태적으로 복원·보전하여 이용자들에게 동물·식물·곤충들의 자연환경 속 생장활동을 관찰하거나 학습할 수 있도록 한 공원을 말한다.

실기시험에 출제된 내용을 보면, 일반적 시설공간은 보통의 공원시설과 같고, 구별되어지는 것은 습지, 저수연못 등 수생생물의 서식공간과 관찰을 위한 관찰로 및 관찰데크, 전망대 등이 있다.

❶ 공간의 특성

① 생물의 서식처 및 네트워크 기능 : 다양한 소생물권을 형성하고, 소생물권이 네트워크를 형성하여 생태적으로 건강한 환경공간을 만드는 역할을 한다.

② 관찰 및 학습의 장소 : 생태적으로 안정된 서식처의 생물들에게 환경적 교란을 일으키지 않도록 배려하는 공간이 되어야 한다.

③ 정보제공 및 해설 : 모니터링에 의한 관찰결과, 생태공원에 대한 정확한 내용 전달에 필요한 공간 및 시설이 필요하다.

④ 식물은 식재의 기능보다는 시험문제의 토양적 조건에 맞추어 식재할 수 있어야 한다.

❷ 시설물

① 관찰로(deck), 관찰데크, 간이학습장, 조류관찰소, 전망대 등은 크기를 정하여 축척에 맞게 그린다.

② 안내판, 해설판 등은 기호로서 축척에 상관없이 그린다.

③ 관찰로에는 되도록 계단을 설치하지 않는다.

④ 관찰데크나 간이학습장은 관찰로의 중간에 설치한다.

⑤ 조류관찰소는 수공간 주변에 설치한다.

⑥ 저습지, 연못, 하천과 숲, 초지 등은 인위적 형태나 재료를 피하고 자연적인 곡선의 형태나 소재를 사용한다.

⑦ 시설물의 재료는 가능한 목재를 사용한다.

⑧ 시설물 사진

| 관찰로 | 관찰로의 계단과 램프 | 관찰데크와 해설판

| 조류관찰소(벽)

| 생태연못

| 안내 및 해설판

⑨ 도면예시

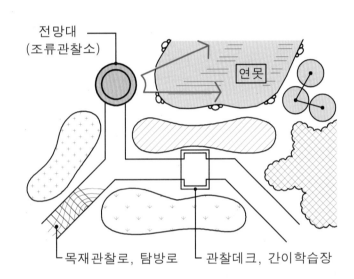

생태연못에 필요한 시설물들은 거의 일정한 수준으로 들어간다. 이용자의 관찰이나 학습을 위한 탐방로나 관찰로는 직선적으로 그린다. 물론 곡선의 탐방로나 관찰로도 있으나 목재로써 곡선의 구조를 만드는 것은 많은 품이 들어가고, 또한 시험 시 시간의 소모가 많고 모양을 내기도 쉽지 않기 때문이다. 관찰로 중간에는 관찰데크를 만들어 관찰과 학습이 이루어 지도록 한다. 물가에는 조류를 관찰할 수 있는 조류관찰소나 전망대를 만들어야 회피거리가 긴 조류들의 관찰이 용이하다.

생태연못의 시설구성

❸ 생태연못 단면상세도

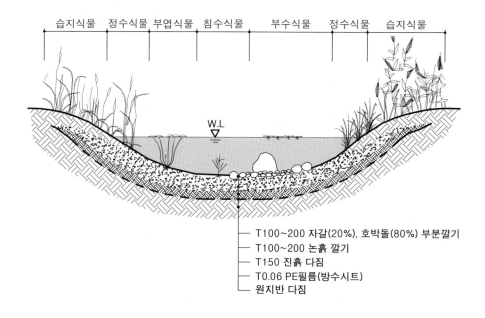

습지식물　정수식물　부엽식물　침수식물　부수식물　정수식물　습지식물

W.L

— T100~200 자갈(20%), 호박돌(80%) 부분깔기
— T100~200 논흙 깔기
— T150 진흙 다짐
— T0.06 PE필름(방수시트)
— 원지반 다짐

생태연못 단면상세도(비닐시트 방수)

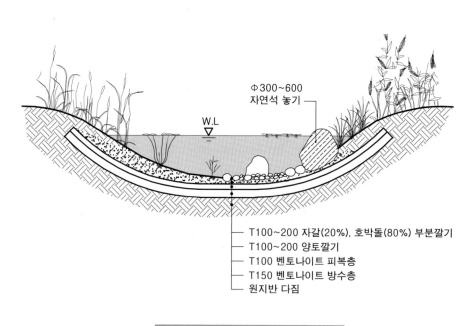

Φ300~600
자연석 놓기

W.L

— T100~200 자갈(20%), 호박돌(80%) 부분깔기
— T100~200 양토깔기
— T100 벤토나이트 피복층
— T150 벤토나이트 방수층
— 원지반 다짐

생태연못 단면상세도(벤토나이트 방수)

14 |||| 포장

보행자 및 자전거 통행과 차량통행의 원활한 기능유지와 공간의 형성 및 이용의 편리성, 안전성을 목적으로 설치한다.

❶ 기능특성

① 보행이나 차량통행 등에 구조적으로 안전해야 한다.

② 공간의 포장은 색채, 질감, 패턴 등 심미적 특성과 쾌적성을 갖추어야 한다.

③ 생태적 측면에서는 투수성포장이 유리하다.

④ 실기시험에 쓰이는 포장은 공간별로 한가지를 선택하여 쓰도록 한다.

❷ 포장의 종류

(1) 소형고압블록(ILP), 보도블록포장 : 보도, 주차장, 광장 등 어느 곳에서나 사용이 가능하다. 실기시험에서는 동선의 포장에 적합하다.

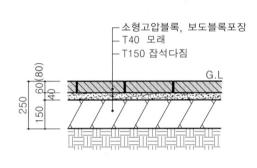

| 단면상세도 |

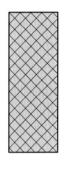

| 도면표기법 |

(2) 화강석판석포장 : 진입광장, 광장 등 넓은 면적의 깨끗한 공간형성에 유리하다.

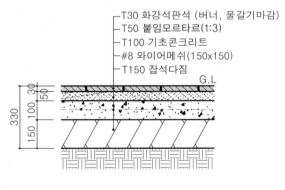

| 단면상세도 |

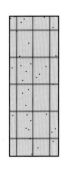

| 도면표기법 |

(3) **벽돌포장** : 보행로, 소형광장, 휴게공간 등에 적합하며 질감이 좋고 색채가 다양하여 공간감을 주는 데 양호하다.

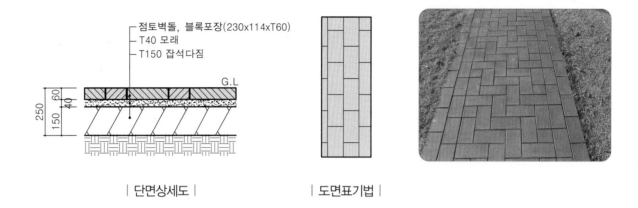

점토벽돌, 블록포장(230x114xT60)
T40 모래
T150 잡석다짐

G.L

250 / 60 / 40 / 150

| 단면상세도 |

| 도면표기법 |

(4) **자연석판석포장** : 휴게공간, 산책로, 수경공간 주변 등 편안한 느낌을 주는 곳에 사용한다.

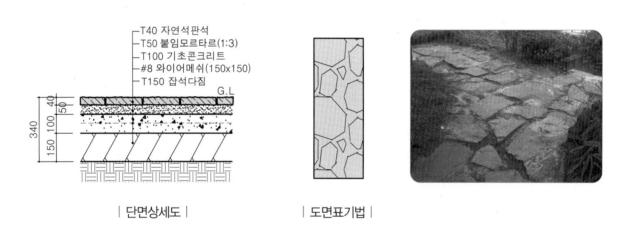

T40 자연석판석
T50 붙임모르타르(1:3)
T100 기초콘크리트
#8 와이어메쉬(150x150)
T150 잡석다짐

G.L

340 / 40 / 50 / 100 / 150

| 단면상세도 |

| 도면표기법 |

(5) **자갈포장** : 수경공간 주변의 완충공간 등에 사용함이 적당하다.

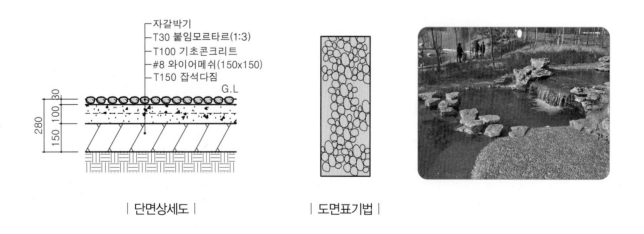

자갈박기
T30 붙임모르타르(1:3)
T100 기초콘크리트
#8 와이어메쉬(150x150)
T150 잡석다짐

G.L

280 / 30 / 100 / 150

| 단면상세도 |

| 도면표기법 |

(6) **통나무원목포장**: 휴게공간이나 생태공원의 광장, 휴게공간 등 자연친화적 공간에 사용함이 적당하다.

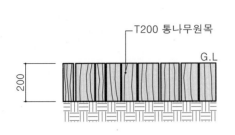

| 단면상세도 |　　　　| 도면표기법 |

(7) **마사토포장**: 학교 운동장, 운동공간, 산책로에 사용한다.

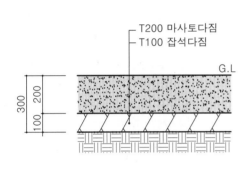

| 단면상세도 |　　　　| 도면표기법 |

(8) **모래포장**: 놀이공간에 사용한다.

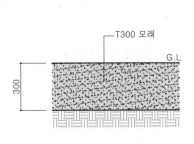

| 단면상세도 |　　　　| 도면표기법 |

(9) 아스팔트콘크리트포장(아스콘포장) : 차량동선과 주차장에 쓰인다.

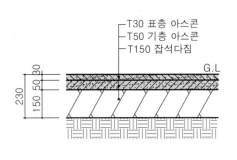

| 단면상세도 | | 도면표기법 |

(10) 콘크리트포장 : 심미성은 없으나 저렴하고 내구성이 높아 주차장, 관리동선 등에 사용한다.

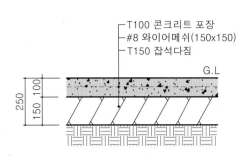

| 단면상세도 | | 도면표기법 |

(11) 투수콘크리트포장(투수콘포장) : 투수성이 있는 콘크리트포장을 말하며 보행로, 자전거도로에
사용하는 친환경성포장이다.

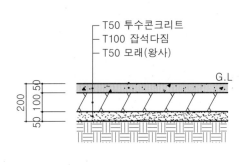

| 단면상세도 | | 도면표기법 |

(12) **고무블록(매트)포장** : 충격흡수력이 높으므로 보행로, 휴게공간, 유아놀이공간 등에 사용한다.

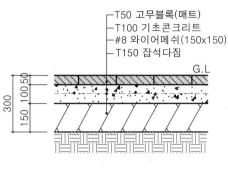

- T50 고무블록(매트)
- T100 기초콘크리트
- #8 와이어메쉬(150x150)
- T150 잡석다짐

G.L

| 단면상세도 |

| 도면표기법 |

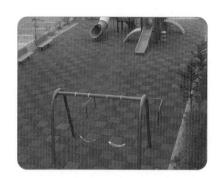

(13) **사괴석포장** : 전통공간의 광장, 진입광장, 보행로 등에 적합하다.

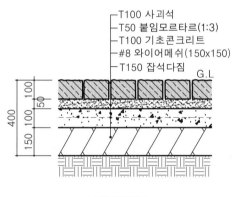

- T100 사괴석
- T50 붙임모르타르(1:3)
- T100 기초콘크리트
- #8 와이어메쉬(150x150)
- T150 잡석다짐

G.L

| 단면상세도 |

| 도면표기법 |

(14) **잔디블록포장** : 투수성포장으로 보행로, 광장, 주차장 등에 전체적으로 녹지를 형성한다.

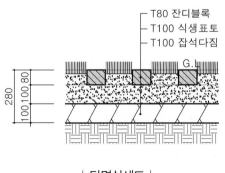

- T80 잔디블록
- T100 식생표토
- T100 잡석다짐

G.L

| 단면상세도 |

| 도면표기법 |

(15) 목재포장 : 휴게공간이나 생태보행로 등 자연친화적이며 부드러운 느낌을 준다.

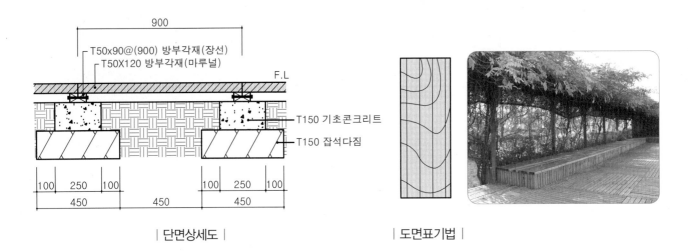

| 단면상세도 | | 도면표기법 |

❸ 경계석 설치

녹지와 포장의 경계부에 쓰이는 녹지경계석과 포장과 포장의 경계처리 부위로 재료분리나 패턴 변화
에 쓰인다.

(1) 녹지구분 경계석

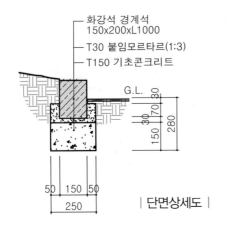

| 단면상세도 |

(2) 포장구분 경계석

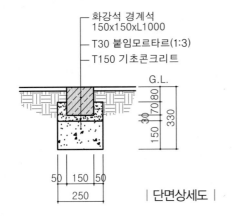

| 단면상세도 |

Chapter **03**

식재설계

식재는 조경설계에 있어 공간을 형성함과 동시에 공간의 기능을 더욱 향상시키며, 조경설계의 완성도를 높이는 역할을 한다. 식재설계는 방대한 내용을 가지고 있어 최대한 내용을 압축시켜 숙지하고 실기시험에 대비하여야 한다. 또한 수목을 기준으로 이루어지므로 수목에 대한 특성과 개념에 대한 이해로서 복합적인 응용력을 필요로 한다.

1 ||||| 수목의 선정

수목은 지리적 환경요인과 토양적 환경요인에 가장 큰 영향을 받는다. 실기시험 역시 이러한 환경적 요인에 더하여 기능적 역할에 대처하는 능력을 요구한다.

    ① 내한성에 따른 지역적 분포한계를 고려한다. → 남부수종 판별

    ② 건습 등에 따른 토양적 특성을 고려한다. → 내습성, 내건조성, 내염성 등

    ③ 공간별, 기능별 역할에 따른 생태적 특성을 고려한다. → 차폐식재, 경계식재, 경관식재 등

    ④ 대상공간의 위치적 특성을 고려한다. → 공장지대, 임해매립지, 주차장 등

위의 4가지 이외에도 음수나 양수, 잎, 줄기, 꽃 등 여러가지 선택사항이 있으나 실기시험의 범위는 어느 정도 한계가 있으므로 적절히 조절함이 좋다. 시험문제의 조건은 여러 수목을 나열하여 적합한 수목을 선택하게 하거나 예시 없이 수검자 스스로 판단하여 설계하도록 한다. 예시되는 수목의 수종은 20여종 전후이나 매번 같은 수목만 예시되는 것이 아니므로 여러 나무의 특성을 이해함이 바람직하다.

> ●● 조경수목의 선정은 나무의 특성을 알아야 한다. ●●
> ① 어디에 심을 것인가?　　　　　　　　　② 어떤 기능을 필요로 하는가?
> ③ 어떤 성상의 수종을 식재할 것인가?　　④ 지역적 위치는 어디인가?
> 평소에 고민하고 연구해 놓아야 유사시 즉각적으로 결정을 할 수가 있다. 자기만의 수목을 선정하여 연습하면 규격 및 특성을 자연스럽게 외울 수 있고, 또한 도면 그리는 시간도 단축할 수 있다.

❶ 수목의 성상에 따른 분류

수목의 생태적 성상에 따른 구분이 가능해야 설계요소에 적합한 수목의 선택이 가능하며, 특히 실기시험 시 남부수종에 대한 변별력은 필수사항이므로 꼭 암기하여야 한다.

성상		수종	
		중부 이북	남부
교목	상록 침엽수	소나무, 곰솔(해송), 백송, 리기다소나무, 리기테다소나무, 방크스소나무, 스트로브잣, 측백, 서양측백, 향나무, 가이즈까향나무, 연필향나무, 반송, 화백, 구상나무, 독일가문비나무, 잣나무, 섬잣나무, 젓나무, 주목, 편백, 솔송나무, 노간주나무	삼나무, 소철, 히말라야시다(개잎갈나무), 나한백, 비자나무, 테다소나무, 금송
	낙엽 침엽수	은행나무, 메타세쿼이아, 낙우송, 일본잎갈나무	
	상록 활엽수		가시나무, 귤나무, 비파나무, 황칠나무, 후피향나무, 감탕나무, 녹나무, 동백나무, 빗죽이나무, 태산목, 후박나무, 굴거리나무, 담팔수, 아왜나무, 참식나무, 먼나무, 홍가시나무, 탱자나무
	낙엽 활엽수	꽃사과나무, 느티나무, 다릅나무, 단풍나무(네군도단풍나무, 은단풍, 청단풍, 홍단풍), 때죽나무, 모감주나무, 모과나무, 버드나무, 버즘나무(플라타너스), 벚나무, 붉나무, 산벚나무, 산수유, 살구나무, 상수리나무, 수양버들, 쉬나무, 아그배나무, 아까시나무, 오리나무, 위성류, 이팝나무, 자귀나무, 자두나무, 자작나무, 중국단풍나무, 쪽동백나무, 참나무류(갈참나무, 굴참나무, 졸참나무, 떡갈나무, 신갈나무), 채진목, 칠엽수, 백합목(튤립나무), 호두나무, 황벽나무, 회화나무, 미루나무(포플러), 박달나무, 밤나무, 은백양, 참중나무, 현사시나무(은사시), 왕벚나무, 가중나무, 계수나무, 고로쇠나무, 느릅나무, 대추나무, 말채나무, 물푸레나무, 목련, 백목련, 층층나무, 팽나무, 피나무, 귀룽나무, 너도밤나무, 노각나무, 마가목, 서어나무, 팥배나무, 신나무, 함박꽃나무(산목련), 매화나무, 복자기	일본목련, 배롱나무(백일홍), 석류, 이나무, 멀구슬나무, 벽오동, 까마귀쪽나무, 무화과나무, 푸조나무
관목	상록 침엽수	눈향나무, 개비자나무, 눈주목, 옥향	
	상록 활엽수	회양목, 좀회양목, 사철나무	광나무, 호랑가시나무, 다정큼나무, 돈나무, 사스레피나무, 우묵사스레피나무, 꽝꽝나무, 목서, 피라칸다, 백량금, 서향, 식나무, 자금우, 팔손이나무, 왕쥐똥나무, 협죽도, 남천
	낙엽 활엽수	고광나무, 나무수국, 모란, 무궁화, 박태기나무, 붉은병꽃나무, 수수꽃다리, 장미, 정향나무, 해당화, 골담초, 순비기나무, 족제비싸리, 팥꽃나무, 개나리, 개쉬땅나무, 명자나무, 미선나무, 병아리꽃나무, 보리수나무, 앵도나무, 조팝나무, 좀작살나무, 쥐똥나무, 진달래, 찔레, 황매화, 국수나무, 산수국, 생강나무, 철쭉, 화살나무, 조록싸리, 꽃댕강나무, 히어리, 말발도리, 영산홍	구슬꽃나무, 천선과나무, 삼지닥나무
만경류	상록덩굴	인동덩굴, 빈카	마삭줄, 멀꿀, 모람, 송악, 줄사철나무
	낙엽덩굴	다래, 담쟁이덩굴, 등나무, 크레마티스, 노박덩굴, 포도, 오미자, 으름덩굴, 머루	능소화

❷ 기능별 식재에 따른 분류

어떤 수목의 기능이나 특징은 한 가지로 명확하게 구분하기는 어려우나 다음의 내용은 대체적인 특징을 가지고 분류한 것이므로 실기시험이나 개념의 이해에 적당할 것이다.

기능		위치	수종의 특성	수종	
				중부	남부
공간 조절	경계 식재	부지 외주부 공간 외주부 원로변	• 지엽이 치밀하고 전정에 강한 수종 • 가지가 잘 말라 죽지 않는 수종	잣나무, 연필향나무, 독일가문비나무, 서양측백, 편백, 화백, 해당화, 명자나무, 무궁화, 붉은병꽃나무, 박태기나무, 보리수나무, 사철나무, 으름덩굴, 담장이덩굴, 크레마티스, 스트로브잣, 감나무, 대추나무, 자작나무, 참나무, 살구나무, 가중나무, 상수리나무, 버즘나무, 사시나무류, 개나리, 쥐똥나무	탱자나무, 호랑가시나무, 광나무, 아왜나무, 꽝꽝나무
	유도 식재	보행로변 산책로변	• 수형이 단정하고 아름다운 수종 • 가지가 잘 말라 죽지 않는 수종	회화나무, 은행나무, 가중나무, 잣나무, 연필향나무, 독일가문비나무, 서양측백, 화백, 미선나무, 보리수나무, 박태기나무, 사철나무, 회양목, 철쭉, 개나리, 진달래, 산수유, 명자나무, 눈향, 수수꽃다리, 조팝나무, 말발도리	광나무, 아왜나무, 꽝꽝나무
경관 조절	경관 식재	상징적 가로부 개방 식재지 산책로	• 아름다운 꽃, 열매, 단풍 등이 특징적인 수종	회화나무, 피나무, 계수나무, 은행나무, 물푸레나무, 칠엽수, 모감주나무, 붉나무, 쉬나무, 구상나무, 소나무, 주목, 솔송나무, 미선나무, 해당화, 황매화, 명자나무, 무궁화, 사철나무, 인동덩굴, 크레마티스, 담쟁이덩굴, 등나무, 천일홍, 모과나무, 자귀나무, 감나무, 단풍나무, 산수유, 목련, 벚나무, 백목련, 홍단풍, 자작나무, 수수꽃다리, 곰솔	후박나무, 조릿대, 사스레피나무, 호랑가시나무, 벽오동, 식나무
	지표 식재	진입부 주요 결절부 상징적 위치	• 수형이 단정하고 꽃, 열매, 단풍 등이 특징적인 수종 • 상징성과 높은 식별성을 가진 수종	회화나무, 피나무, 계수나무, 주목, 구상나무, 소나무, 금송, 독일가문비나무, 메타세쿼이아, 솔송나무, 수양버들, 은행나무, 느티나무, 섬잣나무, 모과나무, 느티나무, 감나무, 산벚나무, 칠엽수, 목련, 단풍나무, 자작나무	배롱나무, 금송
	요점 식재	지표식재 동일	• 지표식재 동일	소나무, 반송, 섬잣나무, 주목, 향나무, 모과나무, 단풍나무, 독일가문비나무	배롱나무, 금송
	차폐 식재	부지 외주부 공간 분리대 화장실	• 지하고가 낮고 지엽이 치밀한 수종 • 전정에 강하고 아랫가지가 말라 죽지 않는 수종	주목, 독일가문비, 솔송나무, 잣나무, 서양측백, 화백, 편백, 보리수나무, 황매화, 사철나무, 인동덩굴, 으름덩굴, 담쟁이덩굴, 등나무, 크레마티스, 자작나무, 측백, 스트로브잣, 참나무, 쥐똥나무, 눈향나무, 옥향, 개나리, 살구나무, 산벚나무, 무궁화, 명자나무, 조팝나무, 네군도단풍, 말발도리	광나무, 사스레피나무, 아왜나무, 가시나무, 호랑가시나무, 꽝꽝나무, 식나무

환경조절	녹음식재	휴게공간 휴게시설 보행로 주차장	• 지하고가 높고 수관폭이 큰 낙엽활엽수 • 답압, 병충해 등에 강한 수종	회화나무, 피나무, 계수나무, 은행나무, 물푸레나무, 칠엽수, 가중나무, 느릅나무, 이나무, 모감주나무, 느티나무, 버즘나무, 중국단풍, 팽나무, 오동나무, 크레마티스, 으름덩굴, 고로쇠나무, 백합목, 이팝나무, 벚나무, 미루나무, 쪽동백나무, 층층나무	벽오동, 멀구슬나무, 녹나무, 참죽나무, 오동나무
	가로식재	도로변 완충공간	• 공해 및 답압에 강하고 유해요소가 없는 수종 • 지하고가 높고 수형이 아름다운 수종	은행나무, 느티나무, 중국단풍, 버즘나무, 메타세쿼이아, 백합목	녹나무, 벽오동

❸ 실기시험에 적합한 기능에 따른 크기별 분류

수목의 선정 시 복합적 응용력이 부족한 경우 단편적으로 간편하게 사용하기 위하여 정리한 것일 뿐 절대적이지 않음을 밝혀 둔다. 앞에 있는 두 개의 표를 비교하여 보면 이해가 될 것이다.

성상	식재크기 및 위치	수종	
		중부 이북	남부
교목	대교목 H=3.5~4.0m 부지 외주부	소나무, 은행나무, 메타세쿼이아, 느티나무, 버즘나무, 중국단풍, 튤립나무, 가중나무, 물푸레나무, 참나무류, 층층나무, 칠엽수, 피나무, 회화나무	가시나무, 개잎갈나무, 구실잣밤나무, 녹나무, 벽오동, 태산목, 후박나무
	중교목 H=3.0~3.5m 부지 내부	구상나무, 독일가문비나무, 잣나무류, 주목, 측백, 편백, 화백, 향나무류, 자작나무, 감나무, 꽃산딸나무, 단풍나무류, 대추나무, 때죽나무, 말채나무, 목련, 버드나무, 벚나무류, 뽕나무, 참빗살나무, 자두나무, 쪽동백나무, 함박꽃나무, 복자기	굴거리나무, 동백나무, 매화나무, 아왜나무, 오동나무, 석류나무, 먼나무, 호두나무
	소교목 H=2.5~3.0m 부지 내부	향나무류, 꽃사과나무, 마가목, 배나무, 복숭아나무, 붉나무, 산사나무, 산수유, 살구나무, 아그배나무, 야광나무, 위성류, 자귀나무, 채진목	귤나무, 무화과나무, 석류나무, 황칠나무, 후피향나무, 배롱나무
	차폐식재	구상나무, 독일가문비나무, 잣나무류, 주목, 측백, 편백, 화백, 향나무류	아왜나무, 녹나무, 가시나무, 동백나무
관목	대관목	무궁화, 보리수, 수수꽃다리, 쥐똥나무	광나무, 돈나무, 목서, 치자나무, 협죽도
	중관목	개나리, 말발도리, 명자나무, 박태기나무, 병꽃나무, 사철나무, 미선나무, 개비자나무, 고광나무, 낙상홍, 덜꿩나무, 불두화, 붉은병꽃나무, 생강나무, 앵두나무, 정향나무, 좀작살나무, 찔레, 화살나무, 황매화, 흰말채나무	꽝꽝나무, 남천, 다정큼나무, 우묵사스레피, 식나무, 영산홍, 팔손이나무
	소관목	눈향, 조팝나무, 진달래, 철쭉류, 회양목, 개야광나무, 매자나무, 모란, 산수국, 옥향, 자산홍, 장미	수국, 피라칸사, 서향
	차폐식재	쥐똥나무, 사철나무, 개나리, 회양목, 개야광나무, 매자나무, 모란, 산수국, 옥향, 자산홍, 장미	광나무, 꽝꽝나무, 피라칸사, 목서

2 | | | | | 수목의 규격

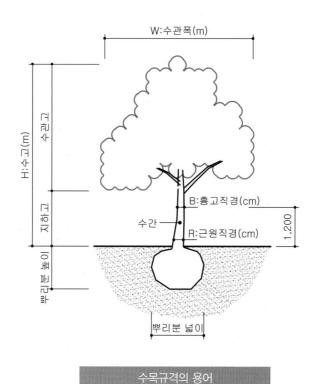

W:수관폭(m)

H:수고(m)

수관고

지하고

뿌리분 높이

B:흉고직경(cm)

수간

R:근원직경(cm)

1,200

뿌리분 넓이

수목규격의 용어

❶ 교목

① H × B : 수간부의 지름이 비교적 일정하게 성장하는 수목에 쓰인다.

　　　　　가중나무, 메타세쿼이아, 버즘나무, 은행나무, 벚나무, 자작나무, 벽오동

② H × W : 수간이 지엽들에 의해 식별이 어려운 침엽수나 상록활엽수의 대부분에 쓰인다.

　　　　　잣나무, 주목, 구상나무, 독일가문비나무, 편백, 향나무, 곰솔, 젓나무, 함박꽃나무,

　　　　　굴거리나무, 아왜나무, 태산목, 황칠나무, 후피향나무

③ H × R : 수간부의 지름이 뿌리 근처와 흉고부분의 차이가 많이 나는 경우로 활엽수 등 거의 대

　　　　　부분의 교목에 쓰인다.

④ H × W × R : 소나무, 동백나무, 개잎갈나무

❷ 관목

① H × R : 보리수, 생강나무

② H × W : 거의 모든 관목에 쓰인다.

③ H × 가지수 : 모란, 개나리, 미선나무, 고광나무, 덩굴장미, 만리화, 해당화, 찔레꽃, 남천

❸ 초본류, 수생식물

분얼, 포트(pot), ㎝ 등으로 나타내며, 식재면적으로 나타내기도 한다.

❹ 수목규격표

성상	수목명	규격	성상	수목명	규격	성상	수목명	규격
상교	구상나무	H3.0×W1.5	낙교	버드나무	H3.0×R8	상관	눈주목	H0.3×W0.3
상교	독일가문비	H3.5×W1.8	낙교	버즘나무	H4.0×B10	상관	눈향	H0.4×W0.8×L1.4
상교	반송	H2.0×W3.0	낙교	(왕, 산, 겹)벚나무	H3.0×B6	상관	사철나무	H1.5×W0.5
상교	소나무	H4.0×W2.0×R15	낙교	복자기	H2.5×R6	상관	옥향	H0.5×W0.6
상교	(섬, 스트로브)잣	H3.5×W1.8	낙교	붉나무	H2.0×R4	상관	회양목	H0.5×W0.8
상교	젓나무	H3.5×W1.8	낙교	(꽃)산딸나무	H3.0×R8	낙관	개나리	H1.2×5가지
상교	주목	H3.0×W2.0	낙교	산사나무	H3.0×R10	낙관	갯버들	H1.5×W0.6
상교	편백	H3.0×W1.2	낙교	산수유	H3.0×R8	낙관	국수나무	H1.2×W0.8
상교	(서양)측백	H3.0×W1.2	낙교	살구나무	H3.0×R8	낙관	낙상홍	H1.5×W0.6
상교	(가이즈까)향	H3.0×W1.2	낙교	(능수)수양버들	H3.0×R8	낙관	덜꿩나무	H1.5×W0.6
상교	해송(곰솔)	H4.0×W2.0×R15	낙교	아카시아	H4.0×R10	낙관	말발도리	H1.5×W0.6
낙교	가중나무	H3.5×B6	낙교	오리나무	H3.5×R10	낙관	(당)매자나무	H0.6×W0.4
낙교	감나무	H3.0×R10	낙교	은행나무	H4.0×B10	낙관	명자나무	H1.0×W0.6
낙교	계수나무	H4.0×R10	낙교	이팝나무	H3.5×R12	낙관	모란	H0.6×5가지
낙교	고로쇠나무	H4.0×R10	낙교	일본목련	H3.5×R6	낙관	무궁화	H1.8×W0.5
낙교	꽃사과나무	H3.0×R8	낙교	(일본)잎갈나무	H3.5×R8	낙관	미선나무	H1.2×4가지
낙교	낙우송	H3.5×R8	낙교	자귀나무	H3.0×R8	낙관	박태기나무	H1.5×W0.6
낙교	너도밤나무	H3.5×R12	낙교	자두나무	H3.0×R10	낙관	병꽃나무	H1.2×W0.6
낙교	노각나무	H3.5×R10	낙교	자작나무	H4.0×B10	낙관	보리수나무	H1.5×R2
낙교	느릅나무	H3.5×R8	낙교	쪽동백나무	H3.5×R8	낙관	불두화	H1.5×W1.0
낙교	느티나무	H4.0×R15	낙교	중국단풍	H3.5×R12	낙관	붉은병꽃나무	H1.2×W0.6
낙교	(홍, 청)단풍	H3.0×R10	낙교	참나무류	H3.5×R15	낙관	생강나무	H2.0×R3
낙교	대추나무	H3.0×R8	낙교	층층나무	H3.5×R10	낙관	수수꽃다리	H2.5×W1.5
낙교	때죽나무	H3.5×R8	낙교	칠엽수	H3.5×R12	낙관	앵두나무	H1.5×W0.8
낙교	마가목	H3.0×R8	낙교	팥배나무	H3.0×R6	낙관	옥매	H1.2×W0.8
낙교	메타세쿼이아	H4.0×B8	낙교	팽나무	H3.5×R10	낙관	자산홍	H0.5×W0.6
낙교	모과나무	H3.5×R12	낙교	피나무	H3.5×R8	낙관	장미	5년생 4가지
낙교	모감주나무	H3.0×R8	낙교	함박꽃나무	H3.0×W1.2	낙관	(공, 꼬리)조팝	H0.8×W0.4
낙교	(백, 자)목련	H3.0×R10	낙교	호두나무	H3.5×R10	낙관	좀작살나무	H1.5×W0.6
낙교	물푸레나무	H3.5×R8	낙교	회화나무	H3.5×R8	낙관	쥐똥나무	H1.5×W0.4
낙교	백합나무	H4.0×R10	상관	개비자나무	H1.2×W0.6	낙관	진달래	H0.6×W0.4

낙관	찔레꽃	H1.5×5가지	상교	동백나무	H3.0×W1.5×R10	상관	꽝꽝나무	H0.6×W1.0
낙관	(산, 백, 황)철쭉	H0.5×W0.6	상교	먼나무	H3.5×R8	상관	남천	H1.2×5가지
낙관	해당화	H1.2×4가지	상교	아왜나무	H3.0×W1.5	상관	다정큼나무	H1.2×W0.8
낙관	화살나무	H1.2×W0.8	상교	참식나무	H3.0×R8	상관	돈나무	H2.0×W1.5
낙관	황매화	H1.2×W0.8	상교	태산목	H3.0×W1.5	상관	(금, 은)목서	H2.0×W1.0
낙관	흰말채나무	H1.2×W0.6	상교	홍가시나무	H2.5×W1.2	상관	(우묵)사스레피	H1.2×W1.0
상교	가시나무	H4.0×R10	상교	후박나무	H3.5×R10	상관	천리향(서향)	H0.4×W0.4
상교	감탕나무	H3.5×R8	상교	후피향나무	H3.0×W2.0	상관	팔손이나무	H1.2×W1.0
상교	개잎갈나무	H4.0×W2.0×B10	낙교	멀구슬나무	H3.0×R8	상관	피라칸사	H1.2×W0.4
상교	구실잣밤나무	H3.5×R12	낙교	배롱나무	H3.0×R10	상관	호랑가시나무	H2.0×W1.0
상교	굴거리나무	H3.0×W1.2	낙교	벽오동	H3.5×B8	상관	협죽도(유엽도)	H1.2×W0.5
상교	녹나무	H3.5×R12	낙교	석류나무	H3.0×R8	낙관	삼지닥나무	H0.6×W0.4
상교	담팔수	H3.5×R10	상관	광나무	H1.5×W0.6	낙관	영산홍	H0.6×W0.8

3 |||| 수목의 표현

식재설계도의 경우에는 평면으로 나타내고 단면도나 입면도의 경우에는 수목이 서있는 형태인 입면으로 나타낸다. 또한 수종을 나타내는 경우에는 인출선을 이용하거나 수목의 각각을 기호로 나타내는 방법, 인출선과 기호 모두를 사용하는 방법이 있다.

실기시험의 경우에는 인출선을 이용하는 방법이 보편적이다. 그외에도 상세평면도를 그리고 입면도를 그리는 문제도 출제된 경우가 있으므로 잘 대비하여야 한다.

❶ 수목의 평면

(1) 수목평면의 간략표현

① 템플렛을 사용하여 적당한 크기의 원을 그린 후 프리핸드로 완성한다.

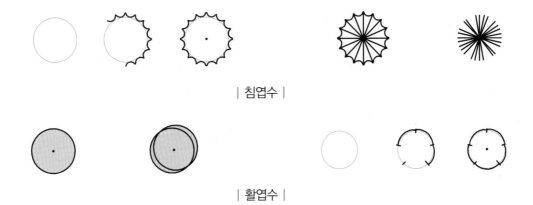

| 침엽수 |

| 활엽수 |

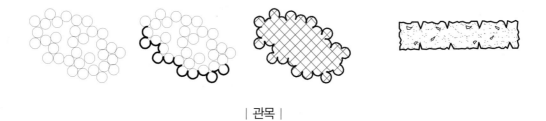

| 관목 |

② 기호로 나타내야 할 경우를 대비하여 여러 가지의 표현을 연습하도록 한다.

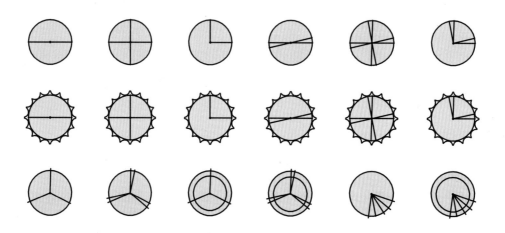

| 교목의 여러 가지 표현 |

(2) 수목평면의 상세표현

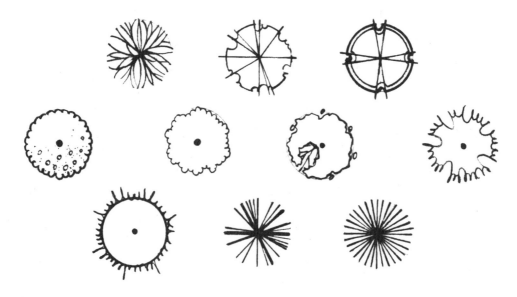

| 교목의 여러 가지 표현 |

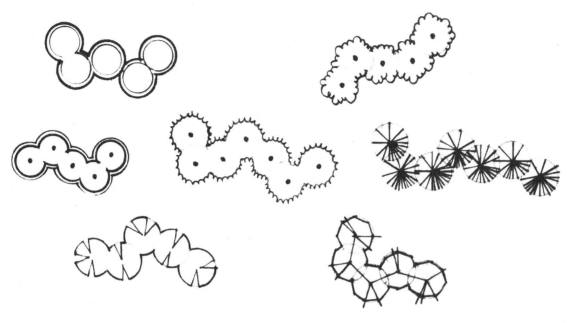

| 관목의 여러 가지 표현 |

●● 수목의 평면표기는 가장 많이 사용된다. ●●

수목표현의 90% 이상이 평면으로 표기된다. 가장 많이 쓰이므로 시간의 단축이 필요한 부분이다.
단순한 형태로 반복적인 연습을 하면 시간단축이 가능하다. 또한 상세표현은 많이 쓰지는 않으나
가끔씩 평면상세를 요구하는 문제가 출제되기도 하므로 연습을 해 두는 것이 좋겠다.

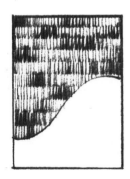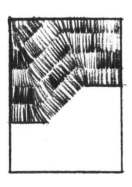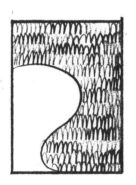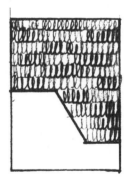

| 지피식재의 여러 가지 표현 |

❷ 수목의 입면

⑴ 수목입면의 간략표현

① 활엽수의 입면표현

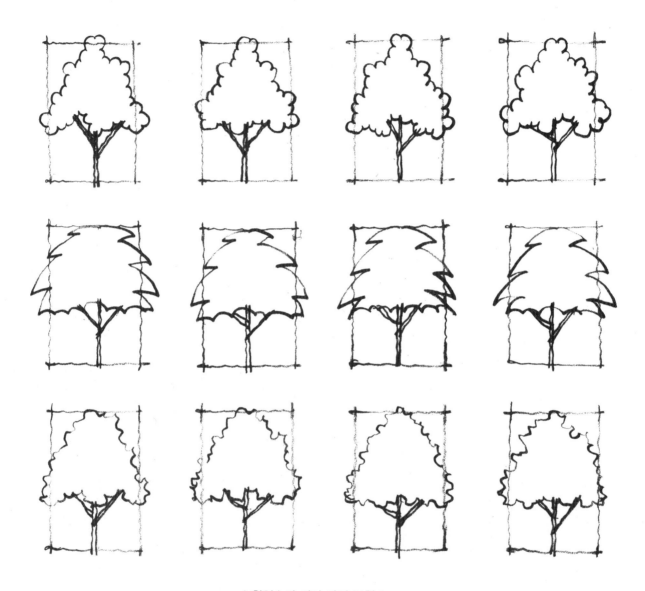

| 활엽수의 여러 가지 표현 |

② 침엽수의 입면표현

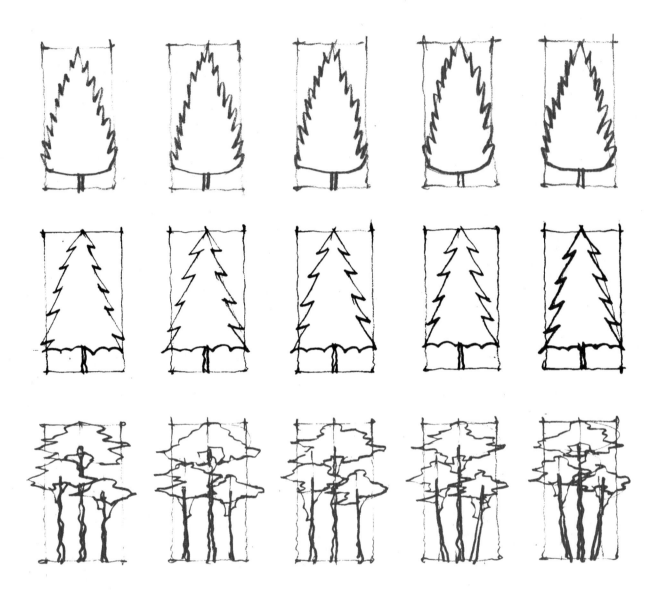

| 침엽수의 여러 가지 표현 |

③ 관목의 입면표현

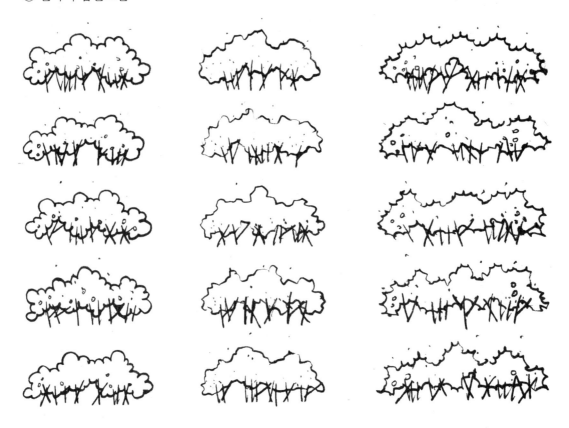

| 관목의 여러 가지 표현 |

(2) 수목입면의 상세표현

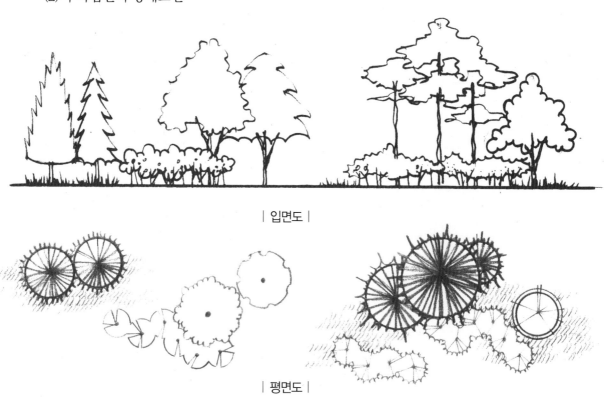

| 입면도 |

| 평면도 |

●● 배식평면 상세도와 입면도 ●●

식재평면의 부분상세도를 그리고 입면도를 요구하는 문제가 가끔 출제된다. 평면은 상세표현을 해야하고 입면은 평면의 배식현황에 맞추어 다층식재를 보여 줄 수 있도록 하여야 한다. 따라서 평면 상세도 작성 시 입면의 가상적 형태를 생각하며 그린다.

| 입면도 |

| 평면도 |

4 |||| 배식기법

❶ 정형식 식재

시선이나 지형적 축을 기준으로 연속성, 대칭성, 통일성, 균형성 등을 나타내는 수법으로 실기시험에는 출입구, 외주부, 경계부 등 주로 선적인 요소에 쓰인다.

(1) 단식

수목 한 그루로서 식재의 인지성을 나타낼 수 있는 형태나 지점 등에 식재하는 수법이다.

(2) 대식

한 쌍의 수목을 같이 심거나 마주보게 하여 대칭적으로 식재하는 방법으로 출입구 부분의 초점식재 등 인지성 및 질서감을 부여한다.

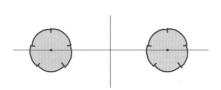

(3) 열식

일직선상으로 수목을 식재하는 방법으로 비스타 형성이나 연속에 의한 경계식재 및 차폐식재 효과를 거둘 수 있다.

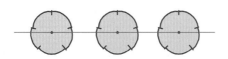

(4) 교호식재

두 줄의 열식을 수목이 어긋나게 배치하는 방법으로 식재폭을 늘리는 효과가 있고, 완충식재나 차폐식재 등에 쓰인다.

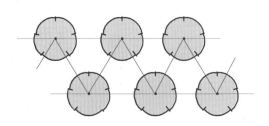

(5) 집단식재

같은 종류의 수목을 규칙성 있게 무리지어 식재하는 방법으로 수형적 미비함을 감소시키거나 중량감을 줄 때 쓰인다.

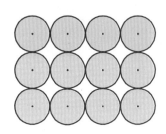

❷ 자연풍경식 식재

자연스러운 식재형태로 실제의 자연경관과 같은 식재형식으로 실기시험에서는 개방공간이나 선적 정형식 식재의 사이공간, 자연수림과 인접한 지역 등에 식재할 때 쓰여진다. 수목은 보통 3, 5, 7그루 등 홀수로 배치한다.

(1) 부등변삼각형 식재(3점식재)

수목을 배식할 때 수목간의 간격이 일정하지 않고 삼각형태를 갖도록 배치하여, 자연스러움을 나타내는 식재방법이다.

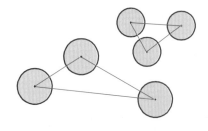

(2) 임의 식재

3그루 이상의 식재를 배식할 경우 부등변삼각형 식재를 연속하여 발전시킨 형태로 실기시험 시 많이 쓰인다.

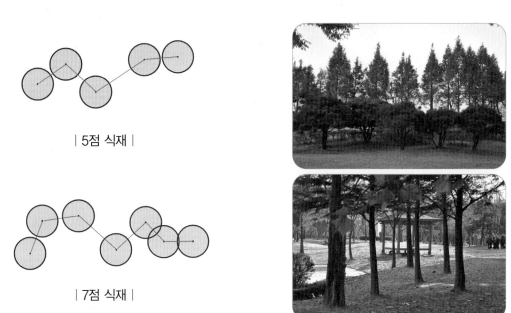

| 5점 식재 |

| 7점 식재 |

(3) 무리심기

집단식재와 달리 같은 종류의 수목을 불규칙하게 부정형으로 모아심는 것을 말하며, 실기시험에서는 교목의 지표식재나 관목의 대부분은 이 방식으로 식재한다.

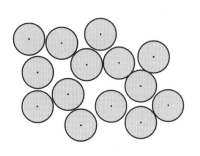

❸ 식재의 수량산출

(1) 독립식재 수목

식재설계도에 단일기호로 표시되는 수목은 기호의 개수를 세어 수량을 산출한다.

(2) 군식(무리심기)되는 수목

식재밀도(단위면적당 식재되는 그루수)를 식재면적에 곱하여 수량을 산출한다.

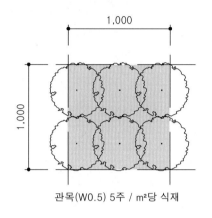

관목(W0.5) 5주 / m²당 식재

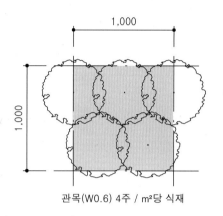

관목(W0.6) 4주 / m²당 식재

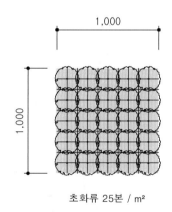

초화류 25본 / m²

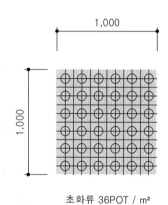

초화류 36POT / m²

수목별 식재밀도

❹ 식재방법

수목의 식재 시 수목의 특성에 맞는 적정한 토심을 확보해야 한다. 식재를 위한 구덩이 파기는 아래의 그림과 같이 하며, 뿌리분의 크기에 따라 적절히 가감한다.

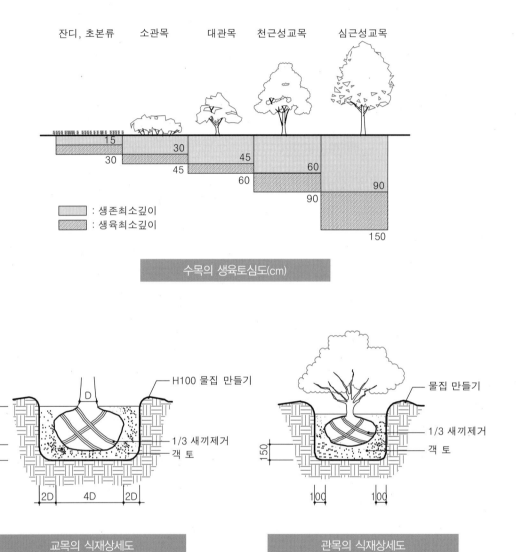

수목의 생육토심도(cm)

교목의 식재상세도

관목의 식재상세도

❺ 지주목 설치

지주목은 수고 2m 이상의 교목류에 수목뿌리의 활착을 위하여 수목보호용으로 설치하는 것이다. 2m 미만의 교목이나 단독식재하는 관목의 경우에도 필요에 따라 설치한다.

단각지주, 이각지주, 삼각지주, 사각지주, 삼발이, 연결형(연계형) 지주, 매몰형 지주, 당김줄형 지주 등이 있다. 실기시험에서도 지주목상세도를 요구하는 문제로 출제된 적이 있으므로 소홀히 할 수 없는 부분이다.

(1) 이각지주

도로변과 같이 특별히 이각지주가 필요한 수목과 수고 1.2~2.5m의 소형수목에 적용한다.

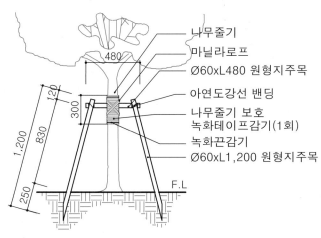

- 나무줄기
- 마닐라로프
- Ø60xL480 원형지주목
- 아연도강선 밴딩
- 나무줄기 보호 녹화테이프감기(1회)
- 녹화끈감기
- Ø60xL1,200 원형지주목

480
120
300
830
1,200
250
F.L

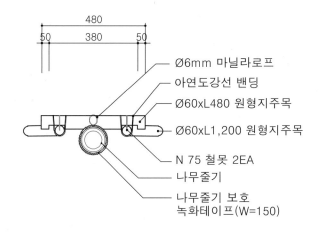

480
50 380 50

- Ø6mm 마닐라로프
- 아연도강선 밴딩
- Ø60xL480 원형지주목
- Ø60xL1,200 원형지주목
- N 75 철못 2EA
- 나무줄기
- 나무줄기 보호 녹화테이프(W=150)

이각지주목 상세도

| 삼각지주목

| 당김줄형지주

(2) 삼발이(버팀형)

견고한 지지를 필요로 하는 수목이나 근원직경 20㎝ 이상의 수목에 적용한다.

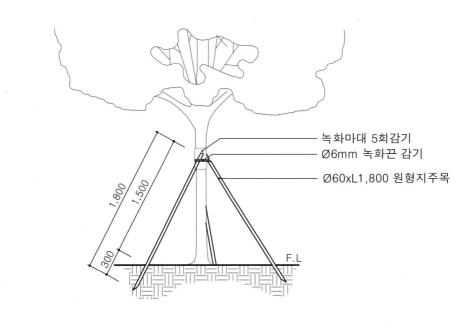

- 녹화마대 5회감기
- Ø6mm 녹화끈 감기
- Ø60xL1,800 원형지주목

1,800
1,500
300
F.L

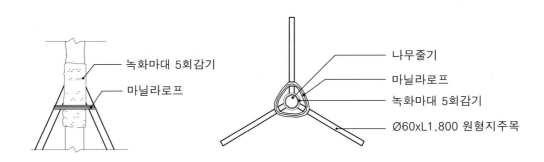

- 녹화마대 5회감기
- 마닐라로프

- 나무줄기
- 마닐라로프
- 녹화마대 5회감기
- Ø60xL1,800 원형지주목

삼발이지주목 상세도

(3) 사각지주

삼각지주의 변형으로 도로변, 광장의 가로수 등 포장지역에 식재하는 수고 1.2~4.5m의 수목에 적용하되 크기에 따라 선택적으로 사용한다.

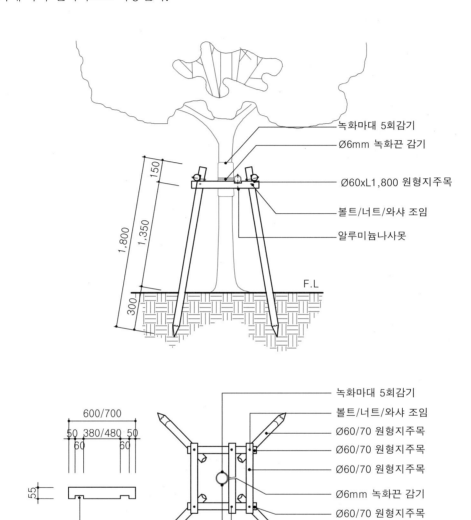

녹화마대 5회감기
Ø6mm 녹화끈 감기
Ø60xL1,800 원형지주목
볼트/너트/와샤 조임
알루미늄나사못

150
1,800
1,350
300
F.L

600/700
50 380/480 50
60 60
55
홈파기

녹화마대 5회감기
볼트/너트/와샤 조임
Ø60/70 원형지주목
Ø60/70 원형지주목
Ø60/70 원형지주목
Ø6mm 녹화끈 감기
Ø60/70 원형지주목
알루미늄나사못
Ø6mm 녹화끈 감기

사각지주목 상세도

(4) 연결형(연계형) 지주목

교목의 군식지에 수목끼리 서로 연결시켜 설치한다.

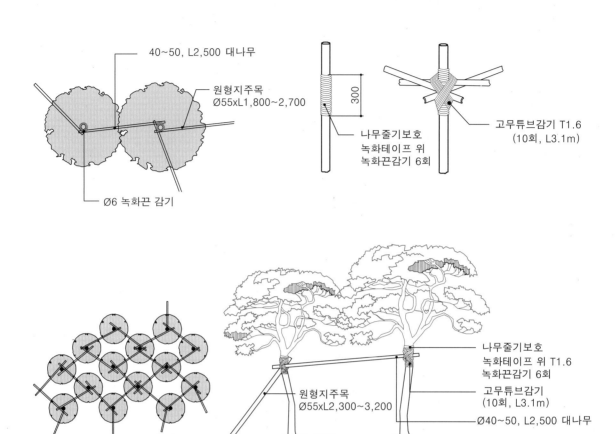

연결형지주목 상세도

❻ 지반조성 시 수목의 보호방법

지반을 새로이 조성할 경우 보호해야 할 기존수목이 있을 수 있으며 이에 대한 대책이 필요하다. 실기시험에 출제된 적이 있으므로 절토 시와 성토 시의 방법을 잘 알아두어야 한다.

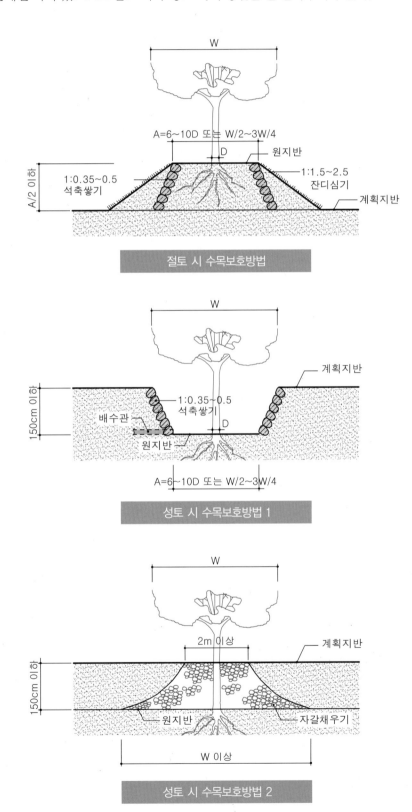

절토 시 수목보호방법

성토 시 수목보호방법 1

성토 시 수목보호방법 2

5 |||| 식재기능에 의한 설계

이론상의 식재기능보다는 실기시험에 적용할 수 있는 식재형식을 설명하도록 한다.

❶ 요점식재·지표식재

진입부 또는 주요 결절부에 식재함으로써 상징성을 주고 시각적 유인성을 갖는, 형상이 아름답고 관상가치가 있는 수종을 선택한다. 요점식재는 3그루 이하로 하고 지표식재는 무리심기로 한다.

⑴ 수종

소나무, 독일가문비나무, 메타세쿼이아, 주목, 느티나무, 은행나무, 회화나무, 계수나무 등

⑵ 적용

출입구, 진입광장, 광장, 동선의 결절점, 개방식재지, 마운딩

⑶ 설계예시

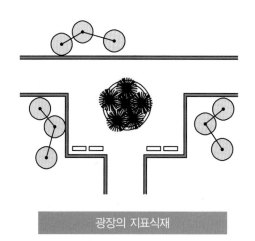

광장의 중앙에 식재대를 설치하여 식재한 경우

광장의 지표식재

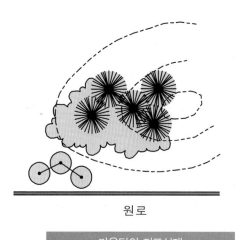

원로

마운딩의 지표식재

마운딩의 식재는 정상부보다는 약간 옆에 식재함이 경관상 좋다.

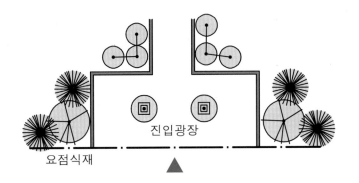

진입부의 요점식재는 양쪽에 대칭적으로 식재하여 균형감을 준다.

진입광장

요점식재

| 진입부의 요점식재 |

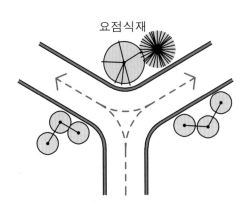

요점식재

결절부의 요점식재는 동선의 방향설정을 위하여 멀리서도 식별이 가능하도록 대형목을 식재한다.

| 동선 결절부의 요점식재 |

| 진입부의 요점식재

| 광장의 지표식재

| 동선 결절부의 요점식재

| 마운딩의 지표식재

❷ 녹음식재

휴게공간 등 그늘을 필요로 하는 곳에 지하고가 높고, 그늘을 형성할 수 있는 수관을 가진 수종을 선택한다.

(1) 수종
은행나무, 느티나무, 메타세쿼이아, 버즘나무, 튤립나무 등
(2) 적용
휴게공간, 광장, 원로, 주차장 등
(3) 설계예시

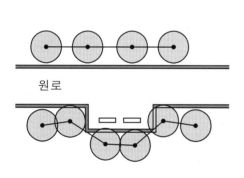

휴게시설 주위에 녹음식재를 한다.

휴게장소의 녹음식재

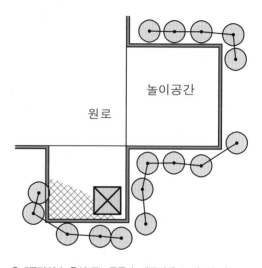

휴게공간의 녹음식재는 물론 놀이공간에도 그늘의 필요성이 존재한다.

휴게공간과 놀이공간의 녹음식재

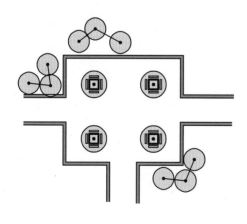

휴게시설 주위에는 항상 녹음식재를 염두에 둔다.

광장휴게시설의 녹음식재

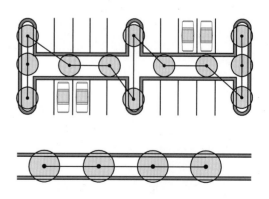

주차장은 넓은 공간을 형성하므로 공간내부에 식재도입이 필요하다. 주차장의 식재는 녹음식재를 고려함이 좋다.

주차장의 녹음식재

| 광장의 녹음식재

| 휴게공간의 녹음식재

| 주차장의 녹음식재

| 휴게시설의 녹음식재

❸ 차폐식재 · 완충식재

설계대상공간의 외주부에 경계식재를 겸하며 기능적으로 명확한 특성을 갖는다. 또한 혐오시설의 가림막이나 상충되는 공간의 분리대로서의 기능과 방풍 · 방음 등의 기능도 갖는다. 분리의 정도 차이로 차폐와 완충의 차이를 감각적으로 구분하기 바라며, 수목은 지하고가 낮고 지엽이 치밀하며 전정에 강한 수종을 선정한다.

차폐식재에는 주로 상록수종을 4~5m 간격으로 2열로 식재한 교호식재가 적당하며, 완충식재는 활엽수도 사용하여 5~6m 정도의 간격으로 식재하는 것이 적당하다. 관목을 이용하여 낮은 울타리를 만들어 공간 내부에서도 적절하게 사용할 수 있다.

(1) 수종
구상나무, 독일가문비나무, 잣나무, 주목, 편백, 향나무 등
(2) 적용
설계대상공간의 외주부, 위요식재를 요하는 곳, 동적공간과 정적공간의 분리 및 완충식재, 북향에 면한 곳 등

| 부지경계의 차폐식재

| 부지경계의 완충식재

(3) 설계예시

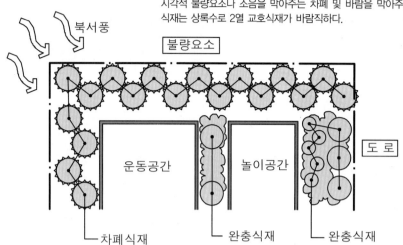

시각적 불량요소나 소음을 막아주는 차폐 및 바람을 막아주는 방풍 식재는 상록수로 2열 교호식재가 바람직하다.

북서풍

불량요소

운동공간

놀이공간

도 로

차폐식재

완충식재

완충식재

도로에 접한 부분은 소음에 대한 조치로 차폐식재가 가능하나 너무 폐쇄적이면 안전에 대한 우려가 있으므로 적당한 폐쇄성과 그늘을 형성하는 활엽수의 완충식재도 좋은 방법이다.

성격이 비슷한 활동적 공간과의 경계에는 차폐적이지 않아도 되므로 그늘을 위한 교목 및 낮은 울타리를 형성하는 관목식재가 적합하다.

기능적 차폐 및 완충식재

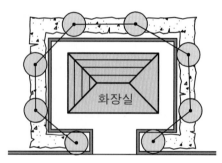

원로

화장실

화장실 주변은 건축물로 인한 경관훼손을 고려하여 차폐식재를 하고 주위에 경관적 식재도 필요로 한다.

화장실 주변의 차폐식재

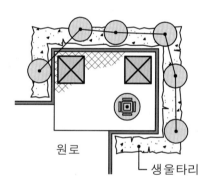

원로

생울타리

휴게공간은 녹음식재와 더불어 공간을 형성해 주는 울타리 식재가 필요하다.

휴게공간의 녹음 및 완충식재

| 퍼걸러 부분의 완충식재

| 휴게공간의 울타리식재

❹ 경관식재

경관향상을 위한 식재로 지표식재나 요점식재 등도 포함되나 실기시험에서는 기능적 식재 이외의 부분을 보완하는 것으로, 2차적 식재로 생각하고 설계한다.

(1) 수종
소나무, 구상나무, 독일가문비나무, 메타세쿼이아, 계수나무, 은행나무, 단풍나무, 수수꽃다리, 감나무 등

(2) 적용
광장 주변, 원로, 개방식재지, 기능적 식재가 아니어도 되는 곳 등

(3) 설계예시

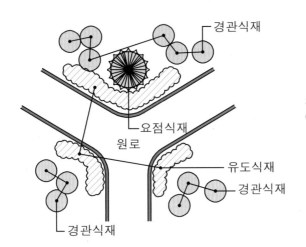

경관식재는 기능적 식재의 보조적 개념으로 접근하여 기능식재 후 주변에 식재한다.

수목의 기능별 식재

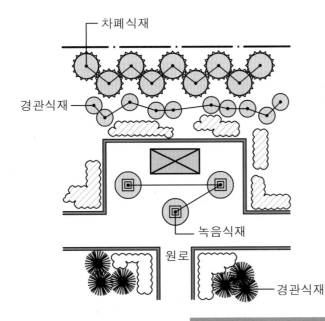

광장의 주변에는 낮은 수목을 위주로 식재하여야 공간의 개방감을 확대할 수 있다.

소광장의 녹음 및 경관식재

| 광장 주변의 경관식재 | 원로 주변의 경관식재 | 개방식재지의 경관식재 | 마운딩의 경관식재 |

❺ 경계식재

1차적으로 경계설정을 위한 식재를 말하며 공간을 분할하는 차폐 및 완충식재도 경계식재의 일종이다. 또한 공간의 분할뿐 아니라 동선과 공간의 분리, 동선기능의 확대를 가져오며, 유도식재의 기능을 하기도 한다. 교목은 열식하고 관목은 군식이나 생울타리로 설계한다.

(1) 수종

은행나무, 느티나무, 메타세쿼이아, 감나무, 벚나무, 무궁화, 명자나무, 쥐똥나무, 사철나무, 구상나무, 독일가문비나무, 잣나무 등

(2) 적용

설계대상공간의 외주부 공간 주변, 원로 주변, 화단 주변 등

(3) 설계예시

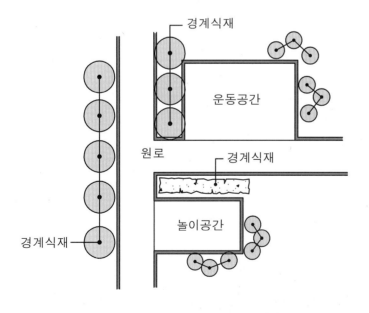

경계식재는 교목을 열식하거나 관목의 울타리 식재로 형성하고 운동·놀이공간에서 교목의 식재는 녹음식재를 겸할 수 있도록 한다.

원로변의 경계식재

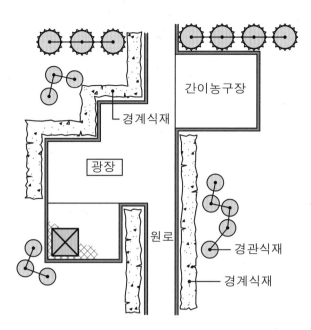

간이농구장

경계식재

광장

원로

경관식재

경계식재

개방적 공간이 연계된 광장의 경우 교목의 식재
보다는 낮은 관목의 울타리 식재가 적당하다.

광장 주변의 경계식재

| 공간의 분리를 위한 경계식재

| 공간의 형성을 위한 경계식재

| 교목과 관목을 같이 이용한 경계식재

| 이용제한을 위한 경계식재

❻ 유도식재

울타리(경계)식재를 겸하며 보행자의 혼란을 방지하여 원활한 소통과 안전을 위하여 식재하는 것이다. 보행자나 차량을 위한 것이 있으나 공원 내에서는 보행자를 위해 설치한다.

동선의 굴절부분이나 교차·분리되는 곳에 설치하며, 수목은 교목도 쓰이나 주로 관목을 무리지어 식재한다.

(1) 수종
잣나무, 향나무, 감나무, 단풍나무, 미선나무, 사철나무, 회양목, 쥐똥나무, 개나리, 철쭉 등

(2) 적용
보행동선(원로) 주변

(3) 설계예시

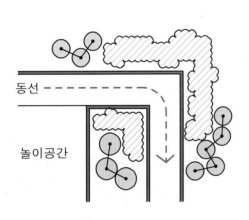

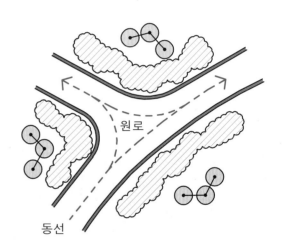

설정된 동선의 방향적 혼란을 막기위해 시각적으로 한 눈에 보이는 관목으로서 경계를 만들어 주는 유도식재가 좋으며, 낮은 상록수의 열식도 시각적인 방향성을 갖게 하므로 좋은 방법이다.

| 원로 가각부의 유도식재 | 원로 결절부의 유도식재 |

| 낮은 상록수를 이용한 유도식재

| 산책로 입구의 유도식재

| 원로 결절부의 유도식재

| 원로변의 울타리식재

6 | | | | 공간별 식재설계

❶ 진입부

인지성을 갖는 요점식재나 지표식재를 적용하며 도입시설에 따른 녹음식재 등을 고려한다.

(1) 설계예시

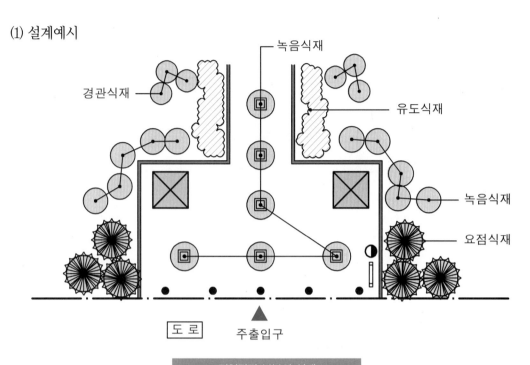

진입광장 부분의 식재

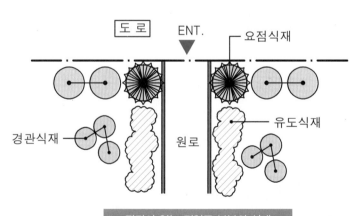
광장이 없는 진입구 부분의 식재

| 진입광장의 식재

| 대식에 의한 진입부의
요점식재

❷ 광장

  동선의 결절부에 위치하므로 요점식재나 지표식재로 시인성을 주도록 하고, 개방적 공간이 되도록 주위에는 대형목을 식재하지 않는다. 광장의 가운데에 식재를 하기도 하고, 수목보호대 또는 의자 겸용 수목보호대를 도입하여 설치하기도 한다.

(1) 설계예시

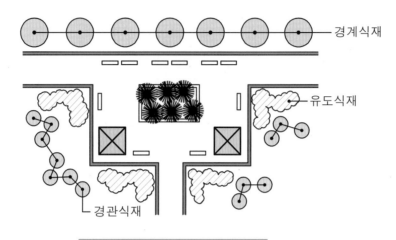

식재대를 설치한 광장의 식재

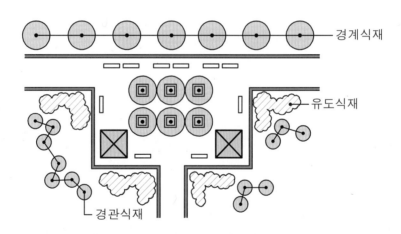

수목보호대를 이용한 광장의 식재

식재대를 설치한 광장의 식재

수목보호대를 이용한 광장의 식재

❸ 휴게공간

휴게시설부는 주로 녹음식재를 적용하고 공간형성을 위한 울타리의 차폐 및 완충식재를 적용한다.
공간 내부에 수목보호대를 설치하여 녹음식재를 도입하기도 한다.

(1) 설계예시

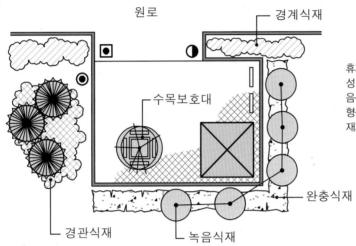

원로

경계식재

수목보호대

완충식재

경관식재

녹음식재

휴게공간부의 식재는 거의 모든 기능성 식재가 나타나나 일차적으로는 녹음식재가 우선적으로 도입되고, 공간형성 및 공간의 보호를 위한 울타리식재가 도입된다.

일반적인 휴게공간의 기본식재

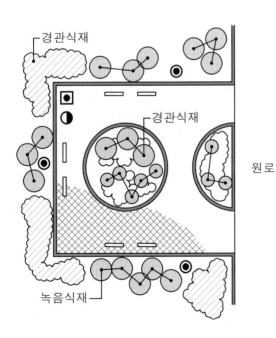

경관식재

경관식재

원로

녹음식재

식재대를 도입한 휴게공간

| 휴게공간 내의 식재대

휴게공간 내에 도입되는 식재대는 공간의 규모가 일정이상의 크기가 되어야만 가능하다.

| 휴게공간의 녹음식재

| 퍼걸러의 녹음식재

| 휴게시설의 녹음식재

| 휴게공간 내의 수목보호대

❹ 놀이공간 및 운동공간

동적 활동공간이므로 녹음식재로 그늘을 형성해 주고, 이웃한 공간의 기능을 고려하여 공간의 외곽을 열식이나 군식, 생울타리 등으로 식재하여 차폐 및 완충기능을 갖도록 한다.

⑴ 설계예시

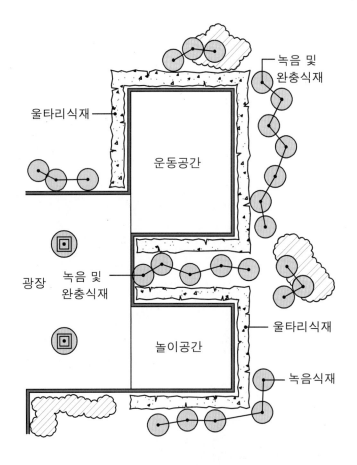

| 놀이공간의 녹음 및 완충식재

| 운동공간의 차폐식재

놀이공간이나 운동공간에도 녹음식재를 도입하고 공간적 보호를 위한 울타리 식재도 좋은 방법이다. 특히 놀이공간의 녹음식재 및 울타리식재는 우선적인 배려가 필요하다.

일반적인 놀이공간 및 운동공간의 기본식재

❺ 수경공간

경관향상을 위하여 물을 사용하는 시설물이 주를 이루는 공간이므로 식재에 의한 경관의 간섭이 일어나지 않도록 큰 수목의 배식은 피하며 보조적인 경관요소가 되도록 한다. 또한 수변 근처에는 낙엽수를 멀리한다.

(1) 설계예시

물가의 낙엽수는 그늘형성으로 수온이 낮아지는 것과 물의 오염을 방지하기 위하여 북쪽에 식재한다.

벽천

분수　　　광장

도섭지

데크

생태연못

경관식재

수경시설 주변의 식재는 키 낮은 수목을 식재한다.

수변식재

수생식물 및 습생식물의 식재 주변에는 초화류와 관목류를 식재하여 덤불숲이 형성되도록 한다.

수경시설을 이용한 경관조성

| 벽천 주위에 식재하지 않음

| 분수 주위에 낮은 수목 식재

| 낮은 수목의 도섭지 휴게공간

| 상록수를 주로 식재한 연못

❻ 건축물 주변

건축물 주변에는 그 건축물의 용도에 맞는 식재가 필요하며, 공원의 건축물은 대표적으로 관리사무소와 화장실이 있다. 관리사무소는 개방된 공간에서 보여지는 것이 좋으므로 차폐되지 않는 식재의 경우가 좋고, 화장실의 경우에는 건축물 주변을 차폐시키는 것이 좋다. 건축물의 위치나 출입구를 알리는 요점식재도 가능하다.

(1) 설계예시

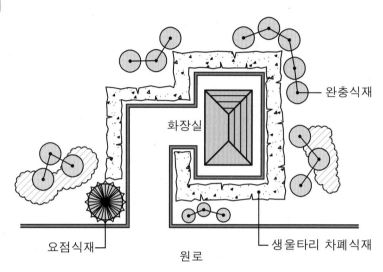

화장실의 경우는 인지성을 주는 요점식재 및 경관간섭을 배제하는 차폐식재 등을 고려한다.

화장실 주변의 식재

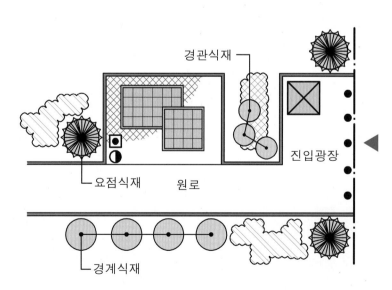

관리사무소의 특징상 인지성을 주는 요점식재 및 건물을 가리지 않는 주변식재가 필요하다.

관리사무소 주변의 식재

| 화장실 진입부의 요점식재 | 개방적인 관리사무소 |

| 화장실의 차폐 및 요점식재 |

❼ 원로 주변

원로 주변의 식재는 원로의 폭에 따라 결정된다. 수목보호대와 휴게시설 주변에 녹음식재를 도입하고, 경계식재 및 유도식재로 단조로운 배식이 되지 않도록 한다. 원로변 녹음식재의 경우 길이 6m마다 교목 1주의 비율로 식재함이 적당하다.

(1) 설계예시

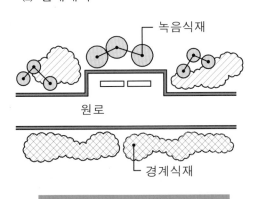

동선의 휴게시설을 위한 식재

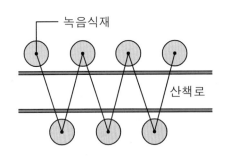

열식에 의한 녹음형성

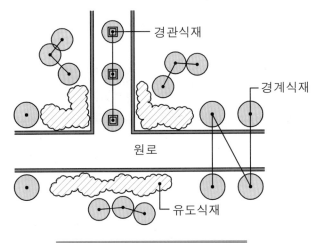

동선 주변의 식재

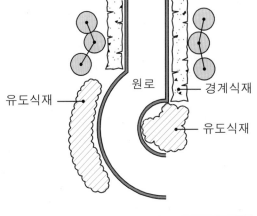

곡선 구간의 유도식재

Chapter 03 식재설계 **153**

| 동선변 쉼터의 경계 및 녹음식재

| 산책로의 녹음식재

| 동선 중앙부의 수목보호대

| 유도식재에 의한 동선분리

| 산책로의 유도식재

| 진입부의 유도식재

⑧ 부지 경계부

설계대상공간의 외주부로서 틀을 이루는 식재이다. 여러 기능적 식재가 필요하며 실기시험의 경우에는 완충식재나 차폐식재를 고려한다. 단, 개방적 공간의 경우에는 예외로 한다.

| 경계부의 2열교호 차폐식재

| 경계부의 1열 차폐식재

| 부지경계의 경계식재

| 부지경계에 마운딩 설치

3차식재의 경우 식재를 할 수 있는 식재대 폭을 가질 수 있어야 하며 대형, 중형, 소형 수목으로 다층식재가 가능하다.

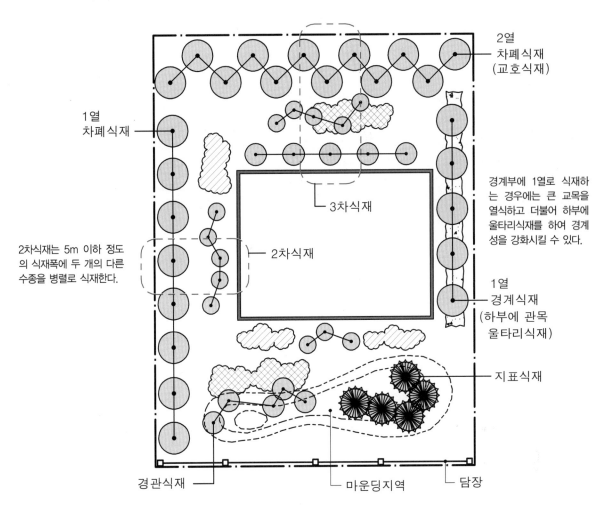

2열
차폐식재
(교호식재)

1열
차폐식재

경계부에 1열로 식재하는 경우에는 큰 교목을 열식하고 더불어 하부에 울타리식재를 하여 경계성을 강화시킬 수 있다.

2차식재는 5m 이하 정도의 식재폭에 두 개의 다른 수종을 병렬로 식재한다.

3차식재

2차식재

1열
경계식재
(하부에 관목
울타리식재)

지표식재

경관식재

마운딩지역

담장

경계부의 마운딩 설치는 담장의 역할을 대신하여 인접부지를 배려하는 차원이며, 마운딩에 식재를 함으로써 경관형성에 기여하게 된다.

부지 경계부의 식재방법

❾ 주차장

주차장은 진입구 부분의 유도식재와 주차부분의 녹음식재가 주를 이루며, 주차장과 다른 공간과의 인접부에는 완충식재를 적용한다. 녹음식재의 경우 10대 이상의 옥외주차장에는 주차대수 5대마다 교목 1주의 비율로 분산하여 식재하여야 한다.

(1) 설계예시

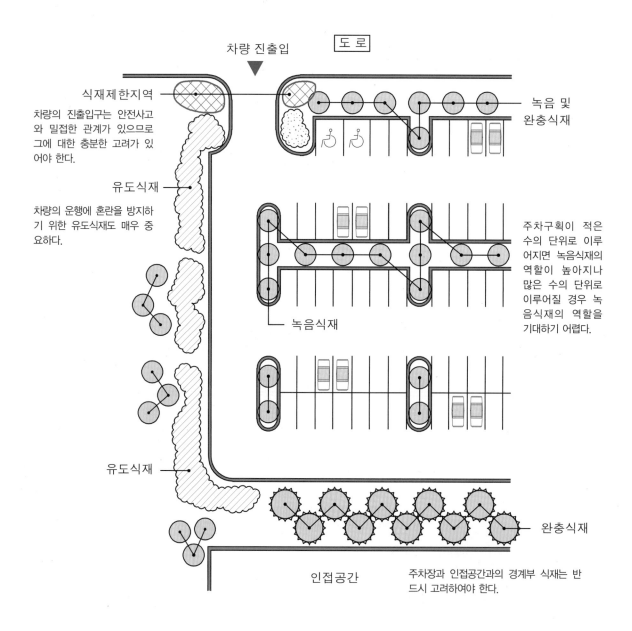

차량 진출입   도 로

식재제한지역
차량의 진출입구는 안전사고와 밀접한 관계가 있으므로 그에 대한 충분한 고려가 있어야 한다.

유도식재
차량의 운행에 혼란을 방지하기 위한 유도식재도 매우 중요하다.

녹음 및 완충식재

주차구획이 적은 수의 단위로 이루어지면 녹음식재의 역할이 높아지나 많은 수의 단위로 이루어질 경우 녹음식재의 역할을 기대하기 어렵다.

녹음식재

유도식재

완충식재

인접공간   주차장과 인접공간과의 경계부 식재는 반드시 고려하여야 한다.

주차장의 기능별 식재

| 주차공간의 녹음식재

| 인접공간과의 완충식재

⑩ 옥상조경

옥상조경을 위한 식재는 기능적 식재보다는 옥상녹화시스템에 맞는 수목을 선정하는 것이 무엇보다 중요하다. 옥상은 수목에게 있어 환경적으로 썩 좋은 공간이 아니므로 열악한 환경에서도 잘 견딜 수 있는 수목을 선택하도록 한다.

(1) 수목의 선정시 고려사항

① 가능한 키가 작고, 전지·전정이 필요 없고 관리가 용이한 수종

② 피복식생은 일사의 차단과 토양표면의 보호를 위해 견고한 피복상태를 보이는 초본류 선택

③ 뿌리가 깊은 심근성 수종보다는 얕고 옆으로 퍼지는 천근성 수종

④ 이식 후 활착이 빠르고 생장이 지나치게 왕성하지 않은 수종

⑤ 내건성, 내한성, 내습성, 내광성 등에 고루 강한 수종

(2) 옥상녹화에 적합한 수종

① 초화류 : 바위연꽃, 민들레, 난장이붓꽃, 한라구절초, 애기원추리, 섬기린초, 두메부추, 벌개미취, 제주양지꽃, 사철채송화 등

② 관목류 : 철쭉류, 회양목, 사철나무, 무궁화, 정향나무, 조팝나무, 눈향

③ 교목류 : 단풍나무, 향나무, 섬잣나무, 비자나무

(3) 옥상조경 및 인공지반 조경의 식재 토심

일반식재의 토심보다는 완화된 기준이 정해져 있다. 토심은 배수층을 제외한 두께로 한다.

(국토해양부 고시)

성상	토심	인공토양 사용시 토심
초화류 및 지피식물	15cm 이상	10cm 이상
소관목	30cm 이상	20cm 이상
대관목	45cm 이상	30cm 이상
교목	70cm 이상	60cm 이상

(4) 설계예시

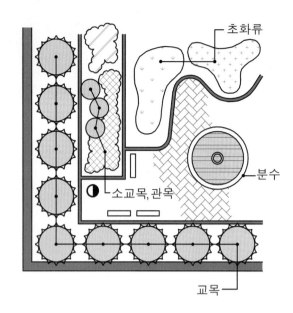

외곽부의 수목은 교목으로 하고 중간 지역은 소교목이나 관목으로, 내부는 초화류 등으로 배식하는 것이 일반적이고 심리적 안정감을 주는 데도 도움이 된다.

옥상조경의 부분설계

⑪ 생태공간

생태공간은 주로 연못이나 습지 등 수공간을 위주로 이루어진다. 따라서 수생식물 및 습생식물로 구분하여 알아둘 필요가 있다. 실기시험에 출제된 것은 호안이나 연못의 단면을 그리는 것이지만 식물의 식재상태를 그려야 하므로 그에 대한 대비가 있어야 한다.

(1) 수생식물과 습생식물

① 수생식물이란 생육기의 일정기간에 식물체의 전체 혹은 일부분이 물에 잠기어 생육하는 식물로써 식물체 내에 공기를 전달 혹은 저장할 수 있는 통기조직이 발달되어 있다.

② 습생식물이란 습한 토양에서 생육하는 식물로써 통기조직이 미 발달하여 장시간 침수에 견디지 못하는 초본 및 목본식물을 말한다.

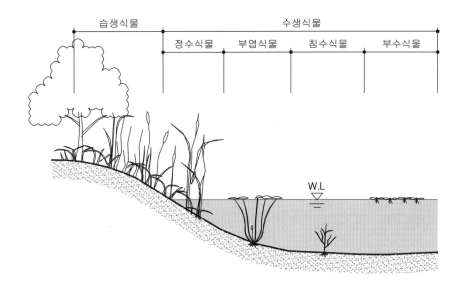

생태연못 식물의 유형구분 모식도

생활형	적절한 수심	특징	식물명
습생식물 (습지식물)	0cm 이하	물가에 접한 습지보다 육지쪽으로 위쪽에 서식	갈풀, 달뿌리풀, 여뀌류, 고마리, 물억새, 갯버들, 버드나무, 오리나무
정수식물 (추수식물)	0~30cm	뿌리를 토양에 내리고 줄기를 물 위로 내놓아 대기 중에 잎을 펼치는 수생식물	택사, 물옥잠, 미나리 등(수심 20cm 미만), 갈대, 애기부들, 고랭이, 창포, 줄 등
부엽식물	30~60cm	뿌리를 토양에 내리고 잎을 수면에 띄우는 수생식물	수련, 어리연꽃, 노랑어리연꽃, 마름, 자라풀, 가래 등
침수식물	45~190cm	뿌리를 토양에 내리고 물 속에서 생육하는 수생식물	말즘, 검정말, 물수세미 등
수생식물 없음	200cm 이상	식물생육에 부적합한 깊이	
부수식물 (부유식물)	수면	물 위에 자유롭게 떠서 사는 수생식물	개구리밥, 생이가래 부레옥잠 등

| 자연형 호안의 수생식물

| 석축호안의 정수식물

(2) 설계예시

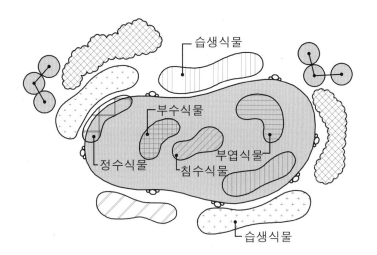

습생식물

부수식물

정수식물

침수식물

부엽식물

습생식물

연못의 내부에는 수생식물을 깊이에 따라 식재하고 연못가에는 습생식물과 초화류 등으로 식재한다.

생태연못의 수생 및 습생식물

| 수변의 습생식물

| 습지의 수생식물

| 생태연못의 수생식물

| 계류 주변의 수생 및 습생식물

도면작성법

1 |||| 도면의 종류

도면은 입체적인 3차원의 대상물을 평면적인 2차원 그림으로 나타낸 것이다. 입체적인 것을 평면적으로 나타내므로 한 종류의 그림만으로는 나타내기 불가능하여, 필요에 맞는 여러 방향이나 종류로 표현한다. 또한 표현할 수 있는 종이의 크기도 제한적이어서 축척을 사용하여 전체를 나타내거나 일부분만을 나타내기도 한다. 대표적으로 평면도, 입면도, 단면도와 부분적으로 확대하여 그리는 상세도가 있다.

❶ 평면도

평면도란 위에서 아래로 내려다 본 것을 그린 그림으로 지면의 위에 있는 것들을 모두 나타낸다. 전체 계획의 내용이 가장 많이 포함된 기본도면이며, 이를 기준으로 입면도 및 단면도가 작성된다. 조경에서는 배치도라는 용어가 평면도와 같이 인식되어진다. 실기시험은 거의 평면도로 치루며 일부 단면도와 상세도가 나온다.

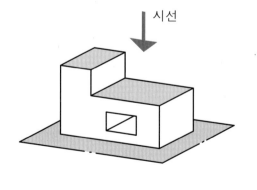

시선

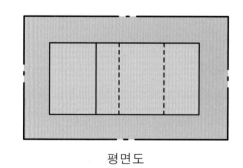

평면도

평면도의 이해

❷ 입면도

입면도란 대상물의 한 면에서 정면으로 바라 본 대상물의 외형을 그린 것으로 실기시험에서는 시설물의 형태나 수목의 식재형태 등을 보여줄 때 쓰인다.

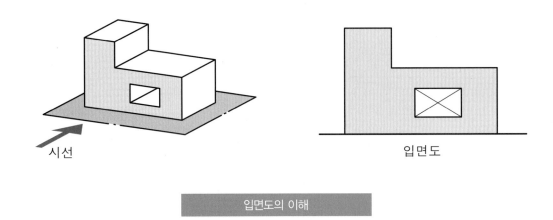

입면도의 이해

❸ 단면도

단면도란 대상물을 수직으로 절단한 후 그 절단면을 입면처럼 정면으로 바라 본 것을 그린 것이며, 실기시험의 단면도는 시설물보다는 대지의 형태를 보고자 하는 것이 많으며, 단면을 그리기 위한 시선에 보여지는 입면을 그리는 입단면도의 형태로 그리는 것이 좋다.

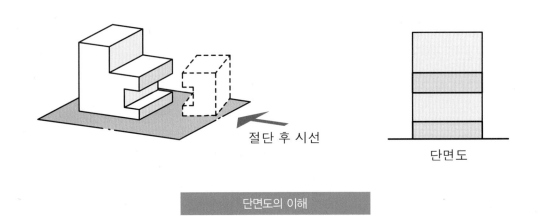

단면도의 이해

❹ 상세도

상세도란 축척이 작아 미세한 부분을 표현하지 못할 경우에 일부분의 축척을 크게 하여 상세하게 그리는 것으로 일반적으로 부분상세도라고 한다.

실기시험에는 단면상세도를 그리는 문제가 주로 나오며 가끔은 평면상세도 및 입면상세도를 요구하기도 한다.

2 |||| 도면의 작성

❶ 개념도 – 설계개념도, 평면구상도, 기본구상개념도

실기시험에서 요구하는 개념도는 설계안을 작성하기 위한 구상단계를 도면으로 표기한 것이다. 구상단계에 따라 축척과는 상관없이 그리는 개념적 구상도와 축척의 개념을 가지고 부지의 조건에 맞춘 부지상 기능구상도, 설계개념이 모두 포함된 개념도로 나눌 수 있다. 그러나 실기시험에서의 개념도는 시간의 제약이 따르므로 부지상 기능구상도에 설계개념을 가미한 정도면 충분하다. 도면에 적용할 설계개념은 다음을 참고하여 작성하도록 한다.

(1) 설계에 적용할 설계개념

① 공간의 기능 및 개념

생활형	기능 및 개념	주요시설	도입포장
휴게공간	· 공원이용객의 만남과 대화를 위한 공간으로 휴게의 기능을 갖는다. · 공원이용객의 휴게 및 어린이 보호를 위한 감시의 기능을 갖는 공간이다. · 공원이용자에게 만남의 장소를 제공하고 대화와 휴식을 취할 수 있는 공간이다. · 정적공간으로서 편안한 공간구조를 갖는 안정적 공간이다.	퍼걸러, 평의자, 등의자, 수목보호대, 음수대, 휴지통	자연석판석포장, 벽돌포장, 통나무원목포장, 목재데크포장 등
놀이공간 (유년놀이공간)	· 어린이를 위한 공간으로 놀이를 통한 신체단련의 기능을 갖는다. · 어린이의 동적활동을 위한 공간으로 놀이 및 신체단련이 가능한 공간이다.	미끄럼대, 그네, 시소, 회전무대, 정글짐, 구름사다리, 철봉, 맹암거 등	모래포설, 고무블록포장 등
유아놀이공간	· 유아의 활동을 위한 공간으로 안전성을 확보한 공간이다. · 유아의 안전성을 높인 공간으로 위요감을 갖게 하고 보호자의 감시가 가능한 공간으로 한다.	미끄럼대, 그네, 시소, 모래밭, 맹암거 등	모래포설, 고무블록포장 등
운동공간	· 동적활동이 도입되는 공간으로 체력단련과 함께 활동성 증대를 목적으로 하는 공간이다. · 대표적인 동적활동공간으로 이용자의 건강증진을 목적으로 하는 공간이다. · 공원이용자의 동적활동성을 부여하고 안전성을 갖춘 공간이다.	배드민턴장, 배구장, 농구장, 테니스장, 평행봉, 철봉 등 각종 운동기구 및 맹암거 등	마사토포장, 고무블록포장, 소형고압블록포장, 콘크리트포장 등
중앙광장	· 공원이용자의 만남과 커뮤니케이션을 위한 공간이다. · 공원의 성격을 나타내는 상징적 장소로서 개방적 구조로 확대된 느낌을 주는 공간이다. · 각 공간의 기능을 증대시킬 수 있는 구조적 기능을 하는 공간이다. · 각 동선의 이합집산이 이루어지는 공간으로 공간적 특성과 동선의 기능도 갖는다.	기념상징물, 분수, 벽천, 퍼걸러, 평의자, 등의자, 수목보호대, 음수대, 휴지통, 맨홀, 집수정, 집수구 등	화강석판석포장, 소형고압블록포장, 벽돌포장 등
진입광장	· 공원의 접근성 증대 및 안전성 확보를 위한 기능을 갖는다. · 공원이용자의 진입을 위한 접근성 증대 및 커뮤니케이션을 위한 공간으로 안정적 구조를 갖는다.	퍼걸러, 평의자, 등의자, 수목보호대, 휴지통, 안내판 등	화강석판석포장, 소형고압블록포장, 벽돌포장 등
편익공간	· 공원이용자의 휴식과 편익을 위한 공간이다. · 공원이용자의 생리적, 심리적 안정감을 줄 수 있는 공간이다.	화장실, 매점, 식당 등	소형고압블록포장, 화강석판석포장 등
관리공간	· 공원의 유지관리를 위한 관리시설 및 공간이다. · 공원이용자의 안전한 이용을 위한 유지관리에 필요한 시설과 공간이다.	관리사무소, 창고 등	화강석판석포장, 소형고압블록포장 등

② 동선의 기능 및 개념

생활형	기능 및 개념	도입포장
차량동선	·주차장 이용자를 위한 동선으로 식별성 있는 계획을 도입한다. ·공원 이용자의 차량진입이 원활할 수 있는 지점에 위치한다.	아스팔트포장, 잔디블록포장 등
주동선	·공원 이용자의 주출입구에서 시작되는 동선으로 공원의 공간 구획도 이에 의해 이루어진다. ·공원 내의 각 공간 및 시설을 아우르는 주경로로서 하위 동선의 분리가 이루어진다.	소형고압블록포장, 화강석판석포장, 자연석판석포장 등
부동선	·공원 이용자의 부출입을 위한 경로로서 인접지에서의 접근성을 고려한 동선이다. ·공원 이용자의 부출입구에서 시작되는 동선으로 주동선에 합류된다.	소형고압블록포장, 화강석판석포장, 자연석판석포장 등
연계동선	·주·부동선에서 분리되어 각 공간의 기능적 역할을 하기 위한 동선이다. ·각 공간간의 연결과 주·부동선과의 연결 등 공간의 고립을 막아준다	소형고압블록포장, 자연석판석포장, 벽돌포장, 잔디블록포장 등
산책동선	·공원 이용자의 산책을 위한 동선으로 자연적인 느낌의 주변을 만들어 준다. ·공원 이용자가 자연친화적인 느낌을 갖도록 자연곡선의 형태와 편안한 재료를 사용한다.	마사토포장, 투수콘크리트포장, 자연석판석포장 등

③ 식재의 기능 및 개념

식재	기능 및 개념	도입수목
차폐식재	·인접 불량지와의 차단과 공원이용자의 이동을 제한하며, 소음을 감소시키고자 치밀한 수목으로 밀식한다. ·인접 불량요소 차단을 목적으로 사계절 차폐가 가능한 상록수식재로 시선차단과 방풍효과 및 방음효과를 갖는다.	구상나무, 독일가문비나무, 잣나무, 주목, 편백, 무궁화, 개나리, 쥐똥나무, 회양목 등
완충 및 경계식재	·부지외곽의 경계를 따라 식재하여 인접지와의 기능을 분리하는 역할을 한다. ·각 공간의 구조적 프레임을 형성하여 기능적으로 공간이 분리되었음을 인식하게 한다.	차폐식재 도입수목 및 은행나무, 느티나무, 버즘나무, 메타세쿼이아 등
지표식재	·공원의 특징적 식재를 나타내는 아름다운 수형의 식재를 도입한다. ·특징적 수형을 가진 수목의 식재로 랜드마크적 역할을 할 수 있도록 한다. ·조형성이 강조된 식재로 진입부의 랜드마크적 기능을 증대한다.	소나무, 잣나무, 주목, 향나무, 단풍나무, 모과나무 등
요점식재	·상징적 의미를 갖는 수목을 식재하여 경관적 요소에 특징적 요소를 강조한다. ·시각적 유인성을 갖는 수형의 수목으로 결절점을 인식하게 한다.	소나무, 잣나무, 주목, 향나무, 단풍나무, 모과나무 등
유도식재	·공원 이용자의 동선을 결정하고 자연스러운 시선처리를 유도하여 안내자의 역할을 한다. ·보행자나 차량의 동선을 안내하고, 지시하기 위한 식재를 도입한다.	잣나무, 향나무, 무궁화, 개나리, 쥐똥나무, 회양목, 철쭉 등
녹음식재	·도입되는 공간에 그늘을 제공하고 경관향상을 위하여 도입한다. ·햇빛을 차단하여 직사광선을 피할 수 있도록 그늘을 제공함으로써 이용자에게 쾌적함을 제공한다.	은행나무, 느티나무, 버즘나무, 튤립나무 등
경관식재	·주변 경관과의 연결성을 갖고, 시각적으로 아름다운 수종을 자유형으로 식재한다. ·장식적 효과를 증대시키고 주변경관과 어울릴 수 있도록 식재 한다.	은행나무, 느티나무, 주목, 향나무, 소나무, 목련, 모과나무, 단풍나무 등

(2) 개념도 작성 순서

　① 축척에 맞추어 자를 사용하여 부지경계선을 긋는다.

　② 진입구에 따른 동선을 설정한다.

　③ 동선으로 구획된 공간에 시설공간을 배치한다.

　④ 동선과 시설공간의 관계를 설정한다.

　⑤ 동선을 결정한 후 시설공간과 동선을 그린다.

　⑥ 동선과 시설공간을 제외한 곳은 식재지로 하며 기능별로 구분하여 식재지역을 그린다.

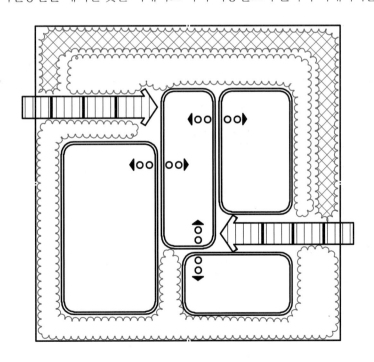

⑦ 시설공간 및 식재지역의 설계개념을 서술하고 시설물, 포장, 수목 등의 보조적 내용도 기입한다. 도면명인 타이틀을 작성하여 완성한다.

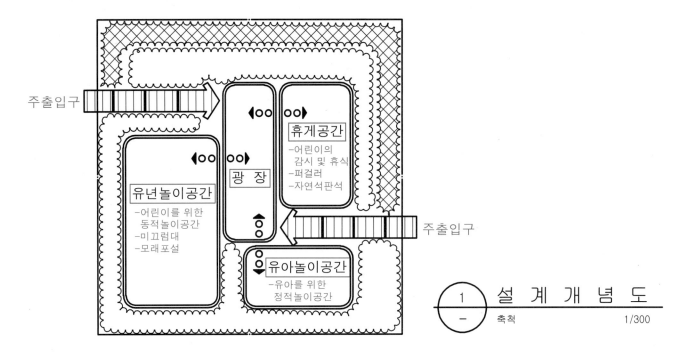

주출입구

주출입구

휴게공간
-어린이의
감시 및 휴식
-퍼걸러
-자연석판석

유년놀이공간
-어린이를 위한
동적놀이공간
-미끄럼대
-모래포설

광 장

유아놀이공간
-유아를 위한
정적놀이공간

1	설 계 개 념 도
-	축척 1/300

❷ 기본설계도 – 시설물평면도, 시설물배치도, 계획평면도

설계개념이 정립된 후 실제 설계과정에 그려지는 도면이다. 실기시험 시 무조건 그려야 하는 도면으로 동선과 시설공간을 그린 후 시설물 배치로 완료된다.

(1) 기본설계도 작성 순서

① 축척에 맞추어 부지경계선을 긋는다.

② 동선을 용도에 맞게 그린 후 시설공간을 그려 식재지와 구분한다.

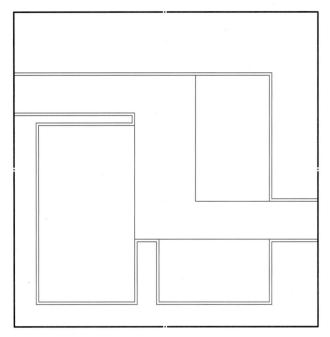

③ 동선 및 시설공간에 시설물을 넣고 공간명을 기입한다.

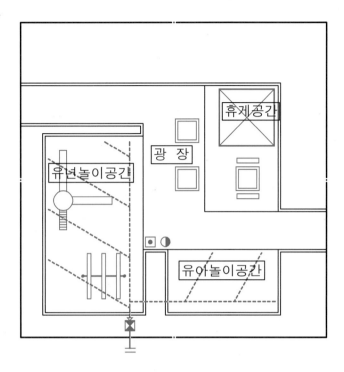

④ 마감 및 재질의 해칭, 레벨표시 등을 기입한 후 타이틀을 작성하여 완성한다.

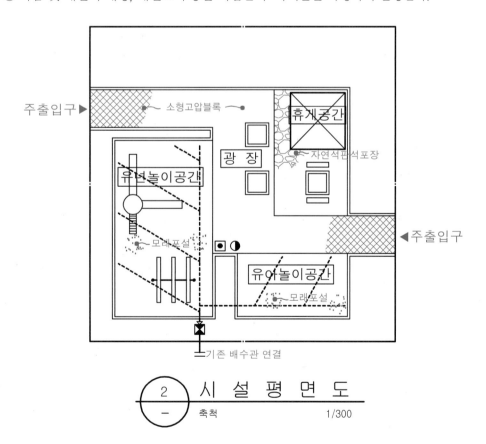

❸ 식재설계도 – 식재평면도, 배식설계도, 식재배치도

기본설계도를 기준으로 식재공간에 배식한다. 수목의 식재 시에는 수목의 규격, 성상 등에 차등을 두어 표기하는 것이 좋으며 모든 수목을 기호로 나타낼 것을 요구하는 경우도 대비한다.

(1) 식재설계도 작성순서

① 기본설계도와 같은 평면을 작성하여 식재공간을 확보한다.

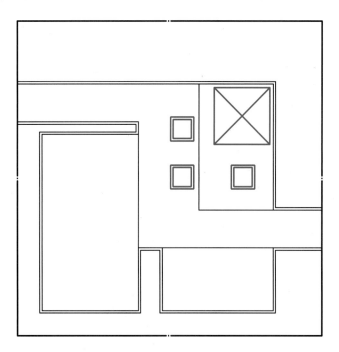

② 외주부의 차폐식재 및 완충식재와 원로변, 시설공간 등의 녹음식재 및 경계식재 등 기능적 식
재를 먼저 한다.

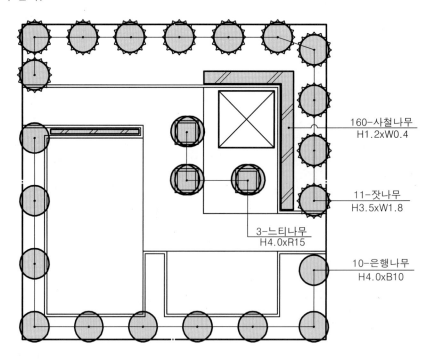

160-사철나무
H1.2xW0.4

11-잣나무
H3.5xW1.8

3-느티나무
H4.0xR15

10-은행나무
H4.0xB10

③ 나머지 공간에 유도식재, 경관식재 등을 적절히 식재하고, 인출선 기입을 확인한다. 도면명인
타이틀을 작성하여 완성한다.

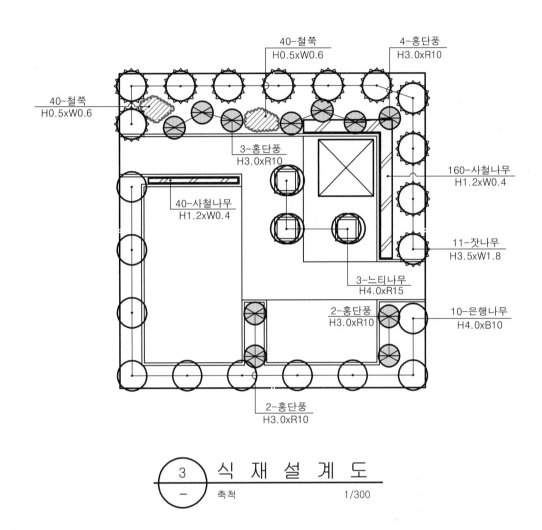

40-철쭉
H0.5xW0.6

4-홍단풍
H3.0xR10

40-철쭉
H0.5xW0.6

3-홍단풍
H3.0xR10

160-사철나무
H1.2xW0.4

40-사철나무
H1.2xW0.4

11-잣나무
H3.5xW1.8

3-느티나무
H4.0xR15

2-홍단풍
H3.0xR10

10-은행나무
H4.0xB10

2-홍단풍
H3.0xR10

③ ─ 식 재 설 계 도
축척   1/300

❹ 단면도

실기시험의 경우 부지 전체를 절단해서 그리는 부지단면도 성격이 크다. 주어진 부지에 절단 위치가
표시되어 있거나 수검자 스스로가 절단 위치를 선정하여 그리는 경우도 있으므로 절단선 위치의 적정
성을 고려한다. 대지의 고저차가 있는 경우에는 고처차의 해결방안이 보여지도록 절단선의 위치를 정
하는 것이 좋다.

(1) 단면도 작성순서

① 기본설계도상의 절단 위치에 단면표기를 한다.

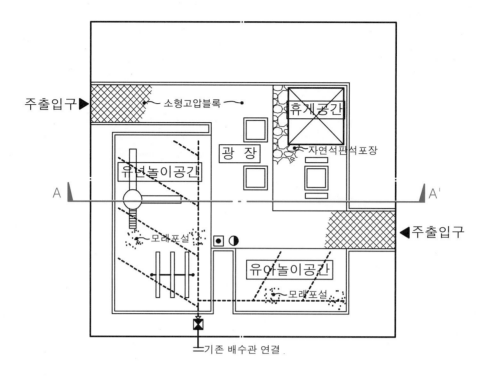

② 단면의 폭과 지반면의 위치를 정하고 위쪽으로 1m 간격의 보조선을 긋는다.

③ 지반의 고저에 맞추어 지반면을 그린 후 시설물과 수목의 입면을 그린다.

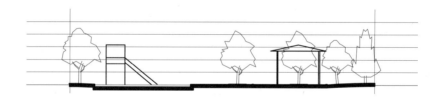

④ 인출선이나 공간구획선, 레벨표시 등을 그린 후 특징이나 명칭을 기입한다.

⑤ 글씨를 모두 기입하고 지반면의 선을 넓게 표시한 후 타이틀을 작성하여 완성한다.

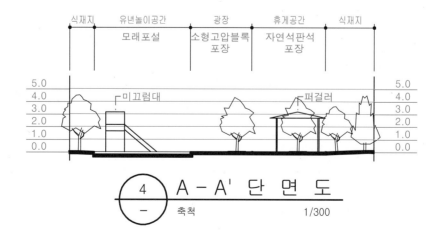

조경설계

유형별 기출문제

어린이공원설계

❶ 어린이공원의 개념

어린이의 보건 및 정서생활의 향상에 기여함을 목적으로 설치된 공원

❷ 어린이공원의 특징

① 접근성 용이

② 주민과 어린이들의 휴식과 놀이를 위한 장소로 제공

③ 안전성 확보

④ 외부 여가활동 증대

⑤ 오픈스페이스로 쾌적한 주거환경 형성

⑥ 커뮤니티를 형성하는 공공공간으로서 주민들의 사회적 교류 및 활동성 증대

⑦ 정체성을 가진 주거지로서의 기능 확대

❸ 어린이공원의 유형

공원유형	입지조건	유치거리	면적	시설물 내용
유아공원 (5세 미만)	• 안전성, 쾌적성을 갖춘 위치 • 주거지 내, 상위 공원 내 • 평탄한 위치	150~250m	1인당 3~4m²	• 유아용 놀이기구 • 보호자를 위한 휴게시설물 • 모래밭
유년공원 (11세 미만) 소년공원 (12세 이상)	• 안전성, 편익성, 쾌적성을 충족하는 위치 • 기복, 경사, 지표면의 다양화를 갖춘 위치	800m 한계	1인당 9~14m²	• 동적 놀이기구 • 정적 놀이기구 • 다목적 운동장 • 휴식을 위한 휴게시설물

❹ 어린이공원 유형에 따른 공간 구성

⑴ 유아공원

    ① 유아원 등 옥내 유아시설에서 직접 놀이터에 접근할 수 있는 짧은 보행동선과 출입구를 설계

    ② 이용자의 안전성 확보를 위해 울타리 등의 관리시설 계획

    ③ 보호자가 쉬면서 아이들을 지켜볼 수 있도록 놀이시설 주변에 휴게공간 배치

⑵ 유년·소년공원

    ① 활발하고 다양한 놀이형태를 기준으로 배치

    ② 연령, 성별, 동적, 정적 놀이에 따라 적당한 공간 구획

    ③ 놀이시설 자체의 설치공간과 이용공간, 각 이용공간 사이의 완충공간을 배려하여 설계

❺ 어린이공원의 식재 선정

    ① 교육적 가치가 있는 수종

    ② 어린이의 장난이나 과도한 밟음 등에 잘 견디는 수종

    ③ 건강하고 잘 자라는 속성수목 및 초화류

    ④ 가시나 유독성이 없는 수종

    ⑤ 유지관리가 용이한 수종

    ⑥ 대기오염에 강하고 불리한 도시환경에 잘 견디는 수종

    ⑦ 병충해에 강한 수종

    ⑧ 수형, 꽃, 과실이 아름다운 수종

요구사항

다음은 중부지방 도시 주택가의 어린이공원 부지이다. 주변 환경과 지형은 현황도와 같으며, 지표면은 나지이고 토양상태는 양호하다.

문제 1

축척 1/200로 확대하여 어린이공원의 기능에 맞는 토지이용계획, 동선계획, 시설물계획을 나타내는 기본구상 개념도를 작성하고 구성 방안을 간단히 기술하시오.[답안지 Ⅰ]

문제 2

축척 1/200로 확대하여 시설물 배치 및 식재 설계도를 작성하시오. 단, 시설물은 도시공원법 시행규칙 제6조에 있는 필수적인 시설물을 반드시 배치하고, 적당한 곳에 도섭지(wading pool)를 설치하시오.[답안지Ⅱ]

문제 3

전항의 도면상에 설계된 내용을 가장 잘 나타낼 수 있는 A-A'의 단면 절단선을 표시하고, [답안지Ⅲ]에 축척 1/200로 A-A' 단면도를 작성하시오.

문제 4

[답안지Ⅲ]의 여백에 다음의 단면 상세도를 그리시오.
1) 도섭지의 단면 상세도(축척 1/30로 작성)
2) Paving의 단면 상세도(축척 1/10로 작성)

●● 도시공원법 시행규칙 제6조 ●●
어린이공원에 설치할 수 있는 공원시설은 조경시설·휴양시설(경로당 및 노인복지회관을 제외한다.)·유희시설·운동시설·편익시설 중 화장실·음수장·공중전화실로 하되, 휴양시설을 제외하고는 원칙적으로 어린이 전용시설에 한할 것. [49쪽 참조]

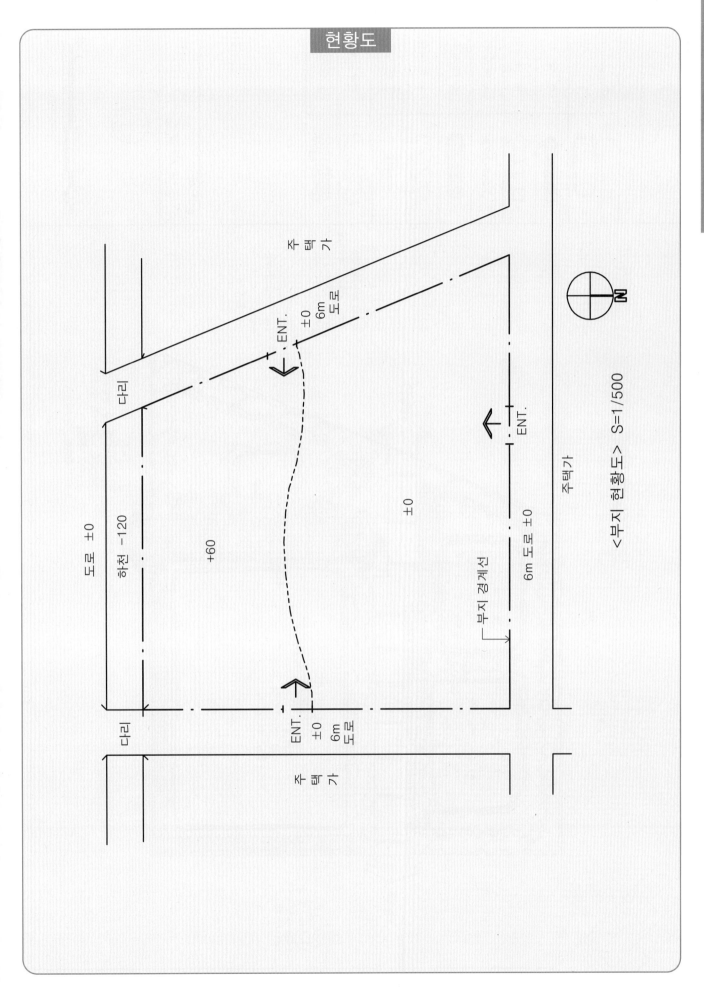

<부지 현황도> S=1/500

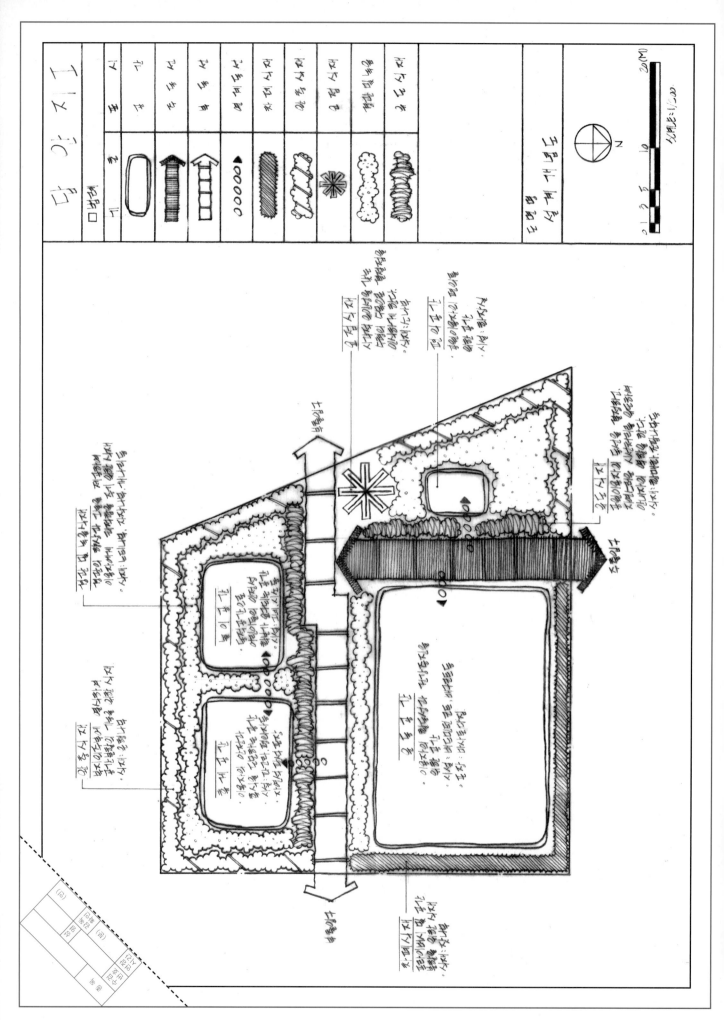

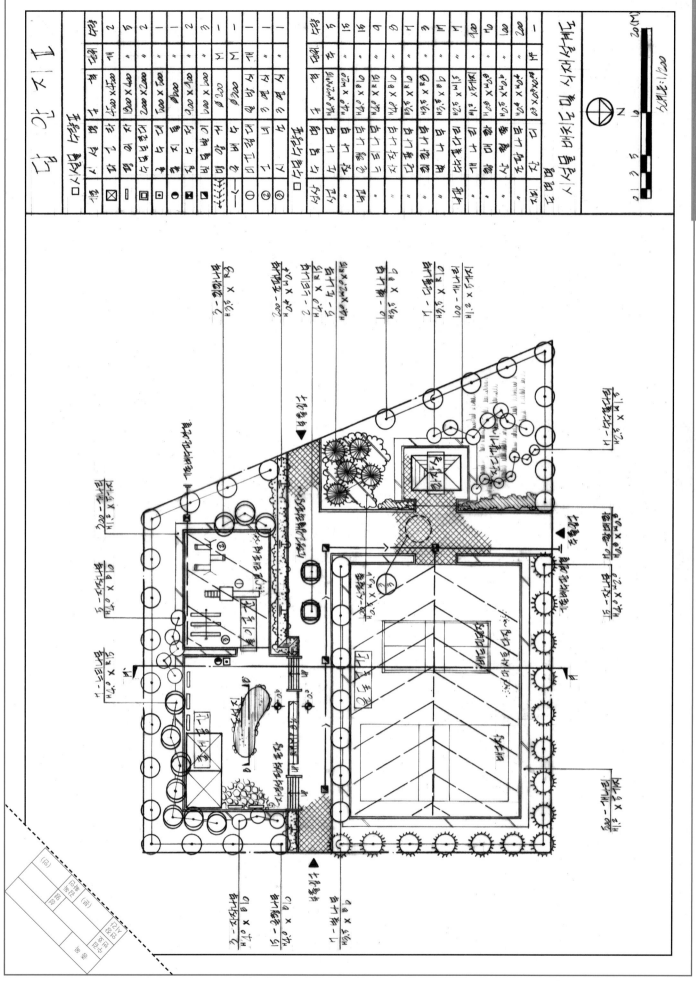

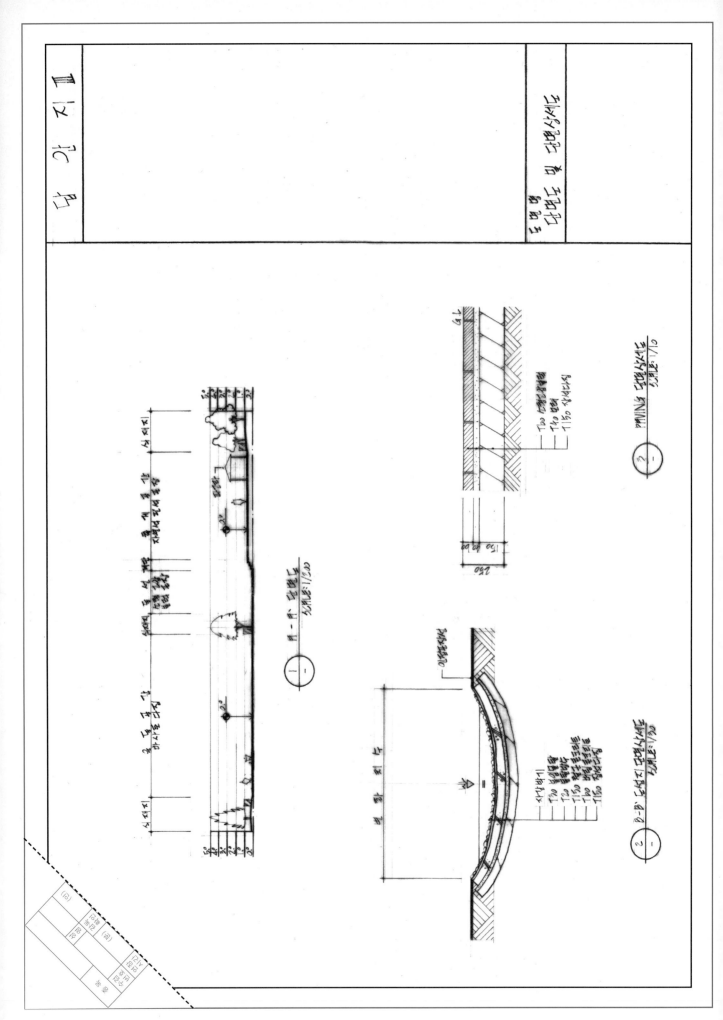

문제 1

제시된 [현황도Ⅰ]은 근린공원을 조성하려는 부지 현황도이다. 다음 요구조건을 충족하는 토지이용계획과 동선계획을 작성하시오.[답안지Ⅰ]

가. 진입은 AB, CD 선상에서 가장 적당한 곳에 1개소씩 출입구로 하시오.

나. 요구하는 각 공간은 굵게 실선으로 나타내고 실선 내부에 그 공간의 명칭을 표기하시오.(예 : 놀이공간)

다. 동선을 주동선, 부동선, 기타 연결동선으로 구분하고 그 표현은 굵기의 차이로 표기하시오.

라. 공간의 구성은 수경(水景)을 겸한 정적 공간 1개소, 자생 식물원 1개소, 등반을 주로하는 모험놀이공간 1개소, 운동공간 1개소, 일반놀이공간 1개소, 대광장 등으로 되어 있다.

> 주어진 도면 위에 직접 그리는 문제로 도면을 확대해서 그리는 것은 아니다. 축척 1/500로 확대하여 작도하거나 주어진 도면을 160% 확대복사하여 사용할 것.

문제 2

중부지방의 도심부에 있는 어린이 공원을 계획하고자 한다. [현황도Ⅱ]와 요구조건을 참고하여 시설물 배치 및 식재 기본설계를 포함한 조경설계도를 축척 1/200로 작성하시오.[답안지Ⅱ]

가. 적당한 지구에 놀이공간을 설정하고 4연식 그네, 4연식 시소, 래더, 정글짐, 회전그네(회전무대), 미끄럼대 등을 각 1개씩 배치하시오.

나. 적당한 지구에 휴식공간을 설정하고 퍼걸러, 벤치 등을 배치하시오.(단, 퍼걸러는 1개소로 하고, 바닥은 자연석판석 포장을 하며, 벤치는 필요한 곳에 다수 배치한다.)

다. 적당한 지구에 운동공간을 설정하고 바닥은 마사토를 깐 것으로 표기하시오.

라. 적당한 곳에 화장실 2개소를 배치하시오.

마. 필요한 곳에 계단, 램프, 스탠드를 설치하시오.

바. 도면 하단부에 A-A' 단면도를 축척 1/100로 그리시오.

사. 시설물에 대한 범례와 수량을 우측여백에 쓰시오.

아. 식재설계 시 수목의 명칭, 규격, 수량은 인출선을 사용하여 표기할 것.

자. 식재수종은 다음에서 10종 이상 선택하여 사용할 것.(단, 공간내부에도 식물을 식재하되 필요한 보호시설을 할 것.)

> 〈보기〉 잣나무, 전나무, 히말라야시다, 후피향나무, 후박나무, 벚나무, 현사시나무, 은행나무, 느티나무, 아왜나무, 중국단풍나무, 아카시아, 돈나무, 철쭉, 개나리, 유엽도, 눈향, 다정큼나무, 잔디, 송악

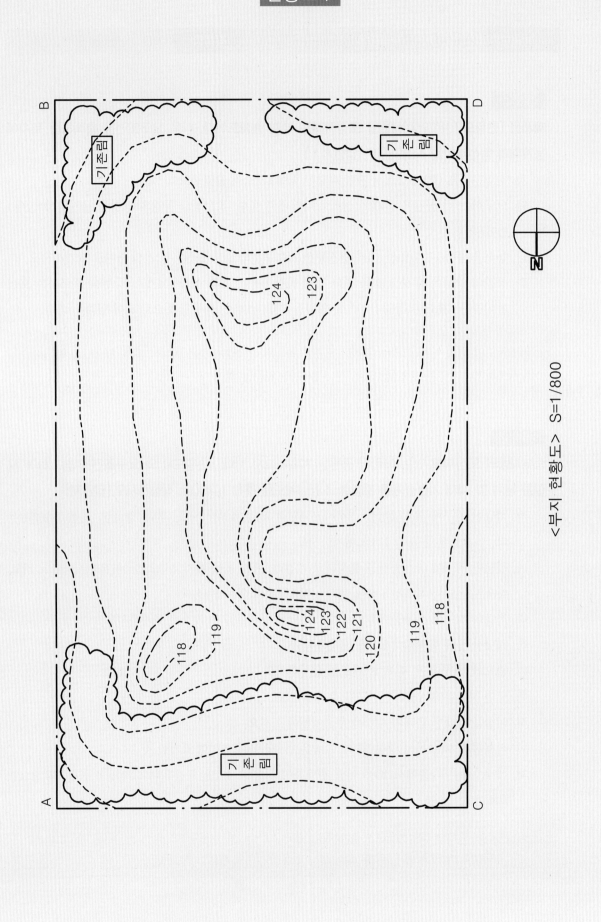

B

D

기존림

기존림

124

123

N

<부지 현황도> S=1/800

124
123
122
121

118

119

118

120

119

118

기존림

A

C

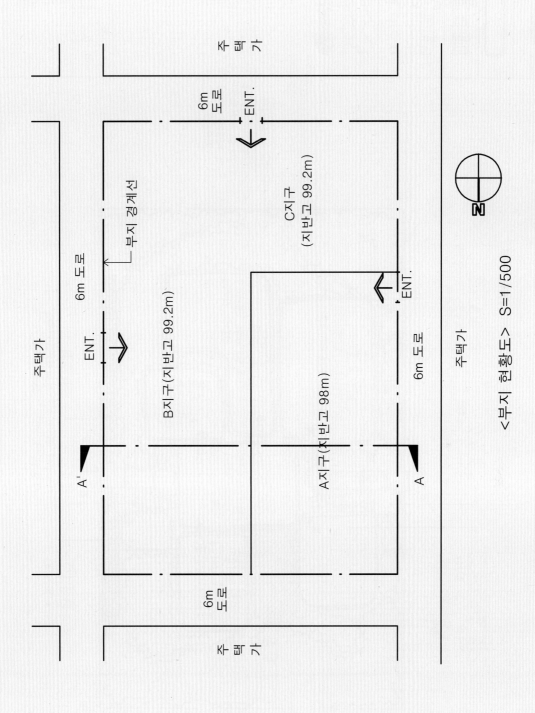

주 택 가

6m 도로

ENT.

C지구
(지반고 99.2m)

부지 경계선

6m 도로

ENT.

주택가

B지구(지반고 99.2m)

ENT.

6m 도로

주택가

<부지 현황도> S=1/500

N

A'

A지구(지반고 98m)

A

6m 도로

주택가

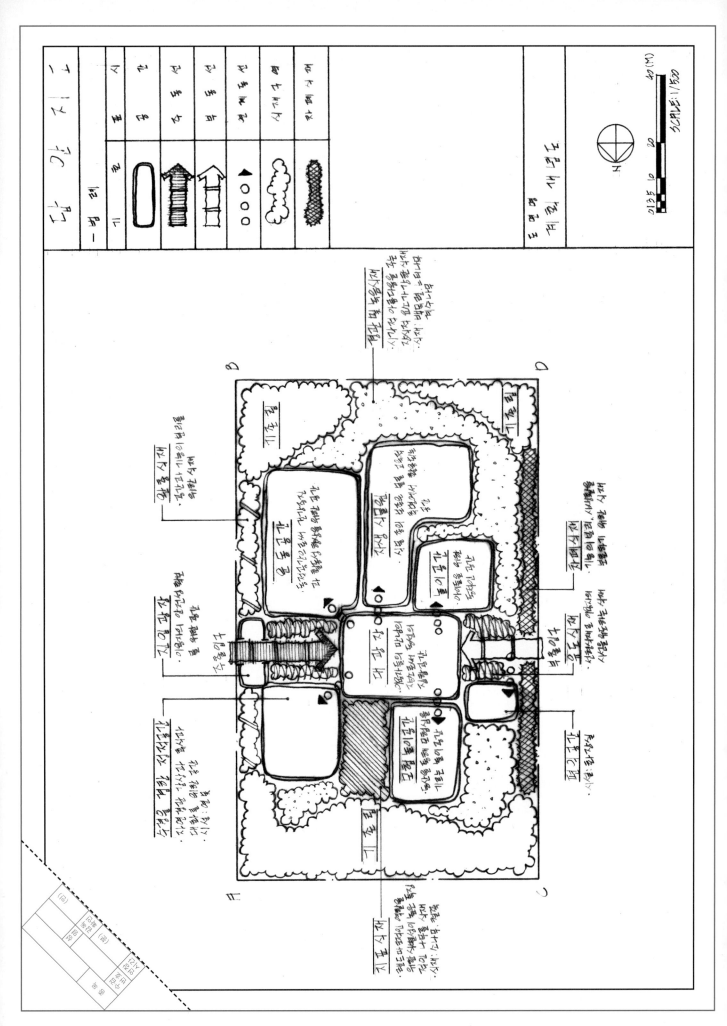

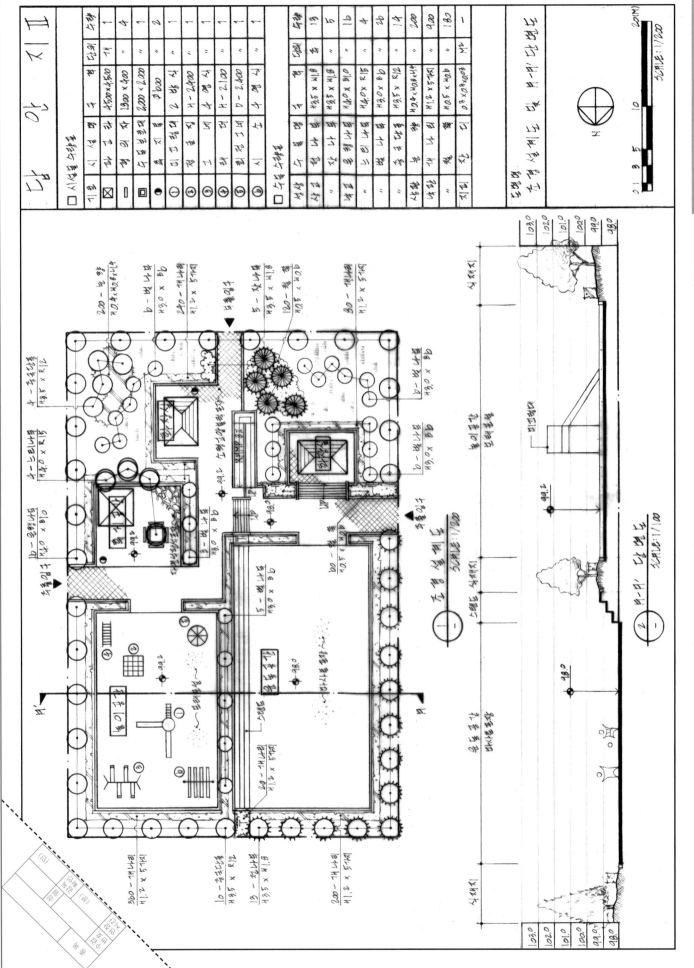

다음은 중부지방의 도시 내에 위치한 어린이 공원의 부지 현황도이다. 물음에 따라 도면을 작성하시오.

문제 1

축척 1/200로 현황도를 확대하고 아래의 조건을 참조하여 설계개념도를 작성하시오.[답안지 I]

　가. 어린이 공원 내의 진출입은 반드시 현황도의 지정된 곳(2개소)에 한정된다.

　나. 적당한 위치에 운동, 놀이, 휴게, 녹지공간 등을 조성한다.

　다. 녹지의 비율은 40% 정도로 조성한다.

　라. 적당한 위치에 차폐녹지, 녹음 겸 완충녹지, 수경녹지공간 등을 조성한다.

　마. 주동선과 부동선, 진입관계, 공간 배치, 식재개념 배치 등을 개념도의 표현기법을 사용하여 나타내고, 각 공간의 명칭, 성격, 기능을 약술하시오.

　바. 빈 공간에 범례를 작성할 것.

문제 2

위의 조건으로 시설물 배치도를 작성하고 다음의 시설을 배치하시오.[답안지 II]

다목적 운동장(14m×16m), 화장실(4m×5m), 모래사장(10m×8m), 퍼걸러 2개소, 벤치 10개, 미끄럼대, 그네를 포함한 놀이시설물 3종 이상, 수목보호대(1.5m×1.5m) 등

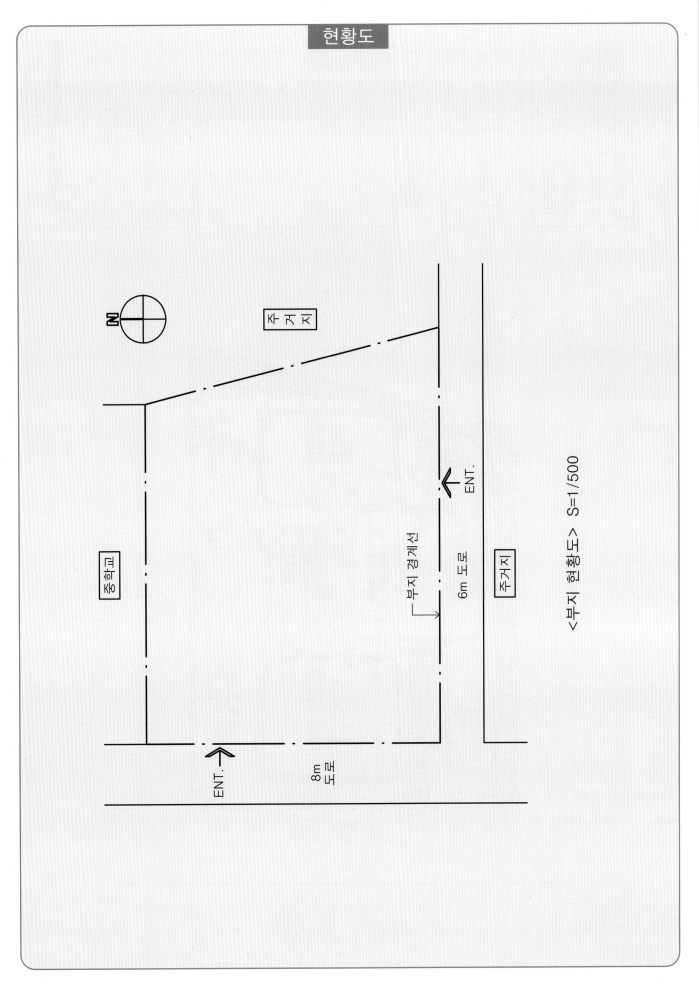

<N>

주거지

중학교

부지 경계선

6m 도로

ENT.

주거지

8m 도로

ENT.

<부지 현황도> S=1/500

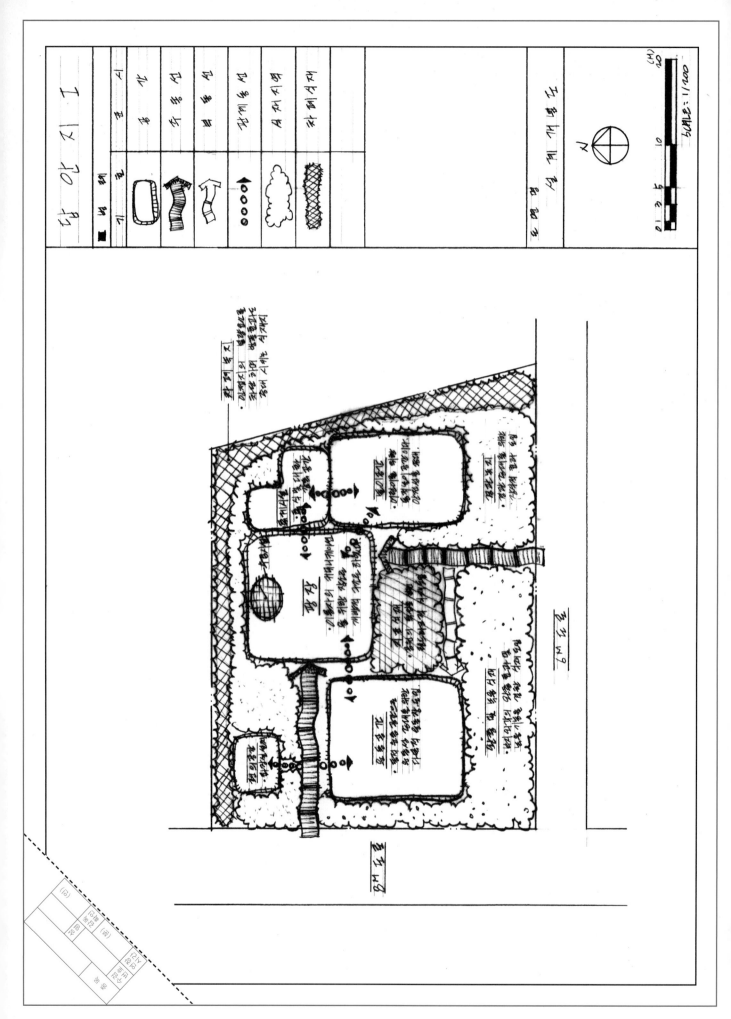

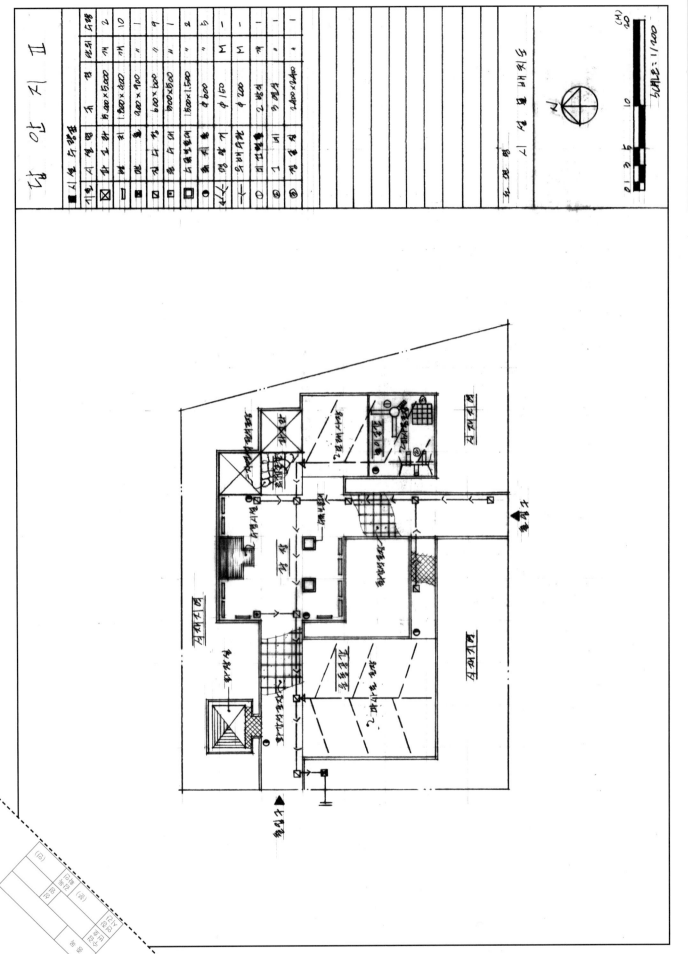

문제 1

중부지방의 주택지 내에 있는 어린이공원에 대한 조경시설물 배치 및 배식설계를 현황 및 계획개념도, 정지계획도를 참고로 하여 아래 요구사항에 맞게 축척 1/300로 작성하시오.[답안지 I]

가. 계획개념도상의 공간별 설계는
- 자유놀이공간 20m×25m 크기, 포장은 마사토포장, 계획고는 +2.30
- 휴게공간은 15m×8m 크기, 퍼걸러 10m×5m 1개소, 계획고는 +2.20
- 어린이 놀이 시설 공간은 16m×12m 크기, 포장은 모래포장, 조합놀이시설 1개소, 계획고는 +2.10
- 중앙 광장공간의 크기는 임의이며, 포장은 소형고압블록포장, 긴의자 4개소, 휴지통 1개소, 계획고는 +2.00

나. 출입구는 동선의 흐름에 지장이 없도록 하며, A는 3m폭, B는 5m폭, C는 3m폭으로 하고, 램프의 경사는 보행자 전용도로 경계선으로부터 20%로 하고, 광장으로부터 자유놀이공간 진입부는 계단폭(답면의 너비) 30cm, 높이(답면의 높이) 15cm로 함.

다. 등고선과 계획고에 따라 각 공간을 배치하고 녹지부분 경사는 1 : 2로 하고, 경사는 각 공간의 경계부분에 시작할 것.

라. 자유놀이공간과 놀이시설공간에는 맹암거를 설치하고 기존 배수시설에 연결할 것.

마. 수목배식은 중부지방에 맞는 수종을 선정하고 상록교목 2종, 낙엽교목 5종, 관목 2종 내에서 선정하고 인출선을 이용하여 표기할 것.

문제 2

사적지 주변 조경설계

(최근기출문제의 조경기사 2010년 1회의 〈문제-1〉과 동일)

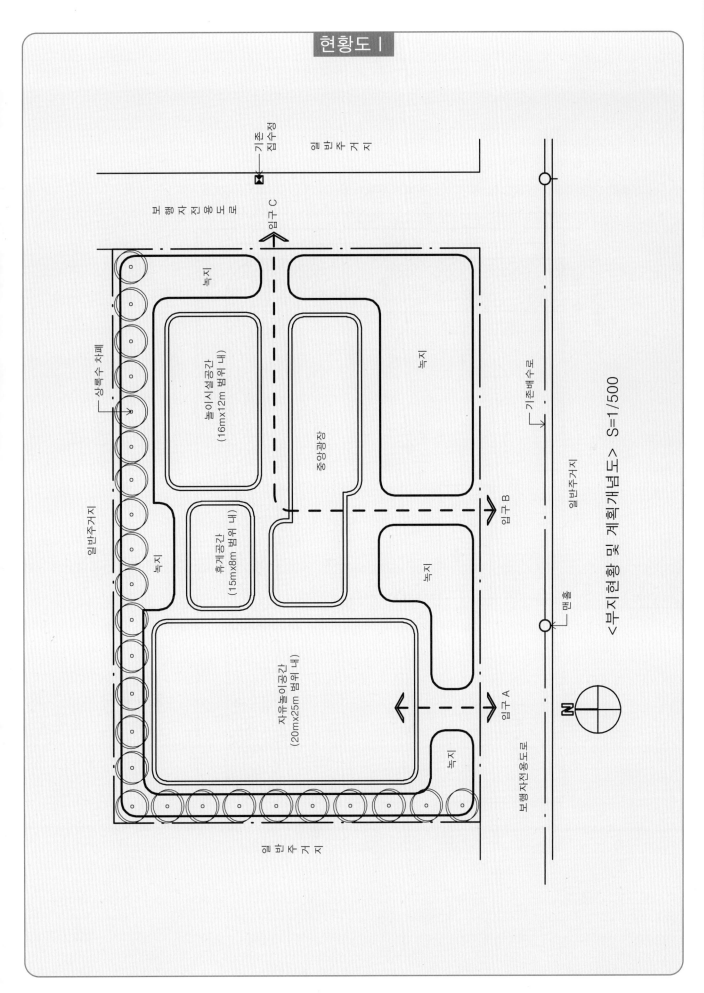

<부지현황 및 계획개념도> S=1/500

기존
접수정
일 반 주 거 지

보행자전용도로

입구 C

녹지

상록수 차폐

놀이시설공간
(16m×12m 범위 내)

중앙광장

녹지

일반주거지

녹지

휴게공간
(15m×8m 범위 내)

입구 B

녹지

기존배수로

일반주거지

맨홀

N

자유놀이공간
(20m×25m 범위 내)

입구 A

녹지

보행자전용도로

일 반 주 거 지

어린이공원설계

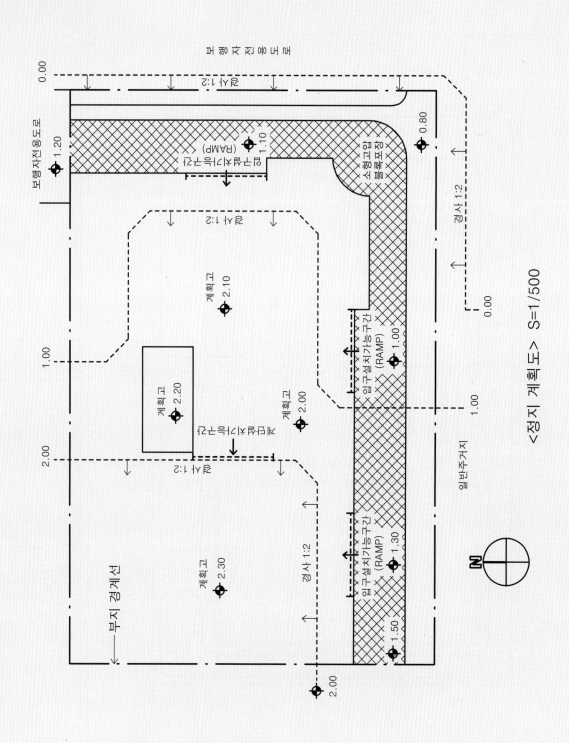

<정지 계획도> S=1/500

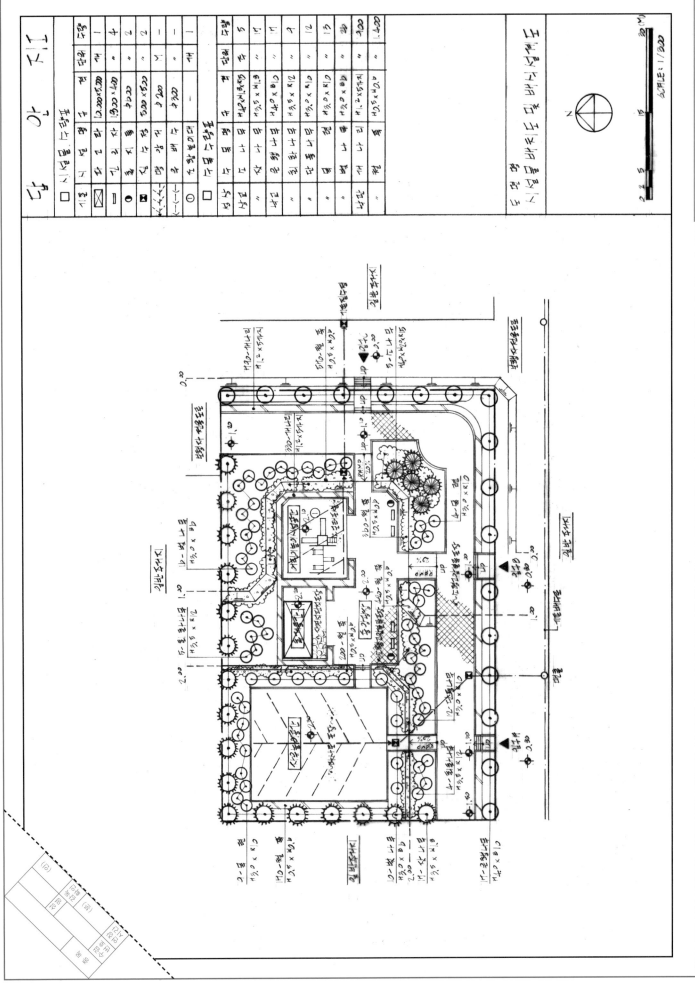

요구사항

아래에 주어진 도면은 중부 이북지방의 어린이공원(50m×30m) 부지이다. 다음의 문제에서 요구하는 조건들을 충족시키는 기본구상 개념도(답안지 Ⅰ)와 시설물 배치도(답안지 Ⅱ)를 작성하시오.

문제 1

현황도면을 축척 1/200로 확대하여 아래의 요구조건을 충족하는 기본구상개념도를 작성하시오. [답안지 Ⅰ]

가. 공간배치계획, 동선계획, 식재계획 개념이 포함될 것.

나. 동선계획은 주동선, 보조동선으로 동선을 구분할 것.

다. 공간 및 기능배분은 녹지공간, 휴게공간, 놀이공간, 운동공간으로 구분하고, 공간성격 및 요구시설 등을 간략히 기술할 것.

라. 경계식재, 녹음식재, 경관식재, 요점식재 등의 식재개념을 표시할 것.

마. 시설물 배치 시 고려될 수 있도록 각종시설을 참고하여 설계개념도를 작성할 것.

문제 2

아래의 조건을 참고하여 축척 1/200로 시설물 배치도를 작성하시오.[답안지Ⅱ]

가. 휴게공간 : 퍼걸러(5m×5m) 2개소 설치.

나. 놀이공간 : 정글짐, 미끄럼대, 시소, 철봉, 그네설치.

다. 모래터(11m×6m) 설치.

라. 운동공간 : 다목적 운동장(14m×16m) 설치.

마. 적당한 곳에 화장실 1개소, 음수대 2개소, 휴지통 5개 이상, 평의자 10개 이상 설치.

바. 빈 여백에 시설물 범례를 작성할 것.

현황도

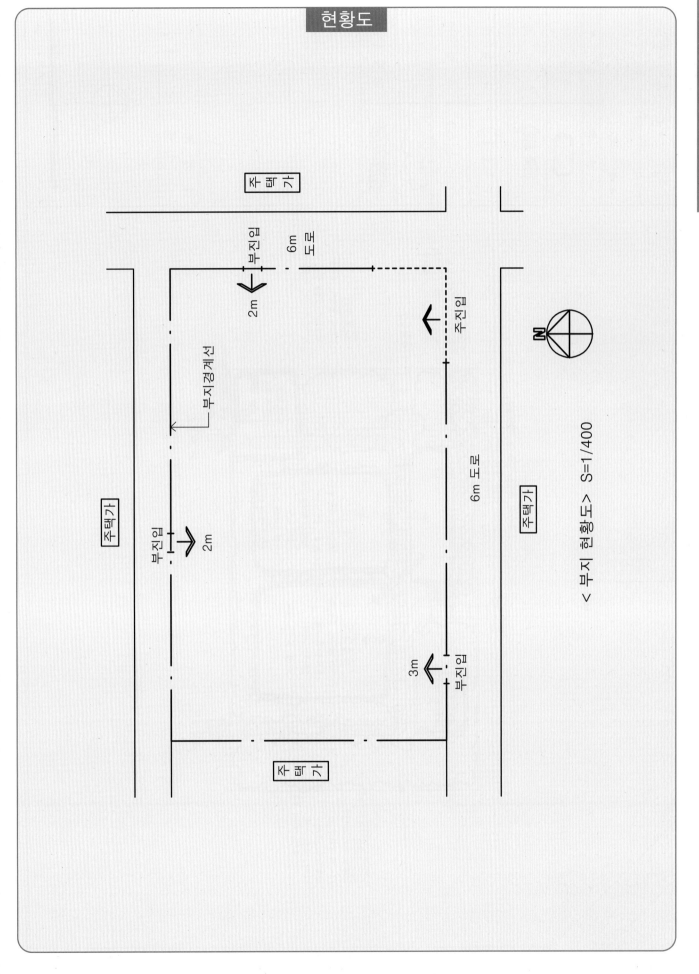

< 부지 현황도 > S=1/400

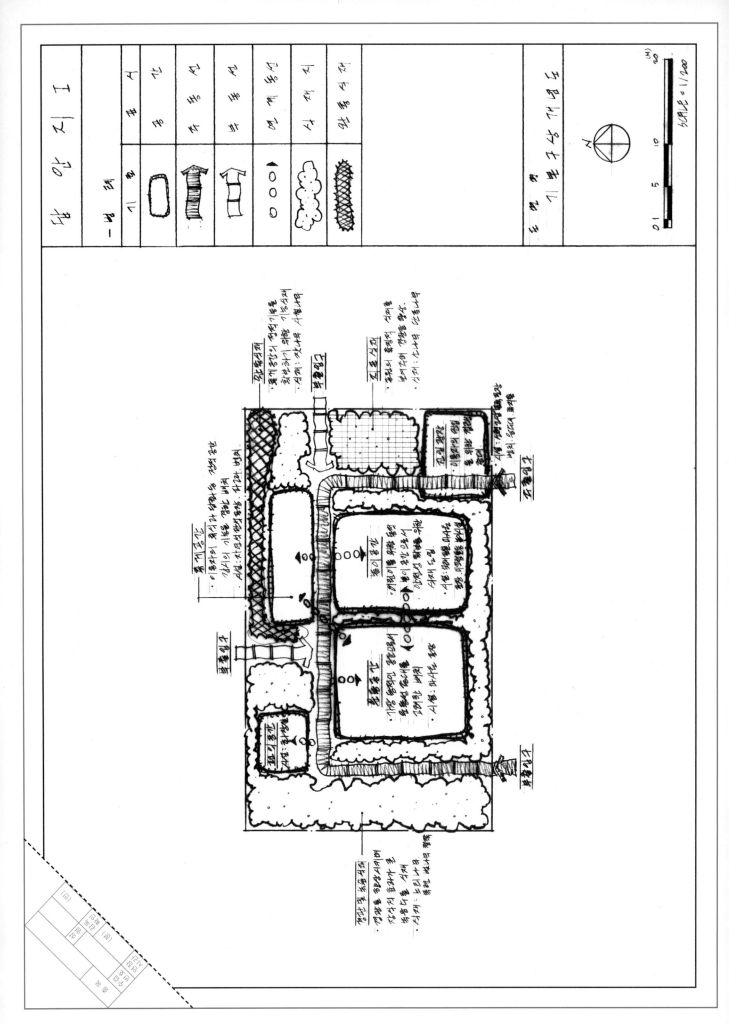

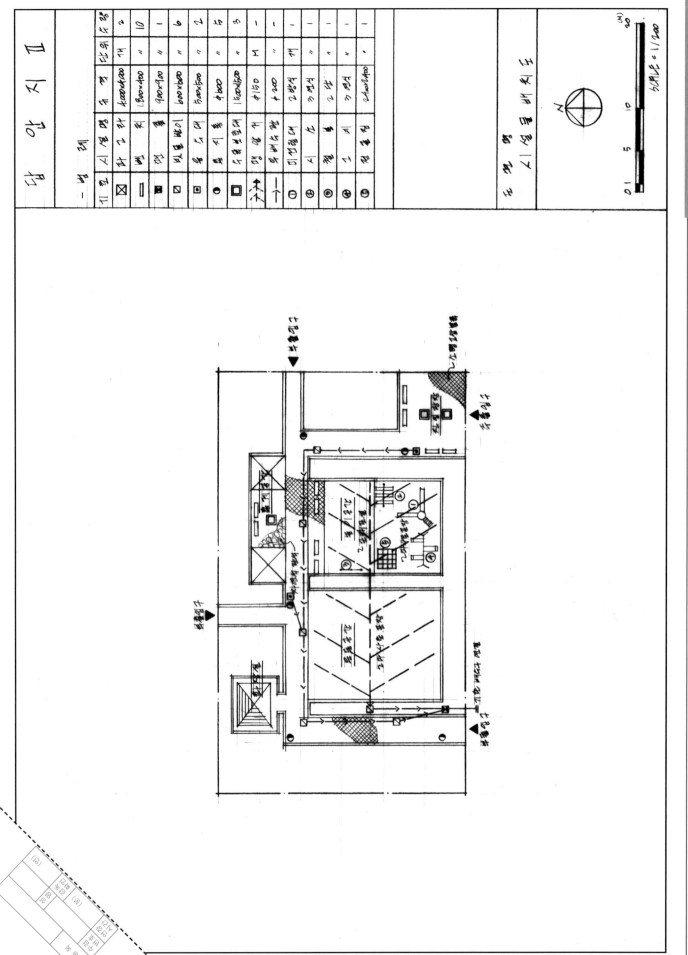

요구사항

다음은 중부지방의 도시 내 주택가에 위치한 어린이공원 부지 현황도이다. 부지 내에는 남북으로 1%의 경사가 있고, 부지 밖으로는 5%의 경사가 있다. 축척 1/200로 확대하여 주어진 설계조건을 고려하여 기본계획도 및 단면도와 식재평면도를 작성하시오.

설계조건

가. 기존의 옹벽을 제거하고, 여러 방면에서 접근이 용이하도록 출입구 5개를 만든다.

나. 위의 조건을 만족하려면, 남북방향으로 3~4단을 만들어야 한다.

다. 간이 농구대와 롤러스케이트장을 설치한다.

라. 소규모광장이나 운동장, 휴게공간과 휴게시설을 설치한다.

마. 기존의 소나무와 느티나무, 조합놀이대(이동 가능)를 이용한다.

바. 화장실(4m×5m) 1개소, 휴지통, 가로등, 음료수대를 설치한다.

사. 주택지역과 인접한 곳은 차폐식재를 한다.

아. 각 공간의 기능에 알맞은 바닥포장을 한다.

문제 1

기본설계도 및 단면도를 작성하시오.[답안지 I]

가. 부지 내 변경된 지형을 점표고로 나타낼 것.

나. 기존 부지와 변경된 부지의 단면도를 그릴 것.

다. 시설물 및 바닥포장의 범례를 만들 것.

문제 2

식재 평면도를 작성하시오.[답안지II]

가. 수목의 성상별로 구분하고, 가나다순으로 정렬하여 수량집계표를 완성한다.

나. 수목의 명칭, 규격, 수량은 인출선을 사용하여 표기한다.

〈보기〉 소나무, 잣나무, 히말라야시다, 섬잣나무, 동백나무, 청단풍, 홍단풍, 사철나무, 회양목, 후박나무, 느티나무, 감나무, 서양측백, 산수유, 왕벚나무, 영산홍, 백철쭉, 수수꽃다리, 태산목

다. 수목의 생육에 지장이 없는 수종을 선택하여 15종 이상 식재한다.

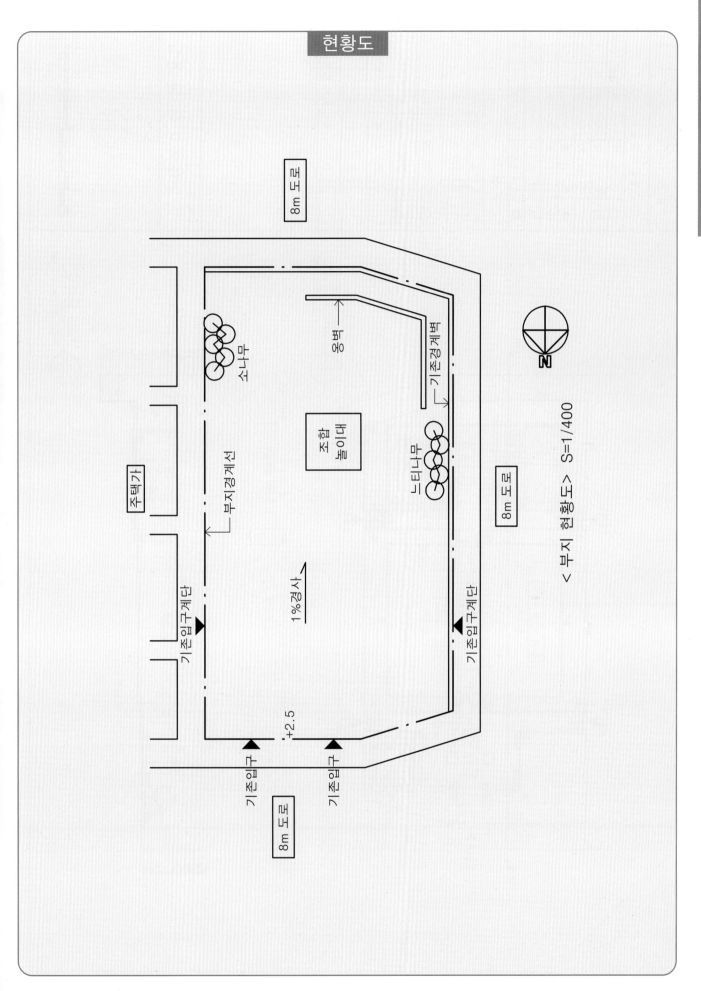

< 부지 현황도 > S=1/400

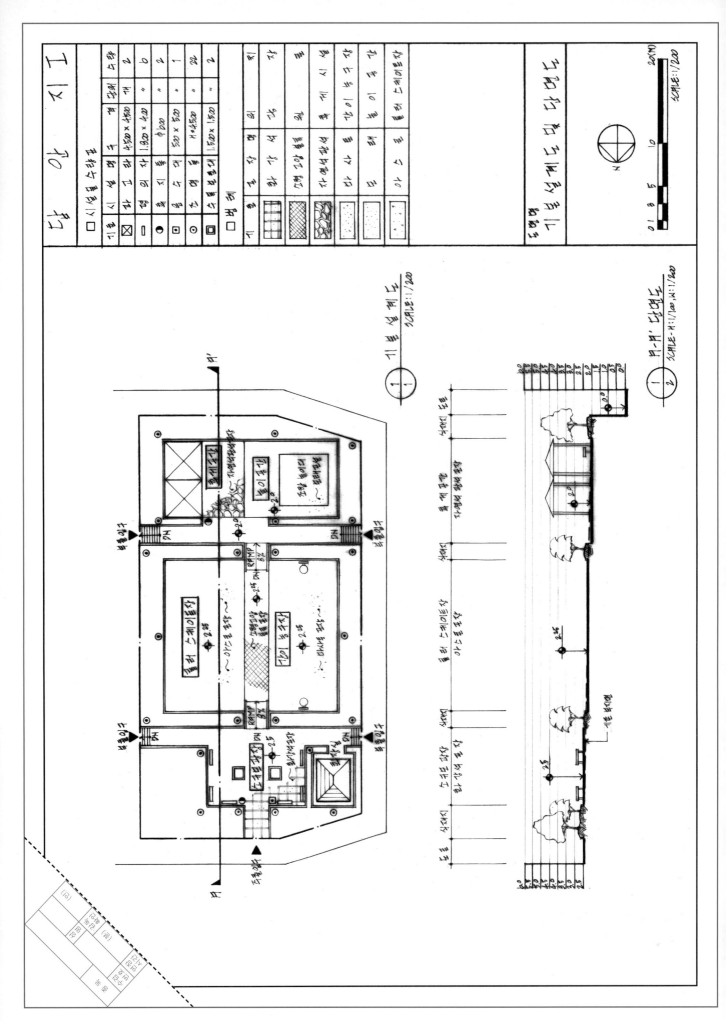

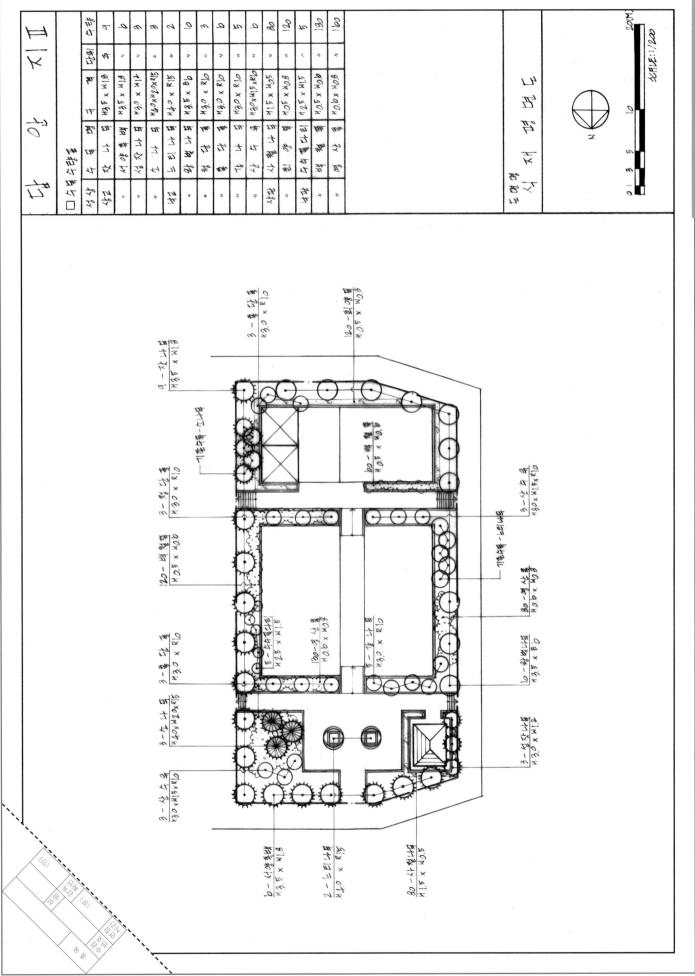

수 량 표

□ 수목수량표

수종명		규격	단위	수량
상록교목	소나무	H3.5×R15	주	9
	잣나무	H3.5×R12	〃	9
	주목	H2.0×W1.2	〃	3
	스트로브잣나무	H4.0×W2.0×R15	〃	3
낙엽교목	느티나무	H4.0×R15	〃	2
	청단풍	H3.5×R6	〃	10
	왕벚나무	H3.0×R10	〃	3
	은행나무	H3.0×R10	〃	6
관목	자산홍	H0.5×W0.5	〃	5
	사철나무	H1.5×W0.5	〃	80
	회양목	H0.3×W0.3	〃	120
	수수꽃다리	H1.25×W1.5	〃	5
	영산홍	H0.3×W0.3	〃	130
	철쭉	H0.3×W0.3	〃	100

도면명 식 재 평 면 도

SCALE : 1/200

Chapter 01 어린이공원설계 199

요구사항

주어진 환경조건과 현황도를 참고로 하여 문제 순서에 따라 조경계획 및 설계를 하시오.

현황조건

가. 중부지방의 주거지역 내에 위치한 2,300㎡의 어린이공원 부지이다.

나. 환경

- 위치 : 중부지방의 대도시
- 토양 : 사질양토
- 토심 : 1.5m 이상 확보
- 지형 : 평지

문제 1

아래 요구 조건을 참고하여 설계개념도를 작성하시오.[답안지 I]

가. 현황도를 축척 1/200로 확대하여 공간 및 동선계획개념, 식재계획개념을 나타내시오.

나. 각 공간의 성격과 개념, 기능, 도입시설 등을 인출선을 사용하거나 또는 도면 여백에 간략히 기술하시오.

다. 공간구성은 중심광장, 진입광장, 놀이공간, 휴게공간, 녹지공간, 편익 및 관리시설공간 등으로 한다.

라. 출입구는 주어진 현황을 고려하여 주출입구와 부출입구로 나누어 배치하되 3개소 설치하시오.

마. 놀이공간은 유아놀이공간과 유년놀이공간으로 나누어 배치하고 녹지공간은 완충녹지, 차폐 및 경관녹지로 나누어 나타내시오.

바. 전체 시설면적(놀이 및 운동시설, 휴게시설 등)이 부지면적의 60%를 넘지 않도록 하고 나머지 공간은 녹지시설 및 동선을 배치하시오.

문제 2

아래 요구 조건을 참고하여 기본설계도(시설물배치 및 배식설계도)를 작성하시오.[답안지 II]

가. 현황도를 축척 1/200로 확대하여 작성하시오.

나. 놀이시설물은 유아 및 유년놀이공간에 맞는 적당한 놀이시설을 설치하되 유아놀이공간의 한쪽에 모래사장을 설치하시오.

다. 퍼걸러(4m×4m, 2개 이상), 벤치(6개 이상), 휴지통(3개 이상), 음수대(1개소), 조명등 등의 시설물을 설치하시오.

라. 휴게공간 또는 포장지역에 수목보호와 벤치를 겸한 플랜트 박스(plant box, 2m×2m)를 4개 이

상 설치하시오.

마. 공간 및 동선 유형에 따라 적당한 포장재료를 선정하여 표현하고, 재료를 명시하시오.

바. 식재 수종은 계절의 변화감과 지역조건을 고려하여 15종 이상을 선정하되 교목식재 시 상록수의 비율이 40%를 넘지 않도록 하시오.

사. 수목의 명칭, 규격, 수량은 인출선을 사용하여 표시하시오.

아. 설계 시 도입된 전체 시설면적과 시설물 및 수목의 수량표를 도면 우측에 작성하시오. 단, 수목의 수량표는 상록수, 낙엽수로 구분하여 작성하시오.

문제 3

전항에서 작성한 설계안에서 중요한 내용이 내포되는 전체 부지의 종단 또는 횡단의 단면도를 지급된 트레이싱지에 1/200으로 작성하시오. 단 평면도상에 종단(또는 횡단)되는 부분을 A-A'로 표시하되 반드시 진입 광장 부분이 포함되어야 한다.

가. 단면도에 재료명, 치수, 표고, 기타 중요사항 등을 나타낸다.

문제 4

전항에서 작성한 단면도 하단에 다음의 내용으로 3연식 철제 그네의 평면도와 입면도를 축척 1/40로 작성하고 정확한 치수와 재료명을 기재하시오.

가. 보와 기둥은 탄소강관 8cm 것을 사용한다.

나. 보를 지탱하는 기둥은 보의 양단(兩端)에만 설치한다.

다. 양단의 기둥은 보를 중심으로 하여 각각 2개의 기둥을 설치하는데, 지면에서 이 2개의 기둥 사이는 1.2m이다. 그리고 각 기둥의 하단부(지면에 접하는 곳)는 기둥 상단부(보와 연결되는 곳)보다 바깥쪽으로 20cm 벌려서 안전성을 갖게 한다.

라. 기둥의 최하단부는 지하의 콘크리트에 고정한다. 이때 콘크리트의 크기는 사방 40cm, 높이 60cm로 하고, 잡석다짐은 사방 60cm, 높이 20cm로 한다.

마. 그네줄은 직경 1cm의 쇠사슬로 하여 앉음판은 두꺼운 목재판(두께 3cm, 길이 52cm, 폭 30cm)을 사용한다.

바. 그네줄은 보의 양단에서 80cm 떨어져 위치토록 한다.

사. 보와 연결되는 1개(조)의 그네줄 너비는 50cm이며, 다음 그네줄과의 사이는 60cm로 한다.

아. 그네의 높이는 2.3m로 하고, 지면과는 35cm 떨어져 앉음판이 위치하도록 한다.

자. 그네줄과 보와의 연결은 탄소강판(두께 1mm) 속에 베어링을 감싸서 보와 용접하고 줄과 연결한다.

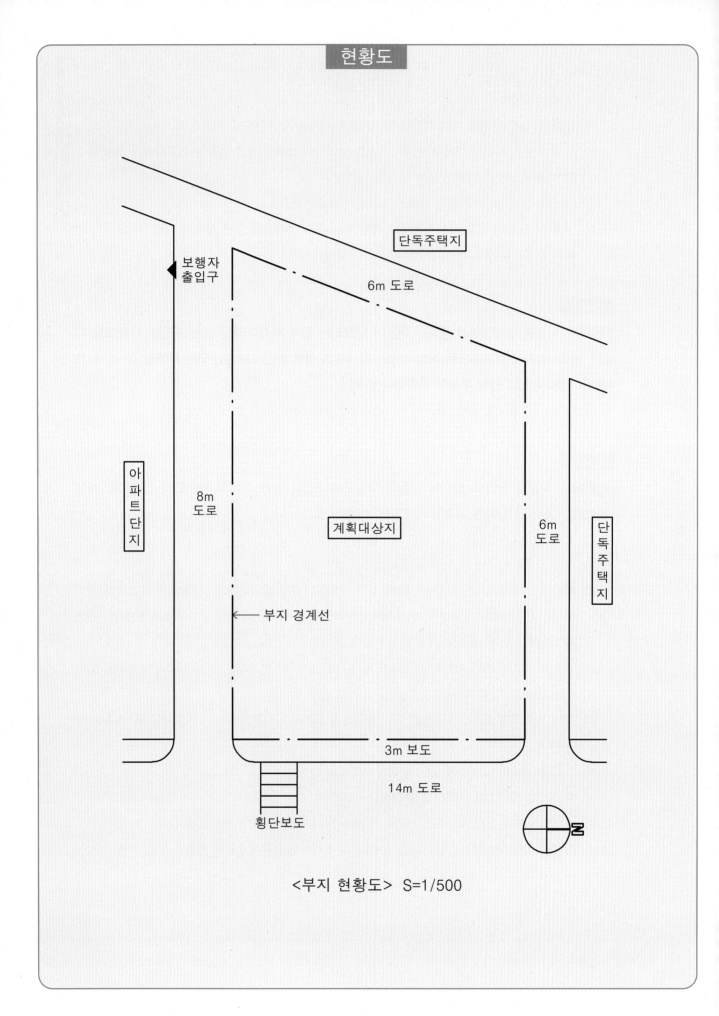

단독주택지

6m 도로

보행자
출입구

아파트단지

8m
도로

계획대상지

6m
도로

단독주택지

← 부지 경계선

3m 보도

14m 도로

횡단보도

N

<부지 현황도> S=1/500

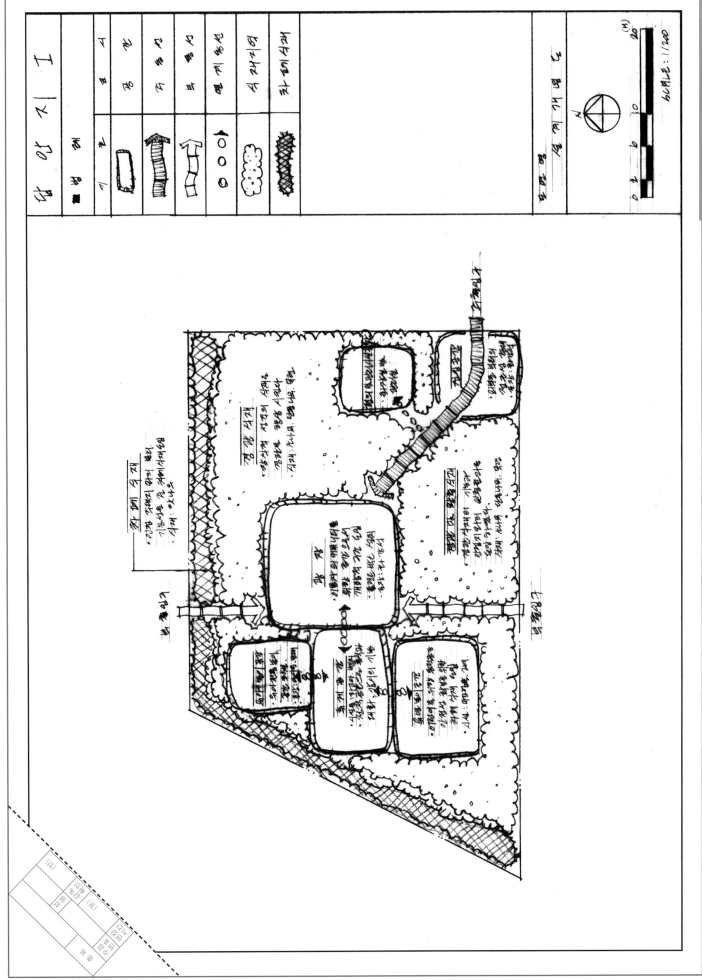

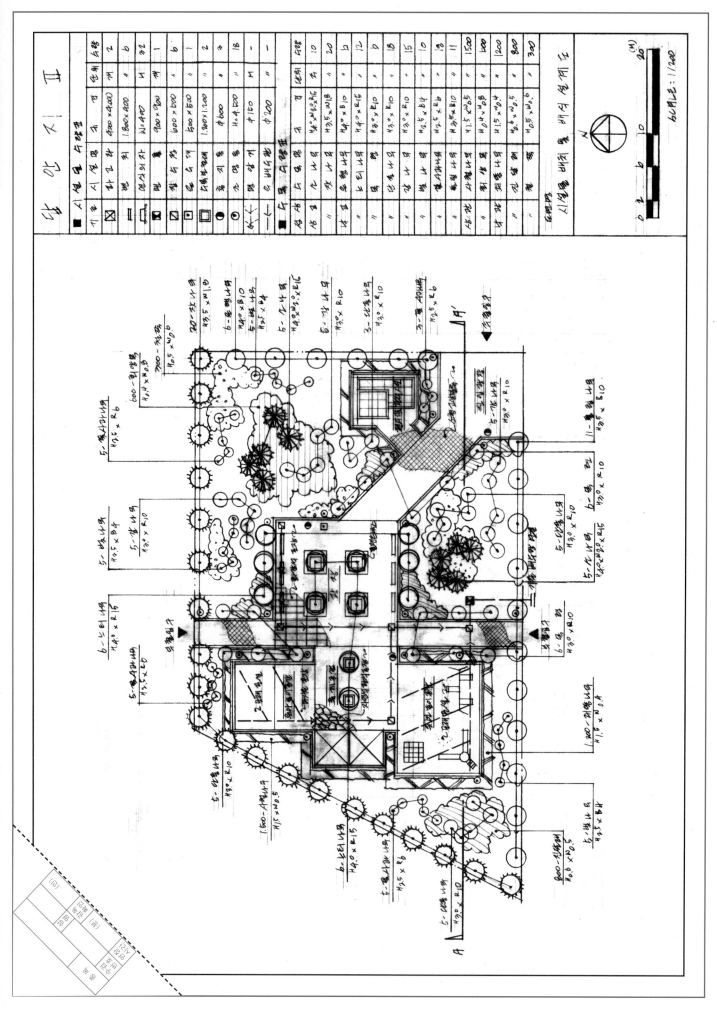

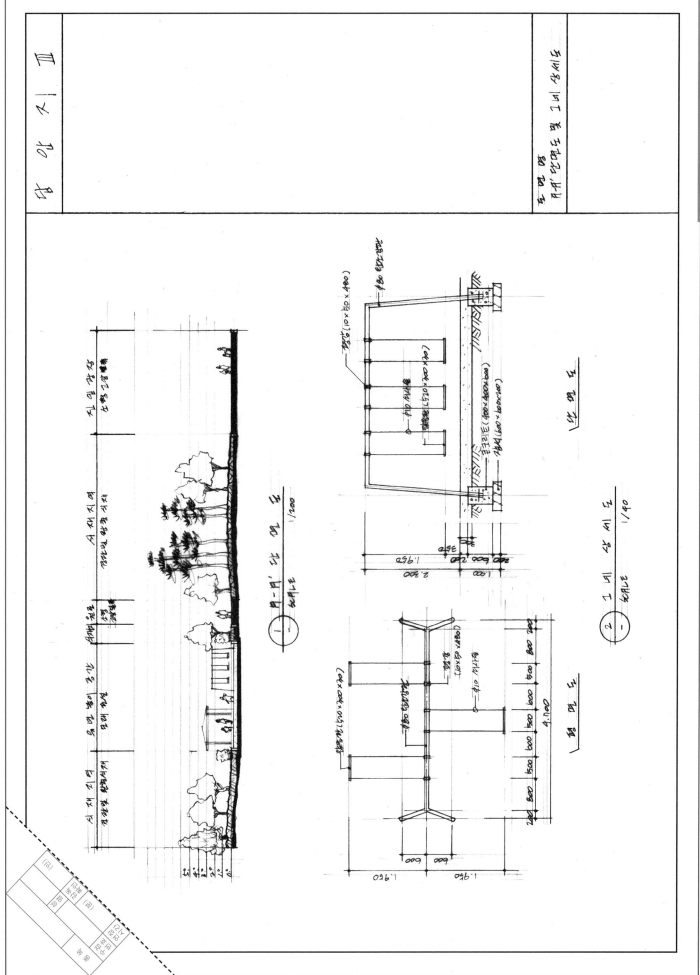

근린공원설계

❶ 근린공원의 개념

① 근린 주거자 또는 근린생활권으로 구성된 지역생활권 거주자의 보건, 휴양 및 정서생활의 향상에 기여함을 목적으로 설치된 공원

② 근린공원의 설치 기준

공원구분	설치기준	유치거리	규모	건폐율	시설부지면적	시설 설치 기준
근린생활권 근린공원	제한 없음	500m 이하	10,000m² 이상	20% 이하	40% 이하	일상의 옥외 휴양·오락 활동 등에 적합한 조경시설·휴양시설·유희시설·운동시설·교양시설 및 편익시설로 하며, 원칙적으로 연령과 성별의 구분 없이 이용할 수 있도록 할 것
도보권 근린공원		1,000m 이하	30,000m² 이상	15% 이하		
도시지역권 근린공원	공원의 기능을 충분히 발휘할 수 있는 장소	제한 없음	100,000m² 이상	10% 이하		주말의 옥외 휴양·오락 활동 등에 적합한 조경시설·휴양시설·유희시설·운동시설·교양시설 및 편익시설 등 전체 주민의 종합적인 이용에 제공할 수 있는 공원시설로 하며, 원칙적으로 연령과 성별의 구분 없이 이용할 수 있도록 할 것
광역권 근린공원		제한 없음	1,000,000 m² 이상	10% 이하		

❷ 근린공원의 설계기준

① 도시공원법상 근린생활권, 도보권, 도시계획권, 광역권의 근린공원으로 구분하고 있으나 설계자의 창의력을 발휘해야 한다.

② 공원의 입지적 여건을 고려하여 주변의 좋은 경관을 배경으로 활용하고 근린주거자의 요구를 반영한다.

③ 토지이용은 가족단위 혹은 집단의 이용단위와 전연령층의 다양한 이용특성을 고려하고, 기존의 자연조건을 충분히 활용한다.

④ 대규모의 개방공간(잔디밭 등) 오픈스페이스의 공간적인 감각을 최대한 살리도록 한다.

⑤ 안전하고 효율적인 동선계획으로 보행자전용도로와의 연계를 도모하며 사고의 위험성, 교통시설, 주변 건축물, 토지이용 등을 고려하여 출입구는 2개 이상 설치한다.

⑥ 근린공원의 성격, 입지조건, 면적 등을 고려하여 공간의 크기 및 녹지율을 결정한다.

❸ 공간별 시설물 및 식재계획

공원유형	입지조건	시설물 내용
휴게공간	퍼걸러, 정자, 쉘터, 의자, 앉음벽, 평상야외탁자, 휴지통, 음수대, 수목보호대, 조명 등	• 녹음식재 • 공간형성을 위한 차폐식재 • 완충식재
운동공간	배드민턴장, 배구장, 테니스장, 농구장, 축구장, 롤러스케이트장, 게이트볼장, 팔굽혀펴기, 윗몸일으키기, 허리돌리기, 철봉, 평행봉 등	• 녹음식재 • 완충식재 • 차폐식재
놀이공간	미끄럼대, 그네, 시소, 정글짐, 회전무대, 사다리, 조합놀이대, 철봉, 평행봉 등	• 녹음식재 • 완충식재 • 차폐식재
수경공간	분수, 시냇물, 폭포, 벽천, 도섭지 등	• 경관식재
문화공간	식물원, 동물원, 박물관, 전시장, 공연장, 자연학습장, 음악당, 도서관 등	• 경관식재 • 녹음식재
관리 및 편의공간	화장실, 매점, 관리사무소, 전망대 등	• 건축물 위치나 출입구를 알리기 위한 요점식재 • 화장실 주변 차폐식재
진입 및 중심공간	휴게공간, 관리공간, 수경공간의 거의 모든 시설물이 들어갈 수 있다.	• 요점식재 • 지표식재 • 유도식재

다음 근린공원의 부지를 확대하여 다음 조건을 충족시키는 기본설계도(개념도)를 그리시오.

가. 축척은 1/300로 할 것.

나. 보도와 연계된 동선을 계획할 것.

다. 학교쪽으로 부진입할 수 있도록 할 것.

라. 녹음·차폐·완충·경관 등의 식재 개념을 도입해서 계획할 것.

마. 중앙에 원형광장을 만들 것.

바. 원형광장에 인접하여 야외공연장을 설계할 것.

사. 주거지쪽으로 운동공간 및 놀이공간을 배치할 것.

아. 보도쪽에는 진입공간 또는 휴게공간을 배치할 것.

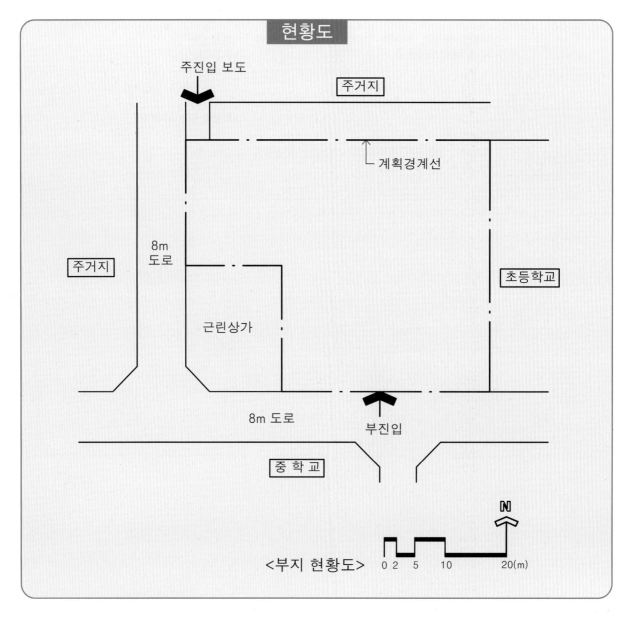

<부지 현황도>

문제 2

다음의 근린공원 현황도와 조건을 참조하여 식재설계도를 작성하시오.

가. 축척은 1/300로 할 것.

나. A 지역은 북서쪽의 겨울바람을 차단할 수 있도록 할 것.

다. B 지역은 입구 주변으로 요점식재를 할 것.

라. C 지역은 수목보호대를 사용한 식재를 할 것.

마. D, E 지역은 잔디광장 성격에 적합하도록 할 것.

바. 나머지는 설계자가 임의로 한다.

사. 배식도에는 등고선 표기를 생략한다.

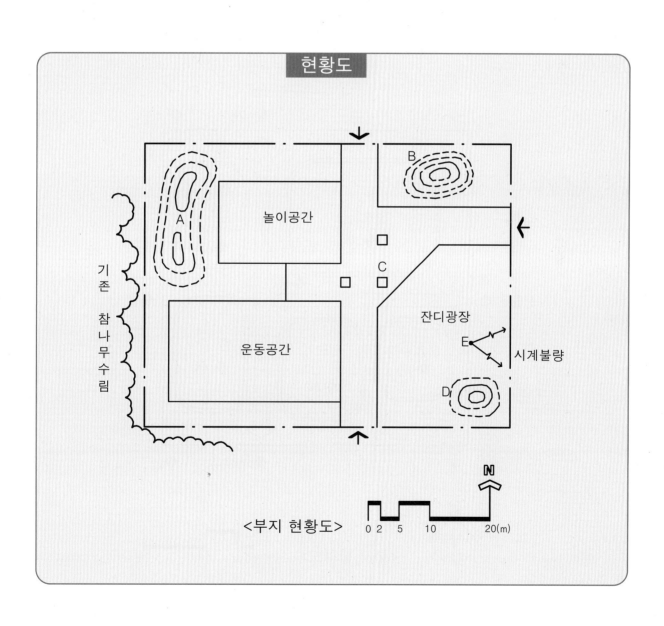

현황도

<부지 현황도>

0 2 5 10 20(m)

다음의 어린이공원 현황도와 조건을 참고하여 조경시설물 평면도를 작성하시오.

가. 1/300로 확대할 것.

나. 레벨차이가 있는 주진입구의 진입공간에는 폭이 3m인 계단(H 20cm×W 30cm)을 설치하고 계단에 면하여 폭이 2m인 램프를 설치할 것.

다. 부진입로의 폭원은 2m로 설계할 것.

라. 휴게 및 광장에는 4m×8m의 퍼걸러 설치, 평의자 6개 이상, 휴지통 2개, 바닥포장은 임의대로 설계할 것.

마. 운동공간에는 다목적 운동공간을 만들고 맹암거 및 집수정을 설치할 것.

바. 어린이놀이터에는 조합놀이대 1개 이상을 설치하고 맹암거 및 집수정을 설치할 것.

사. 휴게공간에는 4m×4m 퍼걸러 1개소 설치할 것.

아. 법면구배는 1 : 2로 할 것.

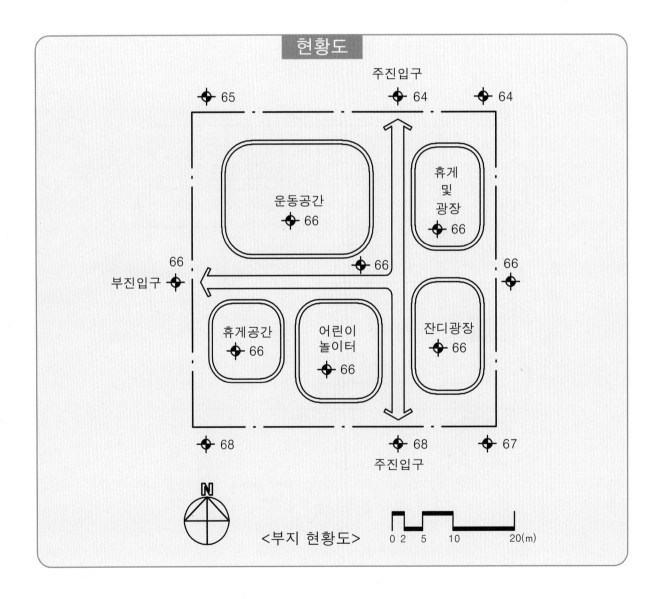

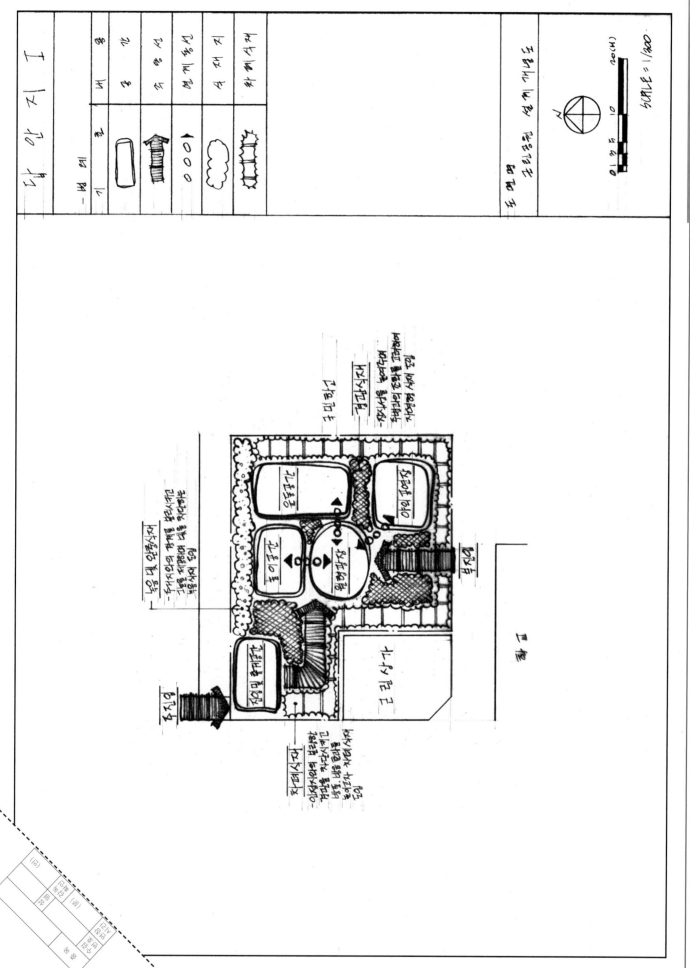

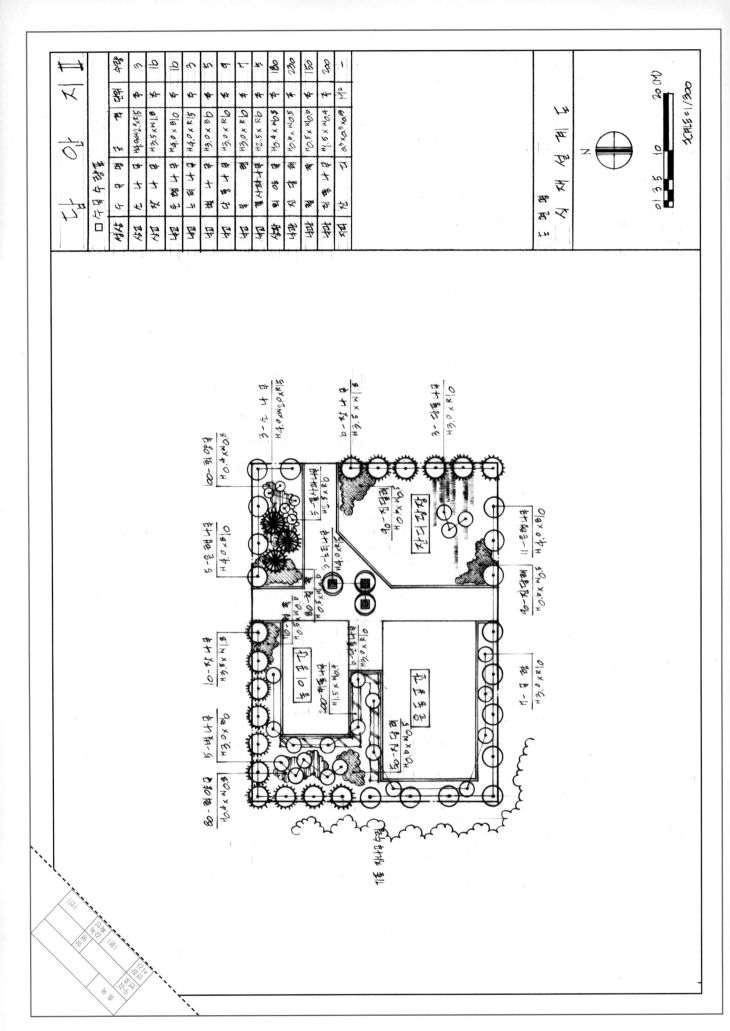

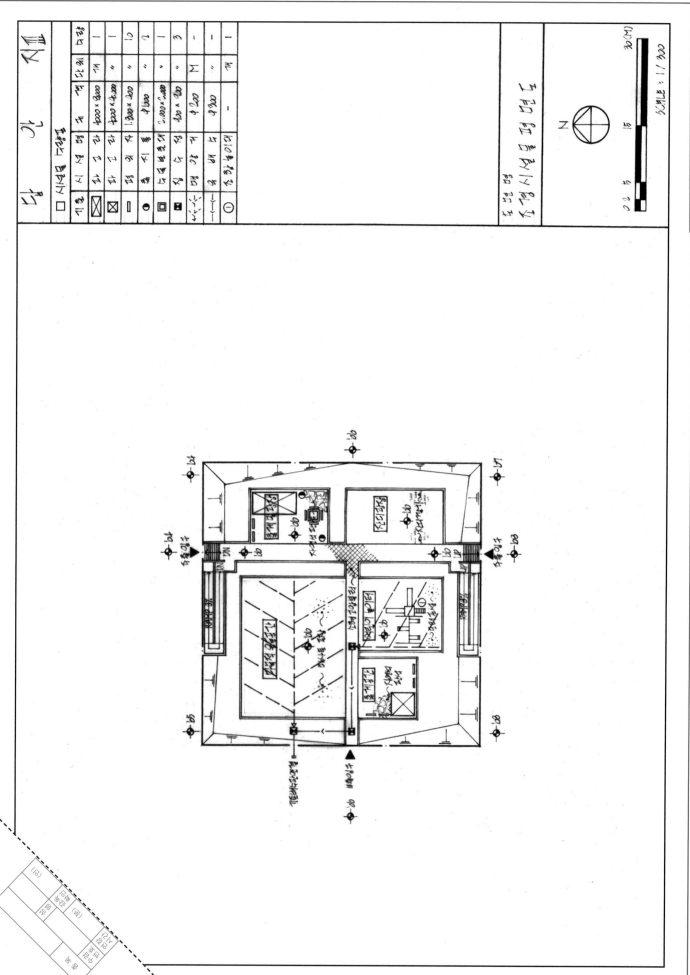

요구사항

문제에 주어진 현황도의 부지는 중부지방에 위치하고 있으며, 4면이 도로로 둘러싸인 근린공원 부지이다. 주어진 요구조건을 참조하여 도면을 작성하시오.

가. 부지 북동측 중앙부에 60m×45m 규모의 다목적 운동장, 남서측 중앙부에는 30m×30m 규모의 잔디광장을 배치할 것.

나. 남측 중앙에 주진입로(폭 12m), 동·서측 중앙에 부진입로(폭 6m), 부지 경계주변을 따라 산책로(폭 2m)를 배치할 것.

다. 부지의 외곽경계부는 경계 및 화훼 녹지대를 설치하고, 마운딩 설계를 적용할 것(마운딩 등고선의 간격은 1m로 설계하고 최고 높이 3m 이내로 배치할 것).

라. 적당한 곳에 휴게공간 2개소를 배치하고, 휴게공간 내에 퍼걸러(6m×6m) 7개를 설치할 것.

마. 주진입로 중앙부에 6m 간격으로 수목보호대(2m×2m)를 배치하고 녹음수를 식재할 것.

바. 포장재료는 2가지 이상 사용하여 설계하고, 도면상에 표기할 것.

사. 식재수종은 다음에서 10종 이상을 선정하고, 도면 여백에 수목수량표를 작성할 것.

〈보기〉 잣나무, 소나무, 측백나무, 녹나무, 후박나무, 은행나무, 자작나무, 왕벚나무, 꽝꽝나무, 동백나무, 배롱나무, 홍단풍, 느티나무, 산철쭉, 영산홍, 회양목, 쥐똥나무, 눈주목, 개나리, 잔디

문제 1

설계조건을 고려하여 [답안지 I]에 축척 1/600로 설계개념도를 작성하시오.

문제 2

설계조건을 고려하여 [답안지 II]에 축척 1/500로 기본설계 및 배식설계도를 작성하시오.

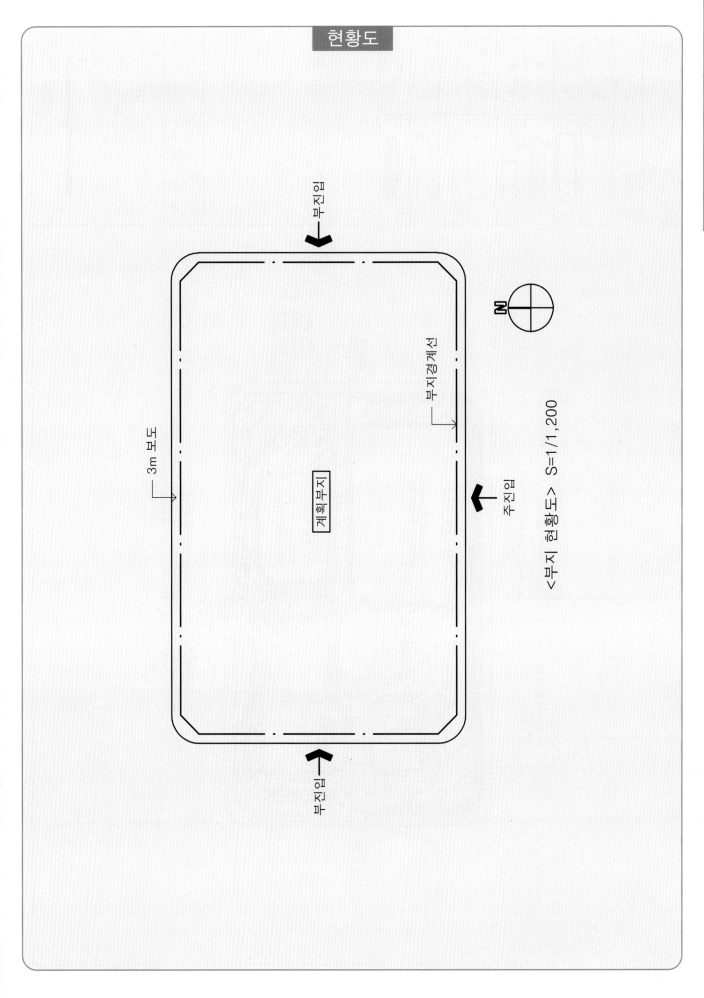

부지임

N

부지경계선

3m 보도

계획부지

주진입

부지임

부지임

<부지 현황도> S=1/1,200

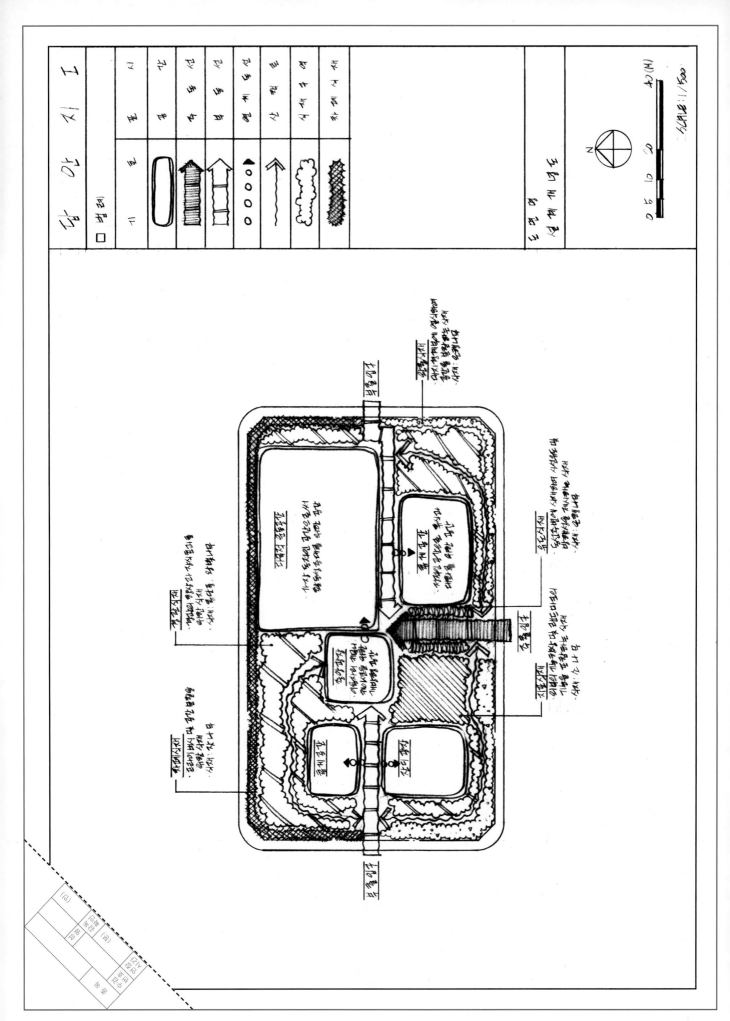

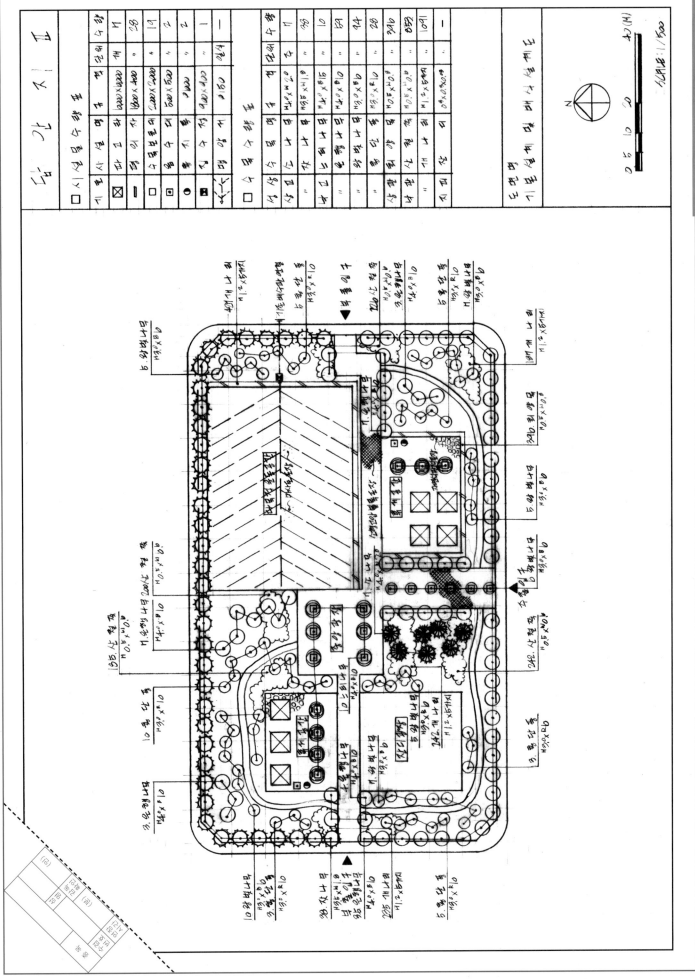

중부지방의 공업단지 안에 있는 근린공원을 조성하려한다. 주어진 현황도를 보고 물음에 답하시오.

문제 1

부지를 1/300로 확대하고 다음의 조건을 고려하여 설계개념도를 작성하라.[답안지Ⅰ]

가. 진입광장, 중심광장, 정적 휴게공간, 동적 운동공간, 완충녹지, 경관녹지, 동선 등을 설치한다.

나. 공간구성, 동선, 배식개념을 다이어그램 표현기법을 적용하여 표시할 것.

문제 2

부지를 1/300로 확대하고 다음의 조건을 고려하여 시설물배치도 및 배식설계도를 작성하시오.
[답안지Ⅱ]

가. 배구장 2, 화장실 1, 퍼걸러 4, 벤치 6개소 이상 설치하시오(도면 우측에 수량표를 작성 할 것).

나. 포장재료를 2종 이상 선정하여 표현하고 재료명을 표기할 것.

다. 경관녹지 중 한 곳을 정해 마운딩 설계를 하되 최대 지점표고(spot elevation)가 2m 이하가 되도록 할 것.

라. 다음의 보기 수종 가운데서 적합한 수종을 10수종 이상 선택하여 식재설계를 하시오. 인출선을 사용하여 수량, 수종명, 규격을 표시하고 도면 우측에 수목수량표를 작성하시오.

〈보기〉 소나무, 잣나무, 스트로브잣나무, 젓나무, 향나무, 서양측백나무, 눈향, 느티나무, 은행나무, 벚나무, 너도밤나무, 칠엽수, 플라타너스, 꽝꽝나무, 철쭉, 목련, 수수꽃다리, 쥐똥나무, 잔디

문제 3

다음의 내용으로 3연식 철제그네를 설계하여 평면도와 입면도를 축척 1/40로 작성하시오.[답안지Ⅲ]

가. 기둥, 보는 8㎝ 탄소강관으로 한다. 기둥은 지면에서 1.2m의 폭의 'ㅅ'자 형태로 하여 안쪽으로 20㎝정도 기울어지게 설치한다.

나. 보 끝에서 80㎝위치에 그네가 설치되고, 그네 폭은 50㎝, 그네와 그네의 간격은 60㎝이다.

다. 그네줄은 1㎝의 사슬로 만들고, 앉음판의 길이는 52㎝, 폭은 30㎝, 두께는 3㎝이다.

라. 그네줄과 보와의 연결은 두께 1㎝, 폭 5㎝, 길이 48㎝의 탄소평강으로 베어링을 싸고있다.

마. 콘크리트 기초는 400×400×600, 잡석은 600×600×200으로 설치한다.

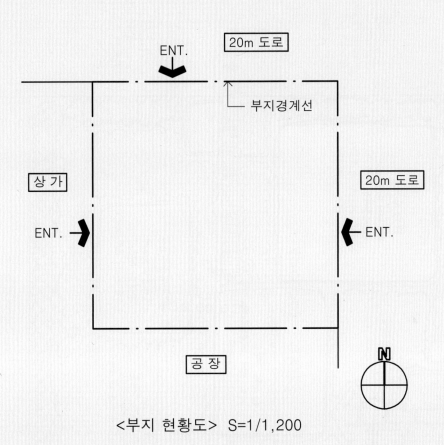

ENT.

20m 도로

부지경계선

상 가

20m 도로

ENT.

ENT.

공 장

N

<부지 현황도> S=1/1,200

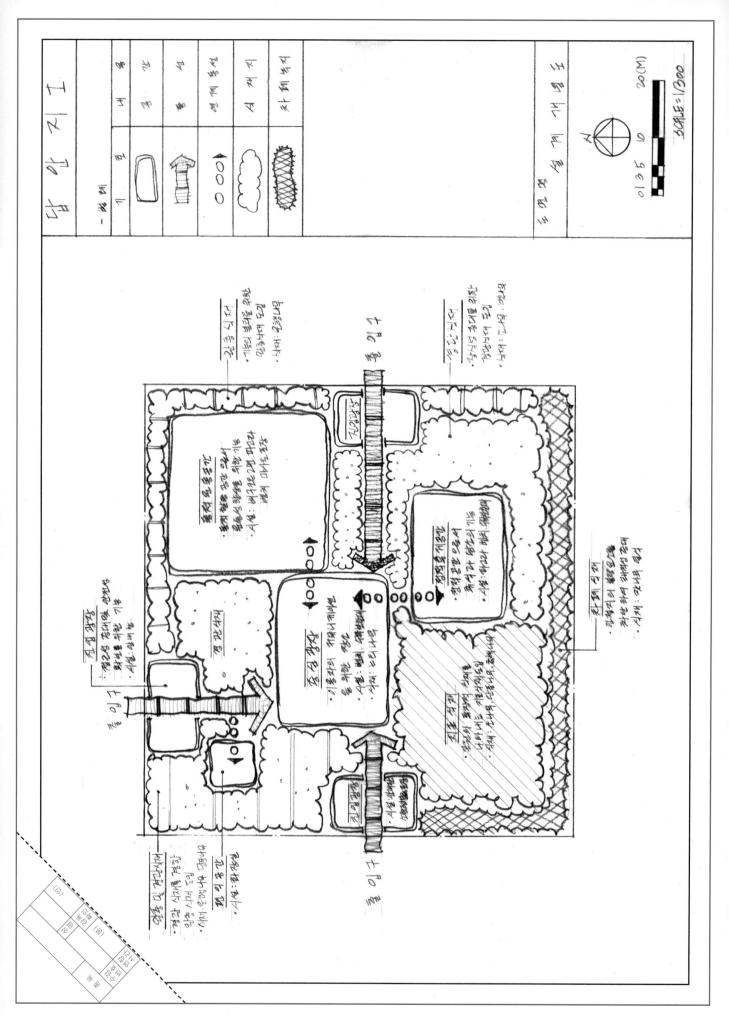

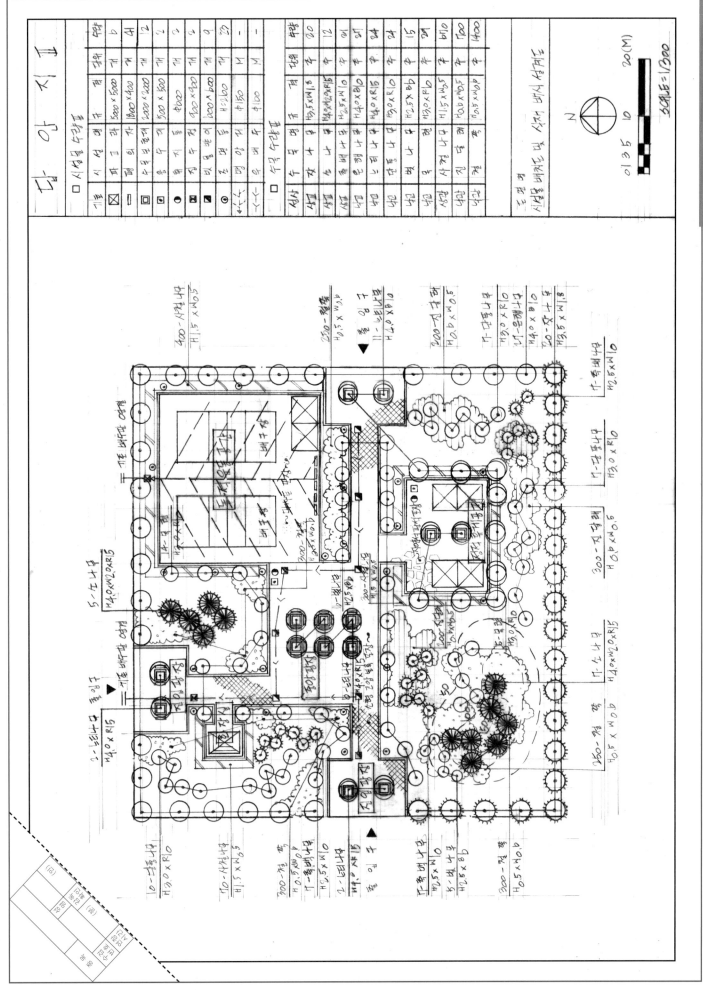

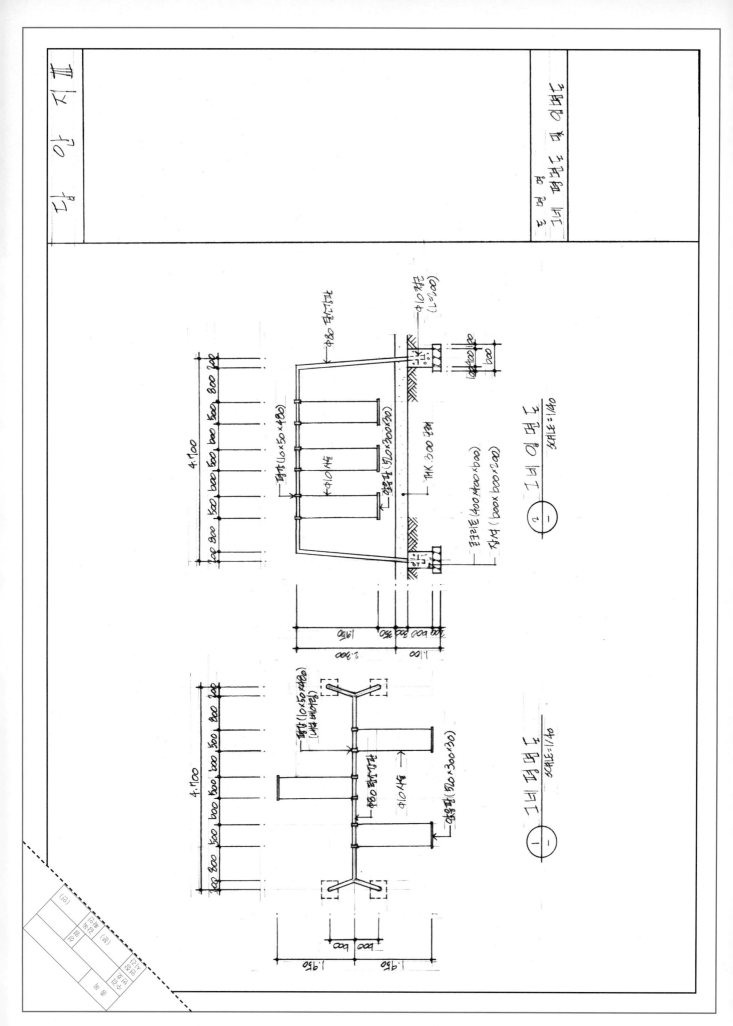

요구사항

다음은 중부지방의 도시 내에 위치한 근린공원의 부지 현황도이다.

축척 1/400로 확대하여 주어진 요구조건을 참고하여 설계개념도(답안지 I)와 시설물 배치도 및 배식설계도(답안지 II)를 작성하시오.

요구조건

가. 근린공원 내의 진·출입은 반드시 현황도에 지정된 곳(6곳)에 한정된다.

나. 적당한 곳에 운동공간, 놀이공간, 휴게공간, 진입광장, 녹지공간 등을 조성한다.

다. 적당한 곳에 차폐녹지, 녹음 겸 완충녹지, 수경녹지공간 등을 조성한다.

라. 주동선과 부동선, 진입관계, 공간배치, 식재개념배치 등을 개념도의 표현기법을 사용하여 나타내고, 각 공간의 명칭, 성격, 기능을 약술하시오.

마. 빈 공간에 범례를 작성할 것.

바. 공간별 요구시설은 다음과 같다.

구분	배치 위치	시설명, 규격 및 배치 수량
운동공간	북서 방향	다목적 운동장(30m×50m)
놀이공간	남동 방향	30m×17m 규모이고, 놀이시설 종류는 4연식 그네 1조, 2방식 미끄럼대 1조를 포함한 놀이시설물 3종 이상 등
휴게공간	북동 방향	퍼걸러(4m×8m) 2개소, 벤치 10개, 휴지통, 음수전 등
진입광장	남서 방향	화장실(5m×10m), 수목보호대(1.5m×1.5m) 등
녹지공간	부지경계부 주변 부분	완충녹지, 경계녹지가 필요한 곳에 7m폭으로 설계

사. 각 공간의 경관과 기능을 고려하여 10종 이상의 수종을 〈보기〉에서 선택하여 식재설계를 하시오.

아. 식재한 수량을 집계하여 수목 수량표를 도면 우측에 작성하시오.

〈보기〉 소나무, 은행나무, 느티나무, 메타세쿼이아, 낙우송, 산벚나무, 층층나무, 꽃사과나무, 생강나무, 단풍나무, 붉나무, 자귀나무, 함박꽃나무, 말발도리, 화살나무, 감탕나무, 병꽃나무

N

6m 도로

8m 도로

8m 도로

계획부지

부지경계선

10m 도로

고층주거지

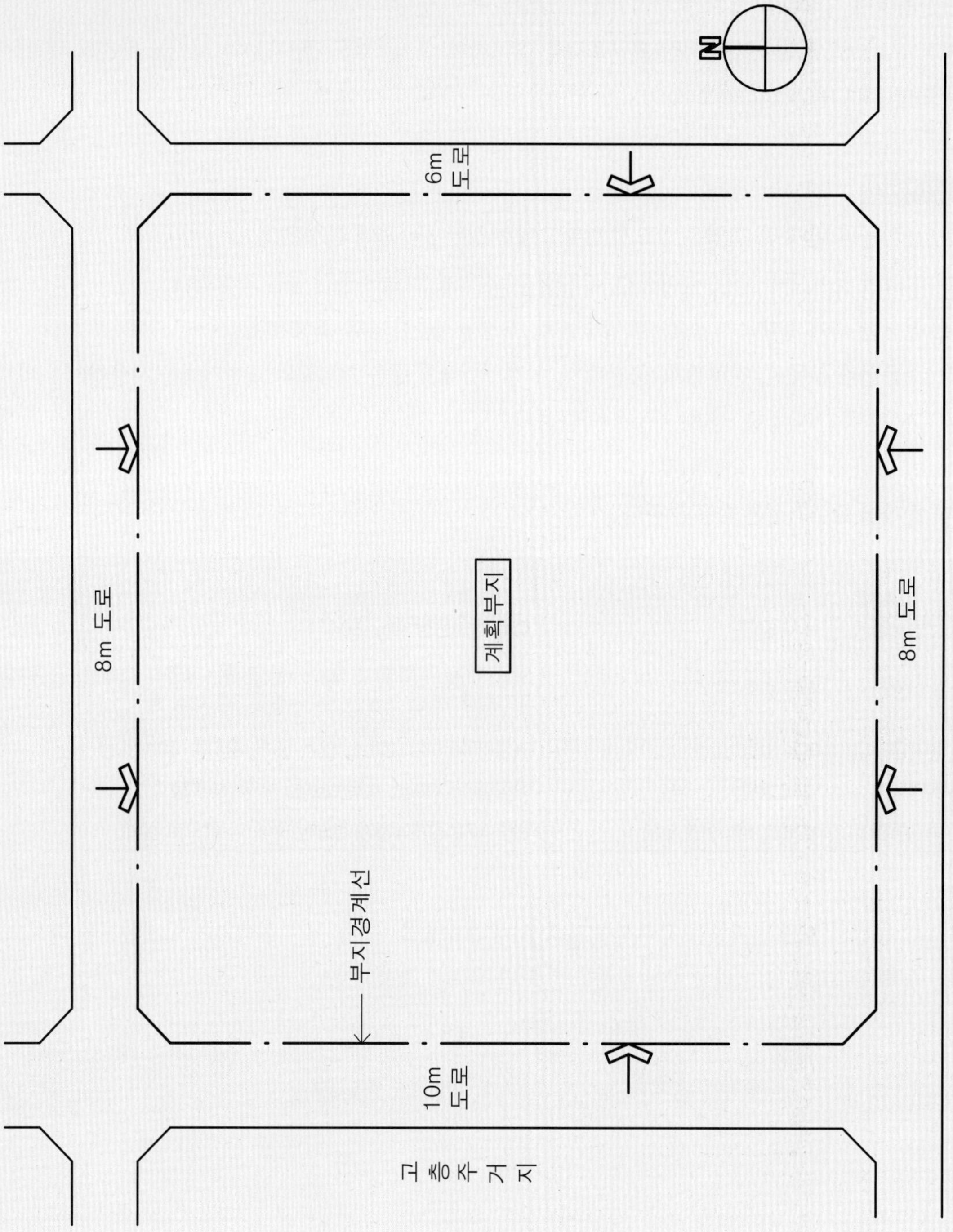

<부지 현황도> S=1/800

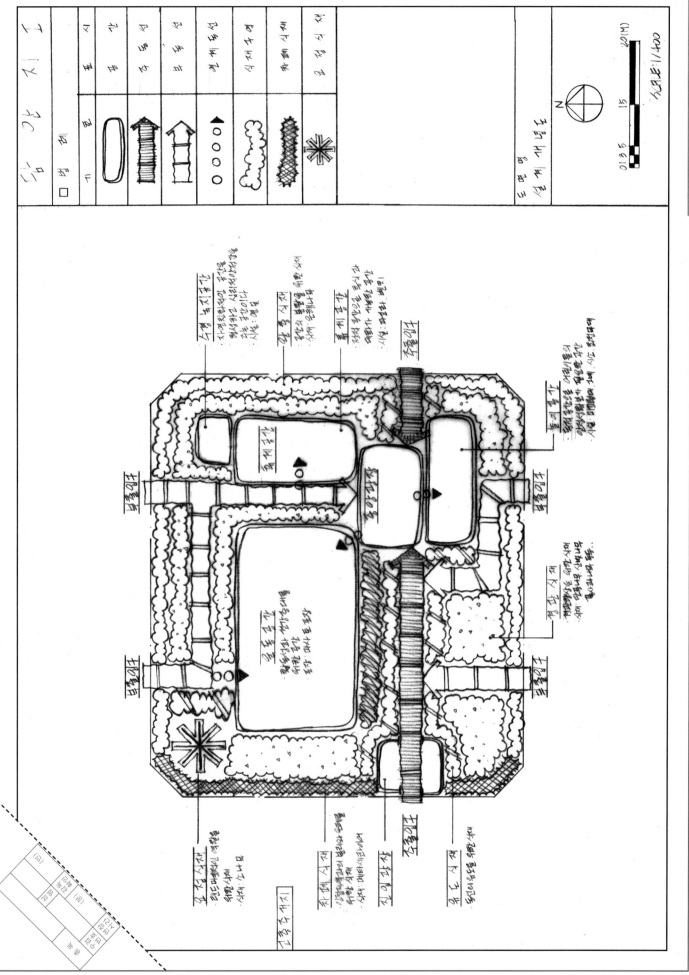

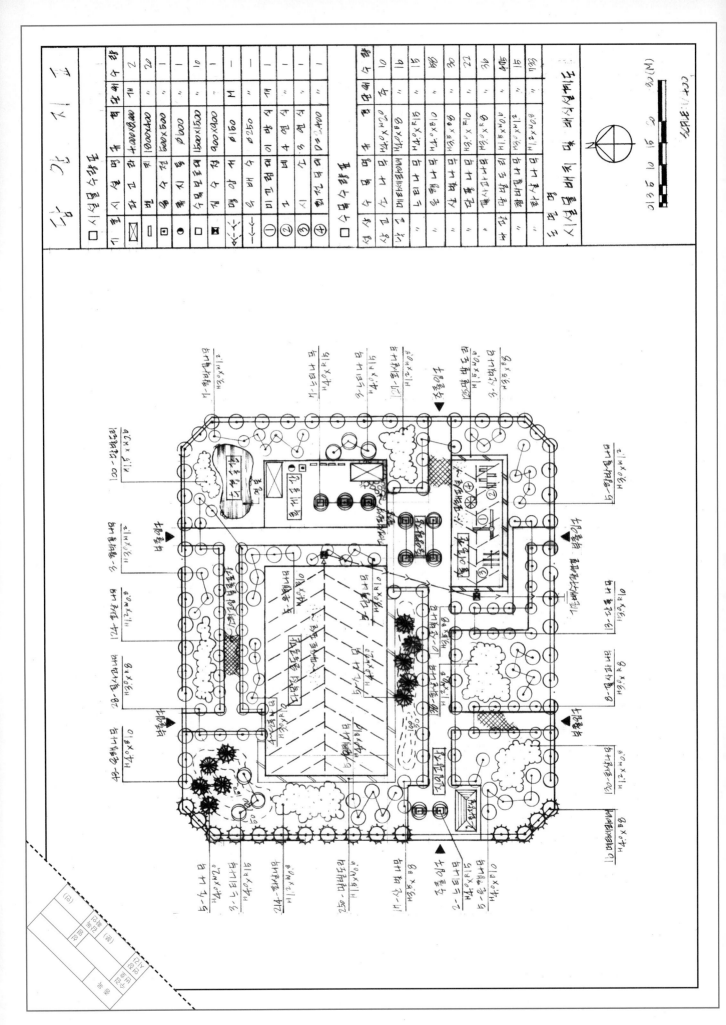

소공원설계

❶ **소공원의 개념**

소규모 토지를 이용하여 도시민의 휴식 및 정서함양을 도모하기 위하여 설치하는 공원

❷ **소공원의 기능**

① 휴식 및 위락의 기능

② 사회심리적 기능

③ 생태적 환경보존의 기능

④ 안전유지 및 방제적 기능

⑤ 중심적 기능

❸ **소공원 공간 구성 및 설계방향**

(1) 휴게공간

① 설계대상의 성격, 규모, 이용권, 보행동선 등을 고려하여 균형있게 배열

② 시설공간, 보행공간, 녹지공간으로 나누어 설계하되 설계대상공간 전체의 보행동선 체계에
어울리도록 계획

③ 대화와 휴식 및 경관감상이 쉽고, 개방성이 확보된 곳에 배치

④ 휴게공간 내부의 주보행동선에는 보행과 충돌이 생기지 않도록 시설물을 배치

(2) 놀이공간

① 어린이의 이용에 편리하고 햇볕이 잘 드는 곳에 배치

② 이용자의 연령별 놀이특성을 고려하여 어린이놀이터와 유아놀이터로 구분

③ 유아놀이터에 보호자가 가까이 관찰할 수 있는 휴게 및 관리시설 등을 배치

④ 안전성을 고려한 놀이시설물 배치, 높이가 급격하게 변하지 않도록 설계

(3) 운동공간

① 이용자들의 나이, 성별, 이용시간대와 선호도 등을 고려하여 도입할 시설의 종류 결정

② 햇빛이 잘 들고, 바람이 강하지 않으며 매연의 영향을 받지 않는 장소로서 배수와 급수가 용이한 부지에 설계

③ 운동공간의 어귀는 보행로에 연결시켜 보행동선에 적합하게 설계

시행년도	1995년	자격종목	조경기사	작품명	소공원설계

요구사항

다음은 중부지방의 고층 아파트 단지 내에 위치하고 있는 소공원 부지이다. 현황도와 설계조건들을 참고하여 물음에 맞는 도면을 작성하시오.

문제 1

현황도에 주어진 부지를 축척 1/200로 확대하여 아래의 요구 조건을 반영하여 설계개념도를 작성하시오.[답안지 I]

가. 동선개념은 주동선, 부동선을 구분할 것.

나. 공간개념은 운동공간, 유희(유년, 유아)공간, 중심광장, 휴게공간, 녹지로 구분하되

　　– 운동공간 : 동북 방향(좌상)

　　– 유희공간 : 유년유희공간 – 동남 방향(우상)

　　　　　　　　유아유희공간 – 서남 방향(우하)

　　– 휴게공간 : 서북 방향(좌하)

　　– 중앙광장 : 부지의 중앙부에 동선이 교차하는 지역

다. 휴게공간과 유아유희공간의 외곽부에는 마운딩(mounding)처리할 것.

라. 공원 외곽부에는 생울타리를 조성하고, 위의 공간을 제외한 나머지 녹지 공간에는 완충, 녹음, 요점, 유도, 차폐 등의 식재개념을 구분하여 표현할 것.

문제 2

축척 1/200로 확대하여 아래의 설계조건들을 반영하여 기본설계도를 작성하시오.[답안지 II]

가. 운동공간 : 배구장 1면(9m×18m), 배드민턴장 1면(6m×14m), 평의자 10개소

나. 유년유희공간 : 철봉(3단), 정글짐(4각), 그네(4연식), 미끄럼대(활주판 2개), 시소(2연식) 각 1조

다. 유아유희공간 : 미끄럼대(활주판 1개), 유아용 그네(3연식), 유아용 시소(2연식) 각 1조, 퍼걸러 1개소, 평의자 4개, 음수대 1개소

라. 중심 광장 : 평의자 16개, 녹음수를 식재할 수 있는 수목보호대

마. 휴게공간 : 퍼걸러 1개소, 평의자 6개 설치.

바. 포장 재료는 2종류 이상 사용하되 재료명을 표기할 것.

사. 휴지통, 조명등 등은 필요한 곳에 적절하게 배치할 것.

아. 마운딩의 정상부는 1.5m 이하로 하고 등고선의 높이를 표기할 것.

자. 도면 우측의 범례란에 시설물 범례표를 작성하고 수량을 명기할 것.

문제 3

설계개념과 기본설계도의 내용에 적합하고 아래의 요구조건을 반영한 식재설계도를 축척 1/200로 작성하시오.[답안지Ⅲ]

가. 수종은 10수종 이상 설계자가 임의로 선정할 것.

나. 부지 외곽지역에는 생울타리를 조성하고, 상록 교목으로 차폐 녹지대를 조성할 것.

다. 동선 주변은 낙엽교목을 식재하고, 출입구 주변은 요점, 유도식재 및 관목 군식으로 계절감 있는 경관을 조성할 것.

라. 인출선을 사용하여 수종명, 규격, 수량을 표기할 것.

마. 도면 우측에 수목 수량표를 집계할 것.

아파트

5m

4m

보행자 전용도로

부지 경계선

5m

5m

아파트

<부지 현황도> S=1/500

4m

아파트

N

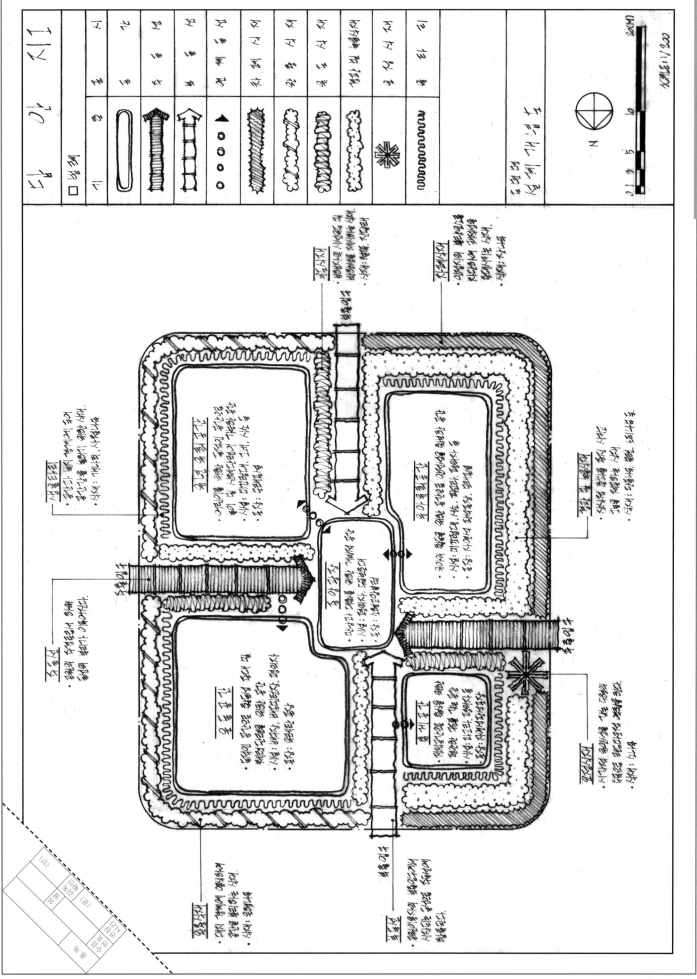

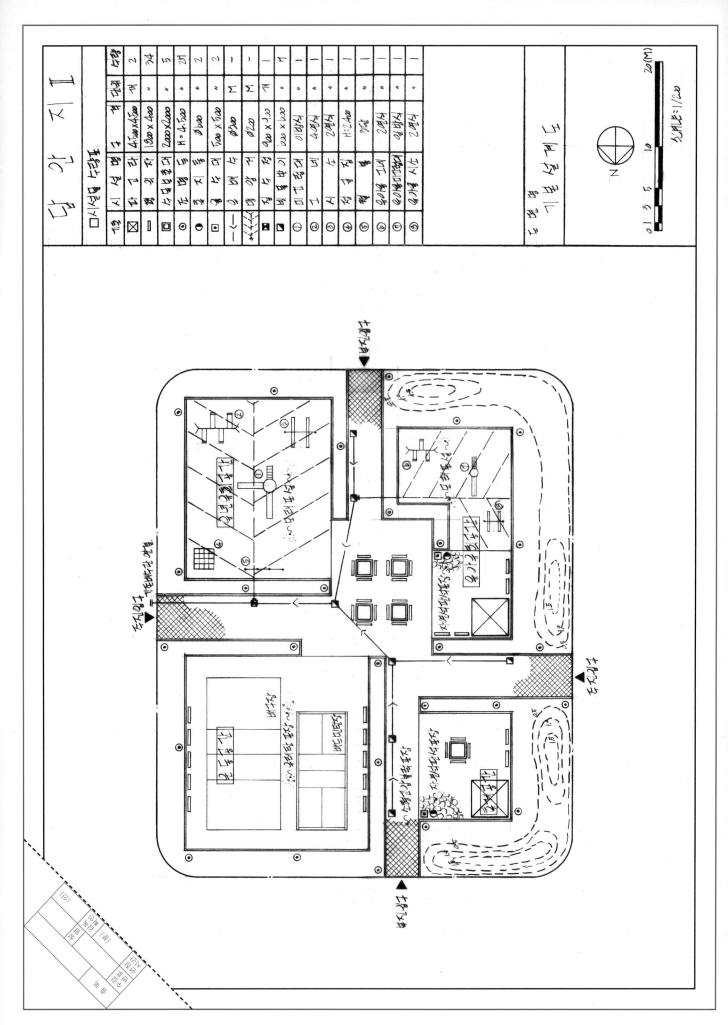

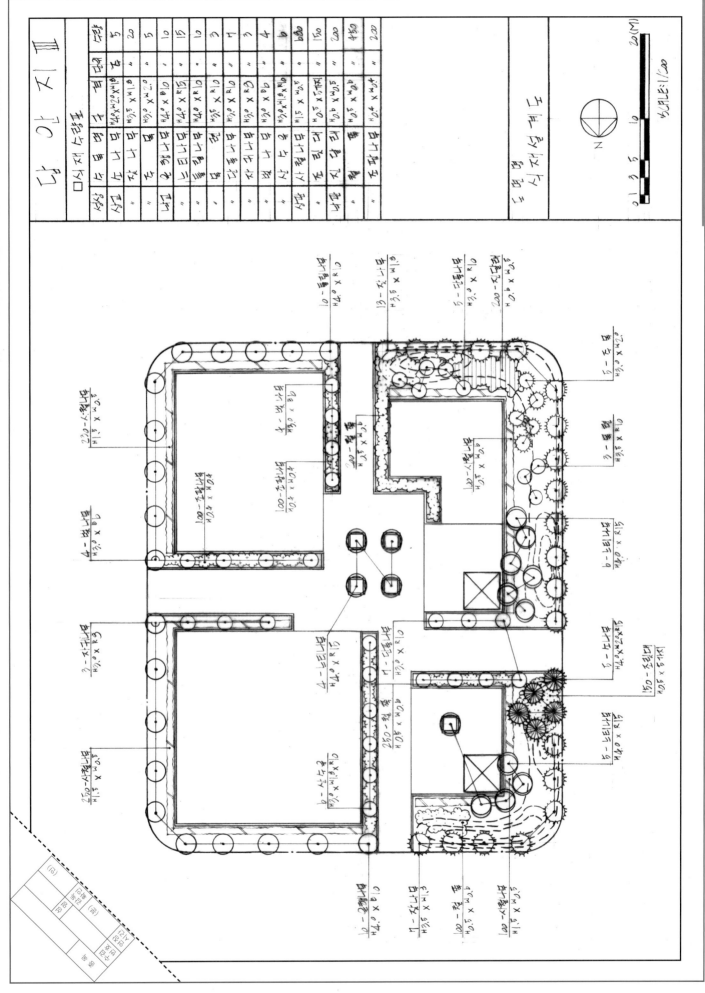

단면지 Ⅲ

성상	수목명	규격	단위	수량
상록교목	소나무	H4.0×W2.0×R15	주	5
"	느티나무	H3.5×W1.8	주	20
"	단풍나무	H3.0×W2.0	주	5
"	느릅나무	H4.0×R10	주	10
"	느티나무	H4.0×R15	주	15
"	느티나무	H4.0×R10	주	10
"	감나무	H3.5×R8	주	3
"	동백나무	H3.0×R8	주	1
"	자귀나무	H2.0×W1.8×R10	주	3
상록관목	주목	H1.5×W1	주	4
"	회양목	H0.5×W0.5	주	6
낙엽관목	개나리	H0.6×W0.4	주	620
"	철쭉	H0.4×W0.4	주	150
"	진달래	H0.4×W0.4	주	200
낙엽관목	조릿대	H0.4×W0.4	주	450
		H0.4×W0.4	주	200

SCALE : 1/200

소공원설계

10 - 동백나무
H4.0×R10

13 - 잣나무
H3.5×W1.3

5 - 단풍나무
H3.0×W2.0

200 - 진달래
H0.6×W0.5

5 - 소나무
H3.0×W2.0

3 - 매화
H3.5×R10

6 - 느티대나무
H4.0×R15

6 - 느티나무
H4.0×W2.0×R15

150 - 조릿대
H0.6×W0.5

6 - 느티대나무
H4.0×R15

220 - 가침박달
H1.5×W0.5

4 - 벚나무
H3.0×W2.0

100 - 조릿대나무
H0.4×W0.4

100 - 가침박달
H3.5×W2.5

3 - 자귀나무
H2.0×R3

4 - 느티나무
H4.0×R15

11 - 단풍나무
H3.0×R10

250 - 가침박달
H0.5×W0.5

250 - 사철나무
H1.5×W0.5

6 - 소나무
H3.0×W1.8×R10

10 - 단풍나무
H4.0×R10

11 - 잣나무
H3.5×W1

100 - 철쭉
H0.5×W0.5

100 - 사철나무
H1.5×W0.5

문제 1

현황도에 주어진 부지를 [답안지 I]에 축척 1/200로 하여 설계개념도를 도면 윗부분에 그리고, 기본설계도에 표시된 A-A′ 단면도를 도면 아랫부분에 축척 1/100로 작성하시오.

문제 2

현황도에 주어진 부지를 [답안지II]에 축척 1/100로 하여 아래의 요구조건을 반영하여 기본설계도를 작성하시오. 녹지를 제외한 나머지 공간에는 각기 다른 공간성격에 맞는 각기 다른 바닥포장재료를 선택하여 설계하고, 배식설계 후 인출선에 의한 수법으로 수목설계 내용을 표기하여 도면을 완성하고 도면의 우측 여백에 시설물과 식재수목의 수목수량표를 작성하시오. 수목수량표는 성상별 가, 나, 다 순으로 작성하시오. 수종 선택 시 중부 이북에 생육이 가능한 향토수종을 선택하고 교목, 관목을 합쳐 10종 이상 식재할 것.(단, 부지에 두 줄로 표시된 곳은 통행이 가능한 곳이다.)

가. 놀이공간 : 부지 내 북동 방향 위치에 80㎡ 이상으로 설계하고, 정글짐, 철봉, 시소, 그네, 벤치, 미끄럼대, 회전무대, 놀이집 등을 설치할 것.

나. 휴게공간 : 부지 내 동남 방향 위치에 70㎡ 이상으로 설계하고, 퍼걸러, 휴지통 등을 설치할 것.

다. 광장 : 부지 내 서 방향 위치에 중앙의 분수대를 중심으로 아늑한 분위기를 자아낼 수 있도록 설계하고, 음수대, 문주, 볼라드 등을 설치한다. 수목은 지하고가 높은 수종을 선택하여 녹음식재할 것.

라. 녹지 : 부지 주변부의 150㎡ 이상되는 공간에 아늑한 분위기를 나타낼 수 있도록 녹음식재를 하고, 중부 이북 수종 10종 이상을 선정하여 설계할 것.

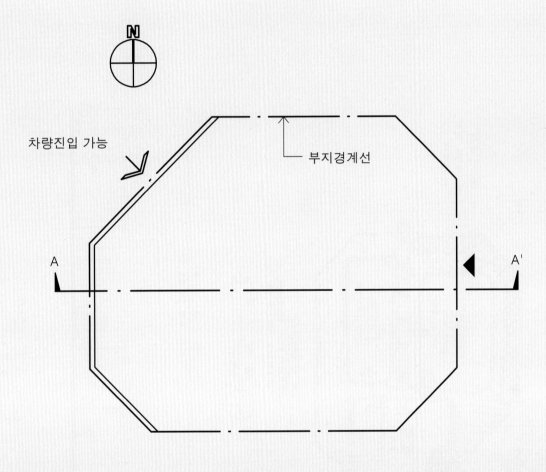

차량진입 가능

부지경계선

N

A   A'

< 부지 현황도> S=1/300

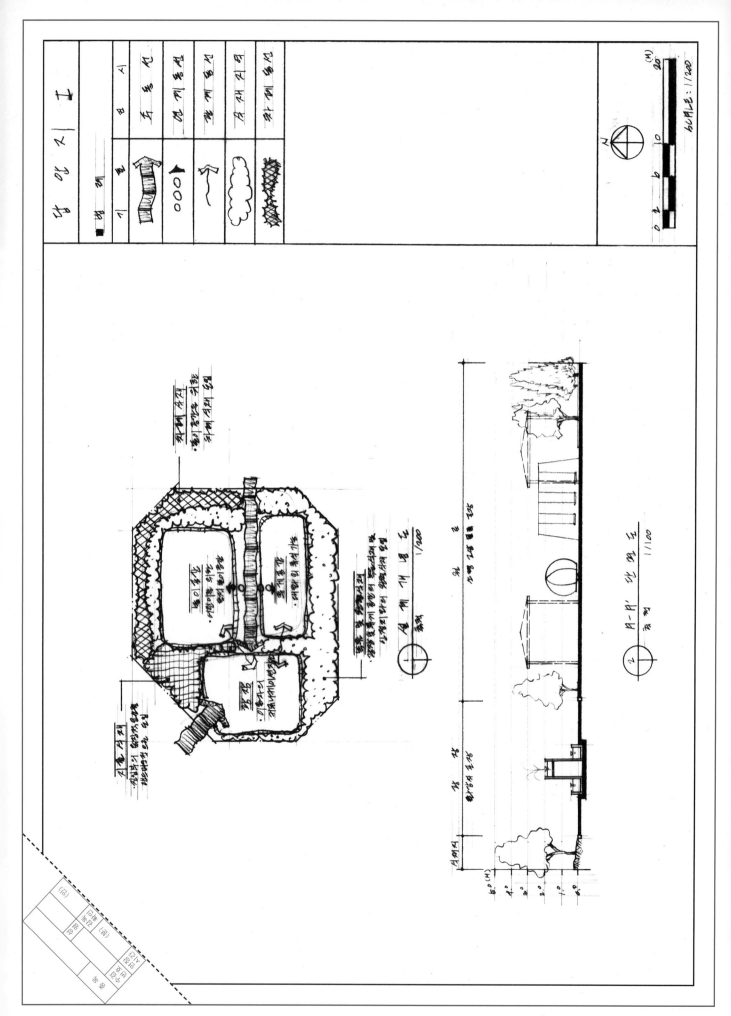

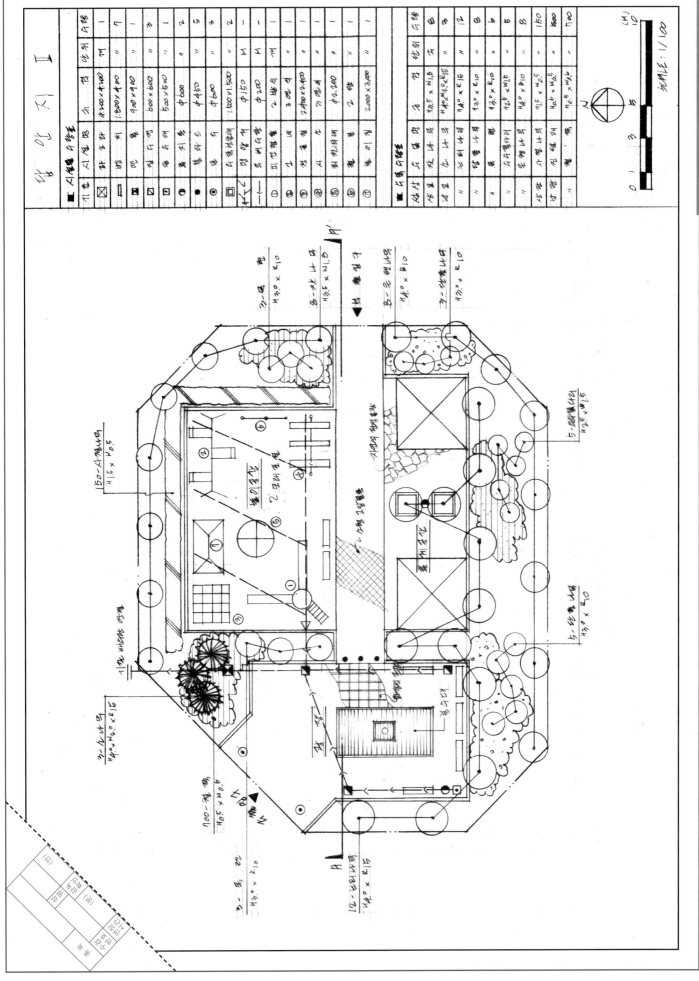

생태공원설계

❶ 생태공원의 개념

생태적 요소를 주제로 한 관찰·학습공원

자연광장 및 학습을 위해 일정지역을 생태적으로 복원·보전하며 이용자들에게 동물·식물·곤충들이 주어진 자연환경 속에서 성장하고 활동하는 모습을 관찰·학습할 수 있도록 제공된 공원

❷ 생태공원의 이용목적

(1) 생태계복원 및 보존

생태원리에 입각한 조성적 측면으로서 생태질서 등에 의해서 스스로 생태환경이 유지되도록 조성된 장소

(2) 관찰학습

녹지를 생태축으로 복원·보전하여 이용자들에게 관찰과 학습을 할 수 있도록 제공된 장소

❸ 생태공원의 구성

(1) 저수지구

① 조성개념
- 전체 공원지구에 사용되는 물을 확보하기 위한 저수시설
- 생물들의 생태적 안정과 활동을 위한 서식환경 조성
- 저수지 내 생물서식처 조성

② 담수 내 생물요소
- 어류 및 자라, 남생이 등
- 민물새우, 플랑크톤 등 어류 먹이생물

③ 물가 주변 생물요소
- 인위적인 조류도입 조절이 불가
- 통나무말뚝, 식생군락지, 자갈밭 등의 조류유인시설을 조성해 자연적인 조류 유도

– 물총새, 왜가리, 중대백로 원앙, 흰뺨검둥오리 등

④ 필요시설물

– 저수지, 수중성, 횃대, 조류관찰대, 안내판

(2) 습지지구

① 조성개념 : 습지와 관련된 생물들의 생태적인 안정과 생활을 돕기 위해 서식환경 조성

② 수서곤충, 습지, 생물 요소

㉠ 개구리, 잠자리, 소금쟁이, 물뱀, 물방개, 게아재비, 물자라 등

㉡ 조류와 파충류의 자연적 유도

③ 필요시설물 : 데크, 강의장, 개울, 물고기 피난처, 수목표찰

④ 식재

㉠ 식물 생육지의 토양수분과 수심에 따라서 습생식물과 수생식물로 구분

㉡ 습생식물 : 습한 토양에서 생육하는 식물로서 통기조직이 미발달하여 장시간 침수에 견디지 못하는 초본 및 목본식물

㉢ 수생식물 : 생육기의 일정기간에 식물체의 전체 혹은 일부분이 물에 잠기어 생육하는 식물로서 식물체 내에 공기를 전달 혹은 저장할 수 있는 통기조직이 발달

㉣ 야생 초본류 : 붓꽃, 원추리, 부처꽃, 금불초, 쑥부쟁이, 구절초, 패랭이, 층꽃, 큰꿩의비름 등

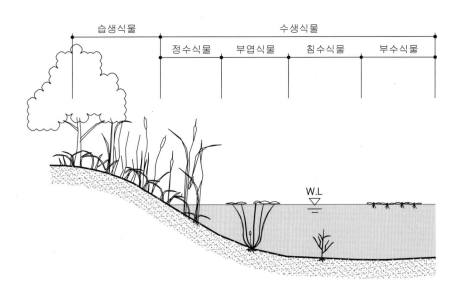

| 생태연못 식물의 유형구분 모식도 |

생활형	적절한 수심	특징	식물명
습생식물 (습지식물)	0cm 이하	물가에 접한 습지보다 육지쪽으로 위쪽에 서식	갈풀, 달뿌리풀, 여뀌류, 고마리, 물억새, 갯버들, 버드나무, 오리나무
정수식물 (추수식물)	0~30cm	뿌리를 토양에 내리고 줄기를 물 위로 내놓아 대기 중에 잎을 펼치는 수생식물	택사, 물옥잠, 미나리 등(수심 20cm 미만), 갈대, 애기부들, 고랭이, 창포, 줄 등
부엽식물	30~60cm	뿌리를 토양에 내리고 잎을 수면에 띄우는 수생식물	수련, 어리연꽃, 노랑어리연꽃, 마름, 자라풀, 가래 등
침수식물	45~200cm	뿌리를 토양에 내리고 물 속에서 생육하는 수생식물	말즘, 검정말, 물수세미 등
부수식물 (부유식물)	수면	물 위에 자유롭게 떠서 사는 수생식물	개구리밥, 생이가래 부레옥잠 등

⑤ 생태연못의 호안 유형 및 조성기법

유형(기법)	기능	모식도
야생 초화류로 조성된 호안	다양한 곤충의 서식처	
다양한 수초로 조성된 호안	어류의 은신처와 곤충의 서식처	
관목류로 조성된 호안	관목을 이용하는 조류의 서식처	
교목류로 조성된 호안	몇몇 종에게는 양호한 서식환경이지만, 습지 내 그늘이 많이 들게 되면 수생식물의 성장에 좋지 않음	
모래로 조성된 호안	모래를 선호하는 조류의 서식처	

자갈로 조성된 호안	자갈을 선호하는 조류의 서식처	
나뭇가지를 이용한 호안	약간의 그늘을 조성하여 수온상승을 억제하고, 물고기의 서식처 제공	
견고한 재료를 이용한 호안	경사가 급한 호안을 견고하게 안정시킴	

(3) 산림지구

① 조성개념

　　㉠ 인공식재에 의한 인위적 삼림지역 내에서의 자연삼림으로의 천이과정에 있는 기존 삼림 내 생물서식 환경의 전시, 관찰과 식생훼손지의 인위적인 복원

　　㉡ 기존의 식생환경과 외래종을 제거하고, 자연식생만을 유지하는 지역

② 공간구성요소

　　㉠ 기존 식생지역, 자연상태에서의 천이과정 도입

　　㉡ 인위적 관리지역, 외래수종을 제거하여 인위적 천이 유도

　　㉢ 교목층 존재지역 : 음지성 초본류 조성

　　㉣ 교목층 훼손지역 : 양지성 야생초화권류

　　㉤ 버섯 및 삼림 곤충원

③ 필요시설물 : 자연관찰로, 버섯재배대, 새집, 조류먹이 공급대, 인공수맥공급대 수목표찰

④ 식재 : 우리나라의 일반 산림수종과 비슷한 수목

(4) 하천 호안

① 조성개념 : 인공적 하천변을 자연형 재료와 자연형태의 하천으로 만드는 것임.

② 자연형 하천공법에 적합한 재료

　　㉠ 야자섬유두루마리(C.R : Coir Roll)

　　㉡ 야자섬유망(C.N : Coir Net)

　　㉢ 황마망(J.N : Jute Net)

ㄹ 돌망태, 사각돌바구니(Gabion)

ㅁ 통나무, 자연석, 나뭇가지 등

③ 자연형 하천공법의 사례(하도, 저수호안, 고수호안, 천변습지 등)

구분		호안특성	사면경사	공법내용		
				비탈멈춤(Toe)	비탈덮기(SlopePreparation)	식생재 피복공(Vegetation Cover)
하도내공법		V자형 여울	1:3~4	거석놓기	사석쌓기	
		자연낙차보		잡석깔기	거석놓기	
		나무말뚝+버드나무가지엮기 수제	1:1	버드나무류 가지 엮기	나무말뚝 연이어 박기	버드나무류 가지 꺾꽂이
저수호안공법	사주부	윗가지 덮기 호안	1:3~4	나무말뚝박기 버드나무 가지엮기	윗가지 덮기	물억새, 갈대 뗏장, 갈대 망태
		섶단누이기 호안	1:2~3	섶단2단 누이기	녹색마대 쌓기	갈대 뗏장, 갈대근경부
		나무말뚝+녹색마대 호안	1:2~3	나무말뚝 연이어 박기	녹색마대+J.N	갯버들 꺾꽂이, 갈대 뗏장
		사석+C.R 호안	1:2~3	C.R+잡석채우기	J.N+사석쌓기	키버들, 갯버들 꺾꽂이
	사충부	돌바구니 호안	1:1	사각돌바구니	사각돌바구니	갯버들 꺾꽂이
		사석 나무말뚝호안	1:2	사석깔기	사석쌓기	키버들, 갯버들 꺾꽂이
		녹색마대+돌망태	1:3	사석깔기+돌망태평행나무말뚝박기	녹색마대+C.N 달뿌리풀 포기심기	달뿌리풀 포기심기
		돌망태+거석놓기	1:2	거석놓기+사석깔기 나무말뚝	C.N+사석쌓기 갯버들 꺾꽂이	갯버들 꺾꽂이
고수호안공법		고수호안(환경블록)		기초 콘크리트	부직포+환경블록+흙	평떼, 야생초화류
		고수 및 저수호안 (어스박스)		기초 콘크리트	부직포+환경블록+흙	평떼, 야생초화류
천변습지 조성		유입·유출부	1:2	타원형 돌망태(40×80)	C.N+달뿌리풀	달뿌리풀 갯버들그루터기
		만곡부	1:4~8	C.R+나무말뚝	볏짚거적+갈대 근경부	부들, 갈대근경부 갈대 뗏장
		돌출부	1:2.5~4	C.R+나무말뚝	윗가지 덮기	물억새 포기심기

문제 1

다음에 제시된 현황 [현황도Ⅰ]은 중부지방에 위치한 생태공원 부지의 일부이다.

A, B, C 각 지역의 현황조건과 아래에 주어진 설계조건을 참고하여 축척 1/200로 기본설계도를 작성하시오.

- A지역은 물이 고여 있거나 때때로 물에 잠기는 지역이다.
- B지역은 매우 습한 과습지역이다.
- C지역은 척박하고 건조한 지역이다.
- A, B, C지역의 진입은 C지역 남쪽에서만 가능하다.

가. C지역에 진입광장과 휴게공간을 조성하고 적당한 시설을 설치한다.

나. A, B, C지역을 관찰할 수 있는 관찰동선을 설치한다.

다. A, B지역에 관찰동선과 연결된 관찰장소를 각각 2개소씩 설치한다.

   (단, 진입광장, 휴게공간, 관찰동선, 관찰장소 등의 설치에 필요한 재료의 선정과 시공은 자연친화적인 방법으로 한다.)

라. A, B, C지역의 환경조건에 맞는 식물들을 아래의 〈보기〉에서 선택하여 각 지역마다 5종씩 식재설계를 하시오.(단, 이미 한 지역에 식재된 수종은 다른 지역에는 중복되게 식재할 수 없다.)

마. 식재수량표를 도면 우측에 작성하시오.

〈보기〉 소나무, 물푸레나무, 가시나무, 메타세쿼이아, 낙우송, 담팔수, 부들, 여뀌, 붉나무, 갯버들, 갈대, 물억새, 굴참나무, 물봉선, 오리나무, 찔레, 자귀나무, 함박꽃나무, 말발도리, 다정큼나무, 화살나무, 감탕나무, 돈나무, 붉은병꽃나무, 매자기, 골풀

●● A지역 식재수종 ●●
낙우송, 오리나무, 부들, 여뀌, 물봉선, 갯버들, 갈대, 물억새, 골풀, 매자기
●● B지역 식재수종 ●●
낙우송, 메타세쿼이아, 오리나무, 물푸레나무, 부들, 여뀌, 갯버들, 갈대, 물억새
●● C지역 식재수종 ●●
소나무, 오리나무, 붉나무, 굴참나무, 찔레, 자귀나무, 함박꽃나무, 말발도리, 화살나무, 붉은병꽃나무

문제 2

다음에 제시된 [현황도Ⅱ]는 중부지방의 도시 내 주택가에 위치한 어린이공원의 부지 현황도이다.

축척 1/200로 확대하여 주어진 설계조건을 반영시켜 계획개념도를 작성하시오.

가. 어린이공원 내의 진입은 반드시 현황도에 지정된 곳에 한정된다.

나. 적당한 곳에 각종 행사 등을 수용할 수 있는 집합공간(광장)을 1개소 조성한다.

다. 적당한 곳에 놀이공간 2개소를 조성한다.

라. 적당한 곳에 운동공간 1개소를 조성한다.

마. 적당한 곳에 휴게공간 1개소를 조성한다.

바. 운동공간과 휴게공간의 외곽 주변은 1m 이하의 적당한 높이로 마운딩을 조성한다.

　　(마운딩의 표현은 등고선으로 나타내며, 등고선의 간격은 40㎝로 한다.)

사. 적당한 곳에 차폐녹지, 녹음 겸 완충녹지, 수경녹지공간 등을 조성한다.

아. 주동선과 부동선, 진입관계, 공간배치, 식재개념 배치 등을 나타낸다.

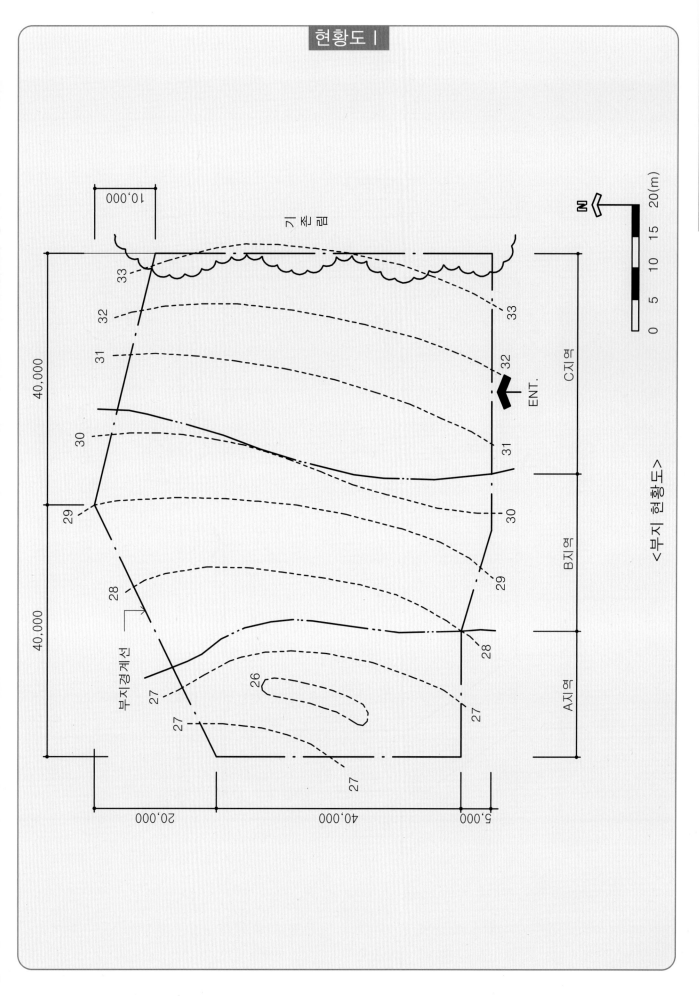

현황도 I

〈부지 현황도〉

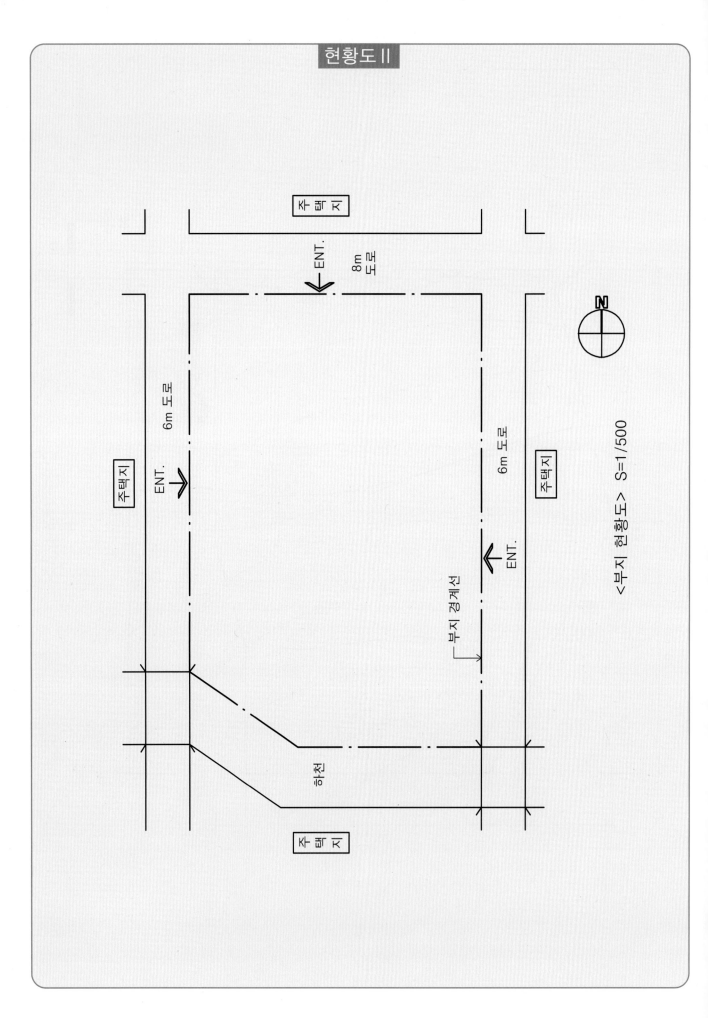

주택지

8m 도로

ENT.

6m 도로

주택지

ENT.

N

주택지

6m 도로

ENT.

부지 경계선

하천

주택지

<부지 현황도> S=1/500

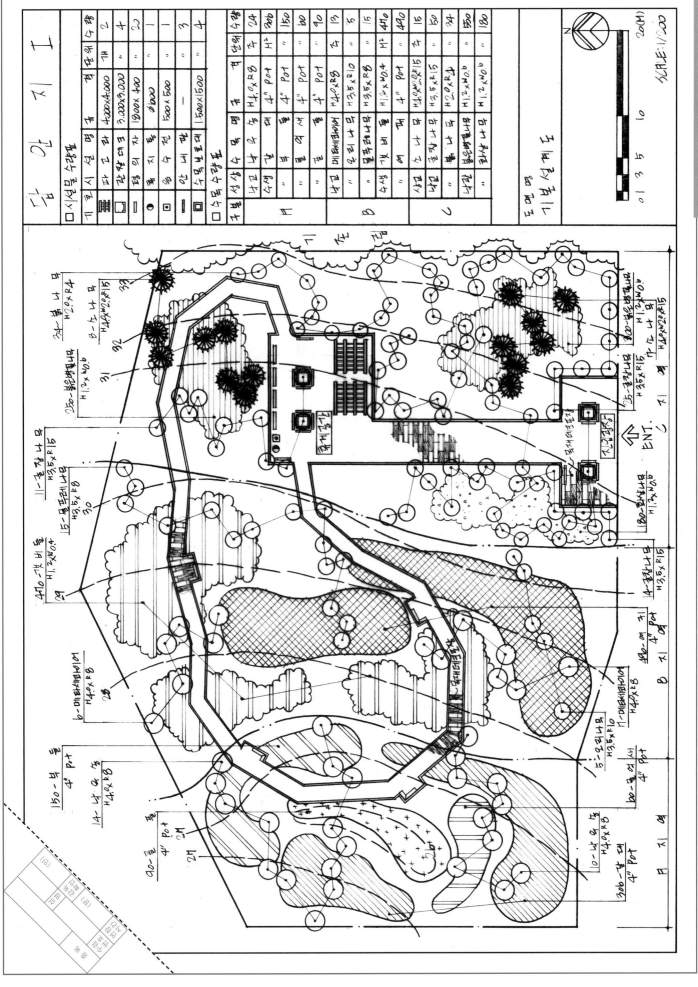

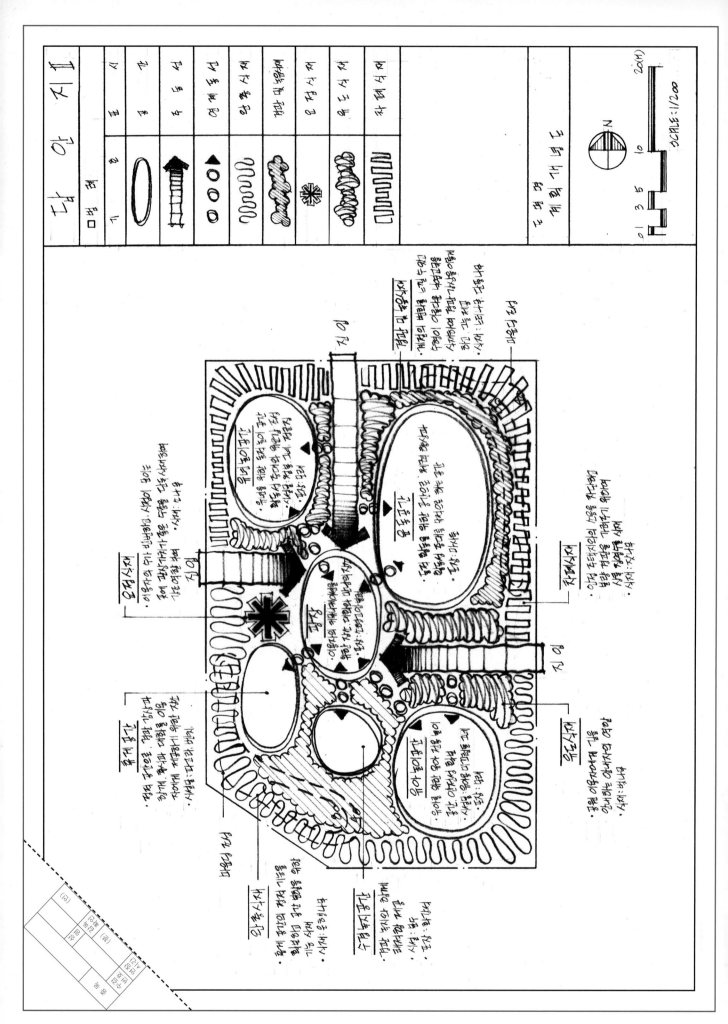

건축물조경설계

❶ 건축법에 따른 식재 설계 기준

① 식재면적은 당해 지방자치단체의 조례에서 정하는 조경면적의 100분의 50 이상이어야 한다.

② 하나의 식재면적은 한 변의 길이가 1m 이상으로서 1㎡ 이상이어야 한다.

③ 하나의 조경시설공간의 면적은 10㎡ 이상이어야 한다.

④ 상록수 식재비율은 교목 및 관목 중 규정 수량의 20% 이상

⑤ 지역에 따른 특성수종 식재비율은 규정 식재수량 중 교목의 10% 이상

⑥ 식재수종은 지역의 자연조건에 적합한 것을 선택하여야 하며 특히 대기오염물질이 발생되는 지역에서는 대기오염에 강한 수종을 식재하여야 한다.

❷ 건물과 관련된 식재설계의 유형

(1) 기초식재

① 건축물의 기초부분 가까운 지면에 식물을 식재

② 건축물의 인공적인 건축선 완화

③ 개방적인 잔디공간 확보

(2) 초점식재

① 관찰자의 시선을 현관쪽으로 집중시키기 위한 것.

② 수관선, 수목의 질감, 색채, 형태 등이 일정하고, 크기가 같은 수종을 선택하여 시각적 접점을 이루도록 식재

(3) 모서리 식재

① 건축물의 뾰족한 모서리나, 꺾이는 구석진 부분에 식재

② 건물의 날카로운 수직선이나 각이 진 곳을 완화

(4) 배경식재

① 자연경관이 우세한 지역에서 건물과 주변경관을 조화시키기 위한 식재

② 건축물보다 높게 자라는 대교목을 주로 이용

③ 경관조성 및 방풍림 역할, 차폐기능, 녹음과 습도조절 작용
(5) 가리기 식재(차폐식재)
　　① 경관이 불량한 곳, 주변환경과 조화되지 않는 곳 등에 식재
　　② 식물의 형태, 질감, 색채 등의 다양성이 있어 자연친화적인 이점

| 시행년도 | 1992년 | 자격종목 | 조경산업기사 | 작품명 | 오피스빌딩주변 조경설계 |

요구사항

우리나라 중부지방에 있는 도시 상업지역 내의 12층 오피스빌딩 주변 조경계획을 수립하고자 한다. 주어진 현황도 및 각각의 설계조건을 참고하여 문제의 순서대로 도면을 작성하시오.

문제 1

대지면적 3,030㎡ 건축연면적 13,224㎡일 때 건축법 시행령 제15조(대지안의 조경)에 의한 법상의 최소면적을 산정하여 [답안지 I] 우측 상단의 답란에 써 넣으시오.(단, 옥상 조경은 없는 것으로 한다. 연면적 2,000㎡ 이상일 땐 대지면적의 15%를 조경면적으로 정함)

문제 2

주어진 설계조건과 대지현황에 따라 설계구상도(계획개념도)를 축척 1/300로 작성하시오.[답안지 I]
　　가. 동선의 흐름을 굵은선(3mm 내외)으로 표시하고 각 공간의 계획 개념을 구분하여 나타낼 것.
　　나. 공간구성, 동선, 배식개념 등은 인출선을 사용하여 도면 내외의 여백에 표시할 것.
　　다. 조경면적은 문제 1에서 산정된 건축법상의 최소 조경면적 이상 되도록 한다.(단, 계산치는 소수점 이하 2자리까지로 한다.)
　　라. A부분에는 승용차 10대분 이상의 옥외주차장을 확보하고 출구와 입구를 분리 계획한다.
　　마. B부분에는 보도와 인접된 150㎡ 이상의 시민 휴식공간을 조성한다.
　　바. 오피스빌딩의 후면에는 완충식재를 한다.

문제 3

주어진 설계조건과 대지현황을 참고하여 시설물 배치와 배식 설계가 포함된 조경설계도를 축척 1/300로 작성하시오.[답안지 II]
　　가. 시설물은 벽천, 연못, 분수, 벤치, 퍼걸러, 플랜터, 환경조각, 볼라드, 수목보호대, 조명등 등에서 5가지 선택하여 배치하고 수량표를 작성할 것.
　　나. 시민휴식공간 주변에는 환경조형물을 설치한다.
　　다. 포장부분은 그 재료를 명시할 것.
　　라. 식재수종 및 수량표시는 인출선을 이용하여 표시하고 단위, 규격, 수량이 표시된 수량표를 작

성할 것.

마. 수종은 아래 수종 중에서 10종 이상을 선택하여 사용한다.

〈보기〉 은행나무, 소나무, 왕벚나무, 느티나무, 목련, 독일가문비나무, 히말라야시다, 플라타너스, 측백나무, 광나무, 동백나무, 아왜나무, 꽃사과, 철쭉, 수수꽃다리, 향나무, 홍단풍, 섬잣나무, 자산홍, 회양목, 영산홍, 눈주목, 피라칸사스, 꽝꽝나무

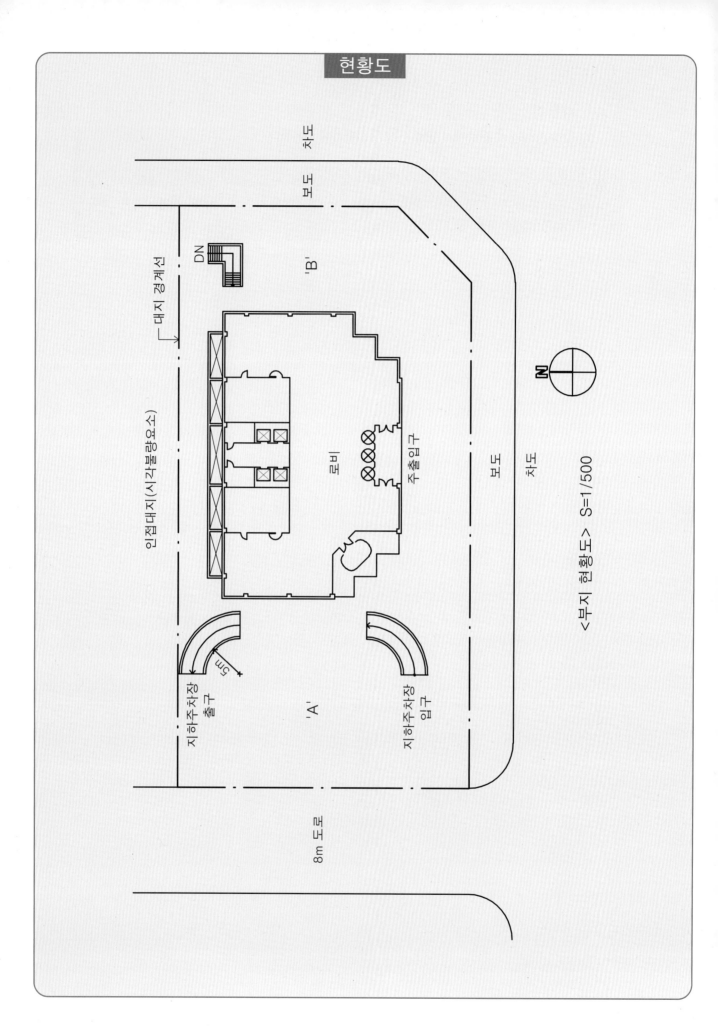

인접대지(시각불량요소)

대지 경계선

DN

'B'

로비

주출입구

지하주차장 출구

'A'

5m

지하주차장 입구

8m 도로

차도

보도

차도

보도

N

<부지 현황도> S=1/500

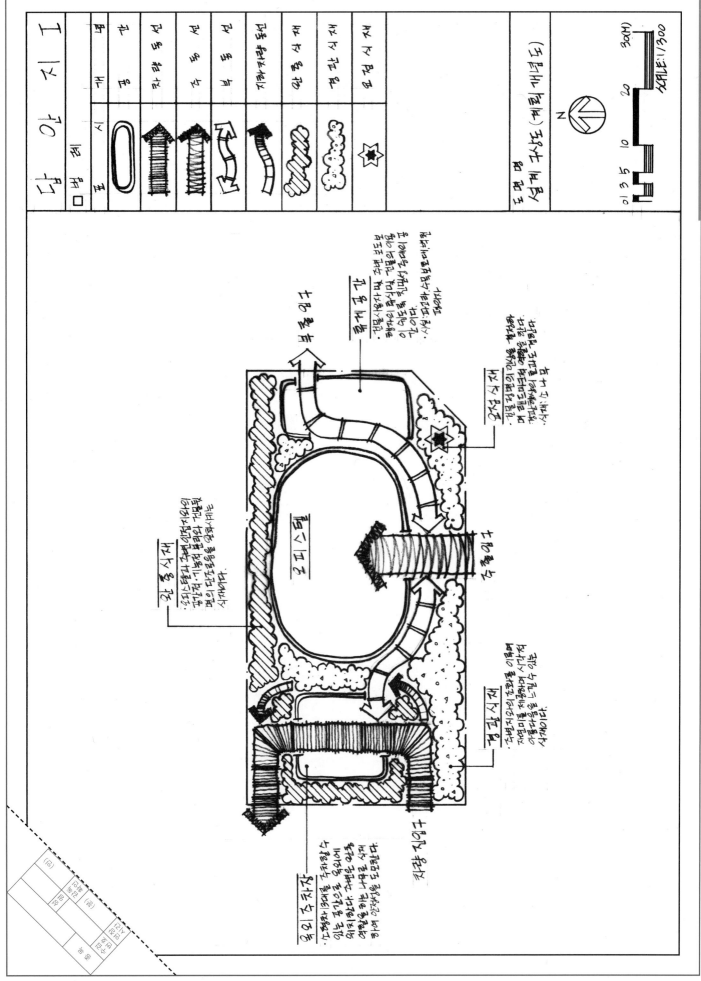

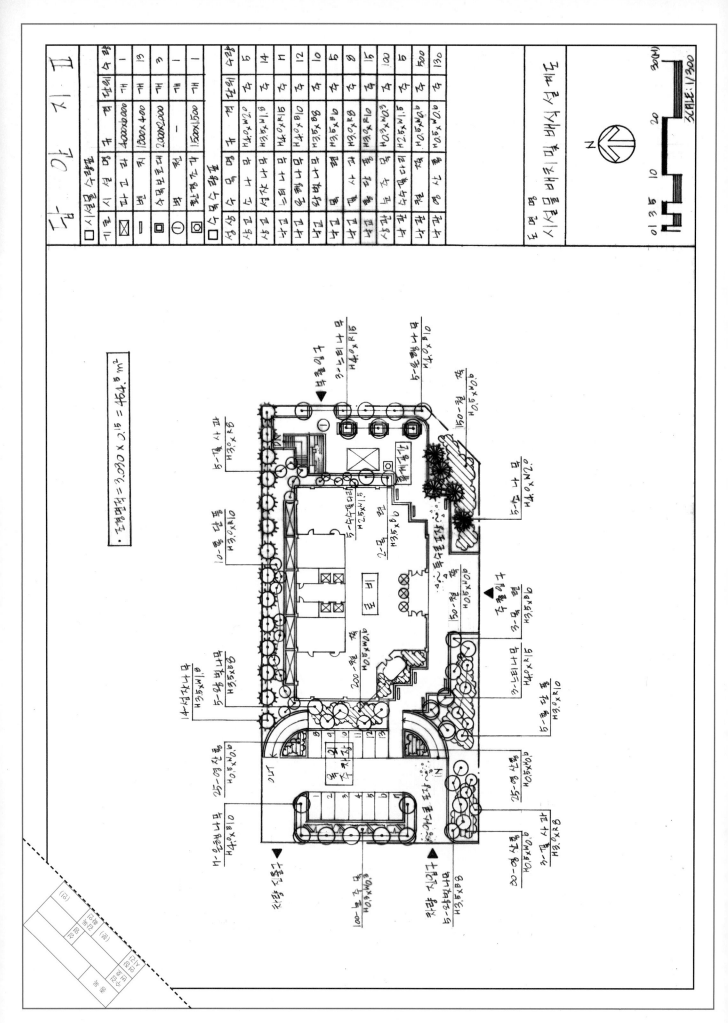

시행년도	1993년, 1997년, 2000년, 2002년		
자격종목	조경산업기사	작품명	유치원설계

요구사항

중부지방에 위치하고 있는 면적 규모가 35m×30m인 유치원을 설계하고자 한다. 주어진 현황도면을 고려하여 문제 1, 2에서 요구한 계산문제를 계산식과 답으로 구분하여 산출하고, 다음의 설계조건을 고려하여 기본구상개념도와 설계도를 작성하시오.

문제 1

건폐율을 산정하여 [답안지Ⅰ]의 하단에 기입하시오.(단, 소수 둘째자리까지만 취하고 소수 셋째자리 이하는 버릴 것.)

문제 2

부지의 좌측도로에 인접한 두 등고선 간격인 A, B 두 점 사이의 지형경사도를 산정하여 [답안지Ⅰ]의 하단에 기입하시오.(소수 둘째자리까지만 취하고 소수 셋째자리 이하는 버릴 것.)

문제 3

축척 1/200로 Base map을 그리고, 기본구상개념도를 작성하시오.[답안지Ⅰ]

    가. 공간의 구성은 휴식공간, 놀이공간, 주차공간, 전정, 후정 등으로 기능을 분할하고, 동선계획은 어린이들의 안전을 고려하여 보행동선, 차량동선을 분리시켜 구상할 것.

    나. 보행동선은 대문의 위치를 선정하고 대문으로부터 건물의 현관 진입구까지 2m 폭원으로 하고 차량동선은 대문으로부터 주차공간까지는 4m 폭원으로 구상하시오.

    다. 다이어그램 표현기법을 사용하여 설계개념도를 작성하고 각 공간의 기능, 성격, 시설 등을 약술하시오.

문제 4

축척 1/100로 확대(등고선 생략)하여 Base map을 그리고, 기본구상개념도와 아래의 설계조건을 참조하여 기본설계도 및 배식설계도를 작성하시오.[답안지Ⅱ]

    가. 시설물은 벤치(W0.4m×L1.2m) 5개, 모래밭(5m×5m)은 반드시 설치할 것.

    나. 소형주차장(2.3m×5.0m) 2대 확보.

    다. 보행동선의 폭원은 2m, 차량동선의 폭원은 4m로 설계할 것.

    라. 포장재료는 2가지 이상 선정하여 명기할 것.

    마. 놀이공간에 3종 이상의 놀이시설을 설치할 것.

    바. 수종은 10가지 이상 식재하고, 수목수량표를 작성할 것.

사. 인출선을 사용하여 수종, 수량, 규격을 표기하고 수목 수량표를 우측 여백에 표시하시오.

〈보기〉 측백, 배롱나무, 후박나무, 잣나무, 향나무, 백목련, 벽오동, 자귀나무, 느티나무, 자작나무, 녹나무, 수수꽃다리, 꽝꽝나무, 홍단풍, 개나리, 회양목, 쥐똥나무, 잔디, 철쭉, 눈향, 주목, 동백나무

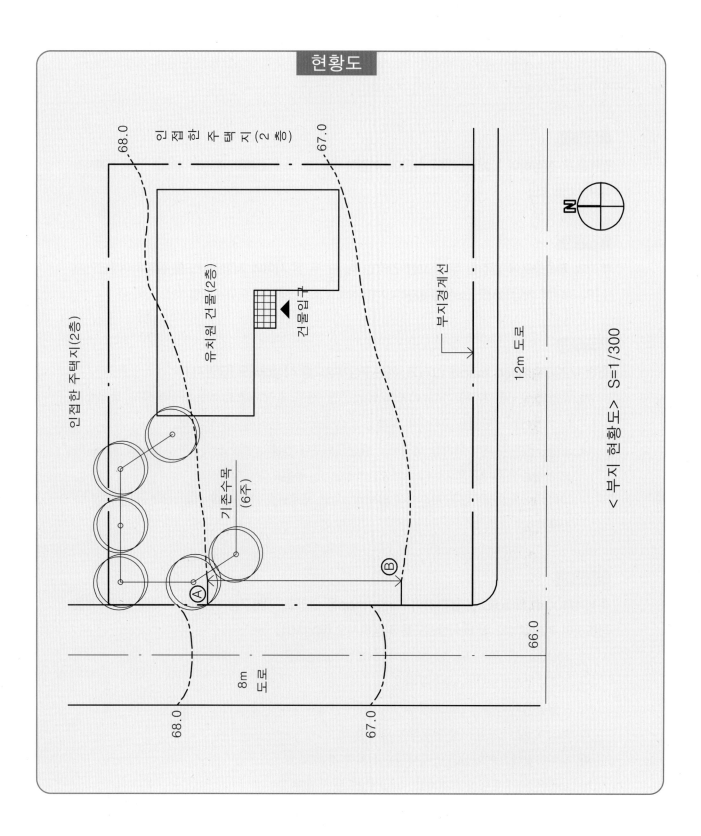

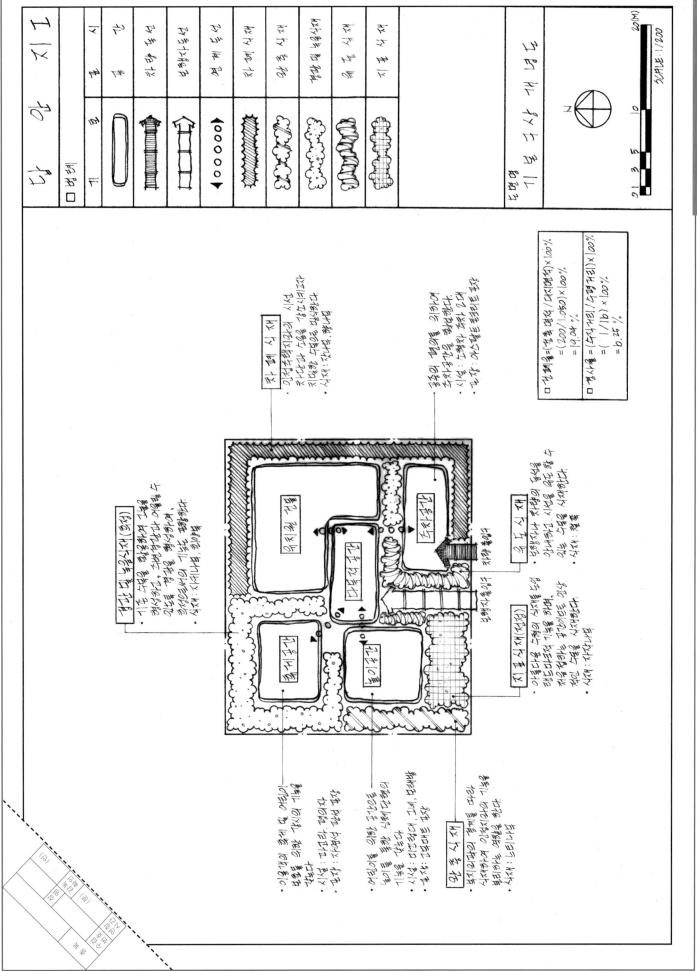

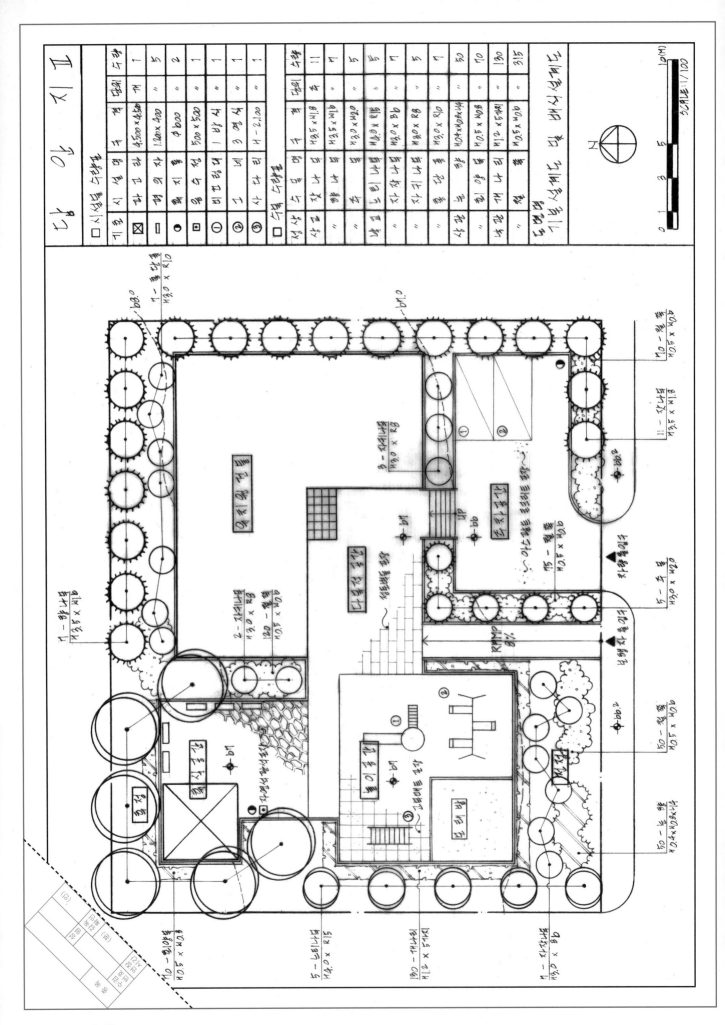

요구사항

중부지역의 어느 도시에 있는 사무용 건축물에 조경설계를 하고자 한다. 주어진 도면과 요구조건에 따라 작성하시오.

문제 1

주어진 건축법 관계조항에 맞는 최소한의 법정조경면적과 주어진 조례상의 수목수량 산출내용을 도면의 우측상단에 작성하시오.[답안지 I]

가. 건축법 시행령 제 27조

대지 면적 200㎡ 이상인 대지에 건축물의 건축 등을 할 때에 건축주는 용도지역 및 건축물의 규모에 따라 건축조례가 정하는 기준에 의하여 조경에 필요한 조치를 하여야 한다.

나. 해당 도시의 건축조례 제32조

- 조경대상의 건축물 규모

• 연면적 2,000㎡ 이상인 건축물 : 대지면적의 15% 이상

• 연면적 1,000㎡ 이상 2,000㎡ 미만인 건축물 : 대지면적의 10% 이상

• 연면적 1,000㎡ 미만인 건축물 : 대지면적의 5% 이상

- 대지 안의 식수 등 조경은 다음 표에 정하는 기준에 적합하여야 한다.

구분	식재밀도	상록비율	비고
교목	0.2본 이상/㎡	상록 50% : 낙엽50%	교목 중 수고 2m 이상의 교목 60% 이상 식재
관목	0.4본 이상/㎡		

문제 2

다음의 조건을 참고하여 주어진 시설물과 건물 내의 공간기능과 진출입문의 위치를 고려하여 건물 주변의 순환동선을 배치한 포장 및 시설물 배치도를 축척 1/300로 작성하시오.[답안지 I]

가. 옥상조경은 설치하지 않는다.

나. 설치하고자 하는 시설물은 건물 남서쪽 공간에 4m×7m의 퍼걸러 2개소, 퍼걸러 하부 및 주변에 휴지통 3개소, 보행 주진입로 주변에 가로 2m×세로 2m×높이 3m의 환경조각물 1개소이다.

다. 동선의 배치는 다음과 같이 한다.

- 보행 주동선의 폭은 6m로 하고 포장 구분할 것.

- 건물 주변 순환 동선의 폭은 2m 이상으로 하여 포장 구분할 것.

- 대지 경계선 주변은 식재대를 두르며, 식재대의 최소폭은 1m로 할 것.

– 퍼걸러, 벤치 주변은 휴게공간을 확보하여 포장 구분할 것.

　　　– 포장은 적벽돌, 소형고압블록, 자연석, 콘크리트, 화강석 포장 등에서 선택하되 반드시 재
　　　　료를 명시할 것.

　라. 설치 시설물에 대한 범례표와 수량표는 도면 우측 여백에 작성할 것.

문제 3

다음의 조건을 참고하여 식재 기본설계도를 축척 1/300로 작성하시오.[답안지 II]

　가. 대지의 서측 경계 및 북측 경계에는 차폐식재, 주차장 주변에는 녹음식재, 플랜트박스에는 상
　　　록성 관목식재를 할 것.(단, 문제 1의 법정조경 수목 수량을 고려하여 식재할 것.)

　나. 다음의 수종 중에서 적합한 상록교목 5종, 낙엽교목 5종, 관목 4종을 선택할 것.

〈보기〉		
섬잣나무(H2.0m×W1.2m)	스트로브잣나무(H2.0m×W1.0m)	향나무(H3.0m×W1.2m)
향나무(H1.2m×W0.3m)	독일가문비(H1.5m×W0.8m)	아왜나무(H2.0m×W1.0m)
동백나무(H1.5m×W0.8m)	주목(H0.5m×W0.4m)	회양목(H0.3m×W0.3m)
광나무(H0.4m×W0.5m)	주목(H1.5m×W1.0m)	느티나무(H3.5m×R10cm)
플라타너스(H3.5m×B10cm)	청단풍(H2.0m×R5cm)	목련(H2.5m×R5cm)
꽃사과(H1.5m×R4cm)	산수유(H1.5m×R5cm)	자산홍(H0.4m×W0.5m)
쥐똥나무(H1.0m×W0.3m)	수수꽃다리(H1.5m×W0.8m)	영산홍(H0.4m×W0.5m)

　다. 수목의 명칭, 규격, 수량은 인출선을 사용하여 표기할 것.

　라. 수종의 선택은 지역적인 조건을 최대한 고려하여 선택할 것.

　마. 식재수종의 수량표를 도면 여백(도면 우측)에 작성할 것.

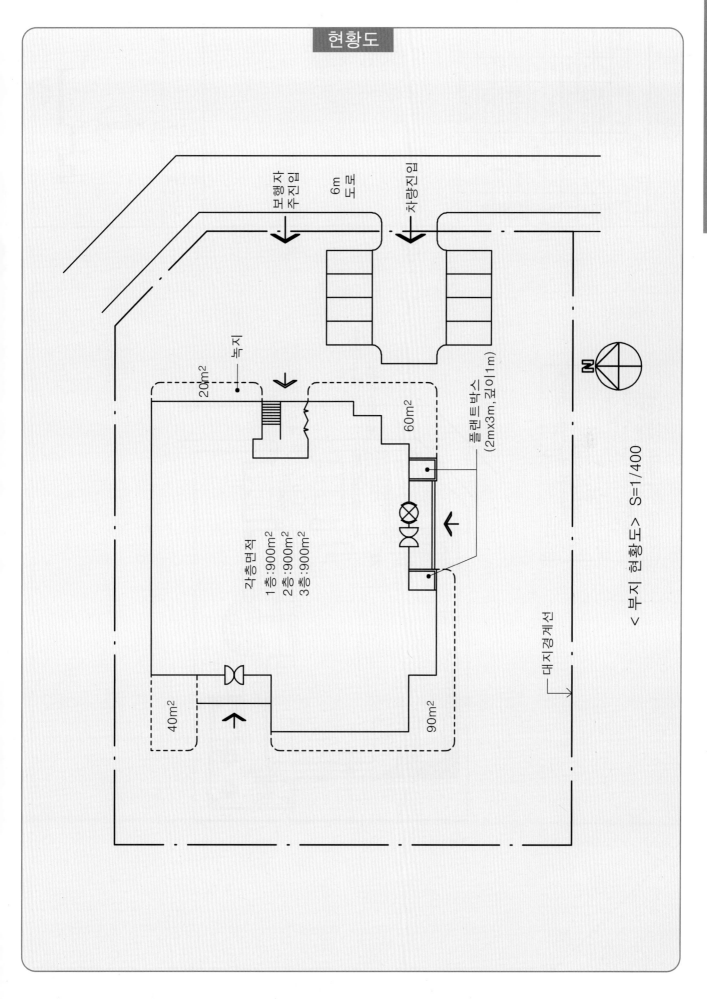

< 부지 현황도 > S=1/400

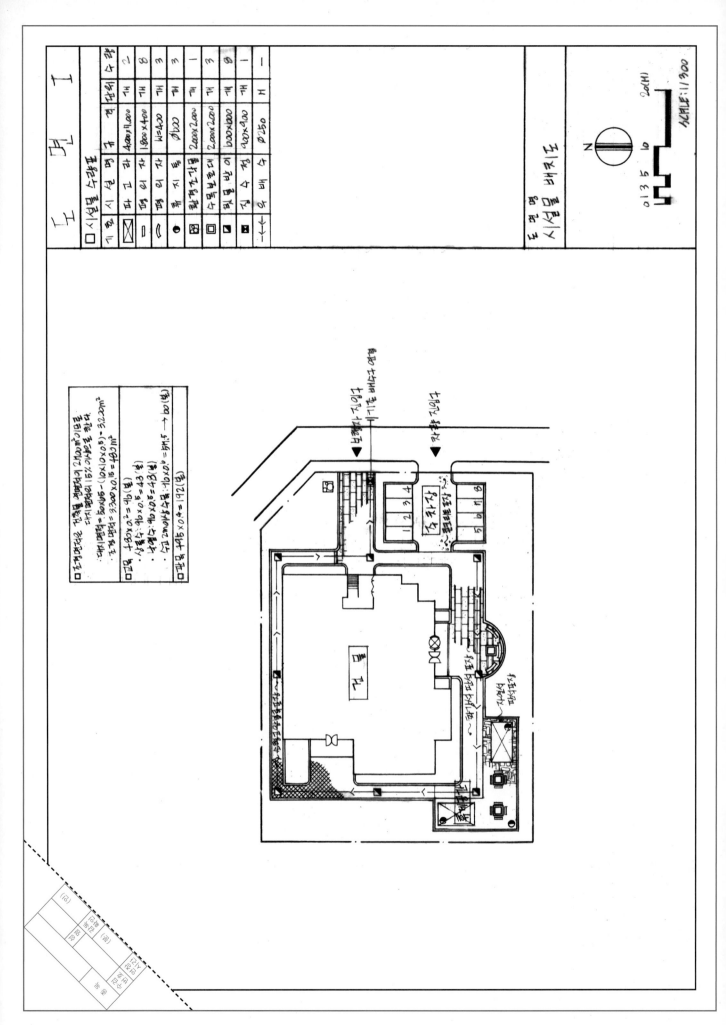

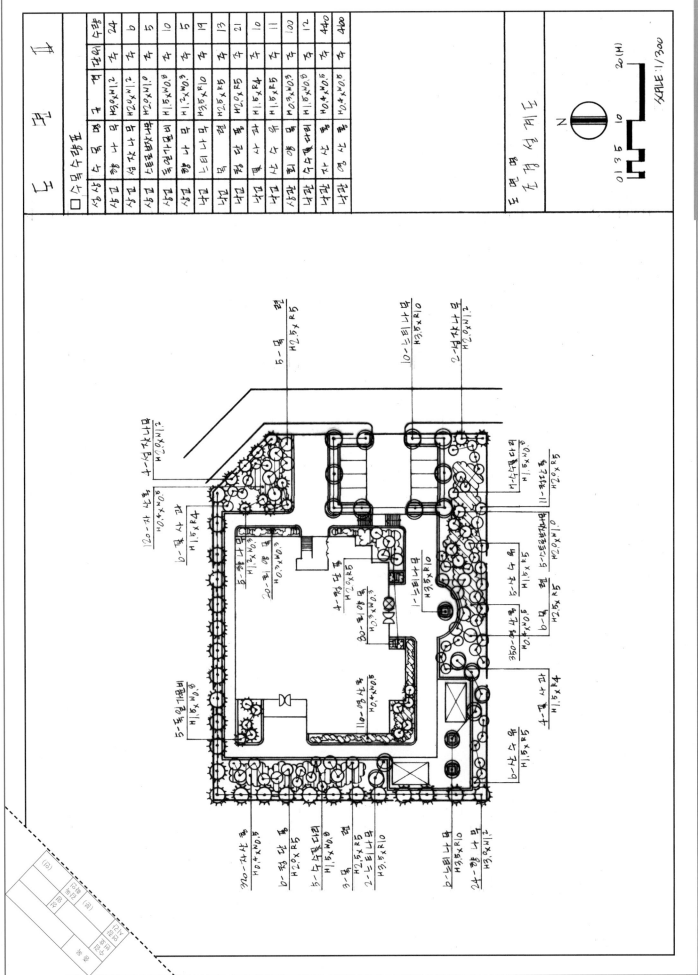

요구사항

주어진 도면은 우리나라 중부지방에 위치한 연구소의 배치이다. 이 연구소 건물들의 외부공간에 중앙광장을 설치하고 건물 주변에 조경을 하고자 한다. 주어진 환경조건과 요구조건에 따라 조경계획개념도와 식재설계도, 시설물설계도를 각각 축척 1:300으로 지급된 트레이싱지에 각각 작성하시오.

문제 1 계획개념도

가. 공간구성은 모임광장 1개소, 휴게공간 1개소, 진입공간 2개소, 녹지공간으로 구분하는데 각 공간의 범위를 적절한 표현기법을 사용하여 나타내고 공간의 명칭과 특성, 식재 및 시설 배치 개념을 설명하시오.

나. 모임광장은 중심이 되는 곳에 설치하고, 휴게공간은 기존 녹지와 인접하여 배치하며, 부지 현황을 참조하여 진입공간을 조성한다.

다. 진입로에서 모임광장까지 주동선을 설치(1개는 차량 접근 가능)하고 다시 각 건물로 접근이 가능한 보행 동선을 설치한다.

문제 2 시설물설계도

가. 주어진 지형과 F.L을 보고 성격이 다른 공간은 계단을 설치하여 분리시킨다.

나. 모임광장 내의 중심이 되는 곳에 단순한 기하학적 형태의 연못을 조성하고 그 중앙에 조형물을 배치한다. 단, 모임광장의 크기는 30m×30m로 하고 연못은 광장의 1/30~1/20 범위의 크기로 설치한다.

다. 휴게공간 및 모임광장에는 다른 포장재료를 사용하도록 하는데 시각적 효과를 고려하여 정형적 패턴을 연출하도록 한다.

라. 연못 주변에는 대형 조명등 4개를 설치하고 모임광장 및 휴게공간의 적절한 곳에 정원등을 16개 설치한다.

마. 비차량 진입로에는 볼라드를 5개 설치하여 차량의 접근을 제한하도록 한다.

바. 휴게공간에는 퍼걸러(3m×6m)를 2개소 설치하고, 평의자(3인용)를 적정하게 설치한다.

사. 도면의 우측에 시설물수량표를 작성한다.

아. 스케치

　- 연못과 연못 내 조형물에 대한 형상을 스케치하되 시설물설계도 하단의 여백에 나타내시오.(단, 축척은 임의이지만 이해를 돕기 위해 휴먼스케일이 나타나도록 하시오.)

문제 3 식재설계도

가. 각 공간의 성격과 기능에 맞는 식재 패턴과 식물을 15종 이상 선정하여 배식한다.

나. 모임광장은 기하학적 패턴으로 조형성이 있는 수목을 식재한다.

다. 휴게공간에는 녹음수를 식재하고 충분한 녹음이 제공되도록 한다.

라. 진입 및 모임광장은 정형적인 배식을 하되 건물과 접하고 있는 녹지는 자연형의 배식을 하도록 한다.

마. 식재된 식물의 명칭, 규격, 수량은 인출선을 사용하여 표기하고 도면의 우측에 식물수량표를 작성한다.

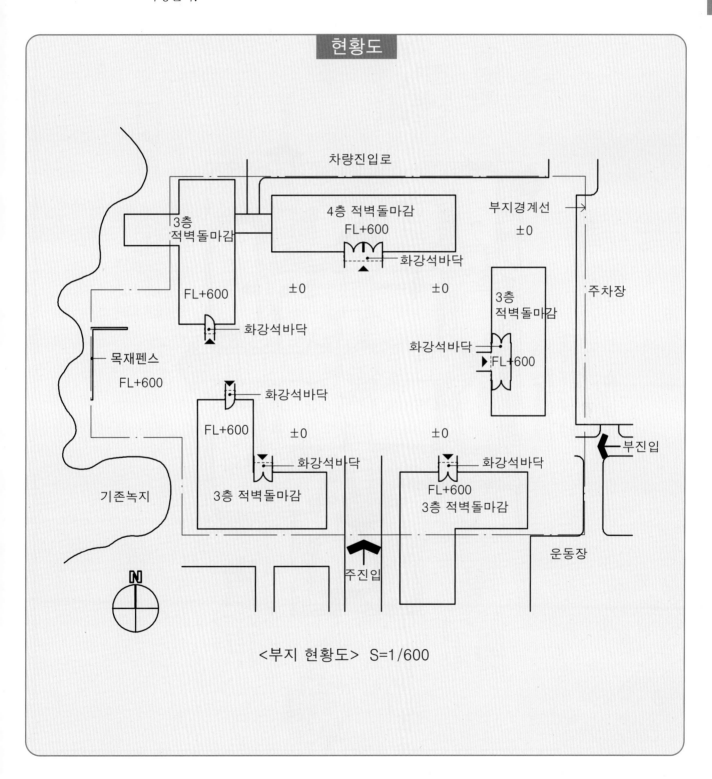

<부지 현황도> S=1/600

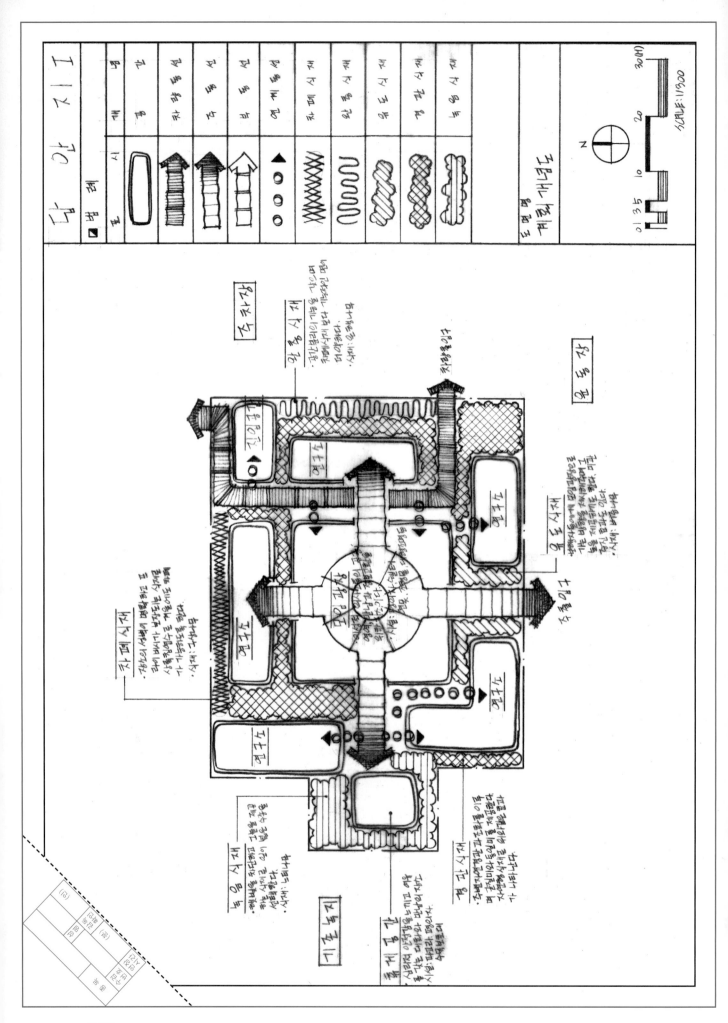

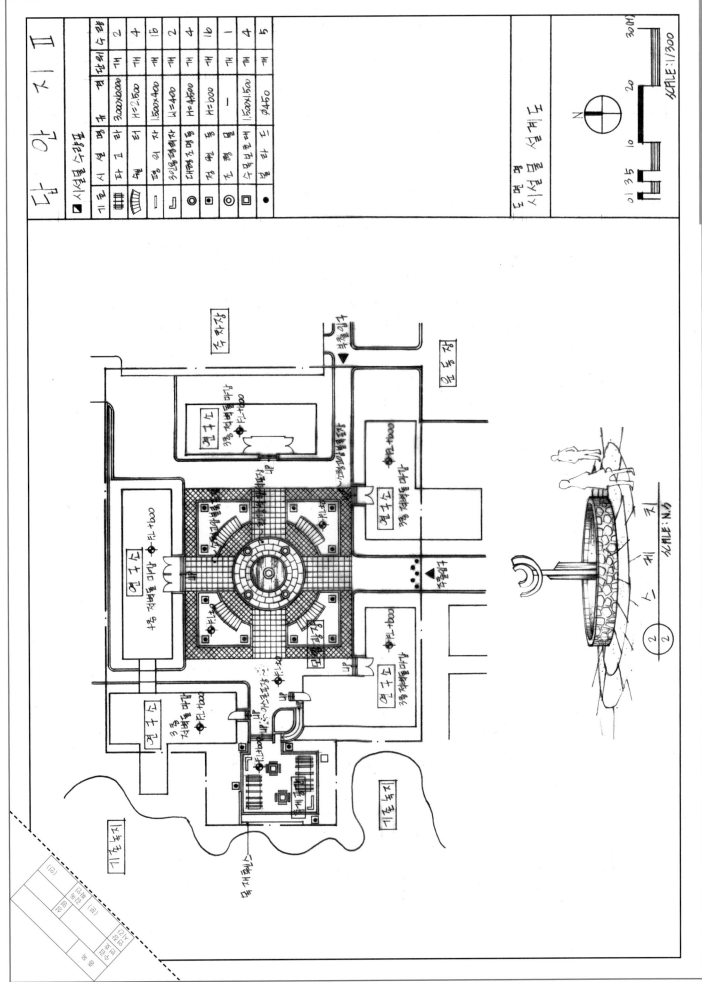

범 례 표 Ⅱ

기 호	시 설 물 명	규 격	단 위	수 량
▦ 시설물 수량표				
⊞	파 고 라	3,000×2,000	개	2
△	퍼 걸 러	H=2,500	개	4
—	평 의 자	1,500×400	개	15
⌐	등의자 명의자	W=400	개	2
◉	대형조형물	H=4,500	개	4
▣	조 명 등	H=600	개	16
◎	집 수 정	—	개	1
▢	조 립 정 원수	1,500×1,500	개	4
●	휴 지 통	Ø450	개	5

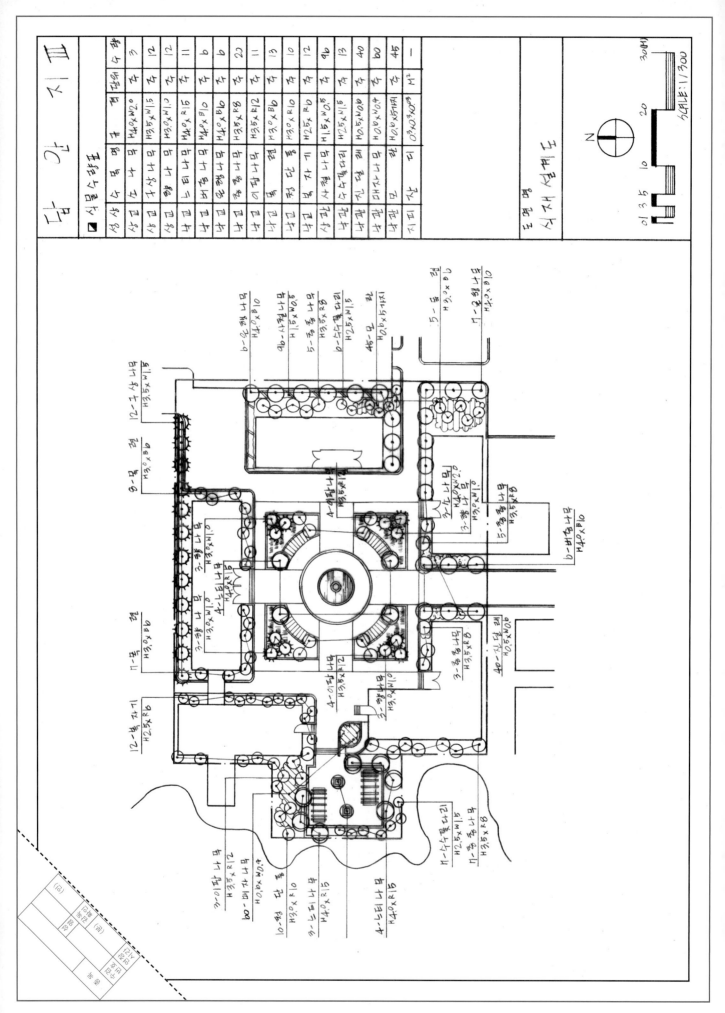

옥상정원설계

① 옥상정원의 개념

① 옥상, 지붕은 물론 지하주차장 상부와 같은 인공지반을 인위적으로 녹화하는 기술
② 도시 속의 오픈 스페이스의 확보문제와 관련해서 도시환경의 개선을 위한 새로운 유형의 도시녹지

② 옥상정원의 필요성

① 공간의 효과적 이용
② 도시녹지공간의 증대
③ 도시미관의 개선
④ 휴식공간의 제공

③ 옥상 정원의 효과

효과	내용
경제적 효과	건축물의 내구성향상 : 산성비, 자외선 차단으로 방수층보호 및 노화방지 에너지 자원절약 : 건축물 단열효과, 냉난방비 절감 조경면적의 대체 : 공간부족에 의한 녹화 감소율 저하 건물가치상승 : 홍보적 기능수행
사회적 효과	도시경관향상 : 외관의 미적 경관 향상 생리적·심리적 효과 : 스트레스 해소, 피로감 회복, 심리적 안정감 공간 창출 : 레크레이션, 휴식, 문화공간으로 활용, 주거환경 쾌적성 증대
환경적 효과	소음경감 : 소음저감, 차음효과 수질오염저감 : 오염물질 포함, 우수의 정화 도시생태계보호 : 새나 곤충의 서식지, 먹이제공, 토양생태계보전 대기정화 : 대기오염물질 흡수 우수유출완화 : 우수저장, 도시홍수 예방

❹ 수목 선정 시 고려사항

① 옥상의 특수한 기후조건 고려할 것.

② 바람, 토양의 동결심도 공기의 오염도 등을 고려할 것.

③ 적합한 수종 : 단풍나무, 향나무, 섬잣나무, 비자나무, 철쭉류, 회양목, 사철나무, 무궁화, 정향나무, 조팝나무, 눈향 등

④ 적합한 초본류 : 섬기린초, 바위채송화, 원추리, 비비추 한라구절초, 두메부추, 벌개미취, 제주양지꽃, 붓꽃, 지리대사초, 땅채송화 등

시행년도	1998년, 2000년	자격종목	조경산업기사	작품명	옥상정원설계

요구사항

서울 도심의 상업지역에 위치한 18층 오피스 건물의 저층부(5층 floor)에 옥상 정원을 조성하려고 한다. 주어진 현황도면 4, 5층 평면도와 다음에 제시하는 조건들을 고려하여 옥상정원의 배식 설계도, 단면도, 단면상세도를 작성하시오.

설계조건

가. 서측편에 폭원 50m의 광로가 있으며, 남쪽과 북쪽에는 본 건물과 유사한 규모의 건물이 있음.

나. 건물의 주용도는 업무시설(사무실)임.

다. 5층 옥상정원의 기본 바닥면은 설계시 전체 바닥면이 ±0.00인 것으로 간주하여 모든 요구사항을 해결하도록 함.

문제 1

5층 옥상정원 계획부지의 현황도를 1/100로 확대하고, 확대된 도면에 4층 평면도를 참조하여 기둥의 위치를 도면 표기법에 맞게 그려 넣고, 식재할 식재대(planter box)및 시설물, 포장 등을 요구조건에 맞게 배치하여 옥상정원의 기본설계 및 배식설계도를 작성하시오.[답안지 I]

가. 식재대를 높이가 다른 3개의 단으로 구성하되, 전체적으로 대칭형의 배치가 되도록 하며, 옥상정원 출입구의 정면에서 바라볼 때 변화감 있는 입면이 만들어질 수 있도록 구상할 것.

나. 옥상 경계의 파라펫의 높이는 1.8m임. 하중을 고려하여 제일 높은 식재대의 높이가 1.2m 이상이 되지 않도록 하고, 가급적 마운딩도 고려하지 않는다.

다. 각 식재대의 높이는 점표고를 이용하여 표기하도록 한다.

라. 식재대의 크기는 치수선으로 표기하도록 한다.

마. 식재대 이외의 지역은 석재타일로 포장한다.

바. 휴게를 위한 장의자는 2개소 이상 고려하여 배치한다.

사. 다음에 주어진 수종 중에서 상록교목, 낙엽교목(각 2종 이상), 관목(5종 이상), 지피, 화훼류(5종

이상)를 이용토록 하여 배식설계를 하고, 수목별로 인출선을 사용하여 수량, 수종, 규격 등을 표기한다.

<보기>
둥근소나무(H1.2×W1.5),	수수꽃다리(H1.8×W0.8),	주목(둥근형)(H1.0×W1.2),	주목(선형)(H1.5×W0.8),
꽃사과나무(H2.0×R4),	영산홍(H0.3×W0.3),	산수국(H0.4×W0.6),	맥문동(3~5분얼),
산수유(H2.0×R5),	회양목(H0.3×W0.3),	꽃창포(2~3분얼),	장미(3년생×2가지),
담쟁이(L0.3),	소나무(H3.0×W1.5×R10),	조릿대(H0.4×5가지),	후록스(2~3분얼)

아. 도면의 우측에 집계된 수목수량표를 작성하되, 상록교목, 낙엽교목, 관목, 지피, 화훼류로 구분하여 집계하시오.

문제 2

계획된 설계 안에 대해 동서 방향으로 단면 절단선 A-A'를 표시하고, 표시된 부분의 단면도를 1/100로 그리되, 반드시 옥상정원의 출입구를 지나도록 그리시오.
또 다음의 조건들을 고려하여 그 일부분을 1/10로 부분 확대하여 단면상세도를 그리시오.
(단, 확대하는 부분은 반드시 식재대와 포장의 단면 상세가 같이 나타날 수 있는 부분을 선택하고 단면도상에 확대된 부분을 표기할 것.[답안지II])

가. 단면도상에는 각 부분의 표고를 기입할 것.

나. 하중의 절감을 위하여 경량토를 쓰도록 하는데, 그 상세는 내압투수판(Thk30) 위에 투수 시트(Thk5)를 깔고, 배수용 인공 혼합토(Thk50), 그 위에 육성용 인공 혼합토를 쓰도록 한다. 육성용 인공 혼합토의 두께는 소관목 30cm, 대관목 50cm, 교목의 경우는 최소 60cm 이상이 되도록 해야 한다.

다. 포장 부분은 옥상 바닥면의 마감이 시트 방수로 방수처리된 상태이므로 석재타일(Thk30)의 부착을 위한 붙임 모르타르(Thk20)만을 고려한다.

현황도

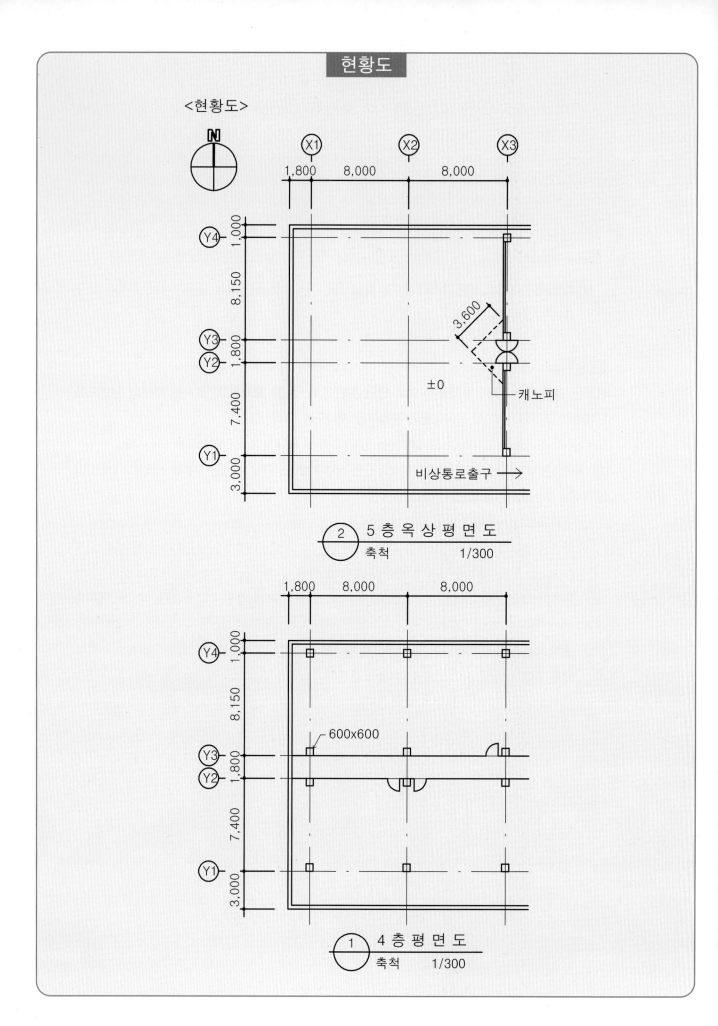

<현황도>

② 5 층 옥 상 평 면 도 축척 1/300

① 4 층 평 면 도 축척 1/300

600x600

캐노피

비상통로출구 →

±0

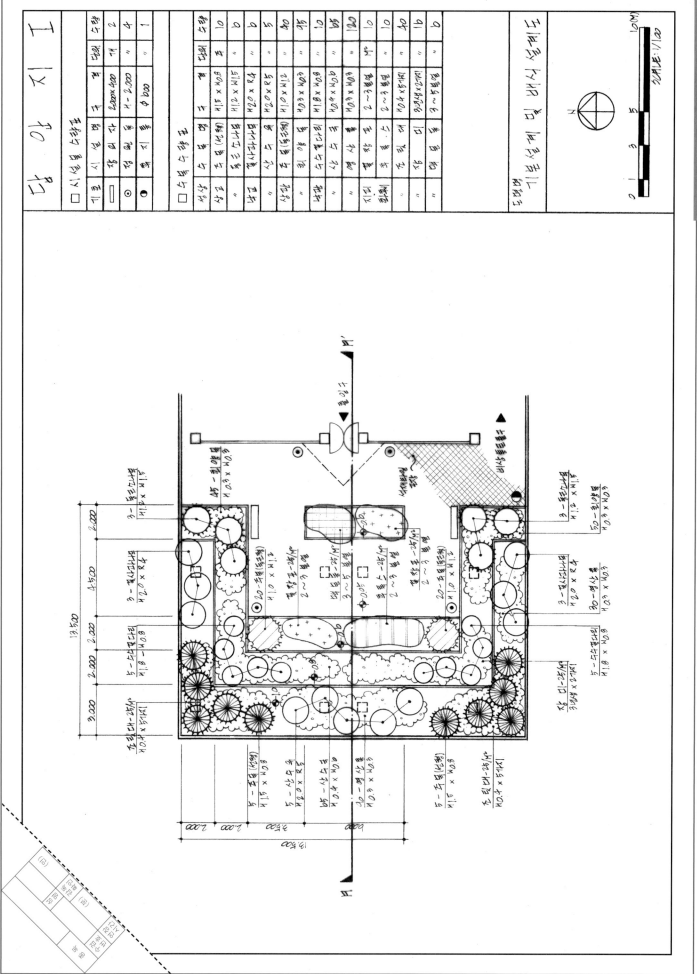

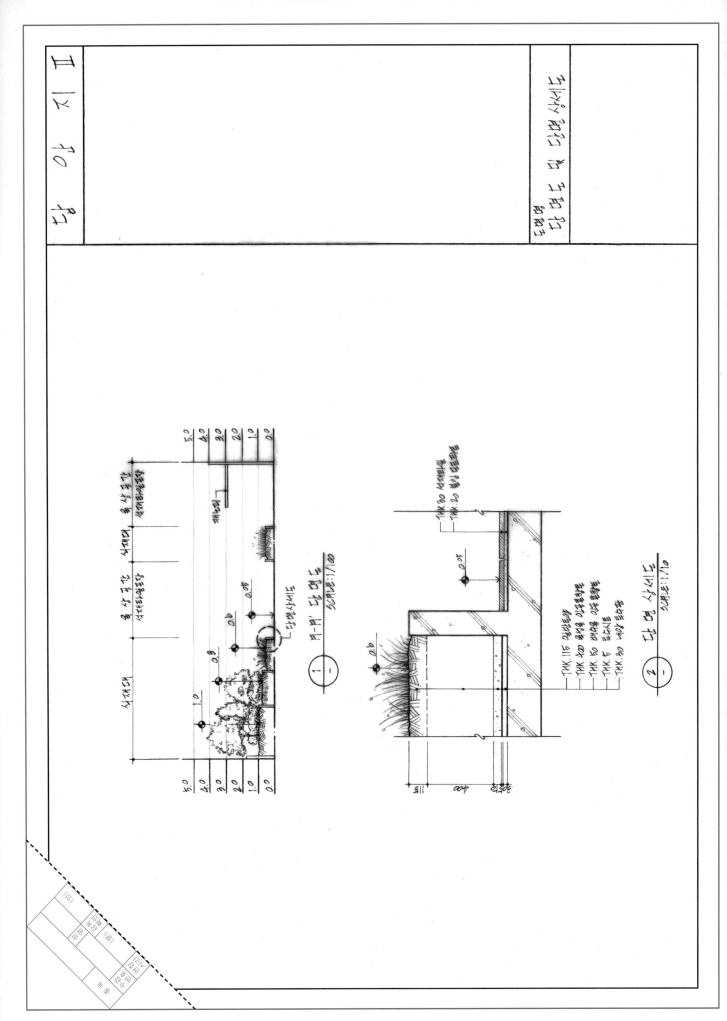

요구사항

본 옥상정원의 대상지는 중부지방의 12층 업무용 빌딩 내 5층의 식당과 휴게실이 인접하고 있다. 대상지는 건물 전면부에 위치하고 있으므로 외부에서 조망되고 있다.

- 본 빌딩 이용자들의 옥외 휴식장소로 제공한다.
- 시설물은 하중을 고려하여 설치한다.
- 공간구성 및 시설물은 이용자의 편의를 고려한다.
- 야간 이용도 가능하도록 한다.

문제 1

주어진 현황도를 1/100으로 확대하여 지급된 트레이싱지 I 에 다음 공간 및 동선을 나타내는 계획 개념도를 작성하시오.

- 집합 및 휴게공간 1개소, 휴식공간 1개소, 간이 휴게공간 2개소, 수경공간 2개소, 식재공간 다수

문제 2

주어진 현황도를 1/100으로 확대하여 지급된 트레이싱지 II 에 다음 사항을 충족하는 시설물 배치도를 작성하시오.

- 가. 집합 및 휴게공간은 본 바닥 높이보다 30~60cm 높게 하며, 중앙에는 환경 조각물을 설치한다.
- 나. 휴게공간 및 휴식공간은 긴 벤치(bench)를 설치한다. 그리고 휴식공간에는 퍼걸러(pergola)를 1개 설치한다.
- 다. 수경시설 공간은 분수를 설치한다.
- 라. 적당한 곳에 조명등, 휴지통을 배치한다.
- 마. 대상 도면의 기둥 및 보의 표현은 생략하고, 급수 파이프, 전기 배선을 나타낸다.
- 바. 식재공간 중 교목 식재지는 적합한 토심이 유지되도록 적당히 마운딩한다.
- 사. 도면 우측에 범례를 작성한다.

문제 3

주어진 현황도를 축척 1/100으로 확대하여 지급된 트레이싱지 III 에 다음 사항을 만족시키는 식재설계 평면도와 횡단면도를 작성하시오.

- 가. 옥상정원에 적합한 식물을 선택한다.
- 나. 교목과 관목, 상록과 낙엽 등의 비율을 고려한다.
- 다. 인출선 상에 식물명, 규격, 수량 등을 나타낸다.
- 라. 도면 하단에 횡단면도를 축척 1/100로 나타내시오.

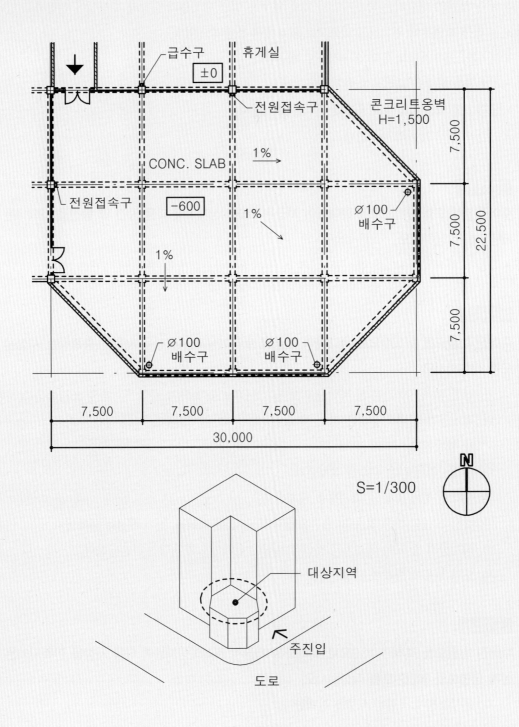

급수구 · 휴게실
±0
전원접속구
콘크리트옹벽
H=1,500
CONC. SLAB
1%
전원접속구
-600
1%
Ø100
배수구
1%
Ø100
배수구
Ø100
배수구
7,500
7,500
7,500
22,500

7,500 · 7,500 · 7,500 · 7,500
30,000

S=1/300

N

대상지역

주진입

도로

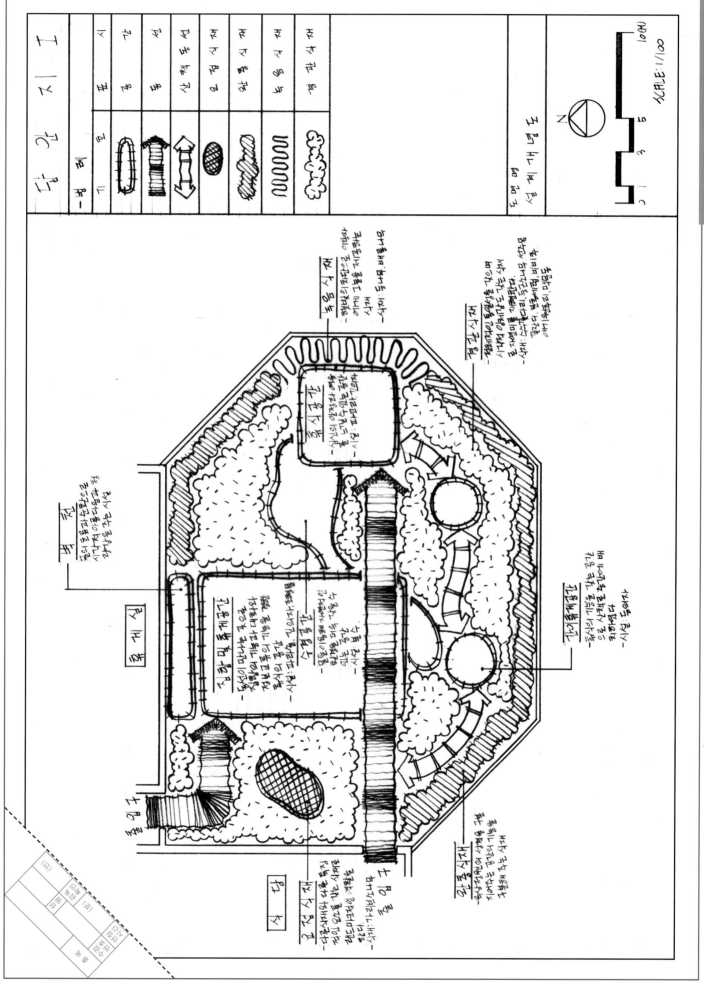

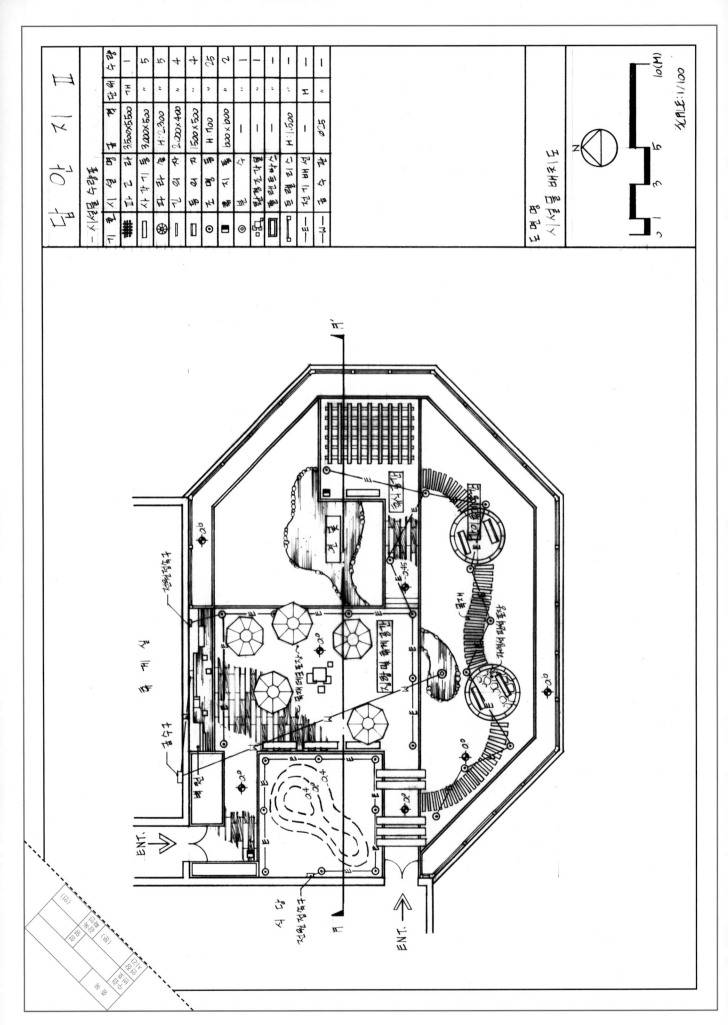

단 위 지 I II

기 호	명 칭	규 격	단 위	수 량
▦	화 단	3500×5500	개	1
▭	파 고 라	3000×5000	"	5
⊛	수 경 시 설	"	"	5
▯	파 라 솔	H:2300	"	4
▢	벤 치	2000×400	"	4
◉	조 명 등	1500×500	"	25
▭	등 벤 치	H:100	"	2
◎	집 수 정	—	"	—
⬚	음 수 전	—	"	—
▭	플 랜 터	—	"	—
▯	미 끄 럼 틀	H:500	"	—
—ㅌ—	휀 스	50	M	—

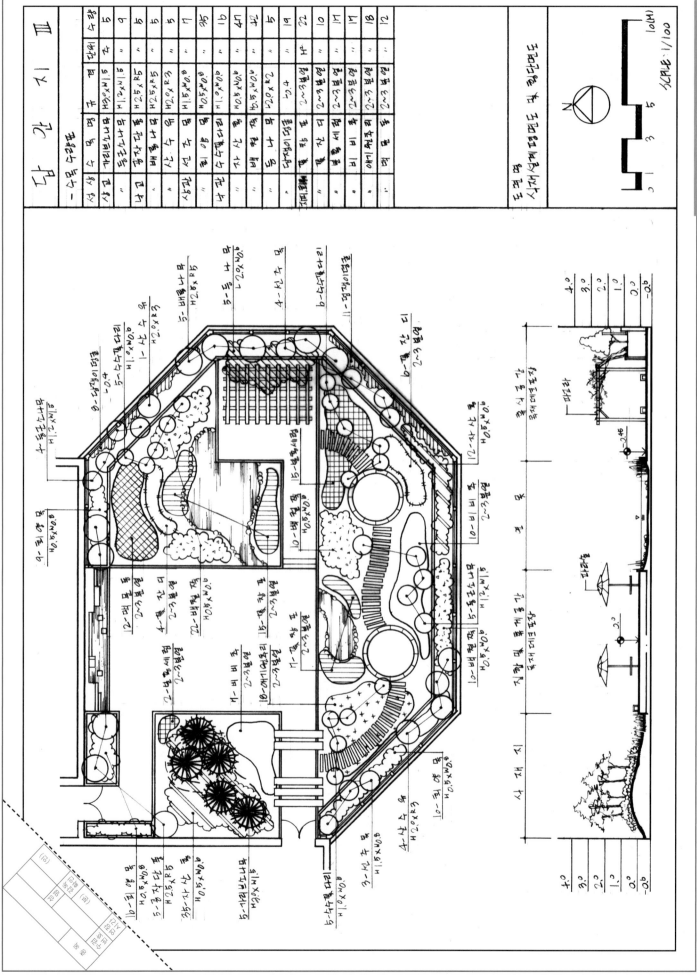

주차장설계

❶ 주차공간의 위치

① 진입도로에서 주차장으로의 진입과 출입이 원활히 이루어지는 곳에 배치

② 차량이용 동선을 짧게 처리하기 위해 진입광장 또는 관리기능과 연계하여 배치

③ 자동차를 이용하는 방문객에게 편익을 제공하는 공간으로, 방문객의 이용과 관련된 기능을 가진 공간에 인접되도록 배치

❷ 주차장 설계시 고려사항

주차형식 및 차로의 너비, 회전부 반경, 바닥포장, 적합한 식재 선정

❸ 주차장 설계과정

(1) 주차 형식에 따른 구분

① 평행주차, 직각주차, 60도 대향주차, 45도 대향주차

② 주차장 부지폭과 길이 등 형태를 고려하여 적합 주차 각도 결정

③ 요구조건에 주어져 있지 않을 경우 일반적으로 차로에 수직인 주차를 배치

(2) 단위주차 구획에 따라 주차공간을 구획하고 주차대수를 결정

주차장 진입구 부분에 유도식재, 주차부분에 녹음식재, 인접부분에 완충식재 도입

(3) 주차 형식에 따라 차로 너비를 결정하고, 차량 진출입구와 주차부분에 알맞은 회전부 반경을 적용하여 설계

단위주차구획(단위 : m)

종별	법적	시험
소형차(평행주차)	2.3×5.0(2.0×6.0)	2.5×5.0(2.0×6.0)
장애인소형차	3.3×5.0	3.5×5.0
중형차(승합차)		4.0×8.0
대형차(버스)		4.0×10.0

(4) **식재수종 선택** : 대기오염에 대한 반응을 고려
    ① 자동차 배기가스에 강한 수종 : 편백, 향나무, 비자나무, 태산목, 가시나무류, 식나무, 가중나무, 물푸레나무, 버드나무류, 은행나무, 개나리, 쥐똥나무, 말발도리, 송악, 등나무, 조릿대, 소철 등
    ② 자동차 배기가스에 약한 수종 : 삼나무, 소나무, 전나무, 측백나무, 반송, 목련류, 단풍나무, 왕벚나무, 튤립나무, 무궁화, 자귀나무, 명자나무, 화살나무 등

시행년도	1994년, 1998년, 2000년		
자격종목	조경기사	작품명	주차장설계

요구사항

중부권 대도시 외곽지역에 역세권 주차장을 조성하려 한다. 다음 조건과 현황도, 그리고 기능구성도를 참조하여 주차공원 설계구상도와 조경기본설계도를 작성하시오.

부지현황

• 35m 광로 가각부에 위치한 107m×150m의 평탄한 부지로 우측하단에 지하철 출입구가 위치해 있다.
• 북측에 주거지, 서측에 상업지, 남측과 동측에 도로와 연접되어 있다.

설계조건

가. 주차장 계획
    – 300대 이상 주차대수 확보, 전량 직각주차로 계획할 것
    – 주차장 규격 : 2.5m×5m, 주차통로 6m 이상 유지할 것.
    – 기 제시된 진출입구 유지, 내부는 가급적 순환형 동선 체계로 계획할 것.
    – 북·서측에 12m 이상, 남·동측에 6m 이상 완충녹지대 조성할 것.
나. 도입시설(기능구상도 참조)

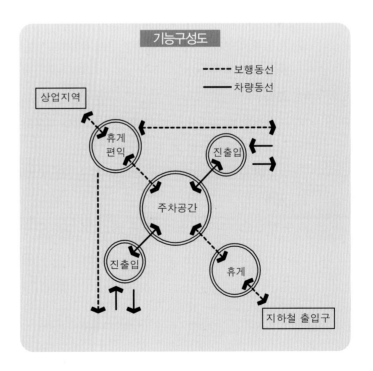

– 녹지면적 : 공원 전체의 1/3 이상 확보

– 휴게공원 : 700㎡ 이상 2개소

– 화장실 : 건축면적 60㎡ 1개소

– 주차관리초소 : 건축면적 16㎡ 2개소

문제 1

현황도를 1/400로 확대하여 다음 사항이 표현된 설계구상도를 작성하시오.

가. 동선은 차량, 보행, 구분 표현하고 차량동선에는 방향을 명기할 것.

나. 각 공간의 휴게, 편익, 주차, 진출입공간 등으로 구분하고 공간성격 및 요구시설을 간략히 기술하시오.

다. 공간별로 완충, 경관, 녹음, 요점식재 개념 등을 표현하고 주요 수종 및 배식기법을 간략히 기술하시오.

문제 2

현황도를 1/400로 확대하여 다음 조건에 의거 시설물 배치, 포장, 식재 등이 표현된 조경기본설계도를 작성하시오.

가. 시설물 배치

– 화장실(6m×10m) 1개소

– 주차관리초소(4m×4m) 2개소

– 음수대(Ø1m) 2개소 이상

– 수목보호대(1.5m×1.5m) 10개소 이상

– 퍼걸러(4m×8m) 3개소 이상

나. 포장/차량공간은 아스팔트포장으로 계획하고, 보행공간은 2종 이상의 재료를 사용하되 구분되도록 표현하시오.

다. 배식

– 수종은 반드시 교목 15종, 관목 5종 이상 사용하고 수목별로 인출선을 사용하여 수량, 수종, 규격 등을 표시할 것.

– 도면 우측에 수목 수량표를 필히 작성하여 도면 내의 수목수량을 집계할 것.

라. 기타

– 주차대수 파악이 용이하도록 BLOCK 별로 주차대수 누계를 명기할 것.

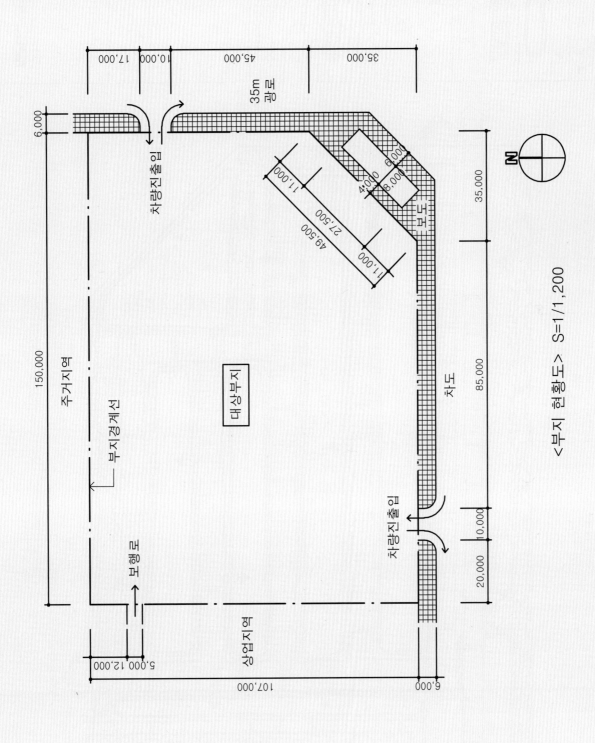

<부지 현황도> S=1/1,200

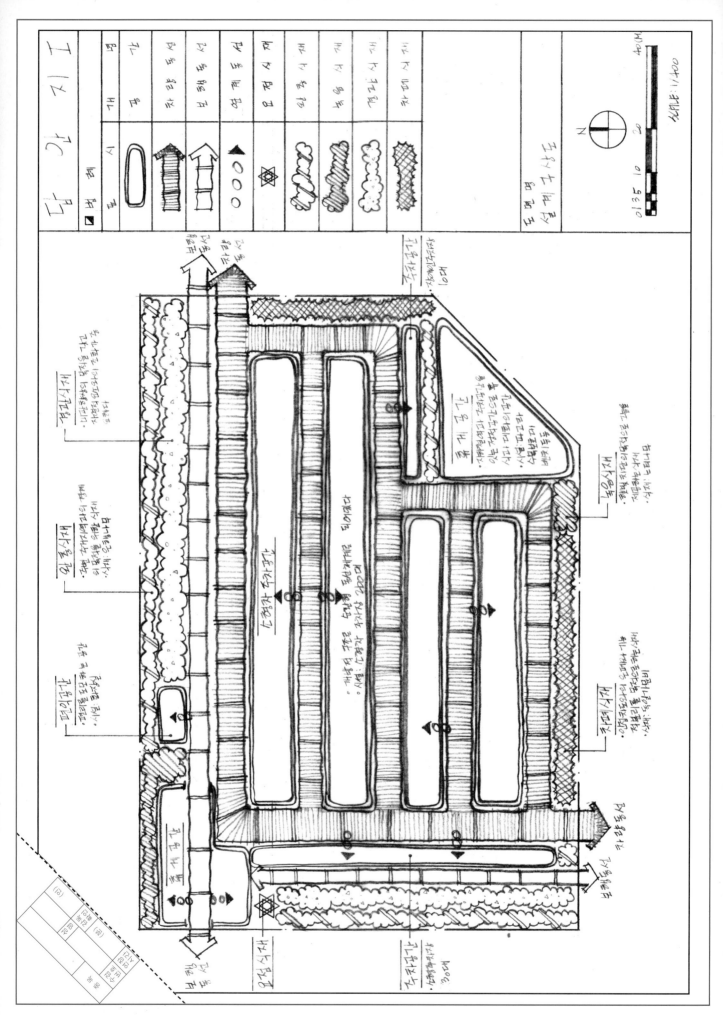

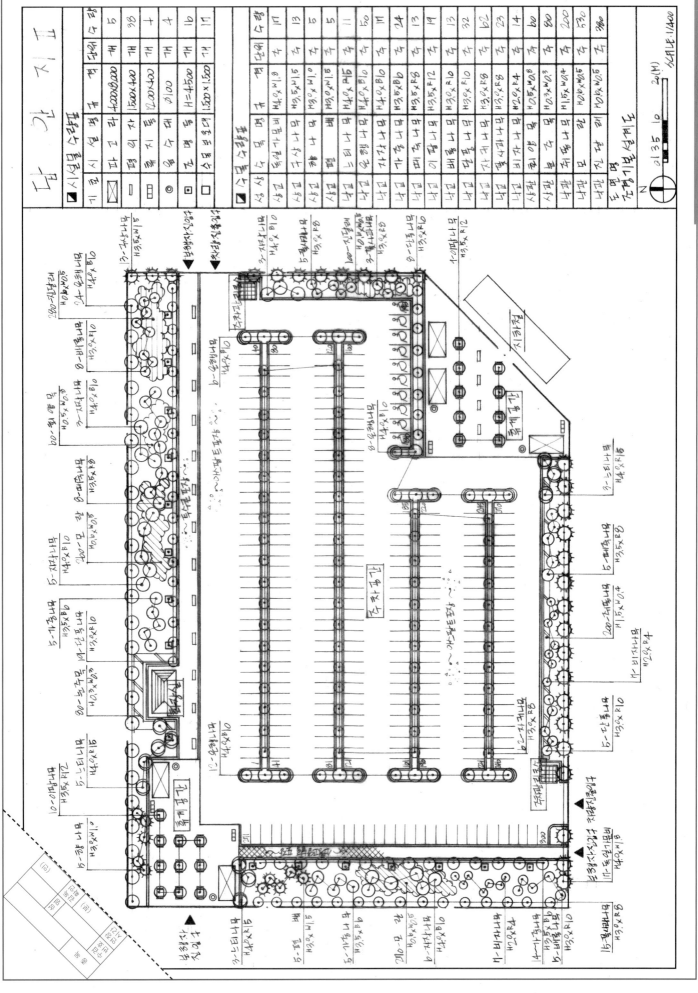

아파트
진입광장설계

❶ 아파트 단지의 개념

아파트가 여러 개로 배치되어 있되 생활하기에 편리한 제반 기반시설과 편익시설이 확보된 주거단지

❷ 진입광장의 개념

① 아파트 입구의 상징성을 나타내며 거주자의 안전과 흡인력을 갖는 공간

② 진입광장의 규모에 따라 휴게시설 등의 도입을 고려

③ 출입구 부분에 단차를 고려하여 계단, 경사로 등을 설치

❸ 아파트 단지 설계 및 조경계획

① 주진입 : 주된 도로에서 차가 우회전으로 진입할 수 있는 곳으로 배치, 아파트 입구임을 상징
   하는 문주, 조명, 조형물 등을 배치

② 대칭을 이루는 수목을 식재하여 안정감 부여

③ 집중식재를 통해 아파트의 첫인상을 쾌적하고 간결하게 처리

④ 아파트 입구와 면한 1층 세대를 보호하기 위한 차폐식재 도입

⑤ 공중화장실, 정화조 등 불량 경관을 가리기 위한 차폐식재 도입

⑥ 휴게공간과 산책로 주변 등 프라이버시를 확보해야 하는 공간을 위한 위요식재 도입

⑦ 보도와 차도가 뚜렷이 구별될 수 있도록 식별성이 높은 수목을 식재

❹ 아파트 조경계획의 의의

① 기능적 공간의 체계확보

② 자연경관의 창출

③ 효율적인 토지이용

④ 개인생활의 보장

⑤ 예술적 감흥의 부여

⑥ 공간질서의 확보

⑦ 주변 경관과의 조화

시행년도	1998년, 2002년	자격종목	조경기사	작품명	아파트단지 진입광장설계

요구사항

제시된 현황도는 중부지방의 아파트단지 진입부이다. 도면내용 중 설계대상지(일점쇄선부분)만 요구조건에 따라 설계하시오.

문제 1 **설계 구상개념도 작성[답안지 I]**

가. 주어진 부지를 축척 1/300로 확대하여 작성한다.

나. 주민들이 쾌적하게 통행하고 휴식할 수 있도록 동선, 광장, 휴게 및 녹지공간 등을 배치한다.

다. 각 공간의 성격과 지형관계를 고려하여 배치한다.

라. 주동선과 부동선을 알기 쉽게 표현한다.

마. 각 공간의 명칭과 구상개념을 약술한다.

문제 2 **기본설계도작성[답안지II]**

가. 주어진 부지를 축척 1/200로 확대하여 작성한다.

나. 동선을 지형, 통행량을 고려하고 지체장애인도 통행 가능하도록 램프와 계단을 적절히 포함한다.

다. 적당한 곳에 퍼걸러 8개(크기, 형태 임의), 장의자 10개, 조명등 10개를 배치한다.

라. 포장재료는 2종 이상 사용하고 도면상에 표기한다.

마. 식재설계는 경관 및 녹음 위주로 하며 다음 〈보기〉 수종에서 10종 이상을 선택하여 설계한다.

바. 동선주위에는 경계식재를 하여 동선을 유도한다.

〈보기〉 벚나무, 은행나무, 아왜나무, 소나무, 잣나무, 느티나무, 백합목, 백목련, 청단풍, 녹나무, 돈나무, 쥐똥나무, 산철쭉, 기리시마철쭉, 회양목, 유엽도, 천리향

사. 인출선을 사용하여 수종, 수량, 규격 등을 기재하고, 도면 우측에 수종집계표를 작성하시오.

아. 기존 등고선의 조작이 필요한 곳에는 수정을 가하며 파선으로 표시한다.

문제 3 **단면도 작성[답안지III]**

가. 문제지에 표시된 A-A' 단면도를 설계된 내용에 따라 축척 1/200로 작성하시오.

나. 설계내용을 나타내는데 필요한 곳에 점표고(spot elevation)를 표시하시오.

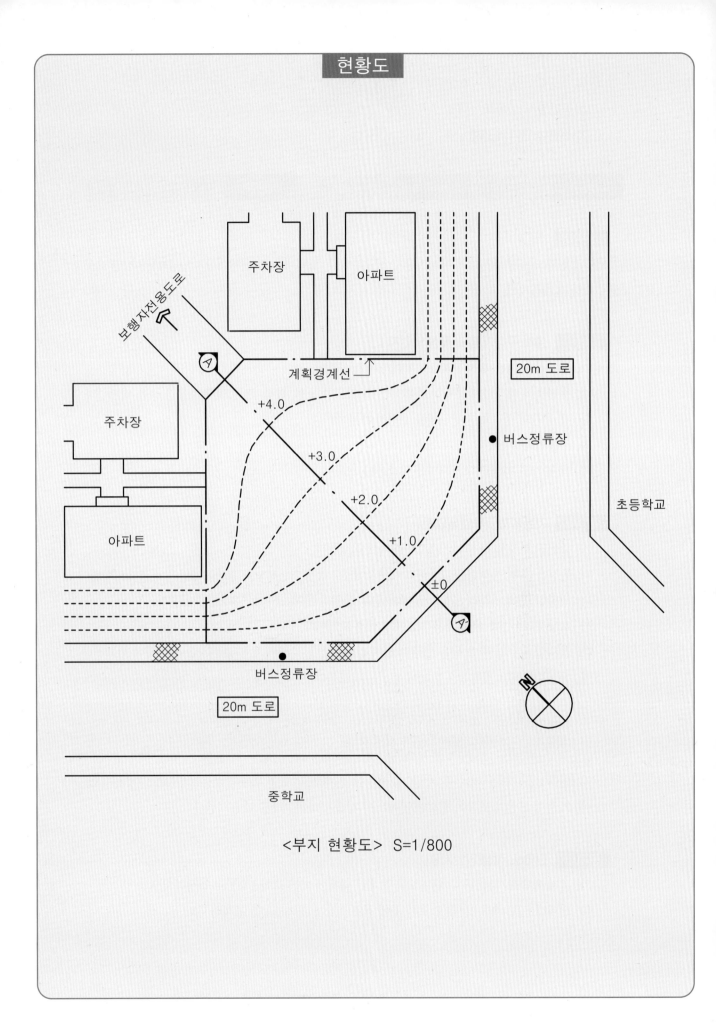

<부지 현황도> S=1/800

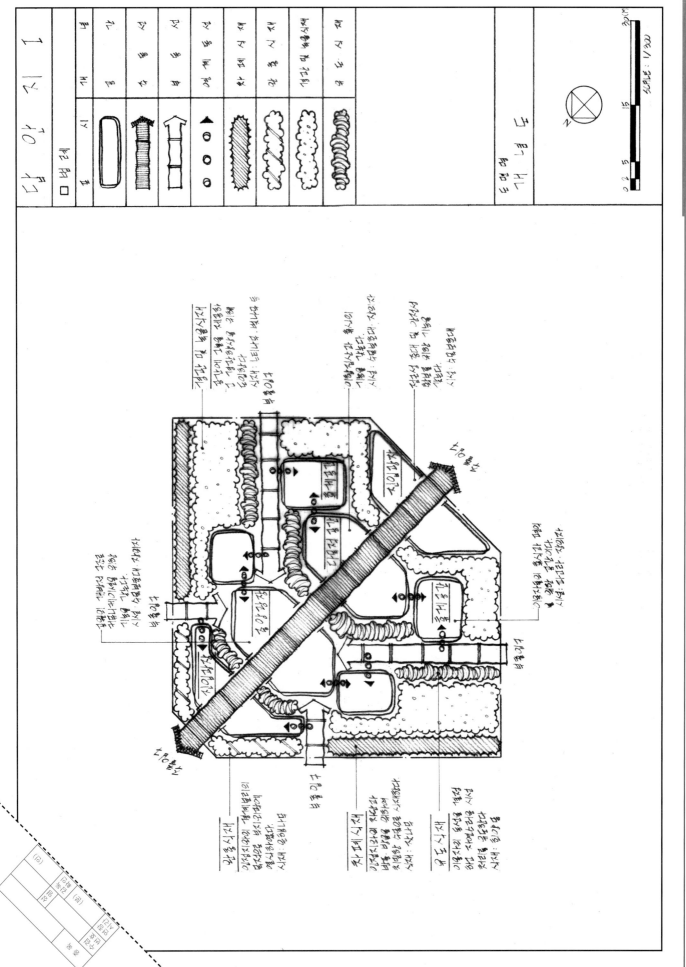

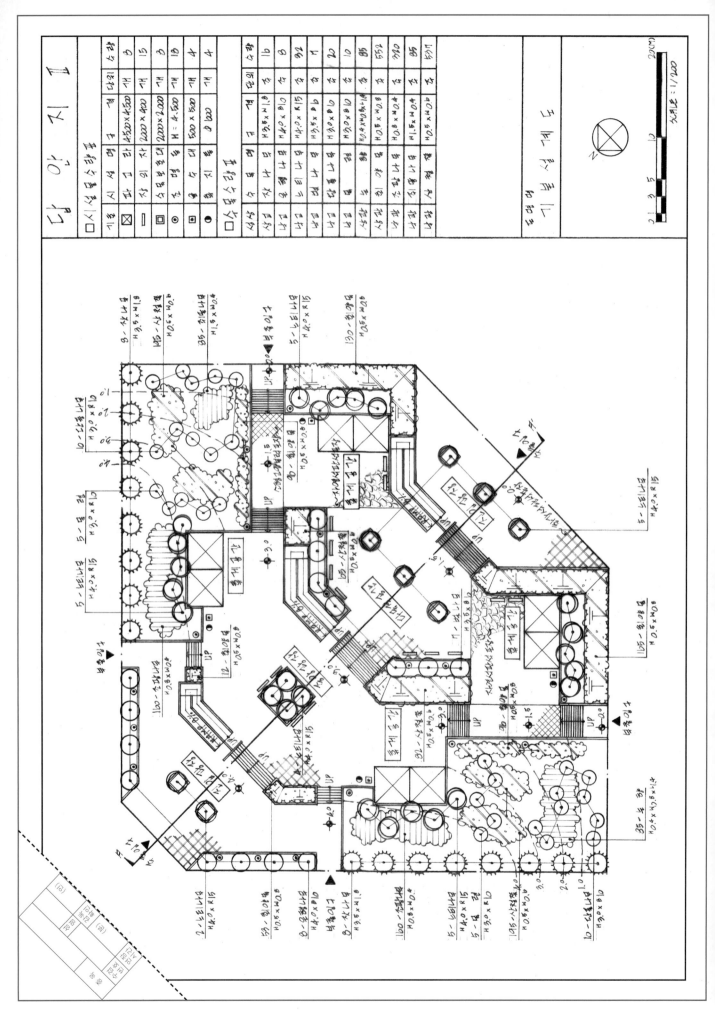

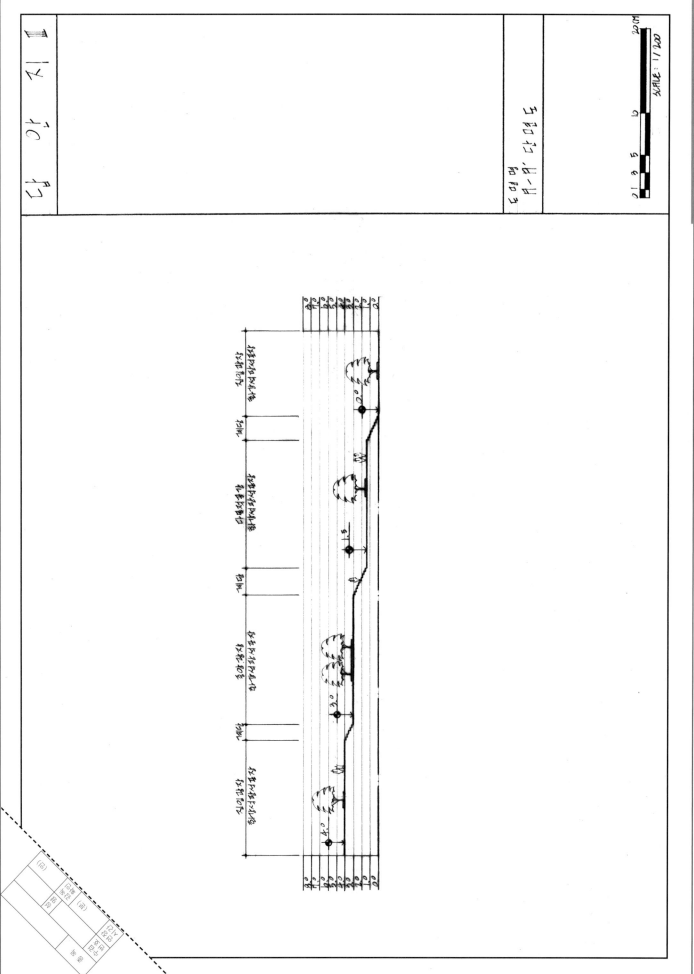

도로변 휴게소설계

❶ 고속도로 휴게소의 개념

    ① 운전자의 장시간 연속주행으로 인한 피로와 생리적 욕구 해소를 위한 공간

    ② 자동차의 주유, 정비를 제공하는 공간

❷ 고속도로 휴게소의 개념

    ① 편의시설 : 주차장, 화장실, 녹지, 퍼걸러 등

    ② 영업시설 : 식당, 매점, 주유소 등

    ③ 운영시설 : 오수정화시설, 급수시설, 전기통신시설 등

❸ 공간별 설계 시 유의사항

(1) 휴식공간

    ① 전망이 좋은 구릉지에 적합

    ② 휴식과 주변 경관 감상을 함께 제공하는 곳에 배치

    ③ 이용자의 안전을 위해 주차공간과 분리시켜 배치

(2) 주차공간

    ① 차량의 안전한 출입을 유도

    ② 한 곳에 통합 배치

    ③ 소형차, 대형차, 화물차량의 주차구획 분리

    ④ 본선으로부터 진입부분에 소형차 주차장을 둠

    ⑤ 이용자의 편의성을 위해 휴게시설과 근접배치

    ⑥ 60도 주차방식이 차량의 전진, 후진 조종이 용이하며 주차 면적이 작기 때문에 가장 효율적

(3) 녹지공간

    ① 충분한 녹지대 조성으로 쾌적한 휴게공간 제공

    ② 휴게소 입구 주변으로 자동차사고 시 충격을 완화하고 사고를 방지하기 위한 완충식재 도입

시행년도	1993년, 1997년, 2000년		
자격종목	조경기사	작품명	국도변 휴게소설계

요구사항

주어진 현황도와 설계조건을 이용하여 문제 요구 순서대로 작성하시오.

문제 1

4차선의 국도변에 휴게소를 설치하려고 한다. 지급된 트레이싱지[답안지 I]에 주어진 현황도를 축척 1/300로 확대하여 제도하고, 다음 요구사항을 충족시키는 도면을 작성하시오.

　　가. 부재 내는 지표고 27m 및 28m의 평지가 되도록 등고선을 조작하시오. 단, 휴게시설공간과 휴식공간은 지표고 28m의 평지에 위치하도록 한다.

　　나. 부지 내의 다음 공간들이 휴게소 조건에 합리적이고 기능적이며 유기적인 것이 되도록 공간개념도를 작성하시오.

　　　　– 휴게시설공간(식당, 매점, 화장실 등) : 300㎡ 1개소

　　　　– 휴식공간 : 200㎡내 2개소

　　　　– 완충공간 1개소

　　　　– 보행자 안전공간 1개소

　　　　– 소형차 주차장(20대 정도) 1개소

　　　　– 버스 주차장(7, 8대 정도) 1개소

　　　　– 주유소 및 정비공간 1개소

　　다. 차량동선과 보행동선을 나타내시오.

문제 2

지급된 트레이싱지[답안지II]에 문제 1의 공간개념도를 참고로 하여 주어진 현황도를 축척 1/300로 확대하여 제도하고, 다음 요구사항을 만족하는 도면을 작성하시오.

　　가. 휴게시설물의 건축물 위치(휴게시설물은 단일건물로 통합하여도 좋음)

　　나. 소형차 주차장(20대 정도)

　　다. 버스 주차장(7, 8대 정도)

　　라. 퍼걸러(pergola) 2~4개

　　마. 주유소 및 정비소(단일 건축물로)

　　바. 완충공간은 현 지표고보다 1m 높게 성토하고 등고선 표기는 50cm 단위로 나타내시오.

　　사. 보행 동선상에 필요한 곳은 계단에 램프(ramp)를 설치하시오.

　　아. 식재공간을 알아보기 쉽게 표현하시오.

　　자. 주차공간, 휴게공간에 계획고를 표시하시오.(2개소 이상)

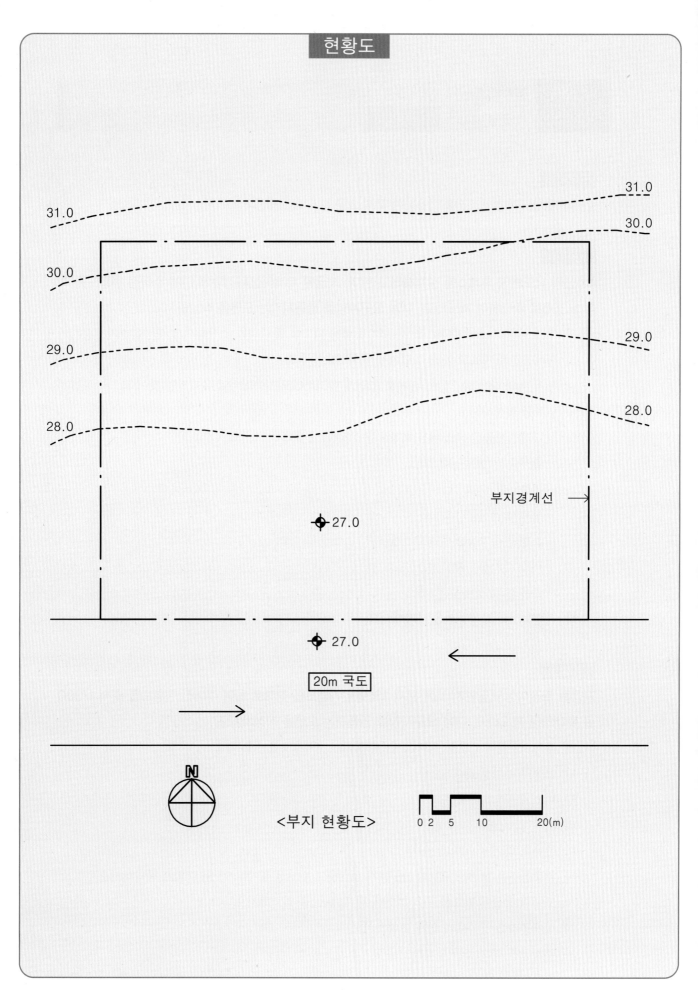

31.0

31.0

30.0

30.0

29.0

29.0

28.0

28.0

부지경계선 →

⊕ 27.0

⊕ 27.0

20m 국도

N

<부지 현황도>

0 2 5 10 20(m)

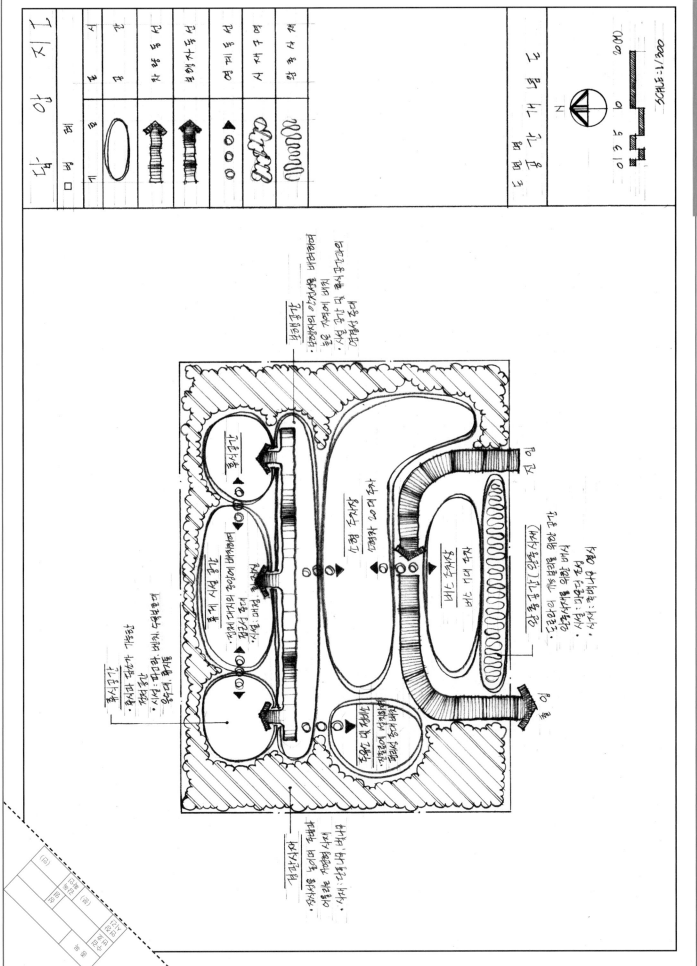

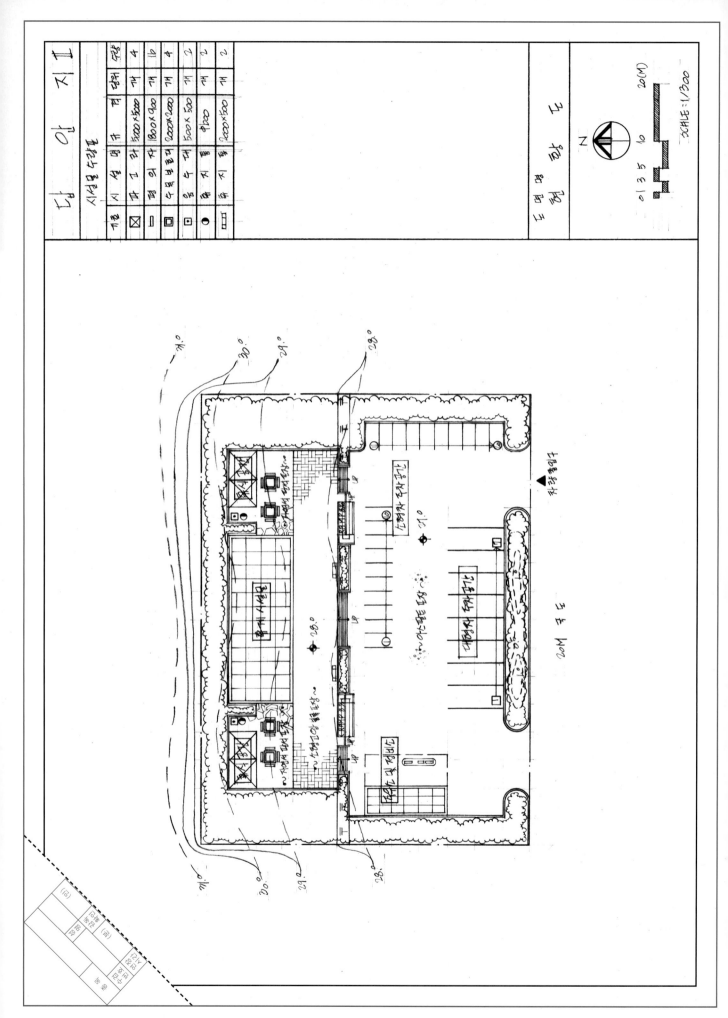

전통정원설계

❶ **우리나라 전통정원의 특징**

① 종교적 사상의 배경

② 자연풍경식 정원(후원 화계양식)

③ 공간구성 : 수직적 건물배치

④ 경관구성 : 산수경관 차경

⑤ 식재 : 수목의 상징성, 풍수적 측면 등을 고려, 화목류 중심으로 식재

❷ **전통 정원의 특징을 갖게 한 사상적 배경**

① 자연숭배사상

② 정토사상

③ 유교사상

④ 신선사상

⑤ 음향오행설

⑥ 풍수지리설

⑦ 노장사상

❸ **전통 정원의 구성요소**

① 지세와 지반

② 화목

③ 괴석

④ 건축물

⑤ 수, 천, 당

⑥ 담장

⑦ 화계

⑧ 석조물

❹ 화계

(1) 개념

담장 밑에 석단을 계단형태로 쌓아 만들어 계단에 화초 및 관목류를 심어 가꾸는 것

(2) 화계의 기능과 특징

① 풍수지리 사상적 배경에 배산임수의 영향으로 정원 뒤쪽에 생기는 경사를 화계로 이용

② 옹벽과 화단을 겸한 형식

③ 공간과 공간을 연결하는 전이공간으로서의 기능

④ 굴뚝이나 석물 등을 이용하여 수직적 변화를 줌

⑤ 대표적인 예 : 경복궁의 아미산 화계, 창덕궁의 대조전 후원, 낙선재 후원

⑥ 화목류 위주로 식재 : 앵두나무, 살구나무, 능금나무, 철쭉, 진달래 등

| 화계와 연가

| 괴석

문제 1

다음은 중부지방의 사적지 내 한옥의 전통정원 부지 현황도이다. 축척 1/100로 확대하여 주어진 요구조건을 반영시켜 식재설계도를 작성하시오. [답안지Ⅱ]

　　가. 안방에서 후문에 이르는 직선거리 진입동선을 원로 폭 1.6m로 설계한다. 후문에서 안방까지의 레벨 차이와 등경사도를 고려하여 계단을 설계하고, 적당한 지점에 계단참을 설계하시오.

　　나. 식재지는 후문에서 일점쇄선까지이다.

　　다. 전통정원 후원의 특성을 고려하여 화계를 설계하고, 화계에 꽃을 감상할 수 있도록 필요한 초화류와 관목을 보기 수종 중에서 10수종 이상 선정하여 설계하시오.

　　라. 인출선을 사용하여 수종명, 수량, 규격을 표시하고, 식재한 수량을 집계하여 범례란에 수목 수량표를 도면 우측에 작성하시오.

〈보기〉　비비추, 옥잠화, 대왕참나무, 왕벚나무, 모과나무, 가이즈까 향나무, 반송, 히말라야시다, 양버즘나무, 살구나무, 피라칸사스, 매화나무, 산철쭉, 명자나무, 꽝꽝나무, 눈향

문제 2

문제 1에서 작성한 식재설계의 개념을 축척 1/100로 작성하고, 현황도면에 표시된 A-A' 단면 절단선을 따라 단면도를 축척 1/50로 확대하여 작성하시오. [답안지Ⅰ]

　　가. 식재개념도를 그리고, 빈 공간에 화계에 대한 특성, 기능, 시설 등을 간단한 설명과 함께 개념도의 표현 방법을 사용하여 그려 넣으시오.

　　나. 단면도상에서 장대석의 치수, 사괴석의 치수를 표기하시오.

| 화계

| 전통담장

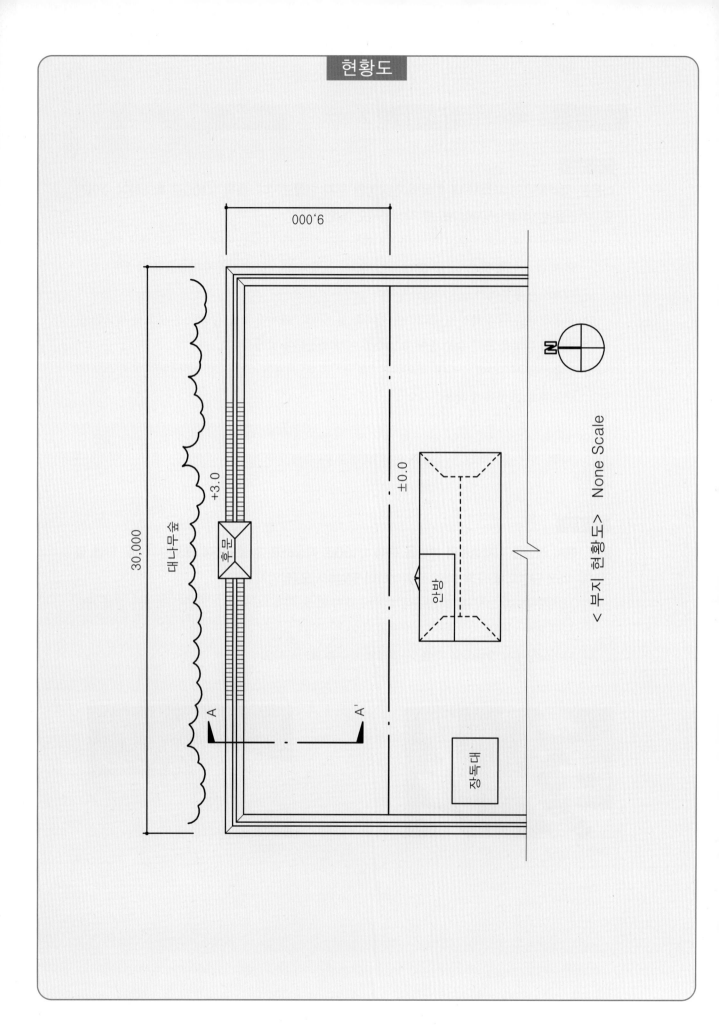

<부지 현황도> None Scale

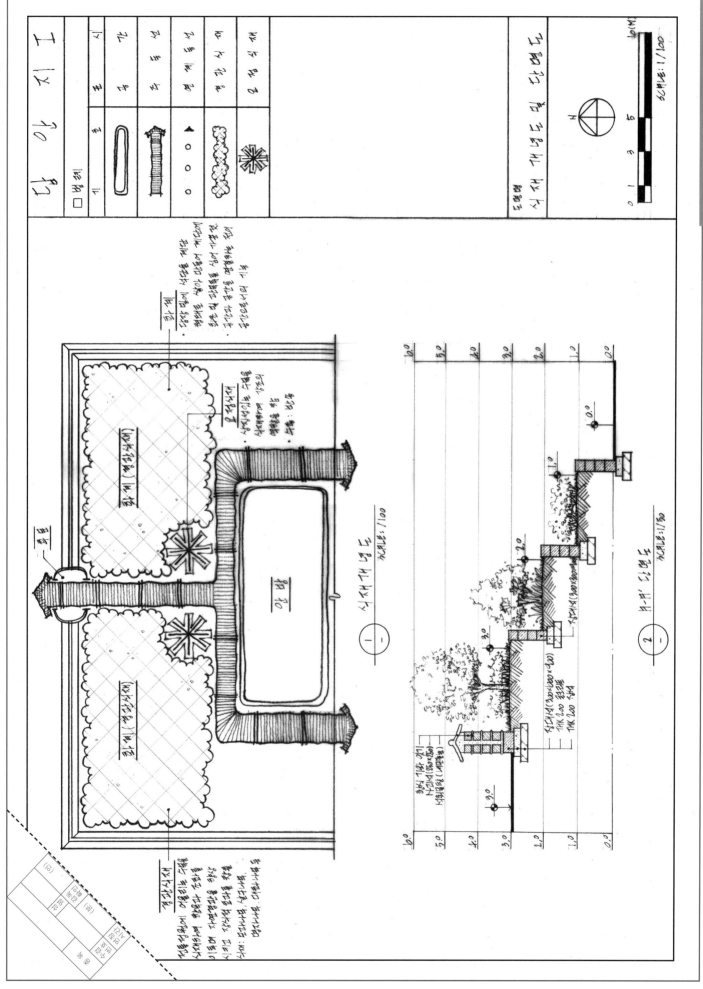

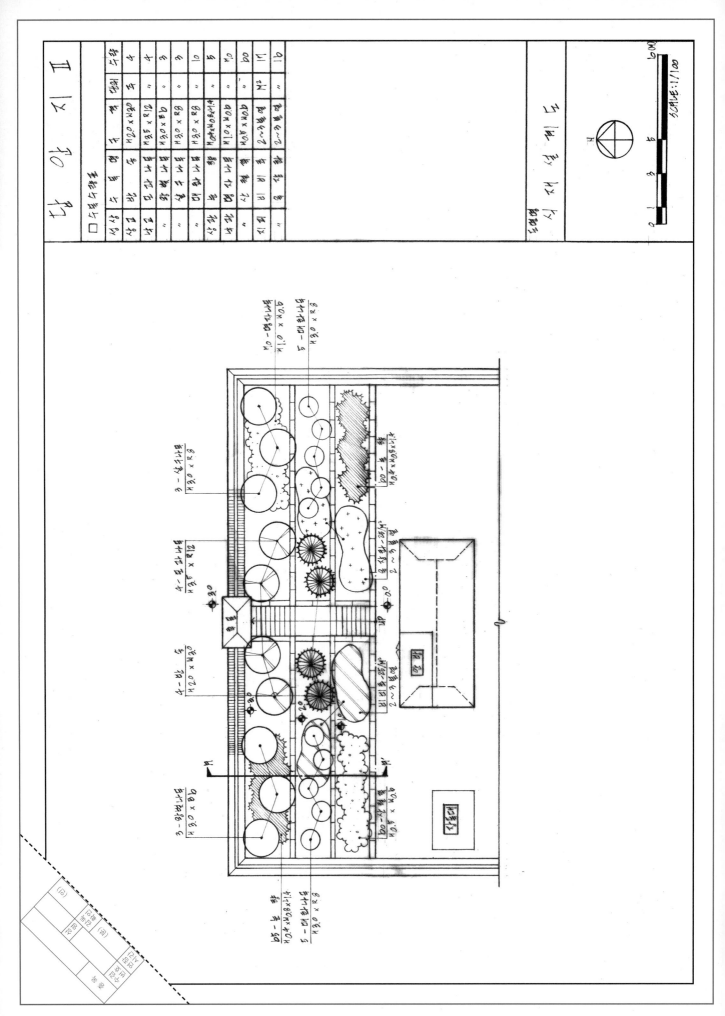

Chapter 11

체육공원설계

❶ 체육공원의 개념

주로 운동경기나 야외활동 등 체육활동을 통하여 건전한 신체와 정신의 배양을 목적으로 설치하는 공원

❷ 체육공원 설계방향

① 운동시설기구는 육상경기장을 중심에 두고 주변에는 운동종목의 성격과 입지조건을 고려하여 배치

② 운동시설은 공원 전면적의 50% 이내로 하며 주축을 남북 방향으로 배치

③ 공원면적의 5~10%는 다목적 광장으로, 시설 전면적의 50~60%는 각종 경기장으로 배치한다.

④ 야구장, 궁도장 및 사격장 등의 위험시설은 정적 휴게공간 등의 다른 공간과 격리하거나 지형, 식재 또는 인공구조물로 차단한다.

⑤ 운동시설로는 체력단련시설을 포함한 3종 이상의 시설을 배치한다.

요구사항

우리나라 중부지방 도시주택지 내에 소규모 체육공원을 조성하려 한다. 제시된 현황도를 축척 1/400로 확대하여 계획·설계하되, 등고선의 형태는 프리핸드로 개략적으로 옮겨 제도하고, 아래의 설계지침에 의거하여 주어진 트레이싱지에 문제 1, 문제 2를 각각 작성하시오.

설계조건

가. 계획부지 내에 최소한 다음과 같은 시설을 수용하도록 한다.
- 체육시설 : 테니스코트 2면, 배구코트 1면, 농구코트 1면, 다목적 운동구장(50m×40m 이상) 1개소
- 휴게시설 : 잔디광장(500㎡ 이상), 휴게소 2개소(휴게소 내에 퍼걸러(6m×6m) 7개소 설치), 산책로 등
- 주차시설 : 소형 주차 10대분 이상

나. 북측 진입(8m)을 주진입으로, 남측 진입(6m)을 부진입으로 하되, 부진입측에서만 차량의 진출입이 허용되도록 하고, 필요한 곳에 산책동선(2m)을 배치하도록 한다. 단, 주진입로 중앙선을 따라 6m 간격으로 수목보호대(2m×2m)를 설치하시오.

다. 시설배치는 기존 등고선을 고려하여 계획하되, 시설배치에 따른 기존 등고선의 조정, 계획은 도면상에 표시하지 않는 것으로 한다. 92m 이상은 양호한 기존 수림지이므로 보존하도록 한다.

문제 1

상기의 설계지침에 의거하여 공간구성, 동선, 배식개념 등이 표현된 설계개념도를 축척 1/400로 작성하시오.[답안지 I]

문제 2

문제 1의 설계개념도를 토대로 아래 사항에 따라 시설배치계획도와 배식설계도를 축척 1/400로 작성하시오.[답안지 II]

가. 배식개념에 부합되는 설계도를 작성하되, 10가지 이상의 수종을 선정하여 수량, 수종, 규격 등을 인출선을 사용하여 명시하고 적당한 여백에 수목수량표를 작성하시오.

나. 체육시설 중 테니스코트, 배구코트, 농구코트의 규격은 다음에 따른다.

운동장 규격(단위 m) None Scale

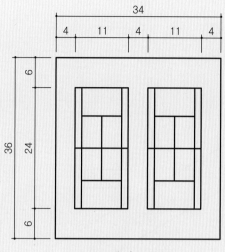

테니스코트

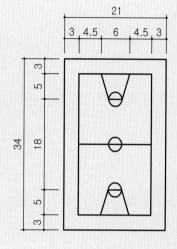

농구코트

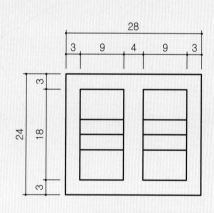

배구코트

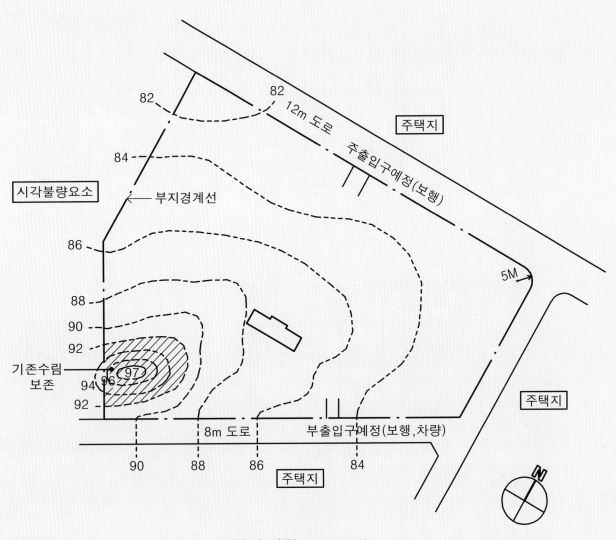

<부지 현황도> S=1/1,200

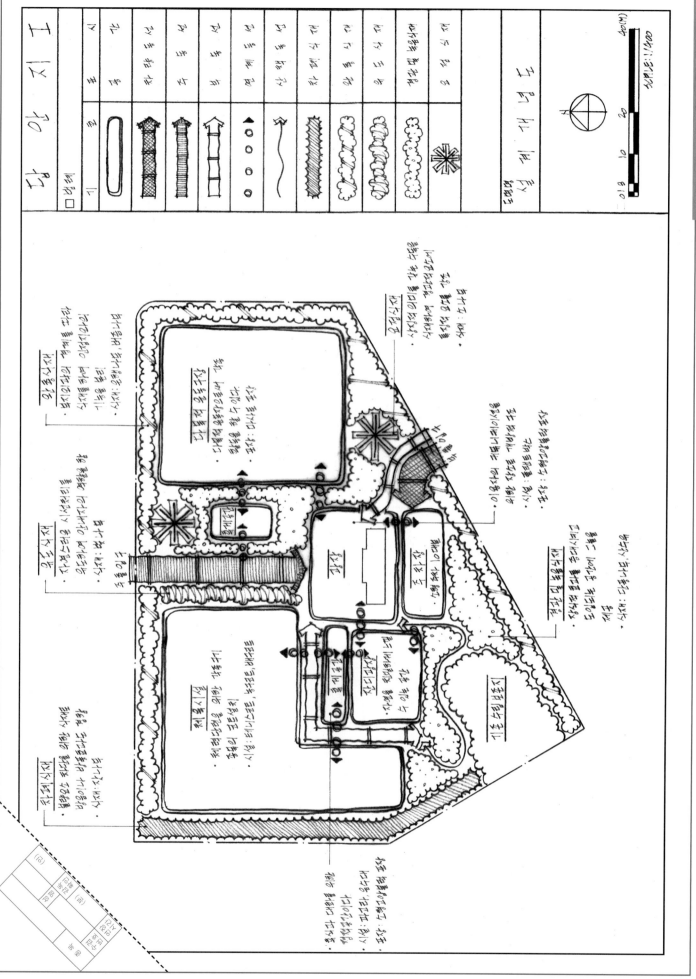

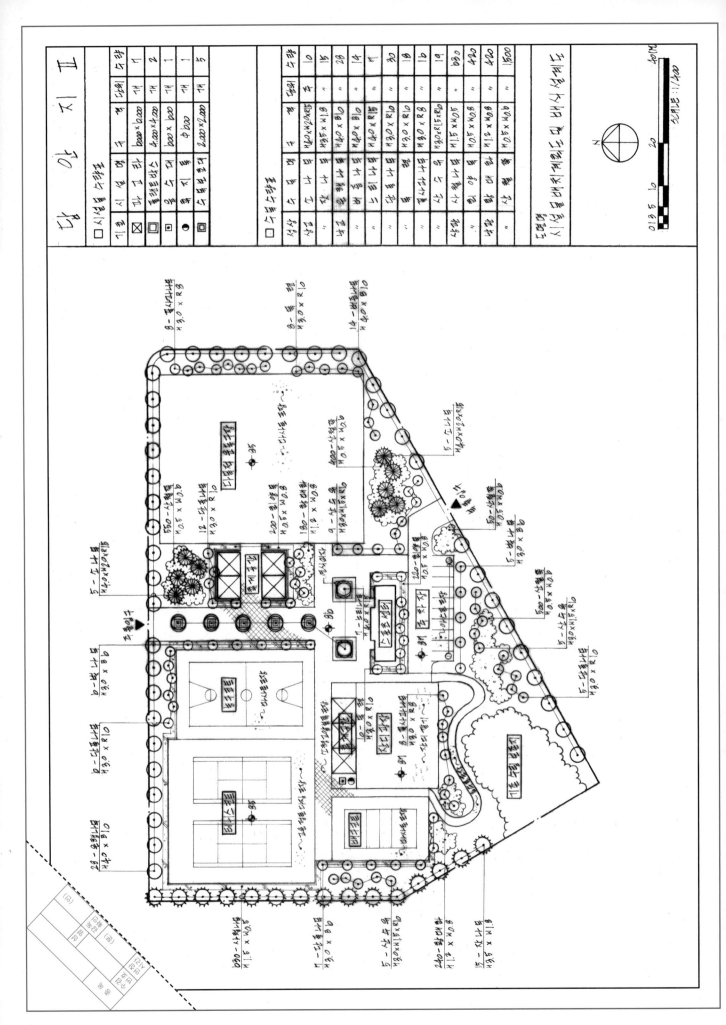

Chapter 12

임해매립지 방조림설계

❶ 개념

바다를 매립하여 얻은 용지에 식재를 하기 위해서는 적절한 사전작업이 필요하며, 그에 따른 작업의 내용을 파악해야 함.

❷ 임해매립지의 환경

① 매립토양의 성질에 따라 차이가 있으며 염분함량이 높거나 염분이 지표상으로 스며오르기도 함.
② 바다로부터 불어오는 바람의 압력이 강하므로 지표상 미립토양의 이동현상이 일어남.

❸ 식재를 위한 지반조성 대책

① 염분의 농도가 자연현상에 의해 용탈될 때가지 기다린다.
② 용탈을 기대할 수 없을 경우에는 2m 간격으로 깊이 50㎝ 이상, 너비 1m 이상 되는 도랑을 파고 그 속에 모래를 채워 사구(砂溝)를 만들어 놓고, 도랑 이외의 곳에는 토양개량제나 모래를 혼합함으로써 투수성을 향상시킨 후 전면에 걸쳐 스프링클러(sprinkler)로 살수하여 탈염을 촉진한다.
③ 객토에 의한 방법으로는 매립층 위에 식재에 필요한 깊이로 객토를 하며 산흙으로 충분한 깊이의 객토를 한 경우에는 바로 식재가 가능하다.

❹ 식재

⑴ 식재방법

① 바닷물이 직접 튀어 오르는 곳은 방호책을 강구한다.
② 방호책에 이어서 버뮤다그래스나 잔디 등 내조성이 강한 지피식물로 피복한다.
③ 뒤쪽의 수목은 강한 바닷바람의 영향을 덜기 위해 임관선(林冠線)을 인위적으로 조절해 준다.
④ 최전선에 면하는 수목의 수고는 50㎝ 정도의 관목으로 하고, 내륙부로 옮겨 감에 따라 차례로

키 큰 나무를 심어 임관선이 포물선형을 이루도록 한다.

⑤ 식재시의 포물선 형태는 $y=\sqrt{x}$에 해당되는 상태로 식재하고 나무가 자란 수년 후에는 $y=\frac{3}{2}\sqrt{x}$ 또는 $y=2\sqrt{x}$에 가까운 생김새를 갖추어 바람의 영향을 덜 받게 된다.

⑥ 식재 후 1년 정도의 기간은 식재지 앞쪽에 1.8m 정도의 펜스를 설치하는 것이 바람직하다.

⑦ 바람의 영향을 받는 부분은 단목식재를 피하고 군식을 하되 풍압에 견디도록 수관이 닿을 정도로 밀식하고 하목을 심어 가지 밑에 공간이 없도록 한다.

⑧ 전면에 심는 수목의 식재대의 폭은 20~30m 이상의 식재대를 형성할 수 있도록 한다.

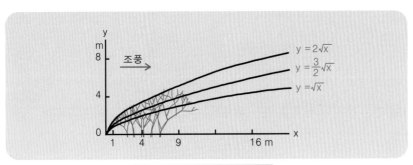

해안에 선 수목의 수관편의

(2) 식재수종

임해매립지는 수목의 생육에는 열악한 곳이므로 내조성, 수목의 크기 등을 고려하여야 한다.

적용장소	식물명
바닷물이 튀어 오르는 곳의 지피(S급)	버뮤다그래스, 잔디
바닷바람을 받는 전방수림(특A급)	누운향나무, 다정큼나무, 팔손이나무, 섬음나무, 섬쥐똥나무, 유카, 졸가시나무, 해송, 자금우, 서향, 금사도, 매자나무, 산수국, 수국
특A급에 이어지는 전방수림(A급)	볼레나무, 사철나무, 위성류, 유엽도, 식나무, 회양목, 말발도리, 명자나무, 박태기나무, 가막살나무, 구기자나무, 누리장나무, 앵도나무, 왕쥐똥나무, 조록싸리, 죽도화, 찔레, 해당화, 황근, 둥근측백
전방수림에 이어지는 후방수림(B급)	개비자나무, 돈나무, 동백나무, 우묵사스레피, 해송, 후박나무, 벽오동, 붉가시나무, 녹나무, 태산목, 굴거리나무, 측백, 비자나무, 주목, 감탕나무, 아왜나무 등 비교적 내조성이 큰 수종
일반적 내부수림(C급)	일반 조경용 수목

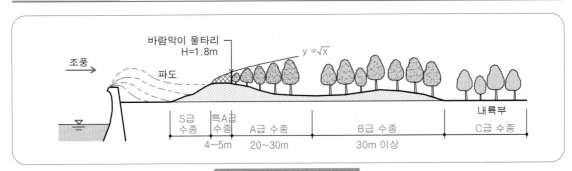

임해매립지의 녹지조성요령

| 시행년도 | 1998년, 2002년 | 자격종목 | 조경기사 | 작품명 | 방조림 및 조각공원설계 |

현황조건

주어진 현황도는 남해안의 매립지로 防潮林(방조림-Zone I)과 彫刻公園(조각공원-Zone II)을 조성하려는 부지이다. 이곳은 강한 바닷바람이 육지를 향해 불어오며, 매립지는 토양염분이 다량 함유되어 있을 뿐 아니라 중장비로 매립공사를 하여 토양층이 다져진 상태이다. 지형은 평활하며 현황도에 나타난 바와 같이 바다와 인접한 매립지 남단은 콘크리트옹벽을 설치하였으며, 부지 북쪽과 동쪽은 12m와 6m의 도로가 인접해 있고 지하에 배수관이 매설되어 있다.

그리고 12m 도로(양쪽에 1.5m의 도로가 있음) 건너편은 주택단지 예정지이다. 다음 조건들을 잘 읽고 답하시오.

문제 1

지급된 트레이싱지 1매에 현황도를 참고하여 다음 요구사항을 만족하는 도면을 작성하시오.[답안지 I]

가. 계획부지에서 Zone I 은 방조림 조성지역이고, Zone II 는 조각공원 조성지역이다. 이들 부지는 토양염분 용탈과 토양개량을 하기 위해 사구(砂溝)를 설치한 후 2~3년간 방치한 다음 조성한다.

나. 계획부지에서 Zone I 은 강한 바닷 바람을 막기 위한 식생대 조성지역이다. 기존의 해안 자연 식생이 갖는 임관선(林冠線)이 잘 나타낼 수 있도록 해안 생태적인 측면에서 식재한다.

다. 주어진 트레이싱지에 가장 일반적으로 적용하는 사구 설치에 대한 평면도를 1 : 250의 축척으로 나타내시오.

라. 사구 2~3개 정도가 나타나는 단면도를 축척 1 : 50으로 답안지 I 의 상단에 그리시오.

마. Zone I 의 Belt 1, 2, 3에 최적인 식물을 아래 〈보기〉에서 제시된 식물 중에서 15종 이상 선택하여 주어진 현황도(작성한 사구 평면도 위에)에 식재설계를 하고 인출선으로 식물명, 수량, 규격 등을 나타내시오.(단, 식재 식물은 동종의 것을 군식 단위로 표현하시오.)

〈보기〉 돈나무, 목련, 다정큼나무, 개나리, 죽도화, 은행나무, 동백나무, 벚나무, 우묵사스레피나무, 후박나무, 일본 목련, 해송, 해당화, 사철나무, 눈향나무, 단풍나무, 백목련, 팔손이, 유엽도(협죽도), 독일가문비, 왕쥐똥나무, 개비자나무, 중국단풍, 잎갈나무, 벽오동, 들잔디, 맥문동, 아주까리, 원추리, 버뮤다그래스, 켄터키블루그래스, 갯방풍, 땅채송화(갯채송화)

바. Zone I 에 설계된 식물을 Belt 1, 2, 3으로 구분하여 수량표를 도면 우측 여백에 작성하시오.

사. Zone I 에 설계된 방조림의 식생단면도를 축척 1/200으로 답안지 I 의 도면 하단에 나타내시오.

지급된 트레이싱지 1매에 조각공원을 조성하려는 공간(Zone II)을 축척 1/200으로 확대하여 다음 사항을 만족하는 도면을 작성하시오.[답안지III]

가. Zone II의 남단 경계선(A-B)과 동서 경계선(A-C, B-D)에서 내부쪽으로 5m씩 경관식재공간으로 조성하려 한다. 이때 동서쪽의 식재공간은 출입동선에 지장이 되지 않도록 길이를 조절한다.

나. (가)항의 경관녹지공간과 연결(부지내부쪽)하여 폭 3m, 높이 0.6m의 단을 설치하고 흙을 채운 후 지피식물을 식재하여, 조각물을 적당히 배치한다.

다. 부지 중앙부에 동서 방향으로 15m, 남북 방향으로 4m, 높이 0.6m의 조각물 전시공간을 조성하는데 식재와 단(벽체)의 처리는 (나)항과 같다.

라. 부지 북쪽 경계선(C-D)에서 부지내부쪽으로 폭 4m의 녹지대를 조성하는데 적당히 마운딩한 후 식재설계를 한다. 이때 마운딩은 높이를 등고선으로 나타낸 후 그 위에 식재설계를 한다.

마. 식물은 주변의 환경과 공원의 성격에 잘 부합되는 것으로 임의로 선택하여 설계한다. 그리고 마운딩하는 녹지공간은 마운딩 높이를 등고선으로 나타낸 후 그 위에 식재설계를 한다.
　　– 부지내부의 적당한 곳에 장방형 퍼걸러 2개소, 정방형 퍼걸러 4개소를 설치한다.

바. 부지내부의 적당한 곳에 녹음수를 4~6주 식재하고 녹음수 밑에 수목보호 겸 벤치를 설치한다.

사. 적당한 곳에 화장실과 음수대를 설치한다.

아. 부지와 인접한 12m의 도로에 소형 자동차를 주차할 수 있는 평행주차장을 만든다.

자. 위 사항에 만족하는 설계도 기본설계 및 배식평면도를 작성하시오.

차. 도면 여백에 설계된 식물과 시설물의 수량표를 작성하시오.

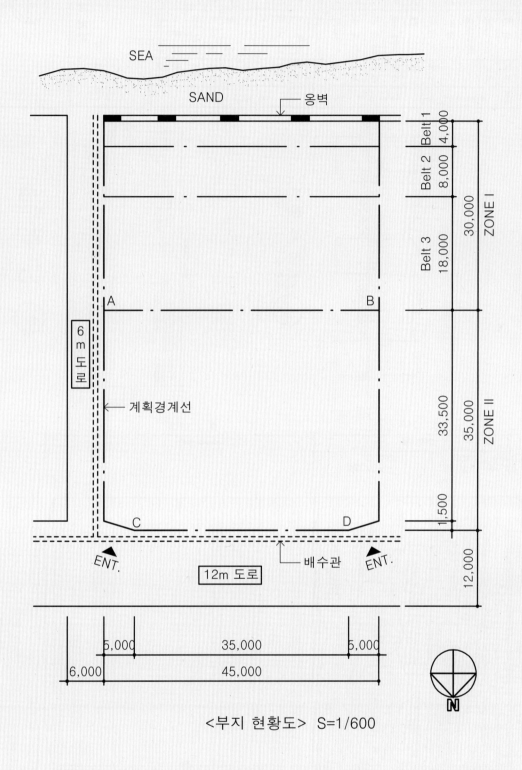

SEA

SAND

옹벽

Belt 1 Belt1 4,000

Belt 2 8,000

ZONE I 30,000

Belt 3 18,000

A   B

6m 도로

계획경계선

ZONE II 35,000 33,500

1,500

C   D

ENT.   배수관   ENT.

12m 도로

12,000

5,000   35,000   5,000

6,000   45,000

N

<부지 현황도> S=1/600

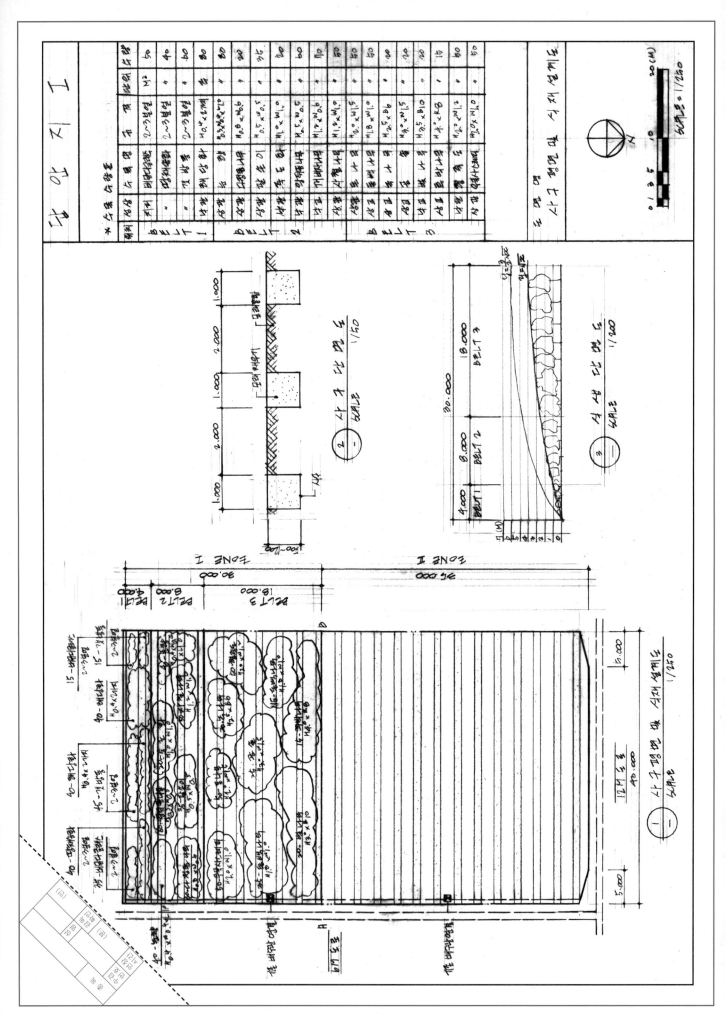

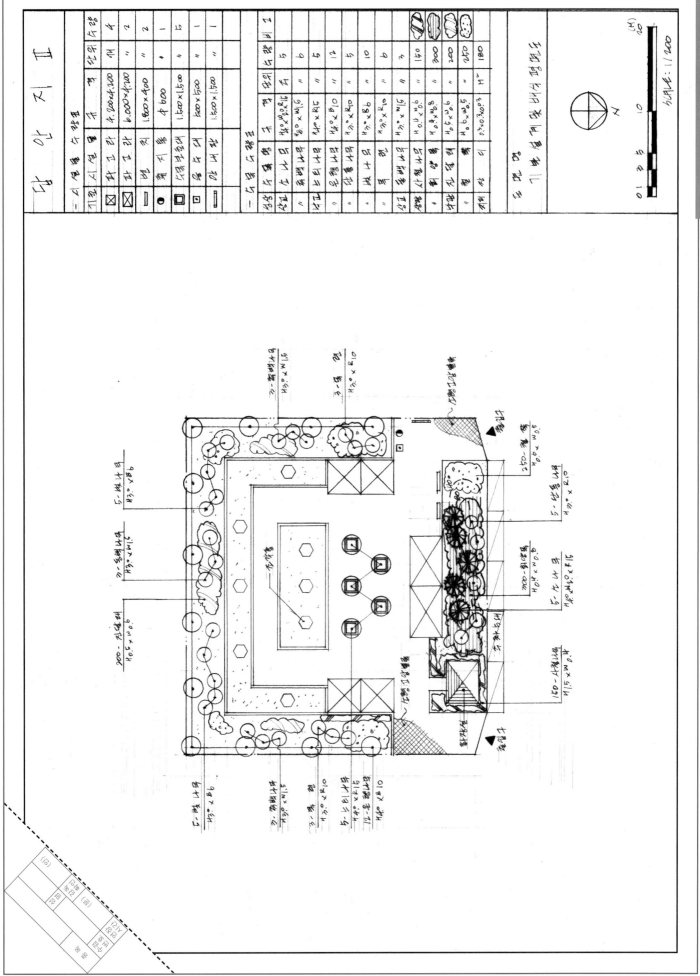

MEMO

조경설계

PART 4

최근 기출문제

요구사항(제 2과제)

다음은 중부지방 도심 내에 위치한 주차공원의 부지이다.

문제 1

아래의 조건을 참고하여 지급된 용지 1매에 현황도를 축척 1/300로 확대하여 설계개념도를 작성하시오.[도면 I]

가. 차량 진출입공간, 보행 진출입공간, 휴게공간, 중앙광장, 관리공간 등을 배치할 것.

나. 지하주차장의 차량 진출입은 이면도로 북쪽, 부지 상단에 설치할 것.

다. 설계의 요구조건을 반영시켜 공간과 동선을 배치하고, 각 공간의 특성, 기능, 시설 등을 간단한 설명과 함께 개념도의 표현방법을 사용하여 그리시오.

문제 2

아래의 요구조건을 참고하여 축척 1/300로 확대하여 기본설계도(시설물 배치 및 식재설계도)를 작성하시오.[도면 II]

가. 휴게공간에 퍼걸러(4m×4m) 2개소, 벤치 6개 이상 설치할 것.

나. 필요한 곳에 볼라드, 음수대, 휴지통, 조명등을 배치할 것.

다. 중앙광장의 중심에 환경조형물을 설치하고, 이동식 화분대 4개 이상 설치할 것.

라. 포장재료를 2가지 이상 사용하여 설계하고 재료명을 표기할 것.

마. 식수대(plant box)에 폭 30cm의 연식의자를 배치할 것.

바. 중부지방의 기후를 고려하여 교목 10종 이상과 관목 및 초화류의 수종을 선정하여 배식설계를 하고 인출선을 사용하여 수종명, 수량, 규격을 표시하시오.

사. 식재한 수량을 집계하여 범례란에 수목수량표를 작성하되, 수목수량표의 목록을 상록교목, 낙엽교목, 관목, 화훼류, 지피류 등 수목성상별로 구분하여 나열하시오.

문제 3

아래의 요구조건을 참고하여 축척 1/300로 확대하여 단면도와 단면상세도를 작성하시오.[도면 III]

가. 바닥은 콘크리트슬라브 30cm 두께임.

나. 부지 중앙광장의 식수대를 지나는 종, 횡단면도 중 한 가지를 그릴 것.

다. 식수대 단면도 바닥은 콘크리트 맨 하단 내압투수판 30mm, 위 투수시트 5mm 설치 후 인공경량토로 교목, 관목 식재가 가능한 깊이로 설계하시오.

라. 포장단면 상세도는 식재대가 나오도록 하여 축척 1/20로 그리며 바닥은 콘크리트 면으로 되어

있으므로 붙임 모르타르 50mm 설치 후 포장단면을 그리시오.

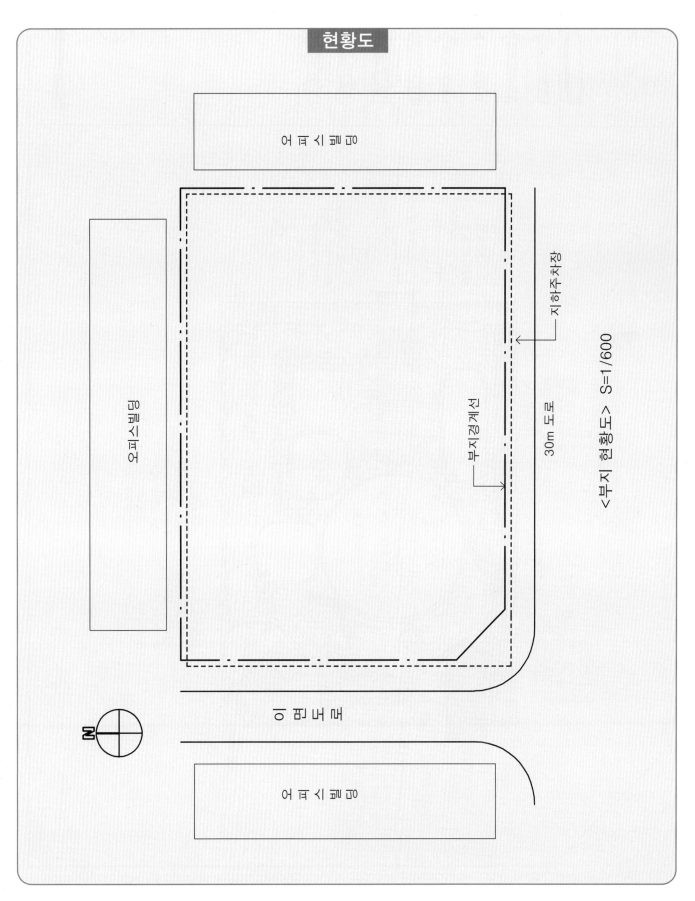

현황도

오피스텔동

오피스빌딩

오피스텔동

지하주차장

부지경계선

30m 도로

보행자도로

오피스텔동

<부지 현황도> S=1/600

N

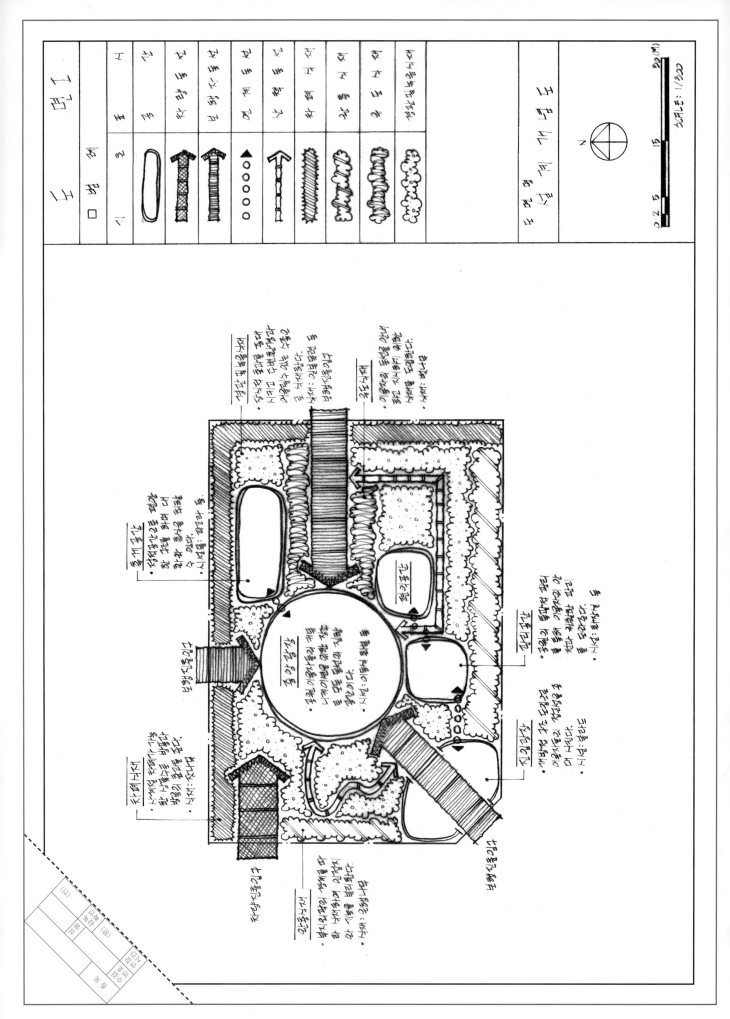

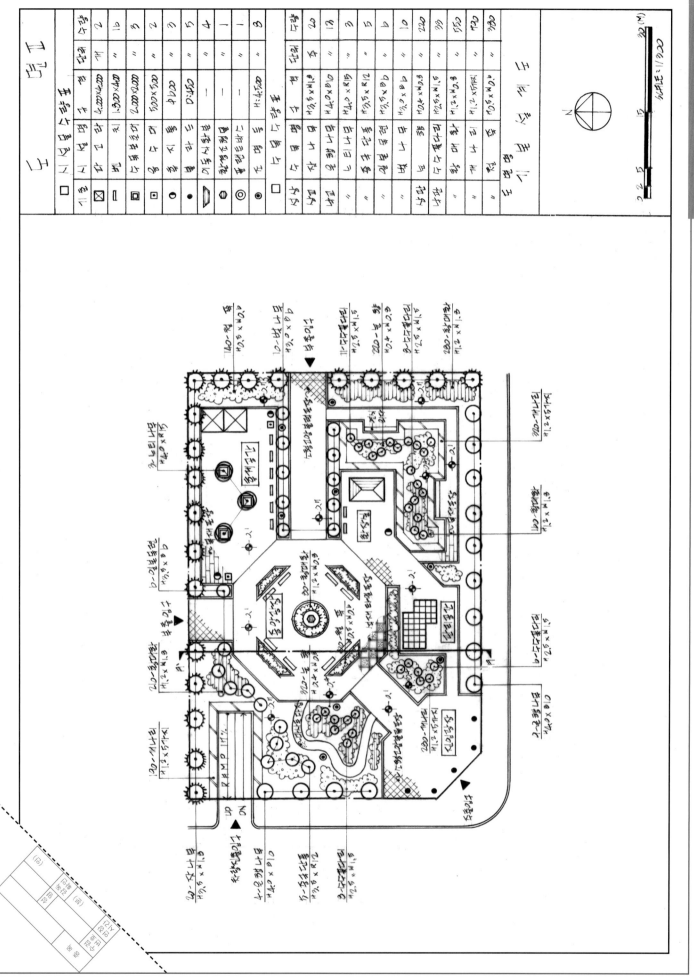

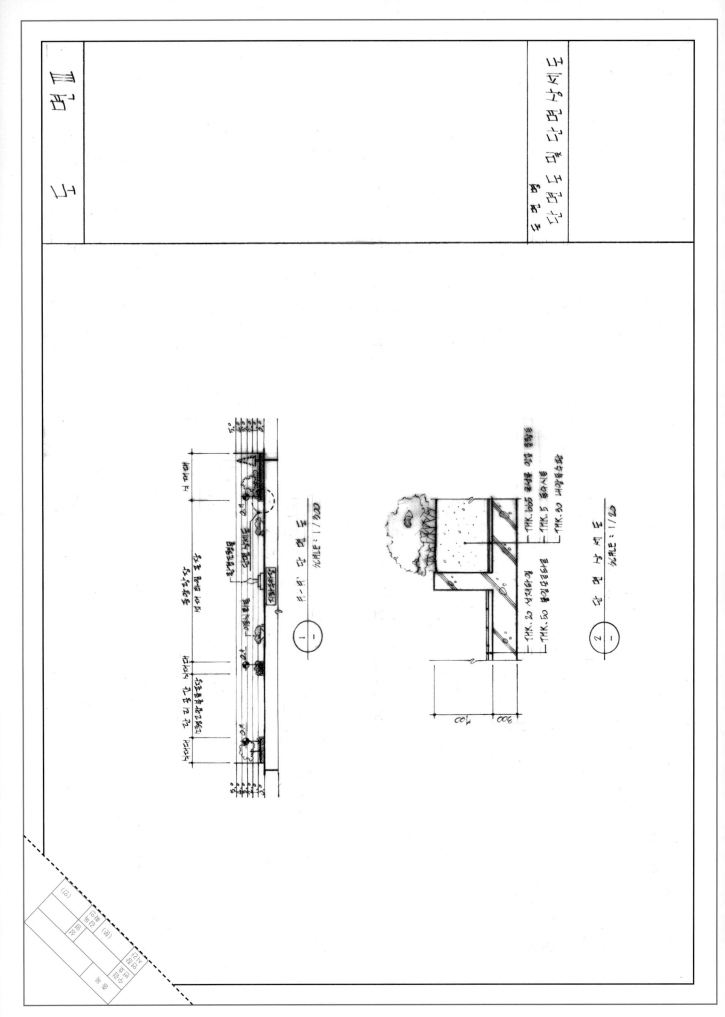

SCALE : 1 / 300

SCALE : 1 / 20

요구사항(제 2과제)

다음은 중부지방에 위치한 주택지의 근린공원이다.

문제 1

아래의 조건을 참고하여 현황도를 축척 1/300로 확대하여 설계개념도를 작성하시오.[도면Ⅰ]

가. 주동선과, 부동선을 구분하고 산책동선을 설계할 것.

나. 중앙광장, 운동공간, 전망 및 휴게공간, 놀이공간 등을 배치할 것.

다. 도로에 차폐식재(완충녹지대)를 계획하고, 경관, 녹음, 요점, 유도 등 식재개념을 표기하시오.

문제 2

아래의 요구조건을 참고하여 축척 1/300로 확대하여 시설물배치도를 작성하시오.[도면Ⅱ]

가. 주동선은 남측 중앙(폭 9m), 부동선은 동측(폭 4m) 설계하며, 주민들이 산책할 수 있는 산책로 (폭 2m)를 배치하고, 이들이 서로 순환할 수 있도록 설계할 것.

나. 중앙광장 : 높이+10.3, 폭은 15m로 조성, 수목보호대(1m×1m) 설치할 것.

다. 전망 및 휴게공간 : 높이+14.5, 주동선(정면)과 같은 축선상에 위치.
 - 중앙광장에서 계단, 램프(ramp)를 이용하여 접근할 수 있도록 설계할 것.
 - 계단(단 높이 15㎝, 단 너비 30㎝), 램프(경사도 14% 미만)
 - 계단과 램프는 붙여서 그릴 것.

라. 운동공간 : 다목적 운동공간(28m×40m), 테니스 코트(24m×11m), 배수시설 설치할 것.

마. 놀이공간 : 시소(3연식), 그네(2연식), 미끄럼틀(활주판 2개), 철봉(4단), 정글짐, 회전무대 또는 조합놀이대 등 놀이시설 6개 배치, 배수시설 설치할 것.

바. 퍼걸러(3m×5m) 2개소, 벤치는 20개소, 음수대 1개소 설치할 것.

사. 등고선은 점선으로 표기하고, 등고선 조작이 필요할 시 조작가능.

아. 정지로 생긴 경사면 1:1로 조절할 것.

자. 도면의 우측 여백에 시설물의 수량집계표를 작성할 것.

문제 3

아래의 요구조건을 참고하여 축척 1/300으로 확대하여 배식설계도를 작성하시오.[도면Ⅲ]

가. 경사 구간은 관목을 군식할 것.

나. 도로와 인접한 곳은 완충 녹지대를 3m 이상 조성할 것.

다. 완충 녹지대는 상록 교목을 식재할 것.

라. 각 공간의 기능과 경관을 고려하여, 지역조건에 맞는 수목 12수종 이상을 선정하되, 상록 : 낙
   엽의 비율이 3 : 7이 되도록 식재할 것.
마. 도면의 우측 여백에 수목의 수량집계표를 작성할 것.

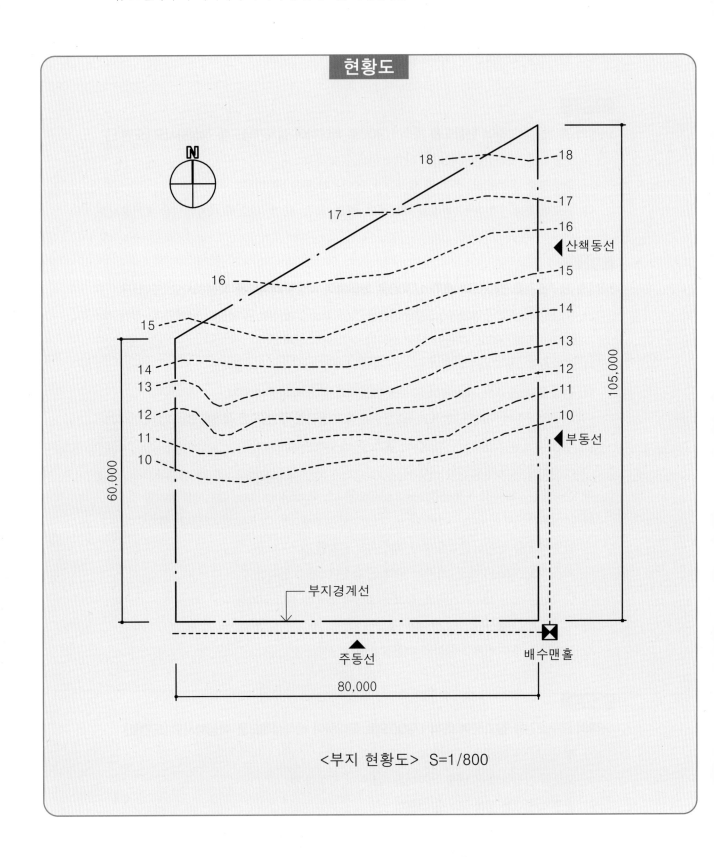

<부지 현황도> S=1/800

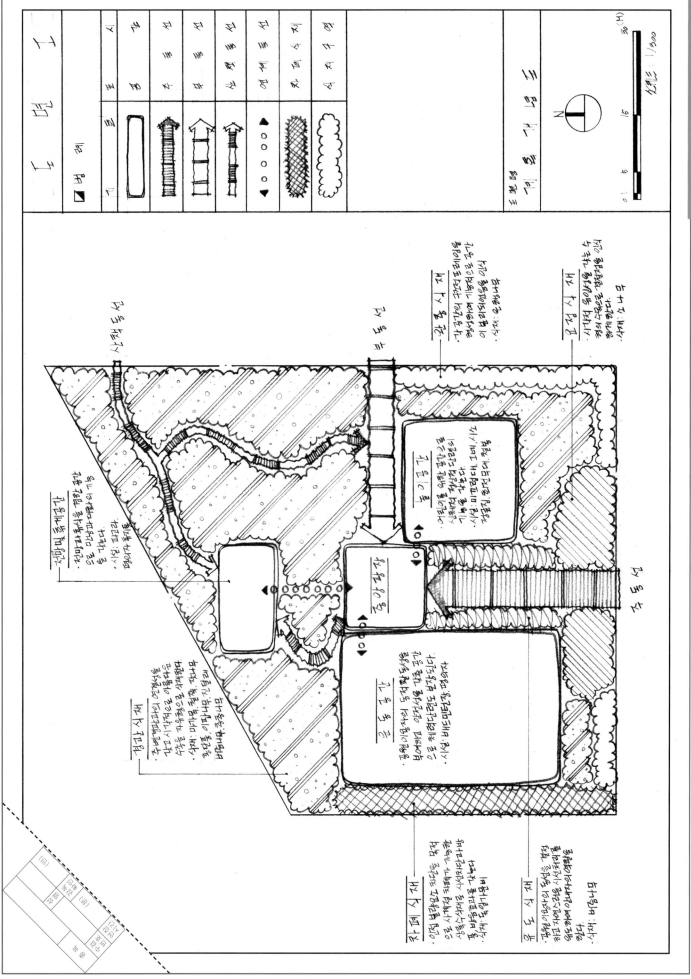

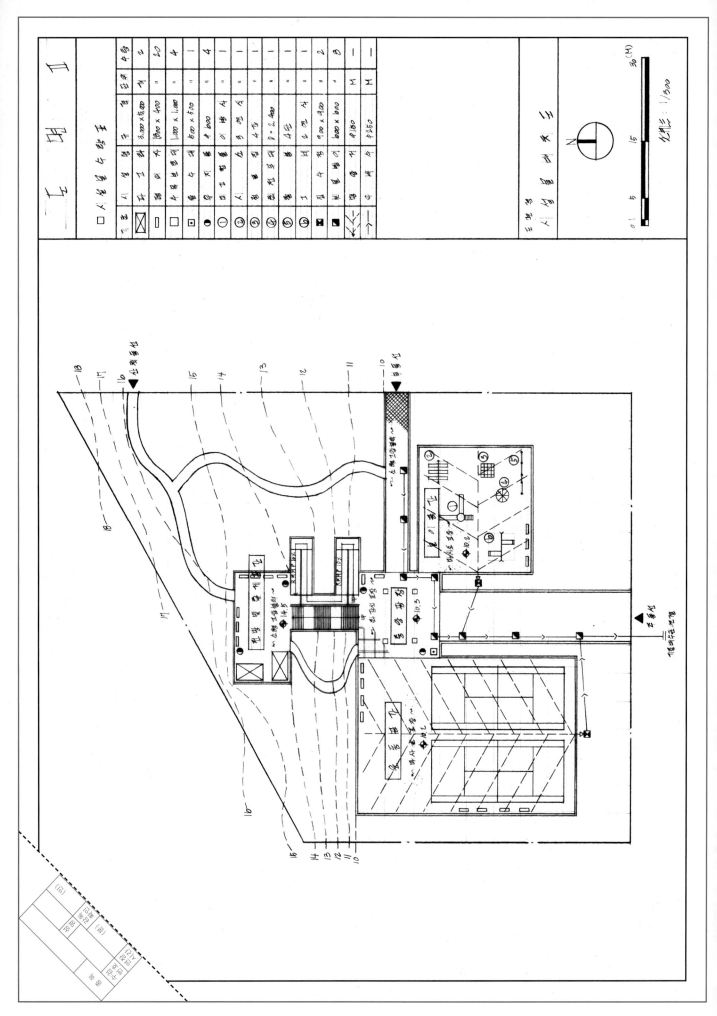

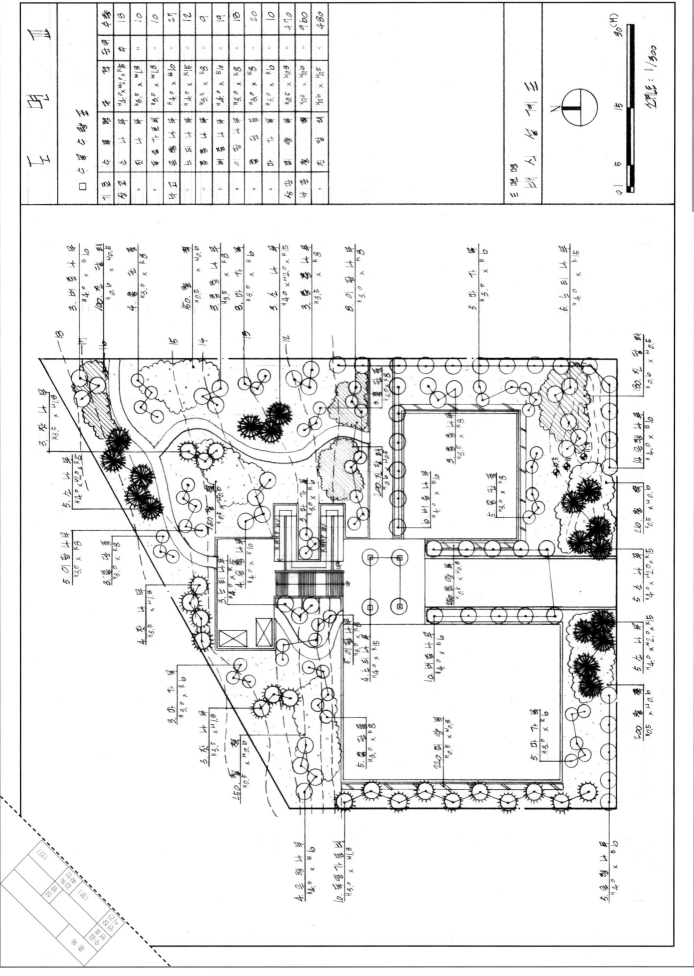

요구사항(제 2과제)

주어진 도면과 같은 사무실용 건축물 외부공간에 조경설계를 하고자 한다. 아래의 공통사항과 각 설계조건을 이용하여 문제 요구 순서대로 작성하시오.

공통사항

지하층 슬라브 상단면의 계획고는 +10.50이다.

도면의 좌측과 후면 지역은 시각적으로 경관이 불량하고 건축물이 위치하는 지역은 중부지방의 소도시로서 공해가 심하지 않은 곳이다.

문제 1

공통사항과 아래의 조건을 참고하여 평면기본구상도(계획개념도)를 축척 1/300로 작성하시오.

[답안지 I]

> 가. 북측 및 서측에 상록수 차폐를 하고, 우측에 운동공간(정구장 1면) 및 휴게공간 남측에 주차공간, 건물 전면에 광장을 계획할 것.
>
> 나. 도면의 "가" 부분은 지하층 진입, "나" 부분은 건물 진입을 위한 보행로 "다" 부분은 주차장 진입을 위한 동선으로 계획할 것.
>
> 다. 건물 전면광장 주요지점에 환경조각물 설치를 위한 계획을 할 것.
>
> 라. 공간배치계획, 동선계획, 식재계획 개념을 기술할 것.

문제 2

공통사항과 아래의 조건을 참고하여 시설물 배치평면도를 축척 1/300로 작성하시오.[답안지 II]

> 가. 도면의 a~j까지의 계획고에 맞추어 설계를 하고 "가"지역은 폭 5m, 경사도 10%의 램프로 처리, "나"지역은 계단의 1단의 높이 15cm로 계단처리를 하고 보행로의 폭은 3m로 처리, "다"지역은 폭 6m의 주차진입로로 경사도 10%의 램프로 처리하고 계단 및 램프 ↑(up)로 표시할 것.
>
> 나. 현황도의 빗금친 부분의 계획고는 +11.35로 건물로의 진입을 위하여 계단을 설치하고 계단은 높이 15cm, 디딤판 폭 30cm로 한다.
>
> 다. 휴게공간에 퍼걸러 1개, 의자 4개, 음료수대 1개, 휴지통 2개 이상을 설치할 것.
>
> 라. 건물 전면공간에 높이 3m, 폭 2m의 환경조각물 1개소 설치할 것.
>
> 마. 포장재료는 주차장 및 차도의 경우는 아스팔트, 그 밖의 보도 및 광장은 콘크리트 보도블록 및 화강석을 사용할 것.
>
> 바. 차도측 보도에서 건축물 대지쪽으로 정지작업시 경사도는 1 : 1.5로 처리함.

사. 정구장은 1면으로 방위를 고려하여 설치할 것.

아. 설치시설물에 대한 범례표는 우측 여백에 작성할 것.(설치 시설물의 개수도 기재할 것)

문제 3

공통사항과 아래의 조건을 참고하여 식재기본설계도를 축척 1/300로 작성하시오.[답안지III]

가. 사용수량은 10수종 이상으로 하고 차폐에 사용되는 수목은 수고 3m 이상의 상록수로 할 것.

나. 주차장 주변에 대형 녹음수로 수고 4m 이상 수관폭 3m 이상을 식재할 것.

다. 진입부분 좌우측에는 상징이 될 수 있는 대형수를 식재할 것.

라. 건물 전면 광장 전면에 녹지를 두고 식재토록 할 것.

마. 지하층의 상부는 토심을 고려하여 식재토록 할 것.

바. 수목은 인출선에 의하여 수량, 수종, 규격 등을 표기할 것.

사. 수종의 선택은 지역적인 조건을 최대한 고려하여 선택할 것.

아. 수목의 범례와 수량 기재는 도면의 우측에 표를 만들어 기재할 것.

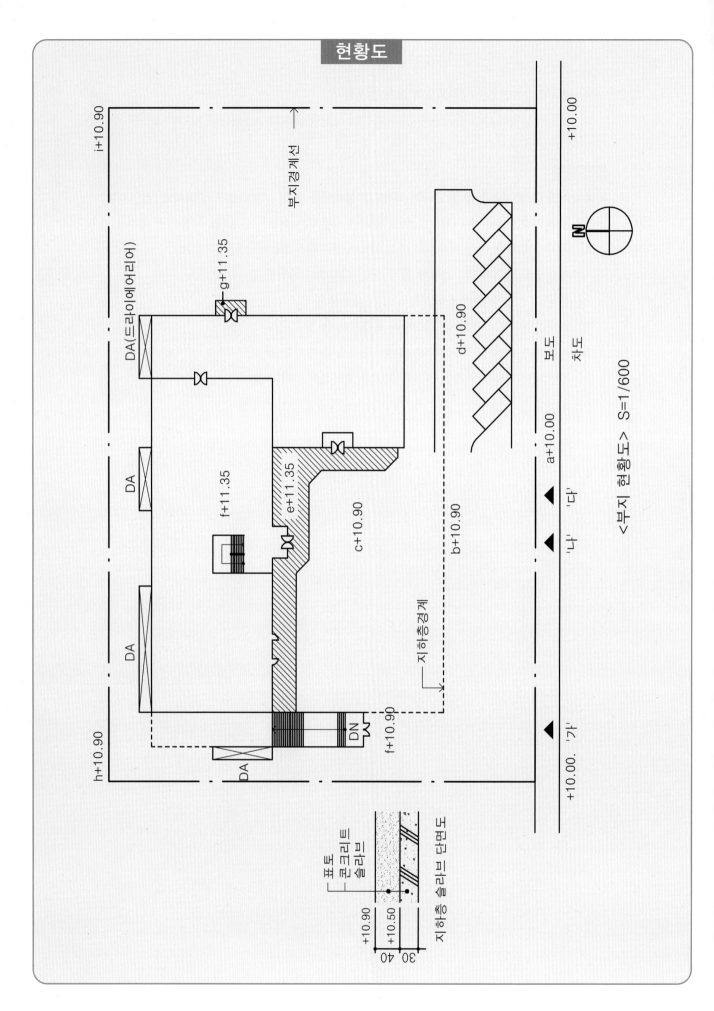

현황도

<부지 현황도> S=1/600

지하층 슬라브 단면도

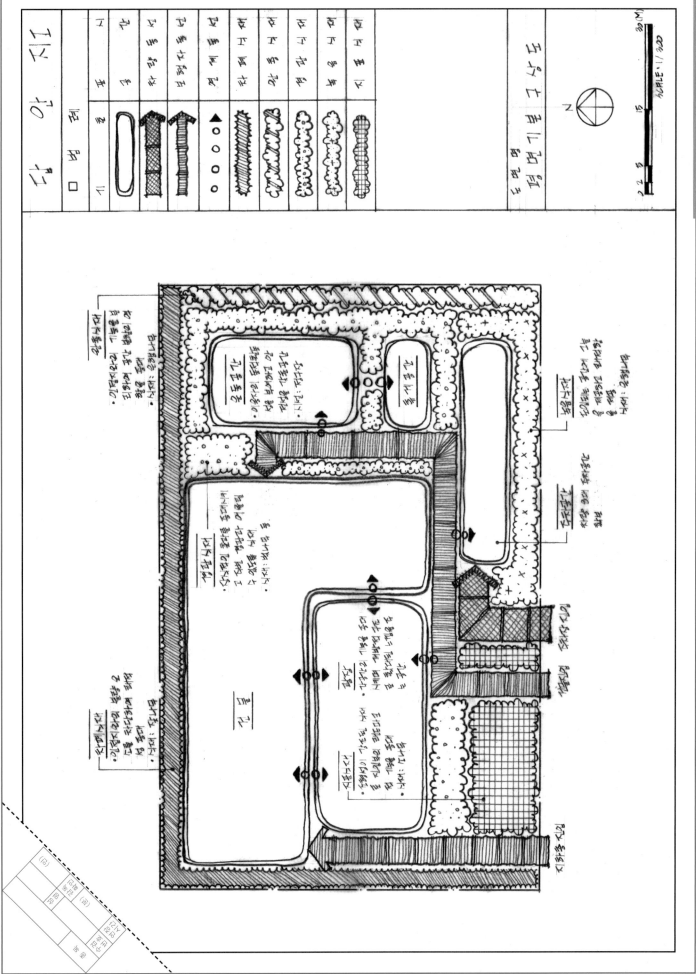

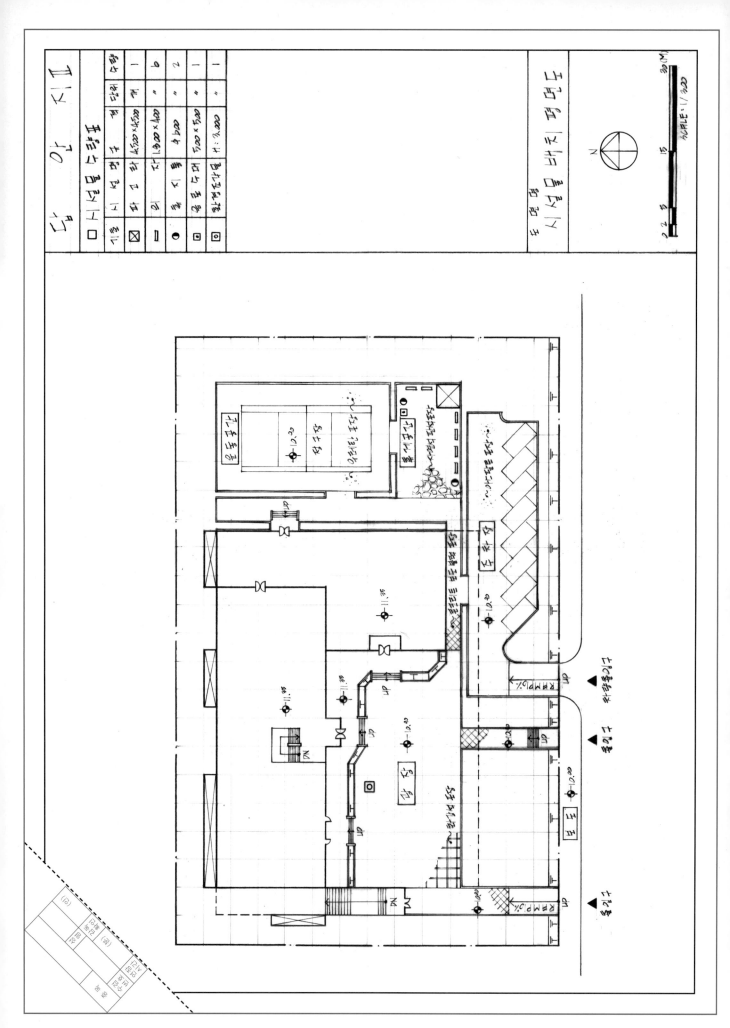

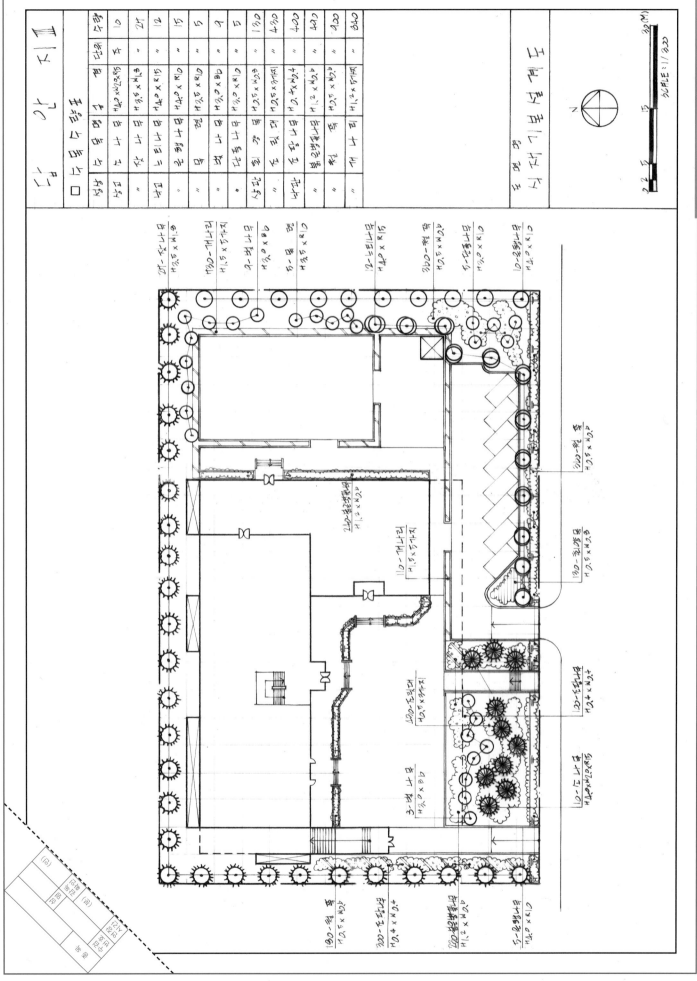

요구사항(제 2과제)

아래의 각 설계조건을 이용하여 문제 요구 순서대로 작성하시오.

문제 1

[현황도 I]을 축척 1/600로 확대하여 설계하시오.(단, 확대된 도면에는 등고선을 그리지 않아도 됨.)[답안지 I]

확대된 도면에 다음 공간들을 수용하는 토지이용계획 구상개념도를 수립하고 그 공간내부에 해당되는 공간의 명칭을 기입하시오.(예 : 놀이공간)

  가. 수용하여야 할 공간
    - 운동공간(축구장 : 65m×100m) 1개소, 휴게공간(15m×35m) 1~2개소
    - 광장 2개소(포장광장(400㎡) 1개소, 비포장광장(500㎡) 1개소)
    - 놀이공간(20m×25m) 1개소, 수경공간(400㎡) 1개소, 청소년회관공간(건폐면적 600㎡) 1개소, 보존공간 1개소, 완충녹지공간(필요한 부분에 배치)

  나. 공간배치에 고려할 사항
    - 축구장은 남북방향으로 배치한다.
    - 수경공간은 지형등고선을 고려하여 굴착토량을 최소화하는 곳에 배치한다.
    - 청소년 회관은 부지 서쪽의 상가지역과 인접하여 배치한다.
    - 비포장 광장은 휴게공간, 수경공간과 인접하여 배치한다.
    - 놀이공간은 주택가와 인접한 곳에 배치한다.

문제 2

[현황도II]는 중부지방에 위치하는 어린이 놀이터의 부지이다. 아래의 조건을 참고로 주어진 트레이싱지에 기본설계도를 작성하시오.[답안지II]

  가. 현황도II를 축척 1/200로 확대하시오.
  나. 계획부지 면적을 산출하여 도면상단의 답란에 계산식과 면적을 쓰시오.
  다. 어린이 놀이시설 5종 이상을 배치하고 반드시 도섭지 1개소를 설치하시오.
  라. 휴게시설로 퍼걸러 1개, 벤치 10개를 배치하시오.
  마. 식재지역은 부지 둘레를 따라 2m 이상의 폭으로 배치하시오.
  바. 필요한 곳에 모래, 자갈, 보도블록 등을 사용하고 도면상에 표시하시오.
  사. 수목의 명칭, 규격, 수량은 인출선을 사용하여 표기할 것.
  아. 수종은 다음 중에서 선택하여 사용하되 계절의 변화감을 고려하여 10종 이상을 사용할 것.

〈보기〉 은행나무, 후박나무, 아왜나무, 느티나무, 왕벚나무, 아카시아, 단풍나무, 동백, 잣나무, 측백나무, 쥐똥나무, 산철쭉, 협죽도, 호랑가시나무, 수수꽃다리, 잔디, 맥문동, 마삭줄

자. 도면 우측 여백에 시설물과 식재수목의 수량표를 표시하시오.

차. 부지면적을 계산하여 다음과 같이 그린 후 기재할 것.

계산식	면적(㎡)

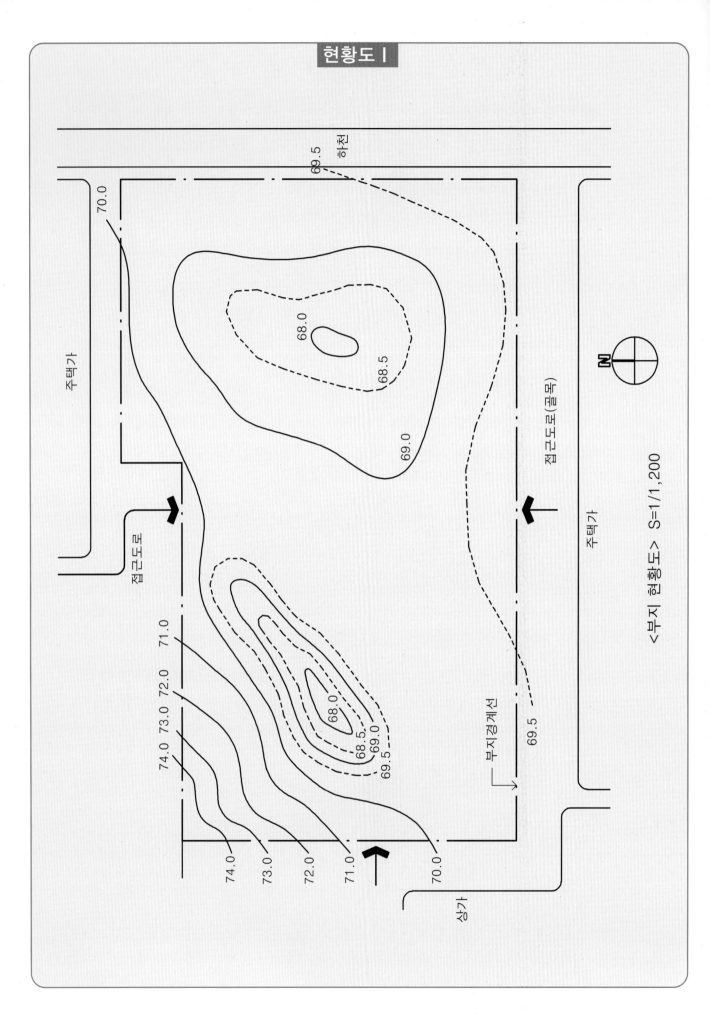

<부지 현황도> S=1/1,200

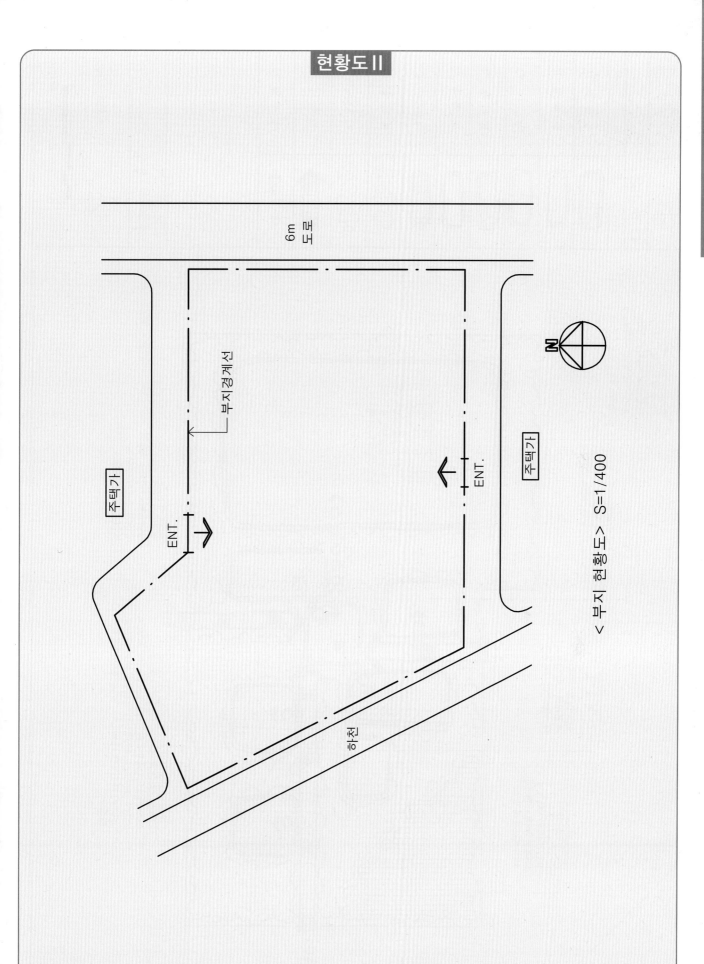

<부지 현황도> S=1/400

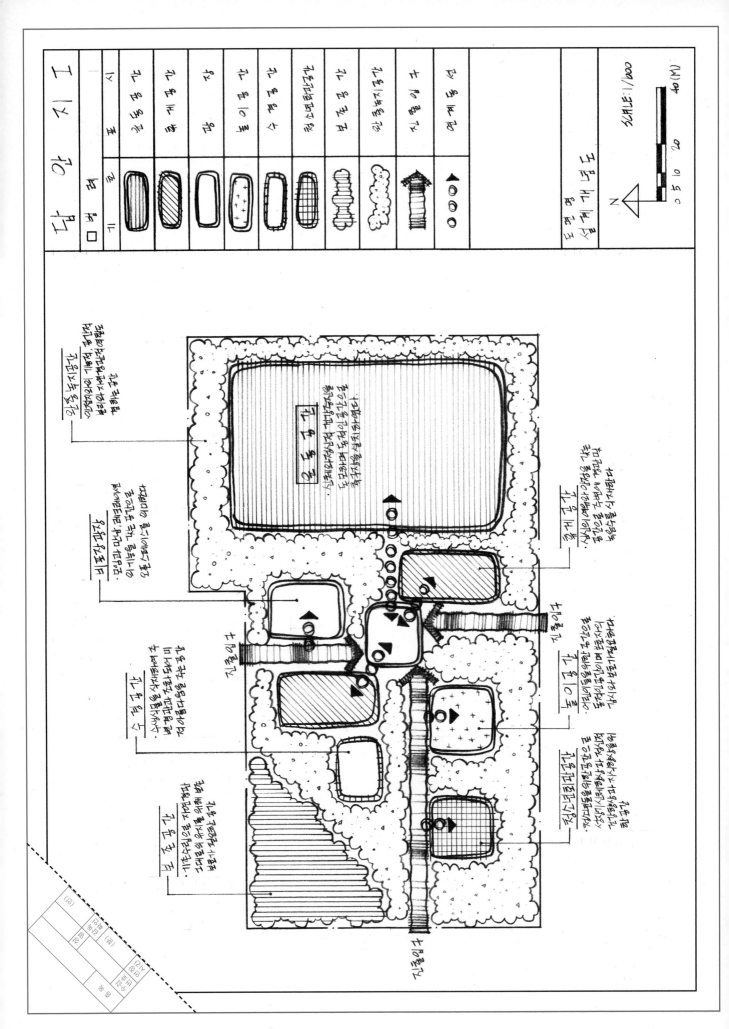

338 PART 4 최근기출문제(설계)

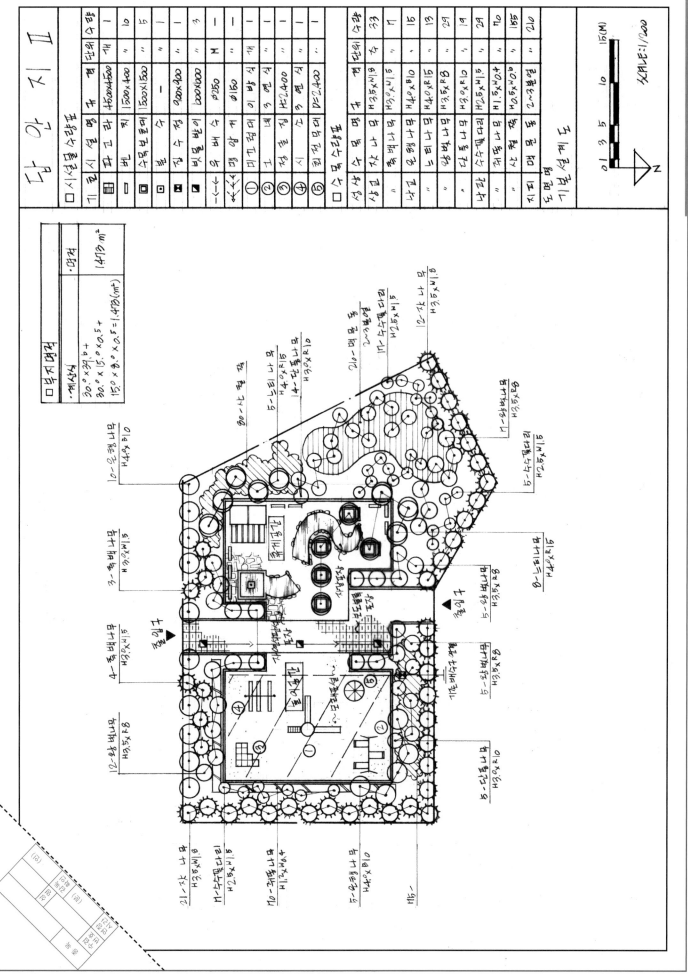

요구사항(제 2과제)

다음은 중부지방의 도시 내에 위치한 근린공원의 부지 현황도이다. 요구하는 축척으로 확대하여 주어진 요구조건을 반영시켜 설계개념도(답안지Ⅰ)와 기본설계도 및 식재설계도(답안지Ⅱ), 단면도(답안지Ⅰ)를 작성하시오.

문제 1

주어진 요구조건을 반영시켜 축척 1/200로 설계개념도를 작성하시오. 또한 부지의 면적을 구하고 계산식과 답을 도면의 여백에 작성하시오.[답안지Ⅰ]

가. 표고 12m로 부지 정지할 것.

나. 기존 수림지는 최대한 보존하되, 수림지 내에 전망대를 설치하고, 오솔길로 연결시킬 것.

다. 주동선과 부동선, 진입관계, 공간배치, 식재개념 배치 등을 개념도의 표현기법을 사용하여 나타내고, 각 공간의 명칭, 성격, 기능을 약술하시오.

라. 공간별 요구조건은 다음과 같다.

구분	면적	배치 위치	시설명, 규격 및 배치 수량
광장	60㎡	남서측	포장, 벤치, 휴지통 등
휴게공간	60㎡	남동측	퍼걸러, 벤치, 휴지통, 음수전 등
놀이공간	80㎡	북동측	4연식 그네 1조, 2방식 미끄럼대 1조 등 놀이시설물 3종 이상
녹지공간	최소 폭 2m 이상	부지 경계부	경계, 차폐식재가 필요한 곳에 설계

문제 2

설계개념도를 반영시켜 시설물배치 및 식재설계도를 축척 1/100로 작성하시오.[답안지Ⅲ]

가. 근린공원 내의 진출입은 반드시 현황도에 지정된 곳(2곳)에 한정된다.

나. 개념도의 요구조건을 반영시켜 광장, 놀이공간, 휴게공간, 녹지공간 등을 조성한다.

다. 포장 재료는 2가지 이상 사용하여 표기하고, 재료명을 기입할 것.

라. 적당한 곳에 경계식재, 차폐식재, 보존녹지공간 등을 조성한다.

마. 식재설계 시 10수종 이상을 선정하고, 인출선을 사용하여 수량, 수종명, 규격을 표기하고, 범례란에 수목 수량표와 시설물 수량표를 작성하시오.

문제 3

[답안지Ⅲ]에서 작성한 설계도의 대표적인 곳을 단면 절단하여 [답안지Ⅰ]의 여백에 축척 1/100로

단면상세도를 작성하시오.

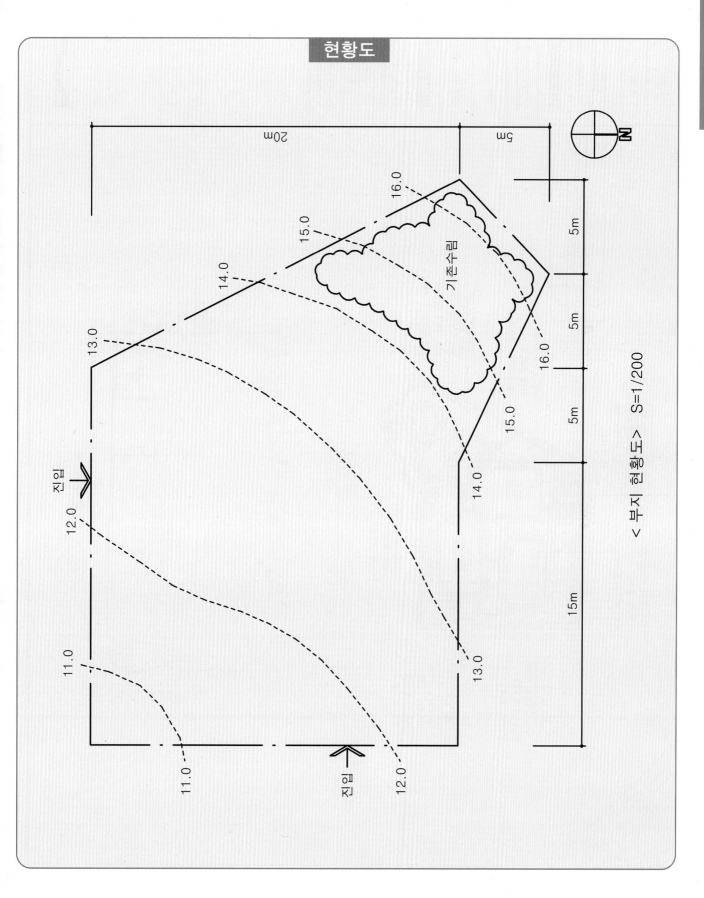

현황도

20m

5m

N

16.0

15.0

14.0

13.0

기존수림

16.0

16.0

15.0

14.0

13.0

진입

12.0

11.0

11.0

진입

12.0

5m

5m

5m

5m

15m

< 부지 현황도 > S=1/200

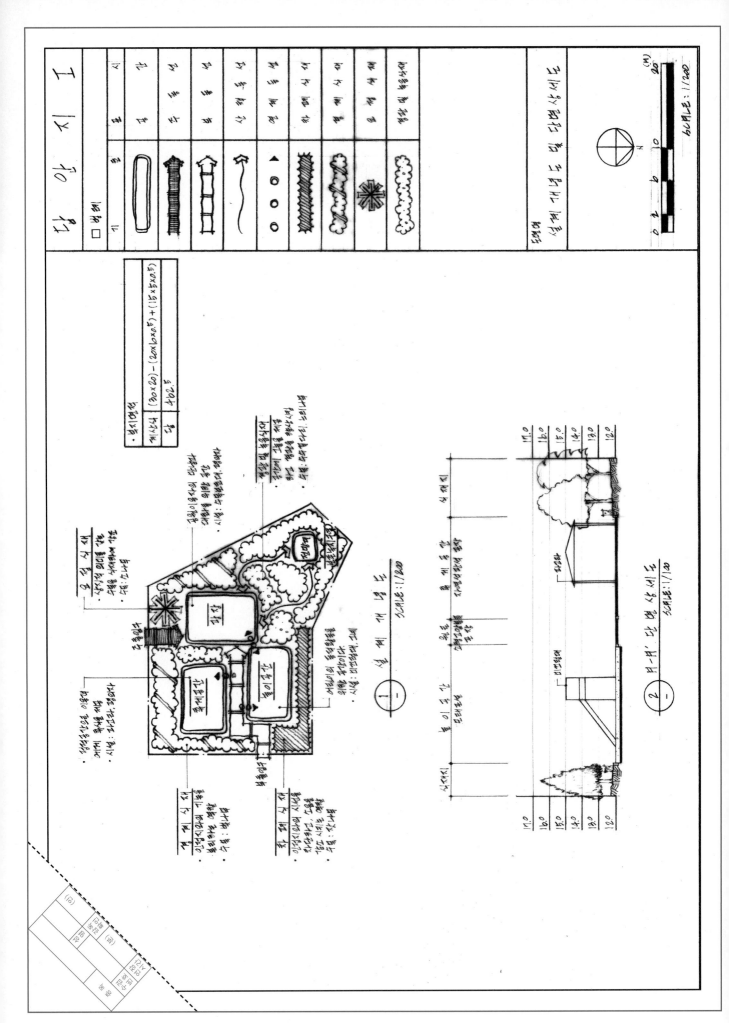

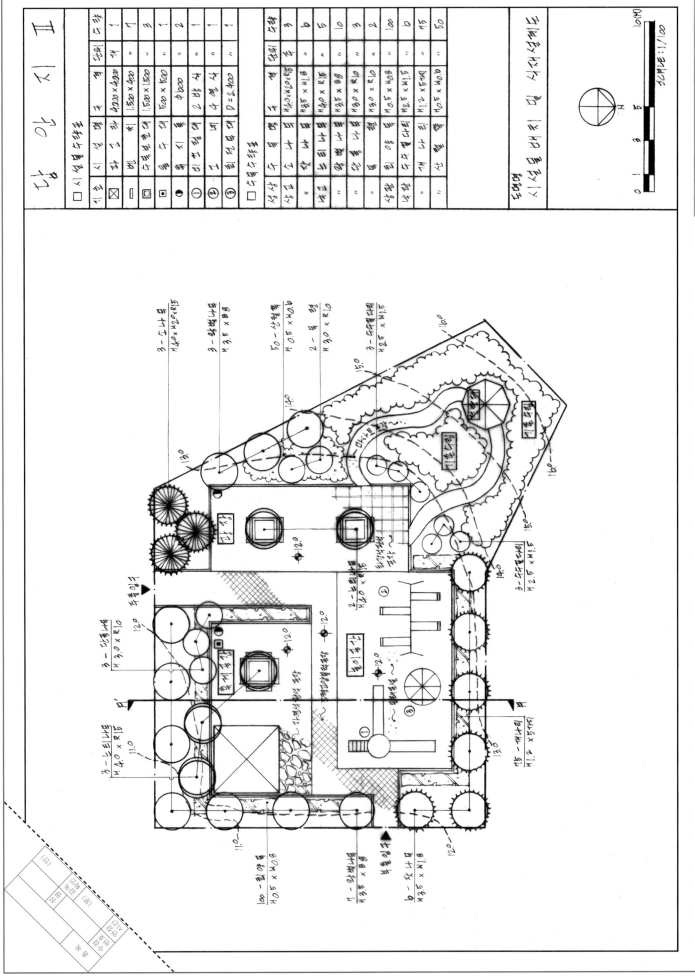

요구사항(제 2과제)

다음의 주어진 현황도를 보고 물음에 맞는 도면을 작성하시오.

문제 1

[현황도 I]에 주어진 부지를 그대로 트레이싱지에 제도하고, 아래의 조건을 반영한 설계개념도를 작성하시오.[트레이싱지 I]

주어진 지형도는 도시 근교에 위치한 공원묘지의 부지이다. 이 도면에 지형의 잠재력을 잘 파악하여 요구사항에 따라 토지이용계획을 수립하시오.(단, 경사도 50% 이하에서 토질 형질을 변경하여 이용할 수 있으며, 경사도 50% 이상은 보존구역으로 한다. 토지 이용공간의 외곽을 각기 다른 표현 기호로 나타내고, 그 내부에 이용공간의 명칭을 굵게 기재한다.)

    가. 산마루 능선과 계곡은 보존공간으로 보존 계획한다.

    나. 오목사면에 해당되는 곳에는 납골 묘역공간, 평사면에 해당되는 곳에는 기독교인의 매장 묘역 공간을 각각 1개소씩 조성 계획한다.

    다. 볼록사면과 기타의 사면에는 일반인 매장 묘역공간으로 각각 조성 계획한다.

    라. 가장 평탄한 곳에 납골당 1개소, 그 좌측에 장제장 1개소를 각각 설치 계획한다.

    마. 가장 적당한 곳에 수경(水景)을 겸한 휴게공간을 조성 계획한다.

    바. 진입구 위치를 고려하여 입구광장과 중앙광장을 각각 설치 계획한다.

    사. 가장 적당한 곳에 생산공간(잔디, 묘목, 원예작물 등)과 석물(石物)가공 공장을 조성하고, 생산물 (석물포) 전시 판매장을 각각 설치 계획한다.

    아. 적당한 곳에 관리사무실과 주차장을 각각 조성 계획한다.

    자. 각종 시설공단(납골당, 장제장, 관리사무실, 전시판매장, 광장, 휴게소, 주차장)과 묘역 공간 사이는 녹지를 설치하여 분리 계획한다.

> 첨부된 지형도는 축척 1/12,000의 크기로 되어 있으며 실제 시험에서는 축척 1/6,000의 크기로 주어졌다. 축척 1/6,000로 확대하고 등고선을 참고하여 연습하면 되고, 첨부된 지형도를 200% 확대복사하여 사용할 수도 있다.

문제 2

[현황도 II]와 아래의 요구조건을 바탕으로 시설물배치도 및 수목배치도를 각각 작성하시오. [트레이싱지 II, III]

주어진 부지는 우리나라 남부지방의 도심에 위치한 도시 미관 광장 부지이다. 부지내부는 평탄한 지형이며, 공지(空地)상태이다. 설계 시 요구사항에 따라 변형되는 지반고 및 시설물의 높이 등은 현 지반고를 "0"으로 기준하여 나타낸다.(예-40)

본 미관 광장은 부지를 남북으로 똑같은 면적이 되게 양분하고, 그 중앙에 동선을 설치하며 북측공간은 벽천, 분수, 연못이 함께 있는 "수경공간"으로 남측 공간은 조각물을 전시하는 "조각전시공간"으로 그리고 부지 주변부는 녹지공간으로 조성하려 한다.

다음의 요구사항을 잘 읽고 지급된 트레이싱지에 축척 1/200로 설계한다.

■ 중앙동선

　가. 부지의 동서방향으로 부지 중앙에 폭 4.0m의 동선을 설치한다.

　나. 동선의 중앙(부지의 중앙)에 직경 4.0m의 넓이, 그리고 40㎝의 지반을 조성한다. 높이 40㎝의 외벽(유토벽)은 석재(마름돌)를 사용한다.

　다. 위의 "나"항에서 조성된 지반의 중앙에 반경 1.0m의 넓이 그리고 "나"항에서 조성한 지반을 기준으로 높이 30㎝의 단을 설치하고 시계탑 겸 상징탑을 세운다. 단은 석재를 사용하며, 시계탑 겸 상징탑의 형태와 높이는 설계자가 임의로 한다.

　라. 동선의 바닥 포장은 녹색 투수콘크리트로 한다.

■ 부지외곽

　가. 출입구를 제외한 부지의 외곽부는 폭 4.0m, 높이 80㎝의 식재함(plant box)를 설치하여 양질의 토양을 채운 후 식재한다.

　나. 식재함은 철근콘크리트로 시공한 후 노출부는 소성벽돌로 치장쌓기를 한다.

■ 수경공간

　가. 수경공간은 전체적으로 현 지반보다 60㎝ 낮게 하고, 중앙 동선에서 장애자, 노약자 등 누구나 접근할 수 있도록 계단, 램프(ramp) 등을 설치하여 연계시킨다.

　나. 수경시설은 북쪽면의 식재함과 연결하여 조성하되, 연못의 평면적 형태는 직선과 곡선이 조합된 기하학적 형태로 벽천, 분수 등이 함께 공존하도록 설계한다.

　다. 연못의 곡선 부분은 부지 동·서면의 경계선 중앙에서 반경 10m의 원호로 하고 적당한 위치에서 직선과 연결시킨다.

　라. 직선부분의 연못 폭은 최소 3m로 한다.

　마. 분수가 있는 연못 바닥의 높이는 수경공간의 지면보다 30㎝ 낮게 하고, 연못 경계부위의 높이는 수경공간의 지면보다 40㎝ 높게 한다.

　바. 벽천을 식재함과 연결시켜 설치하되 높이는 연못 바닥에서 3m의 수직벽으로 한다.

　사. 연못과 벽천은 콘크리트로 시공하고 석재로 마감한다.

아. 연못 주변의 적당한 식재공간에 2m×3m의 순환펌프실 2개소를 설치한다.

자. 연못 주변의 적당한 곳에 퍼걸러(3.6m×3.6m) 4개와 6m의 장의자 2개를 설치한다.

차. 적당한 곳에 집수구 2개를 설치한다.

카. 수경공간의 바닥은 소형고압블록(ILP)을 포장한다.

■ 조각물 전시공간

가. 조각물 전시공간의 지면은 현 지면과 같게 한다.

나. 조각물을 전시할 장소는 남측 식재함과 연결하여 조성하되 평면적 형태는 수경시설의 형태와 같은 대칭으로 조성한다.(수경공간의 "나"~"라"항 참조)

다. 조각물을 전시할 장소 지반고는 현 지반보다 40cm 높게 한다.

라. 조각물을 적당히 배치한다.

마. 적당한 곳에 퍼걸러 2개를 설치하되 평면길이 9m×6m×3m의 'ㄱ'형으로 한다.

바. 적당한 곳에 6m×4m의 화장실 1개소를 설치한다.

사. 적당한 곳에 5m×4m의 관리소 겸 매점 1개소를 설치한다.

아. 적당한 곳에 4m의 장의자 2개소를 설치한다.

자. 적당한 곳에 집수구 2개 이상 설치한다.

차. 바닥은 소형고압블록(ILP)으로 포장한다.

■ 식재

가. 각 공간의 기능성과 경관성이 잘 나타날 수 있도록 식재설계를 한다.

나. 상록수 위주로 구성하되 계절적 변화감이 있도록 설계한다.

다. 교목과 관목 등의 구성이 조화되게 설계한다.

라. 식재함 외에 수경공간과 조각물 전시공간 내부의 적당한 곳에 식재하고 보호조치 한다.

마. 다음에 제시된 식물을 선택하여 식재설계를 한다.(단, 최소 12종 이상을 선택할 것)

〈보기〉 소나무, 잣나무, 해송, 감탕나무, 태산목, 느티나무, 은행나무, 후박나무, 천리향, 가시나무, 가이쯔가향나무, 목서, 아카시나무, 능수버들, 피라칸사, 단풍나무, 호랑가시나무, 영산홍, 눈향나무, 느릅나무, 현사시나무, 잔디, 아주가(Ajuga), 맥문동

바. 인출선을 사용하여 식물명, 규격, 수량 등을 기재하고 도면 우측에 반드시 수량표를 작성한다.

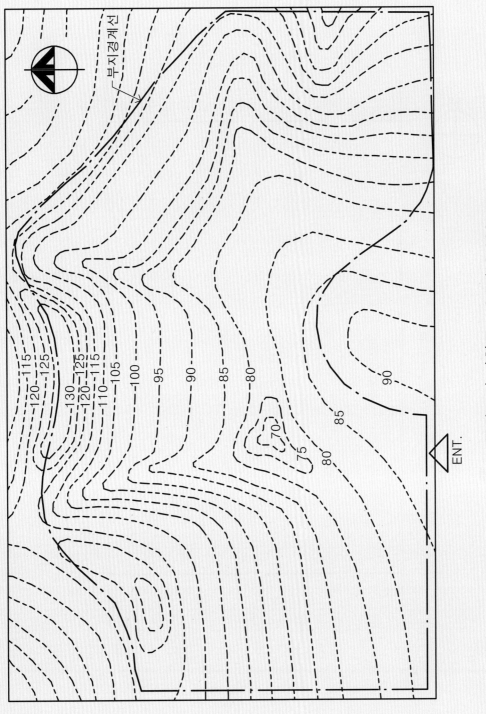

부지경계선

130
120
125
115
110
105
100
95
90
85
80

120
115
125

70
75
80

85

90

ENT.

<공원묘지 지형도> S=1/12,000

N

인근 예정 건물

4차선 도로

부지 경계선

광장부지

4차선 도로

인근 예정 건물

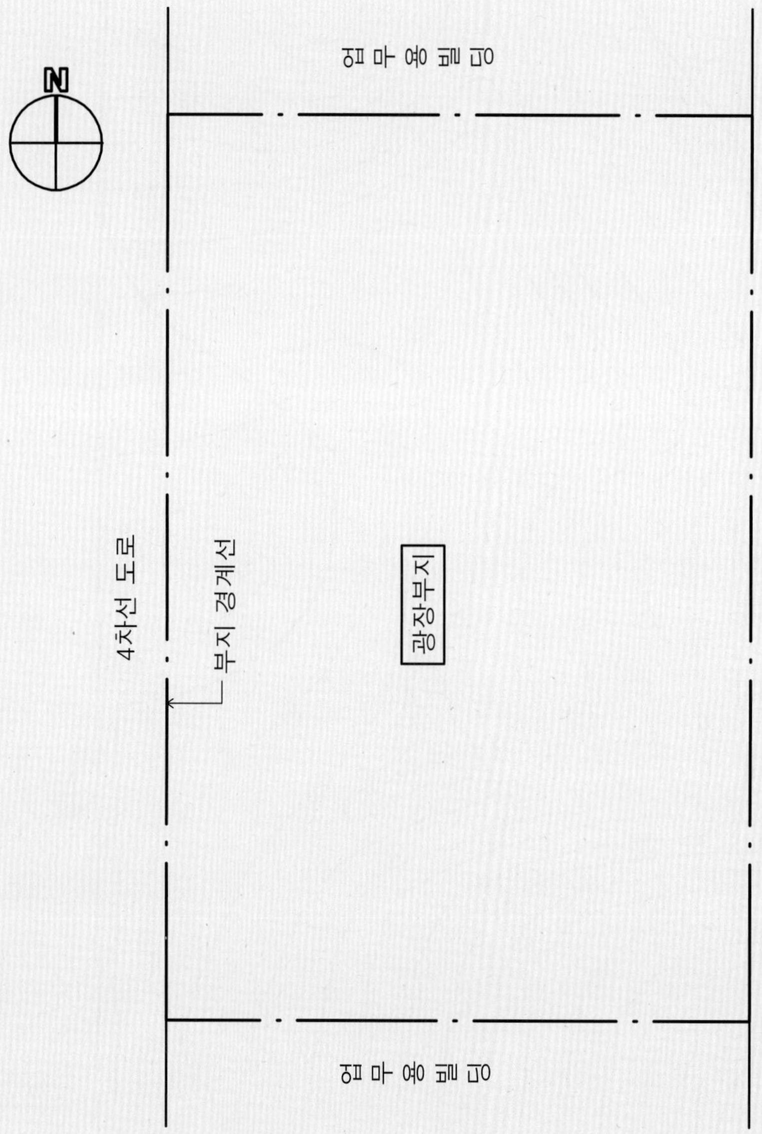

<도시 미관광장 부지 현황도> S=1/500

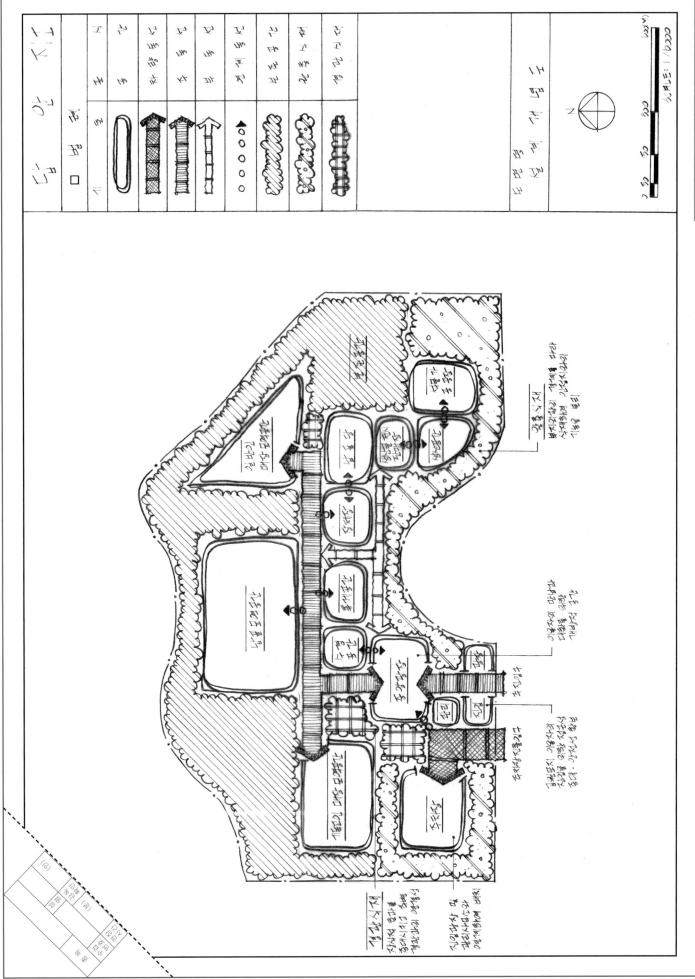

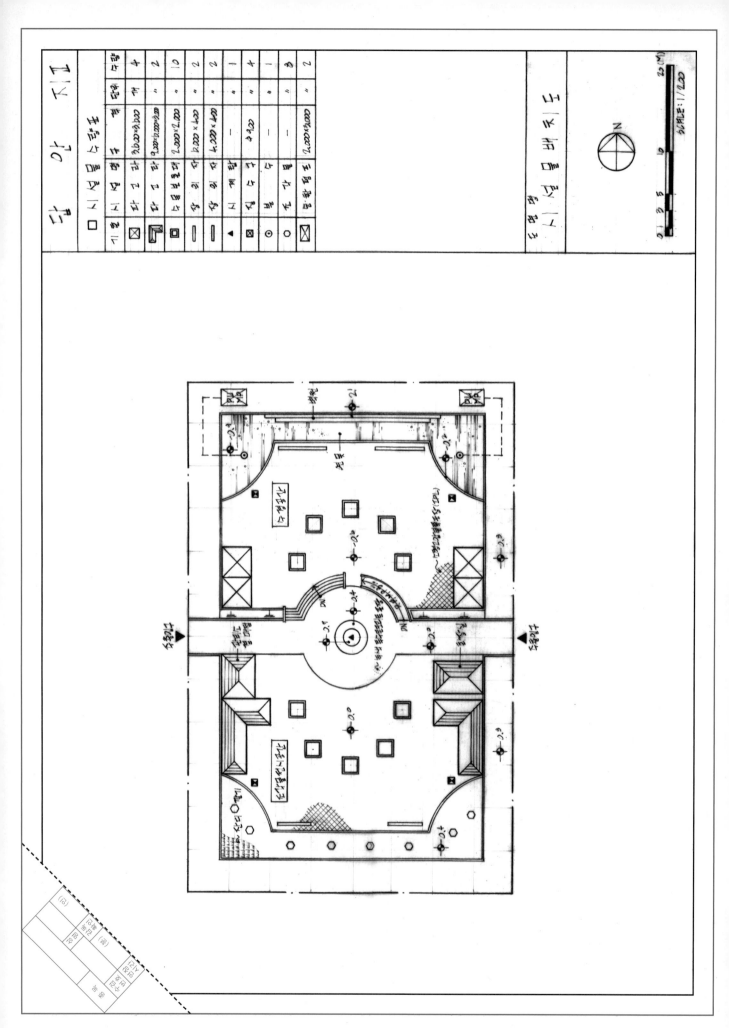

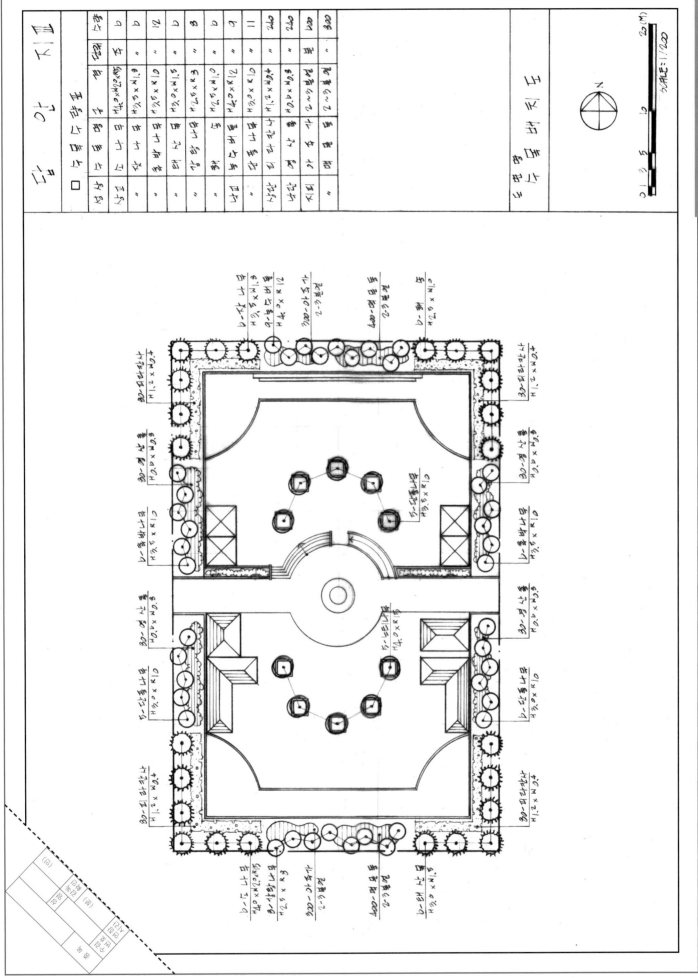

요구사항(제 2과제)

중부지방 도시 내의 시민을 위한 휴식광장을 계획 및 설계하고자 한다. 주어진 조건을 이해하고 계획개념도 및 조경설계도(시설물 및 수목 배치도)를 각각 작성하시오.

문제 1 계획개념도 작성

가. 주어진 트레이싱지(Ⅰ)에 1/150 축척으로 계획개념도를 작성하시오.

나. 부지 내는 각 위치별로 차이가 있는 지역으로 높이를 고려한 계획을 실시하시오.

다. 공간구성은 주진입공간 1개소(60㎡ 정도), 중앙광장 1개소(150㎡ 정도), 휴게공간 1개소(80㎡ 정도), 수경공간 1개소(70㎡ 정도, 연못과 벽천을 포함), 벽천 주변에 계단식 녹지 및 녹지공간 조성을 계획하시오.

라. 각 공간의 범위를 나타내고, 공간의 명칭을 기재한 후 개념을 약술하시오.

마. 주어진 트레이싱지(Ⅰ)의 여백을 이용하여 현황도 부지 대지면적을 산출하시오.(단, 반드시 계산식을 포함하여 답을 작성한다.)

문제 2 조경 설계도 작성

주어진 트레이싱지(Ⅱ) 1/150 축척으로 계획개념도와 일치하는 시설물 및 식재설계도를 적절하게 배치하여 완성하시오.

■ 시설물설계

가. 주 진입구에는 진입광장을 계획하고 광장 내 적당한 위치에 시계탑 1개를 설치한다.(단, 규격 및 형상은 임의로 표현한다.)

나. 중앙 광장의 중심부근에 기념조각물 1개소를 설치한다.(단, 규격 및 형상은 임의로 표현한다.)

다. 연못과 벽천이 조합된 수경공간을 지형조건을 감안하여 도입하고, 계획내용에 따라 등고선을 조작하며, 필요한 곳에 계단 및 마운딩 처리를 한다.(단, 연못의 깊이는 해당 공간의 계획부지 표고보다 -1m 낮게 계획한다.)

라. 벽천 주변 녹지는 높이 차이를 고려하여 마운딩 및 계단식 녹지(또는 화계를 2~3단 정도)를 설치한다.

마. 휴게공간에 퍼걸러(5.0×10.0×H2.2) 1개소 및 등벤치 2개를 설치한다.

바. 대상지의 공간성격을 고려하여 평벤치를 적당한 곳에 4개 이상을 설치한다.

사. 광장 내에 녹음수를 식재한 곳에 수목보호홀덮개(tree grating)를 설치하고 식재한다.

아. 바닥 포장은 소형고압블록 또는 점토블록으로 한다.

■ 식재설계

가. 식재 식물은 반드시 10종 이상으로 하고, 광장 성격에 부합되도록 적절한 수종을 선정한다.

나. 상록수, 낙엽수, 교목, 관목을 적절히 사용한다.

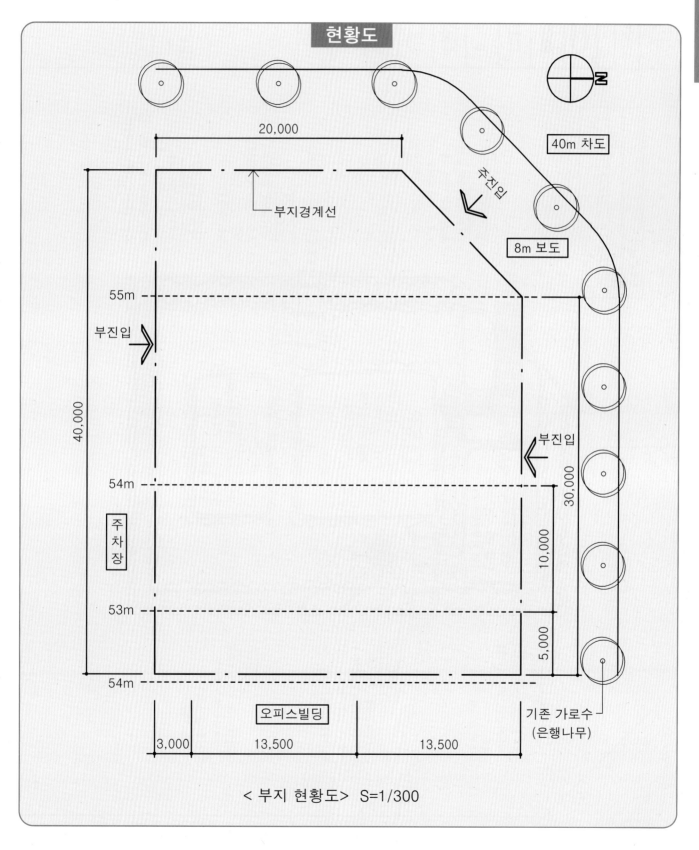

< 부지 현황도> S=1/300

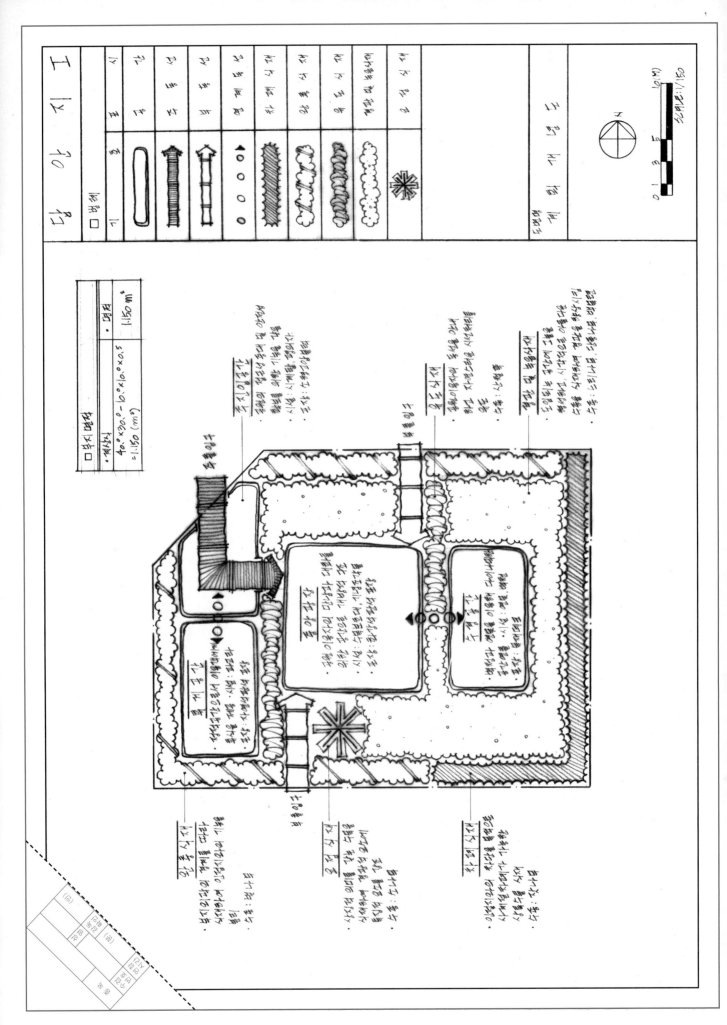

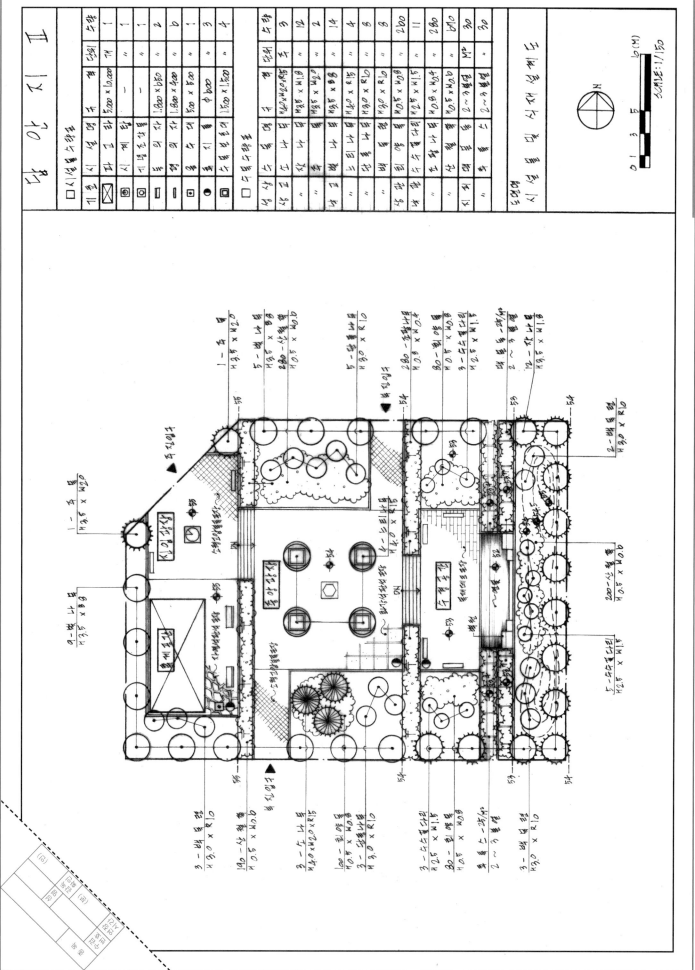

요구사항(제 2과제)

중부 이북지방의 어느 주거지역에 주민을 위한 근린공원을 조성하려고 한다. 주어진 현황도와 조건을 이용하여 문제 요구 순서대로 작성하시오.

공통조건

■ 공원 내의 설치시설 및 공간은

① 정적 휴식공간 : 약 900㎡   ② 퍼걸러(5m×10m) : 1~2개소, 퍼걸러(5m×5m) : 2~4개소

③ 다목적 운동공간 : 약 1,000㎡   ④ 어린이 놀이터 : 약 300㎡ (3종류 이상 놀이시설 배치)

⑤ 운동시설(배드민턴코트 2면) : 20m×20m   ⑥ 벤치 : 10개소 ⑦ 음수전 : 2개소

■ 동선은 기존동선을 최대한 반영하여 동선계획을 수립하되 산책로의 연장길이는 150m 이상 되도록 처리한다.

■ 정적 휴식공간에는 잔디포장, 다목적 운동공간에는 마사토포장, 기타는 보도블록포장, 어린이놀이터는 모래포장으로 각각 포장하며, 별도의 공간 계획 시 적합한 포장을 임의 배치한다.

문제 1

공통조건과 아래의 조건을 참고하여 지급된 용지 1매에 현황도를 1/400로 확대하여 평면 기본구상도(설계계획개념도)를 작성하시오.

가. 공간 및 기능분배를 합리적으로 구분하고 공간성격 및 도입시설 등을 간략히 기술한다.

나. 공간배치계획, 동선계획, 식재계획 등의 개념이 포함되어야 한다.

문제 2

공통조건과 아래의 조건을 참고하여 지급된 용지 1매에 현황도를 1/400로 확대하여 시설물 배치와 수목 기본설계가 나타나도록 조경설계도를 작성하시오.

가. 공원 소요시설물 및 공간배치는 적절하게 하고 동선계획, 포장설계 등을 합리적으로 한다.

나. 설치 시설물에 대한 범례표는 우측 여백에 반드시 작성한다.(단, 시설물 개수도 반드시 기재할 것)

다. 주동선 보도와 산책로는 포장을 하지 않고 각 공간별로는 필요한 포장을 한다.

라. 계절의 변화감을 고려하고 다음 수종 중 13가지 이상을 선택하여 배식한다.

〈보기〉 소나무, 은행나무, 잣나무, 굴거리나무, 동백나무, 후박나무, 왕벚나무, 쥐똥나무, 계수나무, 단풍나무, 섬잣나무, 자작나무, 산철쭉, 꽝꽝나무, 광나무, 산수유, 겹벚나무, 황매화, 느티나무, 주목, 좀작살나무, 회양목, 사철나무, 등나무, 송악

마. 식재설계는 기능에 적합하도록 수종선정 및 배식계획을 실시한다.

바. 수목의 명칭, 규격, 수량은 인출선을 사용하여 표기하고 전체적인 수량을 도면 범례표를 사용하여 표기한다.

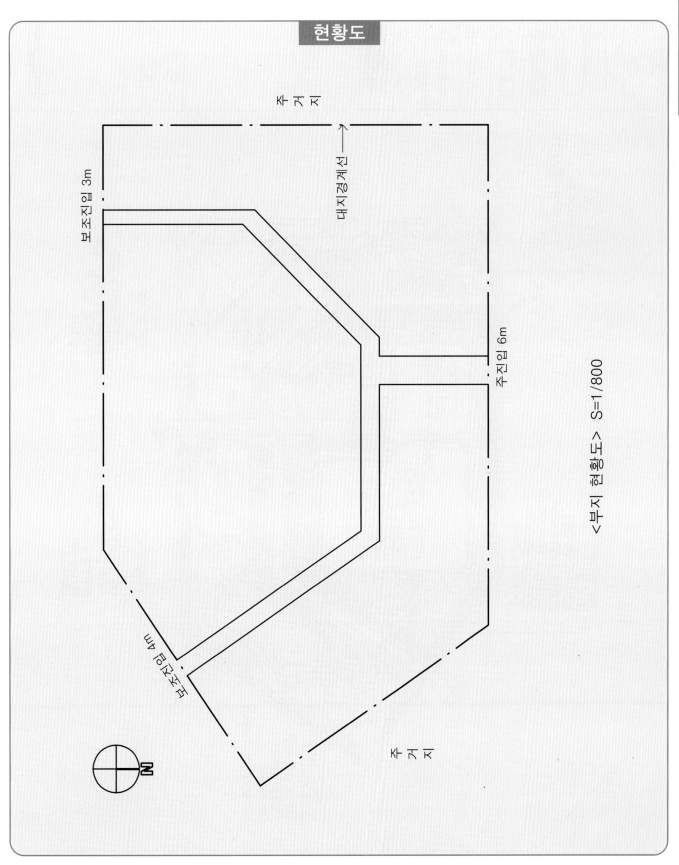

현황도

주거지

보조진입 3m

대지경계선 →

주진입 6m

보조진입 4m

주거지

<부지 현황도> S=1/800

N

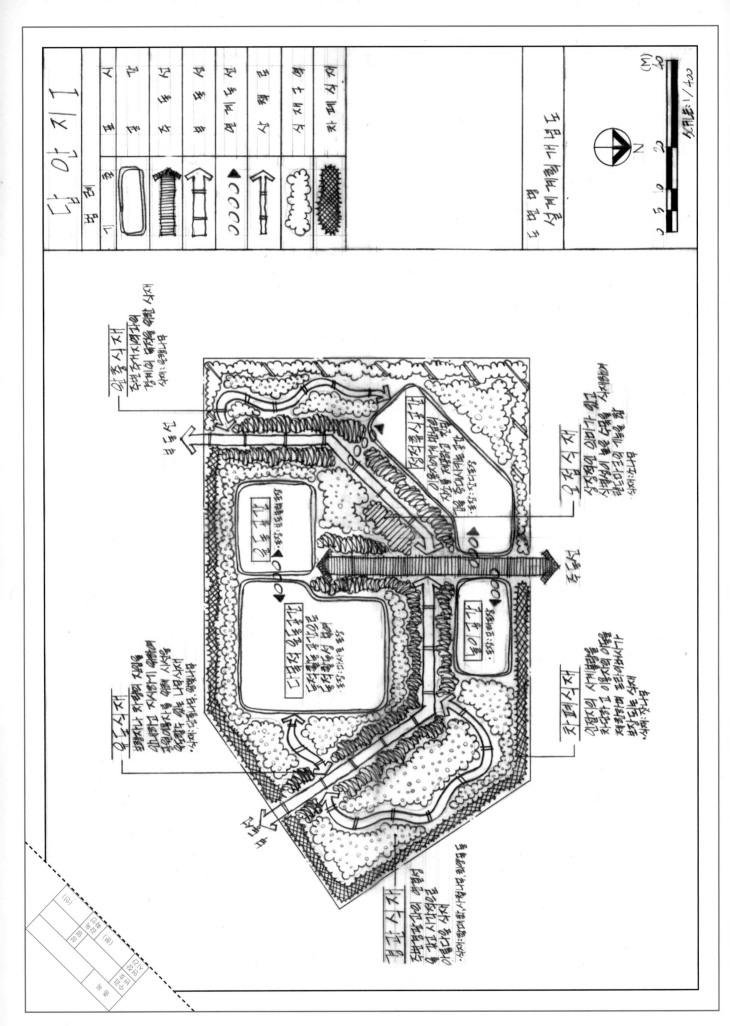

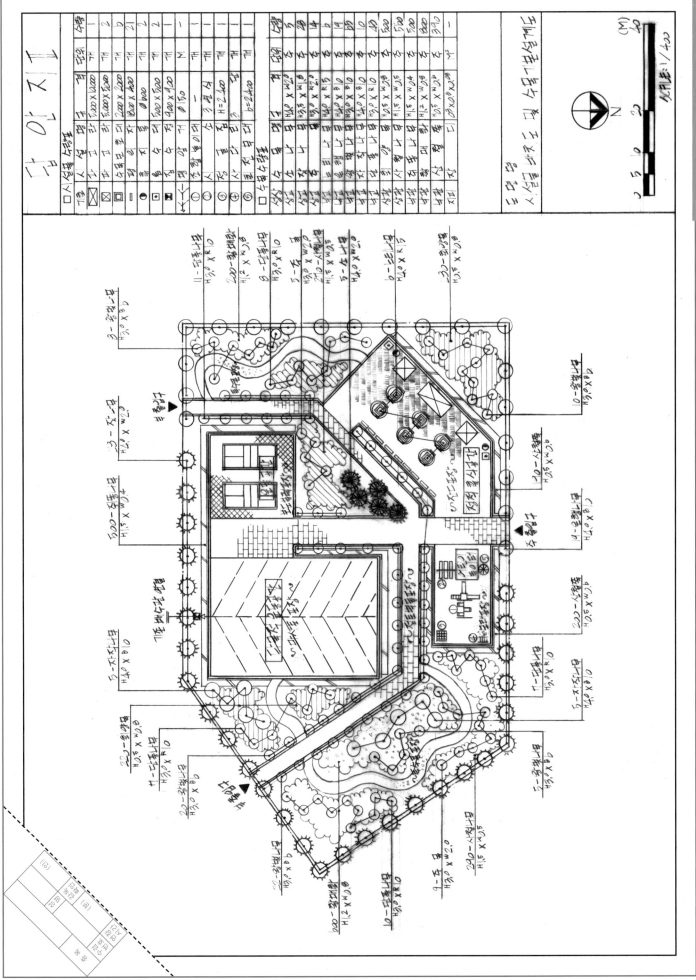

요구사항(제 2과제)

다음은 중부 이북지방의 도시 내 주거지역에 인접한 근린공원의 부지 배치도이다. 현황도와 설계조건들을 참고하여 물음에 맞는 도면을 작성하시오.

공통사항

기존 부지 현황에서 공간배치는 변경할 수 없으며, 반드시 지정된 곳에 설계하시오.

구분	규격 및 배치, 수량	배치 위치	비고
어린이 놀이공간	18,000 × 18,000 정사각형 형태일 것	서측 좌하	조합놀이대 설치할 것
다목적 운동공간	18,000 × 17,000 사각형 형태일 것	부지 중앙	–
포장광장	210㎡	동측 중앙 위	–
노인정	6,000 × 15,000	서측 좌상	가로형으로 배치할 것
녹지공간	4m 이상	부지 중앙을 기준으로 상하, 우측	위요감이 들도록 조성할 것 마운딩 조성할 것
동선	주동선(5m), 부동선(2m)	–	–
산책로	1m 간격으로 세군데 설치	부지 우측을 기준으로 상, 하로 배치할 것	–
퍼걸러	5,000 × 5,000 2개 설치할 것	부지 중앙을 기준으로 상, 하로 배치할 것	–
벤치(등의자)	1,800 × 400 10개 이상 설치할 것	–	–

문제 1

현황도에 주어진 부지(75m×40m)를 축척 1/200로 확대하여 설계개념도를 [답안지 I]에 작성하시오.

가. 녹지공간은 완충, 차폐, 유도, 요점, 녹음식재 등의 개념을 구분하여 표현하시오.

나. 공간 및 기능분배를 합리적으로 구분하고 공간성격 및 도입시설, 포장 등을 간략히 기술하시오.

다. 공간배치계획, 동선계획, 식재계획 등의 개념을 약술하시오.

문제 2

축척 1/200로 확대하여 아래의 설계조건들을 반영하여 기본설계도를 [답안지 II]에 작성하시오.

가. 시설물에 대한 범례표는 도면 우측 여백에 반드시 작성하시오.

나. 공간유형에 주어진 포장재료를 표현하고, 그 재료도 함께 명시하시오.

문제 3

축척 1/200로 확대하여 설계개념과 기본설계도의 내용을 적합하게 반영한 식재설계도를 [답안지 III]에 작성하시오.

가. 계절에 맞게 15수종 이상 설계자가 임의로 선정하고 인출선을 사용하여 수종명, 규격, 수량을

표기하시오.

나. 도면의 우측 여백에 식재수목의 수량을 표기하시오.

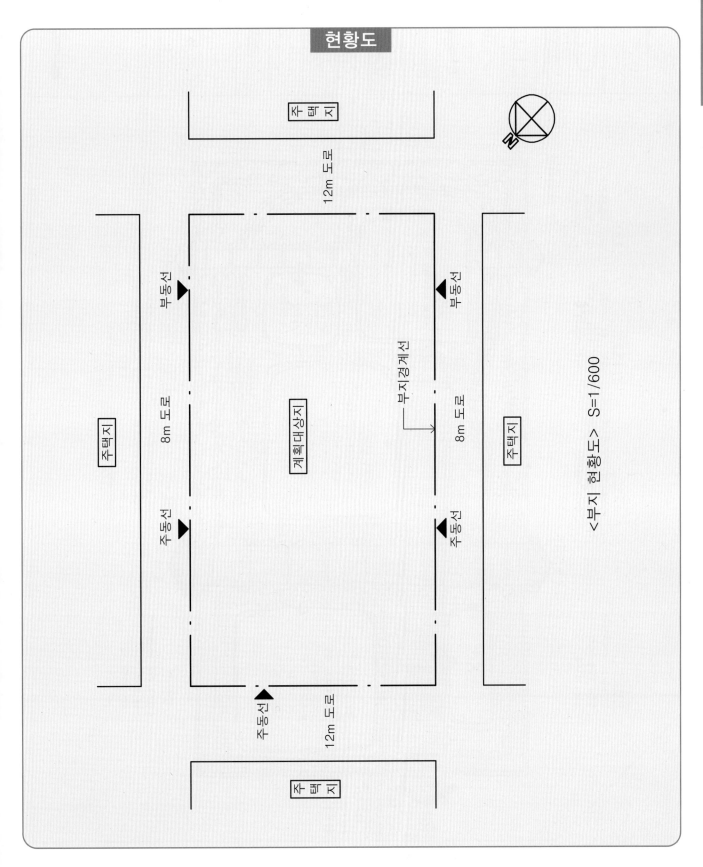

현황도

주택지

12m 도로

N

주동선

주동선

주택지

8m 도로

계획대상지

부지경계선

주택지

8m 도로

주동선

주동선

<부지 현황도> S=1/600

주동선

12m 도로

주택지

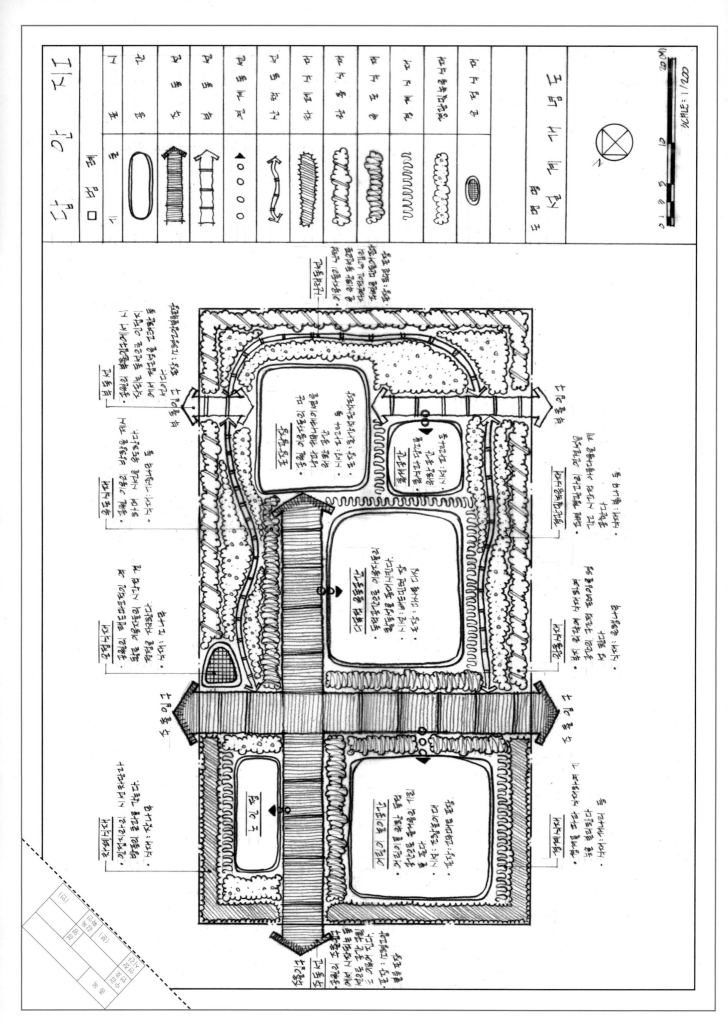

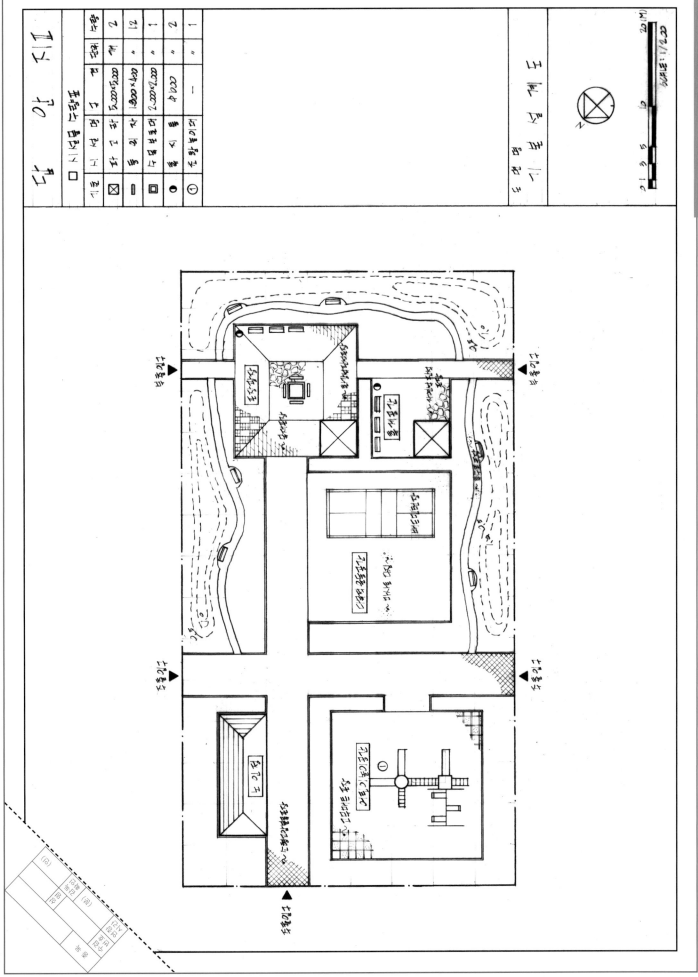

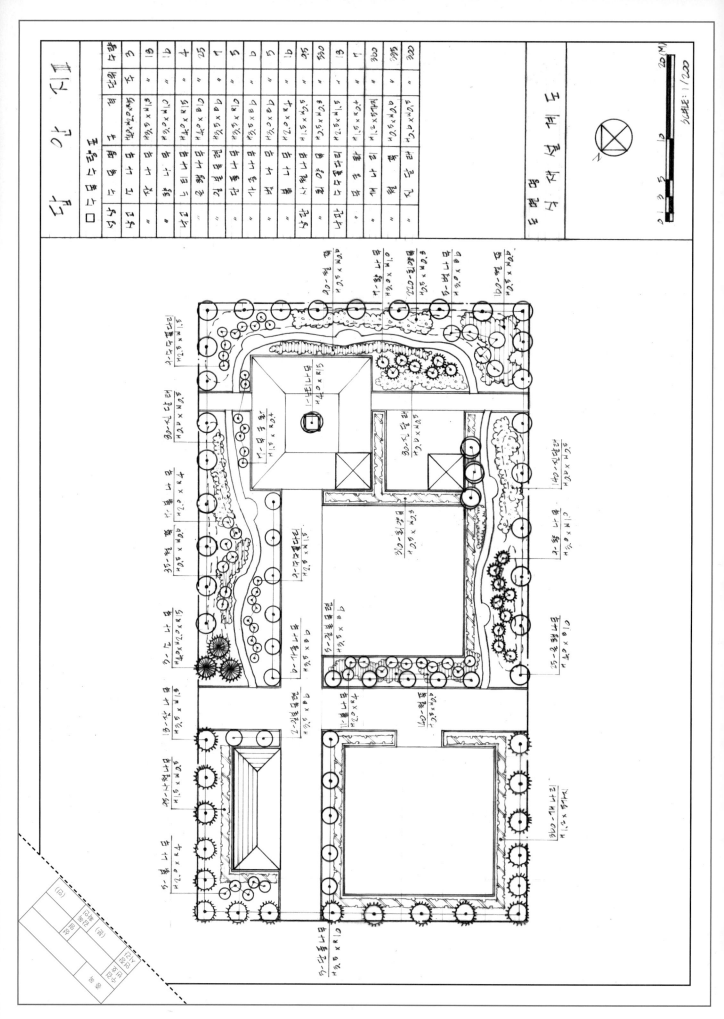

2009년 4회 국가기술자격 검정 실기시험문제

시험시간	3시간	자격종목	조경기사	작품명	어린이공원·주차공원

요구사항(제 2과제)

주어진 트레이싱지에 현황도와 설계지침을 참고하여 순서대로 도면에 설계하시오.

설계지침

1) 본 대지는 간선가로변 어린이공원이며, 지하에 공용주차장의 기능이 요구되고 있다.

2) 본 대지 중 거의 전체 면적에 조성될 주차장을 감안한 공원계획을 작성하는 바, 주요 도입시설의 종류와 규모는 다음과 같이 계획한다.

시설	시설기준 및 착안사항
어린이 놀이공간	- 북동쪽 모서리 100㎡ 이상 확보 - 유아 또는 유년용 놀이터 - 놀이시설물 5종 이상 배치(조합놀이시설도 가능하나 평면도상의 시설명, 기능 등 명기)
광장 및 휴게공간	- 대상지 중앙부 중심광장 확보, 간이무대시설을 설치 - 남서쪽 모서리 부분에 침상광장(sunken plaza)을 100㎡ 이상 확보하고, 계단과 경사로로 연결하고, 벽천과 연못을 설치 - 부지 중앙에 100㎡ 이상의 다목적 포장광장을 확보 - 퍼걸러 또는 쉘터 : 4개소 이상 배치
지상 보행공간	- 최소 폭 : 1.2m - 부지가 면한 각 보도로부터 진입로를 확보하며, 인접 아파트 단지로의 연결성을 유지 - 주동선과 부동선(산책로)의 위계가 분명히 보이도록 설정
지하주차장 차량동선	- 지하주차장의 차량진입로는 부지의 서북측, 진출로는 남동쪽에 설치한다.(진출입로 인접한 곳에 전면도로 차량 흐름의 방해를 최소화하기 위해 접속구간을 설치한다.)
지하주차장 환기시설	- 평면 면적 : 4㎡이상 - 녹지 내 설치(2~4개소 : 평면상 균등 배치)
녹지	- 가로 폭 : 1.5m - 가로변을 제외한 인근 아파트에 면한 외곽부분의 위요 및 차폐식재 도입(지형변화고려)
화장실	- 평면 면적 : 20㎡ 이상 - 가로에 인접하고 보행자의 이용 빈도가 높은 곳에 위치시키고 주변은 차폐시킬 것

3) 식재 수종은 우리나라 중부 이북지방을 기준으로 낙엽교목(7종 이상), 상록교목(4종 이상)을 도입 할 것.

4) 녹지를 제외한 바닥 포장은 공간 분위기를 감안하여 3종 이상의 재료를 사용하여 각기 달리 표현 할 것.

답안지 I 의 작성

주어진 트레이싱지 1매를 이용하여 제시한 현황도 및 설계지침을 참고하여 축척 1/150로 설계 개념도를 작성하되 동선과 토지이용에 관한 사항이 모두 포함되도록 할 것.

답안지Ⅱ 의 작성

1) 주어진 트레이싱지 1매에 현황도 및 설계지침, 설계개념도를 참고하여 축척 1/150로 기본설계도(시설물+식재)를 작성하시오.

2) 포장, 시설배치, 수목식재 등을 계획하고, 필요한 사항의 레터링 및 인출선에 의한 수목표기 등을 작성하시오.

3) 도면 우측의 여백에 시설물 수량표와 식재식물수량표를 반드시 작성하시오.

답안지Ⅲ 의 작성

1) 기본설계도의 작성을 끝낸 후 설계도의 내용을 가장 잘 보여주는 부분(종단 부분 전체)을 평면도상의 A-A'로 표기하고 이 부분의 전체적 단면도를 1/150 축척으로 주어진 트레이싱지 1매에 작성하시오.(단, 반드시 지하주차장 부분까지 단면도에 표현하도록 한다.)

2) 벽천과 연못의 모습을 함께 도면의 여백에 스케치로 나타내시오.(스케일 무시)

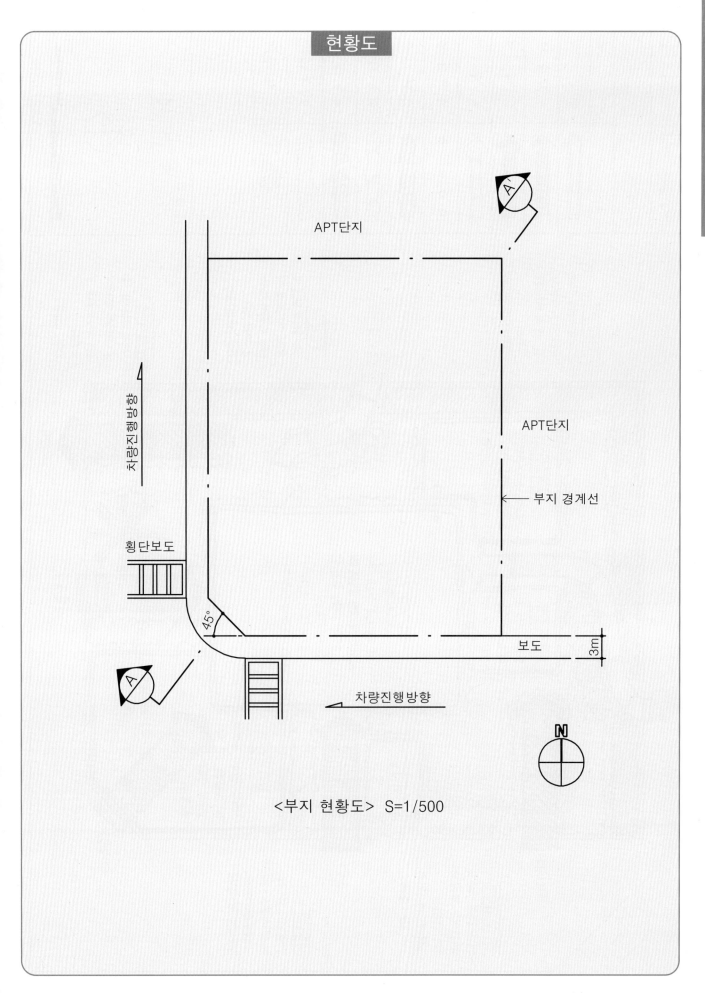

APT단지

차량진행방향

APT단지

부지 경계선

횡단보도

45°

보도

3m

차량진행방향

N

<부지 현황도> S=1/500

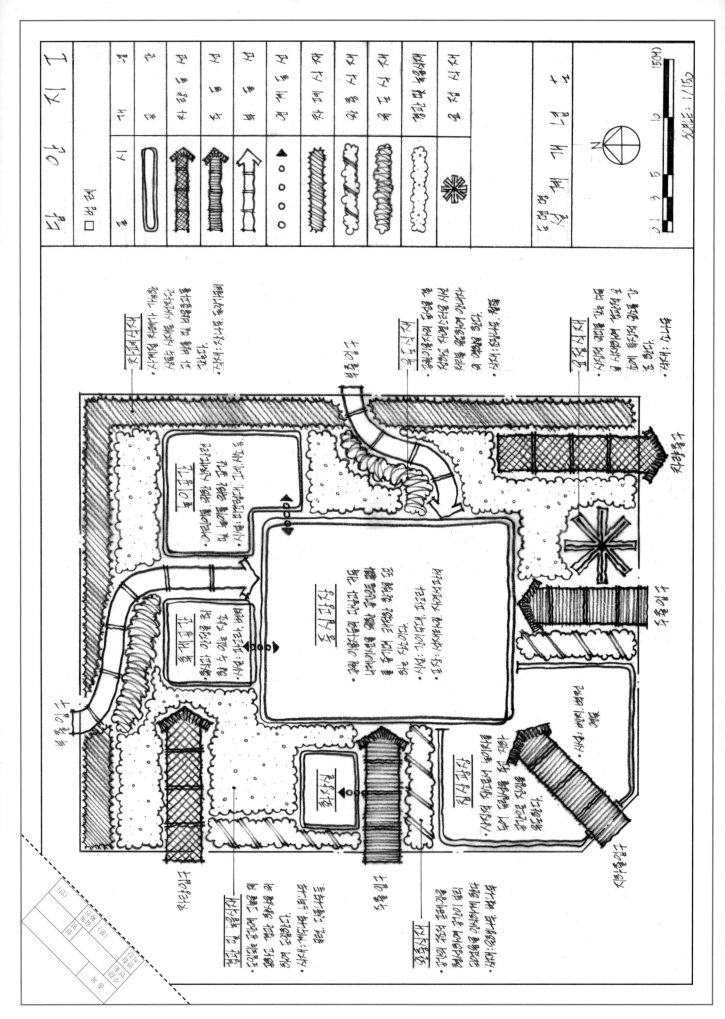

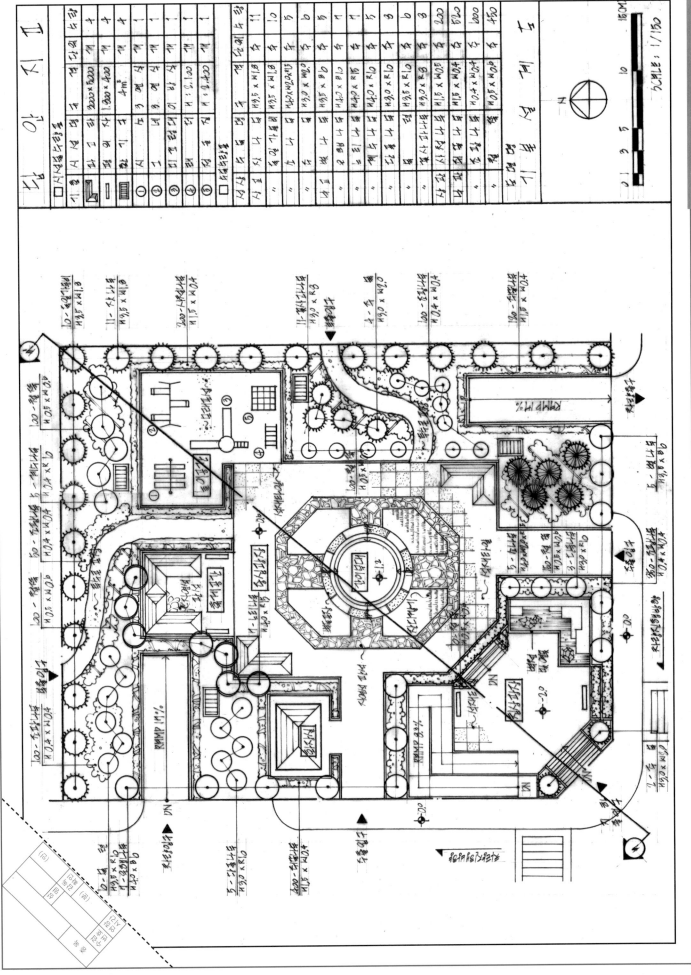

SCALE : 1/150

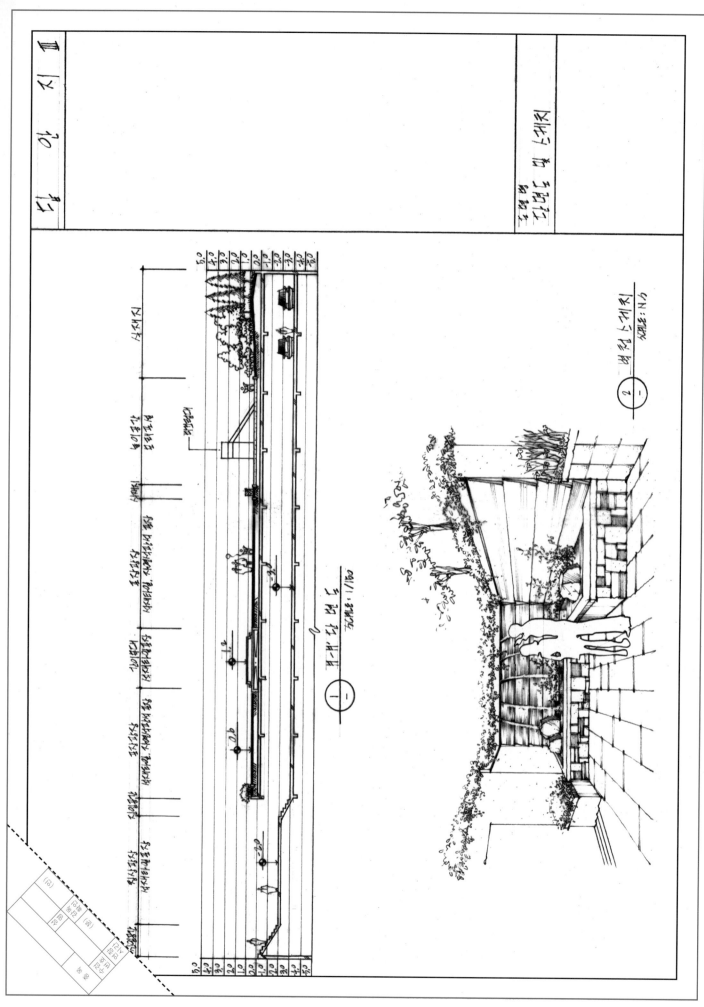

요구사항(제2과제)

중부지방의 어느 사적지 주변의 조경설계를 하고자 한다. 주어진 현황도와 조건을 참조하여 문제요구 순서대로 작성하시오.

공통조건

가. 사적지 탐방은 3계절형(최대일률 1/60)이고, 연간 이용객 수는 120,000명이다.

나. 이용자 수의 65%는 관광버스를, 10%는 승용차, 나머지 25%는 영업용 택시, 노선버스 기타 이용이라 할 때 관광버스 및 승용차를 위한 주차장을 계획하려고 한다.(단, 체재시간은 2시간으로 회전율은 1/2.5이다.)

문제 1

공통조건과 아래의 조건을 참고하여 지급된 용지-1에 현황도를 축척 1/300로 확대하여 설계계획개념도를 작성하시오.

가. 공간구성 개념은 경외지역에 주차공간, 진입 및 휴게공간, 경내지역에는 보존공간, 경관녹지 공간으로 구분하여 구성하시오.

나. 각 공간은 기능배분을 합리적으로 구분하고, 공간의 성격 및 도입시설 등을 간략히 기술하시오.

다. 경계지역에는 시선차단 및 완충식재 개념을 도입하시오.

라. 공간배치계획, 동선계획, 식재계획의 개념이 포함되게 계획하시오.

문제 2

공통조건과 아래의 조건을 참조하여 지급된 용지-2에 현황도를 1/300로 확대하여 시설물배치와 식재기본설계가 나타난 설계기본계획도(배식평면 포함)를 작성하시오.

가. 관광버스의 평균승차 인원은 40명, 승용차의 평균승차 인원은 4인을 기준으로 하고, 기타 25%는 면적을 고려하지 말고 최대일 이용자 수와 최대시 이용자 수를 계산하여 주차공간을 설치하시오.(단, 주차방법은 직각주차로 하고, 관광버스 1대 주차공간을 12m×3.5m, 승용차 주차공간은 5.5m×2.5m로 한다.)

나. 주차대수를 쉽게 식별할 수 있도록 버스와 승용차의 주차 일련번호를 기입하시오.

다. 주차장 주위에 2~3m 폭의 인도를 두며, 주차장 주변에 2~3m 폭의 경계식재를 하시오.

라. 전체공간의 바닥 포장재료는 4가지 이상으로 구분하여 사용하되 마감재료의 재료명을 기입하고 기호로 표현하시오.

마. 편익시설(벤치 3인용 10개 이상, 음료수대 2개소, 휴지통 10개 이상)을 경외에 설치하시오.

바. 상징조형물은 진입과 시설을 고려하여 광장중앙에 배치하되 형태와 크기는 자유로 하시오.

사. 계획고를 고려하여 경외 진입광장에서 경내로 경사면을 사용하여 계단을 설치하시오.

  (단, 계단의 답면 높이는 15cm로 계획한다.)

아. 수목의 명칭, 규격, 수량은 반드시 인출선을 사용하여 표기하고, 전체적인 수량(시설물 및 수목 수량표)을 도면의 우측 공간을 활용하여 표로 작성하여 나타내시오.

자. 계절의 변화감을 고려하여 가급적 전통수종을 선택하되 다음 수종 중에서 20가지 이상을 선택하여 배식하시오.

〈보기〉 은행나무, 소나무, 잣나무, 굴거리나무, 동백, 후박나무, 개나리, 벽오동, 회화나무, 대추나무, 자귀나무, 모과나무, 수수꽃다리, 회양목, 이태리포플러, 수양버들, 산수유, 불두화, 눈향나무, 영산홍, 옥향, 산철쭉, 진달래, 느티나무, 느릅나무, 백목련, 일본목련, 꽝꽝나무, 가시나무, 리기다소나무, 왕벚나무, 광나무, 적단풍, 테다소나무, 송악, 복숭아나무

문제 3

지급된 용지-3에 현황도상에 표시된 A-A'단면을 축척 1/300로 작성하시오.

현황도

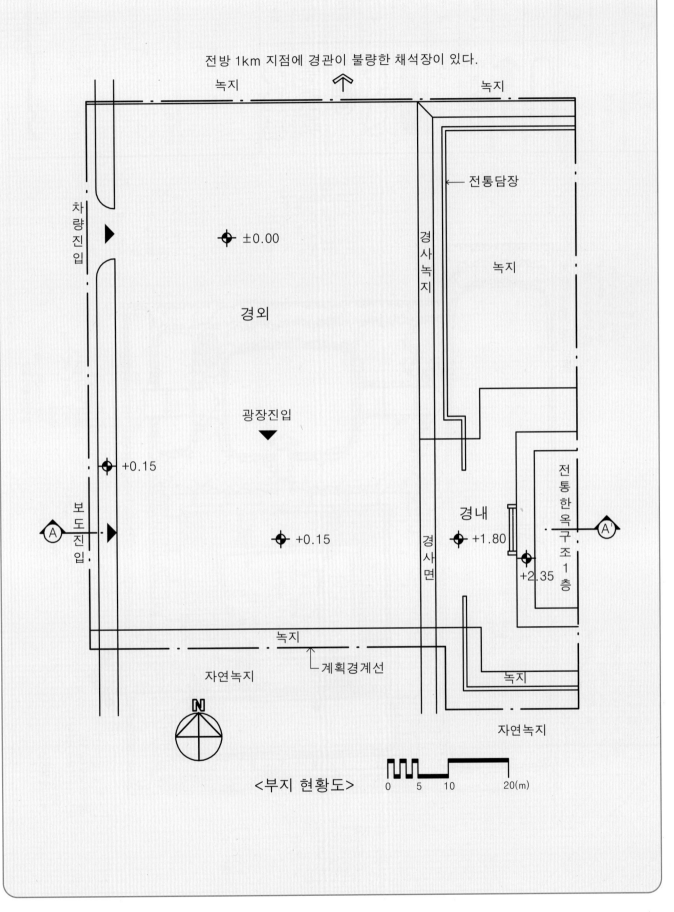

전방 1km 지점에 경관이 불량한 채석장이 있다.

녹지　　　　　녹지

전통담장

차량진입

±0.00

경사녹지

녹지

경외

광장진입

+0.15

보도진입

Ⓐ

+0.15

경사면

경내

+1.80

전통한옥구조1층

+2.35

Ⓐ'

녹지

계획경계선

자연녹지

녹지

자연녹지

N

<부지 현황도>

0　5　10　　20(m)

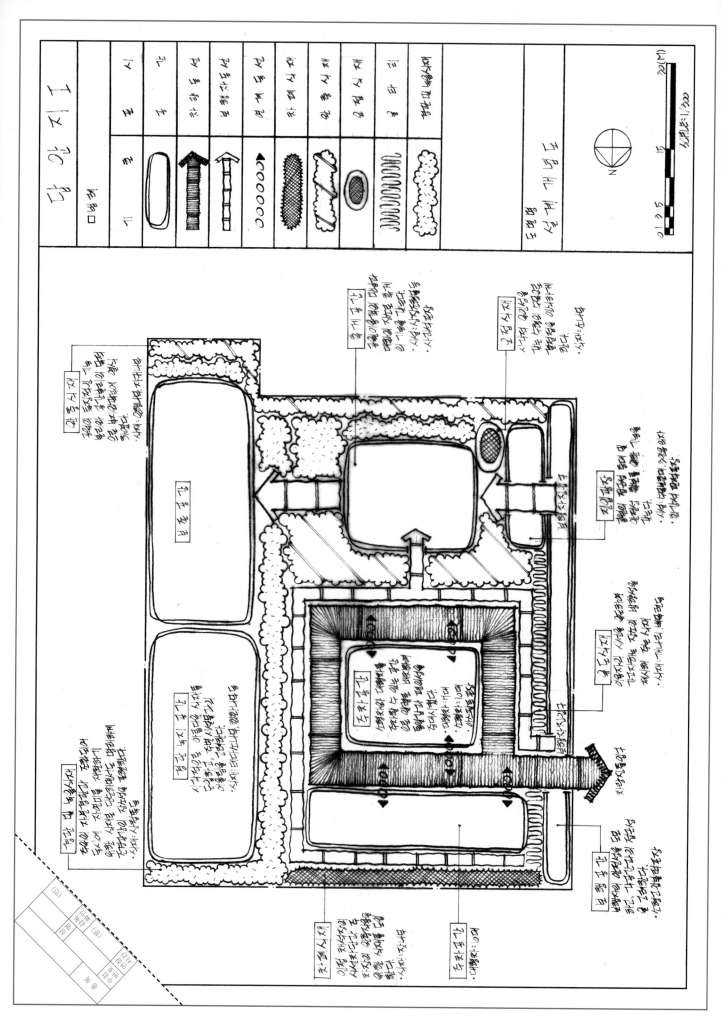

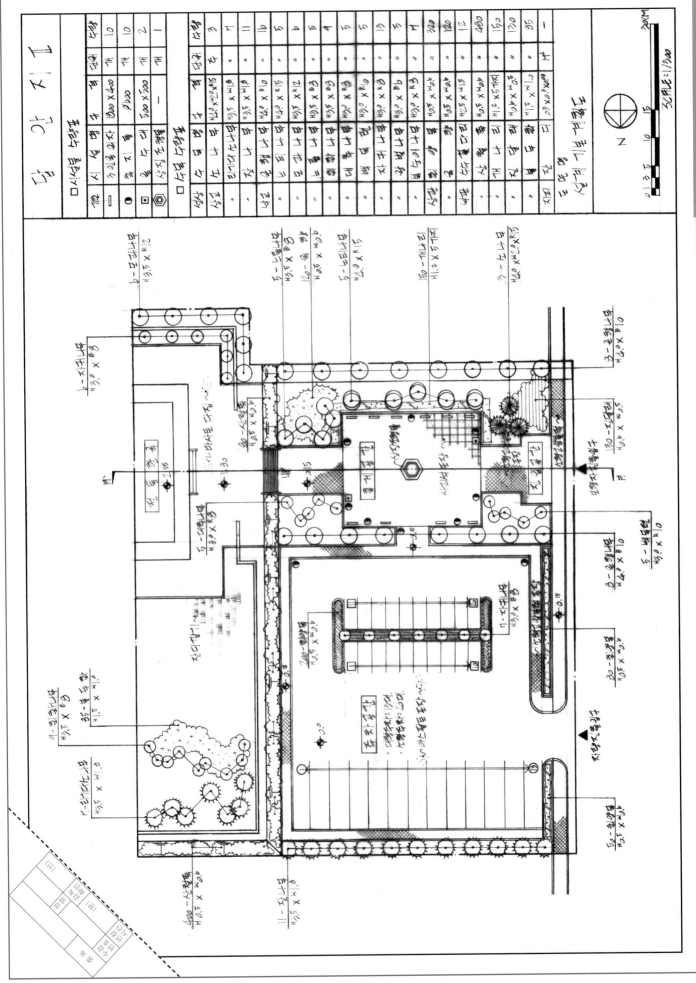

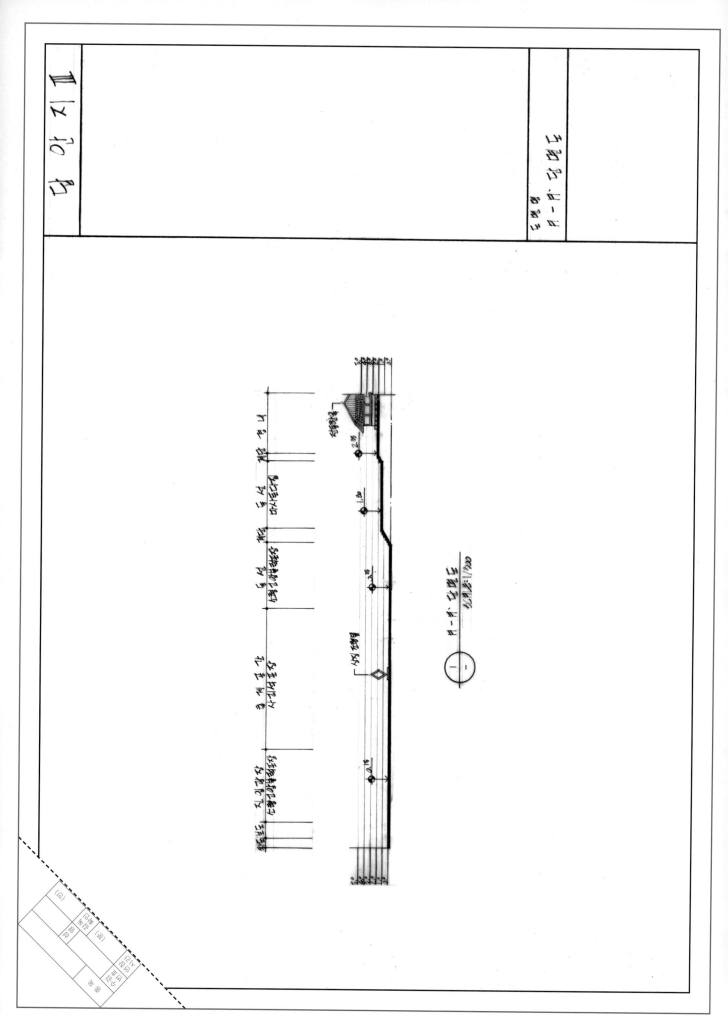

요구사항(제2과제)

다음은 중부지방의 주택단지 내에 위치하고 있는 근린공원 부지이다. 현황도와 설계조건들을 참고하여 주어진 트레이싱지 2장에 문제에 따른 도면을 각각 작성하시오.

문제 1

주어진 트레이싱지 1매[답안지 I]로 현황도에 주어진 부지를 축척 1/200로 확대하여 아래의 요구조건을 반영한 설계개념도(기본구상도)를 작성하시오.

가. 동선 개념은 주동선과 부동선을 구분할 것.

나. 공간 개념은 진입광장, 중앙광장, 운동공간, 놀이공간, 휴게공간, 연못과 계류, 녹지로 구분하고 공간의 특성을 설명할 것.

다. 외곽부와 계류부분은 마운딩 처리할 것.

라. 녹지공간은 완충, 녹음, 차폐, 요점, 유도 등의 식재개념을 구분하여 표현할 것.

문제 2

주어진 트레이싱지 1매[답안지II]로 현황도에 주어진 부지를 축척 1/200로 확대하여 아래의 요구조건을 반영한 기본설계도(시설물배치도+배식설계도)를 작성하시오.

■ 시설물배치도 설계조건

가. 주동선은 폭 4m, 부동선은 3m를 기본으로 하되 변화를 줄 것.

나. 진입광장, 중앙광장: 장의자 10개, 수목보호홀 덮개(녹음수 식재용)

다. 운동공간 : 거리 농구장 1면(20m×10m), 배드민턴장 1면(14m×6m), 평의자 6개

라. 놀이공간 : 미끄럼대(활주면 2면), 그네(3연식), 시소(3연식), 철봉(3단), 평행봉, 놀이집, 평의자 5개, 퍼걸러 1개소, 음수대 1개소

마. 휴게공간 : 퍼걸러 1개소, 평의자 6개

바. 포장재료는 3종류 이상을 사용하되 재료명과 기호를 반드시 표기할 것.

사. 자연형 호안 연못 100㎡ 정도와 계류 20m 정도 : 급수구, 배수구, 오버플로우(over flow), 펌프실, 월동용 고기집

　　－ 전제조건 : ① 연못의 소요 수량은 지하수를 개발하여 사용 가능 수량이 확보된 것으로 가정함.

　　　　　　　　② 연못의 배수는 기존 배수 맨홀로 연결시킬 것.

아. 마운딩의 정상부는 1.5m로 하되 등고선의 간격을 0.5m로 하여 표기할 것.

자. 도면 우측에 시설물 수량표를 작성하고, 도면의 여백을 이용하여 자연형 호안 단면도를

NON-SCALE로 작성하시오.

■ 배식설계도 설계조건

가. 문제 1의 평면기본구상도(계획개념도)와 시설물배치도의 내용을 충분히 반영할 것.

나. 수종은 교목 8종(유실수 2종 포함), 관목(6종), 수생 및 수변식물 3종 이상을 선정하여 사용규격을 정할 것.

다. 부지 외곽지역과 필요한 부위에는 차폐식재를 하고, 상록교목으로 완충 수림대를 조성할 것.

라. 동선 주변과 광장, 휴게소에는 녹음수를 식재할 것.

마. 출입구 주변은 요점, 유도식재를 하고, 관목을 적절히 배치할 것.

바. 인출선을 사용하여 수종명, 규격, 수량을 표기할 것.

사. 도면 우측에 식물수량표를 시설물수량표 하단에 함께 작성할 것.

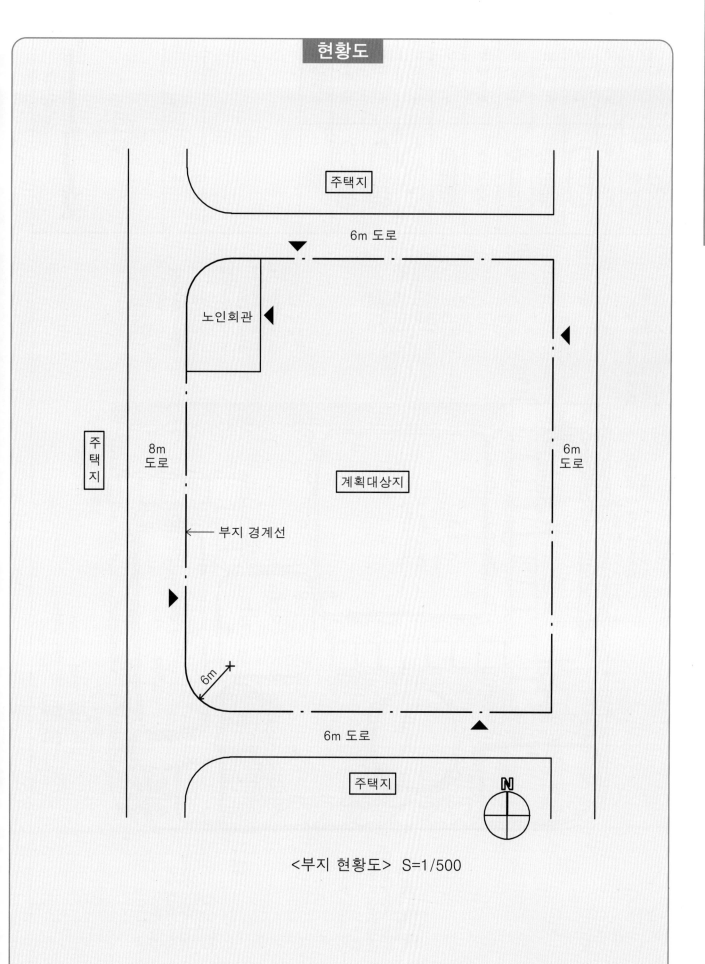

<부지 현황도> S=1/500

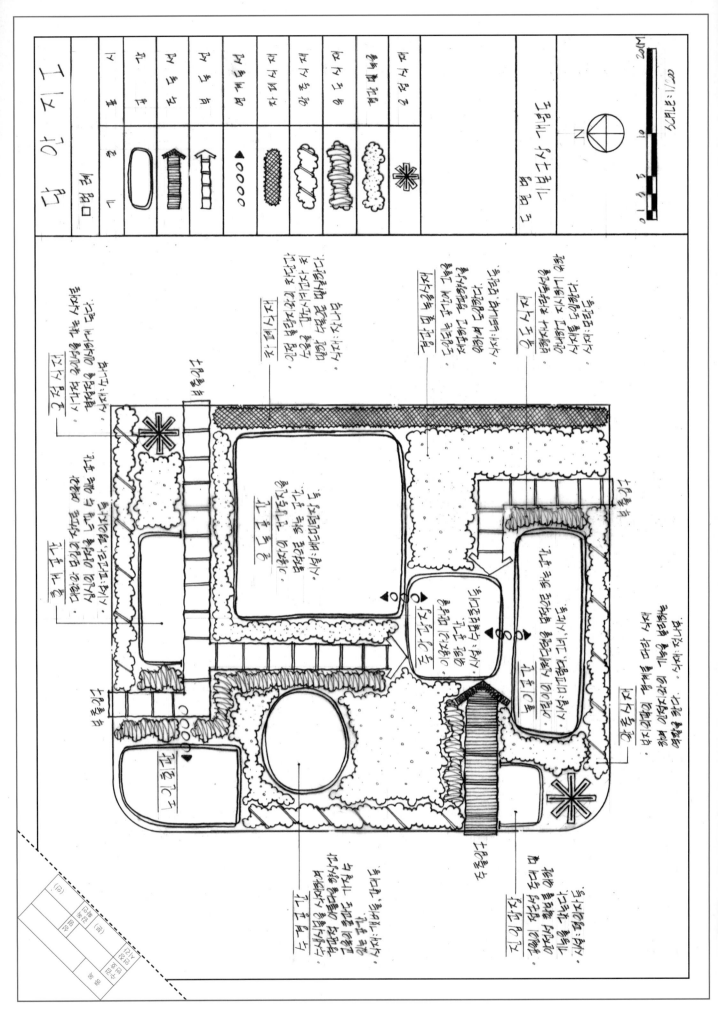

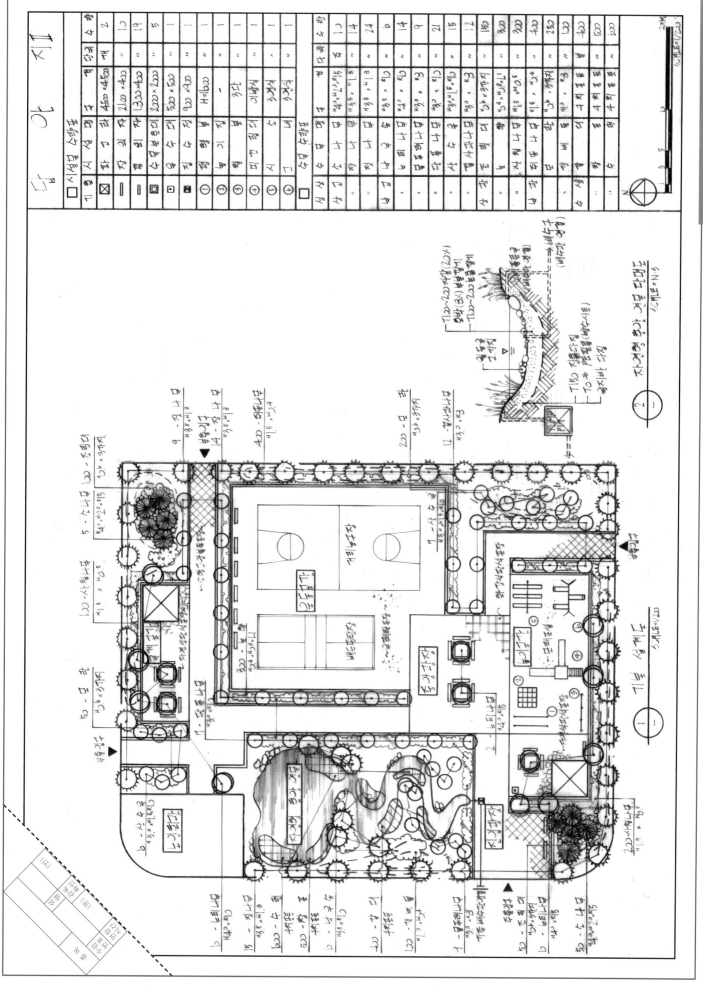

2010년 4회 국가기술자격 검정 실기시험문제(2006년)

요구사항(제2과제)

본 옥상정원의 대상지는 중부지방의 12층 업무용 빌딩 내 5층의 식당과 휴게실이 인접하고 있다. 대상지는 건물 전면부에 위치하고 있으므로 외부에서 조망되고 있다. 이 옥상정원은 다음 사항을 기본 원칙으로 고려하시오.

- 본 빌딩 이용자들의 옥외 휴식장소로 제공하시오.
- 시설물은 하중을 고려하여 설치하시오.
- 공간구성 및 시설물은 이용자의 편의를 고려하시오.
- 야간 이용도 가능하도록 계획하시오.

문제 1

주어진 현황도를 1/100으로 확대하여 지급된 트레이싱지 I에 다음 공간 및 동선을 나타내는 계획 개념도를 작성하시오.

집합 및 휴게공간 1개소, 휴식공간 1개소, 간이 휴게공간 2개소, 수경공간 2개소, 식재공간 다수

문제 2

가. 집합 및 휴게공간은 본 바닥 높이보다 30~60cm 높게 하며, 중앙에는 환경 조각물을 설치하시오.

나. 휴게공간 및 휴식공간은 긴 벤치(bench)를 설치하고, 휴식공간에는 퍼걸러(pergola)를 1개 설치하시오.

다. 수경시설 공간은 분수를 설치하시오.

라. 대상지 내 적당한 곳에 조명등, 휴지통을 배치하시오.

마. 대상 도면의 기둥 및 보의 표현은 생략하고, 급수파이프, 전기배선을 나타내시오.

바. 식재공간 중 교목식재지는 적합한 토심이 유지되도록 적당히 마운딩을 실시하시오.

사. 도면 우측에 범례를 반드시 작성하시오.

문제 3

주어진 현황도를 축척 1/100으로 확대하여 지급된 트레이싱지 III에 다음 사항을 만족시키는 식재 설계평면도와 횡단면도를 작성하시오.

가. 옥상정원에 적합한 식물을 선택하시오.

나. 교목과 관목, 상록과 낙엽 등의 비율을 적정히 고려하시오.

다. 식재설계평면도에는 인출선 상에 식물명, 규격, 수량 등을 나타내고, 도면 우측에 범례를 반드시 작성하시오.

라. 도면 하단에 횡단면도를 축척 1/100으로 설계하시오.

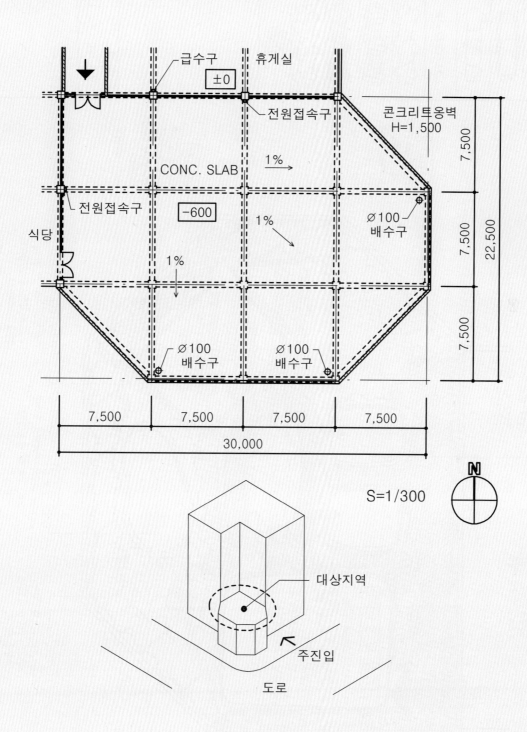

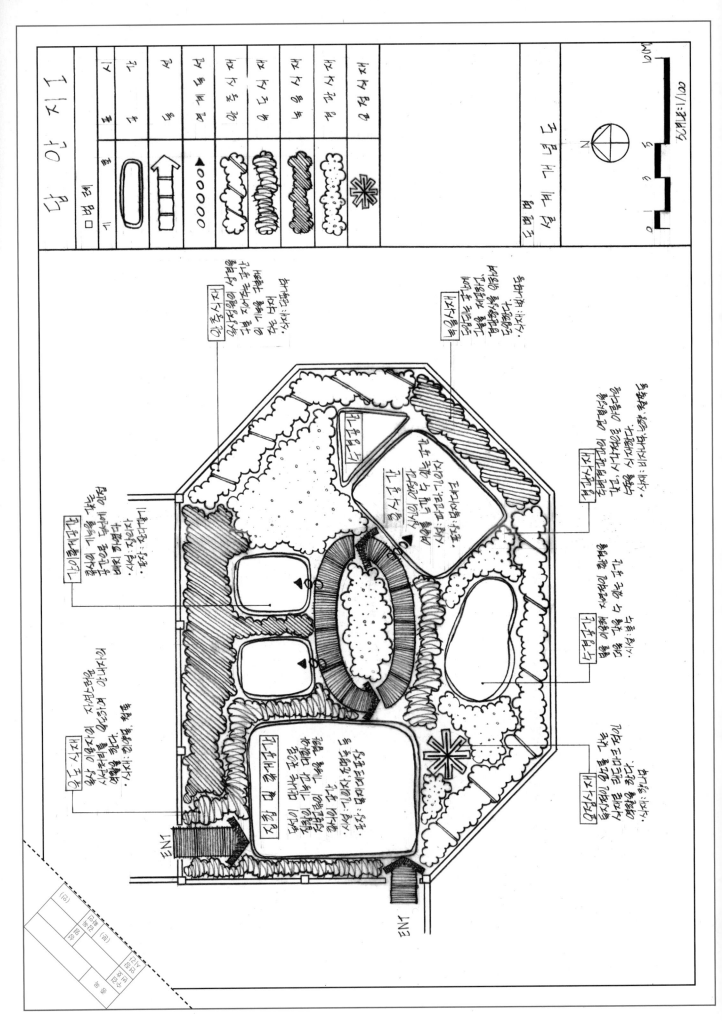

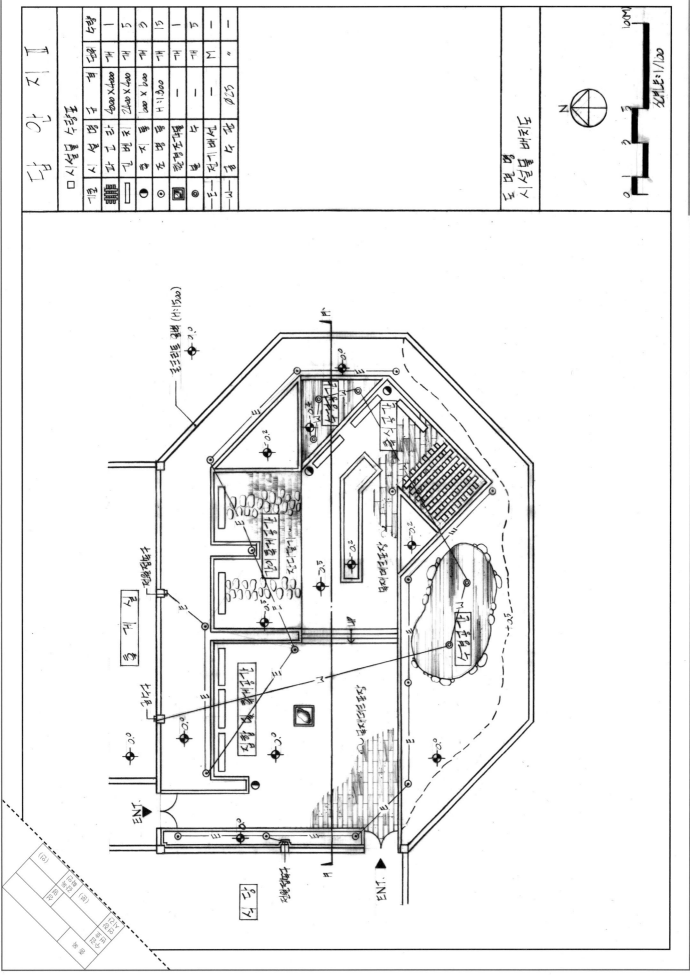

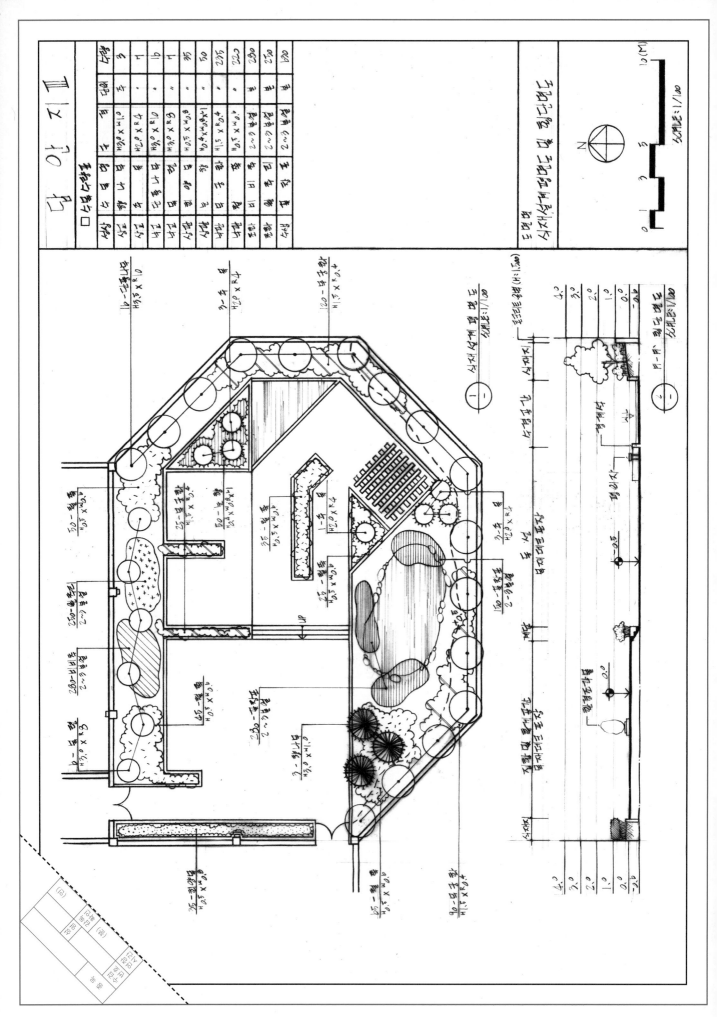

시험시간	2시간 30분	자격종목	조경산업기사	작품명	상상어린이공원설계

요구사항

다음은 도심에 위치한 면적 약 1600㎡의 어린이공원의 부지현황도이다. 대상지는 2~4층 높이의 주택과 빌라로 둘러싸여 있으며 대상지의 3면은 4~6m의 도로와 인접해 있다. 주어진 요구조건을 반영하여 트레이싱지에 축척 1/200로 제도하시오.

문제 1   설계개념도

1) 주요 공간을 보행도로 및 광장, 휴게공간, 놀이공간, 운동공간 및 녹지공간으로 구분하고 공간 둘레에 순환형 산책로를 계획하시오.

2) 출입구는 현황도에 표시된 위치 4곳으로 제한합니다.

3) 동쪽에서 남쪽 방향으로 빗물계류장을 만들고, 동남쪽 출입구에서 목교를 통해 어린이공원으로 연결될 수 있도록 하시오.

4) 「도시공원 및 녹지 등에 관한 법률」에서 정한 어린이공원의 건폐율 및 공원 시설률에 만족하도록 계획하고 건폐율과 공원시설률 및 면적을 설계개념도의 여백을 이용하여 기입하시오.

5) 부지 중앙의 서쪽에 위치한 기존의 경로당 전면부에 면적 300㎡ 규모의 광장을 계획하고, 광장 동쪽으로 면적 300㎡의 어린이놀이공간을 배치하시오.

6) 광장과 어린이공원의 북쪽으로 면적 30㎡의 유아놀이터와 면적 40㎡의 운동공간을 계획하시오.

7) 빗물 계류변에 적당한 휴게공간을 조성하시오.

8) 주동선과 부동선, 진입관계, 공간배치, 시설물 및 식재배치 등을 개념도의 표현기법을 사용하여 나타내고, 각 공간의 명칭, 성격, 기능 등을 약술하시오.

문제 2   시설물배치도 및 식재설계도

1) 어린이놀이터에는 조합놀이대 1식, 2인용 그네 1식을 설치하고, 놀이터의 서쪽 모서리에 물놀이터를 계획하시오.

2) 유아놀이터의 중앙에 모래놀이터를 계획하고 놀이터 둘레에 보호자의 감시와 쉼터를 위한 앉음벽과 음수대 각각 1식을 배치하시오.

3) 어린이와 유아놀이터에는 안전을 고려한 바닥포장을 선정하시오.

4) 운동공간에는 체력단련시설 3식을 배치하시오.

5) 계류변 휴게공간에는 태양열 퍼걸러를 1식 배치하고, 내부에 평의자를 배치하며 바닥은 점토벽돌로 포장하시오.

6) 각 공간의 경관과 기능을 고려하여 상록·낙엽교목 10종 이상과 관목을 선정하여 식재설계를 하시오.

7) 북·동쪽의 진입광장 중앙부에는 초점식재를 하고, 빗물계류장에는 주변 환경을 고려한 적정 수종을 도입하시오.

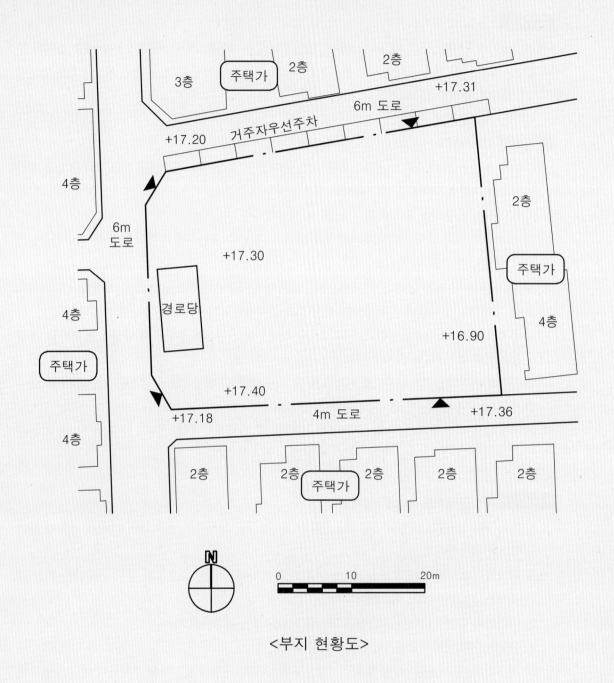

3층

주택가 2층

2층

+17.31

+17.20 거주자우선주차 6m 도로

4층

6m
도로

+17.30 2층

경로당 주택가

4층

4층

+16.90

주택가

+17.40

4층 +17.18 4m 도로 +17.36

2층 2층 2층 2층 2층

주택가

N

0   10   20m

<부지 현황도>

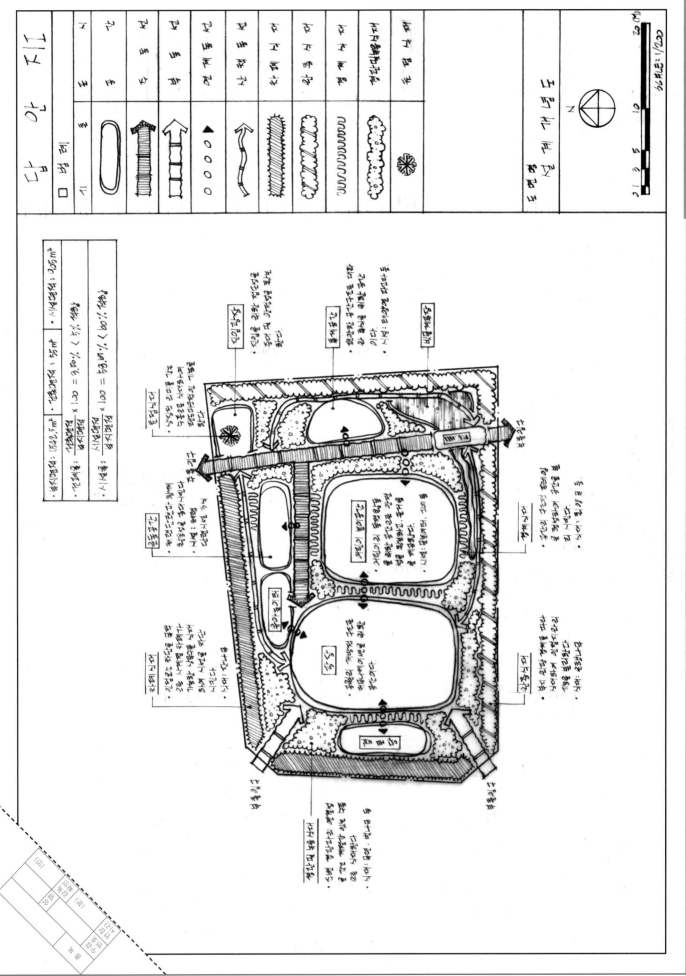

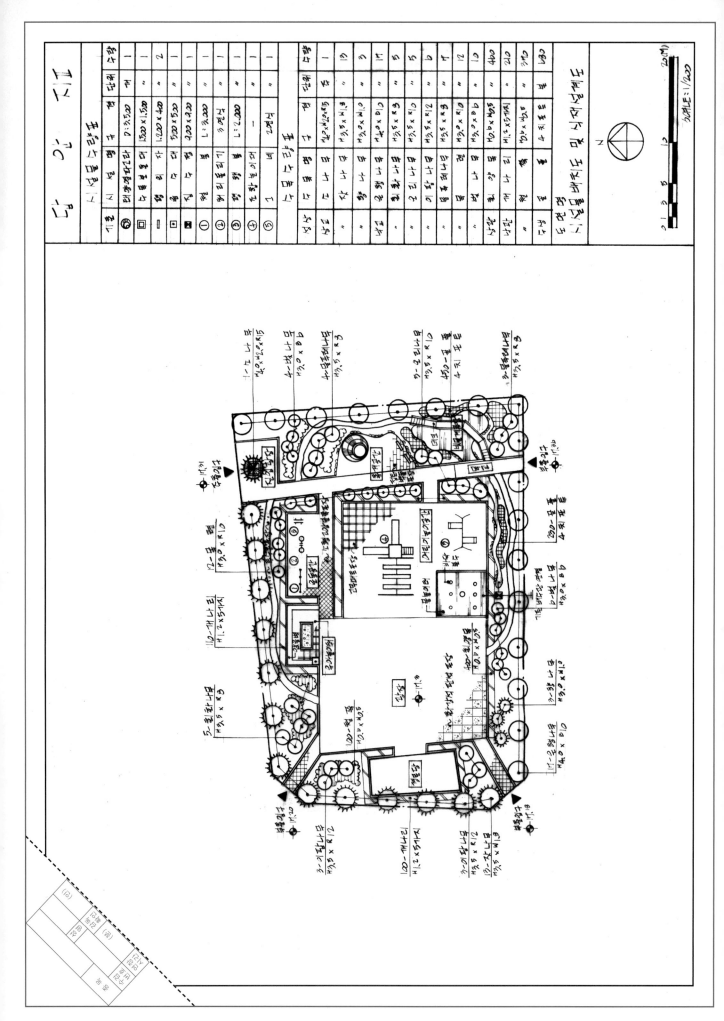

시험시간	3시간	자격종목	조경기사	작품명	가로소공원

요구사항

주어진 현황도에 제시된 설계대상지는 우리나라 중부지방의 중소도시의 가로모퉁이에 위치하고 있으며, 부지의 남서쪽은 보도, 북쪽은 도시림과 고물수집장, 동쪽은 학교운동장으로 둘러싸여 있다. 주어진 트레이싱지(tracing paper)와 다음의 설계조건에 따라 현황도를 확대하여 도면 I 에는 기본구상도(1/200), 도면 II 에는 시설물배치도(1/200) 및 단면도(1/60) 2개소, 도면 III에는 식재설계도(1/200)를 각각 작성하시오.

가. 공통사항

– 대상지의 현 지반고는 5m로서 균일하며, 계획지반고는 "나"지역을 현 지반고대로 하고, "가"지역은 이보다 1m 높게, "다"지역의 주차구역은 0.3m 낮게, "라"지역은 3m 낮게 설정하시오.

나. 공간개념도 조건

– 부지 내에 보행자 휴식공간, 주차장, 침상공간, 경관식재공간을 설치하고, 필요한 곳에 경관, 완충, 차폐녹지를 배치하며 공간별 특성과 식재개념을 각각 설명하시오. 또한 현황도상에 제시한 차량진입, 보행자진입, 보행자동선을 고려하여 동선체계구상을 표현하시오.

다. 시설물배치도 및 단면도

– 각 공간의 시설물 배치시는 도면의 우측에 시설물 수량표를 반드시 작성하시오.

 1) "가"지역 : 경관식재공간

   – 잔디와 관목을 식재하시오.

   – "나"지역과 연계하여 가장 적절한 곳에 8각형 정자(한 변 길이 3m) 1개를 설치하시오.

 2) "나"지역 : 보행자 휴식공간

   – "가"지역과의 연결되는 동선은 계단을 설치하고, 경사면은 기초식재 처리하시오.

   – 바닥포장은 화강석 포장으로 하시오.

   – 화장실 1개소, 퍼걸러(4m×5m) 3개소, 음수대 1개소, 벤치 6개소, 조명등 4개소를 설치하시오.

 3) "다"지역 : 주차장 공간

   – 소형 10대분(2.3m×5m/대)의 주차공간으로서 폭 5m의 진입로를 계획하고 바닥은 아스콘포장을 하시오.

   – 주차공간과 초등학교 운동장 사이는 높이 2m 이하의 자연스런 형태의 마운딩 설계를 한 후, 식재처리 하시오.

 4) "라"지역 : 침상공간(sunken space)

- "라"지역의 서쪽면(W1과 W2를 연결하는 공간)은 폭 2m의 연못을 만들고 서쪽벽은 벽천을 만드시오.

- 연못과 연결하여 폭 1.5m, 바닥높이 2.3m의 녹지대를 만들고 식재하시오.

- S1부분에 침상공간으로 진입하는 반경 3.5m, 폭 2m의 라운드형(⟨⟩) 계단을 벽천방향으로 진입되도록 설치하시오.

- S2부분에 직선형 계단(수평거리 : 10m, 폭 : 설계자 임의)을 설치하되 신체장애자의 접근도 고려하시오.

- S1과 S2 사이의 벽면(북측 벽면과 동측 벽면)은 폭 1m, 높이 1m의 계단식 녹지대 2개를 설치하고 식재하시오.

- 중앙부분에 직경 5m의 원형플랜터를 설치하시오.

- 바닥포장은 적색과 회색의 타일포장을 하시오.

- 벽천과 연못, 녹지대가 나타나는 단면도를 축척 1/60로 그리시오.(도면Ⅱ에 함께 작성하시오.)

- 계단식 녹지대의 단면도를 축척 1/60로 그리시오.(도면Ⅱ에 함께 작성하시오.)

라. 식재설계도

- 도로변에는 완충식재를 하되, 50m 광로 쪽은 수고 3m 이상, 24m 도로쪽은 수고 2m 이상의 교목을 사용하시오.

- 고물수집장 경계부분은 반드시 식재처리하고, 도시림 경계부분은 식재를 생략하시오.

- 식재설계는 다음 보기 수종 중 적합한 식물을 10종 이상 선택하여 인출선을 사용하여 수량, 식물명, 규격을 표시하고, 도면 우측에 식물수량표(교목, 관목 등)를 작성하시오.(단 인출선으로 나타내는 수종의 1가지를 도면의 여백을 사용하여 학명을 추가로 기재하시오.)

〈보기수종〉 소나무, 느티나무, 배롱나무, 가중나무, 벚나무, 쥐똥나무, 철쭉, 회양목, 주목, 향나무, 사철나무, 은행나무, 꽝꽝나무, 동백나무, 수수꽃다리, 목련, 잣나무, 개나리, 장미, 황매화, 잔디, 맥문동

- 각 공간의 기능과 시각적 측면을 반드시 고려하여 배식하시오.

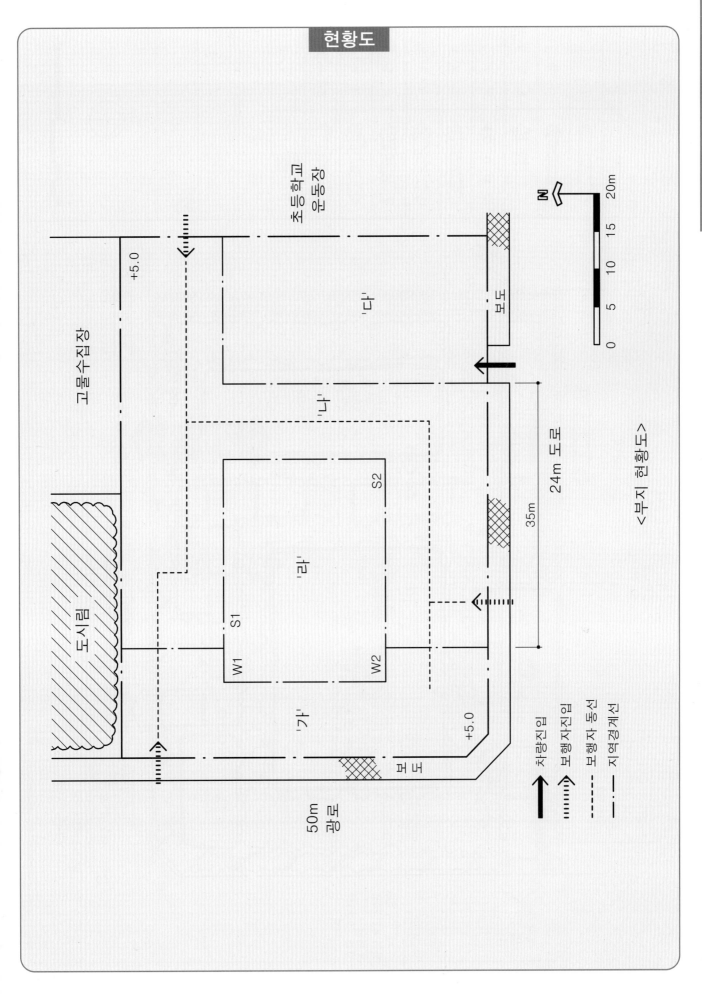

초등학교 운동장

고물수지장

'다'

보도

'나'

24m 도로

35m

S2

'라'

S1

도시림

W1

W2

'가'

+5.0

퍼도

+5.0

50m 광로

N

20m
15
10
5
0

<부지 현황도>

차량진입

보행자진입

보행자 동선

지역경계선

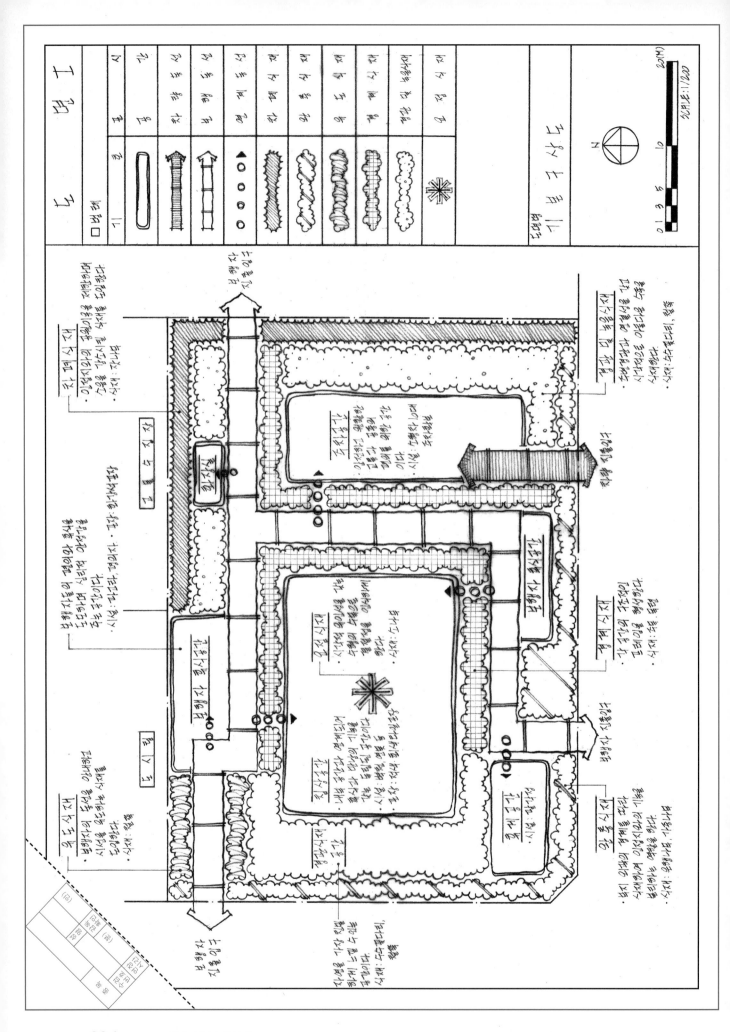

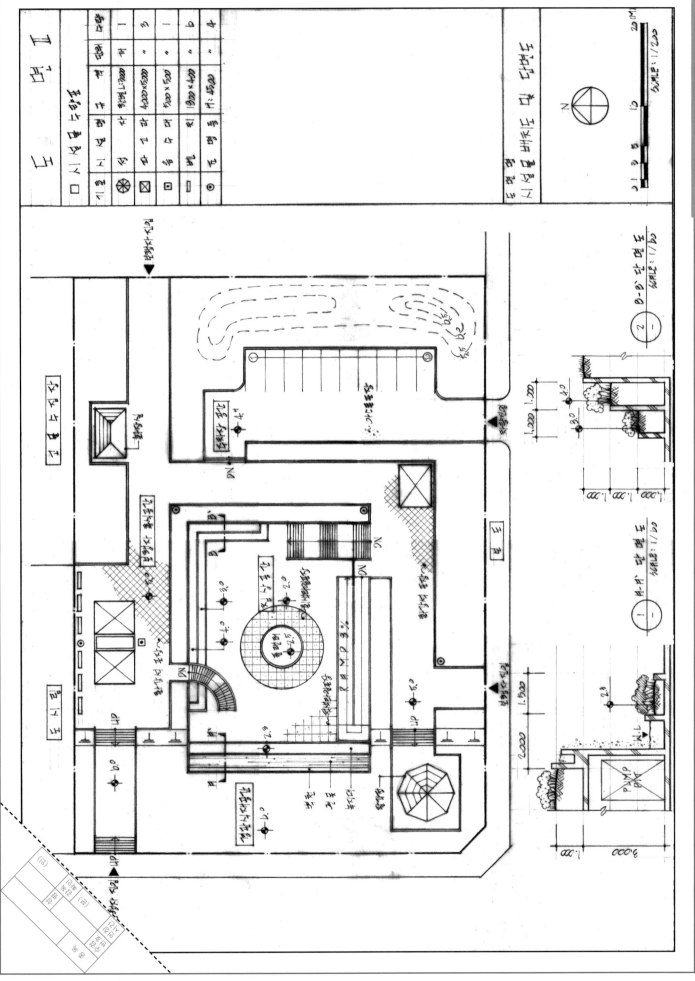

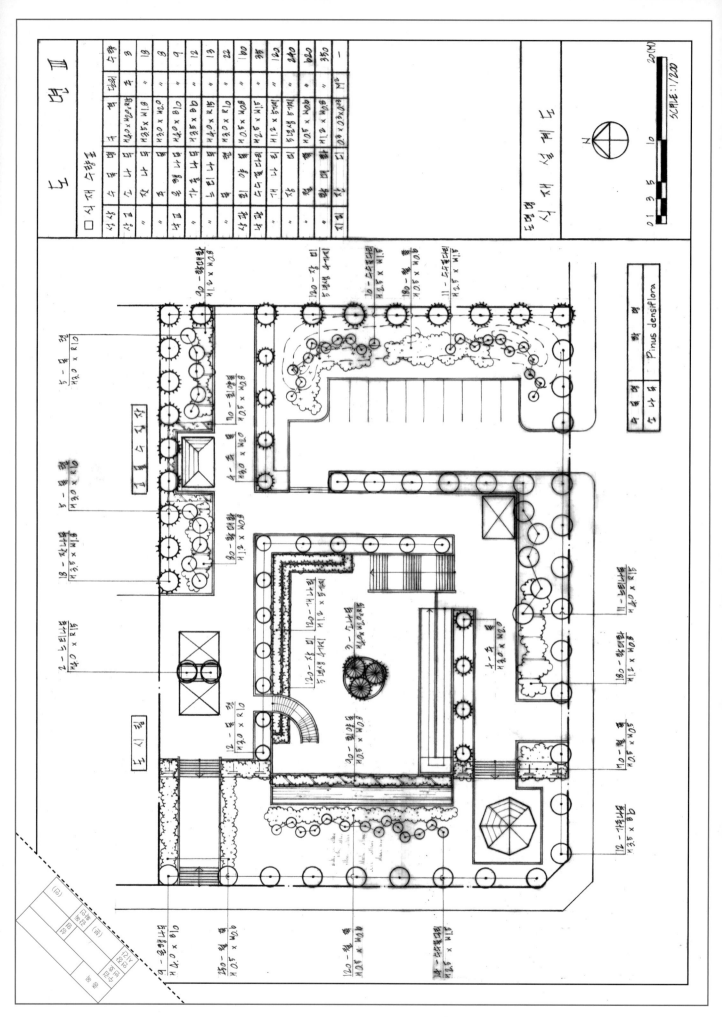

요구사항

다음은 중부지방의 주택가 주변에 위치하고 있는 상상어린이공원 부지이다. 서쪽으로는 동사무소가 있으며, 현황도와 설계조건들을 참고하여 설계개념도(답안지 I)와 시설물배치도 및 배식설계도(답안지 II)를 작성하시오.

문제 1

주어진 요구조건을 반영하여 축척 1/100로 확대하여 설계개념도를 작성하시오.

가. 부지 중앙부에 300㎡의 놀이공간을 배치하고, 놀이공간 동쪽으로는 60㎡의 유아 놀이공간, 서쪽으로는 동사무소와의 접근이 용이하도록 100㎡의 휴게공간을 계획한다.

나. 운동공간은 주민의 이용이 자유로울 수 있도록 놀이공간의 남쪽, 동선 아래로 계획하고, 배드민턴 코트는 놀이공간의 북쪽에 배치한다.

다. 놀이공간과 유아 놀이공간은 동선과 자연스레 연계될 수 있도록 하며, 부지 외곽부에 지역경관을 고려하여 마운딩을 한다.

라. 주동선과 부동선, 진입관계, 공간배치, 식재개념 배치 등을 개념도의 표현기법을 사용하여 나타내고, 각 공간의 명칭, 성격, 기능을 약술한다.

문제 2

설계개념도를 반영하여 축척 1/100로 시설물배치 및 식재설계도를 작성하시오.

가. 놀이공간은 흔들기구 2식, 조합놀이대 1식, 어린이의 상상력을 자극할 수 있는 상상놀이기구 1식을 설치하고, 포켓에 그네를 배치하며, 안전성을 고려한 포장을 한다.

나. 유아놀이공간은 상상놀이기구 1식을 설치하고 모래로 포설한다.

다. 휴게공간 남서쪽으로 휴식을 위한 퍼걸러 등의 시설물을 설치하고, 친환경적인 포장을 한다.

라. 운동공간은 체력단련시설 4식을 연계하여 배치한다.

마. 배드민턴장 1면을 배치한다.

바. 휴게공간은 동사무소와 인접하여 배치하며, 야외탁자 3식을 설치한다.

사. 출입구 쪽에는 볼라드를 설치하여 차량의 진입을 차단하고, 안내판을 설치한다.

아. 동선에 포켓을 만들어 등의자를 설치하고, 놀이공간 주변 포켓에는 음수대를 설치한다.

자. 식재설계 시 교목 10종 이상을 선정하고, 인출선을 사용하여 수량, 수종명, 규격을 표기하고, 범례란에 시설물수량표와 수목수량표를 작성하시오.

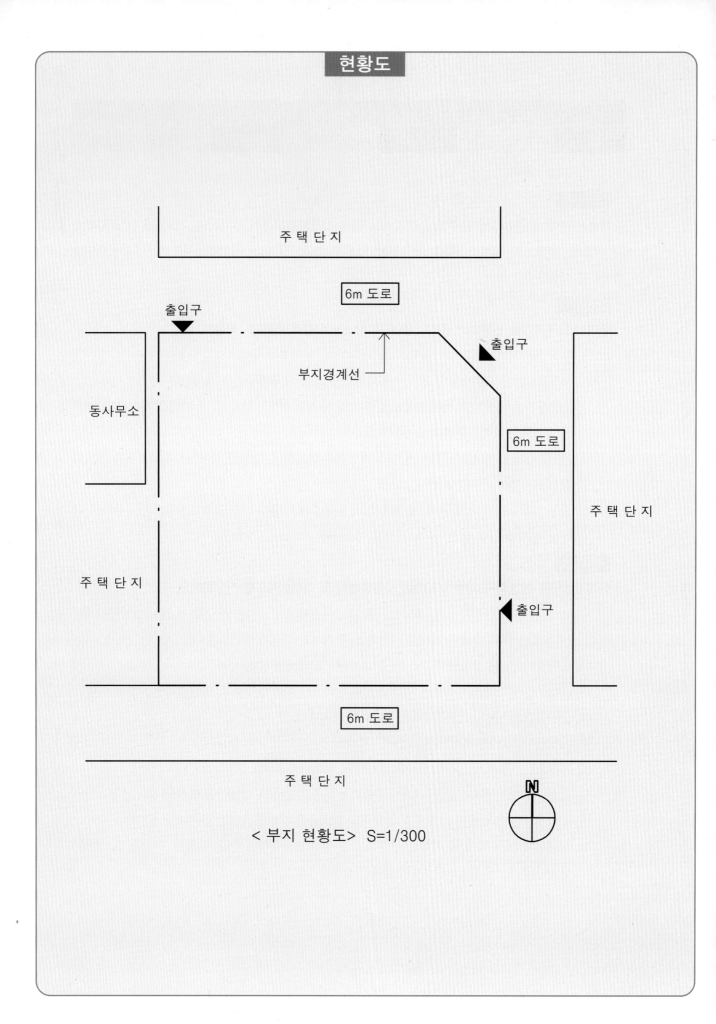

주 택 단 지

6m 도로

출입구

부지경계선

출입구

동사무소

6m 도로

주 택 단 지

주 택 단 지

출입구

6m 도로

주 택 단 지

N

< 부지 현황도 > S=1/300

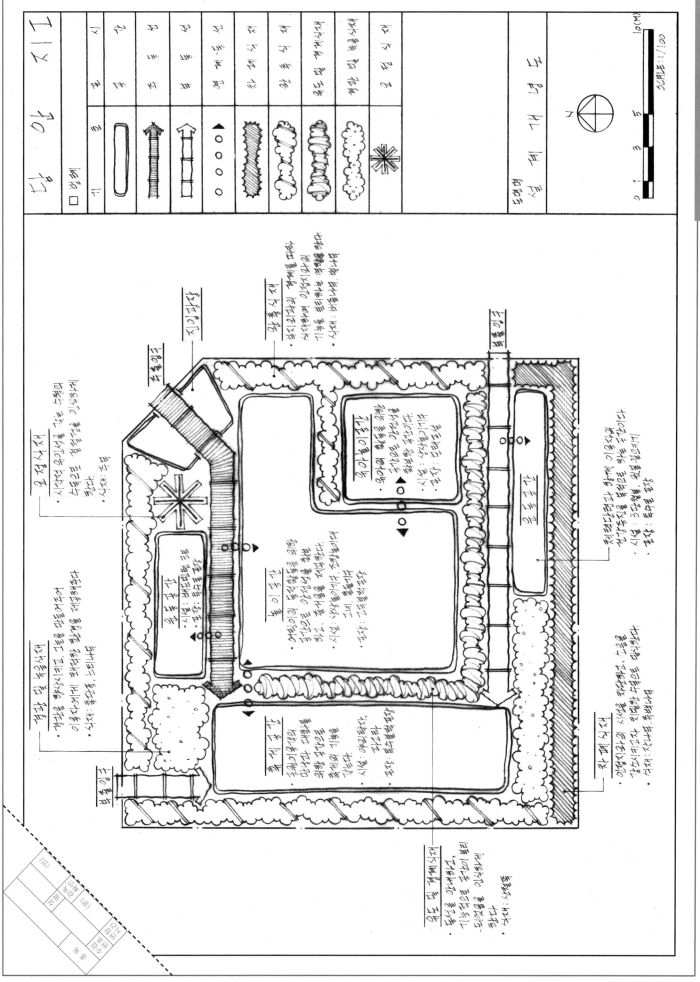

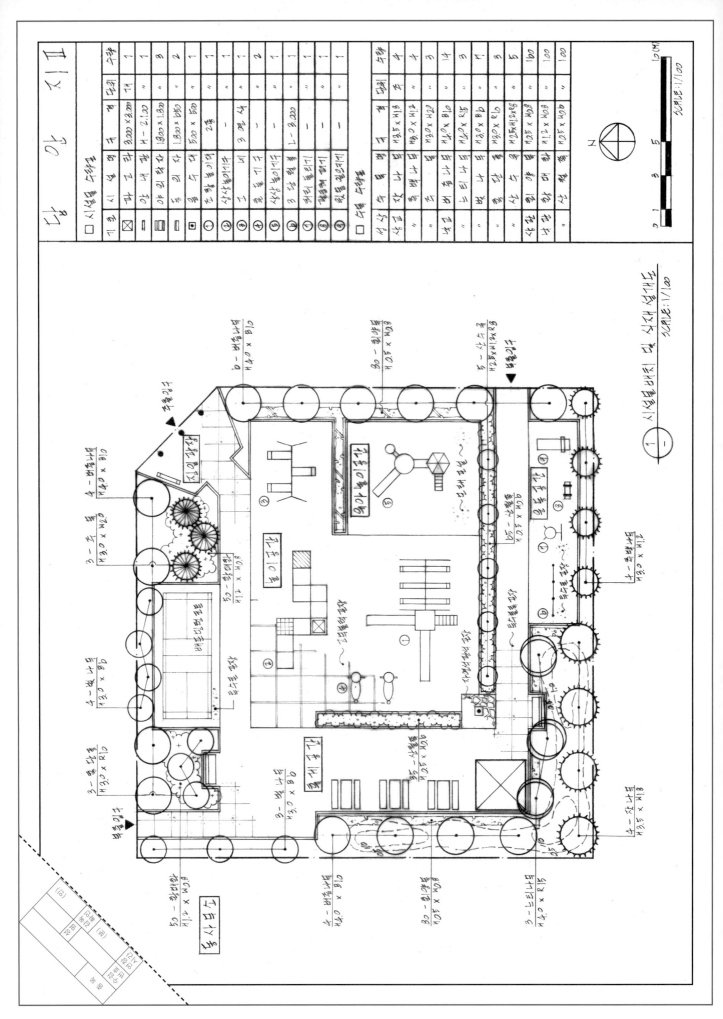

설계조건

1) 우리나라 중부지방 도심지의 자연형 근린공원과 주거지역 사이에 있는 소규모 근린공원이다.

2) 본 공원은 주변 자연환경과 연계된 소규모의 생태공원을 조성하고자 한다. 제시된 부지현황을 참고로 하여 요구사항에 따라 주어진 트레이싱지에 도면을 작성하시오.

문제 1

현황도에 주어진 부지를 1/300로 확대하여 아래의 조건을 반영한 설계개념도를 트레이싱지 Ⅰ에 작성하시오.

1) 동선개념은 관찰, 학습에 대한 동선과 서비스 등에 대한 동선으로 구분하며, 관찰 및 학습의 개념 전달이 되도록 계획하시오.

2) 수용해야 할 공간

 - 관찰, 산책로(W=1.5~2m)

 - 휴게공간 : 1개소(개소 당 약 50㎡)

 - 진입공간 : 2개소(개소 당 약 100㎡)

 - 습지지구 : 약 1,000㎡

 - 저수지구 : 약 500㎡

 - 삼림지구 : 약 1,000㎡

3) 공간배치 시 고려사항

 - 습지지구, 삼림지구, 저수지구, 휴게공간과 연계된 관찰로를 조성합니다.

 - 기존수로를 활용한 저수지구 조성, 저수지구와 연계한 습지지구를 조성합니다.

 - 외부에서의 접근을 고려한 진입광장을 조성합니다.

 - 기본 녹지와 연계된 삼림지구를 배치합니다.

문제 2

축척 1/300로 확대하여 아래의 설계조건을 반영하는 기본설계도를 트레이싱지Ⅱ에 작성하시오.

1) 휴게공간 : 퍼걸러(4m×4m) 1개 이상, 평의자 5개, 휴지통 1개 이상을 설치하시오.

2) 진입광장 : 종합 안내판 설치, 녹음수 식재를 할 수 있는 수목보호홀 덮개가 필요한 곳에 설치하시오.

3) 저수지구 : 조류관찰소, 안내판 1개소씩 설치, 기존수로와 연계하여 대상지의 북동측에 계획하시오.

4) 습지지구 : 동선형 관찰데크 설치, 안내판 설치 5개 이상, 자연형 호안조성, 저수지구와 안전한

아래측에 위치토록 계획하시오.

5) 삼림지구 : 관찰로 조성, 수목표찰 10개 이상 설치할 것, 기존수림의 활용을 적극적으로 도모하시오.

6) 각 공간별 특징과 성격에 맞는 포장재료를 명기하시오.

7) 각 공간별 계획고를 표기하고 마운딩되는 부분은 등고선 표기를 하시오.

8) 도면의 우측 여백에 시설물의 수량집계표를 작성하시오.

문제 3

아래 조건을 참고로 하여 배식설계도를 트레이싱지Ⅲ에 작성하시오.

1) 중부지방의 산림지구 자생수종을 식재하되 아래 보기 수종 중 적합한 수종을 선택하여 식재하시오.(10종 이상 선정할 것)

〈보기〉 상수리나무, 갈참나무, 느티나무, 은행나무, 청단풍나무, 졸참나무, 굴참나무, 신갈나무, 소나무, 생강나무, 팥배나무, 산벚나무, 꽃사과, 목백합나무, 플라타너스, 층층나무, 국수나무, 자산홍, 백철쭉, 철쭉, 진달래, 청가시덩굴, 병꽃나무, 찔레 등

2) 중부지방의 자연식생구조를 도입한 다층구조의 녹지로 조성되는 생태적 식재 설계를 1)항의 보기에서 수종을 선정하시오.

3) 도면의 여백 공간에 10×10(100㎡)의 면적에 식재 평면상세와 입면도를 상층, 중층, 하층식생이 구분되게 스케일 없이 작성하시오.

4) 수목의 명칭, 규격, 수량을 인출선을 사용하여 표기하시오.

5) 습지지구 주변과 저수지구 주변에 적합한 식물을 식재하고, 아래 보기 식물 중 적합한 식물을 10종 이상 선정하여 식재하며, 특히 조류의 식이(먹이)식물 및 은신처가 가능한 식물을 선정하시오.

〈보기〉 갯버들, 버드나무, 갈대, 부들, 골풀, 소나무, 살구나무, 산초나무, 억새, 꼬리조팝, 왕벚나무, 찔레, 산딸나무, 국수나무, 붉나무, 생강나무, 개망초, 토끼풀, 메타세쿼이아 등

6) 도면의 여백을 이용하여 수목수량집계표를 작성하시오.

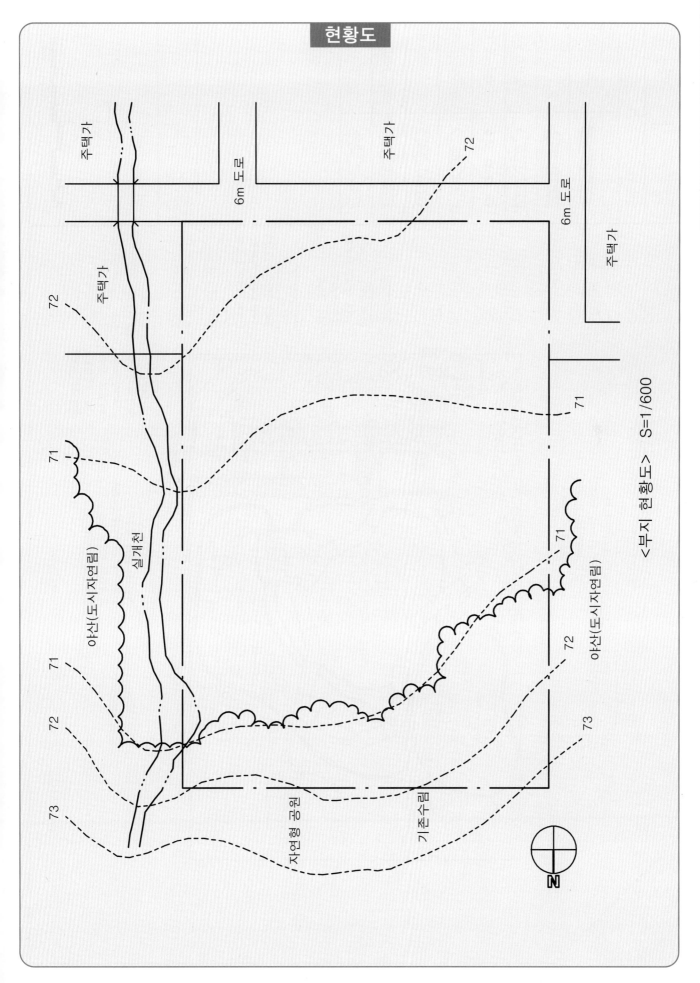

<부지 현황도> S=1/600

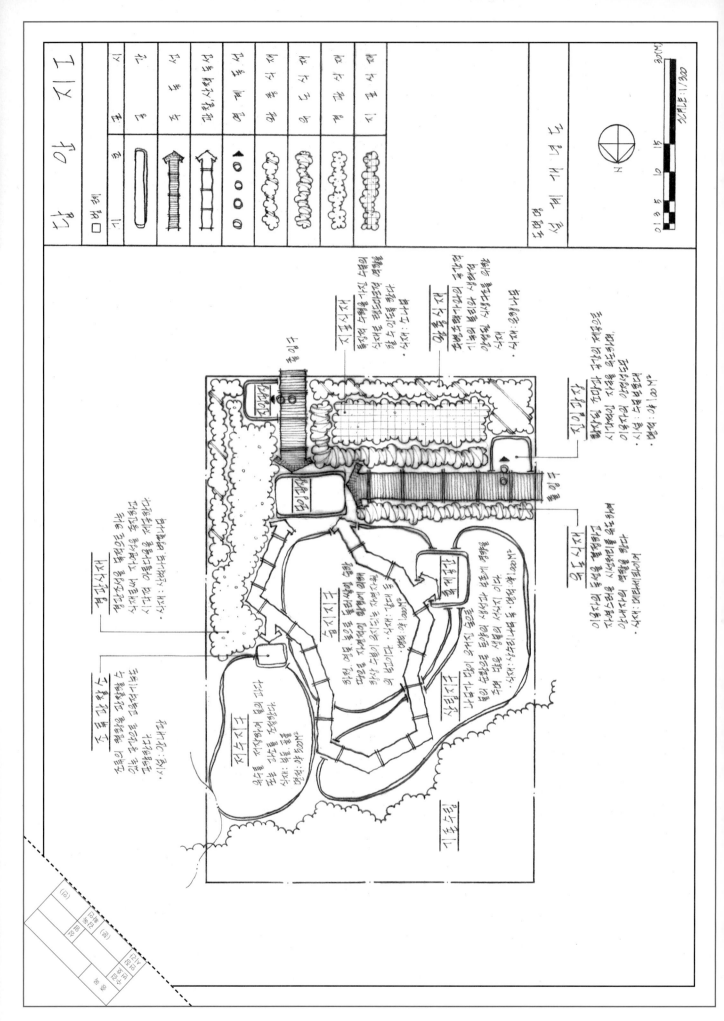

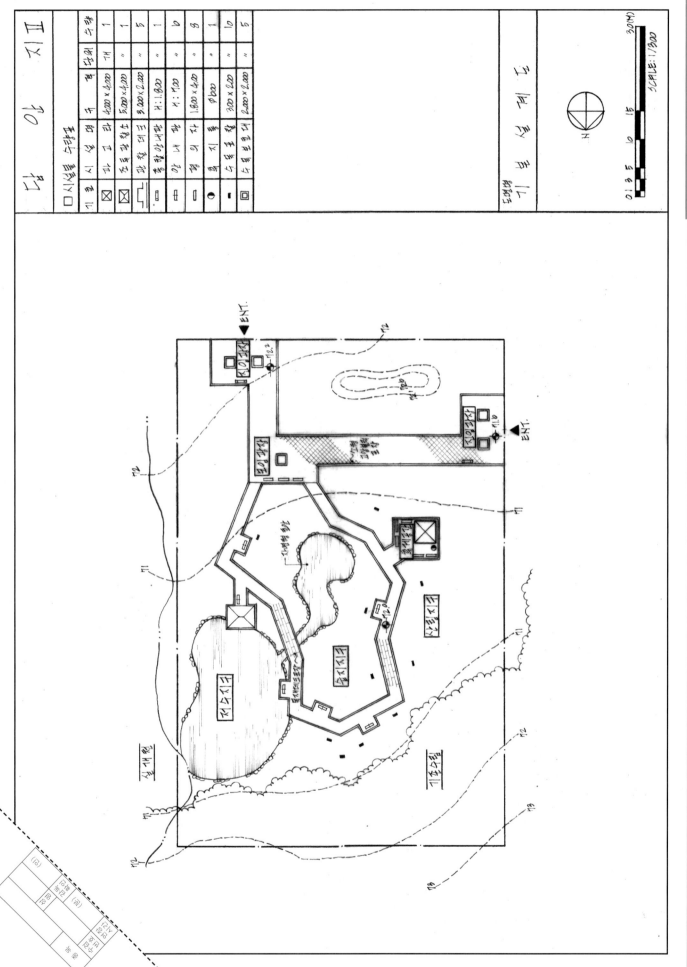

시 설 물 수 량 표

기 호	시 설 명	규 격	단 위	수 량
☒	파 고 라	4,000 × 4,000	개	1
☒	조 합 놀 이 대	5,000 × 4,000	″	1
⊔	평 의 자	8,000 × 2,000	″	5
▫	휴 지 통	Ø500 H:700	″	1
⊓	볼 라 드	H:700	″	9
●	평 의 자	1,800 × 4,00	″	8
■	음 지 통	Ø600	″	1
▣	수 목 보 호 대	300 × 200	″	10
▣	수 목 보 호 대	2,000 × 2,000	″	5

방 위 및 축 척

SCALE : 1/300

0 1 3 5   10   15   30(M)

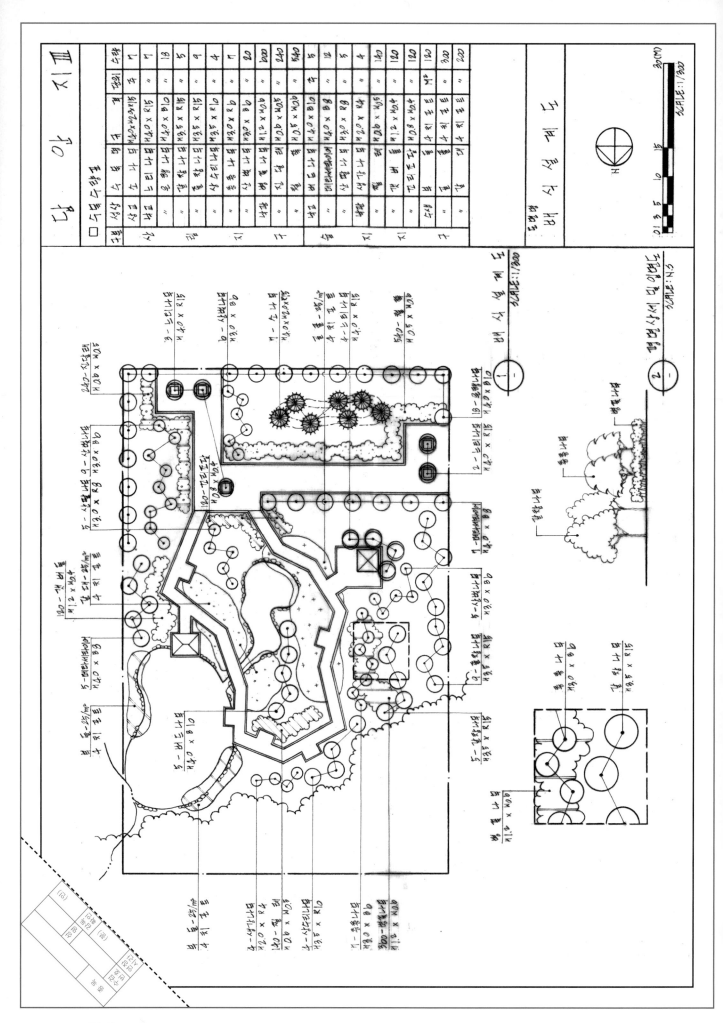

2011년 2회 국가기술자격 검정 실기시험문제(1994년, 2009년)					
시험시간	2시간 30분	자격종목	조경산업기사	작품명	어린이공원설계

요구사항(제 2과제)

중부 이북지방의 아파트 단지 내에 위치한 어린이공원 부지이다. 주어진 현황도와 설계조건을 참고로 요구사항에 따라 주어진 트레이싱지 2매에 도면을 완성하시오.

문제1

아래의 설계조건에 의한 평면기본구상도(계획개념도)를 주어진 트레이싱지 1매에 작성하시오.

가. 현황도를 축척 1/200로 확대하여 작성하시오.

나. 주동선(폭원 2m), 부동선(폭원 1.5m)으로 동선을 구분하여 계획하시오.

다. 각 공간을 휴게공간, 놀이공간, 운동공간, 잔디공간, 녹지로 구분하고, 각 공간의 위치와 규모는 다음 기준을 고려하여 배분하시오.

라. 공간의 성격, 개념과 문제2에서 요구된 시설 등을 간략히 기술하시오.

① 휴게공간 : 부지중앙에 위치시키고 규모는 100㎡ 이상으로 소형고압블록 포장하시오.

② 놀이공간 : 서측 녹도와 북측 차도에 접한 위치에 배치하고 규모는 50㎡ 이상으로 바닥은 고무칩을 포설한다.

③ 잔디공간 : 남측 근린공원과 서측 녹도에 접하여 배치하고, 규모는 200㎡ 이상으로 가장자리를 따라 경계, 녹음 등의 식재를 한다.

④ 운동공간 : 남측 근린공원과 동측 아파트에 접한 위치에 배치하고, 마사토로 포장한다. 다목적 운동장의 성격으로 21m×12m 크기로 구성하시오.

⑤ 녹지 : 위의 공간을 제외한 나머지 공간으로 식재개념을 경계, 녹음, 차폐, 요점식재 등으로 구분하여 표현하시오.

문제2

문제1의 평면기본구상도(계획개념도)에 부합되도록 주어진 트레이싱지 1매에 다음 사항을 참조하여 기본설계도(시설배치+배식설계)를 작성하시오.

가. 현황도를 축척 1/200로 확대하여 설계하시오.

나. 수용해야 할 시설물은 다음과 같다.

① 수목보호틀(2m×2m) : 1개소 ② 화장실(3m×4m) : 1개소 ③ 퍼걸러(5m×5m) : 1개소

④ 음수대 : 1개소 ⑤ 휴지통 : 3개 이상 ⑥ 등벤치 : 5개 이상(퍼걸러 안의 벤치는 제외)

⑦ 미끄럼대, 그네, 정글짐 : 각 1대

다. 설계 시 수용시설물의 크기와 기호는 다음 그림으로 한다.

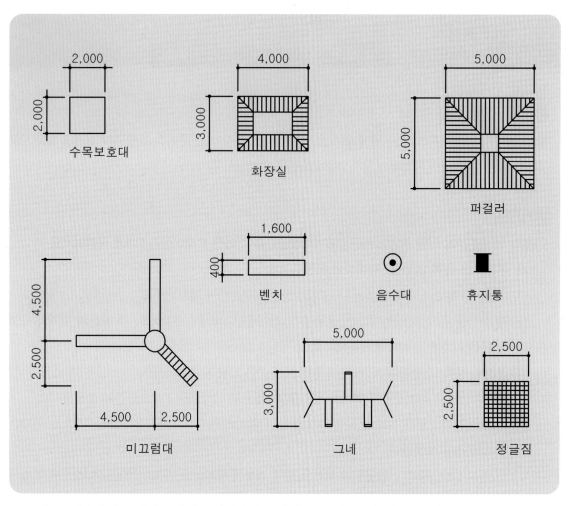

라. 공간유형에 주어진 포장재를 선택하여 표현하고 그 재료명을 명시하시오.

마. 식재할 수종은 다음 〈보기〉 중에서 선택하여 사용하되 계절의 변화 등을 고려하여 13종 이상
을 사용하시오.

〈보기〉 소나무, 잣나무, 히말라야시다, 섬잣나무, 동백나무, 청단풍, 홍단풍, 사철나무, 회양목, 후박나무, 느티나무,
쥐똥나무, 향나무, 산철쭉, 피라칸사스, 팔손이나무, 산수유, 백목련, 왕벚나무, 수수꽃다리, 자산홍

바. 수목의 명칭, 규격, 수량은 인출선을 사용하여 표기하시오.

사. 도면의 우측 여백에 시설물과 식재수목의 수량을 표기하시오.

아. 배식 평면의 작성은 식재개념과 부합되어야 하며, 대지 경계에 위치하는 경계식재의 폭은 2m
이상 확보하여야 한다.

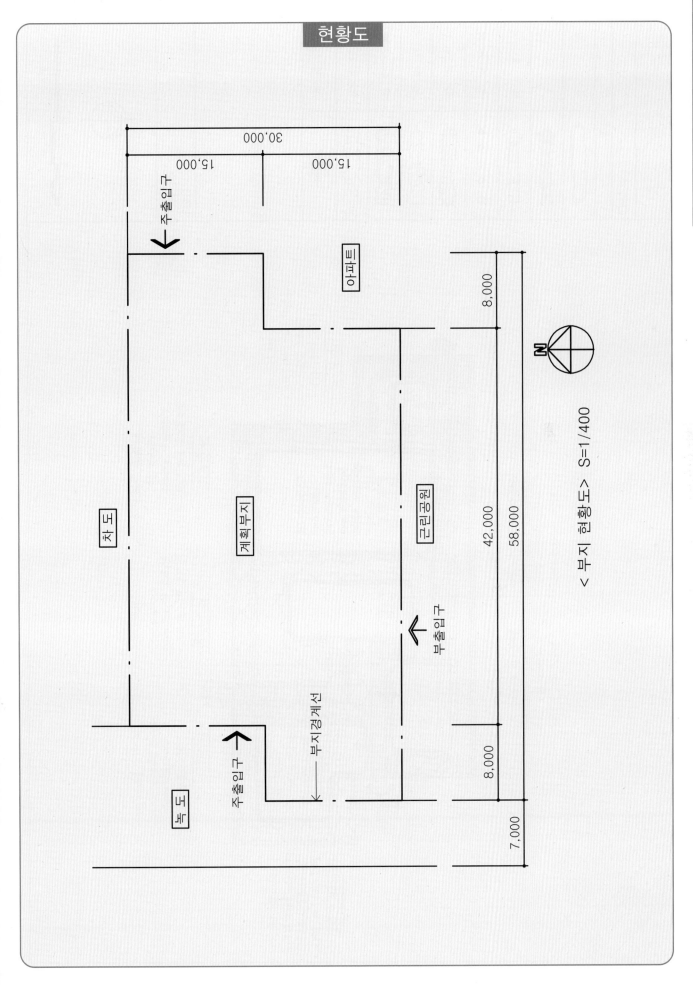

< 부지 현황도 > S=1/400

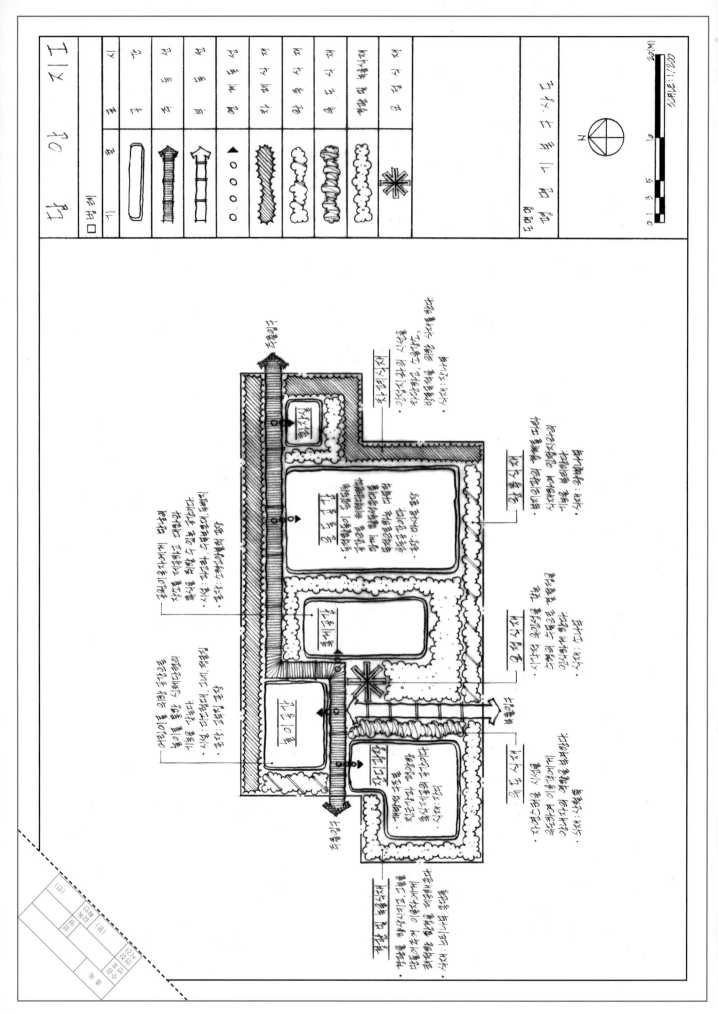

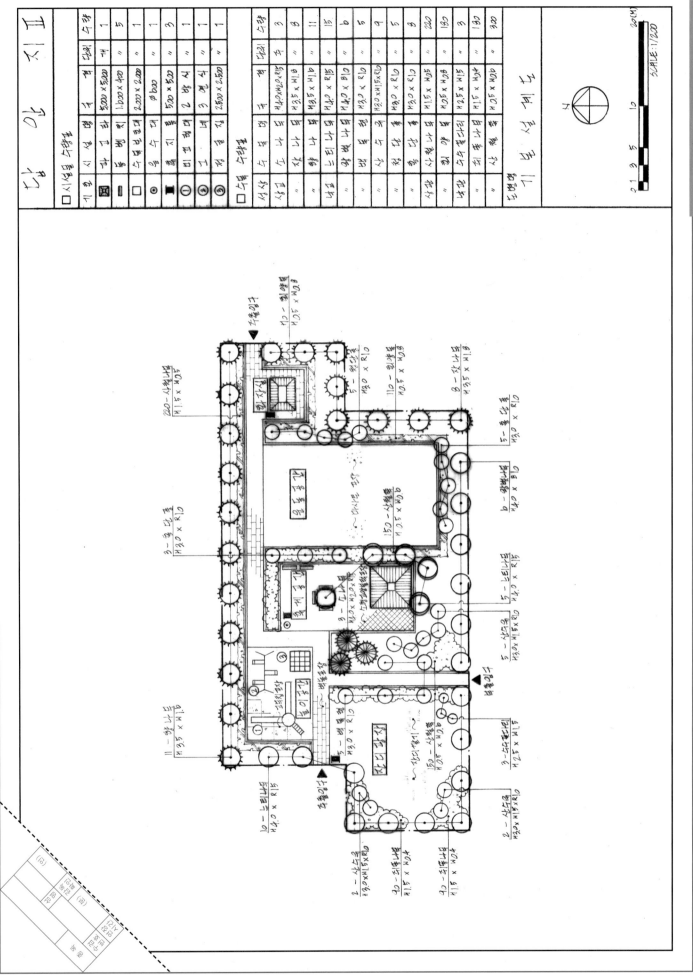

현황 및 계획의도

1) 중부지방 도보권 근린공원(A, B구역)으로 총면적 47,000㎡ 중 'A' 구역이 우선 시험설계 대상지이다.

2) 대상지 주변으로는 차로와 보행로가 계획되어 있으며, 북쪽 상가, 동쪽 아파트, 서쪽 주택가로 인접한 곳이다. 설계 시 차로와 보행로의 레벨은 동일하다.

문제 1

주어진 내용을 답안지 I 에 개념도를 작성하시오.(S=1/300)

1) 각 공간의 영역은 다이어그램을 이용하여 표현하고, 각 공간의 공간명, 적정개념을 설명하시오.

2) 식재개념을 표현하고 약식 서술하시오.

3) 문제2에서 요구한 [문 1], [문 2], [문 3]의 답을 아래 표와 같이 개념도 상단에 작성하시오.

문제	[문 1]	[문 2]	[문 3]
답			

문제 2

주어진 내용을 답안지II에 시설물 배치도를 작성하시오.(S=1/300)

1) 법면구간 계획 시 아래사항을 적용하시오.

> ▶ 법면 1:1.8 적용, 절토, 법면 폭을 표시하시오. 예)W=1.08
> ▶ 식재 : '조경설계기준'에서 제시한 '식재비탈면의 기울기' 중 해당 '식재가능식물'에 따른다. [문 1] 개념도에 해당 내용을 답하시오.

2) 주동선 계획 시 현황도에서 주어진 곳으로 하시오.

> ▶ 보행동선은 폭 5m로 적당한 포장을 사용하시오.
> ▶ 입구 계획 시 R=3m를 확보하여 다소 넓힌다.
> ▶ 계단 : h=15cm, b=30cm, w=5m 계단은 총 단수대로 그리고 up, down 표시 시 −1단으로 표기하시오.
> ▶ Ramp : 경사구배 8%, w=2m, 콘크리트 시공 후 석재로 마감한다.
> [문 2] 경사로는 바닥면으로부터 높이 몇 m 이내마다 수평면의 참을 설치해야 하는가?
> 단, '장애인·노인·임산부 등의 편의 증진보장에 관한 법률'에 따르며, 개념도에 답하시오.

3) 모든 공간은 서로 연계되어야 하고, 차량동선과 보행동선의 교차는 피하시오.

4) 차량동선(폭 6m) 진입 시 경사구배는 '주차장법'에서 제시한 '지하주차장 진입로'의 직선진입 경사구배 값으로 계획하시오.

> [문 3] 해당 경사구배 값(%)을 개념도에 답하시오.

5) 산책로는 폭 2m의 자유곡선형이며, 경사구간은 10%를 적용, 콘크리트 포장(경계석 없음)으로 계획하시오.

6) 잔디광장을 계획하시오.

▶ 면적 : 32m×17m ▶ 위치 : 부지의 중심지역 ▶ 포장 : 잔디깔기
▶ 용도 : 휴식 및 공연장 ▶ 레벨 : −60cm, 외곽부는 스탠드로 활용(h=15cm, b=30cm, 화강석 처리)

7) 잔디광장 주변으로 폭 3m, 6m의 활동공간을 계획하고, 주동선에서 진입 시 폭은 12m로 하시오. 또한 수목보호대(1m×1m) 10개를 설치하여 교목 식재를 하시오.

8) 부지 동남쪽에는 농구장(15m×28m) 1개소를 계획하되 여유폭은 3m 이상으로 하며, 포장은 합성수지 포장으로 하시오. 또한 농구장 주변으로 벤치설치 공간 4개소에 8개를 설치하며, 경계생울타리를 식재하시오.

9) 전체적으로 편익시설 공간(7m×26m)을 계획하고, 화장실(5m×7m) 1개소와 벤치 다수를 배치하시오.

10) 주차장은 소형승용차 26대를 직각주차방식으로 계획하시오.

▶ 주차장 규격은 '주차장법' 상의 '일반형'으로 하며, '1대당 규격'을 1개소에 적고 주차대수 표기는 예) ①, ②… 로 하시오.
▶ 보행자 안전동선(w=1.5m)을 확보하고, 측구배수 여유폭을 70cm 확보하시오.

11) 어린이 모험 놀이공간을 계획하시오.

▶ 면적은 300㎡ 내외로 하고, 포장은 탄성고무포장을 사용한다.
▶ 모험놀이시설을 3종 이상 구상하고, 수량표에 표기하시오.(단, 개당 면적 15㎡ 이상으로 한다.)

12) 휴식공간(10m×12m, 목재테크)을 적당한 곳에 계획하고, 퍼걸러(4.5m×4.5m) 2개소, 음수대 1개소, 휴지통 1개를 배치하시오. 또한 휴식공간 주변에 연못(80㎡ 내외, 자연석 경계)을 계획하시오.

13) 배수계획은 대상지의 아래(서쪽) 공간에만 계획하시오.

▶ 주차장, 연못, 농구장, 놀이터에는 빗물받이(510×410), 집수정(900×900)을 설치하시오.
▶ 잔디광장에는 trench drain(w=20cm, 측구수로관용그레이팅)배수와 집수정을 설치하시오.
▶ 최종배수 3곳에는 우수맨홀(D900)을 설치하시오.

문제 3

주어진 내용을 답안지Ⅲ에 배식평면도를 작성하시오.(S=1/300)

1) 수종선정 시 온대중부수종으로 상록교목 3종, 낙엽교목 7종, 관목 3종 이상을 배식하시오.

2) 주차장 좌측(부지 북쪽) 식재지역은 참나무과 총림을 조성하시오. 단, 총림 조성 시 수고 4m 이상으로 40주 이상을 군식하시오.

3) 주요부 마운딩(h=1.5m, 규모 50㎡ 내외) 처리 후 경관식재 1개소, 산책로 주변과 수경공간 주변에는 관목식재, 주동선은 가로수식재, 완충식재, 녹음식재 등을 인출선을 사용하여 작성하시오.

현황도

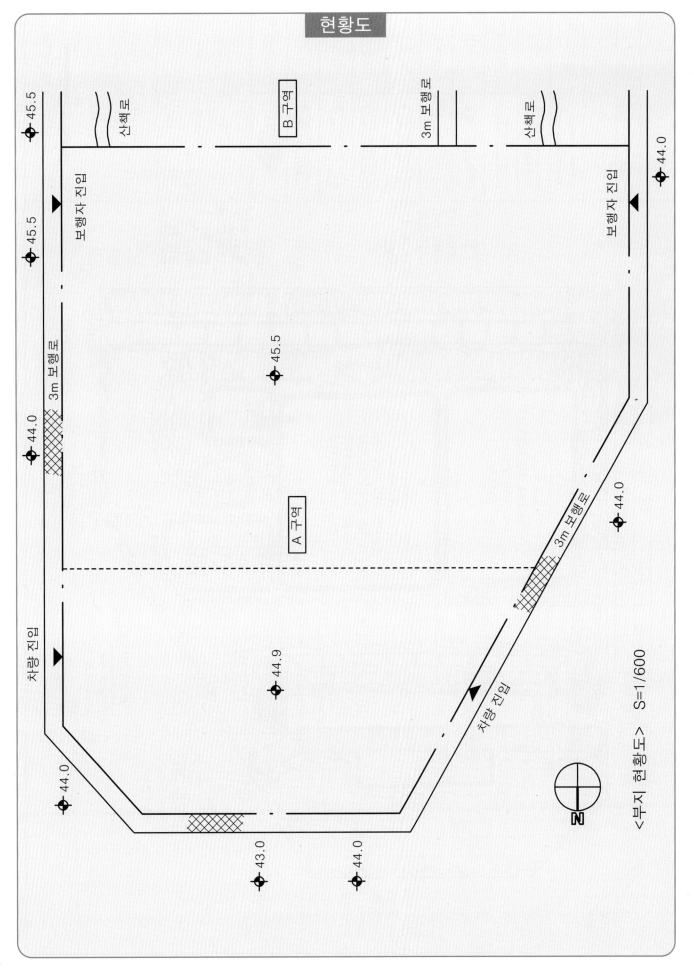

45.5

45.5

44.0

3m 보행로

보행자 진입

A 구역

자량 진입

44.0

43.0

44.0

B 구역

산책로

3m 보행로

산책로

보행자 진입

44.0

45.5

44.9

3m 보행로

자량 진입

44.0

N

<부지 현황도> S=1/600

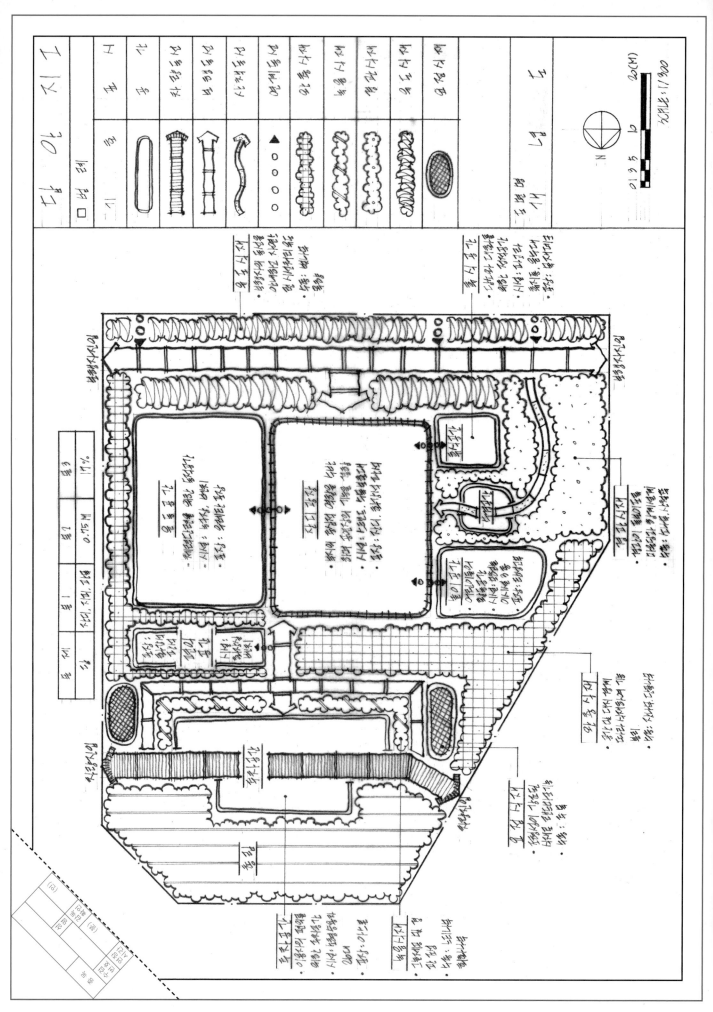

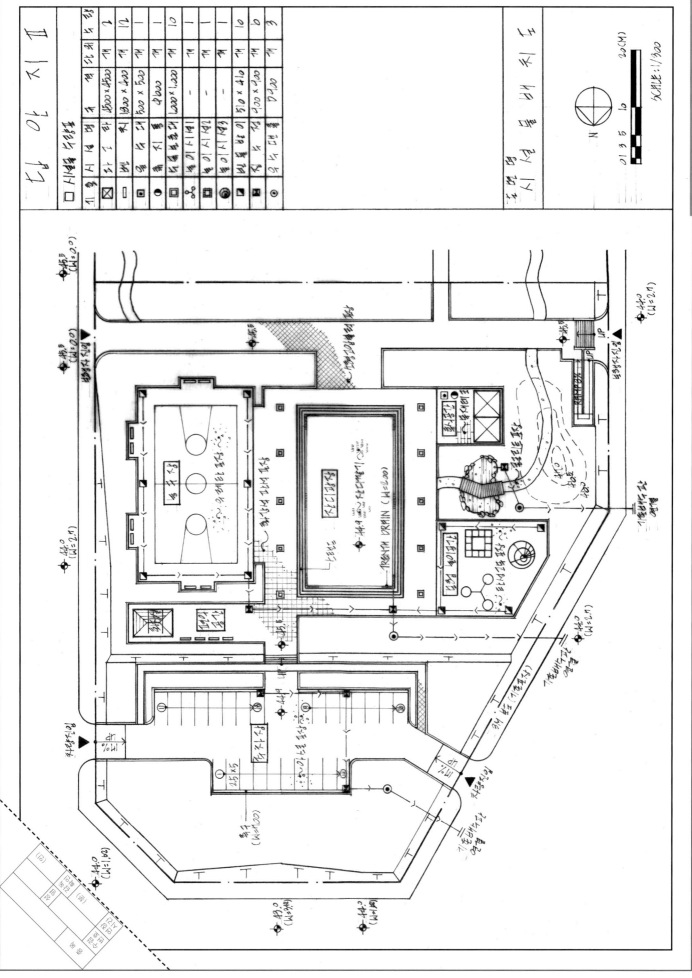

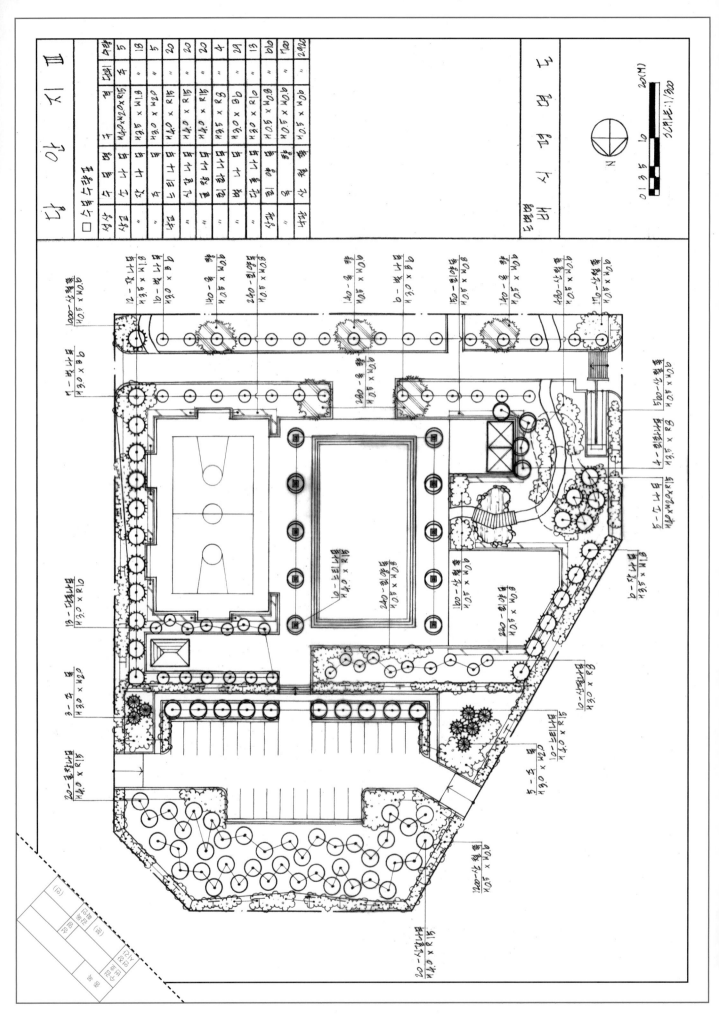

시험시간	2시간 30분	자격종목	조경산업기사	작품명	소공연장 어린이공원

요구사항(제 2과제)

현황 및 계획의도

대상지는 중부지방으로 주택가와 보차로 변에 접하여 있으며, 기존 공지(대상지)와 종이 재활용 공장이 이전됨에 따라 공지(굵은 실선 부분)를 시험대상지로 계획하려 할 때 주어진 조건에 따라 포장광장, 소공연장, 어린이놀이터, 경계식재대 등이 포함된 어린이공원을 계획하여 제출하시오.

[답안지 Ⅰ]에는 개념도를 작성하여 제출하시오.(S=1/200)

1) 각 공간의 적절한 위치와 공간개념이 잘 나타나도록 다이어그램을 이용하여 표현하시오.

2) 각 공간의 공간명과 도입시설개념을 서술하시오.

3) 주동선과 부동선의 출입구를 표시하고 구분하여 표현하시오.

4) 배식개념을 내용에 맞게 표현하고 서술하시오.

[답안지 Ⅱ]에는 시설물계획과 배식계획이 나타나는 조경계획도를 제출하시오.(S=1/200)

1) 주택가쪽과 차로쪽에 인접한 대상지에는 보행로(폭 3m)를 전체적으로 계획하시오. 또한, 가로수식재(수목보호대, 1m×1m)를 조성하시오.

2) 공장이전부지와 계획대상지와의 경계는 철재 펜스(H=1.8m)를 설치하시오.

3) 주어진 곳에서 주동선(폭 3m) 2개소를 계획하시오.

> ▶ 남쪽 진입 시 레벨차 +0.75m로 계단(h=15cm, b=30cm, 화강석)을 설치하시오.
> ▶ 계단은 총 단수대로 그리고 up, down 표시 시 −1단으로 표기하시오.

4) 주동선이 서로 만나는 교차점 지역에는 포장광장을 계획하시오.

> ▶ 모양 : 정육각형 ▶ 규격 : 내변길이(직경) 12m ▶ 포장 : 콘크리트블록포장

5) 부동선(폭 2m, L=35m내외, 자유곡선형, 동서방향, 도섭지와 접하시오) 1개소를 계획하시오.

6) 포장광장의 중심에 정육각형 플랜터박스(내변길이 3m)를 설치하여 낙엽대교목(H8.0×R25)을 식재하시오.

7) 소공연장은 포장광장에 접하도록 북동쪽에 계획하시오.

> ▶ 모양 : 포장광장 중심으로부터 확장된 정육각형(반경 10m)
> ▶ 면적 : 80㎡ 내외
> ▶ 포장 : 잔디와 판석포장
> ▶ 용도 : 휴식, 공연장

8) 소공연장 외곽부에는 관람용 스탠드(h=30cm, b=60cm, 2단, 콘크리트시공 후 방부 목재 마감, L=20m 내외) 설치하시오.

9) 어린이놀이터를 계획하시오.

> ▶ 면적 : 250㎡ 내외
> ▶ 포장 : 탄성고무칩포장(친환경)
> ▶ 놀이시설물 : 조합놀이대(영역10m×10m, 4종 조합형) 1개소, 흔들형 의자 놀이대 3개소
> ▶ 원형퍼걸러 : 직경 5m, 부동선 입구 근처, 하부 벽돌포장

10) 부지 남쪽 보행로와 접한 구간은 폭 3m의 경계식재대(border planting)를 계획한 후 식재 처리하시오.

11) 벽천(면적 25㎡, 저수조 포함)에서 발원하는 도섭지는 물놀이 공간으로 부동선과 놀이터 사이에 평균 폭 1.5m, L=25m 내외, 자연석판석 경계, 물 높이 최대 10cm로 계획하고, 목교(폭 90cm) 2개소를 놀이터와 연결하여 계획하시오.

12) 포장광장 우측에 휴식공간(면적 40㎡ 내외)을 계획하고 쉘터(평면의 모양은 사다리꼴, 밑변 7m×윗변 11m, 폭 3m)를 1개소 설치하시오.

13) 기타 시설물계획 시 아래를 참고하시오.

> ▶ 음수전(1m×1m) 1개소, 볼라드(직경 20cm) 5개소, 휴지통(600×600) 2개소, 조명등(H=5m) 4개소, 부동선과 놀이터 주변에 벤치(1,800×450) 4개소 8개, 포장 3종류 이상
> ▶ 기타 문제에서 언급하지 않은 곳에는 레벨조작하지 말 것

14) 동서방향의 단면도를 반드시 벽천이 경유되도록 S=1/200로 작성하시오.

15) 배식계획 시 마운딩(H=1.5m, 폭=3m, 길이=25m) 조성 후 경관식재, 녹음식재, 생울타리식재(놀이터 주변, 폭 60cm, 길이 30m 내외), 경계식재대(border planting, 관목류) 등을 계획 내용에 맞게 배식하시오.(단, 온대중부수종으로 교목 10종 이상, 관목 3종 이상으로 하시오.)

> 느티나무, 독일가문비, 때죽나무, 플라타너스(양버즘), 소나무(적송), 복자기, 산수유, 수수꽃다리, 스트로브잣, 아왜나무, 왕벚나무, 은행나무, 자작나무, 주목, 측백나무, 후박나무, 구실잣밤나무, 산딸나무, 층층나무, 앵도나무, 개나리, 꽝꽝나무, 눈향나무, 돈나무, 철쭉, 진달래

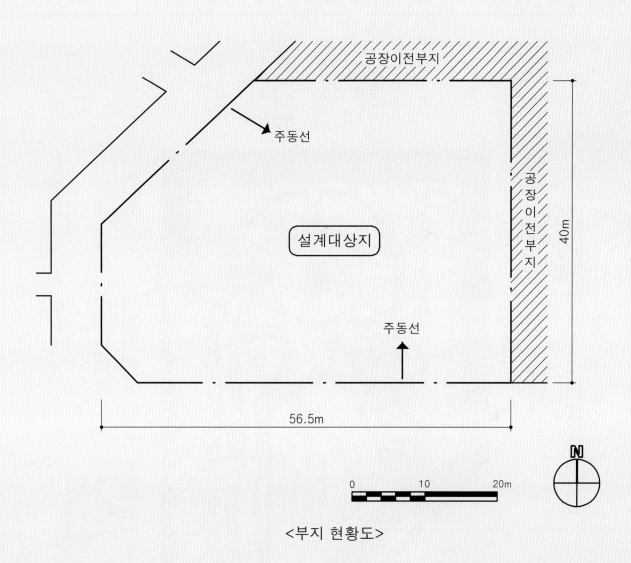

공장이전부지

주동선

설계대상지

공장이전부지

주동선

40m

56.5m

0   10   20m

N

<부지 현황도>

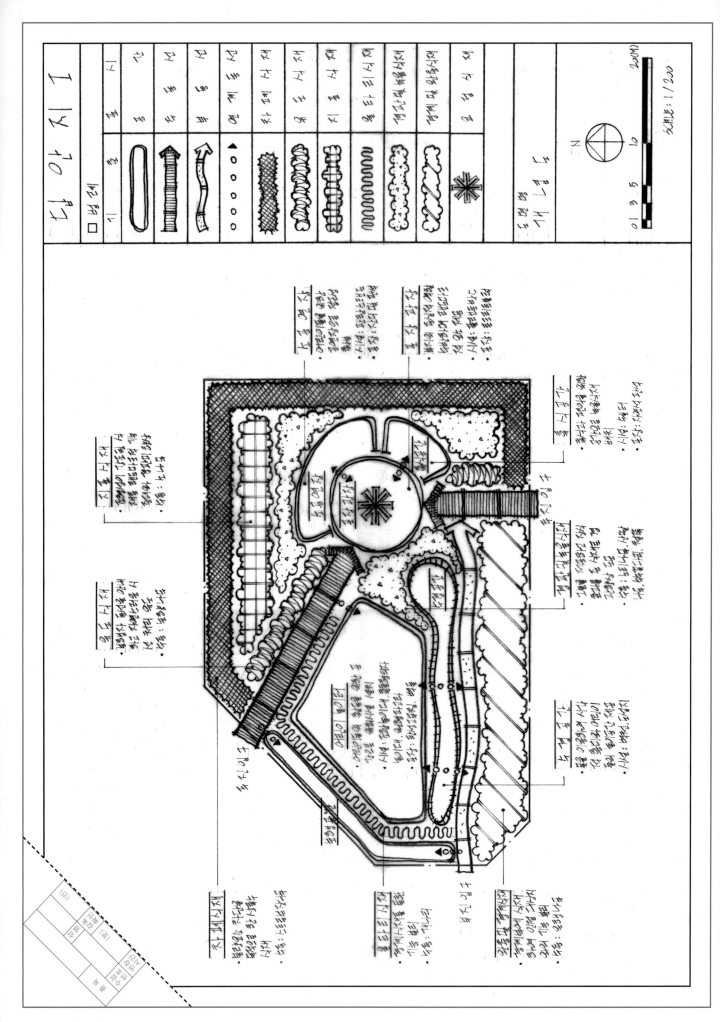

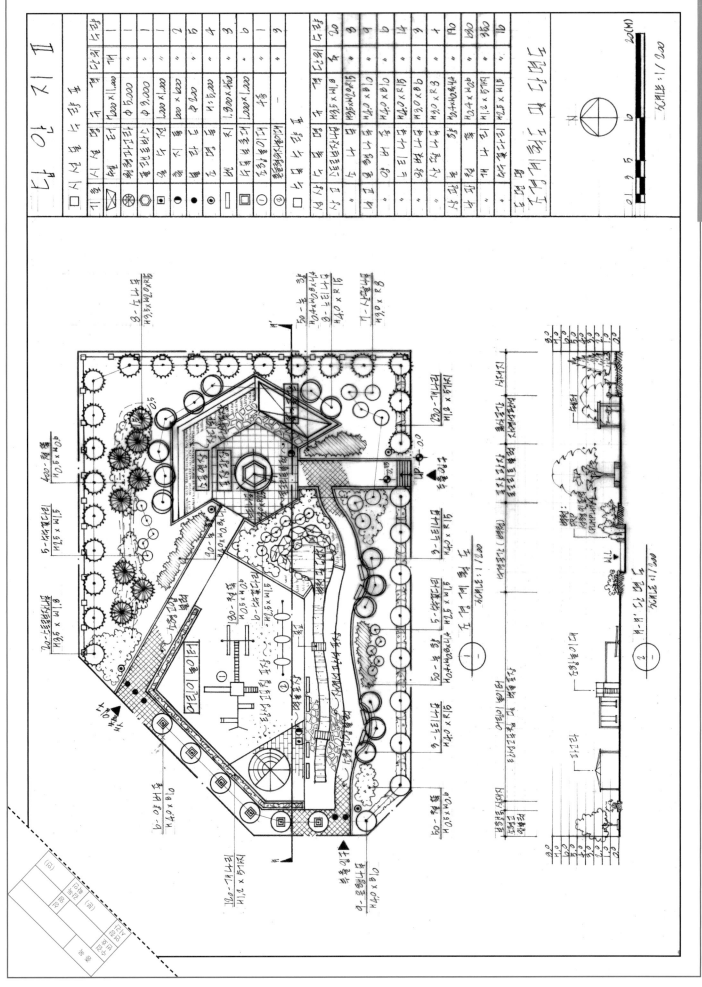

요구사항(제 2과제)

중부 이북지방의 소규모 공원용지에 근린공원을 조성하려고 한다. 주어진 조건과 현황도를 이용하여 문제 요구 순서대로 작성하시오. 단, 지급용지(트레이싱지)의 긴 변을 가로로 놓고 작업한다.

문제 1

주어진 현황도와 아래의 조건을 참고하여 지급된 용지(트레이싱지) 1매에 1/200의 축척으로 설계개념도(평면기본구상도)를 작성하시오.

　　1) 기능 및 공간배분은 다음과 같은 조건에 따라 구상한다.

　　　－ 도면의 좌상(左上) : 놀이공간(200㎡)

　　　－ 도면의 좌하(左下) : 서비스공간(약 100㎡)

　　　－ 도면의 우상(右上) : 다목적 운동공간(약 400㎡)

　　　－ 도면의 우하(右下) : 휴게공간(약 200㎡)

　　2) 현황도에 적합한 공간 및 기능배분을 하고, 공간의 성격 및 설치 시설들에 대해 간단히 기술한다.(공간배치계획, 식재계획, 동선계획 등)

문제 2

주어진 현황도와 아래의 조건을 참고하여 지급된 용지 1매에 1/200의 축척으로 시설물배치 및 배식설계가 포함된 기본설계도를 작성하시오.

　　1) 설치되는 시설물은 미끄럼대, 그네, 철봉, 시소, 모래판, 회전무대, 정글짐, 퍼걸러, 쉘터, 블록포장, 배구장 또는 농구장, 벤치, 음수전 중에서 택한다.(단, 밑줄 친 것은 필수시설로 한다.)

　　2) 해당 근린공원의 녹지율은 반드시 40% 이상으로 한다.

　　3) 설치시설물에 대한 범례표는 우측 여백에 작성하되 시설물의 개수도 기재한다.

　　4) 계절의 변화감을 고려하여 12수종 이상의 수목을 선택하여 배식설계를 하고, 인출선을 사용하여 수목의 명칭, 규격, 수량을 표기하되 수목명, 규격, 단위, 수량의 전체적인 것을 도면 우측 여백을 이용하여 작성한다.

　　5) 수종의 선택은 지역적인 조건을 최대한 고려하여 선택한다.

　　6) 유치원과 접한 부분에는 상록수를 이용한 차폐식재를 실시한다.

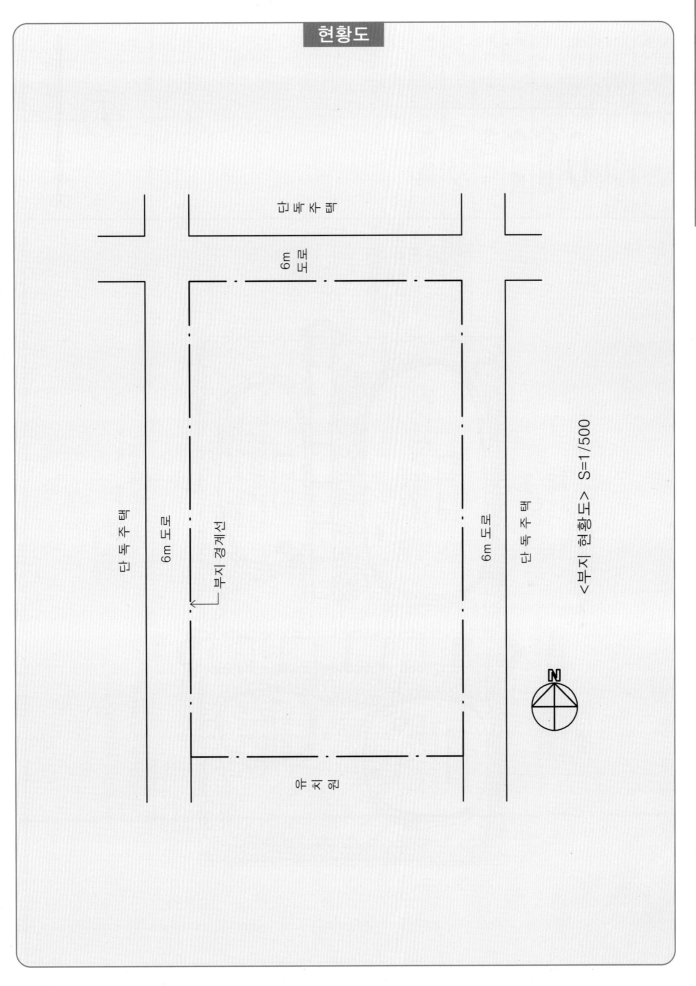

단독주택

6m 도로

단독주택

6m 도로

부지 경계선

단독주택

6m 도로

단독주택

6m 도로

약지현

N

<부지 현황도> S=1/500

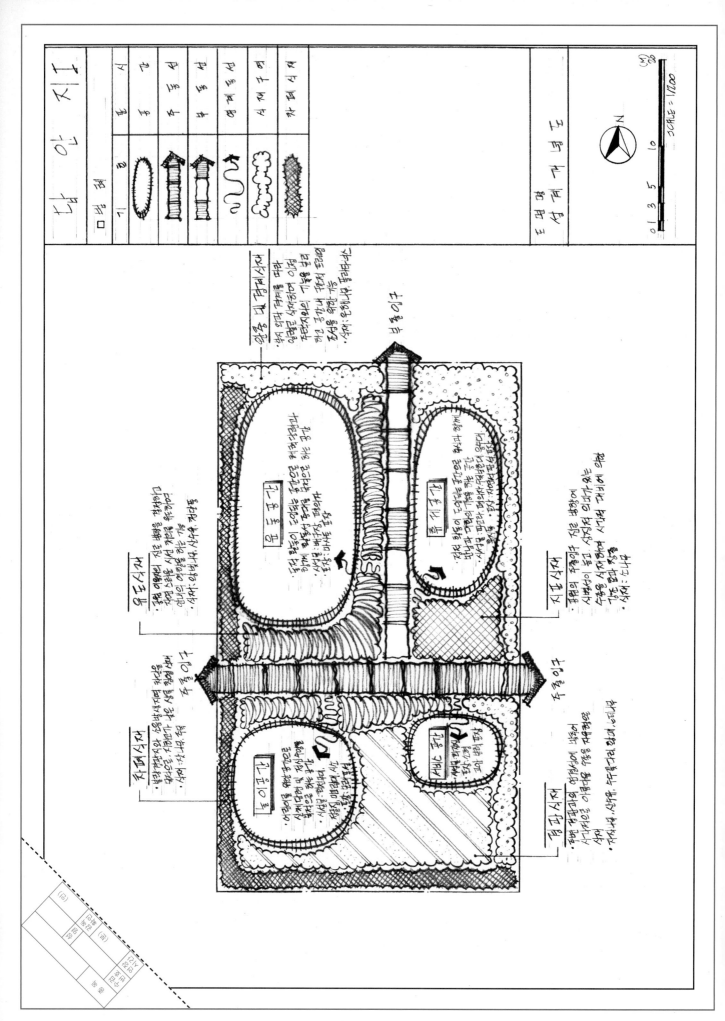

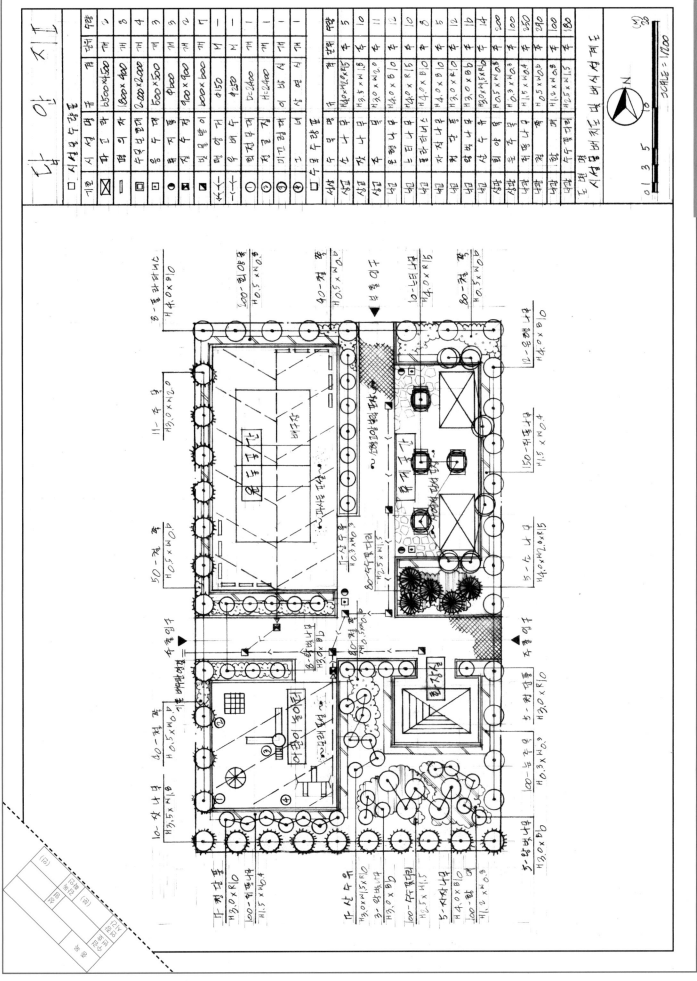

요구사항

제시된 설계대상지는 남부지방 어느 하천 주변이다. 기존 하천에는 블록제방이 조성되어 있으며, 이를 이용한 사주부(point bar)호안 및 고수부지 주변의 식생공법을 시행하려고 한다. Unit 2를 중심으로 우측에 자전거 도로를 설치하며, 조각공원, 휴식공간 및 주차장 등의 조경시설지를 설계하시오.

하천은 최대수위를 넘지 않는 것으로 한다.

가. Unit 1 부분 : 평면도와 단면도 작성시 사주부 호안공법으로 시행하며, 다음 조건을 참고하여 하천선으로부터 설계하시오.

- 기존 호안블록(30cm×30cm), 폭 2m로 설계한다.
- 나무말뚝박기 : 원재·120mm×L1,000mm이며, 호안블록을 따라 1m 간격으로 1열로 박는다.
- 야자섬유두루말이(2열) : 300mm×L4,000mm의 원통형으로 길게 배치하고, 두루마리를 고정시키기 위해 나무말뚝(15mm, 길이 60cm)을 1m 간격으로 설치한다.
- 갈대심기 : 갈대 뗏장은 9매/㎡ 정도로 자유롭게 점떼붙이기로 심고, 전체 폭은 1m로 피복하며, 비탈면 바닥공의 설치를 위해 퇴적물을 제거한 후, 갈대뗏장(20cm×20cm)을 구덩이에 배치한다. 또한 돌로 가볍게 눌러준다.
- 갯버들 꺾꽂이(L=60cm) : 나머지 상단부 1m의 폭에 갯버들 그루터기를 16주/㎡ 정도로 심는다.
- 도면상에 표현이 불가능한 사항은 인출선을 사용하여 설계하시오.
- 사주부호안공법에 적용되는 나무말뚝박기, 야자섬유두루말이, 갈대심기, 갯버들꺾꽂이의 수량은 시설물 및 수목수량표에 포함하지 않는다.

나. Unit 2 부분 : 제방지역으로 좌우측 공간보다 1m 높게 성토한다. 단, 하천식생에 적합한 수종을 선별하여 식재한다.

다. Unit 3 부분 : 휴식공간, 조각공간, 잔디공간으로 분리하여 설계하되, 조각공원을 중심으로 상하로 휴식공간과 잔디공간으로 분리하여 설계한다.

- 자전거도로는 제방하단 우측에 설계하며, 폭 2m로 투수콘을 포장한다.
- 자전거도로 우측에는 2.5m의 보행로를 설계한다.
- 조각공원의 면적은 160㎡ 이상으로 하고, 중앙엔 원형연못(직경 4m)을 두며, 그 주위로 2m폭의 원형동선(포장 : 투수콘)을 계획한다. 조각을 전시하는 공간은 잔디로 하며, 다수의 조각을 배치한다.
- 휴식공간의 면적은 120㎡ 이상으로 하고, 이동식 쉘터(4m×4m) 2개소, 이동식 벤치(1.8m×0.4m) 6개, 휴지통(직경 70cm) 2개를 설치하며, 포장은 투수콘으로 한다.

    – 잔디공간의 면적은 150㎡ 이상으로 하고, 원형쉘터(직경 3m) 4개를 설치하며, 잔디공간 주변부로는 화관목을 식재한다.

라. Unit 4 부분 : 주차장 설계구역으로서 주차배치는 직각주차방식(일방통행)을 사용하여 10대분의 소형주차공간(5m×2.5m)을 확보한다. 포장은 아스콘포장이며 보행자의 안전을 위하여 Unit 3와 주차장 사이에 3m폭 이상의 보행자용 완충공간을 확보한다. 차도와 접한 부분은 완충녹지대를 설치한다.

마. 기타 시설물은 적절한 위치에 설치하되, 배수시설은 도로쪽으로 출수한다.

바. 따로 지정하지 않은 공간은 주변지역과의 조화를 고려하여 식재한다.

사. 식재 시 다음 사항을 참고하여 적절한 수종과 식물을 선정하여 교목 2종 이상, 하층식물 5종 이상을 식재하시오.

    – 저수호안 수종으로 갈대, 부들, 부처꽃, 금불초, 꽃창포, 꼬리조팝, 붓꽃(7~10분얼) 등이 있다.

    – 고수호안 수종으로는 질경이, 민들레, 쑥부쟁이, 구절초, 패랭이, 층꽃, 유채 등이 있다.

    – 교목으로는 낙우송, 물푸레나무, 왕버들, 후박나무 등이 기본적으로 사용되며 그 외 수종을 사용할 수 있다.

    – 하층식물 도입 시 규격은 3~4인치 포트(pot)로 한다.

    – 교목은 제방 상층부에만 식재한다.

문제 1

공간구상 및 도입요소를 설명한 공간개념도를 축척 1/200로 작성하시오.[도면Ⅰ]

문제 2

시설물배치도 및 배식평면도가 포함된 종합계획도를 축척 1/200로 작성하시오.[도면Ⅱ]

문제 3

사주부 호안공법 평면도(폭 2m, 길이 12m 이상 표현)와 C-C' 단면상세도를 축척 1/50로 작성하시오.[도면Ⅲ]

KEY MAP

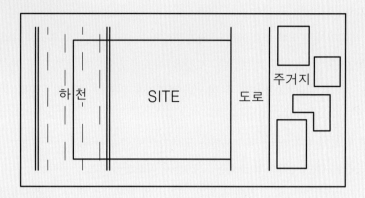

현황도 S=1/400

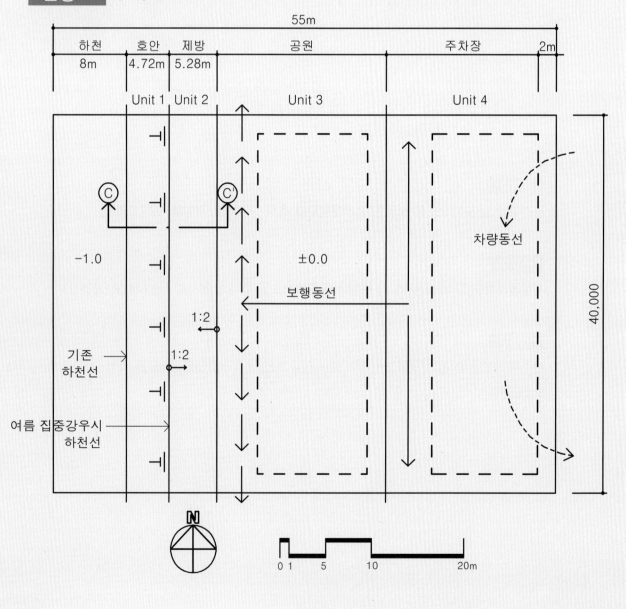

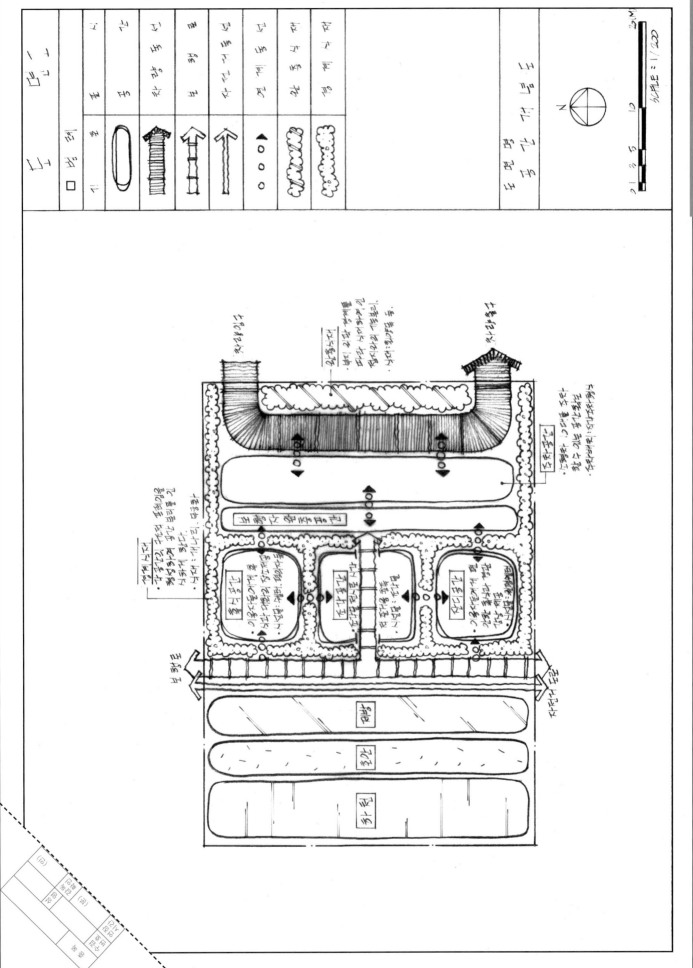

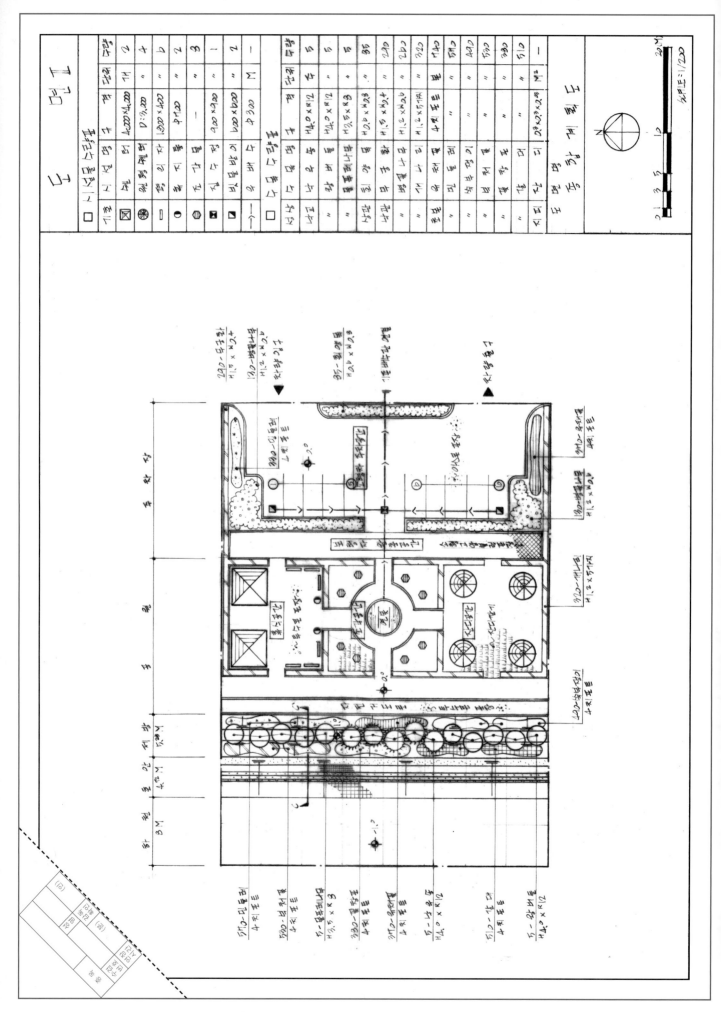

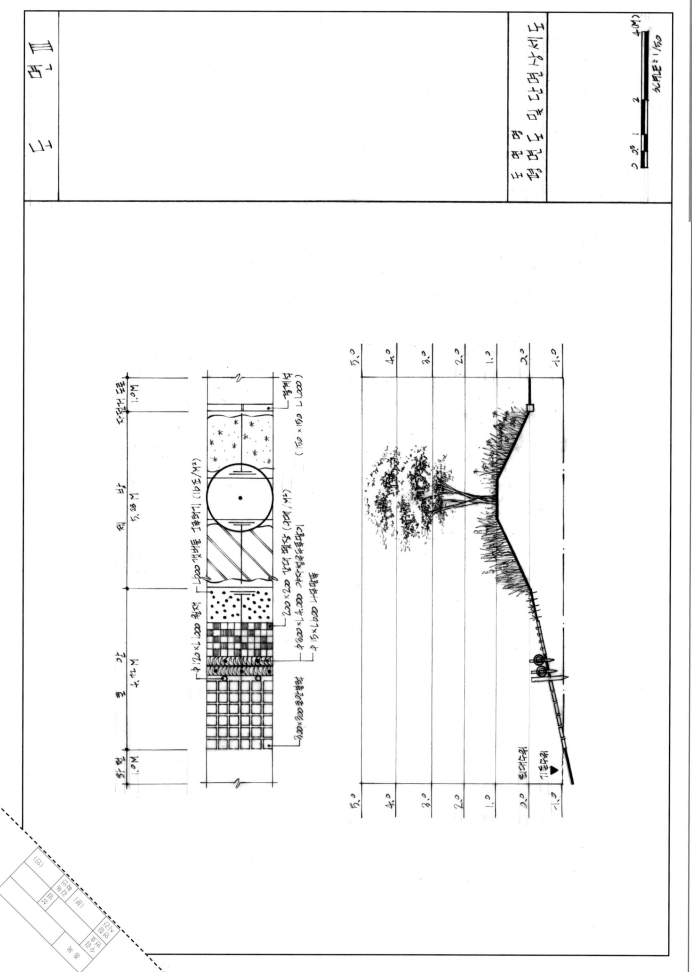

요구사항(제 2과제)

주어진 도면과 같이 주택정원을 설계하고자 한다. 아래의 공통사항과 각 설계조건을 고려하여 문제의 요구 순서대로 도면을 작성하시오.

공통사항

1) 주어진 부지의 표고차를 고려한다.

2) 부지의 지형은 북에서 남측으로 완만한 하향경사를 이루고 있다.

3) 서측은 경관이 불량하고, 북측은 배수가 불량하여 비가 오면 우수가 고인다.

4) 북동측에는 보호수목인 참나무(H6.0×R40)가 위치하고 있다.

5) 주택의 평면은 문제지에 제시된 도면의 원안대로 축척에 맞게 작성한다.

문제 1

아래 설계조건을 참고하여 지급된 트레이싱 용지 1매에 설계개념도를 1/100로 확대하여 작성하시오.

1) 대문 주변에 소형주차장(승용차)을 배치하고, 주변은 차폐식재를 하시오.

2) 주어진 조건을 고려하여 외부공간을 전정, 주정, 후정(연못 및 휴식공간), 작업정, 소형주차장(승용차 1대)으로 구분하여 공간을 구성하시오.

3) 동선은 정원 전체를 순환할 수 있도록 계획하시오.

4) 개념도는 공간구성과 동선구상을 표현하고 각 공간별 개념, 배식설계개념, 배치설계개념을 간단히 기술하시오.

문제 2

아래 설계조건을 참고하여 지급된 트레이싱 용지 1매에 시설물 배치도를 1/100로 확대하여 작성하시오.(단, 여백을 이용하여 연못 단면상세도를 함께 작성한다.)

1) 배수가 불량한 곳에 20㎡ 이상의 크기로 자연형 연못을 배치하시오.

2) 보호수목과 연못을 연계하여 휴게공간을 조성하고, 등의자(L1,600×W450)를 적절히 배치 하시오.

3) 경사진 곳을 한 곳 선정하여 침목계단(단높이 : 15㎝, 단면의 폭 : 30㎝)을 5m정도 설치하고, 침목계단 좌우로 자연석 쌓기를 하며, 계단 상단 및 하단에 높이를 표시하시오.

4) 포장 재료는 주차장은 투수콘 포장, 현관까지의 주진입로는 점토벽돌포장, 산책로는 자연석판석포장을 반드시 실시하고, 기타 지역은 잔디포장을 적절하게 실시하시오.

5) 부지 남측부에는 경관을 고려하여 자연스럽게 마운딩(높이:1.0m 이상)을 설치하시오.

6) 주정에는 주요한 시각초점에 야외조각 1점을 설치하시오.

7) 대문 주변에 소형주차장(승용차용)을 관련 규정에 맞도록 설치하시오.

8) 주정의 적절한 위치에 경관석(3석조)을 1개소 설치하시오.

9) 정원 내에 적합한 장소에 정원등을 3개소 이상 설치하시오.

10) 각 공간별 주요 지점(전정, 주정, 후정의 연못, 보호수목 주변, 작업정, 소형주차장) 6곳에 마감고를 표기하시오.

11) 설치시설물에 대한 범례표는 도면 우측 여백에 반드시 작성하시오.

12) 도면의 하단에 자연형 연못의 단면도(축척 1:30)를 반드시 작성하시오.

문제 3

아래 설계조건을 참고하여 지급된 트레이싱 용지 1매에 배식설계도(수목배치도)를 1/100로 확대하여 작성하시오.

1) 식재수종은 정원의 기능 및 계절의 변화감을 고려하여 적합한 수목을 15종 이상(연못 주변 초화류 포함) 배식하시오.

2) 연못 주변에는 적합한 초화류를 3종 이상 반드시 식재하시오.

3) 부지 남측부에는 마운딩(높이 : 1m 이상)지역에는 소나무와 관목을 사용하여 경관식재를 하시오.

4) 경관이 불량한 곳은 차폐식재를 하시오.

5) 수종의 선택은 공간기능 및 부지조건을 고려하여 선택하시오.

6) 수목은 인출선에 의하여 수량, 수종, 규격을 표기하시오.

7) 수목의 범례는 도면의 우측에 표를 만들어 반드시 작성하시오.

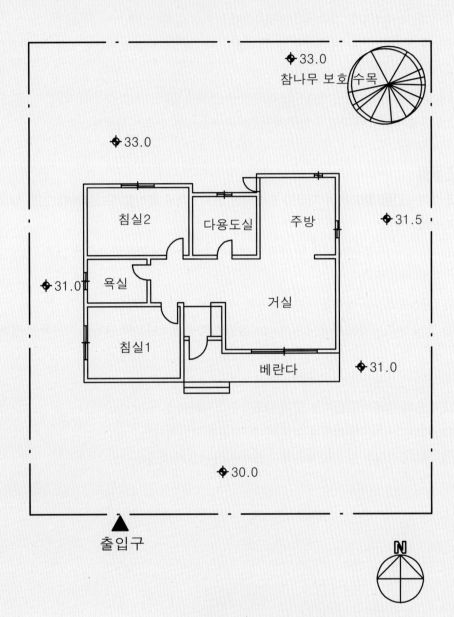

침실2

다용도실

주방

33.0

33.0

31.5

욕실

31.0

거실

침실1

베란다

31.0

30.0

참나무 보호수목

출입구

N

< 부지 현황도 >   S=1/200

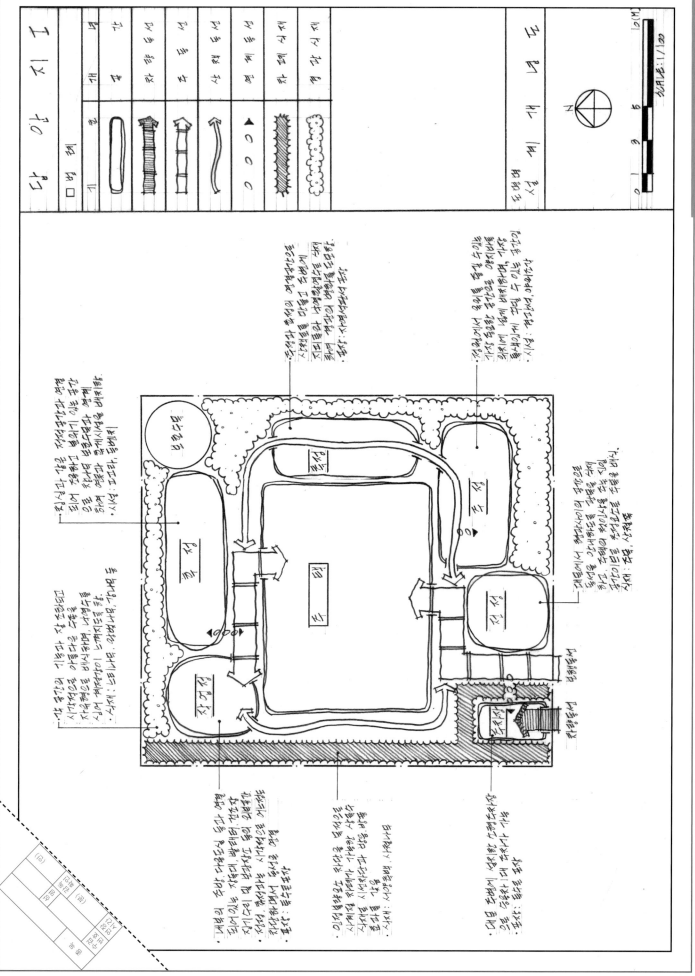

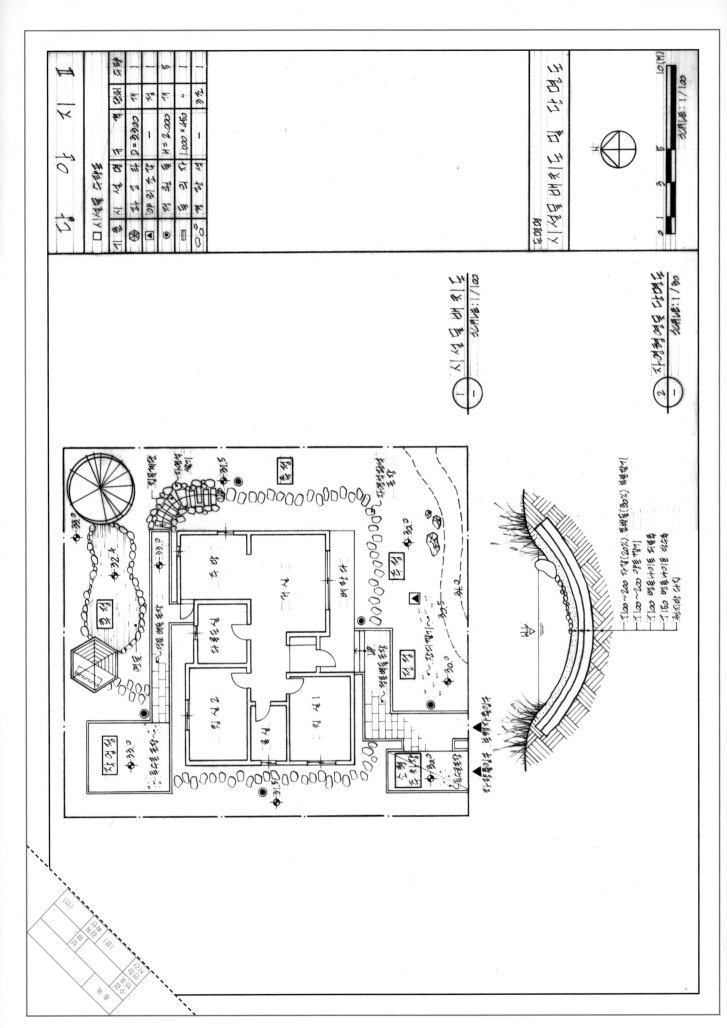

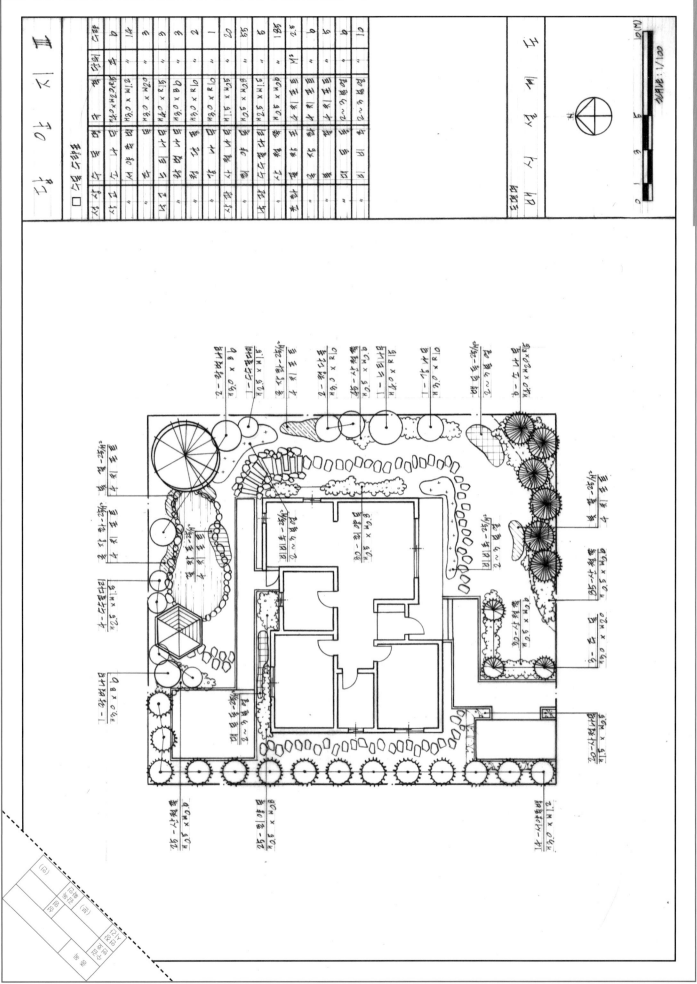

요구사항

다음은 중부지방에 위치하고 있는 어린이공원의 설계부지이다. 주어진 현황 도면과 설계조건을 고려하여 문제 1, 2에서 요구하는 설계 도면을 작성하시오.

문제 1

축척 1/200로 확대하여 Base map을 그리고, 아래에서 요구한 설계 조건을 고려하여 시설물배치도와 배식설계도를 작성하시오.[답안지 I]

　가. 다음의 설계개념도를 설계에 적용시킬 것.

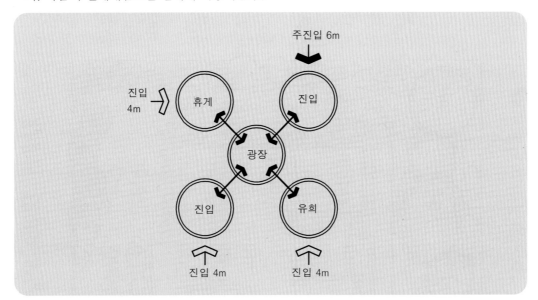

　나. 시설물은 화장실(6m×4m) 1개소, 벤치(180㎝×45㎝) 6개소, 유희시설로 그네, 미끄럼대, 철봉
　　　각 1조 설치

　다. 현황도의 원형퍼걸러와 원형플랜트는 현 위치에 고정시켜 배치할 것.

　라. 포장은 2종류 이상 적용하고, 포장 재료명을 표기할 것.

　마. 수종은 10종 이상 사용하여 배식설계를 하고, 인출선을 사용하여 수종명, 수량, 규격을 표기하
　　　고 수목수량표를 작성할 것.

문제 2

원형플랜트 박스의 A-A' 부분의 단면도, 입면도를 축척 1/10로 [답안지II]에 작성하시오.(단, 플랜트의 구조는 적벽돌 1.0B 쌓기로 하고, 높이는 설계자가 임의로 설계하되 최상단은 마구리 쌓기로 할 것.)

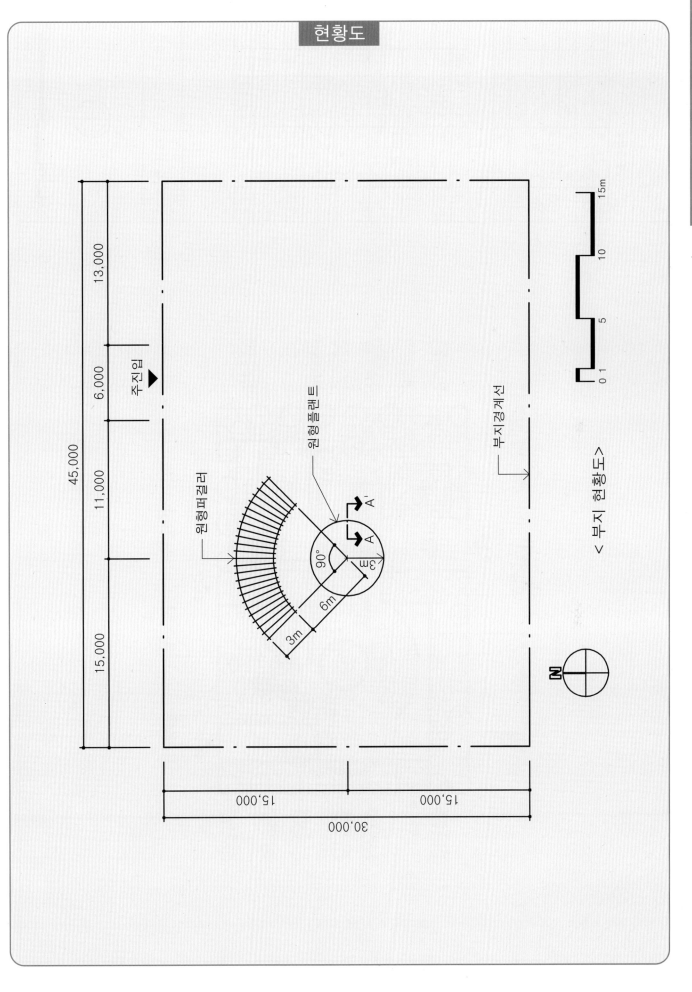

< 부지 현황도 >

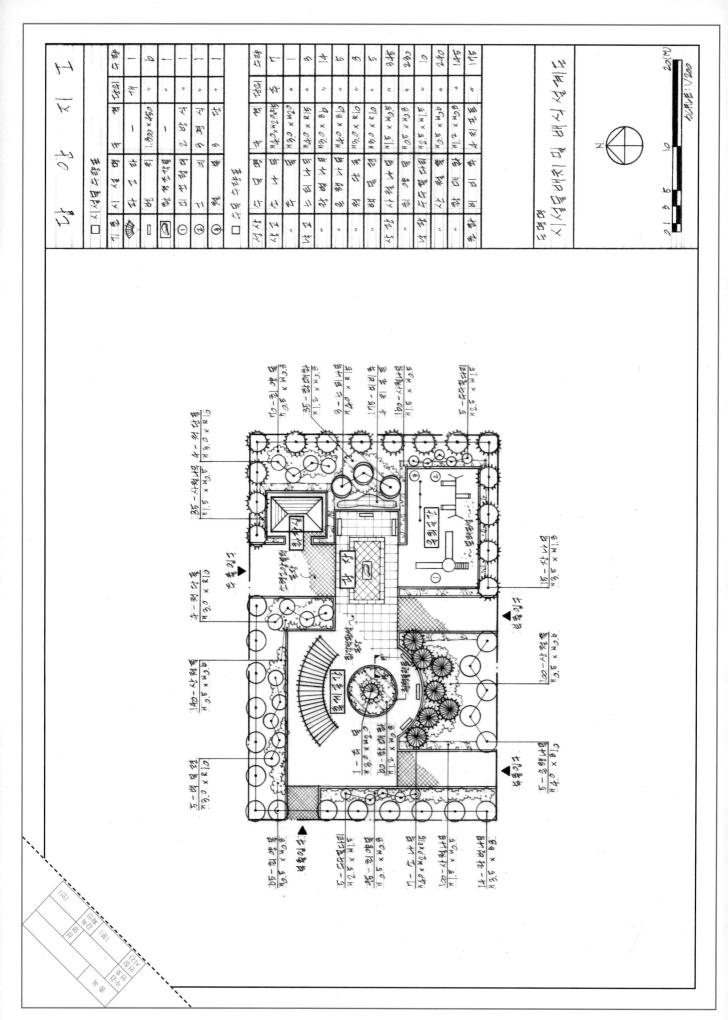

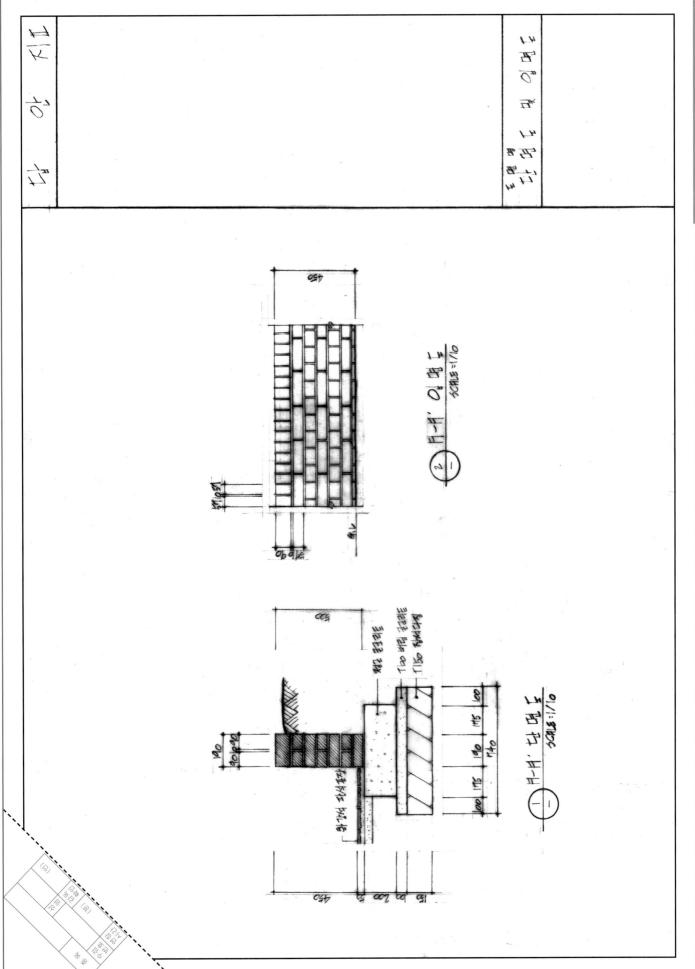

현황 및 계획의도

중부권 대도시 외곽지역에 역세권 주차장을 조성하려 한다. 다음 조건과 현황도, 그리고 기능구성도를 참조하여 주차공원 설계구상도와 조경기본설계도를 작성하시오.

부지현황_현황도 참조

1) 35m 광로 가각부에 위치한 107m×150m의 평탄한 부지로 우측 하단에 지하철 출입구가 위치해 있다.
2) 북측에 주거지, 서측에 상업지, 남측과 동측에 도로와 인접되어 있다.

설계조건

1) 주차장 계획

   – 300대 이상 주차대수 확보, 전량 직각주차로 계획하시오.

   – 1대 주차 규격 : 2.3m×5m, 주차통로 6m 이상 유지하시오.

   – 기 제시된 진출입구를 유지하고, 내부는 가급적 순환형 동선으로 체계적으로 계획하시오.

   – 북·서측에 12m 이상, 남·동측에 6m 이상 완충녹지대를 조성하시오.

2) 도입시설(기능구성도 참조)

   – 녹지면적 : 공원 전체의 1/3 이상 확보

   – 휴게공원 : 700㎡ 이상 2개소 설치

   – 화장실 : 건축면적 60㎡로 1개소 설치

   – 주차관리소 : 건축면적 16㎡로 2개소 설치

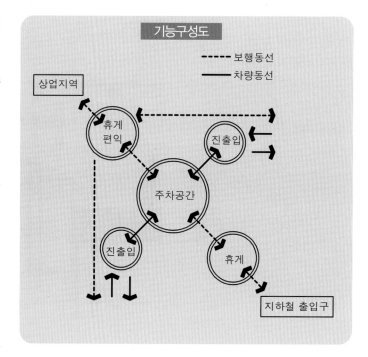

문제 1

현황도를 1/400로 확대하여 다음 사항이 표현된 설계구상도를 작성하시오.

1) 동선 및 공간구성
    - 동선은 차량 및 보행을 구분하여 표시하고, 차량동선에는 방향을 나타낸다.
    - 각 공간을 휴게, 편익, 주차, 진출입공간 등으로 구분하고 공간의 성격 및 요구사항 등을 간략히 기술하시오.
2) 식재개념
    - 공간별로 완충식재, 경관식재, 녹음식재, 요점식재의 개념 등을 표현하시오.
    - 주요 수종 및 배식기법을 간략히 설명하시오.

문제 2

현황도를 1/400로 확대하여 다음 조건에 의거한 시설물배치도를 작성하시오.

1) 시설물 배치(필수시설)
    - 화장실 : 6m×10m 1개소 (기호 : ▷◁)
    - 주차관리소 : 4m×4m 2개소 (기호 : ⊠)
    - 음수대 : φ1m 2개소 이상 (기호 : ●)
    - 수목보호대 : 1.5m×1.5m 10개소 (기호 : □)
    - 장퍼걸러 : 4m×8m (기호 : ▥)
2) 포장
    - 차량공간은 아스팔트포장으로 계획한다.
    - 보행공간은 2종 이상의 재료를 사용하여 계획하고, 구분되도록 표현한다.
3) 기타
    - 주차대수 파악이 용이하도록 Block 별로 주차대수의 누계를 사용하여 표기한다.

문제 3

현황도를 1/400로 확대하여 다음 조건에 의거한 배식평면도를 작성하시오.

- 수종은 반드시 교목 15종, 관목 5종 이상 사용하고 수목별로 인출선을 사용하여 수량, 수종, 규격 등을 표시하시오.
- 도면 우측에 수목 수량표를 반드시 작성하여야 하며 도면 내의 수목들을 집계하여 표기한다.

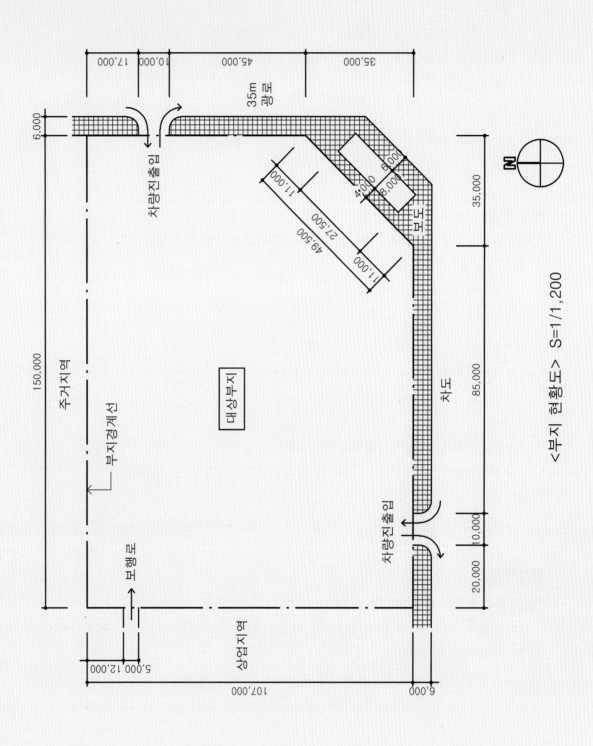

<부지 현황도> S=1/1,200

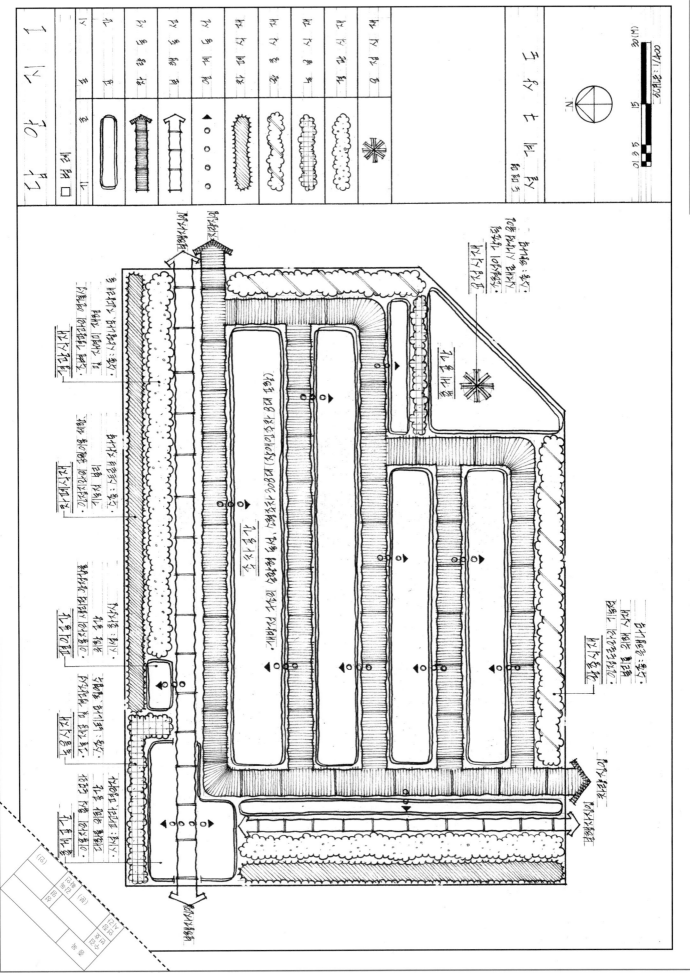

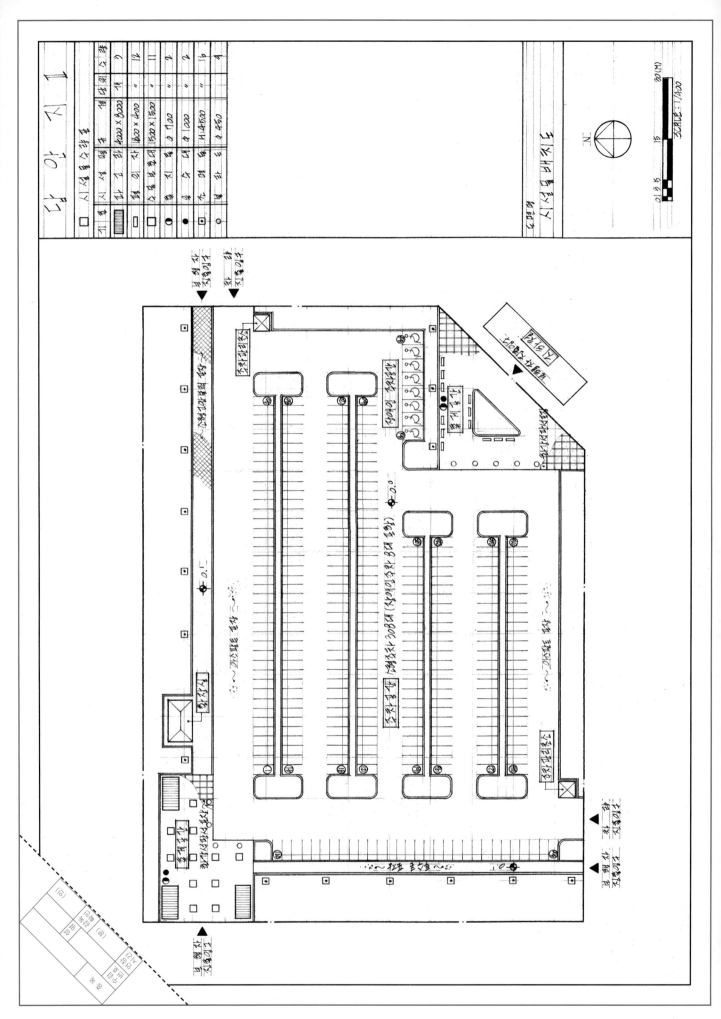

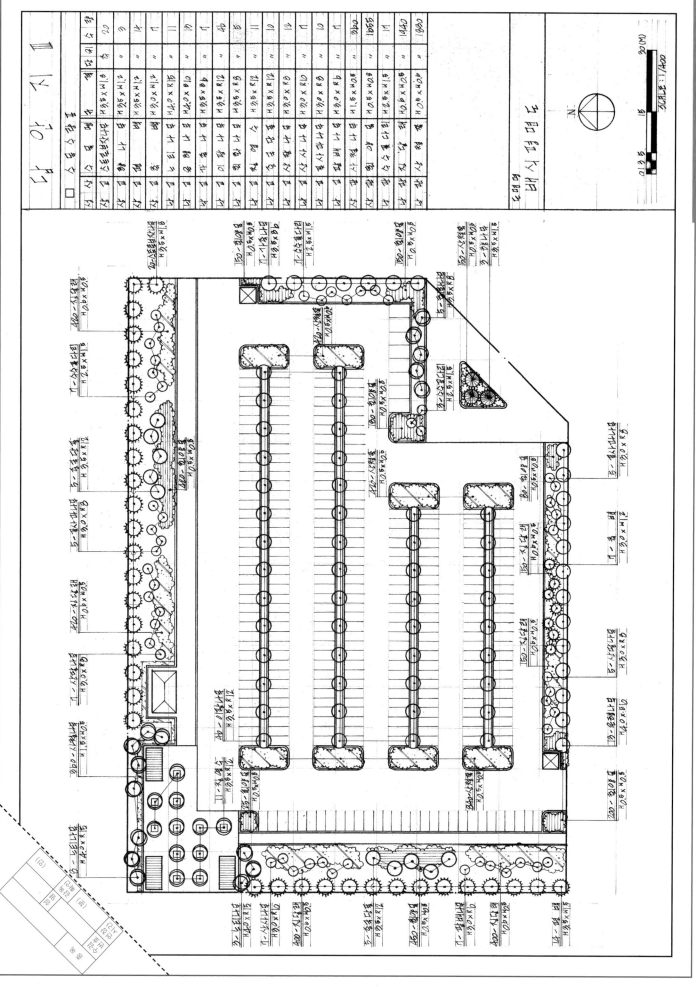

시험시간	2시간 30분	자격종목	조경산업기사	작품명	어린이공원설계

요구사항(제2과제)

아래에 주어진 도면은 중부 이북지방의 어린이공원 부지이다. 다음 문제에서 요구하는 조건들을 충족시키는 기본구상개념도(답안지 I)와 시설물배치도 및 배식평면도(답안지 II)를 축척 1/100로 작성하시오.

문제 1 설계의 요구조건

가. 적당한 곳에 휴게공간, 놀이공간, 다목적공간 등을 배치한다.

나. 필요한 지역에 경계식재, 차폐식재를 한다.

다. 주동선과 부동선, 진입관계, 공간배치, 식재개념배치 등을 개념도의 표현기법을 사용하여 나타내고, 각 공간의 명칭, 성격, 기능을 약술하시오.

라. 어린이 공원에 피해야 할 수종 5종 이상을 우측 여백에 작성하시오.

마. 빈 공간에 범례를 작성하시오.

문제 2 시설물배치 및 식재의 요구조건

가. 휴게공간은 동북 방향으로 배치하고, 퍼걸러 2개, 벤치, 휴지통, 음수대 등의 시설물을 설치하시오.(면적은 50㎡ 이상)

나. 놀이공간은 동남방향으로 배치하고, 정글짐, 회전무대, 그네, 미끄럼틀, 철봉, 시소, 사다리 등의 놀이시설물을 5개 이상 설치하시오.(면적은 90㎡ 이상)

다. 다목적 공간은 서쪽방향으로 배치하고 벤치, 휴지통 등의 시설물을 설치하시오.(면적은 70㎡ 이상)

라. 식재공간의 최소폭은 2m 이상으로 하시오.

마. 식재설계 시 중부지방 수종 10종 이상을 선정하고, 인출선을 사용하여 수량, 수종명, 규격을 표기하고, 범례란에 시설물수량표와 수목수량표를 작성하시오.

바. 도면 하단부에 설계된 내용을 가장 잘 나타낼 수 있는 A-A'의 절단선을 표시하고, 임의로 단면도를 작성하시오.

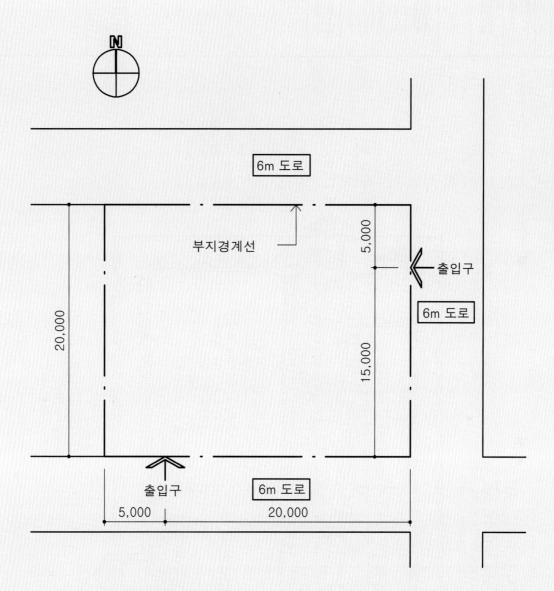

< 부지 현황도> S=1/300

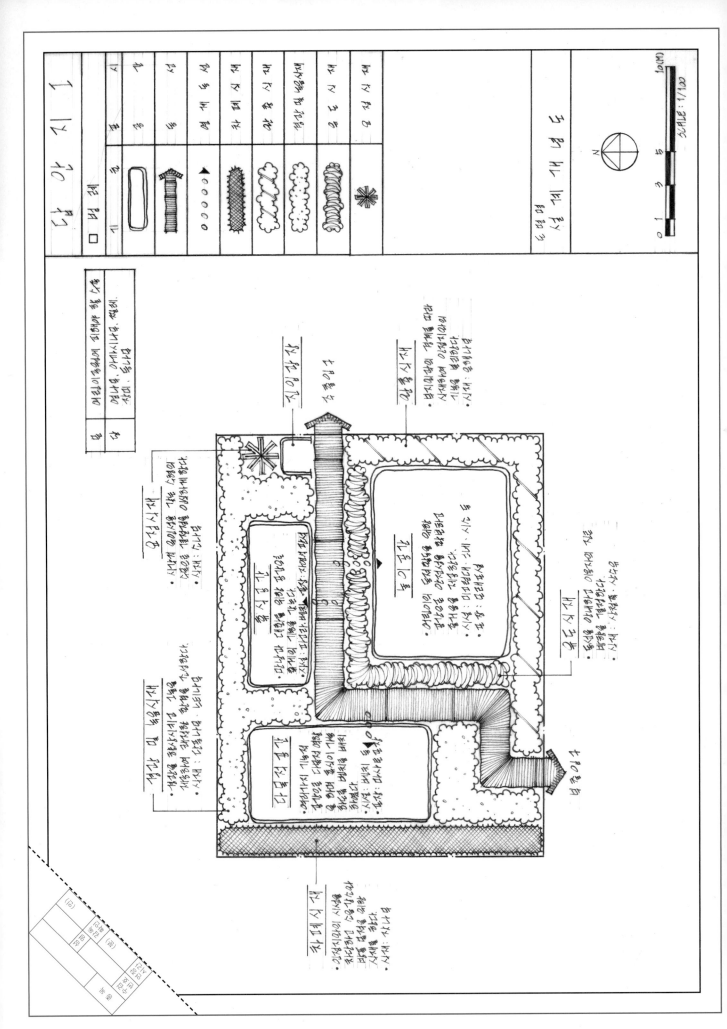

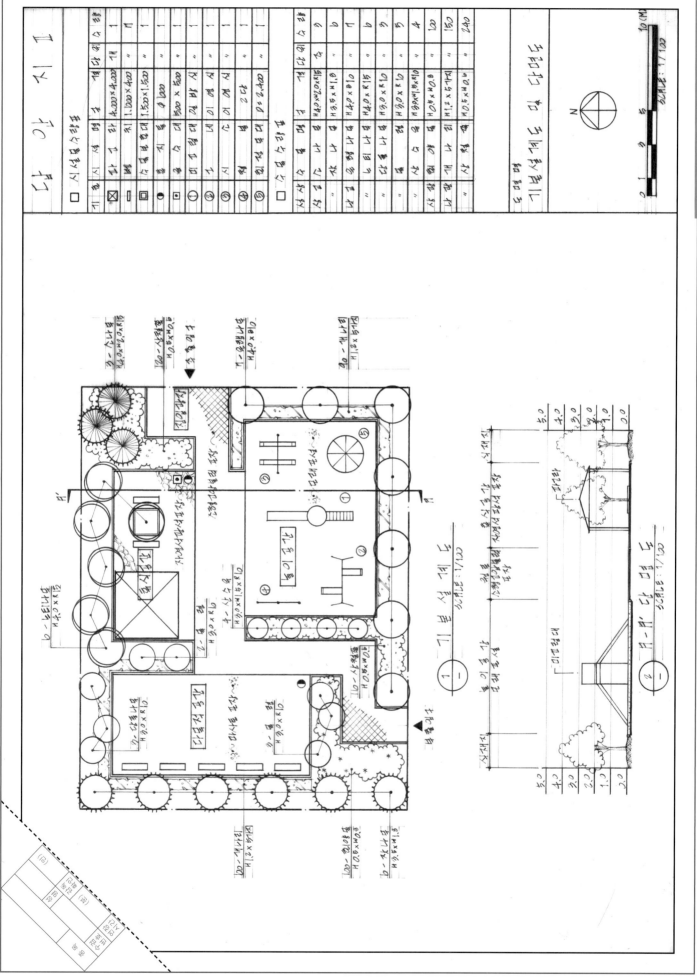

설계 시설물 수량표

기호	시설물명	규격	수량
□	시설물 수경시설		
□	퍼걸러	4,000×4,000	1개
□	벤치	1,000×400	4개
□	평상	1,500×1,500	1
●	휴지통	Ø300	1
◉	음수대	500×500	1
◉	미끄럼대	2련식	1
⊗	시소	2련식	1
⊙	정글짐	2,000	1
⊖	안내판	Ø2,400	1

설계 수목 수량표

기호	성상	수목명	규격	수량
	상록침엽교목	소나무	H4.0×W2.0×R15	6
	상록침엽교목	잣나무	H3.5×W1.5	6
	낙엽교목	느티나무	H4.0×R10	1
	낙엽교목	버즘나무	H4.0×R15	6
	낙엽교목	청단풍	H3.0×R10	6
	낙엽교목	왕벚나무	H3.0×R10	5
	낙엽교목	산수유	H3.0×W1.5×R10	4
	낙엽관목	철쭉	H0.3×W0.3	100
	낙엽관목	회양목	H1.2×5가지	150
	지피	잔디	H0.3×W0.3	240

기호 및 방위 표시

설계 대상지

N

SCALE: 1/100

0 1 5 10 (M)

1 기본설계도 SCALE: 1/100

2 A-A' 단면도 SCALE: 1/100

요구사항

경기지역에 독립정신의 계승을 위한 항일운동 추모공원을 조성할 때, 다음의 조건에 따라 개념도(답안지 I), 시설물배치도(답안지 II), 배식평면도(답안지 III)를 축척 1/300로 작성하시오.

공통사항

- '가' 지역과 '나' 지역은 36.4m, '다' 지역의 지반고는 38.4m로 하여 설계
- 주동선은 폭 8m 이상의 투수성 포장으로 설계
- 식재계획은 녹음 · 경관 · 완충식재 등을 도입하고 개념도는 공간의 특징 표기

설계조건

- '가' 지역 : 진입공간으로 주차장과 연계하여 소형승용차 10대와 장애인주차 2대 설치
- '나' 지역 : 중앙광장(22m×22m)을 설치하고 높이 4m의 문주(800×800) 4개 설치, 기록 · 기념관(600㎡ 내외)을 단층팔작지붕으로 하고, 전면에는 80㎡ 내외의 정형연못 2개 설치, 휴식공간(480㎡ 내외)은 시설물공간과 잔디공간으로 구분하고 퍼걸러(5m×10m) 설치
- '가' 지역과 '나' 지역은 H=2.2m 사괴석담장과 W=1.2m의 기와지붕 중문 설치
- '다' 지역 : 추모 기념탑 공간(23m×20m)으로의 진입은 계단과 산책로로 설계하고, 장축은 동서방향, 중심에는 직경 5m의 원형좌대(H=15㎝) 설치 후 직경 2m의 스텐레스 기념탑(H=18m) 설치. 주변에 H=3m 군상조형물(1m×2.6m) 2개, 길이 4m의 명각표석 설치
- 다음 수종 중 적합한 수종 13종 이상으로 배식설계

〈보기〉 소나무, 잣나무, 주목, 측백나무, 갈참나무, 노각나무, 느티나무, 매화나무, 목련, 물푸레나무, 산딸나무, 산수유, 수수꽃다리, 은행나무, 자작나무, 태산목, 눈향나무, 개나리, 남천, 무궁화, 백철쪽, 진달래, 협죽도, 잔디

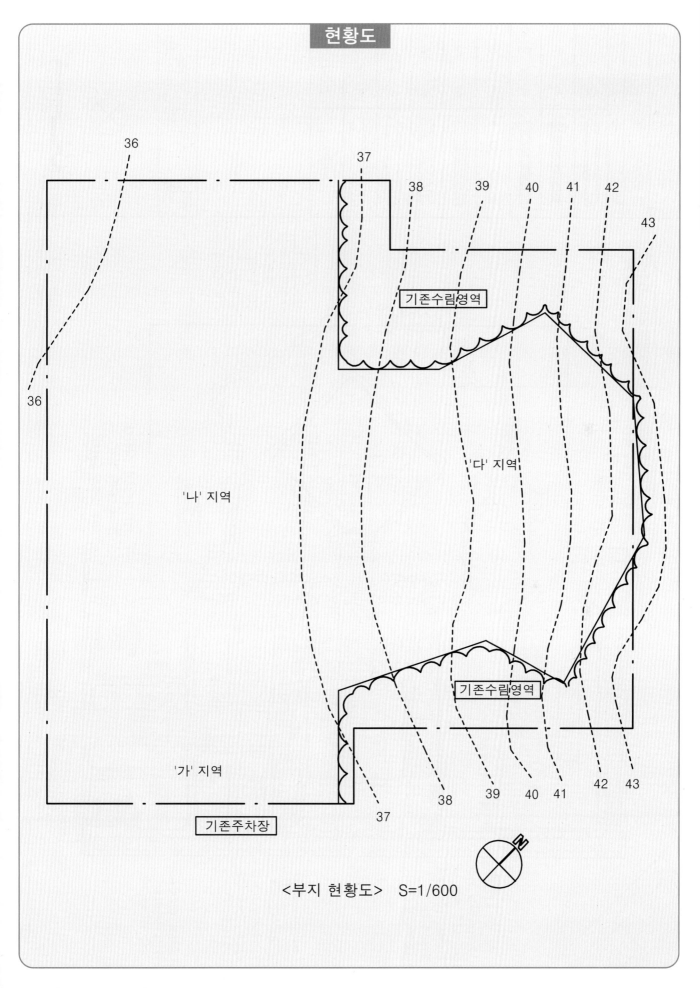

<부지 현황도>   S=1/600

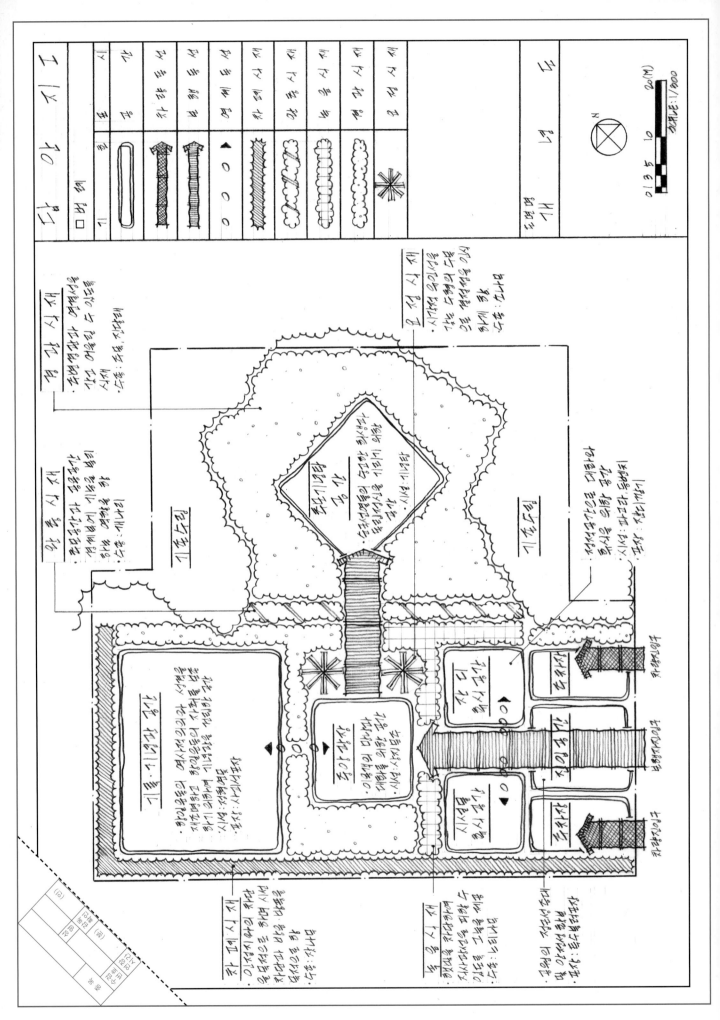

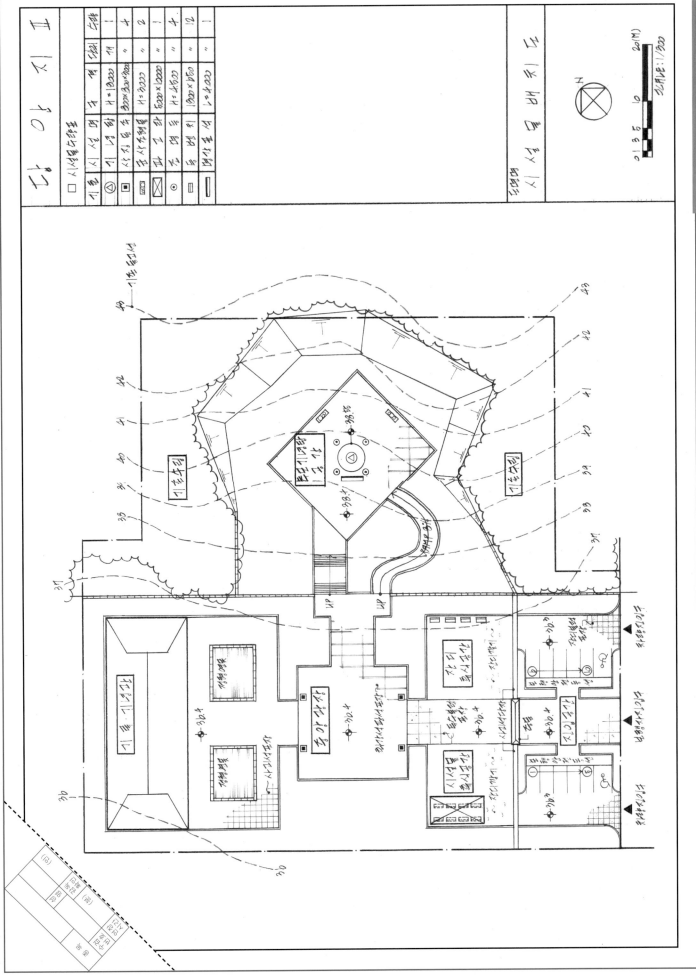

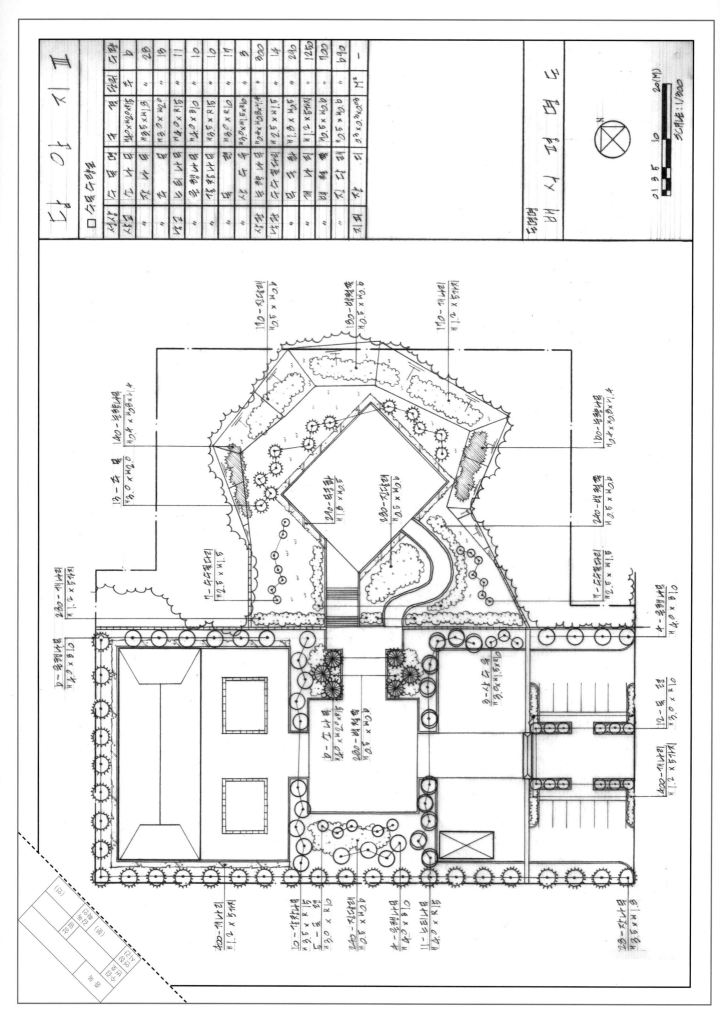

2013년 4회 국가기술자격 검정 실기시험문제					
시험시간	2시간 30분	자격종목	조경산업기사	작품명	암벽주제공원

요구사항

채석장의 절개지를 암벽등반을 위한 주제공원으로 조성하려 할 때 다음의 조건으로 개념도(답안지Ⅰ)와 시설물과 식재를 위한 조경계획도 및 단면도(답안지Ⅱ)를 축척 1/200로 작성하시오.

현황 및 계획조건

- 주동선 : 폭 5m 콘크리트블록포장 설계
- 부동선 : 폭 3m 콘크리트블록포장 설계
- 암벽등반공간 : 36m×10m 목재데크 설치
- 쉼터공간 : 80㎡ 내외의 크기로 2개소 설치(북서, 북동), 퍼걸러(4m×4m) 4개소 설치
- 주민체육시설공간 : 160㎡ 내외로 퍼걸러, 체력단련시설 5종 설치
- 어린이모험놀이공간 : 240㎡ 내외로 놀이시설 3종 설치
- 화장실 : 4m×7m

공통사항

- '가' 지역은 등반시설공간으로 식재를 생략하고, '나' 지역은 최소 4m 이상의 식재대 설치
- 식재 시 중부지방에 적합한 수종 13종 이상 배식(교목 10종 이상, 관목 3종 이상)
- 단면도는 녹지대를 경유한 동-서 방향의 단면도로 작성
- 개념도 작성 시 계획 개념 등 서술

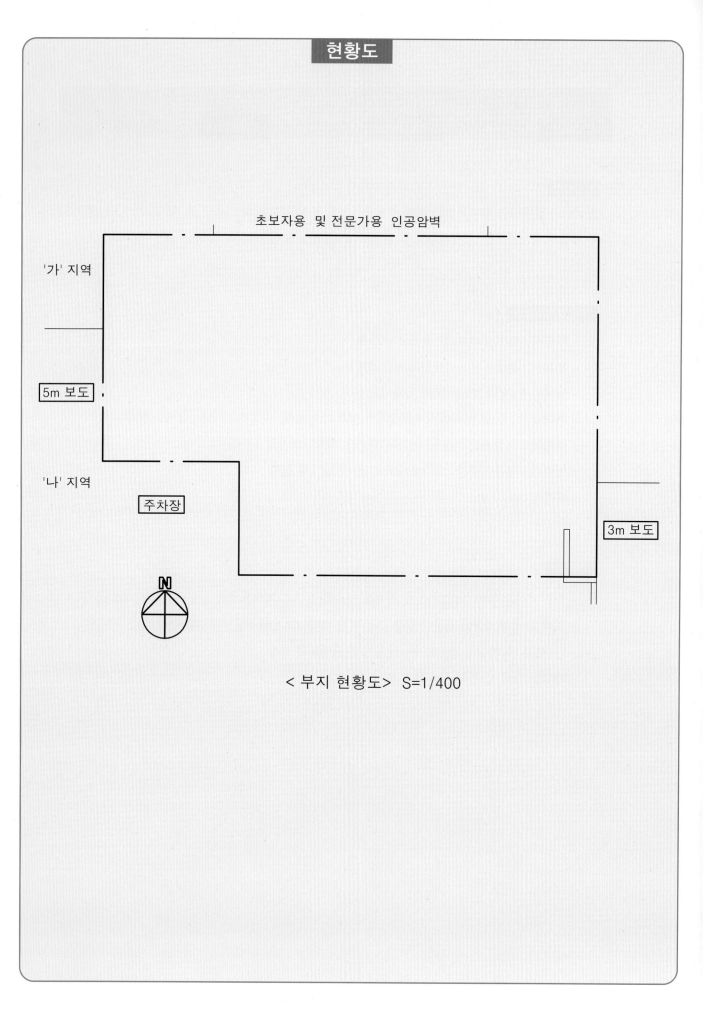

'가' 지역

초보자용 및 전문가용 인공암벽

5m 보도

'나' 지역

주차장

3m 보도

N

< 부지 현황도> S=1/400

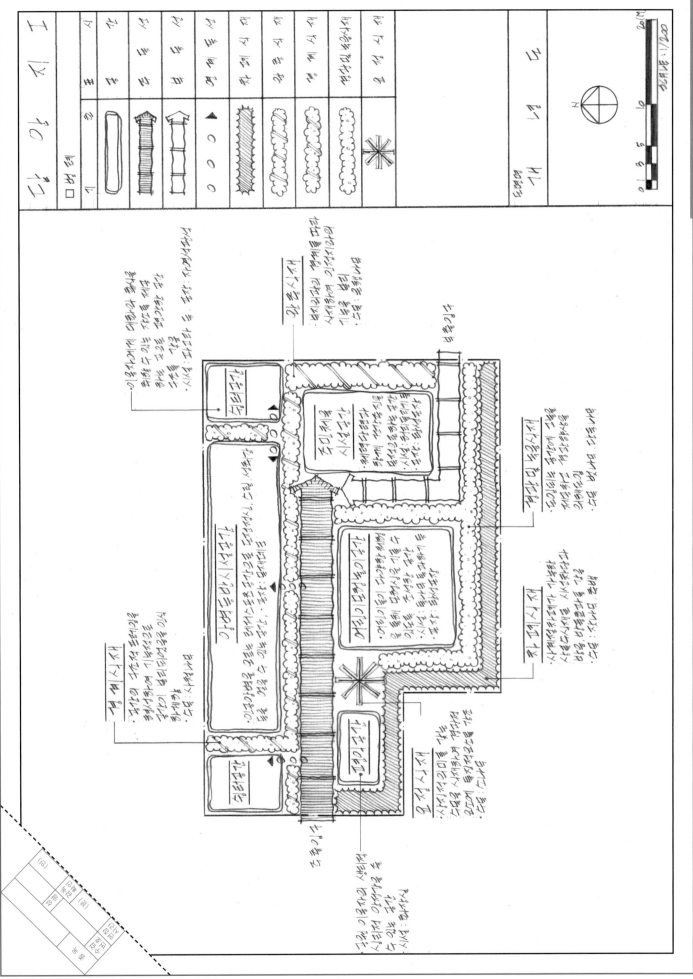

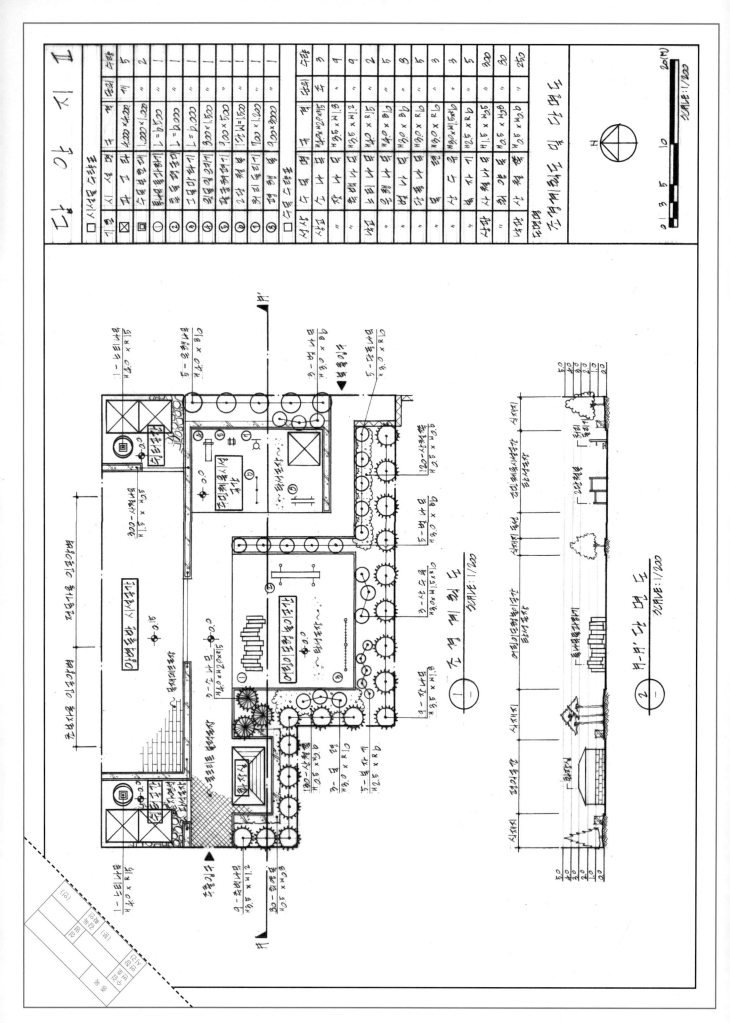

2015년 1회 국가기술자격 검정 실기시험문제

시험시간	3시간	자격종목	조경기사	작품명	친수공간(소연못)

요구사항

주어진 도면과 같은 설계대상지에 친수공간(소연못)을 조성하려고 한다. 지역은 남부지방으로 제시된 설계조건을 고려하여 개념도, 시설물배치도, 배식평면도를 작성하시오.

공통사항

1) 동선에는 적당한 포장을 하시오.

2) 연못의 깊이는 80㎝ 정도로 설계하시오.

3) A지역과 B지역의 경계에 통나무 펜스를 설치하시오.

문제 1

다음의 설계조건을 참고하여 축척 1/300로 개념도를 작성하시오.[답안지 I]

　　1) A지역 : 친수공간

　　2) B지역 : 수경휴식공간, 주차공간

　　3) 동선 : 보행동선, 관찰동선, 주차동선

　　4) 식재 : 완충식재, 녹음식재

문제 2

다음의 설계조건을 참고하여 축척 1/300로 시설물배치도를 작성하시오.[답안지 II]

[A지역]

　　1) 흙무덤을 경유하는 관찰 및 산책로를 폭 2m의 목재데크로 설치하시오.

　　2) 직경 5m 육각전망대 1개소, 35㎡ 완충공간 2개소, 학습안내판 2개, 횃대 10개를 배치하시오.

　　3) 통나무 펜스를 80㎝ 높이로 연못 가장자리에서 2m 여유를 두고 설치하시오.

　　4) A지역과 B지역 사이에 경사로 2개소를 설치하고 길이를 쓰시오.

[B지역]

　　1) 보행동선은 폭을 3m로 하고 콘크리트블록으로 포장하시오.

　　2) 주차출입구는 2개소로 하고 차로폭은 6m로 하며, 승용차 18대로 구획하시오.

　　3) 수경휴식공간에 방지원도 연못을 장대석을 사용하여 12m×12m로 설치하시오.

　　4) 연못 주변부에는 4m×4m 목재퍼걸러(평벤치 포함) 2개소, 3.5m×3.5m 평상형 퍼걸러 2개소 설치하시오.

흙무덤을 지나는 C-C' 단면도를 축척 1/200로 작성하시오.[답안지Ⅱ]

아래 사항을 참고로 축척 1/300로 배식평면도를 작성하시오.[답안지Ⅲ]

    1) 연못에는 수생식물(수련 등) 3종 이상, 20% 정도의 피복률로 식재하시오.

    2) A지역 8.5m 이하에는 초화류(금계국, 벌개미취 등) 3종 이상, 50% 정도의 피복률로 식재하시오.

    3) A지역 8.5m 이상에는 관목(진달래, 갯버들 등) 3종 이상, 교목은 남부수종 2종 이상을 포함하여 5
       종 이상 식재하시오.

    4) B지역에는 교목 3종 이상, 관목 2종 이상 식재하시오.

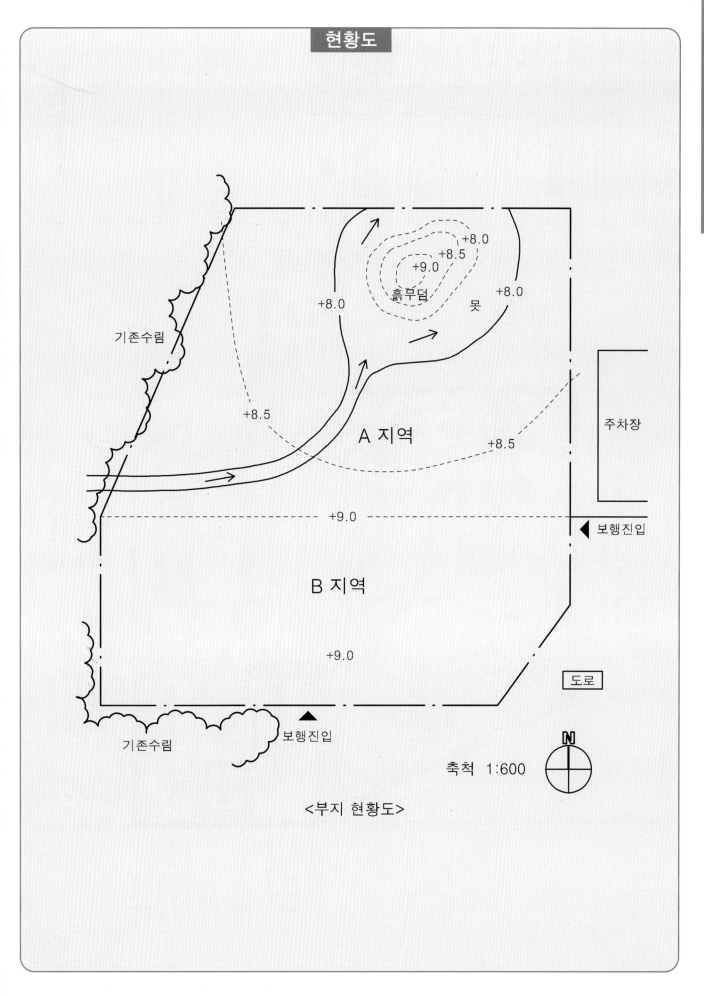

기존수림

+8.0
흙무덤
+8.5
+9.0
+8.0
못
+8.0

+8.5

A 지역

+8.5

주차장

+9.0

◀ 보행진입

B 지역

+9.0

도로

기존수림

▲
보행진입

N

축척 1:600

<부지 현황도>

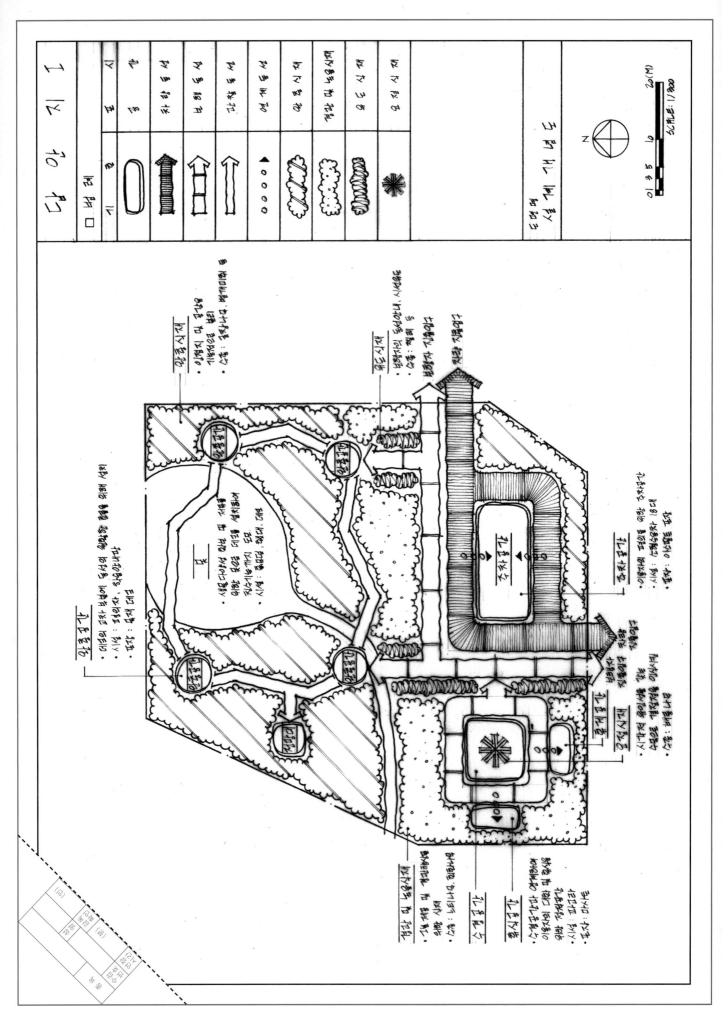

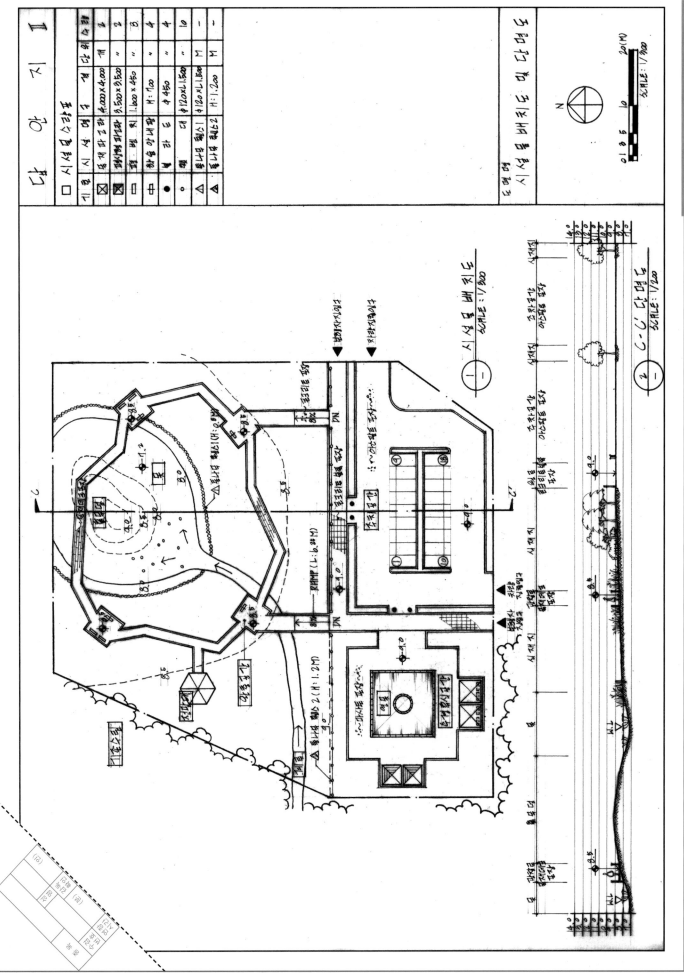

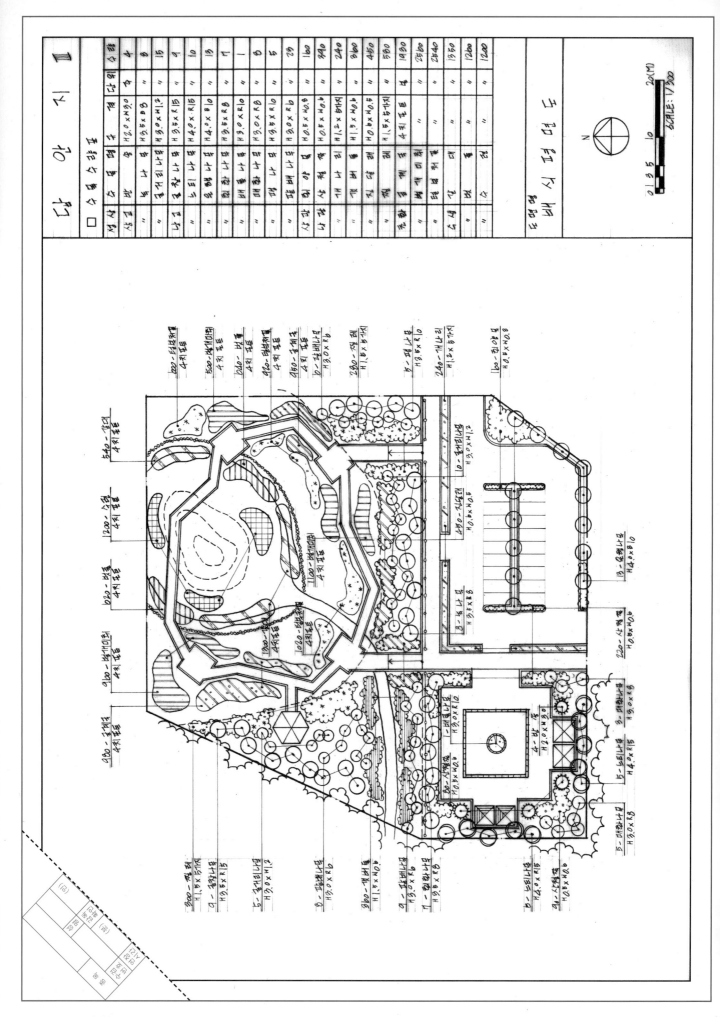

SCALE: 1/200

2015년 2회 국가기술자격 검정 실기시험문제						
시험시간	2시간 30분	자격종목	조경산업기사	작품명	근린공원

요구사항

중부지방에 근린공원을 조성하려 한다. 제시된 부지현황도에 설계조건을 충족하는 설계를 하여 시설물배치도와 식재설계도를 작성하시오.

공통사항

다음의 조건에 맞는 중앙광장, 휴게공간, 운동공간, 놀이공간, 녹지공간 등을 조성하시오.

구분	면적
출입구	주동선 5m, 부동선 1.5m, 산책동선 1.5m
중앙광장	북서쪽 배치 – 원형 또는 정방형 620m² 내외
휴게공간 2개소	중앙광장의 서쪽 배치 – 120m² 내외 남쪽 주출입과 동쪽 부출입 사이에 배치 – 타원형 150m² 내외
운동공간	남서쪽 배치 – 280m² 내외
놀이공간	북동쪽 배치 – 230m² 내외

문제 1

다음의 조건을 참조하여 축척 1/300로 시설물배치도를 작성하시오.[답안지 I]

1) 중앙광장에 2m 이상의 원형(정방형) 식재대를 2개소 설치하고, 북서쪽에 스탠드 2단을 설치하시오.
2) 중앙광장 근처에 계류를 설치하시오.
3) 중앙광장과 휴게공간 사이에 산책로를 조성하고, 부동선과 연계되도록 설계하시오.
4) 서쪽 휴게공간에 등의자 2개, 남쪽 휴게공간에 평의자 2개, 등의자 3개를 설치하시오.
5) 산책로에 트렐리스(H=3,000) 3개소를 설치하시오.
6) 운동공간에 다목적구장(20m×12m)과 야외헬스시설 3종을 설치하시오.
7) 놀이공간에 조합놀이대, 정글짐, 시소, 그네, 회전무대 등 놀이시설 3종 이상 설치하시오.
8) 포장은 3종 이상의 재료를 사용하시오.

문제 2

다음의 조건을 참조하여 축척 1/300로 식재설계도를 작성하시오.[답안지II]

1) 차폐식재, 녹음식재, 요점식재 등을 하시오.
2) 도로변은 상록교목으로 차폐식재, 지하주차장 주변은 경계식재하시오.
3) 수목은 상록·낙엽 비율을 적절히 고려해서 12종 이상 식재하시오.

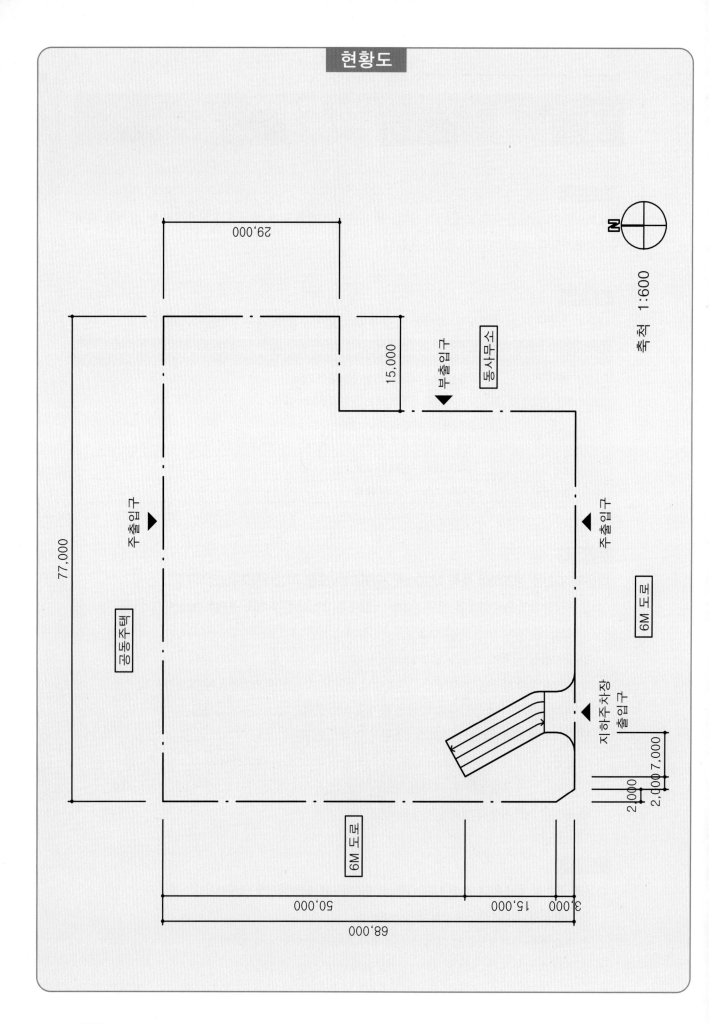

현황도

29,000

15,000

부출입구

동사무소

주출입구

공동주택

77,000

주출입구

6M 도로

지하주차장 출입구

2,000 7,000

2,000

6M 도로

50,000

15,000

3,000

68,000

N

축척 1:600

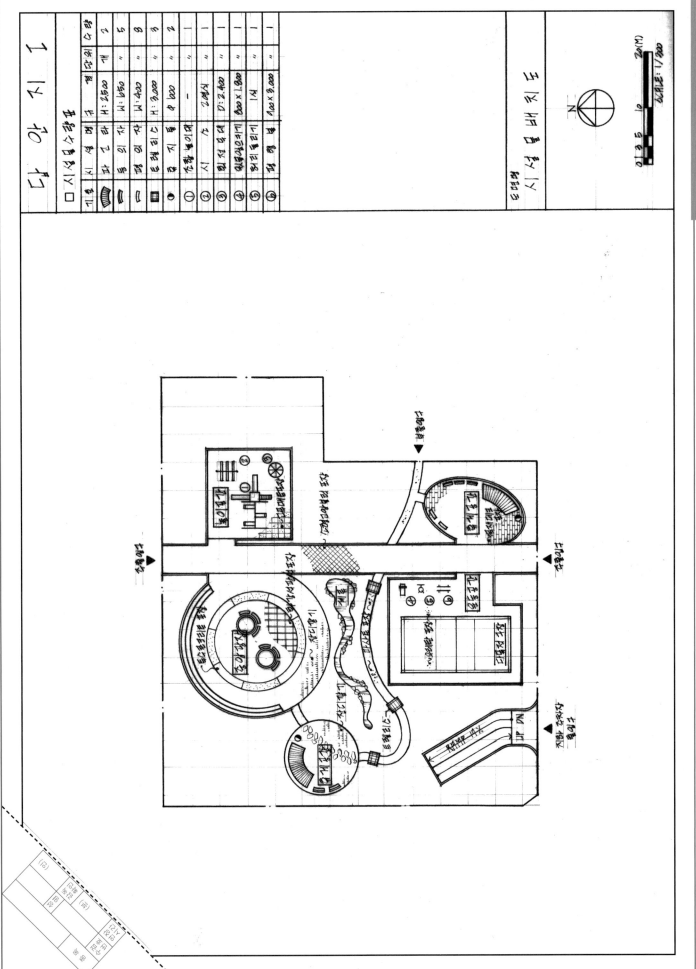

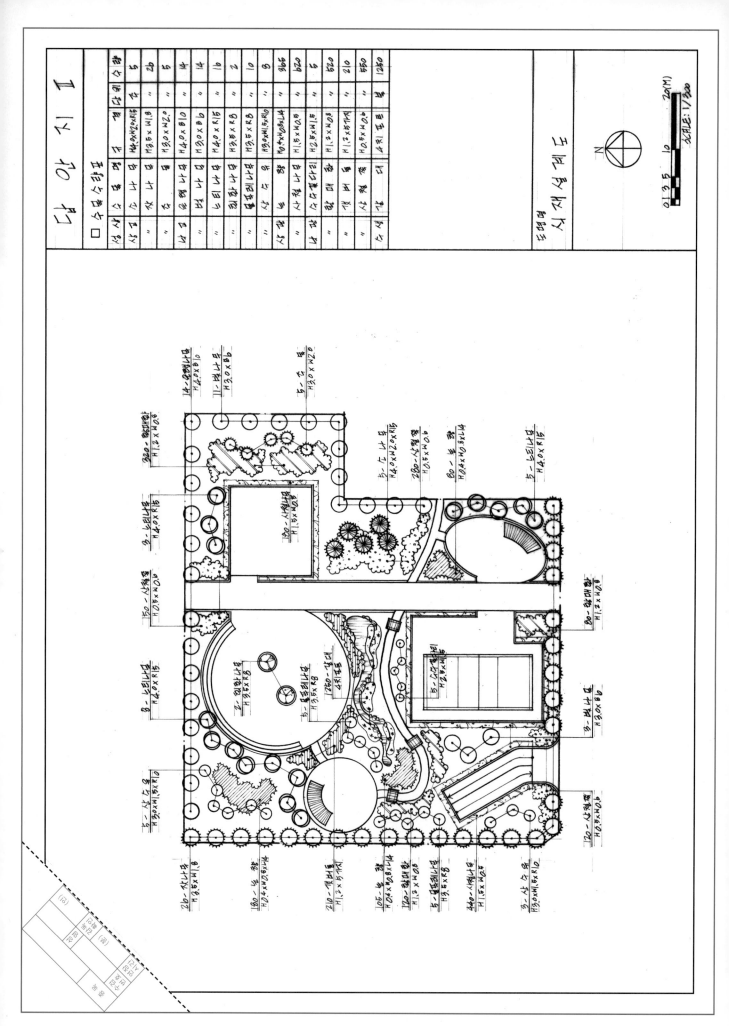

2018년 4회 국가기술자격 검정 실기시험문제					
시험시간	2시간 30분	자격종목	조경산업기사	작품명	소공원

요구사항

중부지방 도시 내 시민을 위한 소공원을 설계하고자 한다. 문제의 요구조건과 현황도를 이용하여 계획개념도와 시설물평면도 및 배식설계도를 축척 1/200로 작성하시오.

공통사항

1) 대상지는 '가' 지역이 '나' 지역보다 1m가 높으므로 높이차를 계단과 램프를 활용하여 해소하시오.

2) 서측은 시각적으로 경관이 불량하고 북측에는 문화재보존구역이 인접해 있으며 대지 내 소나무 보호수목이 위치하고 있다.

3) 주동선(3m)과 부동선(2m)을 구분하여 설계하시오.

문제 1

주어진 설계 조건과 대지현황에 따라 계획개념도를 작성하시오.[답안지 I]

1) 동선은 주동선, 부동선을 구분하시오.

2) 진입 및 중앙광장, 수경휴식공간, 휴게공간, 어린이놀이공간 등을 배치하고 각 공간의 개념을 구분하여 나타내시오.

3) 배식개념은 요점식재, 차폐식재, 경관식재, 녹음식재 등으로 구분하여 계획하고 인출선을 사용하여 도면의 여백에 표시하시오.

문제 2

주어진 설계조건과 대지현황을 참고하여 시설물평면도 및 배식설계도를 작성하시오.[답안지 II]

[가 지역]

1) 진입광장을 조성하고 수목보호대 2개소를 설치하시오.

2) 중앙광장(면적 : 100㎡ 정도)은 정방형으로 계획하고 식수대 1개소를 설치하시오.

3) 수경공간은 정방형 연못(4m×4m) 을 배치하고 연못의 북쪽에 반경 4m의 정육각형 정자를 설치하시오.

[나 지역]

1) 어린이 놀이공간을 북동쪽에 250㎡ 내외의 규모로 조성하고 조합놀이대, 흔들의자, 회전무대를 설치하시오.

2) 휴식공간을 남동쪽에 배치하고, 파고라(5m×5m) 2개소를 설치하시오.

3) 모래놀이터를 휴식공간과 근접하여 설계하되, 주변을 모래주머니로 두르시오.

4) 산책로를 계획하고 주변으로 마운딩(H=1.5m, 폭=5m, 길이=15m) 조성 후 경관식재 처리하시오.

– 포장은 3종 이상 선정하고, 재료는 도면에 명기하시오.

– 배식계획 시 교목 10종 이상, 관목 3종 이상을 아래보기의 수종 중 선정하시오.

〈보기〉	느티나무, 독일가문비, 소나무, 복자기, 산수유, 수수꽃다리, 아왜나무, 왕벚나무, 은행나무, 자작나무, 주목, 측백나무, 후박나무, 녹나무, 산딸나무, 목련, 층층나무, 개나리, 꽝꽝나무, 눈향, 영산홍, 산철쭉, 진달래, 조팝나무, 병꽃나무, 회양목, 잔디 등

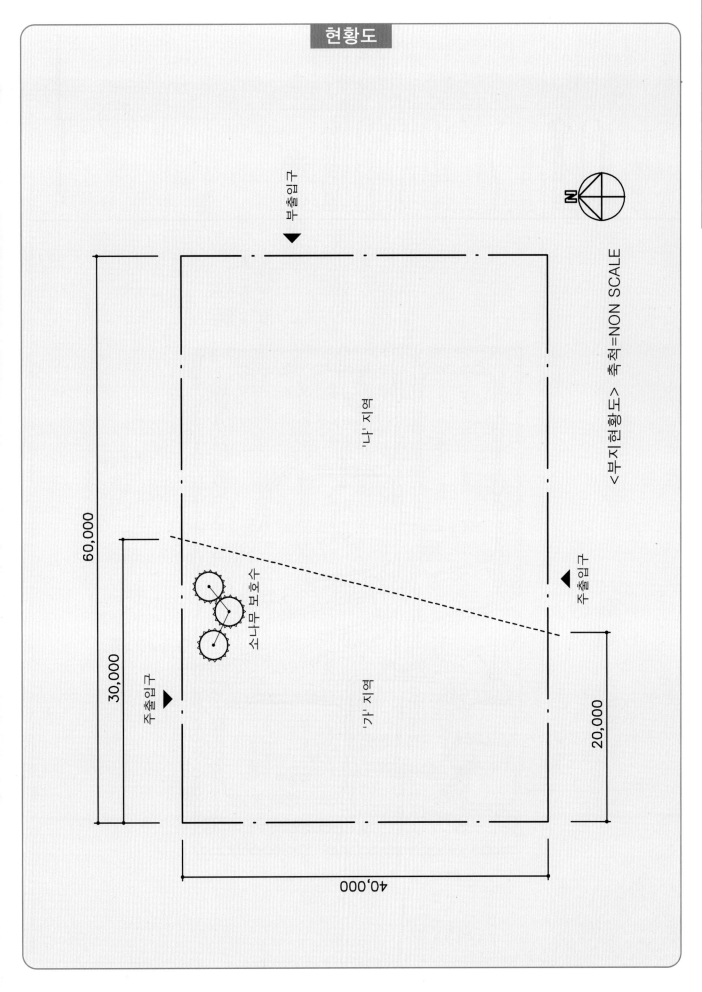

현황도

<부지현황도> 축척=NON SCALE

N

부출입구

주출입구

주출입구

'나' 지역

'가' 지역

소나무 보호수

60,000

30,000

20,000

40,000

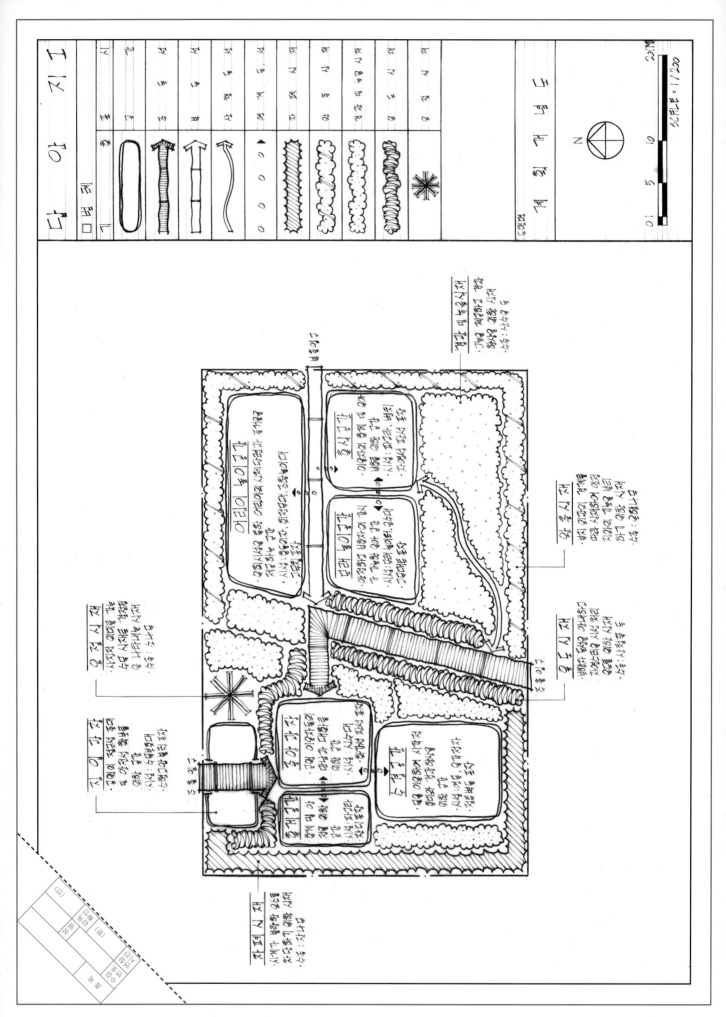

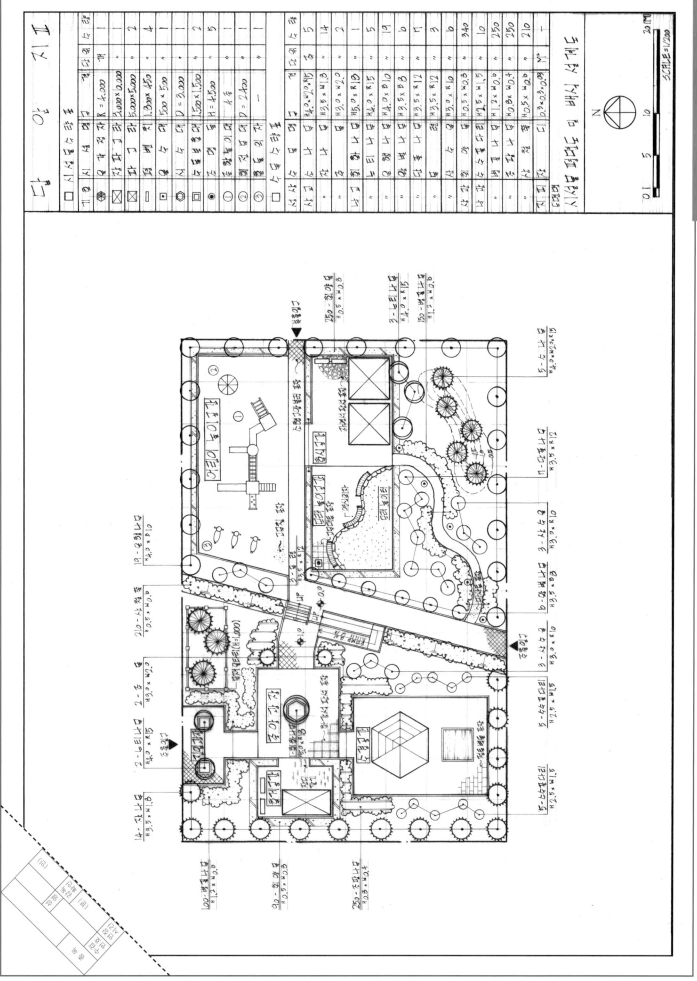

요구사항

중부지방의 다음과 같은 설계대상지에 야영장을 조성하려고 한다. 제시된 설계조건을 고려하여 개념도, 시설물배치도, 배식평면도를 각각 작성하시오.

문제 1

다음 사항을 참고로 개념도[답안지 I]를 축척 1/400로 작성하시오.

    1) 동선은 차량동선을 보차겸용으로 6m, 보행동선은 2m 산책로와 3m 보행로로 구분하여 설계하시오.

    2) 북서측은 주차공간, 남서측은 수경공간으로 계획하고 동쪽은 야영장으로 조성하시오.

    3) 서측과 동측을 비슷한 면적으로 분배하여 계획하시오.

문제 2

아래 사항을 참고로 시설물배치도[답안지II]를 축척 1/400로 작성하시오.

[부지서측]

    1) 주차장 : 주차공간은 북서측에 위치하되, 직각주차로 장축을 남북방향으로 계획하시오. 주차장 입구는 6m로 하고 순환형 동선으로 설계하시오. 소형차(2.5×5.0m) 50대 이상, 장애인주차(3.3×5.0m) 4대 이상을 확보하고 아스팔트로 포장하시오. 쉐도우파킹(shadow parking)이 가능하도록 녹음식재를 조성하시오.

    2) 수경공간 : 기존계곡과 연계하여 남서측에 600㎡ 이상의 연못을 조성하고 주변으로 산책로를 계획하시오.

    3) 접근로에서 6m 폭의 보차진입로를 계획하고, 적절한 곳에 관리사무소(3×3m) 1개소, 안내표지판 1개, 쓰레기수거장(10×5m) 1개소를 배치하시오.

    4) 주차장과 야영장 사이에 진입광장을 6×40m로 조성하고 수목보호대 3개를 설치하시오.

[부지동측]

    1) 6×6m 크기로 야영사이트를 30개소 이상 배치하고, 각 사이트의 포장은 목재데크 포장으로 하고, 사이트 사이의 완충공간을 3m 확보하시오.

    2) 야영사이트 2~3개마다 전기분전반(0.5×0.5m)을 1개씩 설치하시오.

    3) 동측부지 중앙에 잔디광장을 25×25m 크기로 확보하시오.

    4) 잔디광장 주변으로 산책로(2m)를 두고, 야영장 사이트로 접근할 수 있도록 보행로(3m)를 야영장 전체를 순환할 수 있도록 계획하고 소형고압블럭으로 포장하시오.

5) 화장실과 샤워실(4×7m) 2개소를 접근이 용이한 곳에 설치하고, 개수대(3×5m) 2개소를 나란히 대칭으로 배치하시오.

6) 벤치 4개소를 적절한 곳에 설치하시오.

7) 포장이 따로 명시되지 않은 곳은 모두 마사토 포장으로 설계하시오.

8) 주차대수와 야영사이트 목재데크의 수량은 시설물 수량표에 기재하지 말고 도면상에 표기하시오.

문제 3

아래 사항을 참고로 배식평면도[답안지III]를 축척 1/400로 작성하시오.

1) 수종은 교목 10종 이상, 관목 3종 이상으로 하고 잔디를 식재하시오.

2) 동측부지 경계부에 7m 이상 완충녹지대를 확보하시오.

3) 주차장 진입광장과 야영장 사이에는 대형교목과 관목으로 완충식재를 조성하시오.

4) 각 공간의 기능과 성격을 고려하여 배식하고 인출선을 사용하여 수종명, 규격, 수량을 표기하시오.

현황도

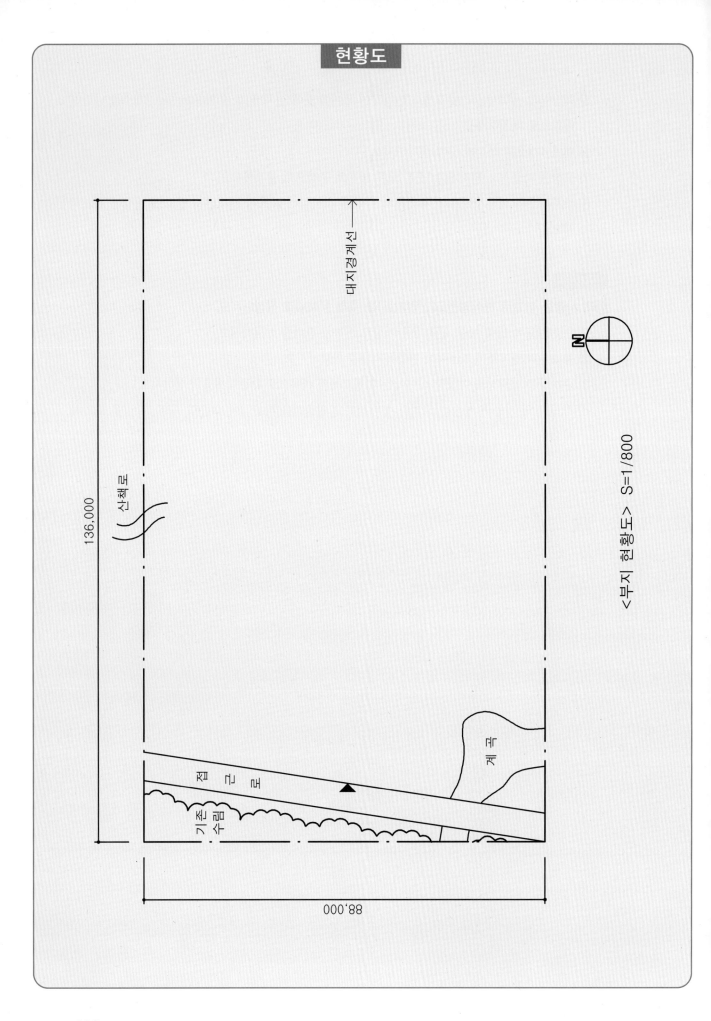

<부지 현황도> S=1/800

대지경계선

136,000

산책로

88,000

기존
수림

진 입 로

계 곡

N

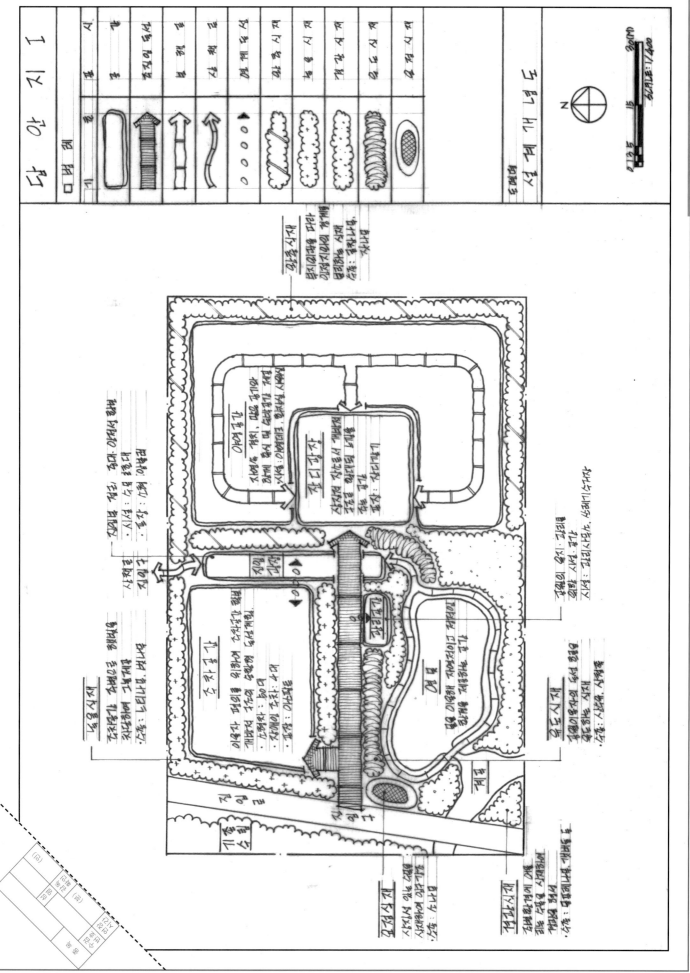

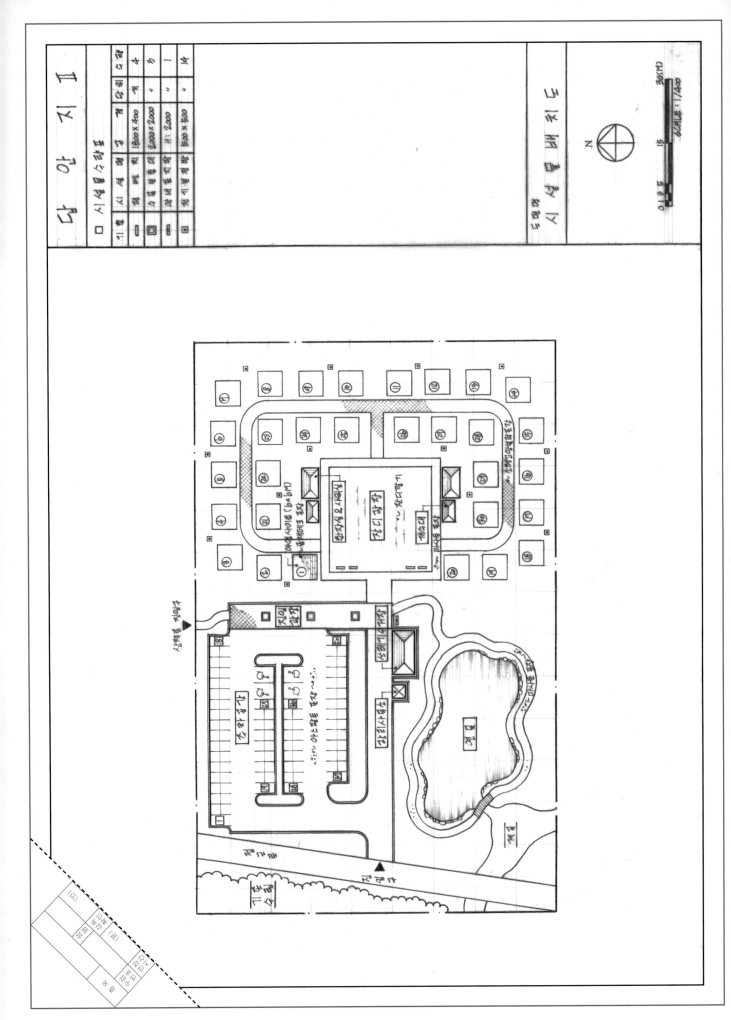

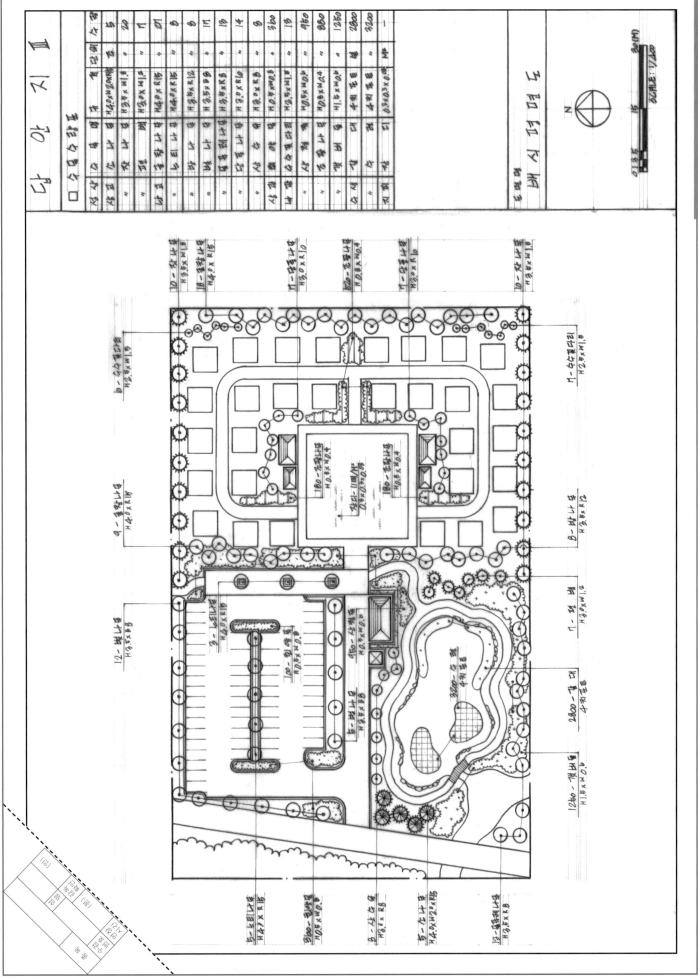

- 2014년 1회 조경기사 → 2009년 4회 동일
- 2014년 1회 조경산업기사 → 2010년 2회 동일
- 2014년 2회 조경기사 → 2011년 2회 동일
- 2014년 2회 조경산업기사 → 2011년 4회 동일
- 2014년 4회 조경기사 → 2013년 2회 동일
- 2014년 4회 조경산업기사 → 2012년 2회 동일
- 2015년 1회 조경산업기사 → 2008년 4회 동일
- 2015년 2회 조경기사 → 2007년 2회 동일
- 2015년 4회 조경기사 → 2012년 4회 동일
- 2015년 4회 조경산업기사 → 2013년 2회 동일
- 2016년 1회 조경기사 → 2009년 2회 동일
- 2016년 1회 조경산업기사 → 2011년 4회 동일
- 2016년 2회 조경기사 → 2007년 4회 동일
- 2016년 4회 조경기사 → 2012년 1회 동일
- 2016년 4회 조경산업기사 → 2008년 1회 동일
- 2017년 1회 조경기사 → 2010년 4회 동일
- 2017년 1회 조경산업기사 → 2009년 1회 동일
- 2017년 2회 조경기사 → 2011년 4회 동일
- 2017년 2회 조경산업기사 → 2011년 4회 동일
- 2017년 4회 조경기사 → 2013년 1회 동일
- 2017년 4회 조경산업기사 → 2013년 1회 동일
- 2018년 1회 조경기사 → 2013년 4회 동일
- 2018년 1회 조경산업기사 → 2005년 동일(p.196)
- 2018년 2회 조경기사 → 2013년 2회 동일
- 2018년 2회 조경산업기사 → 2016년 4회 동일
- 2018년 4회 조경기사 → 2011년 1회 동일
- 2019년 1회 조경기사 → 2016년 2회 동일
- 2019년 1회 조경산업기사 → 2002년 동일(p.192)
- 2019년 2회 조경기사 → 2014년 2회 동일

- 2019년 2회 조경산업기사 → 2000년 동일(p.184)
- 2019년 4회 조경기사 → 2017년 2회 동일
- 2019년 4회 조경산업기사 → 2010년 2회 동일
- 2020년 1회 조경기사 → 2002년 동일(p.287)
- 2020년 1회 조경산업기사 → 2009년 1회 동일
- 2020년 2회 조경기사 → 2007년 1회 동일
- 2020년 2회 조경산업기사 → 1995년 동일(p.179)
- 2020년 3회 조경기사 → 2007년 2회 동일
- 2020년 4회 조경기사 → 2015년 1회 동일
- 2021년 1회 조경기사 → 2010년 4회 동일
- 2021년 1회 조경산업기사 → 2013년 2회 동일
- 2021년 2회 조경기사 → 2023년 4회 동일
- 2021년 2회 조경산업기사 → 2010년 4회 동일
- 2021년 4회 조경기사 → 2004년 동일(p.264)
- 2021년 4회 조경산업기사 → 2011년 1회 동일
- 2022년 1회 조경기사 → 2013년 4회 동일
- 2022년 1회 조경산업기사 → 2008년 1회 동일
- 2022년 2회 조경기사 → 2013년 2회 동일
- 2022년 2회 조경산업기사 → 2011년 4회 동일
- 2022년 4회 조경기사 → 2013년 1회 동일
- 2022년 4회 조경산업기사 → 2000년 동일(p.184)
- 2023년 1회 조경기사 → 2007년 1회 동일
- 2023년 2회 조경기사 → 2010년 1회 동일
- 2023년 2회 조경산업기사 → 2011년 4회 동일
- 2024년 2회 조경기사 → 2011년 4회 동일
- 2024년 2회 조경산업기사 → 2002년 동일(p.192)
- 2024년 3회 조경기사 → 2015년 1회 동일
- 2024년 3회 조경산업기사 → 2008년 1회 동일

MEMO

MEMO

MEMO

조경시공실무

조경일반 및 양식

조경일반

1 |||| 조경의 개념

❶ 조경의 정의

① 미국조경가협회(ASLA) 정의
- 인간의 이용과 즐거움을 위하여 토지를 다루는 기술(1909)
- 토지를 계획·설계·관리하는 기술(art)로서, 자연보존과 관리를 도모하면서 문화적·과학적 지식을 활용하여 자연요소와 인공요소를 구성함으로써 유용하고 쾌적한 환경조성을 목적으로 한다(1975).

② 한국조경학회 정의
- 조경은 아름답고 유용하며 지속가능한 환경을 형성하기 위해 인문적·과학적 지식을 응용하여 토지와 경관을 계획·설계·조성·관리하는 문화적 행위이다(2022).

③ 조경기준(법률적 정의)
- 조경이라 함은 경관을 생태적, 기능적, 심미적으로 조성하기 위하여 식물을 이용한 식생공간을 만들거나 조경시설을 설치하는 것을 말한다.

❷ 조경의 개념 및 목적

① 개념 : 외부공간을 취급하는 계획 및 설계 전문분야, 인공환경의 미적 특성을 다루는 분야, 최종적인 환경의 모습에 관심이 있는 분야

② 조경의 목적
- 자연보호 및 경관보존과 실용적·기능적인 생활환경 조성
- 휴식 및 경기·놀이를 위한 오픈스페이스(open space) 제공
- 토지를 미적·경제적으로 조성하여 새로운 옥외공간 창조

③ 조경의 필요성
- 급속한 경제개발로 인한 국토훼손 방지 및 지속가능한 환경 형성
- 인간의 휴식과 환경개선을 위한 옥외공간 조성

- 생태적 기능의 바탕을 마련하기 위한 기반시설
- 도시의 인구집중으로 인한 오픈스페이스 확보
- 기온과 습도조절, 방풍, 방음, 방재 등의 용도 활용
- 조경의 효과 : 공기 정화, 대기오염 감소, 소음 차단, 수질오염 완화

④ 조경가의 역할
- 조경가의 유래 : 미국의 옴스테드가 1858년 '조경가(Landscape Architect)'라는 용어 최초 사용 –'현대 조경의 아버지', '현대 조경의 창시자'
- 시설 제공자 : 인간이 필요로 하는 여러 시설들을 제공하는 역할
- 경관 형성자 : 여러 경관요소를 구성하여 경관형성에 기여하는 역할
- 경관 창작자 : 자연미와 인간미의 조화로 종합적 경관미를 추구하는 역할

조경가의 역할 –라우리(M. Laurie)의 3단계

구분	내용
조경계획 및 평가 (landscape planning and assessment)	토지의 체계적 평가와 그의 용도상의 적합도와 능력을 판단하여 토지이용의 배분·개발, 위치 및 입지 결정
단지계획(site planning)	대지의 분석과 종합, 이용자 분석에 의한 자연요소와 시설물 등을 기능적 관계나 대지의 특성에 맞춰 배치
조경설계 (detailed landscape design)	구성요소, 재료, 수목 등을 선정하여 시공을 위한 세부적인 설계로 발전시키는 조경 고유의 작업영역

조경의 대상

구분		내용
정원	주거지	주택 정원, 공동주거단지 정원
	주거지 외	학교 정원, 오피스빌딩 정원, 옥상정원, 실내정원
도시공원과 녹지		생활권 공원, 주제공원, 공원도로, 시설녹지, 경관녹지, 광장, 보행자전용도로
자연공원		국립공원, 도립공원, 군립공원, 지질공원
문화재		전통민가, 궁궐, 왕릉, 사찰, 고분, 사적지
위락·관광시설		휴양지, 유원지, 골프장, 자연휴양림, 해수욕장, 마리나
생태계 복원시설		법면 녹화, 생태연못, 자연형 하천, 비오톱, 야생동물 이동통로
기타		공업단지, 고속도로, 자전거도로, 보행자전용도로, 광장

조경의 수행단계 : 계획 → 설계 → 시공 → 관리

구분	내용
조경계획	자료의 수집·분석·종합의 기본계획
조경설계	자료를 활용하여 기능적·미적인 3차원적 공간 창조
조경시공	공학적 측면과 생물에 대한 지식으로 수행
조경관리	운영관리, 이용자관리, 수목 및 시설물 유지관리

2 |||| 조경양식 및 도시계획

❶ 조경양식

① 정형식 : 강력한 축과 인공적 질서 −서부아시아, 유럽

② 자연식 : 자연적 형태와 자연풍경 이용 −주로 동아시아(한·중·일), 18C 영국

③ 절충식 : 정형식과 자연식의 절충형태

④ 조경양식의 발생요인

   • 자연적 요인 : 자연환경과 생태적 여건

   • 사회·문화적 요인 : 정치, 경제, 사상, 종교, 민족성, 풍습, 시대사조

⑤ 서양의 정원양식 발달 순서 : 노단건축식(이탈리아) → 르노트르식(프랑스) → 자연풍경식(영국) → 근대건축식(독일)

❷ 도시계획과 조경

① 전원도시(Garden City) −하워드(E. Howard, 1898)

   • 도시와 전원의 공간적 기능을 적절히 조화시킴으로써 생산활동의 효율성 향상과 도시의 생활환경을 전원적인 분위기로 조성하여 풍요로운 도시생활을 영위할 수 있도록 제안

전원도시 요건

구분	내용
계획인구	면적 약 400ha, 인구 약 32,000명 규모
토지공유	토지는 도시경영 주체가 소유하고 개인은 임대 사용
도시의 확장억제	식량의 자급자족, 오픈스페이스 확보와 인근 도시와의 분리를 위해 도시 주변부에 넓은 농업지대 배치
시민경제 유지	경제적 자족성을 위한 산업 유치
독립된 도시	상하수도·전기·철도 등의 도시 자체 해결, 도시의 성장과 개발에 따른 이익은 조세감면이나 도시개선을 위해 재투자
권리의 향유	시민의 자유와 협동의 권리 향유

② 근린주구(Neighbourhood unit) −페리(C. A. Perry)

   • 주거단지계획 개념으로서 어린이들이 위험한 도로를 건너지 않고 걸어서 통학할 수 있는 단지규모에서 생활의 편리성과 쾌적성, 주민들 간의 사회적 교류 등을 도모할 수 있도록 조성된 물리적 환경 제안

근린주구 형성 원칙

구분	내용
규모(size)	수용인원 600명의 초등학교를 갖는 인구 규모로 5,000명 정도이며, 도보로 상점이나 기타 시설을 이용할 수 있는 반경 400m로 산정
경계(boundary)	통과교통이 내부를 관통하지 않고 우회할 수 있는 충분한 넓이의 간선도로로 구획
오픈스페이스 (open space)	개개의 근린주구의 요구에 부합하도록 계획된 소공원과 위락공간의 체계 확보 −전체면적의 10% 확보
공공시설 (institution)	단지의 경계와 일치한 서비스구역을 갖는 학교나 공공시설은 중심에 배치
상업시설 (shopping district)	1∼2개소 이상의 상업지구 설치 −교통 결절점이나 인접 근린주구 내의 유사지구 부근에 설치
지구 내 가로체계 (interior streets)	내부 가로망 전체가 단지 내의 교통을 원활하게 하며 통과교통에 사용되지 않도록 계획

③ 래드번(Radburn) 계획 −라이트(Henry Wright)와 스타인(Clarence Stein)
- 페리의 근린주구이론 실현 및 하워드의 전원도시 개념 적용
- 면적 420ha, 인구 25,000명을 수용할 수 있는 규모
- 슈퍼블록(super block) 구성으로 통과교통 배제
- 막다른 도로(cul-de-sac)로 단지 내부 구획 −프라이버시 및 안전성 확보
- 보차도 분리 −주택 계획 시 도로 쪽에 서비스 공간, 보도 쪽(후면)에 거실 배치
- 오픈스페이스로 주구 내 목적지 도달 가능

핵심문제 조경일반

1 라우리(M. Laurie)가 정의한 "조경가의 역할 3단계"를 쓰시오.

정답

① 조경 계획 및 평가(landscape planning and assessment)
② 단지계획(site planning)
③ 조경설계(detailed landscape design)

2 조경의 수행단계 중 ( ) 안에 적당한 내용을 쓰시오.

계획 → (㉠) → 시공 → (㉡)

정답

㉠ 설계 ㉡ 관리

3 조경의 양식을 크게 3가지로 분류하시오.

정답

① 정형식 ② 자연식 ③ 절충식

4 다음 서양의 정원양식을 순서대로 쓰시오.

① 르 노트르식(프랑스), ② 노단건축식(이탈리아), ③ 근대건축식(독일), ④ 자연풍경식(영국)

정답

②-①-④-③

5 다음의 내용에 부합하는 용어를 쓰시오.

페리(C. A. Perry)가 제안한 주거단지계획 개념으로서 어린이들이 위험한 도로를 건너지 않고 걸어서 통학할 수 있는 단지규모에서 생활의 편리성과 쾌적성, 주민들 간의 사회적 교류 등을 도모할 수 있도록 조성된 지리적 환경을 말한다.

정답

근린주구(Neighbourhood unit)

6 전원도시 개념을 2가지 이상 쓰시오.

정답

① 계획된 인구

② 토지공유

③ 도시의 확장억제

④ 시민경제 유지

⑤ 독립된 도시

⑥ 자유와 협동의 권리 향유

7 쿨데삭(cul-de-sac)을 이용한 단지내부 구획의 특징을 2가지 이상 쓰시오.

정답

① 마당과 같은 공간을 중심으로 둘러싸인 배치

② 주민들 간의 사회·행태적 친밀도 제고

③ 차량으로부터 분리된 안전한 녹지 확보

④ 교통사고와 범죄로부터 안전성을 강화하여 거주성 및 프라이버시 제고

⑤ 가로의 끝에는 차량이 회전할 수 있는 공간시설 필요

Chapter 02

서양조경사

1 |||| 고대조경

❶ 메소포타미아(서부아시아, BC 4500~BC 300)

① 티그리스강과 유프라테스강 지역 −기후차 극심, 매우 적은 강수량, 개방적 지형

② 불규칙적인 강의 범람 −인공적 언덕이나 높은 대지 선호

주요작품

구분	내용
지구라트	인공산, 신전축조(현세적 종교), 천체관측소, 우르의 지구라트(최고)
수렵원	오늘날 공원의 시초, 숲(Quitsu, 천연적 산림), 사냥터(Kiru, 인공적 산림)로 구분 −길가메시 이야기(BC 2000)에 묘사
니네베궁전	사냥터 내 호수와 언덕 위 궁전(신전), 수목 열식(관개의 편의성)
니푸르 점토판	최초의 도시계획 자료 −운하, 신전, 도시공원 등 기록
공중정원	최초의 옥상정원, 세계 7대 불가사의, 네브카드네자르 2세와 아미티스 왕비
파라다이스 가든	천국묘사, 수로에 의한 사분원, 신선한 녹음

❷ 고대 이집트(BC 4000~BC 500)

① 나일강 유역의 폐쇄적 지형 −무덥고 건조한 사막기후

② 나일강의 정기적 범람 −물의 이용, 관개시설 발달, 수목원·포도원·채소원 발달

③ 신전건축 : 예배신전(나일강 동쪽), 장제신전(나일강 서쪽) −내세적(영혼불멸) 종교

④ 분묘건축 : 마스타바, 피라미드, 스핑크스, 오벨리스크(Obelisk, 탑)

⑤ 주택조경 : 무덤의 벽화로 추정, 테베의 신하 분묘벽화, 텔엘아마르나 메리레 정원도

- 주택조경 특징 : 대칭적 배치, 높은 담, 방형연못, 침상지, 키오스크, 수목 열식

주요작품

구분	내용
핫셉수트 여왕의 장제신전	세계 최고의 정원유적, 센누트 설계, 3개 노단, 경사로로 연결, 구덩이 파고 수목 열식(순차적 관수), 향목 수입(펀트 보랑 부조)
사자의 정원	테베의 레크미라 분묘벽화(방형연못, 열식, 관수, 키오스크) -시누헤 이야기(BC 2000)에 묘사

❸ 고대 그리스(BC 500~BC 300)

① 지중해의 연중 온화하고 쾌적한 기후 -공공조경 발달(성림, 김나지움)

② 건축적 형태미 추구(비례, 균제미) -도리아식, 이오니아식, 코린트식

③ 주택조경 : 코트(중정) 중심의 내부지향적·폐쇄적 구조 -주랑식 중정, 메가론 형식

주요작품

구분	내용
성림	수목과 숲 신성시, 신에 대한 숭배와 제사, 주로 녹음수 식재
김나지움	청년들의 체육훈련장소 -대중적인 정원으로 발달
아도니스원	아도니스상 주위에 푸른색 식물 장식, 포트가든·옥상가든으로 발전
아고라	도시광장의 효시, 부분적으로 위요된 부정형 공간 -토론과 선거, 상품거래

- 광장의 변천 : Agora(그리스) → Forum(로마) → Piazza(이탈리아) → Place(프랑스) → Square(영국)

④ 히포다무스(Hippodamus) : 최초의 도시계획가 -밀레토스에 격자모양의 도시 계획

❹ 고대 로마(BC 330)

① 토피어리 최초 사용, 구조물을 자연경관보다 우세하게 처리, 콘크리트 발명

② 주택정원 : 판사가, 베티가, 티브루티누스가

주택의 구조

구분	내용
아트리움	제1중정, 공적 공간, 무열주 공간, 포장, 임플루비움과 콤플루비움 설치
페리스틸리움	제2중정, 주정으로 사적 공간, 주랑식 공간, 작은 소품, 비포장
지스터스	후원, 5점 식재, 과수원·채소원, 수로로 이등분된 정원

- 주택의 주축 : 도로-출입구-아트리움-페리스틸리움-지스터스(호르투스)

③ 빌라 : 전원형, 도시형(투스카나장), 혼합형(라우렌티아나장), 아드리아나장

④ 포룸 : 아고라와 같은 개념의 장소, 도시계획에 의해 질서정연한 공간으로 구성, 공공의 집회장소, 미술품 진열장 등의 역할 -시민의 사교장·오락장으로 발전

2 |||| 중세조경

❶ 중세 서구 조경(5C~15C)

① 3대 문명권으로 구분 : 동로마(비잔틴 문명), 서방 문명, 이슬람 문명

② 조경문화가 내부지향적(폐쇄적)으로 발달, 매듭화단(오픈노트·클로즈노트)

주요작품

구분	내용
수도원 정원(중세 전기)	이탈리아 중심으로 발달, 실용적 정원(약초원·과수원), 장식적 정원(클로이스터 가든, 회랑식 중정, 사분원 형식)
성관 정원(중세 후기)	프랑스·잉글랜드 지역에서 발달, 방어형 성곽이 중심, 자급자족 기능(약초원·과수원)

❷ 이란 사라센양식

① 높은 담, 녹음수, 낙원 동경, 수목 신성시, 생물묘사 금지

② 정원은 두 개의 직교하는 원로 또는 수로로 나누어진 사분원으로 구성

③ 이스파한 : 압바스 1세의 정원도시 −설계요소(왕의 광장(마이단), 40주궁, 차하르바그)

❸ 스페인 사라센양식(7C~15C)

① 내향적 공간 추구(파티오 발달), 화려한 색채·기하학적 문양, 연못·분수·샘 설치

② 대모스크(8C) −사원, 코르도바에 위치, 오렌지 중정

③ 알카자르 궁전(12C) −요새형 궁전, 세빌리아에 위치

④ 알함브라 궁전(13C) −그라나다에 위치, 수학적 비례, 인간적 규모, 다양한 색채, 소량의 물을 시적으로 사용, 파티오가 연결되어 외부공간 구성

알함브라 궁전의 파티오

구분	내용
알베르카 중정	주정, 공적 장소, 대형 연못, '연못의 중정', '천인화의 중정'
사자의 중정	가장 화려한 주랑식 중정, 사분원, 직교하는 수로와 12마리 사자상
다라하 중정	여성적 분위기, 비포장 원로, 분수, 사이프러스, 오렌지나무 식재
레하 중정	가장 소규모, 색자갈 포장, 4그루의 사이프러스 식재, '사이프러스 중정'

⑤ 헤네랄리페 이궁 : 알함브라 궁전 옆에 위치, 노단식 건축의 시초, 수로의 중정(연꽃의 분천), 사이프러스 중정(U자형 수로, 후궁의 중정)

❹ 인도 사라센양식

① 물, 높은 담, 녹음수, 연못, 바그(로마의 빌라 개념)

② 수로에 의한 사분원 발달 −샬리마르 바그, 타지마할(샤자한 시대, 반영미와 균제미 절정)

3 |||| 르네상스조경(15C~17C)

❶ 이탈리아 르네상스

① 인본주의 발달과 자연존중 사조 발달, 인간의 품위와 인간존중 −예술의 발생(클리포드)

- 전원한거 생활을 흠모하는 인문주의적 사고와 현실세계의 즐거움 추구
- 구릉과 경사지에 빌라가 발달하고, 노단이 중요한 경관요소로 등장, 엄격한 고전적 비례

② 강한 축을 중심으로 정형적 대칭배치, 원로의 교차점이나 종점에 조각·분수 배치

- 평면 배치 : 직렬형(랑테장), 병렬형(에스테장), 직교형(메디치장)
- 입면 배치 : 상단형(에스테장), 중간형(알도브란디니장), 하단형(랑테장, 카스텔로장)
- 이탈리아 정원의 3대 요소 : 노단, 총림, 화단

③ 전기(15C) : 토스카나 지방에서 발생 −카레지오장(최초), 피에졸레장 −미켈로지 설계

④ 중기(16C) : 로마 근교에서 발달, 르네상스 최전성기, 합리적 질서보다 시각적 효과에 관심

- 벨베데레원 : 브라망테 설계, 최초의 노단건축식, 구릉의 작은 빌라 연결
- 마다마장 : 라파엘로 설계 → 상갈로 마무리, 건물과 옥외공간을 시각적으로 완전히 결합

르네상스 이탈리아 3대 별장

구분	내용
에스테장	리고리오 설계, 명확한 중심축, 4단 테라스, 용의 분수, 물풍금, 로메타 분수, 100개 분수, 백색 카지노, 수경은 올리비에리 설계
파르네제장	비놀라 설계, 2단 테라스, 5각형 카지노, 캐스케이드
랑테장	비놀라 설계, 정원축과 수경축 일치, 4단 테라스, 둥근 섬 연못, 1단과 2단 사이 쌍둥이 카지노, 추기경 테이블, 거인의 분천, 돌고래 분수

⑤ 후기(17C) : 매너리즘과 바로크 양식 대두

- 바로크 특징 : 균제미의 이탈, 지나치게 복잡한 곡선의 장식, 토피어리 난용, 정원동굴, 물의 기교적 사용(물극장, 물풍금, 경악분천, 비밀분천)
- 감베라리아장 : 매너리즘 양식의 대표적 빌라, 엄격하리만큼 단순하게 처리
- 이졸라벨라장 : 마지오레 호수의 섬 전체를 정원화, 10단 테라스, 바로크 양식의 대표적 정원

❷ 프랑스의 르네상스(17C)

① 앙드레 르 노트르의 프랑스 조경양식(평면기하학식) 확립

- 정원양식 : 장엄한 양식(인간의 위엄·권위 고양) −총림과 소로로 비스타 형성
- 구성요소 : 소로, 총림, 화단, 격자울타리, 조소·조각

② 보르비콩트 : 최초의 평면기하학식 정원, 니콜라스 퓌케 의뢰, 앙드레 르 노트르 출세작

- 기하학, 원근법, 광학의 법칙 적용, 거대한 총림에 의해 강조된 비스타 조성
- 건축 루이 르 보, 실내장식 샤를 르 브렁, 조경 앙드레 르 노트르 설계

③ 베르사유궁 : 평면기하학식 대표작, 루이 14세(태양왕) 의뢰
　　• 태양왕을 상징하는 명확한 중심축과 방사형 축과 점경물 설정, 대트리아농, 프티트리아농
　　• 건축 루이 르 보, 실내장식 샤를 르 브렁, 조경 앙드레 르 노트르 설계
　　• 주축선 : 거울의 방 → 물화단 → 라토나 분수 → 왕자의 가로 → 아폴로 분수 → 대수로

❸ 영국의 르네상스(정형식 정원 16C~17C)

① 구성요소 : 테라스, 포스라이트(주축), 축산, 볼링그린, 약초원, 매듭화단
② 튜더조 : 성관이 생활공간으로 변환, 햄프턴코트(여러 나라의 영향 많이 받음)
③ 스튜어트조 : 장원조경 확연히 쇠퇴, 이탈리아·프랑스·네덜란드·중국의 영향을 받음

❹ 독일의 르네상스

① 정원서 번역 및 저술, 식물의 재배와 식물학에 대한 연구
② 식물원 건립(16C), 학교원 조성(푸리텐바흐)

4 |||| 근대와 현대조경(18C~21C)

❶ 영국의 자연풍경식 정원(낭만주의적 풍경식 정원, 18C)

① 사실주의적 정원 −낭만주의와 자연주의 영향, 완만한 구릉 이용, 전정하지 않은 수목
② 조경의 사상적 배경을 이룬 사상가 등장 −라이프니치, 볼테르, 루소
③ 정형식 정원에 대한 반발, 영국만의 새로운 욕구, 낭만주의 문학(에디슨, 포프, 셴스톤)
④ 영국의 풍경식 조경가 −3대 풍경식 조경가(켄트, 브라운, 렙턴)
　　• 브리지맨 : 하하수법 최초 도입(스토우가든에 적용), 경작지를 정원에 포함시킴
　　• 켄트 : 근대조경의 아버지, 풍경식 조경의 비조, 정형적 기법 배격, "자연은 직선을 싫어한다."
　　• 브라운 : 토목공사를 통한 삼차원적 변화 활용, Capability Brown
　　• 렙턴 : 풍경식 정원 완성자, 레드북(슬라이드 기법), 'Landscape Gardener' 용어 사용
　　• 챔버 : 브라운파를 비판한 회화파, 중국정원 소개, 큐가든에 중국식 탑 도입
⑤ 작품
　　• 스토우 가든 : 브리지맨과 반브러프 설계(하하수법 도입), 켄트와 브라운 공동수정(정형적 수
　　　법 제거), 브라운 개조
　　• 스투어헤드 : 브리지맨과 켄트 설계, 연속적 변화, 풍경화 기법 적용

❷ 프랑스의 풍경식 정원

① 18C 말부터 19C 초에 영국풍 정원 유행
② 프티트리아농(앙투아네트, 시골촌락 조성), 에르메농빌르(루소묘), 말메종(온실)

❸ 독일의 풍경식 정원

① 과학적 기반 위에 구성, 식물 생태학과 식물 지리학에 기초

② 시베베르원(1750 독일풍경식 최초), 무스카우 성(독일풍경식 대표작)

③ 칸트 : 조경을 "자연의 산물을 미적으로 배합하는 예술"로 정의

④ 괴테(바이마르공원 설계), 실러(풍경식 정원 비판)

❹ 19C 조경

① 감상주의 쇠퇴, 절충식 탄생, 조경가의 현실의식과 식물에 관심

② 공공조경 : 산업발달과 도시민의 공원에 대한 욕구

- 리젠트 파크(영국) : 법령(1811)에 의해 축조, 존 나쉬 계획, 버큰헤드에 영향을 줌
- 버큰헤드 파크(1843, 영국) : 조셉 팩스턴 설계, 최초로 시민의 힘과 재정으로 조성, 풍경식 정원의 바탕에 여러 양식이 가미된 절충주의적 표현, 위락지와 택지로 구분, 옴스테드의 공원 개념 형성에 영향(센트럴 파크에 나타남)
- 센트럴 파크(1858, 미국) : 최초의 공원법 제정, 도시공원의 효시, 옴스테드와 보우 설계(그린스워드안), 자연식 공원 −입체적 동선체계, 차음·차폐를 위한 외주부 식재, 자연경관의 조망과 비스타 조성, 드라이브 코스, 전형적인 몰과 대로, 산책로, 넓은 잔디밭, 동적놀이용 경기장, 보트와 스케이팅을 위한 넓은 호수, 교육을 위한 화단과 수목원 설계 등 설계요소 도입
- 미국 공공조경 : 옐로스톤 국립공원(최초의 국립공원 1872), 요세미티 국립공원(최초의 자연 공원 1865), 공원계통(1890 엘리어트), 시카고 박람회(1890 옴스테드, 도시미화운동의 계기), 미국조경가협회(ASLA 1899) 창립
- 독일 공공조경 : 폴크스파크(정형식 정원), 도시림, 분구원(200m² 규모의 실용적 정원)

③ 근세구성식 정원 : 소정원 운동, 야생원 −로빈슨, 지킬

❺ 20C 조경

① 하워드의 '내일의 전원도시' : 근린주구 개념의 시초, 주거·산업·농업의 균형을 이룬 자족도시, 레치워스(1903)와 웰윈(1920) 건설

② 터너 : 최초의 모더니즘 정원양식 추구

③ 도시미화운동 : 로빈슨과 번함 주도 −운동요소(도시미술·도시설계·도시개혁·도시개량)

④ 레드번 계획(1927) : 스타인과 라이트, 슈퍼블록, 보차도 분리, 쿨데삭(cul-de-sac)

⑤ 광역조경계획 : 노리스댐과 더글라스댐에 후생위락시설 설치, 수자원 개발 효시

⑥ 캘리포니아 양식 : 동양의 음양조화, 토마스 처치, 에크보, 카일리, 헬프린

⑦ 벌 막스 : 브라질, 남미의 향토식물을 조경수로 활용, 풍부한 색채, 패턴 창작, 프로메나드 설계

⑧ 바라간 : 멕시코, 자연에 대비, 명확한 채색, 전통요소 사용, 페드레갈 정원

⑨ 캔버라 신수도 : 하워드의 전원도시 영향, 그리핀 설계, 20세기 바로크로 평가

1 다음 보기에 해당하는 고대 서부아시아의 정원을 쓰시오.

> 어원은 '짐승을 기르기 위한 울타리를 두른 숲'이며, 귀족이나 왕의 사냥을 위해 만든 곳으로 오늘날 공원의 시초가 된다.

정답

수렵원(Hunting Park)

2 고대 메소포타미아의 유물로서 운하, 신전, 도시공원 등이 기록되어 최초의 도시계획 자료로 인정받는 것을 쓰시오.

정답

니푸르(nippur) 점토판

3 최초의 옥상정원(屋上庭園)으로 바빌론의 네브카드네자르(nebuchadnezzar) 2세 왕이 산악지형이 많은 메디아 출신의 아미티스(Amytis) 왕비를 위해 축조한 것을 쓰시오.

정답

공중정원(Hanging Garden, 현수원, 가공원)

4 담으로 둘러싸인 방형공간에 교차수로에 의한 사분원(四分園)으로 형성되어 페르시아의 지상낙원을 묘사한 정원을 쓰시오.

정답

파라다이스 가든

5 다음 보기의 ( ) 안에 적당한 내용을 쓰시오.

> 이집트의 신전건축은 나일강을 기준으로 동쪽에는 (㉠), 서쪽에는 (㉡)을 두었다.

정답

㉠ 예배신전   ㉡ 장제신전

6 태양신인 아몬(Ammon)신을 위해 만들어진 신전으로 현존하는 세계 최고(最古)의 정원유적이며, 3단

의 노단과 램프, 열주랑으로 구성된 신원을 쓰시오.

정답

핫셉수트(Hatschepsut) 여왕의 장제신전

7 고대 그리스시대 유적으로 도시광장의 효시로 보며, 부분적으로 위요된 부정형 공간으로 토론과 선거, 상품거래 등이 이루어진 공간을 쓰시오.

정답

아고라(agora)

8 다음 보기의 고대 로마시대 주택정원의 구성요소 중 (　) 안에 적당한 내용을 쓰시오.

> ① (　㉠　) : 제1중정, 공적 공간으로 무열주 공간이며, 임플루비움과 콤플루비움 설치되어 있다.
> ② (　㉡　) : 제2중정, 주정으로 사적 공간이며, 열주로 둘러싸인 주랑식 공간으로 작은 소품, 정원도 등으로 장식되어 있으며, 바닥은 비포장으로 수목의 식재가 가능하다.
> ③ (　㉢　) : 후원의 역할을 하는 공간으로 과수원·채소원, 수로 등으로 이루어져 있다.

정답

㉠ 아트리움(Artrium)　　㉡ 페리스틸리움(Peristylium)　　㉢ 지스터스(Xystus)

9 다음 보기 중 고대 로마시대 주택구조의 주축에 해당되는 것을 (　) 안에 쓰시오.

> 도로 → (　㉠　) → 아트리움 → (　㉡　) → 지스터스(호르투스)

정답

㉠ 출입구　　㉡ 페리스틸리움

10 그리스의 아고라와 같은 개념의 장소를 도시계획에 의해 질서정연한 공간으로 구성하여 공공의 집회장소, 미술품 진열장 등의 역할을 한 고대 로마시대 공간을 쓰시오.

정답

포룸(forum)

11 중세시대 채소원·약초원·과수원 등 실용적 정원이 발달하고 폐쇄적·내부지향적으로 발전한 대표적인 정원 두 가지를 쓰시오.

정답

① 수도원정원　　② 성관정원

12 다음의 내용은 중세시대 정원에 관한 것이다. 무엇을 설명한 것인지 쓰시오.

> 예배당의 남쪽에 위치한 사각의 공간으로 승려들의 휴식과 사교를 위한 장소로 사용되었으며, 기둥이 흉벽(parapet) 위에 설치된 회랑식 중정으로 중심에 파라디소(paradiso)를 두었다.

클로이스터가든(Cloister garden)

13 다음의 알함브라 궁전 파티오에 대한 설명 중 ( ) 안에 적당한 내용을 쓰시오.

① (㉠) : 주정으로 공적인 장소, 대형 연못과 대리석 포장, 일명 '천인화의 중정'
② (㉡) : 파티오 중 가장 화려한 주랑식 중정, 직교하는 수로에 의한 사분원 형식으로 12마리 사자상 수반 설치
③ (㉢) : 여성적 분위기의 중정으로 비포장 원로와 분수 설치, 사이프러스와 오렌지나무 식재
④ (㉣) : 가장 소규모 중정으로 색자갈로 포장된 공간 네 귀퉁이에 4그루의 사이프러스 식재, 일명 '사이프러스 중정'

㉠ 알베르카 중정   ㉡ 사자의 중정   ㉢ 다라하(린다라야) 중정   ㉣ 레하 중정

14 인도 무굴 샤자한시대의 대표적인 분묘정원으로 사분원의 형식을 갖추고 있으며, 균제미와 반영미가 돋보이는 작품을 쓰시오.

타지마할(Taj Mahal)

15 르네상스시대 이탈리아 정원의 3대 요소에 해당하는 것을 쓰시오.

① 노단(테라스)   ② 총림   ③ 화단

16 다음의 르네상스시대 이탈리아 3대 정원에 대한 설명 중 ( ) 안에 맞는 내용을 쓰시오.

① (㉠) : 리고리오 설계, 수경은 올리비에리 설계, 4단의 테라스에 용의 분수, 물풍금, 로메타 분수, 100개 분수, 백색 카지노 등이 설치되어 있다.
② (㉡) : 비뇰라 설계, 주변에 울타리 없이 주변 경관과 어울리도록 하였으며, 2단의 테라스에 5각형 카지노, 캐스케이드 등이 설치되어 있다.
③ (㉢) : 비뇰라 설계, 정원축과 수경축이 완전히 일치되어 있으며, 4단의 테라스에 둥근섬 연못, 쌍둥이 카지노, 추기경 테이블, 거인의 분천, 돌고래 분수 등이 설치되어 있다.

정답

ⓐ 에스테장(Villa d'Este)　　ⓑ 파르네제장(Villa Farnese)　　ⓒ 란테장(Villa Lante)

17 최초의 평면기하학식 정원으로 기하학, 총림에 의한 비스타, 원근법·광학의 법칙 등이 적용된 앙드레 르 노트르의 출세작으로 인정되는 프랑스정원을 쓰시오.

정답

보르비콩트(Vaux-le-Vicomte)

18 다음의 보기가 설명하는 작품을 쓰시오.

평면기하학식의 대표작이자 앙드레 르 노트르의 대표작으로 루이 14세(태양왕)의 의뢰로 만들어진 정원이다. 태양왕을 상징하는 명확한 중심축과 방사형 축을 가지고 있다.

정답

베르사유 궁전(Versailles palace)

19 다음 보기 중 베르사유 궁 주축에 해당하는 것을 ( ) 안에 쓰시오.

거울의 방 → (ⓐ) → 라토나 분수 → 왕자의 가로 → (ⓑ) → 대수로

정답

ⓐ 물화단　　ⓑ 아폴로 분수

20 영국의 3대 풍경식 조경가를 쓰시오.

정답

① 켄트(William Kent)　　② 브라운(Lancelot Brown)　　③ 렙턴(Humphrey repton)

21 'Ha-Ha 개념'을 최초로 도입한 사람과 작품을 쓰시오.

정답

브리지맨(Charles Bridgeman), 스토우 가든(Stowe Garden)

22 19C 공공조경에 있어 영국과 미국의 대표적인 공원을 쓰시오.

① (ⓐ) : 조셉 팩스턴 설계, 최초로 시민의 힘과 재정으로 조성되었다.
② (ⓑ) : 옴스테드와 보우 설계(그린스워드 안), 도시공원의 효시로 볼 수 있다.

정답

ⓐ 버큰헤드 파크(Birkenhead Park)　　ⓑ 센트럴 파크(Central Park)

Chapter 03

동양조경사

1 |||| 중국조경

❶ 중국조경의 특징

① 수려한 경관에 누각과 정자 설치, 자연미와 인공미 겸비, 조화보다는 대비, 하나의 정원 속에 여러 비율 혼재, 억경수법 사용

② 축경적이고 낭만적이며 공상적 세계의 구상화, 직선과 자연곡선의 조화

③ 기후의 차이에 의해 지역에 따라 정원수법 상이
- 북부지방 : 신선사상 배경의 화훼본위 정원
- 남부지방 : 노장사상 배경의 암석본위 정원

④ 중국의 4대 명원 : 졸정원(명), 유원(명), 이화원(청), 피서산장(청)

⑤ 소주의 4대 명원 : 창랑정(송), 사자림(원), 졸정원, 유원

❷ 주시대(BC 11C~250)

① 영대·영소 : 연못(영소)을 파고 그 흙을 쌓아 높은 영대 축조

② 포·유 : 유는 왕후의 놀이터로서 광대한 임원으로 후세의 이궁 역할

③ 후한시대 「설문해자」 : 원(園 과수원), 포(圃, 채소원), 유(囿, 동물원) 기록

❸ 진(秦)시대(BC 249~207)

① 아방궁, 난지궁

② 난지 : 난지궁의 연못으로 중도를 봉래산이라 칭함 − 신선사상 유래

❹ 한시대(BC 206~AD 220)

① 상림원 : 70여 개 이궁, 사냥터로도 사용, 곤명호, 6개 호수

② 태액지 : 금원, 세 섬 축조(신선사상), 조수·용어 조각

③ 대 : 제왕을 위한 건물, 높은 단을 만들어 축조

④ 관 : 제왕을 위한 건물, 높은 곳에 축조

❺ 진(晉)시대(256~419)

① 왕희지의 유상곡수연 : 「난정기」

② 도연명의 안빈낙도 : 「귀거래사」, 「도화원기」, 「귀원전거」, 「오류선생전」

❻ 남북조시대(420~581)

① 남조 오나라 화림원 계승

② 북조 위나라 화림원 계승 - 양현지 「낙양가람기」

❼ 수시대(581~618)

① 현인궁 : 양제 조영, 수림·연못 조성

② 「대업잡기」 : 궁전과 이궁 기록

❽ 당시대(618~907)

① 중국정원의 기본적인 양식 확립 시기 - 자연 그 자체보다 인위적인 정원 중시

② 온천궁(화청궁) : 청유를 위한 이궁, 현종과 양귀비 - 백낙천 「장한가」, 두보의 시에 묘사됨

③ 왕유(망천별업), 백거이(중국정원의 비조, 「백목단」, 「동파종화」), 이덕유(평천산장)

❾ 송시대(960~1279)

① 북송사원 : 경림원, 금명지, 의춘원, 옥진원

② 만세산(간산, 태호석 사용), 태호석 유행, 화석강(태호석 운반선, 북송 멸망원인 중 하나)

③ 이격비 「낙양명원기」, 구양수 「화방재기」, 「취옹정기」, 주돈이 「애련설」, 주밀 「오흥원림기」

④ 소순흠의 창랑정 : 108종 창문 양식, 가산·동굴 배치

❿ 금시대(1152~1234)

• 금원 창시, 태액지에 경화도 축조, 원·명·청 3대 왕조 궁원 효시

⓫ 원시대(1206~1367)

① 만수산(경화도), 만유당(수백 그루의 버드나무)

② 예운림·주덕윤의 사자림 : 태호석 석가산, 선자정(부채꼴 정자)

⓬ 명시대(1368~1644)

① 어화원 : 금원, 석가산·동굴, 좌우대칭 배치

② 미만종 작원 : 「작원수계도」

③ 왕헌신 졸정원 : 해당춘오, 여수동좌헌(부채꼴 정자), 소비홍(낭교), 원향당(애련설, 억경)

④ 유원 : 서태시(→ 유서), 허와 실, 명과 암의 변화 있는 공간처리, 화가포지, 호봉석(관운봉), 첩석봉·서운봉·태동봉 배치

⑤ 계성 「원야」 : 작정서 3권 10항목, 차경수법(일차, 인차, 앙차, 부차, 응시이차)

⑥ 문진향「장물지」, 왕세정「유금릉제원기」, 육소형「경」

⑬ 청시대(1616~1911)

① 건륭화원(자금성 내 5단 계단식), 경산(병풍구실), 서원(북해·중해·남해)

② 건륭시대 삼산오원 : 만수산, 옥천산, 향산, 청의원, 정명원, 정의원, 원명원, 창춘원

③ 이화원(청의원) : 만수산 이궁, 불향각, 곤명호, 집금식(궁정구·호경구·전산구·후호구)

④ 원명원 : 동양 최초의 서양식 정원, 영불연합군 파괴, 선교사 편지를 복원자료로 활용

⑤ 피서산장 : 황제의 여름별장, 산과 구릉지, 궁전구·호수구·평원구·산구

2 |||| 일본조경

❶ 조경양식의 변천

① 인공적 기교, 관상적 가치에 치중, 세부적 수법 발달, 실용적 기능면 무시

② 자연경관을 줄여 상징적이고 추상적으로 조원, 정신세계의 상징화

③ '자연재현 → 추상화 → 축경화'의 과정으로 변화

일본정원양식의 변천

구분	내용
임천식(중도임천식)	신선설에 기초를 두고 연못과 섬을 만든 정원
회유임천식	헤이안 후기, 침전건물을 중심으로 연못과 섬을 거니는 정원
축산고산수식(14C)	구상적 고산수, 무로마치시대, 수목 사용, 나무(산봉우리), 바위(폭포), 왕모래(냇물)로 경관 표현, 대덕사 대선원
평정고산수식(15C 후반)	추상적 고산수, 무로마치시대, 왕모래와 바위만 사용, 극도의 상징화, 추상적 표현, 용안사 석정
다정양식(16C)	모모야마시대, 소박한 멋(자연적 정원), 수수분, 석등, 천리휴 불심암, 소굴정일 고봉암
회유식(17C)	임천식과 다정양식의 결합, 실용적인 면과 미적인 면 겸비, 소굴원주 창안(원주파임천식)
축경식	자연경관을 축소해 좁은 공간 내에 표현

❷ 아스카(飛鳥 비조)시대(593~709)

① 황궁 남정에 백제 유민 노자공이 수미산과 오교 축조(612), 일본조경의 시초 -「일본서기」

② 법륭사 : 주랑과 조약돌 깐 세류, 조석 연못

❸ 나라(奈良 내량)시대(710~792)

① 굴도궁 원지 :「만엽집」기록

② 평성궁 : S자형 곡수 -유상곡수연 자리

❹ **헤이안(平安 평안)시대(793~1191)**

① 전기 : 신선사상 정원(신천원, 차아원(=대각사)), 해안풍경(하원원, 육조원)

② 후기 : 침전조 정원(동삼조전, 일승원), 정토정원(모월사, 평등원), 신선도 정원(조우이궁)

③ 「작정기」 : 귤준강 지음, 일본 최초의 작정서 −침전조 양식 조영

❺ **가마쿠라바쿠후(鎌倉幕府 겸창막부)시대(1191~1333)**

① 몽창국사(선종정원 창시자), 석립승(정원조영 승려)

② 칭명사 결계도 : 남대문 → 홍교 → 중도 → 평교 → 금당

③ 선종정원 : 서방사(벽암록, 황금지, 야박석), 천룡사(3단 폭포), 임천사(잔산잉수 수법)

④ 정토정원 : 영보사

❻ **무로마치(室町 실정)시대(1334~1573)**

① 정원면적 축소, 고산수정원 탄생

② 정토정원 : 금각사(부석), 은각사(은사탄과 향월대)

③ 축산고산수정원(구상적 고산수) : 대덕사 대선원, 원근법 적용

④ 평정고산수정원(추상적 고산수) : 용안사 석정, 15개 정원석(5·2·3·2·3 조합)

❼ **모모야마(桃山 도산)시대(1576~1603)**

① 호화로운 정원 출현 : 일본인 특유의 간소미 상실, 복견성, 삼보원(등호석)

② 다정양식 : 자연식 정원, 사비와비(한적함과 수수함) −석등, 세수분, 포석

❽ **에도(江戸 강호)시대(1603~1867)**

① 계리궁, 수학원이궁(원주파임천식, 상·중·하 다실), 소석천 후락원(중국정원 요소), 강산 후락원(차경수법), 겸육원(낙양명원기 6요소), 율림공원(6개 연못, 대회유식)

② 일본의 3대 공원 : 후락원, 겸육원, 해락원

③ 에도시대 후기 : 자연축경식 정원, 묘심사(동해암 삼신선도), 남선사(금지원의 학도·구도)

④ 이도헌추리

• 「석조원생팔중원전」 : 오행석조법 −영상석·체동석·심체석·지형석·기각석

• 「축산정조전후편」 : 축산·평정·노지정 세 형식으로 분류하여 각각 진·행·초의 수법 사용

❾ **메이지(明治 명치)시대(1868~1912)**

① 신숙어원 : 프랑스식 식수대, 영국식 잔디밭, 일본식 지천회유식 정원

② 적판이궁 : 프랑스 정형식, 베르사유 궁원 모방

③ 히비야 공원 : 일본 최초의 서양식 도시공원

④ 무린암(산현유붕, 사실적 자연풍경식), 의수원(차경원)

3 |||| 한국조경

❶ 한국정원의 특징

① 자연주의에 의한 자연풍경식 정원으로 지형의 아름다움을 잘 이용
- 자연의 순리를 존중하여 인간을 자연에 동화시키고자 하는 조성원리
- 공간의 처리가 직선적이며, 자연을 생명체로 보고 지세 유지

② 여러 사상의 복합적 양상 출현
- 신선사상 : 불로장생 기원, 섬, 석가산, 십장생의 문양, 아미산과 자경전 담장·굴뚝
- 음양오행사상 : 건물 및 사찰의 배치, 연못 및 섬의 형태 −방지원도
- 풍수지리사상 : 묘지, 택지, 궁성 선정, 후원의 배치 및 연못 등의 조성, 식재 방위
- 유교사상 : 궁궐 및 민가의 공간배치 및 분할, 공간분리에 따른 정원 및 시설배치
- 불교사상 : 불교의 전래와 숭불정책, 사원정원
- 은일사상 : 노장사상의 영향, 별서정원

③ 화목과 배식
- 품격이나 기개, 절개를 상징하는 나무를 즐겨 식재 −사절우, 사군자, 세한삼우
- 실학사상의 영향으로 실용성에 비중을 두어 재식, 풍수설에 의한 배식
- 낙엽활엽수 위주로 식재하여 계절감을 표현
- 운치있는 곡간성 수목과 타원형 수관 선호
- 사절우(매·송·국·죽), 사군자(매·난·국·죽), 세한삼우(송·죽·매)
- 매화, 난초, 연 : 군자의 꽃으로 불림
- 대나무, 오동나무 : 태평성대 희구사상의 표현
- 국화, 버드나무, 복숭아 : 안빈낙도의 생활철학 상징

❷ 고조선

① 노을왕이 유를 만들어 짐승 사육, 정원에 관한 최초의 기록(3900년 전) −「대동사강」
② 의양왕 원년(BC 590) 청류각을 후원에 세워 군신과 연회 −「대동사강」
③ 천노왕 8년 흘골산에 구선대를 문석으로 축조 −「삼국유사」
④ 수도왕 11년 패강에 신산을 쌓고 누대를 만들어 장식 −「삼국유사」
⑤ 제세왕 10년(BC 180) 궁원의 도리가 만발 −「대동사강」

❸ 고구려

① 안학궁지 : 대칭배치(남궁, 중궁, 북궁), 서쪽(조산, 경석, 자연형 연못), 남쪽(70m 방형 연못), 북쪽(조산), 성곽 동서에 해자 설치
② 동명왕릉 진주지 : 봉래, 영주, 방장, 호량 4섬 축조 −신선사상
③ 청암리 사지 : 오성좌위 배치 −1탑 3금당식 배치

❹ **백제**

① 임류각 : 동성왕 22년(500) 웅진궁 동쪽에 높이 5장의 누각 축조 -「동사강목」

② 궁남지 : 무왕 35년(635) 사비궁 남쪽에 방상연못과 방장섬 조성 -「동사강목」

③ 망해정 : 의자왕 15년(655) 왕궁 남쪽에 축조

④ 석연지 : 정원용 점경물, 연꽃식재 -조선시대 세심석으로 발전

⑤ 정림사지 : 1탑 1금당식, 두 개로 나뉜 방형연못

❺ **신라**

① 월지(안압지) -「삼국사기」, 「동사강목」

- 임해전 : 연회 및 외국사신 영접, 좌우대칭 배치

- 남안·서안은 직선(궁전), 2.5m 더 높음 -군신과의 연회, 외국 사신의 영접에 사용

- 북안·동안은 복잡한 곡선(궁원), 동쪽 무산12봉, 호안은 사괴석에 가까운 화강암을 사용

- 연못 안에 대·중·소 3개의 섬 배치 -신선사상

- 입수구(남쪽, 유사지)와 출수구(북쪽, 상·중·하 구멍으로 수위조절)

- 뱃놀이를 위한 선착장, 바닥은 강회로 다지고 조약돌 포설, 연꽃은 나무틀에 식재

② 포석정 : 곡수거, 왕희지의 유상곡수연 유래, 헌강왕 어무상심무 -「삼국유사」, 「삼국사기」

③ 사절유택 : 귀족별장, 별서정원의 효시 -봄(동야택), 여름(곡양택), 가을(구지택), 겨울(가이택)

④ 상림원 : 홍수피해를 막기 위한 호안림, 진성여왕 때 최치원 조성

⑤ 최치원의 은서 : 경주 남산, 강주 빙산, 쌍계사, 창원, 해인사 홍류동 -은서생활 시초

❻ **고려시대**

① 화려한 장식, 조경식물 수입(화원 장식), 정자, 석가산(괴석 사용, 지형변화), 화오, 격구장 설치

② 내원서 : 문종(1046~1083) 때 모든 원(園·苑) 및 포(圃)를 맡은 관청

③ 궁원 : 만월대 동지(금원, 귀령각, 경관감상), 사루(모란, 상화연), 상춘정(목단·작약·국화, 연회장소), 화원(이국적 정원, 왕의 정원), 청연각(석가산 시초), 수창궁 북원(연회, 격구장)

④ 이궁 : 장원정, 수덕궁(태평정, 괴석 선산), 중미정·만춘정·연복정(청유 이궁)

⑤ 민가 정원 : 이규보(이소원기, 사륜정기), 기홍수 퇴식재(곡수연)

⑥ 문수원 정원(청평사 정원) : 이자현 조성, 선도량, 남지(영지, 사다리꼴, 돌출석)

❼ **조선시대**

- 한국적 특징 발현, 풍수설 영향의 후원 발생(화계), 방지 대거 출현(음양오행설)

- 장원서(이전 상림원)의 궁원 및 과물 관리, 사포서(채원 관리), 동산바치(정원사)

① 경복궁(정궁) : 「주례고공기」 형식에 따른 '좌조우사면조후시' 배치

- 좌조(종묘), 우사(사직단, 동쪽 토신 제사 -사단, 서쪽 곡식의 신 제사 -직단)

- 십장생 : 해, 산, 물, 돌, 구름, 소나무, 불로초, 거북, 학, 사슴

구분	내용
경회루원지	태종 12년(1412), 장방형 연못(네모난 3개 섬, 방지방도)
아미산(교태전 후원)	화계로 만든 정원, 경회루원지 흙으로 만든 인공산 괴석, 세심석, 육각 굴뚝(십장생, 서수), 화문장 장식
자경전	화문장, 십장생 굴뚝(집 모양, 십장생·서수 조각)
향원지	경복궁 후원, 방지원도 위 향원정, 주돈이 애련설 관련

② 창덕궁 어원 : 왕의 휴식과 명상(동궐, 비원, 금원, 후원), 유네스코 세계문화유산 등재

창덕궁 내 주요작품

구분	내용
부용정역	부용정(십자형 정자), 방지원도, 어수문, 주합루, 영화당, 사정기비각, 취병
애련정역	애련정(사각정자), 연경당(민가, 정심수·괴석 배치, 화계 위 농수정)
관람정역	관람정(부채꼴 정자), 존덕정(육각정자 −이중처마), 승재정, 폄우사
옥류천역	청의정(모정), 소요암(유상곡수)과 소요정, 태극정, 취한정, 농산정
청심정역	심신수련, 빙옥지(거북모양 석물)
낙선재 후원	화장담, 5단 화계, 화목, 괴석·세심석·석상·굴뚝 등으로 장식, 괴석분(소영주·새·구름 문양), 석복헌, 만월문, 상량정, 한정당(괴석 배치)

③ 창경궁 어원 : 통명전 석지 −난간, 석교, 열천, 입수구 쪽 괴석 2개, 석교 건너편 팔각화대
④ 덕수궁 : 최초의 서양식 건물(석조전)과 정원 조성
  • 한국 최초의 서양식 정원(브라운 지도, 하딩 설계), 정형식(프랑스식) 침상정원
⑤ 종묘 : 역대 왕과 왕후의 신주 봉안 및 제사, 자연석 호안 방지원도, 세계문화유산 등재
⑥ 이궁 : 풍양궁, 연희궁, 낙천정
⑦ 객관 : 태평관, 모화관, 남별관

❽ 조선시대 민간정원

① 마당
  • 바깥마당 : 빈 공간, 타작마당, 격구장
  • 안마당 : 여자 공간, 마당은 비워두고 뒤쪽으로 화계 조성, 외부와 격리
  • 사랑마당 : 남자 공간, 적극적 수식, 매화, 봉숭아, 오죽, 국화, 철쭉 등 식재
② 주택

조선시대 민가 주요작품

구분	내용
맹사성 행단(1334)	아산, 은행나무 2그루, 구괴정(삼상평)
윤고산 고택(1472)	해남, 녹우당, 방지, 괴석, 비폭 입수
권벌 청암정(1526)	봉화, 별당정원, 난형 연못, 거북바위 위 축조, 석교

윤증 고택(1676)	논산, 축대 위 괴석 설치(축경식 정원), 방지원도 -명재 고택
선교장(1700년 중엽)	강릉, 열화당, 활래정 지원(1816, 방지방도)
유이주 운조루(1776)	구례, 「오미동가도」, 화계 조성, 방지원도
김동수 가옥(1784)	정읍, 화기 잡는 부정형 연못 -김명관 고택
박황 가옥(1874)	달성, 하엽정, 방지원도 -삼가헌 고택
김기응 가옥(1900년경)	괴산, 연못 없음, 화장담 -김항묵 고택

③ 별서

조선시대 별서 주요작품

구분	내용
양산보 소쇄원(1540년경)	담양, 자연과 인공의 조화, 제월당, 광풍각, 애양단, 대봉대, 매대, 오곡문, 원규투류, 석가산, 도오, 수대
권문해 초간정(1582)	예천, 개울가의 암반 위에 걸쳐 건립
명옥헌(1600년 중반)	담양, 방형 상지, 사다리꼴 하지, 배롱나무와 소나무 군식
정영방 서석지원(1613)	영양, 주일재, 경정, 사우단(사절우 식재), 읍청거·토예거
윤선도 부용동정원(1636)	완도, 낙서재, 동천석실, 세연정(계담, 방지방도, 판석제방)
송시열 남간정사(1683)	대전, 자연형 연못과 원도, 대청 밑 입수와 비폭 입수
주재성 국담원(1728)	함안, 무기연당, 방지방도, 2단 호안, 봉래산 상징 중도(양심대 석각)
정약용 다산초당(1800년 초)	강진, 다산사경(정석, 다조, 약천, 방지원도), 석가산, 화계, 비폭 입수
김조순 옥호정(1815)	서울, 화계, 취병, 「옥호정도」
민주현 임대정(1862)	화순, 상원 방지, 하원 부정형 연못(상지·하지), 방지에서 하지로 비폭 입수, 애련설 관련

④ 서원

- 공간구성 : 진입공간, 강학공간, 제향공간, 부속공간
- 강학공간 : 학자수 식재, 연못(수심양성)

서원의 점경물 -실용적 기능

구분	내용
정료대	궁궐이나 서원, 사찰 등 넓은 뜰이 있는 곳에서 밤에 불을 밝히기 위한 시설물
관세대	사당을 참배할 때 손을 씻을 수 있도록 대야를 올려놓았던 석조물
생단	제관들이 직접 제사에 쓰일 생(牲: 소, 양, 염소 같은 고기)의 적합 여부를 품평하기 위해 만들어진 시설물

- 소수서원(영주, 1542) : 안향 배향, 최초의 사액서원, 자유로운 배치
- 옥산서원(경주, 1572) : 이언적 배향, 전형적 서원 배치, 외나무 다리, 세심대, 자계, 사산오대, 이언적 고택(살창, 계정)
- 도산서원(안동, 1574) : 이황 배향, 도산서당, 정우당(애련설 관련), 몽천, 절우사(사절우 식재), 천광운영대·천연대(조망점)
- 병산서원(안동, 1614) : 유성룡 배향, 절곡된 사당의 중심축, 광영지(타원형 연못과 원도), 만

대루(개방적 구조, 차경수법 절정)

• 유네스코 세계문화유산 등재 서원(9개) : 소수서원, 남계서원(함양), 옥산서원, 도산서원, 필암서원(장성), 도동서원(달성), 병산서원, 돈암서원(논산), 무성서원(정읍)

⑤ 누원

• 누 : 고을 수령 조영, 공적이용, 2층의 마루구조, 방이 없는 경우가 많음

• 정 : 다양한 계층 조영, 사적이용, 높은 곳에 축조, 개방적 느낌, 방이 있는 경우가 많음

• 광한루(남원, 1422) : 은하수 상징의 연못, 신선사상(영주·봉래·방장 섬), 까치다리(오작교), 월궁(광한루)

⑥ 사찰

• 공간구성의 기본원칙 : 자연환경과의 조화, 계층적 질서, 공간의 연계성, 인간적 척도

• 공간의 구분 : 전이공간, 누문, 중심공간

• 가람배치 : 탑 중심형, 탑·금당 중심형, 금당 중심형

• 삼보사찰

·통도사 : 불보사찰, 금강계단(부처님 진신사리), 동서주축에 3개 남북부축 직교, 구룡지

·해인사 : 법보사찰, 장판각(팔만대장경 보관), 절선축 배치. 당간지주, 화계

·송광사 : 승보사찰, 국사전(국사 영정), 직교축 배치, 계담

⑦ 조경문헌

• 강희안 「양화소록」 : 진산세고에 수록, 화목의 재배, 이용법, 화목구품(품격, 상징성), 괴석 배치법 기술

• 홍만선 「산림경제」 : 복거, 치농, 치포, 종수, 양화 등의 백과사전, 방위식재(동 −버드·복숭아, 서 −치자·느릅, 남 −매화·대추, 북 −벚·살구)

• 유박 「화암수록」 : 화목구등품제

• 이중환 「택리지」 : 복거총론에 집터 기술

• 서유구 「임원경제지」 : 산림경제를 토대로 작성한 백과사전, 화목 65가지 특성과 재배법 기술

• 신경준 「순원화훼잡설」 : 귀래정 주변 화목의 기록

❾ 현대조경(20C)

• 탑골(파고다) 공원(1897) : 우리나라 최초의 공원, 하딩 감독, 브라운 설계

• 덕수궁 석조전(1910) : 영국인 하딩이 설계한 우리나라 최초의 서양식 건물과 정원

• 일제 강점기 공원 : 장충단공원, 사직공원, 효창공원, 남산공원

• 국립공원(23개), 지리산 국립공원(1967년 최초 지정)

핵심문제 · 동양조경사

1 다음과 같은 정원의 특징을 갖는 나라를 쓰시오.

> 자연미와 인공미 겸비하며, 조화보다는 대비에 중점을 두어 하나의 정원 속에 여러 비율이 혼재하는 가운데 억경수법을 사용하였다. 낭만적이며 공상적인 세계를 구상화하였으며, 직선과 자연곡선을 조화롭게 사용하였다.

정답

중국

2 '소주의 4대 명원'에 해당하는 작품을 쓰시오.

정답

① 창랑정   ② 사자림   ③ 졸정원   ④ 유원

3 중국정원에 있어 신선사상이 최초로 나타나는 시대와 정원을 쓰시오.

정답

진(秦) 시대, 난지궁의 난지

4 중국 진(東晉)시대 '유상곡수연'과 '안빈낙도'로 유명한 두 인물을 차례대로 쓰시오.

정답

① 유상곡수연 : 왕희지   ② 안빈낙도 : 도연명

5 중국정원에 있어 자연 그 자체보다는 인위적인 정원이 중시되며 중국정원의 기본적인 양식이 확립된 시기를 쓰시오.

정답

당 시대

6 중국 송 시대 애련설(愛蓮說)을 지은 학자를 쓰시오.

정답

주돈이(호 염계)

7 중국정원의 전성기로 보는 시기를 쓰시오.

정답
명 시대

8 명 시대 대표적인 작정서 원야(園冶)의 지은이를 쓰시오.

정답
계성

9 동양 최초의 서양식 정원으로 평가받는 정원의 이름을 쓰시오.

정답
원명원

10 다음과 같은 정원의 특징을 갖는 나라를 쓰시오.

인공적인 기교를 사용하여 세부적 수법이 발달하였으며, 관상적 가치에 치중하여 실용적 기능면이 무시되었다. 자연경관을 축소하여 상징적이고 추상적인 정원을 만들었다.

정답
일본

11 다음의 일본 정원양식의 발달과정 중 ( ) 안에 알맞은 내용을 쓰시오.

임천식(회유임천식) → (㉠) → 평정고산수수법 → (㉡) → 지천임천식(원주파임천형)

정답
㉠ 축산고산수수법   ㉡ 다정양식

12 아스카 시대 황궁 남정에 백제 유민이 수미산과 오교를 축조한 기록이 「일본서기」에 있어 일본조경의 시초로 평가된다. 이 사람의 이름을 쓰시오.

정답
노자공(路子工)

13 일본조경에 있어 평정고산수정원의 대표작으로 15개 정원석이 5·2·3·2·3 조합으로 구성된 석정이 있는 사찰 이름을 쓰시오.

정답
용안사

14 자연식 정원으로 사비와 와비의 개념이 나타나며 석등, 세수분 등의 점경물이 놓인 정원양식을 쓰시오.

정답
다정양식

15 다음과 같은 정원의 특징을 갖는 나라를 쓰시오.

> 자연주의에 의한 자연풍경식 정원으로 지형의 아름다움과 자연의 순리를 존중하여 인간을 자연에 동화시키고자 하는 조성원리를 지니고 있다. 공간의 처리가 직선적이며, 자연을 생명체로 보고 지세를 유지하고, 시대적으로 나타나는 다양한 사상이 내포된 정원을 가진다.

정답
한국

16 한국정원에 나타나는 여러 사상 중 3가지만 쓰시오.

정답
① 신선사상 ② 음양오행사상 ③ 풍수지리사상 ④ 유교사상 ⑤ 불교사상 ⑥ 은일사상

17 한국정원에는 품격이나 기개를 가진 수목이 많이 등장하였다. 그 중 '사절우'에 해당하는 수목을 쓰시오.

정답
① 매(매화나무) ② 송(소나무) ③ 국(국화) ④ 죽(대나무)

18 백제 무왕 35년(635) 20여 리 밖에서 물을 끌어들여 연못을 채우고, 못 가운데에 방장선산을 상징시킨 섬을 축조한 기록이 「동사강목」, 「삼국사기」 등에 기록된 연못을 쓰시오.

정답
궁남지

19 다음 보기의 내용에 부합하는 것을 쓰시오.

> 신라시대 연회 및 외국사신의 영접 등에 사용되었으며, 남안·서안은 직선(궁전), 북안·동안은 복잡한 곡선(궁원)으로 이루어졌다. 연못 안에는 대·중·소 3개의 섬이 배치되어 신선사상이 반영되어 있다.

정답
월지(안압지)

20 왕희지의 유상곡수연에서 유래된 곡수거가 남아있는 신라시대 유적을 쓰시오.

정답

포석정

21 귀족들의 별장으로 계절에 따라 자리를 바꾸어 가며 놀던 장소를 쓰시오.

정답

사절유택

22 고려 문종(1046~1083) 때 모든 원(園・苑) 및 포(圃)를 관할하던 관청을 쓰시오.

정답

내원서(內園署)

23 다음 보기의 내용이 설명하는 것을 쓰시오.

> 고려 예종 때 만들어진 것으로 진기한 화초와 새들을 중국에서 수입하여 장식하여 호화롭고 이국적인 분위기의 정원으로 만들어졌으나 왕에게 아부하는 자들의 수단으로 전락해 폐지되었다.

정답

화원(花園)

24 음양오행설에 의거한 천원지방(天圓地方) 사상에 의해 생겨난 연못의 형식을 쓰시오.

정답

방지원도(方池圓島)

25 한국정원의 독특한 특징이 발현된 시기로 풍수지리설의 영향을 받은 후원에 화계가 등장하고, 음양사상에 따른 방지(方池)가 대거 출현하는 시기를 쓰시오.

정답

조선시대

26 다음의 보기 중 ( ) 안에 알맞은 내용을 쓰시오.

> 조선시대에 원유(園囿), 화초, 과물 등의 관리를 관장하기 위해 설치된 관청으로 상림원으로 시작하여 후에 (㉠)로 개칭되었다. 또한 왕실 소유의 원포(園圃)와 채소재배 등의 관리를 관장하기 위해 (㉡)도 만들어졌다.

㉠ 장원서(掌苑署)   ㉡ 사포서(司圃署)

27 조선시대 사용된 정원사(庭園師)를 일컫는 말로 '동산을 다스리는 사람'이란 의미를 가진 용어를 쓰시오.

동산바치

28 다음의 보기 중 ( ) 안에 알맞은 내용을 쓰시오.

> 경복궁 내에 있는 대형 방지로 3개의 방도가 있으며 가장 큰 섬에 (㉠)가 놓여 있다. 이 연못을 조성할 때 나온 흙을 사용하여 교태전 뒤쪽에 인공산을 만들어 (㉡)이라 칭하고 화계를 조성한 정원을 만들었다.

㉠ 경회루   ㉡ 아미산

29 경복궁 내 임금의 어머니인 대비가 거하던 곳으로 화문장과 십장생 굴뚝으로 장식된 전각의 이름을 쓰시오.

자경전

30 조선시대 왕의 휴식과 명상 등을 위하여 조성한 궁궐로서 동궐, 비원, 금원, 후원 등으로 불렸으며, 유네스코 세계문화유산에 등재된 궁궐을 쓰시오.

창덕궁

31 다음 보기의 내용이 설명하는 것을 쓰시오.

> 창덕궁 내 민가형식의 화장담으로 둘러싸인 후원이 5단의 화계로 조성되어 있으며, 화계는 화목과 괴석·세심석·석상·굴뚝 등으로 장식되어 있다.

낙선재

32 최초의 서양식 건물인 석조전과 프랑스 정형식 정원이 조성된 궁궐을 쓰시오.

정답

덕수궁

33 조선시대 민가의 마당에 있어 남자의 공간으로 적극적 수식이 행해졌던 곳을 쓰시오.

정답

사랑마당

34 조선시대 전북 담양에 있는 별서정원으로 인공과 자연이 조화롭게 구성되어 있으며, 제월당, 광풍각, 애양단, 대봉대 등이 조성된 곳의 작정자와 정원 이름을 쓰시오.

정답

양산보의 소쇄원

35 조선시대 전남 보길도에 조성된 별서정원으로 낙서재, 동천석실, 세연정 등 크게 세 구역으로 나뉘어 있다. 이 정원의 작정자와 정원 이름을 쓰시오.

정답

윤선도의 부용동정원

36 다음 보기의 내용은 서원의 실용적 기능을 가진 시설물로서 점경물적 역할을 하였던 것이다. 빈칸에 적당한 용어를 쓰시오.

> ① (㉠) : 궁궐이나 서원, 사찰 등 넓은 뜰이 있는 곳에서 밤에 불을 밝히기 위한 시설물
> ② (㉡) : 사당을 참배할 때 손을 씻을 수 있도록 대야를 올려놓았던 석조물
> ③ (㉢) : 제관들이 제사에 쓰일 생(소, 양, 염소 같은 고기)의 적합성을 품평하기 위해 만들어진 시설물

정답

㉠ 정료대   ㉡ 관세대   ㉢ 생단

37 조선시대의 조경문헌 중 강희안이 작성한 것으로 화목의 재배 및 이용법, 화목구품(품격과 상징성), 괴석 배치법 등이 기술된 서적이 무엇인지 쓰시오.

정답

양화소록

조경시공실무

PART **2**

조경계획 및 설계

Chapter 01

조경기본계획

1 |||||| 조경계획

❶ 계획 및 설계 개념

① 계획 : 어떤 목표를 정하고 이에 도달할 수 있는 행동과정을 마련하는 것
- 장래의 행위에 대한 구상의 일이나 과정
- 광범위한 주변 지역을 대상으로 하는 문제의 도출과정 −분석적·논리적 접근, 합리적·논리적 사고

② 설계 : 계획을 바탕으로 한 세부사항의 실천방안을 구체적으로 작성하는 것
- 제작 또는 시공을 목표로 아이디어를 도출해 내고 이를 구체적으로 발전시키는 일
- 대상지만의 이용계획으로 문제의 해결과정 −종합적 접근, 주관적·창조적 구상

③ 환류 : 계획·설계 등의 과정에서 앞의 단계로 돌아가 다시 수정·보완하여 목표를 달성하려는 방법 −자율적 제어방법

④ 조경설계 요소 : 기능(function), 미(beauty), 환경(environment)

설계방법

구분	내용
직관적 방법 (암흑상자 디자인)	설계자의 직관적 아이디어에 의해 문제를 해결하는 방법
합리적 방법 (유리상자 디자인)	분석 → 구상 → 평가과정을 거쳐 최종 결과물이 나오기까지의 과정을 보여줄 수 있는 객관적 방법

❷ 조경계획 및 설계의 과정

① 의뢰인의 요구와 목표 설정 : 기본 자료를 토대로 계획의 목적과 방침, 설계방법 등 설정
② 조사분석 : 상황의 규명과 기록(자료수집), 조사에 대한 가치 및 중요성 판단(자료분석)

대지분석 및 인자

구분	내용
물리·생태적 분석 (자연적 인자)	토양·지질·수문·기후 및 일기·식생·야생동물 등
시각·미학적 분석 (미학적 인자)	물리적 요소들의 자연적 형태, 시각적 특징, 경관의 가치, 경관의 이미지 등
사회·행태적 분석 (인문·사회적 인자)	토지이용·교통·통신·인공구조물 등의 현황, 변천과정 및 역사 등

③ 기본계획(계획설계) : 기본 계획안을 종합적으로 보여주는 도면 작성
  • 프로그램(기본전제) 설정 : 계획의 방향 및 내용
  • 기본구상 : 토지이용 및 동선을 중심으로 계획·설계의 기본 골격 형성 −개념도 표현
  • 대안작성 : 기본개념을 가지고 바람직한 몇 개의 안을 작성하여 기본계획안 선정
④ 기본설계 : 소규모 프로젝트인 경우는 생략 가능
  • 기본계획의 현실적 구체화 및 정확성 제고, 기본계획과 실시설계의 중간 과정
  • 업무내용 : 법규 및 기준 검토, 기술적 검토, 도서 작성
  • 대상물과 공간의 형태적·시각적 특징 제시, 기능성·효율성, 재료 등의 구체화
  • 사전조사사항, 계획 및 방침, 개략 시공방법, 공정계획 및 공사비 등의 기본내용이 포함됨
  • 구체적으로 확정되는 단계이므로 정확한 축척을 사용하여 도면 작성
  • 배치설계도, 도로설계도, 정지계획도, 배수설계도, 식재계획도, 시설물배치도, 시설물설계도, 설계개요서, 공사비개산서, 시방서 등 작성
⑤ 실시설계 : 선행작업의 공사시행을 위한 구체적이고 상세한 도면 작성
  • 표현 효과보다는 시공자가 쉽게 알아보고 능률적·경제적으로 시공이 가능한 도면 작성
  • 모든 종류의 설계도, 상세도, 수량산출, 일위대가표, 공사비 내역서, 시방서, 공정표 등 작성

2 |||| 환경조사·분석

❶ 지형·지세 및 지질

① 지형조사 : 거시적 파악(주변 지역), 미시적 파악(대상지)
  • 지형의 경사, 계곡의 정도, 기복도, 경사진 방향, 수계 등 조사분석
  • 수치화된 도면을 활용하거나 필요 시 대상지를 측량하여 베이스맵 작성
  • 등고선을 이용하여 표고 분석 및 경사 분석 시행
  • 인접 지역과 부지 내 지형과의 영향 관계를 반드시 고려
② 지질 및 토양
  • 현장조사 시 토양의 상태 조사 −필요 시 토양조사분석을 통해 식재기반 상태 조사분석

- 지질조사(보링조사, 사운딩조사), 지질도(주향 및 경사도 파악), 토양도(토양통 및 토성, 경사도, 침식 정도 파악) 등으로 파악
③ 토양 3상 : 흙입자(광물질 45%, 유기물 5%), 물(25%), 공기(25%)
④ 토성 : 모래·미사·점토의 비율 −식양토·양토·사양토가 식물 생육에 적합

토양단면

구분	내용
Ao층(O층)(유기물층)	낙엽과 그 분해물질 등 대부분이 유기물로 되어 있는 층
A층(표층·용탈층)	광물토양의 최상층으로 외계와 접촉되어 직접적 영향을 받는 층, 강우에 의해 용해성 염기류 용탈, 흙갈색 토양, 양분 풍부, 미생물과 뿌리의 활동 왕성
B층(집적층)	외계의 영향을 간접적으로 받으며, 표층으로부터 용탈된 물질이 쌓이는 층, 황갈색 내지 적갈색 토양, 모재의 풍화가 충분히 진행된 토양
C층(모재층)	외계로부터 토양생성작용을 받지 못하고 단지 광물질만이 풍화된 층
D층(R층)	기암층 또는 암반층

토양수분(토양용액)

구분	내용
결합수 (pF7 이상)	화학적으로 결합되어 있는 물로서 가열해도 제거되지 않고 식물이 직접적으로 이용할 수 없는 물
흡습수 (pF4.5~7)	물리적으로 흡착되어 있는 물로서 가열하면 제거할 수 있으나 식물이 직접적으로 이용할 수 없는 물
모관수 (pF2.54~4.5)	흡습수의 둘레를 싸고 있는 물로서 표면장력에 의해 토양의 공극 내에 존재하며, 식물에 유용한 물 −유효수
중력수 (pF2.54 이하)	중력에 의하여 토양입자로부터 유리되어 자유롭게 이동하거나 지하로 침투되는 물로서 지하수원이 되는 물

- 초기위조점(pF3.9), 영구위조점(pF4.2, 15bar, 1,500cb) −pF＝log[수주높이]cm
- 영구위조 시 토양별 수분 : 모래(2~4%), 진흙(35~37%)

❷ 기후·수문·생태조사

① 기후 : 일정한 지역에서 장기간에 걸쳐 나타나는 대기현상의 평균적인 상태
② 미기후 : 국부적인 장소의 기후가 주변기후와 현저히 달리 나타나는 것
- 알베도(albedo) : 표면에 닿은 복사열이 흡수되지 않고 반사되는 비율
- 지표면의 알베도가 낮을수록, 전도율이 높을수록 미기후는 온화하고 안정

미기후 조사

구분	내용
미기후 조사 항목	지형, 태양의 복사열, 공기유통, 안개 및 서리의 피해 유무
미기후 자료	지역적 기후자료보다 취득 곤란, 현지 측정이나 거주민 의견 청취
미기후 요소	기온, 강우량, 바람, 습도, 일조시간 등 대기후 요소 이외에 서리, 안개, 시정, 세진, 자외선, SO_2, CO_2양 등 추가
미기후 인자	지형, 수륙분포에 따른 안개의 발생, 지상피복 및 특수 열원 등

③ 수문·수계 조사
  - 수문 : 육수의 기원·분포·순환·특성 등으로 하천·호소 등의 수온·수질의 변화·유량을 주로 조사
  - 수계 : 본류와 지류를 통틀어 일컫는 것 −우리나라 4대수계(한강·금강·낙동강·영산강수계)
  - 측량도와 현지조사를 통해 대상지 내의 수계, 유역(한 하계를 형성시키는 지역), 집수구역(계획부지에 집중되는 유수의 범위), 하천유형 등 조사분석

하천의 유형

구분	내용
수지형	화강암 등으로 구성된 동질적 지질에 발달 −우리나라의 하천형태
방사형	화산 등의 작용에 의해 형성된 원추형 산에서 발달

④ 식생·생태조사 : 생태자연도, 도시생태현황도(비오톱지도), 녹지자연도 등의 광역적 생태 및 녹지 환경을 우선하여 조사분석
  - 생태자연도(DEN) : 산·하천·농지·호소·도시·해양 등의 자연경관을 생태적 가치에 따라 등급화하여 지도에 축척 1/25,000으로 표시
  - 대상지 내외의 식생 및 생육환경과 관련하여 보존수림, 이식수목 조사분석
  - 대상지 내의 보존할 식생, 군락, 보호수, 보호 동식물 등 조사분석

식생표본조사방법

구분	내용
쿼드라트법	정방형(장방형, 원형도 사용)의 조사지역을 설정하여 식생을 조사, 육상식물의 표본추출에 가장 많이 이용
띠대상법	두 줄 사이의 폭을 일정하게 하여 그 안에 나타나는 식생을 조사
접선법	군락 내에 일정한 길이의 선을 몇 개 긋고, 그 선에 접하는 식생을 조사
포인트법	쿼드라트의 넓이를 대단히 작게 한 것으로, 초원, 습원 등 높이가 낮은 군락에서만 사용 가능
간격법	두 식물 개체간의 거리, 또는 임의의 점과 개체사이의 거리를 측정하여 조사

  - 방형구의 크기 : 교목 우점은 10m × 10m, 관목 우점은 5m × 5m, 초본은 2m × 2m 또는 1m × 1m
  - 군락의 군도와 피도 등은 브라운블랑케법 이용
  - 군락측도

· 빈도(F) = $\dfrac{\text{어떤 종의 출현 쿼드라트수}}{\text{조사한 총 쿼드라트수}} \times 100(\%)$

· 밀도(D) = $\dfrac{\text{어떤 종의 개체수}}{\text{조사한 총 쿼드라트수}}$

· 피도(C) = $\dfrac{\text{어떤 종의 투영면적}}{\text{조사한 총 넓이}} \times 100(\%)$

· 중요도(IV) = 상대밀도 + 상대빈도 + 상대피도

❸ 경관조사·분석

① 경관요소

- 랜드마크 : 식별성이 높은 지형이나 지물 등 ─산봉우리·절벽·탑
- 통경선(vista) : 좌우로 시선이 제한되고 일정 지점으로 시선이 모아지는 경관
- 경관의 단위 : 동질적 성격을 가진 지형 및 지표 상태 ─계곡, 경사지, 구릉, 호수

기반 요소와 피복 요소

구분	내용
기반 요소	·경관의 본질적이고 구조적인 특성을 결정짓는 요소 ·오랜 세월에 걸쳐 서서히 이뤄져 쉽사리 바뀌지 않는 것 ─지형·지세·기후
피복 요소	·항상성 없이 현시적 특성을 보이는 요소 ·비교적 짧은 시간에 형성되었다 사라지는 것 ─구름·안개·비·노을·네온사인

도시 이미지의 5가지 물리적 요소 ─린치(K. Lynch)

구분	내용
도로(paths 통로)	이동의 경로(가로, 수송로, 운하, 철도 등) ─연속적 경관의 과정
경계(edges 모서리)	지역·지구를 다른 부분과 구분 짓는 선적 영역(해안, 철도, 모서리, 개발지 모서리, 벽, 강, 숲, 고가도로, 건물 등)
결절점(nodes 접합점, 집중점)	도시의 핵, 통로의 교차점, 광장, 로터리, 도심부 등
지역(districts)	인식 가능한 독자적 특징을 지닌 영역
랜드마크(landmark 경계표)	시각적으로 쉽게 구별되는 경관 속의 요소 ─지배적 요소

② 경관분석 시행

- 대상지의 근경과 원경에 대한 경관분석도를 작성하고, 현장조사를 통하여 우수한 경관과 불량한 경관을 조사분석
- 시각적 범위 설정 : 근경(500m 이내), 중경(1,000m 이내), 원경(2,000m 이상)
- 현장조사와 자료조사를 통하여 경관특성의 분류 및 체계화 ─가시권 분석 및 조망점 선정, 시뮬레이션
- 지역적(광역적) 차원에서 생태경관과 생태계의 축, 네트워크 조사분석

경관특성 ─리튼(Litton)의 시각회랑에 의한 방법

구분	내용
기본적 경관	전경관, 지형경관, 위요경관, 초점경관
보조적 경관	관개경관, 세부경관, 일시경관
우세요소	선, 형태, 색채, 질감
우세원칙	대조, 연속성, 축, 집중, 쌍대성, 조형
변화요인	운동, 빛, 기후조건, 계절, 거리, 관찰 위치, 규모, 시간

③ 자연경관분석

- 맥하그(I. McHarg)의 생태적 방법 : 자연형성과정의 이해를 위해 지형·지질·토양·수문·식

생·야생동물·기후 등의 조사
- 레오폴드(Leopold)의 심미적 요소의 계량화 방법 : 계곡의 상대적 경관 가치 평가, 경관평가의 객관화 시도 −특이성 비 및 상대적 척도
- 아이버슨(Iverson) : 경관의 물리적 특성 외에 주요 조망점에서 보여지는 지각강도 및 관찰횟수를 고려하여 평가
- 세이퍼(Shafer) 모델 : 자연경관에서의 시각적 선호에 관한 계량적 예측

④ 도시경관 분석

경관분석 접근방식

구분	내용
생태학적 접근	자연성을 최우선으로 고려하는 방법
형식미학적 접근	경관의 물리적 속성(지형, 식생, 물 등)에 따른 상관관계 평가, 주로 전문가적 판단에 의지하는 방법, 황금비, 모듈러, 피보나치수열, 척도(절대적·상대적·인간적 척도), 도형조직의 원리(근접성, 유사성, 연속성, 완결성, 대칭성, 방향성, 최소의 원리), 통일성과 다양성, 시각적 투과성과 복잡성에 의한 흡수성 등 분석
정신물리학적 접근	경관의 물리적 속성(자극)과 인간의 반응(선호도, 만족도, 경관미) 사이의 계량적 관계성 수립, 실제 이용자의 견해 반영
심리학적 접근	경관의 속성이 아닌 경관으로부터 인간이 갖는 느낌이나 감정(정신적 반응)을 분석하는 것, 인간이 느끼는 다양한 느낌, 감정, 이미지가 분석의 대상
현상학적 접근	심리학적 접근보다 더욱 개인의 느낌이나 경험을 중요시 여김, 물리적 자극은 물론이고 경관의 역사, 의미, 느낌 등도 대상으로 삼으며, 이들이 융합되어 나타나는 경관의 특성(본질)을 찾아내는 것

- 카렌(Gorden Cullen)의 도시경관 파악 : 요소 간의 시각적·의미적 관계성이 경관의 본질을 규정하며 연속된 경관을 형성함으로 '시간, 공간(장소), 내용' 파악
- 린치(K. Lynch)의 도시경관의 기호화 방법 : 시각적 형태가 지니는 이미지 및 의미의 중요성 파악
- 틸(Thiel) : 공간의 형태, 면, 인간의 움직임 등을 기호로 구성
- 로렌스 할프린(Lawrence Halprin) : 모테이션 심볼(Motation symbol)이라는 인간행동의 움직임 표시법 고안
- 피터슨(Peterson) 모델 : 주거지역 주변의 경관에 대한 시각적 선호 예측

⑤ 리모트센싱(RS)
- 대상물이나 현상에 직접 접하지 않고 식별·분류·판독·분석·진단
- 환경조건에 따라 물체가 다른 전자파를 반사·방사하는 특성 이용
- 광역환경과 특정지역 특성비교, 시간적 환경변화 파악
- 장점 : 광역성, 동시성, 주기성, 접근성, 기능성, 전자파 이용성
- 단점 : 심층부 정보는 간접적 수집 , 경비 과다 소요
- 촬영 시 중복도 고려(종중복 60%, 횡중복 30%)
- 분석방법의 일반적 조건 : 신뢰성, 타당성, 예민성, 실용성, 비교가능성

❹ 인문·사회환경조사

① 조사·분석 개요

- 대상지 주변의 문화, 경제 등의 사회 환경과 토지이용현황, 교통, 지역현황 등의 생활환경 등 조사분석
- 계획과 설계에 필요한 정보를 추출하고 사회 현상과 흐름을 이해하고 반영
- 조사분석 방법 : 계획대상지와의 영향 고려

조사분석의 분류

구분	내용
광역적 조사분석	대상지에 영향을 미칠 수 있는 지역을 설정하여 광역적 조사분석
인접 지역 조사분석	인접 지역의 잠재력과 문제점 등을 분석하여 대상지와의 직·간접적 영향과 계획에 필요한 내용 조사분석
부지 내 조사분석	광역적 및 인접 지역의 분석 내용과 연관하여 부지 내의 다양한 인문·사회환경 조사분석

② 조사대상 : 인구, 토지이용, 교통, 시설물, 역사적 유·무형 유물, 인간행태유형

③ 수요량 산정방법

- 수요량(동시수용력) $M = Y \cdot S \cdot C \cdot R$

  여기서, Y : 연간이용자수

  S : 서비스율은 경영효율상 60~80% 적용

  C : 최대일률 $= \dfrac{\text{최대일이용자수}}{\text{연간이용자수}}$,

  최대일이용자수 = 연간이용자수 × 최대일률

  ·우리나라의 경우 보통 3계절형 적용(1/60)

  R : 회전율 $= \dfrac{\text{최대시이용자수}}{\text{최대일이용자수}}$,

  최대시이용자수 = 최대일이용자수 × 회전율

공간 수요량 산정모델

구분	내용
시계열 모델	환경변화가 적고 현재까지의 추세가 장래에도 계속된다고 생각되는 경우에 효과적
중력 모델	관광지와의 거리 및 인구를 고려하여 대단지에 단기적으로 예측하는 데 사용
요인분석 모델	연간수요량에 영향을 미친다고 생각되는 사항(관광지 규모, 관광자원의 매력, 관광시설의 양 등)을 요인으로 취하여 분석
외삽법	과거의 이용선례가 없을 때 비슷한 곳을 대신 조사하여 추정하는 방법

④ 수용력 : 본질적 변화 없이 외부의 영향을 흡수할 수 있는 능력

수용력 분류

구분	내용
생태적 수용력	생태계의 균형을 깨뜨리지 않는 범위 내에서의 수용력
사회적 수용력	인간이 활동하는 데에 필요한 육체적, 정신적 수용력

물리적 수용력	지형, 지질, 토양, 식생, 물 등에 따른 토지 등의 수용력
심리적 수용력	이용자의 만족도에 따라 결정되는 수용력

3 | | | | 분석의 종합 및 평가

❶ 분석내용

① 기능분석 : 교통, 설비, 시설이용, 기능조정, 경관기능, 토지이용기능, 재해방지 기능 등

② 규모분석 : 공간량 분석, 시간적 분석, 예산규모 분석, 토목적 분석

③ 구조분석 : 공간 및 경관구조, 이용구조, 지역사회구조, 토지이용구조 등

④ 형태분석 : 구조물·시설물, 토지조성 형태, 지표면·수면의 형태, 수목이나 식재의 형태 등

⑤ 상위계획의 수용 : 계획 부지를 포함한 상위계획 파악·수용·반영

❷ SWOT 분석

① 외부 환경여건의 기회요인(O)과 위협요인(T)을 연계하여 분석

② SWOT분석 4요소 : 강점(strengths), 약점(weakness), 기회(opportunities), 위협(threats)

• SO전략(강점-기회전략) : 외부환경 및 여건의 기회를 활용하기 위해 대상지의 강점 사용

• ST전략(강점-위협전략) : 외부환경 및 여건의 위협을 회피하기 위해 대상지의 강점 사용

• WO전략(약점-기회전략) : 약점을 극복함으로써 외부환경 및 여건의 기회 활용

• WT전략(약점-위협전략) : 외부환경 및 여건의 위협을 회피하고 약점 최소화

③ 조경계획의 기본방향 및 구상단계에서 사업의 특성과 주제 등을 고려한 이상적인 전략

4 | | | | 계획의 접근방법

❶ 물리·생태적 접근방법

① 경관이 지닌 자연성 또는 야생성의 정도를 경관의 질로 판단

② 생태적 형성과정 파악, 에너지 순환(낮은 엔트로피 추구) 고려

③ 맥하그(I. McHarg)의 생태적 결정론

• 자연계는 생태계의 원리에 의해 구성되어 있어 생태적 질서가 인간환경의 물리적 형태를 지배한다는 이론 –자연성 최우선 고려

• 도면결합법(overlay method) : 생태적 인자들에 관한 여러 도면을 겹쳐놓고 일정 지역의 생태적 특성을 종합적으로 평가하는 방법 –최적토지용도 결정

❷ 시각·미학적 접근방법

(1) 형식미의 원리

① 경관을 미적 대상으로 보고 경관이 지닌 물리적 구성의 미적 특성을 규명하는 것

② 황금비 : BC 300년경 유클리드(euclid)의 기하학에서 유래, 1:1.618의 비, 생물의 구조나 조직, 파르테논 신전 등 건물 등에서도 많이 발견

③ 르 코르뷔지에(Le Corbusier)의 모듈러(modular) : 인체치수에 황금분할을 적용하여 만든 건축공간의 척도

④ 인간척도(human scale) : 조경이나 건축계획, 환경에서 크기나 규모의 틀을 잡을 때 인간을 척도의 기준으로 정함

⑤ 형태심리학(gestalt psychology) : 사람이 형태를 어떻게 지각하는지를 연구함으로써 형식미를 이해하고 분석하는 데에 기여

- 도형(figure) : 일정한 시계 안에서 특정한 형태 또는 사물이 돋보이는 형태 -앞, 인상적·지배적 느낌
- 배경(ground) : 주의를 끌지 못하는 도형 이외의 것 -뒤, 물질, 연속적 느낌
- 도형의 조직원리(형태의 통합) : 근접성, 유사성, 연속성, 완결성, 대칭성, 방향성, 단순성(최소의 원리 -지각하기 쉬움)

미적 구성원리

구분	내용
통일성	전체를 구성하는 부분적 요소들이 동일성 또는 유사성을 가지고 있고, 각 요소들이 유기적으로 잘 짜여있어 전체가 시각적으로 통일된 하나로 보이는 것 -조화, 균형, 반복, 강조 등의 수법 사용
다양성	전체의 구성요소들이 동일하지 않으며 구성방법에서도 획일적이지 않아 변화있는 구성을 이루는 것 -변화, 리듬, 대비효과 이용

(2) 미적반응

① 환경지각 및 인지 : 상호융합되어 거의 동시에 일어나는 연속된 하나의 과정

- 환경지각 반응과정 : 환경지각 → 환경인지 → 환경태도 → 행위의도 → 반응

환경지각 및 인지

구분	내용
환경지각(perception)	감각기관의 생리적 자극을 통하여 외부의 환경적 자극을 받아들이는 과정이나 행위
환경인지(cognition)	과거 및 현재의 외부적 환경과 현재 및 미래의 인간행태를 연결지어 주는 앎(awareness)이나 지식(knowing)을 얻는 다양한 수단

② 버라인(Berlyne)의 4단계 미적 반응과정 : 자극탐구 → 자극선택 → 자극해석 → 반응

미적 반응과정

순서	내용
자극탐구	호기심이나 지루함 등의 다양한 동기에 의해 나타남

자극선택	일정 자극이 전개될 때 특정한 자극을 선택하는 것
자극해석	선택된 자극을 지각하여 인식하는 것
반응	육체적이나 심리적 형태로 나타나는 반응

(3) 시각적 효과분석

시각적 효과분석 접근방법

구분	내용
연속적 경험	시간(혹은 속도)적 흐름과 공간적 연결의 조화에 초점
시각적 복잡성	각 환경은 기능적 특성에 따라서 적정한 복잡성 요구
시각적 영향	인공적 요소를 수용할 수 있는 능력에 따라 개발유도
시각적 선호	시각적 질을 시각적 선호로 대치하여 계량화

① 연속적 경험(sequence experience)
- 틸(Thiel) : 외부공간을 모호한 공간, 한정된 공간, 닫힌 공간으로 분류. 공간형태의 변화를 기록하는 장소 중심적 기록방법 −폐쇄성이 높은 도심지 공간에 적용
- 할프린(Halprin) : 공간형태의 변화보다는 시계에 보이는 사물의 상대적 위치를 주로 기록하는 진행 중심적 기록방법 −폐쇄성이 낮은 교외, 캠퍼스에 적용
- 애버나티와 노우(Abernathy and Noe) : 시간과 공간을 함께 고려, 보행자 및 차량통행자의 속도에 따른 환경지각상의 차이점을 고려하여 모두 만족시킬 것을 주장 −도시 내 설계
- 카렌(Cullen) : 경관요소 간의 시각적·의미적 관계성이 경관의 본질을 규정하며 연속된 경관을 형성시킨다는 것을 주장 −도시공간에 적용

② 이미지(image)
- 린치(Lynch) : 도시의 이미지 형성에 기여하는 물리적 요소 5가지 제시 −통로, 경계, 결절점, 지역, 랜드마크
- 스타이니츠(Steinitz) : 도시환경에서의 '형태(form)와 행위(activity)의 일치' 연구 −타입 일치, 밀도 일치, 영향 일치
- 웨스케트(Worskett) : 경관을 조망하는 시점에서 그 특성과 형태를 기호화하여 분석

③ 시각적 복잡성(complexity) : 시계 내 구성요소의 다수로 정의
- 일정 환경에서의 시각적 선호도는 중간 정도의 복잡성에 대한 시각적 선호가 가장 높음(∩)
- 각 환경은 기능적 특성에 따라서 그에 맞는 적정한 복잡성 요구

④ 시각적 환경의 질을 표현하는 특성 : 조화성, 기대성, 새로움, 친근성, 놀람, 단순성, 복잡성 등

⑤ 시각적 영향(visual impact)
- 제이콥스와 웨이(Jacobs and Way) : 시각적 흡수성을 시각적 투과성(식생의 밀집 정도, 지형의 위요 정도)과 시각적 복잡성(상호 구별되는 시각적 요소의 수)의 함수관계로 표시
- 리튼(Litton) : 경관훼손이 되기 쉬운 곳(도로개설, 벌목 등)의 민감성(sensitivity)을 판별하여 계획·설계·관리 시 고려 −자연경관에서의 경관훼손의 가능성 연구

⑥ 경관가치 평가 : 개발을 전제로 하지 않은 물리적 환경이 지닌 가치 평가
 • 레오폴드(Leopold) : 하천을 낀 계곡의 가치평가 –특이성 값을 계산하여 경관가치를 상대적 척도로 계량화
 • 아이버슨(Iverson) : 경관의 물리적 특성 외에 주요 조망점에서 보여지는 지각강도 및 관찰횟수를 고려하여 평가
⑦ 시각적 선호 : 환경에 대한 개인이나 집단의 호·불호로 환경지각의 87%가 시각에 의존

시각적 선호의 변수

구분	내용
물리적 변수	식생, 물, 지형 등의 다양성
추상적 변수	복잡성, 조화성, 새로움 등의 추상적 특징
상징적 변수	일정 환경에 함축된 상징적 의미
개인적 변수	연령, 성별, 학력, 성격, 심리적 상태 등으로 가장 어렵고 중요한 변수

❸ 사회·행태적 접근방법

① 환경심리학
 • '환경–행태' 상호 간에 영향을 주고받는 상호작용 연구
 • 조경계획·설계를 수행하는 데 있어서 사회적, 기능적, 행태적 접근을 위한 과학적 기초
② 개인적 공간 : 방어기능이 내포된 가장 배타적인 공간
 • 개인의 주변에 형성된 보이지 않는 경계를 가진 점유공간
 • 정신적 혹은 물리적인 외부의 위협에 대한 완충작용 기능 공간

홀(Hall)의 대인거리 분류

구분	거리	내용
친밀한 거리	0~0.45m	이성간 혹은 씨름 등의 스포츠를 할 때 유지되는 거리
개인적 거리	0.5~1.2m	친한 친구나 잘 아는 사람들의 일상적 대화 시의 거리
사회적 거리	1.2~3.6m	주로 업무상의 대화에서 유지되는 거리
공적 거리	3.6m 이상	배우, 연사 등 개인과 청중 사이에 유지되는 거리

③ 영역성 : 귀속감을 느끼게 함으로써 심리적 안정감 부여
 • 개인 또는 일정 그룹의 사람들이 사용하는 물리적 또는 심리적 소유를 나타내는 일정 지역
 • 뉴먼(Oscar Newman)의 영역성 : 영역의 개념을 옥외설계에 응용하여 범죄예방공간 주장
 • 아파트 지역에 중정, 벽, 식재 등 상징적 요소로 영역을 구분하여 범죄발생률 저감
 • 범죄예방 환경설계(CPTED) : 도시 및 공간 설계 시 범죄기회를 제거하거나 최소화하는 방향으로 계획·변경함으로써 범죄 및 불안감을 줄이는 원리이자 실천 전략
  ·실천전략 : 자연감시, 접근통제, 영역성 강화, 활동의 활성화, 유지관리

알트만(Altman)의 사회적 단위 측면의 영역성 분류

구분	내용
1차적 영역 (사적 영역)	일상생활의 중심이 되는 반영구적 공간으로, 인간의 영역성 중 프라이버시 요구도와 배타성이 가장 높은 영역(가정, 사무실 등)
2차적 영역 (반공적·복합영역)	사회적 특정 그룹 소속원들이 점유하는 공간으로, 어느 정도 개인화 되며, 배타성이 낮고 덜 영구적인 영역(교실, 기숙사 등)
공적 영역	거의 모든 사람의 접근이 허용되는 공간으로, 프라이버시 요구도와 배타성이 가장 낮은 영역(광장, 해변 등)

④ 혼잡 : 구성원들 간의 아는 정도와 환경(공간)에 대한 익숙한 정도에 따라 혼잡의 정도 좌우

혼잡의 밀도

구분	내용
물리적 밀도	일정 면적에 얼마나 많은 사람이 거주 혹은 모여 있는가의 정도
사회적 밀도	사람 수에 관계없이 얼마나 많은 사회적 접촉이 일어나는가의 정도
지각된 밀도	물리적 밀도에 관계없이 개인이 느끼는 혼잡의 정도

⑤ 행태적 분석모델 : PEQI모델, 순환모델, 3차원모델
⑥ 인간행태분석
  • 물리적 흔적관찰 : 연구대상에 무영향, 반복관찰 가능, 저비용 −사진, 스케치
  • 직접적 현장관찰 : 연구대상에 영향, 이용행태조사에 적합, 분위기 및 연속적 조사 가능 −사진, 비디오(time-lapse)
  • 설문지(리커트 척도), 인터뷰(이용자 반응), 문헌조사(신문, 도서, 도면)

❹ 기타 접근방법

① 형식미학적 접근 : 물리적 인자와 반응 사이의 관계를 전문가적 판단에 기초 −정성적 방법
② 정신물리학적 접근 : 일반인을 피험자로 하는 실험을 통하여 물리적 자극(경관)과 반응 사이의 계량적 관계 규명 −정량적 방법
③ 심리학적 접근 : 경관적 자극에 대한 인간의 행동(특히, 정신적 반응)에 주안점을 두고 있는 방법 −인간이 느끼는 다양한 느낌, 감정, 이미지가 분석의 대상
④ 기호학적 접근 : 환경에 내재된 의미를 분석하고 환경조성에 적용 −정체성, 구조, 의미
⑤ 현상학적 접근 : 가설이나 전제조건 없이 해당 상황을 고찰하여 본질적(경험적 현상) 이해
  • 장소성 : 경관(바라봄, 넓음), 장소(행동의 중심, 경험적 의미, 좁음)
  • 렐프의 내부성 4가지 : 간접적, 행동적, 감정적, 존재적 내부성

❺ 경관의 평가

① 경관평가법 : 시뮬레이션 기법(비용·시간절약), 평가자(전문가, 이용자)
② 미적반응 측정척도 : 명목척(고유번호), 순서척(크기순), 등간척(순서척에 상대적 차이 크기 비교, 리커트 척도·어의구별척·쌍체비교법), 비례척(등간척에 비례계산 가능)

③ 측정법
- 형용사 목록법 : 경관의 성격에 맞는 형용사 선택 -동적인, 아름다운, 황폐한 등
- 카드 분류법 : 경관을 기술하는 문장 선택 -'개방감을 지니고 있다', '냄새와 악취가 난다' 등
- 어의구별척 : 양극으로 표현되는 형용사 목록을 7단계로 제시하고, 느끼는 정도에 따라 표시하도록 하는 방법 -'단순함-복잡함', '강한-약한' 등
- 순위조사 : 여러 장의 사진 중 선호도에 따라 순서대로 번호를 매기도록 하는 방법
- 리커트 척도(Likert scale) : 응답자의 태도를 조사하는 데 이용, 일정 상황에 관하여 동의하고 안하는 정도를 응답하도록 하는 방법 -보통 5개 구간으로 나누어 평가
- SBE 방법 : 개인적인 평가치의 차이를 보정하기 위하여 표준값을 이용하는 방법
- 쌍체비교법 : 한 쌍으로 놓고 비교해 '비교판단의 법칙'에 따라 상대적 크기 계산

❻ 영향평가

① 법률적 평가
- 전략환경영향평가 : 환경에 영향을 미치는 계획을 수립할 때에 환경보전계획과의 부합 여부 확인 및 대안의 설정·분석 등을 통하여 환경적 측면에서 해당 계획의 적정성 및 입지의 타당성 등을 검토하여 국토의 지속가능한 발전을 도모하는 것
- 환경영향평가 : 환경에 영향을 미치는 실시계획·시행계획 등의 허가·인가·승인·면허 또는 결정 등을 할 때에 해당 사업이 환경에 미치는 영향을 미리 조사·예측·평가하여 해로운 환경영향을 피하거나 제거 또는 감소할 방안을 마련하는 것
- 소규모 환경영향평가 : 환경보전이 필요한 지역이나 난개발이 우려되어 계획적 개발이 필요한 지역에서 개발사업을 시행할 때에 입지의 타당성과 환경에 미치는 영향을 미리 조사·예측·평가하여 환경보전방안을 마련하는 것으로 환경영향평가 대상 외 사업에 적용

② 이용 후 평가
- 시공 후 이용기간을 거친 뒤 설계의도의 반영 및 이용자 행태에 적합한 공간구성 등을 알아보는 것 -개선안 마련 및 환류(feedback)
- 프리드만의 환경설계 평가 : 의사결정 평가자료, 인간행태의 분석자료, 교육자료, 환경평가 자료
- 프리드만의 옥외평가 : 물리·사회적 환경, 이용자, 주변 환경, 설계과정 평가

5 |||| 조경기본계획

❶ 프로그램(기본전제) 작성

① 프로그램 : 예비적 조사·분석을 통하여 이루어지며 계획안을 위한 개략적 골격 제시

② 프로그램 작성 : 의뢰인 작성, 조경가(설계자)가 직접 작성, 의뢰인과 조경가의 절충

③ 프로그램의 확정 : 의뢰인의 검토과정과 절충이 끝나면 의뢰인 동의로 결정

❷ 대안작성 및 기본계획

① 기본개념 설정 : 계획을 일관성 있고 체계적으로 끌고 가는 방향성 제시
  • 대상지의 문제점과 잠재력을 계획·설계를 통해 어떻게 해결할 것인가의 방향 설정

② 수요량 추정 및 도입시설 선정 : 중력모델, 시계열모델 등과 수용력 고려

③ 기본구상 : 프로그램에서 제시된 문제들의 해결을 위한 구체적인 개념적 접근
  • 제반 자료의 분석·종합을 기초로 하고 프로그램에서 제시된 계획방향에 의거, 구체적 계획안의 개념 정립
  • 대지의 여건에 적합한 계획방향(문제점 및 해결방안) 제시 −다이어그램으로 표현
  • 문제점 및 해결방안은 서술적 표현보다는 다이어그램이 이해를 돕는데 유리 −지도 위에 직접 보여주는 것이 바람직함

④ 대안작성 : 기본개념을 가지고 바람직하다고 생각되는 몇 개의 안을 작성하는 것
  • 대안작성을 위한 기초 작업으로 토지이용, 동선 등 부문별 분석 및 계획 선행 후 보통 한 장의 도면 위에 모든 관련사항 표현
  • 여러 안을 만들어 상호비교를 통하여 바람직한 안 선택
  • 대안평가 후 최종적으로 선정된 것이 기본계획안으로 발전

선택 가능한 대안의 종류

구분	내용
이상안	현재의 여건을 고려하지 않고 찾아내는 안 −이론적으로는 가능
최적안	현재의 주어진 혹은 가정된 여건 내에서 가장 적절한 안
최선안	주어진 시간 및 비용의 범위 내에서 얻을 수 있는 안
창조안	기존의 가정된 요구조건이 아닌 새로운 가정 하에서 만들어진 새로운 안

❸ 토지이용 및 동선계획

① 토지이용계획
  • 토지이용분류 : 예상되는 토지이용의 종류 구분, 각 토지이용별 이용행태, 기능, 소요면적, 환경적 영향 등 분석
  • 적지분석 : 토지이용분류에 의한 계획구역 내의 장소적 적합성 분석, 토지의 잠재력, 사회적 수요에 기초하여 각 용도별로 시행 −동일지역이 몇 개의 용도에 적합한 경우도 발생
  • 종합배분 : 중복 또는 분산되어 적지가 나타날 수 있으나 각 용도 상호 간의 관계 및 전체적 이용패턴, 공간적 수요 등을 고려하여 최종안 작성

② 동선계획 : 목적 및 성격에 따라 위계를 주어 계획함으로써 접근성과 기능성 제고 −단순·명쾌
  • 성격이 다른 동선은 분리, 동선 교차 회피, 이용도가 높은 동선은 가능한 짧게 계획

- 동선의 형태는 가능한 한 막힘이 없도록 하고 일정 순환체계를 갖는 것이 바람직함
- 시설물 또는 행위의 종류가 많고 복잡할수록 동선은 단순하게 구성 -박람회장, 테마파크, 어린이 대공원 등
- 직선형 : 대학캠퍼스 내, 축구경기장 입구, 주차장·버스정류장 부근
- 순환형 : 공원, 산책로, 식물원, 전시공간 등

기능과 규모에 따른 동선의 구분

구분	내용
주진입	단지 및 공간의 주요 입구를 말하며 차량과 보행이 혼잡한 공간
부진입	부지가 넓은 단지 및 공간에서 주 진입구의 부수적 입구
주동선	단지 및 공간의 근간이 되는 동선이며 보행자 및 차량의 이동 가능
보조동선	주동선에서 부공간 및 부속지역으로 연결되는 동선으로 주로 보행자 위주의 동선이며, 자유 곡선 형태이며 자연적인 포장으로 구성
산책로	단지 및 공간의 외곽 경계 혹은 자연 및 감성의 장소를 통과하도록 조성

③ 도로체계 패턴
- 격자형 : 균일한 분포, 도심지와 같이 고밀도 토지이용이 이루어지는 곳에 효율적
- 위계형(수지형) : 일정한 체계적 질서, 주거단지, 공원, 캠퍼스, 유원지 등과 같이 모임과 분산의 체계적 활동이 이루어지는 곳에 바람직함

④ 보행동선계획(차량과 보행자의 관계)
- 보차혼용방식 : 보행자와 차량이 전혀 분리되지 않고 동일한 공간 사용
- 보차병행방식 : 보행자는 도로의 측면을 이용하도록 차도 옆에 보도가 설치된 방식
- 보차분리방식 : 보행자전용도로를 차량도로와 별도의 공간으로 나누는 방식
- 보차공존방식 : 보행자의 안전을 확보하면서 차와 사람을 공존시킴으로써 생활의 중심 장소로 만든다는 개념

보차분리방식 기법

구분	내용
평면분리형	·보도(sidewalk) 및 보행자전용도로(pedestrian mall) ·특정시간과 장소에서 차량통제 ·건축화한 공간(건물 통과도로, 아케이드 등) ·쿨데삭(cul-de-sac), 루프(loop), T자형, 열쇠자형
입체분리형	·지상 : 보행자 데크, 육교 등 오버브리지 ·지하 : 지하도, 지하상가, 지하철 입구 등 언더패스
시간분리형	·보행자 천국 등 시간제 차량통행, 차 없는 날

④ 기본계획도(Master Plan) 작성

① 조경기본계획도의 구성요소
- 기본계획도는 보다 정교하게 다듬어진 도면으로서 지적선이나 건물의 윤곽선, 구조물(벽, 테

라스, 보행로, 데크 등)의 윤곽선 표현
- 조경기본계획도의 구성요소 : 지적선, 정지계획, 인접도로 및 건물, 구조물의 윤곽선, 각종 공간 및 시설물, 변경될 등고선 및 표고, 방위, 스케일, 범례 등 −적절한 질감 선택 표현
② 조경기본계획도 작성방법
- 초안 : 프리핸드로 작성 −거의 사실적이면서도 설명적으로 모든 요소 표현
- 본안 : 초안보다 더욱 세련되고 사실적으로 재료, 크기, 특성, 설계효과 등 표현

기본계획안 내용

구분	내용
토지이용계획	토지이용 분류 → 적지 분석 → 종합배분 순서로 계획
교통·동선계획	통행량 발생, 통행량 배분, 통행로 선정, 교통·동선체계 계획
시설물 배치계획	시설물 평면계획, 형태 및 색채계획, 재료계획
식재계획	수종선택, 배식, 녹지체계의 계획
하부구조계획	전기, 전화, 상수도, 가스, 쓰레기 등 공급처리시설 계획
집행계획	투자계획, 법규검토, 유지관리계획

❺ 개략사업비 산정

① 도시공원의 재원조달 방법
- 도시공원의 조성을 위한 재원 : 국비, 지방비, 민간자본 등
  ·국비 : 국고 보조금, 지방 교부세
  ·지방비는 일반회계예산 중 지역개발비, 입장료, 사용료, 점용료 등 −수익자 부담금, 원인자 부담금
② 개략공사비
- 개략공사비 : 기본계획에 기준하여 공사금액을 산출 −정밀도는 대략 +50~−30% 정도
- 개략공사비 견적의 종류
  ·단위기준에 의한 분류 : 단위설비, 단위면적, 단위체적에 의한 견적
  ·비례기준에 의한 분류 : 가격비율, 수량비율에 의한 견적

❻ 조경관리계획 작성

① 유지관리 : 조경수목과 시설물을 항상 이용하기 쉽게 점검·보수하여 목적한 기능의 서비스제공을 원활히 하는 것
② 운영관리 : 시설관리로 얻어지는 이용 가능한 구성요소를 더 효과적이고 안전하게, 더 많이 이용할 수 있게 하는 방법에 대한 것
③ 이용관리 : 이용자의 행태와 선호를 조사·분석하여 적절한 이용프로그램을 개발하여 홍보하고, 이용에 대한 기회를 증대시키는 것

❼ 기본계획보고서 작성

① 기본계획보고서의 작성 원칙
- 논리적이고 간결하며 명료한 표현과 용어 사용 −독자의 흥미와 사고 자극
- 정확하고 적절한 어법 및 문장 사용 −주로 시제는 현재형과 과거형, 3인칭 사용
- 술어는 역어를 사용하고 간결함을 위해서 약어와 단위 기호 사용 −한국어는 약어 사용 안함

② 레이아웃 시 고려해야 할 디자인 요소 : 주목성, 가독성, 조형성, 창조성, 기억성
- 레이아웃 사용방법 : 주로 그리드(grid) 시스템(시각적인 통일성 확보) 사용, 탈그리드 레이아웃

③ 레이아웃 구성요소의 구성원리 : 통일, 변화, 균형, 강조

핵심문제 조경기본계획

1 보기의 내용을 보고 ( ) 안에 적합한 내용을 쓰시오.

> ① (㉠) : 어떤 목표를 정하고 이에 도달할 수 있는 행동과정을 마련하는 것
> ② (㉡) : 계획을 바탕으로 한 세부사항의 실천방안을 구체적으로 작성하는 것

정답

㉠ 계획   ㉡ 설계

2 계획·설계 등의 과정에서 앞의 단계로 돌아가 다시 수정·보완하여 목표를 달성하려는 방법으로 자율적 제어방법을 이르는 용어를 쓰시오.

정답

환류(feedback)

3 조경설계의 3가지 요소를 쓰시오.

정답

① 기능(function)   ② 미(beauty)   ③ 환경(environment)

4 조경계획을 함에 있어 필요한 조사분석 요인을 크게 3가지로 쓰시오.

정답

① 물리·생태적 분석(자연적 인자)
② 시각·미학적 분석(미학적 인자)
③ 사회·행태적 분석(인문·사회적 인자)

5 보기의 내용을 보고 ( ) 안에 적합한 내용을 쓰시오.

> ① (㉠) : 제반자료의 분석·종합을 기초로 하고 프로그램에서 제시된 계획방향에 의거, 구체적 계획안의 개념을 정립하는 것. 토지이용 및 동선을 중심으로 계획·설계의 기본 골격이 형성된다.
> ② (㉡) : 기본개념을 가지고 바람직하다고 생각되는 몇 개의 안을 작성하는 것이며, 이를 평가한 후 최종적으로 선정된 것이 기본계획안으로 발전된다.

정답

㉠ 기본구상   ㉡ 대안작성

6 토양 3상과 적당한 비율을 쓰시오.

정답
① 흙입자(50%)   ② 물(25%)   ③ 공기(25%)

7 토성을 구분하는 요소를 쓰시오.

정답
① 모래   ② 미사   ③ 점토

8 표면에 닿은 복사열이 흡수되지 않고 반사되는 비율을 말하는 용어를 쓰시오.

정답
알베도(albedo)

9 산·하천·농지·호소·도시·해양 등의 자연경관을 생태적 가치에 따라 등급화하여 지도에 축척 1/25,000으로 표시한 지도를 무엇이라 하는지 답하시오.

정답
생태자연도

10 생태조사에 있어 정방형(장방형, 원형도 사용)의 조사지역을 설정하여 식생을 조사하는 방법으로, 육상식물의 표본추출에 가장 많이 이용하는 조사방법을 쓰시오.

정답
방형구법(쿼드라트법)

11 리튼(Litton)의 시각회랑에 의한 방법에 따라 경관특성을 조사할 때 경관의 종류를 3가지만 쓰시오.

정답
① 전경관   ② 지형경관   ③ 위요경관   ④ 초점경관   ⑤ 관개경관   ⑥ 세부경관   ⑦ 일시경관

12 리튼(Litton)의 경관조사에 있어 우세요소에 해당되는 것을 모두 고르시오.

선, 대조, 연속성, 형태, 색채, 집중, 쌍대성, 질감, 운동, 빛

정답
선, 형태, 색채, 질감

13 린치(K. Lynch)의 도시경관 기호화 방법에 있어 도시 이미지의 5가지 물리적 요소를 쓰시오.

정답

① 도로(paths 통로)   ② 경계(edges)   ③ 결절점(nodes)   ④ 지역(districts)   ⑤ 랜드마크(landmark)

14 로렌스 할프린(Lawrence Halprin)이 고안한 인간행동의 움직임 표시법을 쓰시오.

정답

모테이션 심볼(Motation symbol)

15 대상물이나 현상에 직접 접하지 않고 식별·분류·판독·분석·진단하는 리모트센싱(RS)의 장점 3가지만 쓰시오.

정답

① 광역성   ② 동시성   ③ 주기성   ④ 접근성   ⑤ 기능성   ⑥ 전자파이용성

16 공간의 수요량을 산정하는 방법 중 2가지만 쓰시오.

정답

① 시계열 모델   ② 중력 모델   ③ 요인분석 모델   ④ 외삽법

17 3계절형이며 연방문객수가 100,000명인 관광지에서의 조사결과 연평균 체류시간이 2시간으로 밝혀졌다. 이 관광지의 동시수용력을 구하시오(단, 최대일률은 1/60, 회전율은 1/2.5, 서비스율은 0.6으로 한다).

정답

동시수용능력 $M = Y \cdot S \cdot C \cdot R = 100,000 \times 0.6 \times 1/60 \times 1/2.5 = 400$명

18 본질적 변화 없이 외부의 영향을 흡수할 수 있는 능력을 이르는 용어를 쓰시오.

정답

수용력

19 다음 보기의 내용 중 (   ) 안에 알맞은 내용을 쓰시오.

① (㉠) : 생태계의 균형을 깨뜨리지 않는 범위 내에서의 수용력
② (㉡) : 인간이 활동하는 데에 필요한 육체적, 정신적 수용력
③ (㉢) : 지형, 지질, 토양, 식생, 물 등에 따른 토지 등의 수용력
④ (㉣) : 이용자의 만족도에 따라 결정되는 수용력

㉠ 생태적 수용력 ㉡ 사회적 수용력 ㉢ 물리적 수용력 ㉣ 심리적 수용력

20 조경계획의 기본방향 및 구상단계에서 사업의 특성과 주제 등을 고려한 이상적인 전략을 달성하는 방법 중 외부 환경여건의 기회요인(O)과 위협요인(T)을 연계하는 분석방법을 무엇이라 하는지 쓰시오.

SWOT분석

21 다음 보기의 내용 부합하는 인물을 쓰시오.

> 자연계는 생태계의 원리에 의해 구성되어 있어 생태적 질서가 인간환경의 물리적 형태를 지배한다는 이론을 제시하였으며, 이를 달성하는 방법으로는 생태적 인자들에 관한 여러 도면을 겹쳐놓고 일정 지역의 생태적 특성을 종합적으로 평가하는 도면결합법(overlay method)을 제시하였다.

맥하그(I. McHarg)

22 다음 보기의 내용에 알맞은 용어를 ( ) 안에 쓰시오.

> ① (㉠) : 감각기관의 생리적 자극을 통하여 외부의 환경적 자극을 받아들이는 과정이나 행위를 말한다.
> ② (㉡) : 과거 및 현재의 외부적 환경과 현재 및 미래의 인간행태를 연결지어 주는 앎(awareness)이나 지식(knowing)을 얻는 다양한 수단을 말한다.

㉠ 지각 ㉡ 인지

23 다음 보기의 내용으로 버라인(Berlyne)의 4단계 미적 반응과정 순서를 쓰시오.

> ① 자극탐구, ② 자극해석, ③ 반응, ④ 자극선택

①-④-②-③

24 환경에 대한 개인이나 집단의 호·불호를 시각적 선호라 하며, 이것은 여러 변수에 따라 달리 나타난다. 시각적 선호를 결정짓는 변수 4가지를 쓰시오.

① 물리적 변수 ② 추상적 변수 ③ 상징적 변수 ④ 개인적 변수

25 다음의 보기가 설명하는 것이 무엇인지 쓰시오.

> 개인의 주변에 형성된 보이지 않는 경계를 가진 점유공간으로 방어기능이 내포된 가장 배타적인 공간을 말한다. 이것을 이루는 거리가 좁을수록 사적인 많은 양의 정보가 교환될 수 있으며 일정하거나 고정되어 있지 않은 유동적 범위로 설정된다.

정답
개인적 공간

26 다음의 보기가 설명하는 것이 무엇인지 쓰시오.

> 개인 또는 일정 그룹의 사람들이 사용하는 물리적 또는 심리적 소유를 나타내는 일정지역으로 기본적 생존보다는 귀속감을 느끼게 함으로써 심리적 안정감을 부여한다.

정답
영역성

27 다음의 보기가 설명하는 것이 무엇인지 쓰시오.

> 도시 및 공간 설계 시 범죄기회를 제거하거나 최소화하는 방향으로 계획을 하거나 변경함으로써 범죄 및 불안감을 줄이는 원리이자 실천 전략이다.

정답
범죄예방 환경설계(CPTED)

28 인간행태를 분석함에 있어 관찰방법 3가지만 쓰시오.

정답
① 물리적 흔적관찰　② 직접적 현장관찰　③ 설문지　④ 인터뷰　⑤ 문헌조사

29 계획의 현상학적 접근에 있어 장소성과 내부성을 이해하는 것이 중요하다. 장소성을 잘 설명해 주는 개념인 렐프(Relph)의 내부성 4가지 유형을 쓰시오.

정답
① 간접적 내부성　② 행동적 내부성　③ 감정적 내부성　④ 존재적 내부성

30 경관을 평가하는 데 있어 측정법 3가지만 쓰시오.

정답
① 형용사 목록법　② 카드 분류법　③ 어의구별척　④ 순위조사

⑤ 리커트 척도   ⑥ SBE 방법   ⑦ 쌍체비교법

31 대안을 평가함에 있어 선택 가능한 대안의 종류를 쓰시오.

① (㉠) : 현재의 여건을 고려하지 않고 찾아내는 안 –이론적으로는 가능
② (㉡) : 현재의 주어진 혹은 가정된 여건 내에서 가장 적절한 안
③ (㉢) : 주어진 시간 및 비용의 범위 내에서 얻을 수 있는 안
④ (㉣) : 기존의 가정된 요구조건이 아닌 새로운 가정 하에서 만들어진 새로운 안

정답
㉠ 이상안   ㉡ 최적안   ㉢ 최선안   ㉣ 창조안

32 기본계획안을 작성함에 있어 토지이용계획의 순서를 쓰시오.

정답
토지이용 분류 → 적지분석 → 종합배분

33 보기의 도로체계 패턴에 대한 내용 중 알맞은 것을 ( ) 안에 쓰시오.

① (㉠) : 균일한 분포, 도심지와 같이 고밀도 토지이용이 이루어지는 곳에 효율적이다.
② (㉡) : 일정한 체계적 질서, 주거단지, 공원, 캠퍼스, 유원지 등과 같이 모임과 분산의 체계적 활동이
　　　　　이루어지는 곳에 바람직하다.

정답
㉠ 격자형   ㉡ 위계형(수지형)

34 도시공원의 조성을 위한 재원 3가지를 쓰시오.

정답
① 국비   ② 지방비   ③ 민간자본

35 기본계획보고서를 작성함에 있어 레이아웃 시 고려해야 할 디자인 요소 3가지만 쓰시오.

정답
① 주목성   ② 가독성   ③ 조형성   ④ 창조성   ⑤ 기억성

Chapter 02

공간 및 시설조경계획

1 |||| 부문별 계획

❶ 법적제한

① 토지이용에 대한 법적 제한규정(국토의 계획 및 이용에 관한 법률 참조)

지역·지구·구역의 구분

구분			내용
용도지역	도시지역	주거지역	전용주거지역, 일반주거지역, 준주거지역
		상업지역	중심상업지역, 일반상업지역, 근린상업지역, 유통상업지역
		공업지역	전용공업지역, 일반공업지역, 준공업지역
		녹지지역	보전녹지지역, 생산녹지지역, 자연녹지지역
	관리지역		보전관리지역, 생산관리지역, 계획관리지역
	농림지역		
	자연환경보전지역		
용도지구	경관지구(자연·시가지·특화), 고도지구, 방화지구, 방재지구(시가지·자연), 보호지구(역사문화환경·중요시설물·생태계), 취락지구(자연·집단), 개발진흥지구(산업유통·관광휴양·복합·특정), 특정용도제한지구, 복합용도지구		
용도구역	개발제한구역, 도시자연공원구역, 시가화조정구역, 수자원보호구역, 입지규제최소구역		

② 건폐율(%)과 용적률(%)

- 건폐율 $= \dfrac{건축면적}{부지면적} \times 100(\%)$ 용적률 $= \dfrac{연면적}{부지면적} \times 100(\%)$

③ 대지의 조경면적 적용 및 산정

- 대지면적 200m² 이상의 대지에 건축하는 경우 조례로 정한 면적 설치
- 조경면적＝식재면적＋조경시설면적(단, 식재면적 50% 이상)
- 옥상조경면적은 설치면적의 2/3까지 조경면적에 산입(단, 조경면적의 50% 이하까지만 가능)
- 조경면적의 구획(한 변 1m 이상, 1m² 이상), 조경시설면적의 구획(10m² 이상)
- 공개공지 : 일정 지역에 일정 규모 건축 시 모든 사람들이 환경친화적으로 편리하게 이용할

수 있도록 긴 의자 또는 조경시설 등 설치 −조경면적에 산입

④ 도시기본구상도 표시기준 : 주거(노랑), 상업(분홍), 공업(보라), 녹지지역(연두)

❷ 주택 정원

① 주택정원의 역할 : 자연의 공급, 프라이버시 확보, 외부생활공간, 심미적 쾌감

② 설계 시 고려사항 : 안전 위주, 구하기 쉬운 재료, 시공과 유지관리 쉽도록 설계

③ 일조시간 : 겨울철 생활환경과 나무의 생육을 위해 최소 6시간 정도 필요

④ 정원의 공간 구분

- 앞뜰(전정) : 대문과 현관 사이의 전이공간, 첫인상의 진입공간, 명쾌하고 밝게 조성
- 안뜰(주정) : 응접실·거실 전면, 주택정원의 중심으로 테라스와 연결
- 뒤뜰(후정) : 우리나라 후원과 유사한 공간, 최대한의 프라이버시 확보
- 작업뜰(작업정) : 일반적으로 주방과 연결, 장독대·쓰레기통·창고 등 설치

❸ 환경친화적 단지

① 환경친화적 개념 : 지속 가능한 개발(ESSD)을 목표로 환경친화적 개발 유도

환경친화적 단지계획 요소

구분	특성
토지이용 및 교통	미기후를 고려한 배치, 자연지형 및 지세의 활용, 보도 및 차도의 분리, 오픈스페이스의 극대화
에너지 및 자원	태양열·광 이용, 미이용 에너지 활용 및 폐열 회수, 우수의 차집 및 순환 활용, 우수의 침투 유도, 유기폐기물 속성 발효, 자연소재나 재활용소재 이용
자연 및 생태환경	자연토양 보전, 생태적 식재, 비오톱 조성 및 연계, 친수공간 조성, 건물 외피의 녹화

② 부지조형 : 개발로 훼손된 자연지형을 복구하기 위하여 마운딩과 라운딩을 통해 조경시설 및 구조물의 내구성·안전성·기능성 확보

- 지형보전 : 자연지형과 서식환경보존을 위하여 시설용 부지를 최소화, 주변 지역과 연계
- 표토보전 : 보전대상 표토에 대한 위치별 채집물량 및 배분계획 결정
- 지형변경 : 점고법과 등고선으로 표현하고 경관과 구조적인 측면을 검토하여 형태 결정

❹ 공동주택

① 조경면적

- 도로(주택단지 안의 도로) 및 주차장의 경계선으로부터 공동주택의 외벽까지의 거리를 2m 이상 이격 후 그 부분에 식재 등 조경에 필요한 조치 시행
- 근린생활시설 등이 1,000m²를 넘는 경우에는 주차·물품의 하역 등에 필요한 공터 주변에 소음·악취의 차단과 조경을 위한 식재 및 그 밖에 필요한 조치 시행

② 아파트 진입도로

세대수	도로의 폭
300세대 미만 300~500세대 미만 500~1,000세대 미만 1,000~2,000세대 미만 2,000세대 이상	6m 이상(10m 이상) 8m 이상(12m 이상) 12m 이상(16m 이상) 15m 이상(20m 이상) 20m 이상(25m 이상)

*( )는 폭 4m 이상의 진입도로 중 2개의 진입도로 폭의 합계

③ 단지 내 도로 : 폭 1.5m 이상의 보도를 포함한 폭 7.0m 이상의 유선형 도로, 설계속도 20km/hr, 보도는 차도면보다 10cm 이상 높게 하거나 도로에 화단, 짧은 기둥 등의 시설을 설치하여 차도와 구분

단지 내 가로망 유형

구분	특성
격자형	평지에서 가구 형성·건물배치 용이, 단조로운 경관, 토지 이용상 효율적(고밀도에 적합), 교차점 빈발, 급구배 발생 가능
우회형	통과교통 감소로 안전성 확보, 동선이 길어질 수 있어 시공비 상승
자루형	통과교통이 없어 주거안정성 확보, 각 건물 접근성 불편 가능
우회 전진형	격자형에서 발생하는 교차점 감소, 우회형과 같이 동선이 길어질 수 있음

④ 주거밀도 : 총주거밀도(단지 총면적 기준), 순주거밀도(주거목적 구획지 기준), 호수밀도(총면적에 대한 주택수), 인구밀도(토지면적에 대한 주거인구)

⑤ 단지 내 인동거리 : 모든 세대가 동지를 기준으로 9시~15시 사이에 2시간 이상 계속하여 일조를 확보할 수 있는 거리 이상 이격

⑥ 어린이놀이터 설치기준
  • 놀이기구 등은 일조·채광이 양호한 곳이나 녹지 안에 어우러지도록 설치 −친환경재 사용
  • 실외 설치 시 인접 대지 경계선과 주택단지 안의 도로 및 주차장으로부터 3m 이상 이격

⑦ 공동주택 도입공간 : 입구공간, 통행공간, 상가공간, 주거공간, 녹지·조경공간, 주차공간, 체육공간, 어린이놀이터공간, 휴게공간, 커뮤니티공간 등

❺ 비주거용 건물정원

① 전정광장 : 건물의 입구, 과정적 전이공간, 초점적 경관 형성(조각물·분수), 주차·보행인의 출입과 야외휴식·감상 등 상반된 기능군을 만족시키도록 고려

② 옥상정원 : 지반의 구조 및 강도, 구조체의 방수성능 및 배수계통, 옥상의 특수한 조건, 프라이버시 확보 고려

❻ 공원녹지

① 공원녹지 공간 또는 시설
  • 도시공원, 녹지, 유원지, 공공공지 및 저수지

- 나무, 잔디, 꽃, 지피식물 등의 식생이 자라는 공간
- 광장, 보행자도로, 하천 등 녹지가 조성된 공간 또는 시설
- 옥상녹화, 벽면녹화 등 특수한 공간에 식생을 조성하는 등의 녹화가 이루어진 공간 또는 시설

용어의 정의

구분	내용
공원녹지	쾌적한 도시환경을 조성하고 시민의 휴식과 정서 함양에 이바지하는 공간 또는 시설
도시녹화	법률에 의거, 식생·물·토양 등 자연친화적인 환경이 부족한 도시지역의 공간에 식생을 조성하는 것
도시공원	도시지역에서 도시자연경관을 보호하고 시민의 건강·휴양 및 정서생활을 향상시키는 데에 이바지하기 위하여 도시·군관리계획으로 결정된 공원
녹지	도시지역에서 자연환경을 보전하거나 개선하고, 공해나 재해를 방지함으로써 도시경관의 향상을 도모하기 위하여 도시·군관리계획으로 결정된 것

② 오픈스페이스 : 개방지, 비건폐지, 위요공지, 공원·녹지, 유원지, 운동장 등
- 도시 개발형태의 조절, 자연도입, 레크리에이션 장소제공, 도시기능 간 완충효과 증대
③ 도시공원의 기능 : 자연의 공급, 레크리에이션의 장소제공, 지역의 중심
④ 도시공원 분류
- 소공원 : 소규모 토지를 이용하여 휴식 및 정서생활의 함양을 위해 설치하는 공원
- 어린이공원 : 어린이의 보건 및 정서생활의 향상을 위해 설치하는 공원
- 근린공원 : 근린거주자 또는 근린생활권으로 구성된 지역 생활권 거주자의 보건·휴양 및 정서생활을 향상하기 위해 설치하는 공원
- 역사공원 : 도시의 역사적 장소나 시설물, 유적·유물 등을 활용하여 설치하는 공원
- 문화공원 : 도시의 각종 문화적 특징을 활용하여 설치하는 공원
- 수변공원 : 도시의 하천변·호수변 등 수변공간을 활용하여 설치하는 공원
- 묘지공원 : 묘지이용자에게 휴식 등을 제공하기 위하여 일정한 구역 안에 묘지와 공원시설을 혼합하여 설치하는 공원
- 체육공원 : 주로 운동경기나 야외활동 등 체육활동을 통하여 건전한 신체와 정신을 배양하기 위해 설치하는 공원
- 도시농업공원 : 정서순화·공동체의식을 위하여 도시농업을 주된 목적으로 설치하는 공원

도시공원의 설치 및 규모의 기준 및 공원시설 부지 면적

공원구분			설치기준	유치거리	규모	공원시설 부지면적
생활권 공원		소공원	제한 없음	제한 없음	제한 없음	20% 이하
		어린이공원	제한 없음	250m 이하	1,500m² 이상	60% 이하
	근린 공원	근린생활권 근린공원	제한 없음	500m 이하	10,000m² 이상	40% 이하
		도보권근린 공원	제한 없음	1,000m 이하	30,000m² 이상	
		도시지역권 근린공원	해당 도시공원의 기능을 충분히 발휘할 수 있는 장소에 설치	제한 없음	100,000m² 이상	
		광역권근린 공원	해당 도시공원의 기능을 충분히 발휘할 수 있는 장소에 설치	제한 없음	1,000,000m² 이상	
주제 공원		역사공원	제한 없음	제한 없음	제한 없음	제한 없음
		문화공원	제한 없음	제한 없음	제한 없음	제한 없음
		수변공원	하천·호수 등의 수변과 접하고 있어 친수공간을 조성할 수 있는 곳에 설치	제한 없음	제한 없음	40% 이하
		묘지공원	정숙한 장소로 장래 시가화가 예상되지 아니하는 자연녹지지역에 설치	제한 없음	100,000m² 이상	20% 이상
		체육공원	해당 도시공원의 기능을 충분히 발휘할 수 있는 장소에 설치	제한 없음	10,000m² 이상	50% 이하
		도시농업공원	제한 없음	제한 없음	10,000m² 이상	40% 이하

*체육공원에 설치되는 운동시설은 공원시설 부지면적의 60% 이상일 것.

⑤ 공원시설 : 도로 또는 광장과 도시공원의 효용을 다하기 위한 시설

도시공원시설의 분류

공원시설	종류
조경시설	화단·분수·조각·관상용식수대·잔디밭·산울타리·그늘시렁·못 및 폭포 그 밖에 이와 유사한 시설로서 공원경관을 아름답게 꾸미기 위한 시설
휴양시설	휴게소, 긴 의자, 야유회장 및 야영장(바비큐시설 및 급수시설 포함) 그 밖에 이와 유사한 시설로서 자연공간과 어울려 도시민에게 휴식공간을 제공하기 위한 시설, 경로당·노인복지관, 수목원
유희시설	그네·미끄럼틀·시소·정글짐·사다리·순환회전차·궤도·모험놀이장, 유원시설, 발물놀이터·뱃놀이터 및 낚시터 그 밖에 이와 유사한 시설로서 도시민의 여가선용을 위한 놀이시설
운동시설	테니스장·수영장·궁도장 등 운동시설(무도학원·무도장 및 자동차경주장 제외), 실내사격장, 골프장(6홀 이하), 자연체험장

교양시설	식물원·동물원·수족관·박물관·야외음악당·도서관·독서실, 온실, 야외극장·문화예술회관, 미술관·과학관, 장애인복지관, 사회복지관·건강생활지원센터, 청소년수련시설(생활권 수련시설)·학생기숙사, 어린이집, 국립유치원·공립유치원, 천체·기상관측시설, 기념비·옛무덤·성터·옛집, 공연장·전시장, 어린이 교통안전교육장, 재난·재해 안전체험장 및 생태학습원, 민속놀이마당·정원, 그 밖에 도시민의 교양함양을 위한 시설
편익시설	주차장·매점·화장실·우체통·공중전화실·휴게음식점·일반음식점·약국·수화물예치소·전망대·시계탑·음수장·제과점 및 사진관 그 밖에 이와 유사한 시설로서 공원이용객에게 편리함을 제공하는 시설, 유스호스텔, 선수 전용 숙소, 운동시설 관련 사무실, 대형마트·쇼핑센터·농산물 직매장
공원관리시설	관리사무소·출입문·울타리·담장·창고·차고·게시판·표지·조명시설·폐쇄회로 텔레비전(CCTV)·쓰레기처리장·쓰레기통·수도, 우물, 태양에너지설비, 그 밖에 이와 유사한 시설로서 공원관리에 필요한 시설
도시농업시설	실습장, 체험장, 학습장, 농자재 보관창고, 도시텃밭, 도시농업용 온실·온상·퇴비장, 관수 및 급수 시설, 세면장, 농기구 세척장, 그 밖에 이와 유사한 시설로서 도시농업을 위한 시설
그 밖의 시설	장사시설, 역사 관련 시설, 동물놀이터, 보훈회관, 무인동력비행장치 조종연습장, 조례로 정하는 시설

⑥ 공원시설 중 필수시설 : 도로·광장 및 공원관리시설
  • 소공원 및 어린이공원은 설치하지 않을 수 있음
  • 공원관리시설은 어린이공원의 경우 근린생활권 단위별로 설치하여 통합관리 가능
  • 체육공원의 운동시설에는 체력단련시설을 포함한 3종목 이상의 시설 필수적 설치

공원별 도입공간

공원시설	종류
어린이공원	놀이공간, 체육공간, 휴게공간 등
근린공원	진입공간, 중심광장, 휴식공간, 놀이공간, 체육공간, 수변공간, 잔디광장, 주차공간, 관리시설공간 등
체육공원	다목적광장, 운동시설공간, 주차공간, 환경보존공간, 정적 휴게공간 등
묘지공원	주차공간, 묘역공간, 관리시설공간, 휴게공간, 묘목·잔디 생산공간, 보존공간 등
골프장	클럽하우스를 중심으로 골프코스공간, 관리시설공간, 위락시설공간, 묘목·잔디생산공간, 환경보존공간 등

⑦ 도시공원의 면적기준 : 당해 도시지역 안에 거주하는 주민 1인당 $6m^2$ 이상으로 하고, 개발제한구역·녹지지역을 제외한 도시지역 안의 기준은 주민 1인당 $3m^2$ 이상

⑧ 입지선정 : 접근성, 안전성, 쾌적성, 편익성, 시설적지성 고려

⑨ 녹지활용계약 및 녹화계약
  • 녹지활용계약 : 공원녹지를 확충하기 위하여 도시지역의 식생 또는 임상(林床)이 양호한 토지의 소유자와 그 토지를 일반 도시민에게 제공하는 것을 조건으로 해당 토지의 식생 또는 임상의 유지·보존 및 이용에 필요한 지원을 하는 것을 내용으로 하는 계약
  • 녹화계약 : 도시녹화를 위하여 도시지역의 일정 지역의 토지 소유자 또는 거주자와 수림대 등의 보호, 식생비율 증가, 식생 증대 등의 조치를 하는 것을 조건으로 묘목의 제공 등 그 조치에 필요한 지원을 하는 것을 내용으로 하는 계약

⑩ 공원녹지 체계화
- 공원체계화 목적 : 접근성과 개방성 증대, 포괄성과 연속성 증대, 상징성과 식별성 증대
- 체계화 개념 : 핵화, 위요, 결절화, 중첩, 관통, 계기
- 녹지계통 형식 : 방사식, 환상식, 방사환상식(이상적), 위성식, 분산식, 평행식

❼ 녹지의 세분 및 설치·관리

① 완충녹지 : 대기오염·소음·진동·악취 등의 공해와 사고나 자연재해 등의 재해 방지

　㉠ 공장·사업장 등에서 발생하는 공해를 차단·완화하고 재해 시 피난지대 기능
- 전용주거지역, 교육 및 연구시설 등을 위하여 설치하는 녹지 −녹화면적률 50% 이상
- 재난발생 시 피난 등을 위하여 설치하는 녹지 −녹화면적률 70% 이상
- 원인시설 보안, 사람·말 등 접근억제, 상충되는 토지이용 조절 −녹화면적률 80% 이상
- 원인시설에 접한 부분부터 최소 폭 10m 이상

　㉡ 주로 철도·고속도로 등의 공해차단·완화, 사고발생 시 피난지대 기능
- 교통기관의 안전하고 원활한 운행에 기여하도록 수목 식재 −녹화면적률 80% 이상
- 연속된 대상의 형태로 원인시설 등의 양측에 균등하게 설치 −최소 폭 10m 이상

② 경관녹지 : 도시의 자연적 환경 보전·개선, 훼손된 지역 복원·개선 등 도시경관 향상

③ 연결녹지 : 도시 안의 공원·하천·산지 등의 연결, 여가·휴식을 제공하는 선형의 녹지
- 연결녹지의 기능을 고려하여 설치 −녹지축 또는 생태통로, 소규모 가로공원 이용
- 최소 폭 10m 이상, 녹지율 70% 이상
- 녹지의 경계는 토지이용에 있어 확실히 구별되는 위치로 설정 −이면도로에 설치

❽ 각종 도시계획시설

① 유원지 : 규모 10,000m² 이상, 접근이 쉽도록 교통시설 연결
- 공지활용, 여가공간의 확보, 도시환경 미화, 자연환경 보전 등의 효과를 높일 수 있도록 설치 −숲·계곡·호수·하천·바다 등 아름답고 변화가 많은 곳에 설치
- 소음권에 주거지·학교 등이 포함되지 아니하도록 인근의 토지이용현황 고려 −준주거·일반상업·자연녹지·계획관리지역에 설치
- 연령과 성별의 구분 없이 이용할 수 있는 시설 포함

② 공공공지 : 공공목적을 위하여 필요한 최소한의 규모로 설치, 긴 의자·등나무시렁, 조형물, 생활체육시설 등 설치, 바닥은 녹지로 조성

③ 광장 : 차량과 보행자의 원활한 소통 및 혼잡방지, 집회·행사, 휴식·오락, 경관·환경보전 등을 위하여 필요한 경우 설치

광장의 분류

구분	내용
교통광장	교차점 광장, 역전광장, 주요시설광장(항만·공항 등)

일반광장	중심대광장, 근린광장, 경관광장
그 외	지하광장, 건축물부설광장

❾ 자연공원

① 자연공원 : 국립공원, 도립공원, 군립공원, 지질공원

② 세계 최초 옐로스톤 국립공원(1872), 우리나라 최초 지리산 국립공원(1967)

③ 용도지구 : 공원자연보존지구, 공원자연환경지구, 공원마을지구, 공원문화유산지구

④ 공원자연보존지구 지정 조건

- 생물다양성이 특히 풍부한 곳

- 자연생태가 원시성을 지니고 있는 곳

- 특별히 보호할 가치가 높은 야생 동식물이 살고 있는 곳

- 경관이 특히 아름다운 곳

⑤ 자연공원시설 분류 : 공공시설, 보호 및 안전시설, 체육시설, 휴양 및 편익시설, 문화시설, 교통·운수시설, 상업시설, 숙박시설, 부대시설

⑥ 시설규모(Sw)=Y × S × C × R × 단위규모(Su)

여기서,   Y : 연간이용자수, S : 서비스율(시설이용률), C : 최대일률, R : 회전율

❿ 경관계획

① 조경에서의 경관 : 생태적, 역사적, 장소적, 시각적 경관을 포함하는 포괄적 의미 내포

② 경관계획의 기본방향

- 지역이나 지구마다 독자적인 고유한 경관창출 및 유지

- 경관은 시대적 변화와 자연스럽게 어울리도록 조성

- 자연과 공생하며 자연의 변화에 순응하고 다양한 표정을 나타내는 경관 창출

- 경관은 원경, 중경, 근경 등에 상응하는 특징 확보

　·원경 : 오브제로서 시각적인 미 중시

　·중경·근경 : 시각적인 미보다는 오감을 통해 느낄 수 있도록 조성

2 |||| 공간별 조경계획

❶ 휴게공간 및 시설

① 휴게공간의 배치 : 시설공간, 보행공간, 녹지공간으로 나누어 설계

- 도로변에 면하지 않도록 배치하고 입구는 2개소 이상 배치하되, 1개소 이상에는 12.5% 이하

의 경사로(평지 포함)로 설계
- 건축물이나 휴게시설 설치공간과 보행공간 사이에는 완충공간 설치 −휴게시설물 주변에는 1m 정도의 이용공간 확보
- 놀이터에는 유아가 노는 것을 보호자가 가까이에서 볼 수 있도록 휴게시설 배치

② 휴게시설의 배치 : 휴식 및 경관 감상이 쉽고 개방성이 확보된 곳에 배치
- 점경물로서 효과를 높일 경우 시각상 초점이 되는 곳에 배치
- 단위 휴게공간마다 서로 시설을 달리하여 장소별 다양성 부여
- 휴게공간마다 1개소 이상의 집수정을 녹지 또는 포장구간에 배치

휴게시설의 분류

구분	내용
파고라	·태양의 고도·방위각 고려 −지붕의 내민 길이 30cm 이상 ·높이에 비해 길이가 길도록 설계, 높이 220∼260cm(최대 300cm) ·해가림 투영밀폐도 70%, 의자설치 시 하지 12∼14시 기준 목높이(88∼105cm) 이상 광선 차단
원두막	처마높이 2.5∼3m, 난간 없는 원두막 마루 높이 34∼46cm −그늘막 동일
의자	·등의자는 긴 휴식, 평의자는 짧은 휴식이 필요한 곳에 설치 ·길이 1인 45∼47cm, 2인 120cm, 앉음판의 높이는 34∼46cm, 앉음판에는 3∼5° 경사, 등받이 각도는 95∼110°, 전체높이 75∼85cm ·기초에 고정할 경우 의자 다리가 20cm 이상 묻히도록 설치 ·휴지통과의 이격 거리는 90cm, 음수전과는 1.5m 이상 공간 확보
야외탁자	너비 64∼80cm, 앉음판 높이는 34∼41cm, 앉음판과 탁자 아랫면 사이 간격 25∼32cm, 앉음판과 탁자 평면 간격 15∼20cm
평상	마루의 높이는 34∼41cm

❷ 놀이공간 및 시설

① 놀이공간의 구성 : 놀이공간, 휴게공간, 보행공간, 녹지공간으로 나누어 설계
- 어린이용(어린이놀이터)과 유아용(유아놀이터)으로 구분
- 도로변에 면하지 않도록 배치하고, 입구는 2개소 이상 배치하되, 1개소 이상에는 8.3% 이하의 경사로(평지 포함)로 설계
- 놀이시설 자체의 설치공간과 이용공간 그리고 각 이용공간 사이에 완충공간 배려

② 놀이시설의 배치
- 인접 놀이터와의 기능을 달리하여 장소별 다양성 부여 −순환 및 연계성 고려
- 정적인 놀이시설과 동적인 놀이시설을 분리해 배치
- 공동주택단지의 놀이터는 건축물의 외벽 각 부분으로부터 3m 이상 떨어진 곳에 배치
- 미끄럼대 등 높이 2m가 넘는 시설물은 인접한 주택과 정면 배치 금지
- 그네·미끄럼대 등 동적인 놀이시설의 주위로 3.0m 이상, 흔들말·시소 등의 정적인 놀이시설 주위로 2.0m 이상의 이용공간 확보 −이용 공간의 겹침 금지

③ 기타시설

- 놀이공간의 바닥, 추락위험이 있는 놀이시설 주변 바닥은 모래·마사토·고무재료·나무껍질·인조잔디 등 완충 재료 사용 −모래일 경우 최소 30.5cm 깊이로 기울기 없이 설계
- 놀이터와 차도나 주차장 사이에는 폭 2m의 녹지공간 배치와 울타리 등의 관리시설 설치
- 맹암거 설치 시 깊이는 최소 60cm 이상, 간격은 평균 5m로 배치, 구조물의 기초부와 겹치지 않도록 설계, 종점에 집수정 설치

놀이시설의 분류

구분	내용
모래밭	·기준크기 30m², 모래 깊이 30cm 이상 ·모래막이는 모래면보다 5cm 높게, 폭 10~20cm, 모서리는 둥글게 마감
미끄럼대	·북향 또는 동향 배치, 높이 1.2~2.2m, 판 기울기 30~35°, 판 폭 40~50cm, ·미끄럼판 높이 90cm 이상 시 착지판 설치, 길이 50cm 이상, 배수기울기 2~4°, 바닥면과 높이차 10cm ·미끄럼판 높이 1.2m 이상 시 높이 15cm 이상 날개벽과 손잡이 설치
그네	·북향 또는 동향 배치, 높이 2.3~2.5m, 안장 아래에 맹암거 배치 ·2인용 높이 2.3~2.5m, 길이 3.0~3.5m, 폭 4.5~5.0m, 안장 높이 35~45cm ·유아용은 안전형 안장으로 바닥면에서 25cm 이내, 그네줄 150cm 이내 ·보호책 높이 60cm, 그네 길이보다 최소 1m 이상 멀리 배치
시소	2연식 길이 3.6m, 폭 1.8m, 타이어·손잡이 채용, 유아용은 안전형 안장
회전시설	출구 주변 회피, 회전판 답면은 원형 설계, 3m 이상 이용공간 확보
정글짐	간살의 간격이나 곡률반경이 일정하고 어린이 신체치수에 적합하게 설계
놀이벽	평균높이 0.6~1.2m, 두께 20~40cm, 주변에 다른 시설 배치 회피
난간·안전책	지상 1.2m 이상에 설치, 높이 80cm 이상(기어오르기에 어려운 구조)
계단	·기울기 35°, 폭 최소 50cm 이상 ·디딤판 깊이 15cm 이상, 디딤판의 높이 15~20cm ·길이 1.2m 이상의 계단 양옆에 난간 설치 ·디딤판과 디딤판 사이는 막힘구조 설계
주제형 놀이시설	모험놀이시설, 전통놀이시설, 감성놀이시설, 조형놀이시설, 학습놀이시설

❸ 운동시설

① 공간의 배치
- 양호한 일조, 바람이나 매연의 영향을 받지 않는 장소로서 급·배수가 용이한 부지 이용
- 시설의 유지관리에 필요한 작업용 도로와 접근 도로 등 설치
- 공원이나 주택단지 등의 외곽 녹지에는 선형의 산책로, 조깅코스 배치
- 소음 등 주거지의 피해를 최소화할 수 있는 곳에 배치

② 공간구성 : 운동시설공간, 휴게공간, 보행공간, 녹지공간으로 나누어 설계
- 이용자가 다수인 시설은 입구 동선과 주차장과의 관계를 고려 −주요 출입구에 광장 설치
- 운동공간과 도로·주차장 기타 인접 시설물과의 사이에는 녹지 등 완충공간 확보
- 운동장에는 공간의 규모, 이용자 등을 고려한 운동시설과 휴게시설, 관리시설 등 배치

③ 형태 및 규모

- 운동시설은 운동의 특성과 기온·강우·바람 등 기상요인을 고려하여 설계
- 시설 및 주변 공간은 어린이·노인·장애인의 접근과 이용에 불편이 없는 구조·형태로 설계
- 경기장의 경계선 외곽에는 폭 5m 이상의 여유 공간 확보
- 심토층 배수 : 맹암거용 잡석은 직경 40~90mm의 것을 사용, 관기울기 2% 이상, 간선과 지선은 45~60°로 접속

④ 운동시설

- 운동장 : 대부분 장축을 '남-북'으로 배치, 중앙부를 높게 하여 표면배수
- 육상경기장 : 장축 '북-남', '북북서-남남동' 배치, 스탠드 서쪽 설치
- 테니스장 : '정남-북'을 기준으로 동서 5~15°, 주풍방향과 일치
- 배구장(18 × 9m, 높이 7m 이상), 농구장(28 × 15m, 높이 7m 이상)
- 배드민턴장 : 세로 13.4m, 가로 6.1m, 네트 포스트 높이 1.55m
- 롤러스케이트장 : 규격별 종류 125m, 200m, 250m 이상

❹ 경관조명시설

① 빛의 측정단위

- 광속(lum) : 눈의 감도를 기준으로 측정한 단위시간당 통과하는 광량
- 광도(cd) : 광원의 세기, 어떤 발광체가 발하는 방향의 광속의 입체각 밀도
- 조도(lux) : 단위면에 투하된 광속의 밀도 $E(\text{조도}) = \dfrac{F(\text{광속})}{S(\text{면적})}$
- 한 점의 조도는 광원의 광도 및 $\cos\theta$에 비례하고 거리의 제곱에 반비례
- $E_h = \dfrac{I}{R^2}\cos\theta$

② 조명기법 : 상향, 하향, 산포, 그림자, 강조, 실루엣, 거울, 보도, 비스타, 질감 조명

③ 연색성 : 동일한 물체의 색이라도 광선(조명)에 따라 색이 달라 보이는 현상

- 광원의 연색성 정도 : 할로겐등>백열등>형광등>수은등>나트륨등
- 광원의 수명 : 수은등>형광등>나트륨등>할로겐등>백열등
- 광원의 열효율 : 나트륨등>형광등>수은등>할로겐등>백열등

④ 조명시설 배치

- 경관조명시설은 안전·장식·연출 등의 기능을 구현할 수 있는 위치에 배치
- 기능적으로 이용자의 보행에 지장을 주지 않도록 배치
- 식물의 생장에 악영향을 최소화할 수 있는 위치에 설치

⑤ 야간경관 형성의 필요성 : 야간 활동의 증가, 지역경제 활성화 및 도시생활의 안전성 향상, 도시의 정체성 및 이미지 향상, 관광자원화

구분	내용
보행등	·배치간격은 높이의 5배 이하, 경계에서 50cm, 밝기 3lx 이상 ·보행공간만 비추고자 하면 포장면 속이나 등주의 높이 50~100cm 기구 사용
정원등	어귀, 구석 배치, 등주 높이 2m 이하 –고압수은형광등, LED등
잔디등	잔디밭 경계 따라 배치, 높이 1.0m 이하 –고압수은등, 메탈할라이드등
수목등	식물에 대한 악영향 최소화, 투광기 이용 –메탈할라이드등, LED등
공원등	·정방형이나 원형의 시설면적 $350m^2$ 미만은 1등용 1기, 350~$700m^2$ 이하는 2등용 1기, 선형이거나 $700m^2$ 이상인 경우 추가 설치 –주두형 높이 2.7~4.5m ·밝기는 중요장소 5~30lx, 기타 1~10lx, 놀이·운동·휴게공간 및 광장 6lx 이상 –메탈할라이드등, LED등
부착등	높이 2m 이하에 위치하는 등기구는 구조물에서 돌출 금지 –벽부등·문주등

⑥ 도로조명 : 가로등 높이 5~10m, 간격 30~40m 전후, 직선부는 교호설치, 넓은 도로는 대칭 설치, 곡선부의 양측배치는 대칭으로, 편측배치는 바깥쪽에 설치

• 가로등 간격 $S = \dfrac{N \times F \times \mu \times M \times C}{E \times W}$

여기서, S : 등주간격(m) F : 광속(lum) μ : 조명률 M : 보수율

N : 배열상수(1,2) E : 평균조도(lx) W : 도로폭(m) C : 이용률

❺ 수경시설

① 설계원칙
- 물을 효과적으로 표현할 수 있도록 수경시설 및 관련 요소를 하나의 시스템으로 취급
- 지역의 기후 및 기상의 특성을 고려하며 유지관리 및 점검보수가 용이하게 설계
- 폭포, 벽천, 분수는 입구나 중심광장, 시각적 초점 등 경관효과가 큰 곳에 배치
- 연못은 대상공간의 배수시설을 겸하도록 지형이 낮은 곳에 배치
- 원활한 급수를 위하여 충분한 수량 확보
- 강우와 바람의 영향을 대비하여 강우량센서 및 풍속, 풍향센서 설치

② 수경요소의 기능 : 공기냉각, 소음 완충, 레크리에이션의 수단

③ 물의 수자 : 평정수(평화), 분수(소생·화려), 유수(생동·율동), 낙수(강한 힘)

④ 물의 순환 횟수 : 친수시설 1일 2회, 경관용수 1일 1회, 자연관찰용 2일 1회

⑤ 못·폭포·실개울 청소주기 : 정화시설이 있는 경우 연 4회, 정화시설이 없는 경우 월 1회, 친수형인 경우 월 1회 이상 청소 및 물 교환

⑥ 수경시설 : 급수관의 마찰손실수두와 관내 유속계산은 베르누이 정리 이용

구분	내용
벽천	수조 너비는 폭포 높이의 1/2배, 2/3배로 조절 가능, 유량산출은 프란시스의 공식, 바진의 공식, 오끼의 공식, 프레지의 공식 적용

실개울	수경시설과의 연계배치 고려, 평균 깊이 3~4cm, 유량산출은 매닝의 공식 적용
연못	수리·수량·수질 고려, 오버플로우, 물고기집, 퇴수밸브, 거름망 설치
분수	수조의 크기(너비)는 분수 높이의 2배(경사각 45°), 바람 부는 곳은 4배, 주변에 분출 높이 3배 이상 공간 확보 −바닥포장형, 프로그램형, 조형물형, 수조형
도섭지	다른 수경시설과 연계설치, 철저한 관리가능 부위에 설치, 물 깊이 30cm 이내, 바닥은 둥근 자갈과 같이 이용에 안전하고 청소가 쉬운 재료 사용

❻ 안내표지시설

① 안전성, 주변 환경과의 조화, 효용성, 가독성 등 완결된 시스템으로 구성

② CIP 개념 도입, 통일성, 가독성과 거리, 서체, 기호, 색채 요소 등 시인성 고려

③ 인간척도를 고려하여 위압감을 주지 않고 친밀감을 줄 수 있는 크기로 설정

④ 종류 : 안내표지시설, 유도표지시설, 해설표지시설, 종합안내표지시설, 도로표지시설

⑤ 300세대 이상의 주택건설 시 단지의 명칭을 표시한 단지입구표지판, 주요 출입구마다 단지종합안내판 설치

❼ 관리시설

① 관리실 : 이용자에 대한 서비스 기능과 조경공간의 관리기능 보유
   - 설계 대상 공간마다 1개소 원칙, 통합관리 시 2~3개소당 1개소, 화장실 공용 이용
   - 편리하고 알기 쉬운 위치나 자동차의 출입이 가능한 곳에 배치
   - 안전성, 기능성, 쾌적성, 조형성, 내구성, 유지관리 등을 배려하도록 재료 선택

② 공중화장실 : 유효폭 120cm 이상 경사로 설치

③ 단주(볼라드) : 배치간격 1.5m 안팎, 높이 80~100cm, 지름 10~20cm, 0.3m 전면에 점자 블록 설치

④ 안전난간 : 높이 110cm 이상, 간살의 간격 15cm 이하

⑤ 음수대 : 청결성·내구성·보수성 고려, 녹지에 접한 포장부위에 배치, 이용자의 신체특성 고려, 보온용 설비와 퇴수용 설비 반영, 배수구는 청소가 쉬운 구조와 형태로 설계

⑥ 관찰시설 : 난간 높이 120cm 이상, 장애인용 데크 최소 폭 100cm

❽ 기타 구조물 및 조경석

① 조경시설물 : 도시공원 및 녹지 등에 관한 법률의 공원시설 중 상부구조 비중이 큰 시설물

② 조경구조물 : 토지에 정착하여 설치된 시설물로 앉음벽, 장식벽, 울타리, 담장, 야외무대, 스탠드 등의 시설물
   - 앉음벽 : 높이 34~46cm, 녹지보다 5cm 높게 마감, 유동량·보행거리·이용빈도 고려
   - 울타리 및 담장 : 단순한 경계(0.5m 이하), 소극적 출입통제(0.8~1.2m), 적극적 침입방지 (1.5~2.1m)

- 조적식 담장 : 두께 19cm(높이 2m 이하는 9cm), 버팀벽 간격 2m(담장두께 동일), 4m(담장두께의 1.5배)
- 야외무대 : 객석 원호의 반경은 6m 이상, 객석 영역 15m 전후, 무대 각도 101~108° 이내, 부각 15° 이하(최대 30°)
③ 얕은 기초 : 상부구조로부터의 하중을 직접 지반에 전달시키는 형식의 기초로서 기초의 최소폭과 근입깊이와의 비가 대체로 1.0 이하인 것
④ 경관석 : 입석, 횡석, 평석, 환석, 각석, 사석, 와석, 괴석
- 경관석 놓기 : 주석과 부석의 2석조가 기본, 기수로 조합, 3석조(천지인), 5석조(음양오행), 돌 묻는 깊이(돌 높이 1/3)
⑤ 징검돌 놓기 : 징검돌 상단 수면보다 15cm 높게, 디딤돌 지면보다 3~6cm 높게 배치, 시점·종점·분기점에 대형석, 장축이 진행방향과 직각을 이루게 배치
⑥ 자연석 쌓기 : 쌓기 높이 1~3m 적당, 그 이상은 안전성 검토, 약간씩 들여쌓기
⑦ 호박돌 쌓기 : 찰쌓기로 바른층 쌓기, 통줄눈 금지
⑧ 계단돌 쌓기 : 기울기 30~35°, 단높이 15~18cm, 단너비 25~30cm, 계단참 2m 이상에 120cm 이상 설치

❾ 생태공간

① 생태공간의 계획 및 설계원칙
- 최소면적 이상으로 단위 생태공간 조성 −종다양성 확보와 생태적 배식기법으로 설계
- 소로나 주변 편의시설 등 기존시설 최대한 활용 −공사로 인한 악영향 최소화
- 생태공간은 식생의 천이과정을 고려하여 계획
- 자연재료 및 기존의 생물종을 활용하여, 소생물권(틈새, 둠벙, 웅덩이, 덤불 등) 확보
- 먹이채취, 둥지, 급수 등 생존을 위한 이동통로 확보
- 생태연못은 조류, 어류, 곤충류 등을 유인하기 위하여 못과 못가에 수생식물을 배식하고, 바닥의 물 순환을 위하여 바닥물길 설계
② 천이 : 어떤 장소에 존재하는 생물공동체가 시간의 경과에 따라 종조성이나 구조의 변화로 다른 생물공동체로 변화하는 시간적 변이과정
- 극성상(climax) : 최종적으로 도달하게 되는 안정되고도 영속성 있는 상태
③ 생물다양성 : 단위 생태계 내 생물유기체 간의 다양성 −군집내와 군집간의 다양성 포함
④ 에코톤(전이지역·추이대) : 2개 이상의 다른 식물군집이 만나는 경우 또는 식물군집 내부에서 환경조건 차이로 인하여 이질성을 나타내는 선형의 이행부
- 주연부 효과 : 각 주변의 특징을 가진 종의 서식 및 종의 다양성을 증가시키는 효과
⑤ 생태모델 숲 : 자연림의 구조와 기능에 대한 정보를 토대로 자연림과 유사하게 조성된 숲
- 식물사회학적 조성 기법에 따라 새로운 숲 창조 −일본의 환경보존림과 같은 기능 및 의미
- 생태도시 건설 등 도시 어메니티(amenity) 추구와 일맥상통

⑥ 자연형 하천(생태하천) : 자연하천은 못과 여울 등 유속이 다양한 유속환경을 이루어 어류의 먹이, 번식·산란처, 은신처 제공 −여울 및 못(웅덩이) 조성

⑦ 생태연못 : 생물서식처 및 수질정화기능을 목표로 인공적으로 조성한 못
- 생물서식공간에 물의 도입은 생물다양성 증진에 효과적 기법
- 수생 및 습지식물의 서식처, 수서곤충, 어류, 양서류의 서식처 및 조류의 휴식처
- 수질정화 및 생태교육의 장

⑧ 생태통로 : 단편화된 생태계를 물리적 또는 기능적으로 연결
- 도로, 댐, 수중보, 하구언 등으로 야생동물의 서식지가 단절되거나 훼손되는 것을 방지하고 야생동식물의 이동을 돕기 위하여 설치되는 인공구조물이나 식생 등의 생태적 공간
- 이동로 제공, 서식지 이용, 천적 및 대형 교란으로부터의 피난처, 생태계 연속성 유지, 기온변화에 대한 저감효과, 교육적·위락적 및 심리적 가치제고, 개발억제효과 등

3 ||||| 시설 조경계획

❶ 레크리에이션 시설

(1) 레크리에이션 개념

① 정의 : 레크리에이션의 관여로부터 결과하는 하나의 경험으로 개인에 있어 전체적인 경험(total experience) −스스로의 보상
- 레크리에이션 : 노동 후 정신과 육체를 새롭게 하는 것 −기분전환, 놀이 등
- 여가(leisure) : 활동의 중지에 의해 얻어지는 자유나 남는 시간

② 메슬로(Maslow)의 욕구의 위계 : 기초욕구 → 안전욕구 → 소속욕구 → 지위욕구 → 자아실현욕구

③ 레크리에이션의 한계수용능력 : 어떤 절대적인 한계가 아닌 이용자 경험의 질을 저하시키지 않는 범위 내에서 이용의 정도

레크리에이션 한계수용력 구분

구분	내용
생태적·물리적 한계수용능력	식생, 동물군, 토양, 물, 공기 등의 자원에 장기적 영향을 주지 않고 레크리에이션으로 이용되는 레벨
사회·심리적 한계수용능력	주어진 레크리에이션 경험의 종류와 질을 유지하면서 개인의 이득을 최대로 하는 레벨의 의미

④ 관광시장 권역 : 유치권(내방할 사람이 거주하는 범위 −1차시장), 행동권(욕구에 의한 행동범위), 보완권(주고 받는 관계), 경합권(경합대상이 있는 범위)
- 관광유형 : 피스톤형(당일), 스푼형(당일·주말), 옷핀형(주말·숙박), 탬버린형(숙박)

⑤ 수요와 공급
- 수요 : 잠재수요, 유도수요, 표출수요
  ·결정변수 : 이용자, 대상지역, 접근성
  ·패턴변수 : 계절, 기간, 지리적 분포
- 수요추정법 : 표준치 적용, 비교추정법, 일방문객 추정법, 연방문객 추정법, 만족점 추정법
- 수요산정의 표준치 및 원단위
  ·필요성 : 지침 또는 기준 제시, 평가 및 효과 판단, 합리화, 척도 설정
  ·문제점 : 미숙활용과 외국사례, 전문가·정치가의 편의적 해석, 방법의 애매성

(2) 레크리에이션 시설

① 리조트 : 체재성·자연성·휴양성·보양성·다기능성·공익성
- 1~2가지 유희시설 확보, 숙박시설, 음식점, 주차시설, 급수시설, 공중화장실
- 토지이용 : 숙박시설·서비스시설 1/3, 원지 1/3, 완충녹지·도로 1/3로 구성
- 각종 서비스시설은 통행권 내에 배치, 잔디원지를 크게 잡는 것이 유리
- 구조물 평면을 장방형으로 등고선과 평행 배치, 주변 경관에 순응하는 형태·재료·색채, 유사 기능의 시설물은 한 곳에 배치, 시설물의 안전 고려

② 스키장
- 코니데형 지형, 규모(관련시설 포함 10ha 이상), 표고(500m 이상)
- 강설량 많고 시장도시 근접, 인력확보를 위한 배후도시가 있는 것이 유리
- 슬로프 : 완경사와 급경사 적당히 혼합, 설질 유지에 북사면 유리, 코스로는 북동향 유리, 길이 300m 이상, 폭 30m 이상, 경사 7° 이하 초보자용 1면 이상 설치, 리프트 설치
- 리프트 : 1기 표고차 기준 70~300m, 바람 15m/sec 시 운행정지, 속도 2.5m/sec 이하

③ 골프장
- 교통이 편리한 곳, 남북으로 긴 장방형 지형, 자연지형을 이용할 수 있는 곳, 기후의 영향이 적은 곳, 부지매입이나 공사비가 절약될 수 있는 곳
- 코스 18홀 : 쇼트홀 4개, 미들홀 10개, 롱홀 4개, 전장 약 6,000m, 너비 100~180m, 면적 약 70만 m² 필요, 남북으로 길게 배치
- 티(tee) : 티잉그라운드, 출발지점
- 페어웨이 : 티와 그린 사이에 볼을 치기 쉽게 잔디를 깎아 놓은 곳 ─들잔디 식재
- 퍼팅그린 : 홀의 종점, 홀과 깃대 설치, 초장 4~7mm ─벤트그래스 식재
- 러프 : 잡초·저목·수림 등으로 되어 있어 샷을 하기 어렵게 만든 곳
- 벙커 : 모래 웅덩이, 티잉그라운드에서 210~230m 지점과 그린 주변에 설치
- 해저드 : 모래나 연못 등과 같은 장애물

④ 청소년수련시설 : 강풍으로부터 보호받을 수 있는 곳, 비눈 피해가 없는 곳, 완경사지로 배수가 양호한 곳, 경사 5% 이하, 온난한 곳, 수면이 있고 전망 좋은 곳, 산림·초지의 지표면 적당

❷ 학교조경

① 앞뜰 : 잔디밭이나 화단, 분수, 조각물, 휴게 시설 등 설치

② 가운데 뜰 : 면적이 좁은 경우가 많으므로 소교목이나 화목 식재

③ 뒤뜰 : 좁은 경우에는 음지식물 학습원 설치

④ 운동장과 교실 건물 사이는 5~10m 녹지대설치(소음과 먼지 등 차단)

⑤ 학교 조경의 수목 선정 기준 : 생태적 특성, 경관적 특성, 교육적 특성

❸ 사적지조경

① 민가의 안마당·사찰 회랑 경내는 식재하지 않음, 성곽 가까이에는 교목을 심지 않고 궁이나 절의 건물터는 잔디 식재

② 민가 뒤뜰에 식재하는 수종 : 감, 앵두, 대추

③ 계단은 화강암·넓적한 자연석 등 사용, 휴게소나 벤치·안내판은 사적지와 조화롭게 설치

❹ 묘지조경

① 장래 시가화가 예상되지 않는 자연녹지에 10만 m² 규모 이상 설치

② 장제장 주변은 기능상 키가 큰 교목 식재, 산책로는 수림사이로 조성

③ 놀이시설·휴게시설 설치, 전망대 주변에는 적당한 크기의 화목류 배치

핵심문제 **공간 및 시설조경계획**

1 「국토의 계획 및 이용에 관한 법률」에 의한 용도지역을 쓰시오.

정답

① 도시지역　② 관리지역　③ 농림지역　④ 자연환경보전지역

2 「국토의 계획 및 이용에 관한 법률」에 의한 용도지역 중 도시지역의 녹지지역을 쓰시오.

정답

① 보전녹지지역　② 생산녹지지역　③ 자연녹지지역

3 다음 보기의 조경에 대한 법률적 사항 중 빈칸에 적합한 내용을 쓰시오.

　① 대지면적이 (㉠) 이상인 대지에 건축하는 경우 조례로 정한 면적을 설치하여야 한다.
　② 조경면적은 식재면적과 조경시설공간의 면적으로 구분할 수 있으며, 식재면적이 (㉡) 이상이어야 한다.
　③ 옥상조경면적은 설치면적의 (㉢)까지 조경면적에 산입할 수 있으나 조경면적의 (㉣) 이하까지만
　　가능하다.
　④ 하나의 식재면적은 한 변의 길이가 1m 이상으로 (㉤) 이상이어야 하며, 조경시설공간의 면적은
　　(㉥) 이상이어야 한다.

정답

㉠ 200m² 　㉡ 50% 　㉢ 2/3 　㉣ 50% 　㉤ 1m² 　㉥ 10m²

4 지속 가능한 개발(ESSD)을 목표로 환경친화적 단지를 조성할 경우 단지계획 요소 3가지를 쓰시오.

정답

① 토지이용 및 교통　② 에너지 및 자원　③ 자연 및 생태환경

5 개발에 의하여 훼손된 자연지형을 복구하기 위하여 부지를 조형함에 있어 ①～③과 관련된 내용을
㉠～㉢에서 골라 연결하시오.

　① 지형보전, ② 표토보전, ③ 지형변경

　㉠ 보전대상 표토에 대한 위치별 채집물량 및 배분계획을 결정한다.
　㉡ 자연지형과 서식환경보존을 위하여 시설용 부지를 최소화하고, 주변지역과 연계한다.
　㉢ 점고법과 등고선으로 표현하고 경관과 구조적인 측면을 검토하여 형태를 결정한다.

정답
① ㉡   ② ㉠   ③ ㉢

6 다음 조경설계기준에 제시된 지형변경 용어설명 중 (   ) 안에 알맞은 용어로 답하시오.

① (㉠) : 지형경관을 창출하기 위한 조경공사용 흙쌓기기법을 말한다.
② (㉡) : 비탈접속면이 굴절하여 생기는 위화감을 완화하고 경관 향상과 침식방지를 위하여 비탈면 모두 또는 상하를 굴곡지게 처리하는 것을 말한다.
③ (㉢) : 땅깎기나 흙쌓기 등의 토공(土工)에 의해 인공적으로 형성된 경사진 지형의 사면부분을 말한다.

정답
㉠ 마운딩   ㉡ 라운딩   ㉢ 비탈면

7 공동주택의 주거밀도를 산정함에 있어 (   ) 안에 알맞은 내용을 쓰시오.

① (㉠) : 건축 부지를 구획하는 도로 면적(차로, 해당지구 주변 가로의 1/2, 주변가로 교차점의 1/4 면적)을 포함한 부지를 대상으로 하는 밀도
② (㉡) : 주거목적의 획지(녹지나 교통용지 제외)만을 기준으로 산출한 밀도(순수 주택건설용지에 대한 인구수)
③ (㉢) : 건축부지에 각종 서비스 시설용지와 도로용지를 포함한 부지를 대상으로 하는 밀도

정답
㉠ 총주거밀도   ㉡ 순주거밀도   ㉢ 근린밀도

8 공동주택을 계획함에 있어 도입되어야 할 공간을 3가지만 쓰시오.

정답
① 입구공간   ② 통행공간   ③ 상가공간   ④ 주거공간   ⑤ 녹지·조경공간   ⑥ 주차공간
⑦ 체육공간   ⑧ 어린이놀이터공간   ⑨ 휴게공간   ⑩ 커뮤니티공간 등

9 다음 보기의 빈칸에 「도시공원 및 녹지 등에 관한 법률」에 의한 적합한 용어를 쓰시오.

① (㉠) : 쾌적한 도시환경을 조성하고 시민의 휴식과 정서 함양에 이바지하는 공간 또는 시설
② (㉡) : 법률에 의거, 식생·물·토양 등 자연친화적인 환경이 부족한 도시지역의 공간에 식생을 조성하는 것
③ (㉢) : 도시지역에서 도시자연경관을 보호하고 시민의 건강·휴양 및 정서생활을 향상시키는 데에 이바지하기 위하여 도시·군관리계획으로 결정된 공원
④ (㉣) : 도시지역에서 자연환경을 보전하거나 개선하고, 공해나 재해를 방지함으로써 도시경관의 향상을 도모하기 위하여 도시·군관리계획으로 결정된 것

정답
㉠ 공원녹지   ㉡ 도시녹화   ㉢ 도시공원   ㉣ 녹지

10 다음 보기 중 휴양시설에 속하지 않는 것을 모두 고르시오.

휴게소, 유원시설, 긴 의자, 발물놀이터, 야유회장 및 야영장, 경로당·노인복지관, 수목원,
자연체험장, 식물원, 생태학습원

정답
유원시설, 발물놀이터, 자연체험장, 식물원, 생태학습원

11 공원시설 중 필수시설을 쓰시오.

정답
도로·광장 및 공원관리시설

12 다음 보기의 「도시공원 및 녹지 등에 관한 법률」에 정해진 도시공원의 면적 기준을 쓰시오.

하나의 도시지역 안에 있어서의 도시공원의 확보기준은 해당 도시지역 안에 거주하는 주민 1인당
(㉠) 이상으로 하고, 개발제한구역 및 녹지지역을 제외한 도시지역 안에 있어서의 도시공원의 확보기준
은 해당 도시지역 안에 거주하는 주민 1인당 (㉡) 이상으로 한다.

정답
㉠ 6m²   ㉡ 3m²

13 다음 보기의 법률에 의한 녹지의 세분 중 ( ) 안에 알맞은 내용을 쓰시오.

① (㉠) : 대기오염, 소음, 진동, 악취, 그 밖에 이에 준하는 공해와 각종 사고나 자연재해, 그 밖에 이에
준하는 재해 등의 방지를 위하여 설치하는 녹지
② (㉡) : 도시의 자연적 환경을 보전하거나 이를 개선하고 이미 자연이 훼손된 지역을 복원·개선함으
로써 도시경관을 향상시키기 위하여 설치하는 녹지
③ (㉢) : 도시 안의 공원, 하천, 산지 등을 유기적으로 연결하고 도시민에게 산책공간의 역할을 하는 등
여가·휴식을 제공하는 선형(線型)의 녹지

정답
㉠ 완충녹지   ㉡ 경관녹지   ㉢ 연결녹지

14 다음 보기 중 법률에 의한 교통광장에 해당하지 않는 것을 모두 고르시오.

교차점 광장, 중심대광장, 역전광장, 근린광장, 주요시설광장(항만·공항 등), 경관광장

중심대광장, 근린광장, 경관광장

15 「자연공원법」에 의한 자연공원에 해당하는 것을 모두 쓰시오.

① 국립공원 ② 도립공원 ③ 군립공원 ④ 지질공원

16 「자연공원법」에 의한 공원자연보존지구 지정 조건을 3가지만 쓰시오.

① 생물다양성이 특히 풍부한 곳 ② 자연생태가 원시성을 지니고 있는 곳
③ 특별히 보호할 가치가 높은 야생 동식물이 살고 있는 곳 ④ 경관이 특히 이름다운 곳

17 연간 50만 명이 유입되는 3계절형 관광지의 한 시설로 최대일률은 1/60이 적용된다. 이 시설의 최대일 이용객의 평균 체류시간은 3시간(회전율 1:1.9)이고 시설이용률은 30%이며 단위 규모는 2m²이다. 이 시설의 규모(m²)를 구하시오.

시설 규모=연간이용자수×최대일률×회전율×시설이용률×단위규모

$$=500,000 \times 0.3 \times \frac{1}{60} \times \frac{1}{1.9} \times 2 = 2,631.58 \text{m}^2$$

18 다음은 조경설계기준에 제시된 놀이시설 설계고려사항에 대한 내용이다. 빈칸을 알맞게 채워 넣으시오.

① 공동주택단지의 어린이놀이터는 건축물의 외벽 각 부분으로부터 (㉠) 이상 떨어진 곳에 배치하는 등 주택 건설기준 등에 관한 규정에 적합해야 한다.
② 미끄럼대 등 높이 (㉡)가 넘는 시설물은 인접한 주택과 정면 배치를 피하고, 활주판·그네 등 시설물의 주 이용 방향과 놀이터의 출입로가 주택의 정면과 서로 마주치지 않도록 배치한다.
③ 그네·미끄럼대 등 동적인 놀이시설의 주위로 (㉢) 이상, 흔들말·시소 등의 정적인 놀이시설 주위로 (㉣) 이상의 이용공간을 확보하며, 시설물의 이용 공간은 서로 겹치지 않도록 한다.

㉠ 3m ㉡ 2m ㉢ 3.0m ㉣ 2.0m

19 다음은 휴게시설 계획 시 조경설계기준 내용이다. 빈칸을 알맞게 채워 넣으시오.

① 퍼걸러의 높이는 팔 뻗은 높이나 신장 등 인간척도와 사용재료·주변경관·태양의 고도 및 방위각 및 다른 시설과의 관계를 고려하여 결정하되, 높이는 (㉠)를 기준으로 하며, 그늘시렁의 면적이 넓거나 조형상의 이유로 높이를 키울 경우에는 (㉡)까지 가능하다.
② 원두막 마루 높이는 (㉢), 처마높이는 (㉣)를 기준으로 한다.

ㄱ 220~260cm   ㄴ 300cm   ㄷ 34~46cm   ㄹ 2.5~3.0m

20 다음은 벤치의 조경설계기준에 대한 설명이다. 빈칸을 바르게 채우시오.

① 앉음판의 높이는 (㉠), 폭은 (㉡)를 기준으로 한다.
② 등받이 각도는 수평면을 기준으로 (㉢)로 하되 휴식시간이 길어질수록 등받이 각도를 크게 하고, 지면으로부터 등받이 끝까지 전체높이는 (㉣)로 한다.
③ 휴지통과의 이격거리는 (㉤), 음수전과의 이격거리는 (㉥) 이상의 공간을 확보한다.

㉠ 34~46cm   ㉡ 38~45cm   ㉢ 95~110°   ㉣ 75~85cm   ㉤ 0.9m   ㉥ 1.5m

21 다음은 미끄럼대 조경설계기준에 설명이다. 빈칸을 알맞게 채워 넣으시오.

① 미끄럼대는 북향 또는 동향으로 배치하고, 미끄럼판은 높이 1.2(유아용)~(㉠)(어린이용)의 규격을 기준으로 한다.
② 미끄럼판의 기울기는 (㉡)로 하고, 1인용 미끄럼판의 폭은 40~50cm를 기준으로 한다.
③ 미끄럼판의 높이가 90cm 이상이면 미끄럼판의 아래 끝부분에 감속용 착지판을 설계하되, 착지판의 길이는 (㉢) 이상으로 한다.
④ 미끄럼판의 높이가 1.2m 이상이면 미끄럼판의 양옆으로 높이 (㉣) 이상의 날개벽을 전 구간에 걸쳐 연속으로 설치한다.

㉠ 2.2m   ㉡ 30~35°   ㉢ 50cm   ㉣ 15cm

22 다음은 조경설계기준의 단위놀이시설에 관한 설명이다. 빈칸을 알맞게 채워 넣으시오.

① 모래밭은 유아들의 소꿉놀이를 위하여 크기는 최소 (㉠)를 확보하고, 모래 깊이는 놀이의 안전을 고려하여 (㉡) 이상으로 설계한다.
② 모래막이의 마감면은 모래면보다 (㉢) 이상 높게 하고, 폭은 10~20cm로 하며, 모래밭 쪽의 모서리는 둥글게 마감한다.
③ 2인용 그네의 경우 높이 2.3~2.5m, 길이 3.0~3.5m, 폭 4.5~5.0m를 표준규격으로 하고, 안장과 모래밭의 높이는 (㉣)가 되도록 하며, 이용자의 나이를 고려하여 결정한다.

㉠ 30m²   ㉡ 30cm   ㉢ 5cm   ㉣ 35~45cm

23 다음은 조경표준시방서에 제시된 미끄럼틀 시공에 대한 설명이다. 빈칸을 바르게 채우시오.

미끄럼판의 기울기의 각도는 설계도서의 기준을 따르고 활주면은 요철이 없으며 미끄러워야 하고, 목재로 할 경우에는 목재의 결을 (㉠)방향으로 맞추어야 한다. 최종 활주면의 높이는 활강지점의 길이가 1500mm 미만인 경우 최대 (㉡), 1500mm 이상인 경우 최대 (㉢) 이하이어야 한다. 스테인리스강판은 하부강판과 완전히 밀착되도록 해야 하며 활주면상에 이음부위가 발생하지 않도록 통판을 사용하되 부득이 중간을 연결할 때에는 상부판을 하부판 위로 (㉣) 이상 겹쳐서 마감하여야 한다.

정답
㉠ 활주   ㉡ 200mm   ㉢ 350mm   ㉣ 0.05m

24 다음은 조경표준시방서에 제시된 놀이시설의 바닥처리에 대한 설명이다. 빈칸을 바르게 채우시오.

바다모래인 경우 조개껍질이 없으며 (㉠)가 제거된 모래를 사용해야 하며, 모래깔기 하부 원지반은 맹암거 방향으로 (㉡) 기울어지게 시공해야 한다.

정답
㉠ 염기   ㉡ 2%

25 다음은 운동장의 배수시공에 대한 조경표준시방서 내용이다. 빈칸을 적절하게 채우시오.

① 맹암거용 잡석은 경질의 깬자갈 또는 조약돌로서 직경 (㉠)의 것을 사용한다.
② 맹암거의 잡석부설 시 토사의 혼입으로 배수에 지장이 없도록 하고 하부에서 상부로 올라갈수록 규격이 (㉡) 재료로 시공해야 한다.
③ 원활한 배수를 위해 (㉢) 이상의 관기울기를 두고 유공관 내부로 토사침투를 방지하기 위하여 유공관이나 맹암거의 상층부를 여과용 부직포로 감싸야 한다.
④ 간선과 지선은 설계도서에 따라 배치하되, 일반적인 어골형의 경우 (㉣)의 각도로 접속하고 접속부위는 규정된 접합부품을 사용하여 연결하며 지선의 간격은 같은 폭으로 평행하게 설치해야 한다.
⑤ 표면배수는 (㉤)의 표면기울기를 두어 운동장 외부의 U형 측구나 집수정 등의 시설로 집수되도록 하며, 표면배수면적이 넓은 경우에는 중간에 별도의 집수시설을 설치하여 표면배수로 인한 침식을 방지해야 한다.

정답
㉠ 40~90mm   ㉡ 작은   ㉢ 2%   ㉣ 45~60°   ㉤ 0.5~2%

26 야간경관 형성의 필요성 3가지만 쓰시오.

정답
① 야간활동의 증가   ② 지역경제 활성화 및 도시생활의 안전성 향상
③ 도시의 정체성 및 이미지 향상   ④ 관광자원화

27 다음 보기의 내용은 수경시설 공사에 대한 조경표준시방서 내용이다. 빈칸에 알맞은 단어를 쓰시오.

① 물의 투수 및 유출을 방지하기 위해 HDPE 필름 등의 방수재를 포설할 경우에는 (㉠)를 설치하여 재료의 손상이 없도록 한다.
② 콘크리트 구조체의 접합부분은 (㉡)을 사용하여 누수를 방지하도록 한다.
③ 콘크리트구조체는 지하수나 연못의 물이 누수되지 않도록 (㉢) 콘크리트를 사용하거나 콘크리트표면에 별도의 방수처리를 해야 하며 방수처리한 표면은 (㉣)를 처리하여 방수면을 보호한다.

정답
㉠ 부직포   ㉡ 지수판   ㉢ 수밀성   ㉣ 보호모르타르

28 인공연못 시공 시 유의사항을 조경표준시방서에 의거하여 서술하시오.

정답
① 호안 부위의 방수는 연못 설계 수위보다 최소 0.1m 이상 높게 설치하여야 한다.
② 찰쌓기방식의 구조체인 경우, 이면의 용출수를 배수하기 위한 배수구나 맹암거를 설치한다.
③ 벽천 및 계류는 유속에 의해 주변으로 물이 확산되지 않도록 하며, 일일 최대 집중 우수량을 계산하여 시공하도록 한다.

29 방수공사 전 처리해야 하는 사항을 조경표준시방서에 의거하여 서술하시오.

정답
① 방수바탕에 대한 기울기, 형상, 상태에 대해 확인한다.
② 방수말단부와 드레인, 관 등 시공이 까다로운 부분을 점검한다.
③ 시공할 표면을 방수공법에 적합한 작업환경이 될 수 있도록 청소 및 정리한다.

30 다음은 수경시설에 대한 조경표준시방서 내용이다. 빈칸을 채우시오.

① 배수구는 연못 또는 수조의 물을 완전배수하기 위한 바닥배수시설과 일정한 수면높이를 유지하기 위한 (㉠)로 구분하여 설치한다.
② 어류를 사육하는 연못에서는 자연유하수, 지하수 등의 자연수를 사용하고, 수도물을 사용할 경우에는 별도의 (㉡)을 이용하여 어류의 생육에 적합한 물을 공급한다.
③ 연못 내 도입되는 어류 월동 보호소는 (㉢) 이상 깊이를 유지하도록 하며, 식생 및 어류는 설계도서에 따른다.
④ 연못 내 식생의 과다한 번식을 제어하기 위해 필요 시 (㉣)를 한다.

정답
㉠ 오버플로우   ㉡ 정수시설   ㉢ 1m   ㉣ 수중분식재

31 다음은 조경설계기준에 제시된 용어설명이다. ( ) 안에 알맞은 용어를 쓰시오.

① (㉠) :「도시공원 및 녹지 등에 관한 법률」의 공원시설 중 상부구조의 비중이 큰 시설물을 말한다.

② (㉡) : 토지에 정착하여 설치된 시설물로 앉음벽, 장식벽, 울타리, 담장, 야외무대, 스탠드 등의 시설 물을 말한다.

③ (㉢) : 부지의 소유경계표시나 외부로부터의 침입 방지를 위해 흙, 벽돌 등으로 둘레를 막아 놓는 구 조물을 말한다.

④ (㉣) : 앉아서 쉬기 위하여 설치하는 선형의 벽체 구조물이다.

정답

㉠ 조경시설물   ㉡ 조경구조물   ㉢ 담장   ㉣ 앉음벽

32 울타리 계획 시 설계대상공간의 성격과 기능에 따라 당해 설치목적을 충족시키기에 적합한 형태·규격·구조로 설계해야 한다. 다음은 조경설계기준에 제시된 울타리의 높이 기준내용이다. 적절한 높이 기준을 쓰시오.

① 단순한 경계표시 기능이 필요한 곳은 (㉠) 이하의 높이로 설계한다.
② 소극적 출입 통제를 위해서는 (㉡)의 높이로 설계한다.
③ 적극적 침입방지를 위해서는 (㉢)의 높이로 설계한다.

정답

㉠ 0.5m   ㉡ 0.8~1.2m   ㉢ 1.5~2.1m

33 다음은 야외무대 및 스탠드에 대한 조경설계기준 내용이다. 빈칸을 바르게 채워 답하시오.

객석의 전후영역은 표정이나 세밀한 몸짓을 이상적으로 감상할 수 있는 생리적 한계인 15m 이내로 하고, 평면적으로 무대가 보이는 각도(객석의 좌우영역)는 (㉠) 이내로 설정한다. 객석에서의 부각은 (㉡) 이하가 바람직하며 최대 (㉢)까지 허용된다. 좌판 좌우간격은 평의자의 경우 (㉣) 이상으로 하며, 등 의자의 경우 50~55cm 이상으로 한다.

정답

㉠ 101~108°   ㉡ 15°   ㉢ 30°   ㉣ 45~50cm

34 다음은 조경표준시방서에 의한 조경구조물에 대한 내용이다. 빈칸에 적절한 내용을 기입하시오.

① 석축 기초 하단이 시공지역의 동결심도보다 깊어야 하며, 최소 (㉠) 이상으로 한다.
② 석축의 뒷채움 재료는 천연석 또는 부순 돌로 최대지름 (㉡) 이하의 적당한 입도로 혼합된 것이어야 한다.
③ 소옹벽은 소규모 비탈면 안정, 플랜터 박스 등에 사용되는 (㉢) 이하의 중력식 소옹벽에 한정한다.

④ 소옹벽의 전면에는 (㉣) 정도로 기울기를 두어서 시공오차로 인해 옹벽이 앞으로 기울어지는 것을
   피해야 한다.
⑤ 소옹벽 기초 하단이 시공지역의 (㉤)보다 깊어야 한다.
⑥ 식생옹벽 시공에는 옹벽의 매 단높이마다 1톤 이상의 소형 평면진동기로 (㉥) 이상 균질하게 다짐하
   여야 한다.

정답

㉠ 0.7m   ㉡ 0.15m   ㉢ 1m   ㉣ 1 : 0.02   ㉤ 동결심도   ㉥ 2회

35 다음은 보도교에 대한 조경표준시방서 내용이다. 빈칸을 적절히 채우시오.

① 보도교는 안전을 고려하여 난간 설치를 검토하여야 하며, 높이가 (㉠) 이상인 경우는 설치하여야 한다.
② 기울기가 있는 보도교의 경우 종단 기울기가 (㉡)를 넘지 않도록 하며 미끄럼을 방지하기 위해 바닥
   을 거칠게 표면처리하여야 한다.

정답

㉠ 2m   ㉡ 8%

36 다음은 조경시설물공사를 위한 토공 및 기초공사에 관련된 조경표준시방서 사항이다. 빈칸에 적절
   한 단어를 기입하시오.

① 터파기 시 파낸 재료는 터파기의 경계로부터 (㉠) 이상의 거리를 두고 쌓아 두어야 하며, 터파기한
   자리는 밖에서 빗물이 흘러 들어가지 않도록 조치하여야 한다.
② 되메우기 시 (㉡)를 기준으로 층다짐을 실시하며, 각 층은 흙의 다짐시험법에 따라 정해지는 최대 건
   조밀도의 (㉢) 이상으로 다져야 한다.
③ 잡석의 두께는 설계도서에 따르되, 잡석포설 시 한층 두께는 (㉣)를 넘지 않도록 하며, 필요 시 층다
   짐을 실시하여야 한다.
④ 기초콘크리트는 수평면에 대하여 (㉤) 이상의 각도일 경우 거푸집을 설치하고 되메우기를 하기 전
   에 거푸집을 제거하여야 한다.

정답

㉠ 1m   ㉡ 200mm   ㉢ 90%   ㉣ 300~400mm   ㉤ 30°

37 조경설계에 사용되는 각종 자연 및 인공재료의 규격 및 품질은 조경설계기준에 적합하게 사용하여
   야 한다. 다음은 조경재료 중 자연석의 품질에 대한 조경설계기준 내용이다. 해당되는 자연석의 종
   류를 알맞게 채우시오.

① (㉠) : 하천에서 채집되는 평균지름 약 20~40cm 정도의 강석
② (㉡) : 가공하지 않은 자연석으로 지름 10~20cm 정도의 달걀꼴 돌

③ (㉢) : 표면을 가공하지 않은 자연석, 운반할 수 있고 공사용으로 사용될 수 있는 비교적 큰 석괴

④ (㉣) : 수성암 계열의 점판암·사암·응회암으로서 얇은 판 모양으로 채취하여 포장재나 쌓기용으로 사용되는 석재

정답

㉠ 호박돌   ㉡ 조약돌   ㉢ 야면석   ㉣ 판석

38 다음은 조경재료 중 가공석에 대한 조경설계기준에 제시된 내용이다. 빈칸을 적절하게 채우시오.

① 다듬돌은 일정한 규격으로 다듬어진 것으로서, (㉠)은 너비가 두께의 3배 미만으로 일정한 길이를 가지고 있는 것이고 (㉡)은 두께가 15cm 미만으로 너비가 두께의 3배 이상인 것이다.

② (㉢)은 전면이 거의 평면을 이루고, 대략 정사각형으로 뒷길이·접촉면의 폭·후면 등이 규격화된 돌로서 접촉면의 폭은 1변 평균길이의 1/10 이상, 면에 직각으로 잰 길이는 최소변의 1.5배 이상이어야 한다.

③ (㉣)은 전면이 거의 사각형에 가까우며, 전면의 1변 길이는 15~25cm로서 면에 직각으로 잰 길이는 최소변의 1.2배 이상이어야 한다.

정답

㉠ 각석   ㉡ 판석   ㉢ 견치돌   ㉣ 사고석

39 다음은 조경설계기준상 조경석의 종류에 대한 설명이다. 적절한 재료명을 기입하시오.

① (㉠) : 인공을 가하지 않은 천연 그대로의 돌을 말하며 천연석이라고도 한다. 미적·경관적 가치를 지니며 일반적으로 2목도(1목도=50kg) 이상 크기의 돌을 말한다.

② (㉡) : 조경석가공기 또는 굴삭기를 이용하여 일정 시간 동안 모서리를 포함한 표면이 예리하지 않도록 가공하여 자연석 형태로 만든 돌로서 그 형태와 질감이 자연석과 유사한 돌

③ (㉢) : 공사현장에서 발생한 석괴 등을 현장에서 가공한 것으로 그 형태와 질감이 자연석에 미치지 못하나 긴 선형의 단차해소를 위한 조경석으로 활용하는 돌

④ (㉣) : FRP, GRC, GFRC, GRS 등의 자재를 이용하여 자연석의 질감을 느낄 수 있도록 인공적으로 제작된 돌을 말한다.

정답

㉠ 자연석   ㉡ 가공조경석(굴림자연석)   ㉢ 현장유용석   ㉣ 인조석(인조암)

40 다음은 조경석 놓기 종류에 대한 조경설계기준의 내용이다. 보기에서 골라 알맞게 기입하시오.

[보기] 입석, 횡석, 평석, 환석, 각석, 사석, 와석, 괴석

① (㉠) : 흔히 볼 수 없는 괴상한 모양의 돌을 말하며 단독 또는 조합하여 관상용으로 주로 이용된다.

② (ⓛ) : 비스듬히 세워서 이용되는 돌을 말하며 해안절벽과 같은 풍경을 묘사할 때 주로 사용된다.

③ (ⓒ) : 둥근 돌을 말하며 무리로 배석할 때 많이 이용된다.

④ (ⓔ) : 가로로 눕혀서 쓰는 돌을 말하며 입석에 의해 불안감을 주는 돌을 받쳐서 안정감을 주는 데 사용한다.

ⓐ 괴석 ⓛ 사석 ⓒ 환석 ⓔ 횡석

41 다음 보기의 내용은 조경석재료에 대한 조경표준시방서 내용이다. 빈칸에 알맞은 내용을 쓰시오.

① (ⓐ) : 산과 들에서 채집되는 조경석으로 자연풍화로 마모되어 있거나 이끼 등의 착생식물이 끼어 있는 것을 사용한다.

② (ⓛ) : 하천에서 채집되는 조경석으로 물에 의해 표면이 마모된 것으로서 모서리가 예리하지 않은 것이어야 한다.

③ (ⓒ) : 바닷가에서 채집되는 파도, 해일 및 염분의 작용에 의하여 표면이 마모되고 모서리가 예리하지 않은 것으로 조개류의 껍질이 부착되어 있는 경우에는 공사감독자의 승인을 받은 후에 사용하여야 한다.

④ (ⓔ) : 형태와 질감이 자연석과 유사하고 모서리가 예리하지 않은 것이어야 하며, 치수, 미관, 마감상태 등이 양호한 것을 사용하여야 한다.

ⓐ 산석 ⓛ 강석(하천석) ⓒ 해석 ⓔ 가공조경석

42 다음 보기의 내용은 조경석의 배치에 대한 조경표준시방서 내용이다. 빈칸에 알맞은 내용을 쓰시오.

조경석을 무리지어 배석하는 경우 중심석과 보조석의 (ⓐ)가 기본이며, 특별한 경우를 제외하고는 3석조, 5석조, 7석조 등과 같은 (ⓛ)로 조합하는 것을 원칙으로 한다.

ⓐ 2석조 ⓛ 기수

43 다음은 조경석 쌓기에 대한 조경표준시방서 내용이다. 빈칸을 적절히 채우시오.

① 크고 작은 조경석을 서로 어울리게 배석하여 쌓되 전체적으로 하부의 돌을 상부의 돌보다 (ⓐ) 것을 사용한다.

② 뒷부분에는 고임돌 및 뒤채움돌을 써서 튼튼하게 쌓아야 하며, 필요에 따라 중간에 뒷길이가 (ⓛ) 정도의 돌을 맞물려 쌓아 붕괴를 방지한다.

③ 가로쌓기 시 조경석을 약간 기울어진 수직면으로 쌓을 때에는 설계도서에 따라 석재면을 기울어지게 하거나 약간씩 들여쌓되, 돌을 기초 또는 하부돌에 안정되게 맞물리고 고임돌과 (ⓒ) 등을 채워 넣어

흔들리거나 무너지지 않게 쌓는다.

④ (ㄹ)는 조경석을 줄지어 세워놓고 돌 주위는 뒤채움돌, 고임돌, 받침돌 또는 콘크리트를 채워 견고하게 설치하는 방식을 말한다.

정답

㉠ 큰 ㉡ 0.6~0.9m ㉢ 뒤채움콘크리트 ㉣ 세워쌓기

44 다음은 디딤돌(징검돌) 놓기에 대한 조경설계기준 내용이다. 빈칸을 알맞게 채워 넣으시오.

보행에 적합하도록 지면과 수평으로 배치하며, 수경공간에 배치할 때는 징검돌의 상단은 수면보다 (㉠) 정도 높게 배치하고 한 면의 길이가 (㉡) 정도로 되게 한다. 또한 배치 간격은 어린이와 어른의 보폭을 고려하여 결정하되, 일반적으로 (㉢)로 하며 돌과 돌 사이의 간격이 (㉣) 정도가 되도록 설계하며, 디딤돌(징검돌)의 장축은 진행방향에 직각이 되도록 설계한다.

정답

㉠ 15cm ㉡ 30~60cm ㉢ 40~70cm ㉣ 8~10cm

45 다음은 디딤돌·징검돌 놓기에 대한 조경표준시방서 내용이다. 빈칸을 적절히 채우시오.

① 디딤돌의 배치간격 및 형식 등은 설계도서에 따르되, 윗면은 수평으로 놓고 지면과의 높이는 설계도서에서 정한 바가 없는 경우 (㉠) 내외로 한다.
② 디딤돌의 두께에 따라 터파기를 하고 지면을 다진 후 안정되게 놓고 밑에서 (㉡) 등으로 흔들리지 않게 설치한 다음 주위를 흙으로 메우고 다진다.
③ 징검돌은 설계도서에 따라 소정의 깊이까지 터파기를 하고 콘크리트기초를 한 위에 (㉢)로 고정하여 설치한다.
④ 징검돌을 설치할 때 높이는 설계도서에 따르되 평균수위보다 (㉣) 내외로 높게 하는 것을 원칙으로 한다.

정답

㉠ 0.05m ㉡ 괴임돌 ㉢ 모르타르 ㉣ 0.15m

46 다음은 조경설계기준에 제시된 계단돌 쌓기의 내용이다. 빈칸을 바르게 채워 넣으시오.

계단의 최고 기울기는 (㉠) 정도로 하고, 한 단 높이는 (㉡), 단 너비는 (㉢)를 표준으로한다. 돌계단의 높이가 2m를 초과할 경우 또는 방향이 급변하는 경우에는 안전을 위해 너비 (㉣) 이상의 계단참을 설치한다.

정답

㉠ 30~35° ㉡ 15cm ㉢ 30~35cm ㉣ 120cm

47 다음은 계단돌 놓기에 대한 조경표준시방서 내용이다. 빈칸을 적절히 채우시오.

① 계단돌의 윗면은 수평으로 놓고 시공순서는 (㉠) 계단부터 (㉡) 계단으로 설치한다.
② 계단돌의 두께에 따라 터파기를 하고 지면을 다진 후 안정되게 놓고 흔들리지 않게 (㉢) 등을 설치
한 후, 주위에서 흙으로 메우고 다지며 (㉣)을 발판으로 하여 미끄러짐을 방지한다.

정답
㉠ 아래   ㉡ 윗   ㉢ 괴임돌   ㉣ 거친면

48 다음의 보기에서 정의하는 용어를 쓰시오.

도로, 댐, 수중보, 하구언 등으로 야생동물의 서식지가 단절되거나 훼손되는 것을 방지하고 야생동식물의
이동을 돕기 위하여 설치되는 인공구조물이나 식생 등의 생태적 공간

정답
생태통로

49 다음 보기의 내용은 생태통로에 대한 조경표준시방서 내용이다. 빈칸에 알맞은 단어를 쓰시오.

① 생태통로 설치 및 관리지침(환경부)에 따른 육교형 생태통로 중앙부의 최소폭은 (㉠) 이상을 기준으
로 하며, 주요 생태축을 통과하는 경우에는 최소폭 (㉡) 이상을 기준으로 한다.
② 포유류용 터널형 생태통로의 높이는 (㉢) 이상이며, 왕복 4차선 이상의 도로에서는 가급적
(㉣) 이상으로 조성하여야 한다.

정답
㉠ 7m   ㉡ 30m   ㉢ 2m   ㉣ 3m

50 다음은 조경설계기준에 제시된 '습지'의 용어 설명이다. 빈칸을 알맞게 채워 넣으시오.

항상 물에 젖어 있는 환경으로 육지와 물이 접촉하고 있는 지대이며, (㉠)와 (㉡)로 구분된다.
(㉠)란 육지 또는 섬 안에 있는 호 또는 소와 하구와 같은 습지를 말하며, (㉡)는 갯벌에 해당하는 습
지로서 (㉢) 때 수위선과 지면이 접하는 경계로부터 (㉣) 때 수심 6m까지의 지역을 의미한다.

정답
㉠ 내륙 습지   ㉡ 해안 습지   ㉢ 밀물   ㉣ 썰물

51 다음은 조경설계기준에 제시된 용어설명이다. ( ) 안에 알맞은 용어를 답하시오.

① (㉠) : 불투수층인 토양을 기반으로 하는, 연중 내내 얕은 물에 의해 덮여있는, 육지와 개방 수역 사
이의 전이지대로서 물의 흐름이 약하거나 정체된 지역으로 정의한다.

② (㉡) : 야생동물서식처 제공 및 수질 정화와 같은 것을 목적으로 조성되었거나 기존 못이 위의 목적으로 이용되는 못으로서, 생태적 형성과정에 의한 입지, 구조, 기능을 전제로 보전, 복원 또는 조성된 못을 말한다.

③ (㉢) : 훼손된 자연 습지와 유사한 생태적 기능을 수행하도록 조성된 습지로서 자연 습지와 동등 또는 그 이상의 구조와 기능을 갖는 습지를 말한다.

④ (㉣) : 자연성을 유지하고 있는 습지이며, 습지복원, 대체습지 조성, 기능평가, 성능평가 등을 위한 기준이 되는 습지로서, 인위적 또는 자연적 훼손이 적고 습지의 기능이 우수하게 발휘되는 습지를 말한다.

정답

㉠ 저습지   ㉡ 생태못   ㉢ 대체습지   ㉣ 표준습지

52 조경설계기준의 생태통로 중 암거형의 종류에 대해 나열하시오.

정답

① 박스형 암거   ② 파이프형 암거   ③ 수로형 암거   ④ 양서파충류용 암거   ⑤ 교량 하부형

53 조경설계기준의 생태통로 중 다음 설명에 관련된 유형이 무엇인지 답하시오.

① 도로나 철로, 하천과 같이 선형으로 이어진 단절지를 연속적으로 연결해야 하는 지역에 설치한다. 주로 하천, 수로 주변에 조성하며 자연식생을 이용한다.

② 불빛, 소음과 같은 특정 간섭요인으로부터 서식지를 보호하기 위해 장벽 역할이 필요한 지점에 설치한다.

③ 서로 떨어진 또는 환경이 서로 다른 서식지를 간단하게 연결하여 이동성을 증진시켜야 할 필요성이 있는 지점 또는 인공 시설물 설치로 인해 생태계의 파괴가 심각하게 우려되는 곳에 설치한다.

정답

선형생태통로

54 조경설계기준의 생태통로 설계 시 위치를 선정한 이후 대상 지역의 특징에 따라서 최적의 유형을 결정해야 한다. 육교형 생태통로 유형을 결정할 때 고려사항 중 3가지만 기술하시오.

정답

① 사업지역이 산지 및 계곡일 경우
② 절토지역간 거리가 멀고, 절토지가 깊은 경우
③ 지표면으로 이동할 수 없는 경우
④ 지상에 장애물, 오염원이 있는 경우
⑤ 서식지간 거리가 먼 경우

조경미학 및 설계

1 |||| 조경미학

❶ 디자인 요소

① 디자인의 조건 : 심미성, 독창성, 합목적성

② 조경미(정원수 미)의 3요소 : 재료미(색채미), 형식미(형태미), 내용미

③ 점 : 하나의 점(주의력 집중), 크기가 같은 두 개의 점(긴장감)

④ 선 : 수평선(중력의 지지, 대지, 고요), 수직선(중력의 중심, 고상함, 극적임, 장중함), 사선(불안정, 순간적, 위험성, 주의력 집중, 운동감)

⑤ 스파늉 : 점·선·면·색채 등 2개 이상의 구성요소들이 동일구역에 배치되어 나타나는 상호간의 긴장력

⑥ 질감 : 어떤 물체의 촉각적 경험을 가지고 표면의 특징을 시각적으로 인식하는 것

- 거친 질감 : 고운 질감에 비해 눈에 잘 띄고 윤곽이 굵으며 진취적이고 강한 분위기 조성, 초점적 분위기 연출과 부정형 구성에 용이

- 고운 질감 : 거친 질감보다 늦게 지각되며, 멀어짐에 따라 시야에서 가장 먼저 소실, 경계를 확대할 때 이용

❷ 색채

① 색지각의 3요소 : 빛, 물체, 관찰자

- 눈의 구조 : 추상체(색 인식, 강한 빛에 반응), 간상체(흑백만 구별, 빛에 민감)

- 박명시 : 중간 정도의 밝음에서 추상체와 간상체가 모두 작동하는 시각의 상태

- 순응 : 빛의 양에 따라 민감도가 증가하는 것, 명·암순응 −암순응만 대책 필요

- 색순응 : 색광에 대하여 눈의 감수성이 순응하여 조명에 의해 물체 색이 바뀌어도 자신이 알고 있는 고유의 색으로 보이게 되는 현상

- 연색성 : 빛의 분광특성에 의해 동일한 물체색이 광선에 따라 달라지는 현상

- 조건등색 : 다른 두 가지 색이 특정한 광원 아래에서 같은 색으로 보이는 현상

• 잔상 : 빛의 자극이 제거된 후에도 시각기관에 어떤 흥분상태가 계속되어 시각작용이 잠시 남는 현상 −양성잔상(짧은 시간, 영화, 텔레비전), 음성잔상(조금 긴 시간, 보색잔상)

② 색의 대비 : 다른 색의 영향을 받아 본래의 색과는 다르게 보이거나 강조되는 현상 −동시·계시대비, 색상·명도·채도 대비, 면적·연변·한난 대비

③ 색의 동화 : 대비현상과 반대로 문양이나 선의 색이 배경색에 혼합되어 보이는 현상

④ 색의 지각효과

• 푸르키니에 현상 : 푸르키니에가 해질녘에 우연히 서재에 걸어 둔 그림에서 적색과 황색계열의 색상은 흐려지고 청색계열의 색상이 선명해지는 것을 보고 발견한 현상

• 색의 항상성 : 빛의 강도나 눈의 순응상태가 바뀌어도 눈이 같은 색으로 지각하는 현상

• 색의 진출(난색)과 후퇴(한색), 색의 수축(한색)과 팽창(난색)

• 주목성(유목성) : 사람들의 시선을 끄는 힘의 강한 정도 −단일색상 효과

• 명시도(식별성) : 물체 색이 얼마나 잘 보이는가를 구별하여 나타내는 정도 −배색효과

⑤ 색의 감정효과

• 색의 온도감 : 빨강 → 주황 → 노랑 → 연두 → 녹색 → 파랑 → 하양 순으로 차가워짐

• 색의 흥분·침정 : 난색의 경우 흥분감 유발, 한색의 경우 안정 도모

• 색의 중량감 : 명도가 높은 것은 가볍고, 낮은 것이 무겁게 느껴짐

⑥ 삼원색 : 색광(빨강·녹색·파랑), 색료(마젠타·노랑·시안)

• 가법혼합(색광혼합) : 혼합하는 성분이 증가할수록 기본색보다 밝아짐 −삼색혼합은 백색

• 감법혼합(색료혼합) : 혼합하는 성분이 증가할수록 기본색보다 어두워짐 −삼색혼합은 검정

⑦ 먼셀의 색체계 : 색상(H, 유채색), 명도(V, 명암), 채도(C, 순수성 농도) −색의 삼속성

• 먼셀의 기본 10색 : 빨강(R), 주황(YR), 노랑(Y), 연두(GY), 초록(G), 청록(BG), 파랑(B), 남색(PB), 보라(P), 자주(RP)

• 그레이스케일 : 하양과 검정의 결합으로 만들어진 무채색의 명도단계(0~10단계)

⑧ 오방색 : 오행의 기운과 음양오행설에서 풀어낸 순수한 색

• 오방색 : 황(중앙), 청(동), 백(서), 적(남), 흑(북), 양의 색, 하늘과 남성 상징

• 오간색 : 녹색(황+청), 벽색(청+백), 홍색(백+적), 유황색(흑+황), 자색(적+흑), 음의 색, 땅과 여성 상징

❸ 경관구성 원리

① 통일미 : 동일성, 유사성을 지닌 개체들이 나타내는 미 −균형과 대칭, 조화, 강조

② 다양성 : 적절한 다양성에 의한 조화 −대비, 율동, 변화

③ 운율미 : 연속적으로 변화되는 색채, 형태, 선, 소리 등에서 찾아볼 수 있는 미

④ 균형미 : 가정한 중심선을 기준으로 양쪽의 크기, 무게가 안정감이 있을 때의 미

⑤ 단순미 : 단일 혹은 동질적 요소의 시각적인 힘의 미

⑥ 조화 : 비슷하면서도 실은 똑같지 않은 것끼리 모여 균형을 유지하는 것

⑦ 대칭 : 균형의 가장 간단한 형태, 정형식 디자인, 장엄함 및 명료성

⑧ 비대칭 : 시각적 힘의 균형, 비정형적, 인간적, 동적 안정감, 변화와 대비의 자연스러움

⑨ 강조 : 동질의 요소에 상반된 요소를 도입하여 통일감 조성, 시각적 흥미 유발

⑩ 비례 : 물리적 변화에 대한 수량적 관계가 규칙적 비율을 가지는 것 −황금비율

⑪ 점증 : 디자인 요소의 점차적인 변화로서 감정의 급격한 변화를 막아 주는 것

⑫ 대비 : 서로 상이한 요소를 대조, 시각적인 힘의 강약에 의한 효과 발현

⑬ 변화 : 무질서가 아닌 통일 속의 변화를 의미하며 다양성을 줄 수 있는 원리

⑭ 축 : 통일 요소, 장엄·엄정하나 단순한 경관 형성, 좌우·방사 형성, 곡선 가능

❹ 환경미학

① 착시 : 각도·방향·위치의 착시(체르너, 포겐도르프, 헤링, 분트), 길이의 착시(뮐러라이어, 분할, 수평수직), 동화·대비의 착시(티치너, 덤브스, 체스트로, 폰조), 반전성실체착시(마허의 책, 네커의 육면체, 슈뢰더 사다리)

② 공간 형성의 3요소 : 바닥면, 수직면, 관개면

③ 공간의 한정 : D/H＜1은 답답함, D/H＝4는 서로 관련성(폐쇄성) 없음

• D/H＝1~3을 건물 및 광장에 가장 많이 응용 −린치(2~3), 스프라이레겐(2), 아시하라 (1~2)

D/H비에 따른 공간의 폐쇄 및 인식범위

D/H비	양각	인식범위
D/H＝1	45°	정상적인 시야의 상한보다 주대상물이 더 높아 심한 폐쇄감을 느낌
D/H＝2	27°	정상적인 시야의 상한선과 일치하므로 적당한 폐쇄감을 느낌
D/H＝3	18°	폐쇄감에 다소 벗어나며 폐쇄감보다는 주대상물에 더 시선이 끌림
D/H＝4	14°	공간의 폐쇄감이 완전히 소멸되고 특징적 공간으로서 장소의 식별 불가능

④ 수직면 폐쇄도 : 30cm(상징적 영역분리), 60cm(모서리 규정), 90cm(공간의 영역구분, 폐쇄성 없음), 120cm(시각적 연속성, 약하게 감쌈), 150cm(시각적 연속성 단절, 폐쇄감 느낌), 180cm(두 영역 완전차단, 폐쇄도 강하게 나타남)

⑤ 공간의 위계 : 고 −(상대적으로)높음, 좁음, 내부적, 폐쇄적, 정적, 사적, 소수

2 |||| 조경설계기초

❶ 제도의 목적 및 원칙

① 제도 : 설계자의 의사를 선·기호·문장 등으로 용지에 표시하여 전달

② 제도의 순서 : 축척 정하기 → 도면윤곽 정하기 → 도면위치 정하기 → 제도

③ 도면작성의 일반원칙

- 통일성 : 도면에 표시하는 정보의 일관성·국제성 확보
- 간결성 : 정보를 명확하고 이해하기 쉬운 방법으로 표현
- 청결성 : 복사 및 보존·검색·이용의 용이함 확보

❷ 도면크기 및 방향

① 제도용지의 크기는 A계열의 A0~A6 적용 −필요 시 직사각형으로 연장 가능

② 도면은 그 길이 방향을 좌우 방향으로 놓은 위치가 정위치 −A6 이하 예외

③ 도면의 테두리(윤곽선)를 만들 경우 일정 여백 설정 −테두리를 만들지 않아도 여백 동일

④ 큰 도면을 접은 도면의 크기는 A4가 원칙

⑤ 평면도, 배치도 등은 북을 위로 하여 작도

⑥ 입면도, 단면도 등은 위아래 방향을 도면지의 위아래와 일치시킬 것

❸ 도면의 척도 및 경사표시

① 도면에는 반드시 척도 기입

② 한 도면에 서로 다른 척도를 사용하였을 때에는 각 그림마다 혹은 표제란에 척도 기입

③ 그림의 형태가 치수에 비례하지 않을 때에는 "NS(No Scale)"로 표시

④ 척도는 도면의 치수를 실제의 치수로 나눈 값

⑤ 척도는 대상물의 크기, 대상물의 복잡성 등을 고려하여 명료성을 갖도록 다음에서 선정

- 실척(현척) : 실물 크기와 동일한 크기의 척도 −1/1
- 축척 : 실물 크기보다 작게 나타낸 척도 −1/2, 1/3, 1/4, 1/5, 1/10, 1/20, 1/25, 1/30, 1/40, 1/50, 1/100, 1/200, 1/250, 1/300, 1/500, 1/600, 1/1000, 1/1200, 1/2000, 1/2500, 1/3000, 1/5000, 1/6000
- 배척 : 실물의 크기보다 크게 나타낸 척도 −2/1, 5/1

⑥ 경사지붕, 바닥, 경사로 등의 경사는 밑변에 대한 높이의 비로 표시

- "경사" 다음에 분자를 1로 한 분수로 표시 : 경사 1/8, 경사 1/20, 경사 1/150
- 지붕은 10을 분모로 표시 가능 : 경사 1/10, 경사 2.5/10, 경사 4/10
- 각도 표시도 가능 : 경사 30°, 경사 45°

❹ 선의 종류와 용도

① 선의 요약

선의 종류		용도
실선	━━━━	단면의 윤곽 표시
	────────	보이는 부분의 윤곽 표시 또는 좁거나 작은 면의 단면 부분 윤곽 표시
	────────	치수선, 치수보조선, 인출선, 격자선 등의 표시

파선	— — — — —	보이지 않는 부분이나 절단면보다 양면 또는 윗면에 있는 표시
1점쇄선	— — — — — - -	중심선, 절단선, 기준선, 경계선, 참고선 등의 표시
2점쇄선	— - - — - - — --	상상선 또는 1점쇄선과 구별할 필요가 있을 때

② 선의 굵기 : 건설제도에는 가는선, 기본선, 굵은선 사용 −선 굵기의 비율 1 : 2 : 4

❺ 글자

① 글자는 명백히 기입 −글자체는 수직 또는 15° 경사의 고딕체 사용

② 문장은 왼쪽에서부터 가로쓰기 −곤란할 경우 세로쓰기 가능

③ 숫자는 아라비아 숫자

④ 글자의 크기는 각 도면의 상황에 맞추어 알아보기 쉬운 크기 사용

⑤ 4자리 이상의 수는 3자리마다 휴지부를 찍거나 간격 두기

❻ 치수

① 치수는 특별히 명시하지 않는 한 마무리 치수로 표시

② 치수 기입은 치수선 중앙 윗부분에 기입 −치수선 중앙에 기입 가능

③ 치수 기입은 치수선에 평행하게 왼쪽에서 오른쪽, 아래로부터 위로 읽을 수 있도록 기입

④ 협소한 간격이 연속될 때에는 인출선을 사용하여 치수 기입

⑤ 치수선의 양 끝은 화살 또는 점으로 표시(단말 기호) −한 도면에 2종 혼용금지

⑥ 치수의 단위는 밀리미터(mm)를 원칙으로 하고, 이때 단위 기호는 쓰지 않으며, 단위가 밀리미터가 아닌 때에는 단위 기호를 쓰거나 그 밖에 방법으로 단위 명시

치수선의 종류

구분	내용
치수선	치수를 기입하기 위하여 길이, 각도를 측정하는 방향에 평행으로 그은 선
치수보조선	치수선을 기입하기 위해 도형에서 그어낸 선
지시선(인출선)	기술·기호 등을 나타내거나 도면 내용을 대상 자체에 기입하기 곤란할 때 그어낸 선 −수목명, 주수, 규격 등 표시

❼ 표제란

① 도면의 아래 끝에 표제란 설정

② 기관정보(발주·설계·감리기관 등), 개정관리 정보(도면갱신 이력), 프로젝트 정보(개괄적 항목), 도면정보(설계 및 관련 책임자, 도면명, 축척, 작성일자, 방위 등), 도면번호 등 기입

③ 도면을 변경할 때에는 변경한 부분에 적당한 기호를 써넣고, 변경 전의 모양 및 숫자를 보존하고 변경의 목적, 이유 등을 명백히 한 후 변경부분을 별도로 표시

❽ 도면 표시 기호

① 도면을 간단히 함과 동시에 지시내용의 해석을 통일하기 위해 그림기호·문자기호 등 사용

② 한국산업표준에서 규정한 기호를 사용하는 경우에는 일반적으로 특별한 주기 불필요

③ 그 외의 기호를 사용하는 경우에는 그 기호의 뜻을 도면의 적당한 곳에 기입

일반기호

표시사항	기 호	표시사항	기 호	표시사항	기 호
길 이	L	마감면 표시	▽	레벨표시	⊕
높 이	H	구조체면표시	▼		
나 비	W	제1 제2	① ②	내부 전개 방향	◇
두 께	THK	축척 1/200	S 1 : 200		
무 게	Wt	축 척	0 1 3 5 10		
면 적	A				
용 적	V	단면의 위치 방향	Ⓐ	주출입구	⬆
지 름	D · Ø				
반지름	R	입면의 위치 방향	Ⓑ	부출입구	⬆

평면 및 재료 구조 표시 기호

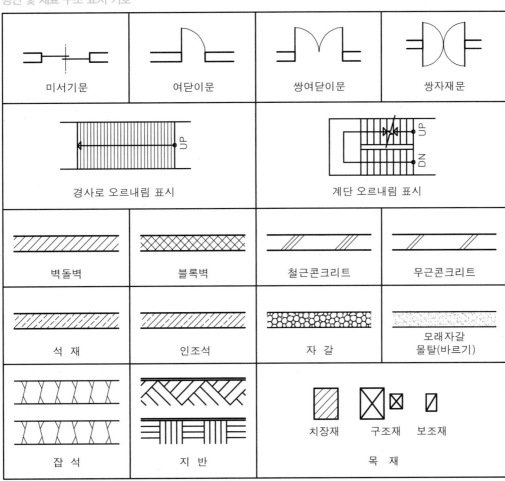

미서기문	여닫이문	쌍여닫이문	쌍자재문

경사로 오르내림 표시	계단 오르내림 표시

벽돌벽	블록벽	철근콘크리트	무근콘크리트

석 재	인조석	자 갈	모래자갈 몰탈(바르기)

잡 석	지 반	목 재 (치장재 / 구조재 / 보조재)

3 |||| 도면의 이해

❶ 도면의 종류

① 평면도 : 공중에서 수직적으로 내려다본(정투상한) 도면

② 입면도 : 대상물을 수평적으로 보아 수직적 형태를 나타내는 도면(정투상도) −정면도, 우측면
도, 좌측면도, 배면도 등

③ 단면도 : 평면도 상의 특정 부분을 절단하여 수직적 모양의 형태를 그린 도면 −종·횡단면도

④ 상세도 : 축척을 크게 적용하여 중요한 부분을 확대하여 그린 도면

⑤ 투상도 : 투상면에 빛에 투영된 것처럼 각 점을 투상시켜 그린 도면

⑥ 투시도 : 실제 완성된 모습을 가상하여 그린 도면으로, 눈에 보이는 형상처럼 그린 도면

⑦ 조감도 : 시점을 높여 공중에서 본 모습을 그린 투시도

❷ 투상도

① 투상법은 제3각법으로 작도함이 원칙

② 표고투상(등고선), 경상투상(천정도에 사용), 3차원상 투상(등각투상도, 부등각투상도, 경사투
상도), 투시투상도(투시도)

- 등각투상 : 3좌표축의 투상이 서로 120°가 되는 축측투상 −등각투상도
- 부등각투상 : 3좌표축 투상의 교각이 모두 같지 않은 축측투상 −부등각투상도
- 경사투상 : 투상선이 투상면을 사선으로 지나는 평행투상 −경사투상도

❸ 투시도

① 투시도 성질

- 효과적인 투시도 작성에 일반적으로 쓰이는 화각은 30~60°
- 투시도의 대상물과 시점이 가까울수록 왜곡되어 경사지고 날카롭게 보임
- 소점은 항상 관측자 눈높이의 수평선상에 생성
- 화면보다 앞에 있는 물체는 실제보다 확대되어 나타남
- 같은 크기의 수평면이라도 보이는 면의 폭은 시점의 높이에 가까워질수록 좁게 보임

② 투시도 종류

- 1소점 투시도(평행투시도) : 밑면이 기면과 평행하고 한 면이 화면에 평행으로 위치하며, 시
선방향과 평행한 물체의 선들은 소점으로 좁아져 보임 −집중감 있는 정적인 표현
- 2소점 투시도(유각투시도, 성각투시도) : 밑면이 기면과 평행하고 측면이 화면과 경사진 각을
이루며 소점으로 모아져 보임 −부드러움과 자연스러움의 표현
- 3소점 투시도(경사투시도, 사각투시도) : 기면과 화면에 평행한 면이 없어 화면에 가로·세
로·수직의 선들이 경사를 이루며 세 좌표축에 모두 소점 생성 −건물의 특수효과 표현

4 |||| 조경기반설계

❶ 포장 설계

① 포장의 기능 : 도로의 기능 및 선형 유지, 집약적 이용의 수용, 보행속도 및 리듬 제시, 방향의
제시

② 포장재 선정 시 내구성·내후성·보행성·안전성·시공성·유지관리성·경제성·환경친화성 고려

• 주 보행도로의 포장재료 : 변화가 적은 재료, 질감이 좋은 재료, 밝은 색의 재료

③ 포장의 구분

• 보도용 포장 : 보도, 보차혼용도로, 자전거도, 자전거보행자도, 공원 내 도로 및 광장 등 주로
보행자에게 제공되는 도로 및 광장의 포장

• 차도용 포장 : 관리용 차량이나 한정된 일반 차량의 통행에 사용되는 도로로서 최대 적재량 4
톤 이하의 차량이 이용하는 도로의 포장

• 간이포장 : 아스팔트콘크리트포장과 콘크리트포장을 제외한 기타의 포장

• 강성포장 : 시멘트콘크리트포장

• 연성포장 : 아스팔트콘크리트포장, 투수콘크리트포장 등

④ 시멘트콘크리트포장의 줄눈

• 팽창줄눈 : 선형의 보도구간 9m 이내, 광장 등 넓은 구간 36m² 이내

• 수축줄눈 : 선형의 보도구간 3m 이내, 광장 등 넓은 구간 9m² 이내

⑤ 보도포장의 배수처리

• 포장지역의 표면은 배수구나 배수로 방향으로 최소 0.5% 이상의 기울기로 설계

• 산책로 등 선형구간에는 적정거리마다 빗물받이·횡단배수구 설계

• 광장 등 넓은 구간에는 외곽으로 뚜껑 있는 측구 설치

• 비탈면 아래의 포장경계부에는 측구나 수로 설치

• 식재수목 주변은 투수성 포장으로 설계

⑥ 경계석의 위치적 기능 : 유동성포장재 경계, 차도와 식재지 경계, 차도와 보도 경계

⑦ 포장면 기울기

• 보도용 기울기 : 종단기울기 1/12, 5% 이상은 미끄럼 방지, 횡단경사 2% 표준(최대 5%),
광장기울기 3% 이내, 운동장 외곽방향으로 0.5~1%

• 자전거도로 기울기 : 종단경사 2.5~3%(최대 5%), 횡단경사 1.5~2%

• 차도 횡단기울기 : 강성포장 1.5~2%, 간이포장 2~4%, 비포장 3~6%

⑧ 보도 포장재료 : 내구성이 있을 것, 자연 배수가 용이할 것, 외관 및 질감이 좋을 것

• 콘크리트 조립 블록 : 보도용은 두께 6cm, 차도용은 두께 8cm, 차도용 휨강도 5.88MPa
이상, 보도용 휨강도 4.9MPa 이상, 평균 흡수율 7% 이내

• 시각장애인용 유도블록 : 선형블록(유도표시용), 점형블록(위치표시 및 감지·경고용)

- 포설용 모래 : 투수계수 10^{-4} cm/sec 이상, No.200 체 통과량 6% 이하
- 투수성 아스팔트 혼합물 : 투수계수 10^{-2} cm/sec 이상, 공극률은 9~12% 기준
- 점토바닥벽돌 : 흡수율 10% 이하, 압축강도 20.58MPa 이상, 휨강도 5.88MPa 이상
- 석재타일 : 자기질, 도기질, 석기질 바닥타일로서, 표면에 미끄럼방지 처리
- 포장용 석재 : 압축강도 49MPa 이상, 흡수율 5% 이내
- 포장용 콘크리트 : 압축강도 17.64MPa 이상, 굵은 골재 최대치수 40mm 이하, 줄눈용 판재 두께 10mm 육송·삼나무판재 사용, 용접철망은 평평한 철망 사용
- 포장용 고무바닥재 : 충격흡수보조재, 직시공용 고무바닥재, 고무블록
- 마사토 : 화강암이 풍화된 것으로 No.4 체(4.75mm)를 통과하는 입도를 가진 골재
- 놀이터 포설용 모래 : 입경 1~3mm 정도의 입도를 가진 것, 먼지·점토·불순물 또는 이물질이 없어야 하며, 유해성검사를 통과한 재료 사용
- 고무블록 : 일반 고무블록과 고무칩이나 우레탄칩을 입힌 블록 등
- 인조잔디 : 인화성이 없는 재료로 제작된 것, 충진재는 자연재료 사용
- 경계블록 : 콘크리트 경계블록(종류별로 적합한 휨강도와 5% 이내의 흡수율), 화강석 경계블록(압축강도 49MPa 이상, 흡수율 5% 미만, 겉보기비중 2.5~2.7g/cm³)

⑨ 포장재료 특성
- 아스팔트포장 : 아스팔트와 쇄석 등의 골재 사용, 평탄성이 좋아 마찰저항이 작고, 절연재료로서 내력이 큼, 점착성이 크고 방수성 풍부, 시공성이 용이하여 건설속도 빠름
- 콘크리트포장 : 압축강도가 크고 내화성, 내수성, 내구성 높음, 유지관리비 저렴, 다른 재료와의 접착성이 높고 재료의 운반이 용이, 시장성 양호 -공사기간이 길고 수축균열 발생, 균일시공 곤란, 보수·제거·파괴나 모양변경 곤란
- 콘크리트블록포장 : 고압으로 성형된 콘크리트블록 사용, 강도가 높아 내구성, 내마모성이 큼, 시공이 간편하여 공사시간 단축, 비용 저렴, 재시공 시 재사용 가능
- 벽돌포장 : 동결융해 저항력과 충격에 약하고 결속력이 약하여 모르타르 병행 사용
- 판석포장 : 화강암이나 점판암 사용, 두께가 얇아 충격에 약해 바닥에 모르타르 사용

❷ 관수시설 설계

① 관수 방법 : 지표 관개법(도랑이나 웅덩이 이용, 효율 낮음), 살수 관개법(설치비가 많이 드나 효과적), 낙수식 관개법(효율 높음)

② 스프링클러 헤드
- 분무식 : 고정식, 입상식, 작동압력 0.1~0.2MPa(1~2kgf/cm²), 살수직경 6~12m, 살수량 25~50mm/h, 좁거나 불규칙한 지역에 효과적, 저렴, 정방형·구형·원형·분원형 살수 등 모든 형태의 관개시설에 적용
- 분사식 : 고정식, 입상전동식, 작동압력 0.2~0.6MPa(2~6kgf/cm²), 살수직경 24~60m, 살수량 2.5~12.5mm/h, 넓은 광대한 지역에 효과적, 원형·분원형 살수

- 낙수기 : 작동압력 $0.1\sim0.2$MPa($1\sim2$kgf/cm²), 출수공 $1\sim6$개공, 낙수량 $1\sim5$L/h, 교목·실내 조경식물의 뿌리 부위에 집중적 관수 시 적용
③ 헤드 혼합사용 금지, 헤드간 수압오차 10%, 압력 변동률 20% 이하
④ 살수기 배치 : 정방형(S=L, 커버율 50%), 삼각형(L=0.87S, 커버율 55%), 최대살수직경 $60\sim65$%, 균등계수 $85\sim95$%

❸ 배수시설 설계

(1) 배수일반
① 지표면 배수 : 개거 기울기 1/300 이상, 개거 설치 시 식재 및 맹암거 배수계통 고려
- 포장구간의 최소경사 0.3% 이상, 잔디구간 최소경사 2% 이상 유지
② 빗물침투 : 식재지 기울기 $1/20\sim1/30$
- 식재면에 100m²마다 1개소씩 오목한 곳 설치
- 선형침투시설에는 20m마다 침투정 설치 −빗물침투 촉진을 위해 0.2% 정도로 설계
③ 지하배수시설 관거 유속
- 배수시설의 기울기는 지표기울기에 따라 결정
- 우수관거 및 합류식 관거 : 유속 $0.8\sim3.0$m/sec, 최소관경 300mm
- 분류식 오수관거 유속 : $0.6\sim3.0$m/sec, $1.0\sim1.8$m/sec가 이상적, 최소관경 250mm
- 하수도시설기준에 따른 오수관거의 최소관경 표준 : 200mm
- 관거의 매설 깊이 : 동결심도와 상부하중고려 $1.0\sim1.2$m(0.6m도 가능)
- 관거 이외의 배수시설 기울기는 0.5% 이상, 평활면의 U형 측구는 0.2% 정도까지 가능
④ 조경심토층 배수
- 암거배수 : 표면 정체수 배수(지표유입수 배수), 지하수위 저감 및 지나친 토중수 배수,(완화배수), 토양수분 조절 및 차단(차단배수)
- 사구법 : 식재지가 불투수성이면 폭 $1\sim2$m, 깊이 $0.5\sim1$m의 도랑을 파고 모래를 채운 다음 식재지반을 조성, 사구의 바닥면을 기울게 할 경우 암거 불필요, 수목의 나무구덩이를 사구로 연결
- 사주법 : 식재지가 불투수층으로 그 두께가 $0.5\sim1$m이고 하층에 투수층이 존재하는 경우 하층의 투수층까지 나무구덩이를 관통시키고 모래를 객토하는 공법
(2) 암거배수 설계
① 설치방법 : 돌이나 유공관을 묻어 설치
- 배수층의 채움재 크기 : 유공관 구멍 직경의 2배 이상
- 배수가 불량한 식재지역은 필요 시 교목 주위에 암거배수를 별도로 설치
- 관은 하류측 또는 낮은 쪽에서부터 설치하며, 관의 소켓은 상류쪽(높은 곳)으로 설치
- 관의 이음부 내부는 매끄럽게 마감, 배수관 깊이는 동결심도 밑으로 설치(지하수위 고려)

- 인공지반 위나 일반토사 위에 자갈배수층 설치 시 ø20~30mm 자갈 사용
② 암거의 배치유형
- 어골형 : 주선 좌우에 지선을 경사지게 연결, 지선(길이 30m 이하, 교각 45° 이하, 간격 4~5m), 놀이터, 골프장 그린, 소규모 운동장, 광장 등 소규모 평탄지역에 적합
- 평행형(즐치형, 빗살형) : 지선을 주선과 직각으로 연결, 직각접속으로 유속 저하, 넓고 평탄한 지역의 균일한 배수에 사용, 어골형과 혼합사용 가능
- 선형 : 주선이나 지선의 구분 없이 1개의 지점으로 집중되게 설치, 지형적으로 침하된 곳이나 경사진 소규모 지역에 사용
- 차단형 : 경사면 내부에 불투수층이 있어 우수의 배출이 안 되거나 사면에서 용출되는 물을 제거하는 방법, 보통 도로의 사면에 많이 적용되며 도로를 따라 수로 형성
- 자연형 : 지형의 기복이 심한 소규모 공간, 물이 정체된 평탄지 등 국부적인 곳에 사용하므로 공간의 형태에 좌우되는 부정형 배치, 주선은 지형과 일치시켜 배치(등고선 고려)

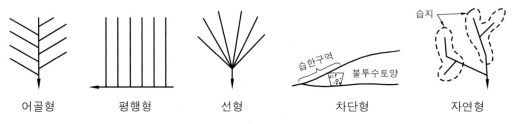

어골형　　　　平행형　　　　선형　　　　차단형　　　　자연형

| 암거의 배치유형 |

(3) 강우량과 우수유출량
① 강우강도 : 단위시간 동안 내린 강우량(mm/hr)으로 강우시간이 1시간보다 작은 경우 1시간으로 환산
② 강우계속시간 : 강우가 계속되는 시간으로 시간이 늘어나면 강우량은 커지나 강우강도는 감소
③ 유달시간 : 우수가 배수구역의 제일 먼 곳에서 부지 밖의 배수구로 배수될 때까지 움직이는 데 소요되는 시간 -강우계속시간과 동일하게 가정
④ 유출량 산정
- 평균유출계수
$$Cm = \frac{\sum C_i A_i}{\sum A_i}$$
여기서, C_m : 평균유출계수　　A_i : 각 배수 면적의 비율　　C_i : 각 유출계수
- 우수유출량 합리식
$$Q = \frac{1}{360} \cdot C \cdot I \cdot A$$
여기서, Q : 우수유출량(m³/sec)　　C : 유출계수
　　　　I : 강우강도(mm/hr)　　　A : 배수면적(ha)

(4) 표면배수 설계
① 물의 흐름
- 정류 : 일정한 단면을 흐르는 유량이 시간에 따라 변하지 않는 흐름

- 부정류 : 유적과 유속이 변함에 따라 유량이 시간에 따라 변하는 것 −홍수, 파동 등
- 개수로 : 흐름에 작용하는 중력이 수면 방향의 분력에 의해 자유수면을 갖는 것, 자연하천·용수로·배수로 등 뚜껑이 없는 수로뿐만 아니라 지하배수관거·하수관거 등 암거라도 물이 일부만 차서 흐르는 것 포함

② 흐름의 기본공식

- 유량 $Q=A \cdot v$ 여기서, Q : 유량(m³/sec), A : 유적(m²), v : 평균속도(m/sec)

(5) 지하배수관거 설계

① 물의 흐름

- 층류 : 물의 분자가 흐트러지지 않고 질서정연하게 흐르는 흐름
- 난류 : 물의 분자가 서로 얽혀서 불규칙하게 흐르는 것 −거의 모든 일반적 흐름
- 수두손실 : 흐름의 변환지점에서 난류의 흐름을 보이며 동시에 흐름에너지가 손실되는 것

② 배수관거 부대시설

- 유입벽과 유출벽 : 물을 명거에서 암거로 또는 그 반대로 유·출입시키기 위한 시설
- 소규모 지역배수구 : 배수가 곤란한 소규모 배수구역의 우수를 집수하여 지하관거로 연결
- 측구 : 도로나 공간이 구획되는 경계선을 따라 설치하는 배수로 −U형, L형 등
- 트렌치 : U형 측구와 같은 형태로 우수를 길이 방향으로 집수하는 선적 배수방법, 우수를 완벽히 차단하고자 할 때 사용 −계단의 상하단 및 주차장, 광장, 진입로 입구 등
- 빗물받이 : 도로의 우수를 모아서 유입시키는 시설로 도로 옆의 물이 모이기 쉬운 장소나 L형 측구의 유하방향 하단에 설치
- 집수정 : 빗물받이의 일종으로 개수로와 암거, 심토층 배수로와 암거에 접속하는 유수를 모으기 위해 설치
- 맨홀 : 관거 내의 통풍, 환기 및 검사, 청소 등의 관리와 관거의 연결을 위한 시설 −간격은 관경의 100배, 최대 300m

③ 배수계통

- 직각식 : 배수관거를 하천에 직각으로 연결 배출, 비용은 저렴하나 수질오염 가능성 증가
- 차집식 : 우천 시 하천 방류, 맑은 날은 차집거를 통해 하수처리장에서 처리 후 방류
- 방사식 : 지역이 광대할 때 방사형 구획으로 구분하여 집수하고 별도로 처리하는 방식, 관로가 짧고 가늘어 시공비는 절감되나 하수처리장 증가
- 선형식 : 지형이 한 방향으로 집중되어 경사를 이루거나 하수처리 관계상 한정된 장소로 집중시켜야 할 때의 방식
- 평행식 : 지형의 고저차가 심한 경우 고지구와 저지구로 구분하여 배관하는 방식, 고지구는 자연유하, 저지구는 양수 배수
- 집중식 : 한 지점으로 집중적으로 흐르게 해 처리하는 방식, 주로 저지대의 배수에 사용

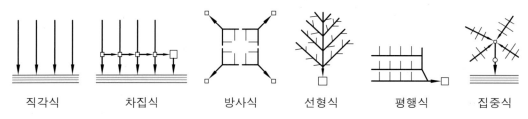

| 직각식 | 차집식 | 방사식 | 선형식 | 평행식 | 집중식 |

| 배수계통의 유형 |

❹ 담장 및 구조물 설계

① 담장기초의 파괴 : 편심하중, 부등침하, 중앙삼분점의 원칙(압축력만 발생)

② 담장기초의 침하 : 허용지지력보다 압축응력이 클 경우

③ 담장의 전도 : 풍압 등의 수평력으로 발생하는 전도모멘트가 저항모멘트보다 클 경우 발생

  • 안전율 1.5 적용 $F=\dfrac{M_r(저항모멘트)}{M_o(전도모멘트)} \geq 1.5$

④ 담장의 측지 : 담장의 안정을 위해 기둥이나 벽에 지지, 속도압에 따른 L/T 비율로 결정

⑤ 옹벽의 종류 : 중력식(높이 4m 정도), 캔티레버식(높이 6m까지), 부축벽식(높이 6m 이상),
   조립식(곡선 가능)

⑥ 토압의 작용점 : 배토의 지표면이 수평(옹벽 높이의 1/3 지점에서 수평), 배토의 지표면이 경사
   진 경우(옹벽 높이의 1/3 지점에서 지표면과 평행하게 작용)

⑦ 랑킨의 주동토압

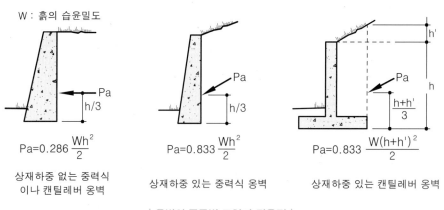

| 상재하중 없는 중력식 이나 캔틸레버 옹벽 | 상재하중 있는 중력식 옹벽 | 상재하중 있는 캔틸레버 옹벽 |

| 옹벽의 종류별 토압과 작용점 |

⑧ 옹벽의 안정성 검토

  • 활동 : 안전율 $F=\dfrac{S_r(활동에 \ 대한 \ 저항력)}{\sum H(활동력)} > 1.5$

  • 전도 : 안전율 $F=\dfrac{M_r(작용점에서 \ 전도에 \ 대한 \ 저항모멘트)}{M_o(작용점에서 \ 토압에 \ 의한 \ 회전모멘트)} > 2.0$

  • 침하 : 기초 지반에 생기는 최대압축력이 지반의 지내력보다 작으면 안정 $\delta_{max} \leq$ fe

⑨ 옹벽의 배수 : 옹벽상부로의 강우침투 차단, 옹벽 저부에 배수구 설치, $3m^2$ 마다 배수구 1개
   씩 설치

5 ||||| 도로 설계

❶ 도로일반

① 도로의 구분

도로의 사용 및 형태별 구분

구분	내용
일반도로	폭 4m 이상의 도로로서 통상의 교통을 위하여 설치되는 도로
자동차전용도로	대량의 교통량을 처리하기 위한 도로, 자동차만 통행 가능
보행자전용도로	폭 1.5m 이상의 도로로서 보행자의 통행을 위한 도로
보행자우선도로	폭 10m 미만의 도로로서 보행자와 차량이 혼합하여 이용하되 보행자의 안전과 편의를 우선적으로 고려하여 설치하는 도로
자전거전용도로	하나의 차로를 기준으로 폭 1.5m 이상(상황에 따라 1.2m)

도로의 기능별 구분

구분	내용
주간선도로	시·군 주요지역 연결하고 골격을 형성하는 도로 −배치간격 1,000m 내외
보조간선도로	주간선도로와 집산도로 연결, 시·군의 집산기능 −배치간격 500m 내외
집산도로	근린주거 집산기능, 근린주거구역의 내부 구획 −배치간격 250m 내외
국지도로	가구를 구획하는 도로 −배치간격은 짧은 변(90m~150m 내외), 긴 변(25~60m 내외)
특수도로	보행자전용도로, 자전거전용도로 등

- 도로모퉁이 반경(보도와 차도의 경계선 곡선반경) : 주간선도로 15m 이상, 보조간선도로 12m 이상, 집산도로 10m 이상, 국지도로 6m 이상
② 도로가용지 상정 : 고려지역(기존도로, 경지정리지, 철도용지, 수로, 하천, 암반 노출지), 양호한 지역(고려지역 중 완경사지)
③ 용도지역별 도로율
  - 주거지역 : 15% 이상 30% 미만. 이 경우 주간선도로의 도로율은 8% 이상 15% 미만
  - 상업지역 : 25% 이상 35% 미만. 이 경우 주간선도로의 도로율은 10% 이상 15% 미만
  - 공업지역 : 8% 이상 20% 미만. 이 경우 주간선도로의 도로율은 4% 이상 10% 미만
④ 고속도로 시설 : 휴게소(기상조건, 시설의 식별성, 인접토지의 이용형태 고려), 교차로(고속도로에 클로버형을 가장 많이 적용)
⑤ 시설녹지 : 도로경계선으로부터 50m 이내, 연속적인 것이 좋음
  - 상충되는 토지의 이용 및 기능 간의 분리, 각종 오염·공해 방지, 시설파손 방지

❷ 순환로 설계

① 설계속도 : 도로 조건만으로 정한 최고속도로 도로설계의 기준

② 길어깨 : 도로 주요구조부 보호, 고장차·사람의 대피, 긴급구난 시 비상도로, 도로표지, 전봇대 등 노상시설 설치(길어깨 폭에서 제외)

③ 환경시설대 : 주거지역 등 정숙을 요하는 지역이나 공공시설, 생물서식지 등의 환경보전을 위하여 설치, 기준폭 10∼20m로 길어깨·식수대·둑·측도 포함, 고속도로 20m

④ 도로설계 요소

- 평면선형 설계요소 : 직선, 원곡선, 완화곡선
- 평면(선형)곡선 : 단곡선, 복합곡선, 반향곡선, 배향곡선

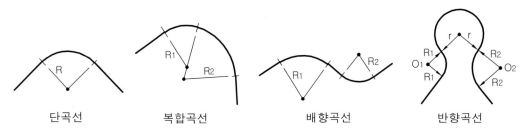

| 도로의 선형곡선 |

- 곡선반경과 편구배 : 직선부와 같이 곡선부에서도 안전하게 주행도모
- 최소곡선반경 $R \geq \dfrac{V^2}{127(i+f)}$ 편구배 $i = \dfrac{V^2}{127R} - f$

  여기서, i : 편구배, f : 횡활동 마찰계수, V : 설계속도(km/hr), R : 곡선반경(m)
- 완화곡선 : 클로소이드곡선(도로), 3차포물선(철도), 램니스케이트곡선(지하철) 사용
  - ▶ 클로소이드곡선 : 곡선 길이에 비례하여 곡률이 증가하는 성질을 가진 곡선
- 완화구간 : 완화곡선이 만나는 원곡선과 직선 사이의 거리
- 이정량 : 원곡선의 위치가 이동되는 거리
- 종단선형 기울기 : 일반 자동차는 경사도 차이가 9% 이상이 되면 차량통행에 지장 초래

⑤ 수평노선설계 : 「조경시공측량-노선측량」 단곡선 참조

⑥ 종단곡선설계

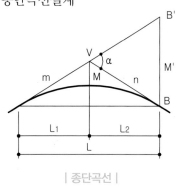

| 종단곡선 |

- 곡선장 $L = \dfrac{(m-n)V^2}{360}$

  여기서, L : 종단곡선의 수평길이

  $m-n$: 구배차(%)

  V : 자동차 속도

⑦ 보도폭$(W) = \dfrac{V \times M}{S}$, 공공행사출구폭$(W) = \dfrac{0.55P}{33T}$ *W의 단위 : m

여기서, V : 단위시간당 보행자수(명/분)

M : 보행자 1인당 공간모듈(m^2)

S : 보행속도(m/분)

P : 출구를 통해 나올 전체인원

T : 출구를 완전히 이탈하는 데 소요되는 시간 (분)

❸ 동선시설 설계

① 자전거도로
- 종단경사 2.5~3%, 최대 5% 초과 금지, 횡단경사 1.5~2%
- 시설한계 : 폭 1.5m, 높이 2.5m
- 설계속도 : 전용도로 30km/hr, 전용차로 20km/hr
- 전용차로 분리폭 : 50km/hr 초과 0.5m, 50km/hr 이하 0.2m
- 전용도로 분리대 폭 : 60km/hr 초과 1.0m, 50km/hr 이하 0.5m
- 곡선반경 : 시속 30km 이상(27m), 시속 20km 이상 30km 미만(12m), 시속 10km 이상 20km 미만(5m)

② 옥외계단
- 경사가 18%를 초과하는 경우에는 보행에 어려움이 발생하지 않도록 계단 설치
- 연결도로의 폭과 같거나 그 이상의 폭으로 설치(최소폭 50cm 이상)
- 기울기는 수평면에서 35°를 기준으로 최대 30~35° 이하로 설치
- 표준 단 높이 15cm, 단 너비 30~35cm(부득이한 경우 단 높이 12~18cm, 단 너비 26cm 이상으로 조정 가능)
- 높이가 2m를 넘을 경우, 2m 이내마다 계단의 유효폭 이상의 폭으로 너비 120cm 이상인 참 설치
- 높이 1m를 초과하는 경우 계단 양측에 벽이나 난간 설치
- 폭이 3m를 초과하면 3m 이내마다 난간 설치
- 옥외에 설치하는 계단의 단수는 최소 2단 이상 설계
- 계단바닥은 미끄러움을 방지할 수 있는 구조로 설계

2R + T = 60~65cm

R (단높이) : 12~18cm → 15cm
T (단너비) : 26~35cm → 30~35cm } 표준

| 적정한 계단의 형태 |

③ 경사로
- 경사로의 유효폭은 1.2m 이상(부득이한 경우 0.9m까지 완화 가능)
- 경사로의 기울기는 1/12 이하(부득이한 경우 1/8까지 완화 가능)
- 바닥면으로부터 높이 0.75m 이내마다 수평면으로 된 참 설치
- 경사로의 시작과 끝, 굴절부분 및 참에는 1.5m × 1.5m 이상 공간 확보(단, 경사로가 직선인 경우, 폭은 유효폭과 동일하게 가능)
- 경사로 길이 1.8m 이상 또는 높이 0.15m 이상인 경우, 손잡이 설치
- 바닥표면은 잘 미끄러지지 않는 재질로 평탄하게 마감
- 양측면에 5cm 이상의 추락방지턱 또는 측벽 설치 가능
④ 장애인 통행 접근로
- 유효폭 1.2m 이상, 기울기 1/18(1/12까지 완화 가능)
- 50m마다 1.5 × 1.5m 교행구역 설치
- 경사진 접근로가 연속될 경우 30m마다 1.5 × 1.5m 수평면 참 설치
- 단차 2cm 이하, 경계부 연석 6~15cm
⑤ 보도교 : 높이 2m 이상에 높이 120cm 이상 난간 설치, 아치교 종단경사 1/12(약 8%) 이하, 데크상판재 여유 간격 3mm
⑥ 무장애 디자인(barrier-free design)과 유니버설 디자인(universal design)
- 무장애 디자인 : 이용자가 어떤 방해나 제한 없이 자유자재로 이동할 수 있는 능력을 갖추도록 해 주는 것
- 유니버설 디자인 : 모든 사람이 어떤 것을 개조하거나 특별히 변형할 필요 없이 최대한 이용할 수 있도록 환경을 디자인하는 것
⑦ 유보로 : 도시 내의 상업·업무·위락 등의 활동이 발생하는 곳에 보행자가 안전하고 쾌적하게 이용할 수 있도록 조성된 거리
⑧ 몰 : 도시 상업지구에 설치, 자동차와 보행자 마찰을 피하여 주변 상가 활성화
- 트랜싯 몰 : 대중교통수단의 통행 가능, 자가용 승용차 및 트럭의 통행은 금지되는 도로
- 세미 몰 : 일반 차량을 금지하지는 않지만, 통과교통의 속도와 접근을 제한하는 도로
- 옥내 몰 : 가로에 지붕을 덮어서 교외의 쇼핑몰과 흡사한 환경을 제공하여 추위와 더위, 비바람에 영향을 받지 않고 통행할 수 있도록 조성된 도로
- 보행자 구역 : 일정 구역 전체를 자동차 출입을 제한하고 보행자만 통행이 가능한 도로

❹ 주차장 설계

① 주차단위구획
- 주차효율 : 주차의 형식 중 전체면적이 같을 경우, 직각주차 형식이 가장 많이 배치 가능
- 경형+환경친화형 설치 : 단지조성사업 등으로 설치되는 노외주차장 총주차대수의 10% 이상
- 확장형 설치 : 주차단위구획 중 평행식을 제외한 총수의 20% 이상

평행주차형식 단위구획

구분	너비	길이
경형	1.7m 이상	4.5m 이상
일반형	2.0m 이상	6.0m 이상
보·차도 구분이 없는 주거지역의 도로	2.0m 이상	5.0m 이상

평행주차형식 이외 단위구획

구분	너비	길이
경형	2.0m 이상	3.6m 이상
일반형	2.5m 이상	5.0m 이상
확장형	2.6m 이상	5.2m 이상
장애인 전용	3.3m 이상	5.0m 이상

주차형식 및 출입구 개수에 따른 차로의 너비

주차형식	차로의 너비(m)	
	출입구 2개 이상	출입구 1개
평행주차	3.3	5.0
직각주차	6.0	6.0
60도 대향주차	4.5	5.5
45도 대향주차	3.5	5.0

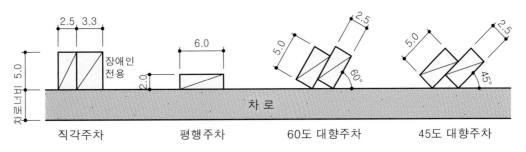

| 주차형식 및 크기 (단위 : m) |

② 주차장의 종류
- 노상주차장 : 도로의 노면 또는 교통광장의 일정 구역에 설치된 주차장
- 노외주차장 : 도로의 노면 및 교통광장 이외의 장소에 설치된 주차장
- 부설주차장 : 건축물 등 주차수요를 유발하는 시설에 설치된 주차장
③ 노상주차장 설치금지구역 : 주간선도로, 너비 6m 미만 도로, 종단경사 4% 초과도로, 자동차 전용도로, 고속도로, 고가도로, 교차로나 그 가장자리로부터 5m 이내인 곳, 버스정류장·건널목·횡단보도 가장자리로부터 10m 이내인 곳
④ 노외주차장 출구 및 입구 설치금지구역 : 노상주차장 설치가 금지된 곳, 횡단보도·육교·지하도

에서 5m 이내, 너비 4m 미만 도로, 종단기울기 10% 초과 도로, 유치원 등 아동전용시설 등의 출입구로부터 20m 이내

⑤ 노외주차장 출입구
- 노외주차장과 연결되는 도로가 둘 이상이면 교통영향이 적은 곳에 출입구 설치
- 도로가 접하는 부분은 곡선형 설치
- 출구로부터 2m 후퇴한 1.4m 높이에서 좌·우 각각 60° 범위에서 해당도로 통행자를 확인할 수 있을 것
- 주차대수 400대 초과 : 출구와 입구를 각각 따로 설치(단, 5.5m 이상으로서 출구와 입구가 차선 등으로 분리되는 경우에는 함께 설치 가능)
- 출입구 너비 : 3.5m 이상(주차대수 규모가 50대 이상인 경우, 출구와 입구를 분리하거나 너비 5.5m 이상의 출입구 설치)

⑥ 지하식·건물식 노외주차장
- 차로 높이 : 바닥면으로부터 2.3m 이상(주차 부분은 2.1m 이상)
- 경사로 너비 : 직선형 3.3m(2차로 6.0m), 곡선형 3.6m 이상(내변 반경 6m 이상 확보)
- 경사로의 경사도 : 직선부 17% 이하, 곡선부 14% 이하
- 벽면 30cm 이상에 10~15cm 미만의 연석설치(차로 너비에 포함)
- 자동차용 승강기는 주차대수 30대마다 1대 설치, 높이 85cm 부분의 조도는 70lx 이상

⑦ 장애인 주차
- 노상주차장 : 주차대수 20대 이상 50대 미만인 경우에는 1대 이상, 50대 이상은 총 주차대수 2~4% 범위에서 조례에 따라 설치
- 노외주차장 : 특별시장·광역시장, 시장·군수 또는 구청장이 설치하는 경우 주차대수 50대 이상인 경우 주차대수 2~4% 범위에서 조례에 따라 설치

핵심문제 · 조경미학 및 설계

1 다음의 보기에서 정의하는 용어를 쓰시오.

점·선·면·색채 등 2개 이상의 구성요소들이 동일 구역에 배치되어 나타나는 상호 간의 긴장력

정답

스파눙(Spannung)

2 다음의 보기에서 정의하는 용어를 쓰시오.

체코의 의사인 푸르키니에가 해질녘에 우연히 서재에 걸어 둔 그림에서 적색과 황색계열의 색상은 흐려지고 청색계열의 색상이 선명해지는 것을 보고 발견한 현상

정답

푸르키니에 현상

3 색광의 삼원색과 색료의 삼원색을 쓰시오.

정답

① 색광의 삼원색 : 빨강, 녹색, 파랑   ② 색료의 삼원색 : 마젠타, 노랑, 시안

4 오행의 기운과 음양오행설에서 풀어낸 순수한 색인 오방색을 쓰시오.

정답

① 황   ② 청   ③ 백   ④ 적   ⑤ 흑   ※오간색 : 녹색, 벽색, 홍색, 유황색, 자색

5 공간 형성의 3요소를 쓰시오.

정답

① 바닥면   ② 수직면   ③ 관개면

6 다음 보기의 치수선의 종류를 구분하여 ( ) 안에 쓰시오.

① (㉠) : 치수를 기입하기 위하여 길이, 각도를 측정하는 방향에 평행으로 그은 선
② (㉡) : 치수선을 기입하기 위해 도형에서 그어낸 선
③ (㉢) : 기술·기호 등을 나타내거나 도면 내용을 대상자체에 기입하기 곤란할 때 그어낸 선

㉠ 치수선   ㉡ 치수보조선   ㉢ 지시선(인출선)

7 다음의 보기에서 정의하는 도면의 요소를 쓰시오.

> 기관정보(발주·설계·감리기관 등), 개정관리 정보(도면갱신 이력), 프로젝트 정보(개괄적 항목), 도면정보
> (설계 및 관련 책임자, 도면명, 축척, 작성일자, 방위 등), 도면번호 등 기입

표제란

8 다음은 콘크리트 기층 용접철망 시공에 대한 조경표준시방서 내용이다. 빈칸을 바르게 채우시오.

> 용접철망은 설계도서에 따라 설치하며, 설치 높이는 포장면으로부터 콘크리트 슬래브 두께의 (㉠) 위치
> 에 두도록 하고, 설치 폭은 콘크리트 슬래브의 폭보다 (㉡) 정도 좁게 한다. 철망의 이음부는 모두 중첩
> 되도록 하고, 그 이음길이는 (㉢) 정도로 하며, 결속선으로 단단하게 고정하여야 한다. 또한, 상·하부 용
> 접철망의 줄눈은 서로 중복되지 않도록 (㉣) 설치한다.

㉠ 1/3   ㉡ 10cm   ㉢ 20cm   ㉣ 엇갈리게

9 다음은 조경설계기준에 제시된 시멘트 콘크리트포장 줄눈에 대한 설명이다. 빈칸을 바르게 채우시오.

> ① 팽창줄눈은 선형의 보도구간에서는 (㉠) 이내를, 광장 등 넓은 구간에서는 36m² 이내를 기준으로
>   하며, 포장경계부에 직각 또는 평행으로 설계한다.
> ② 수축줄눈은 선형의 보도구간에서는 (㉡) 이내를, 광장 등 넓은 구간에서는 (㉢) 이내를 기준으로
>   하며, 포장경계부에 직각 또는 평행으로 설계한다.
> ③ 서로 다른 포장재료의 연결부 및 녹지·운동장과 포장의 연결부 등의 경계는 콘크리트나 화강석 보도경
>   계블록, 녹지경계블록 또는 기타의 경계마감재로 처리한다.
> ④ 포장지역의 표면은 배수구나 배수로 방향으로 최소 (㉣) 이상의 기울기로 설계한다.

㉠ 9m   ㉡ 3m   ㉢ 9m²   ㉣ 0.5%

10 다음은 조경표준시방서에 제시된 일체형포장 팽창 줄눈설치에 대한 설명이다. 빈칸을 채우시오.

> 백업재는 삽입 깊이가 동일하게 유지될 수 있도록 하고 줄눈 폭보다 (㉠) 정도 두꺼운 것을 사용하여야
> 한다. 줄눈재의 주입 시기는 콘크리트 경화 시 발생하는 알칼리 성분이 없어지는 (㉡) 후에 콘크리트가
> 건조한 상태에서 주입하고, 깊이는 (㉢)가 되어야 하며, 마감 높이는 슬래브 표면보다 (㉣) 낮게 충진
> 하여 하절기 콘크리트 팽창 시 상부로 밀려나오는 것을 방지할 수 있어야 한다.

정답

㉠ 25~35%   ㉡ 2주   ㉢ 20~40mm   ㉣ 2~3mm

11 다음은 조경 포장면의 기울기에 대한 조경설계기준이다. 빈칸을 알맞게 채워 넣으시오.

① 보도용 포장면의 종단기울기는 (㉠) 이하가 되도록 하되, 휠체어 이용자를 고려하는 경우에는 1/18
이하로 한다.
② 보도용 포장면의 종단기울기가 (㉡) 이상인 구간의 포장은 미끄럼방지를 위하여 거친 면으로 마무
리된 포장재료를 사용하거나 거친 면으로 마감처리한다.
③ 자전거도로 포장면의 종단경사는 (㉢)를 기준으로 하되, 최대 5%까지 가능하다. 또한, 횡단경사는
1.5~2.0%를 기준으로 한다.
④ 차도용 포장면의 횡단경사는 아스팔트콘크리트포장 및 시멘트콘크리트포장의 경우 (㉣), 간이포장
도로는 2~4%, 비포장도로는 3~6%를 기준으로 한다.

정답

㉠ 1/12   ㉡ 5%   ㉢ 2.5~3.0%   ㉣ 1.5~2.0%

12 다음은 보도용 포장면의 횡단 경사에 대한 조경설계기준의 설명이다. 빈칸을 알맞게 채워 넣으시오.

보도용 포장면의 횡단경사는 배수처리가 가능한 방향으로 (㉠)를 표준으로 하되, 포장재료에 따라 최대
(㉡)까지 할 수 있다. 광장의 기울기는 (㉢) 이내로 하는 것이 일반적이며, 운동장의 기울기는 외곽방
향으로 (㉣)를 표준으로 한다.

정답

㉠ 2%   ㉡ 5%   ㉢ 3%   ㉣ 0.5~1%

13 다음은 자전거도로의 조경설계기준 내용이다. 빈칸을 알맞게 채워 넣으시오.

자전거도로 포장면의 종단경사는 (㉠)를 기준으로 하되, 최대 5%까지 가능하다. 또한, 횡단경사는
(㉡)를 기준으로 한다.

정답

㉠ 2.5~3.0%   ㉡ 1.5~2.0%

14 관수시설 설계 시 조경설계기준에 제시된 관수방법의 종류 3가지를 쓰시오.

정답

① 지표 관개법   ② 살수 관개법   ③ 낙수식 관개법

15 다음 보기가 설명하는 조경설계기준상의 배수방법이 무엇인지 답하시오.

① 지표수의 배수가 주목적이다.
② U형 측구, 떼수로 등을 설치한다.
③ 식재지에 설치하는 경우에는 식재계획 및 맹암거 배수계통을 고려하여 설계한다.
④ 토사의 침전을 줄이기 위해서 배수기울기를 1/300 이상으로 한다.

정답

개거배수

16 다음의 조경설계기준에 제시된 조경심토층 배수방법의 종류에 대해 답하시오.

① (㉠)는 지하수 높이를 낮추고 표면의 정체수를 배수하거나 지나친 토중수를 배수하며 토양수분을 조절하도록 한다.
② (㉡)은 식재지가 불투수성이면 폭 1~2m, 깊이 0.5~1m의 도랑을 파고 모래를 채운 다음 식재지반을 조성하도록 설계한다.
③ (㉢)은 식재지가 불투수층으로 그 두께가 0.5~1m이고 하층에 투수층이 존재하는 경우에는 하층의 투수층까지 나무구덩이를 관통시키고 모래를 객토하는 공법으로 설계한다.

정답

㉠ 암거배수   ㉡ 사구법   ㉢ 사주법

17 암거의 배치유형 3가지만 쓰시오.

정답

① 어골형   ② 평행형   ③ 선형   ④ 차단형   ⑤ 자연형(자유형)

18 조경표준시방서에 의거하여 심토층 배수 적용지역을 쓰시오.

정답

① 천연잔디구장, 골프장, 테니스장, 다목적운동장
② 불량식재기반개량지, 임해매립지, 쓰레기매립장
③ 옥상정원, 공동주택 외부공간 등의 인공지반

19 다음은 심토층 배수에 대한 조경표준시방서 내용이다. 빈칸에 맞는 내용을 쓰시오.

① 지하수위가 높은 곳, 배수불량지반은 (㉠)를 실시한다.
② 배수가 불량한 식재지역은 필요 시 교목 주위에 (㉡)를 별도로 설치한다.

㉠ 심토층 배수   ㉡ 암거 배수

20 다음은 심토층 배수에 대한 조경표준시방서 내용이다. 빈칸에 맞는 내용을 쓰시오.

① 터파기한 바닥면이 (㉠) 계통의 양호한 지반일 경우에는 그 위에 유공관을 직접 설치하고, 딱딱한 암
  반층일 때에는 관 바닥보다 (㉡) 이상 깊이 파서, 바닥에 자갈이나 쇄석을 깔고 균일하게 다진 후 관
  을 설치하여야 하며, 연약지반일 경우에는 바닥에 자갈이나 쇄석을 (㉢) 이상 깔고 요철이 생기지 않
  도록 모래를 균일하게 덮어 다진 후, 다져진 모래층 위에 불투수성 시트를 깔고 그 위에 관을 설치한다.
② 불투수성 시트의 연결 부위는 (㉣) 이상 겹치게 하며 접착제와 테이프 등으로 밀착시켜야 한다.

㉠ 사질토   ㉡ 100mm   ㉢ 150mm   ㉣ 200mm

21 다음은 심토층 배수에 대한 조경표준시방서 내용이다. 빈칸에 맞는 내용을 쓰시오.

① 유공관 설치 시 관 외주부의 1/2~1/3에만 구멍이 뚫려 있는 유공관은 되메우기용 토사의 투수계수가
  (㉠) 이하일 때에는 구멍이 (㉡)로 향하도록, 투수계수가 (㉠) 이상일 때에는 구멍이 (㉢)로
  향하도록 설치하여야 한다.
② 배수층의 채움재는 유공관 구멍 직경의 (㉣) 이상의 크기를 가지는 것이어야 한다.
③ 채움재 위에 부직포를 설치할 경우에는 부직포의 연결 부위가 (㉤) 이상 겹치도록 하여야 한다.
④ 따로 명시되지 않은 경우의 종단기울기는 (㉥) 이상으로 한다.
⑤ 부직포를 설치할 경우에는 부직포의 연결부위가 (㉦) 이상 겹치도록 하여야 한다.
⑥ 골재배수층은 적합한 다짐장비로 다짐도가 (㉧) 이상 되게 다져야 한다.

㉠ 10^{-2}mm/sec   ㉡ 위   ㉢ 아래   ㉣ 2배   ㉤ 100mm   ㉥ 1%   ㉦ 100mm   ㉧ 75%

22 다음은 심토층 배수에 대한 조경표준시방서 내용이다. 빈칸에 맞는 내용을 쓰시오.

① 심토층 집수정에 유입되는 물은 유출구보다 최소 (㉠) 높게 설치한다.
② 토양분리포, 부직포 설치 시 연결부위는 최소 (㉡) 이상이 겹치도록 한다.
③ 배수판 설치 시 인공지반 위에 설치할 때는 설치면이 평활하고 일정방향으로 (㉢) 이상의 기울기를
  둔다.
④ 인공지반 위나 일반토사 위에 자갈배수층을 설치할 때는 ∅(㉣)의 자갈을 사용한다.

㉠ 0.15m   ㉡ 100mm   ㉢ 0.5%   ㉣ 20~30mm

23 다음은 관수 관망 설치에 대한 조경표준시방서 내용이다. 빈칸에 맞는 내용을 쓰시오.

관수 관망 설치 시 동결심도 이하에 매설해야 하며 간선과 가압관은 최소 (㉠) 이하, 지선과 보통관은 0.3m 이하의 깊이로 매설하고, 타 용도의 관과 동종의 관 사이 간격은 최소 (㉡) 이상 유지해야 하며 수직 직수선상이 아닌 수평으로 나란히 붙어야 하고 관수관은 상수관보다는(㉢)에, 오수 하수관의 (㉣)에 위치해야 한다.

정답

㉠ 0.6m ㉡ 0.15m ㉢ 아래 ㉣ 상부

24 다음은 조경설계기준에 제시된 용어설명이다. ( ) 안에 알맞은 용어를 쓰시오.

① (㉠) : 빗물과 지표수를 땅속으로 침투시켜 지표면의 유출량을 감소시키고 지하수를 함양하는 것을 말한다.

② (㉡) : 식물이나 토양의 화학적, 생물학적, 물리학적 특성을 활용하여 주위 환경의 수질과 수량 모두를 조절하는 자연지반을 기본으로 하며, 오염된 유출수를 흡수하고 이 물을 토양으로 투수시키기 위해 식재를 활용하는 생물학적 저류지(bio-retention)를 말한다.

정답

㉠ 빗물침투 ㉡ 레인가든

25 다음 보기의 설명은 조경설계기준에 제시된 빗물침투 및 저류시설 중 무엇인지 쓰시오.

일정한 폭과 경사를 형성하면서 선형을 따라서 지표수 유출이 가능한 녹지대로 선형 녹지대의 가운데로 우수가 모일 수 있도록 경사지게 조성하고, 빗물이 식생 수로의 경사를 따라서 일시에 유출되는 것을 방지하기 위하여 석재, 목재와 같은 자연재료를 사용하여 단을 설치함으로써 물이 노단형으로 저류되어 우수가 서서히 땅속으로 스며들 수 있는 구조로 설계하는 방법이다.

정답

식생수로

26 다음은 빗물침투 설계에 대한 조경설계기준 내용이다. 빈칸을 알맞게 채워 넣으시오.

① 공원의 녹지·잔디밭·텃밭과 같은 지역은 빗물침투를 촉진하기 위하여 식재면을 굴곡 있게 설계하되 (㉠)마다 1개소씩 오목하게 설계한다.

② 녹지의 식재면은 (㉡) 정도의 기울기로 설계한다.

③ 주변보다 낮은 오목한 곳에 침투통을 설계한다.

④ 선형의 침투시설에는 (㉢)마다 침투통을 설치한다.

㉠ 100㎡   ㉡ 1/20~1/30   ㉢ 20m

27 다음은 조경설계기준에 제시된 빗물침투 및 저류시설에 관련된 설명이다. 빈칸을 알맞게 채워 넣
으시오.

> ① (㉠) : 토양과 식생에 의한 여과, 침투 및 저류와 같은 방법으로 유출량을 조절하고 오염물질을 정화
> 하는 시설이다.
> ② (㉡) : 일정한 폭과 경사를 형성하면서 선형을 따라서 지표수 유출이 가능한 녹지대이다.
> ③ (㉢) : 굴착한 도랑에 쇄석자갈 혹은 돌을 채워 유입된 우수를 땅속에 분산하는 시설이다.

㉠ 빗물여과녹지대   ㉡ 식생 수로   ㉢ 침투도랑

28 다음은 조경설계기준에 제시된 빗물침투 및 저류시설 중 침투통에 관련된 설명이다. 빈칸을 알맞
게 채워 넣으시오.

> ① 굴착한 구덩이에 쇄석자갈 혹은 돌을 채워 유입된 우수를 땅속으로 분산하는 시설이다.
> ② 침투통의 규격은 30~50 × 30~50cm²(W × L) 내외의 정방형, 직사각형, 원형의 형태로 설치가 가능
> 하며, 깊이(H)는 80~120cm 내외로 하되 안식각을 형성할 수 있도록 한다.
> ③ 쇄석자갈 측면은 (㉠)를 설치하여 토사가 유입되는 것을 방지한다.
> ④ 주변 건물로부터 (㉡) 이격하여 설치한다.
> ⑤ 침투통 바닥을 통한 침투로, 바닥에 입경 3~7cm 크기의 쇄석을 (㉢) 이상 충전한다.
> ⑥ 침투통 측면은 입경 3~7cm 크기의 쇄석을 (㉣) 이상 채운다.
> ⑦ 충전쇄석 하부에 (㉤) 이상의 깊이로 모래를 포설한다.

㉠ 부직포   ㉡ 1.5m   ㉢ 20cm   ㉣ 15cm   ㉤ 15cm

29 어떤 부지 내 잔디지역의 면적이 3.3ha(유출계수 0.34), 아스팔트포장지역의 면적이 2.5ha(유출
계수 0.85)이고 강우강도가 30mm/hr일 때 합리식을 이용한 총 우수유출량(m³/sec)을 구하시오.

평균유출계수 $C = \dfrac{\sum C_i A_i}{\sum A_i} = \dfrac{3.3 \times 0.34 + 2.5 \times 0.85}{5.8} = 0.56$

유출량 $Q = \dfrac{1}{360} \times 0.56 \times 30 \times 5.8 = 0.27\,\text{m}^3/\text{sec}$

30 배수계통의 유형 3가지만 쓰시오.

정답

① 직각식   ② 차집식   ③ 방사식   ④ 선형식   ⑤ 평행식   ⑥ 집중식

31 그림과 같은 상재하중이 없는 중력식옹벽에 작용하는 토압을 구하시오(단, 무근콘크리트 중량 2,300kg/m³, 보통 흙의 중량 1,300kg/m³, h=2.5m, 토압계수 0.286으로 한다).

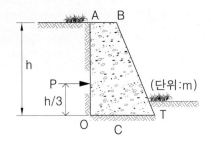

정답

토압 $P = k\dfrac{Wh^2}{2} = 0.286 \times \dfrac{1,300 \times 2.5^2}{2} = 1,161.88\text{kg}$

32 어느 옹벽의 활동력이 3,000kg이고 기초 지반의 마찰계수는 0.6이다. 이 옹벽의 중량이 5,000kg 일 때 활동에 대한 안전율을 구하시오.

정답

안전율 $F = \dfrac{S_r(\text{활동에 대한 저항력})}{\sum H(\text{활동력})} = \dfrac{5,000 \times 0.6}{3,000} = 1$

33 어느 옹벽의 전도력은 2,000kg·m이고, 전도저항력은 5,000kg·m이다. 이때 전도의 안전계수 를 구하시오.

정답

안전계수 $F = \dfrac{M_r(\text{전도에 대한 저항 모멘트})}{M_o(\text{토압에 의한 회전 모멘트})} = \dfrac{5,000}{2,000} = 2.5$

34 도로설계 설계 시 평면(선형)곡선의 종류를 쓰시오.

정답

① 단곡선   ② 복합곡선   ③ 반향곡선   ④ 배향곡선

35 자동차가 회전할 때 원심력에 저항할 수 있도록 편경사를 주어야 하는데 횡마찰계수가 0.15, 설계 속도가 50km/hr, 곡선반경이 95m일 때의 편경사(%)를 구하시오.

정답

편경사 $i = \dfrac{V^2}{127R} - f = \dfrac{50^2}{127 \times 95} - 0.15 = 0.06 \rightarrow 6\%$

36 도로설계에 있어서 다음과 같은 사항을 고려하여 최소 곡선반경(m)을 구하시오(설계속도 70km/h, 편구배 6%, 마찰계수 0.13).

정답

최소곡선반경 $R = \dfrac{V^2}{127(i+f)} = \dfrac{70^2}{127 \times (0.06 + 0.13)} = 203.07\,\text{m}$

37 다음의 보기의 내용은 무엇을 설명하는 것인지 쓰시오.

> 직선부와 평면곡선 사이 또는 평면곡선과 평면곡선 사이에서 자동차의 원활한 주행을 위하여 설치하는 곡선으로서 시점의 반경은 무한대, 종점에서는 원곡선 R로 되어 곡률($1/R$)이 곡선 길이에 비례하는 곡선이다.

정답

클로소이드(clothoid) 곡선

38 공공행사 장소의 출구를 통해 나올 인원은 2만 명이고, 출구를 완전히 이탈하는데 20분이 소요될 때의 보도폭(m)을 구하시오(단, 한 줄의 폭이 55cm일 때 최대용량을 33명/분으로 본다).

정답

보도폭 $W = \dfrac{0.55P}{33T} = \dfrac{0.55 \times 20,000}{33 \times 20} = 16.66\,\text{m}$

39 자전거도로의 시설한계를 쓰시오.

정답

① 폭 1.5m   ② 높이 2.5m

40 다음의 내용에 알맞은 치수를 ( ) 안에 쓰시오.

> 자전거 전용차로의 분리폭은 (㉠)로 하고, 전용도로 분리대 폭은 (㉡)로 한다.

정답

㉠ 0.2m   ㉡ 0.5m

41 다음은 옥외계단 설치에 대한 조경설계기준 내용이다. 빈칸을 알맞게 채워 넣으시오.

> ① 계단의 폭은 연결도로의 폭과 같거나 그 이상의 폭으로 한다. 단 높이는 (㉠), 단 너비는 (㉡)를 표준으로 한다. 경사가 심하거나 기타의 이유로 표준 높이와 너비를 적용하기 어려울 경우 높

이와 너비를 조정하되, 단 높이는 12~18cm, 단 너비는 26cm 이상으로 한다.

② 높이가 2m를 넘을 경우, (ⓒ) 이내마다 계단의 유효 폭 이상의 폭으로 너비 (ⓔ) 이상인 참을 둔다.

③ 높이 1m를 초과하는 계단으로서 계단 양측에 보행자의 안전을 위한 벽이나 기타 이와 유사한 시설이 없는 경우에는 난간을 설치하고, 계단의 폭이 3m를 초과하면 (ⓜ) 이내마다 난간을 설치한다.

정답

㉠ 15cm　　㉡ 30~35cm　　㉢ 2m　　㉣ 120cm　　㉤ 3m

---

42 다음의 빈칸을 조경표준시방서에 의한 내용으로 적절하게 기입하시오.

① 계단의 단 높이(R)와 너비(T)는 (㉠)를 유지하여야 한다.

② 콘크리트계단은 콘크리트를 친 뒤에 최소 (㉡)간 습윤상태를 유지하여야 한다.

③ 장애인용 경사로를 설치 시 표면은 미끄러지지 않게 소정의 (㉢)을 지니도록 한다.

정답

㉠ $2R+T=60~65cm$　　㉡ 5일　　㉢ 마찰력

---

43 다음 보기의 내용은 법률에 따른 경사로에 관한 내용이다. 빈칸을 알맞게 채워 넣으시오.

① 경사로의 유효폭은 (㉠) 이상으로 한다.

② 경사로의 기울기는 (㉡) 이하로 한다.

③ 바닥면으로부터 높이 (㉢) 이내마다 수평면으로 된 참을 설치한다.

④ 경사로의 시작과 끝, 굴절부분 및 참에는 (㉣)×(㉤) 이상의 공간을 확보한다.

정답

㉠ 1.2m　　㉡ 1/12　　㉢ 0.75m　　㉣ 1.5m

---

44 다음 보기의 내용은 법률에 따른 장애인 통행 접근로에 관한 내용이다. 빈칸을 알맞게 채워 넣으시오.

① 접근로의 유효폭은 (㉠) 이상으로 한다.

② 접근로의 기울기는 (㉡) 이하로 한다.

③ 접근로 (㉢)마다 1.5 × 1.5m 교행구역을 설치한다.

④ 경사진 접근로가 연속될 경우 (㉣)마다 1.5 × 1.5m 수평면의 참을 설치한다.

정답

㉠ 1.2m　　㉡ 1/18　　㉢ 50m　　㉣ 30m

---

45 다음 보기의 내용은 법률에 따른 경형 및 환경친화적 자동차와 확장형의 주차구획 설치에 관한 내용이다. 빈칸을 알맞게 채워 넣으시오.

① (㉠) 주차구획 설치 : 단지조성사업 등으로 설치되는 노외주차장 총주차대수의 10% 이상
② (㉡) 주차구획 설치 : 주차단위구획 중 평행식을 제외한 총수의 20% 이상

정답

㉠ 경형 및 환경친화적 자동차   ㉡ 확장형

46 다음의 내용은 주차장법에 의한 지하식 또는 건축물식 노외주차장의 차로에 대한 내용이다. 빈 칸에 알맞은 내용을 쓰시오.

① 높이는 주차바닥면으로부터 (㉠) 이상으로 하여야 한다.
② 곡선 부분은 자동차가 (㉡) 이상의 내변반경으로 회전할 수 있도록 하여야 한다.
③ 경사로의 차로 너비는 직선형인 경우에는 (㉢) 이상(2차로의 경우에는 6m 이상)으로 한다.
④ 경사로의 종단경사도는 직선 부분에서는 (㉣)를 초과하여서는 아니 된다.

정답

㉠ 2.3m   ㉡ 6m   ㉢ 3.3m   ㉣ 17%

47 다음의 내용은 법률에 의한 조경면적에 대한 내용이다. 빈 칸에 알맞은 내용을 쓰시오.

① 대지의 조경 : 면적이 (㉠) 이상인 대지에 건축을 하는 건축주는 용도지역 및 건축물의 규모에 따라 대지에 조경이나 그 밖에 필요한 조치를 하여야 한다.
② 옥상조경면적 : 건축물의 옥상에 조경이나 그 밖에 필요한 조치를 하는 경우에는 옥상부분 조경면적의 (㉡)에 해당하는 면적을 대지의 조경면적으로 산정할 수 있다. 이 경우 조경면적으로 산정하는 면적은 조경면적의 100분의 50을 초과할 수 없다.
③ 옥상조경 : 인공지반조경 중 지표면에서 높이가 (㉢) 이상인 곳에 설치한 조경을 말한다.
④ 조경면적의 산정 : 조경면적은 식재된 부분의 면적과 조경시설공간의 면적을 합한 면적으로 산정한다. 식재면적은 당해 지방자치단체의 조례에서 정하는 조경면적의 (㉣) 이상이어야 한다.

정답

㉠ 200m²   ㉡ 2/3   ㉢ 2m   ㉣ 50%

Chapter 04

법률 관련 사항 및 용어[1)]

1 |||| 국토의 계획 및 이용에 관한 법률

- "광역도시계획"이란 지정된 광역계획권의 장기발전방향을 제시하는 계획을 말한다.
- "도시계획"이란 특별시·광역시·시 또는 군의 관할 구역에 대하여 수립하는 공간구조와 발전방향에 대한 계획으로서 도시기본계획과 도시관리계획으로 구분한다.
- "도시기본계획"이란 특별시·광역시·시 또는 군의 관할 구역에 대하여 기본적인 공간구조와 장기발전방향을 제시하는 종합계획으로서 도시관리계획 수립의 지침이 되는 계획을 말한다.
- "도시관리계획"이란 특별시·광역시·시 또는 군의 개발·정비 및 보전을 위하여 수립하는 토지 이용, 교통, 환경, 경관, 안전, 산업, 정보통신, 보건, 후생, 안보, 문화 등에 관한 계획을 말한다.
- "지구단위계획"이란 도시계획 수립 대상지역의 일부에 대하여 토지 이용을 합리화하고 그 기능을 증진시키며 미관을 개선하고 양호한 환경을 확보하며, 그 지역을 체계적·계획적으로 관리하기 위하여 수립하는 도시관리계획을 말한다.
- "기반시설"이란 교통시설, 공간시설, 유통·공급시설, 공공·문화체육시설, 방재시설, 보건위생시설, 환경기초시설을 말한다.
- "도시계획시설"이란 기반시설 중 도시관리계획으로 결정된 시설을 말한다.
- "광역시설"이란 기반시설 중 광역적인 정비체계가 필요한 대통령령으로 정하는 시설을 말한다.
- "공동구"란 전기·가스·수도 등의 공급설비, 통신시설, 하수도시설 등 지하매설물을 공동 수용함으로써 미관의 개선, 도로구조의 보전 및 교통의 원활한 소통을 위하여 지하에 설치하는 시설물을 말한다.
- "공공시설"이란 도로·공원·철도·수도, 그 밖에 대통령령으로 정하는 공공용 시설을 말한다.
- "용도지역"이란 토지의 이용 및 건축물의 용도, 건폐율, 용적률, 높이 등을 제한함으로써 토지를 경제적·효율적으로 이용하고 공공복리의 증진을 도모하기 위하여 서로 중복되지 아니하게 도시관리계획으로 결정하는 지역을 말한다.

---

1) 법률에서 발췌한 원문을 그대로 표기

- "용도지구"란 용도지역의 제한을 강화하거나 완화하여 적용함으로써 용도지역의 기능을 증진시키고 미관·경관·안전 등을 도모하기 위하여 도시관리계획으로 결정하는 지역을 말한다.

- "용도구역"이란 용도지역 및 용도지구의 제한을 강화하거나 완화하여 따로 정함으로써 시가지의 무질서한 확산방지, 계획적이고 단계적인 토지이용의 도모, 토지이용의 종합적 조정·관리 등을 위하여 도시관리계획으로 결정하는 지역을 말한다.

- "개발밀도관리구역"이란 개발로 인하여 기반시설이 부족할 것으로 예상되나 기반시설을 설치하기 곤란한 지역을 대상으로 건폐율이나 용적률을 강화하여 적용하기 위하여 지정하는 구역을 말한다.

- 국토의 용도 구분 및 용도지역의 지정 : 국토교통부장관, 시·도지사 또는 대도시 시장은 용도지역의 지정 또는 변경을 도시관리계획으로 결정한다.(도시지역, 관리지역, 농림지역, 자연환경보전지역)

- 도시지역: 인구와 산업이 밀집되어 있거나 밀집이 예상되어 그 지역에 대하여 체계적인 개발·정비·관리·보전 등이 필요한 지역(주거지역, 상업지역, 공업지역, 녹지지역)

- 주거지역 : 거주의 안녕과 건전한 생활환경의 보호를 위하여 필요한 지역(전용주거지역, 일반주거지역, 준주거지역)

- 상업지역 : 상업이나 그 밖의 업무의 편익을 증진하기 위하여 필요한 지역(중심상업지역, 일반상업지역, 근린상업지역, 유통상업지역)

- 공업지역 : 공업의 편익을 증진하기 위하여 필요한 지역(전용공업지역, 일반공업지역, 준공업지역)

- 녹지지역 : 자연환경·농지 및 산림의 보호, 보건위생, 보안과 도시의 무질서한 확산을 방지하기 위하여 녹지의 보전이 필요한 지역(보전녹지지역, 생산녹지지역, 자연녹지지역)

  ·보전녹지지역 : 도시의 자연환경·경관·산림 및 녹지공간을 보전할 필요가 있는 지역

  ·생산녹지지역 : 주로 농업적 생산을 위하여 개발을 유보할 필요가 있는 지역

  ·자연녹지지역 : 도시의 녹지공간의 확보, 도시확산의 방지, 장래 도시용지의 공급 등을 위하여 보전할 필요가 있는 지역으로서 불가피한 경우에 한하여 제한적인 개발이 허용되는 지역

- 관리지역 : 도시지역의 인구와 산업을 수용하기 위하여 도시지역에 준하여 체계적으로 관리하거나 농림업의 진흥, 자연환경 또는 산림의 보전을 위하여 농림지역 또는 자연환경보전지역에 준하여 관리할 필요가 있는 지역(보전관리지역, 생산관리지역, 계획관리지역)

- 농림지역 : 도시지역에 속하지 아니하는 「농지법」에 따른 농업진흥지역 또는 「산지관리법」에 따른 보전산지 등으로서 농림업을 진흥시키고 산림을 보전하기 위하여 필요한 지역

- 자연환경보전지역 : 자연환경·수자원·해안·생태계·상수원 및 문화재의 보전과 수산자원의 보호·육성 등을 위하여 필요한 지역

- 개발제한구역의 지정 : 국토교통부장관은 도시의 무질서한 확산을 방지하고 도시주변의 자연환경을 보전하여 도시민의 건전한 생활환경을 확보하기 위하여 도시의 개발을 제한할 필요가 있거나 국방부장관의 요청이 있어 보안상 도시의 개발을 제한할 필요가 있다고 인정되면 개발제한구역의 지정 또는 변경을 도시관리계획으로 결정할 수 있다.

- 도시자연공원구역의 지정 : 시·도지사 또는 대도시 시장은 도시의 자연환경 및 경관을 보호하고 도시민에게 건전한 여가·휴식공간을 제공하기 위하여 도시지역 안에서 식생(植生)이 양호한 산지

(山地)의 개발을 제한할 필요가 있다고 인정하면 도시자연공원구역의 지정 또는 변경을 도시관리계획으로 결정할 수 있다.

- 시가화조정구역의 지정 : 국토교통부장관은 직접 또는 관계 행정기관의 장의 요청을 받아 도시지역과 그 주변지역의 무질서한 시가화를 방지하고 계획적·단계적인 개발을 도모하기 위하여 대통령령으로 정하는 기간 동안 시가화를 유보할 필요가 있다고 인정되면 시가화조정구역의 지정 또는 변경을 도시관리계획으로 결정할 수 있다.

- 도시·군관리계획 기준·목표년도 : 목표년도는 기준년도로부터 장래의 10년을 기준으로 하고, 연도의 끝자리는 0년 또는 5년으로 한다. 법에 따라 도시기본계획을 5년마다 재검토하거나 급격한 여건변화로 인하여 도시기본계획을 다시 수립하는 경우 목표년도는 도시기본계획의 재검토 시점으로부터 10년으로 한다.

2 | | | | 도시공원 관련 법

- "공원녹지"란 쾌적한 도시환경을 조성하고 시민의 휴식과 정서 함양에 이바지하는 공간 또는 시설을 말한다.
- "도시녹화"란 식생, 물, 토양 등 자연친화적인 환경이 부족한 도시지역의 공간에 식생을 조성하는 것을 말한다.
- "도시공원"이란 도시지역에서 도시자연경관을 보호하고 시민의 건강·휴양 및 정서생활을 향상시키는 데에 이바지하기 위하여 설치 또는 지정된 것을 말한다.
- "공원시설"이란 도시공원의 효용을 다하기 위하여 설치하는 시설을 말한다.
- "녹지"란 「국토의 계획 및 이용에 관한 법률」에 따른 녹지로서 도시지역에서 자연환경을 보전하거나 개선하고, 공해나 재해를 방지함으로써 도시경관의 향상을 도모하기 위하여 도시관리계획으로 결정된 것을 말한다.
- 공원녹지기본계획 : 특별시장·광역시장·특별자치시장·특별자치도지사 또는 대통령령으로 정하는 시의 시장은 10년을 단위로 공원녹지의 확충·관리·이용 방향을 종합적으로 제시하는 기본계획을 수립하고, 5년마다 타당성을 전반적으로 재검토하여 이를 정비하여야 한다.
- 녹지활용계약 : 특별시장·광역시장·특별자치시장·특별자치도지사·시장 또는 군수는 도시민이 이용할 수 있는 공원녹지를 확충하기 위하여 필요한 경우에는 도시지역의 식생 또는 임상(林床)이 양호한 토지의 소유자와 그 토지를 일반 도시민에게 제공하는 것을 조건으로 해당 토지의 식생 또는 임상의 유지·보존 및 이용에 필요한 지원을 하는 것을 내용으로 하는 계약을 체결할 수 있다.
- 녹화계약 : 특별시장·광역시장·특별자치시장·특별자치도지사·시장 또는 군수는 도시녹화를 위하여 필요한 경우에는 도시지역의 일정 지역의 토지 소유자 또는 거주자와 수림대 등의 보호, 식생비율 증가, 식생 증대 등의 조치를 하는 것을 조건으로 묘목의 제공 등 그 조치에 필요한 지원을

하는 것을 내용으로 하는 계약을 체결할 수 있다.

3 ││││ 자연공원법

- "자연공원"이란 국립공원·도립공원 및 군립공원(郡立公園) 및 지질공원을 말한다.
- "국립공원"이란 우리나라의 자연생태계나 자연 및 문화경관(이하 "경관"이라 한다)을 대표할 만한 지역으로서 법에 따라 지정된 공원을 말한다.
- "도립공원"이란 특별시·광역시·도 및 특별자치도(이하 "시·도"라 한다)의 자연생태계나 경관을 대표할 만한 지역으로서 법에 따라 지정된 공원을 말한다.
- "군립공원"이란 시·군 및 자치구(이하 "군"이라 한다)의 자연생태계나 경관을 대표할 만한 지역으로서 법에 따라 지정된 공원을 말한다.
- "지질공원"이란 지구과학적으로 중요하고 경관이 우수한 지역으로서 이를 보전하고 교육·관광 사업 등에 활용하기 위하여 법에 따라 환경부장관이 인증한 공원을 말한다.
- "공원기본계획"이란 자연공원을 보전·이용·관리하기 위하여 장기적인 발전방향을 제시하는 종합계획으로서 공원계획과 공원별 보전·관리계획의 지침이 되는 계획을 말한다.
- "공원계획"이란 자연공원을 보전·관리하고 알맞게 이용하도록 하기 위한 용도지구의 결정, 공원시설의 설치, 건축물의 철거·이전, 그 밖의 행위 제한 및 토지 이용 등에 관한 계획을 말한다.
- "공원별 보전·관리계획"이란 동식물 보호, 훼손지 복원, 탐방객 안전관리 및 환경오염 예방 등 공원계획 외의 자연공원을 보전·관리하기 위한 계획을 말한다.
- 공원기본계획의 수립 : 환경부장관은 10년마다 국립공원위원회의 심의를 거쳐 공원기본계획을 수립하여야 한다.
- 공원계획의 변경 : 공원관리청은 10년마다 지역주민, 전문가, 그 밖의 이해관계자의 의견을 수렴하여 공원계획의 타당성 유무(공원구역의 타당성 유무를 포함한다)를 검토하고 그 결과를 공원계획의 변경에 반영하여야 한다.
- 공원별 보전·관리계획의 수립 : 공원관리청은 규정에 따라 결정된 공원계획에 연계하여 10년마다 공원별 보전·관리계획을 수립하여야 한다. 다만, 자연환경보전 여건 변화 등으로 인하여 계획을 변경할 필요가 있다고 인정되는 경우에는 그 계획을 5년마다 변경할 수 있다.

4 ││││ 건축법

- 대지의 조경 : 면적이 200제곱미터 이상인 대지에 건축을 하는 건축주는 용도지역 및 건축물의 규모에 따라 해당 지방자치단체의 조례로 정하는 기준에 따라 대지에 조경이나 그 밖에 필요한 조치를 하여야 한다.
- 옥상조경 면적 : 건축물의 옥상에 국토교통부장관이 고시하는 기준에 따라 조경이나 그 밖에 필요한 조치를 하는 경우에는 옥상부분 조경면적의 3분의 2에 해당하는 면적을 대지의 조경면적으로 산정할 수 있다. 이 경우 조경면적으로 산정하는 면적은 조경면적의 100분의 50을 초과할 수 없다.
- 공개 공지 등의 확보 : 공개 공지 등의 면적은 대지면적의 100분의 10 이하의 범위에서 건축조례로 정한다. 이 경우 조경면적을 공개 공지 등의 면적으로 할 수 있다.

5 |||| 조경기준

- "조경시설"이라 함은 조경과 관련된 파고라·벤치·환경조형물·정원석·휴게·여가·수경·관리 및 기타 이와 유사한 것으로 설치되는 시설, 생태연못 및 하천, 동물 이동통로 및 먹이공급시설 등 생물의 서식처 조성과 관련된 생태적 시설을 말한다.
- "조경시설공간"이라 함은 조경시설을 설치한 이 고시에서 정하고 있는 일정 면적 이상의 공간을 말한다.
- "자연지반"이라 함은 하부에 인공구조물이 없는 자연상태의 지층 그대로인 지반으로서 공기, 물, 생물 등의 자연순환이 가능한 지반을 말한다.
- "인공지반조경"이라 함은 건축물의 옥상(지붕을 포함한다)이나 포장된 주차장, 지하구조물 등과 같이 인위적으로 구축된 건축물이나 구조물 등 식물생육이 부적합한 불투수층의 구조물 위에 자연지반과 유사하게 토양층을 형성하여 그 위에 설치하는 조경을 말한다.
- "옥상조경"이라 함은 인공지반조경 중 지표면에서 높이가 2미터 이상인 곳에 설치한 조경을 말한다. 다만, 발코니에 설치하는 화훼시설은 제외한다.
- "수경(水景)"이라 함은 분수·연못·수로 등 물을 주 재료로 하는 경관시설을 말한다.
- 조경면적의 산정 : 조경면적은 식재된 부분의 면적과 조경시설공간의 면적을 합한 면적으로 산정하며 다음 각 호의 기준에 적합하게 배치하여야 한다.
  · 식재면적은 당해 지방자치단체의 조례에서 정하는 조경면적(이하 "조경의무면적"이라 한다)의 100분의 50 이상(이하 "식재의무면적"이라 한다)이어야 한다.
  · 하나의 식재면적은 한 변의 길이가 1미터 이상으로서 1제곱미터 이상이어야 한다.
  · 하나의 조경시설공간의 면적은 10제곱미터 이상이어야 한다.
- 조경면적의 배치
  · 대지면적 중 조경의무면적의 10퍼센트 이상에 해당하는 면적은 자연지반이어야 하며, 그 표면을 토양이나 식재된 토양 또는 투수성 포장구조로 하여야 한다.

·대지의 인근에 보행자전용도로·광장·공원 등의 시설이 있는 경우에는 조경면적을 이러한 시설과 연계되도록 배치하여야 한다.

·너비 20미터 이상의 도로에 접하고 2,000제곱미터 이상인 대지 안에 설치하는 조경은 조경의무 면적의 20퍼센트 이상을 가로변에 연접하게 설치하여야 한다.

• 식재수량 및 규격 : 조경면적 1제곱미터마다 교목 및 관목의 수량은 다음 각 목의 기준에 적합하게 식재하여야 한다. 다만 조경의무면적을 초과하여 설치한 부분에는 그러하지 아니하다.

·상업지역 : 교목 0.1주 이상, 관목 1.0주 이상

·공업지역 : 교목 0.3주 이상, 관목 1.0주 이상

·주거지역 : 교목 0.2주 이상, 관목 1.0주 이상

·녹지지역 : 교목 0.2주 이상, 관목 1.0주 이상

• 식재하여야 할 교목은 흉고직경 5센티미터 이상이거나 근원직경 6센티미터 이상 또는 수관폭 0.8미터 이상으로서 수고 1.5미터 이상이어야 한다.

·낙엽교목으로서 수고 4미터 이상이고, 흉고직경 12센티미터 또는 근원직경 15센티미터 이상, 상록교목으로서 수고 4미터 이상이고, 수관폭 2미터 이상인 수목 1주는 교목 2주를 식재한 것으로 산정한다.

·낙엽교목으로서 수고 5미터 이상이고, 흉고직경 18센티미터 또는 근원직경 20센티미터 이상, 상록교목으로서 수고 5미터 이상이고, 수관폭 3미터 이상인 수목 1주는 교목 4주를 식재한 것으로 산정한다.

·낙엽교목으로서 흉고직경 25센티미터 이상 또는 근원직경 30센티미터 이상, 상록교목으로서 수관폭 5미터 이상인 수목 1주는 교목 8주를 식재한 것으로 산정한다.

• 식재수종 : 상록수 및 지역 특성에 맞는 수종 등의 식재비율은 다음 각 호 기준에 적합하게 하여야 한다.

·상록수 식재비율 : 교목 및 관목 중 규정 수량의 20퍼센트 이상

·지역에 따른 특성수종 식재비율 : 규정 식재수량 중 교목의 10퍼센트 이상

• 옥상조경 면적의 산정

·지표면에서 2미터 이상의 건축물이나 구조물의 옥상에 식재 및 조경시설을 설치한 부분의 면적. 다만, 초화류와 지피식물로만 식재된 면적은 그 식재면적의 2분의 1에 해당하는 면적

·지표면에서 2미터 이상의 건축물이나 구조물의 벽면을 식물로 피복한 경우, 피복면적의 2분의 1에 해당하는 면적. 다만, 피복면적을 산정하기 곤란한 경우에는 근원경 4센티미터 이상의 수목에 대해서만 식재수목 1주당 0.1제곱미터로 산정하되, 벽면녹화면적은 식재의무면적의 100분의 10을 초과하여 산정하지 않는다.

·건축물이나 구조물의 옥상에 교목이 식재된 경우에는 식재된 교목 수량의 1.5배를 식재한 것으로 산정한다.

• 높이 1.2미터 이상의 난간 등의 안전구조물을 설치하여야 한다.

- "자연환경"이라 함은 지하·지표(해양을 제외한다) 및 지상의 모든 생물과 이들을 둘러싸고 있는 비생물적인 것을 포함한 자연의 상태(생태계 및 자연경관을 포함한다)를 말한다.
- "자연환경보전"이라 함은 자연환경을 체계적으로 보존·보호 또는 복원하고 생물다양성을 높이기 위하여 자연을 조성하고 관리하는 것을 말한다.
- "자연환경의 지속가능한 이용"이라 함은 현재와 장래의 세대가 동등한 기회를 가지고 자연환경을 이용하거나 혜택을 누릴 수 있도록 하는 것을 말한다.
- "자연생태"라 함은 자연의 상태에서 이루어진 지리적 또는 지질적 환경과 그 조건 아래에서 생물이 생활하고 있는 일체의 현상을 말한다.
- "소생태계"라 함은 생물다양성을 높이고 야생동·식물의 서식지간의 이동가능성 등 생태계의 연속성을 높이거나 특정한 생물종의 서식조건을 개선하기 위하여 조성하는 생물서식공간을 말한다.
- "생물다양성"이라 함은 육상생태계 및 수생생태계(해양생태계를 제외한다)와 이들의 복합생태계를 포함하는 모든 원천에서 발생한 생물체의 다양성을 말하며, 종내·종간) 및 생태계의 다양성을 포함한다.
- "생태축"이라 함은 생물다양성을 증진시키고 생태계 기능의 연속성을 위하여 생태적으로 중요한 지역 또는 생태적 기능의 유지가 필요한 지역을 연결하는 생태적 서식공간을 말한다.
- "자연경관"이라 함은 자연환경적 측면에서 시각적·심미적인 가치를 가지는 지역·지형 및 이에 부속된 자연요소 또는 사물이 복합적으로 어우러진 자연의 경치를 말한다.
- "대체자연"이라 함은 기존의 자연환경과 유사한 기능을 수행하거나 보완적 기능을 수행하도록 하기 위하여 조성하는 것을 말한다.
- "생태마을"이라 함은 생태적 기능과 수려한 자연경관을 보유하고 이를 지속가능하게 보전·이용할 수 있는 역량을 가진 마을로서 환경부장관 또는 지방자치단체의 장이 제42조의 규정에 의하여 지정한 마을을 말한다.
- "생태관광"이란 생태계가 특히 우수하거나 자연경관이 수려한 지역에서 자연자산의 보전 및 현명한 이용을 통하여 환경의 중요성을 체험할 수 있는 자연친화적인 관광을 말한다.
- "자연환경복원사업"이란 훼손된 자연환경의 구조와 기능을 회복시키는 사업을 말한다.
- 생태·경관보전지역 구분 지정·관리
  · 생태·경관핵심보전구역(이하 "핵심구역"이라 한다) : 생태계의 구조와 기능의 훼손방지를 위하여 특별한 보호가 필요하거나 자연경관이 수려하여 특별히 보호하고자 하는 지역
  · 생태·경관완충보전구역(이하 "완충구역"이라 한다) : 핵심구역의 연접지역으로서 핵심구역의 보호를 위하여 필요한 지역
  · 생태·경관전이보전구역(이하 "전이구역"이라 한다) : 핵심구역 또는 완충구역에 둘러싸인 취락지역으로서 지속가능한 보전과 이용을 위하여 필요한 지역

조경시공실무

조경식재설계 및 식재공사

조경식재계획 및 설계

1 |||| 조경식재 일반

❶ 식재의 기능 및 효과(G. Robinette)

구분	내용
건축적 이용	사생활 보호, 차단 및 은폐, 공간적 분할, 점진적 이해
공학적 이용	토양침식조절, 음향조절, 대기정화, 섬광조절, 반사조절, 통행(교통)조절
기상학적 이용	태양복사열조절, 바람조절, 강수조절, 온도조절(미기후), 열섬방지효과
미적 이용	조각물로서의 이용, 장식적 수벽, 조류 및 소동물 유인, 구조물 유화

❷ 배식원리

① 정형식재 : 자연성보다 인간의 미의식에 입각한 인공적 조형을 먼저 고려, 축의 설정과 대칭식재, 정연한 안정감과 격식있는 엄숙감 조성

구분	내용
단식	정형수 단독식재, 표본식재 –중요한 포인트
대식	축의 좌우에 형태·크기 등이 같은 한 쌍의 동일수종 식재 –정연한 질서감
열식	형태·크기 등이 같은 동일수종 식재를 일정한 간격으로 줄을 지어 식재
교호식재	같은 간격으로 서로 어긋나게 식재 –열식의 변형으로 식재폭 확장
집단식재	일정 지역을 덮어버리는 식재 –군식, 질량감 표출

② 자연풍경식재 : 자연풍경과 유사한 경관재현 및 상징화, 인위적 시각적 질서 배제, 비대칭적 균형감과 심리적 질서감, 평면구성보다 입면구성에 중점, 자연스러운 땅가름, 사실적 식재로 자연경관 재현 –로빈슨 야생원, 벌 막스 천연식생, 암석원, 영국의 자연풍경식 정원

구분	내용
부등변삼각형식재	각기 다른 세 그루의 수목을 다른 간격으로 한 직선에 서지 않도록 식재, 정원수의 기본패턴, 자연스러운 표현

임의식재	서로 다른 수목이 한 직선을 이루지 않도록 식재, 부등변삼각형을 기본으로 삼각망의 순차적 확대, 불규칙한 자연스러움과 스카이라인 형성
모아심기	몇 그루의 나무를 모아 심어 단위수목경관 형성, 자체로서 마무리, 부등변삼각형의 3·5·7그루의 홀수 식재(기식)
무리심기(군식)	모아심기보다 좀 더 다수의 수목을 경관 내에 식재, 하나의 식재로 마무리되기보다는 넓은 지역의 부분경관으로 사용
산재식재	한 그루씩 드물게 흩어지도록 식재, 무늬와 같은 패턴 구성
배경식재	하나의 경관에 있어 배경적 역할 구성, 임의식재 수법으로 식재
주목(경관목)	경관의 중심적 존재가 되어 전체경관을 지배하는 수목이나 수목군

③ 자유식재 : 단순하고 명쾌한 현대적 기능미 추구, 인공적이나 선이나 형태가 자유롭고 비대칭적인 수법사용, 의미 없는 장식 배제

❸ 경관조성식재

구분	내용
표본식재	독립수로 개체 수목의 미적 가치가 높은 수목 사용, 축선의 종점·현관·잔디밭·중정 등에 식재
군집식재	개체의 개성이 약한 수목 3~5주를 모아 심어 식재단위 구성, 공간분할·틀짜기·부분차폐 등 효과, 교목(초점요소 효과), 관목(동선유도 효과)
산울타리식재	선형으로 반복식재, 배경효과 및 공간의 분할·결속 효과
경재식재	공간의 경계부나 원로를 따라 식재, 관목류 주조로 식재대 구성, 수목이 중첩되도록 하여 뒤로 갈수록 요면 형성을 하며 높아지도록 식재

❹ 건물과 관련된 식재(기초식재)

구분	내용
초점식재	시선의 집중, 초점적 역할
모서리식재	수직선 완화 및 외부에서 보이는 조망의 틀 형성
배경식재	자연경관이 우세한 지역에서 건물과 주변과의 융화, 대교목 사용으로 그늘 제공, 방풍 및 차폐기능 동시 충족
가리기식재	건물과 자연경관과의 부조화를 가려 전체적 외관 향상

2 |||| 조경식재계획 및 설계

❶ 조경식재계획 및 설계
① 식재기능 요구시기
  • 완성형 : 완성에 가까운 형태로 식재 −학교, 병원 등

- 반완성형 : 5년 정도 경과 후 완성형에 가깝게 되는 식재 −상업지역과 공업지역
- 장래완성형 : 10~20년 정도 경과 후 완성형태가 되는 식재 −상업지역과 공업지역

식재밀도

구분	내용	
교목	·수고 3m, 수관폭 2m의 수목 기준으로 10년 설정 ·표준 식재간격 6m, 조건에 따라 4.5~7.5m로 조정	
관목	작고 성장이 느린 관목	0.45~0.6m 간격(3~5본/m²)
	크고 성장이 보통인 관목	1.0~1.2m 간격(1본/m²)
	성장이 빠른 관목	1.5~1.8m 간격(2~3m²당 1본)
	생울타리 관목	0.25~0.75m 간격으로 2~3줄 식재(1.5~4본/m²)
초화류	·0.2~0.3m 간격(11~25본/m²), 0.14~0.2m 간격(25~49본/m²)	

② 토지이용 상충지역 완충녹지
- 일반적 완충녹지의 폭원 최소 20m
- 재해 발생 시 피난지로 설치하는 녹지는 녹화면적률 70% 이상
- 보안, 접근억제 등 상충하는 토지이용의 조절 목적의 녹지는 녹화면적률 80% 이상
- 방풍식재 폭 10~20m, 임해매립지의 방풍·방조녹지대 폭 200~300m, 방재녹지 폭 6~10m

③ 교통공해 발생지역 완충녹지
- 철도 연변의 녹지대 폭은 철도 경계선으로부터 30m 이내
- 고속도로 연변의 녹지대 폭은 도로 경계선으로부터 50m 이내, 국도는 폭 20m 이내
- 철도와 고속도로 등 교통시설에 설치하는 녹지는 녹화면적률 80% 이상

④ 산업단지 및 공업지역 완충녹지
- 주거전용지역이나 교육 및 연구시설 등 조용한 환경에 녹지설치 시 수고 4m 이상 수목으로 녹화면적율 50% 이상
- 녹지의 폭원은 최소 50~200m 정도를 표준으로 조정
  - ·주택지와 접한 공업지역 녹지폭 30m 이상
  - ·공업지역과 주택지역 사이 녹지폭 100m 정도
  - ·산업단지와 배후도시 간 녹지폭 1km 이상
  - ·환경정화수를 주 수종으로 도입, 군식 또는 군락식재, 상록수와 낙엽수를 적절히 혼합

⑤ 경관녹지
- 자연환경보전에 필요한 면적 이내로 설치, 도시공원과 기능상 상충하지 않도록 설치
- 주변의 토지이용과 확실히 구별되는 위치에 설치
- 화단, 분수, 조각, 잔디밭, 산울타리, 그늘시렁, 폭포, 녹지 및 식재 도입

⑥ 도로녹지
- 가로수로 사용되는 수목은 수고 3m 이상, 흉고직경 8cm(근원직경 10cm) 이상이 원칙

- 차량 및 사람의 통행에 지장이 없도록 지하고 확보 −수관은 수고의 50% 이상 유지
- 수목보호홀 덮개, 1주당 2개 이상 수목급수대 설치
- 수목식재를 위한 분리대의 최소폭 1.0m 이상, 폭 4.0m 이상일 때는 교목류 배식
- 고속도로 인터체인지의 램프구간은 유도식재, 전체 이미지 부각에는 경관 및 강조식재

❷ 기능식재

- 식재기능 분류 : 공간조절(경계, 유도식재), 경관조절(지표, 경관, 차폐식재), 환경조절(녹음, 방음, 방풍, 방화, 방설, 지피식재)

① 차폐식재 : 차폐방향, 관찰자의 위치 및 접근각도, 계절적 경관특성 고려

   ㉠ 차폐식재의 위치와 크기

$$\tan\alpha=\frac{h-e}{d}=\frac{H-e}{D}, \qquad h=\tan\alpha\times d+e=\frac{d}{D}(H-e)+e$$

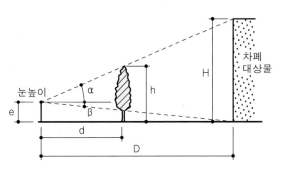

여기서

  e : 눈의 높이

  α : 눈과 차폐대상물의 최상부를 연결한 수직각

  β : 눈과 차폐대상물의 최하부를 연결한 수직각

  H : 차폐대상물의 높이

  h : 차폐식재의 높이

  D : 시점과 차폐대상물과의 수평거리

  d : 시점과 차폐식재와의 수평거리

| 차폐대상물과 차폐식재와의 관계 |

   ㉡ 주행할 때의 측방차폐 : 교목은 두 줄로 교호식재하고 그 앞에 관목을 열식하면 효과적

- 상록수로 수관이 크고 지엽이 밀생한 수종 식재 −주목, 측백나무, 쥐똥나무

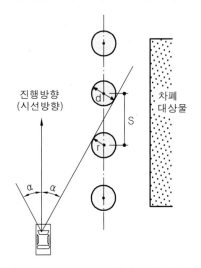

$$S=\frac{2r}{\sin\alpha}=\frac{d}{\sin\alpha}$$

여기서

  S : 열식수의 간격

  d : 열식수의 수관직경

  r : 열식수의 수관반경

  α : 진행방향에 대한 시각

- 시야각을 좌우로 30°라 하면 $S=2d$가 되어 열식수의 간격을 수관직경의 2배 이하로 하면 측방의 차폐에 효과적

| 주행할 때의 열식수와 차폐대상물과의 관계 |

② 생울타리식재 : 눈가림, 진입방지, 통풍조절, 방진, 일사의 조절
  • 부지경계선에 식재 시 완성 두께의 1/2만큼 안쪽으로 식재
  • 산울타리 표준높이 : 120cm, 150cm, 180cm, 210cm, 두께(폭) 30~60cm
  • 맹아력이 강하고 지엽이 세밀하며, 아랫가지가 오래도록 말라 죽지 않는 상록수(측백나무, 쥐똥나무, 무궁화, 화백, 향나무, 사철나무, 꽝꽝나무), 가시울타리용(탱자나무, 호랑가시나무, 찔레꽃) 식재
③ 경계식재 : 원로나 화단, 잔디밭 가장자리 경계 형성, 높이 30~90cm, 폭 30~60cm, 원로폭이 좁으면 낮게, 폭을 넓히면 기능성 증가
④ 녹음식재 : 일사차단, 한 장의 잎을 투과하는 햇빛 양은 10~30% 정도
  • 그늘 형성, 수관이 크고 큰 잎을 가지며, 생장이 빠르고 유지관리가 쉬우며, 지하고가 높고 병충해가 적으며, 답압에도 강하고 겨울철 햇빛차단이 없는 낙엽교목 식재 −느티나무, 버즘나무, 백합나무, 칠엽수, 회화나무, 팽나무, 오동나무, 벽오동
  • 그림자 길이 $l=$수목의 높이$\times\cot\theta$ 여기서, l : 그림자 길이, θ : 태양의 고도각
⑤ 방음식재 : 차음체의 위치는 음원이나 수음점에 가까울수록 효과적, 노면을 연도부지보다 낮추거나 노면에 둑 설치, 식생은 고주파 소음에 효과적
  • 선음원 : 거리가 2배로 늘어날 때마다 약 3dB씩 감소 −달리는 자동차
  • 점음원 : 거리가 2배로 늘어날 때마다 약 6dB씩 감소 −서 있는 자동차
  • 선음원 $D=L_1-L_2=10\log_{10}\dfrac{d_2}{d_1}$ • 점음원 $D=L_1-L_2=20\log_{10}\dfrac{d_2}{d_1}$

    여기서, D : 소음의 차이
        $L_1,\ L_2$: 각 지점의 소음도
        $d_1,\ d_2$: 음원으로부터의 거리
  • 식수대 길이는 음원과 수음점 거리의 2배로 설정
  • 식수대와 가옥은 최소 30m 이상 이격, 식수대 너비는 20~30m
  • 지엽이 치밀하고 지하고가 낮고 잎이 수직인 상록수 식재 −회화나무, 피나무, 광나무, 호랑가시나무, 사철나무, 아왜나무, 녹나무
⑥ 방풍식재 : 방풍효과는 수목의 높이, 감속량은 밀도에 좌우
  • 방풍효과 : 바람의 위쪽은 수고의 6~10배, 아래쪽은 25~30배, 30배 이상 효과 없음
  • 가장 방풍효과가 큰 곳은 바람 아래쪽 수고의 3~5배 지점
  • 수림의 경우 50~70%, 산울타리 45~55%의 밀폐도에서 방풍효과 증가
  • 1.5~2.0m의 간격을 가진 정삼각형식재 5~7열 배열하여 10~20m 너비조성
  • 심근성으로 지엽이 치밀하고 바람에 잘 꺾이지 않는 상록수 식재 −소나무, 삼나무, 가시나무, 사철나무, 후박나무, 동백나무
  • 바람을 막을 때는 바람 방향과 수직으로 설치하고, 유도할 때는 경사지게 설치
⑦ 방화식재 : 잎이 넓고 두꺼우며 함수량이 많은 상록수가 적당 −굴참나무, 황벽나무, 아왜나무,

광나무, 식나무, 은행나무, 벽오동

- 도시계획 규모 : 수림대와 공지를 교호로 2~수 열 배치, 공지의 너비 6m 이상(잔디보다는 포장·수면이 적당), 수림대의 너비 6~10m(수고 10m 이상 교목 교호식재), 교목 앞쪽에 관목 열식
- 건축물 규모 : 건물 간격이 3m 이하일 때 방화효과 없음, 간격이 5m 정도 되는 경우 1열, 7m 정도 될 때에는 교목 2열 식재

⑧ 방설식재 : 식재밀도가 높을수록 방설기능 증가, 식재폭 30m 정도 필요, 용지확보 곤란 시 목적하는 도로에서 15~20m 떨어진 곳에 2열 배치

- 묘목을 심어 수림대 조성 시 1.4m 또는 2.0m 간격으로 삼각배식, 2열로 조성할 경우 가급적 큰 묘목으로 1.2m 간격으로 교호식재
- 지엽이 밀생하는 직간성 수종으로 조림하기 쉬우며 가지가 잘 꺾이지 않는 수종 식재 −가문비나무, 참나무류, 오리나무, 삼나무, 편백, 일본잎갈나무

⑨ 지피식재 : 모래·먼지 방지, 진 땅 방지, 빗물흐름 감소(침식 방지), 동상 방지, 미기상의 완화, 운동·휴식효과, 미적효과, 표층토의 침투능력 개선 효과

- 가급적 키가 낮고(30cm 이하) 번식력이 왕성하며 빨리 자라는 다년생 상록식물 이용, 치밀한 피복과 깎기·잡초·병충해 등의 관리가 쉬울 것
- 품종의 균일성과 통일성 가질 것, 본질적인 우량 인자를 가진 것, 완숙종자일 것, 신선한 햇종자일 것

3 |||| 부문별 식재설계

❶ 도로조경

① 시선유도식재 : 주행 중 운전자가 도로의 선형변화를 미리 판단할 수 있도록 시선을 유도해 주는 식재 −수목열이 연속적으로 보이도록 조성

- 주변 식생과 뚜렷하게 식별되는 수종으로 수관선이 확실하게 방향을 지시하도록 조성
- 도로의 곡률반경이 700m 이하가 되는 작은 곡선부에는 반드시 조성
- 곡선부의 바깥쪽에 교목을 식재, 압박감이 생기면 관목 식재 후 교목 식재
- 곡선부 안쪽에 식재 시 시선방해가 일어나므로 식재 불필요
- 도로의 선형이 골짜기를 이루는 부분의 가장 낮은 부분에는 식재 불필요
- 도로의 선형이 산형을 이루는 곳의 정상부에는 낮은 나무를 심고, 약간 내려간 곳에는 높은 나무 식재
- 상록교목 또는 관목으로 식재 −향나무, 측백나무, 광나무, 협죽도, 사철나무 등

② 지표식재 : 운전자에게 장소적 위치 및 상황 전달 기능 −랜드마크 형성

③ 차광식재 : 마주 오는 차량이나 인접한 도로로부터의 광선 차단을 위하여 도로 사이에 상록수 식재, 수고는 차량에 따라 승용차 1.5m, 대형차 2.0m 적용

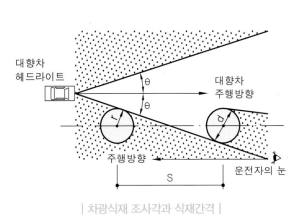

$$S=\frac{2r}{\sin\theta}=\frac{d}{\sin\theta}$$

여기서

S : 열식수의 간격

d : 열식수의 수관직경

r : 열식수의 수관반경

θ : 전조등 조사각

| 차광식재 조사각과 식재간격 |

• θ를 12°로 한다면 $\sin 12° \fallingdotseq 0.2$로서 열식수 간격($D$)은 수관직경($2r$)의 5배가 적당

④ 명암순응식재 : 순응시간을 고려하여 명암을 서서히 바꿀 수 있도록 하는 식재
- 터널입구로부터 200~300m 구간의 노변과 중앙분리대에 상록교목 식재
- 명순응은 단시간에 이루어지므로 대책 불필요
⑤ 진입방지식재 : 도로로 들어오려는 사람이나 동물을 막기 위해 펜스 처리
⑥ 완충식재 : 가드레일 대용, 차선을 이탈한 차의 충격 완화, 운전자에게 안정감을 주는 식재, 용도가 다른 지역 간의 충돌예방
⑦ 중앙분리대식재 : 차광 및 횡단방지, 유지관리 고려
- 형식 : 정형식(정연함), 열식법(산울타리법, 차광효과 증대), 랜덤식(차광효과 감소, 시공번잡, 기계화 곤란), 루버식(넓은 분리대 필요), 무늬식(시가지 도로, 관리비 증대), 군식법(유지관리 용이), 평식법(수목수량 증가)
- 수종 : 자동차 배기가스에 잘 견디며, 지엽이 밀생하고 빨리 자라지 않으며, 맹아력이 강하고 하지가 밑까지 발달한 수종 −가이즈카향나무, 향나무, 졸가시나무, 돈나무, 꽝꽝나무, 옥향, 철쭉류
⑧ 인터체인지식재 : 랜드마크적 기능으로 인터체인지 존재 확인, 식재율 5~10%
⑨ 가로수 : 가로의 경관미 조성 및 보행자에게 그늘 제공
- 미기후 조절, 대기정화, 교통소음 감소, 자연성 부여 및 경관 개선, 시선 유도
- 수형이 아름답고, 생장이 빠르며 공해에 강한 낙엽수로 답압 및 병충해, 전정에도 강한 수종 적당 −은행나무, 느티나무, 가중나무, 버즘나무, 메타세쿼이아, 이팝나무, 벚나무
- 수관부와 지하고의 비율이 6 : 4로 어느 방향에서 봐도 균형감이 있는 수목
- 보통 수고 4.0m, 흉고직경 15cm, 지하고 2~2.5m 이상 사용
- 식재 위치 좌우 1m 정도 차단되지 않은 입지, 2m 이상 토심 및 자연토양과 연결, 표토층 입단화(투수성·통기성 개선)

- 차도로부터 0.65m 이상, 건물로부터 5~7m 이격, 식재간격 8~10m
- 보호시설에 둘러싸인 면적은 1.5m² 이상, 가능한 3~5m² 확보

⑩ 녹도 : 보행과 자전거 통행을 위주로 한 도로 −분리배치

- 일상과 직접 결합된 통학, 통근, 산책, 장보기 등을 위한 도로, 안전성과 쾌적성 확보, 인간적 척도의 공간
- 도로의 높이는 2.5m 이상으로 교목의 가지가 돌출되지 않도록 관리
- 방범의 문제상 멀리 바라볼 수 있도록 하고 조명 설치

❷ 학교조경

① 전정구(첫인상, 정문, 상록대교목 군식), 중정구(화목류, 분수 등으로 소음중화), 후정구(방풍 위한 상록수), 외곽(완충녹지)

② 학교식재 수종 : 교과서 취급식물, 학생의 기호, 향토식물, 내척박성 식물, 속성수, 학교의 상징 수종, 식이식물(팽나무, 벚나무, 팥배나무, 감나무, 마가목, 찔레꽃)

❸ 단지조경

① 표토 : 유기질 5% 이상 함유한 지표에서 30cm 내외 깊이에 형성된 흙

② 절토와 성토에 대한 뿌리부분의 보호조치 −메담쌓기, 나무우물 쌓기

③ 단지식재 : 통일된 경관구성, 공간적·시간적 수종배분, 외주부 완충식재

④ 식재지반조성

- 성토법 : 가장 많이 쓰이는 방법으로 타 지역의 흙을 반입하여 성토
- 객토법 : 지반을 파내고 다른 토양으로 교체 −전면·대상·단목객토법
- 사주법 : 오니층 아래의 원지표층까지 모래나 산흙의 말뚝을 설치
- 사구법 : 오니층이 가라앉은 가장 낮은 중심부에서 주변부로 배수구를 파놓은 후 배수구에 모래흙을 넣고 그곳에 수목 식재 −사구의 규모에 따라 효과 상이

❹ 임해매립지조경

① 해안수림 조성요령

- 강한 바닷바람을 덜기 위해 임관선 조정 −내륙부로 기울어지는 포물선
- 식재 시 곡선 형태는 $y=\sqrt{x}$, 성장 수년 후 곡선 형태는 $y=\frac{3}{2}\sqrt{x}$ 내지 $y=2\sqrt{x}$

② 매립지는 질소분 결핍이 많으므로 비료목 30~40% 혼식 −보리수나무, 소귀나무, 오리나무류, 아까시나무, 자귀나무, 싸리, 족제비싸리 등

해안식재수종

적용장소	수종
바닷물이 튀는 곳	버뮤다그래스, 잔디, 갯잔디
바닷바람을 막는 전방수림	눈향나무, 다정큼나무, 돈나무, 섬쥐똥나무, 졸가시나무, 곰솔

위에 이어지는 전방수림	보리장나무, 사철나무, 위성류, 협죽도
전방수림에 이어지는 수림	동백나무, 녹나무, 광나무, 주목, 향나무, 느티나무
내부수림	일반수종

❺ 법면조경

① 식재비탈면 기울기에 따른 식재(성토한 곳의 안정은 1 : 1.5 적합)

기울기		식재 가능 식물
1 : 1.5	66.6%	잔디, 초화류
1 : 1.8	55%	잔디, 지피, 관목
1 : 3	33.3%	잔디, 지피, 관목, 아교목
1 : 4	25%	잔디, 지피, 관목, 아교목, 교목

② 식생피복효과
- 빗물이 흘러내리지 않고 증발하여 강우량 감소효과
- 빗방울에 의한 침식방지, 줄기와 잎에 의해 흘러내리는 물의 속도 감소
- 뿌리가 토양입자를 얽어매주고, 투수성 향상과 세굴작용 방지
- 지표 온도의 완화 및 동상방지

③ 법면피복용 초류 조건
- 건조에 잘 견디고 척박지에서도 잘 자라는 것
- 싹틈이 빠르고 생장이 왕성하여 단시일에 피복이 가능한 것
- 뿌리가 흙입자를 잘 얽어 표층토사의 이동을 막아 줄 수 있는 것
- 1년초보다는 다년생 초본이 적합
- 그 지역의 환경인자에 어울리는 강한 성질을 가진 종류
- 종자의 입수가 수월하고 가격이 저렴할 것

핵심문제 조경식재계획 및 설계

1 다음 보기의 내용 중 조경식재의 기능 및 효과에 있어 공학적 이용에 해당되는 것을 모두 고르시오.

> 토양침식조절, 조각물로서의 이용, 섬광조절, 통행(교통)조절, 사생활 보호, 공간적 분할, 대기정화, 태양복
> 사열조절, 음향조절, 바람조절, 강수조절, 반사조절

정답

토양침식조절, 음향조절, 대기정화, 섬광조절, 반사조절, 통행(교통)조절

2 다음 보기의 내용은 자연풍경식재 중 무엇을 설명하는 것인지 쓰시오.

> 각기 다른 세 그루의 수목을 다른 간격으로 한 직선에 서지 않도록 하는 식재수법으로 정원수의 기본패턴
> 이며 자연스러운 표현에 어울린다.

정답

부등변삼각형식재

3 다음은 조경설계기준에 제시된 식재기능 요구시기에 대한 설명이다. 빈칸을 적절하게 채우시오(단,
ⓔ~ⓗ은 ㉠~㉢ 중에서 골라서 답하시오).

> ① 식재기능의 요구시기는 거의 완성에 가까운 상태로 식재하는 (㉠)과 5년 정도 경과 후 거의 완성형
> 에 가까운 형태가 되는 (㉡), 10~20년 정도 경과 후 완성형태가 되는 (㉢)으로 구분하며, 그에 따
> 라 식재밀도 및 규격을 결정한다.
> ② 주거지, 학교, 병원 등은 (㉣)으로, 공원과 상업지역 그리고 공업지역 등은 (㉤)과 (㉥)으로 설계
> 하며, 주거지역은 대상 지역의 상황에 따라 형식을 결정한다.

정답

㉠ 완성형   ㉡ 반완성형   ㉢ 장래완성형   ㉣ 완성형   ㉤ 반완성형   ㉥ 장래완성형

4 다음의 조경설계기준에 제시된 산업단지 및 공업지역 완충녹지의 폭원을 빈칸에 쓰시오.

> 주택지와 접한 공업지역의 녹지폭은 (㉠) 이상, 공업지역과 주택지역 사이의 녹지폭은 (㉡) 정도로
> 하고, 산업단지와 배후도시 간의 녹지폭은 (㉢) 이상으로 한다.

정답

㉠ 30m   ㉡ 100m   ㉢ 1km

5 가로수로서 크기가 수고 5m, 수관직경 4m인 낙엽교목을 식재하고자 한다. 진행자의 시선 좌우 범위가 30° 정도일 때 측방 차단 효과를 얻기 위한 적당한 식재간격을 구하시오.

정답
식재간격 : 8m

해설 ✏️
도로변 측방차폐거리 $S=\dfrac{2r}{\sin\alpha}=\dfrac{d}{\sin\alpha}=\dfrac{4}{\sin 30}=8(m)$

6 공원에 인접해 있는 주택지를 차폐하려고 한다. 벤치에 앉아서 관망을 할 때, 벤치에서 주택까지의 거리는 50m, 주택의 높이는 3m일 때, 식재하려고 하는 위치까지의 거리는 20m 지점을 정하였다. 이 때 적당한 수목의 높이를 구하시오(단, 벤치에 앉아 있는 경우 눈의 높이는 110cm이다).

정답
수목의 높이 : 1.86m

해설 ✏️
수목의 높이 $h=\tan\alpha\times d+e=\dfrac{d}{D}(H-e)+e=\dfrac{20}{50}(3-1.1)+1.1=1.86(m)$

7 다음의 빈칸에 알맞은 내용을 쓰시오.

소음원에서부터 수음점의 거리에 따라 음압이 감소한다. 선음원의 경우 거리가 2배로 늘어날 때마다 약 (㉠)씩 감소하며, 점음원의 경우 거리가 2배로 늘어날 때마다 약 (㉡)씩 감소한다.

정답
㉠ 3dB   ㉡ 6dB

8 다음의 빈칸에 알맞은 내용을 쓰시오.

방풍식재에 있어 방풍효과는 수목의 높이에 따라 달라지며, 감속량은 밀도에 좌우된다. 수림의 경우 (㉠), 산울타리 (㉡)의 밀폐도에서 방풍효과가 높게 나타난다.

정답
㉠ 50~70%   ㉡ 45~55%

9 지피식재의 효과에 대하여 3가지만 쓰시오.

정답
① 모래·먼지 방지   ② 진 땅 방지   ③ 빗물흐름 감소(침식 방지)   ④ 동상 방지
⑤ 미기상의 완화   ⑥ 운동·휴식효과   ⑦미적효과

10 조경설계기준에 의거한 토양의 물리적 특성 평가항목을 다음 보기에서 모두 골라 답하시오.

공극률, 입도분석(토성), 염분농도, 투수성, 염기치환용량, 유효수분량, 토양경도, 토양산도(pH)

공극률, 입도분석(토성), 투수성, 유효수분량, 토양경도

11 조경설계기준에 의거한 토양의 화학적 특성 평가항목을 다음 보기에서 모두 골라 답하시오.

공극률, 입도분석(토성), 전질소량, 염분농도, 투수성, 염기치환용량, 유효수분량, 토양경도,
토양산도(pH), 유기물 함량

전질소량, 염분농도, 염기치환용량, 토양산도(pH), 유기물 함량

12 다음은 조경설계기준에 의한 흙쌓기 식재지 조성 시 유의사항이다. 빈칸을 적절하게 채우시오.

① 기존의 땅 위에 기존 토양보다 투수계수가 큰 토양을 쌓을 경우에는 (㉠)의 배수가 용이하도록 기존
  지반의 표면을 2% 이상 기울게 마무리하며, (㉠)가 모이는 지점에 심토층 배수시설을 설치한다.
② 식재지의 흙쌓기 높이가 5m를 넘는 경우, 지반의 부등침하 및 미끄러짐이 우려되는 곳에서는 흙쌓기
  높이 (㉡) 마다 2% 정도의 기울기로 부직포를 깔아 토양공극의 자유수가 쉽게 배수되도록 한다.
③ 기존의 지반이 기울어진 경우에는 기존 지반과 흙쌓기층의 분리를 방지하기 위해 기존 지반을
  (㉢)으로 정리한 다음 흙쌓기하도록 설계한다.
④ 흙쌓기로 조성되는 비탈면 식재지의 기울기는 식물의 생육에 적합한 기울기로 (㉣) 이내이어야 한다.

㉠ 정체수   ㉡ 2m   ㉢ 계단식   ㉣ 안식각

13 다음은 조경표준시방서에서 식재기반조성 기준에 대한 설명이다. ( )에 해당되는 내용을 기입하
  시오.

흙갈기는 돌과 식물뿌리, 식물의 생장에 지장을 줄 수 있는 물질을 제거한 후 경운기 또는 이와 유사
한 기능의 기계를 사용하여 최소 (㉠) 깊이로 시행하고, 식재면 고르기 시 직경 (㉡) 이상의 돌,
나무토막, 쓰레기, 기타 불필요한 이물질은 제거하여야 한다. 또한, 마운딩 조성 시에는 (㉢) 두께
로 다짐하여 지정된 흙쌓기 높이와 양이 되도록 하며, 상부와 언저리는 둥글게 처리하고, 평균경사
(㉣) 이하의 완만한 구릉을 이루어 자연스런 형상이 되도록 한다.

㉠ 0.3m   ㉡ 25mm   ㉢ 200~300mm   ㉣ 30%

14 다음은 조경표준시방서에 제시된 환경요구사항 중 식재지 토양의 구성요소에 대한 내용이다. 식물 생육에 이상적인 구성비를 요소별로 기재하시오.

① 토양입자 : (㉠)   ② 수분 : (㉡)   ③ 공기 : (㉢)

정답

㉠ 50%   ㉡ 25%   ㉢ 25%

15 다음 보기의 내용은 식재지반조성에 대한 설명이다. 적합한 내용을 빈칸에 쓰시오.

① (㉠) : 가장 많이 쓰이는 방법으로 타지역의 흙을 반입하여 성토하는 방법
② (㉡) : 지반을 파내고 다른 토양으로 교체하는 방법으로 전면객토법, 대상객토법, 단목객토법으로 구분한다.
③ (㉢) : 오니층 아래의 원지표층까지 모래나 산흙의 말뚝을 설치하여 배수하는 방법
④ (㉣) : 오니층이 가라앉은 가장 낮은 중심부에서 주변부로 배수구를 파놓은 후 배수구에 모래흙을 넣고 그곳에 수목을 식재하는 방법

정답

㉠ 성토법   ㉡ 객토법   ㉢ 사주법   ㉣ 사구법

16 다음은 조경표준시방서에 제시된 식재기반 조성토양에 대한 설명이다. ( ) 안에 적합한 용어를 쓰시오.

① (㉠) : O층과 A층의 양질 토사(pH5.5~7.0, 유기함량 2% 이상)로서 0.3m까지의 깊이에 분포하는 것을 대상으로 하며, 채취범위는 현장 여건에 따라 공사감독자와 협의하여 조정할 수 있다.
② (㉡) : 배수가 양호한 양질의 현장발생토 또는 반입토사를 사용하되 점토덩어리, 쓰레기, 기타 유해물질을 포함하지 않아야 하며, 따로 지정하지 않은 경우의 품질기준은 75μm 통과량 25% 이하, 자갈의 최대치수 0.05m 이하인 양질의 토사로 한다.
③ (㉢) : 토양의 경량화, 물리성 개선 및 지력증진이 되도록 일반토양과 토양개량제가 일정 비율로 혼합되어야 하며 구체적인 품질기준은 공사시방서를 따른다.
④ (㉣) : 식물생육에 필요한 양분(N, P, K 및 Mg, Ca, Na 등의 미량원소)이 고루 함유되어야 하며 흙 및 기타 유기불순물이 포함되지 않아야 하고 경량이며 보수성, 통기성, 배수성, 보비성을 지녀야 한다.

정답

㉠ 표토   ㉡ 식재하부용토   ㉢ 혼합토양   ㉣ 인공토양

Chapter 02

조경식물재료 및 식재공사

1 | | | | | 조경식물재료

❶ 조경수목 명명법

① 보통명 : 각국의 언어로 지어진 이름, 산지, 특징, 용도, 사람 이름 등에서 유래

② 학명 : 학술적 이름으로 라틴어화하여 국제적으로 사용 −속명과 종명이 연결된 이명식에 명명자 이름 붙여 사용(속명+종명+명명자)

③ 속명 : 식물의 일반적 종류, 항상 대문자로 시작하고 이탤릭체로 표기

④ 종명 : 한 속의 각 개체를 구별할 수 있는 수식적 용어, 소문자 이탤릭체로 표기

⑤ 명명자 : 정확도를 높이는 완전한 표기이나 일반적으로 생략

⑥ 식물의 분류(린네) : 계 → 문 → 강 → 목 → 과 → 속 → 종

❷ 조경수목의 형태

① 조경 수목의 구비조건 : 관상적·실용적 가치 및 내환경성과 병충해 저항성이 클 것, 이식·번식 및 유지관리와 다량구입이 쉬울 것

② 수형 : 수관과 줄기로 이루어짐

  • 형상수(토피어리) : 수목을 기하학적인 모양으로 다듬어 만든 수형

  • 형상수에 적합한 나무 : 전정·병충해에 강한 나무, 잎이 작고 양이 많은 나무 −꽝꽝나무, 아와나무, 주목

수목의 형태상 분류

구분	성상	수종
잎의 생태	상록수	항상 푸른 잎을 가지고 낙엽계절에도 모든 잎이 일제히 낙엽으로 되지 않는 수목
	낙엽수	낙엽계절에 일제히 모든 잎이 낙엽으로 되거나 고엽이 일부 붙어있는 수목
잎의 형태	침엽수	바늘 모양의 잎을 가진 나자식물(겉씨식물)의 목본류
	활엽수	넓은 잎을 가진 피자식물(속씨식물)의 목본류

수간형태	교목	곧은 줄기가 있고, 줄기와 가지의 구별이 명확하며, 줄기의 길이 생장이 현저한 키가 큰 나무
	관목	뿌리 부근으로부터 줄기가 여러 갈래로 나와 줄기와 가지의 구별이 뚜렷하지 않은 키가 작은 나무
	덩굴성 수목	등나무나 담쟁이덩굴과 같이 스스로 서지 못하고 다른 물체를 감거나 부착하여 개체를 지탱하는 수목

수목의 구분

구분	성상	수종
상록침엽수	상록침엽교목	주목, 잣나무, 섬잣나무, 소나무, 곰솔, 전나무, 향나무, 독일가문비, 서양측백, 개잎갈나무, 구상나무, 비자나무, 편백, 화백, 삼나무, 가이즈까향나무
	상록침엽관목	옥향, 눈향나무, 개비자나무, 눈주목
상록활엽수	상록활엽교목	먼나무, 가시나무, 태산목, 후박나무, 동백나무, 아왜나무, 후박나무, 굴거리나무
	상록활엽관목	돈나무, 남천, 다정큼나무, 피라칸타, 회양목, 호랑가시나무, 꽝꽝나무, 사철나무, 식나무, 광나무, 목서, 협죽도, 치자나무, 팔손이
낙엽침엽수	낙엽침엽교목	은행나무, 낙우송, 메타세쿼이아, 일본잎갈나무(낙엽송), 잎갈나무
낙엽활엽수	낙엽활엽교목	자작나무, 느티나무, 백목련, 일본목련, 모과나무, 산사나무, 자귀나무, 아까시나무, 회화나무, 가죽나무, 꽃사과나무, 매실나무, 마가목, 청단풍, 복자기, 층층나무, 산수유, 감나무, 대추나무, 이팝나무, 밤나무, 계수나무, 백목련, 왕벚나무, 살구나무, 팥배나무, 단풍나무, 배롱나무, 회화나무, 탱자나무, 호두나무, 서어나무, 상수리나무, 칠엽수, 벽오동, 양버즘나무(플라타너스), 튤립나무(목백합), 가죽나무, 무화과나무
	낙엽활엽관목	생강나무, 수국, 황매화, 앵두나무, 화살나무, 흰말채나무, 미선나무, 개나리, 진달래, 철쭉, 산철쭉, 쥐똥나무, 좀작살나무, 병꽃나무, 해당화, 개쉬땅나무, 낙상홍, 보리수나무, 모란, 명자나무, 장미, 조팝나무, 박태기나무, 수수꽃다리, 무궁화
만경류 (덩굴성 식물)	상록덩굴식물	인동덩굴, 송악, 멀꿀, 모람, 마삭줄
	낙엽덩굴식물	등, 으름덩굴, 담쟁이덩굴, 포도나무, 머루, 오미자, 노박덩굴, 능소화

성상별 수형

구분	내용
침엽교목	·정아의 생장이 특히 우수하므로 꼿꼿한 하나의 중심줄기로 이루어져 정형적 수형 형성 ·수관은 원추형 또는 우산형에 가까운 형태
활엽교목	·어린 시절에는 정아의 생장이 탁월하나 어느 연령에 도달하면 측아의 생장이 활발해져 줄기가 갈라져 수형 형성 ·부정형의 수관을 이루어 원형, 난형에 가까운 형태
관목	·정아보다 측아의 생장이 왕성하므로 근경부로부터 줄기와 가지가 갈라져 옆으로 확장한 수관 형성

자연 수형

구분	내용
원추형	낙우송, 삼나무, 전나무, 메타세쿼이아, 독일가문비, 일본잎갈나무, 주목
우산형	편백, 화백, 층층나무, 왕벚나무, 매실나무, 복숭아나무
원정형	튤립나무, 밤나무, 가시나무, 후박나무, 녹나무

난형	양버즘나무, 가시나무, 동백나무, 대추나무, 복자기
원주형	포플러류, 무궁화, 부용, 비자나무
배상형	느티나무, 가죽나무, 단풍나무, 배롱나무, 산수유, 자귀나무, 석류나무
반구형	반송, 팔손이
포복형	눈향나무, 눈주목, 눈잣
능수형	능수버들, 수양버들, 수양벚나무, 실화백

❸ 관상적 분류

① 꽃의 색깔별 분류

구분	내용
백색계	매실나무, 미선나무, 백목련, 왕벚나무, 이팝나무, 자두나무, 병아리꽃나무, 앵두나무, 조팝나무, 때죽나무, 산딸나무, 일본목련, 쪽동백나무, 채진목, 층층나무, 노각나무, 쉬땅나무, 가막살나무, 찔레꽃, 쥐똥나무, 다정큼나무, 돈나무, 아왜나무, 태산목, 남천, 목서, 팔손이, 인동덩굴(백 → 황)
황색계	풍년화, 생강나무, 개나리, 산수유, 죽단화, 골담초, 붓순나무, 호랑가시나무, 황매화, 백합나무, 자금우, 히어리, 모감주나무, 금목서, 인동덩굴
홍색계	동백나무, 명자꽃, 박태기나무, 복사나무, 산벚나무, 살구나무, 진달래, 철쭉, 산철쭉, 모란, 모과나무, 영산홍, 석류나무, 배롱나무, 자귀나무, 협죽도, 능소화
자색계 및 기타	자목련, 오동나무, 수수꽃다리, 수국, 싸리, 등, 으름덩굴, 병꽃나무(황록 → 적), 서향(백자)

② 열매의 색깔별 분류

구분	내용
적색계	주목, 감나무, 마가목, 팥배나무, 산수유, 자두나무, 보리수나무, 가막살나무, 화살나무, 찔레꽃, 사철나무, 매자나무, 낙상홍, 석류나무, 동백나무, 후피향나무, 남천, 식나무, 피라칸타, 해당화, 자금우, 백량금, 분꽃나무(홍 → 흑), 아왜나무(홍 → 흑)
황색계	살구나무, 복사나무, 매실나무, 모과나무, 은행나무, 상수리나무, 회화나무, 명자꽃, 멀구슬나무
흑색계	벚나무, 왕벚나무, 음나무, 쥐똥나무, 생강나무, 산초나무, 분꽃나무, 인동덩굴, 후박나무, 아왜나무, 황칠나무, 팔손이
자색계 및 기타	작살나무, 좀작살나무, 노린재나무, 흰말채나무(백)

③ 단풍의 색깔별 분류 : 적색계(안토시아닌 색소), 황색계(카로티노이드 색소), 황갈색계(타닌 색소)

구분	내용
적색계	감나무, 복자기, 단풍나무, 마가목, 붉나무, 산딸나무, 산벚나무, 옻나무, 화살나무, 매자나무, 낙상홍, 담쟁이덩굴
황색계	낙우송, 메타세쿼이아, 일본잎갈나무, 느티나무, 은행나무, 양버즘나무, 백합나무, 계수나무, 칠엽수, 고로쇠나무, 참느릅나무, 층층나무, 때죽나무, 네군도단풍, 벽오동, 석류나무, 배롱나무, 생강나무

④ 줄기의 색깔별 분류

구분	내용
백색계	백송, 분비나무, 자작나무, 양버즘나무, 서어나무, 동백나무(회백)
갈색계	배롱나무, 철쭉류
흑갈색계	곰솔, 독일가문비, 개잎갈나무
청록색계	식나무, 벽오동, 황매화
적갈색계	소나무, 주목, 모과나무, 삼나무, 노각나무, 섬잣나무, 흰말채나무, 편백
얼룩무늬	모과나무, 배롱나무, 노각나무, 양버즘나무

⑤ 잎의 질감별 분류

구분	내용
거친 질감	칠엽수, 벽오동, 양버즘나무, 팔손이, 태산목 −규모가 큰 건물이나 양식건물에 이용
고운 질감	산철쭉류, 향나무, 소나무, 편백, 화백, 회양목 −한옥, 좁은 뜰에 적합

❹ 수목의 환경 특성

① 광선

- 광보상점 : 광합성속도와 호흡속도가 같아지는 점으로 광합성을 위한 CO_2의 흡수와 호흡으로 방출되는 CO_2의 양이 같아질 때의 빛의 세기(광도)
- 광포화점 : 빛의 강도가 높아짐에 따라 광합성의 속도가 증가하나 광도가 증가해도 광합성량이 더 이상 증가하지 않는 포화상태의 빛의 세기 −수목은 광보상점과 광포화점 사이에서 생육
- 음수와 양수의 광특성
  ·음성식물(음지식물) : 광포화점이 낮은 식물, 생장 가능한 광량은 전수광량의 50% 내외, 고사한계의 최소수광량 5%
  ·양성식물(양지식물) : 광포화점이 높은 식물, 생장 가능한 광량은 전수광량의 70% 내외, 고사한계의 최소수광량 6.5%
  ·중용수 : 음성과 양성의 중간 성질을 가진 수목
- 음수의 외형적 특성 : 음수는 나무 그늘 밑이나 풀 속에서도 성장 속도는 느리지만 계속 생장해 가며, 자라면서 노목에 이르기까지 지속 생장. 가지 끝이 북쪽을 향하고 북쪽으로 가지가 먼저 나오며, 지엽이 많이 붙어 밀생하지만 햇볕을 많이 받도록 잘 배열되어 있음

음양성에 따른 수목의 분류

구분	수종
음수	주목, 금송, 나한백, 전나무, 독일가문비, 비자나무, 개비자나무, 서어나무, 사철나무, 회양목, 굴거리나무, 녹나무, 황칠나무, 호랑가시나무, 백량금, 자금우

구분	수종
중용수	잣나무, 화백, 편백, 섬잣나무, 회화나무, 때죽나무, 산딸나무, 목련, 생강나무, 화살나무, 매자나무, 진달래, 철쭉, 동백나무, 돈나무
양수	소나무, 곰솔, 낙우송, 메타세쿼이아, 향나무, 측백나무, 일본잎갈나무, 개잎갈나무, 삼나무, 은행나무, 느티나무, 백합나무, 왕벚나무, 자작나무, 버드나무, 층층나무, 자귀나무, 오동나무, 이팝나무, 중국단풍, 무궁화, 쥐똥나무, 박태기나무, 병꽃나무, 배롱나무, 협죽도, 피라칸타, 해당화, 등

② 건습정도

구분	수종
내습성	낙우송, 메타세쿼이아, 버드나무, 떡갈나무, 목련류, 칠엽수, 단풍나무, 산딸나무, 왕벚나무, 느티나무, 이팝나무, 무궁화, 후피향나무, 광나무, 팔손이, 등
내건성	소나무, 전나무, 곰솔, 향나무, 일본잎갈나무, 자작나무, 가죽나무, 때죽나무, 굴참나무, 오리나무류, 붉나무, 진달래, 철쭉, 배롱나무, 호랑가시나무, 해당화

③ 내조성

구분	수종
강	곰솔, 향나무, 비자나무, 주목, 녹나무, 참식나무, 후박나무, 광나무, 꽝꽝나무, 돈나무, 동백나무, 사철나무, 섬쥐똥나무, 협죽도, 다정큼나무, 느티나무, 참느릅나무, 위성류, 층층나무
약	소나무, 독일가문비, 삼나무, 일본잎갈나무, 개잎갈나무, 양버들, 오리나무, 목련, 일본목련, 중국단풍, 피나무, 단풍나무, 개나리

④ 맹아력

구분	수종
강	낙우송, 메타세쿼이아, 일본잎갈나무, 은행나무, 느티나무, 양버즘나무, 회화나무, 칠엽수, 무궁화, 개나리, 회양목, 쥐똥나무, 굴거리나무, 녹나무, 후박나무, 광나무, 꽝꽝나무
약	소나무, 향나무, 잣나무, 편백, 화백, 개잎갈나무, 벚나무, 서어나무, 자귀나무, 자작나무, 단풍나무

⑤ 이식 정도

구분	수종
용이	비자나무, 편백, 화백, 측백나무, 향나무, 가죽나무, 벽오동, 은행나무, 중국단풍, 팽나무, 버즘나무, 버드나무류, 배롱나무, 아왜나무, 사철나무, 무궁화
곤란	소나무, 백송, 전나무, 독일가문비, 일본잎갈나무, 굴참나무, 느티나무, 백합나무, 자작나무, 칠엽수, 마가목, 백목련, 굴거리나무, 태산목, 후박나무

⑥ 뿌리의 깊이

구분	수종
천근성	낙우송, 독일가문비, 금송, 일본잎갈나무, 편백, 자작나무, 버드나무, 서어나무, 오리나무, 느릅나무, 당단풍나무, 때죽나무
심근성	소나무, 곰솔, 전나무, 잣나무, 주목, 비자나무, 은행나무, 백합나무, 회화나무, 백목련, 일본목련, 칠엽수, 벽오동, 후박나무, 태산목

⑦ 식물의 생육토심

식물의 종류	생존 최소 토심(cm)			생육 최소 토심(cm)		배수층의 두께(cm)
	인공토	자연토	혼합토 (인공토 50% 기준)	토양등급 중급 이상	토양등급 상급 이상	
잔디, 초화류	10	15	13	30	25	10
소관목	20	30	25	45	40	15
대관목	30	45	38	60	50	20
천근성 교목	40	60	50	90	70	30
심근성 교목	60	90	75	150	100	30

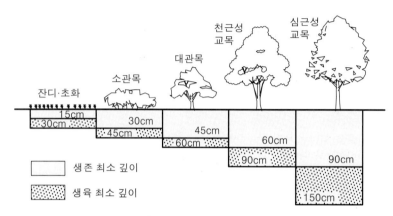

| 자연토 수목의 토심 |

⑧ 부식(humus) : 토양 속에서 분해나 변질이 진행된 유기질
- 양이온치환능력이 매우 높으며 토양의 부식질함량은 5~20%가 적당
- 토양의 입단화로 물리적 성질 개선
- 부식이 양분을 흡수·보유하는 능력이 커 암모니아칼륨, 석회 등의 유실 방지
- 토양미생물의 에너지 공급원으로 유기물의 분해촉진
- 토양 내의 공극 형성으로 공기와 물의 함량 및 보비력 증대

⑨ 비료목 : 토양의 물리적 조건과 미생물 조건 개선
- 근류균에 의한 공중 질소 고정 작용으로 토양질소와 부식의 생성 증가
- 다릅나무, 아까시나무, 자귀나무, 싸리, 족제비싸리, 골담초, 칡, 보리수나무, 보리장나무, 오리나무, 사방오리나무, 물오리나무, 소귀나무, 금송

❺ 수목의 생태와 식재

① 식물군락의 성립요인 : 외적요인(기후·토양·생물), 내적요인(경합·공존)
② 천이 : 종조성이나 구조의 변화로 다른 생물공동체로 변화하는 시간적 변이과정으로 기후에 지배적 영향을 받음, 최종단계(극성상) −우리나라 중부지방 극상수종은 서어나무
- 건생천이(무기환경에서 시작), 습생천이(습지에서 시작), 2차천이(교란 후 시작)
- 천이 과정 : 나지 → 초지 → 관목림 → 양수림 → 혼합림 → 음수림

③ 천이별식생

- 나지식물(망초, 개망초), 1년생초본(쑥, 쑥부쟁이), 다년생초본(억새)
- 양수관목(싸리, 붉나무, 개옻나무, 찔레꽃), 양수교목(소나무, 자귀나무, 참나무류)
- 음수교목(서어나무, 까치박달나무, 너도밤나무)

식생의 분류

구분	내용
자연식생	인간에 의한 영향을 입지 않고 자연 그대로의 상태로 생육하고 있는 식생
원식생	인간에 의한 영향을 받기 이전의 자연식생
대상(대체)식생	인간에 의한 영향을 받음으로써 대치된 식생, 인간의 생활영역 속에 현존하는 거의 모든 식생
잠재자연식생	인간에 의한 영향이 제거되었다고 가정할 때 토지능력상 성립이 예상되는 자연식생

④ 경관(식생구조에 따라 나타나는 형태), 상관(식물군락의 외관적 모양)

⑤ 군집의 유사성 지수 : 군집의 동질성 정도를 수치화한 것

- 소렌슨지수 $S = \dfrac{2C}{A+B}$,   자카드지수 $J = \dfrac{C}{A+B-C}$

  여기서, A : A 조사구역에서만 발견된 종수 B : B 조사구역에서만 발견된 종

  C : A와 B 조사구에서 모두 발견된 종수

⑥ 군락식재 : 식생, 환경요인 등 생태학적 사고방식을 도입한 식재수법

2 |||| 조경식재공사

❶ 조경수목과 식재공사

(1) 조경식재공사 일반

① 조경수목의 필수조건

- 이식이 쉽고 내척박성이 크며 병충해가 적어 관리하기 쉬운 나무
- 열매·잎이 아름답고 수세가 강하며 맹아력이 좋은 나무
- 시공 해당 지역의 기후·토양 등 환경적응성이 크고 수명이 가급적 긴 나무
- 수목의 구입이 용이하고 지정된 규격에 합당한 나무

② 수목의 이식순서 : 굴취 → 운반 → 식재 → 식재 후 조치

③ 조경 수목의 하자 : 수관부의 가지가 2/3 이상 고사 시 하자 판정

(2) 조경수목의 측정

① 조경수목의 측정 : 규격의 증감한도는 설계상의 규격에 ±10% 이내

② 윤척 : 수목의 직경을 측정하는 기구로 흉고직경 측정 등에 사용

③ 수고(H, m) : 지표면에서 수관 정상까지의 수직거리

④ 수관폭(W, m) : 수관 투영면 양단의 직선거리

⑤ 흉고직경(B, cm) : 지표면에서 1.2m 부위의 수간 직경 −쌍간일 경우에는 각간의 흉고직경 합의 70%가 각간의 최대 흉고직경보다 클 때에는 이를 채택하고, 작을 때에는 각간의 최대흉고 직경 채택

⑥ 근원직경(R, cm) : 지표면에 접하는 줄기의 직경

⑦ 지하고(BH, m) : 지표면에서 수관의 맨 아래 가지까지의 수직 높이

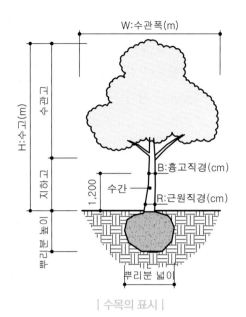

| 수목의 표시 |

(3) 수목의 식재시기

성상별 이식적기

구분	내용
침엽수	3월 중순~4월 중순이 적기, 9월 하순~11월 상순까지 이식 가능
상록활엽수	3월 상순~4월 중순까지, 6월 상순~7월 상순
낙엽수	대체로 10월 중순~11월 중순, 3월 중·하순~4월 상순까지(휴면기 적당)

① 하절기 식재(5~9월)
  • 낙엽활엽수 : 잎의 2/3 이상 제거 또는 가지 반 정도 전정 후 충분한 관수·멀칭
  • 상록활엽수 : 증산억제제 5~6배 희석액 살포
② 동절기 식재(12월~2월) : 수간·수관 새끼감기·짚싸기, 근부주위 표토 보토·멀칭, 방풍네트
③ 봄철의 이식적기보다 늦어질 경우 이른 봄에 미리 굴취하여 가식, 부적기 식재의 양생 및 보호조치

❷ 뿌리돌림

① 목적 : 잔뿌리 발생 촉진, 이식 후의 활착 도모, 부적기 이식 시 또는 건전한 수목의 육성 및 개화결실 촉진, 노목·쇠약한 수목의 수세 회복
② 필요성 : 부적기 이식, 크고 중요한 나무 이식, 개화결실 촉진, 건전목 육성 등에 시행
③ 시기 : 이식하기 전 1~2년, 3월 중순~4월 상순
④ 분의 크기 : 이식할 때의 뿌리분 크기보다 약간 작게, 보통 근원직경 4~6배
⑤ 뿌리돌림의 방법
  • 수목의 이식력을 고려하여 일시 또는 연차적 실시
  • 굵은 뿌리 3~4개 정도 남겨 도복방지, 15~20cm의 폭으로 환상 박피, 깨끗하게 절단
  • 수종의 특성에 따라 가지치기·잎 따주기, 필요 시 임시 지주 설치
  • 절단·박피 후 분감기 −녹화마대, 새끼

❸ 굴취

① 뿌리분의 크기 : 너비는 근원직경의 4~6배(보통 4배), 깊이는 2~4배

- 수종별 분의 크기 : 활엽수<침엽수<상록수

- 뿌리분의 지름(cm)=$24+(N-3)\times d$

  여기서, N : 근원지름(cm), d : 상수4(낙엽수를 털어서 파 올릴 경우는 5)

- 현장결정법 : 뿌리분의 지름(cm)=$4R$ 여기서, R : 근원직경(cm)

② 형태 : 팽이분(심근성 수종), 접시분(천근성 수종), 보통분(일반 수종)

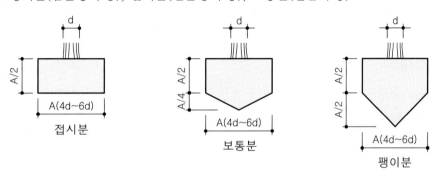

| 뿌리분의 형태 |

- 접시분 : 천근성 수종에 적용 −버드나무, 독일가문비, 낙우송, 일본잎갈나무, 편백, 목련, 미루나무, 사시나무, 황철나무

- 보통분 : 일반 수종에 적용 −단풍나무, 벚나무, 향나무, 버즘나무, 측백나무, 산수유, 감나무, 꽃산딸나무, 함박꽃나무

- 조개분 : 심근성 수종에 적용 −소나무, 비자나무, 전나무, 백합나무, 은행나무, 녹나무, 후박나무, 일본목련

③ 분을 크게 뜨는 경우 : 이식 곤란 수종, 고가·희귀종, 부적기 이식, 세근의 발달이 느린 수목

④ 굴취법

- 뿌리감기굴취법 : 뿌리와 흙이 서로 밀착하여 한 덩어리가 되도록 한 것으로 새끼, 녹화끈, 밴드, 녹화마대, 가마니, 철사 등으로 고정하여 굴취

- 나근굴취법 : 뿌리분을 만들지 않고 흙을 털어 굴취

- 추적굴취법 : 흙을 파헤쳐 뿌리의 끝부분을 추적해 가면서 굴취

- 동토법 : 겨울철 기온이 낮고 동결심도가 깊은 지방에서 분을 동결시켜 굴취

❹ 수목의 운반

① 상하차 및 운반기계 : 체인블록, 크레인, 크레인차, 트럭

② 운반 시 주의사항 : 뿌리분의 파손방지 −충격 및 이중적재 금지

- 충격과 수피 손상 방지(새끼·가마니·짚), 가지는 간단하게 가지치기나 결박

- 뿌리의 절단면이 클 경우 콜타르 도포, 뿌리분을 젖은 거적·시트로 덮기

- 수목의 중량 $W=W_1+W_2$

③ 수목의 지상부 중량 $W_1 = k\pi \times \left(\dfrac{B}{2}\right)^2 \times Hw_1 \times (1+p)$

여기서, k : 수간형상계수(0.5) B : 흉고직경(m, 근원직경$\times$0.8)

               w_1 : 수간의 단위체적중량(kg/m³) H : 수고(m)

               p : 지엽의 과다에 의한 보합률(0.2~0.3)

④ 수목의 지하부 중량 $W_2 = V \times w_2$

여기서, V : 뿌리분 체적(m³) $-$접시분 $V=\pi r^3$, 보통분 $V=\pi r^3 + \dfrac{1}{6}\pi r^3$, 팽이분 $V=\pi r^3 + \dfrac{1}{3}\pi r^3$

               w_2 : 뿌리분의 단위체적중량(kg/m³) $-$흙 1,700kg/m³, 흙+뿌리 1,300kg/m³ 적용

❺ 수목의 식재

① 식재 순서 : 구덩이 파기 → 수목 넣기(수목 방향 정하기) → 2/3 정도 흙 채우기(묻기) → 물 부어 막대기 다지기(죽 쑤기) → 나머지 흙 채우기 → 지주 세우기 → 물집 만들기

② 가식 : 점토질 성분의 바람이 없고 약간 습하고, 배수 양호한 곳 $-$증산 억제·동해 방지 조치

③ 식재구덩이(식혈) : 뿌리분 크기의 1.5배 이상, 표토와 심토를 구분하여 적치

④ 수목 앉히기(세우기) : 원생육지에서의 방향과 맞추어 앉히기, 작업 전 전정·방제 효과적

⑤ 심기 : 수식(흙을 진흙처럼 만들어 뿌리 사이에 밀착, 공기 배출, 물이 완전히 스며든 후 복토), 토식(물 사용 안함), 표토 확보 및 사용, 객토(개량제 사용)

⑥ 물집 : 근원직경 5~6배(또는 수관폭 1/3 정도)의 원형 물받이 설치, 턱 높이 10~20cm

❻ 식재 후 작업

① 지주 세우기 : 2m 이상의 교목에 요동방지시설을 설치하는 것
- 단각(수고 1.2m 이하), 이각(수고 1.2~1.5m), 삼발이(R20cm 이상), 삼각(수고 2~4.5m, 포장지역), 당김줄형(경관 고려, 수고 2/3 위치에 고정), 매몰형(경관 향상 및 안전통행) 등 목적에 맞게 선택

② 전정 : 지상부와 지하부의 생리적 균형을 위하여 실시

③ 수간 감기(줄기 감기) : 일사·동해 방지, 증산 억제, 병충해 방제, 부적기 이식, 경제적 약제 살포
- 수피가 매끄럽고 얇은 수목의 증산 억제 $-$느티나무, 단풍나무, 배롱나무, 목련류
- 수피가 갈라져 관수나 멀칭만으로 증산 억제가 어려운 수목 $-$소나무 줄기 감기 후 진흙 바르기(소나무 좀의 피해 예방, 수분 증산 억제)

④ 수목보호판 설치 : 토양 경화 방지나 우수유입 확보 및 보행공간 확대

⑤ 멀칭 : 수분 증발 억제, 보온효과, 뿌리의 발육촉진, 잡초의 발생 억제, 근원부 보호, 비료의 분해속도 저감

⑥ 시비 : 현장의 토양조건을 분석하여 토양 중에 있는 유기질량 파악 후 결정
- 조사 없이 할 경우, 유기질 비료 1~2kg/m², 복합비료 질소·인산·칼륨 각각 6g/m²씩 추가

- 시비량 $= \dfrac{\text{소요성분량} - \text{천연양료공급량}}{\text{흡수율}}$

⑦ 농약(살충제·살균제) 사용 및 증산억제제·토양개량제·발근촉진제·상처유합제 등 사용

⑧ 바람에 대한 수목의 보호조치 : 큰 가지 치기, 지주 세우기, 방풍막 치기

❼ 잔디

① 파종 : 대부분의 한지형 잔디에 적용

- 뗏장심기에 비하여 균일하고 치밀한 잔디면 조성(긴 조성기간), 비용이 적고 작업이 쉬움
- 종자 약 50~150kg/1ha 정도 파종, 색소 사용(파종지역 구분 및 확인)
- 종자를 반씩 나누어 반은 세로로, 반은 가로로 파종
- 파종 시기 : 난지형 5~6월 초순 경, 한지형 9~10월 또는 3~5월 경
- 들잔디 종자처리 : 수산화칼륨(KOH) 20~25% 용액에 30~45분간 처리 후 파종
- 파종 순서 : 경운 → 기비살포 → 정지작업 → 파종 → 레이킹(복토) → 전압 → 멀칭
- 전압 : 레이킹 후 60~80kg의 롤러로 전압하거나 발로 밟아 주기
- 멀칭 : 수분 유지를 위해 폴리에틸렌필름·볏짚·황마천·차광막 등 사용
- 파종량 산정

$$W = \dfrac{G}{S \times P \times B}$$

여기서, W : 1m²당 종자파종량(g/m²)
G : 발생기대본수(본/m²)
S : 사용종자의 1g당 평균립수(립수/g)
B : 사용종자의 발아율
P : 사용종자의 순도

② 영양번식 : 주로 난지형 잔디에 시행

- 영양번식 적기 : 한지형(9~10월과 3~4월), 난지형(4~6월), 관리만 잘하면 언제나 가능
- 평뗏식재(전면식재, 어긋나게 식재, 이음매 식재), 줄뗏식재
- 경사면 시공 시 아래쪽에서 위쪽으로 붙여 나가며 뗏장 1매당 2개의 뗏꽂이로 고정
- 붙이기 후 뗏밥 뿌리고 롤러(100~150kgf/m²)나 인력으로 다지기

③ 관수 : 관수 시간은 오후 6시 이후 실시 -토양의 수분흡수가 원활하고 수분유실 감소

❽ 초화류(화단) 식재

① 화단 식재용 초화류의 조건 : 꽃이 많이 달릴 것, 개화기간이 길 것, 병해충에 강할 것

② 계절별 초화류 : 봄(팬지, 데이지, 금잔화, 수선화), 여름·가을(메리골드, 페튜니아, 샐비어), 겨울(꽃양배추)

③ 시비 : 1m²당 퇴비 1~2kg, 복합비료 80~120g을 밑거름으로 뿌리고 20~30cm 깊이로 경운

④ 화단의 종류

- 평면화단 : 동일한 크기의 초화 이용, 화문화단(카펫화단, 자수화단, 모전호단), 리본화단(좁

고 긴 대상화단), 포석화단(돌을 깔고 화초식재)

- 입체화단 : 키가 다른 여러 가지 크기의 초화 이용, 경재화단(한 쪽에서만 감상), 기식화단(모 둠화단, 사방에서 감상), 노단화단(계단식), 석벽화단(수직벽)
- 특수화단 : 암석화단(바위가 바탕), 침상화단(1m 정도 침하), 용기화단, 수재화단(수생), 단 식화단(한 가지 식물 사용)

⑤ 지피·초화류 수량단위

- 분얼 : 뿌리에 가까운 줄기의 마디에서 가지가 갈라져 나오는 것
- 포트 : 식물의 재배 용기로서 지름으로 표기하며 임시적으로 검은색 비닐포트에 육묘

❾ 입체조경(옥상조경 및 벽면녹화)

(1) 인공지반 조경(옥상조경)

① 옥상조경의 기능과 효과 : 도시계획상의 기능효과, 생태적·물리환경 개선효과, 경제적 효과

② 옥상녹화의 분류

- 저관리경량형 : 토심 20cm 이하, 유지관리 최소화, 지피식물 식재
- 관리중량형 : 토심 60~90cm, 집약적 유지관리, 공간의 이용, 다층식재
- 혼합형 : 토심 30cm 내외, 저관리 지향, 관리·중량형을 단순화시킨 것

③ 인공지반의 식재기반(녹화시스템)

- 구성 : 방수층 → 방근층 → 배수층 → 토양 여과층 → 육성층(식생기반층) → 식생층(피복층)
- 방수층 : 내구성이 우수하고 녹화에 적합한 방수재 선정, 배수 드레인과 연결부 등 주의
- 방근층 : 인공구조물의 균열에 대비하고 식물의 뿌리가 방수층에 침투하는 것 방지
- 배수층 : 배수 성능과 통기성을 고려, 옥상면 배수구배 최저 1.3% 이상, 배수구 부분의 배수 구배 최저 2% 이상
- 여과층 : 세립토양은 거르고 투수 기능은 원활한 재료·규격으로 설계
- 육성층(식재기반층) : 토심이 얕을 경우 인공토양을 위주로, 토심이 깊을 경우 자연토양 위주로 설계 −인공토양의 경우 배수성·통기성 확보, 적당한 pH와 EC(전기전도도) 조정
- 식생층(피복층) : 식물에 의해 피복되지 않는 토양에는 피복층 설계

④ 인공지반 토양 환경 : 불연속 공간, 급격한 온도변화, 부족한 수분, 잉여수의 배수로 인한 양분 의 유실속도 증가

⑤ 옥상조경 경량토 : 펄라이트(진주암 소성, 보비성 없음), 버미큘라이트(흑운모변성암 소성, 보 비성 우수), 피트(흙 속에서 탄화, 보비성·보수성 우수), 화산재

⑥ 수목선정

- 열악한 생육환경에 견딜 수 있고 경관구조와 기능적인 면에 만족할 수 있는 수종 −천근성이 며 내척박성·내음성·맹아력이 좋고 생장이 느린 것
- 초화류 : 바위연꽃, 한라구절초, 애기원추리, 섬기린초, 벌개미취, 맥문동, 제주양지꽃
- 관목류 : 철쭉류, 회양목, 사철나무, 무궁화, 정향나무, 눈향나무, 조팝나무, 수수꽃다리

• 교목류 : 주목, 향나무, 섬잣나무, 비자나무, 목련, 단풍나무, 아왜나무, 동백나무

옥상조경 및 인공지반의 토심

성상	토심	인공토양 사용 시 토심
초화류 및 지피식물	15cm 이상	10cm 이상
소관목	30cm 이상	20cm 이상
대관목	45cm 이상	30cm 이상
교목	70cm 이상	60cm 이상

⑦ 하중에 대한 구조 안전 : 하중문제를 최우선 고려, 관수 및 배수에 대한 안정성 확보, 바람·한발·강우 등 자연재해로부터의 안전성 고려

⑧ 벽면녹화

• 흡착등반형(등반부착형) : 거친 면이나 다공질 재료에 적합 −담쟁이덩굴, 송악, 모람, 마삭줄, 능소화, 줄사철

• 권만등반형(등반감기형) : 네트나 격자 등 등반 보조재 사용 −노박덩굴, 등나무, 개머루, 으아리, 인동덩굴, 멀꿀, 머루, 다래, 칡

• 하수형(하직형) : 옥상이나 베란다 등에서 아래로 늘어뜨리는 방법 −흡착형, 감기형 식물 모두 사용 가능

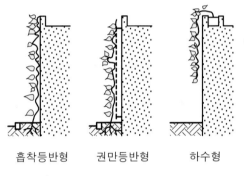

흡착등반형　　권만등반형　　하수형

| 벽면녹화 방법 |

⑨ 텃밭 조성

• 텃밭 유형별 특성

·독립형(상자) 텃밭 : 건물의 녹화 여부와 상관없이 독립된 시설로 농작물 재배 공간을 설치한 경우 −옥상의 구조적 안전성 및 내구성에 영향을 주지 않는 범위 내에서 설치

·통합형 텃밭 : 옥상녹화 시스템과 일체화된 농작물 재배 시설

·시설형(온실) : 건물 옥상에 비닐하우스나 온실 등을 텃밭으로 조성한 경우 −법이 허용한 건축 면적 내에서 설치

• 텃밭 대상지 특성 : 허용하중, 일조량, 방수·방근층, 급·배수시스템 검토

⑩ 생태복원

① 복원의 정의

• 복원 : 교란 이전의 원생태계로 회복시키는 것

• 복구 : 원래의 자연생태계와 유사한 수준으로 회복시키는 것

• 대체 : 원래의 생태계와 다른 동등 이상의 생태계로 조성하는 것

• 실제 복원이나 복구수준으로 회복하는 것은 기술적으로 어려우므로 일반적으로 대체생태계의 조성이 목표

• 생태계 복원에는 기반조성과 아울러 식생도입

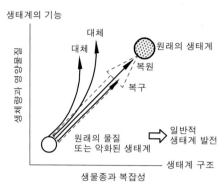

| 생태복원의 단계와 유형 |

② 비탈면 종자 파종량 산정 : 식물군락을 파종으로 조성하기 위한 파종량

• $W = \dfrac{A}{B \cdot C \cdot D} \cdot E \cdot F \cdot G$

   여기서, W : 사용식물별 종자파종량(g/m²)

           A : 발생기대본수(본/m²)

           B : 사용종자의 발아율

           C : 사용종자의 순도

           D : 사용종자의 1g당 단위립수(립수/g)

           E : 식생기반재 뿜어붙이기 두께에 따른 공법별 보정계수

           F : 비탈입지조건에 따른 공법별 보정계수

           G : 시공시기의 보정률

③ 비오톱(소생물권) : Bio(생물)+tope(장소)의 뜻으로 생물 서식을 위한 최소한의 단위공간

• 생물이 생활하고 서식하는 장소나 환경을 말하며, 식물과 동물로 구성된 3차원의 서식공간으로 자연의 생태계가 기능하는 공간

• 생물다양성을 높이고, 야생동·식물의 서식지 간의 이동 가능성을 높이거나, 생태계의 건전성을 유지·증진하기 위한 특정한 생물종의 서식공간

④ 토지이용 조성·관리

• 핵심지구(core area) : 생태계의 장기 변화를 엄격하게 보호·감시하기 위한 구역

• 완충지구(buffer zone) : 핵심지구를 인위적인 영향으로부터 보호하기 위한 구역

• 이행대(협력지구, transition area) : 핵심지구와 완충지구 주위에 형성되어 원주민의 거주와 지속가능한 자원개발이 허용될 수 있는 구역

Easy Learning Landscape Architecture Construction

핵심문제 · 조경식물재료 및 식재공사

1 다음 보기의 빈칸에 알맞은 내용을 조경설계기준 중 수목의 유형구분에 의거하여 쓰시오.

① (㉠) : 다년생 목질인 곧은줄기가 있고 줄기와 가지의 구별이 명확하여 중심줄기의 신장생장이 뚜렷한 수목을 말한다.

② (㉡) : 교목보다 수고가 낮고 일반적으로 곧은 뿌리가 없으며, 목질이 발달한 여러 개의 줄기를 이루는 수목으로서 줄기는 뿌리목 가까이 또는 땅속에서 갈라지며 주립상 또는 총상을 이루거나 중심줄기가 땅에 대고 기는 듯한 포복상의 수형을 나타내는 수목을 말한다.

③ (㉢) : 특정한 목적과 목표를 설정하고 전정 등 인위적인 방법으로 모양을 만들어 특수한 장소에 특수한 기능을 갖도록 식재되는 수목으로서, 성장과정과 식재과정 및 유지관리 과정에 일반 수목과는 구별되는 특별한 수단이 필요한 수목을 말한다.

정답

㉠ 교목　　㉡ 관목　　㉢ 조형목

2 다음의 보기에서 황색계 꽃을 갖는 수종을 모두 고르시오.

풍년화, 박태기나무, 생강나무, 골담초, 배롱나무, 모감주나무, 이팝나무, 산수유, 미선나무, 때죽나무, 히어리, 동백나무

정답

풍년화, 생강나무, 산수유, 골담초, 모감주나무, 히어리

3 다음의 보기에서 적색계 열매를 갖는 수종을 모두 고르시오.

명자꽃, 주목, 마가목, 좀작살나무, 팥배나무, 쥐똥나무, 생강나무, 산수유, 멀구슬나무, 화살나무, 회화나무, 남천

정답

주목, 마가목, 팥배나무, 산수유, 화살나무, 남천

4 다음의 표는 조경설계기준에 의한 식물의 생육토심을 나타낸 것이다. 빈칸에 알맞은 내용을 쓰시오.

식물의 종류	생존 최소 토심(cm)			배수층의 두께
	인공토	자연토	혼합토 (인공토 50% 기준)	
잔디, 초화류	10	15	13	10
소관목	20	(㉠)	25	15
대관목	30	(㉡)	38	20
천근성 교목	40	(㉢)	50	30
심근성 교목	(㉣)	90	75	30

정답

㉠ 30   ㉡ 45   ㉢ 60   ㉣ 60

5 다음 보기의 식생분류에 대한 내용에 맞는 용어를 쓰시오.

① (㉠) : 인간에 의한 영향을 입지 않고 자연 그대로의 상태로 생육하고 있는 식생
② (㉡) : 인간에 의한 영향을 받기 이전의 자연식생
③ (㉢) : 인간에 의한 영향을 받음으로써 대치된 식생으로 인간의 생활영역 속에 현존하는 거의 모든
　　　　식생
④ (㉣) : 인간에 의한 영향이 제거되었다고 가정할 때 토지능력상 성립이 예상되는 자연식생

정답

㉠ 자연식생   ㉡ 원식생   ㉢ 대상(대체)식생   ㉣ 잠재자연식생

6 A 조사구는 25종, B 조사구는 34종의 식물이 출현하였고, A, B 조사구에 공통으로 출현한 종수가
16종이라고 한다면 군집의 유사성을 나타내는 Sorenson 지수를 구하시오.

정답

소렌슨 지수 $S = 2 \times \dfrac{C}{A+B} = 2 \times \dfrac{16}{25+34} = 0.54$

7 수목의 이식순서를 쓰시오.

정답

굴취 → 운반 → 식재 → 식재 후 조치

8 다음 보기의 내용은 고사식물의 하자보수에 대한 조경표준시방서 내용이다. 빈칸에 알맞은 단어를 쓰시오.

수목은 수관부 가지의 (㉠) 이상이 마르거나, 지엽(枝葉) 등의 생육상태가 회복하기 어려울 정도로 불량
하다고 인정되는 경우에는 고사된 것으로 간주한다. 단, 관리주체 및 입주자 등의 (㉡) 소홀로 인하여 수
목이 고사되거나 쓰러진 경우, 또는 인위적으로 손상되었다고 입증되는 경우에는 하자가 아닌 것으로 한다.

㉠ 2/3   ㉡ 유지관리

9 다음은 조경표준시방서 내용 중 수목규격의 명칭과 그에 대한 그림이다. 그림을 참고하여 ㉠~㉤의 빈칸을 채우시오.

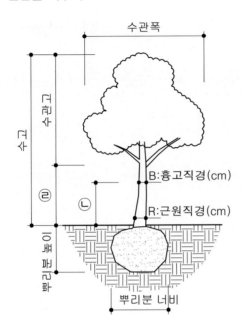

① 수고(H, 단위 m) : 지표에서 수목 정상부까지의 수직거리를 말하며 (㉠)는 제외한다.

② 흉고직경(B, 단위 cm) : 지표면으로부터 (㉡) m 높이의 수간 직경을 말한다. 단, 둘 이상으로 줄기가 갈라진 수목의 경우, 각 수간의 흉고직경 합의 (㉢)가 그 수목의 최대 흉고직경보다 클 때는 흉고직경 합의 (㉢)를 흉고직경으로 하고, 작을 때는 최대 흉고직경을 그 수목의 흉고직경으로 한다.

③ (㉣)는 지표면에서 역지 끝을 형성하는 최하단 지조까지의 수직거리를 말한다.

④ 수목규격의 허용차는 수종별로 ±(㉤) 사이를 인정한다.

㉠ 도장지   ㉡ 1.2   ㉢ 70%   ㉣ 지하고   ㉤ 10%

10 다음은 조경설계기준에 제시된 이식설계의 뿌리돌림에 대한 설명이다. 빈칸을 적절하게 채우시오.

뿌리돌림 시 뿌리분의 크기는 근원직경의 (㉠)배를 표준으로 하고, 뿌리분의 깊이는 측근의 발생밀도가 현저하게 줄어든 부위까지로 한다. 일반 수목의 뿌리분은 보통분으로 하며, (㉡)은 심근성 수목에 적용하고, (㉢)은 천근성의 수목에 적용한다. 또한 식재 부적기에의 이식이 불가피할 때는 분의 크기를 일반 적일 때보다 (㉣) 설계한다.

㉠ 4~6   ㉡ 팽이분   ㉢ 접시분   ㉣ 크게

11 다음 보기의 내용은 수목굴취에 대한 조경표준시방서 내용이다. ㉠~㉫의 빈칸을 채우시오.

① 뿌리돌림은 수종 및 이식시기를 충분히 고려하여 일부의 큰 뿌리는 절단하지 않도록 하며 적절한 폭으로 (㉠)까지 둥글게 다듬어야 한다.
② 수목굴취 시 수고 (㉡) 이상의 수목은 감독자와 협의하여 가지주를 설치하고 가지치기, 기타 양생을 하여 작업에 착수한다.
③ 표준적인 뿌리분의 크기는 근원직경의 (㉢)를 기준으로 하며, 분의 깊이는 세근의 밀도가 현저히 감소된 부위로 한다.
④ 뿌리분의 형태

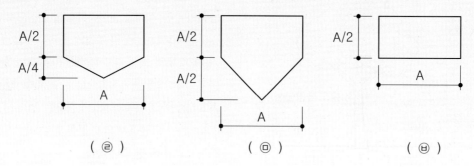

| (㉣) | (㉤) | (㉥) |

정답
㉠ 형성층   ㉡ 4.5m   ㉢ 4배   ㉣ 보통분   ㉤ 팽이분   ㉥ 접시분

12 소나무($H3.5 \times R10$)의 표준적인 뿌리분의 크기를 구하시오(단, $D=24+(N-3) \times d$를 이용한다).

정답
뿌리분의 크기=$24+(10-3) \times 4=52$cm

13 근원 직경이 15cm인 수목을 4배 접시분으로 분뜨기를 한 경우 지상부를 제외한 분의 중량(ton)을 구하시오(단, 뿌리분의 단위 중량은 1.3t/m³이고, 원주율 π는 3.14로 한다).

정답
수목의 지하부 중량 $W_2=\pi r^3 \times w_2=3.14 \times \left(\dfrac{4 \times 0.15}{2}\right)^3 \times 1.3=0.11$t

14 흉고직경이 40cm이고 수고가 10m이며, 단위체적당 생체 중량은 1,350kg/m³이다. 이 나무의 지상부 중량(kg)을 구하시오(단, 수간형상 계수는 0.5이며 지엽의 할증률은 0.1이다).

정답
수목의 지상부 중량 $W_1=k\pi \times \left(\dfrac{B}{2}\right)^2 Hw_1(1+P)$

$=0.5 \times 3.14 \times \left(\dfrac{0.4}{2}\right)^2 \times 10 \times 1,350 \times (1+0.1)=932.58$kg

15 다음의 조경설계기준에 의한 통기 및 배수시설에 대한 내용에 맞도록 빈칸을 적절히 채우시오.

> ① 가로수 등 포장부위에 식재하는 교목, 근원직경 (㉠) 이상의 대형목, 이식수목 등에는 토양의 산소
> 공급과 빗물의 유입을 원활히 하기 위하여 (㉡) 등으로 통기시설을 설치한다.
> ② 이식수목의 생육을 촉진하기 하기 위하여 (㉢)을 설치한다.

정답

㉠ 20cm　　㉡ 유공관　　㉢ 배수시설

16 이식을 하기 위하여 굴취한 수목을 운반할 때 뿌리부분과 수형이 손상되는 것을 방지하기 위한 보호조치 방법을 조경표준시방서에 의거하여 4가지 이상 쓰시오.

정답

① 뿌리분의 보토를 철저히 한다.
② 세근이 절단되지 않도록 충격을 주지 않아야 한다.
③ 가지는 간편하게 결박하고, 이중적재를 금한다.
④ 비포장도로로 운반할 때는 뿌리분이 충격을 받지 않도록 흙, 가마니, 짚 등의 완충재료를 깐다.
⑤ 수목과 접촉하는 고형부에는 완충재를 삽입한다.
⑥ 운반 중 바람에 의한 증산을 억제하며 강우로 인한 뿌리분의 토양유실을 방지하기 위하여 덮개를 씌우는 등 조치를 취한다.
⑦ 차량의 용량과 수목의 무게 및 부피에 따라 적정수량만을 적재한다.

17 다음은 수목 식재에 대한 조경표준시방 사항이다. 빈칸을 적절히 채우시오.

> ① 식재구덩이의 크기는 너비를 뿌리분 크기의 (㉠) 이상으로 하고 깊이는 분의 높이와 구덩이 바닥에 깔게 되는 흙, 퇴비 등을 고려하여 적절한 깊이를 확보한다.
> ② 식재구덩이를 굴착할 때는 (㉡)와 심토는 따로 갈라놓아 (㉡)를 활용할 수 있도록 조치한다.
> ③ (㉢)용 흙은 식재지의 토질이 수목생육에 부적합한 경우 배수성과 통기성이 좋은 양질의 토사로 하고 현장 반입 시 차량에 적재된 채로 검수받는다.
> ④ 식재 시 수목의 뿌리분을 식재구덩이에 넣어 방향을 정하고 원지반의 높이와 분의 높이가 일치하도록 조절하여 나무를 앉힌 다음 잘게 부순 양질의 토사를 뿌리분 높이의 (㉣) 정도 넣은 후 수형을 살펴 수목의 방향을 재조정한다.

정답

㉠ 1.5배　　㉡ 표토　　㉢ 객토　　㉣ 1/2

18 수목 식재 후 지주는 식재지의 자연환경과 수목의 생태적·형태적 특성 등을 고려하여 적합한 유형 및 규격을 선정해야 한다. 조경설계기준에 의거하여 적합한 지주목의 형태를 빈칸에 쓰시오.

① (㉠) 지주 : 주간이 서지 못하는 묘목 또는 수고 1.2m 미만의 수목에 적용한다.

② (㉡) 지주 : 도로변과 같이 특별히 (㉡) 지주가 필요한 수목과 수고 1.2~2.5m의 수목에 적용한다.

③ (㉢) 지주 : 도로변, 광장의 가로수 등 포장지역에 식재하는 수고 1.2~4.5m의 수목에 적용하되, 크기에 따라 선택적으로 사용한다.

④ (㉣) 지주 : 견고한 지지를 해야 하는 수목이나 근원직경 20cm 이상의 수목에 적용한다.

⑤ (㉤) 지주 : 교목 군식지에 적용한다.

⑥ (㉥) 지주 : 경관상 매우 중요한 곳이나 지주목이 통행에 지장을 많이 초래하는 곳에 적용한다.

⑦ (㉦) 지주 : 거목이나 경관적 가치가 특히 요구되는 곳에 적용하고, 주간 결박지점의 높이는 수고의 2/3가 되도록 한다.

정답

㉠ 단각   ㉡ 2각   ㉢ 삼각   ㉣ 삼발이(버팀형)   ㉤ 연계형   ㉥ 매몰형   ㉦ 당김줄형

19 수목의 식재공사에 있어 지주세우기에 대한 조경표준시방서 내용을 알맞게 쓰시오.

① 지주목과 수목을 결속하는 부위에는 수간에 (㉠)를 대어 수목의 손상을 방지한다.

② 대나무지주의 경우에는 선단부를 고정하고 결속부에는 대나무에 (㉡)을 내어 유동을 방지한다.

③ 삼각형지주 등은 수간, 주간 및 기타 통나무와 교착하는 부위에 (㉢) 이상 결속 한다.

④ 당김줄은 수목 주위에 일정한 간격으로 고정말뚝을 박고 이를 수목 높이의 (㉣) 지점과 연결하여 고정한 후 (㉤)로 팽팽하게 당겨주며, 수목과 접하는 부위에는 고무나 플라스틱 호스 등의 (㉥)를 사용하여 수간을 보호한다.

정답

㉠ 완충재   ㉡ 홈집   ㉢ 2곳   ㉣ 1/2   ㉤ 턴버클   ㉥ 마찰방지재

20 다음은 조경설계기준에 제시된 수간감기에 대한 설명이다. 빈칸을 바르게 채우시오.

① 하절기의 일사 및 동절기의 동해 등으로부터 수간의 피해를 방지하기 위하여 수피가 얇은 수목에 수간감기를 하되, 수목의 상태나 식재시기 등을 고려한다.

② 수간감기는 근원직경 (㉠) 이하이거나 나무 높이 (㉡) 이하의 교목에 적용한다.

③ 수간감기의 재료는 새끼, 황마제 테이프 또는 마직포의 사용을 표준으로 한다.

④ 지표로부터 주간을 따라 감되 수고의 (㉢) 정도가 피복되도록 하며, 새끼는 감은 후 진흙을 바르고, 황마포는 (㉣) 정도가 겹치도록, 황마제 테이프는 테이프폭이 (㉤) 정도 겹치도록 설계한다.

정답

㉠ 10cm   ㉡ 3m   ㉢ 60%   ㉣ 10cm   ㉤ 1/2

21 다음은 조경표준시방서에 제시된 수목식재 후 관리에 대한 내용이다. 빈칸을 적절히 채우시오.

> ① 교목과 관목의 전정은 연 (㉠) 이상 수세와 수형을 고려하여 정지·전정하며 형태를 유지시킨다.
> ② 포장지역에 식재한 독립교목은 태양열 및 인위적 피해로부터 보호하기 위하여 (㉡) 높이까지의 수간에 수간보호재 감기를 실시한다.
> ③ 연 (㉢) 이상 정기적으로 병·충해 예방을 위한 약제를 살포하며, 병·충해 발생 시에는 초기에 대처한다.
> ④ 동해 방지 및 보습, 토양고결, 잡초발생억제 등을 위해 (㉣)재료를 포설한다.

정답
㉠ 2회 ㉡ 1.5m ㉢ 2회 ㉣ 멀칭

22 잔디종자의 파종을 시행하고자 할 때 파종량(g)을 구하시오(단, 희망본수 32,000개, 1g당 종자수 600알, 종자의 순도 90%, 발아율 80%. 또한, 계산 시 결과값의 소수는 버리시오).

정답
파종량 : 74g

해설
1m²당 파종량 $W=\dfrac{G}{S\times P\times B}=\dfrac{32,000}{600\times0.9\times0.8}=74g$

23 다음은 잔디파종에 대한 조경설계기준 내용이다. 빈칸을 알맞게 채워 넣으시오.

> 한국잔디의 파종적기는 (㉠) 초로 하고, 한지형 잔디의 파종 최적기는 (㉡) 초로 하며, 3~6월을 2차 적기로 한다. 또한, 잔디의 파종량은 m²당 희망립수 (㉢)가 유지되도록 설계한다. 파종지의 환경이 불량한 경우에는 최대 (㉣)까지의 할증률을 적용할 수 있다.

정답
㉠ 5~6월 ㉡ 9~10월 ㉢ 23,000~40,000개 ㉣ 1.5

24 조경설계기준에 제시된 잔디뗏장의 식재적기에 대해 쓰시오.

> 한국잔디의 식재적기는 (㉠)이고, 한지형잔디의 식재적기는 (㉡)과 3~4월이다.

정답
㉠ 4~6월 ㉡ 9~10월

25 조경표준시방서의 비탈면녹화 및 복원에 의거, 비탈면 잔디식재 시공사항을 쓰시오.

정답

① 잔디생육에 적합한 토양의 비탈면 기울기가 1:1보다 완만할 때에는 비탈면을 일시에 녹화하기 위해서 흙이 붙어있는 재배된 잔디를 사용하여 붙인다.
② 비탈면 전면(평떼)붙이기는 줄눈을 틈새 없이 붙이고 십자줄이 형성되지 않도록 어긋나게 붙이며, 잔디 소요 면적은 비탈면 면적과 동일하게 적용한다.
③ 비탈면 줄떼다지기는 잔디폭이 0.1m 이상 되도록 하고, 비탈면에 0.1m 이내 간격으로 수평골을 파서 수평으로 심고 다짐을 철저히 한다.
④ 선떼붙이기는 비탈면에 일정 높이마다 수평으로 단끊기 후 되메우기한 앞면에 떼를 세워 붙이되 흙층에 완전히 밀착되도록 다지기를 잘하고 줄눈이 수평이 되도록 시공한다.
⑤ 잔디고정은 떼꽂이를 사용하여 잔디 1매당 2개 이상 견실하게 고정하며, 시공 후에는 모래나 흙으로 잔디붙임면을 얇게 덮은 후 고루 두들겨 다져준다.
⑥ 잔디판붙이기는 비탈면의 침식방지 및 활착이 용이하도록 잔디판을 비탈면에 밀착·고정한다.

26 잔디 뗏장심기는 뗏장의 폭과 시공간격에 따라 구분한다. 조경설계기준상 다음과 같이 제시된 잔디뗏장의 식재방법을 쓰시오.

> 급비탈면, 암반지역 외의 일반녹지에 적용하는 방법으로 잔디피복률 100%로 설계하며, 잔디뗏장이 서로 어긋나도록 설계한다.

정답

평떼붙이기

27 다음은 잔디붙이기 방법에 대한 설명이다. 해당되는 식재방법을 조경표준시방서에 의거하여 기재하시오.

> ① (㉠) : 토양개량과 정지작업이 이루어진 지면을 롤러나 인력으로 다진 후 잔디를 틈새 없이 붙이는 식재방법
> ② (㉡) : 잔디장을 0.1, 0.15, 0.2m 정도로 잘라서 동일 간격으로 붙이는 방법
> ③ (㉢) : 잔디를 0.2~0.3m 간격으로 어긋나게 놓거나 서로 맞물려 여유 있게 배열하여 식재하는 방법
> ④ (㉣) : 포복경 또는 지하경을 0.05~0.1m 정도로 잘라 산파한 후 잔디 뿌리가 묻히도록 흙을 덮어 식재하는 방법

정답

㉠ 전면붙이기   ㉡ 줄떼붙이기   ㉢ 어긋나게 붙이기   ㉣ 풀어심기

28 다음 내용이 설명하는 비탈면 녹화공법이 무엇인지 답하시오.

종자, 비료, 토양 및 유기질 자재를 혼합한 녹화기반재와 침식방지제 및 다양한 기능의 고분자제를 혼합한 식생기반재를 비탈에 일정 두께로 붙여 식물생육의 기반을 마련해 주는 공법으로 주로 암반비탈면 등 환경조건이 극히 불량한 지역에 적용한다.

정답

식생기반재 뿜어붙이기

29 다음은 조경설계기준에 제시된 비탈면 녹화 및 조경에 관련된 용어설명이다. (   ) 안에 알맞은 용어를 쓰시오.

① (㉠) : 단위면적당 파종식물의 발생본수로서 파종 후 1년간 발생된 총수를 지칭한다. 발아 후 경쟁에서 졌거나 고사한 것을 모두 포함한 수치이며, 파종량 산정의 기준이 된다.
② (㉡) : 협잡물과 같은 물질을 제거한 순정 종자 중량의 전체중량에 대한 백분율을 말한다.

정답

㉠ 발생기대본수   ㉡ 순량률

30 다음은 조경설계기준에 제시된 비탈면녹화 파종량의 할증에 관한 설명이다. 빈칸을 알맞게 채워 넣으시오.

① 비탈면의 토질과 기울기, 비탈면 방향, 토양산도와 같은 입지조건과 시공 시기, 식생기반재 뿜어붙이기의 두께와 같은 조건을 고려하여 결정한다.
② 비탈면의 기울기가 50° 이상이거나 암반일 때의 할증기준은 (㉠) 이상, 남서향일 때에도 할증기준은 (㉡) 이상으로 한다.
③ 부적기 시공일 때의 할증기준은 초본류 (㉢) 이상(7, 8월은 20%, 10, 11월은 30%), 목본류 (㉣) 이상(7, 8월은 40%, 9~11월은 50%)으로 한다.

정답

㉠ 10~30%   ㉡ 10%   ㉢ 10~30%   ㉣ 30~50%

31 다음은 비탈면 녹화재료의 품질기준에 대한 조경설계기준의 내용이다. 빈칸을 알맞게 채워 넣으시오.

① 재래초종 종자는 발아율 (㉠) 이상, 순량률 (㉡) 이상이어야 한다.
② 외래도입초종은 최소 2년 이내에 채취된 종자로서 발아율 (㉢) 이상, 순량률 (㉣) 이상이어야 하며 되도록 사용을 억제해야 한다.

정답

㉠ 30%   ㉡ 50%   ㉢ 70%   ㉣ 95%

32 다음 보기의 내용이 설명하는 비탈면 녹화공법을 조경설계기준에 의거하여 쓰시오.

주로 암반 비탈이나 채석장 또는 절개지 비탈과 같은 훼손지의 비탈 모습을 도로 또는 주택과 같은 조망점에서 직접 보이지 않게 하려고 비탈의 앞쪽에 나무를 2~3열로 심어 수벽을 조성하기 위하여 계획하는 것으로 비탈면, 옹벽, 석축과 같은 수직면의 불량 경관지 하단에 객토하고 교목을 배식하는 공법이다.

차폐수벽공법(차폐나무울타리공법)

33 다음은 조경설계기준에 제시된 비탈면 녹화공법중 소단상 객토식수공법에 관한 설명이다. 빈칸을 알맞게 채워 넣으시오.

암석을 채굴하고 깎아낸 대규모 암반비탈의 소단위에 객토와 시비를 한 후, 녹화용 묘목을 심어 수평선상으로 녹화하도록 설계한다. 소단은 나무를 심고 자랄 수 있는 너비를 가져야 하며, 소단상 객토는 깊이 (㉠) 이상, 너비 (㉡) 이상을 표준으로 한다.

㉠ 0.3m   ㉡ 1.0m

34 다음 보기의 내용이 설명하는 비탈면 녹화공법을 조경설계기준에 의거하여 쓰시오.

비탈 기울기가 급하고 토양조건이 열악한 급경사지에 기계와 기구를 사용해서 종자를 파종하는 공법으로, 한랭도가 적고 토양 조건이 어느 정도 양호한 비탈면에 한하여 적용하며 균열과 절리가 많고, 요철(凹凸)이 많은 비탈에서는 틈 속에 종자가 발아하게 되므로 효과적인 공법이다.

종자 분사파종

35 조경설계기준에 제시된 식생기반재 뿜어붙이기공법의 식생기반재를 비탈면에 부착시키는 방식 두 가지를 쓰시오.

① 두꺼운 층 뿜어붙이기   ② 2층 뿜어붙이기

36 다음은 조경설계기준에 제시된 식생기반재 뿜어붙이기에 대한 설명이다. 빈칸을 적절하게 채우시오.

① 식생기반재 뿜어붙이기의 두께는 (㉠), 암의 종류, 현장조건과 같은 요소들을 고려하여 결정한다.
② 식물 생육이 불가능한 건조하고 척박한 지역, 자연식생의 활착이 어려운 풍화암 지역, 암 절개지가 많고 주로 연암 이상으로 구성된 지역, 경암 및 보통암이지만 균열이 많고 1：0.5 이하인 완경사인 경우에는 식생기반재 뿜어붙이기 두께는 (㉡)에서 정하며 녹화공법별로 따로 정한다.

③ 급경사(1 : 0.3 이내) 경암지역에서는 식생기반재 뿜어붙이기 두께를 (ⓒ)로 하되 녹화공법별로 따로 정한다.

④ 비탈면 원지반의 토양산도가 pH9.0 이상이거나 pH4.0 이하일 때에는 시공 두께를 (ⓔ)까지 할증한다.

정답

ⓐ 경사도   ⓑ 3~10cm   ⓒ 7~15cm   ⓔ 20%

37 조경표준시방서에 의거하여 종자뿜어붙이기 시공일반 사항 3가지만 쓰시오.

정답

① 파종지는 잡석을 제거하고 계획된 기울기에 따라 평활하게 정지한다.

② 파종면이 건조한 경우에는 종자의 발아를 촉진하고 분사 부착물의 침투를 좋게 하기 위하여 1m²당 1~3L의 물을 공사착수 전에 살포한다.

③ 한지형 잔디종자를 비료, 파이버, 접착제, 색소, 물과 혼합하고 살포기계를 이용하여 분사파종으로 시공한다.

④ 파종 후 1개월 이내에 발아되지 않거나 전면에 고루 발아되지 않고 일부만 발아되었을 때에는 처음과 동일한 공법으로 재파종하여야 한다.

38 인공식재지반에 사용할 인공토양의 구비조건을 조경표준시방서에 의거하여 3가지 이상 기술하시오.

정답

① 경량성 : 건물 또는 구조체에 영향이 적도록 가벼워야 한다.

② 보수성 : 토양의 심도가 얕기에 보수력을 가지고 있어야 한다.

③ 통기성 : 공기의 유통이 좋아야 부드러운 식물의 육성에 유리하다.

④ 배수성 : 배수되지 않은 물은 식재된 식물이나 건물 및 구조물에 큰 영향을 미친다.

⑤ 보비성 : 식물생육에 필요한 양분이 축적될 수 있어야 한다.

39 다음은 조경표준시방서에 제시된 인공식재기반 조성 시 배수단계의 유의사항이다. 빈칸에 적절한 내용을 기입하시오.

식재층의 바닥면은 (ⓐ) 이상의 기울기를 갖도록 하고, 배수층을 구성하는 배수판, 배수관, 경량골재 등은 설계도서에 명기된 것을 사용하되 배수관은 틈이 벌어지지 않도록 설치한 후 배수구에 접속한다. 또한, 토양유실 및 배수구 막힘을 방지하기 위하여 부직포 등을 기설치한 배수층 전체에 이음매가 (ⓑ) 정도 겹쳐지도록 시공·부설하며, 특히 측벽 높이의 (ⓒ) 이상 높이까지 치켜 올려 토양유실을 차단한다. 부직포는 주름지지 않도록 부설하여야 하며 (ⓔ) 이내에 빨리 식재토양을 덮어야 한다.

정답

ⓐ 2%   ⓑ 0.3m   ⓒ 1/2   ⓔ 7일

40 다음은 조경설계기준에 제시된 옥상녹화의 유형분류 중 하나다. 어느 유형에 해당하는지 쓰시오.

최소 20cm 이상의 토양층 조성이 필요하고, 단위면적당 300kgf/m² 이상의 고정하중이 요구되며 주기적인 관수, 시비, 전정, 예초 등 집중적 관리를 통하여 지속해서 유지해야 한다.

정답

중량형 녹화

41 다음은 조경설계기준에 제시된 옥상녹화시스템의 구성요소 중 배수층에 대한 설명이다. 빈칸을 알맞게 채우시오.

① 배수층은 재료군 및 재료의 종류에 따라 골재형, (㉠), 저수형, 매트형으로 구분한다.
② 옥상의 면적과 레이아웃을 고려하여 배수공을 설치한다. 식수대 벽체 길이 (㉡)당 1개소 이상 설치하며, 플랜터, 데크 등 구조물로 인하여 배수가 원활하지 않을 때는 추가 반영한다.
③ 옥상면의 배수구배는 최저 (㉢) 이상으로 하고 배수구 부분의 배수구배는 최저 (㉣) 이상으로 설치한다.

정답

㉠ 패널형   ㉡ 30m   ㉢ 1.3%   ㉣ 2%

42 다음의 보기에 제시된 용어를 옥상녹화 시스템을 구성하는 단면도의 ㉠~㉣에 맞게 넣으시오.

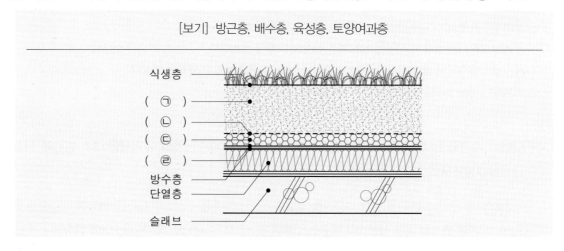

[보기] 방근층, 배수층, 육성층, 토양여과층

정답

㉠ 육성층   ㉡ 토양여과층   ㉢ 배수층   ㉣ 방근층

43 다음은 조경설계기준에 제시된 입체녹화형태에 대한 설명이다. ①~④에 제시된 유형을 ㉠~㉣에서 고르시오.

① 등반형, ② 하수형, ③ 기반조성형, ④ 에스페리어

① (㉠) : 입면 하부의 지면이나 인공지반, 플랜터와 같은 식생 기반에 덩굴식물을 심어 생장과 더불어
식물을 입면에 직접 부착, 혹은 보조자재에 부착시키거나 감아 올라가게 하는 녹화방법
② (㉡) : 식재기반으로부터 식물을 늘어뜨려 덮는 방법으로 덩굴식물이나 목본식물을 이용
③ (㉢) : 식재기반을 패널, 시트, 플랜터와 같은 보조재로 보호 유지하며, 관수와 같은 식재 시스템을 포
함하는 방법
④ (㉣) : 입체적인 수목의 가지를 조절하여 구조물 입면에 평면적으로 성장을 유도하는 녹화방법

정답

① ㉠   ② ㉡   ③ ㉢   ④ ㉣

44 식생복원에 있어 조경표준시방서에 의한 재료의 선정기준을 3가지만 쓰시오.

정답

① 자생수종과 향토수종 또는 야생초화류나 인근 수림대의 주요 수종 등 인근의 자연군락과 생태적으로 조화를
이루며 경관적으로 미적 가치가 높은 것을 사용하도록 한다.
② 도입 식생은 번식이 용이하고, 유묘의 대량생산이 가능하며, 불량·척박 환경에도 잘 적응할 수 있어야 한다.
③ 도입 식생은 정착되기까지의 기간이 짧아야 하고, 환경 형성작용이 뛰어나며, 근계가 치밀하여 토양안정 효
과가 높아야 한다.
④ 도입되는 초본류는 매년 자연적으로 출현하여 재생능력이 있어야 하며, 영구적으로 고착될 수 있어야 한다.
⑤ 해당 지역의 식물개체를 활용하거나, 종자를 채취하여 번식·재배한 식물의 활용이 가능한 경우 적극 권장한다.
⑥ 복원효과를 높이기 위해 자생종 이외에도 향토종, 표준형, 산림형으로 나누어 복원목표에 맞는 종자를 배합
하여 사용할 수 있으며, 생태적 천이과정과 복원목표를 명확하게 제시할 수 있어야 한다.
⑦ 종자는 병충해가 없고 이물질이 섞이지 않은 것이어야 한다.

45 다음은 조경설계기준에 제시된 소생물권복원, 창출을 위한 원칙 내용이다. 빈칸에 알맞은 내용을
쓰시오.

토지이용은 생태계의 장기변화를 엄격하게 보호·감시하기 위한 (㉠), (㉠)을 인위적인 영향으로부터
보호하기 위한 (㉡), (㉠)과 (㉡)주위에 형성되어 원주민의 거주와 지속가능한 자원개발이 허용될
수 있는 (㉢)로 구분하여 조성·관리한다.

정답

㉠ 핵심지구(core area)   ㉡ 완충지구(buffer zone)   ㉢ 이행대(transition area)

46 조경설계기준에서 제시되어 있는 「자연환경보전법」에서 규정하는 소생태계의 개념을 포함하는 생
물서식공간을 의미하는 용어를 쓰시오.

소생물권(biotope)

47 종의 멸종 위기를 최소화하거나 평형 종수를 극대화하기 위한 생물서식공간의 조성원리를 조경설계기준에 제시된 내용으로 3가지만 서술하시오.

① 면적은 클수록 종 보존에 효과적이다. 같은 크기인 경우 큰 단위공간 하나가 여러 개의 작은 공간보다 효과적이다.

② 거리는 인접한 공간이 가까울수록 효과적이다.

③ 여러 개의 공간이 직선적으로 배열되는 것보다 같은 거리로 모여 있는 것이 효과적이다.

④ 서로 떨어진 공간을 이동통로로 연결하는 것이 효과적이다.

⑤ 다른 여건이 같다면 길쭉한 형태보다 둥근 형태가 효과적이다.

조경시공실무

조경시공계획 및 시설공사

조경시공계획

1 |||| 조경시공일반

❶ 입찰 및 계약

① 조경공사의 특징 : 공종의 다양성·소규모성, 지역성, 장소의 분산성, 규격화와 표준화 곤란

② 입찰계약 순서 : 입찰공고 → 현장설명 → 입찰 → 개찰 → 낙찰 → 계약

③ 공사 관련 용어

- 건설공사 : 토목공사·건축공사·조경공사 등 시설물을 설치·유지·보수하는 공사
- 건설업자 : 법 또는 법률에 의하여 면허를 받거나 등록을 하고 건설업을 영위하는 자
- 도급 : 원도급·하도급·위탁, 기타 명칭의 여하에 불구하고 건설공사를 완성할 것을 약정하고 상대방이 그 일의 결과에 대하여 대가를 지급할 것을 약정하는 계약
- 하도급 : 도급받은 건설공사의 전부 또는 일부를 도급하기 위하여 수급인이 제3자와 체결하는 계약
- 발주자 : 건설공사를 건설업자에게 도급하는 자
- 수급인 : 발주자로부터 건설공사를 도급받은 건설업자(하도급하는 건설업자 포함)
- 하수급인 : 수급인으로부터 건설공사를 하도급받은 자
- 감독자 : 공사감독을 담당하는 자로서 발주자가 수급인에게 감독자로 통고한 자와 그의 대리인 및 보조자 포함 −발주자가 감리원을 선정한 경우에는 감리원이 감독자를 대신함
- 현장대리인(현장기술관리인) : 관계법규에 의하여 수급인이 지정하는 책임시공기술자로서 그 현장의 공사관리 및 기술관리, 기타 공사업무를 시행하는 현장요원
- 담합 : 입찰경쟁자 간에 미리 낙찰자를 정하여 입찰에 참여하는 부정행위
- VE : 최소의 비용으로 최대의 목표를 달성하기 위해 공사의 전 과정에서 원가절감 요소를 찾아내는 개선활동

④ 입찰방법

- 일반경쟁입찰(유자격자 모두) : 공사비 절감(부실공사), 공평한 기회(부적격자), 입찰비용 증가
- 지명경쟁입찰(소수의 특정사) : 양질의 공사 기대(담합의 우려), 시공 신뢰성(공사비 증가)

- 특명입찰(수의계약) : 기밀유지, 우량공사(공사비 증대), 신속한 계약(불순함 내포 가능)
⑤ 공사시공방식
- 직영공사(발주자 시공) : 시기적 여유, 기밀 유지, 간단한 공사, 설계변경 가능 공사 −관리능력이 없으면 공사기간 및 공사비 증가 우려
- 일식도급 : 공사 전체를 한 도급자가 시공, 공사관리 용이 −부실시공 우려
- 분할도급 : 공사를 세분하여 각각의 도급자가 시공(전문 공종별, 공정별, 공구별 직종·공종별) −관리업무 증가
- 공동도급 : 대규모 공사에 여러 회사가 출자회사를 만들어 시공, 공사이행의 확실성, 기술력 보완 및 확충, 위험분산 −이해충돌, 책임회피 가능
- 턴키도급(일괄수주방식) : 발주자의 요구로 도급자가 계획부터 유지관리를 포함하여 수주
- 성능발주방식 : 발주자가 요구성능을 제시하면 그에 맞는 공법과 재료 등을 시공자가 자유로이 선택하는 방식 −공사비 증대, 성능확인 곤란
- EC(종합건설업화) : 사업의 기획·설계·시공·유지관리 등 건설공사 전반의 사항을 종합기획·관리하는 기법
- 개발계약방식 : 발주자가 공사비를 부담하지 않고 수급인이 설계·시공 후 운영이나 소유권 이전 등으로 투자금을 회수하는 방식 −BOT, BOO, BTO 계약방식
- CM(건설사업관리)방식 : 기획, 설계, 시공, 유지관리의 건설업 전 과정에 대해 공정관리·원가관리·품질관리를 통합시켜 사업을 수행하기 위해 각 부분의 전문가가 발주자를 대신하여 공사 전반에 걸쳐 설계자·시공자·발주자를 조정하여 이익을 증대시키는 통합관리 조직

❷ 공사관리

① 조경시공계획 순서 : 사전조사 → 기본계획 → 일정계획 → 가설 및 조달계획
② 공사관리 : 적정한 이윤을 추구하면서 시공계획, 시공기술 및 시공관리를 결합하여 주어진 공기 내에서 싸게, 좋게, 빨리, 안전하게 양질의 결과물을 완성하는 것
③ 시공계획 : 설계도서에 의해 양질의 공사목적물을 생산하기 위하여 기간 내에 최소의 비용으로 안전하게 시공할 수 있도록 조건과 방법을 결정하는 계획
④ 일정계획 : 결정된 공기 내에 효율적인 공사진행을 유도하기 위한 수단
⑤ 공정관리(시공관리) : 계획된 목표를 달성하기 위한 모든 수단과 방법을 제어하는 활동
  ㉠ 관리의 4단계 순서 : 계획(Plan) → 실시(Do) → 검토(Check) → 조치(Action)
  ㉡ 시공관리의 3대 목표
  - 공정관리 : 가능한 공사기간 단축
  - 원가관리 : 가능한 싸게 경제성 확보
  - 품질관리 : 보다 좋은 품질 유도
  - 안전관리 : 보다 안전한 시공(4대 목표 시에만 포함)
  ㉢ 관리의 상관관계

ⓐ 공기가 너무 빨라지거나 늦어지면 원가는 상승 −최적공기 설정

ⓑ 원가가 낮을수록 품질은 저하 −합리적 조정 필요

ⓒ 공기가 빠를수록 품질은 저하 −적정속도 확보

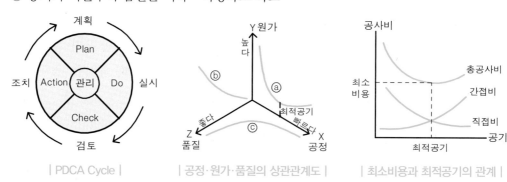

| PDCA Cycle | | 공정·원가·품질의 상관관계도 | | 최소비용과 최적공기의 관계 |

ⓔ 최적공기와 표준공기

• 최적공기 : 직접공사비와 간접공사비를 합한 총공사비가 최소로 되는 가장 경제적인 공기 − 최적시공속도, 경제속도

• 직접공사비 : 노무비, 재료비, 가설비, 기계 운전비 등으로 시공속도를 높이면 공기는 단축되나 비용은 증가

• 간접공사비 : 관리비, 감가상각비, 가설비 등으로 공기가 단축되면 비용이 줄고, 공기가 늘어나면 비용은 증가

• 표준공기 : 표준비용(총직접비가 최소가 되는 비용)에 요하는 공기, 즉 공사의 직접비를 최소로 하는 최장공기

ⓜ 비용구배 : 작업을 1일 단축할 때 추가되는 직접비용

• MCX : 각 작업을 최소의 비용으로 최적의 공기를 찾아 공정을 수행하는 관리기법

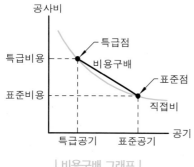

| 비용구배 그래프 |

• 표준점 : 직접비가 최소 투입되는 점

• 표준비용 : 정상적인 공기에 대한 비용

• 표준공기 : 정상공기

• 특급비용 : 공기를 단축할 때의 비용

• 특급공기 : 정상공기를 단축한 공기

• 특급점 : 더 이상 공기를 단축할 수 없는 한계점

ⓗ TQC의 7가지 도구(Tools)

• 히스토그램 : 데이터가 어떤 분포를 하고 있는지를 알아보기 위해 작성하는 그림

• 파레토도 : 불량 발생 건수를 항목별로 나누어 크기 순서대로 나열해 놓은 그림

• 특성요인도 : 결과에 원인이 어떻게 관계하고 있는지를 한눈에 알 수 있도록 작성한 그림

• 체크시트 : 계수치의 데이터가 분류항목의 어디에 집중되어 있는가를 나타낸 그림이나 표

- 각종 그래프 : 한눈에 파악되도록 숫자를 시각화한 각종 그래프
- 산점도(산포도) : 대응되는 2개의 짝으로 된 데이터를 그래프에 점으로 나타낸 그림
- 층별 : 집단을 구성하고 있는 데이터를 특징에 따라 몇 개의 부분집단으로 나눈 것

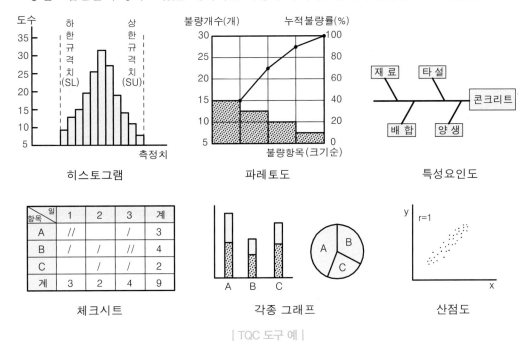

| TQC 도구 예 |

⑥ 공정계획 : 관리를 하기 위한 사전작업으로 부분작업의 시공시간 및 순서를 정하여 공기 내에 공사가 완료될 수 있도록 하기 위한 계획
- 공정계획의 4요소 : 공사의 시기, 공사의 내용, 공사의 수량, 노무의 수배

⑦ 조경공사의 일반적인 순서 : 터닦기(부지지반 조성) → 급배수 및 호안공(지하매설물 설치) → 콘크리트 공사 → 조경시설물 설치 → 식재 공사

❸ 시방서

① 설계도면에 표시하기 어려운 사항을 설명하는 시공지침

② 시방서 포함 내용
- 시공에 대한 보충 및 주의사항, 시공방법의 정도, 완성 정도
- 시공에 필요한 각종 설비, 재료의 종류 및 품질 및 사용, 재료 및 시공에 관한 검사

③ 적용순위 : 현장설명서 → 공사시방서 → 설계도면 → 표준시방서
- 모호한 경우 발주자(감독자)가 결정

④ 표준시방서 : 시설물의 안전 및 공사시행의 적정성과 품질확보 등을 위해 시설물별로 정한 표준적 시공기준, 발주자 또는 설계 등 용역업자가 작성하는 공사시방서의 시공기준

⑤ 전문시방서 : 시설물별 표준시방서를 기준으로 작성, 공사시방서의 작성에 활용하기 위한 종합적인 시공기준

⑥ 공사시방서 : 표준시방서 및 전문시방서를 기본으로 삭제·보완·수정 또는 추가사항 기입, 공사

의 특수성·지역 여건·공사방법 등을 고려하여 현장에 필요한 시공방법, 자재·공법, 품질·안전 관리 등에 관한 시공기준을 기술한 시방서

2 |||| 공정표

❶ 횡선식 공정표

① 단순·시급한 공사, 개략적 공정에 사용
② 시작과 종료 명확, 전체 공정 중 현재 상황파악 용이, 초보자 이해 용이
③ 주공정 파악 곤란, 변동 시 탄력성 없음

| 횡선식 공정표 |

❷ 사선식 공정표

① 예정공정과 실시공정(기성고) 대비로 공정파악 용이
② 공사 지연에 대한 조속한 대처 가능
③ 작업의 관련성 표현 불가
④ 바나나 곡선 : 상부 허용한계선과 하부 허용한계선
⑤ S-커브 : 예정 진도선

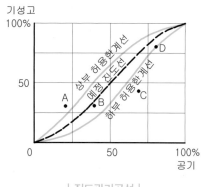

| 진도관리곡선 |

• A점 : 예정보다 많이 진척되었으나 한계선 밖에 있으므로 비경제적이다.
• B점 : 예정 진도와 비슷하므로 그대로 진행되어도 좋다.
• C점 : 하부한계선 밖에 있으므로 중점적 관리로 공사를 촉진시켜야 한다.
• D점 : 허용한계선상에 있으나 관리를 하여 촉진시킬 필요가 있다.

❸ 네트워크 공정표

(1) 네트워크 공정표 특징

① 일정에 탄력적 대응, 문제의 사전 예측, 공사 통제 기능
② 작업의 선후관계 명확, 공사의 전체 및 부분파악 용이
③ 작성과 검사·수정이 어렵고 많은 시간 필요
④ CPM 네트워크공정표 : 반복사업, 경험작업, 비용절감 목적, MCX가 핵심이론

⑤ PERT 네트워크공정표 : 신규사업, 비반복사업, 대형사업, 시간절약 목적

(2) 네트워크 공정표 구성

① 작업 : 화살선으로 표시, 화살선 위에 작업명, 아래에 소요시간 표기

② 결합점 : 원으로 표시, 작업의 시작과 끝, 정수 사용 작은 수에서 큰 수로 부여

③ 더미 : 화살선을 파선으로 표시, 명목상 작업으로 소요시간 없음 -넘버링 더미, 논리적 더미

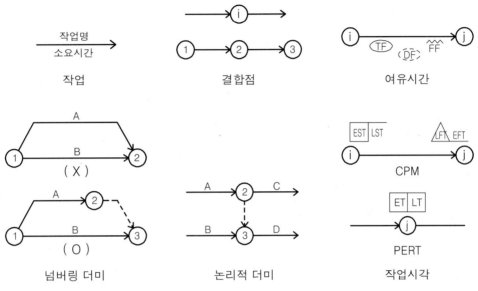

| 네트워크 공정표의 이해 |

(3) 작업시각 : 작업의 개시 또는 종료의 시각 -CPM 공정표 사용

① 가장 빠른 개시 시각(EST) : 작업을 시작할 수 있는 가장 빠른 시각

② 가장 빠른 종료 시각(EFT) : 작업을 종료할 수 있는 가장 빠른 시각

③ 가장 늦은 개시 시각(LST) : 공기에 영향이 없는 범위 내에서 작업을 시작할 수 있는 가장 늦은 시각

④ 가장 늦은 종료 시각(LFT) : 공기에 영향이 없는 범위 내에서 작업을 종료할 수 있는 가장 늦은 시각

(4) 네트워크 공정표 일정 계산

① EST(ET), EFT : 작업의 진행방향에 따른 전진계산

㉠ 개시 결합점의 EST＝0

㉡ 어떤 작업의 EFT는 그 작업의 EST＋D(소요시간)

㉢ 어떤 작업의 EST는 그 선행 작업의 EFT 중 최대치

㉣ 종료 결합점에 들어가는 작업의 EFT 중 최대치가 공기(T)

② LST, LFT(LT) : 역진계산

㉠ 종료 결합점의 LFT＝공기 또는 지정공기

㉡ 어떤 작업의 LST는 그 작업의 LFT－D

㉢ 어떤 작업의 LFT는 그 후속 작업의 LST 중 최소치

③ 여유 시간
    ㉠ TF : 작업의 EST로 시작하고 LFT로 완료 시 생기는 여유 시간
        • TF=LFT-그 작업의 EFT
    ㉡ FF : 작업을 EST로 시작하고 후속 작업도 EST로 시작해도 존재하는 여유 시간
        • FF=후속 작업 EST-그 작업의 EFT
    ㉢ DF : 후속 작업의 TF에 영향을 끼치는 여유 시간
        • DF=TF-FF
④ 주공정선(CP) : 개시 결합점에서 종료 결합점까지의 최장패스, 굵은 선으로 표시 -한계 공정선, 임계 공정선
    ㉠ 주공정선은 1개 이상도 가능
    ㉡ 주공정선상 작업시간의 합이 공기
    ㉢ 공정관리상 가장 중요한 경로로 우선적 관리대상

핵심문제 | 조경시공계획

1 조경공사의 특징을 3가지만 쓰시오.

정답

① 공종의 다양성   ② 공종의 소규모성   ③ 지역성   ④ 장소의 분산성   ⑤ 규격화와 표준화의 곤란

2 다음 보기의 설명에 알맞은 용어를 (   ) 안에 쓰시오.

> ① (㉠) : 원도급·하도급·위탁, 기타 명칭의 여하에 불구하고 건설공사를 완성할 것을 약정하고 상대방
> 이 그 일의 결과에 대하여 대가를 지급할 것을 약정하는 계약
> ② (㉡) : 건설공사를 건설업자에게 도급하는 자
> ③ (㉢) : 발주자로부터 건설공사를 도급받은 건설업자
> ④ (㉣) : 공사감독을 담당하는 자로서 발주자가 수급인에게 감독자로 통고한 자와 그의 대리인 및 보조자
> ⑤ (㉤) : 관계법규에 의하여 수급인이 지정하는 책임시공기술자로서 그 현장의 공사관리 및 기술관리,
> 기타 공사업무를 시행하는 현장요원

정답

㉠ 도급   ㉡ 발주자   ㉢ 수급인   ㉣ 감독자   ㉤ 현장대리인(현장기술관리인)

3 다음 보기의 설명에 알맞은 입찰방법을 (   ) 안에 쓰시오.

> ① (㉠) : 일정한 자격을 갖춘 불특정 공사수주 희망자를 입찰에 참가시켜 가장 유리한 조건을 제시한
> 자를 낙찰자로 선정하는 방식
> ② (㉡) : 자금력과 신용 등에서 적합하다고 인정되는 소수(3~7개사)를 선정하여 입찰에 참여시키는
> 방식
> ③ (㉢) : 발주자가 필요하다고 판단되는 사업이나 기술, 시공방법의 특수성, 시간적 제한성 등이 있을
> 때 단일 업자를 선정하는 방식

정답

㉠ 일반경쟁입찰(공개경쟁입찰)   ㉡ 지명경쟁입찰   ㉢ 특명입찰(수의계약)

4 공사 계약에 따른 발주자와 도급자의 기본적인 권리 및 의무에 대해 각각 기술하시오.

> ① 발주자의 권리   ② 발주자의 의무   ③ 도급자의 권리   ④ 도급자의 의무

정답

① 완성된 계약목적물을 인수 받을 권리가 있다.

② 목적물의 공사비를 지불해야 한다.

③ 계약공사의 공사비를 청구할 권리가 있다.

④ 계약공사를 기간 내에 완성할 의무가 있다.

5 다음 보기의 도급공사에 대한 설명을 읽고 해당되는 도급명을 쓰시오.

> ① (㉠) : 대규모 공사의 시공에 있어서 시공자의 기술·자본 및 위험 등의 부담을 분산, 감소시킬 수 있다.
>
> ② (㉡) : 양심적인 공사를 기대할 수 있으나 공사비 절감 노력이 없어지고 공사기일이 연체되는 경향이 있다.
>
> ③ (㉢) : 모든 요소를 포괄한 도급 계약으로 주문자가 필요로 하는 모든 것을 조달 및 완수한다.
>
> ④ (㉣) : 도급업자에게 일정한 공구와 균등한 기회를 주며, 공기 단축·시공기술 향상 및 공사의 높은 성과를 기대할 수 있다.
>
> ⑤ (㉤) : 공사비 총액을 확정하여 계약하는 방식으로 공사발주와 동시에 공사비가 확정되고 관리업무를 간편하게 한다.

정답

㉠ 공동도급   ㉡ 실비정산 보수가산 도급   ㉢ 턴키도급   ㉣ 공구별 분할 도급   ㉤ 정액도급

6 건설업체의 공사 수행능력을 기술적 능력, 재무 능력, 조직 및 공사능력 등 비가격적 요인을 검토하여 가장 효율적으로 공사를 수행할 수 있는 업체에 입찰 참가자격을 부여하는 제도를 쓰시오.

정답

PQ제도(Pre-Qualification제도, 입찰참가자격 사전심사제도)

7 건설공사의 입찰방법 중 특명입찰(수의계약)의 장·단점을 2가지씩 쓰시오.

정답

① 장점 : 공사기밀 유지 가능, 우량공사 기대 가능

② 단점 : 공사비 상승 우려, 공사금액 결정의 불투명성

8 건설공사의 입찰방법 중 일반 공개입찰의 장·단점을 2가지씩 쓰시오.

정답

① 장점 : 경쟁으로 인한 공사비 절감, 균등기회 보장(민주적 방식)

② 단점 : 부적격자에게 낙찰 우려, 과다경쟁으로 부실공사 우려

9 다음 보기의 공개경쟁입찰의 순서를 쓰시오.

> 입찰공고 → 참가등록 → 설계도서열람 및 교부 → (㉠) → (㉡) → 견적기간 → 입찰등록 →
> (㉢) → 개찰 → (㉣) → 계약

정답
㉠ 현장설명   ㉡ 질의응답   ㉢ 입찰   ㉣ 낙찰

10 공사관리의 3대 목표를 기술하시오.

정답
① 공정관리   ② 원가관리   ③ 품질관리

11 공사관리의 4단계를 기술하시오.

정답
① 계획(Plan)   ② 실시(Do)   ③ 검토(Check)   ④ 조치(Action)

12 공사관리의 생산수단 5가지를 쓰시오.

정답
① 사람(Men)   ② 방법(Methods)   ③ 재료(Materials)   ④ 기계(Machines)   ⑤ 자금(Money)

13 공정계획의 요소 4가지를 쓰시오.

정답
① 공사의 시기   ② 공사의 내용   ③ 공사의 수량   ④ 노무의 수배

14 다음 보기는 TQC의 7가지 도구에 대한 설명이다. 해당하는 도구명을 쓰시오.

① (㉠) : 계량치의 데이터가 어떠한 분포를 하고 있는지 알아보기 위하여 작성하는 그림
② (㉡) : 집단을 구성하고 있는 많은 데이터를 어떤 특징에 따라서 몇 개의 부분 집단으로 나누는 것
③ (㉢) : 결과에 원인이 어떻게 관계하고 있는가를 한눈에 알 수 있도록 작성한 그림
④ (㉣) : 대응되는 두 개의 짝으로 된 데이터를 그래프 용지 위에 점으로 나타낸 그림
⑤ (㉤) : 불량 등 발생 건수를 분류 항목별로 나누어 크기, 순서대로 나열해 놓은 그림
⑥ (㉥) : 막대, 원, 꺾은 선 등 단번에 뜻하는 것을 알 수 있도록 한 그림
⑦ (㉦) : 계수치의 데이터가 분류항목의 어디에 집중되어 있는가를 알아보기 쉽게 나타낸 그림이나 표

정답
㉠ 히스토그램   ㉡ 층별   ㉢ 특성요인도   ㉣ 산점도   ㉤ 파레토도   ㉥ 각종 그래프   ㉦ 체크시트

15 시방서에 기재되어야 할 사항에 대하여 4가지만 쓰시오.

정답
① 성능의 규정 및 지시   ② 사용재료, 자재의 검사방법
③ 시공의 정밀도   ④ 시공의 일반사항 및 주의사항

16 다음 보기의 내용에 부합하는 시방서를 쓰시오.

> 건설공사의 계약도서에 포함되는 시공기준이 되는 시방으로 개별공사의 특수성, 지역 여건, 공사방법 등을 고려하여 설계도면에 표시할 수 없는 내용과 공사수행을 위한 시공방법, 품질관리 등에 관한 시공기준을 기술한 시방서

정답
공사시방서

17 조경공사 시 식재할 수목의 품질에 대한 시방서를 작성하시오.

정답
① 발육이 양호하고 수형이 정돈되어 있을 것
② 가지와 잎이 치밀하고 병충의 피해가 없을 것
③ 이식 시 활착이 용이하도록 단근작업 또는 뿌리돌림을 실시하여 세근이 발달된 재배품일 것
④ 환경변화에 적응이 가능하고 유지관리가 용이할 것

18 다음의 내용이 설명하는 것에 맞는 용어를 쓰시오.

> 공사 진행도중 공기단축시 드는 금액을 1일 별로 분할 계산한 것으로 표준공기와 급속공기의 차감액을 기준으로 계산한다.

정답
비용구배(Cost slope)

19 공기단축 시 공사비의 비용구배(Cost slope)를 산출하시오(단, 표준공기 12일, 급속공기 10일, 표준비용 1,000원, 급속비용 3,000원이다).

정답
비용구배 : 1,000원/일

해설 ✏
$$비용구배 = \frac{3,000 - 1,000}{12 - 10} = \frac{2,000}{2} = 1,000(원/일)$$

20 PERT에 의한 공정관리 방법에서 낙관시간이 6일 정상시간이 9일, 비관시간이 12일일 때, 공정상의 기대시간을 구하시오.

정답
기대시간 : 9일

해설 ✏️

기대시간 $T_e = \dfrac{t_0 + 4t_m + t_p}{6} = \dfrac{6 + 4 \times 9 + 12}{6} = 9(일)$

21 다음 보기의 ①~④에 해당하는 내용을 ㉠~㉣에서 고르시오.

① 사선식 공정표   ② 횡선식 공정표   ③ PERT Network   ④ CPM Network

㉠ 경험이 없는 공사에 사용되며 전자계산 이용 가능
㉡ 경험이 있는 공사에 사용되며 전자계산 이용 가능
㉢ 기성고 파악이 유리하고 공사지연에 대한 조속한 조치가 가능
㉣ 공사의 공정이 일목요연하고 경험 없는 사람도 쉽게이해

정답
① ㉢   ② ㉣   ③ ㉠   ④ ㉡

22 네트워크 공정표의 특징 4가지를 기술하시오.

정답
① 공사계획의 전모와 공사전체의 파악이 용이하다.
② 작업의 상호관계가 명확하게 표시된다.
③ 계획단계에서 공정상의 문제점이 명확히 검토되고, 작업 전에 수정이 가능하다.
④ 주공정에 대한 정보제공으로 시간여유 있는 작업과 여유없는 작업을 구분할 수 있으므로 중점적인 일정관리
  가 가능하다.

23 네트워크(Network)의 표시원칙 4가지를 쓰시오.

정답
① 공정의 원칙   ② 단계의 원칙   ③ 활동의 원칙   ④ 연결의 원칙

24 다음 (   ) 안에 알맞은 것을 쓰시오.

PERT 네트워크에서 (㉠)는 하나의 이벤트(Event)에서 다음 이벤트로 가는 데 요하는 작업을 뜻하며
(㉡)을 소비하는 부분으로 물자를 필요로 한다.

정답
㉠ Activity(작업)   ㉡ Time(시간)

25 다음은 네트워크 공정표에 사용되는 용어를 설명한 것이다. ( ) 안에 알맞은 것을 쓰시오.

(㉠)는 작업을 끝낼 수 있는 가장 빠른 시각을 말하고 개시결합점에서 종료결합점에 이르는 가장 긴 패스를 (㉡)라 한다. (㉢)는 임의의 두 결합점간의 패스 중 소요시간이 가장 긴 패스를 말한다.

정답

㉠ EFT   ㉡ CP   ㉢ LP

26 Float(CPM Network 공정표에서 각 작업이 소유할 수 있는 여유)의 종류 3가지를 기술하시오.

정답

① Total Float(TF)   ② Free Float(FF)   ③ Dependent Float(DF)

27 네트워크 공정관리기법 중 서로 관계있는 항목을 연결하시오.

① 계산공기   ② 패스(Path)   ③ 더미(Dummy)   ④ 플로트(Float)

㉠ 네트워크 중의 둘 이상의 작업이 연결된 작업의 경로
㉡ 네트워크 시간산식에 의하여 얻은 기간
㉢ 작업의 여유시간
㉣ 네트워크 작업의 상호관계를 나타내는 파선으로 된 화살선

정답

①㉡   ②㉠   ③㉣   ④㉢

28 다음 네트워크 공정표 작성에 관한 기본원칙 중 설명이 틀린 것을 모두 골라 알맞게 고쳐 쓰시오.

① 개시 및 종료결합점은 반드시 하나로 되어야 한다.
② 요소 작업 상호 간에는 절대 교차하여서는 안된다.
③ 결합점 ①에서 결합점 ①로 연결되는 작업은 반드시 하나이어야 한다.
④ 개시에서 종료결합점에 이르는 주공정선은 반드시 하나이어야만 한다.
⑤ 네트워크 공정표에서 어느 경우라도 역진 또는 회송되어서는 안된다.

정답

② 가능한 한 요소작업 상호 간에는 교차를 피하여야 하지만 부득이한 경우는 교차되게 작성될 수도 있다.
④ 주공정선은 하나일 수도 있고 둘 이상의 경로일 수도 있다.

29 다음의 공정관리에 대한 기술 중 ( ) 안에 알맞은 것을 쓰시오.

네트워크에서 공기는 주어진 (㉠)와 일정산출 시 구하여진 (㉡)로 구분할 수 있는데, 이 두 공기를 일
치시키는 작업을 (㉢)이라 한다. 이 단계에서 계획에 수정이 있을 때에는 전체 공정의 일정계산을 다시
해야 한다.

정답

㉠ 지정공기   ㉡ 계산공기   ㉢ 공기조정

30 네트워크 공정계획에서 사용되는 PERT와 CPM의 특징을 간략히 비교 설명하시오.

정답

① PERT : 신규사업에 적용, MCX이론 없음, 일정계산 조정불리, 공기단축 목적
② CPM : 반복사업에 적용, MCX이론 적용, 일정계산 조정유리, 공비절감 목적

31 다음 그림의 네트워크 공정표에서 최장 경로를 결합점 번호로 표시하고 공기를 쓰시오.

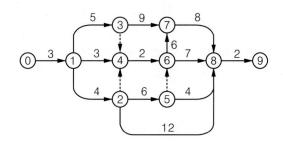

정답

CP : ⓪-①-②-⑤-⑥-⑦-⑧-⑨   공기 : 29일

조경정지계획

1 |||| 지형의 묘사 및 정지계획

❶ 지형의 표시

① 음영법 : 빛이 지면에 비치면 지면의 형상에 따라 명암이 생기는 이치를 응용한 것 −수직음영법, 사선음영법, 쇄상선법

② 점고법 : 지표면의 표고나 수심을 도상에 숫자로 기입 −주로 산 정상 및 하천에 이용
  • 지형적인 차이를 등고선으로 충분히 표현할 수 없을 경우, 보완적으로 사용
  • 표기하고자 하는 곳에 'x'표시를 하고 소수점 이하 한 자리까지 높이 명기

③ 등고선법 : 어떤 기준면에서부터 일정한 간격으로 구한 높이를 평면도상에 나타내는 것

④ 단면도 : 토지의 수직적 변화를 나타낸 그림 −도로와 같은 선형요소의 토공량 산정에 유용

⑤ 채색법 : 높이의 증가에 따라 색의 농도를 달리하여 표시

❷ 정지계획

① 정지계획 : 계획된 공간 조건에 적합하게 지형을 조정 또는 변경하는 것
  • 지형 변화에 대한 성토와 절토를 균형 있게 하여 가급적 외부로 토양이 반출되거나 유입되지 않도록 계획
  • 지표면에 적절한 표면 배수기능을 부여하고, 부지 내 토지 기능 및 개발 목적에 맞게 주어진 지형을 정리·조정

② 정지설계 : 대상지 내 지형의 상태를 살펴 계획의도에 맞게 원지형을 조정하는 것

③ 정지계획의 주안점
  • 부지 내 발생되는 모든 경사면과 둑은 안정적인 휴식각 유지
  • 정지계획과 관련된 모든 사항은 부지 경계선 안에서 변경·처리

❸ 등고선

① 등고선의 종류 : 주곡선(기본 등고선), 계곡선(주곡선 5개마다 표시), 간곡선(주곡선 간격의 1/2), 조곡선(간곡선 간격의 1/2)

② 등고선의 성질
- 등고선상의 모든 점의 높이는 동일하고 반드시 폐합 −최종 폐합(산 정상, 가장 낮은 요지)
- 서로 다른 높이의 등고선은 절벽이나 동굴을 제외하고는 교차하거나 폐합되지 않음
- 간격이 넓으면 완경사지, 좁으면 급경사지, 등고선 사이의 최단거리(수직방향)는 유수 방향
- 낮은 쪽으로 등고선이 볼록한 형상이면 산령, 높은 쪽으로 등고선이 볼록한 형상이면 계곡
- 산령이 만나 쌍곡선을 이루면 고개(안부)

등고선의 표기 및 간격 (단위 : m)

구분	1/500 ~1/1,000	1/2,500	1/5,000 ~1/10,000	1/25,000	1/50,000
계곡선(굵은 실선)	5	10	25	50	100
주곡선(가는 실선)	1	2	5	10	20
간곡선(가는 파선)	0.5	1	2.5	5	10
조곡선(가는 점선)	0.25	0.5	1.25	2.5	5

③ 경사면의 종류
- 오목사면(凹斜面) : 등고선 간격이 높은 곳으로 갈수록 좁아지고, 낮은 곳으로 갈수록 넓어짐
- 볼록사면(凸斜面) : 오목사면과 반대로 높은 곳으로 갈수록 넓어지고, 낮은 곳으로 갈수록 좁아짐
- 평사면(平斜面) : 등고선 간격 일정

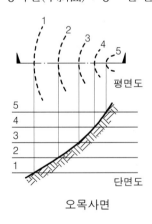

오목사면

볼록사면

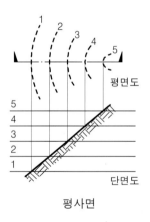

평사면

| 경사면의 종류 |

❹ 부지조성

① 절토에 의한 등고선 변경

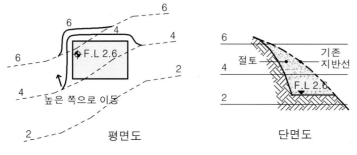

| 절토에 의한 등고선 조작 |

계획면보다 높은 지역의 흙을 깎는 작업으로, 부지의 계획높이보다 높은 등고선은 지형이 높은 쪽으로 이동하므로 계획높이와 가까운 등고선부터 변경해 나간다.

② 성토에 의한 등고선 변경

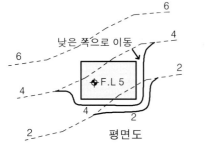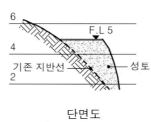

| 성토에 의한 등고선 조작 |

계획면까지 흙을 쌓는(메꾸는)작업으로, 부지의 계획높이보다 낮은 등고선은 지형이 낮은 쪽으로 이동하므로 계획높이와 가까운 등고선부터 변경해 나간다.

③ 절·성토에 의한 등고선 변경

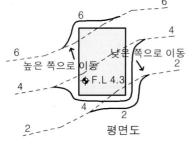

| 절·성토에 의한 등고선 조작 |

부지의 계획높이보다 높은 등고선은 지형이 높은 쪽으로 이동하고, 계획높이보다 낮은 등고선은 지형이 낮은 쪽으로 이동한다.

④ 옹벽 설치에 의한 등고선 변경

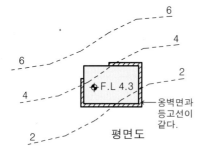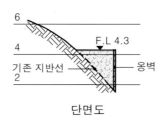

| 옹벽 설치에 의한 등고선 조작 |

등고선이 수직인 옹벽면을 따라 나타나므로 옹벽과 만나는 등고선은 옹벽의 외부면을 따라 연결된다. 즉, 옹벽부분에서 등고선의 겹침이 발생된다.

❺ 노선조성

① 절토에 의한 등고선 변경

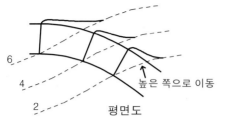

평면도

| 절토에 의한 등고선 조작 |

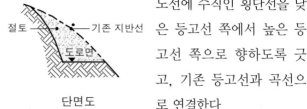

단면도

노선에 수직인 횡단선을 낮은 등고선 쪽에서 높은 등고선 쪽으로 향하도록 긋고, 기존 등고선과 곡선으로 연결한다.

② 성토에 의한 등고선 변경

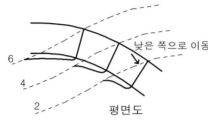

평면도

| 성토에 의한 등고선 조작 |

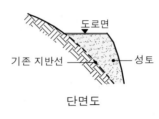

단면도

노선에 수직인 횡단선을 높은 등고선 쪽에서 낮은 등고선 쪽으로 향하도록 긋고, 기존 등고선과 곡선으로 연결한다.

③ 절·성토에 의한 등고선 변경

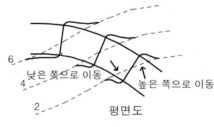

평면도

| 절·성토에 의한 등고선 조작 |

단면도

노선에 수직인 횡단선을 노선에 걸쳐진 등고선의 1/2 위치를 지나가도록 긋고, 양쪽의 기존 등고선과 곡선으로 연결한다.

④ 경계석이 있는 도로의 등고선

- 절·성토의 방법을 결정하여 위치를 정하고, 도로의 중앙에 나타나는 포물선이 낮은 쪽을 향하도록 하여 도로의 형태처럼 그린다.

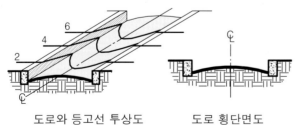

도로와 등고선 투상도   도로 횡단면도

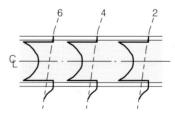

도로 등고선 평면도

| 경계석을 가진 도로의 등고선 |

2 |||| 조경시공 측량

❶ 측량일반

① 축척

- 길이에 대한 축척 $\dfrac{1}{m}=\dfrac{\text{도상거리}}{\text{실제거리}}=\dfrac{\text{초점거리}(f)}{\text{고도}(H)}$

- 면적에 대한 축척 $\left(\dfrac{1}{m}\right)^2=\dfrac{\text{도상면적}}{\text{실제면적}}$

- 축척과 면적의 관계 $m_1{}^2:A_1=m_2{}^2:A_2$ $\therefore A_2=\left(\dfrac{m_2}{m_1}\right)^2\cdot A_1$

  여기서, A_1 : 축척 $\dfrac{1}{m_1}$ 인 도면의 면적, A_2 : 축척 $\dfrac{1}{m_2}$ 인 도면의 면적

② 오차의 적용

- 길이에 대한 오차   실제길이 $=\dfrac{\text{부정길이}\times\text{관측길이}}{\text{표준길이}}$

- 면적에 대한 오차   실제면적 $=\dfrac{(\text{부정길이})^2\times\text{관측면적}}{(\text{표준길이})^2}$

- 누적오차 $R=a\times n$ • 우연오차 $R'=\pm b\sqrt{n}$

  여기서, a : 1회 측정 시 누적오차, b : 1회 측정 시 우연오차, n : 측정횟수

- 폐합비 $R=\dfrac{\text{폐합오차}(E)}{\text{전측선}(\sum l)}$ • 폐합오차$(E)=$전측선$(\sum l)\times$폐합비(R)

③ 각측정법

- 방향각 : 기준선으로부터 어느 측선까지 시계방향으로 잰 수평각
- 방위각 : 자오선을 기준으로 어느 측선까지 시계방향으로 잰 수평각 −북쪽 기준
- 방위 : 측선이 자오선과 이루는 $0\sim90°$의 각으로서 측선방향에 따라 부호를 붙여 사용

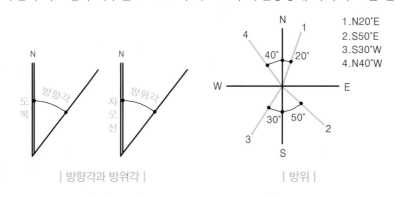

| 방향각과 방위각 | | 방위 |

- 측점 주위 각 관측법 : 단각법, 배각법, 방향각법, 조합관측법
- 측선 사이 각 관측법 : 교각법, 편각법, 방위각법

❷ **평판측량**

- 평판의 3대 요소 : 정준(정치, 수평 맞추기), 구심(치심, 중심 맞추기), 표정(정위, 방향 맞추기)
- 평판측량법 : 방사법, 전진법, 교회법
- 평판에 의한 수평거리와 높이 측량

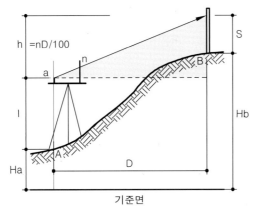

$$H_b = H_a + I + \frac{nD}{100} - S$$

여기서,　H_a : A점 지반고

　　　　H_b : B점 지반고

　　　　I : 기계고

　　　　n : 시준높이 차

　　　　S : B점 표척높이

　　　　D : A점과 B점의 수평거리

| 평판 고저차 측량 |

❸ **수준측량**

① 야장기입법(고차식, 기고식, 승강식)

- 기준면 : 높이의 기준이 되는 수평면(평균해수면)
- 수준점(B.M) : 기준면으로부터 정확하게 측정해서 표시해 놓은 점
- 기계고(I.H) : 기준면에서 망원경 기준선까지의 높이($H_A + a$)
- 후시(B.S) : 기지점에 세운 표척의 읽음값(a)
- 전시(F.S) : 표고를 구하려는 점에 세운 표척의 읽음값(b)
- 이기점(T.P) : 전시와 후시의 연결점을 말하며 이점이라고도 함
- 중간점(I.P) : 전시만을 취하는 점으로 표고를 관측할 점을 말하며 그 점에 오차가 발생하여도 다른 측량할 지역에 전혀 영향을 주지 않음
- 지반고(G.H) : 지점의 표고(H_a, H_b)

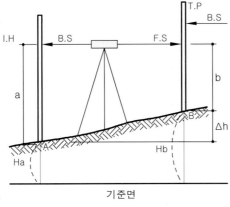

- 높이차 $\Delta H = \sum B.S$(후시합) $- \sum F.S$(전시합)
- 기계고 = 기지점 지반고 + 후시
- 미지점 지반고 = 기지점 지반고 + 후시(합) − 전시(합)

  　　　　　 = 기계고 − 전시
- 터널이나 담장 등의 천장높이를 측정할 경우 표척을 거꾸로 세워 측정값을 읽고 계산 시에는 그 값에 (−)부호를 붙여 계산한다.

| 수준측량 |

② 교호수준측량

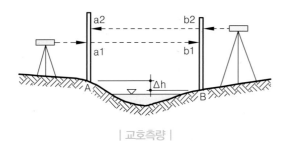

| 교호측량 |

- A점과 B점의 높이차(Δh)

$$\Delta h = \frac{1}{2}((a_1 - b_1) + (a_2 - b_2))$$

❹ 사진측량

- 장점 : 축척 변경 용이, 분업화에 의한 능률성, 동적인 대상물의 측량, 넓을수록 경제적
- 단점 : 시설비용 과대, 식별 난해
- 판독요소 : 색조, 모양, 질감, 음영, 상호 위치관계, 크기와 형상, 과고감 등

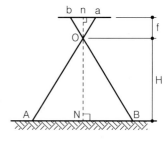

| 사진의 축척 |

- 축척 $\quad \dfrac{1}{m} = \dfrac{화상거리}{실제거리} = \dfrac{초점거리(f)}{고도(H)}$

- 촬영고도(H) $\quad \dfrac{1}{m} = \dfrac{초점거리(f)}{고도(H)} \quad \therefore H = m \cdot f$

- 촬영기선길이(B) : 사진촬영 시 비행경로 방향으로 겹쳐지는 부분(종중복)을 제외한 길이

  $B = m \cdot a(1-p)$ 　여기서, a : 화면길이, p : 종중복도(표준 60%)

  $b_0 = a(1-p)$ 　여기서, b_0 : 주점기선길이

- 촬영경로간격(C) : 사진촬영 시 비행경로 간 겹쳐지는 부분(횡중복)을 제외한 길이

  $C = m \cdot a(1-q)$ 　여기서, q : 횡중복도(표준 30%)

- 사진 1매의 실제면적(A_0) : 화면에 촬영되는 지상 면적

  $$A_0 = ma \times ma = a^2 \times m^2 = a^2 \times \frac{H^2}{f^2}$$

- 사진 1매의 유효면적(A_1) : 종중복도와 횡중복도를 고려한 사진 1매의 지상 면적

  $A_1 = 촬영기선길이 \times 촬영경로간격 = B \times C$

- 입체모델 : 중복된 한 쌍의 사진에 의해 입체시 되는 부분
  - 종모델수(단촬영경로 입체모델수)

    $D = 촬영경로의\ 종방향의\ 길이 \div B$
  - 횡모델수(촬영경로수)

    $D' = 촬영경로의\ 횡방향의\ 길이 \div C$
  - 복촬영경로의 입체모델수(총모델수) $= D \times D'$

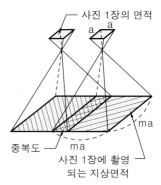

| 사진에 촬영되는 면적 |

- 사진매수(N)
  - ·안전율을 고려한 사진매수

$$N=\frac{F}{A_1}\,(1+안전율)\qquad 여기서, \quad F : 촬영대상면적$$

  - ·모델수에 의한 사진매수 $N=(D+1)\times D'$

❺ 노선측량

① 단곡선 기본공식

- 곡선장 : AFB(L : length of curve)

$$L=\frac{2\pi RI}{360°}=RI\left(\frac{\pi}{180°}\right)$$

- 교각 : D′DB=AOB (I : intersection angle)

$$I=\frac{360°L}{2\pi R}=\frac{L}{R}\left(\frac{180°}{\pi}\right)$$

- 곡선반경 : OA=OB (R : radius of curve)

$$R=\frac{360°L}{2\pi I}=\frac{L}{I}\left(\frac{180°}{\pi}\right)$$

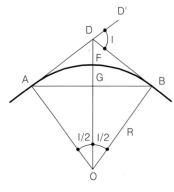

| 단곡선 이해 |

- 현장 : AGB(C : chord length)

  △AOB에서 $AGB=2AG=2AO\sin\frac{I}{2}$ $\quad\therefore C=2R\sin\frac{I}{2}$

- 접선장 : AD 혹은 DB(T : tangent length)

  △ADO에서 $AD=OA\tan\frac{I}{2}$ $\qquad\therefore T=R\tan\frac{I}{2}$

- 중앙종거 : GF(M : middle ordinate) $\quad M=R\left(1-\cos\frac{I}{2}\right)$

- 외할 : FD(E : external secant) $\quad E=R\left(\sec\frac{I}{2}-1\right)$

② 편각설치법

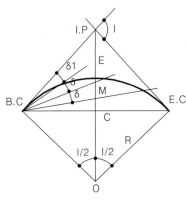

| 편각설치법 이해 |

- B.C 추가거리=I.P−T.L(접선장)
- E.C 추가거리=B.C+C.L(곡선장)
- 시단현 길이(l_1)=B.C 다음 측점까지의 거리− B.C까지의 거리
- 종단현 길이(l_2)=E.C까지의 거리−E.C 전 측 점까지의 거리
- 편각(δ)=$\frac{l}{2R}\times\frac{180°}{\pi}$
- 총편각 ($\sum\delta$)=$\frac{I}{2}$

Chapter 02 조경정지계획 **189**

❻ 면적측량

① 이변법 : 두 변의 길이와 그 사이에 낀 각을 측정한 경우

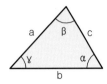

$$A=\frac{1}{2}ba\sin\gamma=\frac{1}{2}bc\sin\alpha$$

② 삼변법(헤론의 공식) : 삼각형의 세 변 a, b, c를 관측하여 면적을 구하는 방법

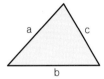

$$A=\sqrt{S(S-a)(S-b)(S-c)}$$

여기서, $S=\frac{1}{2}(a+b+c)$

③ 지거법

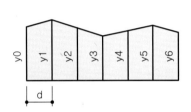

• 사다리꼴법

$$A=d\left(\frac{y_0+y_n}{2}+y_1+y_2+\cdots+y_{n-1}\right)$$

여기서, d : 지거 간격

• 심프슨 제1법칙

$$A=\frac{d}{3}(y_0+4\sum y_{\text{홀수}}+2\sum y_{\text{짝수}}+y_n)$$

• 심프슨 제2법칙

$$A=\frac{3}{8}d(y_0+2\sum y_{\text{3의 배수}}+3\sum y_{\text{나머지수}}+y_n)$$

④ 직각좌표법

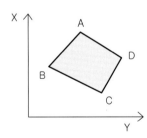

각 점의 좌표가 x_i, y_i라 하면

$$A=\frac{1}{2}\sum x_i(y_{i+1}-y_{i-1})$$

$$=\frac{1}{2}\sum y_i(x_{i+1}-x_{i-1})$$

⑤ 삼각형 분할법

• 삼각형의 정점을 통하는 분할

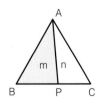

$$\overline{BP}=\frac{m}{m+n}\times\overline{BC}$$

• 1변에 평행한 직선에 따른 분할

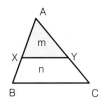

$$\overline{AX} = \sqrt{\frac{m}{m+n}} \times \overline{AB}$$

• 변상의 정점을 통하는 분할

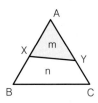

$$\overline{AY} = \frac{m}{m+n} \times \frac{\overline{AB} \times \overline{AC}}{\overline{AX}}$$

1 도로의 그림을 보고 등고선을 수정하시오(단, 수정된 등고선은 실선으로 표시하시오).

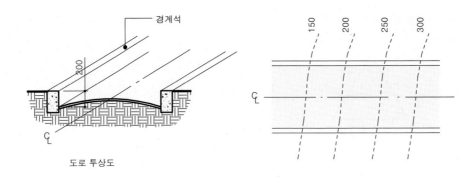

도로 투상도

정답

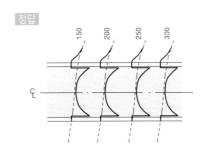

2 다음 그림과 같은 지형에서 표시된 부지를 절토에 의한 방법으로 지표고 45m로 조성하려고 한다. 등고선을 조작하여 변경된 등고선은 굵은 실선으로 표시하고, 그에 따른 단면도를 그리시오.

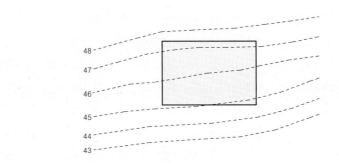

정답

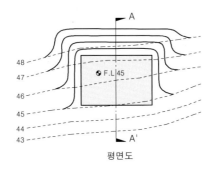

평면도

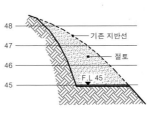

A-A' 단면도

3 다음 그림은 각 점의 위치를 도시한 것이다. A점과 D점의 표고가 0.0m일 때 B와 E의 표고차 및 C와 F의 표고차를 구하시오.

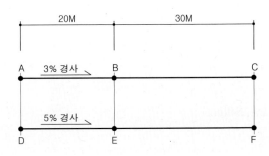

정답

① B와 E의 표고차 : 0.4m   ② C와 F의 표고차 : 1.0m

해설 ✏️

① B점의 표고 $= 0-(20 \times 0.03) = -0.6(m)$

② C점의 표고 $= 0-(50 \times 0.03) = -1.5(m)$

③ E점의 표고 $= 0-(20 \times 0.05) = -1.0(m)$

④ F점의 표고 $= 0-(50 \times 0.05) = -2.5(m)$

⑤ B와 E의 표고차 $= -0.6-(-1.0) = 0.4(m)$

⑥ C와 F의 표고차 $= -1.5-(-2.5) = 1.0(m)$

4 축척 $\frac{1}{500}$ 지도에 표시된 A점과 B점의 표고는 100m, 120m이고 두 점 간의 거리는 10cm로 나타났다. A점과 B점 간의 경사도를 구하시오.

정답

경사도 : 40%

해설 ✏️

① 실제거리=축척×도상거리=$500 \times 0.1 = 50(m)$

② 경사도$= \frac{D}{L} \times 100 = \frac{120-100}{50} \times 100 = 40(\%)$

5 실제의 거리가 350m인 지점을 지도상에서 재어 보니 1.75cm이었다. 이 지도의 축척을 구하시오.

정답

축척 : $\frac{1}{20,000}$

해설 ✏️

축척$=\frac{1}{m}=\frac{도상거리}{실제거리}=\frac{0.0175}{350}=\frac{1}{20,000}$

6 축척 1/25,000 지도상에서 두 점 간의 거리는 5.65cm이고, 축척이 다른 지도상에서 같은 두 점 간의 거리를 재어 보니 47.08cm이다. 이 지도의 축척은 약 얼마인지 구하시오.

정답

축척 : $\dfrac{1}{3,000}$

해설 ✎

축척$=\dfrac{1}{m}=\dfrac{1}{25,000}=\dfrac{5.65}{x}$ $x=141,250(\text{cm})$

$\therefore \dfrac{1}{m}=\dfrac{47.08}{141,250}\fallingdotseq\dfrac{1}{3,000}$

7 실제의 면적이 4km²인 토지를 지도상에서 면적 25cm²로 표시하려면 얼마의 축척을 사용해야 하는지 구하시오.

정답

축척 : $\dfrac{1}{40,000}$

해설 ✎

$(\text{축척})^2=\left(\dfrac{1}{m}\right)^2=\dfrac{\text{도상면적}}{\text{실제면적}}$ $\therefore \dfrac{1}{m}=\sqrt{\dfrac{\text{도상면적}}{\text{실제면적}}}=\sqrt{\dfrac{0.0025}{4,000,000}}=\dfrac{1}{40,000}$

8 축척 1/5,000 지도상에서의 면적이 40.52cm²이었다. 실제면적(km²)을 구하시오.

정답

실제면적 : 0.10km²

해설 ✎

$(\text{축척})^2=\left(\dfrac{1}{m}\right)^2=\dfrac{\text{도상면적}}{\text{실제면적}}$

$\left(\dfrac{1}{5,000}\right)^2=\dfrac{40.52}{x}$ $x=\dfrac{40.52\times(5,000)^2}{100,000\times100,000}=0.10(\text{km}^2)$

9 축척 1/25,000 지도에서 격자 하나의 실제면적이 1ha이다. 1/6,000 지도에서 같은 크기의 격자가 차지하는 실제면적(ha)을 구하시오.

정답

$\dfrac{1}{6,000}$ 지도 실제면적 : 0.06ha

해설 ✎

• 지도상에 나타난 그림의 크기를 비교하는 것이 아니라 범위를 비교하는 것이다.

$m_1{}^2 : A_1 = m_2{}^2 : A_2$ $\therefore A_2=\left(\dfrac{m_2}{m_1}\right)^2 \cdot A_1$

$$(25{,}000)^2 : 1 = (6{,}000)^2 : A_2 \qquad \therefore A_2 = \left(\frac{6{,}000}{25{,}000}\right)^2 \times 1 = 0.06(\text{ha})$$

10 초점 거리가 150mm인 카메라로 3.5km 상공에서 지표고 500m 지점을 촬영한 사진의 축척을 구하시오.

정답

사진의 축척 : $\dfrac{1}{20{,}000}$

해설 ✎

$$\frac{1}{m} = \frac{\text{초점거리}}{\text{고도(카메라와 물체까지의 거리)}} = \frac{0.15}{3{,}500 - 500} = \frac{1}{20{,}000}$$

11 1.5cm가 늘어난 20m 줄자를 사용하여 200m의 거리를 측정하였다. 실제의 측정 거리(m)를 구하시오.

정답

실제측정거리 : 200.15m

해설 ✎

$$\text{실제길이} = \frac{\text{부정길이} \times \text{관측길이}}{\text{표준길이}} = \frac{20.015 \times 200}{20} = 200.15(\text{m})$$

12 120m의 측선을 20m의 줄자로 측정하였다. 1회 측정에 +5mm의 누적오차와 ±6mm의 우연 오차가 있다고 할 때 정확한 거리(m)를 구하시오(단, 결과값에서 소수 셋째자리 미만은 버리시오).

정답

정확한 거리 : 120.03 ± 0.014m

해설 ✎

• 정확한 거리＝관측거리＋총누적오차±총우연오차

① 총누적오차＝1회 측정오차×횟수＝$5 \times \dfrac{120}{20} = 30(\text{mm})$

② 우연오차＝±1회 측정오차×$\sqrt{\text{횟수}}$＝$\pm 6 \times \sqrt{\dfrac{120}{20}} = \pm 14.696(\text{mm})$

∴ 정확한 거리＝$120 + 0.03 \pm 0.014 = 120.03 \pm 0.014(\text{m})$

13 표준척보다 18mm 늘어난 30m 테이프로 면적 416.7m²를 측정하였을 때 옳은 면적(m²)을 구하시오.

정답

옳은 면적 : 417.20m²

$$실제면적 = \frac{(부정길이)^2 \times 관측면적}{(표준길이)^2} = \frac{(30.018)^2 \times 416.7}{(30)^2} = 417.20(\text{m}^2)$$

14 다음 그림을 참조하여 B점의 표고(H_b)를 구하시오(단, $n=11.5$, $D=40\text{m}$, $S=1.50\text{m}$, $l=1.10\text{m}$, $H_a=25.85\text{m}$이다).

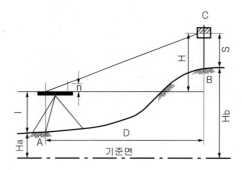

B점의 표고 : 30.05m

$$H_b = H_a + I + \left(\frac{nD}{100}\right) - S = 25.85 + 1.1 + \left(\frac{11.5 \times 40}{100}\right) - 1.5 = 30.05(\text{m})$$

15 다음의 야장은 측점 1에서 측점 5까지의 레벨측량 결과이다. 측점 5는 측점 1보다 얼마나 높은지 구하시오(단, 단위는 m이며, 소수는 셋째 자리까지 쓰시오).

야장   (단위 : m)

측점	후시(m)	전시(m)
1	0.862	
2	1.295	1.324
3	1.007	0.381
4	1.463	2.245
5		2.139

측점 5는 측점 1보다 -1.462m 높다. (측점 5는 측점 1보다 1.462m 낮다.)

고저차 $\triangle H = \sum BS - \sum FS$

$\qquad\qquad = (0.862 + 1.295 + 1.007 + 1.463) - (1.324 + 0.381 + 2.245 + 2.139)$

$\qquad\qquad = 4.627 - 6.089 = -1.462(\text{m})$

16 다음 야장에서 측점 No.C의 기계고(m)를 구하시오.

야장 (단위 : m)

S	BS	FS	IH	GH
A	1.15			20.000m
B		2.16		
C	2.43	2.33		
D		1.67		

정답

No.C 기계고 : 21.25m

해설 ✏

• 미지점 지반고＝기지점 지반고＋후시－전시
• 기계고＝기지점 지반고＋후시

No.B 지반고＝20＋1.15－2.16＝18.99(m)

No.C 지반고＝20＋1.15－2.33＝18.82(m)

No.C 기계고＝18.82＋2.43＝21.25(m)

17 그림 A, C 사이에 연속된 담장이 가로막혔을 때의 수준측량 시 C점의 지반고(m)를 구하시오(단, A점의 지반고는 10m이다).

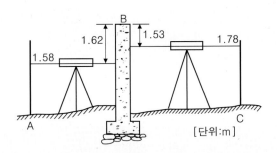

정답

C점의 지반고 : 9.89m

해설 ✏

• 담장으로부터의 치수는 계산할 때 (－)를 붙여서 계산한다.
• C점의 지반고＝기지점 지반고＋후시합－전시합＝10＋(1.58＋(－1.53))－((－1.62)＋1.78)＝9.89(m)

18 다음의 그림은 수준측량한 것을 도시한 것이다. 이것을 참조하여 아래의 야장에 기입하시오(단, 그림의 단위는 m이다).

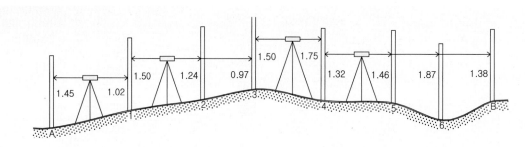

야장 (단위 : m)

측점	B.S	I.H	F.S		G.H	비고
			T.P	I.P		
A						B.M.H 100m
1						
2						
3						
4						
5						
6						
B						
계						
검산						

정답

야장 (단위 : m)

측점	B.S	I.H	F.S		G.H	비고
			T.P	I.P		
A	1.45	101.45	–	–	100	B.M.H 100m
1	1.50	101.93	1.02	–	100.43	
2	–	–	–	1.24	100.69	
3	1.50	102.46	0.97	–	100.96	
4	1.32	102.03	1.75	–	100.71	
5	–	–	–	1.46	100.57	
6	–	–	–	1.87	100.16	
B	–	–	1.38	–	100.65	
계	5.77	–	5.12	–	–	
검산		5.77 − 5.12 = 0.65			100.65 − 100 = 0.65	

해설 ✎

• 그림을 보고 BS, TP, IP를 기입한다.

- 기계고(IH)＝GH＋BS
- 측점높이＝기준점 지반고＋∑BS－∑FS(TP)

  측점 A 지반고＝B.M.H 100m

  측점 1 지반고＝$100+1.45-1.02=100.43$(m)

  측점 2 지반고＝$100+1.45+1.5-1.02-1.24=100.69$(m)

  측점 3 지반고＝$100+1.45+1.5-1.02-0.97=100.96$(m)

  측점 4 지반고＝$100+1.45+1.5+1.5-1.02-0.97-1.75=100.71$(m)

  측점 5 지반고＝$100+1.45+1.5+1.5+1.32-1.02-0.97-1.75-1.46=100.57$(m)

  측점 6 지반고＝$100+1.45+1.5+1.5+1.32-1.02-0.97-1.75-1.87=100.16$(m)

  측점 B 지반고＝$100+1.45+1.5+1.5+1.32-1.02-0.97-1.75-1.38=100.65$(m)

  측점 A 기계고＝$100+1.45=101.45$(m)

  측점 1 기계고＝$100.43+1.5=101.93$(m)

  측점 3 기계고＝$100.96+1.5=102.46$(m)

  측점 4 기계고＝$100.71+1.32=102.03$(m)

19 다음 종단 수준측량의 결과도를 야장정리하고, 성토고(m)와 절토고(m)를 구하시오(단, No.0의 지반고와 계획고를 120.300m로 하고, 구배는 3%상향구배, 소수 넷째자리에서 반올림한다).

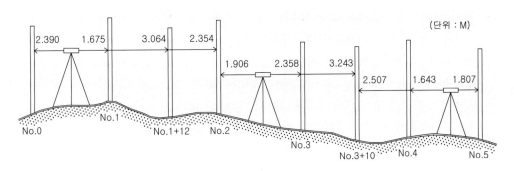

(단위 : M)

야장기입표   (단위 : m)

측점(s)	추가거리(m)	후시	전시		기계고	지반고	계획고	성토고	절토고
			이기점	중간점					
No.0	0					120.300	120.300		
No.1	20								
No.1＋12	32								
No.2	40								
No.3	60								
No.3＋10	70								
No.4	80								
No.5	100								

야장기입표

(단위 : m)

측점(s)	추가거리 (m)	후시	전시 이기점	전시 중간점	기계고	지반고	계획고	성토고	절토고
No.0	0	2.39	-	-	122.69	120.300	120.300	-	-
No.1	20	-	-	1.675	-	121.015	120.900	-	0.115
No.1+12	32	-	-	3.064	-	119.626	121.260	1.634	-
No.2	40	1.906	2.354	-	122.242	120.336	121.500	1.164	-
No.3	60	-	-	2.358	-	119.884	122.100	2.216	-
No.3+10	70	2.507	3.243	-	121.506	118.999	122.400	3.401	-
No.4	80	-	-	1.643	-	119.863	122.700	2.837	-
No.5	100	-	1.807	-	-	119.699	123.300	3.601	-

해설 🖋

- 그림을 보고 후시(BS), 이기점(TP), 중간점(IP)을 기입
- 기계고(IH)=지반고(GH)+후시(BS)
- 지반고(측점높이)=기준점 지반고+$\sum$BS−$\sum$FS(TP)
- 계획고=기준점 지반고+추가거리×0.03 (상향구배이므로 높이는 증가한다.)
- 절·성토고=지반고−계획고 (+는 절토, −는 성토)

① 지반고

NO.1=120.3+2.39−1.675=121.015(m)

NO.1+12=120.3+2.39−3.064=119.626(m)

NO.2=120.3+2.39−2.354=120.336(m)

NO.3=120.3+2.39+1.906−2.354−2.358=119.884(m)

NO.3+10=120.3+2.39+1.906−2.354−3.243=118.999(m)

NO.4=120.3+2.39+1.906+2.507−2.354−3.243−1.643=119.863(m)

NO.5=120.3+2.39+1.906+2.507−2.354−3.243−1.807=119.699(m)

② 기계고

NO.0=120.3+2.39=122.690(m)

NO.2=120.336+1.906=122.242(m)

NO.3+10=118.999+2.507=121.506(m)

③ 계획고

NO.1=120.3+20×0.03=120.9(m)

NO.1+12=120.3+32×0.03=121.26(m)

NO.2=120.3+40×0.03=121.5(m)

NO.3=120.3+60×0.03=122.1(m)

NO.3+10=120.3+70×0.03=122.4(m)

NO.4=120.3+80×0.03=122.7(m)

NO.5=120.3+100×0.03=123.3(m)

④ 절·성토고

NO.1=121.015−120.900=0.115(m)

$$\text{NO}.1+12=119.626-121.260=-1.634(\text{m})$$
$$\text{NO}.2=120.336-121.500=-1.164(\text{m})$$
$$\text{NO}.3=119.884-122.100=-2.216(\text{m})$$
$$\text{NO}.3+10=118.999-122.400=-3.401(\text{m})$$
$$\text{NO}.4=119.863-122.700=-2.837(\text{m})$$
$$\text{NO}.5=119.699-123.300=-3.601(\text{m})$$

20 다음의 교호수준측량의 그림을 보고 B점의 표고(m)를 구하시오(단, A점의 표고는 55.0m이고, $a_1=2.27$, $a_2=1.28$, $b_1=3.70$, $b_2=2.89$이다).

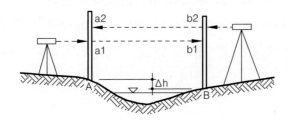

정답

B점의 표고 : 53.48m

해설

- 높이차 $\Delta h=\dfrac{1}{2}((a_1-b_1)+(a_2-b_2))$

$$=\frac{1}{2}\times((2.27-3.70)+(1.28-2.89))=-1.52(\text{m})$$

- B점의 표고 $H_B=H_A-1.52=55.0-1.52=53.48(\text{m})$

21 축척 1:20,000 지도상에서 동서 30km, 남북 40km인 지역에서 항공사진으로 측량을 하려고 할 때 다음의 물음에 답하시오(단, 종중복 60%, 횡중복 30%이며 화면크기는 18cm × 18cm이다).

① 촬영기선길이(m)　　　　　　　② 촬영경로간격(m)
③ 사진 1매의 유효면적(m²)　　　　④ 안전율 50%일 때의 사진매수(매)
⑤ 복촬영 입체모델 수(모델)

정답

① 촬영기선길이 : 1,440m　　② 촬영경로간격 : 2,520m　　③ 사진 1매의 유효면적 : 3,628,800m²,
④ 사진매수 : 497매　　⑤ 복촬영 입체모델 수 : 336모델

해설

① 촬영기선길이 $B=ma(1-p)=20,000\times0.18\times(1-0.6)=1,440(\text{m})$
② 촬영경로간격 $C=ma(1-q)=20,000\times0.18\times(1-0.3)=2,520(\text{m})$
③ 사진 1매의 유효면적 $A_1=1,440\times2,520=3,628,800(\text{m}^2)$

④ 사진매수 $N = \dfrac{촬영대상면적}{사진 1매의 유효면적} \times (1 + 안전율) = \dfrac{30,000 \times 40,000}{3,628,800} \times 1.5 = 496.03 \rightarrow 497$매

⑤ 복촬영 입체모델 수

· 종모델수 $D = \dfrac{촬영경로의 종방향 길이}{B} = \dfrac{30}{1.44} = 20.83 \rightarrow 21$모델

· 횡모델수 $D' = \dfrac{촬영경로의 횡방향 길이}{C} = \dfrac{40}{2.52} = 15.87 \rightarrow 16$모델

· 복촬영경로의 입체모델 수 $N = D \times D' = 21 \times 16 = 336$(모델)

22 가로 30km, 세로 20km인 장방형 지역을 초점거리 150mm, 화면크기 23cm × 23cm의 엄밀수직사진으로 찍은 항공사진상에서 $\overline{ab}$ 의 거리가 150mm이고, 이에 대응하는 삼각점의 평면좌표 (x, y)는 A(24,763.48m, 23,545.09m), B(22,763.48m, 21,309.02m)이며, 비행코스 방향의 중복도를 60%로 하고 비행코스 간의 중복도를 20%로 하였을 때 다음의 사항을 구하시오.

① 사진의 축척　　　　　　　　　② 촬영고도(m)
③ 촬영기선장의 거리(m)　　　　④ 촬영경로 간의 거리(m)
⑤ 사진 1매의 피복면적(m²)　　　⑥ 안전율 30%일 때의 사진매수(매)

정답

① 사진의 축척 : $\dfrac{1}{20,000}$　② 촬영고도 : 3,000m　③ 촬영기선장의 거리 : 1,840m,

④ 촬영경로 간의 거리 : 3,680m　⑤ 사진 매의 피복면적 : 6,771,200m²,

⑥ 안전율 30%일 때의 사진매수 : 116매

해설

① 사진축척

· $\overline{ab}$ 실제거리 $= \sqrt{(24,763.48 - 22,763.48)^2 + (23,545.09 - 21,309.02)^2} = 3,000$(m)

· 축척 $= \dfrac{1}{m} = \dfrac{도상거리}{실제거리} = \dfrac{0.15}{3,000} = \dfrac{1}{20,000}$

② 촬영고도 $= mf = 20,000 \times 0.15 = 3,000$(m)

③ 촬영기선장 거리 $B = ma(1-p) = 20,000 \times 0.23 \times (1-0.6) = 1,840$(m)

④ 촬영경로간 거리 $C = ma(1-q) = 20,000 \times 0.23 \times (1-0.2) = 3,680$(m)

⑤ 1매 피복면적 $A_1 = B \times C = 1,840 \times 3,680 = 6,771,200$(m²)

⑥ 사진매수 $N = \dfrac{촬영대상면적}{사진 1매의 유효면적} \times (1 + 안전율) = \dfrac{30,000 \times 20,000}{6,771,200} \times 1.3 = 115.19 \rightarrow 116$매

23 곡선반경 200m, 교각 58°42′일 때 접선장(T)과 곡선장(L)을 구하시오(단, 단위는 m를 사용한다).

정답

① 접선장 : 112.15m　② 곡선장 : 204.90m

해설 ✏

① 접선장 $T = R \cdot \tan\dfrac{I}{2} = 200 \times \tan\dfrac{58°42'}{2} = 112.46(\text{m})$

② 곡선장 $L = \dfrac{2\pi RI}{360°} = RI\left(\dfrac{\pi}{180°}\right) = 200 \times 58°42' \times \left(\dfrac{\pi}{180°}\right) = 204.90(\text{m})$

24 곡선반경 150m, 교각 60°66'일 때 중앙종거(M)와 외할(E)을 구하시오(단, 단위는 m를 사용한다).

정답

① 중앙종거 : 20.82m　　② 외할 : 24.18m

해설 ✏

① 중앙종거 $M = R\left(1 - \cos\dfrac{I}{2}\right) = 150 \times \left(1 - \cos\dfrac{60°66'}{2}\right) = 20.82(\text{m})$

② 외할 $E = R\left(\sec\dfrac{I}{2} - 1\right) = 150 \times \left(\sec\dfrac{60°66'}{2} - 1\right) = 24.18(\text{m})$

25 B.C의 위치가 No.13＋5.4m이고, E.C의 위치가 No.19＋10.3m일 때 시단현 편각과 종단현 편각을 도분초로 구하시오(단, 곡선반경은 200m, 말뚝간격은 20m이다).

정답

① 시단현 편각 : 2°5'24"　　② 종단현 편각 : 1°28'48"

해설 ✏

① 시단현 길이 $l_1 = 20 - 5.4 = 14.6(\text{m})$

　시단현 편각 $\delta_1 = \dfrac{l_1}{2R} \times \dfrac{180°}{\pi} = \dfrac{14.6}{2 \times 200} \times \dfrac{180°}{\pi} = 2.09 \;\rightarrow\; 2°5'24"$

② 종단현 길이 $l_2 = 10.3\text{m}$

　종단현 편각 $\delta_2 = \dfrac{l_2}{2R} \times \dfrac{180°}{\pi} = \dfrac{10.3}{2 \times 200} \times \dfrac{180°}{\pi} = 1.48 \;\rightarrow\; 1°28'48"$

26 다음과 같은 형태의 삼각형 면적(m²)을 구하시오(단, $a = 14\text{m}$, $b = 22\text{m}$, $\alpha = 30°$이다).

정답

삼각형 면적 : 77.0m²

해설 ✏

$A = \dfrac{1}{2}ba\sin\alpha = \dfrac{1}{2} \times 22 \times 14\sin 30° = 77.0(\text{m}^2)$

27 다음과 같은 삼각형 ABC의 면적(m^2)을 구하시오(단, 헤론의 공식을 이용하여 계산한다).

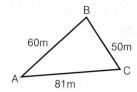

정답

삼각형 면적 : $1,495.57m^2$

해설 ✏️

$A=\sqrt{S(S-a)(S-b)(S-c)}, \qquad S=\dfrac{a+b+c}{2}$

$S=\dfrac{60+50+81}{2}=95.5(m)$

$A=\sqrt{95.5\times(95.5-60)\times(95.5-50)\times(95.5-81)}=1,495.57(m^2)$

28 다음 그림의 면적(m^2)을 심프슨 제1법칙과 제2법칙으로 구하시오.

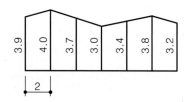

정답

① 심프슨 제1법칙 이용 면적 : $43.0m^2$ ② 심프슨 제2법칙 이용 면적 : $43.35m^2$

해설 ✏️

① 심프슨 제1법칙 이용

$A=\dfrac{d}{3}(y_0+4\sum y_{홀수}+2\sum y_{짝수}+y_n)$

$=\dfrac{2}{3}\times(3.9+4\times(4.0+3.0+3.8)+2\times(3.7+3.4)+3.2)=43.0(m^2)$

② 심프슨 제2법칙 이용

$A=\dfrac{3}{8}d(y_0+2\sum y_{3의\ 배수}+3\sum y_{나머지수}+y_n)$

$=\dfrac{3}{8}\times2\times(3.9+2\times3+3\times(4.0+3.7+3.4+38)+3.2)=43.35(m^2)$

29 다음의 그림과 같은 형태로 구획된 각 꼭지점의 좌표값이 제시된 조건과 같을 때 구획된 지형의 면적(m^2)을 구하시오(단, 제시된 좌표값 $(x,\ y)$의 단위는 m이다).

좌표값

· A(110, 150)

· B(220, 180)

· C(280, 130)

· D(260, 100)

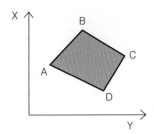

정답

구획 면적 : $6,400\text{m}^2$

해설 ✎

· 좌표법은 행렬표를 만들어 구한다. $\begin{vmatrix} 110 & 220 & 280 & 260 \\ 150 & 180 & 130 & 100 \end{vmatrix}$

$$A = \frac{1}{2}\sum x_i(y_{i+1} - y_{i-1})$$
$$= \frac{1}{2} \times (110 \times (180-100) + 220 \times (130-150) + 280 \times (100-180) + 260 \times (150-130))$$
$$= -6,400 \rightarrow 6,400(\text{m}^2)$$

30 다음의 그림과 같이 $m:n$의 면적비가 $4:6$으로 이루어질 때 $\overline{\text{BP}}$의 길이(m)를 구하시오(단, $\overline{\text{BC}}$의 길이는 60m로 하시오).

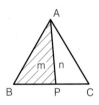

정답

$\overline{\text{BP}}$의 길이 : 24m

해설 ✎

$\overline{\text{BP}} : \overline{\text{BC}} = m : m+n \qquad \therefore \overline{\text{BP}} = \dfrac{m}{m+n} \times \overline{\text{BC}} = \dfrac{4}{4+6} \times 60 = 24(\text{m})$

31 다음 그림과 같이 $\overline{\text{BC}}$에 평행한 $\overline{\text{XY}}$를 이용하여 $m:n=1:3$의 면적비로 분할하려 한다. $\overline{\text{AB}}$의 길이가 40m일 경우 $\overline{\text{AX}}$의 길이(m)를 구하시오.

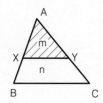

$\overline{\text{AX}}$의 길이 : 20m

해설 🖊

$$\overline{\text{AX}} = \sqrt{\frac{m}{m+n}} \times \overline{\text{AB}} = \sqrt{\frac{1}{1+3}} \times 40 = 20(\text{m})$$

32 다음 그림과 같이 $\overline{\text{XY}}$를 이용하여 $m : n = 1 : 4$가 되도록 토지를 분할하려 한다. $\overline{\text{AB}} = 40\text{m}$, $\overline{\text{AC}} = 42\text{m}$, $\overline{\text{AX}} = 12\text{m}$일 때 $\overline{\text{AY}}$의 길이(m)를 구하시오.

$\overline{\text{AY}}$의 길이 : 28m

해설 🖊

$$\overline{\text{AY}} = \frac{m}{m+n} \times \frac{\overline{\text{AB}} \times \overline{\text{AC}}}{\overline{\text{AX}}} = \frac{1}{1+4} \times \frac{40 \times 42}{12} = 28(\text{m})$$

Chapter 03

조경시공재료 및 시공

1 |||| 토공사 일반

❶ 토양구성 및 특성

① 토양입자의 크기에 따른 분류

- 모래(sand) : 입경 0.005~2.0mm, 육안으로 구분이 가능하고 거친 촉감
- 미사(silt) : 입경 0.002~0.005mm, 현미경·렌즈로 구분 가능하고 미끄러우며 점착성 없음
- 점토(clay) : 입경 0.002mm 이하, 고배율 현미경으로만 구분이 가능하고 점착성 있음

② 흙의 구성

- 자연상태의 흙=흙입자(고체)+물(액체)+공기(기체)

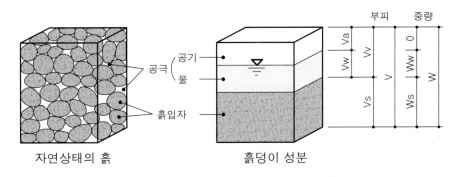

| 자연상태의 흙 | 흙덩이 성분 |

V:흙덩이 전체적   Vw:함유수분의 체적   W:흙의 전중량
Vv:공극의 체적   Va:공기의 체적   Ww:함유수분의 중량
Vs:흙입자의 체적   Ws:흙입자 부분의 중량(건조중량)

| 흙덩이의 구성 |

- 간극비(공극비) : 흙입자 체적과 간극(물+공기) 체적의 비

$$e = \frac{V_v}{V_s}$$ V_s : 흙입자의 체적 V_v : 간극의 체적

- 간극률(공극률) : 흙덩이 전체 체적과 간극 체적의 비를 백분율로 표시

$$n = \frac{V_v}{V} \times 100(\%)$$ V : 흙덩이 전체적 V_v : 간극의 체적

- 함수비 : 흙입자 중량과 물 중량의 비를 백분율로 표시

$$\omega = \frac{W_w}{W_s} \times 100(\%) \qquad W_s : 흙입자 중량 \qquad W_w : 물 중량$$

- 함수율 : 흙덩이 전체 중량과 물 중량의 비를 백분율로 표시

$$\omega' = \frac{W_w}{W} \times 100(\%) \qquad W : 흙덩이 전중량 \qquad W_w : 물 중량$$

- 겉보기 비중 : 흙과 같은 용적의 15°C 증류수 중량과 흙 전체중량의 비

$$G = \frac{\gamma}{\gamma_w} = \frac{W}{V} \times \frac{1}{\gamma_w} \qquad \gamma_w : 물의 단위중량 \qquad \gamma : 흙의 단위중량$$

- 진비중 : 흙 입자만의 용적과 같은 15°C 증류수 중량과 흙 입자만의 중량과의 비

$$G_s = \frac{\gamma_s}{\gamma_w} = \frac{W_s}{V_s} \times \frac{1}{\gamma_w} \qquad \gamma_w : 물의 단위중량 \qquad \gamma_s : 흙입자만의 단위중량$$

- 포화도 : 흙 속의 간극체적과 물의 체적과의 비를 백분율로 표시

$$S = \frac{V_w}{V_v} \times 100(\%) \qquad V_v : 간극의 체적 \qquad V_w : 물의 체적$$

③ 토양 특성
- 토양의 견지성 : 수분함량에 따라 변화하는 토양의 상태변화로 토양의 입자 사이 또는 다른 물체와의 인력에 의하여 나타나는 물리적 성질
- 가소성(소성) : 힘을 가한 후 힘을 제거해도 원래의 모양으로 돌아가지 않는 성질
- 동상현상 : 흙 속의 공극수가 동결하여 얼음층이 형성되어 부피의 팽창으로 지표면이 떠올려지는 현상
- 연화현상 : 동결했던 지반이 기온의 상승으로 융해하여 다량의 수분을 발생시켜 지반을 연약하게 만드는 현상
- 동해방지 조치 : 심토층 배수로 지하수위 저감, 세립질 흙을 조립질 흙으로 치환, 포장면 아래에 단열재 사용, 지표의 흙을 염화칼슘($CaCl_2$) 등 약품 처리, 보온장치 설치
- 함수비 증가 시 흙의 성질 변화 : 수화단계 → 윤활단계 → 팽창단계 → 포화단계
- 예민비 : 점토의 자연시료는 어느 정도의 강도가 있으나 그 함수율을 변화시키지 않고 이기면 약하게 되는 성질이 있는 바, 그 정도를 나타낸 것

$$예민비 = \frac{자연시료의 강도}{이긴시료의 강도}$$

❷ 공사용어

- 시공기면(FL) : 시공 지반의 계획고를 말하며, 구조물 바닥이나 공사가 끝났을 때의 지면 또는 마무리 면
- 절토 : 필요한 흙을 얻기 위해서 굴착하거나 계획면보다 높은 지역의 흙을 깎는 작업
- 성토 : 일정 구역 내에서 기준면까지 흙을 쌓는 작업
- 축제 : 제방, 도로, 철도 등과 같이 폭에 비해 길이가 긴 지역의 성토 작업

- 준설 : 수중에서 수저의 흙을 굴착하는 작업
- 매립 : 굴착된 곳의 흙을 되메우거나 수중에서 일정 기준으로 수저를 높이는 작업
- 다짐(전압) : 성토한 흙을 다지는 것
- 정지 : 공사구역 내의 흙을 계획면으로 맞추기 위해 절·성토하는 작업
- 유용토 : 현장 내에서 절토된 흙 중 성토공사나 매립공사에 이용되는 흙
- 토취장 : 성토 또는 매립공사 등의 토공사에 필요한 흙을 채취하는 장소
- 토사장 : 공사장에서 남은 흙이나 불량토사를 버리는 장소
- 비탈면(법면, 사면) : 절토, 성토 시 형성되는 사면($\overline{AB}$, $\overline{CD}$, $\overline{EF}$)
- 비탈구배(경사) : 비탈면의 수직거리 1m에 대한 수평거리의 비
- 비탈머리(사면정부, 비탈어깨, Top of Slope) : 비탈면의 상단부분(B, C)
- 비탈기슭(사면저부, 비탈끝) : 비탈면의 하단부분(A, F)
- 비탈면 거리: 비탈기슭에서 비탈머리까지의 비탈면 거리($\overline{AB}$, $\overline{CD}$, $\overline{EF}$)
- 뚝마루(천단) : 축제의 상단면($\overline{BC}$)
- 소단(턱) : 비탈면의 중간에 만든 턱($\overline{DE}$)

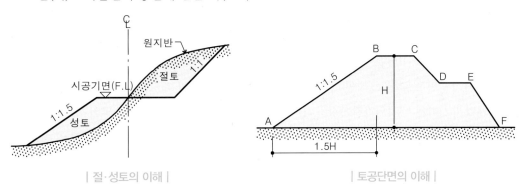

| 절·성토의 이해 | | 토공단면의 이해 |

- 흙의 안식각(휴식각, 자연경사) : 흙을 쌓아올렸을 때 시간이 경과함에 따라 자연붕괴가 일어나 안정된 사면을 이루게 될 때 사면과 수평면과의 각도 −보통 30° 정도 적용
- 토적곡선(토적도) : 경제적 토공설계에 필요한 토량 배분, 토량 운반거리, 토공기계의 선정, 시공방법, 토취장과 토사장의 위치 선정 등을 효율적으로 하기 위해 작성하는 그림

① 시공기면 결정 시 고려사항
- 토공량 최소화(절·성토량 균형), 절·성토 시 흙의 팽창성과 압축성 고려, 암석 굴착 최소화
- 비탈면 등의 흙의 안정 및 성토에 의한 기초의 침하 고려
- 연약지반, 산사태, 낙석의 붕괴지역은 피하고 철저한 대책 및 재해 고려

② 시공위치 표기
- 기준점(B.M) : 공사중 높이의 기준점, 이동의 염려가 없는 곳에 2개소 이상 설치
- 규준틀 : 공사 전 토공의 높이·너비 등의 기준을 표시, 건물 벽에서 1~2m 정도 이격 −귀규준틀(모서리), 평규준틀(중간)

③ 식재위치 표기

- 교목 및 단식 : 깃발을 꽂아 표기하고, 필요 시 수목명 기입
- 관목 군식 : 흰색 횟가루로 식재지역을 표시

④ 표토의 채취 및 복원
- 표토복원 순서 : 표층식생 제거 → 표토 모으기 및 보관 → 개략적인 정지 → 침식방지시설 설치 → 표토복원 → 상세한 정지마감
- 표토채취공법 : 일반채취법, 계단식채취법, 표층절취법
- 가적치 장소 : 평탄지, 배수 양호, 바람의 영향이 적은 곳, 가적치 두께 1.5m(최대 3.0m)
- 표토의 포설 : 최소 20cm 이상 지반 기경 후 표토 포설, 표토의 깊이 잔디·초화류 20~30cm, 관목 50cm, 소교목 70cm, 대교목 90cm 정도 포설

⑤ 가식장
- 공사 및 수목의 작업에 지장이 없는 곳 −감독자와 협의 결정
- 사질양토로 배수가 잘되는 곳, 바람·먼지가 심하지 않은 곳, 관수·배수 및 보양시설 설치

❸ 토공사

① 토공기계
- 굴착기계 : 백호(드랙쇼벨, 낮은 면 작업), 파워쇼벨(높은 면 작업), 불도저, 클램쉘(좁은 수직 파기), 드래그라인(낮은 연질 지반)
- 운반기계 : 덤프트럭, 크레인, 지게차, 불도저(60m 이하의 배토)
- 기계경비 : 기계손료(원가감가상각비·정비비·관리비), 운전경비(운전노무비·연료비·소모품비)
- 주행성(Trafficability) : 건설기계의 주행통과 가능성을 흙의 측면에서 판단하는 기준으로 기계의 효율에 영향을 미침
- 기계화 시공의 목적 : 공사비용의 절감, 시공기간 단축, 공사의 신뢰성 확보

② 절토공(흙깎기) : 보통 1:1 경사 시공, 표토 활용 고려

③ 성토공(흙쌓기) : 보통 1:1.5~1.8 경사, 30~60cm마다 다짐, 침하에 대비 10% 더돋기

2 |||| 재료의 특성 및 시공

❶ 시멘트 및 콘크리트 공사

(1) 시멘트 및 콘크리트의 특성

① 시멘트 : 석회석＋점토＋슬래그＋생석고, 비중 3.15, 단위중량 1,500kg/m³
- 포틀랜드시멘트 : 보통포틀랜드시멘트(일반시멘트), 조강포틀랜드시멘트(긴급·한중·수중 공사), 중용열포틀랜드시멘트(방사선·댐·매스 콘크리트), 백색포틀랜드시멘트(치장용)
- 혼합시멘트 : 조기강도 낮음, 고로시멘트(바닷물·황산염·하수도 공사, 매스콘크리트), 실리

카시멘트(수중공사, 매스콘크리트), 플라이애쉬시멘트(실리카시멘트와 동일)

- 알루미나시멘트 : One day 시멘트, 조기강도 큼, 동절기 공사·해수공사·긴급공사에 사용

② 시멘트 창고 : 바닥은 지면에서 30cm 이상 띄우고 주변에 도랑파기, 13포대 이상 쌓지 않기, 입하순으로 사용, 5개월 이상 저장금지, 환기용 개구부 설치금지, 시멘트 온도가 높으면 50°C 이하로 낮추어 사용

③ 시멘트 배합설계

- 표준계량용적배합 : 콘크리트 1m³에 소요되는 재료의 양을 표준계량용적(m³)으로 표시한 배합 -시멘트+모래+자갈+물
- 콘크리트 강도 : 28일 강도, 시험비빔 시 비빔온도, 공기량, 워커빌리티 검토
- 시멘트의 조기강도 비교 : 알루미나>조강>보통>고로>중용열>포졸란
- 물시멘트비 : 콘크리트에 포함된 시멘트에 대한 물의 중량 백분율(보통 40~70%)

④ 혼화재료 : 시멘트의 성질을 개량할 목적으로 사용하는 재료

- 혼화재 : 시멘트량의 5% 이상, 배합계산 시 고려, 플라이애쉬, 규조토, 고로 슬래그
  · 혼화재 저장 : 방습 사일로나 창고에 품종별로 구분 저장, 입하된 순서대로 사용
- 혼화제 : 시멘트량의 1% 이하, 배합계산 시 무시, AE제, AE감수제, 유동화제, 촉진제(염화칼슘, 염화나트륨), 지연제(구연산, 글루코산), 급결제, 방수제
  · 감수제 효과 : 내약품성, 수밀성 증가, 투수성 감소, 단위수량·단위시멘트량 감소
  · 방수용 혼화제 : 염화칼슘, 고급지방산, 규산(실리카)질 분말
  · 혼화제 저장 : 불순물 혼입, 분리, 변질, 동결, 습기흡수, 굳어짐이 없도록 저장

⑤ 굳지 않은 콘크리트의 성질

- 컨시스턴시(consistency) : 수량에 의해 변화하는 콘크리트의 유동성의 정도 -반죽의 질기, 시공연도에 영향
- 시공연도(workability) : 반죽 질기에 의한 작업의 난이도 정도 및 재료분리에 저항하는 정도 -시공의 난이(시공성) 정도
- 성형성(plasticity) : 거푸집 형태로 채워지는 난이 정도
- 마감성(finishability) : 표면정리의 난이 정도
- 슬럼프 시험 : 반죽의 질기를 측정하여 시공성(워커빌리티)의 정도 측정 -높은 슬럼프 값은 반죽이 진 것
- 워커빌리티의 측정법 : 슬럼프시험, 구관입시험, 다짐계수시험, 비비(Vee-Bee)시험

⑥ 재료분리

- 블리딩(Bleeding) : 굳지 않은 콘크리트에서 재료분리에 의해 물이 솟아오르는 현상
- 레이턴스(Laitance) : 블리딩으로 생긴 물이 말라 콘크리트면에 침적된 백색의 미세한 물질

(2) 골재

① 골재의 품질 : 표면이 거칠고 둥근 형태인 것, 시멘트 강도 이상인 것, 실적률이 큰 것

- 내마모성 있을 것, 불순물이 없을 것, 잔 것과 굵은 것이 적당히 혼합된 것

- 종류와 입도가 다른 골재는 각각 구분 저장

② 입도 : 크고 작은 골재알이 혼합된 정도

- 입도가 좋은 골재를 사용한 콘크리트는 강도·내구성·수밀성 증가
- 입도시험(4분법, 시료분취기), 입도곡선(체가름 시험결과)과 표준입도곡선 비교

③ 표면건조 포화상태 : 배합 시 투입되는 물의 양이 골재에 의해 증감되지 않는 이상적인 상태

④ 골재의 함수량

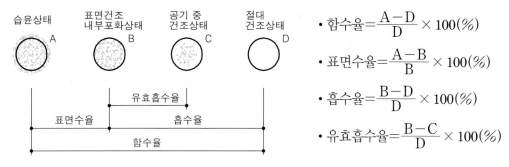

- 함수율 $= \dfrac{A-D}{D} \times 100(\%)$
- 표면수율 $= \dfrac{A-B}{B} \times 100(\%)$
- 흡수율 $= \dfrac{B-D}{D} \times 100(\%)$
- 유효흡수율 $= \dfrac{B-C}{D} \times 100(\%)$

| 골재의 함수율 |

⑤ 체가름 시험 조립률

- 조립률 : 골재의 크고 작은 입자가 혼합되어 있는 정도로 골재의 입도 표시
- 잔골재의 조립률은 2.3~3.1 정도, 굵은 골재의 조립률은 6~8 정도
- 사용 체 : 10개체 −75, 40, 20, 10, 5, 2.5, 1.2, 0.6, 0.3, 0.15mm
- 조립률의 계산
  - 체 번호순서로 배열(75~0.15mm)
  - 체에 남은 양의 누계 산정 및 백분율 산정 −접시(pan)량 제외

  조립률 $= \dfrac{\text{10개체에 남은 양의 누계}(\%)\text{의 합계}}{100}$

(3) 콘크리트의 종류

① 한중콘크리트 : 평균 기온 4°C 이하로 동결위험이 있을 때 시공하는 콘크리트, 초기 보온양생 실시, W/C비 60% 이하, 공기연행제 사용

② 서중콘크리트 : 평균기온 25°C 또는 최고 기온이 30°C 초과 시 시공하는 콘크리트, 단위수량 증가, 장기강도 저하, 콜드조인트 발생용이

③ 프리팩트 콘크리트 : 미리 골재를 거푸집 안에 채우고 모르타르 주입

④ 수밀콘크리트 : 내구적·방수적으로 수밀성 요하는 곳에 타설, AE제, AE감수제, 포졸란 등 사용, 공기량 4% 이하, W/C비 55% 이하

(4) 거푸집

① 거푸집의 조건 : 수밀성(밀실성), 외력·측압에 대한 안정성, 충분한 강성, 치수의 정확성, 조립·해체의 간편성, 이동용이·반복사용 가능성

② 사용재료 : 격리재(간격 및 측벽 두께 유지), 긴장재(벌어지거나 오그라드는 것 방지), 간격재

(철근과 거푸집 간격 유지), 박리제(거푸집을 쉽게 제거 위한 도포제)

③ 측압 : 생콘크리트의 거푸집에 대한 압력

- 콘크리트 헤드 : 콘크리트 측압이 최대가 되는 점으로 타설된 콘크리트 윗면으로부터 최대 측압면까지의 거리
- 측압이 크게 걸리는 경우 : 슬럼프가 클 때, 시공연도가 좋은 경우, 붓기 속도가 빠른 경우, 타설 높이가 높을 경우, 대기습도가 높은 경우, 온도가 낮은 경우, 진동기 사용 시, 수직부재인 경우(수평부재와 비교 시)

④ 거푸집 존치기간 : 2~5일(확대기초, 보 옆, 기둥, 벽), 강도 도달 시까지(슬래브 및 보의 밑면, 아치 내면)

(5) 철근

① 콘크리트의 부족한 저항성(인장력, 휨모멘트, 전단력 등)을 보강하기 위한 방법으로 사용

② 이형철근 : 원형철근의 표면에 두 줄의 돌기와 마디를 둔 것 −부착력 40% 이상 증가

③ 직경 25mm 이하 철근은 상온가공, 직경 28mm(D29) 이상은 가열 가공

④ 이음 및 정착 길이 : 25d(압축력, 작은 인장력), 40d(인장력)

(6) 콘크리트 공사

① 균열방지 : 발열량 적은 시멘트 사용, 슬럼프(slump)값 작게 배합, 타설 시 내·외부 온도차 작게 유지, 시멘트량 및 단위수량 줄이기

② 부어넣기(치기) : 먼 곳에서 가까운 곳 순서, 계획된 구역의 연속 넣기 및 수평 치기, 흘려보내기 금지, 낮은 곳에서 높은 곳 순서로 치기

- 비빔에서 부어넣기 시간 : 외기온도 25°C 미만 2시간 이내, 25°C 이상 1.5시간 이내

③ 이어치기 시간 : 외기온도 25°C 이하 150분, 25°C 초과 120분

- 콜드조인트 : 시공과정 중 휴식시간 등으로 응결하기 시작한 콘크리트에 새로운 콘크리트를 이어 칠 때 일체화가 저해되어 생기는 불량 줄눈 −강도저하, 누수·균열·부착력 저하 등 발생
- 시공줄눈 : 타설 능력, 작업 상황을 고려하여 미리 계획한 줄눈으로, 콘크리트를 한 번에 계속하여 부어나가지 못할 곳에 만드는 줄눈
- 팽창줄눈(신축줄눈) : 온도변화, 콘크리트 수축, 부등침하, 적재 하중 변화 및 이동하중의 진동 등으로 생기는 균열과 파손을 대비하여 두는 줄눈
- 수축줄눈(조절줄눈) : 바닥, 벽 등이 수축할 때 생기는 불규칙한 표면균열을 방지하고 줄눈에서 발생하도록 유도하는 줄눈

④ 양생법 : 습윤양생, 증기양생, 전기양생, 피막양생, 고주파 양생

❷ 목공사

① 목재의 장·단점

- 장점 : 비중이 작고 가공용이(무게에 비해 강도 높음), 열전도율 낮음(보온·방한·차음의 효과), 무늬·촉감 좋음

- 단점 : 부패·충해·풍해에 약함, 가연성, 흡수성·신축변형 큼, 인화점 낮음

② 심재 : (변재와 비교하여) 재질 치밀, 빛깔이 진함, 비중·강도·내구성·내후성 큼, 수축성·흡수성 작음, 흠(옹이·썩음·갈램) 적음

③ 춘재 : 세포막이 얇고 큼, 빛깔이 엷고 재질이 연함, 자람의 폭이 넓음 −추재는 반대

④ 나이테 : 춘재와 추재의 두 부분을 합친 것 −추운 지방 수목은 좁고 치밀(강도 증가)

⑤ 비중과 강도

- 함수율 : 섬유 포화점(30%) 이상 강도 불변, 섬유 포화점 이하는 건조 정도에 따라 강도 증가, 전건상태(0%)는 포화점 강도의 약 3배

$$함수율 = \frac{생재의\ 무게 - 건조재의\ 무게}{건조재의\ 무게} \times 100(\%)$$

- 목재의 강도 : 인장강도>휨강도>압축강도>전단강도(인장강도의 1/10 정도)

- 비중 : 나무의 종류와 관계없이 세포 자체는 1.54

- 목재의 공극률 $= \left(1 - \frac{W}{1.54}\right) \times 100(\%)$　　　여기서, W : 건조재의 무게(밀도)

- 일반적 재료의 비중은 기건상태(함수율 15%)의 비중 −갈참나무 최대

- 전건 비중이 크면 강도 증가, 작으면 공극이 크고 강도도 감소

⑥ 목재의 건조목적 : 부식과 충해방지, 강도·내구성·가공성·마감성 향상, 변형·수축·균열·변색 방지, 도장 및 약제처리 가능, 취급용이, 운반비 절감

- 건조법 : 자연건조(대기 건조, 수침법), 인공건조(열기, 증기, 훈연, 고주파 건조, 자비법), 자연건조 시 침엽수보다 활엽수의 건조기간이 길어짐

⑦ 방부제 조건 : 침투성·방부성·가공성 클 것, 악취·변색 및 금속이나 동물·인체에 피해가 없을 것, 마감처리가 가능할 것, 강도, 가공성 저하가 없을 것, 중량·인화성·흡수성 증가가 없을 것

- 방부처리법 : 표면탄화법, 도포법, 침지법, 가압처리법(가장 효과적, 로우리법·베델법·루핑법), 생리적 주입법

- 목재의 사용범주(Hazard class)
  - H1 : 실내사용 목재, 건재해충 피해환경
  - H2 : 습한 곳의 사용목재, 결로 예상 환경, 저온환경
  - H3 : 야외사용 목재, 자주 습한 환경, 흰개미 피해 환경
  - H4 : 흙·물과 접하는 목재, 토양 또는 담수와 접하는 환경, 흰개미 피해 환경
  - H5 : 바닷물과 접하는 환경, 해양에 사용하는 목재

⑧ 목재의 종류

- 각재 : 두께가 7.5cm 미만으로 너비가 두께의 4배 미만인 것이나 두께와 너비가 7.5cm 이상인 것

- 판재 : 두께가 7.5cm 미만이고, 너비가 두께의 4배 이상인 것

- 합판 : 3장 이상의 박판을 홀수로 붙여 규격화, 수축·팽창의 변형이 적음, 균일한 크기와 강도로 제작 가능, 목재의 완전 이용

·합판제조법 : 로타리 베니어(가장 많이 사용), 슬라이스드 베니어, 쏘드 베니어

⑨ 제작과 설치 순서 : 재료 처리 → 먹매김(자를 위치) → 마름질(자르기) → 바심질(구멍·홈 파기) → 세우기

⑩ 접착제의 접착력(에폭시 > 요소 > 멜라민 > 페놀), 내수성(실리콘 > 에폭시 > 페놀 > 멜라민 > 요소 > 아교)

❸ 석공사

(1) 석재분류

① 석재의 장·단점

- 장점 : 불연성, 외관이 장중하고 아름다움, 압축강도·내구성·내마모성·내화학성 큼, 조직 치밀(광택 가능), 종류 다양(외관, 색조)
- 단점 : 무거워서 다루기 어려움, 가공이 어렵고 부재의 크기에 제한, 열에 닿으면 균열, 압축강도에 비해 인장 강도 낮음(압축강도의 1/10~1/20)

② 석재의 조직

- 절리 : 자연 생성 과정에서 일정 방향으로 금이 가는 것
- 석리 : 조암 광물의 집합 상태에 따라 생기는 돌결
- 층리 : 암석 구성물질의 층상 배열상태
- 석목 : 절리 외에 암석결정의 병행상태에 따라 가장 쪼개지기 쉬운 방향

③ 비중 및 강도 : 강도는 비중에 비례, 절리·석목의 수직방향에 대한 응력이 평행방향보다 큼

- 석재의 비중(2.0~2.7) : 비중이 크면 조직 치밀, 강도 커짐, 흡수율 낮음, 경석(2.5~2.7)
- 석재의 압축강도 : 화강암 > 대리석 > 안산암 > 점판암 > 사문암 > 사암 > 응회암 > 부석
- 데발 시험기 : 석재의 마모에 대한 저항성 측정시험기

④ 성인에 의한 분류 : 화성암(화강암, 안산암, 현무암, 섬록암), 퇴적암(사암, 점판암, 응회암, 석회암, 혈암), 변성암(편마암, 대리석, 사문암, 트래버틴)

- 화강암 : 단단하고 경질이며 내구성이 좋아 조경공사에 가장 많이 사용
- 대리석 : 석회암이 변질한 것, 무늬가 화려, 석질이 치밀, 가공 쉬움, 산과 열에 약함
- 응회암 : 가공 용이, 흡수성 높음, 내수성 크나 강도 낮음, 석축 등에 이용
- 점판암 : 퇴적암의 일종으로 판모양으로 떼어낼 수 있어 디딤돌, 바닥포장재 등에 사용

⑤ 산출소에 의한 분류 : 산석(석가산, 경관석), 강석(수경공간), 해석(중도, 석가산, 경관석)

- 돌의 조면 : 돌이 풍화, 침식되어 표면이 자연적으로 거칠어진 상태
- 돌의 뜰녹 : 돌에 세월의 흔적이 남아 고색(古色)을 띤 무늬가 생기는 것

⑥ 경관석의 기본형태

- 입석 : 세워서 쓰는 돌, 사방에서 관상할 수 있도록 배석 −수석
- 횡석 : 가로로 눕혀서 쓰는 돌, 입석 등을 받쳐서 안정감 부여
- 평석 : 윗부분이 편평한 돌, 안정감이 필요한 부분에 배치 −앞부분에 배석

- 환석 : 둥근 돌, 무리로 배석 시 많이 이용 −복합적 경관 형성
- 각석 : 각이 진 돌, 삼각, 사각 등으로 다양하게 이용 −사실적 경관미
- 사석 : 비스듬히 세워서 이용되는 돌 −해안절벽과 같은 풍경 묘사
- 와석 : 소가 누워 있는 것과 같은 돌 −횡석보다 더욱 안정감 부여
- 괴석 : 괴상한 모양의 돌 −단독 또는 조합하여 관상용, 석가산

(2) 석재시공

① 석재 가공 : 혹두기(메다듬, 쇠메) → 정다듬(정) → 도드락다듬(도드락망치) → 잔다듬(날망치) → 물갈기(숫돌)

② 석재 사용 : 압력방향에 직각으로 쌓기, 1m³ 이하로 가공 사용, 강도보다 내화성 고려, 세로줄눈(통줄눈) 금지, 하부의 돌은 큰 것 사용, 필요 시 잡석·콘크리트로 연속기초 설치, 굄돌 사용, 뒤채움 실시, 충분히 적신 후 사용, 1일 1~1.2m 이하 쌓기
- 모르타르 및 줄눈 : 치장용(1:1), 사춤용(1:2), 깔기용·조적용(1:3)
- 콘크리트 : 뒷채움 콘크리트(1:3:6), 석축용(1:4:8) 또는 잡석콘크리트 사용

③ 돌쌓기
- 다듬돌 쌓기 : 다듬은 돌을 사용하여 돌의 모서리나 면을 일정하게 쌓는 법
- 견치돌 쌓기 : 견치돌(앞면 정사각형, 직사각형, 1개 70~100kg)을 사용하여 옹벽 등의 메쌓기나 찰쌓기에 사용
- 자연석 무너짐 쌓기 : 경사면을 따라 크고 작은 자연석을 놓아 무너져 내려 안정된 모습의 자연스러운 경관 조성
- 호박돌 쌓기 : 지름 20cm 정도의 장타원형 자연석으로 쌓는 것
- 사괴석 쌓기 : 사괴석으로 바른층 쌓기를 하며, 내민줄눈을 사용하여 전통담장 축조
- 장대석 쌓기 : 긴 사각 주상석의 가공석으로 바른층 쌓기 시행

④ 견치돌 쌓기(찰쌓기와 메쌓기)
- 지반이 약한 곳에는 잡석이나 콘크리트로 기초 설치 후 쌓기
- 쌓아 올리고자 하는 높이가 높을 때는 이음매가 골을 이루도록 쌓기
- 찰쌓기 : 뒤채움은 콘크리트와 골재, 줄눈은 모르타르 사용, 전면기울기 1:0.25~0.35, 1일 쌓기 높이 1.2m(최대 1.5m 이내), 이어쌓기 부분은 계단형으로 마감, 견치돌 줄눈 10mm 이하(막깬돌 25mm 이하), 3m² 마다 지름 50mm PVC관 설치, 시공 후 습윤상태 유지, 신축줄눈 설치(20m마다, 곡선의 시·종점)
- 메쌓기 : 모르타르 없이 골재(잡석·자갈)로 뒤채움, 전면기울기 1:0.3~0.4, 줄쌓기가 원칙, 1일 쌓기 높이 1.0m 미만, 줄눈 10mm 이내

⑤ 자연석 무너짐 쌓기 : 상단부는 다소의 기복으로 자연스러움 보완·강조
- 쌓기 높이 1~3m 적당, 석재면을 경사지게 하거나 약간씩 뒤로 들여서 쌓기
- 필요에 따라 중간에 뒷길이 60~90cm 정도의 돌로 맞물려 쌓아 붕괴 방지
- 기초석은 비교적 큰 것 사용 −20~30cm 깊이로 묻고, 뒷부분에는 고임돌 및 뒤채움 실시

- 필요 시 잡석 및 콘크리트 기초로 보강, 돌과 돌 사이에 키 작은 관목 식재(돌틈식재)

⑥ 호박돌 쌓기 : 깨진 부분이 없고 표면이 깨끗하며 크기가 비슷한 것 선택

- 줄쌓기를 기본으로 이가 맞도록 시공
- 돌은 서로 어긋나게 놓아 십자(+) 줄눈이 생기지 않도록 주의

⑦ 경관석 놓기 : 경관석 주위에 회양목·철쭉 등의 관목이나 초화류 식재

- 3석을 조합하는 경우에는 삼재미의 원리 적용
- 2석조(주석·부석)가 기본, 3·5·7석조 등과 같이 기수(홀수)로 조합
- 돌을 놓을 때 경관석 높이의 1/3 이상 깊이로 매립

⑧ 디딤돌·징검돌 놓기

- 지면·수면과 수평배치, 배치간격 35~50cm, 장축이 진행방향에 직각(수직)이 되도록 배치
- 시작하는 곳, 끝나는 곳, 갈라지는 곳에는 다른 것에 비해 큰 돌 배치
- 보행 중 군데군데 잠시 멈추어 설 수 있도록 지름 50~55cm 크기의 돌 배치
- 고임돌이나 콘크리트 타설 후 설치, 2연석, 3연석, 2·3연석, 3·4연석 배치
- 디딤돌 : 10~20cm 두께의 것으로 지면보다 3~6cm 높게 배치, 납작하면서도 가운데가 약간 두둑한 것 사용
- 징검돌 : 높이 30cm 이상의 것으로 수면보다 15cm 높게 배치, 상·하면이 평평하고 지름 또는 한 면의 길이 30~60cm 정도의 강석을 주로 사용

❹ 벽돌공사

① 벽돌의 크기 : 표준형 190 × 90 × 57, 기존형 210 × 100 × 60

② 모르타르 : 치장줄눈(1:1), 아치용(1:2), 조적용(1:3)

③ 줄눈 : 폭 10mm, 내력벽에는 통줄눈 금지, 치장줄눈은 쌓기 후 바로 줄눈파기

④ 벽돌의 마름질 : 온장, 칠오토막·반토막·이오토막, 반절·반반절

⑤ 벽돌 검사방법(KS) : 치수, 흡수율, 압축강도

⑥ 벽체의 종류 : 내력벽(상부의 하중 전달), 장막벽(자립, 경미한 칸막이), 공간벽(이중벽, 단열시공)

⑦ 벽체의 두께 구분

- 반장 쌓기(0.5B) : 벽돌의 마구리 방향의 두께로 쌓는 것
- 한장 쌓기(1.0B) : 벽돌의 길이 방향의 두께로 쌓는 것
- 한장반 쌓기(1.5B) : 마구리와 길이를 합한 것에 줄눈 10mm를 더한 두께로 쌓는 것
- 두장 쌓기(2.0B) : 길이 방향으로 2장을 놓고 줄눈 10mm를 더한 두께로 쌓는 것

⑧ 쌓기 방법에 의한 분류

- 영식 쌓기 : 가장 튼튼한 쌓기, 마구리 쌓기와 길이 쌓기를 한 켜씩 번갈아 쌓는 방법. 이오토막 또는 반절 사용
- 화란식 쌓기 : 우리나라에서 가장 많이 사용, 칠오토막 사용, 쌓기는 영식과 동일
- 불식 쌓기 : 구조적으로 약해 치장용 사용, 매 켜에 길이 쌓기와 마구리 쌓기 병행

・미식 쌓기 : 뒷면 영식 쌓기, 표면 치장 벽돌 쌓기, 5켜 길이쌓기, 한 켜 마구리 쌓기

⑨ 시공상 주의 사항 : 불순물 제거 및 사전에 물 축이기, 세로줄눈의 통줄눈 금지, 굳기 시작한 모르타르 사용 금지, 1일 쌓기 높이 표준 1.2m(최대 1.5m 이하), 가급적 전체적으로 균일한 높이로 쌓아 올라갈 것, 이어 쌓기 부분은 계단형으로 연결

❺ 금속공사

① 금속의 장·단점

・장점 : 고유의 광택, 재질 균일, 전기·열의 전도율과 전성 및 연성 큼, 가공성 좋음, 하중에 대한 강도가 큼, 다양한 형상 제조 및 대량 생산 가능, 불연재

・단점 : 내산성·내알칼리성 작음, 부식이 잘됨, 비중이 커 사용 범위가 제한적, 가공 설비 및 제작비용 과다, 질감이 차가움

② 금속재료의 종류 : 순철(탄소량 0.03% 이하), 탄소강(탄소량 0.03~1.7%), 주철(탄소량 1.7~6.6%), 합금강(니켈강, 니켈크롬강(스테인리스강))

③ 강의 열처리

・불림 : 균질의 조직을 만들어 강도 증가, 공기 중에서 냉각

・풀림 : 연화조직의 정정과 내부응력 제거, 노 내부에서 냉각

・담금질 : 강도나 경도 증가, 물·기름에 넣어 갑자기 냉각

・뜨임 : 취성이 큰 재료의 인성증대, 공기 중에서 냉각

④ 용접 : 우천·바람 등이 심하거나 기온이 0°C 이하일 때 작업 중지

・용접불량 : 균열, 슬래그, 피트, 공기구멍, 언더컷, 오버랩, 용입 부족, 크레이터, 피시아이

❻ 도장공사

① 녹막이 페인트 조건 : 탄력성·내구성 클 것, 마찰·충격에 잘 견딜 것

② 분체도장 : 분말 도료를 스프레이로 뿜어서 칠한 후 가열하여 도장

③ 수성페인트칠 공정 : 바탕만들기 → 초벌칠하기 → 퍼티먹임 → 연마작업 → 재벌칠하기 → 정벌칠하기

④ 에나멜 페인트 공정 : 녹닦기(샌드페이퍼 등) → 연단(광명단) 칠하기 → 에나멜 페인트 칠하기

❼ 미장공사

① 모르타르(시멘트+모래) : 초벌바르기(1:4), 정벌바르기(1:2, 1:3)

② 회반죽(소석회+모래+여물+해초풀) : 해초풀 물이나 기타 전·접착제 사용

③ 벽토(진흙+모래+짚여물) : 자연적이고 전통적 분위기의 미장재

④ 미장재료 혼화재료 : 방수제, 방동제, 착색제

❽ 합성수지 공사

① 합성수지(플라스틱)의 장·단점

  • 장점 : 성형 및 가공, 착색 용이, 경량으로 무게에 비해 강도·경도·내마모성 좋음, 내수성·내산성·내알칼리성·내충격성·전기절연성·탄력성·투광성·접착성 우수, 성형성 좋음(곡선재 사용)

  • 단점 : 내열성·내후성 낮음, 내화성 없음, 변색과 변형(60°C 이상) 큼, 저온에서 파손 잘됨

② 열가소성 수지 : 중합반응, 재성형 가능, 염화비닐(PVC), 아크릴, 폴리에틸렌, 폴리스틸렌

③ 열경화성 수지 : 축합반응, 재성형 불가능, 페놀, 요소, 멜라민, 에폭시, 실리콘, 우레탄

④ 유리섬유 강화 플라스틱(FRP) : 벤치·인공암·폭포·동굴, 수목보호판에 적당, 투명성 없음

⑤ 실리콘 수지 : 내수성·내열성(500°C 이상)·접착력 우수, 방수제·도료·접착제로 사용

⑥ 플라스틱 제품 제작 시 첨가제 : 가소제, 안정제, 충전제

❾ 점토제품

① 점토 : 습윤 상태에서는 가소성, 건조 시 굳음, 고온 가열하면 경화(한 번 구운 것은 가소성 상실), 비중 2.5~2.6, 기공률 보통 50% 내외

② 점토 제품

  • 보통벽돌 : 저급한 점토에 모래나 석회를 섞어 소성 −적벽돌, 오지벽돌

  • 포장벽돌 : 보통벽돌보다 양질의 재료 사용 −벽돌 중 가장 강함

  • 타일 : 유약을 발라 1,100~1,400°C 정도로 소성 −내수성·방화성·내마멸성 우수

  • 도자기 : 돌을 빻아 빚은 것을 1,300°C 정도로 소성 −변기, 도관, 외장 타일

  • 토관 : 저급한 점토에 유약 없이 소성 −연기·공기의 환기통

  • 도관 : 양질의 점토에 유약을 발라 구운 것, 흡수성, 투수성 거의 없음 −오지토관, 배수관, 상하수도관, 전선 및 케이블관

  • 기와 : 도자기처럼 만들어 흡수성이 낮게 만든 것 −오지기와

  • 테라코타 : 형틀로 찍어내어 소성한 속이 빈 대형의 점토제품

③ 토관의 형상 : 직관(똑바른 것), 곡관(굽은 것), 편지관(한쪽으로 갈라진 것)

3 ||||| 조경시설물공사

❶ 시설물 설치 전 작업

① 시설물의 설치 방법

  • 기초 : 각 시설물은 매몰된 구조의 기초로 지지하며 각 시설물의 이용 형태 및 구조적 안정성을 기반으로 한 기초 설치

  • 마감재 : 이용자와 직접적으로 접촉하는 부분의 재료로서 일반적으로 천연재료 사용 권장 −이용자의 편의성·쾌적성 고려

- 결합부 : 시설물 설치 후 유지관리 및 이용자의 안정성을 위하여 설치 전 결합부의 재료에 대하여 충분한 검토 실시
② 시설물 설치 공사의 공통사항
  - 터파기 토공사 : 터파기 → 되메우기 → 잔토처리(처리량에 따라 운반 및 기계 공사 동시 시행)
  - 기초 공사 : 원지반 다짐공사 → 잡석포설 → 잡석 다짐공사와 콘크리트 공사를 위한 거푸집 공사 → 철근 배근 공사 → 콘크리트 타설과 양생 → 거푸집 해체 공사
  - 기초 위에 축조되는 시설물 : 거푸집 공사 → 철근 배근공사 → 콘크리트 타설과 양생 → 거푸집 해체 공사
  - 미장(건식 마감 공사 제외) → 마감 공사(페인팅 작업, 석재 또는 목재 마감 공사 등)
  - 결합부 : 결합되는 것과 같은 강도 또는 특성을 지닌 경우는 재료의 물리성에 따라서 수축·팽창 계수를 고려한 여유 폭 확보

❷ 시설물 공사

① 안내시설 : 기초부분 목재(방부처리), 철강재(이중도장), 우천 시 게시물의 보호를 위하여 투명한 유리 또는 합성수지의 보호덮개를 설치, 감독자에게 설치 위치의 사전 승인 후 설치
② 옥외 시설물
  - 기초공사 : 시설물의 바닥면은 평탄하여야 하며 수직 기둥의 설치 기초공사는 충분한 안정성을 고려하여 독립기초 또는 줄기초 시공
  - 옥외 시설물의 설치 : 기둥과 횡보는 수직으로, 접속 부위는 견고하게 고정
  - 모서리 또는 재료 결합 부위 등은 구형으로 모따기 실시, 용접부위는 매끄럽게 마감
  - 좌판 및 등판을 구조체와 볼트로 연결할 때 볼트 머리 부분이 돌출되지 않고 묻히게 해야 하고 구멍을 매립하거나 캡 씌우기
③ 데크 시설물 : 전망대, 보도교, 계단 등의 데크 시설 −보행 데크로 가장 많이 설치
  - 데크 시설의 재료 : 외부공간에 설치되는 목재 가공품은 방부·방충처리 및 표면 보호 조치 시행
  - 기초공사 : 독립기초와 줄기초, 구체의 노출 또는 매립으로 구분 −줄기초는 독립기초에 비하여 구조적 안정성 높음
  - 하부 구조공사(장선 설치) : 일반적으로 장선과 멍에로 구분 −구조용 각관 또는 목재
  - 상부 공사 : 상판(판재)이 시공되며 안전시설로 난간을 별도로 시공 −방부처리된 상태로 시공이 되며 시공 후 침투성 방부도료 덧칠
④ 펜스
  - 설계 대상 공간의 성격과 경계표시, 출입통제, 침입방지, 공간이나 동선 분리
  - 기초공사 : 독립기초와 줄기초로 구분될 수 있으며 매립으로 시공
  - 주주의 설치기초에 주주(앵커)를 고정시켜 수직으로 설치
  - 설치주주의 경간 사이에 규격화된 횡대와 종대를 고정 시공

핵심문제 조경시공재료 및 시공

Easy Learning Landscape Architecture Construction

1 어느 지역 토양의 공극률(porosity) 측정을 위해 토양 60cm^3을 채취하여 고형입자 부피와 수분 부피를 측정하였더니 각각 36cm^3와 12cm^3였다. 이 지역 토양의 공극률(%)을 구하시오.

정답

토양의 공극률 : 40%

해설

공극률 $n = \dfrac{V_v}{V} \times 100(\%) = \dfrac{60-36}{60} \times 100 = 40(\%)$

2 중량법(重量法)에 의한 토양수분측정 과정에서 젖은 토양 시료의 중량이 50g, $110°\text{C}$ 건조기에서 건조시킨 토양의 중량이 40g일 때 토양의 무게기준 수분함량을 구하시오.

정답

수분함량 : 25%

해설

함수율 $= \dfrac{\text{습윤중량} - \text{건조중량}}{\text{건조중량}} \times 100(\%) = \dfrac{50-40}{40} \times 100 = 25(\%)$

3 어떤 현장에서 0.13m^3 흙을 채취하여 측정한 결과 흙의 무게는 245kg, 함수비는 15%이었다. 함수비를 20%로 증가시키려면 이 흙 1m^3당 몇 kg의 물을 추가하여야 하는지 계산하시오.

정답

추가할 물의 중량 : 81.95kg

해설

① 기존 흙 0.13m^3의 물의 중량 $W_w = \dfrac{W}{1+\dfrac{100}{\omega}} = \dfrac{W}{1+\dfrac{100}{15}} = 31.96(\text{kg})$

② 기존 흙 1.0m^3의 물의 중량 $\dfrac{1.0}{0.13} \times 31.96 = 245.85(\text{kg})$

③ 함수비 20%일 때 물의 중량 $\dfrac{0.2}{0.15} \times 245.85 = 327.8(\text{kg})$

④ 기존 흙 1.0m^3를 함수비 20%로 만들 때 물의 추가량 $327.8 - 245.85 = 81.95(\text{kg})$

4 다음 보기의 토양 특성에 대한 내용을 읽고 적합한 용어를 ( ) 안에 쓰시오.

① (㉠) : 수분함량에 따라 변화하는 토양의 상태변화로 토양의 입자 사이 또는 다른 물체와의 인력에 의하여 나타나는 물리적 성질

② (㉡) : 흙 속의 공극수가 동결하여 얼음층이 형성되어 부피의 팽창으로 지표면이 떠올려지는 현상

③ (㉢) : 동결했던 지반이 기온의 상승으로 융해하여 다량의 수분을 발생시켜 지반을 연약하게 만드는 현상

④ (㉣) : 점토의 자연시료는 어느 정도의 강도가 있으나 그 함수율을 변화시키지 않고 이기면 약하게 되는 성질의 정도를 나타낸 것

정답
㉠ 견지성   ㉡ 동상현상   ㉢ 연화현상   ㉣ 예민비

5 함수비 증가 시 흙의 성질 변화단계에 맞는 내용을 ( ) 안에 쓰시오.

수화단계 → (㉠) → (㉡) → 포화단계

정답
㉠ 윤활단계   ㉡ 팽창단계

6 다음 보기의 공사용어에 대한 내용을 읽고 적합한 용어를 ( ) 안에 쓰시오.

① (㉠) : 시공 지반의 계획고를 말하며, 구조물 바닥이나 공사가 끝났을 때의 지면 또는 마무리 면

② (㉡) : 필요한 흙을 얻기 위해서 굴착하거나 계획면보다 높은 지역의 흙을 깎는 작업

③ (㉢) : 일정 구역 내에서 기준면까지 흙을 쌓는 작업

④ (㉣) : 수중에서 수저의 흙을 굴착하는 작업

정답
㉠ 시공기면(FL)   ㉡ 절토   ㉢ 성토   ㉣ 준설

7 다음의 성토단면을 보고 물음에 답하시오.

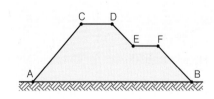

① 비탈의 상단 C, D점을 무엇이라 하는가?
② 비탈의 하단 A, B점을 무엇이라 하는가?
③ 제방의 정상 $\overline{CD}$ 부분을 무엇이라 하는가?
④ $\overline{EF}$ 부분을 무엇이라 하는가?

정답
① 비탈머리   ②비탈기슭   ③뚝마루(천단)   ④소단(턱)

8 다음 보기가 설명하는 용어를 쓰시오.

> ① (㉠) : 흙을 쌓아올렸을 때 시간이 경과함에 따라 자연붕괴가 일어나 안정된 사면을 이루게 될 때, 사면과 수평면과의 각도를 말한다.
> ② (㉡) : 건설기계의 주행통과 가능성을 흙의 측면에서 판단하는 기준으로 기계의 효율에 영향을 미친다.

정답

㉠ 흙의 안식각(휴식각, 자연경사)　㉡ 주행성(Trafficability)

9 다음 보기의 내용이 설명하는 것을 조경표준시방서에 의한 용어로 쓰시오.

> 지질 지표면을 이루는 흙으로, 유기물과 토양 미생물이 풍부한 유기물층과 용탈층을 포함한 표층 토양을 말한다.

정답

표토

10 다음의 보기는 조경표준시방서에 의한 표토의 시공기준이다. 빈칸에 알맞은 내용을 쓰시오.

> ① 채집대상 표토의 토양산도(pH)가 (㉠)이 되는 것으로 한다.
> ② 강우로 인하여 표토가 습윤상태인 경우 또는 먼지가 날 정도의 이상조건일 경우에는 (㉡)와 작업시행 여부에 대하여 협의한다.
> ③ 가적치의 최적두께는 (㉢)를 기준으로 하며 최대 3.0m를 초과하지 않는다.
> ④ 표토 운반 시 운반거리를 최소로 하고 (㉣)은 최대로 한다.
> ⑤ 하층토와 복원표토와의 조화를 위하여 최소한 깊이 (㉤) 이상의 지반을 경운한 후 그 위에 표토를 포설한다.

정답

① 6.0~7.0　② 공사감독자　③ 1.5m　④ 운반량　⑤ 0.2m

11 부지조성에 있어 마운딩 조성 시 조경표준시방서에 의한 시공방법을 3가지만 쓰시오.

정답

① 마운딩 조성에 사용하는 토양은 표토를 기본으로 하며 표토가 없는 경우에는 양질의 토사를 활용한다.
② 마운딩 조성 시에는 부등침하가 발생하지 않도록 공사시방서에서 정한 소정의 다짐을 실시한다.
③ 마운딩 형태는 공사시방서 또는 설계도서에 따라 최대한 자연스러운 경관이 나타날 수 있도록 완만한 구릉을 조성한다.
④ 마운딩의 기울기는 공사시방서 및 설계도서에 명시된 바에 따르되 명시되지 않은 경우 마운딩의 기울기는 5~30°의 범위에서 자연구릉지 형태로 조성한다.
⑤ 마운딩은 우수의 흐름이 정체되지 않고 배수계통으로 출수되도록 시공하며, 강우 시 토사가 유실되지 않도록

유의한다.
⑥ 외부 반입토를 사용하여 마운딩을 조성할 때에는 공사착수 전에 공사감독자의 승인을 받는다.

12 다음 보기의 내용은 부지조성 및 대지조형 시 시공허용오차에 대한 조경표준시방서 내용이다. 빈 칸에 알맞은 단어를 쓰시오.

> 표토층을 제외한 흙쌓기, 깔기, 되메우기 마무리면의 시공허용차는 ±(㉠) 이내로 한다. 또한 매 (㉡) 마다 표고를 측정하며, (㉡) 이내에 지형의 변화가 있을 때는 지형 변화점을 추가하여 측정한다.

정답

㉠ 50mm   ㉡ 10m

13 다음을 참조하여 ①~⑦을 구하시오.

- 순토립자만의 용적 : 2m³
- 순토립자만의 중량 : 4t
- 물만의 용적 : 0.5m³
- 물만의 중량 : 0.5t
- 공기만의 용적 : 0.5m³
- 전체 흙의 중량 : 4.5t
- 전체 흙의 용적 : 3m³
- 15°C 증류수의 밀도 : 999kg/m³

① 간극비   ② 간극률   ③ 함수비   ④ 함수율   ⑤ 겉보기 비중   ⑥ 진비중   ⑦ 포화도

정답

① 간극비 : 0.5   ② 간극률 : 33.33%   ③ 함수비 : 12.5%   ④ 함수율 : 11.11%

⑤ 겉보기 비중 : 1.5   ⑥ 진비중 : 2.0   ⑦ 포화도 : 50%

해설

① 간극비 : $e = \dfrac{V_v}{V_s} = \dfrac{1}{2} = 0.5$

② 간극률 : $n = \dfrac{V_v}{V} \times 100(\%) = \dfrac{1}{3} \times 100(\%) = 33.33(\%)$

③ 함수비 : $\omega = \dfrac{W_w}{W_s} \times 100(\%) = \dfrac{0.5}{4} \times 100(\%) = 12.5(\%)$

④ 함수율 : $\omega' = \dfrac{W_w}{W} \times 100(\%) = \dfrac{0.5}{4.5} \times 100(\%) = 11.11(\%)$

⑤ 겉보기 비중 : $G = \dfrac{W}{V} \times \dfrac{1}{\gamma_w} = \dfrac{4.5}{3} \times \dfrac{1}{0.999} = 1.5$

⑥ 진비중 : $G_s = \dfrac{W_s}{V_s} \times \dfrac{1}{\gamma_w} = \dfrac{4}{2} \times \dfrac{1}{0.999} = 2.0$

⑦ 포화도 : $S = \dfrac{V_w}{V_u} \times 100(\%) = \dfrac{0.5}{1} \times 100(\%) = 50(\%)$

14 다음 보기의 내용에 맞는 콘크리트 용어를 쓰시오.

> ① (㉠) : 수량에 의해 변화하는 콘크리트의 유동성의 정도로 시공연도에 영향을 준다.
> ② (㉡) : 반죽 질기에 의한 작업의 난이도 정도 및 재료분리에 저항하는 정도로 시공의 난이 정도(시공성)을 말한다.
> ③ (㉢) : 아직 굳지 않은 시멘트풀, 모르타르 및 콘크리트에 있어서 물이 윗면에 솟아오르는 현상으로 재료분리의 일종이다.
> ④ (㉣) : 블리딩으로 생긴 물이 말라 콘크리트면에 침적된 백색의 미세한 물질을 말한다.

정답

㉠ 컨시스턴시   ㉡ 시공연도(workability)   ㉢ 블리딩   ㉣ 레이턴스

15 다음 콘크리트에 사용되는 혼화제 중 AE제의 사용목적 4가지를 쓰시오.

정답

① 시공연도 증진   ② 단위수량 감소효과   ③ 내구성 증가   ④ 재료분리현상 감소

16 콘크리트의 시공연도(Workability)에 영향을 미치는 요인 4가지를 쓰시오.

정답

① 물시멘트비   ② 시멘트의 성질   ③ 골재의 입도   ④ 혼화재의 성질

17 수중에 있는 골재를 채취했을 때 무게가 1,000g, 표면건조 내부 포화상태의 무게가 900g, 대기건조 상태의 무게가 860g, 완전건조 상태의 무게가 850g일 때 물음에 답하시오.
① 함수율   ② 표면수율   ③ 흡수율   ④ 유효흡수율

정답

① 함수율 : 17.65%   ② 표면수율 : 11.11%   ③ 흡수율 : 5.88%   ④ 유효흡수율 : 4.71%

해설 ✏️

① 함수율$=\dfrac{습윤상태-완전건조상태}{완전건조상태}=\dfrac{1,000-850}{850}\times100=17.65(\%)$

② 표면수율$=\dfrac{습윤상태-표건내포상태}{표건내포상태}=\dfrac{1,000-900}{900}\times100=11.11(\%)$

③ 흡수율$=\dfrac{표건내포상태-완전건조상태}{완전건조상태}=\dfrac{900-850}{850}\times100=5.88(\%)$

④ 유효흡수율$=\dfrac{표건내포상태-기건상태}{완전건조상태}=\dfrac{900-860}{850}\times100=4.71(\%)$

18 시멘트콘크리트 배합에 있어 잔골재의 입도분포를 구하려고 한다. 다음 표의 자료를 참고하여 최대 및 최소 조립률을 구하시오.

체의 번호	pan	0.15mm	0.3mm	0.6mm	1.2mm	2.5mm	5mm	10mm
통과율(%)	0	5~20	10~30	24~40	30~50	45~65	65~85	100

정답

① 최대 조립률 : 4.21   ② 최소 조립률 : 3.10

해설 ✎

• 통과율로 남은율을 계산한다.

체의 번호	통과율(%)	남은율(%)
10mm	100	0
5mm	65~85	15~35
2.5mm	45~65	35~55
1.2mm	30~50	50~70
0.6mm	24~40	60~76
0.3mm	10~30	70~90
0.15mm	5~20	80~95
Pan	0	100

① 최대 조립률$= \dfrac{35+55+70+76+90+95}{100} = 4.21$

② 최소 조립률$= \dfrac{15+35+50+60+70+80}{100} = 3.10$

19 다음은 조경표준시방서에 제시된 콘크리트 공사의 시공이음에 대한 내용이다. 빈칸을 적절하게 채우시오.

① 따로 명시되지 않은 경우, 벽과 슬래브에 있는 시공이음과 벽과 기초 사이에 있는 시공이음에 깊이 (㉠) 이상의 키홈을 두어야 한다.

② 시공이음매는 주철근에 (㉡)이 되도록 두고, 철근은 시공이음을 가로질러 연속되어야 한다.

③ 콘크리트의 치기, 다지기, 양생 중에 (㉢)의 위치를 단단하게 유지할 수 있도록 이음매의 거푸집을 잘 지지해야 한다.

④ 시공이음에서는 콘크리트의 표면을 깨끗하게 청소하고, 다음 층의 콘크리트를 치기 전에 (㉣)를 제거하여야 한다.

⑤ 수축에 대한 시간적 여유를 주기 위해서는 (㉤) 내에는 시공이음과 연결되는 쪽에 콘크리트를 쳐서는 안 된다.

정답

㉠ 40mm   ㉡ 직각   ㉢ 이음매   ㉣ 레이턴스   ㉤ 12시간

20 다음은 조경표준시방서에 제시된 콘크리트 공사에 관련된 내용이다. 빈칸을 적절하게 채우시오.

① 인력으로 콘크리트를 비빌 때에는 마른비빔, 물비빔으로 각각 (㉠) 이상 비빔하여 반죽된 콘크리트가 균질하여야 한다.

② 특별한 사정으로 즉시 콘크리트를 칠 수 없는 경우, 비비기로부터 치기를 마칠 때까지의 시간은 외기온도 (㉡) 이상의 경우 (㉢)시간, 25°C 이하일 경우 (㉣)시간을 초과하지 않도록 한다.

③ 일평균기온이 (㉤) 이하로 예정된 시기에는 콘크리트의 시공에 대하여 적절한 보온조치를 한다.

정답
㉠ 4회   ㉡ 25°C   ㉢ 1.5   ㉣ 2   ㉤ 4°C

21 다음 보기의 설명에 부합하는 콘크리트를 쓰시오.

① (㉠) : 하루 평균 기온이 4°C 이하로 동결 위험이 있는 기간에 시공하는 콘크리트

② (㉡) : 하루 평균기온이 25°C 또는 최고 기온이 30°C를 초과하는 때에 타설하는 콘크리트

정답
㉠ 한중(寒中)콘크리트   ㉡ 서중(暑中)콘크리트

22 콘크리트의 양생법 3가지만 쓰시오.

정답
① 습윤양생   ② 증기양생   ③ 전기양생   ④ 피막양생   ⑤ 고주파 양생

23 목재의 결함 4가지만 쓰시오.

정답
① 옹이   ② 썩음   ③ 갈라짐   ④ 껍질박이

24 목재의 인공건조법 3가지만 쓰시오.

정답
① 열기건조법   ② 증기건조법   ③ 훈연법   ④ 고주파 건조법

25 목재의 방부처리법 3가지만 쓰시오.

정답
① 표면탄화법   ② 도포법   ③ 침지법   ④ 가압처리법   ⑤ 생리적 주입법

26 목재의 사용범주(Hazard class)는 몇 등급으로 구분되는지 쓰시오.

정답

5등급

27 다음 보기의 내용에 적합하도록 목재를 구분하시오.

① (㉠) : 두께가 7.5cm 미만으로 너비가 두께의 4배 미만인 것이나 두께와 너비가 7.5cm 이상인 것
② (㉡) : 두께가 7.5cm 미만이고, 너비가 두께의 4배 이상인 것
③ (㉢) : 3장 이상의 박판을 홀수로 붙여 규격화한 것

정답

㉠ 각재   ㉡ 판재   ㉢ 합판

28 다음 보기의 돌결에 대한 내용을 읽고 적합한 용어를 ( ) 안에 쓰시오.

① (㉠) : 자연 생성 과정에서 일정 방향으로 금이 가는 것
② (㉡) : 조암 광물의 집합 상태에 따라 생기는 돌결
③ (㉢) : 암석 구성물질의 층상 배열상태
④ (㉣) : 절리 외에 암석결정의 병행상태에 따라 가장 쪼개지기 쉬운 방향

정답

㉠ 절리   ㉡ 석리   ㉢ 층리   ㉣ 석목

29 다음 보기의 석재가공순서에 맞는 용어를 쓰시오.

혹두기(메다듬) → (㉠) → (㉡) → (㉢) → 물갈기

정답

㉠ 정다듬   ㉡ 도드락다듬   ㉢ 잔다듬

30 다음은 조경재료 중 가공석에 대한 조경설계기준에 제시된 내용이다. 빈칸을 적절하게 채우시오.

① 다듬돌은 일정한 규격으로 다듬어진 것으로서, (㉠)은 너비가 두께의 3배 미만으로 일정한 길이를 가지고 있는 것이고, (㉡)은 두께가 15cm 미만으로 너비가 두께의 3배 이상인 것이다.
② (㉢)은 전면이 거의 평면을 이루고, 대략 정사각형으로 뒷길이·접촉면의 폭·후면 등이 규격화된 돌로서 접촉면의 폭은 1변 평균길이의 1/10 이상, 면에 직각으로 잰 길이는 최소변의 1.5배 이상이어야 한다.
③ (㉣)은 전면이 거의 사각형에 가까우며, 전면의 1변 길이는 15~25cm로서 면에 직각으로 잰 길이는 최소변의 1.2배 이상이어야 한다.

㉠ 각석   ㉡ 판석   ㉢ 견칫돌   ㉣ 사고석

31 다음 보기의 내용은 돌쌓기의 찰쌓기 시공에 대한 조경표준시방서 내용이다. 빈칸에 알맞은 내용을 쓰시오.

① 찰쌓기의 전면 기울기는 높이가 1.5m 까지는 (㉠)를 기준으로 하며, 이어쌓기 부위는 (㉡)으로 마감하고, 신축줄눈은 특별히 정한 바가 없는 경우에는 (㉢) 간격을 표준으로 한다.
② 찰쌓기 시공 후 즉시 거적 등으로 덮고 적당히 물을 뿌려 (㉣)로 유지하여야 한다.

㉠ 1 : 0.25   ㉡ 계단형   ㉢ 20m   ㉣ 습윤상태

32 다음은 조경표준시방서에 제시된 판석포장 시공에 대한 설명이다. 빈칸에 알맞은 내용을 쓰시오.

① 판석붙임 시 바탕면 처리 후 시멘트와 습윤 상태의 모래를 (㉠)의 비율로 혼합한 모르타르로 두께 (㉡)의 바탕을 만든다.
② 바탕의 고름 모르타르가 돌 두께 이상이 되지 않으면 (㉢)이 나빠지므로 주의한다.
③ 공사시방서에 별도 명기가 없는 경우에는 물시멘트비를 (㉣) 이내로 하되 건조모르타르를 사용해서는 안 된다.
⑤ 모르타르 줄눈간격은 (㉤)로 하고 줄눈깊이는 필요 시 줄눈 메우기를 할 수 있도록 최소 (㉥) 이상 깊이로 경화 전에 균일 깊이로 파내어야 한다.

㉠ 1 : 3   ㉡ 30mm   ㉢ 부착   ㉣ 20%   ㉤ 5mm   ㉥ 10mm

33 다음의 석재시공에 대한 내용을 보고 알맞은 내용을 쓰시오.

① (㉠) 쌓기는 줄쌓기를 기본으로 이가 맞도록 시공하며, 돌은 서로 어긋나게 놓아 십자(+) 줄눈 이 생기지 않도록 주의한다.
② (㉡) 놓기의 경우 3석을 조합하는 경우에는 삼재미의 원리 적용하고 3, 5, 7석조 등과 같이 홀수로 조합한다.
③ (㉢)은 10~20cm 두께의 것으로 지면보다 3~6cm 높게 배치, 납작하면서도 가운데가 약간 두 둑한 것을 사용한다.
④ (㉣)은 높이 30cm 이상의 것으로 수면보다 15cm 높게 배치, 상·하면이 평평하고 지름 또는 한 면의 길이 30~60cm 정도의 강석을 주로 사용한다.

㉠ 호박돌   ㉡ 경관석   ㉢ 디딤돌   ㉣ 징검돌

34 다음 보기의 벽돌쌓기 내용에 맞는 쌓기 방식을 ( ) 안에 쓰시오.

① (㉠) : 가장 튼튼한 쌓기 방식으로 마구리쌓기와 길이쌓기를 한 켜씩 번갈아 쌓는 방법이며, 이오토막 또는 반절을 사용한다.
② (㉡) : 쌓기 방식은 ㉠과 동일하나 칠오토막을 사용하며, 우리나라에서 가장 많이 사용하는 방식이다.
③ (㉢) : 구조적으로 약해 치장용에 사용하며, 매 켜에 길이쌓기와 마구리쌓기를 병행한다.
④ (㉣) : 뒷면은 영식 쌓기로 하고 표면은 치장벽돌 쌓기를 하는 방식으로 5켜를 길이쌓기, 한 켜를 마구리쌓기로 한다.

정답
㉠ 영식 쌓기 ㉡ 화란식 쌓기 ㉢ 불식 쌓기 ㉣ 미식 쌓기

35 다음은 벽돌쌓기에 관련된 조경표준시방서 내용이다. 빈칸에 알맞은 내용을 기입하시오.

① 벽돌에 부착된 불순물은 제거하고 사전에 (㉠)를 한다.
② 착수 전에 벽돌 나누기를 하고 세로줄눈은 특별히 정한 바가 없는 한 (㉡)이 되지 않도록 쌓기 한다.
③ 줄눈 모르타르(1 : 2)는 접합면의 전체에 고루 배분되도록 하고 줄눈 폭은 특별히 정하지 않는 경우에는 (㉢)로 한다.
④ 벽돌쌓기가 끝나면 곧바로 줄눈용 시멘트로 줄눈 메우기하고 청소한다.
⑤ 1일 쌓기 높이는 (㉣)를 표준으로 하고 최대 (㉤) 이내로 하며, 이어쌓기 부분은 계단형으로 마감한다.

정답
㉠ 물축이기 ㉡ 통줄눈 ㉢ 10mm ㉣ 1.2m ㉤ 1.5m

36 다음 보기의 내용에 맞는 강의 열처리 방법을 ( ) 안에 쓰시오.

① (㉠) : 균질의 조직을 만들어 강도가 높아지며, 가열 후 공기 중에서 냉각시킨다.
② (㉡) : 연화조직의 정정과 내부응력을 제거하는 방법으로 가열 후 노의 내부에서 냉각시킨다.
③ (㉢) : 강도나 경도를 증가시키기 위하여 가열 후 물이나 기름에 갑자기 넣어 냉각시킨다.
④ (㉣) : 취성이 큰 재료의 인성을 높이기 위해 가열 후 공기 중에서 냉각시킨다.

정답
㉠ 불림 ㉡ 풀림 ㉢ 담금질 ㉣ 뜨임

37 다음 보기의 내용에 맞도록 수지를 구분하시오.

① (㉠) : 중합반응, 재성형 가능, 염화비닐(PVC), 아크릴, 폴리에틸렌, 폴리스틸렌
② (㉡) : 축합반응, 재성형 불가능, 페놀, 요소, 멜라민, 에폭시, 실리콘, 우레탄

정답
㉠ 열가소성 수지　㉡ 열경화성 수지

38 다음 보기의 내용을 참고로 하여 시설물 설치 시 시행하는 공사를 구분하여 쓰시오.

① (㉠) : 원지반 다짐공사 → 잡석포설 → 잡석 다짐공사와 콘크리트 공사를 위한 거푸집 공사 → 철근
　　　　　 배근 공사 → 콘크리트 타설과 양생 → 거푸집 해체 공사
② (㉡) : 거푸집 공사 → 철근 배근공사 → 콘크리트 타설과 양생 → 거푸집 해체 공사

정답
㉠ 기초 공사　㉡ 기초 위에 축조되는 시설물

39 다음 보기의 내용에 맞는 시설물을 구분하여 빈칸에 쓰시오.

① (㉠) : 기초부분 목재는 방부처리, 철강재는 이중도장을 하며, 우천 시 게시물의 보호를 위하여 투명
　　　　　 한 유리 또는 합성수지의 보호덮개를 설치한다.
② (㉡) : 시설물의 바닥면은 평탄하여야 하며 수직 기둥의 설치 기초공사는 독립기초 또는 줄기초로 시
　　　　　 공하며, 모서리는 구형으로 모따기와 용접부위는 매끄럽게 마감한다.
③ (㉢) : 보행 데크로 가장 많이 설치하는 것으로 기초공사는 독립기초와 줄기초로 하며 줄기초는 독립
　　　　　 기초에 비하여 구조적 안정성 높다.
④ (㉣) : 설계 대상 공간의 성격과 경계표시, 출입통제, 침입방지, 공간이나 동선 분리 등에 쓰이며, 기
　　　　　 초공사는 독립기초와 줄기초로 구분될 수 있으며 매립으로 시공한다.

정답
㉠ 안내시설　㉡ 옥외 시설물　㉢ 데크 시설물　㉣ 펜스

MEMO

조경시공실무

PART 5

조경관리

Chapter 01

조경관리계획

1 |||| 조경관리일반

❶ 조경관리의 구분

① 유지관리 : 조경수목과 시설물을 항상 이용에 용이하게, 점검과 보수로 목적한 기능의 서비스 제공을 원활히 하는 것

② 운영관리 : 시설관리로 얻어지는 이용 가능한 구성요소를 더 효과적이고 안전하게, 더 많이 이용하도록 하기 위한 것 −조직의 구성과 협조체계 수립

③ 이용관리 : 이용자의 행태와 선호를 조사·분석하여 적절한 이용 프로그램을 개발하여 홍보하고, 이용에 대한 기회를 증대시키는 것

조경관리의 구분

구분	내용
유지관리	식재수목, 초화류, 잔디, 야생식물, 기반시설물, 편익 및 유희시설물, 건축물
운영관리	예산, 재무제도, 조직, 재산 등의 관리
이용관리	안전관리, 이용지도, 홍보, 행사프로그램 주도, 주민참여 유도

❷ 관리 작업의 종류

① 정기 작업 : 청소, 점검, 수목의 전정, 시비, 병해충 방제, 월동관리, 페인트칠

② 부정기 작업 : 죽은 나무의 제거 및 보식, 시설물의 보수

③ 임시 작업 : 태풍·홍수 등 기상 재해로 인한 피해 복구

❸ 운영관리방식

① 직영방식 : 관리주체가 직접 운용관리 −재빠른 대응 필요 시 적합
  • 관리책임이나 책임소재 명확, 즉시성·유연성, 관리실태의 정확한 파악, 양질의 서비스
  • 업무의 타성화, 인사 정체의 우려, 관리비의 상승 우려, 업무 자체의 복잡화

② 도급방식 : 관리전문 용역회사나 단체에 위탁 −전문지식·기능·자격을 요하는 업무

- 규모가 큰 시설 등의 효율적 관리, 전문적 지식·기능·자격에 의한 양질의 서비스 가능
- 책임의 소재나 권한의 범위 불명확, 전문업자의 활용 가능성 불충분

2 |||| 이용자 관리

❶ 이용관리

① 이용지도의 필요성
- 공원녹지의 질을 충실히 하기 위한 질적인 면의 정비
- 안전하고 쾌적한 이용환경 창출
- 이용자의 다양한 욕구에 부응하여 공원을 보다 효과적으로 활용

② 이용자 관리대상 : 현재 이용자, 이용 경험이 있는 자, 이용할 가능성이 있는 자

이용지도의 구분

구분	내용
공원녹지의 보전	조례 등에 의해 금지된 행위의 금지 및 주의
안전·쾌적 이용	위험 행위의 금지 및 주의, 특수한 시설 혹은 위험을 수반하는 시설의 올바른 이용방법 지도
유효이용	이용안내, 레크리에이션 활동에 대한 상담·지도

③ 이용자 조사항목 : 시간적 이용자 계측조사, 이용행태별 조사, 의식조사

④ 행사 : 관심 제고 및 계몽, 이용률 제고 및 홍보, 다양화 도모, '기획 → 제작 → 실시 → 평가'의 순으로 행사 개최

⑤ 홍보 : 공원녹지에 대한 이해 촉진, 공공시설의 정보제공, 유효한 이용 및 이용촉진 도모

⑥ 의견 청취 : 주민의 비판·요망·애로사항·의견 등 청취, 관리주체와 주민과의 상호신뢰 및 민주적인 합의 관계 형성, 상호교류에 의한 상호이해 가능

⑦ 안전관리
ⓐ 사고의 종류
- 설치하자에 의한 사고 : 시설의 구조 자체의 결함에 의한 것, 시설설치 미비에 의한 것, 시설배치 미비에 의한 것
- 관리하자에 의한 사고 : 시설의 노후·파손에 의한 것, 위험장소에 대한 안전대책 미비에 의한 것, 이용시설 이외 시설의 쓰러짐, 떨어짐에 의한 것, 위험물 방치에 의한 것
- 이용자·보호자·주최자 등의 부주의에 의한 사고 : 이용자의 부주의, 부적정 이용에 의한 것, 유아·아동의 감독·보호 불충분에 의한 것, 행사주최자의 관리 불충분에 의한 것
- 자연재해 등에 의한 사고
ⓑ 사고처리 순서 : 사고자의 구호 → 관계자에게 통보 → 사고상황의 파악 및 기록 → 사고책임의 명확화

❷ 사회적 참여

① 시민 참여와 파트너십의 활성화로 정부 또는 지자체의 재정 압박 및 운영의 효율화 도모

② 도시공원의 운영관리 모델 : 정부직접운영, 민간위탁운영, 민간협력운영, 시민자율운영, 기업의 사회공헌 중심의 운영, 지정관리자 운영시스템 등

③ 주민참가의 발전과정 : 아른스테인(S. Arnstein)이 제시한 주민참가 과정의 3단계인 '비참가 → 형식적 참가 → 시민권력'의 단계로 발전

④ 내셔널 트러스트 : 국민에 의한 국토보전, 보존가치가 있는 아름다운 자연이나 역사 건축물과 그 환경을 기부금·기증·유언 등으로 취득하여 보전·유지·관리·공개함으로써 차세대에게 물려준다는 취지 −로버트 헌터, 옥타비아 힐, 캐논 하드윅 론즐리 세 사람이 시작

3 ||||| 레크리에이션 관리

❶ 옥외 레크리에이션 관리체계

① 관리체계의 3요소

- 이용자 : 관리체계의 요소 중 가장 중요, 레크리에이션 경험의 수요를 창출하는 주체
- 자연자원기반 : 레크리에이션 활동 및 이용이 발생하는 근거이며, 레크리에이션 경험으로서 이용자 만족도를 좌우하는 요소
- 서비스관리 : 다양한 이용자 집단에게 만족스러운 경험을 제공하려는 요소, 레크리에이션 경험과 자원기반의 원형을 보호하는 요소

② 관리체계

ㄱ 이용자관리체계 : 이용자의 레크리에이션 경험의 질을 극대화하기 위한 사회적 환경의 관리를 의미하며, 이용자의 이용에 대한 정보와 교육프로그램이 가장 중요

- 이용자에 대한 이해 : 이용자 요구도 위계, 참가유형, 이용자의 지각특성
- 이용자관리 프로그램 : 이용의 분포, 공중의 안전, 정보 및 교육

ㄴ 자원관리체계 : 모니터링(자료수집과정의 필수작업)과 프로그래밍(자연환경의 질을 유지하며, 이용에 대한 교육, 영향평가, 위험 제거 등에 대한 파악 및 관리)으로 구분

- 모니터링 : 토양, 물, 공기, 식물, 동물
- 프로그램 : 부지관리, 식생관리, 경관관리, 생태계관리, 장해관리

ㄷ 서비스관리체계 : 이용자를 수용하기 위해 물리적 공간을 개발하거나 접근로 및 특정의 서비스를 제공하는 것

- 제한인자 : 법규, 관리자의 목표, 전문가적 능력, 이용자의 태도
- 프로그램 : 임대차 관리, 특별 서비스, 지역관리, 부지계획

❷ 레크리에이션 수용능력의 결정인자

① 고정적 결정인자 −주로 공간 및 활동의 표준
- 특정 활동에 대한 참여자의 반응 정도(활동의 특성)
- 특정 활동에 필요한 사람의 수
- 특정 활동에 필요한 면적의 수

② 가변적 결정인자 −물리적 조건 및 참여자의 상황
- 대상지의 성격
- 대상지의 크기와 형태
- 대상지 이용의 영향에 대한 회복능력
- 기술과 시설의 도입으로 인한 수용능력 자체의 확장 가능성

❸ 이용의 특성과 강도조절 3가지 유형

① 부지관리 : 부지강화, 이용유도, 시설개발 −부지설계·조성 및 조경적 측면에 중점

② 직접적 이용제한 : 정책 강화, 구역별 이용, 이용강도의 제한, 활동의 제한 −선택권 제한

③ 간접적 이용제한 : 물리적 시설의 개조, 이용자에게 정보제공, 자격요건의 부과 −선택권 존중

1 다음 조경관리의 구분에 대한 설명을 참고하여 ( ) 안에 알맞은 내용을 쓰시오.

① (㉠) : 조경수목과 시설물을 항상 이용에 용이하게 점검과 보수로 목적한 기능의 서비스제공을 원활하게 하는 것

② (㉡) : 시설관리에 의하여 얻어지는 이용 가능한 구성요소를 더 효과적이고 안전하게, 더 많이 이용하도록 하기 위한 것

③ (㉢) : 이용자의 행태와 선호를 조사·분석하여 적절한 이용프로그램을 개발하여 홍보하고, 이용에 대한 기회를 증대시키는 것

정답

㉠ 유지관리   ㉡ 운영관리   ㉢ 이용관리

2 다음의 보기 중 운영관리에 해당하는 것을 모두 고르시오.

수목관리, 예산관리, 건축물관리, 재무제도관리, 기반시설물관리,
안전관리, 조직관리, 이용지도, 재산관리

정답

예산관리, 재무제도관리, 조직관리, 재산관리

3 조경관리방식에 있어 관리주체가 직접 운용관리하여 재빠른 대응이 가능하고, 관리책임이나 책임소재가 명확한 방식을 쓰시오.

정답

직영방식

4 이용자관리에 있어 대상이 되는 사람을 쓰시오.

정답

① 현재 이용자   ② 이용 경험이 있는 자   ③ 이용할 가능성이 있는 자

5 다음 이용지도의 구분에 대한 설명을 참고하여 ( ) 안에 알맞은 내용을 쓰시오.

> ① (㉠) : 조례 등에 의해 금지되어 있는 행위의 금지 및 주의
> ② (㉡) : 위험 행위의 금지 및 주의, 특수한 시설 혹은 위험을 수반하는 시설의 올바른 이용방법 지도
> ③ (㉢) : 이용안내, 레크리에이션 활동에 대한 상담·지도

정답

㉠ 공원녹지의 보전   ㉡ 안전·쾌적 이용   ㉢ 유효이용

6 다음의 보기 중 관리하자에 의한 사고를 모두 고르시오.

> ㉠ 시설의 노후·파손에 의한 것
> ㉡ 시설의 구조 자체의 결함에 의한 것
> ㉢ 위험장소에 대한 안전대책 미비에 의한 것
> ㉣ 부적정 이용에 의한 것
> ㉤ 위험물 방치에 의한 것
> ㉥ 자연재해 등에 의한 사고

정답

㉠, ㉢, ㉤

7 이용자의 사고에 있어 사고처리 순서에 알맞은 내용을 ( ) 안에 쓰시오.

> 사고자의 구호 → (㉠) → 사고 상황의 파악 및 기록 → (㉡)

정답

㉠ 관계자에게 통보   ㉡ 사고책임의 명확화

8 다음 보기의 내용이 설명하는 용어를 쓰시오.

> 국민에 의한 국토보전, 보존가치가 있는 아름다운 자연이나 역사 건축물과 그 환경을 기부금·기증·유언 등으로 취득하여 보전·유지·관리·공개함으로써 다음 세대에게 물려준다는 취지의 시민운동이다. 이 운동은 산업혁명을 통해 급격한 경제성장을 이룩했던 영국에서 1895년 시작되었다.

정답

내셔널트러스트운동(자연신탁국민운동)

9 다음의 옥외 레크리에이션 관리체계의 요소를 ( ) 안에 쓰시오.

① (㉠) : 레크리에이션 경험의 수요를 창출하는 주체로서 관리체계의 요소 중 가장 중요한 요소
② (㉡) : 레크리에이션 활동 및 이용이 발생하는 근거이며, 레크리에이션 경험으로서 이용자 만족도를 좌우하는 요소
③ (㉢) : 다양한 이용자 집단에게 만족스러운 경험을 제공하려는 요소로서 레크리에이션 경험과 자원 기반의 원형을 보호하는 요소

정답
㉠ 이용자   ㉡ 자연자원기반   ㉢ 서비스관리

Chapter 02

조경식물관리

1 |||| 조경수목의 관리

❶ 정지·전정

① 정지·전정 용어

구분	내용
전정(pruning)	관상, 개화·결실, 생육조절 등 조경수의 건전한 발육을 위해 가지·줄기의 일부를 잘라내는 정리작업
정지(training)	수목의 수형을 영구히 유지 또는 보존하기 위하여 줄기나 가지의 생장을 조절하여 목적에 맞는 수형을 인위적으로 만들어가는 기초정리작업
정자(trimming)	나무 전체의 모양을 일정한 양식에 따라 다듬는 것
전제(trailing)	생장력에 관계가 없어 필요 없는 가지나 생육에 방해가 되는 가지를 잘라버리는 작업

② 정지·전정의 분류
  • 조형을 위한 전정 : 수목 본래의 특성, 예술적 가치, 미적 효과, 균형생장을 위한 전정
  • 생장을 조정하기 위한 전정 : 병충해 가지나 고사지 제거, 곁가지 끝을 다듬어 키의 생장촉진
  • 생장을 억제하기 위한 전정 : 일정한 형태 유지, 필요 이상으로 자라지 않도록 크기 조절
  • 갱신을 위한 전정 : 생기를 잃거나 개화 상태가 불량해진 묵은 가지 전정
  • 생리조정을 위한 전정 : 손상된 뿌리로부터 흡수되는 수분의 균형을 위해 가지·잎 제거
  • 개화·결실을 촉진하기 위한 전정 : 개화 촉진(매화 개화 후 전정, 장미 수액 유동 전), 결실(감나무 개화 후 전정), 개화와 결실 동시 촉진(개나리·진달래 개화 후 전정)
③ 생장이 왕성한 유목은 강전정, 노목은 약전정
④ 수목의 생장 및 개화 습성
  • 생장 습성 : 1회 신장형(소나무, 곰솔, 잣나무, 은행나무), 2회 신장형(철쭉, 사철나무, 쥐똥나무, 편백, 화백, 삼나무)
  • 개화 습성 : 당년 가지 개화(장미, 무궁화, 배롱나무, 감나무, 목서), 2년생 가지 개화(매실나무, 살구나무, 개나리, 벚나무, 생강나무, 산수유, 모란, 수수꽃다리)

전정시기에 따른 특징

계절	시기	특징	내용
동계전정	겨울(12~2월)	낙엽수 전정	내한성이 강한 낙엽수의 수형을 잡기 위한 굵은 가지치기
춘계전정	봄(3~5월)	상록수 전정	상록수의 모양을 만들거나 수목의 높이 조절하기
하계전정	여름(6~8월)	태풍이나 강풍 피해 예방	햇빛과 통풍을 위해 무성하게 자란 가지 솎아내기
추계전정	가을(9~11월)	나무 모양 다듬기	생육이 거의 끝난 상태에서 수관 밖으로 웃자란 가지 손질하기

⑤ 적아와 적심(순지르기)
- 적아 : 불필요한 겨드랑이눈(곁눈)의 일부 또는 전부를 제거하는 것
- 적심 : 불필요한 곁가지를 없애고 지나치게 자라는 가지의 신장을 억제하기 위하여 신초의 끝 부분을 제거하는 것

❷ 정지·전정의 기술

① 정지·전정의 일반원칙
- 무성하게 자란 가지 제거
- 지나치게 길게 자란 가지 제거
- 수목의 주지는 하나로 자라게 유도
- 평행지 만들지 않기
- 수형이 균형을 잃을 정도의 도장지 제거
- 역지, 수하지 및 난지 제거
- 같은 모양의 가지나 정면으로 향한 가지는 만들지 않기
- 뿌리 자람의 방향과 가지의 유인 고려
- 기타 불필요한 가지 제거

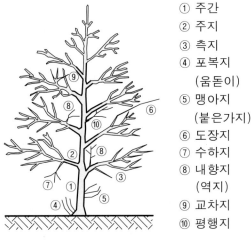

① 주간
② 주지
③ 측지
④ 포복지 (움돋이)
⑤ 맹아지 (붙은가지)
⑥ 도장지
⑦ 수하지
⑧ 내향지 (역지)
⑨ 교차지
⑩ 평행지

| 전정대상 수목의 각 부위도 |

② 전정 대상 : 고사지, 허약지, 포복지(움돋이), 맹아지(붙은 가지), 도장지, 수하지, 역지(내향지), 교차지, 평행지, 윤생지, 대생지
③ 전정 요령 : 위에서 아래로, 오른쪽에서 왼쪽으로, 수관의 밖에서 안쪽으로 실시, 굵은 가지 먼저 자르고 가는 가지 정리, 상부는 강하게 하부는 약하게 전정
④ 정부우세성(정아우세성) : 나무 윗부분의 눈이 가장 원기가 있고 아래로 내려갈수록 약하다는 특성으로, 전정의 강도를 이 특성에 따라 상부는 강하게 하부는 약하게 하는 것
⑤ 두목작업 : 입목의 전정을 매년 같은 위치에서 하면 자른 부분이 굵어져서 사슴뿔 모양처럼 되어 전정 시 미관효과를 증진시키고 수목의 생장조절도 가능

❸ 전정 방법

① 도장지 자르기 : 한 번에 잘라내지 말고 1/2 정도 줄여서 힘을 약화시킨 후 동계 전정
② 굵은 가지 자르기 : 주간에서 10~15cm 떨어진 곳에서 가지의 수직방향으로 절단(아래쪽 먼저

1/3 정도 자르고 위쪽에서 어긋나게 자른 후 기부 절단), 절단면에 톱신페스트 도포(목련류, 벚나무류 반드시 도포제 사용) −기부 절단 시 지륭을 남김

- 지륭(가지 밑살) : 가지의 하중을 지탱하기 위하여 가지 밑에 생기는 불룩한 조직
- 지피융기선 : 나무의 두 가지가 서로 맞닿아서 생긴 주름살 모양의 선
- 캘러스 : 식물의 조직화되지 않은 세포 덩어리로 식물의 상처 보호

③ 마디 위 자르기 : 눈끝의 6~7mm 윗부분을 눈과 평행한 방향으로 비스듬히 절단

④ 산울타리 전정 : 연 2~3회, 높은 울타리는 옆에서 위쪽으로 전정, 상부는 깊게 하부는 얕게, 높이 1.5m 이상일 경우 사다리꼴 형태로 전정

⑤ 소나무의 적심(순자르기) : 5~6월경 새순이 5~10cm 자라난 무렵에 2~3개의 순만 남기고 제거, 남긴 순의 힘이 지나치면 1/3~1/2 정도만 남겨두고 끝부분을 손으로 제거, 노목, 허약한 것은 다소 빨리 실시, 순따기를 한 후에는 토양 과습 금지, 잎 솎기(8월)

⑥ 유인, 단근(전근) : 개화 결실을 촉진하기 위하여 실시

⑦ 아상 : 눈의 상단 아상(꽃눈 형성), 하단 아상(생장 억제)

⑧ 가지 비틀기 : 가지가 너무 뻗는 것을 막고, 착화가 잘되도록 하는 것 −소나무류 시행

⑨ 전정도구 : 전정가위, 적심가위(부드러운 가지 절단이나 꽃꽂이), 적과·적화가위(꽃·열매 수확), 고지가위(높은 곳의 가지·열매 채취)

❹ 시비

① 뿌리발달 촉진, 건전한 생육, 병해충·추위·건조·바람·공해 등에 대한 저항력 증진, 건강한 꽃과 좋은 과일의 결실, 토양 미생물의 번식 조장, 양분의 이용 개선

- 양분의 검증법 : 토양분석, 식물체 분석, 식물의 조직분석, 양분시험법(처리구·무처리구 설치, 상당한 시간소요로 비현실적), 엽면살포법(3·4일~2주)
- 수세진단(활력도 측정) 도구 : 샤이고미터(수목의 전기전도도 측정), 토양온도측정기, 토양 pH와 수분 측정기, 엽록소 측정기
- C/N율(탄질률) : 화아분화에 관계, 고(생장장애, 꽃눈 많아짐), 저(도장, 성숙이 늦어짐)
- 비료의 3요소 : 질소, 인산, 칼륨

② 비료의 특성

- 다량원소(C·H·O·N·P·K·Ca·Mg·S), 미량원소(Fe·Mn·B·Zn·Cu·Mo·Cl)
- 길항작용(마그네슘과 칼륨, 칼슘), 상조작용(마그네슘과 질소, 인산)

식물의 생육에 필요한 각종 원소

원소명	원소기호	각 원소가 관여하는 생활기능
탄소	C	
수소	H	엽록소 구성원소, 광합성에 의한 유기화합물 구성성분
산소	O	

질소	N	엽록소, 단백질의 중요성분으로 원형질의 주요 구성성분
인산	P	핵산, 인지질, 원형질막의 구성성분, 광합성과 호흡작용
칼슘	Ca	세포벽, 분열조직 생장, 잎의 세포막이나 근단생장점 보강
마그네슘	Mg	엽록소의 구성성분, ATP와 결합하여 그 기능의 활성화
칼륨(가리)	K	물질대사를 위한 촉매, 조직의 구성성분이 아님
유황	S	단백질의 구성과 호흡효소의 구성성분
철	Fe	광합성과 호흡 담당 단백질과 효소의 구성성분, 엽록소의 합성
망간	Mn	엽록소의 합성, 호흡효소부활제, 단백질합성효소의 구성성분
동	Cu	호흡효소의 구성성분, 엽록체 단백질의 구성성분
아연	Zn	호흡효소부활제, 트립토판과 호르몬 옥신의 생산에 관여
붕소	B	화분관의 생장 및 핵산과 섬유소 합성에 관여
몰리브덴	Mo	질산환원효소의 구성성분, 핵산 해체에 관여
염소	Cl	광합성의 보조효소, 호르몬 옥신 계통 화합물의 구성성분

③ 비료의 구분
- 무기질 비료 : 질소질(황산암모늄, 염화암모늄, 요소), 인산질(과린산석회, 토마스인비), 칼리질(염화칼리, 황산칼리)
- 유기질 비료 : 양질의 소재로 유해물 등 다른 물질이 혼입되지 않고 충분한 건조 및 완전 부숙된 것 사용 -어박, 골분, 대두박, 계분, 맥주오니
- 복합비료 : 질소, 인산, 칼륨 중 2가지 이상의 성분을 함유한 비료 -예) 21-17-18(질소 21%, 인산 17%, 칼륨 18%)
- 비효의 속도에 따른 구분 : 속효성 비료(화학비료), 지효성 비료(유기질 비료)

④ 시비의 구분
- 기비(밑거름) : 생육 초기에 흡수하도록 주는 비료로 휴면기에 시비, 연 1회
- 추비(덧거름) : 생육 중 수세회복을 위하여 추가로 주는 비료, 연 1회~수회

⑤ 시비 방법
- 표토시비법 : 땅의 표면에 직접 시비 후 관수, 작업은 신속, 비료 유실량 과대
- 토양 내 시비법 : 땅을 갈거나 구덩이(깊이 25~30cm, 폭 20~30cm)를 파고 시비, 구덩이는 수관선을 중심으로 파기
  · 방사상시비 : 수목 밑동부터 밖으로 방사상 모양으로 땅을 파고 시비
  · 윤상시비 : 수관선 기준으로 환상으로 둥글게 파고 시비
  · 대상시비 : 윤상 시비와 비슷하나 구덩이를 일정 간격을 띄어 실시
  · 선상시비 : 산울타리처럼 길게 식재된 수목을 따라 길게 구덩이 파고 시비
  · 전면시비 : 토양 전면에 거름을 주고 경운하기, 관목 시 전면적 살포
- 관주법 : 토양 내 시비법의 일종으로 토양주입기를 이용하여 액체비료 시비 -건조한 지역에서 즉시 양분공급이 필요할 때 실시

- 엽면시비 : 비료를 물에 희석하여 직접 나뭇잎에 살포, 미량원소 부족 시 효과적, 쾌청한 날에 실시 −붕소(B), 철(Fe), 망간(Mn), 아연(Zn)에 효과적
- 수간 주사법 : 여러 방법의 시비가 곤란한 경우나 효과가 낮은 경우 사용
  - 미량원소 부족 시·이식목의 활착·동해회복에 효과적
  - 인력과 시간의 많은 소요로 특수한 경우에 적용, 증산작용이 활발한 4~9월의 맑은 날 실시

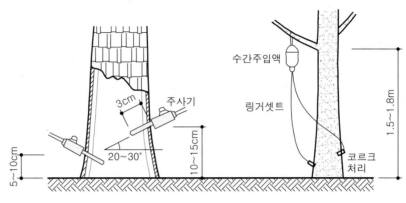

| 수간주사법 |

⑥ 시비량 및 시기

- 일반 조경수목류 기비 : 늦가을 낙엽 후 땅이 얼기 전(10월 하순~11월 하순) 또는 잎이 피기 전(2월 하순~3월 하순)에 연 1회 기준으로 유기질 비료 시비 −관목·소교목 5kg/주, 중교목 10kg/주, 대교목 20kg/주
- 일반 조경수목류 추비 : 화학비료를 수목생장기인 4월 하순~6월 하순에 1회 시비 −질소 $10g/m^2$, 인산 $10g/m^2$, 칼륨 $20g/m^2$
- 화목류 기비 : 이른 봄에 퇴비 등 완효성 유기질 비료(5~20kg/주)와 질소, 인산, 칼륨을 각각 $6g/m^2$를 추가하여 시비
- 화목류 추비 : 가을에 질소, 인산, 칼륨을 각각 $10g/m^2$의 기준을 지킬 것

❺ 관수

① 식물의 호흡과 토양에서의 증산되는 유실량 고려, ET(단위시간당 유실된 수분량)

② 관수가 필요한 경우 : 이식한 수목, 꽃이 핀 수목, 어린 수목, 이례적 가뭄, 물을 좋아하는 수목(수국·국화 등), 화분에 식재된 수목

③ 관수시기 판단

- 식물의 관찰 : 잎이 축 쳐져 있거나 말라 있을 때 수목의 상태를 보고 관수시기 판단 −잎이 축 늘어지거나 시들기 시작할 때, 수목의 잎이 윤기가 없어지거나 색이 퇴색할 때, 잎이 일찍 떨어지거나 어린잎이 죽을 때
- 토양상태 관찰 : 흙을 손가락 한 마디만큼 푹 찔러 보고 흙 속이 말랐을 때, 토양의 20cm 깊이에서 탁구공 모양으로 토양을 떼어 2~3회 주먹을 쥐어 뭉쳐 보고 감촉과 육안으로 관수시

기 판단
- 화분에 있을 경우, 들어 보고 가벼울 때 관수
- 기계 측정값 활용
  - 수분 장력계 : 토양수분의 장력 측정, 0~80cb에서부터 정확하게 측정 가능
  - 전기 저항계 : 토양에 매설된 두 전극 간의 전기저항 측정, 범위는 100~1,500cb, 식물 가
    용수분은 100cb 정도
  - 토양수분 측정기 : 토양함수율 기준으로 5%가 되면 관수 실시, 30%가 되면 정지
  - 그 외 ET 추정, 엽면온도 측정
  - 토양수분함량 측정법 : 중성자법, 석고블럭법, 텐시오미터법
④ 관수량 결정 : 기상조건, 토양조건, 식재지의 특성, 식재수종, 관리 요구도 등 고려
- 고온 건조로 가물어 증발산량이 많아지게 되면 관수의 빈도와 양을 증가시킴
- 이식한 수목에 관수할 경우 물집에 하되, 20~30cm 가량의 물을 충분히 관수
- 관목은 토양이 10cm 이상, 교목은 30cm 이상 젖도록 관수
- 교목 아래 관목이나 지피, 초화류가 함께 식재되었을 경우 더 많이 관수
- 살수 강도는 토양의 수분 침투율보다 작게 결정
⑤ 관수방법 : 수목류 관수는 가물 때 실시하되 연 5회 이상, 3~10월경의 생육기간 중에 관수, 점
적관수의 경우 2~3일 간격으로 관수
- 관수법 : 침수식(수간 주위에 도랑), 도랑식(여러 그루의 사이에 도랑), 스프링클러식(대면적
  관수에 효과적), 낙수식(에미터 사용)
⑥ 관수요령 : 햇볕이 뜨겁지 않을 때 흙이 모두 젖을 때까지 관수
- 하루 중 관수시간은 한낮을 피해 아침 10시 이전이나 일몰 즈음에 관수
- 기온이 5°C 이상이고, 토양의 온도가 10°C 이상인 날이 10일 이상 지속될 때 관수
- 기온이 낮은 때 관수 시 뿌리썩음 원인이 되므로 하루 중 기온이 상승한 이후에 관수

❻ 멀칭 및 방한

① 토양침식 방지, 토양수분의 손실방지 및 유지, 토양비옥도 증진, 토양염분농도 조절, 토양의 굳
어짐 방지, 토양수분의 투수력 증진, 잡초 및 병충해 억제, 뿌리 부분의 보온 및 동상방지, 토양
온도 상승방지
② 방한조치 : 기온이 5°C 이하면 월동조치, 짚싸주기, 뿌리덮개, 방한덮개, 방풍조치, 톱밥주기,
새끼감기, 흙의 성토 및 매장, 배수를 좋게 개선
③ 지주목 설치 : 수고생장 보조, 수간의 균일한 생장, 뿌리 부분의 생육 적절화, 바람에 의한 피해
감소 −준공 후 연 1회 재결속 실시

❼ 상처치료 및 외과수술

① 절단면이나 상처 부위에 유합조직이 형성될 수 있도록 조치

• 매끄럽게 처리 후 도료 도포 −오렌지셸락, 아스팔템·크레오소트 페인트, 접목용 밀랍

② 공동처리 순서 : 부패부 제거 → 공동내부 다듬기 → 버팀대 박기 → 살균 및 치료 → 공동충전 → 방수처리 → 표면경화처리 → 수피처리

③ 수간의 수술방법 : 개공법, 피복법, 충진법

❽ 조경수목의 생육장해

① 저온의 해

• 한해(寒害) : 한상(결빙은 없으나 한랭으로 인해 고사), 동해(조직의 결빙)

• 상해 : 서리에 의한 피해를 총칭 −만상(초봄), 조상(초가을), 동상(겨울)

• 상렬 : 수액이 얼어 부피의 증가와 수피의 축소로 수선 방향으로 갈라지는 현상

• 풍렬 : 건조에 의한 균열로 나이테를 따라 갈라지는 현상

• 저온의 방지 : 통풍과 배수 철저, 멀칭으로 보온, 0°C 되기 전 수분공급, 수간보호(방풍막, 짚싸기, 방한덮개)

② 고온의 해

• 일소(피소, 볕데기) : 강한 직사광선에 의해 줄기의 변색이나 조직의 고사, 남쪽과 남서쪽에서 잘 발생, 수피가 평활하고 코르크층이 발달하지 않은 수종에 쉽게 발생

• 엽소 : 고온의 열로 인하여 잎이 타서 마르는 피해

• 한해(旱害) : 건조로 인한 수분의 결핍으로 생기는 가뭄에 의한 피해, 늦봄과 초여름 따뜻한 오후 건강한 식물에 발생, 천근성 수종과 지하수위가 얕은 토양의 수목에 잘 발생

③ 염해 : 기공 침투로 생리적 방해, 부착된 염화나트륨이 수분탈취, 염화칼슘 피해, 염분의 한계 농도(수목 0.05%, 잔디 0.1%)

2 ||||| 잔디 및 초화류 관리

❶ 잔디 관리

① 토양 : 최적공극률 33%, 토양산도 pH6.0∼7.0 적당

② 관수 : 오후 6시 이후나 일출 전, 같은 양의 물이라도 빈도를 줄이고 심층관수(최소 5cm 이상), 관수 후 10시간 이내에 건조, 한지형(2∼3일에 1회)

③ 시비량

• 기비 : 매년 퇴비 등의 유기질비료를 1∼2kg/m²을 기준으로 1회 시비

• 추비 : 화학비료를 질소:인산:칼리를 3:1:2 또는 2:1:1의 비율로 시비

• 화학비료의 1회 시비량 : 질소, 인산, 칼리를 각각 3g/m², 1g/m², 2g/m² 이상 시비

• 화학비료의 시비횟수 : 들잔디 및 금잔디 3회 이상 분시, 켄터키블루그래스 등의 한지형 잔디

는 최소한 6회 이상 분시, 7·8월의 시비는 피하거나 줄임

- 시비 시기 : 난지형 봄·여름, 한지형 봄·가을, 여름철 고온다습기 병해 주의

④ 잔디 깎기 : 균일한 잔디면 형성, 밑 부분의 고사 방지, 밀도 증가로 잡초와 병충해 침입방지, 뿌리의 발육 일시적 저하, 잘린 부분이 병의 침입통로 역할

- 주의사항 : 처음에는 높게, 서서히 낮출 것, 잔디토양 습윤 시 작업 회피, 빈도·예고 규칙적 시행, 대치는 되도록 제거, 한 번에 초장의 1/3 이상 깎기 금지
- 깎는 시기 : 난지형 6~8월(늦봄·초여름), 한지형 5·6월(봄)과 9·10월(초가을)
- 깎는 높이 : 일반 가정용(25~40mm), 골프그린(4~7mm)

⑤ 잔디의 갱신 시기 : 난지형 보통 6월, 한지형 초봄(3월)·초가을(9월)

- 통기작업 : 단단해진 토양을 지름 0.5~2cm, 깊이 2~5cm의 원통형으로 토양 제거, 물과 양분의 침투성 증가, 통기성과 배수성 증대, 병 발생 억제
- 슬라이싱 : 토양을 칼로 베어내는 작업, 통기작업과 유사하나 효과는 낮음
- 스파이킹 : 못과 같은 장비로 토양에 구멍을 내는 작업, 통기작업과 유사하나 효과는 낮음, 상처가 적어 스트레스 기간 중 이용
- 버티컬모잉 : 슬라이싱과 유사하나 토양 표면의 잔디만 잘라주는 작업
- 롤링 : 들뜬 토양을 눌러 균일하게 표면을 정리하는 작업

⑥ 배토의 효과 : 대치층의 분해 속도 증가, 동해의 감소, 평탄화, 지하경과 토양의 분리방지, 답압 피해 감소, 식생교체, 상토개량

- 배토 : 가는 모래 2, 밭흙 1의 비율에 약간의 유기물을 섞어 사용, 5mm 체로 쳐서 사용, 가열·증기·화학약품 소독, 두께 2~4mm 정도로 주며 2회차로 15일 후에 실시, 배토 후 레이킹, 소량씩 자주 실시(골프장 0.3~0.7cm)
- 배토 시기 : 한지형은 봄·가을(5~6월, 9~10월), 난지형은 늦봄·초여름(6~8월)

⑦ 병충해 관리

- 한국잔디병 : 고온성병(라지패치, 녹병, 엽고병), 저온성병(춘고병, 푸사리움패치)
- 한지형 잔디병 : 고온성병(입고병, 엽고병, 달라스팟, 푸사리움 브라이트), 저온성병(푸사리움 패치, 설부병)

❷ 초화류 및 잡초관리

① 초화류 관리

- 토양 : 통기성, 배수성, 보수성, 보비성 보유
- 토양재료 : 밭토양(가장 많이 사용), 굵은 골재(펄라이트, 버미큘라이트, 소성점토, 모래)
- 토양배합 : 입단구조로 유기물 비율이 1/3 정도가 적당, 가을에 경운 및 시비
- 초화류 시비량
  - 밑거름 : 유기질비료를 1년에 1차례 1~2kg/m²의 기준으로 시비
  - 덧거름 : 화학비료를 연간 2~3회씩 1회당 질소, 인산, 칼륨 각각 5g/m² 이상 시비

　　• 관수 : 파종 후(매일 관수), 모종 이식 후(약 2주 동안 모종상의 건조 주의), 시간(봄·가을 오
　　　전 일찍, 여름에는 오전과 오후, 겨울에는 물을 데워 오전 10~11시 관수)

② 잡초관리

　　• 일장(일조 시간) : 계절적 휴면형 잡초 종자의 감응 조건

　　• 암발아 잡초 : 냉이, 광대나물, 별꽃 -대부분의 잡초는 광발아

　　• 번식 : 종자번식(바랭이, 피, 쇠비름 등 1년생 잡초), 영양번식(가래, 왕포아풀, 올미, 너도방
　　　동사니 등 다년생 잡초)

　　• 임계 경합기간 : 작물과 잡초 간의 경합에 있어서 작물이 경합에 가장 민감한 시기

　　• 물리적 잡초방제 : 인력 제거, 깎기, 경운, 멀칭, 솔라리제이션, 소각

　　• 잡초방제용 제초제 : 발아전처리제(씨마네수화제(씨마진)), 경엽처리제(2,4-D, MCPP, 반
　　　벨), 비선택성 제초제(파라코액제(그라목손), 글리신액제(근사미))

　　• 종합적 방제법 : 제초제 약해와 환경오염 저감, 여러 방제법의 상호협력적 작용

3 ⏐⏐⏐⏐ 병충해 및 농약 관리

❶ 병해 관리

① 병원체에 따른 병해

　　• 바이러스 : 포플러 모자이크병, 오동나무 미친개꼬리병

　　• 파이토플라스마 : 대추나무·오동나무 빗자루병, 뽕나무오갈병

　　• 세균(박테리아) : 밤나무 뿌리혹병(근두암종병), 복숭아 세균성 구멍병

　　• 곰팡이(진균) : 벚나무빗자루병, 잎녹병, 녹병, 흰가루병 등 대부분의 수목병

　　• 선충 : 침엽수류 시들음병, 소나무 재선충병

② 병원체의 크기 : 바이러스<파이토플라스마<세균<진균<선충

③ 식물병의 발병 3대 요인 : 일조 부족, 병원체의 밀도, 기주식물의 감수성

　　• 병의 삼각형 : 식물병 3대 요인인 '기주·병원체·환경'의 상호관계를 삼각형으로 나타낸 것

④ 병징과 표징 : 병징(식물 자체의 조직변화), 표징(병원체가 환부에 존재)

⑤ 병원체의 확인 : 코흐의 4원칙(미생물의 환부에 존재, 분리배양, 접종, 재분리)

⑥ 병원체의 월동

　　• 기주체내 : 잣나무털녹병균, 오동나무빗자루병균, 각종 식물성 바이러스

　　• 병환부·죽은 기주체 : 밤나무줄기마름병균, 오동나무탄저병균, 낙엽송잎떨림병균, 가지마름
　　　병균

　　• 종자 : 오리나무갈색무늬병균, 묘목의 입고병균

　　• 토양 : 묘목의 입고병균, 근두암종병균, 자줏빛날개무늬병균, 각종 토양서식균

⑦ 병원체의 전반
- 바람 : 잣나무털녹병균, 밤나무줄기마름병균, 흰가루병균
- 물 : 근두암종병균, 묘목의 입고병균, 향나무적송병균
- 곤충 동물 : 오동나무·대추나무빗자루병균, 포플러모자이크병균, 뽕나무오갈병균
- 종자 : 오리나무갈색무늬병균, 호두나무갈색부패병균
- 묘목 : 잣나무털녹병균, 밤나무근두암종병균
- 식물체 : 오동나무·대추나무빗자루병균, 포플러·아카시아모자이크병균
- 토양 : 묘목의 입고병균, 근두암종병균
⑧ 병원체의 침입 : 각피침입, 자연개구(기공·피목) 침입, 상처침입
⑨ 병 및 중간기주 : 잣나무털녹병(송이풀, 까치밥나무), 소나무혹병(졸참나무, 신갈나무), 소나무잎녹병(황벽나무, 참취, 잔대), 잣나무잎녹병(등골나무, 계요등), 전나무잎녹병(뱀고사리), 배나무붉은별무늬병(향나무녹병 −모과나무와 배나무 과수원 반경 2km 이내에 향나무 식재 금지)

식물병해와 방제법

구분		내용
예방법		비배관리, 환경조건의 개선, 전염원의 제거, 중간기주의 제거, 윤작실시, 식재식물의 검사, 작업기구류 및 작업자의 위생관리, 상구처치, 종묘소독, 토양소독, 약제살포, 검역 및 예찰, 임업적 방제, 내병성 품종의 이용
치료법	내과적 요법	• 옥시테트라사이클린 : 대추나무·오동나무빗자루병, 붉나무·뽕나무오갈병 • 사이클로헥사마이드 : 잣나무털녹병, 낙엽송끝마름병, 소나무류잎녹병 • 스트렙토마이신·테라마이신 : 근두암종병예방
	외과적 요법	• 가지 : 줄기에서 분지한 부분을 평활하게 자른 후, 지오판도포제, 포리젤도포제 등 도포제 처리 • 줄기 : 건강한 부위를 포함하여 환부를 예리한 칼로 도려내고 소독한 후, 방부제를 바르고 표면은 인공수피로 피복 • 뿌리 : 토양전염성병에 감염되었을 경우 죽은 뿌리를 잘라내고 토양살균제용액으로 뿌리의 노출된 부위를 잘 씻고 살균제 용액 관주

⑩ 식물병해와 방제법
- 흰가루병 : 자낭균에 의한 병, 균사·자낭각 상태로 월동, 장미·단풍·배롱·벚 등에 많이 발생, 주야의 온도차가 클 경우, 통기불량·일조부족·질소과다 등이 발병요인, 병환부에 흰가루가 섞여서 미세한 흑색의 알맹이가 다수 형성(자낭구), 티오파네이트메틸수화제(지오판엠)·결정석회황합제(유황합제)·디비이디시(황산구리)유제(산요루) −포리옥신 방제
- 그을음병(매병) : 자낭균에 의한 병, 균사·자낭각 상태로 월동, 낙엽송·소나무류, 주목, 동백, 후박에 많이 발생, 기주선택성 없음, 병원균이 진딧물·깍지벌레 등 흡즙성 해충의 배설물에 기생, 동제살균제 살포금지 −만코지, 지오판 방제
- 탄저병 : 자낭균에 의한 병, 균사·자낭각 상태로 월동, 묘목·잎맥·어린 줄기·과실이 검게 변하고 움푹 들어감 −만코지, 톱신엠 방제
- 붉은별무늬병(적성병) : 향나무가 중간기주(겨울포자), 녹병균(담자균류)에 의해 발생 −디티폰수화제, 훼나리, 만코지, 포리옥신 방제

- 잎떨림병 : 자낭균에 의한 병, 자낭각으로 월동, 잣나무소나무, 해송, 낙엽송, 전나무, 잎이 갈색으로 변색
- 녹병 : 담자균에 의한 병, 기주체내에서 월동, 향나무녹병, 잣나무털녹병, 전나무잎녹병, 포플러류 잎녹병
- 빗자루병(천구소병) : 파이토플라스마(대추나무는 마름무늬매미충 매개, 오동나무는 담배장님노린재 매개), 자낭균(벚나무)
- 참나무 시들음병 : 광릉긴나무좀(암컷 등판에 균낭) 매개, 월동한 성충은 5월경에 새로운 나무 가해, 신갈나무 피해 최대
- 소나무재선충병 : 솔수염하늘소·북방수염하늘소 매개, 임외 반출금지 -메프유제, 그린가드(살선충제) 방제
- 소나무 혹병 : 환부가 4~5월경에 터져서 녹포자 비산

❷ 충해 관리

① 가해 습성에 따른 분류

가해습성	주요 해충
흡즙성 해충	깍지벌레류, 응애류, 진딧물류, 방패벌레류
식엽성 해충	노랑쐐기나방, 독나방, 버들재주나방, 솔나방, 어스렝이나방, 짚시나방, 참나무재주나방, 텐트나방, 흰불나방, 오리나무잎벌레, 잣나무넓적잎벌
천공성 해충	미끈이하늘소, 박쥐나방, 버들바구미, 소나무좀, 측백하늘소
충영형성 해충	밤나무혹벌, 솔잎혹파리
묘포해충	거세미나방, 땅강아지, 풍뎅이류, 복숭아병나방

② 해충방제

- 생물적 방제 : 기생성·포식성 천적, 병원미생물
- 화학적 방제 : 살충제, 생리활성물질 -종묘소독, 토양소독, 약제살포, 도포제, 수간주입
- 임업적 방제 : 내충성 품종, 간벌, 시비
- 기계적·생리적 방제 : 포살, 유살, 차단, 박피소각
- 잠복소 설치 : 한 곳에 모아 포살, 유충으로 월동하는 흰불나방의 방제, 양버즘·포플러류에 9월 하순경 설치

조경식물 주요해충

구분	특성
진딧물	유충은 적색, 분홍색, 검은색, 끈끈한 분비물(그을음병 유발), 어린잎·새가지·꽃봉오리 흡즙
응애	침엽수·활엽수 모두 침해, 살비제(응애만 죽이는 농약) 사용, 같은 농약의 연용 회피, 발생지역에 4월 중순부터 1주일 간격으로 3회 정도 살포
깍지벌레	콩 꼬투리 모양의 보호깍지, 왁스 물질 분비, 잎이나 가지 흡즙, 잎이 황변, 2차적으로 그을음병 유발
솔나방	유충이 잎 가해, 성충은 1년에 1회(7~8월) 발생, 성충 약 500개 산란

소나무좀	성충이 소나무를 뚫고 들어가 알을 낳아 성충의 피해가 큼
흰불나방	1년 2회 발생, 플라타너스 큰 피해
솔수염하늘소	최성기 6~7월, 소나무재선충병 매개
광릉긴나무좀	참나무시들음병 매개
마름무늬매미충	대추나무빗자루병, 뽕나무오갈병 매개
담배장님노린재	오동나무빗자루병 매개
흰개미	수확한 목재 가해, 건조재도 가해

❸ 농약관리

① 약제의 분류
- 살균제 : 곰팡이·세균 구제, 보호살균제(예방, 약효시간·부착성·고착성이 좋아야 함, 보르도액), 직접살균제(예방·치료, 유기수은제), 종자·토양소독제(클로로피크린, 메틸브로마이드, 캡탄제)
- 살충제 : 소화중독제(식엽성 해충), 접촉독제(피부·기문 침입), 침투성살충제(흡즙성 해충), 유인제, 기피제, 살비제(응애류에만 효과)
- 생장조정제 : 열매의 착색, 숙기 촉진(에세폰액제), 생장 억제(다미노자이드수화제, 말레이액제), 생장 촉진(지베렐린산수용제, 비에이액제, 도마도톤액제, 인돌비액제, 아토닉액제)
- 보조제 : 농약 주제의 효력 증진(전착제, 증량제, 용제, 유화제, 협력제)
- 항생물질제 : 사이클로헥사마이드(잣나무털녹병, 낙엽송끝마름병, 소나무잎녹병), 옥시테트라사이클린(파이토플라스마에 의한 빗자루병, 오갈병, 세균성 구멍병), 스트렙토마이신(저독성 약제, 세균성병 방제)
- 제충국 : 식물성 신경독 살충제, 곤충에 독성이 강하고 온혈동물에게는 무해
- 티오사이클람하이드로젠옥살레이트수화제 : 에비섹트, 접촉독·소화중독 살충제

② 농약의 물리적 성질
- 액제 : 유화성, 습윤성, 확전성, 수화성, 현수성, 부착성, 고착성, 침투성
- 고형 분제, 입제 : 응집력, 토분성, 분산성, 비산성, 부착성, 고착성, 안정성, 수중붕괴성

③ 약제의 용도구분 색깔 : 살균제(분홍색), 살충제(녹색), 제초제(황색), 생장조정제(청색), 맹독성 농약(적색), 기타 약제(백색), 혼합제 및 동시 방제제(해당 약제색 한 가지 선택)

④ 살포액 조제법 및 소요량 계산
- 배액조제법, 퍼센트액조제법, PPM조제법 (1%=10,000PPM)

- 소요 농약량(ml, g)$=\dfrac{\text{단위면적당 소정살포액량(ml)}}{\text{희석배수}}$

- 소요 농약량(ml, g)$=\dfrac{\text{추천농도(\%)} \times \text{단위면적당소정살포량(ml)}}{\text{농약주성분농도(\%)} \times \text{비중}}$

- 희석할 물의 양(ml, g)$=$소요농약량(ml)$\times \left(\dfrac{\text{농약주성분농도(\%)}}{\text{추천농도(\%)}}-1\right) \times$비중

⑤ 농약의 혼용 : 지속기간 연장, 살포 횟수를 줄여 방제비용 절감, 연용에 의한 내성 또는 저항성 억제, 약제 간 상승 작용 —독성 경감, 약효 저하, 약해 발생 가능

⑥ 농약 혼용 시 주의점

- 혼용가부표를 반드시 확인
- 표준 희석배수를 반드시 준수하고 고농도로 희석하지 않도록 할 것
- 2종 혼용을 원칙으로 하고 다종 약제의 혼용은 피할 것
- 살포액을 만들 때에는 동시에 두 가지 이상의 약제를 섞지 말고 한 약제를 먼저 물에 완전히 섞은 후 다음 약제를 차례대로 추가하여 혼합
- 수화제와 유제의 혼용은 가급적 하지 말고, 부득이한 경우 '액제(=수용제) – 수화제(=액상 수화제) – 유제' 순으로 혼합
- 농약을 혼용하여 조제한 살포액은 오래 두지 말고 당일에 살포하도록 할 것
- 혼용하였을 때 침전물이 생긴 농약은 사용하지 말 것
- 다종 혼용 시에는 농약을 표준 살포량 이상으로 과량 살포하지 말 것
- 혼용가부표에 없는 농약을 부득이 혼용할 경우에는 전문기관의 상담이나 좁은 면적에 시험 살포하여 이상 유무를 확인한 후 살포

⑦ 농약 살포 시 주의사항

- 마스크, 보안경, 고무장갑, 방제복 등을 반드시 착용할 것, 살포 후 세척
- 신체 이상 시 살포·취급 금지, 한 사람이 2시간 이상 작업 금지, 작업 중 식사·흡연 금지
- 적용 대상 작물과 병해충 이외에는 사용금지, 안전사용기준과 취급제한 기준 준수
- 다른 농약과 섞어 뿌리고자 할 때에는 반드시 혼용이 가능한지를 확인한 후 사용
- 살포 시 바람을 등지고 뿌리되 한낮 뜨거운 때를 피하여 아침·저녁 서늘할 때 실시
- 작업이 끝난 후에는 입안을 물로 헹구고 손·발·얼굴 등을 비눗물로 깨끗이 씻을 것
- 살포액은 가능한 한 그날 중으로 다 사용할 수 있도록 사용할 만큼의 양만 조절해서 조제
- 남은 농약은 옮겨 보관하지 말고 밀봉한 뒤 건조하고 서늘한 장소에 보관

⑧ 농약보관 : 고온에서 분해가 촉진되고, 흡습되면 물리성에 영향을 주며, 유제는 화재의 위험성 이 높음, 고독성 농약과 일반 저독성 약재는 별도 보관

핵심문제 조경식물관리

1 다음 보기의 내용이 설명하는 알맞은 용어를 (   ) 안에 쓰시오.

① (㉠) : 수목의 관상, 개화·결실, 생육조절 등 조경수의 건전한 발육을 위해 가지나 줄기의 일부를 잘라내는 정리작업

② (㉡) : 수목의 수형을 영구히 유지 또는 보존하기 위하여 줄기나 가지의 생장을 조절하여 목적에 맞는 수형을 인위적으로 만들어가는 기초정리작업

③ (㉢) : 나무 전체의 모양을 일정한 양식에 따라 다듬는 것

정답

㉠ 전정(pruning)   ㉡ 정지(training)   ㉢ 정자(trimming)

2 다음 보기의 내용이 설명하는 알맞은 용어를 (   )에 쓰시오.

① (㉠) : 불필요한 겨드랑이눈(곁눈)의 일부 또는 전부를 제거하는 것

② (㉡) : 불필요한 곁가지를 없애고 지나치게 자라는 가지의 신장을 억제하기 위하여 신초의 끝부분을 제거하는 것

정답

㉠ 적아   ㉡ 적심

3 다음은 조경표준시방서에 제시된 전정대상 부위도이다. 그림을 참고하여 빈칸에 적절하게 답하시오.

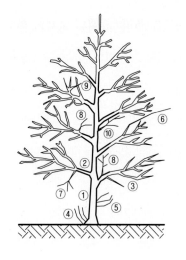

부위명칭	위치(①~⑩)	설명
도장지	(㉠)	(㉡)
(㉢)	⑧	가지의 생장 방향이 다른 가지와 다른 것
(㉣)	⑨	두 개의 가지가 서로 엇갈리며 자란 가지
맹아지	(㉤)	휴면상태에 있던 눈에서 자란 붙은 가지

정답

㉠ ⑥   ㉡ 생육이 지나치게 왕성하여 웃자란 가지   ㉢ 내향지(역지)   ㉣ 교차지   ㉤ ⑤

4 전정의 횟수는 수형, 수종, 식재목적, 식재장소 등의 여건을 고려하여 정해야 한다. 조경설계기준에 제시된 성상별 전정횟수에 대해 기술하시오.

> ① 관목류 : 연간 1회를 기준으로 하며, 생울타리, 가로수벽의 전정은 목적에 맞게 연 (㉠) 전정한다.
> ② 교목류 : 연간 1회를 기준으로 하되, 수형과 수종, 식재목적, 식재장소 등의 여건에 따라 추가하거나 2~3년마다 (㉡) 시행할 수 있다.

정답

㉠ 2~3회   ㉡ 1회

5 다음은 조경설계기준에 제시된 전정시기에 대한 설명이다. 빈칸을 알맞게 채우시오.

> ① 전정의 시기는 수종의 생육 및 개화패턴을 고려하여 정한다.
> ② 상록침엽수의 전정은 동절기를 피하여 (㉠)에 시행한다.
> ③ 상록활엽수의 전정은 생장 정지시기인 (㉡), 9~10월에 시행한다.
> ④ 낙엽활엽수의 전정은 발아한 잎이 굳어지는 시기인 (㉢), 낙엽기인 (㉣)에 시행한다.

정답

㉠ 10~11월   ㉡ 5~6월   ㉢ 7~8월   ㉣ 11~3월

6 다음 보기의 내용은 가로수 전정에 대한 조경표준시방서 내용이다. 빈칸에 알맞은 단어를 쓰시오.

> ① (㉠) : 수관내의 통풍이나 일조 상태의 불량에 대비하여 밀생된 부분을 솎아내거나 도장지 등을 잘라내어 수형을 다듬는다.
> ② (㉡) : 굵은 가지 솎아내기 및 장애지 베어내기 등으로 수형을 다듬는다.

정답

㉠ 약전정   ㉡ 강전정

7 전정은 수목의 유형 및 용도를 고려하여 그 시기를 달리하여야 한다. 조경표준시방서에 제시된 수목 유형에 따른 전정시기를 빈칸에 채우시오.

구분	시기
화목류	㉠
유실수	㉡
상록 활엽수	어느 때나 가능(6~7월에 유의)
상록 침엽수	㉢
낙엽 활엽수	㉣

ㄱ 개화가 끝난 직후　　ㄴ 싹트기 전 이른 봄　　ㄷ 5월 초순~중순　　ㄹ 6월 이전 또는 낙엽 후

8 다음은 조경설계기준에 제시된 전정시기에 대한 설명이다. 다음과 같은 수목의 알맞은 전정시기를 답하시오.

> 수국, 매실, 복숭아, 동백, 개나리, 서향, 치자, 철쭉류 등 봄에 개화하며 신장한 가지에 5월 중순~9월경 꽃눈이 분화하는 수목류

낙화직후

9 다음 보기의 내용은 가로수 전정에 대한 조경표준시방서 내용이다. 빈칸에 알맞은 단어를 쓰시오.

> ① 포장지역에 식재한 독립교목은 태양열 및 인위적 피해로부터 보호하기 위하여 (ㄱ) 높이까지의 수간에 수간보호재 감기를 실시한다.
> ② 겨울의 추위나 건조한 강풍에 피해가 예상되는 수목은 11월 중에 지표로부터 (ㄴ) 높이까지의 수간에 모양을 내어 짚 또는 녹화마대로 감싸준다.
> ③ 수목의 시비는 토성을 개선할 수 있는 완숙된 상토를 사용하며 연 (ㄷ)로 분할하여 기비와 추비로 사용한다.

ㄱ 1.5m　　ㄴ 1.5m　　ㄷ 2회

10 다음 보기의 내용은 가로수 전정에 대한 조경표준시방서 내용이다. 빈칸에 알맞은 단어를 쓰시오.

> 수목의 전정 시 하계전정은 (ㄱ), 동계전정은 12월~3월 사이에 실시한다. 가로수의 생육공간을 확보하기 위하여 고압선이 있는 경우 수고는 고압선보다 (ㄴ) 밑까지를 한도로 유지하고, 제일 밑가지는 통행에 지장이 없도록 보도측 지하고는 (ㄷ) 이상으로 하되, 수고와 수형을 감안하여 (ㄹ)까지로 할 수 있다. 또한 보도측 건물의 건축 외벽으로부터 수관 끝이 (ㅁ) 이격을 확보하도록 한다.

ㄱ 6~8월　　ㄴ 1m　　ㄷ 2.5m　　ㄹ 2.0m　　ㅁ 1m

11 조경수목의 시비 시 수종과 크기를 고려하여 비료의 종류와 시비량 및 시비횟수를 결정해야 한다. 다음은 조경설계기준상의 시비기준에 관한 설명이다. 빈칸을 알맞게 채워 넣으시오.

> ① 화목류의 밑거름(기비)은 이른 봄에 퇴비 등 완효성 유기질 비료와 질소, 인산, 칼륨 각각 (ㄱ)g/m²를 추가하여 시비한다.

② 화목류의 웃거름(추비)은 꽃이나 열매가 관상 대상인 수목에 관상기가 끝난 후 수세를 회복시키기 위하여 실시하거나 (ⓒ)에 실시한다.

③ 가을에 시비하는 웃거름에 질소질비료가 많으면 내한성이 약해져서 동해를 받기 쉬우므로 질소, 인산, 칼륨 각각 (ⓒ)g/m²의 기준을 지킨다.

④ 일반 조경수목의 밑거름은 유기질 비료를 늦가을 낙엽 후 땅이 얼기 전(10월 하순~11월 하순) 또는 2월 하순~3월 하순의 잎 피기 전에 연 (②)를 기준으로 시비한다.

⑤ 일반 조경수목류의 웃거름은 화학비료를 수목생장기인 4월 하순~6월 하순에 1회 시비한다.

정답
㉠ 6   ㉡ 가을   ㉢ 10   ㉣ 1회

12 다음은 조경표준시방서의 수목시비에 대한 내용이다. 빈칸에 알맞은 내용을 보기에서 골라 채워 넣으시오.

① (㉠)는 늦가을 낙엽 후 10월 하순~11월 하순의 땅이 얼기 전까지, 또는 2월 하순~3월 하순의 잎 피기 전까지 사용하고, (㉡)는 수목생장기인 4월 하순~6월 하순까지 사용해야 한다.

② (㉢) 시비는 잎이 떨어진 후에 효과가 빠른 비료를 준다.

③ (㉣)는 뿌리가 손상되지 않도록 뿌리분 둘레를 깊이 0.3m, 가로 0.3m, 세로 0.5m 정도로 흙을 파내고 소요량의 퇴비를 넣은 후 복토한다.

④ (㉤)는 1회 시에는 수목을 중심으로 2개소에, 2회 시에는 1회 시비의 중간위치 2개소에 시비 후 복토한다.

⑤ 가로수 및 수목보호홀 덮개 상의 시비는 측공시비법(수목 근부 외곽 표면을 파내어 비료를 넣는 방법)으로 시행하되 깊이 (㉥)로 파고 수목별 해당 수량을 일정 간격으로 넣고 복토한다.

정답
㉠ 시비   ㉡ 추비   ㉢ 화목류   ㉣ 환상시비   ㉤ 방사형시비   ㉥ 0.1m

13 다음 보기의 기기 중 나무 형성층의 전기 전도도를 측정하여 수목의 활력도를 판단하는 기구를 고르시오.

샤이고미터(shigometer), 엽록소 측정기, 토양 온도 측정기, 토양 pH와 수분 측정기, 토양 EC 측정기

정답
샤이고미터(shigometer)

14 다음 보기 중 식물에 필요한 다량원소를 모두 고르시오.

C, Fe, H, O, Cu, N, P, Zn, Ca, Mg, K, Mn, S, Cl

C, H, O, N, P, Ca, Mg, K, S

15 다음 보기의 내용이 설명하는 알맞은 용어를 (　) 안에 쓰시오.

① (　㉠　) : 생육 초기에 흡수하도록 주는 비료로서 일반적으로 연 1회 휴면기에 시비한다.
② (　㉡　) : 생육 중 수세회복을 위하여 추가로 주는 비료로서 필요에 따라 연 1회~수회 시비한다.

㉠ 기비(밑거름)　　㉡ 추비(덧거름)

16 다음 보기의 내용이 설명하는 시비법에 맞는 용어를 (　) 안에 쓰시오.

① (　㉠　) : 땅의 표면에 직접 비료를 주는 방법으로 시비 후 관수하며, 작업이 비교적 신속하나 비료의 유실량이 크다.
② (　㉡　) : 시비 목적으로 땅을 갈거나 구덩이를 파고, 또는 주사식(관주)으로 비료성분을 직접 토양 내부로 유입시키는 방법으로 비교적 용해하기 어려운 비료의 시비에 효과적이다.
③ (　㉢　) : 비료를 물에 희석하여 직접 나뭇잎에 살포하는 방법으로 미량원소 부족 시 효과적이며, 쾌청한 날에 실시한다.
④ (　㉣　) : 여러 방법의 시비가 곤란한 경우나 효과가 낮은 경우에 사용하는 방법으로 미량원소 부족 시나 이식목의 활착·동해회복에 효과적이며, 인력과 시간이 많이 소요되므로 특수 경우에 적용하고, 증산작용이 활발한 4~9월의 맑은 날에 실시한다.

㉠ 표토시비법　　㉡ 토양 내 시비법　　㉢ 엽면시비법　　㉣ 수간주사(수간주입법)

17 다음은 조경설계기준에 제시된 수목류의 관수에 대한 설명이다. 빈칸을 알맞게 채우시오.

수목류의 관수는 가물 때 실시하되 연 (　㉠　) 이상, 3~10월경의 생육기간에 관수하며 기온이 (　㉡　) 이상, 토양 온도가 10°C 이상인 날이 (　㉢　) 이상 지속할 때 실행한다. 관수량은 적어도 관목은 토양이 10cm 이상, 교목은 (　㉣　) 이상 젖도록 한다.

㉠ 5회　　㉡ 5°C　　㉢ 10일　　㉣ 30㎝

18 다음은 수목식재 후 관리 중 관수에 대한 조경표준시방서 내용이다. 빈칸을 바르게 채우시오.

수관폭의 (　㉠　) 정도 또는 뿌리분 크기보다 약간 넓게 높이 (　㉡　) 정도의 물받이를 흙으로 만들어 물을 줄 때 물이 다른 곳으로 흐르지 않도록 한다. 토양의 건조 시나 한발 시에는 (　㉢　)에 하도록 하고, 잔디관수는 잔디가 물에 젖어있는 기간이 길면 병·해충의 발생이 우려되므로 낮에 하여야 하며, 관수량은 식재면 토양 (②) 깊이까지 적셔질 정도로 충분히 관수한다.

정답

㉠ 1/3　　㉡ 0.1m　　㉢ 일출·일몰 시　　㉣ 100mm

19 조경표준시방서에서 제시한 동해의 우려가 있거나 온난한 지역에서 생육한 수목 등을 식재하였을 때 취하는 월동작업의 기준 온도를 쓰시오.

정답

5℃ 이하

20 조경표준시방서에서 제시한 식물의 월동관리 방안에 대해 2가지 이상 답하시오.

정답

① 한냉기온에 의한 동해방지를 위한 짚싸주기
② 토양동결로 인한 뿌리 동해방지를 위한 뿌리덮개
③ 관목류의 동해방지를 위한 방한덮개
④ 한풍해를 방지하기 위한 방풍조치

21 다음 보기에 제시된 ㉠~㉤을 조경설계기준에 의한 상처처리 작업순서에 맞도록 ①~⑤에 넣으시오.

부패부 제거 → (①) → (②) → (③) → (④)
　　　　　　　　　　 → (공동충전) → (매트처리) → 인공수피 → (⑤)
※ 공동충전과 매트처리는 필요 시 적용한다.

㉠ 방부처리　　㉡ 방수처리　　㉢ 산화방지처리　　㉣ 살균처리　　㉤ 살충처리

정답

① ㉢　　② ㉣　　③ ㉤　　④ ㉠　　⑤ ㉡

22 다음 보기의 빈칸에 알맞은 수목의 '저온의 해'에 대한 용어를 쓰시오.

① (㉠) : 일반적으로 저온의 의한 피해를 총칭하며 한상과 동해로 구분한다.
② (㉡) : 봄·가을의 서리에 의한 피해를 총칭하며, 시기에 따라 만상, 조상 등으로 구분한다.
③ (㉢) : 온도가 낮아지면 수액이 얼어 부피가 증가하고, 수피는 축소되어 수선 방향으로 갈라지는 현상
④ (㉣) : 건조에 의한 균열로 나이테를 따라 갈라지는 현상

정답

㉠ 한해(寒害)　　㉡ 상해　　㉢ 상렬　　㉣ 풍렬

23 다음 보기의 빈칸에 알맞은 수목의 '저온의 해'에 대한 용어를 쓰시오.

> ① (㉠) : 식물체 내에 결빙은 일어나지 않으나 한랭으로 인하여 생활기능이 장해를 받아서 죽음에 이르는 것
> ② (㉡) : 식물체의 조직 내에 결빙이 일어나 조직이나 식물체 전체가 죽게 되는 것
> ③ (㉢) : 초봄에 식물의 발육이 시작된 후 0℃ 이하로 갑작스럽게 기온이 하강하여 식물체에 해를 주게 되는 것
> ④ (㉣) : 초가을 계절에 맞지 않는 추운 날씨의 서리에 의한 피해

정답

㉠ 한상(寒傷)   ㉡ 동해(凍害)   ㉢ 만상(晚霜)   ㉣ 조상(早霜)

24 다음 보기의 빈칸에 알맞은 수목의 '고온의 해'에 대한 용어를 쓰시오.

> ① (㉠) : 강한 직사광선에 의해 잎이나 줄기에 변색이나 조직의 고사가 발생하는 현상
> ② (㉡) : 고온의 열로 인하여 잎이 타서 마르는 피해
> ③ (㉢) : 건조로 인한 수분의 결핍으로 생기는 피해

정답

㉠ 일소(日燒, 피소)   ㉡ 엽소(葉燒)   ㉢ 한해(旱害)

25 다음은 조경설계기준에 제시된 잔디시비에 대한 설명이다. 빈칸을 알맞게 채우시오.

> ① 초종을 고려하여 연간 시비량을 결정하며, 비료의 종류는 질소(N) : 인산(P_2O_5) : 칼륨(K_2O)이 (㉠) 또는 2 : 1 : 1의 비율이 되도록 한다.
> ② 매년 밑거름으로 퇴비 등의 유기질비료를 (㉡)kg/m²을 기준으로 1회 시비한다.
> ③ 웃거름으로는 화학비료를 질소(N) : 인산(P_2O_5) : 칼륨(K_2O)의 비율이 (㉠) 또는 2 : 1 : 2의 비율이 되도록 시비한다.
> ④ 화학비료의 시비 횟수는 들잔디 및 금잔디는 3회 이상 나누어 주며 켄터키블루그래스 등의 한지형 잔디는 최소한 (㉢)회 이상 나누어 주어야 하며 (㉣)월의 시비는 피하거나 줄여야 한다.
> ⑤ 화학비료의 1회 시비량은 질소(N), 인산(P_2O_5), 칼륨(K_2O) 성분이 각각 3g/m², 1g/m², 2g/m² 이상 되도록 한다.

정답

㉠ 3 : 1 : 2   ㉡ 1~2   ㉢ 6   ㉣ 7, 8

26 다음은 조경설계기준에 제시된 초화류 시비에 대한 설명이다. 빈칸을 알맞게 채우시오.

> ① 초종을 고려하여 시비량과 시비횟수를 결정한다.
> ② 화단 초화류는 집약적 관리가 요구되므로 가능한 한 유기질비료를 밑거름으로서 연 (㉠)회, 화학비

료를 웃거름으로서 연간 (㉡)회 시비한다.

③ 밑거름은 유기질비료를 1년에 1차례 (㉢)kg/m²의 기준으로 시비한다.

④ 웃거름은 화학비료를 연간 2~3회씩 1회당 질소(N), 인산(P₂O₅), 칼륨(K₂O) 성분이 각각 (㉣)g/m² 이상 되도록 시비한다.

㉠ 1   ㉡ 2~3   ㉢ 1~2   ㉣ 5

---

27 관수설계 시 기상조건, 토양조건, 초종, 식재지의 특성, 관리요구도 등을 고려하여 결정한다. 다음은 조경설계기준의 잔디 및 초화류의 관수설계에 대한 설명이다. 빈칸을 알맞게 채우시오.

① 한지형 잔디류는 생육기에 보통 때는 (㉠)에 1회, 가물 때는 매일 관수하고, 잔디면이 충분히 젖도록 살포하되, 적어도 토양이 (㉡) 이상 젖도록 관수한다.

② 초화류의 관수 빈도는 생육기에 (㉢)회/주 관수하며 토양이 충분히 젖도록 관수하되, 적어도 토양이 (㉣) 이상 젖도록 관수한다.

㉠ 2~3일   ㉡ 5cm   ㉢ 2~6   ㉣ 5cm

---

28 다음은 조경설계기준에 제시된 잔디깎기에 대한 설명이다. 빈칸을 알맞게 채우시오.

① 잔디의 깎기 높이와 횟수는 잔디의 종류, 용도, 상태 등을 고려하여 결정한다.

② 한 번에 초장의 (㉠) 이상을 깎지 않도록 한다.

③ 한국잔디류는 생육이 왕성한 (㉡)에, 한지형 잔디는 5, 6월과 9, 10월에 주로 깎아준다.

④ 초장이 3.5~7cm에 도달할 때 깎으며, 깎는 높이는 (㉢) 정도를 기준으로 한다.

⑤ 정원용 잔디일 경우 한국잔디류는 연간 (㉣) 이상, 한지형 잔디는 연간 10회 이상 깎기를 표준으로 한다.

㉠ 1/3   ㉡ 6~8월   ㉢ 2~5cm   ㉣ 5회

---

29 다음은 잔디깎기 조경표준시방서 내용이다. 빈칸을 알맞게 채우시오.

잔디깎는 시기의 경우 한국잔디는 잎의 길이가 (㉠) 이내가 되도록 수시로 실시하고, 기타 잔디류는 식물의 생장에 지장을 주지 않으며 목적에 부합되는 범위 내에서 수시로 실시해야 한다. 횟수는 사용목적에 부합되도록 실시하되 난지형잔디는 생육이 왕성한 (㉡)에, 한지형잔디는 (㉢)에 집중적으로 실시한다.

㉠ 3~6cm   ㉡ 6~9월   ㉢ 봄·가을

30 다음은 잔디시비 조경표준시방서 내용이다. 빈칸을 알맞게 채우시오.

> 난지형잔디는 하절기에, 한지형잔디는 봄과 가을철에 집중시키고 한지형잔디는 (㉠) 직전 시비 할 경우 병·해충 피해를 입을 우려가 높아지므로 특별한 경우를 제외하곤 시비를 피하도록 한다. 또한 질소, 인산, 칼리성분이 복합된 비료를 1회에 m²당 (㉡)씩 살포한 후 반드시 (㉢)를 실시하여야 한다. 한지형 잔디의 경우 고온에서의 시비는 피해를 촉발시킬 수 있으므로 가능한 시비를 하지 않은 것이 원칙이며, 생육부진이 예상되는 등 시비가 반드시 필요한 경우, 농도를 약하게 (㉣)로 시비하여야 한다.

정답
㉠ 장마철   ㉡ 30g   ㉢ 관수   ㉣ 액비

31 다음은 조경표준시방서에 제시된 잔디관리 중 뗏밥주기에 대한 설명이다 빈칸을 바르게 채우시오.

> 잔디의 생육을 돕기 위하여 한지형 잔디는 (㉠), 가을에, 난지형 잔디는 (㉡)에서 초여름에 뗏밥을 준다. 뗏밥은 잔디의 생육이 왕성할 때 얇게 1~2회 주고, 두께는 (㉢) 정도로 주고, 다시 줄 때에는 (㉣)이 지난 후에 주어야 하며 봄철에 두껍게 한 번에 주는 경우에는 5~10mm 정도로 시행한다.

정답
㉠ 봄   ㉡ 늦봄   ㉢ 2~4mm   ㉣ 15일

32 다음 보기의 내용이 설명하는 잔디의 갱신방법에 대한 용어를 ( ) 안에 쓰시오.

> ① (㉠) : 단단해진 토양에 지름 0.5~2cm 정도의 원통형 토양을 깊이 2~5cm로 제거하고 구멍을 허술하게 채워 물과 양분의 침투 및 뿌리의 생육을 용이하게 해주는 작업으로 통기성과 배수성을 원활하게 하고 병 발생을 감소시킨다.
> ② (㉡) : 칼로 토양을 베어주는 작업으로 잔디의 포복경 및 지하경도 잘라주는 효과로 밀도를 높여주며, 통기작업과 유사한 효과가 있으나 정도가 미약하다.
> ③ (㉢) : 못과 같은 장비로 토양에 구멍을 내는 작업으로 통기작업과 유사하나 토양을 제거하지 않아 효과가 낮으며, 상처가 적어 회복시간이 짧아 스트레스 기간 중에 이용한다.

정답
㉠ 통기작업   ㉡ 슬라이싱   ㉢ 스파이킹

33 식생유지관리 중 제초의 목표에 따라 제초제를 선정하며, 규정된 농도와 약의 분량을 지켜 살포해야 한다. 조경설계기준에 제시된 광엽잡초가 발생한 이후의 제초방법에 대해 기술하시오.

정답
광엽잡초가 발생한 이후에는 2,4-D나 반벨 등과 같은 선택성 제초제 중 발아 후처리 제초제(postemergence herbicide)를 잡초가 난 부위에 1회 이상 살포한다.

34 다음 보기의 병원체를 작은 것에서부터 크기별로 나열하시오.

> 세균, 바이러스, 진균, 파이토플라스마, 선충

정답

바이러스-파이토플라스마-세균-진균-선충

35 식물병의 발병 3대 요인을 쓰시오.

정답

① 일조 부족   ② 병원체의 밀도   ③ 기주식물의 감수성

36 다음 보기의 내용이 설명하는 용어를 (   ) 안에 쓰시오.

> ① (㉠) : 병든 식물 자체의 조직변화에 유래하는 이상
> ② (㉡) : 병원체 자체(영양기관, 번식기관)가 식물체의 환부에 나타나 병의 발생을 알릴 때의 것

정답

㉠ 병징(symptom)   ㉡ 표징(sign)

37 병원체가 수목에 침입하는 방법 3가지를 쓰시오.

정답

① 각피 침입   ② 자연개구(기공·피목) 침입   ③ 상처 침입

38 다음 보기의 내용이 설명하는 용어를 (   ) 안에 쓰시오.

> ① (㉠) : 식물체에 침입한 병원체가 그 내부에 정착하여 기생관계가 성립되는 과정
> ② (㉡) : 감염에서 병징이 나타나기까지(발병하기까지)의 기간
> ③ (㉢) : 발병한 기주식물에 형성된 병원체가 새로운 기주식물에 감염하여 병을 일으키고 병원체를 형성하는 일련의 연속적인 과정
> ④ (㉣) : 이종기생균이 생활사를 완성하기 위하여 기주를 바꾸는 것

정답

㉠ 감염   ㉡ 잠복기간   ㉢ 병환   ㉣ 기주교대

39 해충을 방제하는 방법의 분류 3가지만 쓰시오.

정답

① 생물적 방제   ② 화학적 방제   ③ 임업적 방제   ④ 기계·생리적 방제

40 다음 보기의 내용이 설명하는 것을 ( ) 안에 쓰시오.

① 소나무재선충병 : 재선충은 스스로 이동할 수 없으며 매개곤충인 (㉠)에 의하여 전파되고, 감염 시 100% 고사한다.

② 참나무시들음병 : (㉡)이 매개충으로 파렐리아라는 곰팡이균이 원인이며, 벌레들이 참나무둥치를 뚫고 다니면서 곰팡이균을 옮겨 구멍이 나기 시작한 참나무는 두세 달 안에 수액의 흐름이 막혀 고사한다.

정답

㉠ 솔수염하늘소(또는 북방수염하늘소)   ㉡ 광릉긴나무좀

41 다음 보기의 내용에 알맞은 병원체를 ( ) 안에 쓰시오.

수목의 빗자루병 중 벚나무빗자루병이나 대나무빗자루병은 (㉠)에 의한 병이며, 대추나무빗자루병이나 오동나무빗자루병은 (㉡)에 의한 병이다.

정답

㉠ 자낭균   ㉡ 파이토플라스마(마이코플라스마)

42 다음은 조경설계기준에 제시된 조경수목류의 병충해 방제에 대한 설명이다. 빈칸을 알맞게 채우시오.

① 약제를 살포할 때는 연간 (㉠)의 정기 방제를 기준으로 하며, 특정 병충해 발생 시에는 약제를 추가 살포한다.

② 응애류와 같은 해충은 초기 구제를 하지 못하면 피해가 커지므로 초기 발생 시 (㉡) 이상 방제를 한다.

③ 우선적으로 가능한 (㉢) 이용이나 환경조건의 개선을 통한 생태적 방제법을 활용한다.

④ 현장 여건상 동력분무기를 이용한 약제살포가 어렵거나 복잡한 시가지의 가로수는 병충해 방제에 효과적인 수간주사 등에 의한 (㉣)을 활용한다.

정답

㉠ 4회   ㉡ 2회   ㉢ 천적   ㉣ 약제주입법

43 다음은 수목 병·충해 방제 중 수간주입에 대한 조경표준시방서 내용이다. 빈칸을 알맞게 채우시오.

수간주입방법은 높이 차이에 따른 (㉠)과 수간주입기 제품의 압력발생방법의 (㉡) 제품으로 구분할 수 있다. (㉠)의 방법으로 수간주입 시 나무 밑에서부터 높이 (㉢) 되는 부위에 드릴로 지름 5mm, 깊이 (㉣) 되게 구멍을 (㉤) 각도로 비스듬히 뚫고, 주입구멍 안의 톱밥부스러기를 깨끗이 제거한 후 먼저 뚫은 구멍의 반대쪽에 지상에서 (㉥) 높이 되는 곳에 주입구멍 1개를 더 뚫어 2개의 구멍에 약액을 주입할 수 있다. 주입구멍을 많이 뚫는 것은 바람직하지 않으나, 필요 시 2개 이상을 뚫을 수 있다.

정답

㉠ 자연압력식   ㉡ 압력식   ㉢ 0.05~0.1m   ㉣ 0.03~0.04m   ㉤ 20~30°   ㉥ 0.1~0.15m

44 다음 보기의 내용이 설명하는 농약을 (   )에 쓰시오.

> ① (㉠) : 병원균의 포자가 발아하여 식물체 내로 침입하는 것을 방지하기 위한 약제
> ② (㉡) : 병원균의 발아와 침입방지는 물론, 침입한 병원균에 독성작용을 하는 약제
> ③ (㉢) : 곤충에는 살충력이 거의 없고 응애류에만 효력을 나타내는 약제
> ④ (㉣) : 농약 주제의 효력을 증진시키기 위하여 사용되는 약제

정답

㉠ 보호살균제   ㉡ 직접살균제   ㉢ 살비제   ㉣ 보조제

45 다음의 보기에 설명된 것이 무엇인지 쓰시오.

> 국화과 식물의 꽃 부분에 있는 피레트린 물질로 냉혈동물, 특히 곤충에 대하여 독성이 강하고 온혈동물에
> 는 독성이 없다.

정답

제충국(除蟲菊)

46 다음의 표에 제시된 농약의 용도별 색깔을 알맞게 쓰시오.

용도구분	색깔	용도구분	색깔
살균제	(㉠)	생장조정제	청색
살충제	녹색	맹독성 농약	(㉡)
제초제	(㉢)	기타 약제	백색

정답

㉠ 분홍색   ㉡ 적색   ㉢ 황색

47 파라치온 유제 50%를 0.08%로 희석하여 10a당 100L를 살포하려고 할 때 소요약량(ml)을 구하시오(단, 파라치온 유제의 비중은 1.008이다).

정답

$$소요농약량 = \frac{추천농도(\%) \times 단위면적당살포량(ml)}{농약주성분농도(\%) \times 비중} = \frac{0.08 \times 100 \times 1,000}{50 \times 1.008} = 158.73ml$$

48 30% 메프 유제(비중 1.0) 200cc를 0.06%의 살포액으로 만드는데 소요되는 물의 양(cc)을 구하시오.

정답

$$희석할 물의 양 = 소요농약량(cc) \times \left(\frac{농약주성분농도(\%)}{추천농도(\%)} - 1 \right) \times 비중$$

$$=200 \times \left(\frac{30}{0.06}-1\right) \times 1 = 99,800\text{cc}$$

49 농약혼용 시의 장점 2가지만 쓰시오.

정답

① 농약의 살포횟수를 줄여 방제비용을 절감할 수 있다.
② 서로 다른 병해충의 동시방제를 통한 약효의 상승효과를 기대할 수 있다.
③ 동일 약제의 연용에 의한 내성 또는 저항성의 발달을 억제할 수 있다.
④ 약제 간의 상승작용에 의한 약효 증진효과를 기대할 수 있다.

50 농약 혼용 시 주의사항에 대하여 3가지만 쓰시오.

정답

① 혼용가부표를 반드시 확인할 것
② 표준 희석배수를 반드시 준수하고 고농도로 희석하지 않도록 할 것
③ 2종 혼용을 원칙으로 하고 다중 약제의 혼용은 피할 것
④ 살포액을 만들 때에는 동시에 두 가지 이상의 약제를 섞지 말고 한 약제를 먼저 물에 완전히 섞은 후 다음 약
  제를 차례대로 추가하여 혼합할 것
⑤ 수화제와 유제의 혼용은 가급적 하지 말고, 부득이한 경우 '액제(=수용제)-수화제(=액상수화제)-유제' 순으
  로 혼합할 것
⑥ 농약을 혼용하여 조제한 살포액은 오래 두지 말고 당일에 살포하도록 할 것
⑦ 혼용하였을 때 침전물이 생긴 농약은 사용하지 말 것
⑧ 다종 혼용 시에는 농약을 표준 살포량 이상으로 과량 살포하지 말 것
⑨ 혼용가부표에 없는 농약을 부득이 혼용할 경우에는 전문기관의 상담이나 좁은 면적에 시험 살포하여 이상 유
  무를 확인한 후 살포

51 농약 살포 시 주의사항에 대하여 3가지만 쓰시오.

정답

① 마스크, 보안경, 고무장갑, 방제복 등을 반드시 착용할 것, 살포 후 세척
② 신체 이상 시 살포·취급 금지, 한 사람이 2시간 이상 작업 금지, 작업 중 식사·흡연 금지
③ 적용 대상 작물과 병해충 이외에는 사용금지, 안전사용기준과 취급제한 기준 준수
④ 다른 농약과 섞어 뿌리고자 할 때에는 반드시 혼용이 가능한지를 확인한 후 사용
⑤ 살포 시 바람을 등지고 뿌리되 한낮 뜨거운 때를 피하여 아침·저녁 서늘할 때 실시
⑥ 작업이 끝난 후에는 입안을 물로 헹구고 손·발·얼굴 등을 비눗물로 깨끗이 씻을 것
⑦ 살포액은 가능한 한 그날 중으로 다 사용할 수 있도록 사용할 만큼의 양만 조절해서 조제할 것
⑧ 남은 농약은 옮겨 보관하지 말고 밀봉한 뒤 건조하고 서늘한 장소에 보관할 것

Chapter 03

조경시설물 관리

1 |||| 관리원칙 및 기반시설 관리

❶ 관리원칙

① 유지관리 목표 : 조경공간과 시설의 청결과 정돈상태 유지, 경관미 유지, 안전한 환경조성, 휴게 및 오락 기회제공, 관리주체와 유대관계 형성

② 유지관리의 요소 : 시간 절약, 인력의 절약, 장비의 효율적 이용, 재료의 경제성, 의사소통

③ 유지관리계획 수립 시 고려사항 : 계획·설계의 목적, 관리대상의 양과 질, 관리대상의 특성

④ 유지관리의 비용계획 : 비용절감 방법 강구, 시설의 합리적 지속 방안, 관리성에 따른 시설개량의 불균형 파악

⑤ 시설물의 관리 : 조경시설의 안전 정기점검은 연 1회 이상, 이용자 수가 적을 때 점검, 우기 및 추울 때는 회피, 동일 종류를 종합해서 관리

⑥ 연간유지관리계획 : 유지관리 목표설정 → 시설물의 종류 파악 → 시설물의 재료 파악 → 손상부위 점검 → 작업방식 결정 → 투입장비 및 인력 산정 → 관리비용 산출 → 손상부위 보수 및 교체

❷ 기반시설의 유지관리

① 포장관리 : 지하매설물(전화·상수도·가스)의 파손점검, 도로포장에 설치된 배수시설 점검, 기능적 상태의 충족도 점검

ㄱ 토사포장 : 자갈이나 깬돌에 모래·점토를 적당히 섞어 30~50cm 다짐

　• 노면자갈 최대 굵기 30~50mm 이하(노면 총 두께의 1/3 이하)

　• 파손원인 : 먼지(건조·바람), 지반연약화(배수불량·지하수 침투·동결융해), 지지력 부족

　• 개량방법 : 지반치환공법, 노면치환공법, 배수처리공법

　• 보수방법 : 노면안정성 유지(횡단경사 3~5% 유지), 동상 방지(동결융해 깊이까지 모래질 토양으로 환토), 도로배수(도로 양측에 1 × 1m 자갈·호박돌·모래측구 설치)

ㄴ 아스팔트콘크리트포장 : '노상 → 보조기층 → 기층 → 중간층 → 표층'으로 구성

- 파손원인 : 균열(배합불량), 국부적 침하(시공불량), 파상요철(지지력 불균일·아스팔트 과잉), 표면연화(아스팔트 과잉·입도 부족·침입도 부적당), 박리(아스팔트 부족·혼합불량·높은 지하수위)
- 보수방법 : 패칭(응급보수), 표면처리공법(응급보수), 덧씌우기(패칭 뒤 새로 포장)

ⓒ 시멘트콘크리트포장 : '노상(기층 약 1.0m) → 노반(보조기층 15cm) → 콘크리트 슬래브(15~30cm)'로 구성
  - 파손원인 : 설계·시공 부적당, 물시멘트비·다짐·양생 결함
  - 파손형태 : 균열, 융기, 단차, 바퀴자국, 박리, 침하
  - 보수방법 : 충전법, 꺼진 곳 메우기, 덧씌우기, 모르타르 주입공법, 패칭, 바르기(접착제, 시멘트풀, 모르타르)

ⓔ 블록포장 : 다른 포장재료에 비해 유지관리 용이(장점)
  - 포장구조 : 노상상태 양호 시 4cm 정도 모래 포설 후 시공, 노상상태 좋지 않거나 중량물 이동하는 곳은 쇄석으로 두께 6cm 정도의 노반층 추가설치, 이음새 폭 3~5mm
  - 파손원인 : 모서리 파손(소요강도 부족, 무거운 하중운반, 부등침하), 블록 자체파손(생산불량), 포장의 요철(연약지반, 노반 및 모래층 시공 불량)
  - 보수순서 : 보수범위 설정 → 블록제거 및 분리 → 모래층 및 노반층 보수 → 전압 → 모래층 고르기 및 블록 깔기 → 가는 모래로 이음새 채우기

② 배수관리 : 표면배수, 지하배수, 비탈면 배수, 구조물 배수
  - 측구 : 도로상의 물이나 인접부지 주변의 물을 다른 배수처리 지점으로 이동시키는 도랑, 토사측구, 잔디측구(미관유지 곤란), 콘크리트측구(L형, V형, 사다리꼴형)
  - 관리 : 퇴적상태, 물빠짐 상태, 유입지표수나 토사유출 상황, 파손 및 결함상태, 배수로(정기적 청소로 제거), 바닥포장 시 일정한 구배 확보, 지반침하로 집수구가 솟아오르면 낮추어 보수
  - 보수방법
    · 토사측구(콘크리트측구로 개조), 콘크리트측구(불균형, 역구배 등 6개월마다 점검)
    · 집수구·맨홀 : 정기적 청소(태풍철, 해빙기), 토사지·황폐한 구릉, 나지 등은 청소횟수 증회, 주변과의 높이 불량 시 즉시 보수, 뚜껑의 상태 보수·교체

③ 비탈면관리
  - 성토비탈면 : 성토시기, 구조, 토질형상, 주위의 유수상태, 기초지반 및 환경상태 파악
  - 절토비탈면 : 형상, 용수상태, 어깨부분 상태, 집수범위, 보호공의 상태 파악
  - 식생공의 유지관리 : 연 1회 이상 시비 및 추비, 잡초제거 및 풀베기 작업(초장 10cm 이상), 관수 및 병충해 방제, 상단부 비탈어깨부분 관리에 중점, 강제식생 도입

④ 옹벽관리
  - 변화상태 : 침하 및 부등침하, 이음새 어긋남, 경사, 균열, 이동, 세굴
  - 변화원인 : 지반의 침하·이동, 설계·시공의 부적당, 기초강도 저하, 지반지지력 저하, 하중

증가

- 옹벽 재설치 : 대규모 붕괴, 지형의 변경, 노후화, 대규모 파손으로 보수 불가능, 보강비용 과 대 및 보강 후 안전성 확보가 안 될 경우 재설치
- 석축 보수 : 전면콘크리트 옹벽설치, 콘크리트 및 사석 앞성토
- 콘크리트옹벽 보수 : PC앵커공법(기존 지반 양호할 때), 부벽식옹벽공법(기초침하 없을 때), 말뚝압성토공법(옹벽이 활동을 일으킬 때), 그라우팅공법(뒷면 지하수 배수구멍 유도로 토압 경감)

2 ││││ 편익 및 유희시설 관리

❶ 재료별 유지관리

① 목재

ㄱ 인위적 파손 : 교체 및 보수

ㄴ 온도·습도에 의한 파손 : 파손부 제거 후 나무못 박기·퍼티재움, 교체

ㄷ 균류에 의한 피해 : 방부제 살포, 파손부 제거 후 나무못 박기·퍼티재움, 교체

ㄹ 충류에 의한 피해 : 방충제 살포, 파손부 제거 후 나무못 박기·퍼티재움, 교체

- 건조재 가해 충류 : 가루나무좀과·개나무좀과·하늘소과
- 습윤재 가해 충류 : 흰개미류 −건조재도 가해

ㅁ 유상방부제(크레오소트유), 유용성방부제(유기인화합물), 수용성방부제(CCA)

ㅂ 목재 방부제 성능기준 항목 : 흡습성, 철부식성, 침투성, 유화성, 방부성

② 콘크리트재

ㄱ 균열 : 경미한 균열(실재 표면봉합), 상당한 균열(실재 주입)

- 표면실링공법 : 0.2mm 이하 균열에 적용, 와이어브러시 청소 → 에어컴프레서로 먼지 제거 → 에폭시계 재료 도포(폭 5cm, 깊이 3mm)
- V자형 절단공법 : 균열부 표면을 V자 형으로 커팅하고 충전재 채우기(표면실링보다 확실), 누수가 있는 곳은 누수방지를 위해 30~40cm 간격으로 폴리우레탄계 지수재 사용
- 고무압식 주입공법 : 시멘트 반죽에 고분자계 유제나 고무유액 혼입, 주입구와 주입파이프 중간에 고무튜브 설치(튜브 내 압력 $3kg/cm^2$ 정도), 주입재는 24시간 이상 양생

ㄴ 콘크리트 박리 및 철근의 부식 : 철근의 녹 제거 후 에폭시 도장, 부분적 치환

ㄷ 구조물 치명적 결함 : 필요단면 부가, 부분·전면적 타설치환

ㄹ 동해나 황산염에 의한 표면 열화 : 표층부 타설치환, 표면도장

ㅁ 알칼리골재반응 : 경미한 경우 필요단면 부가, 전면 타설치환

③ 철재

⊙ 인위적 파손 : 나무망치로 원상복구, 부분절단 후 교체

　　⊙ 온도·습도에 의한 부식 : 샌드페이퍼로 닦은 후 도장, 부분절단 후 교체

　　⊙ 부분교체 시 용접 : 이물질 제거 후 용접, 강우·강설 시 용접 금지, 그라인더로 간 후 도장

　　② 부식이 잘 되는 곳 : 온도가 높을수록 부식증가, 해안, 산악스키장, 시가지, 공업지대

　　⊙ 부식환경 : 온도·습도·강우량, 습도 50% 이하에서는 부식이 안 일어남

④ 석재

　　⊙ 파손부 보수 : 에틸알콜 세척 후 에폭시계·아크릴계 접착제 사용, 24시간 고무로프로 고정, 접착수지 두께 약 2mm 이상, 상온 7°C 이상에서 실시

　　⊙ 균열부 보수 : 균열폭이 작은 경우 표면실링공법, 큰 경우 고무압식공법 적용

⑤ 합성수지재, 도기재의 파손된 제품은 부분보수가 곤란, 가능한 교체

❷ 시설별 유지관리

① 벤치·야외탁자

　• 이용자수의 이용실태 고려 후 증설 −차광시설 및 녹음수 식재 등으로 이용자 편의 도모

　• 노인·주부 등 장시간 이용 시 목재 벤치 설치

　• 그늘, 습기가 많은 곳은 콘크리트나 석재로 교체, 물 고인 곳은 배수시설 설치 후 포장

　• 이용 빈도가 높은 곳은 접합부의 볼트·너트 조이고 풀림방지 용접

② 유희시설 : 안전사고 예방할 수 있도록 주 1회 이상 모든 시설 점검, 긴급사항과 그렇지 아니한 사항으로 구별하여 대책 수립, 안전을 요하는 것은 점검 시 응급처리

　• 철재 : 곡선부 상태, 비틀림 및 파손, 마모, 접합부(앵커볼트·볼트·리벳·엘보·티 용접) 상태 점검, 대기오염이 현저한 지역(철재·알루미늄재에 강력 방청처리 또는 스테인리스 사용)

　• 목재 : 충격에 의한 파손, 마모, 갈라지거나 뒤틀린 부분, 부패된 부분, 충해로 손상된 부분 점검

　• 콘크리트재 : 기초콘크리트 노출·파손·침하, 충격에 의한 파손·갈라짐·안전성 점검, 콘크리트 보수 3주 후 도장(3년 1회 재도장)

　• 접합 부분 상태, 회전 부분의 구리스 유무, 도장이 벗겨진 곳, 퇴색한 곳 점검

　• 균열 파손부는 보호조치 및 즉시 보수(방치금지), 바닥모래는 굵은 모래 사용, 놀이터 모래면 평탄하게 고르기

③ 휴지통 : 매일 수거, 사용빈도가 낮으면 1주 3~4회, 주말·휴일 등 빈도가 높을 때는 1일 2~3회 수거

④ 음수대 : 급수관 누수 및 지반침하, 밸브작동 상태, 제수변 토사유입 및 파손 유무 점검

⑤ 옥외조명 : 등기구 청소(1년 1회 이상 정기적 청소), 등주가 동관일 경우 3~5년에 1회 정기적 도장 실시, 알루미늄(부식 강, 내구성 약), 콘크리트(유지관리 용이, 무거움), 목재(초기 유지관리 용이)

⑥ 표지판

- 목재 : 자연환경과 조화
- 철제 : 인공적, 내구성 강, 가공·조립·취급 용이, 주조성 양호
- 콘크리트 : 인공적이나 자연모방 가능, 다양한 형태 제작 용이
- 석재 : 자연환경과 조화, 내구성 강, 가공 곤란, 용도 제한적
- 합성수지재 : 인공성 강, 내구성 약, 문자판이나 지주로 사용 곤란
- 손상부 점검 : 문자나 사인, 방향 오류나 넘어진 것, 도장의 벗겨짐이나 퇴색
- 청소(포장도로·공원 월 1회, 비포장도로 월 2회), 재도장(2~3년 1회)

3 |||| 건축물 관리

❶ 건축물 유지관리 일반

① 건축물 관리 : 최소한의 인력구성
- 목공 : 가구제작·수선, 유리 끼우기, 퍼티 바르기, 자물쇠 수선
- 전공 : 조명과 동력
- 기계공 : 기계정비, 배관, 냉·난방설비
- 도장공 : 마루 깔기, 배관단열, 미장

② 관리기준 : 건물의 기능 유지와 함께 경제성이 유지되도록 관리하는 기준

③ 유지관리 접근방법
- 보수관리 위주 : 예산 부족 시 적용, 효율적 이용 저해로 비경제적
- 예방관리 위주 : 초기 비용과 많은 시간 소요, 추가 비용 절감으로 결과적으로 경제적인 방법

④ 예방유지관리 분담
- ㉠ 구역별 분담방법 : 일정 구역 내의 건물을 개인에게 분담시키는 방법
  - 건물 개소수나 연면적으로 배당하며, 건물의 노후상태 감안
  - 담당자가 대상지를 완전히 책임지므로 관리의 질이 높고 소요시간도 절약
  - 대규모 공원이나 오락시설 단지에 적용 시 유리
  - 개인의 각 분야별 능력에 한계가 있으므로 전문가를 필요로 하는 경우 발생(단점)
- ㉡ 분야별 분담방법 : 구역별 분담방법의 단점 보완
  - 분야별 기술자가 조를 이루어 비교적 넓은 지역 담당
  - 작업의 규모와 성격에 따라 필요한 인력배치 가능(장점)
  - 어떤 작업에 대한 인력배치가 과다해지는 경향이 있어 낭비 발생가능(단점)

❷ 건축물 청소

① 청소

- 청소기준 설정 : 예산편성, 인원 배치, 장비와 재료의 조달계획에 필요
- 청소요원, 청소작업할당(개인할당 및 조할당) 선정, 청소대행 고려

② 노동절약설계(건물설계와 청소용이성)

- 건물청소에 드는 제반 비용의 증가에 따라 건물설계 시 청소용이성 고려 필요
- 설계진행과정에서 반드시 작성된 계획 검토
- 바닥, 벽, 천정, 개구부, 가구설비와 장비, 청소설비 등의 재료 및 배수, 청소용이성 고려

핵심문제 조경시설물 관리

Easy Learning Landscape Architecture Construction

1 시설물 관리의 유지관리요소를 쓰시오.

정답

① 시간절약 ② 인력의 절약 ③ 장비의 효율적 이용 ④ 재료의 경제성 ⑤ 의사소통

2 다음의 보기에 나열된 연간유지관리계획의 순서에 맞는 내용을 ( ) 안에 쓰시오.

> 유지관리 목표설정 → (㉠) → 시설물의 재료 파악 → 손상부위 점검 → (㉡)
> → 투입장비 및 인력 산정 → (㉢) → 손상부위 보수 및 교체

정답

㉠ 시설물의 종류 파악 ㉡ 작업방식 결정 ㉢ 관리비용 산출

3 아스팔트콘크리트포장의 파손원인 3가지만 쓰시오.

정답

① 균열 ② 국부적 침하 ③ 파상요철 ④ 표면연화 ⑤ 박리

4 아스팔트콘크리트포장의 보수방법 3가지만 쓰시오.

정답

① 패칭 ② 표면처리공법 ③ 덧씌우기 ④ 꺼진 곳 메우기(혈매) ⑤ 치환설치

5 시멘트콘크리트포장의 파손형태 3가지만 쓰시오.

정답

① 균열 ② 융기 ③ 단차 ④ 바퀴자국 ⑤ 박리 ⑥ 침하

6 시멘트콘크리트포장의 보수방법 3가지만 쓰시오.

정답

① 충전법 ② 꺼진 곳 메우기 ③ 덧씌우기 ④ 모르타르 주입공법
⑤ 패칭 ⑥ 바르기(접착제, 시멘트풀, 모르타르)

7 조경표준시방서에 따르면 사용재료에 따라 관리방법이 각기 다르다. 목재 손상의 종류를 쓰시오.

정답

① 인위적인 힘에 의한 파손   ② 온도와 습도에 의한 파손

③ 균류에 의한 피해   ④ 충류에 의한 피해

⑤ 갈라짐에 의한 피해

8 목재의 충류에 의한 피해로는 건조재 피해는 라왕 물푸레나무 등을 가해하는 가루나무좀의 피해가 크며 습윤재를 가해하는 흰개미는 소나무를 비롯한 많은 수종의 목재에 피해를 입힌다. 조경표준시방서에 제시된 목재 충류피해에 대한 보수방법을 쓰시오.

정답

① 유기염소계통, 유기인계통의 방충제살포

② 부패된 부분을 제거한 후 나무못박기, 퍼티 등 채움

③ 교체

9 다음은 콘크리트의 균열부위 보수방법에 관련된 조경표준시방서 내용이다. 각각의 공법명칭을 쓰시오.

① (㉠) : 0.2mm 이하의 균열부에 적용하며 보수 시에는 와이어브러시로 표면을 청소한 후 에어컴프레서 등으로 먼지를 제거하고 에폭시계 재료를 폭 5cm, 깊이 3mm 정도로 도포하는 방법

② (㉡) : 누수를 방지하기 위하여 콘크리트를 V자형으로 절단하고 30~40cm 간격으로 파이프를 선단까지 삽입한 후 충진재를 주입하며 충진재가 경화한 다음 파이프를 통하여 지수재를 주입하는 방법

정답

㉠ 표면실링공법   ㉡ V자형 절단공법

10 조경표준시방서에 따르면 각 재료별 시설물은 손상의 종류에 따라 보수방법을 달리해야 한다. 철재시설이 온도, 습도에 의해 녹이 발생했을 때의 보수방법을 부식의 정도로 구분하여 서술하시오.

정답

약하게 부식되었을 경우 녹슨 부위를 브러시나 샌드페이퍼 등으로 닦아낸 후 도장하고, 부식의 상태가 심한 경우에는 부식된 부분을 절단하고 새로운 재료를 이용하여 용접한 후 원상태로 복구한다.

11 다음의 보기의 내용에 적합한 방법을 조경표준시방서에 의거하여 ( ) 안에 쓰시오.

석재의 균열부 보수에 있어 균열폭이 작은 경우에는 (㉠)을 적용하고, 균열폭이 큰 경우에는 (㉡)을 적용한다.

정답

㉠ 표면실링공법   ㉡ 고무압식공법

조경시공실무

PART 6

조경적산

Chapter 01

조경적산일반

1 |||| 조경적산기준

❶ 적산일반

① 적산 : 공사에 소요되는 자재의 수량, 시공면적, 체적 등의 공사량을 산출하는 과정
② 품셈 : 인간과 기계의 단위물량당 소요로 하는 노력과 물질을 수량으로 표현한 것
③ 표준품셈 : 정부 등 공공기관에서 시행하는 건설공사의 적정한 예정가격을 산정하기 위한 일반
   적인 기준을 제공하여 예정가격 산정의 기초로 활용
④ 단가 : 공사용 재료 및 노임, 중기임대료 등의 산정기준이 되는 가격으로 현재의 시장가격
⑤ 일위대가 : 어떤 공사의 단위수량에 소요되는 재료비·노무비·경비를 산출하는 것으로 1단위당
   공사비로 품셈을 기초로 작성 −시설일위대가, 식재일위대가
⑥ 공종별 내역서 : 공종별로 직접공사비를 산출하여 집계한 것 −직접공사비 내역서

❷ 표준품셈 일반

① 수량의 계산
   • 수량의 단위 및 소수자리는 표준품셈 단위표준에 의한다.
   • 수량의 계산은 지정 소수자리 아래 1자리까지 산출하여 반올림한다.
   • 계산에 쓰이는 분도는 분까지, 원둘레율, 삼각함수와 호도의 유효숫자는 3자리(3위)로 한다.
   • 곱하거나 나눗셈에 있어서는 기재된 순서에 따라 계산한다.
   • 면적 및 체적의 계산은 측량 결과 또는 설계도서를 바탕으로 수학적 공식에 의해 산출함을 원
     칙으로 한다.
   • 포장공종의 1개소당 $0.1m^2$ 이하의 구조물 자리의 체적과 면적은 구조물의 수량에서 공제하
     지 아니한다.
   • 성토 및 사석공의 준공토량은 성토 및 사석공 설계도의 양으로 한다. 그러나 지반침하량은 지
     반성질에 따라 가산할 수 있다.
   • 절토량은 자연상태의 설계도의 양으로 한다.

• 표준품셈에서 제시된 품은 일일 작업시간 8시간을 기준으로 한 것이다.

단위 및 소수위 표준

종목	규격		단위수량		비고
	단위	소수자리	단위	소수자리	
공사연장	m	2	m	–	
공사폭원	–	–	m	1	
직공인부	–	–	인	2	
공사면적	–	–	m²	1	
용지면적	–	–	m	–	
토적(높이, 너비)	–	–	m	2	
토적(단면적)	–	–	m²	1	
토적(체적)	–	–	m³	2	
토적(체적합계)	–	–	m³	–	
떼	cm	–	m²	1	
모래, 자갈	cm	–	m³	2	
견치돌, 깬돌	cm	–	m²	1	
견치돌, 깬돌	cm	–	개	–	
돌쌓기 및 돌붙임	cm	–	m³	1	
돌쌓기 및 돌붙임	cm	–	m²	1	
사석	cm	–	m³	1	
다듬돌	cm	–	개	2	
벽돌	mm	–	개	–	
블록	mm	–	개	–	
시멘트	–	–	kg	–	
모르타르	–	–	m³	2	
콘크리트	–	–	m³	2	
아스팔트	–	–	kg	–	
목재(판재)	길이 m	1	m²	2	
목재(판재)	폭, 두께	1	m³	3	
목재(판재)	cm	1	m³	3	
합판	mm	–	장	1	
철강재	mm	–	kg	3	총량표시는 t로 한다.
철근	mm	–	kg	–	

금액의 단위표준

종목	단위	자리	비고
설계서의 총액	원	1,000	미만버림
설계서의 소계	원	1	미만버림
설계서의 금액란	원	1	미만버림
일위대가표의 계금	원	1	미만버림
일위대가표의 금액란	원	0.1	미만버림

② 체적의 변화

$$L = \frac{\text{흐트러진 상태의 체적(m}^3)}{\text{자연상태의 체적(m}^3)} \qquad C = \frac{\text{다져진 상태의 체적(m}^3)}{\text{자연상태의 체적(m}^3)}$$

체적환산계수(f)

구하고자 하는 토량 기준이 되는 토량	자연상태 토량	흐트러진 토량	다져진 토량
자연상태 토량	1	L	C
흐트러진 토량	$\dfrac{1}{L}$	1	$\dfrac{C}{L}$
다져진 토량	$\dfrac{1}{C}$	$\dfrac{L}{C}$	1

③ 공구손료 및 작업반장

- 공구손료 : 공구손료는 일반공구 및 시험용 계측기구류의 손료로 인력품의 3%까지 계상하며, 특수공구(철골공사, 석공사 등) 및 검사용 특수계측기류의 손료는 별도 계상한다.
- 잡재료 및 소모재료 : 잡재료 및 소모재료는 설계내역에 표시하여 계상하되 주재료비의 2~5%까지 계상한다.
- 사용고재 등 발생재의 처리 : 다음 표에 의하여 그 대금을 설계 당시 미리 공제한다.

  ·공제금액 = 발생량 × 공제율 × 고재단가

품명	공제율
사용고재(시멘트공대 및 공드람 제외)	90%
강재스크랩(Scrap)	70%
기타 발생재	발생량

- 작업반장수 산정

현장작업조건	작업반장수
작업장이 광활하여 감독이 용이하고 고도의 기능이 필요치 않을 경우	보통인부 25~50인에 1인
작업장이 협소하고 감독 시야가 보통이며 약간의 기능을 요하는 경우	보통인부 15~25인에 1인
고도의 기능과 철저한 감독이 요구되는 경우	보통인부 5~15인에 1인

④ 재료의 할증 및 품의 할증

- 노임의 할증 : 근로시간을 벗어난 시간 외, 야간 및 휴일의 근무가 불가피한 경우에는 근로기준법, 유해·위험작업인 경우 산업안전보건법에 따라 적용한다.
- 품의 할증 : 품의 할증이 필요한 경우 다음의 기준 이내에서 적용할 수 있으며, 품셈 각 항목별 할증이 있는 경우 그것을 우선 적용한다.
  ·군작전 지구대 : 작업할증(인력품)을 20%까지 가산 가능
  ·도서지구, 공항, 산악지역 : 인력품을 50%까지 가산 가능
  ·열차통과 빈도별 할증 : 열차통과 횟수에 따라 10~50% 가산
  ·야간작업 : PERT/CPM 공정계획에 의한 정상작업(정상공기)으로 불가능하여 야간작업을 할 경우, 품의 25%까지 가산
  ·그 외 고소작업, 소규모 작업, 지하, 터널 작업 지세 및 지형 등을 고려하여 할증

재료의 할증

종목		할증률(%)	종목		할증률(%)
조경용 수목		10	잔디 및 초화류		10
원석(마름돌용)		30	블록		4
석판재 붙임용재	정형돌	10	벽돌	붉은벽돌	3
	부정형돌	30		시멘트벽돌	5
목재	각재	5	레미콘	무근 구조물	2
	판재	10		철근, 철골 구조물	1
합판	일반용 합판	3	철근	원형철근	5
	수장용 합판	5		이형철근	3

❸ 토질 및 암의 분류

- 보통토사 : 보통 상태의 실트 및 점토 모래질 흙 및 이들의 혼합물로서 삽이나 괭이를 사용할 정도의 토질(삽 작업을 하기 위하여 상체를 약간 구부릴 정도)
- 경질토사 : 견고한 모래질 흙이나 점토로서 괭이나 곡괭이를 사용할 정도의 토질(체중을 이용하여 2~3회 동작을 요할 정도)
- 고사 점토 및 자갈 섞인 토사 : 자갈질 흙 또는 견고한 실트, 점토 및 이들의 혼합물로서 곡괭이를 사용하여 파낼 수 있는 단단한 토질
- 호박돌 섞인 토사 : 호박돌 크기의 돌이 섞이고 굴착에 약간의 화약을 사용해야 할 정도로 단단한 토질
- 풍화암 : 일부는 곡괭이를 사용할 수 있으나 암질(岩質)이 부식되고 균열이 1~10cm로서 굴착 또는 절취에는 약간의 화약을 사용해야 할 암질
- 연암 : 혈암, 사암 등으로서 균열이 10~30cm 정도로서 굴착 또는 절취에는 화약을 사용해야 하나 석축용으로는 부적합한 암질
- 보통암 : 풍화상태는 엿볼 수 없으나 굴착 또는 절취에는 화약을 사용해야 하며 균열이 30~50cm 정도의 암질
- 경암 : 화강암, 안산암 등으로서 굴착 또는 절취에 화약을 사용해야 하며 균열상태가 1m 이내로서 석축용으로 쓸 수 있는 암질
- 극경암 : 암질이 아주 밀착된 단단한 암질

❹ 돌재료의 분류

- 모암(母岩) : 석산에 자연상태로 있는 암을 모암이라 한다.
- 원석(原石) : 모암에서 1차 파쇄된 암석을 원석이라 한다.
- 건설공사용 석재 : 석재의 품질은 그 용도에 적합한 강도를 갖고 균열이나 결점이 없고 질이 좋은 치밀한 것이며 풍화나 동결의 해를 받지 않는 것이라야 한다.

- 다듬돌(切石) : 각석(角石) 또는 주석(柱石)과 같이 일정한 규격으로 다듬은 것으로서 건축이나 포장 등에 쓰이는 돌

- 막다듬돌(荒切石) : 다듬돌을 만들기 위하여 다듬돌의 규격 치수의 가공에 필요한 여분의 치수를 가진 돌

- 견치돌(間知石) : 형상은 재두각추체(裁頭角錐體)에 가깝고 전면은 거의 평면을 이루며 대략 정사각형으로서 뒷길이(控長), 접촉면의 폭(合端), 뒷면(後面) 등을 규격화 한 돌로서 4방락(四方落) 또는 2방락(二方落)의 것이 있으며 접촉면의 폭은 전면 1변의 길이의 1/10 이상이라야 하고 접촉면의 길이는 1변의 평균 길이의 1/2 이상인 돌

4방락 견치돌　　2방락 견치돌

- 깬돌(割石) : 견치돌에 준한 재두방추형(裁頭方錐形)으로서 견치돌보다 치수가 불규칙하고 일반적으로 뒷면(後面)이 없는 돌로서 접촉면의 폭(合端)과 길이는 각각 전면의 일변의 평균길이의 약 1/20과 1/3이 되는 돌

- 깬 잡석(雜割石) : 모암에서 일차 폭파한 원석을 깬 돌로서, 깬돌(割石)보다도 형상이 고르지 못한 돌로서 전면의 변의 평균 길이는 뒷길이의 약 2/3되는 돌

- 사석(捨石) : 막 깬돌 중에서 유수에 견딜 수 있는 중량을 가진 큰 돌

- 잡석(雜石) : 크기가 지름 10～30cm 정도의 것이 크고 작은 알로 고루고루 섞여져 있으며 형상이 고르지 못한 큰 돌

- 전석(轉石) : 1개의 크기가 0.5m³ 내·외의 정형화 되지 않은 석괴

- 야면석(野面石) : 천연석으로 표면을 가공하지 않은 것으로서 운반이 가능하고 공사용으로 사용될 수 있는 비교적 큰 석괴

- 호박돌(玉石) : 호박형의 천연석으로서 가공하지 않은 지름 18cm 이상의 크기의 돌

- 조약돌(栗石) : 가공하지 않은 천연석으로서 지름 10～20cm 정도의 계란형의 돌

- 부순돌(碎石) : 잡석을 지름 0.5～10cm 정도의 자갈 크기로 작게 깬 돌

- 굵은 자갈(大砂利) : 가공하지 않은 천연석으로서 지름 7.5～20cm 정도의 돌

- 자갈(砂利) : 천연석으로서 자갈보다 알이 작고 지름 0.5～7.5cm 정도의 둥근 돌

- 역(磁) : 천연석이 굵은 자갈과 작은 자갈이 고루고루 섞여져 있는 상태의 돌

- 굵은 모래(祖砂) : 천연산으로서 지름 0.25～2mm 정도의 알맹이의 돌

- 잔모래(細砂) : 천연산으로서 지름 0.05～0.25mm 정도의 알맹이의 돌

- 돌가루(石紛) : 돌을 바수어 가루로 만든 것

- 고로슬래그 부순돌 : 제철소의 선철(銑鐵) 제조 과정에서 생산되는 고로슬래그를 0～40mm로 파쇄 가공한 돌

2 ||||| 공사비 체계 및 산출방식

❶ 공사원가 구성체계

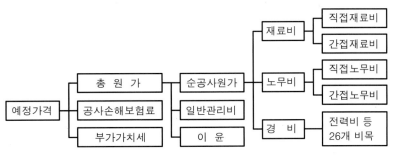

| 예정가격의 구성 |

❷ 원가계산방식

① 표준품셈을 이용하여 표준적이고 보편적인 공법 및 공종을 기준으로 수량을 산정하여 공사비를 산정하는 방식

② 비용산출방법

  ㉠ 재료비＝직접재료비＋간접재료비－작업설·부산물 등의 환금액

   • 직접재료비 : 공사 목적물의 실체를 형성하는 물품의 가치 －수목, 잔디, 시멘트, 철근 등

   • 간접재료비 : 실체를 형성하지 않으나 공사에 보조적으로 소비되는 물품의 가치 －기계오일, 비계, 소모성 공구 등

   • 작업설,부산물 등(Δ) : 시공 중에 발생하는 부산물 등으로 환금성이 있는 것은 재료비로부터 공제 －강재 스크랩, 공드럼 등

  ㉡ 노무비＝직접노무비＋간접노무비

   • 직접노무비 : 직접 작업에 종사하는 자의 노동력의 대가 －기본급, 제수당, 상여금, 퇴직급여충당금

   • 간접노무비 : 작업현장에서 보조작업에 종사하는 자의 노동력의 대가 －기본급, 제수당, 상여금, 퇴직급여충당금

   • 간접노무비＝직접노무비×간접노무비율

간접노무비율(3개의 평균값 적용)

구분	공사종류별	간접노무비율
공사 종류별	건축공사	14.5
	토목공사	15
	특수공사(포장, 준설 등)	15.5
	기타(전문, 전기, 통신 등)	15

공사 규모별	5억원 미만		14
	5~30억원 미만		15
	30억원 이상		16
공사 기간별	6개월 미만		13
	6~12개월 미만		15
	12개월 이상		17

ⓒ 경비 : 공사의 시공을 위하여 소요되는 원가 중 재료비와 노무비를 제외한 원가

　• 산출경비 : 비율로서 계상되는 제경비항목이 아닌 직접적으로 계산되는 경비

ⓔ 일반관리비 : 기업의 유지를 위한 관리활동 부문에서 발생하는 제비용으로서 제조원가에 속하지 아니하는 모든 영업비용 중 판매비 등을 제외한 비용

ⓓ 이윤산정 시 경비 중 기술료와 외주가공비 제외

공사원가계산서 작성방법 예시

비목	구분		금액산정
순공사원가	재료비	직접재료비	
		간접재료비	
		작업설·부산물 등(△)	
		소계	=직접재료비+간접재료비－작업설·부산물 등
	노무비	직접노무비	
		간접노무비	=직접노무비×법정요율
		소계	
	경비	산출경비	
		산재보험료	=노무비×법정요율
		고용보험료	=노무비×법정요율
		국민연금보험료	=직접노무비×법정요율
		국민건강보험료	=직접노무비×법정요율
		노인장기요양보험료	=국민건강보험료×법정요율
		퇴직공제부금비	=직접노무비×법정요율
		산업안전보건관리비 (안전관리비) — 관급미포함	=(재료비+직접노무비)×법정요율+기초액 (기초액은 해당 규모만 적용)
		산업안전보건관리비 (안전관리비) — 관급포함 (작은 값)	=(재료비+직노+관급자재비)×법정요율+기초액 =((재료비+직노)×법정요율+기초액)×1.2
		환경보전비	=(재료비+직접노무비+산출경비)×법정요율
		건설하도급대금지급보증 발급수수료	=(재료비+직접노무비+산출경비)×법정요율
		기타경비	=(재료비+노무비)×법정요율
		소계	

일반관리비	(재료비+노무비+경비)×법정요율
이윤	(노무비+경비+일반관리비)×법정요율
총원가	순공사 원가+일반관리비+이윤
공사손해보험료	총원가(관급자재 포함)×공사손해보험료율

❸ 표준시장단가방식

① 과거 수행된 공사(계약단가·입찰단가·시공단가)로부터 축적된 공종별 단가를 기초로 작성

② 매년의 인건비, 물가상승률 그리고 시간·규모·지역차 등에 대한 보정을 실시하여 차기 공사의 예정가격 산출에 활용하는 방식

③ 비용산출방법

- 직접공사비 : 계약 목적물의 시공에 소요되는 재료비, 노무비, 직접공사경비의 합계액
- 간접공사비 : 직접공사비에 공사규모(금액), 공사기간에 따른 조정계수 또는 일정 요율을 곱하여 계산 −조정계수는 한국건설기술연구원에서 정한 기준이나 발주처별 기준 적용

핵심문제 조경적산일반

1 다음 보기의 건설공사 표준품셈 내용에 알맞은 내용을 빈칸에 기입하시오.

① 면적의 계산 시 구적기(planimeter)를 사용할 경우에는 (㉠) 이상 측정하여 그 중 정확하다고 생각되는 평균값으로 한다.

② 절토(切土)량은 (㉡)의 설계도의 양으로 한다.

③ 발생재의 처리에 있어, 사용고재(시멘트 공대 및 공드람 제외)는 **90%**, 강재스크랩(Scrap)은 (㉢)의 대금을 설계 당시 미리 공제한다.

④ 야간작업 시 품의 할증은 PERT/CPM공정계획에 의한 공기산출결과 정상작업(정상공기)으로는 불가능하여 야간작업을 할 경우나 공사성질상 부득이 야간작업을 해야 할 경우에는 품을 (㉣)까지 가산한다.

정답

㉠ 3회   ㉡ 자연상태   ㉢ **70%**   ㉣ **25%**

2 다음은 건설공사 표준품셈의 소운반에 대한 내용이다. 빈칸에 알맞은 내용을 쓰시오.

① 품에서 자재의 소운반은 포함하며, 품에서 포함된 것으로 규정된 소운반 거리는 (㉠) 이내의 거리를 의미한다.

② 경사면의 소운반 거리는 직고 1m를 수평거리 (㉡)의 비율로 본다.

③ 현장 내 운반거리가 소운반 범위를 초과하거나, 별도의 2차 운반이 발생될 경우 (㉢) 계상한다.

정답

㉠ 20m   ㉡ 6m   ㉢ 별도

3 다음 보기의 ( ) 안에 알맞은 할증률을 건설공사표준품셈에 의거하여 기입하시오.

• 조경용 수목 (㉠)**%**   • 목재의 각재 (㉡)**%**
• 이형철근 (㉢)**%**   • 붉은 벽돌 (㉣)**%**

정답

① 10   ② 5   ③ 3   ④ 3

4 다음 건설공사 표준품셈의 돌 재료에 대한 분류에 있어 빈칸에 알맞은 내용을 쓰시오.

① (㉠) : 각석(角石) 또는 주석(柱石)과 같이 일정한 규격으로 다듬은 것으로서 건축이나 포장 등에 쓰이는 돌

② (㉡) : 형상은 재두각추체(栽頭角錐體)에 가깝고 전면은 거의 평면을 이루며 대략 정사각형으로서 뒷길이(控長), 접촉면의 폭(合端), 뒷면(後面) 등이 규격화 한 돌로서 4방락(四方落) 또는 2방락(二方落)의 것이 있으며 접촉면의 폭은 전면 1변의 길이의 1/10 이상이어야 하고 접촉면의 길이는 1변의 평균 길이의 1/2 이상인 돌

③ (㉢) : 크기가 지름 10~30cm 정도의 것이 크고 작은 알로 고루고루 섞여져 있으며 형상이 고르지 못한 큰 돌

④ (㉣) : 호박형의 천연석으로서 가공하지 않은 지름 18cm 이상의 크기의 돌

정답

㉠ 다듬돌(切石)   ㉡ 견칫돌(間知石)   ㉢ 잡석(雜石)   ㉣ 호박돌(玉石)

5 공사원가계산에 있어 다음의 식을 완성하시오.

① 환경보전비=(재료비+(㉠)+산출경비)×법정요율
② 일반관리비=(재료비+(㉡)+경비)×법정요율
③ 이윤=(㉢)×법정요율

정답

㉠ 직접노무비   ㉡ 노무비   ㉢ 노무비+경비+일반관리비

6 다음의 공사비산정 방식에 알맞은 내용을 ( ) 안에 쓰시오.

① (㉠) : 표준품셈을 이용하여 표준적이고 보편적인 공법 및 공종을 기준으로 수량을 산정하여 공사비를 산정하는 방식
② (㉡) : 과거 수행된 공사(계약단가·입찰단가·시공단가)로부터 축적된 공종별 단가를 기초로 매년의 인건비, 물가상승률 그리고 시간·규모·지역차 등에 대한 보정을 실시하여 차기 공사의 예정가격 산출에 활용하는 방식

정답

㉠ 원가계산방식   ㉡ 표준시장단가방식

7 다음의 표를 참조하여 아래의 일위대가표를 완성하시오(단, 원 단위 미만은 버리시오).

수량표

구분	재료(m³당)			손비비기(m³당)	
배합비	시멘트(kg)	모래(m³)	자갈(m³)	콘크리트공(인)	보통인부(인)
1:2:4	320	0.45	0.90	0.9	1.0
1:3:6	220	0.47	0.94	0.9	0.9
1:4:8	170	0.48	0.96	0.9	0.7

구분	단위	단가(원)
시멘트	포대	4,000
모래	m³	10,000
자갈	m³	9,000
콘크리트공	인	80,000
보통인부	인	60,000

일위대가표(콘크리트 1 : 2 : 4)   (m³당)

품명	규격	단위	수량	단가	금액	비고
시멘트	보통시멘트					
모래	강모래					
자갈	강자갈					
콘크리트공						
보통인부						
계						

정답

일위대가표(콘크리트 1 : 2 : 4)   (m³당)

품명	규격	단위	수량	단가	금액	비고
시멘트	보통시멘트	kg	320	100	32,000	4,000/40＝100(원)
모래	강모래	m³	0.45	10,000	4,500	
자갈	강자갈	m³	0.90	9,000	8,100	
콘크리트공		인	0.9	80,000	72,000	
보통인부		인	1.0	60,000	60,000	
계					176,600	

8 다음 표의 조건을 참고하여 각각의 식재일위대가를 작성하시오.

- 조경공 인건비 : 60,000원/인   · 새끼 : 10원/m   · 거적 : 1,000원/m²

식재품   (주당)

수종	조경공		규격	뿌리분 새끼 ϕ13mm(m)	뿌리분 거적 (m²)
	굴취(인)	식재(인)			
자작나무	0.9	1.2	H6m × B11cm	25	3.0
은행나무	0.6	0.9	H4m × B10cm	20	2.5
가중나무	0.5	0.8	H4m × B8cm	20	2.5

자작나무 일위대가 (주당)

명칭	규격	단위	수량	인건비		재료비		계	
				단가	금액	단가	금액	단가	금액
굴취	조경공	인							
식재	조경공	인							
뿌리분 새끼	φ13mm	m							
거적	가마니	m²							
계									

은행나무 일위대가 (주당)

명칭	규격	단위	수량	인건비		재료비		계	
				단가	금액	단가	금액	단가	금액
굴취	조경공	인							
식재	조경공	인							
뿌리분 새끼	φ13mm	m							
거적	가마니	m²							
계									

정답

자작나무 일위대가 (주당)

명칭	규격	단위	수량	인건비		재료비		계	
				단가	금액	단가	금액	단가	금액
굴취	조경공	인	0.9	60,000	54,000	–	–	60,000	54,000
식재	조경공	인	1.2	60,000	72,000	–	–	60,000	72,000
뿌리분 새끼	φ13mm	m	25	–	–	10	250	10	250
거적	가마니	m²	3.0	–	–	1,000	3,000	1,000	3,000
계	–	–	–	–	126,000	–	3,250	–	129,250

은행나무 일위대가 (주당)

명칭	규격	단위	수량	인건비		재료비		계	
				단가	금액	단가	금액	단가	금액
굴취	조경공	인	0.6	60,000	36,000	–	–	60,000	36,000
식재	조경공	인	0.9	60,000	54,000	–	–	60,000	54,000
뿌리분 새끼	φ13mm	m	20	–	–	10	200	10	200
거적	가마니	m²	2.5	–	–	1,000	2,500	1,000	2,500
계	–	–	–	–	90,000	–	2,700	–	92,700

9 다음의 보기를 보고 견적 순서대로 나열하시오.

① 이윤   ② 가격(금액 산출)   ③ 수량산출   ④ 일반관리비(영업활동비)
⑤ 단가(일위대가)   ⑥ 현장경비   ⑦ 견적가격

③ → ⑤ → ② → ⑥ → ④ → ① → ⑦

10 사용할 시멘트가 A현장에 500포, B현장에 1,800포이다. 최대 13포대로 쌓을 경우, 필요한 시멘트 창고 면적(m²)을 구하시오(단, B현장의 경우 장기공사이다).

① A현장 창고면적 : 15.38m²   ② B현장 창고면적 : 18.46m²

- 저장량이 600포 이내일 경우 전량을 저장하고, 그 이상일 경우 공기에 따라 1/3을 저장할 수 있다.

① A현장(전량 저장) 창고면적 : $A = 0.4 \times \dfrac{500}{13} = 15.38(m^2)$

② B현장(1/3 저장) 창고면적 : $A = 0.4 \times \dfrac{1,800/3}{13} = 18.46(m^2)$

11 어느 일정 구간에 3,600m³를 사질토로 성토할 경우 다음을 구하시오(단, $L=1.25$, $C=0.90$이다).

① 굴착토량(m³)을 구하시오.

② 운반토량(m³)을 구하시오.

① 굴착토량 : 4,000m³   ② 운반토량 : 5,000m³

① 굴착토량(자연상태)=다져진 상태 $\times \dfrac{1}{C} = 3,600 \times \dfrac{1}{0.9} = 4,000(m^3)$

② 운반토량(흐트러진 상태)=다져진 상태 $\times \dfrac{L}{C} = 3,600 \times \dfrac{1.25}{0.9} = 5,000(m^3)$

12 12,000m³의 성토공사를 위하여 현장의 절토(점질토)로부터 7,000m³(자연상태의 토량)를 유용하고, 부족분은 인근 토취장(사질토)에서 운반해 올 경우 토취장에서 굴착해야 할 자연상태의 토량(m³)을 구하시오(단, 점질토의 $C=0.92$, 사질토의 $C=0.88$이다).

굴착해야 할 토량 : 6,318.18m³

① 성토량=12,000m³

② 유용토량(점질토 : 다져진 상태)=자연상태 토량 $\times C = 7,000 \times 0.92 = 6,440(m^3)$

③ 부족토량(다져진 상태)=성토량-유용토량=12,000-6,440=5,560(m³)

④ 부족토량을 자연상태 토량으로 환산

·자연상태의 부족토량=다져진 토량 $\times \dfrac{1}{C} = 5,560 \times \dfrac{1}{0.88} = 6,318.18(m^3)$

13 다져진 상태의 토량 37,800m³를 성토하는데 흐트러진 상태의 토량 30,000m³가 있다. 이 때, 부족토량을 자연상태의 토량(m³)으로 구하시오(단, 흙은 사질토이고 토량의 변화율은 $L=1.25$, $C=0.90$이다).

[정답]

부족토량 : 18,000m³

[해설]

① 성토량을 자연상태의 토량으로 환산

·성토량=다져진 토량$\times\dfrac{1}{C}=37,800\times\dfrac{1}{0.90}=42,000(\text{m}^3)$

② 확보된 토량(흐트러진 상태)을 자연상태의 토량으로 환산

·확보된 토량=흐트러진 토량$\times\dfrac{1}{L}=30,000\times\dfrac{1}{1.25}=24,000(\text{m}^3)$

③ 부족토량$=42,000-24,000=18,000(\text{m}^3)$ (자연상태)

14 자연상태의 흙을 굴착하여 8,800m³를 성토할 계획으로 5m³를 적재할 수 있는 덤프트럭을 사용하여 운반할 경우, 트럭의 소요대수를 구하시오(단, 토량변화율은 $L=1.25$, $C=0.88$이다).

[정답]

트럭 소요대수 : 2,500대

[해설]

① 운반토량(흐트러진 상태)=성토량$\times\dfrac{L}{C}=8,800\times\dfrac{1.25}{0.88}=12,500(\text{m}^3)$

② 소요대수$=\dfrac{\text{운반토량}}{\text{덤프트럭의 적재량}}=\dfrac{12,500}{5}=2,500(\text{대})$

15 사질점토 70,000m³와 경암 80,000m³를 가지고 성토할 경우에 운반토량과 다져서 성토가 완료된 토량(m³)을 각각 구하시오(단, 사질점토의 경우 $L=1.25$, $C=0.9$, 경암의 경우 $L=1.6$, $C=1.4$, 경암의 채움재는 20%로 한다).

[정답]

운반토량 : 215,500m³, 다짐 후 토량 : 152,600m³

[해설]

• 토사와 암을 혼합성토할 때는 공극채움으로 인한 토사량을 별도로 계상한다.

① 운반토량(흐트러진 상태)

$70,000\times1.25+80,000\times1.6=215,500(\text{m}^3)$

② 다짐 후 토량

$70,000\times0.9+80,000\times1.4\times0.8=152,600(\text{m}^3)$

16 다음의 그림에서 '가'지역의 자연상태 흙으로 '나'지역을 매립하려고 한다. 다음 물음에 답하시오.

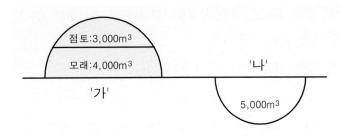

- 점토 $L=1.3$, $C=0.85$
- 모래 : $L=1.2$, $C=0.9$
- 흙은 점토부터 사용한다.

① 성토량(m^3)을 구하시오.

② 성토되어진 자연상태의 토량(m^3)을 구하시오.

③ 운반토량(m^3)을 구하시오.

정답

① 성토량 : 5,000m^3(점토 2,550m^3, 모래 2,450m^3)

② 성토된 자연상태 토량 : 5,722.22m^3(점토 3,000m^3, 모래 2,722.22m^3)

③ 운반토량 : 7,166.66m^3(점토 3,900m^3, 모래 3,266.66m^3)

해설

① 성토량 5,000m^3(다져진 상태)

　·점토의 성토량=점토의 자연토량$\times C=3,000 \times 0.85=2,550(m^3)$

　·모래의 성토량=성토량−점토의 성토량$=5,000-2,550=2,450(m^3)$

② 성토된 자연토량

　·점토의 자연토량=전체가 성토되었으므로 $3,000(m^3)$

　·모래의 자연토량=모래의 성토량$\times \dfrac{1}{C}=2,450 \times \dfrac{1}{0.9}=2,722.22(m^3)$

　$V=3,000+2,722.22=5,722.22(m^3)$

③ 운반토량(흐트러진 상태)

　·점토의 운반량=성토된 자연토량$\times L=3,000 \times 1.3=3,900(m^3)$

　·모래의 운반량=성토된 자연토량$\times L=2,722.22 \times 1.2=3,266.66(m^3)$

　$V=3,900+3,266.66=7,166.66(m^3)$

17 다음의 공사원가계산서를 작성하시오(단, 총공사비는 1,000원 이하 버리고, 기타는 원 단위 미만을 버리며, 계산과정은 채점에서 제외한다).

공사원가계산서　　　　　　　　　　　　　　　　　　　　　　　　　　　　　　　　　　　　　(원)

	구분	식재	시설물	비고
순공사비	직접재료비	35,600,000	24,280,000	
	간접재료비	6,340,000	3,920,000	
	소계			
	직접노무비	14,260,000	7,874,000	

구분			비고
순공사비	간접노무비		직접 노무비의 15%
	소계		
	산재보험료		노무비의 4%
	안전관리비		(재료비+직접노무비)×2.5%
	기타경비		(재료비+노무비)×5%
	계		
일반관리비			순공사비의 6%
계			
이윤			(계−재료비)×15%
총공사비			

정답

공사원가계산서 (원)

구분		식재	시설물	비고
순공사비	직접재료비	35,600,000	24,280,000	
	간접재료비	6,340,000	3,920,000	
	소계	41,940,000	28,200,000	
	직접노무비	14,260,000	7,874,000	
	간접노무비	2,139,000	1,181,100	직접 노무비의 15%
	소계	16,399,000	9,055,100	
	산재보험료	655,960	362,204	노무비의 4%
	안전관리비	1,405,000	901,850	(재료비+직접노무비)×2.5%
	기타경비	2,916,950	1,862,755	(재료비+노무비)×5%
	계	63,316,910	40,381,909	
일반관리비		6,221,929		순공사비의 6%
계		109,920,748		
이윤		5,967,112		(계−재료비)×15%
총공사비		115,880,000		

해설

① 재료비＝직접재료비＋간접재료비
 ·식재 : 35,600,000＋6,340,000＝41,940,000(원)
 ·시설물 : 24,280,000＋3,920,000＝28,200,000(원)
② 간접노무비＝직접노무비의 15%
 ·식재 : 14,260,000×15%＝2,139,000(원)
 ·시설물 : 7,874,000×15%＝1,181,100(원)
③ 노무비＝직접노무비＋간접노무비
 ·식재 : 14,260,000＋2,139,000＝16,399,000(원)
 ·시설물 : 7,874,000＋1,181,100＝9,055,100(원)
④ 산재보험료＝노무비의 4%
 ·식재 : 16,399,000×4%＝655,960(원)

·시설물 : $9,055,100 \times 4\% = 362,204$(원)

⑤ 안전관리비=(재료비+직접노무비)$\times 2.5\%$

　　·식재 : $(41,940,000 + 14,260,000) \times 2.5\% = 1,405,000$(원)

　　·시설물 : $(28,200,000 + 7,874,000) \times 2.5\% = 901,850$(원)

⑥ 기타경비=(재료비+노무비)$\times 5\%$

　　·식재 : $(41,940,000 + 16,399,000) \times 5\% = 2,916,950$(원)

　　·시설물 : $(28,200,000 + 9,055,100) \times 5\% = 1,862,755$(원)

⑦ 순공사비=재료비+노무비+산재보험료+안전관리비+기타경비

　　·식재 : $41,940,000 + 16,399,000 + 655,960 + 1,405,000 + 2,916,950 = 63,316,910$(원)

　　·시설물 : $28,200,000 + 9,055,100 + 362,204 + 901,850 + 1,862,755 = 40,381,909$(원)

⑧ 일반관리비=순공사비의 $6\% = (63,316,910 + 40,381,909) \times 6\% = 6,221,929$(원)

⑨ 계=식재순공사비+시설물순공사비+일반관리비

　　$= 63,316,910 + 40,381,909 + 6,221,929 = 109,920,748$(원)

⑩ 이윤=(계−재료비)$\times 15\% = (109,920,748 - 41,940,000 - 28,200,000) \times 15\% = 5,967,112$(원)

⑪ 총공사비=계+이윤$= 109,920,748 + 5,967,112 = 115,887,860$(원)

Chapter 02

조경적산

1 |||| 토공량 산정

❶ 단면법

① 양단면 평균법 $V=\dfrac{A_1+A_2}{2}\cdot l$

여기서, V : 체적 A_1, A_2 : 양단면적

  l : 양단면 사이의 거리

② 중앙단면법 $V=A_m\cdot l$

여기서, A_m : 중앙 단면적

③ 각주공식 $V=\dfrac{l}{6}(A_1+4A_m+A_2)$

여기서, V : 체적 A_1, A_2 : 양단면적

  A_m : 중앙 단면적

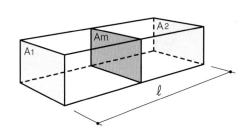

❷ 점고법

① 사각분할법 $V=\dfrac{A}{4}(\sum h_1+2\sum h_2+3\sum h_3+4\sum h_4)$

여기서, A : 1개의 직사각형 면적

  $\sum h_1$: 1개의 직사각형에만 관계되는 점의 지반고의 합

  $\sum h_2$: 2개의 직사각형에만 관계되는 점의 지반고의 합

  $\sum h_3$: 3개의 직사각형에만 관계되는 점의 지반고의 합

  $\sum h_4$: 4개의 직사각형에만 관계되는 점의 지반고의 합

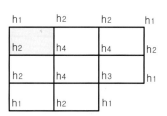

② 삼각분할법 $V=\dfrac{A}{3}(\sum h_1+2\sum h_2+3\sum h_3+\cdots+8\sum h_8)$

여기서, A : 1개의 삼각형 면적

  $\sum h_1$: 1개의 삼각형에만 관계되는 점의 지반고의 합

  $\sum h_2$: 2개의 삼각형에만 관계되는 점의 지반고의 합

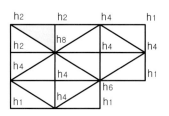

$\sum h_3$: 3개의 삼각형에만 관계되는 점의 지반고의 합

$\sum h_8$: 8개의 삼각형에만 관계되는 점의 지반고의 합

③ 평균지반고 $H = \dfrac{V}{n \cdot A}$

　여기서, A : 1개의 사(삼)각형 면적　n : 분할된 사(삼)각형 개수

❸ 등고선법

① 각주공식이용 $V = \dfrac{h}{3}(A_1 + 4(A_2 + A_4 + \cdots + A_{n-1}) + 2(A_3 + A_5 + \cdots + A_{n-2}) + A_n)$

　여기서, A_i : 각 등고선의 면적　　　h : 등고선 높이(각 단면 간의 간격)

② 원뿔공식 $V = \dfrac{h'}{3} A$

　여기서, A : 마지막 등고선의 면적　h' : 마지막 등고선에서 최정상부까지의 높이

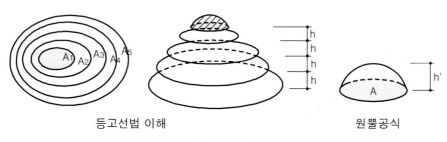

등고선법 이해　　　　　　　　　　　원뿔공식

| 등고선법 |

❹ 기초터파기량

① 독립기초 터파기 $V = \dfrac{h}{6}((2a + a')b + (2a' + a)b')$

② 줄기초 터파기 $V = \dfrac{a+b}{2} \times h \times l$

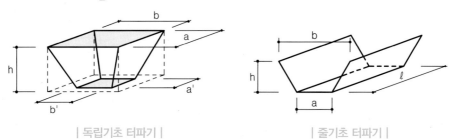

| 독립기초 터파기 |　　　　　　　| 줄기초 터파기 |

③ 내·외벽 일체화 줄기초 길이 산정

• 외벽의 기초는 중심 간 길이로 산정하고 내벽의 기초는 중심 간 길이에서 중복된 부분을 제외한 안목길이로 산정

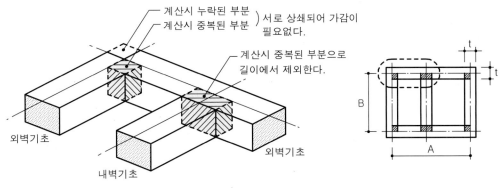

| 줄기초 길이 산정 |

• 흙 되메우기 토량=(흙파기 체적-기초구조부 체적)×(토량의 체적환산 계수)
• 잔토처리량=(터파기량-메우기량)×(토량의 체적환산 계수)

2 |||| 인력운반

❶ 소운반의 운반거리

① 품에 포함된 것으로 규정된 소운반 거리는 20m 이내의 거리를 의미한다.
② 경사면의 소운반 거리는 직고 1m를 수평거리 6m의 비율로 본다.
③ 현장 내 운반거리가 소운반 범위를 초과하거나, 별도의 2차 운반이 발생될 경우 별도 계상한다.

❷ 인력운반

① 인력운반 기본공식

• 1일 운반량 $Q=N\cdot q$ • 1일 운반횟수 $N=\dfrac{VT}{120L+Vt}$

여기서, L : 운반거리(m) t : 적재 적하 소요시간(분)

q : 1회 운반량(m^3 또는 kg) V : 왕복평균속도(m/hr)

T : 1일 실작업시간(480분-30분)

② 지게운반

종류＼구분	적재적하 시간(t)	평균왕복속도(m/hr)		
		양호	보통	불량
토사류	1.5분	3,000	2,500	2,000
석재류	2분			

- 1회 운반량은 보통토사 25kg으로 하고, 삽작업이 가능한 토석재를 기준으로 한다.
- 석재류라 함은 자갈, 부순돌 및 조약돌 등을 말한다.
- 고갯길인 경우에는 직고 1m를 수평거리 6m의 비율로 본다.
- 적재운반 적하는 1인을 기준으로 한다.

③ 인력운반(기계설비) : 장대물, 중량물 등 인력운반비 산출공식

- (목도)운반비 $= \dfrac{M}{T} \times A \times \left(\dfrac{120 \times L}{V} + t \right)$ $M = \dfrac{\text{총 운반량}}{\text{1인 1회 운반량}}$

  여기서, A : 인력운반공의 노임 M : 필요한 인력운반공의 수

  T : 1일 실작업시간 t : 준비작업시간(2분)

  L : 운반거리(km) V : 평균왕복속도(km/hr)

- 인력운반공의 1회 운반량 : 25kg
- 왕복평균속도 : 도로상태 양호 : 2km/hr, 도로상태 보통 : 1.5km/hr

  도로상태 불량 : 1km/hr, 도로상태 물논 : 0.5km/hr
- 경사지 환산거리＝경사지 운반 환산계수(α)×수평거리(L)

경사지 운반 환산계수(α)

경사지	%	10	20	30	40	50	60	70	80	90	100
	각도	6	11	17	22	27	31	35	39	42	45
	환산계수(α)	2	3	4	5	6	7	8	9	10	11

3 | | | | 기계화 시공

❶ 기본식

- $Q = n \cdot q \cdot f \cdot E$ 여기서, Q : 시간당 작업량(m³/hr 또는 t/hr)

  n : 시간당 작업사이클 수

  q : 1회 작업 사이클당 표준작업량(m³ 또는)

  f : 체적환산계수

  E : 작업효율

- 시간당 작업사이클 수(n)

$$n = \frac{60}{Cm(\min)} \text{ 또는 } \frac{3,600}{Cm(\sec)}$$

· Cm은 사이클 시간으로서 기계의 작업속도나 주행속도에 따라 분($\min$) 또는 초($\sec$)로 표시
- 계산값의 맺음

· Q : 소수점 이하 3자리까지 계산하고 사사오입한다.

· n : 소수점 이하 2자리까지 계산하고 사사오입한다.

· Cm : 소수점 이하 3자리까지 계산하고 사사오입한다.

- 실작업시간율 $= \dfrac{\text{실작업시간}}{\text{운전시간}}$

❷ 불도저

- $Q = \dfrac{60 \cdot q \cdot f \cdot E}{Cm}$ $q = q^\circ \times e$

　여기서,　Q : 시간당 작업량 (m^3/hr)　　　　q : 삽날의 용량(m^3)

　　　　　q° : 거리를 고려하지 않은 삽날의 용량(m^3)　　e : 운반거리계수

　　　　　f : 체적환산계수　　　　　　　　　E : 작업효율

　　　　　Cm : 1회 사이클 시간(분)

· $Cm = \dfrac{L}{V_1} + \dfrac{L}{V_2} + t$

　여기서,　L : 운반거리(m)　　　t : 기어 변속시간(0.25분)

　　　　　V_1 : 전진속도($\text{m}/$분)　　　V_2 : 후진속도($\text{m}/$분)

❸ 굴삭기(백호, 쇼벨계 포함)

- $Q = \dfrac{3,600 \cdot q \cdot K \cdot f \cdot E}{Cm}$

　여기서,　Q : 시간당 작업량 (m^3/hr)　　q : 디퍼 또는 버킷용량(m^3)

　　　　　f : 체적환산계수　　　　　E : 작업효율

　　　　　K : 디퍼 또는 버킷계수　　　Cm : 1회 사이클의 시간(초)

❹ 로더(트랙터 쇼벨)

- $Q = \dfrac{3,600 \cdot q \cdot K \cdot f \cdot E}{Cm}$

　여기서,　Q : 운전시간당 작업량(m^3/hr)　　K : 버킷계수

　　　　　q : 버킷용량(m^3)　　　　f : 체적환산계수

　　　　　E : 작업효율　　　　　Cm : 1회 사이클 시간(초)

$$\cdot Cm = m \cdot l + t_1 + t_2$$

여기서, m : 계수(초/m) 무한궤도식 -2.0, 타이어식 -1.8

l : 편도주행거리(표준을 8m로 한다.)

t_1 : 버킷에 토량을 담는 데에 소요되는 시간(초)

t_2 : 기어변환 등 기본 시간과 다음 운반기계가 도착할 때까지의 시간(14초)

❺ 덤프트럭

$$\cdot Q = \frac{60 \cdot q \cdot f \cdot E}{Cm} \qquad q = \frac{T}{\gamma_t} \cdot L$$

여기서, Q : 1시간당 작업량(m^3/hr)

q : 흐트러진 상태의 덤프트럭 1회 적재량(m^3)

γ_t : 자연상태에서의 토석의 단위 중량(습윤밀도)(t/m^3)

T : 덤프트럭의 적재중량(ton)

L : 체적환산계수에서의 체적변화율 $\qquad L = \dfrac{\text{흐트러진 상태의 체적}(m^3)}{\text{자연상태의 체적}(m^3)}$

f : 체적환산계수

E : 작업효율(0.9)

Cm : 1회 사이클시간(분)

$$\cdot Cm = t_1 + t_2 + t_3 + t_4 + t_5 + t_6$$

여기서, t_1 : 적재시간

t_2 : 왕복시간(분)$= \dfrac{\text{운반거리}}{\text{적재 시 평균주행속도}} + \dfrac{\text{운반거리}}{\text{공차 시 평균주행속도}}$

t_3 : 적하시간 $\qquad t_5$: 적재함 설치 및 해체시간

t_4 : 적재대기시간 $\qquad t_6$: 세륜기 통과시간

· 적재기계를 사용하는 경우의 사이클시간

$$\cdot Cm_t = \frac{Cm_s \cdot n}{60 \cdot E_s} + (t_2 + t_3 + t_4 + t_5 + t_6)$$

여기서, Cm_t : 덤프트럭의 1회 사이클시간(분)

Cm_s : 적재기계의 1회 사이클시간(초)

E_s : 적재기계의 작업효율

n : 덤프트럭 1대의 토량을 적재하는 데에 소요되는 적재기계의 사이클 횟수

$$\cdot n = \frac{Q_t}{q \cdot K}$$

여기서, Q_t : 덤프트럭 1대의 적재토량(m^3)

q : 적재기계의 디퍼 또는 버킷용량(m^3)

K : 디퍼 또는 버킷계수

❻ 조합시공

- 트럭의 여유대수 $n = \dfrac{T_1}{T_2} + 1$

- 트럭의 소요대수 $N = \dfrac{Q_s}{Q_t}$

- 시간당 작업량 $Q_T = \dfrac{Q_s \times Q_t}{Q_s + Q_t}$

    여기서, T_1 : 트럭의 왕복과 사토에 필요한 시간

    T_2 : 트럭의 싣기와 출발까지의 시간

    Q_s : 적재기계의 시간당 작업량(m³/hr)

    Q_t : 덤프트럭의 시간당 작업량(m³/hr)

    Q_T : 조합시공 시 시간당 작업량(m³/hr)

4 |||| 재료량 산정

❶ 콘크리트

① 시멘트창고 면적(m²)

- $A = 0.4 \times \dfrac{N}{n}$(m²)　　　　여기서, A : 창고면적(m²)　　　N : 저장포대수

　　　　　　　　　　　　　　　　　　n : 쌓기 단수(최고 13포대)

　　·저장량(N) : 600포 미만(전량저장), 600포 이상(공기에 따라 1/3 저장 가능)

② 콘크리트 비벼내기양 : 표준계량 용적배합비 $1 : m : n$, 물·시멘트비 $x\%$일 때

- $V = \dfrac{w_c}{g_c} + \dfrac{m \cdot w_s}{g_s} + \dfrac{n \cdot w_g}{g_g} + w_c \cdot x$

- 시멘트 소요량　　$C = \dfrac{1}{V}$(m³)

- 모래 소요량　　$S = \dfrac{m}{V}$(m³)

- 자갈 소요량　　$G = \dfrac{n}{V}$(m³)

- 물의 소요량　　$W = C \cdot x$ (t 또는 m³)

    여기서, V : 콘크리트의 비벼내기양(m³)

    w_c : 시멘트의 단위용적중량(t/m³ 또는 kg/ℓ)

    w_s : 모래의 단위용적중량(t/m³ 또는 kg/ℓ)

    w_g : 자갈의 단위용적중량(t/m³ 또는 kg/ℓ)

    g_c : 시멘트의 비중　　g_s : 모래의 비중　　g_g : 자갈의 비중

③ 콘크리트양(m^3) : 사다리꼴 체적은 독립기초터파기와 동일한 식으로 산출

④ 거푸집양(m^2) : 콘크리트의 형상이 기울어져 경사각(θ)이 30° 이상이면 거푸집 산출

⑤ 사다리꼴독립기초 수량산출법

- 콘크리트

  · Ⓐ수평부 : $a \times b \times h_1$

  · Ⓑ경사부 : $\dfrac{h_2}{6}((2a+a')b+(2a'+a)b')$

- 거푸집

  · Ⓐ 수직면 : $(a+b) \times 2 \times h_1$

  · Ⓑ 경사면 :

$$\left(\left(\frac{a+a'}{2} \times \sqrt{{x_1}^2+{h_2}^2}\right) \times 2\right)+\left(\left(\frac{b+b'}{2} \times \sqrt{{x_2}^2+{h_2}^2}\right) \times 2\right)$$

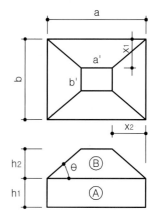

⑥ 줄기초 수량산출법

- 콘크리트 : 단면적×유효길이(l)

  · Ⓐ기초판 : $t_1 \times h_1 \times l$

  · Ⓑ기초벽 : $t_2 \times h_2 \times l$

- 거푸집양 : 수직면만 계상

  · Ⓐ기초판 : $h_1 \times 2 \times l$

  · Ⓑ기초벽 : $h_2 \times 2 \times l$

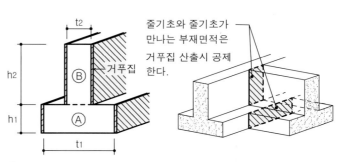

줄기초와 줄기초가 만나는 부재면적은 거푸집 산출시 공제한다.

❷ 철근(kg)

① 지름별로 길이를 구한 후 각각의 단위중량(kg/m)을 곱하고, 그것을 합산하여 총중량 산출

② 이음 및 정착길이

- 큰 인장력을 받는 부분 : 40d

- 압축력, 작은 인장력을 받는 부분 : 25d

③ 길이 산출

- 철근의 길이＝부재적용길이＋이음길이＋정착길이

- 부재적용길이는 단일구간인 경우에는 전체길이, 줄기초의 경우에는 중심간 길이 적용

정착길이 / 기초폭

- 기초판에 정착되는 수직철근길이는 40cm와 $\dfrac{기초폭}{2}$ 중 작은 수 적용

④ 개수 산출

- 시작과 끝이 있는 구간 배근

  · 개수＝$\dfrac{구간\ 길이(l)}{간격(@)}+1$

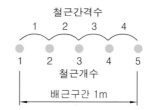

철근간격수 / 철근개수 / 배근구간 1m

• 폐합된 구간 배근

  ·개수 = $\dfrac{구간\ 길이\ (l)}{간격\ (@)}$

❸ 통나무 목재량(m³)

• 길이 6m 미만인 것 : $V = D^2 \times L$

• 길이 6m 이상인 것 : $V = \left(D + \dfrac{L'-4}{200}\right)^2 \times L$

  여기서, V : 통나무 재적(m³) D : 말구 지름(m)

           L : 통나무 길이(m) L' : L에서 절하시킨 정수(m)

❹ 벽돌

• 단위면적 산정법으로 벽체의 면적에 단위면적 수량을 곱하여 산출

벽돌쌓기 기준량 (m²당)

벽돌형(cm) \ 벽 두께	0.5B(매)	1.0B(매)	1.5B(매)	2.0B(매)
21 × 10 × 6(기존형)	65	130	195	260
19 × 9 × 5.7(표준형)	75	149	224	298

*줄눈너비 10mm를 기준으로 한 것임

모르타르양 (1,000매당)

벽돌형(cm) \ 벽 두께	0.5B(m³)	1.0B(m³)	1.5B(m³)	2.0B(m³)
21 × 10 × 6(기존형)	0.3	0.37	0.4	0.42
19 × 9 × 5.7(표준형)	0.25	0.33	0.35	0.36

*모르타르의 재료량은 할증이 포함된 것이며, 배합비는 1 : 3이다.

모르타르 배합 (m³당)

배합용적비	시멘트(kg)	모래(m³)	보통인부(인)
1 : 1	1,093	0.78	1.0
1 : 2	680	0.98	1.0
1 : 3	510	1.1	1.0

❺ 석재

• 다듬돌 등의 규격품은 개수로 산정(개)

• 수량 및 시공량 등의 산정에 따라 면적(m²), 체적(m³) 또는 중량(t)으로 산정

• 체적 및 중량 산정 시 실적률 고려

  ·자연석 쌓기 중량 = 쌓기면적 × 뒷길이 × 실적률 × 자연석 단위 중량

❻ 잔디

- 식재면적에 식재방법에 따른 매수를 적용하여 산출

식재방법에 따른 기준량

구분	규격(cm)	식재기준
평떼	30×30×3	1m²당 11매 (어긋나게 식재는 50% 소요)
줄떼	10×30×3	1/2줄떼 : 10cm 간격, 1/3줄떼 : 20cm 간격

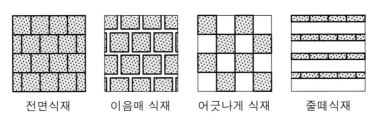

전면식재   이음매 식재   어긋나게 식재   줄떼식재

| 잔디식재방법 |

- 이음매식재 소요량
  - 너비 4cm : 79.9%
  - 너비 5cm : 73.5%
  - 너비 6cm : 69.4%

5 |||| 수목식재 품의 적용

❶ 잔디 및 초화류

① 잔디붙임 : 줄떼 및 평떼 품의 산정
  - 홈파기, 뗏밥주기, 물주기 및 마무리 포함
  - 잔디붙임 식재 시 1회 기준의 물주기 포함
  - 줄떼 간격 표준 : 10~30cm

② 초류종자 살포 : 초류종자 살포 시 자재, 장비, 인력품의 산정
  - 트럭에 종자살포기가 장착되어 살포하는 것을 기준한 것
  - 재료배합, 종자살포 작업 포함
  - 살수양생 및 객토가 필요한 때는 별도 계상

③ 거적덮기 : 성토 또는 절토사면에 거적을 덮어 설치하는 기준

④ 초화류 식재
  - 식재, 물주기 및 마무리 포함
  - 특수화단(화문화단, 리본화단, 포석화단)은 시공량을 17%까지 감산 가능
  - 초화류 식재 시 1회 기준의 물주기 포함

❷ 관목굴취 및 식재

① 굴취 : 나무높이 0.3~1.5m에 따른 품의 산정(1.5m 초과 시 비례하여 시공량 감산)

- 분을 보호하지 않은 상태로 굴취하는 작업 기준
- 분을 보호할 경우 교목의 "굴취(나무높이) 품" 적용
- 나무높이보다 수관폭이 더 클 때는 그 크기를 나무높이로 적용
- 야생일 경우에는 시공량을 17%까지 감산 가능

② 식재(단식 및 군식) : 나무높이 0.3~1.5m에 따른 품의 산정(1.5m 초과 시 비례하여 시공량 감산)

- 터파기, 나무세우기, 묻기, 물주기, 손질, 뒷정리 포함
- 식재 시 1회 기준의 물주기 포함
- 암반식재, 부적기식재 등 특수식재 시 품을 별도 계상
- 나무높이보다 수관폭이 더 클 때에는 그 수관폭을 나무높이로 적용

군식의 식재밀도 (주/m²)

수관폭(cm)	20	30	40	50	60	80	100
주수	32	14	8	5	4	2	1

❸ 교목굴취

① 뿌리돌림(주당) : 수목 이식 전에 뿌리 분 밖으로 돌출된 뿌리를 깨끗이 절단하여 주근 가까운 곳의 측근과 잔뿌리의 발달을 촉진시키는 작업

- 뿌리돌림 분은 근원직경의 4~5배
- 뿌리 절단 부위의 보호를 위한 재료비는 별도 계상

② 굴취(주당)

- 나무높이(2~5.0m)에 의한 굴취 : 근원(흉고)직경을 추정하기 어려운 수종에 적용
  · 참고) 곰솔(3m 이하), 독일가문비, 동백나무, 리기다소나무, 섬잣나무, 실편백, 아왜나무, 잣나무, 젓나무, 주목, 측백나무, 편백 등 이와 유사한 수종에 적용 가능
- 근원(흉고)직경에 의한 굴취 : 근원직경 5~60cm, 흉고직경 4~50cm의 교목류에 적용
- 분은 근원직경의 4~5배, 분이 없는 경우 시공량의 25% 가산
- 준비, 구덩이파기, 뿌리절단, 분뜨기, 운반준비 작업 포함
- 굴취 시 야생일 경우에는 시공량의 17%까지 감산 가능
- 분뜨기, 운반준비를 위한 재료비는 별도 계상

❹ 교목식재

- 나무높이에 의한 식재 : 굴취와 동일한 수종에 적용
- 흉고(근원)직경에 의한 식재 : 굴취와 동일한 수종에 적용
- 흉고직경은 지표면에서 높이 1.2m 부위의 나무줄기 지름

- 지주목을 세우지 않을 때는 시공량의 11% 가산
- 터파기, 나무세우기, 묻기, 물주기, 지주목세우기, 뒷정리 포함
- 식재 시 1회 기준의 물주기 포함
- 암반식재, 부적기식재 등 특수식재 시 품을 별도 계상
- 크레인의 규격은 작업여건 및 안전율을 고려하여 적합한 규격 적용

❺ 유지관리

① 전정 : 흉고직경을 기준으로 시공량 산정
- 일반전정 : 수목의 정상적인 생육장애요인의 제거 및 외관적인 수형을 다듬기 위해 수행하는 전정작업 기준
- 조형전정 : 조형적인 수형을 형성하기 위해 정상적인 생육장애요인의 제거와 미적요소를 고려하여 수형을 다듬는 전정작업 기준
- 가로수 전정 : 가로수(낙엽수)의 전정 기준

② 수간보호 : 흉고직경을 기준으로 하여 수간보호재로 교목의 줄기를 감싸주는 기준
- 조형 : 교목의 조형미를 고려하여 줄기(주간, 주지 등)를 수형에 맞게 보호재로 감싸주는 기준
- 일반 : 동절기 동해 예방 및 햇볕, 건조에 의하여 발생하는 피소현상을 예방하고 병충해 방제를 목적으로 수간에 녹화마대 등으로 감싸주는 기준으로 지표로부터 1.5m 높이까지의 설치 기준

③ 제초 : 인력으로 잡초를 제거하는 품

④ 잔디깎기 : 기계를 사용하여 잔디를 연3회 이상 깎는 기준

⑤ 예초 : 배부식 기계를 사용하여 연3회 이상 풀을 깎고 제거하는 기준

⑥ 시비
- 교목 환상시비 : 뿌리가 손상되지 않도록 뿌리분 둘레를 깊이 0.3m, 가로 0.3m, 세로 0.5m 정도로 흙을 파내고 소요량의 퇴비를 넣은 후 복토
- 교목 방사형시비 : 1회시비에는 수목을 중심으로 2개소에, 2회시비에는 1회시비의 중간위치 2개소에 시비 후 복토
- 교목시비품은 터파기, 비료포설, 되메우기 작업 포함
- 관목시비품은 군식 관목 기준으로 비료의 종류, 수량은 토양의 상태, 수종, 수세 등을 고려하여 결정
- 잔디시비품은 화학비료의 살포가 300~700kg/10,000m²인 경우 기준

⑦ 약제 살포 : 기계살포는 동력분무기를 사용한 액체형 약제의 살포, 인력살포는 액체형 약제 (100m²당 20L)를 인력으로 잔디에 살포하는 기준

⑧ 방풍벽 설치(거적세우기) : 도로인접구간에 식재된 관목의 염해방지 및 방풍을 위해 거적을 세워 설치하는 기준

Easy Learning Landscape Architecture Construction

핵심문제 조경적산

1 |||| 토공량 산정

1 신설 예정도로를 10m 간격으로 노선 횡단측량한 결과이다. 절토량과 성토량을 구하시오.

측점	거리(m)	단면적(m²)		토량(m³)	
		절토	성토	절토	성토
No.1	10	0	43.0	$C-1$	$B-1$
No.2	10	22.4	21.4	$C-2$	$B-2$
No.3	10	18.0	15.6	$C-3$	$B-3$
No.4	10	24.0	19.0		

정답

$C-1 : 112.0\text{m}^3$ $C-2 : 202.0\text{m}^3$ $C-3 : 210.0\text{m}^3$

$B-1 : 322.0\text{m}^3$ $B-2 : 185.0\text{m}^3$ $B-3 : 173.0\text{m}^3$

해설

- 주어진 표의 절·성토 부분을 보면 측점 No.1~No.2, No.2~No.3, No.3~No.4 사이에 걸쳐서 있다. 두 측점의 단면적을 보고 구한다.

① 절토 $C-1 = \dfrac{0+22.4}{2} \times 10 = 112.0(\text{m}^3)$ ② 성토 $B-1 = \dfrac{43+21.4}{2} \times 10 = 322.0(\text{m}^3)$

$\qquad C-2 = \dfrac{22.4+18.0}{2} \times 10 = 202.0(\text{m}^3)$ $\qquad B-2 = \dfrac{21.4+15.6}{2} \times 10 = 185.0(\text{m}^3)$

$\qquad C-3 = \dfrac{18.0+24.0}{2} \times 10 = 210.0(\text{m}^3)$ $\qquad B-3 = \dfrac{15.6+19.0}{2} \times 10 = 173.0(\text{m}^3)$

2 다음 그림은 계획등고선과 기존등고선의 단면도이다. 다음 조건들을 보고 물음에 답하시오.

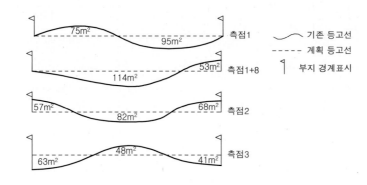

- 측점 간의 간격은 20m이다.
- 측점 1+8은 측점1에서 8m 떨어진 지점이다.
- 측점 0에서 측점1의 간격도 20m이다.
- 마지막 측점(측점4)의 위치는 측점 0에서부터 72m 지점이다.

① 양단면 평균법에 의한 성토량(m³)은 얼마인가?

② 중앙단면 체적에 의한 절토량(m³)은 얼마인가?

① 성토량 : 5,446m³   ② 절토량 : 4,348m³

해설 ✏

• 측량점 간의 거리를 구한 후 계획등고선의 위쪽에 있는 것(절토)과 아래쪽에 있는 것(성토)을 구별하여 구한다.

① 성토량

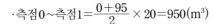

·측점0~측점1$=\dfrac{0+95}{2}\times 20=950(\text{m}^3)$

·측점1~측점1$+8=\dfrac{95+114}{2}\times 8=836(\text{m}^3)$

·측점1$+8$~측점2$=\dfrac{114+82}{2}\times 12=1{,}176(\text{m}^3)$

·측점2~측점3$=\dfrac{82+104}{2}\times 20=1{,}860(\text{m}^3)$

·측점3~측점4$=\dfrac{104+0}{2}\times 12=624(\text{m}^3)$

∴ $V=950+836+1{,}176+1{,}860+624=5{,}446(\text{m}^3)$

② 절토량(양쪽 단면과의 1/2 지점이 영향을 미치는 곳이다.)

·측점0$=0\text{m}^3$

·측점1$=75\times(10+4)=1{,}050(\text{m}^3)$

·측점1$+8=53\times(4+6)=530(\text{m}^3)$

·측점2$=125\times(6+10)=2{,}000(\text{m}^3)$

·측점3$=48\times(10+6)=768(\text{m}^3)$

·측점4$=0\text{m}^3$

∴ $V=1{,}050+530+2{,}000+768=4{,}348(\text{m}^3)$

3 그림과 같은 도로의 토공 계획 시에 A–B 구간에 필요한 성토량을 토취장에서 트럭으로 운반하여 시공할 때 필요한 트럭의 총 연대수를 구하시오(단, 트럭 1대의 적재량은 8m³, $L=1.3$, $C=0.9$이다).

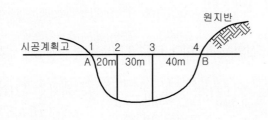

• 측점별 단면적

$A_1=0$

$A_2=30\text{m}^2$

$A_3=40\text{m}^2$

$A_4=0$

총 연대수 : 389대

해설 ✏

① 성토량

·$V_{1-2}=\dfrac{0+30}{2}\times 20=300(\text{m}^3)$

·$V_{2-3}=\dfrac{30+40}{2}\times 30=1{,}050(\text{m}^3)$

$$\cdot V_{3-4} = \frac{40+0}{2} \times 40 = 800(\text{m}^3)$$

$$\therefore V = 300 + 1,050 + 800 = 2,150(\text{m}^3)$$

② 성토량을 운반토량으로 환산

$$운반토량 = 성토량 \times \frac{L}{C} = 2,150 \times \frac{1.3}{0.9} = 3,105.56(\text{m}^3)$$

③ 트럭의 연대수

$$n = \frac{운반토량}{덤프트럭 1대의 적재량} = \frac{3,105.56}{8} = 388.2 \rightarrow 389대$$

4 다음과 같은 단면에서 성토하여야 할 토량(m^3)을 구하시오.

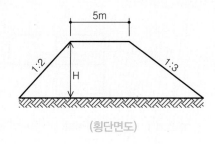

(횡단면도)

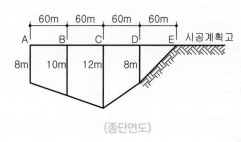

(종단면도)

정답

성토량 : $61,200\text{m}^3$

해설 ✏️

① 단면적

$$\cdot A_A = A_D = \frac{5+(16+5+24)}{2} \times 8 = 200(\text{m}^2)$$

$$\cdot A_B = \frac{5+(20+5+30)}{2} \times 10 = 300(\text{m}^2)$$

$$\cdot A_C = \frac{5+(24+5+36)}{2} \times 12 = 420(\text{m}^2)$$

② 성토량(양단면 평균법)

$$\cdot V_{A-B} = \frac{200+300}{2} \times 60 = 15,000(\text{m}^3)$$

$$\cdot V_{B-C} = \frac{300+420}{2} \times 60 = 21,600(\text{m}^3)$$

$$\cdot V_{C-D} = \frac{420+200}{2} \times 60 = 18,600(\text{m}^3)$$

$$\cdot V_{D-E} = \frac{200+0}{2} \times 60 = 6,000(\text{m}^3)$$

$$\therefore V = 15,000 + 21,600 + 18,600 + 6,000 = 61,200(\text{m}^3)$$

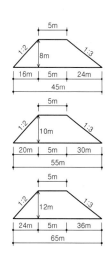

5 구획정리를 위한 측정결과값이 그림과 같을 경우 계획고 10m로 하기 위한 토량(m^3)을 구하시오(단, 격자점의 숫자는 표고를 나타내며 단위는 m이다).

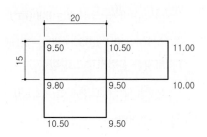

성토량 : 30m^3

• 계획고가 10m이므로 각 격자점의 높이에서 10을 뺀 값으로 h를 구한다.

$\sum h_1 = -0.5 + 1 + 0 + 0.5 - 0.5 = 0.5(m)$

$\sum h_2 = 0.5 - 0.2 = 0.3(m)$

$\sum h_3 = -0.5m$

$V = \dfrac{A}{4}(\sum h_1 + 2\sum h_2 + 3\sum h_3 + 4\sum h_4)$

$= \dfrac{15 \times 20}{4}(0.5 + 2 \times 0.3 + 3 \times (-0.5)) = -30(m^3)$ → 부호가 (−)면 성토량이다.

6 다음과 같은 지형에서 시공기준면의 표고를 몇 m로 할 때 토공량이 최소가 되는지 그 높이를 구하시오(단, 격자점의 숫자는 표고를 나타내며 단위는 m이다).

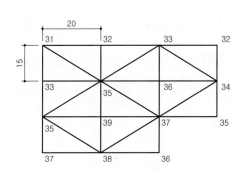

계획고 : 35.29m

① 토공량(기준표고가 없으므로 0에서부터 산정한다.)

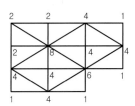

$\sum h_1 = 32 + 35 + 37 + 36 = 140(m)$

$\sum h_2 = 31 + 32 + 33 = 96(m)$

$\sum h_4 = 33 + 36 + 34 + 35 + 39 + 38 = 215(m)$

$\sum h_6 = 37m$

$\sum h_8 = 35m$

$V = \dfrac{A}{3}(\sum h_1 + 2\sum h_2 + 3\sum h_3 + \cdots + 8\sum h_8)$

$= \dfrac{0.5 \times 20 \times 15}{3} \times (140 + 2 \times 96 + 4 \times 215 + 6 \times 37 + 8 \times 35) = 84,700(m^3)$

② 계획고

$$h = \frac{V}{nA} = \frac{84,700}{16 \times 0.5 \times 20 \times 15} = 35.29(\text{m})$$

7 다음 그림과 같은 지형을 평평하게 정지하려 한다. 절토나 성토를 같게 하려면 몇 m의 지반고가 적당한지 쓰시오(단, 사각형 한 변의 길이는 30m이다).

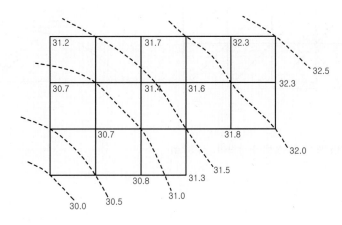

정답

지반고 : 31.36m

해설

• 격자점에 연결된 등고선의 높이가 격자점의 높이이다.

① 토공량(기준표고가 없으므로 0에서부터 산정한다.)

$$\sum h_1 = 31.2 + 32.5 + 32 + 30 + 31.3 = 157.0(\text{m})$$
$$\sum h_2 = 31.5 + 31.7 + 32 + 32.3 + 30.7 + 32.3 + 30.5$$
$$+ 31.8 + 30.5 + 30.8 = 314.1(\text{m})$$
$$\sum h_3 = 31.5\text{m}$$
$$\sum h_4 = 31 + 31.4 + 31.6 + 32 + 30.7 + 31 = 187.7(\text{m})$$

$$V = \frac{A}{4}(\sum h_1 + 2\sum h_2 + 3\sum h_3 + 4\sum h_4)$$
$$= \frac{30 \times 30}{4} \times (157.0 + 2 \times 314.1 + 3 \times 31.5 + 4 \times 187.7) = 366,862.5(\text{m}^3)$$

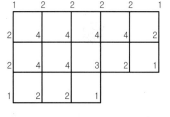

② 계획고

$$h = \frac{V}{nA} = \frac{366,862.5}{13 \times 30 \times 30} = 31.36(\text{m})$$

8 다음 좌측 그림과 같은 지반을 지반고 0m 기준으로 굴착하여 우측 그림과 같이 성토를 하려고 한다. 이 토량운반에 필요한 적재량 $4m^3$ 트럭의 연대수와 성토 연장길이(m)를 구하시오(단, 격자점의 숫자는 표고를 나타내며 단위는 m이고, $L=1.10$, $C=0.85$이다).

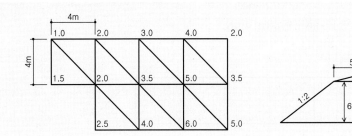 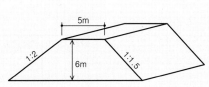

① 트럭 연대수 : 108대   ② 성토 연장길이 : 3.57m

해설 ✏️

① 굴착토량(자연상태)

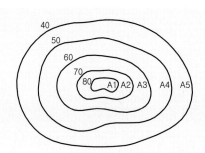

$$\sum h_1 = 2 + 1.5 + 2.5 = 6(m)$$
$$\sum h_2 = 1 + 5 = 6(m)$$
$$\sum h_3 = 2 + 3 + 4 + 3.5 + 4 + 6 = 22.5(m)$$
$$\sum h_5 = 2m$$
$$\sum h_6 = 3.5 + 5 = 8.5(m)$$
$$V = \frac{A}{3}(\sum h_1 + 2\sum h_2 + 3\sum h_3 + \cdots + 8\sum h_8)$$
$$= \frac{4 \times 4 \times 0.5}{3} \times (6 + 2 \times 6 + 3 \times 22.5 + 5 \times 2 + 6 \times 8.5) = 390.67(m^3)$$

② 운반토량(흐트러진 상태) $= 390.67 \times 1.1 = 429.74(m^3)$

③ 트럭의 대수 $= \dfrac{429.74}{4} = 107.44 \rightarrow 108$대

④ 성토 단면적 $= \dfrac{5+(12+9+5)}{2} \times 6 = 93(m^2)$

⑤ 성토 연장길이 $= \dfrac{\text{성토량}}{\text{성토 단면적}} = \dfrac{390.67 \times 0.85}{93} = 3.57(m)$

9 다음 그림과 같이 10m 간격 등고선의 지형에서 플래니미터로 면적을 측량한 결과가 아래와 같았다. 지형도에 나타난 토량(m^3)을 구하시오.

$A_1 = 87.2m^2$

$A_2 = 154.7m^2$

$A_3 = 336.4m^2$

$A_4 = 584.3m^2$

$A_5 = 900.6m^2$

토량 : 15,388.67m³

해설

$$V = \frac{h}{3}(A_1 + 4(A_2 + A_4 + \cdots + A_{n-1}) + 2(A_3 + A_5 + \cdots + A_{n-2}) + A_n)$$

$$= \frac{10}{3}(87.2 + 4 \times (154.7 + 584.3) + 2 \times 336.4 + 900.6) = 15,388.67(\text{m}^3)$$

10 다음 그림과 같은 지형에서 높이 40m 이상을 절토하여 평지로 만들 때 절토량(m³)을 구하시오 (단, 각 등고선으로 둘러싸인 면적은 다음과 같으며, 토량은 원뿔공식, 각주공식, 양단면 평균법의 순서로 구하시오).

$h' = 3\text{m}$

65m : 102.5m²

60m : 240.7m²

55m : 367.3m²

50m : 784.0m²

45m : 1,000.7m²

40m : 1,900.3m²

35m : 2,300.5m²

(평면도)　　　　(단면도)

절토량 : 17,249.33m³

해설

① 원뿔공식

$$V = \frac{h'}{3} \times A = \frac{3}{3} \times 102.5 = 102.5(\text{m}^3)$$

② 각주공식(45m~65m)

$$V = \frac{h}{3}(A_1 + 4(A_2 + A_4 + \cdots + A_{n-1}) + 2(A_3 + A_5 + \cdots + A_{n-2}) + A_n)$$

$$= \frac{5}{3} \times (102.5 + 4 \times (240.7 + 784.0) + 2 \times 367.3 + 1,000.7)$$

$$= 9,894.33(\text{m}^3)$$

③ 양단면 평균법(40m~45m)

$$V = \frac{A_1 + A_2}{2} \times h = \frac{1,000.7 + 1,900.3}{2} \times 5 = 7,252.5(\text{m}^3)$$

④ 절토량

$$V = 102.5 + 9,894.33 + 7,252.5 = 17,249.33(\text{m}^3)$$

11 다음의 그림과 같은 독립기초터파기의 토공량을 산정하려한다. 다음 물음에 답하시오(단, $L=1.2$, $C=0.9$이다).

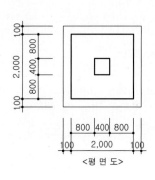

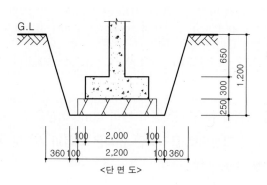

<평면도>　　　　　　　　　　　<단면도>

① 터파기양(m³)을 구하시오.　　　　　　② 되메우기양(m³)을 구하시오.

③ 잔토처리량(m³)을 구하시오.

정답

① 터파기양 : 9.19m^3　　② 되메우기양 : 6.68m^3　　③ 잔토처리량 : 3.01m^3

해설

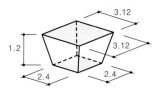

① 터파기양 $V=\dfrac{h}{6}((2a+a')b+(2a'+a)b')$

$\qquad =\dfrac{1.2}{6}((2\times2.4+3.12)\times2.4+(2\times3.12+2.4)\times3.12)$

$\qquad =9.19(\text{m}^3)$

② 되메우기양 V=터파기양-지중구조체적

$\qquad =9.19-(2.2\times2.2\times0.25+2.0\times2.0\times0.3+0.4\times0.4\times0.65)$

$\qquad =6.68(\text{m}^3)$

③ 잔토처리량(흐트러진 상태)

$\quad V=(\text{터파기양}-\text{되메우기양})\times L=(9.19-6.68)\times1.2=3.01(\text{m}^3)$

12 다음의 그림을 보고 물음에 답하시오.

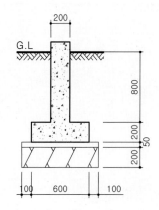

- 기초길이 : 20m
- 터파기 여유폭 : 잡석면에서 좌우 10cm
- 흙의 휴식각 : 30°
- $L=1.2$, $C=0.8$
- 되메우기는 다지며 한다.

① 터파기양(m^3)을 구하시오.

② 되메우기양(m^3)을 구하시오.

③ 잔토처리량(m^3)을 구하시오.

① 터파기양 : $43.0m^3$ ② 되메우기양 : $41.75m^3$ ③ 잔토처리량 : $1.5m^3$

해설 ✏️

- 조건에 맞는 터파기 단면 참조 →
- 경사각 : 흙의 휴식각 2배인 $60°$
- $D'=1.25 \times \tan 30°=0.72(m)$

    ∴ 윗변=밑변$+2D'=1.0+2 \times 0.72=2.44(m)$

① 터파기양

$$V=\frac{a+b}{2} \times h \times l=\frac{1.0+2.44}{2} \times 1.25 \times 20=43.0(m^3)$$

② 되메우기양(다져진 상태를 자연상태토량으로 표시)

$$V=(터파기양-지중구조체적) \times \frac{1}{C}$$

$$=(43.0-(0.8 \times 0.25+0.6 \times 0.2+0.2 \times 0.8) \times 20) \times \frac{1}{0.8}=41.75(m^3)$$

③ 잔토처리량(흐트러진 상태)

$$V=(터파기양-되메우기양) \times L=(43.0-41.75) \times 1.2=1.5(m^3)$$

13 다음 그림을 참고하여 물음에 답하시오(단, $L=1.2$, $C=0.85$이며, 터파기 여유폭은 잡석면에서 좌우 10cm로 하고 직각터파기를 한다).

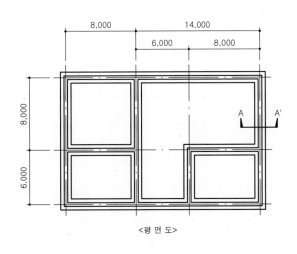

<평 면 도>

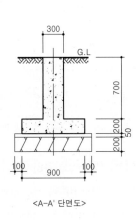

<A-A' 단면도>

① 터파기양(m^3)을 구하시오.   ② 잡석량(m^3)을 구하시오.

③ 버림콘크리트양(m^3)을 구하시오.   ④ 콘크리트양(m^3)을 구하시오.

⑤ 되메우기양(m^3)을 구하시오.   ⑥ 잔토처리량(m^3)을 구하시오.

정답

① 터파기양 : 155.63m³ ② 잡석량 : 23.03m³ ③ 버림콘크리트양 : 5.76m³

④ 콘크리트양 : 41.45m³ ⑤ 되메우기양 : 85.39m³ ⑥ 잔토처리량 : 84.29m³

해설

- 중심 간 길이＝22×2＋14×3＋8＋8＋6＝108(m) · 중복개소＝6개소
- 터파기 폭＝1.1＋0.1×2＝1.3(m)

① 터파기양

$$V = 단면적 \times 길이 = 1.3 \times 1.15 \times (108 - 0.65 \times 6) = 155.63(\text{m}^3)$$

② 잡석량

$$V = 1.1 \times 0.2 \times (108 - 0.55 \times 6) = 23.03(\text{m}^3)$$

③ 버림콘크리트양

$$V = 1.1 \times 0.05 \times (108 - 0.55 \times 6) = 5.76(\text{m}^3)$$

④ 콘크리트양(기초판과 기초벽 부분을 나누어서 계산한다.)

$$V = 0.9 \times 0.2 \times (108 - 0.45 \times 6) + 0.3 \times 0.7 \times (108 - 0.15 \times 6) = 41.45(\text{m}^3)$$

⑤ 되메우기양

$$V = 터파기양 - 지중구조체적 = 155.63 - (23.03 + 5.76 + 41.45) = 85.39(\text{m}^3)$$

⑥ 잔토처리량(흐트러진 상태)

$$V = (터파기양 - 되메우기양) \times L = (155.63 - 85.39) \times 1.2 = 84.29(\text{m}^3)$$

---

14 다음의 그림을 보고 물음에 답하시오(단, $L=1.2$, $C=0.9$이며, 되메우기는 다지면서 한다).

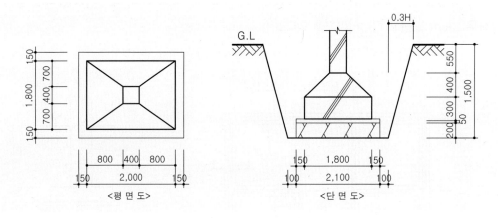

① 터파기양(m³)을 구하시오.

② 되메우기양(m³)을 구하시오.

③ 잔토처리량(m³)을 구하시오.

정답

① 터파기양 : 12.27m³ ② 되메우기양 : 10.32m³ ③ 잔토처리량 : 2.34m³

해설

① 터파기양

· 윗변＝밑변＋2×D'(D'가 0.3H이므로)

·단변＝2.3＋2×(0.3×1.5)＝3.2(m)

·장변＝2.5＋2×(0.3×1.5)＝3.4(m)

·터파기양 $V=\dfrac{h}{6}((2a+a')b+(2a'+a)b')$

$$=\dfrac{1.5}{6}((2\times3.4+2.5)\times3.2+(2\times2.5+3.4)\times2.3)$$

$$=12.27(\text{m}^3)$$

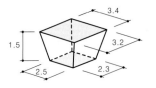

② 되메우기양

• 지중부구조체적

·잡석 : $2.3\times2.1\times0.2=0.97(\text{m}^3)$

·버림콘크리트 : $2.3\times2.1\times0.05=0.24(\text{m}^3)$

·기초판 Ⓐ수평부 콘크리트 : $2.0\times1.8\times0.3=1.08(\text{m}^3)$

·기초판 Ⓑ경사부 콘크리트(독립기초 터파기 공식을 사용한다)

$$V=\dfrac{0.4}{6}\times((2\times2.0+0.4)\times1.8+(2\times0.4+2.0)\times0.4)=0.60(\text{m}^3)$$

·기둥콘크리트(GL 이하) : $0.4\times0.4\times0.55=0.09(\text{m}^3)$

∴ $V=0.97+0.24+1.08+0.60+0.09=2.98(\text{m}^3)$

• 되메우기양(다져진 상태를 자연상태로 환산)

$$V=(\text{터파기양}-\text{지중부구조체적})\times\dfrac{1}{C}=(12.27-2.98)\times\dfrac{1}{0.9}=10.32(\text{m}^3)$$

③ 잔토처리량(흐트러진 상태)

$$V=(\text{터파기양}-\text{되메우기양})\times L=(12.27-10.32)\times1.2=2.34(\text{m}^3)$$

2 |||| 인력운반

1 시멘트를 인력으로 운반할 때 1일 운반량을 구하시오.

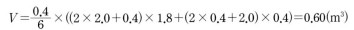

$$Q=N\times q=\dfrac{VT}{120L+Vt}\times q$$

• 운반거리 : 30m • 1일 작업시간 : 400분 • 1회 운반량 : 40kg
• 평균왕복속도 : 2,000m/hr • 적재적하 소요시간 : 5분

정답

1일 운반량 : 2,352.94kg

해설 ✎

$$Q=\dfrac{2,000\times400}{120\times30+2,000\times5}\times40=2,352.94(\text{kg})$$

2 식재에 사용할 흙 120㎥를 리어카로 운반하려고 한다. 운반거리는 80m이나 이중 40m는 4%의 경사로이며 운반로 상태는 양호하다. 다음 조건을 보고 물음에 답하시오(단, 소수 셋째자리에서 반올림하고, 금액의 원 단위 미만은 버리시오).

구분 종류	적재적하 시간(t)	평균왕복속도(V)		
		양호	보통	불량
토사류	4분	3,000(m/hr)	2,500(m/hr)	2,000(m/hr)
석재류	5분			

경사(%) 운반방법	2	4	6	8	10	12
리어카	1.11	1.25	1.43	1.67	2.00	–
트롤리	1.08	1.18	1.31	1.56	1.85	2.04

- 리어카 1회 적재량 : 250kg
- 1일 작업시간 : 450분
- 흙의 단위중량 : 1,700kg/m³
- 인부 1일 노임 : 80,000원/인

① 하루에 운반할 수 있는 횟수를 구하시오.

② 하루에 가능한 운반량(m³)을 구하시오.

③ 흙을 운반하는 데 드는 노임을 구하시오.

정답

① 1일 운반횟수 : 59.21회   ② 1일 운반량 : 8.71m³   ③ 운반노임 : 2,204,800원

해설 ✏️

① 1일 운반횟수

· 환산거리 : L＝평탄거리＋경사거리×환산계수＝40＋40×1.25＝90(m)

$$N = \frac{VT}{120L + Vt} = \frac{3,000 \times 450}{120 \times 90 + 3,000 \times 4} = 59.21(회)$$

② 1일 운반량 $Q = N \cdot q = 59.21 \times 250 = 14,802.5(\text{kg/일})$

· 단위환산 $V = \dfrac{Q}{\gamma_t} = \dfrac{14,802.5}{1,700} = 8.71(\text{m}^3/\text{일})$

③ 운반노임(리어카는 2인 작업이다.) ＝ $\dfrac{총운반량}{1일 \ 운반량} \times 노임 \times 인부수 = \dfrac{120}{8.71} \times 80,000 \times 2 = 2,204,800(원)$

3 수평거리 80m이고, 10%의 고갯길 경사를 갖는 보통인 운반로에서 리어카로 잔디를 운반하여 식재하려 한다. 식재면적은 400m²이며, 평떼로 식재하려 할 때, 다음 물음에 답하시오(단, 소수점 이하 셋째 자리는 버리고, 원 단위 미만 금액도 버리시오).

$$Q = N \times q \qquad N = \frac{VT}{120L + Vt}$$

- 조경공 : 15,000원/일
- 1일 작업시간 : 450분
- 1m² 소요잔디 : 11장
- 보통인부 : 8,000원/일
- 잔디 식재인부 : 보통인부
- 리어카 : 2인 작업

리어카 운반

구분 종류	적재적하 시간(t)	평균왕복속도(V)		
		양호	보통	불량
토사류	4분	3,000 (m/hr)	2,500 (m/hr)	2,000 (m/hr)
석재류	5분			

떼 운반

종별 종류	줄떼 적재량 (매)	평떼 적재량 (매)	싣고 부리는 시간(분)	싣고 부리는 인부(인)
지게	30	10	2	1
리어카	150	50	5	2

고갯길 운반 환산거리계수							
경사(%) 운반방법	2	4	6	8	10	12
리어카	1.11	1.25	1.43	1.67	2.00	–
트롤리	1.08	1.18	1.31	1.56	1.85	2.04

들떼 식재		(100m²당)
구분 　　　공종	들떼뜨기(인)	떼붙임(인)
줄떼	3.0	6.2
평떼	6.0	6.9

① 하루에 운반할 수 있는 횟수를 구하시오.

② 잔디를 모두 운반할 수 있는 횟수를 구하시오.

③ 잔디운반에 드는 노임을 구하시오.

④ 잔디식재에 드는 노임을 구하시오.

⑤ 잔디를 운반 · 식재하는 데 드는 노임을 모두 구하시오.

정답

① 1일 운반횟수 : 35.48회　　　② 총운반횟수 : 88회　　　③ 운반노임 : 39,680원

④ 식재노임 : 220,800원　　　⑤ 운반·식재노임 : 260,480원

해설 🖋

① 1일 운반횟수

·환산거리 : L＝경사거리×환산계수＝80 × 2＝160(m)

$$N=\frac{VT}{120L+Vt}=\frac{2,500 \times 450}{120 \times 160+2,500 \times 5}=35.48(회)$$

② 총운반횟수

·평떼수량＝식재면적×m²당 매수＝400 × 11＝4,400(매)

$$n=\frac{총운반량}{1회\ 운반량}=\frac{4,400}{50}=88(회)$$

③ 운반노임

$$\frac{총운반횟수}{1일\ 운반횟수} \times 노임 \times 인부수=\frac{88}{35.48} \times 8,000 \times 2=39,680(원)$$

④ 식재노임＝인부수×노임

·인부수＝$\frac{400}{100}$ × 6.9＝27.6(인)　　　∴ 식재노임＝27.6 × 8,000＝220,800(원)

⑤ 운반·식재노임

39,680＋220,800＝260,480(원)

4 3층 건물의 옥상에 식재용 흙 26m³를 지게로 운반하려 한다. 다음 물음에 답하시오(단, 소수는 셋째 자리 이하 버리고, 금액의 원 단위 미만은 버리시오).

- 평균왕복속도 : 2,000m/hr
- 1회 운반량 : 50kg/인
- 흙의 단위중량 : 1.6t/m³
- 층당 건물 높이 : 3m
- 적재적하 시간 : 2분
- 1일 실작업시간 : 400분
- 보통인부 노임 : 70,000원/일
- 직고 1m를 수평거리 6m로 본다.

① 1일 운반횟수를 구하시오.   ② 1일 운반량 (m³)을 구하시오.

③ 1일 완료 시 필요한 인부수를 구하시오.   ④ 운반노임을 구하시오.

정답

① 1일 운반횟수 : 76.33회   ② 1일 운반량 : 2.38m³/인

③ 필요 인부수 : 10.92인   ④ 운반노임 : 764,400원

해설 🖊

① 1일 운반횟수

· 환산 운반거리 $L = 3 \times 3 \times 6 = 54(m)$

$$N = \frac{VT}{120L + Vt} = \frac{2,000 \times 400}{120 \times 54 + 2,000 \times 2} = 76.33(회)$$

② 1일 운반량 $Q = \dfrac{76.33 \times 50}{1,600} = 2.38(m^3/일)$

③ 필요 인부수 $= \dfrac{\text{총운반량}}{\text{1인 1일 운반량}} = \dfrac{26}{2.38} = 10.92(인)$

④ 운반노임 = 인부수 × 노임 = $10.92 \times 70,000 = 764,400$(원)

---

5 자연석 800kg을 목도로 운반하려 한다. 운반거리가 60m일 때, 운반비를 구하시오(단, 소수 셋째자리 이하 버리시오).

$$\text{목도 운반비} = \frac{M}{T} \times A \times \left(\frac{120 \times L}{V} + t \right)$$

- 준비작업시간 : 2분   · 1일 작업시간 : 360분
- 인부 노임 : 80,000원/일   · 1인당 1회 운반량 : 40kg
- 평균왕복속도 : 2.0km/hr

정답

운반비 : 22,400원

해설 🖊

① 목도공수 $M = \dfrac{\text{총운반량}}{\text{1인 1회 운반량}} = \dfrac{800}{40} = 20(인)$

② 운반비 $= \dfrac{20}{360} \times 80,000 \times \left(\dfrac{120 \times 60}{2,000} + 2 \right) = 22,400$(원)

---

6 1주의 중량이 80kg인 수목 20주를 40m 떨어진 지점에 목도로 운반하려 한다. 다음을 참고하여 물음에 답하시오(단, 금액의 원 단위 미만은 버리시오).

평균왕복속도

도로의 상태	속도(km/hr)
양호	2.0
보통	1.5
불량	1.0

- 운반비 $= \dfrac{A}{T} \times M \times \left(\dfrac{120L}{V} + t \right)$
- 1일 실작업시간 : 360분   · 경사조건 : 20m(경사도 27°)
- 도로상태 : 양호   · 준비시간 : 2분
- 목도공 단가 : 95,500원   · 1회 운반량 : 40kg/인

경사지 운반 환산계수

경사지	%	10	20	30	40	50	60	70	80	90
	각도	6	11	17	22	27	31	35	39	42
환산계수(α)		2	3	4	5	6	7	8	9	10

① 목도공수를 구하시오. 　　　　② 소운반 거리(m)를 구하시오.

③ 1주당 운반비를 구하시오.　　　④ 총운반비를 구하시오.

정답

① 목도공수 : 40인　　② 소운반 거리 : 140m　　③ 1주당 운반비 : 5,517원　　④ 총운반비 : 110,340원

해설 ✎

① 목도공수 $M = \dfrac{\text{총운반량}}{\text{1인1회운반량}} = \dfrac{80 \times 20}{40} = 40(\text{인})$

② 소운반 거리 $L = \text{평탄거리} + \text{경사거리} \times \text{환산계수} = 20 + 20 \times 6 = 140(\text{m})$

③ 1주당 $M = \dfrac{80}{40} = 2(\text{인})$

　　1주당 운반비 $= \dfrac{95,500}{360} \times 2 \times \left(\dfrac{120 \times 140}{2,000} + 2 \right) = 5,517(\text{원})$

④ 총운반비 $=$ 1주당 운반비 $\times$ 총주수 $= 5,517 \times 20 = 110,340(\text{원})$

3 ||||| 기계화 시공

1 다음의 조건으로 19ton 무한궤도 불도저의 시간당 작업량을 구하시오(단, 소수 둘째자리까지 계산하시오).

- 거리를 고려하지 않은 삽날의 용량 : 3.2m³
- 체적환산계수 : 1
- 전진속도 : 55m/min
- 운반거리 : 70m
- 운반거리계수 : 0.8
- 작업효율 : 0.7
- 후진속도 : 70m/min
- 기어변속시간 : 0.25분

정답

시간당 작업량 : 42.67m³/hr

해설 ✎

① 삽날의 용량 $q = q° \times e = 3.2 \times 0.8 = 2.56(\text{m}^3)$

② 1회 사이클 시간 $Cm = \dfrac{L}{V_1} + \dfrac{L}{V_2} + t = \dfrac{70}{55} + \dfrac{70}{70} + 0.25 = 2.52(\text{분})$

③ 시간당 작업량 $Q = \dfrac{60 \cdot q \cdot f \cdot E}{Cm} = \dfrac{60 \times 2.56 \times 1 \times 0.7}{2.52} = 42.67(\text{m}^3/\text{hr})$

2 사질토로 된 자연상태의 흙을 용량이 1.2m³인 불도저로 작업할 때 시간당 작업량을 구하시오.

- 작업효율 : 0.6
- 토량변화율 : 1.25
- 평균운반거리 : 30m
- 전진속도 : 20m/분
- 후진속도 : 25m/분
- 기어 변속시간 : 0.3분
- 운반거리계수 : 0.92

정답

시간당 작업량 : 10.56m³/hr

해설

① 삽날의 용량 $q=q°\times e=1.2\times0.92=1.1(\text{m}^3)$

② 1회 사이클 시간 $Cm=\dfrac{L}{V_1}+\dfrac{L}{V_2}+t=\dfrac{30}{20}+\dfrac{30}{25}+0.3=3.0(\text{분})$

③ 토량환산계수 : 기준이 자연상태의 흙이므로 $f=\dfrac{1}{L}=\dfrac{1}{1.25}=0.8$

④ 시간당 작업량(자연상태) $Q=\dfrac{60\cdot q\cdot f\cdot E}{Cm}=\dfrac{60\times1.1\times0.8\times0.6}{3.0}=10.56(\text{m}^3/\text{hr})$

3 지반고 35m로 정지할 부지를 가로, 세로 10m로 구형분할하여 지표고를 기입한 그림이다. 19ton 무한궤도 불도저로 평균운반거리 50m 지점에 사토하려 한다. 아래의 조건들을 보고 물음에 답하시오(단, 계산은 소수 둘째자리까지 하고, 공사기일은 소수 첫째자리에서 반올림하시오).

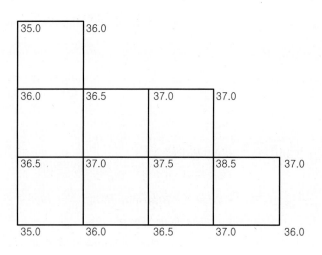

- $L=1.2$
- $q°=3.2\text{m}^3$
- $e=0.84$
- $E=0.7$
- 1일 작업시간 : 7.5시간
- 전진속도 : 40m/min
- 기어 변속시간 : 0.25분
- 후진속도 : 60m/min

① 절토량 (m³)을 구하시오.　　　　　　② 불도저의 시간당 작업량을 구하시오.

③ 공사를 마치는 데 걸리는 기일을 구하시오.

정답

① 절토량 : 1,425m³　　② 시간당 작업량 : 40.25m³/hr　　③ 공사기일 : 5일

해설

① 절토량(자연상태)

　·정지고가 35m이므로 각 격자점 높이에서 35를 뺀 값으로 h를 구한다.

$\sum h_1 = 1.0 + 2.0 + 2.0 + 1.0 = 6.0(\text{m})$

$\sum h_2 = 1.0 + 2.0 + 1.5 + 1.0 + 1.5 + 2.0 = 9.0(\text{m})$

$\sum h_3 = 1.5 + 3.5 = 5.0(\text{m})$

$\sum h_4 = 2.0 + 2.5 = 4.5(\text{m})$

$$V = \frac{A}{4}(\sum h_1 + 2\sum h_2 + 3\sum h_3 + 4\sum h_4)$$

$$= \frac{10 \times 10}{4} \times (6.0 + 2 \times 9.0 + 3 \times 5.0 + 4 \times 4.5)$$

$$= 1,425(\text{m}^3)$$

② 시간당 작업량

· 1회 사이클 시간 $Cm = \dfrac{L}{V_1} + \dfrac{L}{V_2} + t = \dfrac{50}{40} + \dfrac{50}{60} + 0.25 = 2.33$ (분)

· 토량환산계수 : 기준이 자연상태이므로 $f = \dfrac{1}{L} = \dfrac{1}{1.2} = 0.83$

· 삽날의 용량 $q = q^\circ \times e = 3.2 \times 0.84 = 2.69(\text{m}^3)$

· 시간당 작업량(자연상태) $Q = \dfrac{60 \cdot q \cdot f \cdot E}{Cm} = \dfrac{60 \times 2.69 \times 0.83 \times 0.7}{2.33} = 40.25(\text{m}^3/\text{hr})$

③ 작업일수 $= \dfrac{총\ 작업량}{시간당\ 작업량 \times 1일\ 작업시간} = \dfrac{1,425}{40.25 \times 7.5} = 4.72 \rightarrow 5$일

4 버킷용량이 0.4m^3인 백호를 사용하여 자연상태의 토사를 채취하려 한다. 백호의 시간당 작업량을 구하시오(단, 소수 셋째자리에서 반올림하시오).

· 버킷계수 : 0.9	· 작업효율 : 0.75	· 작업의 회전각도 : 90°
· 1회 사이클 시간 : 30초	· 토량변화율 : 1.2	

정답

시간당 작업량 : $26.89\text{m}^3/\text{hr}$

해설 ✏️

① 토량환산계수 : 기준이 자연상태이므로 $f = \dfrac{1}{L} = \dfrac{1}{1.2} = 0.83$

② 시간당 작업량 $Q = \dfrac{3,600 \cdot q \cdot K \cdot f \cdot E}{Cm} = \dfrac{3,600 \times 0.4 \times 0.9 \times 0.83 \times 0.75}{30} = 26.89(\text{m}^3/\text{hr})$

5 버킷용량이 0.7m^3인 백호(Back Hoe) 2대를 사용하여 $16,300\text{m}^3$의 기초터파기를 아래 조건으로 했을 때 터파기에 소요되는 일수를 구하시오(단, 소요일수는 소수 첫째자리에서 반올림하시오).

· 백호의 사이클시간(Cm) : 20sec	· 버킷계수(K) : 0.9	· 1일 운전시간 : 8시간
· 체적환산계수(f) : 0.8	· 작업효율(E) : 0.75	· 가동률 : 0.8

정답

소요일수 : 19일

① 백호 1대의 시간당 작업량

$$Q=\frac{3,600 \cdot q \cdot K \cdot f \cdot E}{Cm}=\frac{3,600 \times 0.7 \times 0.9 \times 0.8 \times 0.75}{20}=68.04(\text{m}^3/\text{hr})$$

② 백호 2대의 1일 작업량=68.04 × 8 × 0.8 × 2=870.91(m³)

③ 소요일수= $\dfrac{\text{터파기 작업량}}{\text{백호 2대의 1일 작업량}}=\dfrac{16,300}{870.91}=18.72 \rightarrow 19$일

6 버킷용량이 0.96m³인 무한궤도식 로더를 사용하여 흐트러진 상태의 사질토를 덤프트럭에 적재하려고 한다. 다음의 조건으로 시간당 작업량을 구하시오.

- 버킷에 토량을 담는 시간 : 9초
- 작업효율 : 0.6
- 버킷계수 : 1.2
- 기어 변환시간 : 14초
- 체적환산계수 : 1

정답

시간당 작업량 : 63.80m³/hr

① 1회 사이클 시간 $Cm=m \cdot \ell+t_1+t_2=2.0 \times 8+9+14=39$(초)

② 시간당 작업량(흐트러진 상태)

$$Q=\frac{3,600 \cdot q \cdot K \cdot f \cdot E}{Cm}=\frac{3,600 \times 0.96 \times 1.2 \times 1 \times 0.6}{39}=63.80(\text{m}^3/\text{hr})$$

7 버킷용량이 0.96m³인 무한궤도식 로더 1대를 사용하여 6,000m³의 토사를 트럭에 적재하려고 한다. 다음 조건으로 작업일수를 구하시오.

- 편도주행거리 : 10m
- 버킷에 토량을 담는 시간 : 11초
- 1일 작업시간 : 7시간
- 대기시간 : 14초
- 버킷계수 : 1.2
- 토량환산계수 : 1
- 작업효율 : 0.75

정답

작업일수 : 13일

① 1회 사이클 시간 $Cm=m \cdot \ell+t_1+t_2=2 \times 10+11+14=45$(초)

② 시간당 작업량(흐트러진 상태)

$$Q=\frac{3,600 \cdot q \cdot K \cdot f \cdot E}{Cm}=\frac{3,600 \times 0.96 \times 1.2 \times 1 \times 0.75}{45}=69.12(\text{m}^3/\text{hr})$$

③ 1일 작업량=시간당 작업량×1일 작업시간=69.12 × 7=483.84(m³/일)

④ 작업일수= $\dfrac{\text{총 작업량}}{\text{1일 작업량}}=\dfrac{6,000}{483.84}=12.4 \rightarrow 13$일

8 흐트러진 상태의 흙을 10ton 덤프트럭으로 운반하려 한다. 다음의 조건으로 시간당 작업량을 구하시오(단, 소수 둘째자리 미만은 버리시오).

- $L=1.2$, $C=0.9$
- $E=0.9$
- $f=1$
- 토사의 단위중량 : 1.7t/m³
- 운반거리 : 6km
- 적재시간 : 8분
- 적하시간 : 1.05분
- 적재대기시간 : 0.7분
- 적재 시 운행속도 : 30km/hr
- 공차 시 운행속도 : 35km/hr

정답

시간당 작업량 : 11.91m³/hr

해설 🖊

① 흐트러진 상태의 1회 적재량 $q=\dfrac{T}{\gamma_t}\times L=\dfrac{10}{1.7}\times 1.2=7.05(\text{m}^3)$

② 왕복시간 $t_2=\dfrac{\text{운반거리}}{\text{적재 시 운반속도}}+\dfrac{\text{운반거리}}{\text{공차 시 운반속도}}=\left(\dfrac{6}{30}+\dfrac{6}{35}\right)\times 60=22.2(\text{분})$

③ 1회 사이클 시간 $Cm=t_1+t_2+t_3+t_4=8+22.2+1.05+0.7=31.95(\text{분})$

④ 시간당 작업량(흐트러진 상태) $Q=\dfrac{60\cdot q\cdot f\cdot E}{Cm}=\dfrac{60\times 7.05\times 1\times 0.9}{31.95}=11.91(\text{m}^3/\text{hr})$

9 운반토량 5,000m³가 있다. 8ton 덤프트럭 1대로 작업할 때의 운반일수를 구하시오.

- 적재시간 : 5분
- 적하시간 : 1.1분
- 적재대기시간 : 0.42분
- 왕복운반시간 : 30분
- 체적변화율 : 1.2
- 작업효율 : 0.9
- 1일 작업시간 : 7시간
- 흙의 단위중량 : 1.6t/m³

정답

운반일수 : 81일

해설 🖊

① 흐트러진 상태의 1회 적재량 $q=\dfrac{T}{\gamma_t}\times L=\dfrac{8}{1.6}\times 1.2=6.0(\text{m}^3)$

② 1회 사이클 시간 $Cm=t_1+t_2+t_3+t_4=5+30+1.1+0.42=36.52(\text{분})$

③ 토량환산계수 : 기준이 흐트러진 흙이므로 $f=1$

④ 시간당 작업량 $Q=\dfrac{60\cdot q\cdot f\cdot E}{Cm}=\dfrac{60\times 6.0\times 1\times 0.9}{36.52}=8.87(\text{m}^3/\text{hr})$

⑤ 운반일수$=\dfrac{\text{총 운반량}}{\text{시간당 작업량}\times\text{1일 작업시간}}=\dfrac{5,000}{8.87\times 7}=80.53 \rightarrow 81$일

10 적재중량이 20ton인 덤프트럭 1대로 자연상태의 토량 600m³를 운반하려 할 때의 운반일수를 구하시오(단, 소수 셋째자리에서 반올림하시오).

- 토량변화율 : $L=1.2$
- 적재시간 : 8분
- 운반거리 : 10km
- 적하시간 : 1.1분
- 평균왕복주행속도 : 50km/hr
- 적재대기시간 : 0.7분
- 작업효율 : 0.9
- 적재함덮개 사용시간 : 0.5분
- 1일 작업시간 : 6시간
- 토사의 단위중량 : 1,800kg/m³

운반일수 : 6일

해설 ✏️

① 왕복시간 t_2(분)$=\dfrac{운반거리}{적재\ 시\ 평균주행속도}+\dfrac{운반거리}{공차\ 시\ 평균주행속도}=\left(\dfrac{10}{50}+\dfrac{10}{50}\right)\times60=24$(분)

② 1회 사이클 시간 $Cm=t_1+t_2+t_3+t_4+t_5=8+24+1.1+0.7+0.5=34.3$(분)

③ 토량환산계수 : 기준이 자연상태이므로 $f=\dfrac{1}{L}=\dfrac{1}{1.2}=0.83$

④ 1회 적재량 $q=\dfrac{T}{\gamma_t}\times L=\dfrac{20}{1.8}\times1.2=13.33$(m^3)

⑤ 시간당 작업량 $Q=\dfrac{60\cdot q\cdot f\cdot E}{Cm}=\dfrac{60\times13.33\times0.83\times0.9}{34.3}=17.42$(m^3/hr)

⑥ 1일 작업량=시간당 작업량×1일 작업시간$=17.42\times6=104.52$(m^3/일)

⑦ 운반일수$=\dfrac{총\ 운반량}{1일\ 운반량}=\dfrac{600}{104.52}=5.74\ \rightarrow\ 6$일

11 다음 그림에서 A지역의 자연상태 흙을 B, C지역에 성토한 후 다지려고 한다. 사토량(흐트러진 상태)과 사토할 덤프트럭 연대수를 구하시오(단, 흙의 사용은 위에서부터 사용한다).

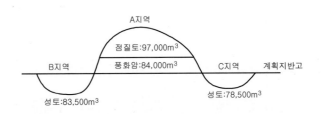

- 점질토 : $L=1.25$, $C=0.9$, $\gamma_t=1{,}700$kg/m^3
- 풍화암 : $L=1.35$, $C=1.1$, $\gamma_t=1{,}900$kg/m^3 · 덤프트럭 적재중량 : 8ton

① 사토량 : $22{,}722.73$m^3 ② 트럭 연대수 : $3{,}825$대

해설 ✏️

① 총 성토량(다져진 상태) B지역+C지역$=83{,}500+78{,}500=162{,}000$(m^3)

　· 점질토 : $97{,}000\times0.9=87{,}300$(m^3)　　· 풍화암 : $162{,}000-87{,}300=74{,}700$(m^3)

② 사토량(흐트러진 상태) : 점질토는 모두 성토되고 풍화암만 남는다.

　· 다져진 상태를 자연상태로 환산하여 계산한 후 흐트러진 상태로 환산한다.

$$\left(84{,}000-\left(74{,}700\times\dfrac{1}{1.1}\right)\right)\times1.35=21{,}722.73\text{(m}^3)$$

③ 트럭의 1회 적재량 $q=\dfrac{T}{\gamma_t}\times L=\dfrac{8}{1.9}\times1.35=5.68$(m^3)

④ 트럭 연대수$=\dfrac{사토량}{트럭의\ 1회\ 적재량}=\dfrac{21{,}722.73}{5.68}=3{,}824.42\ \rightarrow\ 3{,}825$대

12 적재중량이 15ton인 덤프트럭에 1회 사이클 타임이 20초인 0.8m^3 용적의 굴삭기로 적재할 때 걸리는 시간(분)을 구하시오.

- 토량변화율 : $L=1.15$
- 굴삭기 효율(E_s) : 1.0
- 버킷계수(K) : 0.9
- 토사의 단위중량 : 1.9t/m³

정답

적재소요시간 : 4.2분

해설 ✎

① 덤프트럭의 적재량 $q=\dfrac{T}{\gamma_t} \times L=\dfrac{15}{1.9} \times 1.15=9.08(\text{m}^3)$

② 적재횟수 $n=\dfrac{Q}{q \cdot K}=\dfrac{9.08}{0.8 \times 0.9}=12.61(\text{회})$

③ 적재소요시간 $t_1=\dfrac{Cm_s \cdot n}{60 \cdot E_s}=\dfrac{20 \times 12.61}{60 \times 1.0}=4.2(\text{분})$

13 덤프트럭의 1회 사이클 시간 중 싣기와 출발할 때까지의 시간이 5분이고, 운반거리는 600m이며, 적재 시의 주행속도는 30km/hr, 공차 시의 주행속도는 50km/hr이다. 그리고 나머지 소요시간을 8분이라고 할 때, 덤프트럭의 여유대수를 구하시오(단, 소수 셋째자리에서 반올림하시오).

정답

여유대수 : 3대

해설 ✎

① 싣기와 출발까지의 시간(T_2)=5분

② 왕복시간 및 나머지 시간(T_1)=$\left(\dfrac{0.6}{30}+\dfrac{0.6}{50}\right) \times 60+8=9.8(\text{분})$

③ 트럭의 여유대수 $N=\dfrac{T_1}{T_2}+1=\dfrac{9.8}{5}+1=2.96 \rightarrow 3$대

14 토사굴착량 900m³를 적재용적이 5m³인 트럭으로 운반하려고 한다. 트럭의 평균속도는 8km/hr이고, 상하차 시간이 각각 5분일 때 하루에 전량을 운반하려면 몇 대의 트럭이 소요되는지 구하시오(단, 1일의 실가동은 8시간이며, 토사장까지의 거리는 2km이다).

정답

소요대수: 15대

해설 ✎

① 1회 왕복소요시간=왕복운반시간+상·하차시간=$\dfrac{2}{8} \times 2 \times 60+5 \times 2=40(\text{분})$

② 1일 운반횟수=$\dfrac{\text{1일 작업시간}}{\text{1회 왕복소요시간}}=\dfrac{8 \times 60}{40}=12(\text{회})$

③ 1일 트럭 1대 운반량=$5 \times 12=60(\text{m}^3)$

⑤ 트럭의 소요대수=$\dfrac{\text{토사굴착량}}{\text{1일 트럭 1대 운반량}}=\dfrac{900}{60}=15(\text{대})$

15 버킷용량이 3.0m³인 쇼벨과 적재중량이 15ton인 덤프트럭을 사용하여 자연상태인 지역에서 토공사를 하고 있다. 다음의 조건을 기준으로 물음에 답하시오.

- 토량변화율 : L=1.2
- 흙의 단위중량 : 1.8t/m³
- 트럭의 1회 사이클 시간 : 30분
- 트럭의 작업효율 : 0.8
- 쇼벨 1회 사이클 시간 : 30초
- 쇼벨의 작업효율 : 0.5
- 쇼벨의 버킷계수 : 1.1

① 쇼벨의 시간당 작업량을 구하시오.

② 덤프트럭의 시간당 작업량을 구하시오.

③ 쇼벨 1대당 덤프트럭의 소요대수를 구하시오.

정답

① 쇼벨 시간당 작업량 : 165m³/hr
② 덤프트럭 시간당 작업량 : 13.33m³/hr
③ 쇼벨 1대당 덤프트럭 대수 : 13대

해설

① 쇼벨의 시간당 작업량

· 토량환산계수 : 기준이 자연상태이므로 $f=\dfrac{1}{L}$

· 쇼벨의 시간당 작업량(자연상태)

$$Q=\frac{3,600 \cdot q \cdot K \cdot f \cdot E}{Cm}=\frac{3,600 \times 3.0 \times 1.1 \times \dfrac{1}{1.2} \times 0.5}{30}=165.0(\text{m}^3/\text{hr})$$

② 덤프트럭 시간당 작업량

· 덤프트럭 1회 적재량 $q=\dfrac{T}{\gamma_t} \times L=\dfrac{15}{1.8} \times 1.2=10(\text{m}^3)$

· 덤프트럭 시간당 작업량(자연상태) $Q=\dfrac{60 \cdot q \cdot f \cdot E}{Cm}=\dfrac{60 \times 10 \times \dfrac{1}{1.2} \times 0.8}{30}=13.33(\text{m}^3/\text{hr})$

③ 쇼벨 1대당 트럭의 소요대수 $N=\dfrac{\text{쇼벨의 시간당 작업량}}{\text{트럭의 시간당 작업량}}=\dfrac{165}{13.33}=12.38 \;\rightarrow\; 13$대

16 흐트러진 상태의 토사를 버킷용량 1.34m³의 로더 1대로 적재하고, 적재중량 8ton의 덤프트럭으로 운반하려 한다. 운반거리가 5km일 경우 다음의 조건을 기준으로 로더에 대한 덤프트럭의 소요대수를 구하시오.

- 로더 1회 사이클 시간 : 40초
- 로더의 작업 효율 : 0.7
- 로더의 버킷계수 : 1.15
- 덤프트럭 공차 시 속도 : 25km/hr
- 덤프트럭 적재 시 속도 : 20km/hr
- 덤프트럭 적하시간 : 0.5분
- 덤프트럭 대기시간 : 0.4분
- 덤프트럭 작업효율 : 0.9
- 토사의 단위중량 : 1.7t/m³
- 토량변화율 : 1.15

정답

덤프트럭 소요대수 : 11대

해설 ✏️

① 토량환산계수 : 기준이 흐트러진 상태이므로 $f=1$

② 로더의 시간당 작업량(흐트러진 상태)

$$Q=\frac{3{,}600 \cdot q \cdot K \cdot f \cdot E}{Cm}=\frac{3{,}600 \times 1.34 \times 1.15 \times 1 \times 0.7}{40}=97.08(\text{m}^3/\text{hr})$$

③ 덤프트럭 1회 적재량 $q=\dfrac{T}{\gamma_t} \times L=\dfrac{8}{1.7} \times 1.15=5.41(\text{m}^3)$

④ 적재횟수 $n=\dfrac{Q_t}{q \cdot K}=\dfrac{5.41}{1.34 \times 1.15}=3.51(\text{회})$

⑤ 적재시간 $t_1=\dfrac{Cm_s \cdot n}{60 \cdot E_s}=\dfrac{40 \times 3.51}{60 \times 0.7}=3.34(\text{분})$

⑥ 왕복시간 $t_2=\dfrac{L}{V_1}+\dfrac{L}{V_2}=\left(\dfrac{5}{20}+\dfrac{5}{25}\right) \times 60=27(\text{분})$

⑦ 덤프트럭 1회 사이클 시간 $Cm=t_1+t_2+t_3+t_4=3.34+27+0.5+0.4=31.24(\text{분})$

⑧ 덤프트럭 시간당 작업량(흐트러진 상태) $Q=\dfrac{60 \cdot q \cdot f \cdot E}{Cm}=\dfrac{60 \times 5.41 \times 1 \times 0.9}{31.24}=9.35(\text{m}^3/\text{hr})$

⑨ 덤프트럭 소요대수 $N=\dfrac{Q_s}{Q}=\dfrac{97.08}{9.35}=10.38 \ \rightarrow \ 11대$

17 버킷용량이 0.7m^3인 백호로 적재하고, 적재중량이 8ton인 덤프트럭으로 자연상태의 토사를 채취·운반하려 한다. 다음의 조건을 기준으로 물음에 답하시오(단, 소수 셋째자리에서 반올림하시오).

• 백호의 버킷계수 : 0.9	• 백호의 작업효율 : 0.45
• 백호의 1회 사이클 시간 : 23초	• 덤프트럭의 적재 시 속도 : 15km/hr
• 덤프트럭의 운반거리 : 6km	• 덤프트럭의 공차 시 속도 : 20km/hr
• 덤프트럭의 덮개 개폐시간 : 0.5분	• 덤프트럭의 적하시간 : 0.5분
• 덤프트럭의 작업효율 : 0.9	• 덤프트럭의 적재대기시간 : 1분
• 흙의 단위중량 : 1.8t/m³	• 체적변화율 : $L=1.15$

① 백호의 시간당 작업량을 구하시오.

② 덤프트럭의 1회 적재량(m^3)을 구하시오.

③ 덤프트럭 1대에 소요되는 적재시간(분)을 구하시오.

④ 덤프트럭의 왕복주행시간(분)을 구하시오.

⑤ 덤프트럭 1회 사이클 시간(분)을 구하시오.

⑥ 덤프트럭 시간당 작업량을 구하시오.

⑦ 백호와 덤프트럭의 조합 시간당 작업량을 구하시오.

⑧ 백호 1대와 덤프트럭 3대의 조합시간당 작업량을 구하시오.

정답

① 백호 시간당 작업량 : 38.61m³/hr

② 덤프트럭 1회 적재량 : 5.11m³

③ 소요적재시간 : 6.91분

④ 덤프트럭 왕복주행시간 : 42분

⑤ 덤프트럭 1회 사이클 시간 : 50.91분

⑥ 덤프트럭 시간당 작업량 : 4.72m³/hr

⑦ 백호와 덤프트럭 조합 시간당 작업량 : 4.21m³/hr

⑧ 백호 1대와 덤프트럭 3대 조합 시간당 작업량 : 10.36m³/hr

해설 ✏️

• 체적환산계수 : 기준이 자연상태이므로 $f=\dfrac{1}{L}=\dfrac{1}{1.15}=0.87$

① 백호의 시간당 작업량(자연상태)

$$Q=\frac{3,600 \cdot q \cdot K \cdot f \cdot E}{Cm}=\frac{3,600 \times 0.7 \times 0.9 \times 0.87 \times 0.45}{23}=38.61(\text{m}^3/\text{hr})$$

② 덤프트럭 1회 적재량 $q=\dfrac{T}{\gamma_t} \times L=\dfrac{8}{1.8} \times 1.15=5.11(\text{m}^3)$

③ 트럭 1대의 적재시간

· 백호의 적재횟수 $N=\dfrac{Q_t}{q \cdot K}=\dfrac{5.11}{0.7 \times 0.9}=8.11(\text{회})$

· 적재시간 $t_1=\dfrac{Cm_s \cdot n}{60 \cdot E_s}=\dfrac{23 \times 8.11}{60 \times 0.45}=6.91(\text{분})$

④ 덤프트럭 왕복주행시간 $t_2=\dfrac{L}{V_1}+\dfrac{L}{V_2}=\left(\dfrac{6}{15}+\dfrac{6}{20}\right) \times 60=42(\text{분})$

⑤ 덤프트럭 1회 사이클 시간 $Cm=t_1+t_2+t_3+t_4+t_5=6.91+42+0.5+1+0.5=50.91(\text{분})$

⑥ 덤프트럭 시간당 작업량(자연상태) $Q=\dfrac{60 \cdot q \cdot f \cdot E}{Cm}=\dfrac{60 \times 5.11 \times 0.87 \times 0.9}{50.91}=4.72(\text{m}^3/\text{hr})$

⑦ 조합 시간당 작업량 $Q_T=\dfrac{Q_1 \times Q_2}{Q_1+Q_2}=\dfrac{38.61 \times 4.72}{38.61+4.72}=4.21(\text{m}^3/\text{hr})$

⑧ 백호 1대와 덤프트럭 3대 조합 시간당 작업량

$$Q_T=\frac{Q_1 \times Q_2 \times 3}{Q_1+Q_2 \times 3}=\frac{38.61 \times 4.72 \times 3}{38.61+4.72 \times 3}=10.36(\text{m}^3/\text{hr})$$

4 ||||| 재료량 산정

1 콘크리트의 용적 배합비가 1 : 3 : 6이고 물·시멘트비가 70%일 때 콘크리트 1m³당 각 재료량을 산출하시오.

• 시멘트 비중 : 3.15	• 모래, 자갈의 비중 : 2.65
• 시멘트의 단위용적 중량 : 1.5t/m³	• 모래와 자갈의 단위용적 중량 : 1.7t/m³

① 시멘트양(포대)을 구하시오.   ② 모래양(m³)을 구하시오.

③ 자갈양(m³)을 구하시오.   ④ 물의 소요량(kg)을 구하시오.

정답

① 시멘트양 : 5.14포대   ② 모래양 : 0.41m³   ③ 자갈양 : 0.82m³   ④ 물의 소요량 : 143.84kg

해설 ✎

- 비벼내기양 $V = \dfrac{1 \times W_c}{G_c} + \dfrac{m \times W_s}{G_s} + \dfrac{n \times W_g}{G_g} + W_c \times x$

$\qquad\qquad\qquad = \dfrac{1 \times 1.5}{3.15} + \dfrac{3 \times 1.7}{2.65} + \dfrac{6 \times 1.7}{2.65} + 1.5 \times 0.7 = 7.3(\text{m}^3)$

① 시멘트양 $C = \left(\dfrac{1}{7.3} \times 1,500\right) \div 40 = 5.14(\text{포대})$ ② 모래양 $S = \dfrac{3}{7.3} = 0.41(\text{m}^3)$

③ 자갈양 $G = \dfrac{6}{7.3} = 0.82(\text{m}^3)$ ④ 물의 소요량 $W = \left(\dfrac{1}{7.3} \times 1,500\right) \times 0.7 = 143.84(\text{kg})$

2 시멘트 320kg, 모래 0.45m³, 자갈 0.9m³를 배합하여 물·시멘트비 60%의 콘크리트 1m³를 만드는데 필요한 물의 용적(m³)을 구하시오(단, 소수는 셋째자리까지 계산하시오).

정답

물의 용적 : 0.192m³

해설 ✎

① 물·시멘트비는 시멘트를 기준으로 물의 비율을 말하는 것이다. ·물·시멘트비 $= \dfrac{W}{C} \times 100$

$\qquad$ ·물의 중량 $W =$ 물·시멘트비 × 시멘트양 $= 0.6 \times 320 = 192(\text{kg})$

② 물을 용적으로 환산 : 물 1m³ $= 1,000\ell \;\rightarrow\; \dfrac{192}{1,000} = 0.192(\text{m}^3)$

3 다음 조건에서 콘크리트 1m³를 비비는 데 필요한 시멘트, 모래, 자갈, 물의 양을 각각 중량(kg)과 용적(m³)으로 산출하시오(단, 소수는 셋째자리까지 계산하시오).

• 시멘트 비중 : 3.15	• 모래, 자갈 비중 : 2.65	• 단위수량 : 192kg/m³
• 잔골재율(S/A) : 40%	• 공기량 : 1.2%	• 물·시멘트비 : 60%

정답

① 시멘트 : 중량 320kg, 용적 0.102m³ ② 모래 : 중량 736.7kg, 용적 0.278m³
③ 자갈 : 중량 1,102.4kg, 용적 0.416m³ ④ 물 : 중량 192kg, 용적 0.192m³

해설 ✎

- 콘크리트 1m³ = 물의 용적 + 시멘트 용적 + 전골재(모래 + 자갈)용적 + 공기 용적
- 공기의 용적 : $1.0 \times 0.012 = 0.012(\text{m}^3)$

① 시멘트 : 물·시멘트비(W/C)를 기준으로 구한다.

$\qquad$ ·중량 = 물의 양 ÷ 물·시멘트비 $= 192 \div 0.6 = 320(\text{kg})$

$\qquad$ ·용적 $= \dfrac{\text{중량}(t)}{\text{비중}} = \dfrac{0.32}{3.15} = 0.102(\text{m}^3)$

② 모래(잔골재) : 전골재량을 구한 후 비율로 산정

$\qquad$ ·전골재 용적 $= 1 - (\text{물의 용적} + \text{시멘트 용적} + \text{공기량}) = 1 - (0.192 + 0.102 + 0.012) = 0.694(\text{m}^3)$

$\qquad \therefore$ 잔골재 용적 $= 0.694 \times 0.4 = 0.278(\text{m}^3)$

$\cdot$ 중량＝용적×비중＝$0.278 \times 2.65 \times 1,000 = 736.7(\mathrm{kg})$

③ 자갈(굵은골재)

$\quad \cdot$ 용적＝전골재 용적－잔골재 용적＝$0.694 - 0.278 = 0.416(\mathrm{m}^3)$

$\quad \cdot$ 중량＝$0.416 \times 2.65 \times 1,000 = 1,102.4(\mathrm{kg})$

④ 물의 용적 : 물 $1\mathrm{m}^3 = 1,000\mathrm{kg} \rightarrow \dfrac{192}{1,000} = 0.192(\mathrm{m}^3)$

4 그림과 같은 줄기초의 길이가 150m일 때, 물음에 답하시오.

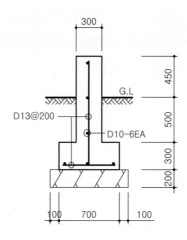

- 철근의 단위중량
  D10＝0.56kg/m
  D13＝0.995kg/m
- 이음길이는 무시한다.

① 콘크리트양(m^3)을 구하시오.

② 철근량(ton)을 구하시오.

③ 거푸집양(m^2)을 구하시오.

정답

① 콘크리트양 : $74.25\mathrm{m}^3$　② 철근량 : 2.22ton　③ 거푸집양 : $375.99\mathrm{m}^2$

해설

① 콘크리트양 $V = (0.7 \times 0.3 + 0.3 \times 0.95) \times 150 = 74.25(\mathrm{m}^3)$

② 철근량(기초벽 선철근 700/2 정착길이 고려)

- 기초판
  $\cdot$ D10 점철근 : $3 \times 150 = 450(\mathrm{m})$
  $\cdot$ D13 선철근 : $0.7 \times \left(\dfrac{150}{0.2} + 1\right) = 525.7(\mathrm{m})$
- 기초벽
  $\cdot$ D10 점철근 : $3 \times 150 = 450(\mathrm{m})$
  $\cdot$ D13 선철근 : $(1.25 + 0.35) \times \left(\dfrac{150}{0.2} + 1\right) = 1,201.6(\mathrm{m})$

$\therefore \dfrac{(450 + 450) \times 0.56 + (525.7 + 1,201.6) \times 0.995}{1,000} = 2.22(\mathrm{ton})$

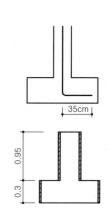

③ 거푸집양

$A = (0.3 + 0.95) \times 2 \times 150 + (0.7 \times 0.3 + 0.3 \times 0.95) \times 2 = 375.99(\mathrm{m}^2)$

5 다음 도면을 보고 물음에 답하시오(단, $C=0.9$, $L=1.2$이다).

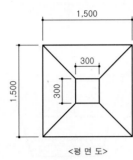 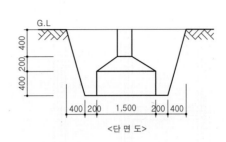

<평 면 도>　　　　　　　　　　<단 면 도>

① 터파기양(m³)을 구하시오.

② 되메우기양(m³)을 구하시오.

③ 잔토처리량(m³)을 구하시오.

④ 콘크리트양(m³)을 구하시오.

⑤ 거푸집양(m²)을 구하시오.

정답

① 터파기양 : 5.34m³　　② 되메우기양 : 4.21m³　　③ 잔토처리량 : 1.36m³

④ 콘크리트양 : 1.13m³　　⑤ 거푸집양 : 2.88m²

해설

① 터파기양 $V=\dfrac{h}{6}((2a+a')b+(2a'+a)b')$

$\qquad\qquad =\dfrac{1}{6}((2\times2.7+1.9)\times2.7+(2\times1.9+2.7)\times1.9)$

$\qquad\qquad =5.34(\text{m}^3)$

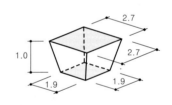

② 되메우기 $V=$ 터파기양$-$지중구조체적(콘크리트양)$=5.34-1.13=4.21(\text{m}^3)$

③ 잔토처리량(흐트러진 상태) $V=$(터파기양$-$되메우기양)$\times L=(5.34-4.21)\times1.2=1.36(\text{m}^3)$

④ 콘크리트양

Ⓐ 기초판 수평부$=1.5\times1.5\times0.4=0.9(\text{m}^3)$

Ⓑ 기초판 경사부$=\dfrac{0.2}{6}\times((2\times1.5+0.3)\times1.5+(2\times0.3+1.5)\times0.3)=0.19(\text{m}^3)$

Ⓒ 기둥부분$=0.3\times0.3\times0.4=0.04(\text{m}^3)$

∴ 콘크리트양$=0.9+0.19+0.04=1.13(\text{m}^3)$

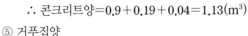 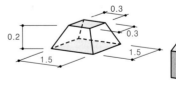

⑤ 거푸집양

Ⓐ 수평부$=1.5\times0.4\times4=2.4(\text{m}^2)$

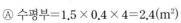

Ⓑ 경사부는 $\dfrac{0.2}{0.6}=0.33\leq\tan30°$이므로 거푸집을 설치하지 않는다.

Ⓒ 기둥부분$=0.3\times0.4\times4=0.48(\text{m}^2)$

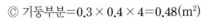

∴ 거푸집양$=2.4+0.48=2.88(\text{m}^2)$

6 다음 도면을 보고 물음에 답하시오(단, $C=0.85$, $L=1.2$이며, 소수는 셋째자리까지 계산하시오).

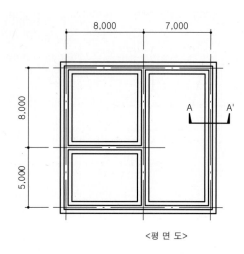

<평면도>

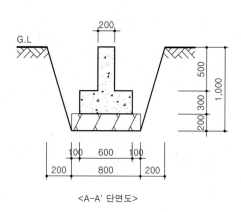

<A-A' 단면도>

① 터파기양(m^3)을 구하시오. ④ 되메우기양(m^3)을 구하시오.

② 잡석량(m^3)을 구하시오. ⑤ 잔토처리량(m^3)을 구하시오.

③ 콘크리트양(m^3)을 구하시오. ⑥ 거푸집양(m^2)을 구하시오.

정답

① 터파기양 : $75m^3$ ② 잡석량 : $12.064m^3$ ③ 콘크리트양 : $21.304m^3$

④ 되메우기양 : $41.632m^3$ ⑤ 잔토처리량 : $40.042m^3$ ⑥ 거푸집양 : $120.96m^2$

해설

• 중심간 길이 $=15\times2+13\times3+8=77(m)$

• 중복개소수$=4$개소

• 줄기초와 줄기초 접합부분의 거푸집 면적 제외(중복길이와 같음)

• 터파기 평균폭 $=\dfrac{a+b}{2}=\dfrac{0.8+1.2}{2}=1(m)$

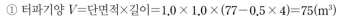

① 터파기양 $V=$단면적$\times$길이$=1.0\times1.0\times(77-0.5\times4)=75(m^3)$

② 잡석량 $V=0.8\times0.2\times(77-0.4\times4)=12.064(m^3)$

③ 콘크리트양(기초판과 기초벽으로 나누어 산출)

$$V=0.6\times0.3\times(77-0.3\times4)+0.2\times0.5\times(77-0.1\times4)=21.304(m^3)$$

④ 되메우기양 $V=$터파기양$-$지중구조체적$=75-(12.064+21.304)=41.632(m^3)$

⑤ 잔토처리량 $V=($터파기양$-$되메우기양$)\times L=(75-41.632)\times1.2=40.042(m^3)$

⑥ 거푸집양(콘크리트양 산출길이에서 중복길이를 한번 더 빼준다)

$$A=0.3\times2\times(77-0.3\times4\times2)+0.5\times2\times(77-0.1\times4\times2)=120.96(m^2)$$

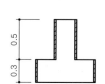

7 다음은 플랜트박스 도면이다. 수량산출서를 작성하시오(단, 소수 셋째자리까지 계산하고, 결과값의 원 단위 미만은 버리시오).

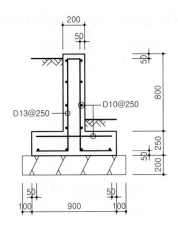

- 플랜트박스의 폐합된 길이는 15m이다.
- D10 이형철근의 단위중량은 0.56kg/m이다.
- D13 이형철근의 단위중량은 0.995kg/m이다.
- 이형철근의 가격은 300,000원/ton이다.
- 철근의 할증률은 3%이다.

가공·조립 노임단가표 (ton 당)

내용	가공(인)		조립(인)		노임(원)	
	철근공	인부	철근공	인부	철근공	인부
가공 및 조립	1.5	0.9	2.5	1.3	100,000	68,000

수량산출서

구분	산출근거	단위	수량
수직 철근량		m	
수평 철근량		m	
철근의 중량		ton	
철근 가격		원	
가공·조립 노임		원	

정답

구분	산출근거	단위	수량
수직 철근량	D13 : $(0.95 \times 2 + 0.8) \times \dfrac{15}{0.25}$	m	162
수평 철근량	D10 : $12 \times 15 + 0.8 \times 60$	m	228
철근의 중량	$((162 \times 0.995 + 228 \times 0.56) \div 1,000) \times 1.03$	ton	0.298
철근 가격	$0.298 \times 300,000$	원	89,400
가공·조립 노임	$0.289 \times ((1.5+2.5) \times 100,000 + (0.9+1.3) \times 68,000)$	원	158,834

해설

- 선철근 산출 시 피복두께 고려하고 개수 산정 시에는 폐합된 구간의 배근이므로 +1을 하지 않는다.
- 철근의 할증을 고려한다.
- 가공·조립 노임은 할증하지 않은 철근량으로 산출한다.

$$W = \frac{162 \times 0.995 + 228 \times 0.56}{1,000} = 0.289(\text{t})$$

8 표준형 벽돌 1.0B 쌓기로 길이 50m, 높이 2.5m의 담장을 쌓으려고 할 때 벽돌양과 모르타르양을 구하시오(단, 담장에는 1.5m × 1.5m의 개구부가 6개소 설치되며, 벽돌의 할증률은 3%이다).

벽돌쌓기 재료량   벽돌매수(매/m²), 모르타르양(m³/1,000매)

쌓기 벽돌형	0.5B	1.0B	1.5B	2.0B	2.5B	3.0B
기존형	65	130	195	260	325	390
	0.30	0.37	0.40	0.42	0.44	0.45
표준형	75	149	224	298	373	447
	0.25	0.33	0.35	0.36	0.37	0.38

정답

① 벽돌양 : 17,112매   ② 모르타르양 : 5.48m³

해설 ✏️

- 시공면적은 담장면적에서 개구부면적을 제외한다.
- 모르타르는 할증이 되어 있는 상태이므로 할증하지 않는다.
- 벽돌의 정미량=쌓기면적×단위수량=$(50 \times 2.5 - 1.5 \times 1.5 \times 6) \times 149 = 16,613.5 \rightarrow$ 16,614매
① 벽돌양=쌓기면적×단위수량×할증률
  $= (50 \times 2.5 - 1.5 \times 1.5 \times 6) \times 149 \times 1.03 = 17,111.91 \rightarrow$ 17,112매
② 모르타르양=$\dfrac{\text{벽돌의 정미량}}{1,000} \times$ 단위수량=$\dfrac{16,614}{1,000} \times 0.33 = 5.48(\text{m}^3)$

9 높이 4m, 길이 25m의 담장을 표준형 벽돌 2.0B로 쌓으려고 한다. 다음의 조건으로 물음에 답하시오.

- 쌓기 모르타르 : 1:3   • 벽돌의 할증 : 3%

벽돌쌓기 기준량   (m²당)

벽두께 벽돌규격 (cm)	0.5B(매)	1.0B(매)	1.5B(매)	2.0B(매)	2.5B(매)	3.0B(매)
19 × 9 × 5.7	75	149	224	298	373	447
21 × 10 × 6	65	130	195	260	325	390

표준형 벽돌쌓기   (1,000매당)

벽두께	구분	모르타르(m³)	시멘트(kg)	모래(m³)	조적공(인)	보통인부(인)
표준형	0.5B	0.25	127.5	0.275	1.8	1.0
	1.0B	0.33	168.3	0.363	1.6	0.9
	1.5B	0.35	178.5	0.385	1.4	0.8
	2.0B	0.36	183.6	0.396	1.2	0.7

| 표준형 | 2.5B | 0.37 | 188.7 | 0.407 | 1.0 | 0.6 |
| | 3.0B | 0.38 | 193.8 | 0.418 | 0.8 | 0.5 |

모르타르 배합 (m³당)

배합용적비	시멘트(kg)	모래(m³)	보통인부(인)
1:1	1,093	0.78	1.0
1:2	680	0.98	1.0
1:3	510	1.10	1.0

단가표

구분	단위	단가(원)	구분	단위	단가(원)
벽돌	매	200	조적공	인	58,000
시멘트	kg	100	보통인부	인	34,000
모래	m³	8,000			

① 재료비를 구하시오.　　　② 노무비를 구하시오.

③ 공사비를 구하시오.

정답

① 재료비 : 6,780,454원　　② 노무비 : 3,148,140원　　③ 공사비 : 9,928,594원

해설

• 벽돌양은 할증이 포함된 양으로 한다.

• 그 외의 재료 및 비용은 정미량을 기준으로 구한다.

• 보통인부 산출 시 배합인부를 포함한다.

① 재료비

·벽돌 정미량＝면적 × 단위수량＝(4 × 25) × 298＝29,800(매)

·모르타르양＝$\dfrac{정미량}{1,000}$ × 단위수량＝$\dfrac{29,800}{1,000}$ × 0.36＝10.73(m³)

·벽돌비＝소요량 × 단가＝(4 × 25 × 298 × 1.03) × 200＝6,138,800(원)

·시멘트비＝모르타르양 × 단위수량 × 단가＝10.73 × 510 × 100＝547,230(원)

·모래비＝모르타르양 × 단위수량 × 단가＝10.73 × 1.1 × 8,000＝94,424(원)

∴ 재료비＝6,138,800＋547,230＋94,424＝6,780,454(원)

② 노무비

·조적공 노임＝$\dfrac{정미량}{1,000}$ × 조적공수 × 노임＝$\dfrac{29,800}{1,000}$ × 1.2 × 58,000＝2,074,080(원)

·보통인부 노임＝$\left(\dfrac{정미량}{1,000}$ × 쌓기 보통인부수＋모르타르양 × 배합 보통인부수$\right)$ × 노임

　　　　　　＝$\left(\dfrac{29,800}{1,000}$ × 0.7＋10.73 × 1.0$\right)$ × 34,000＝1,074,060(원)

∴ 노무비＝2,074,080＋1,074,060＝3,148,140(원)

③ 공사비＝재료비＋노무비＝6,780,454＋3,148,140＝9,928,594(원)

10 다음 그림을 보고 1m당 수량을 산출하시오(단, 소수 셋째자리까지 계산하시오).

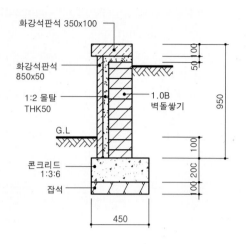

- 터파기 여유폭 : 잡석면에서 좌우 10cm
- 벽돌쌓기양 : 1.0B=149매
- 모르타르 산정 시 벽돌쌓기 모르타르는 고려하지 않는다.
- 흙량은 G.L을 기준으로 한다.

수량산출서 (m당)

공사 및 재료	산출근거	단위	수량
터파기양		m^3	
잔토처리량		m^3	
되메우기양		m^3	
잡석다짐양		m^3	
콘크리트양		m^3	
시멘트벽돌양(1.0B)		매	
화강석판석		m^3	
화강석판석		m^3	
모르타르(1:2)		m^3	
합판 거푸집		m^2	

정답

수량산출서 (m당)

공사 및 재료	산출근거	단위	수량
터파기양	$(0.45+0.2) \times 0.4 \times 1.0$	m^3	0.26
잔토처리량	$(0.45 \times 0.3+(0.19+0.05+0.05) \times 0.1) \times 1.0$	m^3	0.164
되메우기양	$0.26-0.164$	m^3	0.096
잡석다짐양	$0.45 \times 0.1 \times 1.0$	m^3	0.045
콘크리트양	$0.45 \times 0.2 \times 1.0$	m^3	0.09
시멘트벽돌양(1.0B)	$0.8 \times 1.0 \times 149$	매	120
화강석판석	$0.85 \times 0.05 \times 1.0$	m^3	0.043
화강석판석	$0.35 \times 0.1 \times 1.0$	m^3	0.035
모르타르(1:2)	$(0.85+0.19) \times 0.05 \times 1.0$	m^3	0.052
합판 거푸집	$0.2 \times 2 \times 1.0$	m^2	0.4

해설 ✏️

- 1m당 수량이므로 단위수량이다.
- 그림상의 단면적이 체적과 동일하다.
- 토공량은 G.L 이하로 산출한다.
- 거푸집은 단위길이 수량이므로 양쪽 면만 구한다.

11 비탈면 보호를 위하여 자연석을 쌓으려고 한다. 길이 48m, 높이 2m, 뒷길이 45cm로 설치할 때 자연석 중량(ton)과 공사비를 구하시오(단, 금액의 원 단위 미만은 버리시오).

- 공극률 : 30%
- 자연석단가 : 80,000원/ton
- 보통인부 : 87,000원/일, 2.1인/ton
- 자연석쌓기 단위중량 : 2.65t/m³
- 조원공 : 134,000원/일, 2.5인/ton

정답

① 자연석 중량 : 80.14ton   ② 공사비 : 47,899,678원

해설 ✏️

- 공극률 30% → 실적률 70%
① 자연석 중량＝전체 공사량×실적률×단위중량＝48 × 2 × 0.45 × 0.7 × 2.65＝80.14(ton)
② 공사비
　·자연석비＝80.14 × 80,000＝6,411,200(원)
　·노무비＝80.14 × (2.5 × 134,000＋2.1 × 87,000)＝41,488,478(원)
　∴ 공사비＝6,411,200＋41,488,478＝47,899,678(원)

12 다음 그림과 같이 18m × 18m의 휴게공간을 아래의 단면도와 같이 벽돌로 포장하려 한다. 아래의 표를 참고하여 공사비를 구하시오(단, 금액의 원 단위 미만은 버리시오).

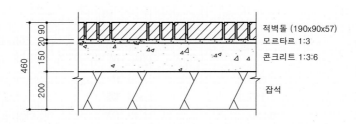

토공 및 지정

(원)(m³)

구분	규격	수량	단위	단가	금액
터파기	인력	0.2	인	70,000	14,000
잔토처리	인력	0.2	인	70,000	14,000
잡석지정	인력	1.0	인	70,000	70,000
잡석	쇄석	1.0	m³	5,000	5,000

콘크리트 배합, 타설(1:3:6)   (원)(m³)

구분	규격	수량	단위	단가	금액
시멘트	보통	220	kg	80	17,600
모래	강모래	0.47	m³	12,000	5,640
자갈		0.94	m³	10,000	9,400
콘크리트공		0.9	인	110,000	99,000
보통인부		0.9	인	87,000	78,300

벽돌포장   (원)(m³)

구분	규격	수량	단위	단가	금액
벽돌	표준형	78	장	200	15,600
모르타르	1:3	0.041	m³	46,000	1,886
벽돌공		0.2	인	120,000	24,000
보통인부		0.07	인	87,000	6,090

공사비   (원)

구분	재료비	노무비	계
터파기			
잔토처리			
잡석지정			
콘크리트타설			
벽돌포장			
계			

정답

공사비   (원)

구분	재료비	노무비	계
터파기		2,086,560	2,086,560
잔토처리		2,086,560	2,086,560
잡석지정	324,000	4,536,000	4,860,000
콘크리트타설	1,586,304	8,616,780	10,203,084
벽돌포장	5,665,464	9,749,160	15,414,624
계	7,575,768	27,075,060	34,650,828

해설

• 조건의 표들은 전부 금액이 산출되어 있으므로 산출수량에 금액만 곱하면 비용이 산출된다.

① 터파기 노무비 $= 18 \times 18 \times 0.46 \times 14,000 = 2,086,560$(원)

② 잔토처리 노무비 $= 18 \times 18 \times 0.46 \times 14,000 = 2,086,560$(원)

③ 잡석지정

　　 · 재료비 $= 18 \times 18 \times 0.2 \times 5,000 = 324,000$(원)

·노무비 $=18 \times 18 \times 0.2 \times 70,000 = 4,536,000$(원)

④ 콘크리트타설(시멘트, 모래, 자갈을 한꺼번에 산출한다.)

·재료비 $=18 \times 18 \times 0.15 \times (17,600 + 5,640 + 9,400) = 1,586,304$(원)

·노무비 $=18 \times 18 \times 0.15 \times (99,000 + 78,300) = 8,616,780$(원)

⑤ 벽돌포장

·재료비 $=18 \times 18 \times (15,600 + 1,886) = 5,665,464$(원)

·노무비 $=18 \times 18 \times (24,000 + 6,090) = 9,749,160$(원)

13 길이 50m, 폭 4m인 보도에 콘크리트 보도블록(30cm × 30cm × 6cm)을 포장하려 한다. 보도는 잡석을 15cm 두께로 다짐을 하고, 그 위에 콘크리트(1:3:6)를 10cm 친 후, 모래를 3cm 두께로 깔고, 보도블록을 포장하려 한다. 아래 사항들을 참고로 하여 물음에 답하시오.

품 및 단가 (m³당)

구분	터파기	되메우기	잔토처리	잡석지정	콘크리트 타설	단가(원)
보통인부	0.3인	0.1인	0.2인	0.5인	0.82인	90,000
콘크리트공	–	–	–	–	0.85인	110,000

보도블록 깔기 (100m²당)

구분	규격	단위	수량	단가
보도블록	0.3 × 0.3 × 0.06m	개	1,100	300원
줄눈모래	줄눈 3mm 기준	m³	0.2	12,000원
포설공		인	3.6	130,000원
보통인부	모래펴기, 바닥만들기, 정리품 포함	인	4.7	90,000원

재료 및 단가

배합비	콘크리트(m³)			잡석(m³)	모래(m³)
	시멘트	모래	자갈		
1:3:6	220kg	0.47m³	0.94m³	–	–
단가	100원/kg	12,000원/m³	12,700원/m³	5,000원	12,000원

① 시공단면도를 축척 $\dfrac{1}{10}$로 그리시오.

② 재료비와 인건비를 구하시오.

③ 공사비를 구하시오.

①

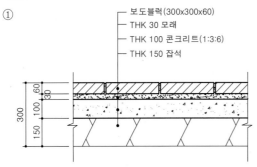

보도블럭(300x300x60)
THK 30 모래
THK 100 콘크리트(1:3:6)
THK 150 잡석

② 재료비 : 1,678,360원   인건비 : 9,538,000원

③ 공사비 : 11,216,360원

해설 ✎

① 포장단면상세도는 지문의 순서대로 그리면 된다. 포장재료가 먼저 나오면 위로부터 시작하고 잡석이 먼저 나오면 아래에서 위로 그려나간다. 축척이 None Scale로 주어지면 비례를 맞추어 그려야 한다.

② 재료비와 인건비
- 재료비의 목록이 주어지지 않은 경우, 시공순서대로 산출해 나가면 재료의 누락 없이 할 수 있다.
  - 잡석 $=50 \times 4 \times 0.15 \times 5,000 = 150,000$(원)
  - 콘크리트 $=50 \times 4 \times 0.1 = 20(\text{m}^3)$
  - 시멘트 $=20 \times 220 \times 100 = 440,000$(원)
  - 모래 $=20 \times 0.47 \times 12,000 = 112,800$(원)
  - 자갈 $=20 \times 0.94 \times 12,700 = 238,760$(원)
  - 바탕모래 $=50 \times 4 \times 0.03 \times 12,000 = 72,000$(원)
- 보도블록 깔기표는 100㎡당이므로 수량을 100으로 나눈 후 단위수량을 곱한다.
  - 줄눈모래 $=\dfrac{50 \times 4}{100} \times 0.2 \times 12,000 = 4,800$(원)
  - 보도블록 $=\dfrac{50 \times 4}{100} \times 1,100 \times 300 = 660,000$(원)
  - ∴ 재료비 $= 150,000 + 440,000 + 112,800 + 238,760 + 72,000 + 4,800 + 660,000 = 1,678,360$(원)
- 인건비는 토공에 들어가고 "재료가 있으면 사람도 있다"라고 생각하고 구한다. 단, 이 문제의 경우 바탕모래는 보도블록 깔기의 보통인부가 작업하므로 인건비는 들지 않는다.
  - 터파기 $=50 \times 4 \times 0.34 \times 0.3 \times 90,000 = 1,836,000$(원)
  - 잔토처리 $=50 \times 4 \times 0.34 \times 0.2 \times 90,000 = 1,224,000$(원)
  - 잡석 $=50 \times 4 \times 0.15 \times 0.5 \times 90,000 = 1,350,000$(원)
  - 콘크리트 $=50 \times 4 \times 0.1 \times (0.85 \times 110,000 + 0.82 \times 90,000) = 3,346,000$(원)
  - 보도블록 $=\dfrac{50 \times 4}{100} \times (3.6 \times 130,000 + 4.7 \times 90,000) = 1,782,000$(원)
  - ∴ 인건비 $= 1,836,000 + 1,224,000 + 1,350,000 + 3,346,000 + 1,782,000 = 9,538,000$(원)

③ 공사비 $=$ 재료비 $+$ 인건비 $= 1,678,360 + 9,538,000 = 11,216,360$(원)

14 다음 그림은 경계석 설치단면도이다. 다음 물음에 답하시오(단, 계산은 소수 셋째자리까지 하시오).

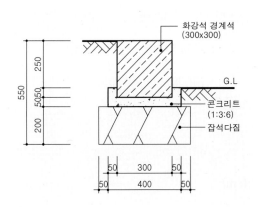

• 토공량은 직각터파기로 G.L을 기준으로 한다.

① 그림의 단면도에서 성토를 해야 할 높이(m)를 구하시오.
② 제시된 1m당 수량 산출서를 작성하시오.

수량 산출서 (m당)

공사 및 재료	산출근거	단위	수량
터파기			
잔토처리			
되메우기			
화강석			
콘크리트			
잡석			

정답

① 0.25m

② 수량산출서

수량 산출서 (m당)

공사 및 재료	산출근거	단위	수량
터파기	$0.5 \times 0.3 \times 1.0$	m^3	0.15
잔토처리	$(0.5 \times 0.2 + 0.4 \times 0.1) \times 1.0$	m^3	0.14
되메우기	$0.1 \times 0.05 \times 2 \times 1.0$	m^3	0.01
화강석	$0.3 \times 0.3 \times 1.0$	m^3	0.09
콘크리트	$(0.4 \times 0.05 + 0.05 \times 0.05 \times 2) \times 1.0$	m^3	0.025
잡석	$0.5 \times 0.2 \times 1.0$	m^3	0.1

해설

① 성토높이 : 조건에서 터파기 기준을 G.L로 정하였으므로 G.L 이상의 높이는 성토가 된다.

② 1m당 수량이므로 그림상의 단면적과 체적이 동일하다.

5 ||||| 수목식재 품의 적용

1 근원직경이 15cm인 느티나무를 굴취하려 한다. 상수 $d=4$일 때 뿌리분의 크기(지름)를 수식에 의해 구하시오.

정답

뿌리분의 크기 : 72cm

해설 ✏️

뿌리분의 지름 $=24+(N-3)\times d=24+(15-3)\times 4=72$(cm)

2 수고 5m, 흉고직경 40cm, 근원직경 50cm가 되는 나무를 이식하려 한다. 뿌리분은 보통분으로 직경이 근원직경의 4배이고, 뿌리분의 높이는 근원직경의 3배이다. 다음의 물음에 따라 수목의 중량을 구하시오(단, 소수는 결과값에서 버리시오).

• $W_1=k\pi\left(\dfrac{B}{2}\right)^2 Hw_1(1+p)$ • $V=\pi r^3+\dfrac{1}{6}\pi r^3$	• 수간의 단위체적중량(w_1) : 1,300kg/m³
• 뿌리분의 단위체적중량(w_2) : 1,400kg/m³	• 수간형상계수(k) : 0.5 • H : 수고
• B : 흉고직경 • r : 뿌리분의 반경	• 지엽의 할증률(p) : 0.1

① 수목의 지상부 중량(kg)을 구하시오.

② 수목의 지하부 중량(kg)을 구하시오.

③ 굴취한 이 수목의 전체중량(kg)을 구하시오.

정답

① 수목의 지상부 중량 : 449kg   ② 수목의 지하부 중량 : 5,128kg   ③ 수목의 전체중량 : 5,577kg

해설 ✏️

• cm를 m로 바꾸어 계산한다.

① 지상부 중량 $W_1=k\times\pi\times\left(\dfrac{B}{2}\right)^2\times H\times w_1\times(1+p)$

$$=0.5\times 3.14\times\left(\dfrac{0.4}{2}\right)^2\times 5.0\times 1,300\times(1+0.1)=449\text{(kg)}$$

② 지하부 중량 $W_2=\left(\pi r^3+\dfrac{1}{6}\pi r^3\right)\times$뿌리분의 단위중량

$$=\left(3.14\times(0.5\times 2)^3+\dfrac{1}{6}\times 3.14\times(0.5\times 2)^3\right)\times 1,400=5,128\text{(kg)}$$

③ 전체중량 $W=W_1+W_2=449+5,128=5,577\text{(kg)}$

3 도시 내 소공원의 식재공사비 원가계산서를 작성하고자 한다. 식재품셈표를 참고하여 식재공사 내역서를 작성하시오.

• 노임단가 : 조경공 50,000원, 보통인부 36,000원

식재품셈표 (주당)

근원직경에 의한 식재			흉고직경에 의한 식재		
근원직경(cm)	조경공(인)	보통인부(인)	흉고직경(cm)	조경공(인)	보통인부(인)
4 이하	0.11	0.07	4 이하	0.14	0.09
5	0.17	0.10	5	0.23	0.14
6	0.23	0.14	10	0.68	0.39
7	0.30	0.18	15	1.12	0.66

나무높이에 의한 식재			관목류의 식재		
나무높이(m)	조경공(인)	보통인부(인)	나무높이(m)	조경공(인)	보통인부(인)
1.1~1.6	0.09	0.07	0.3 미만	0.01	0.01
1.7~2.0	0.11	0.09	0.3~0.7	0.03	0.02
2.1~2.5	0.15	0.12	0.8~1.1	0.05	0.03
2.6~3.0	0.19	0.14	1.2~1.5	0.09	0.05

식재공사비 내역서

번호	수종	규격	수량	합계(원) 단가	계	노무비(원) 단가	계	재료비(원) 단가	계
1	벚나무	H3.0×B10	20					125,000	
2	벽오동	H2.5×B5	10					18,000	
3	모과나무	H3.0×R6	20					15,000	
4	소나무	H2.5×W1.2	30					30,000	
5	박태기나무	H1.2×W0.7	20					6,000	
6	회양목	H0.3×W0.3	100					2,800	
7	쥐똥나무	H1.0×W0.3	300					900	
	소계	–		–	–		–		–

정답

식재공사비 내역서

번호	수종	규격	수량	합계(원) 단가	계	노무비(원) 단가	계	재료비(원) 단가	계
1	벚나무	H3.0×B10	20	173,040	3,460,800	48,040	960,800	125,000	2,500,000
2	벽오동	H2.5×B5	10	34,540	345,400	16,540	165,400	18,000	180,000
3	모과나무	H3.0×R6	20	31,540	630,800	16,540	330,800	15,000	300,000
4	소나무	H2.5×W1.2	30	41,820	1,254,600	11,820	354,600	30,000	900,000
5	박태기나무	H1.2×W0.7	20	12,300	246,000	6,300	126,000	6,000	120,000
6	회양목	H0.3×W0.3	100	5,020	502,000	2,220	222,000	2,800	280,000
7	쥐똥나무	H1.0×W0.3	300	4,480	1,344,000	3,580	1,074,000	900	270,000
	소계	–	–	–	7,783,600	–	3,233,600	–	4,550,000

① 노무비 단가＝조경공수×조경공 노임＋보통인부수×보통인부 노임

　　·벚나무＝0.68 × 50,000＋0.39 × 36,000＝48,040(원)

　　·벽오동＝0.23 × 50,000＋0.14 × 36,000＝16,540(원)

　　·모과나무＝0.23 × 50,000＋0.14 × 36,000＝16,540(원)

　　·소나무＝0.15 × 50,000＋0.12 × 36,000＝11,820(원)

　　·박태기나무＝0.09 × 50,000＋0.05 × 36,000＝6,300(원)

　　·회양목＝0.03 × 50,000＋0.02 × 36,000＝2,220(원)

　　·쥐똥나무＝0.05 × 50,000＋0.03 × 36,000＝3,580(원)

② 수량에 단가를 곱하여 금액을 구한다.

③ 노무비와 재료비를 더하여 계를 구한다.

④ 각 비용의 계를 합하여 소계를 구한다.

4 다음 조건을 보고 물음에 답하시오(단, 금액의 원 단위 미만은 버리시오).

식재수종

수종	규격	수량	단가(원)	조건	비고
잣나무	H2.5 × W1.0	9	150,000	객토 필요, 지주목 필요	·지주목을 세우지 않을 때에는 식재품에서 20%를 감한다. ·객토를 할 경우에는 식재품의 10%를 가산한다.
노각나무	H2.5 × R5	14	28,000	객토하지 않음, 지주목 세우지 않음	
모과나무	H3.0 × R8	11	72,000	객토 필요, 지주목 세우지 않음	
메타세쿼이아	H3.5 × B8	4	80,000	객토 필요, 지주목 필요	
은행나무	H3.5 × B10	8	185,000	객토하지 않음, 지주목 필요	

식재품 및 객토량　　　　　　　　　　　　　　　　　　　　　　　　　(주당)

수고에 의한 식재				흉고직경에 의한 식재				근원직경에 의한 식재			
수고 (m)	조원공 (인)	보통인부 (인)	객토량 (m³)	흉고직경 (cm)	조원공 (인)	보통인부 (인)	객토량 (m³)	근원직경 (cm)	조원공 (인)	보통인부 (인)	객토량 (m³)
1.6~2.0	0.11	0.09	0.099	6	0.32	0.19	0.217	5	0.17	0.10	0.101
2.1~2.5	0.15	0.12	0.141	8	0.50	0.29	0.345	8	0.37	0.22	0.183
2.6~3.0	0.19	0.14	0.189	10	0.68	0.39	0.513	10	0.51	0.30	0.256

단가표

조경(원)공 노임	보통인부	흙값
60,000원/일	34,000원/일	80,000원/m³

① 식재비를 구하시오(재료비와 노무비를 합산하시오).

수종	수량	산출근거	식재비
잣나무			
노각나무			
모과나무			

메타세쿼이아			
은행나무			

② 필요한 객토량과 객토할 흙값을 구하시오.

정답

① 식재비

수종	수량	산출근거	식재비(원)
잣나무	9	$9 \times (150,000 + (0.15 \times 60,000 + 0.12 \times 34,000) \times 1.1)$	1,479,492
노각나무	14	$14 \times (28,000 + (0.17 \times 60,000 + 0.1 \times 34,000) \times 0.8)$	544,320
모과나무	11	$11 \times (72,000 + (0.37 \times 60,000 + 0.22 \times 34,000) \times 0.9)$	1,085,832
메타세쿼이아	4	$4 \times (80,000 + (0.5 \times 60,000 + 0.29 \times 34,000) \times 1.1)$	495,384
은행나무	8	$8 \times (185,000 + (0.68 \times 60,000 + 0.39 \times 34,000))$	1,912,480

② 객토량 : 4.66m³ 흙값 : 372,800원

해설 ✏️

① 조건을 보고 객토와 지주목의 필요 여부를 판단하여 식재품의 증감률을 정한다.

· 잣나무＝(객토 필요 : ＋0.1)＋(지주목 필요 : 0)＝ ＋0.1

· 노각나무 ＝(객토하지 않음 : 0)＋(지주목 세우지 않음 : －0.2)＝ －0.2

· 모과나무＝(객토 필요 : ＋0.1)＋(지주목 세우지 않음 : －0.2)＝ －0.1

· 메타세쿼이아＝(객토 필요 : ＋0.1)＋(지주목 필요 : 0)＝ ＋0.1

· 은행나무＝(객토하지 않음 : 0)＋(지주목 필요 : 0)＝0

② 객토가 필요한 나무만 선별하여 객토량을 구한다.

· 객토량＝잣나무 객토량＋모과나무 객토량＋메타세쿼이아 객토량

  ＝0.141 × 9＋0.183 × 11＋0.345 × 4＝4.66(m³)

· 객토할 흙값＝4.66 × 80,000＝372,800(원)

5 조경공사 식재구역에 은행나무 100주, 자작나무 100주, 가중나무 20주를 이식하고자 한다. 다음 사항을 참고하여 각 수종의 일위대가와 공사비 내역서를 제시된 칸에 작성하시오(단, 계산 시 소수점 이하는 버리시오).

수종	조경공(주당)		규격	뿌리분 새끼 ϕ13mm(m)	뿌리분 거적 (m²)	운반적재량 (6t트럭/대)
	굴취(인)	식재(인)				
은행나무	0.6	0.7	H4.0 × B10cm	20	2.5	20주
자작나무	0.8	0.9	H5.0 × B12cm	25	3.0	20주
가중나무	0.5	0.5	H4.0 × B8cm	20	2.5	20주

• 굴취에는 뿌리분의 거적싸기 및 새끼감기 품이 포함된다.

• 지주목 설치는 1개소당 육송 0.007m³(말구 4.5cm, 길이 120cm, 3개), 새끼 ϕ13mm 10m, 박피작업에 보통인부 0.01인이 필요하다.

- 상·하차는 인력으로 하는데 주당 인건비는 1,500원, 재료비는 2,000원이 소요된다.
- 인건비는 조경공 50,000원/일, 보통인부 28,000원/일이다.
- 재료비는 육송 70,000원/m³, ϕ13mm 새끼 10원/m, 거적 1,000원/m²이다.

① 식재 일위대가표

은행나무 이식 (주당)

명칭	규격	단위	수량	인건비		재료비		계	
				단가	금액	단가	금액	단가	금액
굴취	조경공	인				−	−		
식재	조경공	인				−	−		
뿌리분 새끼	ϕ13mm	m		−	−				
뿌리분 거적	가마니	m²		−	−				
계	−	−	−	−		−		−	

자작나무 이식 (주당)

명칭	규격	단위	수량	인건비		재료비		계	
				단가	금액	단가	금액	단가	금액
굴취	조경공	인				−	−		
식재	조경공	인				−	−		
뿌리분 새끼	ϕ13mm	m		−	−				
뿌리분 거적	가마니	m²		−	−				
계	−	−	−	−		−		−	

가중나무 이식 (주당)

명칭	규격	단위	수량	인건비		재료비		계	
				단가	금액	단가	금액	단가	금액
굴취	조경공	인				−	−		
식재	조경공	인				−	−		
뿌리분 새끼	ϕ13mm	m		−	−				
뿌리분 거적	가마니	m²		−	−				
계	−	−	−	−		−		−	

지주목 (개소당)

명칭	규격	단위	수량	인건비		재료비		계	
				단가	금액	단가	금액	단가	금액
육송	말구 4.5cm L=120cm × 3개	m³		−	−				
지주용 새끼	ϕ13mm	m		−	−				

박피작업	보통인부	인			–	–		
계	–	–	–	–	–	–		

② 공사비 내역서

명칭	규격	단위	수량	인건비(원)		재료비(원)		계(원)	
				단가	금액	단가	금액	단가	금액
은행나무 이식	H4.0 × B10	주							
자작나무 이식	H5.0 × B12	주							
가중나무 이식	H4.0 × B8	주							
수목운반비	6ton 트럭	주							
지주목	–	개소							
계(1)	–	–	–	–		–		–	
간접노무비	인건비계 10%	식							
산재보험료	(인건비계＋간접노무비)× 24/1,000	식							
계(2)									
기타경비	(계2) 3%	식							
계(3)									
일반관리비	(계3) 5%	식							
계(4)									
이윤	(계4) 10%	식							
계(5)									
부가세	(계5) 10%	식							
총계									

정답

① 식재 일위대가표

은행나무 이식 (주당)

명칭	규격	단위	수량	인건비		재료비		계	
				단가	금액	단가	금액	단가	금액
굴취	조경공	인	0.6	50,000	30,000	–	–	50,000	30,000
식재	조경공	인	0.7	50,000	35,000	–	–	50,000	35,000
뿌리분 새끼	ϕ13mm	m	2.0	–	–	10	200	10	200
뿌리분 거적	가마니	m²	2.5	–	–	1,000	2,500	1,000	2,500
계	–	–	–	–	65,000	–	2,700	–	67,700

자작나무 이식 (주당)

명칭	규격	단위	수량	인건비		재료비		계	
				단가	금액	단가	금액	단가	금액
굴취	조경공	인	0.8	50,000	40,000	–	–	50,000	40,000

식재	조경공	인	0.9	50,000	45,000	–	–	50,000	45,000
뿌리분 새끼	ϕ13mm	m	2.5	–	–	10	250	10	250
뿌리분 거적	가마니	m²	3.0	–	–	1,000	3,000	1,000	3,000
계	–	–	–	–	85,000	–	3,250	–	88,250

가중나무 이식 (주당)

명칭	규격	단위	수량	인건비 단가	인건비 금액	재료비 단가	재료비 금액	계 단가	계 금액
굴취	조경공	인	0.5	50,000	25,000	–	–	50,000	25,000
식재	조경공	인	0.5	50,000	25,000	–	–	50,000	25,000
뿌리분 새끼	ϕ13mm	m	20	–	–	10	200	10	200
뿌리분 거적	가마니	m²	2.5	–	–	1,000	2,500	1,000	2,500
계	–	–	–	–	50,000	–	2,700	–	52,700

지주목 (개소당)

명칭	규격	단위	수량	인건비 단가	인건비 금액	재료비 단가	재료비 금액	계 단가	계 금액
육송	말구 4.5cm L=120cm × 3개	m³	0.007	–	–	70,000	490	70,000	490
지주용 새끼	ϕ13mm	m	10	–	–	10	100	10	100
박피작업	보통인부	인	0.01	28,000	280	–	–	28,000	280
계	–	–	–	–	280	–	590	–	870

② 공사비 내역서

명칭	규격	단위	수량	인건비(원) 단가	인건비(원) 금액	재료비(원) 단가	재료비(원) 금액	계(원) 단가	계(원) 금액
은행나무 이식	H4.0 × B10	주	100	65,000	6,500,000	2,700	270,000	67,700	6,770,000
자작나무 이식	H5.0 × B12	주	100	85,000	8,500,000	3,250	325,000	88,250	8,825,000
가중나무 이식	H4.0 × B8	주	20	50,000	1,000,000	2,700	54,000	52,700	1,054,000
수목운반비	6ton 트럭	주	220	1,500	330,000	2,000	440,000	3,500	770,000
지주목	–	개소	220	280	61,600	590	129,800	870	191,400
계(1)	–	–	–	–	16,391,600	–	1,218,800	–	17,610,400
간접노무비	인건비계 10%	식	\multicolumn{7}{l}{16,391,600 × 0.1 = 1,639,160}
산재보험료	(인건비계+간접노무비) × 24/1,000	식	\multicolumn{7}{l}{(16,391,600 + 1,639,160) × 24/1,000 = 432,738}
계(2)			\multicolumn{7}{l}{17,610,400 + 1,639,160 + 432,738 = 19,682,298}
기타경비	(계2) 3%	식	\multicolumn{7}{l}{19,682,298 × 0.03 = 590,468}
계(3)			\multicolumn{7}{l}{19,682,298 + 590,468 = 20,272,766}
일반관리비	(계3) 5%	식	\multicolumn{7}{l}{20,272,766 × 0.05 = 1,013,638}
계(4)			\multicolumn{7}{l}{20,272,766 + 1,013,638 = 21,286,404}
이윤	(계4) 10%	식	\multicolumn{7}{l}{21,286,404 × 0.1 = 2,128,640}
계(5)			\multicolumn{7}{l}{21,286,404 + 2,128,640 = 23,415,044}
부가세	(계5) 10%	식	\multicolumn{7}{l}{23,415,044 × 0.1 = 2,341,504}
총계			\multicolumn{7}{l}{23,415,044 + 2,341,504 = 25,756,548}

6 아래 그림과 같은 100m × 10m의 경사면에 평떼붙임 공사를 하려고 한다. 단면 A−A′를 참조하여 잔디 식재면적을 산출하시오.

- 등고선의 수평간격 : 1m
- $\sqrt{45}=6.708$, $\sqrt{73}=8.544$, $\sqrt{80}=8.944$

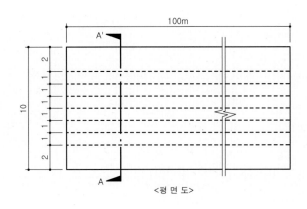

<평 면 도>

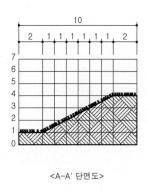

<A–A′ 단면도>

정답

식재면적 : 1,070.8m²

해설 ✏️

① 하단 평지면적 $=2 \times 100 = 200(\text{m}^2)$

② 상단 평지면적 $=2 \times 100 = 200(\text{m}^2)$

③ 경사지 면적 $=\sqrt{수평길이^2 + 수직길이^2} \times 길이 = \sqrt{6^2 + 3^2} \times 100 = 6.708 \times 100 = 670.8(\text{m}^2)$

∴ 식재면적 $=200 + 200 + 670.8 = 1,070.8(\text{m}^2)$

MEMO

조경시공실무

최근 기출문제

조경(산업)기사 필답형 시험은 이론형 문제와 계산형 문제로 구성되어 있다. 최근 시험문제의 출제 형식이 바뀌어 출제되고 있기 때문에 기출문제 부분을 Ⅰ(구유형)과 Ⅱ(신유형)로 구분하여 수록하였다. 새로운 유형으로 바뀌면서 상대적으로 계산형 문제의 비중이 낮아졌으나 공단의 발표에 따르면 아직도 1/3 가량이 계산문제로 출제되고 있다. 이에 시험을 준비하는 데 있어 도움이 될 수 있도록 과년도 문제를 다양하게 수록하였다.

※여기에 제시된 문제는 수험생들의 기억에 의한 것으로 조건 및 숫자 등이 실제와 다를 수 있음을 밝혀둔다.

조경(산업)기사 실기시험 변경 내용 (산업인력공단)

구 분		조경산업기사	조경기사	비 고
개정시점		2022년 기사 제1회 실기시험	2023년 기사 제1회 실기시험	
실기시험 방법		복합형(필답형+작업형)	복합형(필답형+작업형)	
배 점		필답형 : 40점 + 작업(도면) : 60점	필답형 : 40점 + 작업(도면) : 60점	적산 ⇨ 필답형변경
시험시간		필답형 : 1시간, 40점 작업(도면) : 2시간 30분	필답 : 1시간 30분, 40점 작업(도면) : 3시간	
필답형	문제수	10~12문항	10~12문항	
	출제범위	조경계획 및 설계, 조경식재시공 조경시설물시공, 조경관리	조경계획, 조경설계, 조경사 조경시공구조학, 조경관리론, 조경식재	
	출제유형	단답형, 서술형, 완성형, 계산형, 다문형, 연결형 등		간단 계산문제 3~4문항

───────────────── ⊙ ─────────────────

필답형 시험지를 받으면 제일 먼저 「수험자 유의사항」을 잘 읽어 본 후 그에 맞게 문제를 풀어야 한다. 아래에 제시된 내용은 수험생들의 기억에 의한 것이므로 실제 내용과 같지 않으며, 이러한 중요한 내용이 유의사항에 있음을 알려드리기 위한 것이므로 참고만 하시길 바란다.

> ◎ 답안 작성 시 유의사항 ◎
>
> 1. 시험문제지의 총 면수, 문제 번호 순서, 인쇄 상태 등을 확인한다.
> 2. 수검번호, 성명, 답안 작성 시 반드시 검은색 필기구만 사용하여야 하며, 그 외 연필류 등 기타의 필기구를 사용한 답안은 0점 처리한다.
> 3. 답란에는 문제와 관련 없는 불필요한 낙서나 특이한 기록사항 등 부정의 목적이 있다고 판단될 경우에는 모든 득점이 0점 처리된다.
> 4. 계산문제는 계산과정(계산식)과 답이 모두 맞아야 정답으로 인정된다.
> 5. 계산문제는 최종 결과 값에서 소수점 셋째자리에서 반올림하여 소수점 둘째 자리까지 구하고, 소수에 대한 문제별 조건이 있는 경우 그에 따라 답한다. (계산 시 뒤쪽 연습란 사용가능)
> 6. 문제의 요구사항에 따라 답란에 단위가 주어졌을 경우에는 답에서 단위가 생략되어도 무방하나, 그렇지 아니한 경우에는 답에 단위가 없으면 오답으로 처리한다.
> 7. 문제에서 요구한 가지 수(항목 수) 이상을 답란에 표기한 경우에는 답한 기재순으로 요구한 가지 수(항목 수)만 채점한다.
> 8. 답안을 정정할 때에는 반드시 정정부분을 두 줄로 그어 표시하여야 한다.
> 9. 시험의 전 과정(필답형, 작업형)을 응시치 않은 경우 채점대상에서 제외시킨다.

Chapter 01 기출문제 Ⅰ

2022년(조경산업기사), 2023년(기사)부터 필답형 출제형식이 변경되었다. 새로운 형식에도 계산문제가 출제되기에 이전 형식의 다양한 계산문제도 여러분의 시험에 도움이 될 것이다.

1 불도저로 굴착하여 모아놓은 토사를 유압식 백호(back hoe)로 덤프트럭에 적재하여 버리려 한다. 아래의 조건을 참조하여 물음에 답하시오(단, 모든 계산은 소수점 셋째자리까지만 적용한다).

• 백호 :	버킷용량 : 0.7m³	버킷계수 : 0.9	
	작업효율 : 0.5	회전각도 : 180°	
	1회 사이클 시간 : 22초		
• 덤프트럭 :	적재용량 : 8t	편도주행거리 : 8km	
	작업효율 : 0.9		
	대기시간 : 0.15분	적하시간 : 0.5분	
	평균주행속도 : 적재 시 45km/hr	공차 시는 적재 시의 20% 속도 증가	
• 토사 :	흙의 단위중량 : 1,630kg/m³	토량변화율 : 1.25	

① 백호의 시간당 작업량을 구하시오.

② 덤프트럭 1회 적재량을 구하시오.

③ 백호의 적재 시 사이클 횟수를 구하시오.

④ 덤프트럭 한 대에 적재할 경우 걸리는 시간을 구하시오.

⑤ 덤프트럭 1회 왕복시간을 구하시오.

⑥ 덤프트럭 1회 사이클 시간을 구하시오.

⑦ 덤프트럭의 시간당 작업량을 구하시오.

정답

① 백호의 시간당 작업량 $Q = \dfrac{3,600 \cdot q \cdot K \cdot f \cdot E}{Cm} = \dfrac{3,600 \times 0.7 \times 0.9 \times 1 \times 0.5}{22} = 51.545 \text{m}^3/\text{hr}$

② 덤프트럭 1회 적재량 $q = \dfrac{T}{\gamma_t} \times L = \dfrac{8}{1.63} \times 1.25 = 6.133 \text{m}^3$

③ 백호의 적재 시 사이클횟수 $n = \dfrac{Q_t}{q \cdot K} = \dfrac{6.133}{0.7 \times 0.9} = 9.734$회

④ 덤프트럭 적재시간 $t_1 = \dfrac{Cm_s \cdot n}{60 \times E_s} = \dfrac{22 \times 9.734}{60 \times 0.5} = 7.138$분

⑤ 덤프트럭 1회 왕복시간 $t_2 = \dfrac{L}{V_1} + \dfrac{L}{V_2} = \left(\dfrac{8}{45} + \dfrac{8}{45 \times 1.2} \right) \times 60 = 19.5$분

⑥ 덤프트럭 1회 사이클 시간 $Cm = t_1 + t_2 + t_3 + t_4 = 7.138 + 19.5 + 0.5 + 0.15 = 27.288$분

⑦ 덤프트럭의 시간당 작업량 $Q = \dfrac{60 \cdot q \cdot f \cdot E}{Cm} = \dfrac{60 \times 6.133 \times 1 \times 0.9}{27.288} = 12.136 \text{m}^3/\text{hr}$

2 수목 보기 중에 심근성, 천근성, 일반 수종을 분류하고, 뿌리분의 형태와 크기를 그림으로 나타내시오.

전나무, 후박나무, 자목련, 참나무, 낙우송, 버드나무, 독일가문비, 편백, 사철나무, 때죽나무, 은행나무, 소나무, 자귀나무, 이팝나무, 은단풍

정답

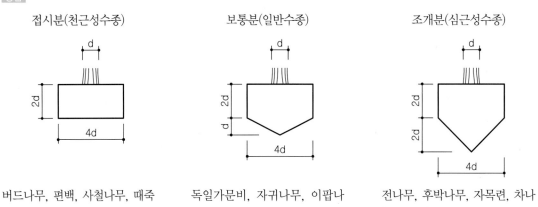

접시분(천근성수종)	보통분(일반수종)	조개분(심근성수종)
버드나무, 편백, 사철나무, 때죽나무, 낙우송	독일가문비, 자귀나무, 이팝나무, 은단풍	전나무, 후박나무, 자목련, 차나무, 소나무, 은행나무

3 다음의 조건으로 화강석판석깔기 단면도를 None Scale로 그리시오. 포장은 화강석판석(300 × 300 × 30), 모르타르(THK 30), 와이어메쉬(#6), 콘크리트 C종(1 : 3 : 6, THK 100), 콘크리트 분리막(THK 0.02, PE필름), 혼합골재(THK 100)를 원지반 다짐 후 시공한다.

정답

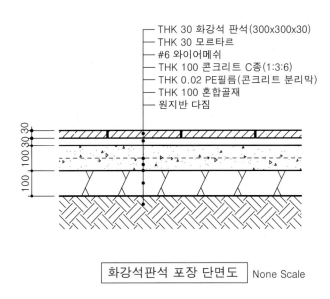

— THK 30 화강석 판석(300x300x30)
— THK 30 모르타르
— #6 와이어메쉬
— THK 100 콘크리트 C종(1:3:6)
— THK 0.02 PE필름(콘크리트 분리막)
— THK 100 혼합골재
— 원지반 다짐

화강석판석 포장 단면도 None Scale

4 축척 1：25,000 도면에서 하나의 점이 1ha를 표시하는 격자판이라면, 같은 격자판으로 축척 1：6,000의 도면에서 1개의 점은 몇 ha를 나타내는지 계산하시오.

정답

$m_1{}^2 : A_1 = m_2{}^2 : A_2 \qquad \therefore A_2 = \left(\dfrac{m_2}{m_1}\right)^2 \cdot A_1$

$(25,000)^2 : 1 = (6,000)^2 : A_2 \qquad \therefore A_2 = \left(\dfrac{6,000}{25,000}\right)^2 \times 1 = 0.06\,\text{ha}$

5 사질점토 70,000m³와 경암 80,000m³를 가지고 성토할 경우에 운반토량과 다져서 성토가 완료된 토량을 각각 구하시오(단, 사질점토의 경우 $L=1.25$, $C=0.90$, 경암의 경우 $L=1.60$, $C=1.40$, 경암의 채움재는 20%로 한다).

① 운반토량 　　　② 다져진 토량

정답

① 운반토량(흐트러진 상태) $V = 70,000 \times 1.25 + 80,000 \times 1.6 = 215,500\,\text{m}^3$

② 다져진 토량(채움재 20%를 감한다) $V = 70,000 \times 0.9 + 80,000 \times 1.4 \times 0.8 = 152,600\,\text{m}^3$

6 아래의 이각지주목 그림과 조건을 참고하여 삼각지주목의 평면도와 단면도를 그리고 각각의 치수 및 재료명을 기입하시오.

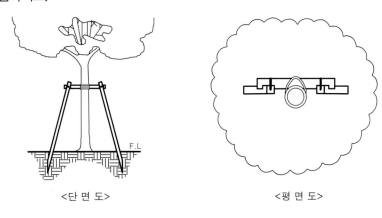

<단 면 도> 　　　　<평 면 도>

- 각재 4.5cm × 4.5cm × 100cm 3개
- 각재 4.5cm × 4.5cm × 150cm 3개
- 철못($L=75$mm)
- 각재 4.5cm × 4.5cm × 100cm 1개
- 새끼줄 ϕ6mm 길이 1m

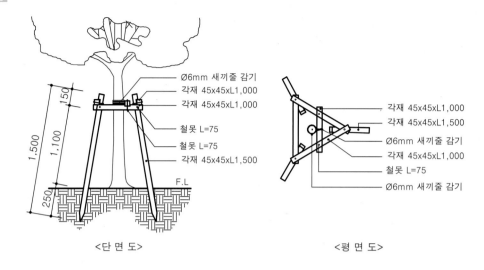

<단 면 도>   <평 면 도>

7 다음 그림과 같은 등고선에 둘러싸인 체적을 반드시 각주공식, 양단면 평균법, 원뿔공식을 모두 적절히 적용하여 전체 체적을 산출하시오(단, 계산과정의 중간값과 결과값은 소수 둘째자리에서 반올림한다).

- 등고선의 간격 : 10m
- 정점의 표고 : 74m
- 등고선으로 둘러싸인 면적 : A_1=4,170m², A_2=3,080m², A_3=2,200m²,
  A_4=1,560m², A_5=840m², A_6=220m²

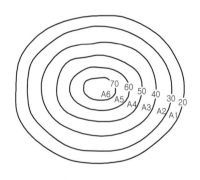
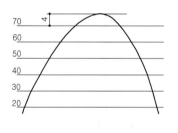

① 각주공식 : $A_1 \sim A_5$

$$V = \frac{h}{3} \times (A_1 + 4(A_2 + A_4 + \cdots + A_{n-1}) + 2(A_3 + A_5 + \cdots + A_{n-2}) + A_n)$$

$$= \frac{10}{3} \times (4,170 + 4 \times (3,080 + 1,560) + 2 \times 2,200 + 840) = 92,301(\text{m}^3)$$

② 양단면 평균법 : $A_5 \sim A_6$

$$V = \frac{A_1 + A_2}{2} \times h = \frac{840 + 220}{2} \times 10 = 5,300(\text{m}^3)$$

③ 원뿔공식 $V = \frac{h'}{3}A = \frac{4}{3} \times 220 = 286(\text{m}^3)$

④ 전체 체적 $V = 92,301 + 5,300 + 286 = 97,887\text{m}^3$

8 조경공사를 18개월에 걸쳐 시공할 때 다음의 참고 사항을 적용하여 아래의 공사원가계산서를 작성하시오(단, 총공사비는 1,000원 이하 버리고, 기타 원 단위 미만은 버린다).

㉠ 간접노무비율

구분		간접노무비율
a. 공사종류	건축공사	14.5%
	토목공사	15%
	특수공사(포장, 준설 등)	15.5%
	기타(전문, 전기, 통신 등)	15%
b. 공사규모	5억 미만	14%
	5~30억 미만	15%
	30억 이상	16%
c. 공사개월	6개월 미만	13%
	6~12개월 미만	15%
	12개월 이상	17%

㉡ 일반관리비율

구분	일반관리비율
5억 미만	6.0%
5~30억 미만	5.5%
30억 이상	5.0%

㉢ 이윤율 15%

공사원가계산서 (원)

비목 / 구분			산출근거	금액
순공사원가	재료비	직접재료비		375,486,419
		간접재료비		48,500,723
		작업설·부산물		13,210,354
		소계		
	노무비	직접노무비		164,370,262
		간접노무비	( ) × ( )%	
		소계		
	경비	기계경비		17,562,739
		기타경비	( ) × 6.3%	
		안전관리비	(재료비 + 직접노무비) × 0.91% + 1,647,000	
		산재보험료	( ) × 3.4%	
		소계		
일반관리비			(( ) + ( ) + ( )) × ( )	
이윤			(( ) + ( ) + ( )) × ( )	
총공사비				

① 작업설·부산물은 재료비에서 감산한다.

② 간접노무비율 적용 : 조경공사는 특수공사에 속하고, 공사금액은 5억 이상이며, 공사기간이 18개월이므로

$\qquad (15.5 + 15 + 17) \div 3 = 15.83(\%)$

③ 기타경비=(재료비+노무비)×6.3%

$\qquad = (410,776,788 + 190,390,074) \times 6.3\% = 37,873,512(원)$

④ 안전관리비=(재료비+직접노무비)×0.91%+1,647,000

$\qquad = (410,776,788 + 164,370,262) \times 0.91\% + 1,647,000 = 6,880,838(원)$

⑤ 산재보험료=노무비×3.4%

$\qquad = 190,390,074 \times 3.4\% = 6,473,262(원)$

⑥ 경비=기계경비+기타경비+안전관리비+산재보험료

$\qquad = 17,562,739 + 37,873,512 + 6,880,838 + 6,473,262 = 68,790,351(원)$

⑦ 일반관리비=(재료비+노무비+경비)×5.5%

$\qquad = (410,776,788 + 190,390,074 + 68,790,351) \times 5.5\% = 36,847,646(원)$

⑧ 이윤=(노무비+경비+일반관리비)×15%

$\qquad = (190,390,074 + 68,790,351 + 36,847,646) \times 15\% = 44,404,210(원)$

⑨ 총공사비=재료비+노무비+경비+일반관리비+이윤

$\qquad = 410,776,788 + 190,390,074 + 68,790,351 + 36,847,646 + 44,404,210 = 751,209,069(원)$

공사원가계산서 (원)

비목 / 구분			산출근거	금액
순공사원가	재료비	직접재료비		375,486,419
		간접재료비		48,500,723
		작업설·부산물		13,210,354
		소계	375,486,419 + 48,500,723 − 13,210,354	410,776,788
	노무비	직접노무비		164,370,262
		간접노무비	(직접노무비)×(15.83)%	26,019,812
		소계	164,370,262 + 26,019,812	190,390,074
	경비	기계경비		17,562,739
		기타경비	(재료비+ 노무비)×6.3%	37,873,512
		안전관리비	(재료비+직접노무비)×0.91%+1,647,000	6,880,838
		산재보험료	(노무비)×3.4%	6,473,262
		소계	17,562,739 + 37,873,512 + 6,880,838 + 6,473,262	68,790,351
일반관리비			((재료비)+(노무비)+(경비))×(5.5%)	36,847,646
이윤			((노무비)+(경비)+(일반관리비))×(15%)	44,404,210
총공사비			410,776,788 + 190,390,074 + 68,790,351 + 36,847,646 + 44,404,210	751,200,000

9 다음의 그림과 같이 백호로 굴착을 하고 통로박스를 시공하고 되메우기 했을 때, 다음의 조건을 보고 물음에 답하시오.

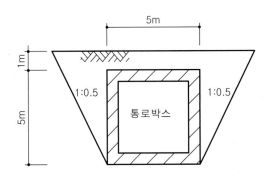

- 15t 덤프트럭 2대
- 1회 사이클 시간 300분
- 1일 작업시간 6시간
- 암거길이 10m
- 덤프트럭 작업효율 0.9
- $C=0.8$, $L=1.25$
- $\gamma_t=1.8\text{t/m}^3$

① 사토량을 본바닥상태로 구하시오.

② 덤프트럭 1대의 시간당 작업량을 구하시오.

③ 덤프트럭 2대로 사토할 경우 소요일수를 구하시오.

① 사토량

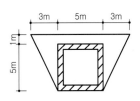

- 터파기양 $=\dfrac{5+(3+5+3)}{2}\times 6\times 10=480(\text{m}^3)$

- 되메우기양 $=(480-5\times 5\times 10)\times \dfrac{1}{0.8}=287.5(\text{m}^3)$

- 사토량 $=480-287.5=192.5\text{m}^3$

② 덤프트럭 시간당 작업량

- $q=\dfrac{T}{\gamma_t}\cdot L=\dfrac{15}{1.8}\times 1.25=10.42(\text{m}^3)$

- $Q=\dfrac{60\cdot q\cdot f\cdot E}{Cm}=\dfrac{60\times 10.42\times \dfrac{1}{1.25}\times 0.9}{300}=1.5\text{m}^3/\text{hr}$

③ 소요일수 $=\dfrac{192.5}{1.5\times 2\times 6}=10.69 \rightarrow 11$일

10 다음의 보기를 참조하여 물음에 답하시오.

- 순토립자만의 용적 : 2m³
- 순토립자만의 중량 : 4t
- 물만의 용적 : 0.5m³
- 물만의 중량 : 0.5t
- 공기만의 용적 : 0.5m³
- 전체 흙의 중량 : 4.5t
- 전체 흙의 용적 : 3m³

① 간극비를 구하시오.

② 함수율을 구하시오.

- 간극비는 체적비이고 함수율은 중량비이다.

① 간극비 $=\dfrac{V_v}{V_s}=\dfrac{0.5+0.5}{2}=0.5$

② 함수율 $=\dfrac{W_w}{W}\times 100=\dfrac{0.5}{4.5}\times 100=11.11\%$

11 19톤 무한궤도 불도저로 토공작업을 하려한다. 총 작업거리 60m에서 전·후진속도를 3단으로 작업할 때, 다음 물음에 답하시오.

$$Q=\frac{60 \cdot q \cdot f \cdot E}{Cm} \qquad q=q° \times e \qquad C_m=\frac{L}{V_1}+\frac{L}{V_2}+t$$

- 배토판 : 3.2m³
- 작업효율 : 0.8
- 체적환산계수 : 1
- 기어 변속시간 : 0.2분
- 운반거리계수 : 0.8

무한궤도의 V_1 및 V_2의 값

규격(t)	전진속도(m/분)				후진속도(m/분)		
	1단	2단	3단	4단	1단	2단	3단
12	40	55	75	107	48	70	100
19	40	55	75	103	46	70	98
27	40	52	70	91	43	58	78

① 1회 사이클 시간(Cm)을 구하시오.
② 시간당 작업량(Q)을 구하시오.

정답

① 1회 사이클 시간 $Cm=\frac{60}{75}+\frac{60}{98}+0.2=1.61$분

② 시간당 작업량
·$q=3.2 \times 0.8 = 2.56(\text{m}^3)$
·$Q=\frac{60 \times 2.56 \times 1 \times 0.8}{1.61}=76.32\text{m}^3/\text{hr}$

12 다음의 표를 보고 물음에 답하시오.

식재 수종

수종	규격	수량	단가	조건	비고
잣나무	H2.5 × W1.0	10	150,000	객토 필요, 지주목 필요	※ 지주목을 세우지 않을 때에는 식재품에서 20%를 감한다 ※ 객토를 할 경우에는 식재품의 10%를 가산한다
노각나무	H2.5 × R5	15	28,000	객토하지 않음 지주목 세우지 않음	
벽오동	H3.0 × B8	20	72,000	객토 필요 지주목 세우지 않음	
회양목	H0.3 × W0.4	85	1,200	객토하지 않음 지주목 세우지 않음	

식재품 및 객토량 (주당)

수고에 의한 식재				흉고직경에 의한 식재				근원직경에 의한 식재			
수고 (m)	조원공 (인)	보통인부 (인)	객토량 (m³)	흉고직경 (cm)	조원공 (인)	보통인부 (인)	객토량 (m³)	근원직경 (cm)	조원공 (인)	보통인부 (인)	객토량 (m³)
0.3~0.7	0.03	0.02	0.033	6	0.32	0.19	0.217	5	0.17	0.10	0.101
2.5	0.15	0.12	0.141	8	0.50	0.29	0.345	8	0.37	0.22	0.183

노임 및 흙값

조경(원)공 노임	보통인부	흙값
60,000원/일	34,000원/일	80,000원/m³

① 빈칸을 채우시오(단, 금액란에는 재료비와 노무비의 합산한 값을 쓰시오).

수종	수량	산출근거	금액
잣나무			
노각나무			
벽오동			
회양목			
계			

② 총 객토값을 구하시오.

정답

① 식재비

·잣나무＝(객토 필요 : +0.1)+(지주목 필요 : 0)＝+0.1

·노각나무＝(객토하지 않음 : 0)+(지주목 세우지 않음 : −0.2)＝−0.2

·벽오동＝(객토 필요 : +0.1)+(지주목 세우지 않음 : −0.2)＝−0.1

·회양목은 관목으로서, 지주목 설치를 하지 않는 것으로 품이 산정되어 있으므로 감산하지 않는다.

수종	수량	산출근거	금액
잣나무	10	$10 \times (150,000 + (0.15 \times 60,000 + 0.12 \times 34,000) \times 1.1)$	1,643,880
노각나무	15	$15 \times (28,000 + (0.17 \times 60,000 + 0.10 \times 34,000) \times 0.8)$	583,200
벽오동	20	$20 \times (72,000 + (0.50 \times 60,000 + 0.29 \times 34,000) \times 0.9)$	2,157,480
회양목	85	$85 \times (1,200 + (0.03 \times 60,000 + 0.02 \times 34,000))$	312,800
계	−	−	4,697,360

② 총객토값

·객토량＝$0.141 \times 10 + 0.345 \times 20 = 8.31(m^3)$

·객토값＝$8.31 \times 80,000 = 664,800$원

13 어떤 구역의 토량을 계산하기 위해 시공기면상의 높이를 측정한 값이 다음과 같다. 이때의 절토량을 구하시오(단, 구역은 동일한 형태이다).

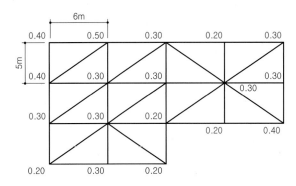

정답

$\sum h_1 = 0.4 \mathrm{m}$

$\sum h_2 = 0.2 + 0.3 + 0.3 + 0.2 + 0.4 + 0.2 + 0.3 + 0.2 = 2.1 (\mathrm{m})$

$\sum h_3 = 0.5 + 0.4 + 0.3 = 1.2 (\mathrm{m})$

$\sum h_4 = 0.3 + 0.2 = 0.5 (\mathrm{m})$

$\sum h_5 = 0.3 \mathrm{m}$

$\sum h_6 = 0.3 \mathrm{m}$

$\sum h_7 = 0.3 \mathrm{m}$

$\sum h_8 = 0.3 \mathrm{m}$

$V = \dfrac{A}{3}(\sum h_1 + 2\sum h_2 + 3\sum h_3 + \cdots + 8\sum h_8)$

$= \dfrac{0.5 \times 5 \times 6}{3} \times (0.4 + 2 \times 2.1 + 3 \times 1.2 + 4 \times 0.5 + 5 \times 0.3 + 6 \times 0.3 + 7 \times 0.3 + 8 \times 0.3) = 90.0 \mathrm{m}^3$

14 다음 네트워크 공정표를 보고 최조(最早)착수일(TE)과 최지(最遲)착수일(TL)을 구하시오(주공정선은 굵은 선으로 표시하시오).

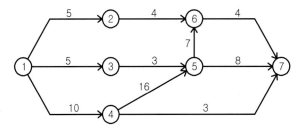

정답

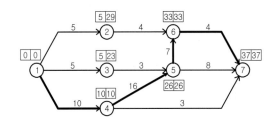

15 표준형 벽돌을 사용하여 80m²의 면적에 1.5B쌓기를 하려 한다. 다음 사항을 참고로 하여 표를 완성 하시오(단, 벽돌의 매수와 금액은 최종 결과값에서 소수점 이하 버린다).

- 모르타르의 배합비 : 1:3
- 표준형 벽돌의 할증률 : 3%
- 시멘트와 모래의 양은 모르타르의 양을 기준으로 산정

벽돌쌓기 기준량 (단위 : 매, m²당)

규격(mm) \ 벽두께	0.5B	1.0B	1.5B	2.0B	2.5B
190 × 90 × 57	75	149	224	298	373
210 × 100 × 60	65	130	195	260	325

표준형 벽돌쌓기 (1,000매당)

벽두께 \ 구분	모르타르(m³)	시멘트(kg)	모래(m³)	조적공(인)	보통인부(인)
0.5B	0.25	127.5	0.275	1.8	1.0
1.0B	0.33	168.3	0.363	1.6	0.9
1.5B	0.35	178.5	0.385	1.4	0.8
2.0B	0.36	183.6	0.396	1.2	0.7

단가표 (원)

벽돌	시멘트	모래	조적공	보통인부
매	kg	m³	인/일	인/일
200	100	8,000	58,000	34,000

모르타르 (m³당)

배합용적비	시멘트(kg)	모래(m³)	보통인부(인)
1:2	680	0.98	1.0
1:3	510	1.10	1.0

① 빈칸을 채우시오.

구분	단위	수량	재료비 단가	재료비 금액	노무비 단가	노무비 금액	산출근거
벽돌					–	–	
모르타르			–	–	–	–	
시멘트					–	–	
모래					–	–	
조적공			–	–			
보통인부			–	–			
계	–	–	–				–
총공사비							

구분	단위	수량	재료비		노무비		산출근거
			단가	금액	단가	금액	
벽돌	매	18,457	200	3,691,400	–	–	80 × 224 × 1.03
모르타르	m³	6.27	–	–	–	–	((80 × 224)/1,000) × 0.35
시멘트	kg	3,197.7	100	319,770	–	–	6.27 × 510
모래	m³	6.9	8,000	55,200	–	–	6.27 × 1.1
조적공	인	25.09	–	–	58,000	1,455,220	(17,920/1,000) × 1.4
보통인부	인	20.61	–	–	34,000	700,740	(17,920/1,000) × 0.8 + 6.27 × 1.0
계	–	–	–	4,066,370	–	2,155,960	–
총공사비			6,222,330				4,066,370 + 2,155,960

16 지하의 구조물에 영향을 주지 않도록 중간에 차수(遮水)시설을 한 후, 그 위에 아래와 같은 조건으로 식재지반을 조성하려고 한다. 다음의 조건을 보고 단면도를 비례감 있게 표현하시오.

① 재료의 단면구조

  ㉠ 혼합객토층(밭흙 60%, 부숙톱밥 20%, 퍼라이트 10%, 질석 10%), 90cm

  ㉡ 폴리 펠트(토목섬유, 여과층) THK 7mm

  ㉢ 자갈층 깊이 30cm

  ㉣ 유공 P.V.C관(ø200)

  ㉤ 차수용 폴리피렌매트 THK 2mm

② 위의 재료를 참고하여 순서에 맞게 단면도를 작성한다.

③ 유공관을 향하여 좌우의 지반에 6%의 물매를 둔다.

④ 차수를 위한 폴리피렌매트는 지형의 굴곡에 맞추어 시공한다.

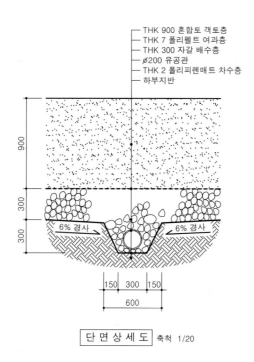

┌ THK 900 혼합토 객토층
├ THK 7 폴리펠트 여과층
├ THK 300 자갈 배수층
├ ø200 유공관
├ THK 2 폴리피렌매트 차수층
└ 하부지반

단 면 상 세 도 축척 1/20

17 Network 작성상의 기본원칙 4가지를 쓰시오.

정답

① 공정원칙   ② 단계원칙   ③ 활동원칙   ④ 연결원칙

18 80m의 수평거리 이동 후, 20m는 10%의 램프경사를 갖는 불량한 운반로에서 리어카로 잔디를 운반하여 400m²의 면적에 잔디를 평떼로 식재하려 한다. 품셈표, 노임, 기타사항을 참고하여 다음을 계산하시오(단, 계산과정의 중간값과 결과값은 소수점 이하 둘째자리까지 구하고, 나머지는 버리되 계산식을 반드시 기재한다).

리어카 운반

구분\n종류	적재적하\n시간(t)	평균왕복속도(V)		
		양호	보통	불량
토사류	4분	3,000\n(m/hr)	2,500\n(m/hr)	2,000\n(m/hr)
석재류	5분			

떼 운반

구분\n종류	줄떼 적\n재량(매)	평떼 적\n재량(매)	싣고부리는\n시간(분)	싣고부리는\n인부(인)
지게	30	10	2	1
리어카	150	50	5	2

고갯길 운반 환산거리계수

운반방법\n경사 %	2	4	6	8	10	12
리어카	1.11	1.25	1.43	1.67	2.00	2.4
트롤리	1.08	1.18	1.31	1.56	1.85	2.04

들떼 식재 (100m²당)

구분	공종	들떼뜨기(인)	떼붙임(인)
	줄떼	3.0	6.2
	평떼	6.0	6.9

㉠ 노임   • 조경공 : 60,000원/일   • 보통인부(남) : 36,000원/일
㉡ 기타사항   • 1m²에 소요되는 잔디는 11장이다. 리어카는 2인 작업이다.
          • 1일 작업시간은 450분이다. 잔디 식재인부는 보통인부이다. 할증률은 무시한다.

① 하루에 운반할 수 있는 횟수   ② 잔디를 모두 운반할 수 있는 횟수
③ 잔디운반에 드는 노임   ④ 잔디식재에 드는 노임
⑤ 잔디를 운반하고 식재하는 데 드는 노임

정답

① 1일 운반 횟수 $N = \dfrac{VT}{120L + V_t} = \dfrac{2,000 \times 450}{120 \times (80 + 20 \times 2) + 2,000 \times 5} = 36.88$회

② 잔디운반 횟수

·잔디소요량=식재면적×단위면적당 소요량=400 × 11 = 4,400(매)

∴ $\dfrac{4,400}{50} = 88$회

③ 잔디운반 노임 $= \dfrac{88}{36.88} \times 36,000 \times 2 = 171,360$원

④ 잔디식재 노임 $= \dfrac{400}{100} \times 6.9 \times 36,000 = 993,600$원

⑤ 잔디운반·식재 노임 = 171,360 + 993,600 = 1,164,960원

19 다음 종단 수준측량의 결과도를 야장정리하고, 성토고와 절토고를 구하시오(단. No.0의 지반고와 계획고를 120.300m로 하고, 구배는 3% 상향구배, 소수 넷째자리에서 반올림한다).

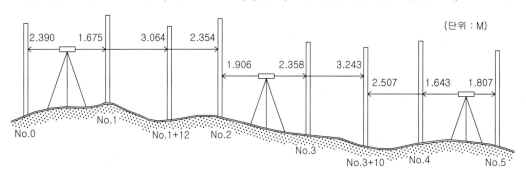

야장기입표 (단위 : m)

측점(s)	추가거리(m)	후시	전시 이기점	전시 중간점	기계고	지반고	계획고	성토고	절토고
No.0	0					120.300	120.300		
No.1	20								
No.1 + 12	32								
No.2	40								
No.3	60								
No.3 + 10	70								
No.4	80								
No.5	100								

정답

- 그림을 보고 후시(BS), 이기점(TP), 중간점(IP)을 기입
- 기계고(IH)=지반고(GH)+후시(BS)
- 지반고(측점높이)=기준점 지반고+ΣBS−ΣFS(TP)
- 계획고=기준점 지반고+추가거리×0.03 (상향구배이므로 높이는 증가한다)
- 절·성토고=지반고−계획고 (+는 절토, −는 성토)

① 지반고

NO.1=120.3+2.39−1.675=121.015(m)

NO.1+12=120.3+2.39−3.064=119.626(m)

NO.2=120.3+2.39−2.354=120.336(m)

NO.3=120.3+2.39+1.906−2.354−2.358=119.884(m)

NO.3+10=120.3+2.39+1.906−2.354−3.243=118.999(m)

NO.4=120.3+2.39+1.906+2.507−2.354−3.243−1.643=119.863(m)

NO.5=120.3+2.39+1.906+2.507−2.354−3.243−1.807=119.699((m)

② 기계고

NO.0＝120.3＋2.39＝122.690(m)

NO.2＝120.336＋1.906＝122.242(m)

NO.3＋10＝118.999＋2.507＝121.506(m)

③ 계획고

NO.1＝120.3＋20×0.03＝120.9(m)

NO.1＋12＝120.3＋32×0.03＝121.26(m)

NO.2＝120.3＋40×0.03＝121.5(m)

NO.3＝120.3＋60×0.03＝122.1(m)

NO.3＋10＝120.3＋70×0.03＝122.4(m)

NO.4＝120.3＋80×0.03＝122.7(m)

NO.5＝120.3＋100×0.03＝123.3(m)

④ 절·성토고

NO.1＝121.015－120.900＝0.115(m)

NO.1＋12＝119.626－121.260＝－1.634(m)

NO.2＝120.336－121.500＝－1.164(m)

NO.3＝119.884－122.100＝－2.216(m)

NO.3＋10＝118.999－122.400＝－3.401(m)

NO.4＝119.863－122.700＝－2.837(m)

NO.5＝119.699－123.300＝－3.601(m)

야장기입표 (단위 : m)

측점(s)	추가거리 (m)	후시	전시		기계고	지반고	계획고	성토고	절토고
			이기점	중간점					
No.0	0	2.39	–	–	122.69	120.300	120.300	–	–
No.1	20	–	–	1.675	–	121.015	120.900	–	0.115
No.1＋12	32	–	–	3.064	–	119.626	121.260	1.634	–
No.2	40	1.906	2.354	–	122.242	120.336	121.500	1.164	–
No.3	60	–	–	2.358	–	119.884	122.100	2.216	–
No.3＋10	70	2.507	3.243	–	121.506	118.999	122.400	3.401	–
No.4	80	–	–	1.643	–	119.863	122.700	2.837	–
No.5	100	–	1.807	–	–	119.699	123.300	3.601	–

20 구조물 기초를 시공하기 위하여 평평한 지반을 다음 그림과 같이 굴착하고자 한다. 굴착할 흙의 단위 중량은 $1.8t/m^3$이고, 토량의 변화율 $C=0.8$, $L=1.2$이다. 다음 물음에 답하시오.

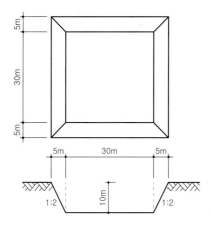

① 터파기 결과 발생하는 굴착토량(ton)을 구하시오.

② 1대당 $10m^3$를 적재할 수 있는 덤프트럭을 사용했을 때, 굴착된 흙을 운반하는 데 필요한 총대수를 구하시오.

③ 굴착된 흙을 $4,000m^2$의 면적을 가진 성토장에 평평하게 성토하고 다질 경우 성토 높이(m)를 구하시오(단, 비탈구배는 연직으로 가정한다).

• 양단면 평균법으로 토량을 산정한다.

① 굴착토량(ton)

$$V = \frac{A_1 + A_2}{2} \times h = \frac{30 \times 30 + 40 \times 40}{2} \times 10 = 12{,}500\,\mathrm{m}^3$$

$$\therefore W = 12{,}500 \times 1.8 = 22{,}500\,\mathrm{t}$$

② 덤프트럭 대수 $= \dfrac{12{,}500 \times 1.2}{10} = 1{,}500$ 대

③ 성토 높이 $= \dfrac{12{,}500 \times 0.8}{4{,}000} = 2.5\,\mathrm{m}$

21 정원 조성을 목적으로 각각 구간을 나누어 측량을 실시하여 다음과 같은 성과를 얻었다. 절·성토량이 균형을 이루도록 시공기면을 정할 경우, 시공기면의 높이를 구하시오(단, 시공기면의 높이는 소수 셋째자리까지 구하시오).

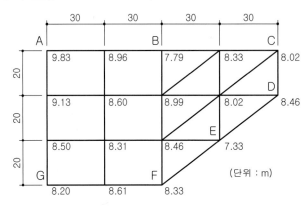

• 사각분할구간과 삼각분할구간의 토량을 별도로 구한 후 합산하여 전체 면적으로 나누어 구한다.

① 사각분할토량(A−B−F−G로 둘러싸인 구간)

$$\sum h_1 = 9.83 + 7.79 + 8.20 + 8.33 = 34.15(\mathrm{m})$$

$$\sum h_2 = 8.96 + 9.13 + 8.99 + 8.50 + 8.46 + 8.61 = 52.65(\mathrm{m})$$

$$\sum h_4 = 8.60 + 8.31 = 16.91(\mathrm{m})$$

$$V = \frac{A}{4}(\sum h_1 + 2\sum h_2 + 3\sum h_3 + 4\sum h_4)$$

$$= \frac{20 \times 30}{4} \times (34.15 + 2 \times 52.65 + 4 \times 16.91) = 31{,}063.5(\mathrm{m}^3)$$

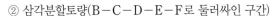

② 삼각분할토량(B−C−D−E−F로 둘러싸인 구간)

$$\sum h_1 = 7.79 + 8.33 = 16.12(\mathrm{m})$$

$$\sum h_2 = 8.02 + 8.46 = 16.48(\mathrm{m})$$

$$\sum h_3 = 8.33 + 8.99 + 8.46 + 7.33 = 33.11(\mathrm{m})$$

$$\sum h_6 = 8.02\,\mathrm{m}$$

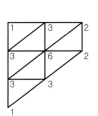

$$V = \frac{A}{3}(\sum h_1 + 2\sum h_2 + 3\sum h_3 + \cdots + 8\sum h_8)$$

$$= \frac{20 \times 30 \times 0.5}{3} \times (16.12 + 2 \times 16.48 + 3 \times 33.11 + 6 \times 8.02) = 19{,}653.0(\mathrm{m}^3)$$

③ 전토량 $\quad V = 31{,}063.5 + 19{,}653.0 = 50{,}716.5(\mathrm{m}^3)$

④ 시공기면 $\quad h = \dfrac{V}{\mathrm{nab}} = \dfrac{50{,}716.5}{10 \times 20 \times 30} = 8.453\,\mathrm{m}$

22 표고 500m인 지형을 초점거리 150mm인 사진기로 촬영고도 3.5km에서 촬영한 항공사진의 축척을 구하시오.

정답

$$\frac{1}{m}=\frac{\text{초점거리}}{\text{고도}}=\frac{0.15}{3,500-500}=\frac{1}{20,000}$$

23 원지반 20,000m³를 2.4m³의 백호(back hoe)로 굴착하여 토사장까지 14ton 덤프트럭으로 운반하고, 이를 다시 원지반에 되메운 후 다짐을 하였다. 다음 조건을 기준으로 물음에 답하시오.

- 토량환산계수 : $L=1.2$, $C=0.85$
- 원지반의 단위체적중량 : $\gamma_t=1.4\text{t/m}^3$
- 백호의 사이클 타임 : $Cm_s=30$초
- 버킷계수 : $K=0.8$
- 작업효율 : $E_s=0.7$

① 사토장까지의 운반토량을 구하시오.
② 사토장까지 운반 시 덤프트럭 대수를 구하시오.
③ 덤프트럭 1대당 적재소요시간을 구하시오.
④ 되메운 후 과부족 토량(느슨한 상태 기준)을 구하시오.

정답

① 운반토량$=20,000 \times 1.2=24,000\text{m}^3$

② 덤프트럭 대수 · 덤프트럭 적재량 $q=\dfrac{T}{\gamma_t} \cdot L=\dfrac{14}{1.4} \times 1.2=12(\text{m}^3)$

· 덤프트럭 대수$=\dfrac{24,000}{12}=2,000$대

③ 적재소요시간 · 적재회수 $n=\dfrac{Q_t}{q \cdot K}=\dfrac{12}{2.4 \times 0.8}=6.25(\text{회})$

· 적재소요시간 $t=\dfrac{Cm_s \cdot n}{60 \cdot E_s}=\dfrac{30 \times 6.25}{60 \times 0.7}=4.46$분

④ 과부족토량(느슨한 상태 기준) $V=(20,000-20,000 \times 0.85) \times \dfrac{1.2}{0.85}=4,235.29\text{m}^3$

24 다음 기초공사에 소요되는 터파기양(m³), 되메우기양(m³), 잔토처리량(m³)을 산출하시오(단, 토량환산계수는 $C=0.9$, $L=1.2$이다).

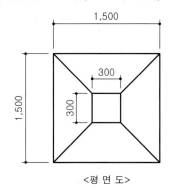

<평 면 도>

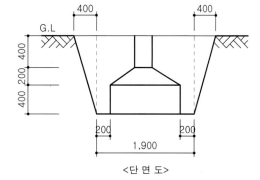

<단 면 도>

정답

- 되메우기에 대한 조건이 없으면 C를 고려하지 않는다.

① 터파기양=$\frac{1}{6} \times ((2 \times 2.7 + 1.9) \times 2.7 + (2 \times 1.9 + 2.7) \times 1.9) = 5.34\text{m}^3$

② 되메우기양=터파기양−지중부구조체적

· 지중부구조체적

$= 1.5 \times 1.5 \times 0.4 + \frac{0.2}{6} \times ((2 \times 1.5 + 0.3) \times 1.5 + (2 \times 0.3 + 1.5) \times 0.3) + 0.3 \times 0.3 \times 0.4$

$= 1.12(\text{m}^3)$

· 되메우기양=$5.34 - 1.12 = 4.22\text{m}^3$

③ 잔토처리량=(터파기양−되메우기양)$\times L = (5.34 - 4.22) \times 1.2 = 1.34\text{m}^3$

25 사질토 3,000m³, 점성토 2,000m³의 본바닥을 굴착하여 4m³ 용량의 덤프트럭으로 운반하여 다짐하였다. 사질토의 토량변화율 $L=1.25$, $C=0.88$, 점성토의 토량변화율 $L=1.30$, $C=0.90$일 때, 다음을 구하시오.

① 전체 느슨해진 토량　　　　② 총 소요트럭 대수　　　　③ 다짐 후의 성토량

정답

① 느슨해진 토량 $V = 3,000 \times 1.25 + 2,000 \times 1.3 = 6,350\text{m}^3$

② 소요트럭 대수 $N = \frac{6,350}{4} = 1,587.5 \rightarrow 1,588$대

③ 다짐 후의 성토량 $V = 3,000 \times 0.88 + 2,000 \times 0.9 = 4,440\text{m}^3$

26 M.C.X(Minimum Cost Expediting)기법을 이용하여 다음에 제시된 공기단축순서를 옳게 나열하시오.

① 주공정선(Critical Path)상의 단축 가능한 작업을 선택한다.
② 보조주공정선의 동시단축경로를 고려한다.
③ 단축한계까지 단축한다.
④ 비용구배가 최소인 작업을 단축한다.
⑤ 보조주공정선(sub−critical path)의 발생을 확인한다.

정답

① → ④ → ③ → ⑤ → ②

27 0.9m³ 용량의 백호와 4ton 덤프트럭의 조합토공에서 현장의 조건이 아래와 같다. 다음 물음에 답하시오(단, 소수는 셋째자리에서 반올림하고, 시간당 작업량을 구할 때는 느슨한 상태로 구하시오).

① 백호로 굴착해서 2km 떨어진 곳에 성토할 때 토량을 구하시오(단, $h=5$, 토량은 각주공식으로 구하시오).
② 백호의 시간당 작업량을 구하시오.
③ 덤프트럭의 시간당 작업량을 구하시오.
④ 백호를 효율적으로 쓰기 위한 덤프트럭 소요대수를 구하시오.

- 흙의 단위중량 : 1.6t/m³
- 토량변화율(L) : 1.4
- 백호의 사이클 시간 : 0.6분
- 백호의 버킷계수 : 0.7
- 백호의 작업효율 : 0.6
- 덤프트럭 작업효율 : 0.9
- 덤프트럭 대기시간 : 5분
- 덤프트럭의 운반거리 : 2km
- 덤프트럭 적재 시 속도 : 25km/hr
- 덤프트럭 공차 시 속도 : 30km/hr

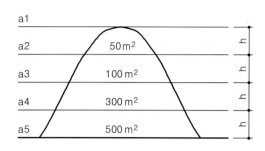

정답

① 토량 $V=\dfrac{5}{3}\times(0+4\times(50+300)+2\times100+500)=3{,}507\text{m}^3$

② 백호의 시간당 작업량 $Q=\dfrac{3{,}600\cdot q\cdot K\cdot f\cdot E}{Cm}=\dfrac{3{,}600\times0.9\times0.7\times1\times0.6}{0.6\times60}=37.8\text{m}^3/\text{hr}$

③ 덤프트럭 시간당 작업량

- 덤프트럭 1회 적재량 $q=\dfrac{T}{\gamma_t}\cdot L=\dfrac{4}{1.6}\times1.4=3.5(\text{m}^3)$

- 적재횟수 $n=\dfrac{Q_t}{q\cdot K}=\dfrac{3.5}{0.9\times0.7}=5.56(\text{회})$

- 적재시간 $t_1=\dfrac{Cm_s\cdot n}{60\cdot E_s}=\dfrac{36\times5.56}{60\times0.6}=5.56(\text{분})$

- 왕복시간 $t_2=\dfrac{L_1}{V_1}+\dfrac{L_2}{V_2}=\left(\dfrac{2}{30}+\dfrac{2}{25}\right)\times60=9.0(\text{분})$

- 1회 사이클 시간 $C_m=5.56+9.0+5=19.56(\text{분})$

- 시간당 작업량 $Q=\dfrac{60\cdot q\cdot f\cdot E}{Cm}=\dfrac{60\times3.5\times1\times0.9}{19.56}=9.66\text{m}^3/\text{hr}$

④ 백호 1대당 덤프트럭 소요대수 $N=\dfrac{37.8}{9.66}=3.91\ \rightarrow\ 4대$

28 그림과 같이 2개소에서 횡단측량을 행하여 아래와 같이 Ⅰ, Ⅱ와 같은 결과를 얻었다. 양단면의 면적을 각각 구해 그 사이의 토량을 계산하시오(단, 양단면 간격은 20m이다).

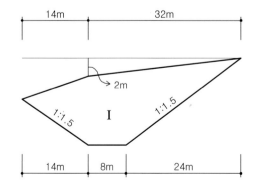

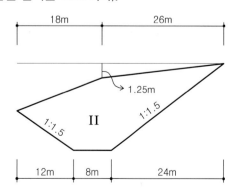

① 기울기를 적용한 단면치수 및 단면적

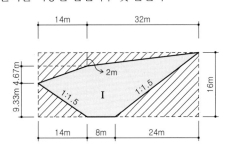 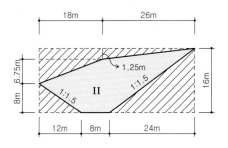

·단면적 I $= 46 \times 16 - 14 \times 2 - 0.5 \times (32 \times 2 + 14 \times 4.67 + 14 \times 9.33 + 24 \times 16) = 386.0(\text{m}^2)$

·단면적 II $= 44 \times 16 - 18 \times 1.25 - 0.5 \times (26 \times 1.25 + 18 \times 6.75 + 12 \times 8 + 24 \times 16) = 364.5(\text{m}^2)$

② 토량 $V = \dfrac{386.0 + 364.5}{2} \times 20 = 7,505\text{m}^3$

29 계획고에 맞추어 부지조성공사를 하고자 그림과 같이 본바닥토를 굴착하여 A 및 B구역에 성토를 하고자 한다. 토량변화율이 아래와 같을 때 유용토량(자연상태)과 사토량(흐트러진 상태)은 얼마인 지 계산하시오.

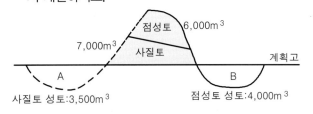

토량변화율

구분	C	L
사질토	0.90	1.25
점성토	0.85	1.30

① 유용토량을 각각 구분하여 구하시오.   ㉠ 사질토(A구역), ㉡ 점성토(B구역)

② 사토량을 각각 구분하여 구하시오.   ㉠ 사질토, ㉡ 점성토

① 유용토량(자연상태)

　　㉠ 사질토(A구역) $= 3,500 \times \dfrac{1}{0.9} = 3,888.89\text{m}^3$

　　㉡ 점성토(B구역) $= 4,000 \times \dfrac{1}{0.85} = 4,705.88\text{m}^3$

② 사토량(흐트러진 상태)

　　㉠ 사질토 $= (7,000 - 3,888.89) \times 1.25 = 3,888.89\text{m}^3$

　　㉡ 점성토 $= (6,000 - 4,705.88) \times 1.30 = 1,682.36\text{m}^3$

30 다음의 그림은 CPM 고찰에 의한 비용과 시간증가율을 표시한 것이다. 다음의 기호에 해당하는 용 어를 넣으시오.

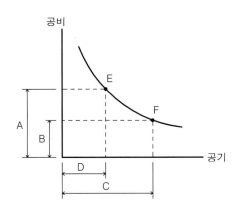

① A : _____

② B : _____

③ C : _____

④ D : _____

⑤ E : _____

⑥ F : _____

정답

① A : 특급비용　　② B : 표준비용　　③ C : 표준공기　　④ D : 특급공기

⑤ E : 특급점　　　⑥ F : 표준점

31 15ton 덤프트럭에 버킷용량 1.0m³의 백호 1대로 토사를 적재하는 경우 1대에 적재하는 데 필요한 시간을 구하시오(단, 굴착 시 효율 1.0, 버킷계수 0.9, 자연상태의 $\gamma_t = 1.9 t/m^3$, $L = 1.2$, 적재장비 사이클 타임 20초).

정답

① 덤프트럭 적재량 $q = \dfrac{T}{\gamma_t} \cdot L = \dfrac{15}{1.9} \times 1.2 = 9.47(m^3)$

② 적재횟수 $n = \dfrac{Q_t}{q \cdot K} = \dfrac{9.47}{1.0 \times 0.9} = 10.52(회)$

③ 적재시간 $t_1 = \dfrac{Cm_s \cdot n}{60 \cdot E_s} = \dfrac{20 \times 10.52}{60 \times 1.0} = 3.51분$

32 다음의 그림과 같은 독립기초 10개소를 설치할 예정이다. 다음의 물음에 답하시오(단, D16 = 1.56kg/m이다).

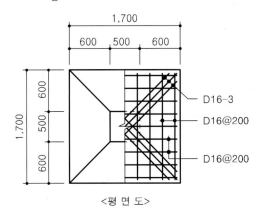

<평 면 도>

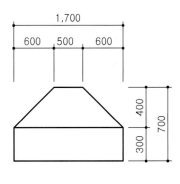

<단 면 도>

① 콘크리트양(m³)을 구하시오.　　② 거푸집양(m²)을 구하시오.　　③ 철근량(kg)을 구하시오.

① 콘크리트양

　　·$V_1 = 0.3 \times 1.7 \times 1.7 \times 10 = 8.67(\text{m}^3)$

　　·$V_2 = \dfrac{0.4}{6} \times ((2 \times 1.7 + 0.5) \times 1.7 + (2 \times 0.5 + 1.7) \times 0.5) \times 10 = 5.32(\text{m}^3)$

　　∴ $8.67 + 5.32 = 13.99\text{m}^3$

② 거푸집양

　　·경사면의 기울기 $\tan\theta = \dfrac{0.4}{0.6} > \tan 30°$이므로 경사면의 거푸집도 산정한다.

　　·빗변길이 $= \sqrt{0.6^2 + 0.4^2} = 0.72(\text{m})$

　　·$A_1 = 1.7 \times 0.3 \times 4 \times 10 = 20.4(\text{m}^2)$

　　·$A_2 = \dfrac{1.7 + 0.5}{2} \times 0.72 \times 4 \times 10 = 31.68(\text{m}^2)$

　　∴ $20.4 + 31.68 = 52.08\text{m}^2$

③ 철근량

　　·가로근 $= 9 \times 1.7 \times 10 = 153(\text{m})$,　　세로근 $= 9 \times 1.7 \times 10 = 153(\text{m})$

　　·대각선근 $= \sqrt{1.7^2 + 1.7^2} \times 6 \times 10 = 144.25(\text{m})$

　　∴ $(153 + 153 + 144.25) \times 1.56 = 702.39\text{kg}$

33 다음 그림은 수준측량도이다. 아래의 조건에 의하여 승강식으로 야장을 정리하시오(단, B.M의 지반고는 72.30이고 단위는 m이다).

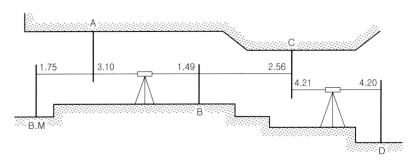

야장 (m)

측점	B.S	F.S		승(+)	차(−)	지반고
		T.P	I.P			
B.M						72.30
A						
B						
C						
D						

① 승·차 　　　　　　　　　　　　② 지반고

　　$A = 1.75 - (-3.10) = 4.85\text{m}(승)$ 　　　　$A = 72.30 + 4.85 = 77.15\text{m}$

$$B=1.75-1.49=0.26m(승)$$
$$C=1.75-(-2.56)=4.31m(승)$$
$$D=-4.21-4.20=-8.41m(차)$$

$$B=72.30+0.26=72.56m$$
$$C=72.30+4.31=76.61m$$
$$D=76.61-8.41=68.20m$$

야장   (m)

측점	B.S	F.S T.P	F.S I.P	승(+)	차(-)	지반고
B.M	1.75					72.30
A			-3.10	4.85		77.15
B			1.49	0.26		72.56
C	-4.21	-2.56		4.31		76.61
D		4.20			8.41	68.2

34 종합적 품질관리(TQC)의 7가지 도구명을 쓰시오.

① _____   ② _____   ③ _____

④ _____   ⑤ _____   ⑥ _____

⑦ _____

정답

① 히스토그램   ② 파레토도   ③ 특성요인도   ④ 체크시트   ⑤ 각종 그래프   ⑥ 산점도   ⑦ 층별

35 다음 그림은 직사각형의 소광장을 조성하려는 부지이다. 부지 하단 모서리에 점표고를 기입하고 계획등고선은 굵은 실선으로 나타내어 정지계획을 완성하시오(단, 부지 외 모든 절·성토의 경사는 100% 이하로 한다).

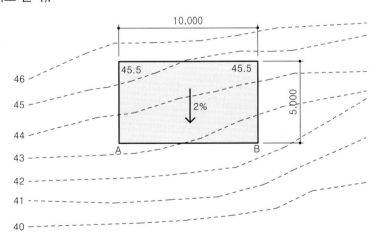

정답

- 경사도 $=\dfrac{수직거리}{수평거리} \times 100(\%)=\dfrac{수직거리}{5} \times 100=2(\%)$ ∴ 수직거리$=0.1(m)$
- A와 B의 표고$=45.5-0.1=45.4(m)$ [별해] $45.5-(5 \times 0.02)=45.4(m)$

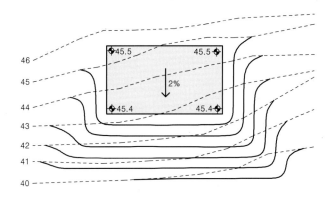

36 다음의 시방배합 조건을 기준으로 현장상태에 맞는 현장배합 시 적정한 단위량을 구하시오.

- 시방배합 기준 : 단위수량 165kg/m^3, 단위시멘트양 325kg/m^3

  단위잔골재량 685kg/m^3, 단위굵은골재량 $1,280\text{kg/m}^3$
- 현장상태 골재 : 잔골재 표면수량 3%, 5mm체를 통과 후 남은 잔골재량 4%

  굵은골재 표면수량 1%, 5mm체를 통과한 굵은골재량 2%

① 현장배합에 맞는 단위수량(kg)을 구하시오.

② 현장배합에 맞는 단위잔골재량(kg)을 구하시오.

③ 현장배합에 맞는 단위굵은골재량(kg)을 구하시오.

정답

- 입도보정을 한 후 필요량을 구한다.

$$\text{·잔골재량 } X = \frac{100 \times 685 - 2 \times (685 + 1,280)}{100 - (2+4)} = 686.91(\text{kg})$$

$$\text{·굵은골재량 } Y = \frac{100 \times 1,280 - 4 \times (685 + 1,280)}{100 - (2+4)} = 1,278.09(\text{kg})$$

① 단위수량

$$W' = \frac{100 \times 165 - (3 \times 686.91 + 1 \times 1,278.09)}{100} = 131.61\text{kg}$$

② 단위잔골재량

$$X' = 686.91 \times \frac{100+3}{100} = 707.52\text{kg}$$

③ 단위굵은골재량

$$Y' = 1,278.09 \times \frac{100+1}{100} = 1,290.87\text{kg}$$

37 그림의 단면적을 구하시오.

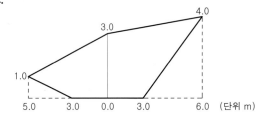

정답

• 전체의 사각형 면적에서 빗금친 부분의 삼각형 면적을 제한다.

$A = (5.0 \times 3.0 + 6.0 \times 4.0)$

$\quad - 0.5 \times (2.0 \times 1.0 + 5.0 \times 2.0 + 3.0 \times 4.0 + 6.0 \times 1.0) = 24\text{m}^2$

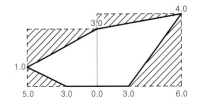

38 다음의 데이터를 이용하여 네트워크 공정표를 작성하고, 여유시간을 구하시오.

① 공정표 작성

작업명	작업일수	선행작업	비고
A	3	없음	
B	2	없음	네트워크 작성은 다음과 같이 표기하고
C	4	없음	
D	5	C	
E	2	B	
F	3	A	
G	3	A, C, E	
H	5	D, F, G	주공정선은 굵은 선으로 표기하시오.

② 여유시간

작업명	TF	FF	DF	CP
A				
B				
C				
D				
E				
F				
G				
H				

정답

① 공정표 작성

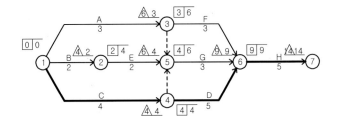

② 여유시간

작업명	TF	FF	DF	CP
A	3	0	3	
B	2	0	2	
C	0	0	0	★
D	0	0	0	★
E	2	0	2	
F	3	3	0	
G	2	2	0	
H	0	0	0	★

39 다음 보기의 내용은 가로수 전정에 대한 조경표준시방서 내용이다. 빈칸에 알맞은 단어를 쓰시오.

수목의 전정 시 하계전정은 (　ⓐ　), 동계전정은 12월~3월 사이에 실시한다. 가로수의 생육공간을 확보하기 위하여 고압선이 있는 경우 수고는 고압선보다 (　ⓑ　) 밑까지를 한도로 유지하고, 제일 밑가지는 통행에 지장이 없도록 보도측 지하고는 (　ⓒ　)으로 하되, 수고와 수형을 감안하여 (　ⓓ　)까지로 할 수 있다. 또한 보도측 건물의 건축 외벽으로부터 수관 끝이 (　ⓔ　) 이격을 확보하도록 한다.

ⓐ 6월~8월　ⓑ 1m　ⓒ 2.5m 이상　ⓓ 2.0m　ⓔ 1m

40 다음 그림의 왼쪽과 같은 등고선을 가진 지형을 굴착하여 오른쪽의 단면과 같은 도로를 만들려고 한다(단, L=1.2, C=0.9, 등고선의 높이는 20m로 각주공식을 사용하여 토량을 산정하시오).

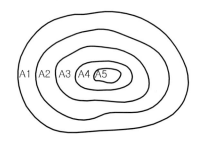

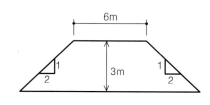

A_1=1,400m^2

A_2=950m^2

A_3=600m^2

A_4=250m^2

A_5=100m^2

① 굴착한 토량으로 성토할 수 있는 양을 구하시오.

② 굴착한 토량으로 몇 m의 도로를 만들 수 있는지 길이를 구하시오.

① 성토량　$V=\left(\dfrac{h}{3}\times(A_1+4(A_2+A_4+\cdots+A_{n-1})+2(A_3+A_5+\cdots+A_{n-2})+A_n)\right)\times C$

$=\left(\dfrac{20}{3}(1,400+4\times(950+250)+2\times600+100)\right)\times0.9=45,000\text{m}^3$

② 도로길이

· 도로 단면적 $A=\dfrac{18+6}{2}\times3=36(\text{m}^2)$

· 도로길이 $L=\dfrac{45,000}{36}=1,250\text{m}$

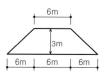

41 다음의 등고선을 가진 저수지를 만들려고 할 때의 토량을 구하시오(단, 토량산정 시 각주공식과 양단면 평균법을 사용하시오).

$A_1(85\text{m})=40\text{m}^2$　　　$A_2(90\text{m})=150\text{m}^2$

$A_3(95\text{m})=420\text{m}^2$　　$A_4(100\text{m})=650\text{m}^2$

$A_5(105\text{m})=870\text{m}^2$　　$A_6(110\text{m})=1,150\text{m}^2$

$A_7(115\text{m})=1,550\text{m}^2$　$A_8(120\text{m})=1,970\text{m}^2$

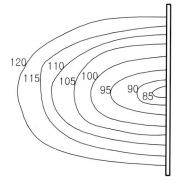

$$V_1 = \frac{h}{3} \times (A_1 + 4(A_2 + A_4 + \cdots + A_{n-1}) + 2(A_3 + A_5 + \cdots + A_{n-2}) + A_n)$$

$$= \frac{5}{3} \times (1,970 + 4 \times (1,550 + 870 + 420) + 2 \times (1,150 + 650) + 150) = 28,466.67(\text{m}^3)$$

$$V_2 = \frac{A_1 + A_2}{2} \times h = \frac{150 + 40}{2} \times 5 = 475(\text{m}^3)$$

$$\therefore 28,466.67 + 475 = 28,941.67\,\text{m}^3$$

42 다음 보기의 내용은 자연석쌓기에 대한 조경표준시방서 내용이다. 빈칸에 알맞은 단어를 쓰시오.

자연석쌓기의 가장 아랫부분에 놓이는 자연석은 평균 높이의 (㉠)이 지표선 아래에 있어야 하며, 연약 지반에 공사를 할 경우에는 (㉡) 등의 지반공사를 한 후 공사를 시행한다. 자연석의 배치는 아래쪽에 크기가 (㉢)을 위로 갈수록 (㉣)을 사용하며, 콘크리트 위의 자연석쌓기는 콘크리트 타설 후 최소한 (㉤) 경과한 후에 공사를 시작해야 한다.

정답

㉠ 1/3 이상   ㉡ 말뚝박기   ㉢ 큰 것   ㉣ 작은 것   ㉤ 7일 이상

43 다음의 노선측량도와 같은 조건으로 물음에 답하시오(단, 거리는 소수 3위까지 계산하고, 각은 도 분초로 나타내시오).

① 그림의 I를 구하시오.
② 그림의 B.C 추가거리를 구하시오.
③ 그림의 E.C 추가거리를 구하시오.
④ 시단현 편각을 구하시오.
⑤ 종단현 편각을 구하시오.

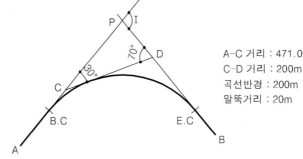

A-C 거리 : 471.021m
C-D 거리 : 200m
곡선반경 : 200m
말뚝거리 : 20m

정답

① 편각 I = 30 + 70 = 100°
② 곡선시점(B.C)

　　·접선장 $\text{T.L} = \text{R} \cdot \tan\dfrac{I}{2} = 200 \times \tan 50° = 238.351(\text{m})$

　　·$\dfrac{\overline{CP}}{\sin 70°} = \dfrac{200}{\sin 80°}$　　$\overline{CP} = \dfrac{200 \times \sin 70°}{\sin 80°} = 190.838(\text{m})$

　　·$\overline{AP} = \overline{AC} + \overline{CP} = 471.021 + 190.838 = 661.859(\text{m})$

　　·$\text{B.C} = \overline{AP} - \text{T.L} = 661.859 - 238.351 = 423.508\,\text{m}$　→　No.21 + 3.508m

③ 곡선종점(E.C)

　　·곡선장 $\text{C.L} = \dfrac{2\pi RI}{360} = \dfrac{2\pi \times 200 \times 100°}{360} = 349.066(\text{m})$

　　·$\text{E.C} = \text{B.C} + \text{C.L} = 423.508 + 349.066 = 772.574\,\text{m}$　→　No.38 + 12.574m

④ 시단현 편각(δ_1)

　　·시단현 길이 $\ell_1 = 20 - 3.508 = 16.492(\text{m})$

$$\cdot \delta_1 = \frac{\ell_1}{2R} \times \frac{180°}{\pi} = \frac{16.492}{2 \times 200} \times \frac{180°}{\pi} = 2.36° \rightarrow 2°21'36''$$

⑤ 종단현 편각(δ_2)

·종단현 길이 $\ell_2 = 12.574$(m)

$$\cdot \delta_2 = \frac{\ell_2}{2R} \times \frac{180°}{\pi} = \frac{12.574}{2 \times 200} \times \frac{180°}{\pi} = 1.80° \rightarrow 1°48'0''$$

44 다음의 보기는 잔골재의 밀도 및 흡수율시험을 위한 데이터값이다. 다음을 구하시오.

⑦ 표면건조 포화상태 시료의 질량 : 500g

ⓛ 절대건조상태 시료의 질량 : 495.25g

ⓒ 검정된 용량을 나타낸 눈금까지 물을 채운 플라스크의 질량 : 685.93g

ⓔ 시료와 물로 검정된 용량을 나타낸 눈금까지 채운 플라스크의 질량 : 987.46g

① 표면건조 포화상태의 밀도　　② 절대건조상태의 밀도

③ 진밀도　　④ 흡수율

정답

· ⑦ → m, ⓛ → A, ⓒ → B, ⓔ → C에 대입한다.

① 표면건조 포화상태의 밀도

$$d_s = \frac{m}{B+m-C} = \frac{500}{685.93+500-987.46} = 2.52 \text{g/cm}^3$$

② 절대건조상태의 밀도 A

$$d_d = \frac{A}{B+m-C} = \frac{495.25}{685.93+500-987.46} = 2.50 \text{g/cm}^3$$

③ 진밀도

$$d_A = \frac{A}{B+A-C} = \frac{495.25}{685.93+495.25-987.46} = 2.56 \text{g/cm}^3$$

④ 흡수율

$$Q = \frac{m-A}{A} = \frac{500-495.25}{495.25} \times 100 = 0.96\%$$

45 함수비 10%인 자연상태의 토사를 이용하여 물다짐 후의 함수비 16%가 되도록 하기 위한 관수량 (kg)을 구하시오(단, 한 층의 다짐두께는 30cm, $C=0.9$, 자연상태의 용적밀도 $=1.8 \text{t/m}^3$로 한다).

정답

· 자연상태의 함수비가 제시되었으므로 자연상태 토량의 중량을 구한 후 함수비를 구한다.

· 함수비 $= \dfrac{\text{물만의 중량}}{\text{흙만의 중량}} \times 100(\%)$

① 자연상태 토량의 중량

$$W = (1.0 \times 0.3) \times \frac{1}{0.9} \times 1,800 = 600 \text{(kg)}$$

② 자연상태 토량 중 흙만의 중량

$$W_s = \frac{W}{1+\dfrac{\omega}{100}} = \frac{600}{1+\dfrac{10}{100}} = 545.45 \text{(kg)}$$

③ 자연상태 토량 중 물의 중량

$$W_{w(10\%)}=600-545.45=54.55(\text{kg})$$

④ 함수비 16%일 때의 물의 중량

$$\omega=\frac{W_{w(16\%)}}{545.45}\times100=16(\%)\qquad\therefore W_{w(16\%)}=87.27(\text{kg})$$

⑤ 관수량=필요 수분량−기존 수분량=87.27−54.55=32.72kg

46 버킷용량 3.0m³인 쇼벨과 15톤 덤프트럭을 사용하여 자연상태의 토공사를 하고 있다. 다음 조건을 기준으로 물음에 답하시오.

- 토량변화율 : $L=1.2$
- 흙의 단위중량 : 1.8t/m³
- 쇼벨 1회 사이클 시간 : 30초
- 쇼벨의 작업효율 : 0.5
- 쇼벨 버킷계수 : 1.1
- 트럭의 1회 사이클 시간 : 30분
- 트럭의 작업효율 : 0.8

① 쇼벨의 시간당 작업량을 구하시오.

② 덤프트럭의 시간당 작업량을 구하시오.

③ 쇼벨 1대당 덤프트럭의 소요대수를 구하시오.

정답

① 쇼벨의 시간당 작업량

· 토량환산계수 : 기준이 자연상태이므로 $f=\dfrac{1}{L}$

· 쇼벨의 시간당 작업량(자연상태)

$$Q=\frac{3,600\cdot q\cdot K\cdot f\cdot E}{Cm}=\frac{3,600\times3.0\times1.1\times\dfrac{1}{1.2}\times0.5}{30}=165.0\text{m}^3/\text{hr}$$

② 덤프트럭 시간당 작업량

· 덤프트럭 1회 적재량 $q=\dfrac{T}{\gamma_t}\times L=\dfrac{15}{1.8}\times1.2=10(\text{m}^3)$

· 덤프트럭 시간당 작업량(자연상태)

$$Q=\frac{60\cdot q\cdot f\cdot E}{Cm}=\frac{60\times10\times\dfrac{1}{1.2}\times0.8}{30}=13.33\text{m}^3/\text{hr}$$

③ 쇼벨 1대당 트럭의 소요대수 $N=\dfrac{\text{쇼벨의 시간당 작업량}}{\text{트럭의 시간당 작업량}}=\dfrac{165}{13.33}=12.38\ \rightarrow\ 13$대

47 다음 빈칸에 알맞은 내용을 보기에서 골라 채워 넣으시오.

① (㉠)는 늦가을 낙엽 후 10월 하순~11월 하순의 땅이 얼기 전까지, 또는 2월 하순~3월 하순의 잎 피기 전까지 사용하고, (㉡)는 수목생장기인 4월 하순~6월 하순까지 사용해야 한다.

② (㉢)는 잎이 떨어진 후에 효과가 빠른 비료를 준다.

③ (㉣)는 뿌리가 손상되지 않도록 뿌리분 둘레를 깊이 0.3m, 가로 0.3m, 세로 0.5m 정도로 흙을 파 내고 소요량의 퇴비를 넣은 후 복토한다.

④ (⑩)는 1회 시에는 수목을 중심으로 2개소에, 2회 시에는 1회 시비의 중간위치 2개소에 시비 후 복토한다.

⑤ 수간주입방법은 높이 차이에 따른 (⑭)과 수간주입기 제품의 압력 발생방법의 (⑯) 제품으로 구분할 수 있다.

[보기] 추비, 화목류 시비, 기비, 환상시비, 방사형 시비, 자연압력방식, 압력식

㉠ 기비   ㉡ 추비   ㉢ 화목류 시비   ㉣ 환상시비   ㉤ 방사형 시비   ㉥ 자연압력방식   ㉦ 압력식

48 다음의 기초도면을 보고 수량표를 완성하시오. 철근의 이음 및 정착길이는 고려하지 않고, 흙의 터파기는 직각터파기로 하며, 여유폭은 기초면에서 좌우 각각 20cm로 한다(단, D13 단위중량 $=0.995\text{kg/m}$, $L=1.2$).

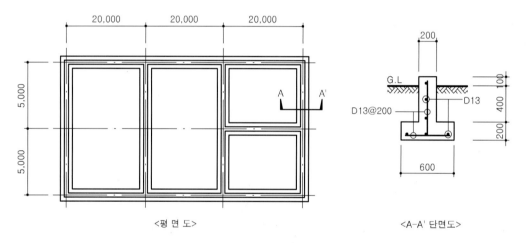

<평 면 도>   <A-A' 단면도>

수량표

공사내용		단위	수량	수량산출근거
터파기양		m³		
콘크리트양		m³		
되메우기양		m³		
잔토처리량		m³		
거푸집양		m²		
철근	기초판	kg		
	기초벽	kg		

• 중심 간 길이 $= 60 \times 2 + 20 + 10 \times 4 + 20 = 180(\text{m})$
• 중복개소수 = 6개소

수량표

공사내용		단위	수량	수량산출근거
터파기양		m³	106.2	$1.0 \times 0.6 \times (180 - 0.5 \times 6) = 106.2$
콘크리트양		m³	39.32	$0.6 \times 0.2 \times (180 - 0.3 \times 6) + 0.2 \times 0.5 \times (180 - 0.1 \times 6) = 39.32$
되메우기양		m³	70.47	$106.2 - (39.32 - 0.2 \times 0.1 \times (180 - 0.1 \times 6)) = 70.47$
잔토처리량		m³	42.88	$(106.2 - 70.47) \times 1.2 = 42.88$
거푸집양		m²	249.36	$0.2 \times 2 \times (180 - 0.3 \times 6 \times 2) + 0.5 \times 2 \times (180 - 0.1 \times 6 \times 2) = 249.36$
철근	기초판	kg	1,074.6	$(3 \times 180 + 0.6 \times (180/0.2)) \times 0.995 = 1,074.6$
	기초벽	kg	1,164.15	$(3 \times 180 + 0.7 \times (180/0.2)) \times 0.995 = 1,164.15$

49 축척 1/500의 도상에서 각 변의 길이가 32.4mm, 20.5mm, 28.5mm인 삼각형으로 구획된 곳의 실제면적을 구하시오.

정답

- 각 변의 실제거리를 구한 후 헤론의 공식을 사용한다.

  $32.4 \times 500/1,000 = 16.2(m)$, $20.5 \times 500/1,000 = 10.25(m)$, $28.5 \times 500/1,000 = 14.25(m)$

  $S = \dfrac{a+b+c}{2} = \dfrac{16.2+10.25+14.25}{2} = 20.35(m)$

  $A = \sqrt{S(S-a)(S-b)(S-c)} = \sqrt{20.35(20.35-16.2)(20.35-10.25)(20.35-14.25)} = 72.13 m^2$

50 수평거리 100m인 보통상태의 운반로에서 평떼 4,000매를 운반하려 한다. 다음을 구하시오(단, 금액의 원 단위 미만은 버린다).

- 인부노임 : 9,000원/인
- 1일 작업시간 : 450분

종류	구분	적재적하 시간(t)	평균왕복속도(V)		
			양호	보통	불량
리어카		5분	3,000(m/hr)	2,500(m/hr)	2,000(m/hr)
지게		2분	3,000(m/hr)	2,500(m/hr)	2,000(m/hr)

종류	구분	줄떼적재량(매)	평떼적재량(매)	싣고부리는 시간(분)	필요 인부(인)
리어카		150	50	5	2
지게		50	20	2	1

① 리어카를 사용할 경우 :   ㉠ 1일 운반횟수   ㉡ 1일 운반량   ㉢ 운반노임

② 지게를 사용할 경우   :   ㉠ 1일 운반횟수   ㉡ 1일 운반량   ㉢ 운반노임

정답

① 리어카

     ⊙ 1일 운반횟수 $N=\dfrac{VT}{120L+V_t}=\dfrac{2,500\times450}{120\times100+2,500\times5}=45.92$회

     ⓛ 1일 운반량 $Q=N\times q=45.92\times50=2,296$매

     ⓒ 운반 노임 $=\dfrac{4,000}{2,296}\times9,000\times2=31,358$원

② 지게

     ⊙ 1일 운반횟수 $N=\dfrac{VT}{120L+V_t}=\dfrac{2,500\times450}{120\times100+2,500\times2}=66.18$회

     ⓛ 1일 운반량 $Q=N\times q=66.18\times20=1,323.6 \rightarrow 1,324$매

     ⓒ 운반 노임 $=\dfrac{4,000}{1,324}\times9,000=27,190$원

51 초점거리 150mm이고 화면크기가 23cm × 23cm인 카메라로 고도 3,000m에서 찍은 사진에서 건물의 시차를 확인하니 옥상부 12.33mm, 저면 10.13mm이었다. 이 사진의 축척 및 건물의 높이를 구하시오(단, 사진의 촬영기선길이는 1,000m로 한다).

정답

① 축척 $\dfrac{1}{m}=\dfrac{초점거리(f)}{고도(H)}$, $\dfrac{1}{m}=\dfrac{0.15}{3,000}=\dfrac{1}{20,000}$

② 건물 높이

    · 시차차 $dp=P_a-P_b=12.33-10.13=2.2$(mm)

    · $b=\dfrac{f\cdot B}{H}=\dfrac{1\times1,000}{20,000}=0.05$(m)

    · $\dfrac{dp}{b}=\dfrac{h}{H}$ $\therefore h=\dfrac{0.0022}{0.05}\times3,000=132$m

52 연못의 호안을 자연석으로 쌓으려고 한다. 호안의 길이가 30m이고 높이는 1.5m일 때의 공사량과 공사비를 구하시오(단, 공사량은 소수 셋째자리까지만 구하시오).

- 쌓기 평균 뒷길이 : 50cm
- 자연석 쌓기 단위중량 : 2.65t/m³
- 조경공 : 100,000원/일, 2.5인/t
- 공극률 : 40%
- 자연석 단가 : 70,000원/t
- 보통인부 : 60,000원/일, 2.5인/t

정답

· 공극률 40% → 실적률 60%
① 공사량=자연석 체적×실적률×단위중량=$30\times1.5\times0.5\times0.6\times2.65=35.775$ton
② 공사비

    · 자연석비$=35.775\times70,000=2,504,250$(원)

    · 노무비$=35.775\times(2.5\times100,000+2.5\times60,000)=14,310,000$(원)

    $\therefore$ 공사비$=2,504,250+14,310,000=16,814,250$원

53 어떤 현장에서 0.13m^3 흙을 채취하여 측정한 결과, 흙의 무게는 245kg, 함수비는 15%이었다. 함수비를 20%로 증가시키려면 이 흙 1m^3당 몇 kg의 물을 추가하여야 하는지 계산하시오.

정답

① 기존 흙 0.13m^3의 물의 중량 $W_w = \dfrac{W}{1+\dfrac{100}{w}} = \dfrac{245}{1+\dfrac{100}{15}} = 31.96(\text{kg})$

② 기존 흙 1.0m^3의 물의 중량 $\dfrac{1.0}{0.13} \times 31.96 = 245.85(\text{kg})$

③ 함수비 20%일 때 물의 중량 $\dfrac{0.2}{0.15} \times 245.85 = 327.8(\text{kg})$

④ 기존 흙 1.0m^3를 함수비 20%로 만들 때 물의 추가량 $327.8 - 245.85 = 81.95\text{kg}$

54 어느 지역에서 $10,000\text{m}^3$ 토양을 파내어 다른 지역의 $10,000\text{m}^3$를 메우려고 한다. 다음 물음에 답하시오(단, $L = 1.3$, $C = 0.85$).

① 운반할 토량을 구하시오.

② 메우기를 할 때 과부족 토량을 본바닥 상태로 구하시오.

정답

① 운반토량
  $10,000 \times 1.3 = 13,000\text{m}^3$

② 과부족 토량
  $(10,000 - 10,000 \times 0.85) \times \dfrac{1}{0.85} = 1,764.71\text{m}^3$

55 다음 보기의 내용은 자연석쌓기에 대한 조경표준시방서 내용이다. 빈칸에 알맞은 단어를 쓰시오.

찰쌓기의 전면 기울기는 높이가 1.5m까지는 (㉠)를 기준으로 하며, 이어쌓기 부위는 (㉡)으로 마감하고, 신축 줄눈은 특별히 정한 바가 없는 경우에는 (㉢) 간격을 표준으로 한다. 찰쌓기 시공 후 즉시 (㉣) 등으로 덮고 적당히 물을 뿌려 (㉤)로 유지하여야 한다.

정답

㉠ $1:0.25$ ㉡ 계단형   ㉢ 20m ㉣ 거적   ㉤ 습윤상태

56 다음의 도면은 계획지반고 F.L 4.3의 부지를 조성하려고 할 때의 기존등고선(파선)과 계획등고선(실선)을 나타낸 것이다. 이 도면을 참고하여 각 등고선이 나타날 수 있는 부지의 단면도를 프리핸드로 작성하시오.

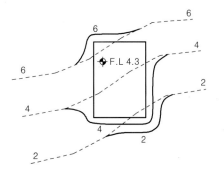

평면도

- 정지작업 시의 등고선은 절토할 경우 높은 쪽으로, 성토할 경우 낮은 쪽으로 등고선이 변경된다.

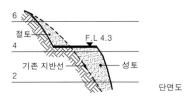

57 다음의 측량도를 참고하여 야장을 완성하시오(단, 모든 단위는 m이다).

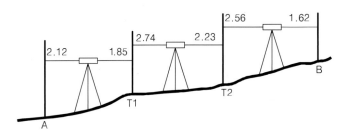

야장 (단위 : m)

측점	후시	기계고	전시	지반고
A				100.0
T1				
T2				
B				

- 기계고＝기지점 지반고＋후시   • 미지점 지반고＝기계고－전시

야장 (단위 : m)

측점	후시	기계고	전시	지반고
A	2.12	102.12	0	100.0
T1	2.74	103.01	1.85	100.27
T2	2.56	103.34	2.23	100.78
B	0	0	1.62	101.72

58 다음 보기의 내용은 수목굴취에 대한 조경표준시방서 내용이다. 빈칸에 알맞은 단어를 쓰시오.

- 뿌리돌림은 수종 및 이식시기를 충분히 고려하여 일부의 큰 뿌리는 절단하지 않도록 하며 적절한 폭으로 (㉠)까지 둥글게 다듬어야 한다.
- 수목굴취 시 수고 (㉡) 이상의 수목은 감독자와 협의하여 가지주를 설치하고 가지치기, 기타 양생을 하여 작업에 착수한다.
- 표준적인 뿌리분의 크기는 근원직경의 (㉢)를 기준으로 하며, 분의 깊이는 세근의 밀도가 현저히 감소된 부위로 한다.

㉠ 형성층   ㉡ 4.5m   ㉢ 4배

59 표준형 벽돌을 사용하여 높이 3.2m, 길이 30m의 1.5B 담장을 쌓으려고 한다. 담장에 들어가는 벽돌량 및 모르타르양을 산출하시오(단, 담장에는 높이 2.0m, 너비 3.0m의 개구부가 3개소 있고, 벽돌의 할증은 3%이다).

벽돌쌓기 기준량   (m²당)

규격(cm) \ 벽두께	0.5B(매)	1.0B(매)	1.5B(매)	2.0B(매)	2.5B(매)	3.0B(매)
19 × 9 × 5.7	75	149	224	298	373	447
21 × 10 × 6	65	130	195	260	325	390

표준형 벽돌쌓기   (1,000매당)

벽두께	구분	모르타르(m³)	시멘트(kg)	모래(m³)	조적공(인)	보통인부(인)
표준형	0.5B	0.25	127.5	0.275	1.8	1.0
	1.0B	0.33	168.3	0.363	1.6	0.9
	1.5B	0.35	178.5	0.385	1.4	0.8
	2.0B	0.36	183.6	0.396	1.2	0.7
	2.5B	0.37	188.7	0.407	1.0	0.6
	3.0B	0.38	193.8	0.418	0.8	0.5

• 담장에 있는 개구부 면적은 제외하고 산출한다.
• 쌓기 면적＝3.2 × 30－2.0 × 3.0 × 3＝78.0(m²)

① 벽돌량
　·정미량 78 × 224＝17,472(매)
　·소요량 17,472 × 1.03＝17,996.16 → 17,997매

② 모르타르양
　$\dfrac{17,472}{1,000} \times 0.35 = 6.12 \text{m}^3$

60 다음 그림에서 A지역의 자연상태 흙을 굴착하여 B, C지역에 성토한 후 다지려고 한다. 물음에 답하시오(단, 점질토를 먼저 유용한다).

• 점질토 : L＝1.25, C＝0.9, γ_t＝1,700kg/m³
• 풍화암 : L＝1.35, C＝1.1, γ_t＝1,800kg/m³
• 운반할 덤프트럭 : 8ton

① 풍화암 사토량을 본바닥 상태로 구하시오.
② 사토할 덤프트럭 연대수를 구하시오.

① 풍화암 사토량

　·성토량$=38,000+40,000=78,000(\text{m}^3)$(다져진 상태)

　·점질토 성토량$=54,000\times0.9=48,600(\text{m}^3)$

　·풍화암 성토량$=78,000-48,600=29,400(\text{m}^3)$

　·풍화암 사토량$=42,000-29,400\times\dfrac{1}{1.1}=15,272.73\text{m}^3$

② 덤프트럭 연대수

　·트럭 1회 적재량 $q=\dfrac{T}{\gamma_t}\cdot L=\dfrac{8}{1.8}\times1.35=6(\text{m}^3)$

　·덤프트럭 연대수$=\dfrac{15,272.73\times1.35}{6}=3,436.36\ \rightarrow\ 3,437$대

61 다음 그림을 참고하여 중력식 옹벽의 단위길이에 대한 콘크리트양과 거푸집양을 구하시오(단, 소수는 넷째자리에서 반올림하여 계산하고, 거푸집 산정 시 마구리면은 무시한다).

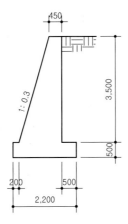

① 콘크리트양

　　C1 : $0.5\times2.2\times1.0=1.1(\text{m}^3)$

　　C2 : $0.45\times3.5\times1.0=1.575(\text{m}^3)$

　　C3 : $1.05\times3.5\times0.5\times1.0=1.838(\text{m}^3)$

　　$\therefore V=1.1+1.575+1.838=4.513\text{m}^3$

② 거푸집양

　　F1 : $0.5\times1.0\times2=1.0(\text{m}^2)$

　　F2 : $3.5\times1.0=3.5(\text{m}^2)$

　　F3 : $\sqrt{1.05^2+3.5^2}\times1.0=3.654(\text{m}^2)$

　　$\therefore A=1.0+3.5+3.654=8.154\text{m}^2$

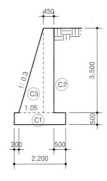
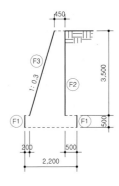

62 다음 데이터로 물음에 답하시오.

작업명	선행작업	작업일수	비고
A	없음	3	
B	없음	6	주공정선은 굵은 선으로 표기하고
C	A, B	2	각 결합점 일정계산은 PERT 기법에 의거하여
D	A, B	1	다음과 같이 계산한다.
E	D	2	
F	C, E	2	
G	F	2	
H	C, E	5	
I	G, H	1	

① 네트워크 공정표   ② 최장기일(CP)

정답

① 네트워크 공정표

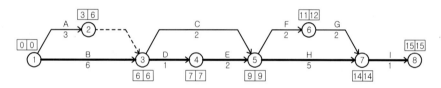

② 최장기일(CP)=15일

63 다음의 그림과 같이 △ABQ：△AQR：△ARC의 면적 비가 1：2：3으로 이루어질 때 $\overline{BQ}$와 $\overline{QR}$의 길이를 구하시오(단, $\overline{AC}$의 길이는 80m로 하시오).

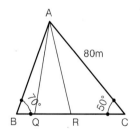

정답

• 높이가 같은 삼각형의 면적비는 밑변의 길이비와 같으므로 $\overline{BC}$의 길이를 구한 후 비율에 따라 나눈다.

• $\overline{BC} = \dfrac{80 \times \sin 60°}{\sin 70°} = 73.73(\text{m})$

① $\overline{BQ} = \dfrac{1}{1+2+3} \times 73.73 = 12.29\text{m}$

② $\overline{QR} = \dfrac{2}{1+2+3} \times 73.73 = 24.58\text{m}$

64 버킷용량이 $0.7\,\text{m}^3$인 백호와 적재용량 8ton 덤프트럭을 이용하여 자연상태의 토사를 채취·운반하려한다. 다음 물음에 답하시오.

- 백호 : 버킷계수 0.9, 작업 효율 0.6, 작업의 회전각도 135°, 1회 사이클 시간 33초
- 트럭 : 운반거리 4km, 주행왕복속도 40km/hr, 작업효율 0.9, 적하시간 0.8분, 대기시간 0.4분
- 토량변화율 : 1.2   • 흙 단위중량 : $1.7\text{t}/\text{m}^3$

① 백호의 시간당 작업량을 구하시오.

② 덤프트럭의 1회 적재량을 구하시오.

③ 덤프트럭 1대에 적재하는 데 걸리는 백호의 작업시간을 구하시오.

④ 덤프트럭의 왕복 주행시간을 구하시오.

⑤ 덤프트럭의 1회 사이클 시간을 구하시오.

⑥ 덤프트럭의 시간당 작업량을 구하시오.

⑦ 조합토공에 있어서 백호 1대당 트럭의 소요대수를 구하시오.

정답

① 백호의 시간당 작업량(자연상태)

$$Q = \frac{3{,}600 \times q \times k \times f \times E}{Cm} = \frac{3{,}600 \times 0.7 \times 0.9 \times \dfrac{1}{1.2} \times 0.6}{33} = 34.37\,\text{m}^3/\text{hr}$$

② 덤프트럭의 1회 적재량 $q = \dfrac{T}{\gamma_t} \times L = \dfrac{8}{1.70} \times 1.2 = 5.65\,\text{m}^3$

③ 덤프트럭 적재시간   ·적재사이클 횟수 $n = \dfrac{Q_t}{q \times K} = \dfrac{5.65}{0.7 \times 0.9} = 8.97$(회)

   ·적재시간 $t_1 = \dfrac{Cm_s \times n}{60 \times E_s} = \dfrac{33 \times 8.97}{60 \times 0.6} = 8.22$분

④ 덤프트럭의 왕복주행시간 $t_2 = \dfrac{L_1}{V_1} + \dfrac{L_2}{V_2} = \left(\dfrac{4}{40} + \dfrac{4}{40}\right) \times 60 = 12$분

⑤ 덤프트럭의 1회 사이클 시간 $Cm = 8.22 + 12 + 0.8 + 0.4 = 21.42$분

⑥ 덤프트럭의 시간당 작업량 $Q = \dfrac{60 \times q \times f \times E}{Cm} = \dfrac{60 \times 5.65 \times \dfrac{1}{1.2} \times 0.9}{21.42} = 11.87\,\text{m}^3/\text{hr}$

⑦ 백호 1대당 트럭의 소요대수 $n = \dfrac{34.37}{11.87} = 2.90 \rightarrow$ 3대

65 다음의 조건으로 콘크리트 1m^3를 만드는 데 필요한 잔골재량(S)과 굵은골재량(G)을 다음의 조건을 기준으로 구하시오(단, 골재량의 단위는 kg을 사용하시오).

- 단위량 : 단위시멘트양 280kg, 물·시멘트비 58%, 잔골재율(S/a) 33%, 공기량 2%
- 비중 : 시멘트 비중 3.15, 모래의 비중 2.6, 자갈의 비중 2.65

정답

① 단위수량 산정 $W/C = 0.58 \rightarrow W = 0.58 \times C = 0.58 \times 280 = 162.4\,(\text{kg})$

② 단위골재량의 절대용적(V_a) 산정

$$V_a = 1 - \left(\frac{\text{단위수량}}{1,000} + \frac{\text{단위시멘트양}}{\text{시멘트비중} \times 1,000} + \frac{\text{공기량}}{100} \right)$$

$$= 1 - \left(\frac{162.4}{1,000} + \frac{280}{3.15 \times 1,000} + \frac{2}{100} \right) = 0.73 (\text{m}^3)$$

③ 단위잔골재량의 절대용적(V_S) 산정

$$V_S = V_a \times S/a = 0.73 \times 0.33 = 0.24 (\text{m}^3)$$

④ 단위잔골재량(S) 산정

$$S = V_S \times \text{잔골재의 비중} \times 1,000 = 0.24 \times 2.6 \times 1,000 = 624 \text{kg}$$

⑤ 단위굵은골재량 절대용적(V_G) 산정

$$V_G = V_a - V_S = 0.73 - 0.24 = 0.49 (\text{m}^3)$$

⑥ 단위굵은골재량(G) 산정

$$G = V_G \times \text{굵은골재의 비중} \times 1,000 = 0.49 \times 2.65 \times 1,000 = 1,298.5 \text{kg}$$

66 1주의 중량이 80kg인 수목 20주를 40m 떨어진 지역에 목도로 운반하여 이식하려 한다. 아래를 참고하여 다음을 구하시오(단, 금액의 소수는 버리시오).

- 준비작업시간 : 2분
- 1일 작업시간 : 360분
- 1인당 1회 운반량 : 40kg
- 도로의 상태 : 양호
- 목도공노임 : 58,000원/일
- 경사로 : 20m, 50%

왕복평균속도

도로의 상태	양호	보통	불량
속도(km/h)	2.0	1.5	1.0

경사지 운반 환산계수

경사지(%)	10	20	30	40	50	60	70
환산계수(α)	2	3	4	5	6	7	8

① 목도공의 수　② 소운반 거리　③ 1주당 운반비　④ 총 운반비

정답

① 목도공수 $M = \dfrac{\text{총 운반량}}{\text{1인당 1회 운반량}} = \dfrac{80 \times 20}{40} = 40$인

② 소운반 거리 = 평지 운반거리 + 경사지 운반거리 × 환산계수 = $20 + 20 \times 6 = 140$m

③ 1주당 운반비

・1주당 목도공수 $M = \dfrac{80}{40} = 2$(인)

・목도 운반비 $= \dfrac{A}{T} \times M \times \left(\dfrac{120 \times L}{V} + t \right) = \dfrac{58,000}{360} \times 2 \times \left(\dfrac{120 \times 140}{2,000} + 2 \right) = 3,351$원

④ 총 운반비 = 1주당 운반비 × 총 운반량 = $3,351 \times 20 = 67,020$원

67 다음 그림을 보고 물음에 답하시오.

① 구획분할된 구역의 토량(V)을 산출하시오.

② 균형지반고(H_0)를 2.0m로 하기 위한 전체토량을 산출하시오.

③ 추가로 필요한 토량(ΔV)을 구하시오.

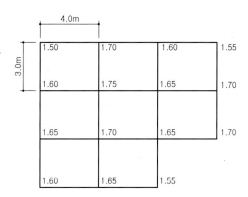

정답

① 분할된 구역의 토량

$$\sum h_1 = 1.5 + 1.55 + 1.7 + 1.6 + 1.55 = 7.9(\text{m})$$

$$\sum h_2 = 1.7 + 1.6 + 1.6 + 1.7 + 1.65 + 1.65 = 9.9(\text{m})$$

$$\sum h_3 = 1.65\text{m}$$

$$\sum h_4 = 1.75 + 1.65 + 1.7 = 5.1(\text{m})$$

$$V = \frac{A}{4}(\sum h_1 + 2\sum h_2 + 3\sum h_3 + 4\sum h_4)$$

$$= \frac{3 \times 4}{4} \times (7.9 + 2 \times 9.9 + 3 \times 1.65 + 4 \times 5.1) = 159.15\text{m}^3$$

② 균형지반고(2.0m) 전체토량 $V_2 = 3 \times 4 \times 8 \times 2 = 192\text{m}^3$

③ 추가소요토량 $\Delta V = 192 - 159.15 = 32.85\text{m}^3$

68 다음의 빈칸에 알맞은 내용을 보기에서 골라 넣으시오(단, 보기의 내용은 중복하여 넣을 수 있다).

[보기] ㉠ 면모, ㉡ 이산, ㉢ 크게, ㉣ 작게, ㉤ 많아, ㉥ 작아

점토가 교란되면 흙의 구조는 (①)구조에서 (②)구조로 전환되어 전단강도는 (③)진다. 또한 압밀침하량 산정에 사용하는 압축지수(C_c)가 실제보다 (④) 구해져 현장상태보다 적은 압밀침하량으로 추정하게 된다. 또한 건조측 다짐을 하면 (⑤)구조가 되고, 습윤측 다짐을 하면 (⑥)구조가 되는데 습윤측 다짐 시 물이 흙 속을 통과할 때 침투경로가 (⑦)지기 때문에 투수계수가 작아진다.

정답

①-㉠   ②-㉡   ③-㉥   ④-㉣   ⑤-㉠   ⑥-㉡   ⑦-㉥

69 편각법에 의한 곡선을 설치하려고 한다. I.P=325.18m, 교각 I=41°, 반지름 R=200m, 중심말뚝의 간격이 20m일 때 물음에 답하시오(단, 거리는 소수 2위까지 나타내고, 각은 초 단위로 나타내시오).

① 접선장(T.L)을 구하시오.   ② 곡선장(C.L)을 구하시오.

③ 외할(E)을 구하시오.   ④ 시단현 편각을 구하시오.

⑤ 종단현 편각을 구하시오.

정답

① 접선장 $T.L = R\tan\dfrac{I}{2} = 200 \times \tan\dfrac{41°}{2} = 74.78\text{m}$

② 곡선장 $C.L = \dfrac{2\pi RI}{360} = RI\left(\dfrac{\pi}{180°}\right) = 200 \times 41° \times \dfrac{\pi}{180°} = 143.12\text{m}$

③ 외할 $E = R\left(\sec\dfrac{I}{2} - 1\right) = 200 \times \left(\sec\dfrac{41°}{2} - 1\right) = 13.52\text{m}$

④ 시단현 편각

· B.C 추가거리 $= I.P - T.L = 325.18 - 74.78 = 250.4 \;\rightarrow\; \text{No.}12 + 10.4\text{m}$

· 시단현의 길이 $\ell_1 = 20 - 10.4 = 9.6\text{m}$

· 시단현 편각 $\delta_1 = \dfrac{\ell_1}{2R} \times \dfrac{180°}{\pi} = \dfrac{9.6}{2 \times 200} \times \dfrac{180°}{\pi} = 1.38° \;\rightarrow\; 1°22'48''$

⑤ 종단현 편각

· E.C 추가거리 $= B.C + C.L = 250.4 + 143.12 = 393.52 \;\rightarrow\; \text{No.}19 + 13.52\text{m}$

· 종단현의 길이 $\ell_2 = 13.52\text{m}$

· 종단현 편각 $\delta_2 = \dfrac{\ell_2}{2R} \times \dfrac{180°}{\pi} = \dfrac{13.52}{2 \times 200} \times \dfrac{180°}{\pi} = 1.94° \;\rightarrow\; 1°56'24''$

70 다음 도로의 등고선을 수정하여 굵은 실선으로 표시하시오(단, 도로 등고선의 간격은 50cm이다).

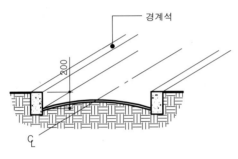

도로 투상도

정답

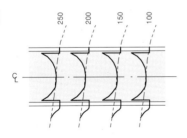

71 수고 8m, 근원직경 30cm가 되는 나무를 이식하려 한다. 뿌리분은 보통분으로 직경이 근원직경의 4배이다. 다음의 물음에 답하시오.

· 수간의 형상계수(k): 0.6 　　　　· 지엽 할증률(p) : 0.1

· 수간의 단위중량 : 900kg/m³ 　　· 뿌리분의 단위중량 : 1,500kg/m³

① 수목의 지상부 중량(kg)을 구하시오.

② 수목의 지하부 중량(kg)을 구하시오.

③ 굴취한 이 수목의 전체중량(kg)을 구하시오.

정답

① 지상부 중량 $= k \times \pi \times \left(\frac{B}{2} \right)^2 \times H \times \omega_1 \times (1+p)$

$$= 0.6 \times 3.14 \times \left(\frac{0.3 \times 0.8}{2} \right)^2 \times 8.0 \times 900 \times (1+0.1) = 214.87\,\mathrm{kg}$$

② 지하부 중량 $= \left(\pi r^3 + \frac{1}{6} \pi r^3 \right) \times$ 뿌리분의 단위중량

$$= \left(3.14 \times (2 \times 0.3)^3 + \frac{1}{6} \times 3.14 \times (2 \times 0.3)^3 \right) \times 1,500 = 1,186.92\,\mathrm{kg}$$

③ 전체중량 = 지상부 중량 + 지하부 중량 = 214.87 + 1,186.92 = 1,401.79 kg

72 다음 그림을 참고하여 보에 대한 콘크리트양과 거푸집양을 구하시오.

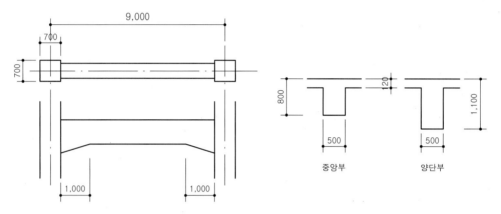

정답

① 콘크리트양

· 보 부분 $0.5 \times 0.8 \times 8.3 = 3.32(\mathrm{m}^3)$

· 보 헌치 부분 $0.5 \times 0.3 \times 1.0 \times 0.5 \times 2 = 0.15(\mathrm{m}^3)$

∴ $V = 3.32 + 0.15 = 3.47\,\mathrm{m}^3$

② 거푸집양

· 보 옆부분 $(0.8 - 0.12) \times 8.3 \times 2 = 11.29(\mathrm{m}^2)$

· 보 헌치 옆부분 $0.3 \times 1.0 \times 0.5 \times 2 \times 2 = 0.6(\mathrm{m}^2)$

· 보 밑부분(경사진 길이 고려하지 않음) $0.5 \times 8.3 = 4.15(\mathrm{m}^2)$

∴ $A = 11.29 + 0.6 + 4.15 = 16.04\,\mathrm{m}^2$

73 수중에 있는 골재의 채취 시 시료무게가 1,220g, 표면건조 내부포수상태의 시료무게 1,200g, 대기건조상태의 시료무게 1,180g, 완전건조상태의 시료무게 1,160g일 때, 다음을 계산하시오.

절건상태　　　　　기건상태　　　표면건조 내부포수상태　　　습윤상태

① 전함수량(%)   ② 표면수율(%)

③ 흡수율(%)   ④ 유효흡수율(%)

정답

① 함수량 $= \dfrac{\text{습윤상태} - \text{절건상태}}{\text{절건상태}} \times 100(\%) = \dfrac{1,220 - 1,160}{1,160} \times 100 = 5.17\%$

② 표면수율 $= \dfrac{\text{습윤상태} - \text{표면건조 내부포수상태}}{\text{표면건조 내부포수상태}} \times 100(\%) = \dfrac{1,220 - 1,200}{1,200} \times 100 = 1.67\%$

③ 흡수율 $= \dfrac{\text{표면건조 내부포수상태} - \text{절건상태}}{\text{절건상태}} \times 100(\%) = \dfrac{1,200 - 1,160}{1,160} \times 100 = 3.45\%$

④ 유효흡수율 $= \dfrac{\text{표면건조 내부포수상태} - \text{기건상태}}{\text{절건상태}} \times 100(\%) = \dfrac{1,200 - 1,180}{1,160} \times 100 = 1.72\%$

74 종방향 30km, 횡방향 20km인 표고 750m의 장방형 지역을 초점거리 250mm, 화면크기 23cm × 23cm의 엄밀수직사진으로 찍은 항공사진상에서 $\overline{ab}$의 거리가 150mm이고, 이에 대응하는 삼각점의 평면좌표 (x, y)는 A(33,763.48m, 31,545.09m), B(31,763.48m, 29,309.02m)이며, 비행코스 방향의 중복도는 60%로 하고, 비행코스 간의 중복도를 30%로 하였을 때 다음의 사항을 구하시오.

① 사진의 축척   ② 촬영고도

③ 촬영기선장의 거리   ④ 촬영경로 간의 거리

⑤ 입체모델수   ⑥ 안전율 30%를 고려한 사진매수

정답

① 사진의 축척

·$\overline{ab}$ 실제거리 $= \sqrt{(33,763.48 - 31,763.48)^2 + (31,545.09 - 29,309.02)^2} = 3,000(\text{m})$

·축척 $= \dfrac{1}{m} = \dfrac{0.15}{3,000} = \dfrac{1}{20,000}$

② 촬영고도 $= mf + \text{표고} = (20,000 \times 0.25) + 750 = 5,750\text{m}$

③ 촬영기선장 거리 $B = ma(1-p) = 20,000 \times 0.23 \times (1-0.6) = 1,840\text{m}$

④ 촬영경로 간 거리 $C = ma(1-q) = 20,000 \times 0.23 \times (1-0.3) = 3,220\text{m}$

⑤ 입체모델수

·종모델수 $D = \text{촬영경로의 종방향의 길이} \div B = 30,000/1,840 = 16.3 \; \rightarrow \; 17\text{매}$

·횡모델수 $D' = \text{촬영경로의 횡방향의 길이} \div C = 20,000/3,220 = 6.21 \; \rightarrow \; 7\text{매}$

·복촬영경로의 입체모델수 $= D \times D' = 17 \times 7 = 119\text{매}$

⑥ 안전율 30% 촬영매수

·사진매수 $(N) = \dfrac{\text{측량면적}}{B \times C} \times (1 + \text{안전율}) = \dfrac{30,000 \times 20,000}{1,840 \times 3,220} \times (1 + 0.3) = 131.65 \; \rightarrow \; 132\text{매}$

75 다음의 수준측량도를 기준으로 승강식 야장을 완성하시오.

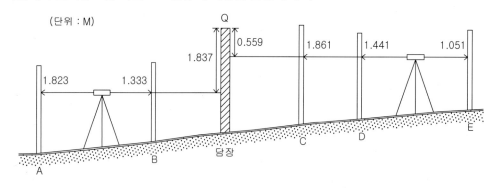

(단위 : M)

야장 (단위 : m)

측점	B.S	F.S		승(+)	차(−)	지반고
		T.P	I.P			
A						11.27
B						
Q						
C						
D						
E						

정답

① 승·차

B : 1.823−1.333=0.49(m)

Q : 1.823−(−1.837)=3.66(m)

C : −0.559−1.861=−2.42(m)

D : −0.559−1.441=−2.00(m)

E : −0.559−1.051=−1.61(m)

② 지반고

B : 11.27+0.49=11.76(m)

Q : 11.27+3.66=14.93(m)

C : 14.93−2.42=12.51(m)

D : 14.93−2.00=12.93(m)

E : 14.93−1.61=13.32(m)

야장 (단위 : m)

측점	B.S	F.S		승(+)	차(−)	지반고
		T.P	I.P			
A	1.823					11.27
B			1.333	0.49		11.76
Q	−0.559	−1.837		3.66		14.93
C			1.861		2.42	12.51
D			1.441		2.00	12.93
E		1.051			1.61	13.32

76 다음의 조건에 따라 8,000m³를 굴착할 경우 공사일수를 구하시오.

- 로더의 규격 : 0.6m³
- 1회 사이클시간(C_m) : 24초
- 디퍼계수(K) : 0.9
- 토량환산계수(f) : 0.8
- 작업효율(E) : 0.8
- 1일 작업시간 : 8시간

정답

① 시간당 작업량 $Q = \dfrac{3,600 \cdot q \cdot K \cdot f \cdot E}{Cm} = \dfrac{3,600 \times 0.6 \times 0.9 \times 0.8 \times 0.8}{24} = 51.84(\text{m}^3/\text{hr})$

② 1일 작업량＝시간당 작업량×1일 작업시간＝51.84 × 8 ＝ 414.72(m³)

③ 공기＝$\dfrac{\text{공사량}}{\text{1일 작업량}} = \dfrac{8,000}{414.72} = 19.29 \rightarrow 20일$

77 다음은 길이 5m의 플랜트 박스 도면이다. 다음의 조건으로 제시된 표의 빈칸을 채우시오(단, 소수 셋째자리까지 계산하고, 금액의 소수는 버리시오).

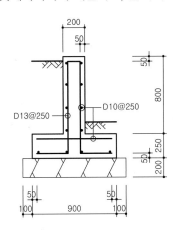

- D10 이형철근의 단위중량은 0.56kg/m이다.
- D13 이형철근의 단위중량은 0.995kg/m이다.
- 이형철근의 가격은 300,000원/t이다.
- 철근의 할증률은 3%이다.

가공·조립 노임단가표 (ton당)

내용	가공(인)		조립(인)		노임(원)	
	철근공	인부	철근공	인부	철근공	인부
가공 및 조립	1.5	0.9	2.5	1.3	60,000	34,000

수량산출서

구분	산출근거	단위	수량
D13 철근량		m	
D10 철근량		m	
철근의 중량		t	
철근 가격		원	
가공·조립 노임		원	

정답

- 철근산정 시 피복두께를 고려하고, 철근의 간격에 따른 개수 산정 시에는 1개를 더하여 정수로 계산한다.
- 철근 개수 산정 $n = \dfrac{4.9}{0.25} + 1 = 20.6 \rightarrow 21개$

• 가공·조립 노임은 할증하지 않은 철근량으로 산출한다.

$$W=\frac{56.7\times0.995+75.6\times0.56}{1,000}=0.099(\text{t})$$

수량산출서

구분	산출근거	단위	수량
D13 철근량	$(0.95\times2+0.8)\times21=56.7$	m	56.7
D10 철근량	$12\times4.9+0.8\times21=75.6$	m	75.6
철근의 중량	$((56.7\times0.995+75.6\times0.56)\div1,000)\times1.03=0.102$	t	0.102
철근 가격	$0.102\times300,000=30,600$	원	30,600
가공·조립 노임	$0.099\times((1.5+2.5)\times60,000+(0.9+1.3)\times34,000)=31,165$	원	31,165

78 다음의 조건으로 각 시설물에 들어가는 시멘트(포대), 모래(m^3), 자갈(m^3)의 수량을 산출하시오.

- 벤치 콘크리트(1:2:4)량 : 3.7m^3
- 파고라 콘크리트(1:3:6)량 : 4.2m^3
- 목재데크 콘크리트(1:4:8)량 : 6.4m^3

콘크리트 재료량

배합비	콘크리트 재료(m^3당)		
	시멘트(kg)	모래(m^3)	자갈(m^3)
1:2:4	320	0.45	0.92
1:3:6	220	0.47	0.94
1:4:8	170	0.48	0.96

정답

• 시멘트 1포는 40kg이다.
① 시멘트량=$(3.7\times320+4.2\times220+6.4\times170)\div40=79.9 \rightarrow 80$포대
② 모래량=$3.7\times0.45+4.2\times0.47+6.4\times0.48=6.71m^3$
③ 자갈량=$3.7\times0.92+4.2\times0.94+6.4\times0.96=13.5m^3$

79 조경표준시방서의 내용 중 "비탈멈춤"의 기초의 바닥깊이는 설계도서에 따르되, 어떠한 곳에서 세굴의 위험에 따라 더 깊게 유의하여 시공하여야 하는지 대상이 되는 4곳을 쓰시오.

정답

① 수충부로서 깊은 세굴이 예상되는 곳
② 보 및 낙차공, 교량 등의 상·하류
③ 첩수로, 방수로 등 하상저하가 예상되는 곳
④ 홍수 시 일시적인 세굴깊이가 1.0m 이상인 곳

80 다음의 그림을 보고 성토량을 구하시오(단, 최저 깊이는 18m이며, I구간은 $V=\frac{1}{3}A\cdot h$의 식으로 구하고, II~IV구간은 양단면 평균법으로 구한다).

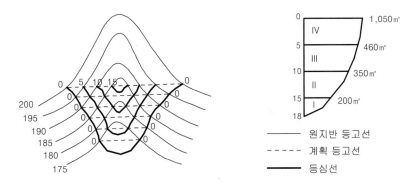

정답

$$V_{\rm I}=\frac{1}{3}\times 200\times 3=200({\rm m}^3)$$

$$V_{\rm II\sim IV}=\left(\frac{200+350}{2}+\frac{250+460}{2}+\frac{460+1,050}{2}\right)\times 5=7,175({\rm m}^3)$$

$$\therefore V=200+7,175=7,375{\rm m}^3$$

81 다음의 그림과 같이 트래버스 측량에 의해 구획된 지형의 면적을 직각좌표법으로 구하시오(단, 제시된 A, B, C, D, E 좌표값 (x, y)의 단위는 m이다).

· A(4.4, 9.4)

· B(9.6, 17.8)

· C(17.4, 20.1)

· D(26.2, 11.9)

· E(15.8, 5.7)

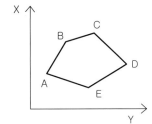

정답

· 직각좌표법은 행렬표를 만들어 구한다.

$$\begin{vmatrix} 4.4 & 9.6 & 17.4 & 26.2 & 15.8 \\ 9.4 & 17.8 & 20.1 & 11.9 & 5.7 \end{vmatrix}$$

$$A=\frac{1}{2}\sum x_i(y_{i+1}-y_{i-1})=\frac{1}{2}\sum y_i(x_{i+1}-x_{i-1})$$

$$=\frac{1}{2}\times(4.4\times(17.8-5.7)+9.6\times(20.1-9.4)+17.4\times(11.9-17.8)+26.2\times(5.7-20.1)$$

$$+15.8\times(9.4-11.9))=-181.74({\rm m}^2)\ \rightarrow\ 181.74{\rm m}^2$$

Chapter 02 기출문제 Ⅱ

2022년 이후
ver. 02

Easy Learning
Landscape Architecture
Construction

시행년도	2022년 4회	자격종목	조경산업기사	시험시간	1시간

1 다음의 표 빈칸에 조경기준에 의한 인공토양 사용 시의 토심을 쓰시오(단, 식재토심은 배수층의 두께를 제외한다).

식물의 종류	자연토양 사용(cm 이상)	인공토양 사용(cm 이상)
초화류 및 지피식물	15	(㉠)
소관목	30	(㉡)
대관목	45	(㉢)
교목	70	(㉣)

정답

㉠ 10 ㉡ 20 ㉢ 30 ㉣ 60

2 다음 보기의 조건을 참조하여 불도저의 시간당 작업량을 구하시오.

- 삽날의 용량 : $2m^3$
- 토량환산계수 : 0.8
- 작업효율 : 0.6
- 운반거리 : 50m
- 전진속도 : 50m/분
- 후진속도 : 55m/분
- 기어변속시간 : 0.3분

정답

- 1회 사이클시간 $Cm = \dfrac{L}{V_1} + \dfrac{L}{V_2} + t = \dfrac{50}{50} + \dfrac{50}{55} + 0.3 = 2.21$(분)

- 시간당 작업량 $Q = \dfrac{60 \cdot q \cdot f \cdot E}{Cm} = \dfrac{60 \times 2 \times 0.8 \times 0.6}{2.21} = 26.06 m^3/hr$

3 다음 보기의 빈칸을 건설공사표준품셈에 의한 알맞은 내용으로 채우시오.

① 공구손료 : 일반공구 및 시험용 계측기구류의 손료로서 공사 중 상시 일반적으로 사용되는 것이며, 인력품(노임할증과 작업시간 증가에 의하지 않은 품 할증 제외)의 (㉠)%까지 계상하며 특수공구(철골공사, 석공사 등) 및 검사용 특수계측기류의 손료는 별도 계상한다.
② 잡재료 및 소모재료 : 각 항목에 명시되어 있는 잡재료 및 소모재료에 대해서는 이를 계상하고, 명시되어 있지 않는 잡재료 및 소모재료 등을 계상하고자 할 때에는 주재료비(재료비의 할증수량 제외)의 (㉡)%까지 별도 계상하되 산정근거를 명시하여야 한다.

정답

㉠ 3 ㉡ 2~5

4 다음의 ㉠∼㉣에 적당한 내용을 보기의 도시공원시설에서 골라 알맞게 넣으시오.

[보기] 휴양시설, 유희시설, 운동시설, 공원관리시설, 조경시설, 교양시설

(㉠) : 야유회장, 야영장   (㉡) : 분수, 조각, 관상용식수대
(㉢) : 사다리, 궤도   (㉣) : 게시판, 표지

정답

㉠ 휴양시설   ㉡ 조경시설   ㉢ 유희시설   ㉣ 공원관리시설

5 다음 보기의 내용에 알맞은 병명과 매개충을 쓰시오.

(㉠)은 소나무가 고사되는 치명적인 병으로 매개충인 (㉡)를 통하여 전파·감염되며, 침입한 해충은 빠르게 증식하여 수분, 양분의 이동통로를 막아 나무를 죽게 하는 병으로 치료약이 없어 감염되면 100% 고사한다.

정답

㉠ 소나무재선충병   ㉡ 솔수염하늘소

6 다음 보기에 설명된 내용에 알맞은 용어를 쓰시오.

강한 직사광선에 의한 급격한 수분의 증발이 발생하여 수간 또는 잎이나 줄기에 변색이나 조직의 고사가 발생하는 현상을 말한다.

정답

일소현상

7 다음 보기에 설명된 내용에 알맞은 용어를 쓰시오.

가지의 하중을 지탱하기 위해 가지 밑에 생기는 불룩한 조직으로서, 목질부를 보호하기 위해 화학적 보호층을 가지고 있기 때문에 가지치기할 때 남겨두도록 한다.

정답

지륭(가지 밑살)

8 다음 보기의 조건을 참조하여 맥문동 일위대가표의 ㉠∼㉢에 알맞은 내용을 쓰시오.

• 초화류 식재품의 적용은 작업장소에 교목류, 조경석 등 지장물이 있어 식재 작업에 지장을 받는 경우를 적용한다.

초화류 식재 (100주당)

구분	단위	수량		
		양호	보통	불량
조경공	인	0.10	0.15	0.24
보통인부	인	0.05	0.08	0.13

일위대가표

품명	규격	단위	수량
제1호표 맥문동 식재	3~5분열(8cm)	주	1
맥문동	3~5분열(8cm)	주	(㉠)
조경공		인	(㉡)
보통인부		인	(㉢)
소계			

정답

㉠ 맥문동 : $1 \times 1.10 = 1.1$주   ㉡ 조경공 : $1 \times \dfrac{0.15}{100} = 0.0015$인

㉢ 보통인부 : $1 \times \dfrac{0.08}{100} = 0.0008$인

9 다음 보기에 설명된 내용에 알맞은 도면의 명칭을 쓰시오.

건축물의 외형을 각 면에 대하여 직각으로 투상하여 나타낸 도면으로, 수평적 요소의 길이에 수직적 요소의 높이를 적용하여 그린 도면을 말하며, 정면도, 우측면도, 좌측면도, 배면도 등으로 구분한다.

정답

입면도

10 수로, 도로 등 폭에 비하여 길이가 긴 부분의 각 측점들의 횡단면적에 의거 절토량 또는 성토량을 구하는 방법 중 각주공식을 다음 보기의 조건으로 쓰시오.

- 토량 : V
- 양단의 단면적 : A_1, A_2
- 중앙의 단면적 : A_m
- 양단면 사이의 거리 : L

정답

$$V = \frac{L}{6}(A_1 + 4A_m + A_2)$$

| 시행년도 | 2023년 1회 | 자격종목 | 조경산업기사 | 시험시간 | 1시간 |

1 다음 그림은 20m × 20m로 사각분할된 표고를 측정한 것이다. 표고를 15m로 하여 정지작업을 할 때의 절·성토량을 구하시오(단, 빗금친 부분은 보존지역으로 정지작업에서 제외한다).

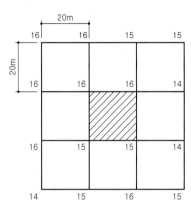

정답

$$\sum h_1 = 1 + 0 - 1 + 0 = 0(\text{m})$$

$$\sum h_2 = 1 + 0 + 1 - 1 + 1 - 1 + 0 + 1 = 2(\text{m})$$

$$\sum h_3 = 1 + 1 + 0 + 0 = 2(\text{m})$$

$$V = \frac{A}{4}(\sum h_1 + 2\sum h_2 + 3\sum h_3 + 4\sum h_4)$$

$$= \frac{20 \times 20}{4}(2 \times 2 + 3 \times 2) = 1,000\,\text{m}^3(\text{절토})$$

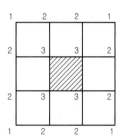

2 다음은 벽면녹화형태에 대한 그림이다. 빈칸에 적당한 식재유형을 쓰시오.

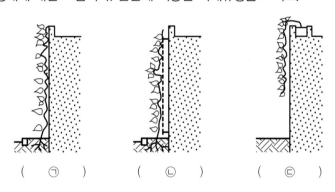

(㉠)   (㉡)   (㉢)

정답

㉠ 흡착등반형   ㉡ 권만등반형   ㉢ 하수형

3 다음 보기에 제시된 수종 중 노란색 꽃이 피는 수종을 모두 골라 국명으로 쓰시오.

수수꽃다리(*Syringa oblata* Lindl. var. *dilatata*), 산수유(*Cornus officinalis*), 병아리꽃나무(*Rhodotypos scandens*), 배롱나무(*Lagerstroemia indica*), 생강나무(*Lindera obtusiloba*), 등(*Wisteria floribunda*), 모감주나무(*Koelreuteria paniculata*), 자귀나무(*Albizia julibrissin*), 히어리(*Corylopsis coreana*)

산수유, 생강나무, 모감주나무, 히어리

4 다음의 보기는 옥상녹화시스템의 순서를 적은 것이다. 빈칸에 알맞은 내용을 쓰시오.

방수층 → 방근층 → (㉠) → (㉡) → 육성토양층 → 식생층

㉠ 배수층   ㉡ 토양여과층

5 다음의 「도시공원 및 녹지 등에 관한 법률」에 의한 공원시설의 설치·관리기준의 내용 중 빈칸에 알맞은 내용을 쓰시오.

(㉠) 및 공원관리시설은 해당 도시공원을 설치함에 있어서 필수적인 공원시설로 할 것. 다만, 소공원 및 어린이공원의 경우에는 설치하지 아니할 수 있으며, (㉡)의 경우에는 근린생활권 단위별로 1개의 공원 관리시설을 설치하여 이를 통합하여 관리할 수 있다.

㉠ 도로·광장   ㉡ 어린이공원

6 다음 보기의 내용은 조경관리의 구분을 나타낸 것이다. 빈칸에 알맞은 용어를 넣으시오.

① (㉠) : 조경수목과 시설물을 항상 이용에 용이하게 점검과 보수로 목적한 기능의 서비스제공을 원활히 하는 것
② (㉡) : 시설관리에 의하여 얻어지는 이용 가능한 구성요소를 더 효과적이고 안전하게, 더 많은 이용의 방법에 대한 것
③ (㉢) : 이용자의 행태와 선호를 조사·분석하여 적절한 이용 프로그램을 개발하여 홍보하고, 이용에 대한 기회를 증대시키는 것

㉠ 유지관리   ㉡ 운영관리   ㉢ 이용관리

7 다음의 보기는 한해(寒害)에 대한 설명이다. 빈칸에 알맞은 용어를 넣으시오.

① (㉠) : 식물체 내에 결빙은 일어나지 않으나 한랭으로 인하여 생활기능이 장해를 받아서 죽음에 이르는 것
② (㉡) : 식물체의 조직 내에 결빙이 일어나 조직이나 식물체 전체가 죽게 되는 것

㉠ 한상   ㉡ 동해

8 다음 보기 ①~④에 해당하는 내용을 ㉠~㉣에서 골라 연결하시오.

① 준설, ② 터파기, ③ 절토, ④ 시공기면(fl.)

㉠ 일반적으로 설계도면에서 나타 낸 시공의 기준이 되는 높이

㉡ 공사에 필요한 흙을 얻기 위해서 굴착하거나 계획면보다 높은 지역의 흙을 깎는 작업

㉢ 물밑의 토사, 암석을 굴착하는 작업

㉣ 구조물의 기초 또는 지하부분을 구축하기 위하여 행하는 지반의 굴착 작업

①㉢   ②㉣   ③㉡   ④㉠

9 다음 보기의 조건을 기준으로 총 공사원가를 구하시오.

- 재료비 : 54,000,000원   • 노무비 : 35,000,000원   • 경비 : 25,000,000원
- 일반관리비 : 6%   • 이윤 : 15%

- 순공사원가=재료비+노무비+경비=54,000,000+35,000,000+25,000,000=114,000,000(원)
- 일반관리비=(재료비+노무비+경비)×요율=114,000,000 × 0.06=6,840,000(원)
- 이윤=(노무비+경비+일반관리비)×요율=(35,000,000+25,000,000+6,840,000)× 0.15=10,026,000(원)
- 총 원가=순공사원가+일반관리비+이윤=114,000,000+6,840,000+10,026,000=130,866,000원

10 골재의 상태가 아래와 같을 때 유효흡수율(%)을 구하시오.

- 절대건조상태 : 400g   • 공기중건조상태 : 500g
- 표면건조 내부포화상태 : 600g   • 습윤상태 : 700g

$$\text{유효흡수율}(\%)=\frac{\text{표건상태중량}-\text{기건상태중량}}{\text{절건상태중량}} \times 100=\frac{600-500}{400} \times 100=25\%$$

1 다음의 보기에서 수목의 전기전도도를 측정하여 수목의 활력도를 측정하는 기구를 고르시오.

- 샤이고메타
- 하이트메타
- 하그로프윤척메타
- 클로로필메타
- 토양 pH 측정기

정답

샤이고메타

2 도시경관분석에 있어 린치(K. Lynch)의 시각적 형태가 지니는 이미지 및 의미의 중요성을 가지는 도시 이미지의 5가지 물리적 요소를 쓰시오.

정답

① 도로(paths 통로) ② 경계(edges 모서리) ③ 결절점(nodes 접합점)
④ 지역(districts) ⑤ 랜드마크(landmark)

3 「국토의 계획 및 이용에 관한 법률」에 의하여 구분된 용도지역 4가지를 쓰시오.

정답

① 도시지역 ② 관리지역 ③농림지역 ④ 자연환경보전지역

4 다음 보기에 제시된 수종 중 붉은색 열매를 맺는 수종을 모두 골라 국명으로 쓰시오.

은행나무(*Ginkgo biloba*), 산수유(*Cornus officinalis*), 좀작살나무(*Callicarpa dichotoma*), 자금우(*Ardisia japonica*), 쥐똥나무(*Ligustrum obtusifolium*), 모감주나무(*Koelreuteria paniculata*), 팥배나무(*Aria alnifolia*), 인동덩굴(*Lonicera japonica*), 낙상홍(*Ilex serrata*)

정답

산수유, 자금우, 팥배나무, 낙상홍

5 다음 보기의 조건을 참조하여 트럭의 운반연대수를 구하시오.

- 사질토 : 토량 $1,000\text{m}^3$, $L=1.2$, $C=0.85$
- 점질토 : 토량 500m^3, $L=1.3$, $C=0.8$
- 트럭의 1회 운반량 : 10m^3

정답

트럭연대수 $n=\dfrac{1,000 \times 1.2 + 500 \times 1.3}{10}=185$대

6 조선시대 궁원과 과일공급 등의 관리를 관장하였던 관청을 쓰시오.

정답

장원서

7 다음 보기의 조건을 참조하여 19ton 불도저의 1회 사이클시간과 시간당 작업량을 구하시오.

- 거리를 고려하지 않은 삽날의 용량 : $3.2m^3$
- 운반거리계수(e) : 0.8
- 운반거리(L) : 60m
- 작업효율(E) : 0.55
- 전진속도(V_1) : 55m/분
- 후진속도(V_2) : 70m/분
- 기어변속시간(t) : 0.25분
- 토량환산계수(f) : 0.85

정답

- 삽날의 용량 $q = q° \times e = 3.2 \times 0.8 = 2.56(m^3)$

① 1회 사이클시간 $Cm = \dfrac{L}{V_1} + \dfrac{L}{V_2} + t = \dfrac{60}{55} + \dfrac{60}{70} + 0.25 = 2.2$분

② 시간당 작업량 $Q = \dfrac{60 \cdot q \cdot f \cdot E}{Cm} = \dfrac{60 \times 2.56 \times 0.85 \times 0.55}{2.2} = 32.64 m^3/hr$

8 다음 보기의 빈칸에 원가계산서 작성 시 적용하는 항목을 알맞게 쓰시오.

① 간접노무비=(㉠)×요율
② 산재보험료=(㉡)×요율
③ 국민건강보험료=(㉢)×요율
④ 기타경비=(㉣)×요율

정답

㉠ 직접노무비   ㉡ 노무비   ㉢ 직접노무비   ㉣ 재료비+노무비

9 다음의 제시된 식물의 영양원소를 기능에 알맞게 ㉠~㉤에 넣으시오.

[보기] 붕소, 망간, 철, 아연, 몰리브덴, 구리, 염소

(㉠) : 엽록소의 생성, 호흡효소의 구성분
(㉡) : 호흡효소부활제, 단백질합성효소의 구성
(㉢) : 분열조직
(㉣) : 광합성의 보조효소
(㉤) : 콩과식물의 근립균에 의한 질소고정 촉진

정답

㉠ 철   ㉡ 망간   ㉢ 붕소   ㉣ 염소   ㉤ 몰리브덴

10 다음의 그림을 참조하여 계획고 40m를 기준으로 한 절·성토량을 구하시오.

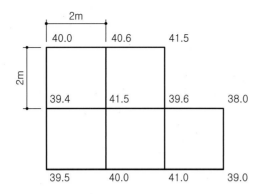

2m

40.0　40.6　41.5

2m

39.4　41.5　39.6　38.0

39.5　40.0　41.0　39.0

$\sum h_1 = 0 + 1.5 - 2.0 - 0.5 - 1.0 = -2.0(\text{m})$

$\sum h_2 = 0.6 - 0.6 + 0 + 1.0 = 1.0(\text{m})$

$\sum h_3 = -0.4\text{m}$

$\sum h_4 = 1.5\text{m}$

$V = \dfrac{A}{4}(\sum h_1 + 2\sum h_2 + 3\sum h_3 + 4\sum h_4)$

$= \dfrac{2 \times 2}{4}(-2.0 + 2 \times 1.0 + 3 \times (-0.4) + 4 \times 1.5)$

$= 4.8\text{m}^3(\text{절토})$

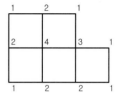

1　2　1

2　4　3　1

1　2　2　1

11 다음 보기에 제시된 용어 중 아래의 내용과 관계있는 것을 고르시오.

[보기] 방수층, 방근층, 배수층, 여과층, 토양층

뿌리가 생장하는 기반이 되며, 배수성이 좋지 않으면 수분이 과다할 수 있는 식물의 하부층을 말한다.

토양층

12 다음 보기의 빈칸에 알맞은 내용을 쓰시오.

데크 시설물 설치 시 기초공사에 있어 (㉠)는 (㉡)에 비하여 안정성이 높으며, 데크의 하부 구조공사
에는 각관이나 목재로 (㉢)을 설치한다.

㉠ 줄기초　㉡ 독립기초　㉢ 장선

시행년도	2023년 2회	자격종목	조경기사	시험시간	1시간 30분

1 다음 보기의 빈칸에 알맞은 내용을 표준품셈에 의거하여 쓰시오.

> ① 품에서 자재의 소운반은 포함하며, 품에서 포함된 것으로 규정된 소운반 거리는 (㉠)m 이내의 거리를 의미한다.
> ② 경사면의 소운반 거리는 직고 1m를 수평거리 (㉡)m의 비율로 본다.
> ③ 제시된 품은 일일 작업시간 (㉢)시간을 기준한 것이다.

정답
㉠ 20   ㉡ 6   ㉢ 8

2 다음 보기 ①~④의 병원균으로 인한 대표적인 수목병을 ㉠~㉣에서 고르시오.

> ① 세균, ② 곰팡이(진균), ③ 바이러스, ④ 파이토플라즈마
> _____
> ㉠ 포플러모자이크병, ㉡ 뽕나무오갈병, ㉢ 뿌리혹병, ㉣ 그을음병

정답
① ㉢   ② ㉣   ③ ㉠   ④ ㉡

3 「자전거 이용시설의 구조·시설 기준에 관한 규칙」에 따른 곡선반경을 쓰시오.

> ① 설계속도 시속 30km 이상 : (㉠)
> ② 설계속도 시속 20km 이상 30km 미만 : (㉡)
> ③ 설계속도 시속 10km 이상 20km 미만 : (㉢)

정답
㉠ 27   ㉡ 12   ㉢ 5

4 「자연공원법」에 의한 용도지구계획에 있어 공원자연보존지구의 완충공간으로 보전할 필요가 있는 지역을 다음의 보기에서 고르시오.

> ① 공원자연보존지구   ② 공원자연환경지구
> ③ 공원마을지구   ④ 공원문화유산지구

정답
②

5 일본 평안(헤이안)시대에 나온 일본 최초의 조원지침서인 「작정기」를 저술한 인물을 쓰시오.

정답

귤준강(橘俊綱)

6 다음 보기의 조건을 참조하여 15ton 덤프트럭의 시간당 작업량을 구하시오.

- 자연상태의 흙의 습윤밀도 $\gamma_t = 1.875t/m^3$
- 흙의 체적변화율 $L = 1.25$
- 덤프트럭의 1회 직재량 $q = \dfrac{T}{\gamma_t} \times L$
- 1회 싸이클시간 $Cm = 60$분
- 작업효율 : $E = 0.9$

정답

- $q = \dfrac{15}{1.875} \times 1.25 = 10(m^3)$
- $f = \dfrac{1}{1.25} = 0.8$
- $Q = \dfrac{60 \cdot q \cdot f \cdot E}{Cm} = \dfrac{60 \times 10 \times 0.8 \times 0.9}{60} = 7.2m^3/hr$

7 다음 보기의 조건을 참조하여 최대 시 이용자수를 구하시오.

- 연간이용자수 : 150,000명
- 최대일률 : 3계절형 적용
- 평균체제시간 : 4시간
- 회전율 : 1/1.7

정답

- 최대 일 이용자수 = 연간이용자수 × 최대일률 = $150,000 \times \dfrac{1}{60} = 2,500$(인)
- 최대 시 이용자수 = 최대 일 이용자수 × 회전율 = $2,500 \times \dfrac{1}{1.7} = 1,470.59 \rightarrow 1,471$인

8 「어린이놀이시설 검사 및 관리에 관한 운용요령」에 따라 어린이 놀이시설을 설치하는 자는 관리주체에게 인도하기 전 안전검사기관으로부터 어떤 검사를 받아야 하는지 쓰시오.

정답

설치검사

9 다음 보기의 비료를 구분하여 빈칸에 알맞게 쓰시오.

① (㉠) 비료 : 황산암모늄(유안), 염화암모늄, 요소
② (㉡) 비료 : 과린산석회, 용과린산석회, 용성인비

㉠ 질소질   ㉡ 인산질

10 다음 보기에 주어진 것을 조경설계기준에 의하여 빈칸 ㉠~㉢에 알맞게 넣으시오.

> [보기] 0.5, 1.0, 1.5, 2.0, 맹암거, 빗물받이, 횡단배수구, 맨홀
>
> ① 포장지역의 표면은 배수구나 배수로 방향으로 최소 (㉠) % 이상의 기울기로 설계한다.
> ② 산책로 등 선형구간에는 적정거리마다 (㉡)나 (㉢)를 설계한다.

㉠ 0.5   ㉡ 빗물받이   ㉢ 횡단배수구

11 다음 ①~③의 설명을 읽고 해당되는 병해충 피해목의 처리법을 보기에서 고르시오.

> [보기] 도포법, 분사법, 훈증법, 분무법, 연무법
>
> ① 피해부위의 줄기·가지를 1m 이내로 잘라 가급적 1~2m³ 정도로 규격화하여 쌓은 후, 메탐소듐을 1m³당 1L의 양을 골고루 살포하고 비닐로 완전히 밀봉한다.
> ② 잠복 가능한 2cm 이상의 잔가지를 모두 수거하여 처리한다.
> ③ 피해목을 옮기지 않고 처리 가능하여 가장 많이 사용하는 방법이다.

훈증법

12 다음 보기의 참나무류 수종을 중복 없이 빈칸에 넣으시오.

> [보기] 상수리나무, 떡갈나무, 굴참나무, 졸참나무, 신갈나무, 갈참나무
>
> ① 비교적 잎이 작고 엽병이 있는 수종 : (,   )
> ② 잎이 좁고 길며 엽병이 있는 수종 : (,   )
> ③ 잎이 큰 편이며 엽병이 거의 없는 수종 : (,   )

① 졸참나무, 갈참나무   ② 상수리나무, 굴참나무   ③ 떡갈나무, 신갈나무

1 축척 1：50,000의 지도상에 나타난 어떤 지역의 면적이 4cm^2일 때, 이 지역의 실제면적(ha)을 구하시오.

정답

$$\left(\frac{1}{50,000}\right)^2 = \frac{4}{\text{실제면적}} \quad \rightarrow \quad \text{실제면적} = \frac{50,000^2 \times 4}{(100 \times 100) \times (100 \times 100)} = 100\text{ha}$$

2 수목의 이식을 위한 뿌리돌림 시 일반수종, 심근성 수종, 천근성 수종으로 구분하여 시행한다. 뿌리분의 직경을 A라고 할 때, 조경표준시방서에서 제시한 뿌리분의 형태를 그리고 크기의 비율도 기입하시오.

정답

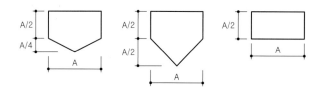

3 다음 보기의 내용이 설명하는 번식방법을 쓰시오.

> 모수로부터 발생하는 가지를 절단하지 않고 가지에 인위적인 처리를 하여 부정근을 발생시키고, 발근 후에 가지를 분리시켜 독립적인 개체로 만드는 방법으로 '압조'라고도 한다.

정답

휘묻이(취목)

4 다음 보기의 내용이 설명하는 용어를 쓰시오.

> 적절한 환경설계를 통해 대상 지역에 방어적 공간의 특성을 살려 범죄가 발생할 기회를 줄이고, 지역 주민들이 안전감을 느끼도록 하여 궁극적으로 삶의 질을 향상하는 전략의 일환이다.

정답

범죄예방환경설계(CPTED)

5 자연지반이 무르고, 절토작업이 최적으로 연속작업이 가능하고, 작업방해가 없는 등의 조건을 가진 사질토 지반을 135°의 범위에서 버킷용량 1m^3의 백호로 굴착할 경우 다음의 조건을 참조하여 백호의 시간당 작업량을 구하시오(단, $K=0.9$, $L=1.25$로 한다).

작업효율(E)

현장조건 \ 토질명	자연상태			흐트러진 상태		
	양호	보통	불량	양호	보통	불량
모래, 사질토	0.85	0.70	0.55	0.90	0.75	0.60
자갈 섞인 흙, 점성토	0.75	0.60	0.45	0.80	0.65	0.50
파쇄암					0.45	0.35

1회 사이클시간(C_m)

규격(m^3) \ 각도(도)	사이클시간(Sec)			
	45	90	135	180
0.6~0.8	16	18	20	22
1.0~1.2	17	19	21	23
2.0	22	25	27	30

정답

• $f = \dfrac{1}{L} = \dfrac{1}{1.25} = 0.8$

• $Q = \dfrac{3{,}600 \cdot q \cdot K \cdot f \cdot E}{Cm} = \dfrac{3{,}600 \times 1.0 \times 0.9 \times 0.8 \times 0.85}{21} = 104.91 m^3/hr$

6 다음 보기의 용어를 ㉠~㉣에 알맞게 넣으시오.

[보기] 컨시스턴시, 블리딩, 플라이애쉬, 워커빌리티, 단위표면적, AE제, 수밀성, 성형성

① (㉠) : 반죽 질기에 의한 작업의 난이도 및 재료분리에 저항하는 정도를 말한다.

② (㉡) : 재료분리가 일어나지 않으며, 거푸집 형상에 순응하여 거푸집 형태로 채워지는 난이도를 말한다.

③ (㉢) : 아직 굳지 않은 시멘트풀, 모르타르 및 콘크리트에 있어서 물이 윗면에 솟아오르는 현상으로 재료분리의 일종이다.

④ (㉣) : 표면이 매끄러운 구형의 미세립의 석탄회로 보일러 내의 연소가스를 집진기로 채취한 것을 말한다.

정답

㉠ 워커빌리티   ㉡ 성형성   ㉢ 블리딩   ㉣ 플라이애쉬

7 우리나라에서는 농약의 독성을 독성의 강도에 따라 4단계로 분류·구분하고 있다. 이 4단계를 구분하여 쓰시오.

정답

① Ⅰ급(맹독성)   ② Ⅱ급(고독성)   ③ Ⅲ급(보통독성)   ④ Ⅳ급(저독성)

8 어떤 지역에 수관폭 30cm의 관목을 군식하려고 한다. 식재할 면적이 20m²일 때 제시된 표를 기준으로 총 식재할 수목량(주)을 구하시오.

군식의 식재밀도 (주/m²)

수관폭(m)	20	30	40	50	60	80	100
주수	32	14	8	5	4	2	1

정답

$20 \times 14 = 280$주

9 공사원가계산서 작성에 있어 빈칸에 알맞은 내용을 쓰시오.

① 산재보험료=(㉠)×법정요율
② 기타경비=(㉡)×법정요율

정답

㉠ 노무비   ㉡ 재료비+노무비

10 다음 보기의 설명에 적합한 용어를 쓰시오.

생태적 인자들에 관한 여러 도면을 겹쳐놓고 일정 지역의 생태적 특성을 종합적으로 평가하는 방법으로, 토지가 지닌 생태적 특성을 고려한 토지의 용도 설정 시 사용한다.

정답

도면결합법(overlay method, 도면 중첩법)

1 조선시대 양산보에 의해 조영된 소쇄원의 아름다운 경치를 묘사한 하서 김인후의 오언절구시의 제목을 쓰시오.

정답

소쇄원48영(瀟灑園四十八詠)

2 버킷용량이 0.7m^3인 백호(Back Hoe)를 사용하여 자연상태의 지반에서 터파기를 할 경우 다음의 조건을 참고하여 시간당 작업량을 구하시오.

- 백호의 사이클시간(Cm) : 33sec
- 버킷계수(K) : 1.1
- 체적변화율(L) : 1.25
- 작업효율(E) : 0.6

정답

백호 1대의 시간당 작업량

$$Q=\frac{3,600 \cdot q \cdot K \cdot f \cdot E}{Cm}=\frac{3,600 \times 0.7 \times 1.1 \times \frac{1}{1.25} \times 0.6}{33}=40.32(\text{m}^3/\text{hr})$$

3 다음 보기의 수경공간 연출기법 ①~④와 관계있는 내용을 ㉠~㉣에서 골라 연결하시오.

　① 낙수형　② 분출형　③ 유수형　④ 평정수형

　㉠ 연못이나 호수와 같이 정적인 양태로서 평화로운 이미지를 나타낸다.

　㉡ 수로를 따라 낮은 곳으로 흐르는 물로서 움직임과 에너지 등을 나타내는 활동적 요소로 이용된다.

　㉢ 폭포와 같이 위에서 떨어지는 효과로 역동적이며 시선 유인 효과가 크다.

　㉣ 물을 분사하여 형성시키며, 낙수의 특성과 대조적이며 수직성과 빛에 의한 특징적 경관을 연출한다.

정답

① ㉢　② ㉣　③ ㉡　④ ㉠

4 다음 보기에서 설명하는 습생식물의 이름을 국명으로 쓰시오.

학명은 *Typha orientalis* C. Presl이며, 줄기는 높이 1~2m이고, 단단하여 곧게 자라며 지하경은 옆으로 뻗는다. 수화서는 길이 3~7cm, 너비 0~1cm, 1~3개의 포가 아랫부분에 달리나 가끔 화서 중간에 나기도 한다. 암화서는 수화서 바로 밑에 붙어서 나며 길이 5~14cm, 너비 1~3cm, 1장의 조락성 포가 밑부분에 달린다. 부들과 양성식물로 노지에서 월동 생육하고, 습지나 물가에서 자라며 환경내성이 강하고 이식이 용이하다.

부들

5 수요량 산정에 있어 연간이용객이 54,000명이고, 최대일률이 1/60이라고 할 때의 최대일이용객수를 구하시오.

일최대이용객＝연간이용자수 × 최대일율＝$54,000 \times \dfrac{1}{60} = 900$명

6 참나무나 소나무, 버드나무 등이 척박한 곳에서도 잘 자라는 것은 토양의 곰팡이균과 수목뿌리와의 공생관계 때문이다. 이러한 관계를 어떠한 관계로 말하는지 쓰시오.

상리공생

7 다음의 보기 ①~④에서 설명하는 단풍나무과 수목 중 서로 관계있는 항목을 ㉠~㉰에서 골라 연결하시오.

> ① 잎은 마주나기하고, 원형에 가깝지만 5~7갈래로 갈라지며, 열편은 넓은 피침형이고 점첨두이며 겹톱니가 있다.
> ② 잎은 마주나기하고 원두이며 아랫부분에서 3맥이 발달하고 3개로 얕게 갈라지며, 열편은 삼각형이고 예두이며 가장자리가 밋밋하다.
> ③ 잎은 마주나기하며, 달걀형의 타원형이고 꼬리모양의 예첨두이며 원저 또는 아심장저이고, 흔히 밑에서 3갈래로 갈라지며, 가장자리에 불규칙한 결각이 있으며 날카로운 거치가 발달되어 있다.
> ④ 잎은 마주나기하고 지질이며, 소엽은 3개이고 긴 타원상 달걀모양이며 점첨두이고 가운데 소엽은 예형이나, 옆 소엽은 일그러진 원저로 끝부분 가까이에 2~4개의 큰 톱니가 있다.
>
> ㉠ 신나무 ㉡ 고로쇠나무 ㉢ 중국단풍 ㉣ 은단풍 ㉤ 복자기 ㉥ 단풍나무

① ㉥ ② ㉢ ③ ㉠ ④ ㉤

8 다음 보기의 내용은 「환경영향평가법」에 의한 환경영향평가의 구분 내용이다. 무엇을 설명하는 것인지 쓰시오.

> 환경에 영향을 미치는 계획을 수립할 때에 환경보전계획과의 부합 여부 확인 및 대안의 설정·분석 등을 통하여 환경적 측면에서 해당 계획의 적정성 및 입지의 타당성 등을 검토하여 국토의 지속가능한 발전을 도모하는 것을 말한다.

전략환경영향평가

9 다음의 조건을 참조하여 정미량(m³)과 할증을 고려한 소요량(m³)을 구하시오.

- 각재(12cm × 12cm × 5m) 30개
- 판재(15cm × 3cm × 4m) 50개

① 각재(할증률 5%)
· 정미량 $0.12 \times 0.12 \times 5 \times 30 = 2.16\,m^3$ · 소요량 $0.12 \times 0.12 \times 5 \times 30 \times 1.05 = 2.27\,m^3$
② 판재(할증률 10%)
· 정미량 $0.15 \times 0.03 \times 4 \times 50 = 0.90\,m^3$ · 소요량 $0.15 \times 0.03 \times 4 \times 50 \times 1.1 = 0.99\,m^3$

10 다음 보기의 내용이 설명하는 수목의 병명을 쓰시오.

병원균은 4~5월까지 배나무에서 기생하고 6월 이후에는 향나무, 노간주나무에 기생하며, 여기서 균사의 형태로 월동한다. 4~5월에 비가 많이 오면 중간기주인 향나무에 형성된 동포자퇴는 부풀어 노란색~갈색의 한천처럼 부풀며, 이때 겨울포자가 발아해 소생자를 형성하게 된다. 이 소생자가 바람에 의해 장미과 식물로 옮겨지고, 어린잎, 햇가지와 열매 등의 각피 또는 기공을 통해 침입하여 병이 발생한다.

붉은별무늬병(적성병)

11 다음의 내용은 식물의 화학적 방어수단 작용을 설명한 것이다. 무엇을 설명한 것인지 쓰시오.

식물에서 일정한 화학물질이 생성되어 다른 식물의 생존을 막거나 성장을 저해하는 작용을 말하며, 때로는 촉진하는 작용도 포함된다.

타감작용(Allelopathy)

12 공사예정가격을 산정함에 있어 거래실례가격을 적용하는 바, 조달청장이 조사하여 통보한 가격인 가격정보가 없을 경우 공인된 물가조사기관이 조사·공표한 자료(물가정보, 거래가격, 물가자료 등)의 가격을 적용할 수 있다. 이때 적용하는 가격 한 가지를 골라서 쓰시오.

- 적정가격
- 최저가격
- 최고가격
- 평균가격

적정가격

참고) 거래실례가격으로 예정가격을 결정할 수 있는 가격

① 조달청장이 조사하여 통보한 가격

② 기획재정부장관이 정하는 기준에 적합한 전문가격조사기관으로서 기획재정부장관에게 등록한 기관이 조사하여 공표한 가격

③ 각 중앙관서의 장 또는 계약담당공무원이 2인 이상의 사업자에 대하여 당해 물품의 거래실례를 직접 조사하여 확인한 가격

• 위 3가지 가격의 유형은 우선순위가 없으며 계약담당공무원이 발주목적물의 내용, 특성, 현장상황 등을 종합 고려하여, 적정하다고 판단되는 어느 것을 선택·적용하여도 무방하다.

1 다음 보기 ①~④의 공정표 특징에 맞는 내용을 ㉠~㉣에서 골라 쓰시오.

① 사선식 공정표　　② PERT 네트워크 공정표　　③ 횡선식 공정표　　④ CPM 네트워크 공정표

㉠ 각 공정별 전체의 공정시기가 일목요연하며, 각 공정별 착수 및 종료일이 명시되어 판단이 용이하다.
㉡ 작업의 연관성을 나타낼 수 없으나, 공사의 기성고 파악에 대단히 유리하며, 공사지연에 대하여 조속한 대처가 가능하다.
㉢ 신규사업에 적용하며, 공기단축에 주목적을 둔다. 때문에 MCX이론은 없다.
㉣ 반복사업에 적용하며, MCX이론을 적용하여 공사비용 절감에 주목적을 둔다.

정답

① ㉡　　② ㉢　　③ ㉠　　④ ㉣

2 다음 보기의 설명에 맞는 용어를 쓰시오.

① (㉠) : 식재면(植栽面)의 식물을 답압으로부터 보호하거나, 건조나 침식방지, 잡초의 번식을 억제하기 위해 짚이나 거적, 분쇄목, 왕겨, 우드칩 등을 사용하여 덮어주는 것을 말한다.
② (㉡) : 가지의 하중을 지탱하기 위해 가지 밑에 생기는 불룩한 조직으로서, 목질부를 보호하기 위해 화학적 보호층을 가지고 있기 때문에 가지치기할 때 남겨두도록 한다.
③ (㉢) : 토양의 사상균 등 버섯균이 고등식물 뿌리에 착생하여, 식물로부터 서식지와 탄소(탄소화합물)를 공급받고, 그 대신 식물에 미네랄 양분과 수분을 공급하는 공생관계의 균을 말한다.
④ (㉣) : 토양 중의 유기물이 퇴적하여 여러 가지 작용에 의해 원조직이 분해·변질된 산물로서 진한 갈색의 다공질이며 고밀도로 집적되어 형성된 것으로 분해가 잘 되지 않는다.

정답

㉠ 멀칭(mulching)　　㉡ 지륭(枝隆)　　㉢ 근균(根菌)　　㉣ 이탄(토탄, peat)

3 다음의 물음에 답하시오.

① 해충을 방제함에 있어 천적을 이용하는 방법을 쓰시오.
② 농약살포 시 필요한 물의 희석량을 구하는 식을 쓰시오.

정답

① 생물학적 방제

② 물의 희석량(ml, g) = 농약량$(ml, g) \times \left(\dfrac{농약주성분농도(\%)}{추천농도(\%)} - 1 \right) \times$ 비중

4 어떤 지역의 관수를 위하여 살수기를 정삼각형으로 배치하였다. 살수기의 헤드간격(S)이 3.2m라고 했을 때 살수기의 헤드열 사이의 간격(L)을 몇 m로 해야 하는지 쓰시오.

정답

- 살수기의 정삼각형 배치 시 헤드열 사이의 간격은 헤드간격의 87%가 된다.
    $L = 0.87S = 0.87 \times 3.2 = 2.78m$

5 다음 보기 ①~④의 설명에 맞는 거푸집과 줄눈을 ㉠~㉘에서 골라 쓰시오.

① 고층아파트에서와 같이 평면상 상·하부 동일 단면구조물에서 외부 벽체거푸집과 거푸집설치·해체작업 및 미장·치장 작업발판용 케이지를 일체로 제작하여 사용하는 대형거푸집
② 수평적 수직적으로 반복된 구조물을 균일한 형상으로 시공하기 위해 거푸집을 연속적으로 이동시키면서 콘크리트 타설이 가능한 거푸집
③ 시공과정 중 휴식시간 등으로 응결하기 시작한 콘크리트에 새로운 콘크리트를 이어 칠 때 일체화가 저해되어 생기는 줄눈
④ 바닥, 벽 등의 수축에 의한 표면균열이 생기는 것을 줄눈에서 발생하도록 유도하는 줄눈

㉠ Sliding form   ㉡ Gang form   ㉢ Tunnel form   ㉣ Climbing form
㉤ Control joint   ㉥ Cold joint   ㉦ Expansion joint   ㉧ Construction joint

정답

① ㉡   ② ㉠   ③ ㉥   ④ ㉤

6 무장애 디자인(Barrier-Free Design)과 유니버설 디자인(Universal Design)은 공통적인 부분과 차이점이 있으나, 모두 어디에 적용하는지 서술하시오.

정답

건축·공공시설물 등의 물리적 환경을 비롯한 행정·교육·복지 등의 사회적 환경 가치를 높이는 데 적용한다.
참고) 무장애 디자인은 신체적 불편 또는 장애가 있는 사람이 안전하고 쉽게 사용하도록 장애물 없는 물리적 환경을 만드는 것을 목적으로 하며, 유니버설디자인은 누구에게나 공평하고, 이용하기 쉽고, 쾌적한 물리적·사회적 환경을 만들어 가능한 한 많은 사람의 요구에 만족시키기 위한 디자인 철학이자 접근방법이다. 유니버설디자인은 장애에 대한 한정적인 시각에서 벗어나 보편성의 관점에서 1980년대 유니버설디자인의 개념이 정립되기 시작하였으며, 현재 무장애 디자인은 그 범위를 확대하여 '모든 사람을 위한 디자인(Design for All)'이라고 정의하며, 물리적 공간뿐이 아닌 제품과 인간 주변의 모든 환경을 대상으로 하는 유니버설디자인 개념으로 발전되었다.

7 다음 보기의 조건을 참조하여 산철쭉 1주 식재 시 수량표의 ㉠~㉢에 알맞은 내용을 쓰시오(단, 식재 수량의 할증률은 10%를 적용한다).

야장

(10주당)

구분	단위	수량
조경공	인	0.1
보통인부	인	0.03

식재수량표

품명	규격	단위	수량
제1호표 산철쭉 식재	H0.6m × W0.6m	주	1
산철쭉	H0.6m × W0.6m	주	(㉠)
조경공		인	(㉡)
보통인부		인	(㉢)
소계			

정답

㉠ 산철쭉 : $1 \times 1.10 = 1.1$주

㉡ 조경공 : $1 \times \dfrac{0.1}{10} = 0.01$인

㉢ 보통인부 : $1 \times \dfrac{0.03}{10} = 0.003$인

8 다음 그림을 참조하여 토량(m^3)을 구하시오.

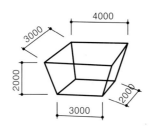

정답

$$V = \frac{h}{6}((2a+a')b + (2a'+a)b') = \frac{2}{6} \times ((2 \times 4 + 3) \times 3 + (2 \times 3 + 4) \times 2) = 17.67\,\mathrm{m}^3$$

9 다음 보기 ①, ②의 설명에 맞는 굴취법을 ㉠~㉣에서 골라 쓰시오.

① 유목이나 이식이 용이한 수목이식 시 뿌리분을 만들지 않고 흙을 털어 굴취하는 방법

② 뿌리분에 새끼를 감는 대신 상자를 이용하여 굴취하는 방법

㉠ 뿌리감기굴취법   ㉡ 상취법   ㉢ 나근굴취법   ㉣ 추적굴취법

정답

① ㉢   ② ㉡

10 다음 보기에서 설명하는 식물의 이름을 국명으로 쓰시오.

원산지는 한국이고 특산식물로서 전국 각지에 분포하며, 산기슭의 양지에서 자라는 물푸레나무과 낙엽활엽관목이다. 줄기는 가지가 길게 뻗어서 사방으로 처지며 네모지고, 속이 계단상으로 비어 있다. 꽃의 수술은 2개로 암술보다 긴 것과 짧은 것이 있으며, 암술대도 긴 것과 짧은 것이 있다. 열매는 삭과로 9월에 성숙하고 열매의 결실량이 낮다.

정답
개나리

시행년도	2024년 1회	자격종목	조경기사	시험시간	1시간 30분

1 다음 보기의 ( ) 안에 적당한 용어를 쓰시오.

(㉠)이란 적지를 분석함에 있어 평가요소별로 작성한 각각의 분석도를 겹쳐 놓고 최적지를 도출하는 방법으로, (㉡)가 생태적 인자를 고려하여 설계안을 체계화하는 데 최초로 이용하였다.

정답

㉠ 도면중첩법(도면결합법, Overlay Method)　　㉡ 이안 맥하그(Ian L. McHarg)

※도면중첩법은 토지이용과 관련된 생태적 인자나 적합도에 따라 점수화하여 최적지를 찾아내는 방법이다. 각각의 설계요소별로 주제도를 작성하고, 그 도면을 겹쳐놓고 일정 지역의 생태적 특성을 평가하는 방법이다.

2 경관특성 분석 시 리튼(Litton)의 시각회랑에 의한 방법을 이용할 경우 우세요소에 해당하는 4가지를 쓰시오.

정답

선, 형태, 색채, 질감

3 1주의 중량이 50kg인 수목 20주를 30m 떨어진 지역에 목도로 운반하여 이식하려 한다. 아래의 조건을 참고하여 인력에 의한 운반비를 구하시오(단, 금액의 소수는 버리시오).

- 운반비 $= \dfrac{M}{T} \times A \times \left(\dfrac{120L}{V} + t \right)$
- 준비작업시간 : 2분
- 1일 노무시간 : 360분
- 1인당 1회 운반량 : 25kg
- 도로의 상태 : 양호
- 목도공노임 : 100,000원/일
- 경사구간 : 40% 경사지 20m

왕복평균속도

도로의 상태	양호	보통	불량
속도(km/h)	2.0	1.5	1.0

경사지 운반 환산계수

경사지(%)	10	20	30	40	50	60	70
환산계수(α)	2	3	4	5	6	7	8

정답

· 총 목도공수 $M = \dfrac{\text{총운반량}}{\text{1인 1회 운반량}} = \dfrac{50 \times 20}{25} = 40(인)$

· 경사지 환산거리 $L = 10 + 20 \times 5 = 110(m)$

· 운반비 $= \dfrac{40}{360} \times 100,000 \times \left(\dfrac{120 \times 110}{2,000} + 2 \right) = 95,555$ 원

4 다음 보기의 빈칸에 알맞은 말을 쓰시오.

강진에 위치한 '백운동 원림'을 잘 보여주는 「백운첩」에는 다산 정약용이 (㉠)에게 그리게 한 (㉡)와 (㉢)을 노래한 시문, 다산초당을 그린 '다산도'가 포함되어 있다.

정답

㉠ 초의선사   ㉡ 백운동도   ㉢ 백운동 12승경

5 다음의 조건을 참고하여 독립기초 터파기양을 구하시오.

• 상단의 가로와 세로 길이 : 0.8m   • 하단의 가로와 세로 길이 : 0.4m
• 깊이 : 1.2m   • 독립기초 4개

정답

· 독립기초 터파기양 $V = \dfrac{h}{6} \times ((2a + a') \times b + (2a' + a) \times b')$

· 전체 터파기양 $V = \left(\dfrac{1.2}{6} \times ((2 \times 0.8 + 0.4) \times 0.8 + (2 \times 0.4 + 0.8) \times 0.4 \right) \times 4 = 1.79 \mathrm{m}^3$

6 다음 보기의 빈칸에 알맞은 원소명을 쓰시오.

'엽면시비'란 비료를 물에 희석하여 직접 나뭇잎에 살포하는 시비법으로, 식물체 내에서 이동이 어려운 (㉠), 구리(Cu), (㉡), 아연(Zn) 등의 미량원소 부족 시 효과적인 방법이다.

정답

㉠ 철(Fe)   ㉡ 붕소(B)

7 다음 보기에서 설명하는 조명의 종류를 쓰시오.

우리말로 '발광다이오드'라고 불리는 조명 방법으로 전류를 가하면 빛을 발하는 반도체 소자를 이용한 조명이다. 이 조명의 가장 큰 특징은 높은 효율과 긴 수명으로 친환경적이며, 에너지를 크게 절감할 수 있어 경제적이다.

정답

LED 조명

8 다음에 제시된 수종을 개화기를 기준으로 나열하시오.

㉠ 수수꽃다리   ㉡ 생강나무   ㉢ 능소화   ㉣ 이팝나무   ㉤ 산수국

정답

ⓒ-ⓐ-ⓔ-ⓓ-ⓒ

※생강나무(3월), 수수꽃다리(4월), 이팝나무(5~6월), 산수국(7~8월), 능소화(8~9월)

9 다음 보기의 빈칸에 알맞은 내용을 조경설계기준에 의거하여 쓰시오.

① 경사가 (㉠)%를 초과하는 경우는 보행에 어려움이 발생되지 않도록 계단을 설치한다.

② 높이가 (㉡)m를 넘을 경우 (㉡)m 이내마다 계단의 유효 폭 이상의 폭으로 너비 (㉢)cm 이상 인 참을 둔다.

③ 높이 (㉣)m를 초과하는 계단으로서 계단 양측에 보행자의 안전을 위한 벽이나 기타 이와 유사한 시 설이 없는 경우에는 난간을 설치한다.

④ 옥외에 설치하는 계단의 단수는 최소 (㉤)단 이상으로 한다.

정답

㉠ 18   ㉡ 2   ㉢ 120   ㉣ 1   ㉤ 2

10 다음 보기가 설명하는 생태복원 시의 식재기법을 쓰시오.

수종을 패치(patch) 형태로 식재하는 방법으로 핵심종이 자리 잡은 후 자연적 재생(natural regeneration)이 가속화되게 하는 방법

정답

핵화기법(nucleation)

11 다음 보기의 빈칸에 알맞은 내용을 쓰시오.

엽소(葉燒)란 일광의 열에 의하여 잎의 일부가 괴사하여 생긴 증상을 말하며 '잎타기'라고도 한다. 피해를 입은 잎은 잎의 ( ) 부분부터 피해가 나타난다.

정답

가장자리

1 다음 보기의 내용은 이안 맥하그(Ian L. McHarg)의 토지용도별 적지선정을 위한 도면결합법(Overlay Method)의 각 단계를 제시한 것이다. 바른 순서로 나열하시오.

> ① 각 인자의 특성에 따른 토지이용의 적합도에 따라 순서 혹은 점수를 매긴다.
> ② 특정 토지이용과 관련된 생태적 인자를 도면화한다.
> ③ 점수의 높고 낮음에 따라 해당 토지이용에 대한 종합적 적합도의 지역별 순위를 매긴다.
> ④ 각 인자별로 순서가 매겨진 도면을 결합하여 각 지역별로 합산한다.

정답

②-①-④-③

2 다음 보기의 빈칸에 알맞은 내용을 조경설계기준에 의거하여 쓰시오.

> ① (㉠) : 입면 하부의 지면이나 인공지반, 플랜터와 같은 식생 기반에 덩굴식물을 심어 생장과 더불어 식물을 입면에 직접 부착 혹은 보조자재에 부착시키거나 감아 올라가게 하는 녹화방법이다.
> ② (㉡) : 식재기반으로부터 식물을 늘어뜨려 덮는 방법으로 덩굴식물이나 목본식물을 이용한다.
> ③ (㉢) : 식재기반을 패널, 시트, 플랜터와 같은 보조재로 보호 유지하며, 관수와 같은 식재 시스템을 포함하는 방법이다.

정답

㉠ 등반형   ㉡ 하수형   ㉢ 기반조성형(유니트형, 벽면 장치형)

3 이 고서의 복거총론(卜居總論) 편에는 "사람이 살 곳을 정함에 있어 지리(地理), 생리(生利), 인심(人心), 산수(山水)에 대한 고려를 해야 한다"고 제시되어 있다. 이 고서의 이름을 쓰시오.

정답

택리지(擇里志)

4 다음 보기의 조건으로 자연석 쌓기를 할 경우 자연석의 총 중량(ton)을 구하시오.

> • 자연석 쌓기 A : 높이 1.0m, 길이 200m, 뒷길이 50cm
> • 자연석 쌓기 B : 높이 1.5m, 길이 100m, 뒷길이 60cm
> • 자연석 단위중량 : 2.65ton/m³   • 공극률 : 30%   • 할증률은 고려하지 않는다.

정답

총 중량 $W = (1.0 \times 200 \times 0.5 + 1.5 \times 100 \times 0.6) \times 0.7 \times 2.65 = 352.45 \text{ton}$

5 자연상태의 모래질흙 $500\,\mathrm{m}^3$와 점질토 $1,000\,\mathrm{m}^3$를 굴착하여 적재량 $5\mathrm{m}^3$의 트럭으로 운반 후 성토하려 한다. 보기의 조건을 참조하여 덤프트럭의 총 소요대수와 다진 후의 성토량(m^3)을 구하시오.

- 모래질흙 : $L=1.2$, $C=0.88$
- 점질토 : $L=1.3$, $C=0.9$

정답

① 소요대수 $=\dfrac{500\times1.2+1,000\times1.3}{5}=380$ 대

② 성토량 $=500\times0.88+1,000\times0.9=1,340\,\mathrm{m}^3$

6 봄에 수목이 생리활동을 시작한 후의 뒤늦은 추위로 인한 식물체의 피해로, 늦은 서리의 피해로 부르는 것이 무엇인지 쓰시오.

정답

만상(晩霜)

7 다음 보기의 빈칸에 알맞은 용어를 쓰시오.

수목의 (   )는 수형, 잎의 크기, 엽색, 지엽 밀도(엽량) 등을 관찰하여 수목의 생장상황을 분석하고 관리하는 데 중요한 인자이다. 따라서 수목이 생리적으로 어느 정도의 스트레스를 받고 있으며, 수목의 활력이 어느 정도 악화되어 있는지, 또는 회복 가능성이 있는지를 판단할 수 있으며, 또한 쇠약한 수목의 수액이 이동하는 시기에 영양제 수간주사를 놓을 수 있는 상태인지 등을 판단하는 기준이 된다.

정답

활력도

8 토양수분인 결합수, 흡습수, 모관수, 중력수 중에서 작물이 흡수하여 생장에 이용되는 것을 쓰시오.

정답

모관수

9 다음 보기의 빈칸에 알맞은 내용을 쓰시오.

옥외에 설치하는 휴게시설의 재료, 제작, 조립, 설치는 (㉠)성, (㉡)성, (㉢)성을 고려하여야 한다.

정답

㉠ 안전   ㉡ 기능   ㉢ 내구

10 다음의 보기에 제시된 수목 중에서 '척박한 땅에서도 잘 자라는 나무'를 3개만 고르시오(단, 비옥지를 선호하는 수종은 제외하시오).

소나무, 잣나무, 주목, 독일가문비, 자귀나무, 층층나무, 마가목, 팥배나무, 동백나무

정답
소나무, 자귀나무, 팥배나무

11 다음 보기의 빈칸에 알맞은 용어를 쓰시오.

(　　)는 제시된 문장에 대해 얼마나 동의 혹은 동의하지 않는지 답변하는 것으로 제한응답 설문의 한 종류이며, 태도를 측정하는 데에 많이 쓰인다.

정답
리커트 척도(Likert scale)

12 다음 보기의 내용 중 맞는 것은 'O', 틀린 것은 'X'를 기입하시오.

- 회양목은 잎이 마주나고, 꽝꽝나무는 잎이 어긋나게 난다. (㉠)
- 메타세쿼이아는 잎이 어긋나게 나고, 낙우송은 마주난다. (㉡)
- 편백은 잎의 뒷면에 Y자형 기공조선이 있고, 화백은 W자형 기공조선이 있다. (㉢)
- 쥐똥나무는 상록수이고, 광나무는 낙엽수이다.(㉣)

정답
㉠ O   ㉡ X   ㉢ O   ㉣ X

13 다음 보기의 빈칸에 알맞은 용어를 쓰시오.

식물의 생장에 필요한 질소는 비료의 주성분 역할을 하지만, 공기 중에 질소를 직접 사용하지 못하므로, 공기 중의 질소를 식물이 이용할 수 있는 질소화합물로 전환시키는 세균과 공생하는 식물을 도입하여 질소를 토양에 공급할 수 있으며, 이를 위해 식재하는 식물을 (　　)식물이라 한다.

정답
질소고정

시행년도	2024년 3회	자격종목	조경기사	시험시간	1시간 30분

1 다음 그림과 같은 시비법을 쓰시오.

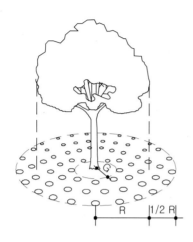

정답

천공시비법

2 다음 보기 중 생활형태 상 부엽식물에 해당하는 식물을 3개 고르시오.

갈대, 줄, 부들, 애기부들, 네가래, 흑삼릉, 미나리, 매자기, 수련, 노랑어리연꽃, 가래, 마름, 물옥잠, 창포, 골풀

정답

네가래, 수련, 노랑어리연꽃, 가래, 마름, 물옥잠
※ 나머지 식물은 정수식물(추수식물)에 해당한다.

3 다음 보기 중 관계있는 것끼리 연결하시오.

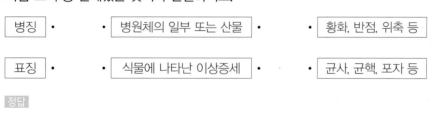

정답

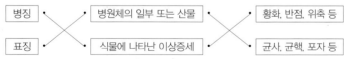

4 다음 제시된 재료의 성질을 보고 (   ) 안에 들어갈 내용을 보기에서 골라 쓰시오.

[보기] 탄성, 소성, 전성, 연성, 인성, 피로

(㉠) : 외력에 의하여 변형된 물체가 본래의 형태로 돌아가지 않고 영구적으로 변화하는 성질을 말한다.

(㉡) : 외력에 의하여 파괴되기 전에 에너지를 흡수하고 소성 변형되는 재료의 능력으로 외력에 저항하는 질긴 성질을 말한다.

(㉢) : 충분한 강도에도 불구하고 탄성한도 내의 작은 반복하중을 지속적으로 받아 파괴되는 성질을 말한다.

정답

㉠ 소성   ㉡ 인성   ㉢ 피로

※ ·탄성 : 외력에 의하여 변형된 물체가 다시 원래의 형태로 돌아가려는 성질을 말한다.
　·취성 : 약간의 변형에도 파괴가 일어나 잘 부서지고 깨지는 성질을 말한다.
　·연성 : 탄성한계를 초과하는 외력을 받아도 파괴되지 않고 소성 변형되어 깨지지 않고 늘어나는 성질을 말한다.

5 다음 보기의 내용이 설명하는 용어를 쓰시오.

주택단지계획에 있어 환경심리학적 연구를 응용하여, 공간배치와 시설계획을 통한 영역성 강화와 주민에게 귀속감을 줌으로써 반사회적 행태에 대한 직간접적인 통제가 이루어지도록 하면서, 지역 주민들이 안전감을 느끼도록 하여 궁극적으로 삶의 질을 향상하는 전략의 일환이다.

정답

범죄예방환경설계(CPTED)

6 다음 보기의 (   ) 안에 알맞은 내용을 쓰시오.

경사지에 있는 다른 향교들과 달리 평지에 위치한 전주, 나주, 함평, 경주 등의 향교는 강학과 제향공간의 설정에 있어 구분된다. 이 향교들은 (   ) 형식의 배치기법을 가지고 있다.

정답

전묘후학

※일반적으로 향교의 건물배치는 평지일 경우 제사공간이 배움의 공간 앞에 오는 '전묘후학'의 형식을 따르며, 경사지일 경우 배움의 공간이 앞에 오는 '전학후묘'의 형식을 따르고 있다.

7 다음 보기에 제시된 수목을 ①~④에 제시된 수피의 특성에 맞게 (   ) 안에 쓰시오.

[보기] ㉠ 노각나무, ㉡ 모과나무, ㉢ 버즘나무, ㉣ 벽오동, ㉤ 자작나무, ㉥ 황매화, ㉦ 흰말채나무

① 흰색 : (   )
② 얼룩무늬 : (   )
③ 녹색 : (   )
④ 붉은색 : (   )

정답

①-㉤   ②-㉠㉡㉢   ③-㉣㉥   ④-㉦

8 보기에 제시된 내용을 참고하여 (   ) 안에 알맞은 해충의 이름을 쓰시오.

(   )
·참나무류 등 활엽수를 식해한다.
·성충과 약충의 형태가 대나무처럼 생겨서 그에 따라 이름이 지어졌다.
·수컷은 몸체가 극히 가늘고 몸은 담녹색이며 가슴 등쪽에 뚜렷하지 않은 붉은 띠가 있다.
·알은 장경이 3mm 정도, 단경은 2mm 정도의 연한 흑갈색을 띤다.

정답

대벌레

9 다음 제시된 내용이 자전거도로의 조경설계기준에 맞으면 O, 틀리면 X로 (   ) 안에 표기하시오.

① (   ) : 포장면의 종단경사는 2.5~3.0%를 기준으로 하되, 최대 8%까지 가능하다.
② (   ) : 포장면의 횡단경사는 1.5~2%를 기준으로 한다.
③ (   ) : 투수성 포장인 경우에는 횡단경사를 설치하지 아니할 수 있다.
④ (   ) : 포장 시에는 바퀴가 끼일 우려가 있는 줄눈 또는 배수시설을 자전거의 진행방향에 평행하게 설계하지 않는다.

정답

① ✕   ② ○   ③ ○   ④ ○
※자전거도로 포장면의 종단경사는 2.5~3.0%를 기준으로 하되, 최대 5%까지 가능하다.

10 다음 보기의 빈칸에 알맞은 내용을 표준품셈에 의거하여 쓰시오.

① 수량의 계산은 지정 소수자리 아래 (㉠)까지 산출하여 (㉡) 한다.
② 면적의 계산은 보통 수학공식에 의하는 외에 삼사법(三斜法)이나 구적기(planimeter)로 한다. 다만, 구적기(planimeter)를 사용할 경우에는 (㉢) 이상 측정하여 그 중 정확하다고 생각되는 평균값으로 한다.

정답

㉠ 1자리(1위)　　㉡ 반올림(4사5입)　　㉢ 3회

---

11 어느 지역에 $L=1.25$, $C=0.88$의 토양으로 $8,800\text{m}^3$를 성토하려고 한다. 적재량 5m^3의 덤프트럭으로 토양을 운반 후 성토하려 할 때 덤프트럭의 총 소요대수를 구하시오.

정답

·소요대수$=\left(8,800\times\dfrac{1.25}{0.88}\right)\div 5=2,500$대

---

12 다음의 그림과 조건을 참조하여 물음에 답하시오.

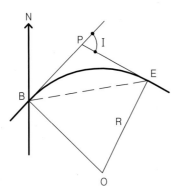

· 방위각 BP$=36°45'38''$
· 방위각 BE$=80°50'59''$
· R$=100.0$m
· $\pi=3.1416$
· 거리계산 시 cm 단위까지 구하시오.

① 접선장($T.L$, 단위 m)을 구하시오.

② 곡선장($C.L$, 단위 m)을 구하시오.

정답

·교각 $I=180°-(180°-(80°50'59''-36°45'38'')\times 2)=88°10'42''$

① 접선장 $T.L=R\tan\left(\dfrac{I}{2}\right)=100\times\tan\left(\dfrac{88°10'42''}{2}\right)=96.87$m

② 곡선장 $C.L=\dfrac{2\pi RI}{360}=\dfrac{2\times 3.1416\times 100\times 88°10'42''}{360}=153.90$m